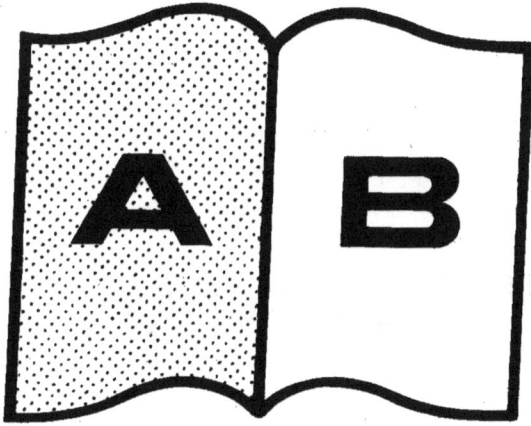

Contraste insuffisant

NF Z 43-120-14

Reliure serrée

32669

GUIDE DU VERRIER

PARIS. — TYPOGRAPHIE HENNUYER ET FILS, RUE DU BOULEVARD, 7.

GUIDE

DU VERRIER

TRAITÉ HISTORIQUE ET PRATIQUE

DE

LA FABRICATION DES VERRES, CRISTAUX, VITRAUX

PAR

G. BONTEMPS

OFFICIER DE LA LÉGION D'HONNEUR
MEMBRE DES JURYS INTERNATIONAUX DES EXPOSITIONS
DE 1862 ET 1867

AVEC DE NOMBREUSES FIGURES INTERCALÉES DANS LE TEXTE

PARIS

LIBRAIRIE DU DICTIONNAIRE DES ARTS ET MANUFACTURES

Rue Madame, 40

1868

.Droits de reproduction et de traduction réservés.

A M. J. DUMAS

SÉNATEUR

SECRÉTAIRE PERPÉTUEL DE L'ACADÉMIE DES SCIENCES, ETC., ETC.

Témoignage de reconnaissance pour la bienveillance dont, depuis quarante ans, il a constamment honoré son affectionné et dévoué serviteur,

G. BONTEMPS.

PRÉFACE.

Après avoir, pendant quarante ans, fabriqué du verre, j'entreprends la publication de toutes les observations que cette longue pratique m'a permis de faire sur toutes les branches qui constituent l'art de la verrerie ; et toutefois je ne me dissimule pas qu'avant fort peu d'années les méthodes que je vais indiquer auront été perfectionnées, transformées même ; car l'accroissement immense de toutes les consommations, dont aucune époque historique ne pouvait donner l'exemple, et les liens qui, depuis la fin du dernier siècle surtout, unissent la science à l'industrie, ont imprimé à cette dernière une marche d'une rapidité extrême ; mais il m'a semblé qu'il devrait être intéressant, pour nos successeurs dans la pratique de l'industrie du verre, de connaître l'intérieur de nos ateliers, de les comparer à ce qu'ils avaient été à des époques antérieures, de mesurer enfin les perfectionnements qu'ils y auraient eux-mêmes apportés.

Cet exposé de la situation actuelle de l'art de la verrerie comblera d'ailleurs une véritable lacune ; car pour trouver un traité satisfaisant sur la verrerie, il faut remonter à la grande Encyclopédie in-folio du dix-huitième siècle, et surtout à l'Encyclopédie par ordre de matières, où les articles *Glaces coulées*, par M. Allut, et l'*Art de la verrerie*, par M. Alliot, étaient réellement l'expression exacte de l'état de la verrerie à cette époque ; et il n'a été depuis publié aucun traité complet pouvant faire connaître les progrès accomplis dans la verrerie dans la fin du dix-huitième et les deux premiers tiers du dix-neuvième siècle.

Je ne me suis pas dissimulé les difficultés de ma tâche, qui ne doit pas se borner à indiquer les dosages de matières premières qui constituent les différentes espèces de verres, à tracer les plans des divers fours, à *illustrer* par des gravures la fabrication des verres à vitres, des cristaux, des vitraux. J'ai pensé que je devais surtout m'attacher à donner aux questions économiques l'importance qu'elles méritent ; car le *grand secret* en industrie consiste à fabriquer le produit le plus parfait au meilleur marché possible. J'ai donc fait suivre la description des procédés, de l'analyse raisonnée des *prix de revient*. C'est ce dernier point de vue qui caractérisera l'ouvrage que j'ai entrepris, et le rendra intéressant à consulter dans l'avenir. Je dirai combien de kilogrammes de combustible sont employés pour fondre une quantité donnée de verre ou de cristal, le prix des diverses manutentions qui concourent à faire passer un poids donné de matières premières à son état définitif de verre à vitre, glace ou cristal ; on saura combien un mètre carré de verre à vitre ou de glace coûte pour les matières premières, pour le combustible, les diverses main-d'œuvres de soufflage ou de coulage, d'étendage ou de polissage, pour l'outillage, les creusets, les fours de fusion, les frais généraux.

Ampère, dans son mémorable *Essai sur la philosophie des sciences, ou Exposition analytique d'une classification naturelle de toutes les connaissances humaines*, dit :

« Pour approprier les corps aux divers usages auxquels ils sont destinés, il faut leur faire subir diverses transformations ; il faut les transporter des lieux où ils sont en abondance, dans ceux où la consommation les réclame : des instruments et des machines sont nécessaires pour opérer ces transformations ; or la connaissance des procédés par lesquels on les opère, des instruments et des machines qu'on emploie, constitue une science du troisième ordre que j'appelle *technographie.*

« Il ne suffit pas de connaître les procédés, les machines, tous les instruments employés dans les arts, il faut encore qu'on sache se rendre compte des profits et des pertes d'une entreprise en activité, et prévoir ce qu'on peut attendre d'une entreprise à tenter.

« Pour cela, il faut calculer exactement les mises de fonds nécessaires, soit pour les locaux et appareils convenables, soit pour l'achat des matières premières, et la main-d'œuvre ; il faut apprendre à connaître les qualités diverses et les prix relatifs de ces matières premières, celui qu'elles acquièrent par les transformations qu'on leur fait subir ; mille autres circonstances analogues doivent être prises en considération, et de toutes les recherches de ce genre se compose une science de troisième ordre à laquelle je donne le nom de *cerdoristique industrielle.*

« Tant que, dans l'étude des procédés des arts, l'homme se borne à ces deux sciences du troisième ordre, il n'apprend qu'à répéter ce qu'on fait dans le lieu qu'il habite, il reste sous le joug de la routine. Pour que l'industrie puisse faire des progrès, il est nécessaire de comparer les procédés, les instruments, les machines, etc., usités en différents temps et en différents lieux... c'est à cette science que je donne le nom d'*économie industrielle.* »

Ce sont ces principes, si nettement exposés par cet illustre savant, que je me suis efforcé d'appliquer dans l'ouvrage que j'entreprends.

Par un concours de circonstances qui ont dû bien rarement se rencontrer, ayant fabriqué à diverses époques toutes les espèces de verres, ayant participé pendant plu-

sieurs années aux travaux d'une des plus importantes verreries de l'Angleterre, je pourrai faire connaître non-seulement les procédés de fabrication de ces diverses espèces
de verre, mais encore signaler les différences qui existent
entre la fabrication en France et en Angleterre aux points
de vue des procédés et des prix de revient. Je ne man-
querai pas de signaler aussi ce que j'ai pu observer de l'état
de la verrerie en Allemagne, qui a toujours occupé dans
cet art une place fort importante, et qui pourra encore
en acquérir une plus considérable.

Cette publication formera donc un inventaire complet de
l'état de la fabrication du verre à notre époque ; c'est ainsi
qu'elle pourra survivre aux procédés qu'elle aura décrits :
je ne doute pas d'ailleurs que tous ceux qui désormais
entreprendront de faire de la technologie, ne marchent
dans cette voie. Je m'estimerai heureux, en ce qui me concerne, d'y avoir contribué en mettant au jour ce que m'ont
appris une longue expérience, et des investigations minu-
tieuses dans les pays où la fabrication du verre a pris le
plus d'extension.

Quelques mots sur le plan que j'ai adopté compléteront
l'exposé que je soumets préalablement au public.

J'ai cru devoir faire précéder le *Guide du verrier* par une
Introduction où je trace rapidement l'histoire du verre en
général, et sans doute on s'attendra à retrouver là une
partie des recherches qui ont été publiées à diverses époques ; toutefois, de même que l'étude approfondie des monuments a fait entrer l'archéologie dans sa véritable voie
rationnelle et l'a dégagée d'une foule d'erreurs, de même
aussi je baserai mon historique un peu moins sur les textes
anciens, et davantage sur les diverses sortes de verres que
l'antiquité ou des temps plus rapprochés nous ont transmis. Cette Introduction sera terminée par l'énonciation des

divisions de cet ouvrage consacrées aux diverses espèces de verres. Dans chacune de ces divisions, je donnerai une notice historique spéciale, les procédés de fabrication, les analyses des prix de revient et les prix de vente. Qu'il me soit permis, en terminant cette préface, de déclarer de nouveau que je n'ai pas la prétention d'énoncer dans cet ouvrage tous les derniers perfectionnements obtenus dans chacune des branches qui forment l'ensemble de l'art de la verrerie. Je ne puis pas, en effet, me flatter de connaître le terme extrême auquel est parvenu, dans certains détails, le plus habile fabricant de cristaux, le plus habile fabricant de verres à vitres, de glaces... en France ou à l'étranger. J'ajouterai même que cette pensée, pendant bien des années, a reculé l'exécution du projet que j'avais formé depuis si longtemps d'écrire un traité sur la fabrication du verre ; le progrès marche de nos jours avec une telle rapidité, que le temps matériellement nécessaire pour l'impression d'un ouvrage technique un peu étendu suffit le plus souvent pour qu'il se trouve arriéré, sur certains points, lorsqu'il est livré à la publicité ; mais enfin, je me suis résigné, et avec raison, sans doute, à décrire des procédés qui, dans plusieurs cas, pourront être ceux *de la veille,* avec la pensée intime, toutefois, que j'aurai ainsi, à très-peu près, fait connaître l'état de la fabrication du verre à l'époque de la grande Exposition de 1867, et que ceux-là mêmes qui auront poussé plus loin l'art de la verrerie ne liront pas sans intérêt l'exposé des résultats de ma longue pratique.

INTRODUCTION HISTORIQUE

ET PLAN DE CET OUVRAGE.

Parmi les produits si nombreux, si variés, qui attestent le génie industriel de l'homme, il en est bien peu qui aient des usages aussi multipliés que le *verre*, dont les propriétés soient aussi merveilleuses : aucune autre matière ne pourrait remplacer le verre dans les plus importants de ses emplois, et le fer seul est capable peut-être de disputer la prééminence à cette substance diaphane qui, dans nos climats surtout, nous mettant à l'abri de toutes les intempéries, nous laisse cependant jouir de la clarté du jour. Si nos plus fastueuses demeures sont ornées de glaces, de lustres, de cristaux dont les facettes prismatiques réfractent et reflètent la lumière avec tant d'éclat, il n'est pas non plus d'humble chaumière où l'on ne trouve quelques vitres, un petit miroir et quelques verres à boire. N'étant pas décomposable par les acides (sauf par l'acide fluorhydrique), le verre est éminemment propre à conserver sans altération les liquides de toute nature, dont, par sa transparence, nous pouvons apprécier l'état. Le verre enfin a prolongé la carrière active de l'homme, condamné sans lui à une vieillesse anticipée : la majeure partie de nos hommes d'État, de nos savants, artistes, industriels, ne seraient-ils pas, en effet, réduits à une regrettable inaction, si les lunettes ne venaient apporter à leurs yeux un indispensable auxiliaire ?

Mais ces avantages ne sont pas encore tout ce qui constitue l'importance résultant des admirables propriétés de cette matière : c'est au verre que les sciences naturelles ont dû leurs plus nota-

1

bles découvertes ; c'est par lui qu'elles ont été agrandies, éclairées et assises sur des principes solides ; c'est par le moyen du verre que l'homme a soumis à l'investigation de ses regards les deux termes extrêmes de l'infini : le verre n'est-il pas, en effet, l'élément principal du télescope, au moyen duquel le savant calcule les mouvements des globes les plus éloignés, assiste même à la formation de mondes nouveaux, et du microscope par lequel il s'initie aux phénomènes de la vie dans les êtres dont il eût à peine pu supposer l'existence, et dont il surprend pour ainsi dire la création ? C'est au moyen du verre que l'on a décomposé la lumière, analysé et pesé l'air, mesuré la chaleur, déterminé les hauteurs, étudié l'électricité et tous les fluides aériformes, ces agents invisibles qui influent si puissamment sur les grands phénomènes de la nature, et au moyen desquels l'homme franchit les mers contre les vents, rapproche les distances par la rapidité de la locomotion, s'élève dans les airs, et met en communication instantanée les points les plus éloignés de notre globe.

La multiplicité de ces avantages, exclusivement dus au verre, et leur importance, assurent un intérêt bien légitime aux recherches sur son invention ; on doit être curieux de savoir quels sont les premiers peuples qui l'ont fabriqué, comment on l'a successivement perfectionné, à quels usages on l'a fait servir.

Frappé des merveilleuses propriétés du verre, Bacon place la statue de son inventeur au premier rang de celles dont il orne le portique du temple de Salomon.

Mais ne serait-ce pas en vain que l'on voudrait rechercher cet inventeur ? L'industrie du verre, comme toutes les autres, a dû naturellement commencer par des rudiments grossiers, qui ne pouvaient guère faire présager son avenir, et dont l'origine doit se perdre dans la nuit des premiers âges de la civilisation.

Un assez grand nombre d'auteurs se sont exercés sur ce sujet, plusieurs y ont déployé une érudition très-profonde ; nous ne les suivrons pas dans toutes leurs recherches, parce qu'elles ne pouvaient aboutir à des résultats précis ; mais nous croyons toutefois qu'il peut être de quelque intérêt de mettre sous les yeux du lecteur une sorte de notice bibliographique ancienne et moderne relative à l'histoire du verre.

C. PLINUS SECUNDUS, en plusieurs endroits de son *Histoire du monde*, a parlé du verre et des usages auxquels on l'employait ;

mais au livre XXXVI, chap. xxvii, il raconte son invention, qu'on ne peut réellement considérer que comme une de ces fictions dont les Grecs, qu'il copiait, avaient l'habitude d'enrichir leurs écrits. Ce récit étant le thème que tous les écrivains postérieurs à Pline ont répété, nous croyons devoir nous résigner à le mettre une fois de plus sous les yeux du lecteur, mais en rectifiant des erreurs faites par plusieurs traducteurs.

« Il est une partie de la Syrie, limitrophe de la Judée, qu'on appelle Phénicie, où se trouve, au pied du Carmel, un lac nommé *Candebœa*, qu'on croit être la source du fleuve Bélus, qui, après un cours de cinq mille pas seulement, se jette dans la mer, près de la colonie de Ptolémaïs. Ce fleuve est profond et peu rapide ; ses eaux sont bourbeuses et insalubres, et toutefois honorées d'un culte. Il ne dépose de sable sur ses bords que lorsqu'il a été refoulé par les eaux de la mer. Ce sable, qui, avant d'avoir été agité par les vagues, n'eût pu être d'aucun usage, devient pur et blanc, et doit à ce lavage la propriété d'être employé pour la fabrication du verre. Le rivage où il se dépose n'a que cinq cents pas de longueur, et cependant, depuis bien des siècles, il n'a pas cessé d'être la féconde mine qui a alimenté les verreries. La tradition rapporte que des marchands de nitre qui prirent terre sur cette plage, voulant cuire leurs aliments, et ne trouvant pas de pierres sur le rivage pour servir de trépied à leur chaudière, y suppléèrent avec des blocs de nitre qu'ils tirèrent de leur vaisseau qui en était chargé. Le nitre entrant en fusion par l'ardeur du feu, et s'étant mêlé au sable de la plage, on vit couler un liquide nouveau et transparent formé de ce mélange, d'où vient, dit-on, l'origine du verre. »

Quelques lignes plus bas, Pline parle de la fabrication des verreries de Sidon, qui jouissaient depuis longtemps d'une grande célébrité, et auxquelles on attribuait même l'invention des miroirs en verre.

Tacite, postérieur à Pline, a copié au livre V de son histoire ce qu'il dit du Bélus et des propriétés de son sable ; et Strabon, qui est antérieur à Pline, au livre XVI de sa *Géographie*, a parlé aussi du Bélus, et est entré dans quelques détails intéressants sur la fabrication du verre ; ils doivent trouver ici leur place :

« Entre Ptolémaïs et Tyr est un rivage couvert de monticules de sable dont on fait le verre ; on prétend que ce sable ne peut pas se fondre sur le rivage, et qu'il n'entre en fusion que quand il est porté à Sidon; on dit même que ce sable de Sidon est le seul vitrifiable; mais d'autres soutiennent que toutes les espèces ont cette propriété. J'ai ouï dire à des verriers d'Alexandrie que les matières propres à faire les plus beaux verres et à leur donner les couleurs les plus brillantes ne se trouvaient qu'en Égypte; car la composition n'est pas la même pour toutes les qualités; ils avouaient cependant qu'à Rome on avait des matières propres pour plusieurs de ces compositions, et que, d'ailleurs, on y avait trouvé des procédés qui simplifiaient la fabrication, en sorte que des vases de ce cristal artificiel et des gobelets communs ne s'y vendaient qu'un chalcus[1]. »

Aux récits de Pline et de Strabon, nous joindrons celui d'un auteur à peu près contemporain, de JOSÈPHE, qui, au livre II de la *Guerre des Juifs*, chap. x, dit :

«'A deux stades de Ptolémaïs, coule un très-petit fleuve appelé Bélus, auprès duquel est le tombeau de Memnon; dans son voisinage on observe une chose bien extraordinaire : une fosse circulaire de cent coudées remplie de sable vitrifiable; des navires en grand nombre viennent en prendre leur charge et ne l'épuisent pas, car les vents, comme s'ils étaient d'intelligence avec les navigateurs, y en rapportent à mesure qu'on en enlève, et dès que le sable est dans cette fosse, il se change en verre; mais ce qui me paraît vraiment étonnant, c'est que ce verre, hors de la fosse, se résout aussitôt et redevient sable. Telle est la nature de ce lieu. »

Ce passage a été traduit par l'abbé d'Aubrive, savant antiquaire, et il est à remarquer que la plupart des traducteurs de Josèphe l'ont si singulièrement travesti, que nous ne pouvons nous dispenser d'en faire l'observation. Dandilly, par exemple, fait dire à Josèphe que le sable du Bélus, jeté dans le fourneau, se convertit aussitôt en verre, et que ce verre, rapporté dans la fosse, reprend sa première nature et redevient sable. L'auteur de l'article VERRE, dans l'*Encyclopédie*, le chevalier de Jaucourt, lui prête cette assertion non moins étrange, «que si dans la fosse du sable on met du métal, sur-le-champ ce métal est changé en verre. » Sans doute le chevalier de Jaucourt n'avait lu ce pas-

---

[1] Pièce de monnaie valant environ 6 centimes.

sage de Josèphe que dans la traduction de Gélénius ou dans Haudicquer de Blancourt, et nous devons justifier l'historien des Juifs, qui n'a pas écrit ces absurdités, mais a été mal traduit. Le phénomène qu'il décrit n'a rien de merveilleux pour l'observateur : ce sable du Bélus, refoulé par la mer suivant Pline, était sans nul doute imprégné de sels; or, ce sable, jeté sur le rivage et desséché, devait se couvrir de cristaux salins qui disparaissaient quand on remuait le sable. N'est-ce pas ce qu'ont observé en plusieurs endroits de l'Égypte les membres de l'Institut : voyez : 1° Denon, t. Ier, p. 216 de son *Voyage;* 2° la *Décade égyptienne,* t. Ier, p. 208; t. II, p. 97 et 179. — Un voyageur moderne, l'abbé Moriti, qui a vu le Bélus en 1767, dit que son lit étroit mêle avec son sable des parties abondantes de verre. L'abbé Moriti a été assurément trompé par l'apparence; ces parties abondantes n'étaient autres que des cristaux salins.

Toutefois, il résulte de ces diverses relations que le sable du Bélus a des qualités toutes spéciales qui le rendent éminemment propre à la fabrication du verre, et ce n'est pas sans raison que les verriers de Sidon, dans l'antiquité, y venaient s'approvisionner, et que les Vénitiens, plus tard, avaient l'habitude d'en lester leurs navires pour l'usage de leurs verreries de Murano. Il serait vraiment intéressant que ces faits fussent éclairés par une saine chimie; peut-être trouverait-on même sur les bords du Bélus le sable mêlé à des sulfates ou carbonates de soude, par le fait d'une décomposition naturelle du sel marin résultant d'une opération analogue à celle qui a été si ingénieusement pratiquée de nos jours par M. Balard dans les marais salants de la Méditerranée.

Nous avons emprunté ces textes à trois auteurs célèbres, parce qu'ils concourent à prouver que dans le voisinage de Sidon, sur les rives du Bélus, se trouvait un sable pur, brillant, très-propre à la fabrication du verre; que les Sidoniens, grâce à ce don offert par la nature à leur industrie, établirent des verreries dont les produits se répandirent partout où s'étendait leur commerce si actif, et que ces verreries étaient en grande réputation bien des siècles avant Pline. Quant à la fable qu'il raconte comme étant l'origine du verre, nous ne pensons pas qu'elle mérite d'être sérieusement discutée, nous dirons seulement que si ces commerçants qui abordèrent sur cette plage de la Phénicie avaien

leur vaisseau chargé de *nitre* ou de *natron*, cette cargaison était
probablement destinée à l'approvisionnement de quelque verrerie; et nous allons continuer notre analyse des auteurs qui ont
écrit sur le verre. Nous pourrions citer encore, parmi les Latins
qui se sont occupés du verre, *Galien*, qui fait en plusieurs endroits
mention du verre et de sa fabrication; *Plutarque*, qui paraît
aussi avoir connu la manière de le faire, puisqu'il dit que le bois
de tamarisque est le plus propre à entretenir les fourneaux de
verrerie; *Lucrèce*, qui, voulant expliquer la transparence du verre,
dit que ses pores sont directs ou en droite ligne; *Sénèque*, qui
connaissait très-bien la propriété qu'a le verre de grossir les
objets lorsqu'on lui donne une forme convexe : « Un globe de
verre, dit-il, fait paraître plus grandes et plus brillantes les
lettres qu'on regarde à travers » ; enfin *Aulu-Gelle*, *Vitruve*, *Vo-
piscus*, etc.

Mais ce n'est pour ainsi dire qu'accidentellement que ces auteurs
anciens ont parlé du verre, tandis que ceux des époques posté-
rieures que nous allons mentionner en ont parlé d'une façon plus
explicite.

ÉRACLIUS. Son ouvrage : *De artibus et coloribus Romanorum*,
partie en vers, partie en prose, existe à l'état de manuscrit à la
bibliothèque de Trinity-College, à Cambridge, relié dans un
même volume avec le *Diversarium artium schœdula* de Théophile,
dont nous parlerons tout à l'heure (tous deux écrits au douzième
ou treizième siècle), et aussi à l'état de manuscrit à la bibliothèque de Paris, mais recopié au quinzième siècle. Ce manuscrit
d'Éraclius a été imprimé pour la première fois à la suite d'un ouvrage anglais, de R. E. Raspe, *A critical essay on oil painting*, etc.
Londres, 1781, in-4.

On ne sait pas au juste d'où Éraclius était originaire, ni à
quelle époque précise il vivait; il ne cite aucun auteur postérieur
à *Isidore* de Séville qui vivait au septième siècle, et Raspe suppose qu'il n'a pas dû vivre longtemps après. M. Emeric David,
dans son *Histoire de la peinture*, pense qu'Éraclius vivait au commencement du onzième siècle; on ne peut contester, dans tous
les cas, qu'il ne date d'une époque postérieure au septième et antérieure au treizième. Son ouvrage est très-curieux au point de
vue de certains procédés qu'il décrit. Éraclius ne manque pas
de rapporter la fable de Pline, et même l'anecdote relative à l'in-

vention du verre malléable ; ce n'est donc pas cet auteur qui éclairera la question relative à l'histoire du verre.

THÉOPHILE, moine et prêtre, que l'on suppose avoir écrit du douzième au treizième siècle, consacre le deuxième livre de son ouvrage *Diversarium artium schœdula* à la fabrication du verre. Ce précieux manuscrit a été publié avec une traduction en français par M. le comte Charles de l'Escalopier, qui l'a enrichi d'une introduction extrêmement intéressante ; mais quant aux procédés si clairement décrits par Théophile, il vaut mieux les lire dans le texte latin, parce que le traducteur, n'étant pas initié à la fabrication du verre, n'a pas toujours rendu exactement le sens de l'auteur. Nous remarquons que Théophile constate l'habileté des Français dans la fabrication des verres colorés, soit comme vases, soit comme vitres. Cet auteur, du reste, ne s'occupe nullement de la partie historique du verre.

GEORGES AGRICOLA, médecin et géologue du seizième siècle, au livre XII de son ouvrage *De re metallicâ*, imprimé à Bâle en 1556, donne quelques notions de la fabrication du verre un peu plus explicites que celles de Pline, mais qui paraissent être en partie la reproduction de l'ouvrage d'Éraclius, dont il a dû avoir connaissance. Le texte est illustré de quelques gravures sur bois qui représentent les différents fours de verreries et le mode de travail du verre ; ces gravures ont ceci de très-remarquable, que la plupart de ceux qui écrivirent après lui, les Neri, Kunckel, Haudicquer de Blancourt, se sont bornés à copier fidèlement les dessins d'Agricola. Cet auteur ne fait aucune mention de l'historique du verre.

THOMAS GARZONI, dans son ouvrage *la Piazza universale di tutte le professioni del mundo*, imprimé à Venise en 1587, consacre quelques pages (*discorso LXIV*) aux verriers, vitriers, lunettiers. On voit que cet auteur, en parlant de la fabrication du verre, avait sous les yeux les perles et toutes les pièces filigranées des fabriques de Murano ; quant à l'origine du verre, il n'en dit rien.

ANTOINE NERI, Florentin. Il publia son *Traité de l'art de la verrerie* en italien, à Florence, 1612, in-4°. Christophe Merret, médecin anglais, le traduisit en sa langue, et y joignit des commentaires qui parurent à Londres, en 1662, in-8°. André Frisius imprima la version latine du texte de Neri, et les commentaires de Merret, à Amsterdam, en 1669; puis Jean Kunckel donna le même traité en allemand, avec ses propres observations, Leipsig, 1689, in-4°. Enfin, le baron d'Holbach nous l'a donné en français, y a joint les commentaires du médecin anglais, les observations et expériences de Kunckel, et quelques autres opuscules. Paris, 1759, in-4°. Cet ouvrage n'a que le mérite d'avoir été le premier à entrer dans les détails des compositions des verres blancs et colorés, le choix et la préparation des fondants et des oxydes métalliques; quant aux recherches sur l'invention du verre, auxquelles se sont livrés l'auteur et les commentateurs, elles sont assez superficielles : ils ont bien fait quelques excursions dans la littérature juive, grecque et latine, mais sans en tirer aucune déduction qui éclaire le sujet.

HAUDICQUER DE BLANCOURT. Son livre a pour titre : *l'Art de la verrerie, où l'on apprend à faire le verre, le cristal, l'émail*, etc. In-4°, 1697.

Nous ne pouvons guère considérer cet ouvrage que comme une compilation des recettes qu'il a pu recueillir dans Neri et Merret, et auprès de ses contemporains, et auxquelles il a joint les dessins de fours de l'ouvrage d'Agricola. Le tout est entremêlé des rêveries de l'alchimie, dont l'auteur affectait de paraître profondément instruit. Ces recettes n'ont pu toutes être vérifiées par sa propre expérience, car assurément il en est qui donneraient des résultats fort différents de ceux qu'il annonce. Quant à la partie historique, elle n'est guère que la répétition des auteurs précédemment cités.

HENRI DE VALOIS avait composé un *Traité de l'origine du verre*, qui n'a pas été publié, mais dont on lit un extrait au tome Ier des *Mémoires de l'Académie des Inscriptions*. Il est dit dans cet extrait que M. de Valois fixait la découverte du verre à mille ans avant Jésus-Christ; qu'on ne connaissait que deux grands monuments en verre célèbres dans l'antiquité, le théâtre de Scaurus et les colonnes du temple d'Aradus; que Pline n'a parlé de la malléabilité[1] du verre qu'avec incertitude, et que les témoignages de

---

[1] Nous mentionnerons, au sujet de la malléabilité du verre, l'anecdote rapportée par Pline, qui, du reste, n'en parle que comme d'un bruit populaire : « On dit que, sous le règne de l'empereur Tibère, un artisan était parvenu, au moyen de certaines opérations et compositions, à produire un verre malléable; ce prince fit raser ses ateliers de peur qu'une pareille invention ne détruisît la valeur de l'or,

Pétrone, Dion Cassius, Isidore de Séville, n'ajoutent aucun degré de crédibilité au récit de Pline, puisque ces auteurs n'ont fait que le copier; que sur la tour du phare d'Alexandrie, un des Ptolémées avait fait placer une lunette d'approche au moyen de laquelle on découvrait les vaisseaux à une immense distance en mer [1].

Ces extraits suffisent pour juger que le travail de M. de Valois n'était qu'une ébauche.

BENETON DE PERRIN, écuyer. Dans les Mémoires [2] de Trévoux, octobre 1703, se trouve une *dissertation* de Beneton de Perrin sur la verrerie; il prétend avoir étudié tout ce que les anciens et les modernes ont dit sur le verre, sur son origine et sur ses propriétés, et il donne cette dissertation comme un abrégé de tout ce qu'il est possible de recueillir sur l'histoire et la physique du verre, prétention que nous trouvons fort loin d'être justifiée.

Selon l'auteur : « l'embrasement fortuit de quelques forêts fit connaître les mines, et couler des ruisseaux de fer et de cuivre, et un événement pareil dut faire connaître le verre. La Genèse nous apprend, en effet, que la tour de Babel fut construite en briques de terre cuite. Or, on voit arriver tous les jours dans les fours à briques que la surface de celles qui ont éprouvé une plus grande intensité de chaleur se trouve vitrifiée, et dès lors le verre

de l'argent et des métaux précieux. » Pétrone a reproduit ce récit avec plus de circonstances encore. L'empereur ne se contente plus de détruire la fabrique; après s'être assuré que l'artiste n'a pas communiqué son secret, il lui fait couper la tête. Quelque absurde que soit ce conte, un auteur moderne a essayé de l'accréditer en le rajeunissant. Ce n'est plus à Tibère, c'est au cardinal de Richelieu qu'il fait présenter le vase merveilleux dont les bosses se relèvent au marteau; et Richelieu, tout aussi politique mais moins cruel que Tibère, ne condamne l'inventeur qu'à une prison perpétuelle. Pour juger cette stupide parodie, il suffit d'en nommer l'auteur, qui est Haudicquer de Blancourt.

[1] Ce télescope fameux, posé sur le phare, et rangé au nombre des sept merveilles du monde, n'avait rien de commun avec l'existence du verre dans l'antiquité, car il paraîtrait prouvé par des récits circonstanciés des Arabes, d'une authenticité irrécusable, que ce télescope était formé par un miroir concave de trois pieds neuf pouces, composé d'un alliage métallique. Nous reviendrons sur ce sujet dans la partie de notre ouvrage qui traite des verres d'optique.

[2] *Mémoire pour l'histoire des sciences et des beaux-arts*, commencé d'imprimer en 1701 à Trévoux, et dédié à S. A. S. le duc du Maine. — A Lyon, chez Claude Plaignard, rue Mercière, au Grand-Hercule; à Paris, chez la veuve Pissot, quai de Conti, à la Croix d'or.

a dû être connu, et par la dispersion des enfants de Noé cette connaissance a dû être propagée par toute la terre. » Ce faible échantillon de Beneton de Perrin suffit pour apprécier ses connaissances et sa logique.

Beneton de Perrin croit que les vitres dont parlent Sénèque et d'autres auteurs de la même époque devaient être des verres. « C'est dans le troisième siècle, ajoute-t-il, que l'on commença à s'en servir en France. »

BUONAROTTI. Cet antiquaire, de la famille de Michel-Ange, et célèbre par l'étendue de son érudition, ayant recueilli dans les catacombes de Rome un grand nombre de fragments de verre antique, ornés de gravures et de couleurs, en a publié soixante-douze des plus curieux, expliqué les sujets qui y étaient gravés ou peints, et décrit les procédés des artistes. Son ouvrage a pour titre : *Osservazioni sopra alcuni frammenti di vazi antichi di vetro ornati di figure trovati nei cimeteri di Roma*, da Felippo Buonarotti, in Firenze, 1716, in-folio.

Le plus grand nombre de ces fragments sont des fonds de gobelets et d'autres vases à l'usage des chrétiens; presque tous les sujets sont des emblèmes religieux rappelant les mystères du christianisme, et propres à nourrir la foi et la piété des fidèles. L'auteur a toutefois admis dans son recueil quelques fragments dont les sujets sont purement mythologiques, sans doute pour prouver le synchronisme des uns et des autres; le travail, en effet, étant le même, il est naturel de conclure qu'ils sont à peu près du même temps.

Buonarotti ne s'est pas fort étendu sur l'origine du verre : il pense, avec Pline, qu'on en doit la découverte au hasard, que la plus ancienne et la plus longtemps célèbre des manufactures fut celle de Sidon, qu'il s'en établit d'autres successivement en Grèce, en Egypte, à Rome, en Espagne et dans les Gaules : il croit qu'Aristophane [1] est l'auteur le plus ancien qui ait parlé du verre; que

---

[1] Aristophane est cité en cet endroit par rapport à sa comédie des *Nuées*, dans laquelle un des interlocuteurs propose à Socrate d'effacer une obligation de cinq talents dans les mains mêmes de l'huissier : il fondra la cire des tablettes sur lesquelles cette obligation est écrite au moyen du *hualos, de cette pierre brillante et diaphane dont les pharmaciens, en la présentant au soleil, se servent pour brûler.* C'est ainsi qu'il la décrit, et évidemment Aristophane aurait désigné de cette manière une *lentille de cristal*; et rien ne prouverait que ce cristal ne fût

cependant Démocrite, avant lui, par la fusion de certains cailloux, avait trouvé le secret d'imiter les pierres fines ; il dit enfin que le verre fut particulièrement employé à faire des vases à boire, qu'en Egypte et à Rome les ouvriers s'appliquèrent à en purger les matières, à en varier les formes et à les enrichir de gravures, de peintures et d'émaux qui leur donnaient un grand prix.

MIDDLETON. Parmi les nombreux ouvrages qui ont paru depuis deux siècles sur les antiquités, on distingue celui de Middleton non-seulement par le luxe typographique et la délicatesse du burin, mais encore par la sobriété de citations oiseuses, tant prodiguées par les auteurs en général. Son ouvrage est intitulé : *Germana quædam antiquitatis eruditæ monumenta dissertationibus jam singulis instructa a Middleton Academ. Cantabrig. protobibliothec.* Londini, 1745, in-4°.

Des treize dissertations qu'il renferme, il n'y en a que cinq relatives à notre objet : les troisième, quatrième, cinquième, sixième et septième. Middleton y décrit les morceaux de verre antique qu'il avait achetés à Rome, et dit un mot de l'origine du verre, en comparant les autorités de Pline, d'Aristophane, d'Athénée, de Strabon : il pense qu'on doit aux Sidoniens l'art de fondre le verre ; que cet art fut connu des Grecs, que les Egyptiens ensuite y excellèrent ; et qu'après la conquête de l'Egypte, cet art passa à Rome. Il s'étend ensuite sur les formes qu'on donnait aux verres, coupes, etc., sur la manière dont on le travaillait, sur les ornements dont l'industrieuse émulation des ouvriers avait appris à les enrichir, et sur leur prix exorbitant.

On voit que Middleton n'ajoute rien d'important à ce qu'avait écrit Buonarotti avant lui ; il l'avait connu à Rome, et aurait pu, il nous semble, lui faire honneur d'une grande partie de l'érudition qu'il empruntait à son ouvrage.

HAMBERGER. C'est à cet auteur qu'on doit les plus amples recherches sur l'histoire du verre ; son *Historia vitri* se trouve aux

---

pas un cristal de roche ; il y aurait même la plus grande probabilité, car nous établirons plus tard que le verre fabriqué à cette époque n'était guère assez pur pour qu'on en fît des lentilles un peu épaisses, et qu'ainsi il était bien plus naturel qu'on se servît de la belle matière du cristal de roche pour un tel usage. On peut même ajouter que s'il se fût agi réellement de lentilles en verre, on ne comprendrait pas qu'on n'eût pas fait plus tôt application de ces loupes pour aider les vues affaiblies.

pages 484 et suivantes du tome IV des Mémoires de l'Académie de Gœttingue. Il traite d'abord du nom que les Grecs donnaient au verre; il passe ensuite à sa découverte, sur laquelle il dit qu'*on n'a rien de certain, mais on sait qu'il s'établit successivement des verreries en Perse, en Grèce, en Egypte, en Italie, dans les Gaules, en Espagne et enfin en Angleterre*; il parle ensuite du progrès de l'art des verres teints de diverses couleurs, taillés et gravés, et dit un mot du verre malléable, dont l'anecdote lui *paraît au moins douteuse;* il expose l'état des verreries de Rome, leurs progrès et leur décadence, et termine son histoire par le détail des usages auxquels le verre était anciennement employé.

Au mérite de recherches variées, l'ouvrage de Hamberger joint celui de la brièveté, car il n'a que dix-huit pages.

JEAN DAVID MICHAELIS. Dans l'histoire du verre dont nous venons de parler, Hamberger s'était borné à recueillir tout ce qu'il avait trouvé sur ce sujet dans les auteurs grecs et latins. Son collègue Michaelis, qui s'était particulièrement appliqué à l'étude des langues antérieures, a donné un supplément à l'ouvrage d'Hamberger dans son histoire du verre chez les Hébreux; elle se trouve page 301 du tome IV des Mémoires de la Société royale de Gœttingue.

Michaelis observe d'abord que le fleuve Bélus, non loin duquel on croit communément que le verre fut d'abord fabriqué, appartenait à la Palestine, que son nom même est hébreu, qu'il signifie *fondre*, que tous ses composés et dérivés, dans les langues hébraïque et arabe, ont une signification analogue; que le Bélus a donc été ainsi nommé, parce que le sable de ses rivages était employé à la fusion du verre; il observe ensuite que si le nom de *Bélus* ne se lit pas une seule fois expressément dans la Bible, il y est décrit avec une telle exactitude qu'il est impossible de le méconnaître. Michaelis observe, en outre, qu'un des noms arabes du verre est *aser;* que ce nom lui est venu de la tribu des *Aserites*, dont le territoire s'étendait jusqu'au rivage du Bélus, où ils le fabriquaient. Il discute ensuite un passage du prophète Isaïe, qui lui semble faire allusion au grand profit que de son temps les tribus voisines du Bélus, celle de Zabulon et d'Aser, retiraient de leurs verres. Enfin, remontant jusqu'aux époques de Moïse et de Job, il trouve dans leurs écrits des témoignages incontestables de l'existence du verre.

FOUGEROUX DE BONDAROY. Son ouvrage intitulé : *Recherches sur les ruines d'Herculanum*, avec un traité sur la fabrique des mosaïques (Desarin, libraire, Paris, 1770), est bon à consulter comme histoire de la fabrication des mosaïques, surtout comme indiquant les divers auteurs qui ont écrit sur cette matière ; il parle des mosaïques en émaux ou verres fondus, mais ne paraît pas connaître la composition de ces émaux, ou du moins il est muet sur ce sujet.

ANONYMES. Dans les *Variétés littéraires*, tome IV, pages 115 et suivantes, on trouve la *lettre d'un savant de France à un savant de Danemark sur l'origine et l'antiquité du verre*, et la réponse du savant danois au savant français. Ces deux écrits anonymes ne sont que des extraits infidèles et défigurés d'Hamberger et de Michaelis, et nous devons en conséquence nous abstenir de les analyser.

Le chevalier DE JAUCOURT est l'auteur de l'article VERRE dans l'Encyclopédie in-folio. Cet article commence par une notice historique qui n'est guère que la reproduction de ce qu'avaient écrit, avant lui, Neri, Beneton de Perrin et autres ; il a même eu le tort d'emprunter à Haudicquer de Blancourt un conte absurde fondé sur une traduction fausse de Josèphe. L'article du chevalier de Jaucourt, qui, pour la partie technique, était tout à fait au niveau des connaissances de son temps en fait de verrerie, ne jette donc aucune lumière nouvelle sur l'histoire du verre.

M. ALLIOT, qui a fait l'article de la VERRERIE dans l'Encyclopédie méthodique par ordre de matières(*Arts et Métiers mécaniques*, tome VIII), article qui est certainement ce qui a été écrit de plus exact, de plus complet sur cet art, ne fait que reproduire, pour la partie historique, ce qui a été dit par le chevalier de Jaucourt dans l'Encyclopédie in-folio.

P. LEVIEL. Son ouvrage a pour titre : l'*Art de la peinture sur verre*, Paris, 1774, in-folio, et fait partie de la grande collection des Arts et Métiers de l'Académie des sciences. Cet auteur, beaucoup plus érudit que praticien, a recueilli avec plus de soin et d'une manière beaucoup plus complète que tous ses devanciers ce qu'avaient dit du verre les Grecs et les Latins.

Il croit que la découverte du verre est à peu près aussi ancienne que celle de la briqueterie, de la poterie, dont la surface se vitrifie dans les fours. L'usage lui paraît en avoir été répandu plus de mille ans avant l'ère chrétienne ; il cite les verreries de Coptos et d'Alexandrie, celles de Phénicie, de Grèce, de Syrie, de Rome, etc. Il s'étend aussi sur les plus beaux et les plus grands ouvrages exécutés en verre, les vases de Coptos et de Rhodes, le sarcophage d'Alexandre, le théâtre de Scaurus, les colonnes du temple de l'île d'Aradus. Mais, comme la plupart de ses devanciers, P. Leviel a rapporté des textes, les a à peine discutés, et s'est peu occupé des précieux spécimens qui avaient pu être recueillis des verres de l'antiquité. Quant à son traité de la peinture sur verre, il se ressent évidemment des conditions où était tombé cet art de son temps, où il n'était plus ni compris ni connu. P. Leviel s'efforce de prouver que les secrets de cet art ne sont pas perdus, et toutefois ses assertions prouvent que lui-même était complétement étranger à une partie des procédés, ainsi que nous le démontrerons dans la suite de cet ouvrage [1].

Bosc Dantic est le dernier des auteurs du dix-huitième siècle que nous ayons à citer. Ses œuvres, en deux volumes in-12, Paris, 1780, contiennent plusieurs mémoires sur l'art de la verrerie dans lesquels, l'un des premiers, il travaille à affranchir cette industrie des entraves de la routine et à l'établir sur les principes d'une physique éclairée. Il ne s'occupe pas de l'histoire du verre.

Nous n'avons rien dit d'un poëme latin du P. Brunoy, *De arte vitraria*, Paris, 1741, in-12, parce que ce n'est pour ainsi dire qu'un jeu académique, ne renfermant rien d'utile à notre objet.

Nous voici arrivés au dix-neuvième siècle, et les efforts déjà tentés par Bosc Dantic vont recevoir un puissant secours de l'impulsion immense qu'ont donnée aux sciences naturelles les grands génies qui ont illustré la fin du dix-huitième siècle et qui ont eu de nos jours de si dignes successeurs. Les arts industriels ne consistent plus seulement dans des séries de procédés empiriques, de secrets d'atelier, ce sont des applications directes de la science, et dès lors leurs progrès sont des corollaires incessants des nombreuses et brillantes découvertes de nos savants.

Les chefs de fabrique eux-mêmes se préparent à la pratique par de sérieuses études scientifiques. Plusieurs d'entre eux seraient sans doute capables d'écrire des traités théoriques et pratiques

---

[1] On doit aussi à P. Leviel un *Essai sur la peinture en mosaïque*, où se trouvent consignées des études intéressantes sur cet art chez les anciens.

sur leur industrie, mais les exigences d'une concurrence intérieure et extérieure toujours croissante, la nécessité de suivre les progrès de leurs rivaux, ne leur laissent guère ces loisirs ; et toutefois ce besoin général de s'instruire qui fait que chacun veut avoir au moins des notions sur tous les arts industriels, a donné lieu, de nos jours, à la production d'un assez grand nombre de dictionnaires et autres ouvrages technologiques, d'encyclopédies, dans lesquels les principes de la science sont généralement respectés, mais desquels on ne peut se flatter de retirer qu'une instruction superficielle, attendu que les auteurs des différents articles n'ont eux-mêmes qu'une connaissance incomplète des industries qu'ils décrivent et qu'ils n'ont jamais pratiquées.

Quelques ouvrages spéciaux ont été publiés en France et à l'étranger ; nous citerons :

1° L'*Essai sur la verrerie*, par Loysel, qui avait occupé des fonctions importantes dans l'administration de la glacerie de Saint-Gobain, et avait obtenu quelques informations assez exactes sur d'autres fabriques de verre. La lecture de cet ouvrage indique que déjà l'industrie comprend qu'elle doit s'appuyer sur la science, mais l'auteur se contente d'énoncer des principes généraux et des faits qui font bien peu connaître les ateliers du verrier.

2° L'*Art de la vitrification*, par M. Bestenaire d'Audenart. Il suffit de parcourir cet ouvrage pour voir que son auteur était étranger à la fabrication du verre ; mais, comme il est entré dans des détails assez étendus sur les différentes branches de la verrerie, on a dû le croire bien informé, en sorte que ses erreurs ont été reproduites par plusieurs auteurs, et même malheureusement par plusieurs de nos savants.

3° L'*Art de la verrerie*, écrit en anglais par Porter (qui fait partie du *Cabinet cyclopædia* du docteur Lardener). Ce livre n'est propre qu'à donner aux gens du monde une idée de l'art de la verrerie.

On comprendra le sentiment de réserve qui nous interdit de parler des ouvrages plus récents où il a été question du verre, tant en France qu'à l'étranger ; car si nous nous abstenons ainsi de donner de justes éloges, nous n'avons pas non plus à signaler des erreurs. Ne manquons pas toutefois d'engager ceux qui voudront s'initier à une saine théorie de l'art de la verrerie à lire la *Chimie appliquée aux arts* de M. Dumas ; l'article *Verre* (glass) du

Dictionnaire théorique, pratique et analytique du docteur Sheridan Muspratt (*Chemistry theoretical, practical and analytical as
applied and relatory to the Arts and Manufactures*, by doctor
Sheridan Muspratt F. R. S. E. M. R. J. A.), et les douze leçons
sur la verrerie de M. Péligot. Mais n'oublions pas que la revue
bibliographique que nous venons de mettre sous les yeux du
lecteur avait principalement pour but l'histoire du verre, et recherchons ce qui a été écrit de nos jours sur ce sujet.

Nous devons d'abord mentionner deux brochures fort remarquables sur les mosaïques antiques en verre, par Menu de Minutoli, gouverneur du prince Charles de Prusse, etc., et Martin-Henri
Klaproth, Berlin, 1815 (en allemand), ouvrage orné de gravures
coloriées et présentant des échantillons de verreries antiques, et
De la fabrication et de l'usage des verres colorés chez les anciens, par
Henri de Minutoli, avec quatre lithographies coloriées, Berlin, 1836
(en allemand). Ces deux ouvrages s'occupent beaucoup moins de
l'étude des auteurs anciens que de discuter et d'analyser des spécimens de verre antique ; aussi offrent-ils un puissant intérêt, car
c'est dans une telle étude que doivent surtout consister désormais
les recherches sur l'art des anciens.

Nous devons surtout citer l'ouvrage de sir J. Gardner Wilkinson sur les mœurs et usages des anciens Egyptiens (*Manners and
customs of the ancient Egyptians*), qu'il a publié en 1836, et dont
il a fait un abrégé publié en 1854. A partir de cette publication,
il n'est plus permis d'élever des doutes sur l'ancienneté de la fabrication du verre, de reporter son origine au quatrième ou au
dixième siècle avant notre ère, car Wilkinson nous donne des
preuves irrécusables que la fabrication du verre était pratiquée,
en Egypte, plus de deux mille ans avant J.-C., c'est-à-dire
avant même la sortie de ce pays du peuple hébreu. Le procédé
du soufflage du verre est représenté dans la peinture de Beni-
Hassan, qui date du règne du premier Osirtasen, c'est-à-dire il y a
plus de trois mille huit cents ans, de la même manière qu'on le
retrouve dans des monuments plus récents datant de la conquête
des Perses, et qui, ainsi qu'on peut le voir dans la figure ci-après,
ne peuvent laisser le moindre doute sur l'opération qu'elle représente. Parmi d'autres exemples de verreries des Egyptiens,
Wilkinson mentionne une petite boule de verre trouvée à Thèbes,
portant le nom d'un Pharaon qui vivait environ 1450 avant J.-C.

et dont la densité est de 2,523, la même que celle du verre fabriqué de nos jours; des bouteilles de verre semblables à celles représentées figure 1 se trouvent même sur les monuments de la

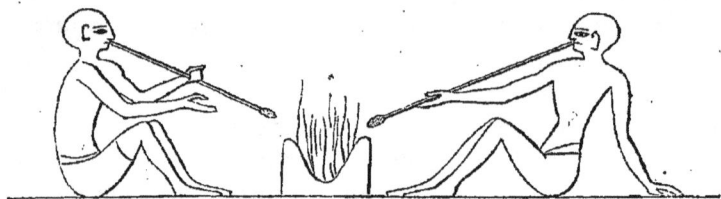

Fig. 1.

quatrième dynastie, qui a précédé de beaucoup celle des Osirtasen, et qui ont ainsi plus de quatre mille ans. On trouve dans les tombeaux bien des bouteilles et autres objets en verre, et quoiqu'ils ne portent pas d'inscription de date, l'on ne peut douter de leur antiquité lorsque nous considérons, d'une part, que cette boule en verre dont nous parlions tout à l'heure nous offre l'extrême bonne fortune de porter le nom d'un souverain de la huitième dynastie, et que, d'autre part, ces bouteilles et autres objets en verre ont une similitude parfaite avec ceux représentés dans des monuments d'une date certaine.

Pour quiconque est initié à la fabrication du verre, il y a d'ailleurs une preuve bien incontestable de la haute antiquité des verreries égyptiennes, : elle résulte des échantillons si curieux qui sont arrivés jusqu'à nous, que nos ouvriers auraient bien de la peine à imiter, et qui attestent ainsi une industrie très-anciennement pratiquée.

Ces détails relatifs à l'ancienneté du verre se trouvent reproduits dans un petit ouvrage fort intéressant de M. Apsley Pellatt, *The curiosities of glass making*, London, 1849, dans lequel l'au-

2

teur met à la portée des gens du monde les procédés de fabrication des pièces de verre les plus curieuses.

DOMINIQUE BUSSOLIN, de Venise, a fait paraître, en 1846, un petit ouvrage ayant pour titre : *Les célèbres verreries de Venise et de Murano*, description historique, technologique et statistique de cette industrie. Comme cet ouvrage est tout à fait spécial, nous en reparlerons lorsqu'il sera question des verreries de Venise.

M. J. LABARTE, dans sa description des objets d'art composant la collection Debruge-Duménil, précédée d'une introduction historique, ouvrage qui dénote l'amateur distingué autant qu'érudit, consacre un chapitre très-intéressant à l'histoire du verre, dans lequel se trouve résumée l'étude de presque tous les auteurs que nous avons cités, éclairée par l'appréciation des objets même en verre des diverses époques historiques. Puis, dans son magnifique et savant ouvrage : *Histoire des arts industriels au moyen âge et à l'époque de la renaissance* (Paris, Morel, 1866), M. J. Labarte revient sur l'histoire du verre, et donne surtout des détails pleins d'intérêt sur les progrès et les diverses phases de cet art, à partir du commencement de notre ère, en Orient et en Occident.

Plusieurs auteurs, en traitant de nos jours une branche spéciale de la verrerie, *l'art de la peinture sur verre*, ont, à cette occasion, fait aussi des recherches sur l'histoire en général : tels sont l'ouvrage si remarquable de M. F. de Lasteyrie, *Histoire de la peinture sur verre*; l'ouvrage de M. Winston, *Hints on glass painting*, et beaucoup d'autres en anglais, en allemand et en français; nous aurons occasion d'en reparler lorsque nous traiterons nous-même ce sujet spécial.

Nous avons cité la plus grande partie des auteurs qui se sont occupés de l'histoire du verre; leurs investigations se sont généralement portées sur les textes des auteurs latins, grecs, hébreux, dans le but de constater quelle est l'époque la plus éloignée où il a été question du verre. De là des dissertations très-savantes sans doute, pour prouver qu'Homère, Job, ont connu le verre; mais d'autres savants, reprenant les mêmes textes, disent aux premiers qu'ils se sont trompés, qu'ils ont traduit par verre ce qui, dans le texte, avait une autre signification, et s'appliquait, suivant les uns, à du cristal naturel; suivant d'autres, à un alliage métallique. C'est qu'en effet ils étaient tout à fait incompétents pour éclairer la question, car il ne suffit pas de connaître une langue pour traduire des sujets spéciaux. Si l'on admet, en effet, qu'un littérateur allemand ou anglais ne pourrait traduire dans sa langue un ouvrage de technologie écrit en français sans commettre une foule d'erreurs, on concevra, à plus forte raison, pour des langues mortes, que des textes hébreux, grecs et latins aient pu être très-diversement interprétés par les nombreux commentateurs qui tentaient de nous les faire comprendre. Mais toutes ces dissertations deviennent oiseuses devant l'examen attentif des divers produits de l'art antique qui sont parvenus jusqu'à nous ; car leur étude ferme le champ des conjectures plus ou moins ingénieuses, pour nous faire entrer dans la voie des faits.

Résumant donc en peu de mots ce que l'on peut établir d'incontestable, nous dirons que l'histoire du verre se relie à celle de toutes les industries ayant eu le feu pour agent ; l'industrie du potier a dû certainement la précéder, car, dès les premiers âges, les hommes ont dû mettre à profit la plasticité de l'argile pour en façonner les vases nécessaires aux usages journaliers. Ces vases furent sans doute d'abord simplement séchés au soleil, mais bientôt le feu, le don le plus précieux de la Providence, le signe le plus manifeste de la supériorité de l'homme, dut être substitué au soleil pour rendre l'argile, au moyen d'une température plus élevée, imperméable aux liquides.

Les premiers vases d'argile ainsi obtenus durent marquer les premiers pas de la carrière industrielle de l'homme, et ce fut aussi sur ces vases que commença à se révéler l'enfance de son génie artistique. Quel que soit le peuple dont on veuille étudier les premiers âges, les plus anciennes traces de sa civilisation se rattachent toujours à des poteries qui donnent la mesure du génie plus ou moins artistique de ce peuple.

Cette industrie du potier, qui a précédé toutes celles dont le feu est le principal agent, a dû aussi leur donner successivement naissance : sous l'action d'un feu violent, certaines terres se revêtirent d'un vernis qui fut le premier verre produit ; d'autres terres durent aussi manifester les premiers rudiments métalliques ; la fonte des métaux fut certainement accompagnée de la production de masses vitreuses diversement colorées, qui ne manquèrent pas d'attirer l'attention, et de conduire à la production de cette matière merveilleuse, susceptible de recevoir toutes les empreintes, et que l'on dut d'abord mouler à la façon des métaux. Le soufflage de cette substance, liquide comme un métal à une haute température, mais qui en même temps possède à une température un peu moins élevée cette plasticité de l'argile à froid, résulta sans doute du premier hasard qui produisit une insufflation de la matière par le fait de l'emprisonnement d'une portion d'air entre la matière s'échappant d'un creuset fondu et le sol sur lequel cette matière se répandait, ou même de l'air emprisonné dans l'anfractuosité d'un moule. Cette insufflation ne dut pas tarder à être imitée par l'intermédiaire d'un tube métallique. Cet outil si simple, et qui cependant s'est perpétué d'âge en âge pour ainsi dire sans modification, la *canne* du verrier, se retrouve, comme nous l'avons déjà fait remarquer, sur des monuments égyptiens dont la date authentique remonte au moins à deux mille ans avant l'ère chrétienne. C'est là le témoignage le plus ancien de la fabrication du verre, qui d'ailleurs n'était probablement pas alors une industrie nouvelle ; aussi n'inférerons nous pas de ce monument authentique, que le peuple égyptien fut l'inventeur du verre. Si une civilisation plus ancienne a précédé celle des Égyptiens, c'est là qu'il faudrait chercher l'origine du verre. Nous regardons d'ailleurs comme de peu d'intérêt de rechercher si les verres égyptiens précédèrent ou suivirent ceux de Tyr et Sidon ; nous ferons remarquer seulement que les peuples de ces dernières villes avaient essentiellement le génie commerçant, et que les nations commerçantes commencent d'abord par être les intermédiaires entre les peuples producteurs avant de produire elles-mêmes. Si, d'une part, les accumulations de sable blanc du fleuve Bélus tendirent à favoriser en Phénicie la fabrication du verre, d'autre part, la production naturelle en Égypte du *natron*, cet élément plus important ou au moins plus rare de cette fabrication, semblerait constituer en faveur de cette dernière une probabilité de priorité.

La fabrication du verre ne fut pas d'ailleurs exclusivement pratiquée par ces deux peuples ; Hérodote nous dit que la fabrication du verre était connue et en usage chez les Éthiopiens ; selon lui, ils en faisaient des caisses ou cylindres creux dans lesquels ils renfermaient le corps de leurs défunts. Les Persans se servaient de vases de verre avant le règne d'Alexandre le Grand ; les ambassadeurs que les Athéniens envoyèrent dans la Perse rendirent compte à leur retour de cet usage, comme d'une chose capable de donner à leurs concitoyens une grande idée du luxe et de la magnificence de ces peuples. Pline parle aussi de la fabrication du verre dans l'Inde, et le même auteur nous apprend encore que les Celtes et les peuples de l'Espagne avaient des fonderies pour le verre. Nous ne pensons pas que la fabrication du verre ait été pratiquée, au moins d'une manière notable, en Grèce : serait-ce que les éléments constitutifs ou le combustible auraient manqué ? ou plutôt ne doit-on pas penser que la nature particulière du génie artistique des peuples de la Grèce dut principalement se concentrer dans la pratique de la céramique, qui obéissait d'une manière plus docile, plus précise à la production de ces formes d'un profil si élégant qui sont restés d'admirables types, et dont la pureté ne pouvait être atteinte aussi bien par l'intermédiaire des outils du verrier ?

Si la trace des Grecs se retrouve dans les verres antiques, ce n'est pas dans leur fabrication proprement dite, mais dans les moulures de verre opaque fixées sur des vases en verre bleu ou violet, et où l'art grec a imprimé un cachet qui ne saurait être méconnu.

Le développement du luxe qui prit un si grand essor chez les Romains, lorsque leurs conquêtes se furent étendues sur tout le monde connu, donna une nouvelle activité à la production des verreries égyptiennes, dont toutes les facultés s'appliquèrent à satisfaire les goûts raffinés des maîtres du monde. Elles produisirent de véritables chefs-d'œuvre, sans doute, car Pline, en parlant des vases en verre, dit : « On prend maintenant si grand plaisir à boire dans de beaux verres, qu'ils se sont substitués dans les buffets aux coupes d'or et d'argent. » La consommation du verre par les Romains atteignit bientôt de telles proportions, que des verriers d'Alexandrie ne tardèrent pas à s'établir en Italie, pour être plus à portée d'obéir plus rapidement aux mille fantaisies de ce grand marché[1].

La fabrication du verre, une fois établie en Italie, ne se renferma pas longtemps dans la production des vases de toute espèce : le

---

[1] Ce fut sous le règne d'Auguste que l'on commença à attirer à Rome des verriers égyptiens, qui trouvèrent en Italie la matière propre à la vitrification, et établirent des verreries qui, dans moins d'un siècle, se perfectionnèrent et devinrent célèbres.

climat 'de l'Italie, plus rigoureux que celui de l'Egypte, donna
bientôt naissance à la production du verre plat destiné à éclairer
l'intérieur des habitations, tout en les préservant du froid extérieur; les témoignages de Pompéi ne laissent aucun doute à cet
égard. Ainsi, vers le commencement de l'ère chrétienne, la fabrication du verre s'étendait à la production des vases et des vitres
(qui toutefois constituaient encore alors un grand luxe) et à la matière des mosaïques. Les verreries romaines avaient pris une importance très-grande, puisqu'un édit impérial leur assigna un
quartier spécial, qui paraît avoir été dans le voisinage du mont
Cœlius.

Sans doute, la fabrication du verre ne fut pas exclusivement
concentrée dans Rome ni même en Italie, et il y a toute probabilité que, les Romains portant dans les provinces sous leur domination, c'est-à-dire dans l'Ibérie, les Gaules, la Germanie, toutes
les jouissances du luxe auquel ils étaient habitués en Italie, il dut
s'y établir des verreries (dans le cas même où il n'en aurait pas
existé auparavant). Mais, toutefois, les procédés les plus recherchés de l'art de la verrerie paraissent principalement s'être transmis par tradition non interrompue des premiers verriers de l'Italie
à Venise, où cet art se sera probablement réfugié lors des invasions des barbares; et, effectivement, les Vénitiens produisirent
presque tous les genres de verreries qu'avaient fabriqués les Egyptiens et les Romains, et dont il nous reste des échantillons si
remarquables.

Tel est, suivant nous, tout ce qu'on peut dire d'incontestable
relativement à l'histoire du verre dans l'antiquité; nous nous ré-
servons d'ailleurs de reprendre, à chacune des divisions de notre
ouvrage, l'histoire des diverses sortes de verreries particulières;
mais alors nous poursuivrons cet historique jusqu'à nos jours,
parce qu'il se reliera essentiellement aux particularités de chaque
fabrication, et en formera un complément indispensable.

Il ne nous reste plus qu'à exposer le plan que nous nous sommes
tracé dans l'exécution de l'ouvrage que nous avons entrepris.

Dans un premier livre, nous traitons du verre en général, de sa
définition, de ses propriétés physiques et chimiques, de chacun des
éléments qui concourent à sa production, c'est-à-dire, de la silice,
des divers sels de soude et de potasse, des oxydes métalliques;
des creusets, des fours de fusion et autres fours accessoires; des

combustibles. Nous consacrerons un chapitre à l'examen des défauts auxquels le verre est sujet, des accidents qui ont lieu dans la fabrication. La dévitrification au point de vue scientifique et technique nous a paru devoir aussi mériter un chapitre particulier ; là question si importante de la main-d'œuvre, celle relative au choix de l'emplacement d'une verrerie, méritaient également d'être traitées spécialement. Dans ce livre, nous nous bornons à des notions générales, réservant les particularités, lorsqu'il s'agira de l'emploi direct des éléments appliqués aux diverses espèces de verres, à chacune desquelles sera consacré un livre spécial.

Si nous avions voulu procéder par ordre chronologique, ce n'est pas le verre à vitre dont il eût été d'abord question ; mais aujourd'hui ce verre est celui dont l'utilité, la nécessité même est la plus absolue, et en même temps dont la composition est la plus simple : il formera donc le livre II, dont le premier chapitre sera consacré à l'historique des vitres poursuivi jusqu'à nos jours, tant pour le verre à vitre soufflé en plateaux que pour le verre à vitre soufflé en cylindres. Les verres destinés à couvrir les vases, pendules, etc., les verres à vitres de couleur, formeront des chapitres séparés du livre II. Le chapitre enfin que nous considérons comme le plus important sera consacré à la partie économique et commerciale : il contiendra l'analyse des divers prix de revient, eu égard à différentes localités, les tarifs de vente, et sera le dernier de ce livre II.

Les *vitres* nous conduisent naturellement aux *glaces*, qui sont en réalité de grandes vitres : elles formeront le livre III, dans lequel nous traiterons aussi des glaces soufflées, qui, à la vérité, ne sont autre chose que des vitres polies, mais que nous avons réservées pour ce livre à cause de la similitude du travail auquel sont soumises et les glaces soufflées et les glaces coulées.

Nous ne croyons pas nécessaire d'entrer ici dans le détail des chapitres qui formeront le livre III, qui, comme pour les vitres et tous les livres qui suivront, commencera par l'historique des glaces, entrera dans les détails de la fabrication, et se terminera par la partie économique et commerciale.

Après avoir parlé du verre employé comme corps plat transparent, nous arrivons au verre employé comme corps contenant, et d'abord nous traiterons du moins parfait, *les bouteilles*, qui formeront le livre IV ; puis viendront, dans le livre V, la *gobeletterie* et le *cristal*, que nous croyons devoir ranger dans le même livre : en France, le *verrier* entend par *cristal* le verre dans la composition duquel entre l'oxyde de plomb, mais comme, d'une part, en Angleterre, on ne fabrique pas d'autre gobeletterie que le cristal (*flint-glass*), que, d'autre part, en Bohême, au contraire, l'oxyde de plomb n'entre presque jamais dans la composition de la gobeletterie la plus fine, nous avons cru devoir réunir la gobeletterie et le cristal dans un même livre. Les cristaux et verres colorés, les verres filigranés, mosaïques, formeront des chapitres assez importants de ce livre. Il est assez remarquable que ces verres, qui, dans les verreries modernes, ne constituent qu'une fabrication pour ainsi dire accessoire, sont précisément ceux dans lesquels les verriers de l'antiquité ont atteint le plus haut degré de perfection ; c'est qu'en effet, dans l'état d'impureté où étaient leurs matières premières, il leur était assez facile de fabriquer des verres colorés assez semblables aux diverses pierres précieuses, mais ils ne pouvaient imiter le cristal de roche et encore moins le diamant. Aussi le progrès dans l'art du verrier a-t-il consisté à atteindre cet éclat et cette translucidité incolore que les découvertes de la chimie ont pu seules permettre d'atteindre.

Nous venons d'énumérer les diverses sortes de verre qui se fabriquent d'ordinaire dans les verreries ; mais notre ouvrage ne nous eût pas semblé complet, si nous n'avions pas parlé des verres employés pour l'optique, c'est-à-dire du *flint-glass* et du *crown-glass*, ou, par abréviation, *flint* et *crown*, qui formeront l'objet du livre VI. Ces mots, en Angleterre, n'ont pas la même signification qu'en France. Le *flint-glass* est le verre dans lequel entre l'oxyde de plomb et que nous nommons cristal ; le *crown-glass* est le verre à vitre fabriqué en plateaux. C'est à l'aide de ces deux verres que Dollond résolut, le premier, le problème de l'achromatisme, et quand on voulut, en France, faire des lunettes, on fit venir d'Angleterre le flint-glass et le crown-glass ; puis, quand ces matières devinrent l'objet d'une fabrication spéciale, on leur conserva les noms de flint-glass et de crown-glass, qui sont restés réservés à ces verres. Nous ferons remarquer, du reste, que ces verres d'optique n'ont pas seulement une importance scientifique, qui, seule, sans doute, eût mérité un livre spécial ; mais, depuis la merveilleuse découverte de Daguerre, l'extension si considérable qu'a prise la photographie, le nombre immense d'appareils qui ont été construits en Europe et en Amérique, ont donné au verre d'optique une réelle importance commerciale.

Enfin, nous consacrons le livre VII à la *peinture sur verre,* qui, à la vérité, ne fait pas essentiellement partie de l'art de la verrerie proprement dit, mais qui s'y rattache par des liens si intimes que nous avions cru devoir la joindre à l'établissement de verrerie que nous avons dirigé. Cet art, qui, à une époque, avait une importance si grande, ne peut arriver à des résultats remarquables qu'il tend à reconquérir de nos jours, qu'autant que le fabricant de verre entre dans toutes les vues de l'artiste qui conçoit le vitrail, dont la réussite dépend en partie du choix des teintes qui composent ce vitrail. Nous n'avons pas la prétention de croire que ce traité de la peinture sur verre puisse rendre à cet art tout l'éclat qu'il eut dans son beau temps, mais nous détaillerons tous les procédés techniques, et, ayant assisté nous-même à toutes les tribulations de l'artiste, nous pensons que nous pourrons épargner à de jeunes néophytes bien des essais infructueux, et les mettre dans la voie la plus favorable à la production de chefs-d'œuvre, et quand nous n'aurions pas même atteint ce noble but, nous aurons au moins produit ce résultat qui a été notre mobile, celui de faire connaître à nos successeurs, ainsi que nous avons cru le faire pour la verrerie, l'état de la peinture sur verre au milieu du dix-neuvième siècle.

Tel est le plan que je me suis tracé et à l'exécution duquel j'ai consacré tous mes efforts, heureux de pouvoir ainsi résumer et transmettre toutes les observations que j'ai pu faire dans la pratique d'une industrie qui a fait l'occupation de toute ma vie.

GUIDE DU VERRIER

LIVRE I.

DU VERRE EN GÉNÉRAL.

CHAPITRE I.

DU VERRE. — DE SES PROPRIÉTÉS GÉNÉRALES.

Le verre est une substance diaphane, blanche ou colorée, dure
et fragile à la température ordinaire, dont la cassure a une contexture particulière désignée par *cassure vitreuse* ; visqueuse,
malléable et liquide à mesure qu'on élève la température ; et qui
résulte généralement de la fusion, à un feu violent, d'un mélange
de silice plus ou moins pure, et d'une ou plusieurs substances
alcalines ou métalliques. A la vérité, d'autres substances, telles
que le bore sous forme d'acide borique et la soude [1], le phosphore
à l'état d'acide phosphorique et la chaux, exposés à des températures plus ou moins élevées, forment aussi cette substance dia-

---

[1] Nous devons faire remarquer ici que, cet ouvrage étant principalement écrit
au point de vue technologique, nous ne nous servirons pas toujours du langage rigoureusement chimique. Ainsi nous emploierons les mots de *soude, chaux, potasse,* et autres, au lieu d'*oxyde de sodium, de calcium, de potassium*. La langue
chimique subit d'ailleurs des mutations tellement fréquentes, que nous sommes
plus certain d'être toujours compris en nous servant des noms employés dans les
ateliers.

phane, fragile, à cassure vitreuse, désignée sous le nom de *verre;* mais il ne sera question dans ce traité que du verre fabriqué au point de vue industriel et commercial, celui qui se fait dans les *verreries*, et dont la silice forme le principal élément.

Si l'on demande une définition du *verre* plus complète, plus scientifique que celle que nous avons donnée, qui suffit à un dictionnaire ordinaire, qu'on ouvre la *Chimie appliquée aux arts*, de M. Dumas, on y lira :

« Depuis que les recherches de Berzelius ont mis hors de doute le caractère acide de la silice, la composition générale du verre ne peut plus offrir de difficultés : le verre est *un véritable sel*, un silicate à base de potasse, de soude, de chaux, d'oxyde de fer et d'alumine, d'oxyde de plomb, dans lequel on peut remplacer l'une de ces bases par l'autre, pourvu qu'il reste toujours une base alcaline. »

Cette définition chimique a été répétée par tous les auteurs qui ont écrit depuis sur le *verre*, entre autres par M. Payen, par le docteur Sheridan Muspratt en Angleterre. Le *verre est donc un sel* à base simple ou multiple ; mais alors ce sel obéit-il aux lois des proportions définies des autres sels ? L'analyse et la pratique répondent négativement à cette question. Ce n'est le plus souvent qu'avec de certaines concessions, c'est-à-dire en aidant un peu aux chiffres, qu'on trouve parfois dans les résultats des analyses des proportions définies à peu près exactes ; et, à une objection qui pourrait nous être faite que les verres dont l'analyse s'éloigne davantage des proportions définies sont sans doute des verres assez imparfaits, je répondrai que l'expérience prouve souvent le contraire.

Je citerai dans un des chapitres suivants (*Analyses*) des analyses de certains verres doués de propriétés remarquables de solidité et d'indécomposabilité, dont les éléments sont très-loin d'être dans des proportions exactes.

Je me garderais bien sans doute de nier la définition du verre donnée par un tel maître que M. Dumas, et peut-être, d'ailleurs, la science admet-elle ou admettra-t-elle que l'acide du silicium s'unit en toutes proportions aux oxydes basiques ; toutefois, j'essayerai de donner une autre définition du verre, elle sera moins scientifique et plus pratique. Prenant la silice comme l'élément essentiel et principal du verre, et remarquant : 1° que le cristal de

roche, cette admirable substance type du verre, est de la silice ;
2° que le cristal de roche ou la silice chimiquement pure, exposé
à l'action du chalumeau à gaz hydrogène et oxygène, fond en un
verre ; que le grès, le quartz, qui sont des silices plus ou moins
amorphes, exposés à l'action du chalumeau, fondent en un *verre*
et redeviennent ainsi semblables au *verre* du cristal de roche
(nous disons semblables au *verre du cristal* de roche et non semblables au cristal de roche, car, suivant l'observation remarquable
de sir David Brewster, le cristal de roche *fondu* ne manifeste plus
dès lors, au point de vue optique, de pouvoir rotatoire); 3° que
l'addition d'une plus ou moins grande quantité d'alcali ou oxyde
métallique rend inutile l'action du chalumeau d'hydrogène et
d'oxygène, tout en exigeant une température élevée, nous dirons :
Le verre est l'agrégation des molécules de silice ramenées à leur
état de transparence, produite par l'addition d'une quantité plus
ou moins grande d'alcali ou d'oxydes métalliques, suivant la température à laquelle le mélange est exposé. Si nous désignons, par
exemple, par 100 le degré de fusion de la silice pure, et que nous
ajoutions successivement, à la silice, 1 pour 100, 2 pour 100,
3 pour 100 d'un flux ou fondant, tel que la soude et la potasse ou
l'oxyde de plomb, nous obtiendrons des verres à des températures
proportionnellement décroissantes, de 99, 95, 90, et dont les propriétés dépendront, et de la température à laquelle ils auront été
obtenus et de la nature du flux ou fondant. Au surplus, de même
que nous avons dit précédemment que nous ne comptons traiter
que des verres dont la silice était l'élément principal, nous ajouterons ici que nous ne parlerons que des verres qui fondent à la
température des fours employés dans les verreries, et qui résultent généralement, pour un verre blanc, du mélange, ou, si l'on
veut, de la combinaison de 50 à 75 pour 100 de silice avec 50 à
25 de soude et chaux, ou potasse et chaux, ou potasse et oxyde
de plomb, et, pour les verres de couleur, des mêmes mélanges ou
combinaisons avec addition de quelques centièmes d'oxyde métallique colorant. Tels sont les verres dont l'étude fait l'objet de
notre ouvrage et dont nous allons d'abord considérer les propriétés physiques et chimiques.

Propriétés physiques et chimiques.—La physique et la chimie
tendant de plus en plus chaque jour à se confondre en une seule
et même science générale, une grande partie des phénomènes

observés s'expliquent par des causes communes à ces deux sciences; nous n'avons donc pas cru devoir séparer l'examen de ces deux sortes de propriétés.

La principale propriété du verre est sa *transparence*, c'est là son essence, la qualité qui le rend si précieux. Nous n'avons pas à nous étendre sur cette propriété qui fait du verre la substance la plus merveilleuse que l'homme ait pu produire et de laquelle résultent tous ses principaux usages.

Le verre mauvais conducteur de l'électricité. — Le verre est non conducteur ou au moins très-mauvais conducteur de l'électricité. C'est sur cette propriété que sont fondés la construction des machines électriques, la plupart des expériences sur l'électricité et l'établissement des lignes télégraphiques. Il faut remarquer toutefois que tous les verres ne possèdent pas au même degré cette propriété; le verre à base de potasse et de plomb ou cristal est moins isolant que le verre à base de soude ou potasse et chaux; de deux sortes de cristal [1], celui qui sera le plus *dur* isolera le mieux; or, le cristal sera d'autant plus dur, comme nous le verrons tout à l'heure, qu'il entrera plus de groisil ou fragments de cristal dans sa composition. Le verre à base de soude ou potasse et de chaux sera d'autant plus mauvais conducteur de l'électricité qu'il attirera moins l'humidité de l'air, parce que sa fusion aura été plus longtemps prolongée, qu'il contiendra une plus grande quantité de chaux. C'est à cette circonstance que tient la difficulté qu'on éprouve aujourd'hui de trouver des plateaux de machines électriques. Les fabriques de glace, par un principe d'économie résultant de la concurrence intérieure et extérieure, et pour satisfaire aux demandes de la consommation, s'efforcent de fondre le plus rapidement possible les glaces les plus blanches; ces deux conditions sont en quelque sorte en opposition avec le but d'obtenir les glaces les moins hydroscopes et *isolant* le mieux. Aussi l'un des principaux fabricants d'instruments de physique me disait-il qu'il était obligé, pour se procurer des plateaux de machines électriques, de rechercher les glaces des vieux châteaux, celles anciennement fabriquées, qui étaient beaucoup plus vertes, mais d'une nature bien plus sèche.

---

[1] Toutes les fois qu'il sera question de *cristal* dans ce Traité, nous entendrons verre dont l'une des bases est l'oxyde de plomb.

Le verre mauvais conducteur du calorique. — Le verre est très-mauvais conducteur du calorique, d'où résulte son extrême fragilité par les changements brusques de température que subissent seulement certaines portions d'une pièce en verre ; la chaleur ne se communiquant pas rapidement de proche en proche à toutes les parties, il en résulte que les portions fortement chauffées prennent une dilatation à laquelle n'obéissent pas les parties plus éloignées, et la pièce se brise. Le même effet, c'est-à-dire la fracture, a lieu en sens inverse quand la pièce passe rapidement d'une température élevée à la température ordinaire, et c'est sur cette propriété non conductrice qu'est fondée la nécessité de *recuire* les pièces fabriquées en verre. Si ces pièces, qui sont façonnées alors que le verre a une demi-fluidité, qu'il est encore malléable, sont abandonnées à la température de l'air en sortant des mains du verrier, elles sont solidifiées extérieurement avant que les parties intérieures soient refroidies et aient pu prendre leur retrait ; elles demeurent donc dans un état de tension qui occasionne leur rupture plus ou moins prompte, suivant que la pièce se compose de parties d'une grande inégalité d'épaisseur, et surtout de parties rapportées et soudées à chaud. Dans ce dernier cas, la pièce se brise au bout de peu de minutes, avant même d'être refroidie extérieurement au point de pouvoir être touchée. On est donc dans la nécessité de *recuire* les pièces de verre, ce qui consiste à les faire passer de la température à laquelle elles sont fabriquées, à la température ordinaire par degrés lents dans des appareils particuliers que nous décrirons pour chaque espèce de verre. Par cette opération de la *recuisson*, la pièce qui vient d'être fabriquée se trouve placée dans des conditions de nature à conserver aux particules extérieures la même température qu'aux portions intérieures, et à passer assez lentement à la température ordinaire pour permettre à ces portions intérieures de suivre la même décroissance et à opérer ainsi simultanément leur retrait.

C'est sur cette propriété qu'est fondé l'effet de ces gouttes de verre connues sous le nom de *larmes bataviques*, qui se brisent en poudre avec une petite explosion quand on casse le fil qui les termine. Peu de personnes, étrangères même à l'art de la verrerie, ignorent cet effet, dont l'explication est facile : ces larmes sont obtenues en prenant à l'extrémité d'une tige de fer un peu de verre

dans le creuset de fusion, alors que ce verre est dans sa plus
grande fluidité ; on laisse de suite couler, dans un seau plein
d'eau, ce verre qui, en raison de sa ductilité, tombe sous forme
d'une goutte terminée par un fil de plus en plus ténu. Cette
goutte de verre, subitement refroidie par le contact de l'eau, se
trouve solidifiée extérieurement, alors qu'elle est encore liquide à
l'intérieur ; la goutte est d'un volume plus grand que celui
qu'elle devrait occuper quand elle est entièrement refroidie ; les
portions intérieures sont maintenues, par les parties extérieures,
dans un état de tension de toutes leurs molécules qui n'a pas permis leur retrait ; cette tension toutefois n'est qu'intérieure. Aussi
cette larme batavique peut-elle subir une pression, un choc
même sans se briser ; mais si quelque accident vient à rompre
sur un point l'espèce d'équilibre résultant de toutes ces tensions,
équilibre qui se trouve détruit, par exemple, par la fracture de la
queue de la larme, les molécules obéissent à leur besoin de contraction, se séparent brusquement et se résolvent en poudre.
Quelques personnes, ayant vu dans ces larmes des bulles d'air ou
de gaz, ont cru pouvoir expliquer par ces bulles l'explosion des
larmes ; sans doute cet air, refroidi subitement et, par conséquent,
raréfié, peut aussi contribuer à l'explosion de la larme ; mais il ne
forme pas partie essentielle de l'effet des larmes bataviques, car
celles qui sont pures et sans bulles produisent le même effet.

Le défaut de *recuit* explique aussi la rupture des petites pièces
de verre auxquelles on a donné le nom de *fioles philosophiques* ;
ces fioles ne sont autre chose que les *épreuves* que font les verriers
sur le dessus des creusets avant de commencer le travail du
soufflage. On les appelle *montres*, parce qu'elles servent à montrer l'état dans lequel se trouve le verre, et surtout sa couleur,
son plus ou moins de blancheur. A cet effet, l'ouvrier prend une
petite portion de verre au bout d'une canne, la souffle de manière
à lui donner la forme ci-contre (fig. 2) ; il détache cette montre
de la canne et la laisse refroidir à l'air. Si cette pièce
était soufflée mince, elle ne serait pas très-fragile,
mais le verrier ne pourrait pas aussi bien apprécier sa
couleur : dès lors il lui donne une assez forte épaisseur
au fond, de manière à rendre plus sensible la moindre
coloration. Cette montre, refroidie beaucoup plus rapidement extérieurement qu'intérieurement, se trouve donc

Fig. 2.

dans un état de tension, de même que la larme batavique ; un choc extérieur, même violent, ne rompra pas cette espèce de fiole ; mais qu'on projette intérieurement un petit corps dur, surtout si ce petit corps a quelques arêtes vives, comme un fragment de verre, l'espèce de vibration, le petit choc intérieur sur des molécules dans un état d'extrême tension, rompt l'équilibre, et la fiole se brise en petits fragments, beaucoup moins nombreux, bien entendu, que ceux de la larme batavique, dont le refroidissement extérieur a été bien plus rapide.

Un exemple, ou, si l'on veut, en adoptant le nouveau langage, une illustration remarquable du défaut de conductibilité de la chaleur que possède le verre, se produit dans les verreries, quand, pour vider le fond d'un creuset ou autre opération analogue, on prend ce verre liquide avec une *poche* en fer (espèce de cuiller à long manche, contenant de un à plusieurs kilogrammes de verre), et qu'on le projette dans un baquet d'eau, on voit ce bloc de verre rester assez longtemps rouge-cerise dans l'eau, mais ce n'est que l'intérieur du bloc qui conserve quelque temps et de proche en proche cette température rouge, car l'extérieur a été subitement refroidi par le contact de l'eau, ce dont on peut s'assurer en plongeant la main dans l'eau et agitant le bloc de verre auquel le contact constant de l'eau ne permet pas de reprendre la température de l'intérieur de la masse ; aussi ne faudrait-il pas le tenir immobile dans sa main, car en peu d'instants l'équilibre se rétablirait entre la température de l'intérieur, de l'extérieur et de votre main, ce dont vous vous apercevriez assez vivement. Le bloc de verre rouge se fendille extérieurement, l'eau pénètre peu à peu les parties intérieures, et ce bloc se résout en une multitude de fragments.

Nous avons expliqué que cette propriété du verre d'être mauvais conducteur du calorique rendait nécessaire l'opération de la *recuisson*. Cette recuisson est plus est moins difficile, suivant les formes et les différentes épaisseurs, et aussi plus ou moins parfaite. L'imperfection de la recuisson ne se manifeste quelquefois que longtemps après la fabrication. Un changement brusque de température, une autre circonstance qui n'aura pu être notée, une vibration violente détermineront une rupture spontanée, quelquefois attribuée à tort à une maladresse ; il peut arriver qu'un verre à boire, épais du fond, dans lequel on a laissé quelques gouttes d'eau sucrée, se casse en deux par le fond par le fait de la cristallisation du sucre, qui opère sur la surface intérieure d'un verre imparfaitement recuit l'effet du petit fragment projeté à l'intérieur de la *fiole philosophique.* Cette rupture a lieu aussi assez souvent si on verse de l'eau bouillante dans un vase en verre, si on veut le rincer avec de l'eau trop chaude. Qu'il me soit permis aussi de dire quelques mots d'un préjugé qui attribue au persil la propriété d'occasionner la fracture du verre, propriété supposée qui a pu être souvent donnée comme excuse d'un défaut de soin. Si je ne crains pas de mentionner ici ce préjugé, c'est qu'il a pu trouver créance dans un journal scientifique très-estimé et très-estimable, le *Cosmos,* 1859. Je déclare donc que j'ai plusieurs fois frotté fortement avec du persil, et plus ou moins d'eau, un verre à boire en verre ou en cristal bien recuit, sans avoir jamais pu parvenir à le briser sur le moment même, ni par suite de cette friction.

Cette non-conductibilité du calorique constitue pour le verre imparfaitement recuit une sorte de *trempe* qui rend sa surface extérieure plus dure, en sorte que s'il s'agit, par exemple, de tailler ou de graver du verre ou du cristal par des agents mécaniques, c'est-à-dire avec le tour, le tailleur s'aperçoit facilement de la mauvaise recuisson par une plus grande dureté de la surface, ce qui a pour ce tailleur le double inconvénient d'un travail plus long, et aussi des accidents fréquents de rupture qui lui font perdre son travail, attendu qu'il travaille généralement *aux pièces.* Cette plus grande dureté, cette trempe ou tension du verre se manifeste d'ailleurs par une propriété optique particulière, quand on le soumet à la lumière polarisée en l'interposant entre la lumière réfléchie par un verre noir ou toute autre surface noire polie et le prisme de Nicole ou une tourmaline. Si vous regardez alors cette pièce de verre au travers du prisme ou de la tourmaline, au moment où vous tournez le prisme de manière à polariser la lumière, vous voyez se peindre toutes les couleurs de l'arc-en-ciel sur la pièce de verre, si elle est très-mal recuite, ou une croix laiteuse grise plus ou moins marquée, si l'imperfection de recuisson est moins grande. Cette observation, faite d'abord par sir David Brewster, ne date pas de très-longues années, et a été surtout utilisée dans l'examen des disques destinés à la construction des lunettes achromatiques, qui, quelquefois d'une grande pureté apparente sous le rapport des stries, ne produisaient toutefois que de mauvais objectifs en raison du défaut d'homogénéité provenant d'une mauvaise récuisson. Depuis lors, avant d'employer un disque, après avoir regardé par les faces latérales polies s'il est exempt de stries, on le soumet ensuite à l'épreuve de la lumière polarisée au moyen du prisme de Nicole ou de la tourmaline.

Dureté, élasticité, ductilité, malléabilité. — Tous les verres sont durs à la température ordinaire; mais naturellement cette dureté n'est pas absolue, elle est plus ou moins grande selon leur composition, et cette plus ou moins grande dureté est, en général, en rapport avec la propriété isolante mentionnée à la page 30. Le verre à base de potasse et de plomb est moins dur que le verre à base de soude et de chaux, ou de potasse et de chaux; aussi le *cristal* se taille-t-il beaucoup plus facilement que la gobeletterie ordinaire, et la gobeletterie à base de soude, qui est elle-même moins dure, se laisse plus facilement pénétrer que la gobeletterie à base de potasse.

Le verre, comme tous les autres corps, est dilatable par la chaleur; il est flexible plus ou moins selon que la section longitudinale est plus grande en proportion de la section transversale; le verre est élastique, car, après avoir fait preuve de flexibilité, il revient à sa forme première quand la cause qui avait produit la flexibilité vient à cesser; et toutefois M. Péligot a observé que si la cause qui avait produit cette flexibilité est longtemps prolongée, le verre peut ne pas revenir à sa position précédente : une lame de verre qu'il avait posée de telle sorte qu'une partie de cette lame n'était pas supportée, et avait en conséquence fléchi dans cette partie par le fait de son poids, étant restée un temps assez long dans cette position, contracta cette forme que lui avait imprimée son poids, et ne revint pas à sa forme droite primitive, quand elle cessa d'être en porte-à-faux.

Le verre est compressible, car si on laisse tomber une bille ou balle de verre sur un plan uni garni d'une légère couche d'huile, la balle rebondit en laissant une empreinte d'autant plus large que le choc a été plus fort, ce qui prouve que la balle ne s'est relevée qu'après s'être aplatie. Cette expérience prouve en même temps l'élasticité et la compressibilité; si le choc est trop violent et dépasse la possibilité compressive, la balle se brise.

A une température élevée, mais inférieure à celle de la fusion,

le verre devient visqueux, ductile, malléable, et c'est sur cette
propriété, jointe à celle de mauvais conducteur du calorique,
qu'est fondé le travail de toutes les espèces de verre ; et, en
effet, le refroidissement que subissent les couches extérieures
donne au verre un commencement de consistance qui permet de
lui donner la forme qu'on désire ; le plus souvent cette consistance
est bientôt telle, qu'avant que la pièce soit terminée, la matière
n'obéit plus à l'outil et à la volonté de l'ouvrier, qui est obligé de la
présenter de nouveau à la chaleur du four pour lui rendre la plasticité nécessaire au travail.

Nous verrons, quand il sera question du travail du verre, une
illustration de la ductilité du verre dans l'étirage des tubes. Un
exemple plus frappant encore de cette ductilité nous est fourni
par le *verre filé*, dont on fait quelquefois des ornements, des
aigrettes, et sur lequel s'était fondée l'industrie des étoffes en verre.
Pour produire le verre filé, on prend une baguette de verre de
6 à 8 millimètres de diamètre, dont on chauffe l'extrémité à la
flamme d'une lampe d'émailleur ; quand on a amené cette extrémité au rouge blanc, on saisit avec une petite pince cette extrémité de la baguette, on la tire vivement, et on l'enroule sur une
roue qui tourne rapidement, tout en maintenant l'extrémité de la
baguette à la même température sous le jet de la flamme de
la lampe ; de telle sorte, que le verre continue de s'étirer et de
s'enrouler à une finesse d'autant plus grande, que la roue est d'un
plus grand diamètre et tourne plus rapidement. On peut obtenir
ainsi d'une baguette de quelques centimètres un fil de plusieurs
milliers de mètres, aussi fin et aussi souple que la soie. Nous ne
parlerons pas autrement du verre filé et de son emploi, qui sont
du domaine du souffleur à la lampe ; le rôle du verrier se borne à
lui fournir des baguettes blanches ou colorées.

La malléabilité du verre se témoigne dans le soufflage de toutes
les espèces de verre, mais c'est surtout dans le *coulage* des glaces
que nous en voyons un des exemples les plus remarquables.
Notons bien toutefois que la malléabilité du verre n'est pas de la
même nature que celle des métaux ; car, ainsi que nous le disions
tout à l'heure, cette malléabilité est modifiée par la propriété de
corps non conducteur du calorique. C'est pour n'avoir pas fait
cette observation que M. Pajot des Charmes, qui cependant avait
été initié à des travaux de verrerie, avait conçu la fausse idée du

laminage des glaces entre des rouleaux. Que cette idée soit venue plus tard aussi à un ingénieur de mérite, M. Bessemer, cela nous étonne moins, parce que M. Bessemer n'était pas verrier ; mais il nous semble qu'il faut bien mal connaître le verre, pour penser à laminer tout le contenu d'un creuset de manière à produire, pour ainsi dire, du verre sans fin. Non-seulement on croyait pouvoir obtenir ainsi des glaces, dont en définitive l'extrême poli de la surface n'est pas indispensable, puisqu'elles doivent subir l'opération du polissage, mais on avait même la prétention de produire ainsi directement du verre à vitre !

Le verre n'est pas malléable à la façon des métaux [1], parce qu'il est mauvais conducteur du calorique ; il est, dans le creuset, dans un état de liquidité plus ou moins grande : s'il est trop liquide, le laminage entre les cylindres ne peut le réduire à l'épaisseur égale à la distance des rouleaux, il s'affaisse et pendant et après le laminage. Du moment que les surfaces se solidifient, ce qui arrive rapidement, ces surfaces, sous l'action des cylindres, se calcinent, se fendillent. C'est vainement que vous chercherez à opérer sur le verre à un état de viscosité moyen entre l'état trop liquide et l'état où sa surface devient cassante ; car cette *coulée* ne peut être une opération instantanée, surtout si on lamine mince ; si le verre est à l'état convenable au moment où on commence à verser entre les rouleaux ou dans une *trémie* à ouverture longitudinale, il doit être trop dur vers la fin de l'opération : il faut, en quelque sorte, qu'il soit trop liquide dès le début, et alors le verre qui a dépassé les cylindres se réduit encore, on n'obtient que des épaisseurs inégales. Vainement, par des appareils plus ou moins ingénieux, par des plans inclinés pour recevoir le verre qui a passé au laminage, cherche-t-on à obvier à ces inconvénients : le manque de réussite résultera toujours des propriétés mêmes du verre. J'ajouterai, d'ailleurs : quelle supériorité aurait donc ce laminage des glaces sur le procédé ordinaire du coulage ? Dans cette dernière opération, le verre liquide se répand sur une table et reste à une épaisseur déterminée par la hauteur des baguettes qui bordent la table ; le rouleau qui passe sur ces baguettes n'est que pour régulariser et précipiter cette opération,

---

[1] Ce n'est d'ailleurs qu'à l'état solide qu'on lamine les métaux. On n'a jamais songé à faire passer dans une trémie une coulée de métal.

pour que le verre qui n'est pas assez liquide atteigne, en un court
espace de temps, la dimension que comporte la quantité de verre
coulé et la hauteur des baguettes qui lui sert de limite. On refoule
les deux extrémités pour les refroidir, et la glace se trouve ainsi
maintenue par ses quatre côtés et ne peut s'affaisser. Cette opération est certes bien plus simple que le laminage entre les rouleaux;
mais on croyait ainsi obtenir des lames plus minces, du verre à vitre
non soufflé. Je le répète, cela ne supposait pas des idées nettes des
propriétés du verre, et l'on doit espérer que cette malencontreuse
entreprise ne trouvera plus de fabricant bénévole disposé à en
faire les frais.

Densité. — La densité des verres des diverses sortes dont il sera
question dans ce traité varie de 2,4 à 3,8. Les verres purement
silico-alcalins sont les moins denses. L'addition de la chaux augmente un peu la densité ; mais c'est surtout l'oxyde de plomb qui
augmente cette densité qui, pour le cristal généralement employé,
est de 3,1 à 3,3 et qui va jusqu'à 3,8 pour certains verres d'optique. Avec la densité du verre augmente sa réfrangibilité ; c'est
cette puissance réfringente plus grande qui donne plus d'éclat au
cristal qu'au verre ordinaire, quelque blanc et pur qu'il soit d'ailleurs. Il sera plus amplement question de la densité du verre, de
ses pouvoirs réfractifs et dispersifs, quand nous traiterons du
verre d'optique dans le livre VI.

Action de l'air ou de l'oxygène. — L'air sec, ni même l'oxygène, n'a aucune action sur le verre ; l'air humide, au contraire,
exerce une action marquée sur le verre, mais, comme alors il
n'agit que parce qu'il contient de l'eau, nous allons examiner
directement l'action de l'eau sur le verre.

Action de l'eau. — En termes généraux et dans les circonstances
habituelles, l'action de l'eau sur le verre est pour ainsi dire nulle.
L'eau ne s'altère pas sensiblement dans les vases de verre; les
glaces bien fabriquées, les vitres, ne subissent pas en un temps
court d'altération appréciable, mais toutefois on sait que certaines
vitres, après un très-court usage, et même avant d'être sorties de
la verrerie, prennent une teinte irisée, qui est une altération due
à l'humidité ; d'autres vitres se fendillent à la longue, perdent
leur transparence, ce qui est dû à la même cause ; certaines glaces
se couvrent d'une buée, quand elles sont posées dans des lieux
sujets à des variations hygrométriques, et si ces glaces sont négli-

gées, elles finissent par s'altérer. Cet effet, qui n'est généralement appréciable que pour certains verres d'une mauvaise fabrication, a néanmoins toujours lieu au point de vue scientifique ; l'eau agit toujours chimiquement sur le verre et le décompose : ce résultat a été pour la première fois, je crois, signalé par M. Cadet, pharmacien-major des Invalides, dans un mémoire lu à l'Académie des sciences, et qui a été inséré dans les mémoires de mathématiques et de physique, présentés à l'Académie des sciences par divers savants et lus dans les assemblées, tome V, année 1768, p. 117. Ce mémoire est intitulé : « *Expériences qui m'ont paru pouvoir servir à démontrer que le borax contient véritablement une terre vitrifiable.* » Ce mémoire est déjà très-remarquable, sous ce rapport qu'il faisait pressentir la découverte du bore dès cette époque antérieure aux grandes découvertes de la chimie.

M. Cadet, après avoir observé que plusieurs verres, surtout dans certaines circonstances, telles que pour les vitres placées dans des étables, ou certains ateliers, sont altérés par l'air humide, conclut des diverses expériences qu'il rapporte, que ce sont non-seulement les verres de mauvaise qualité qui subissent cette altération, mais que les verres même des meilleures qualités sont décomposés par l'eau quand ils sont mis en présence de l'eau dans un grand état d'*atténuation*, c'est-à-dire après avoir été réduits en poudre impalpable.

Ces expériences n'avaient certainement pas été connues par M. Pelouze, car il dit au commencement de son mémoire inséré dans les *Comptes rendus de l'Académie des sciences* du 21 juillet 1856 : « Les premières expériences relatives à l'action de l'eau sur les verres remontent à la grande époque de Scheele et de Lavoisier ; ces illustres chimistes démontrèrent, contrairement à l'opinion alors généralement reçue, que l'eau ne se change pas en terre par l'évaporation, que le dépôt d'apparence terreuse qu'elle laisse quelquefois dans les vases de verre dans lesquels on la fait bouillir ou distiller, est dû uniquement à une altération des parois de ces vases. »

Ce fait avait précisément été démontré antérieurement par les expériences de M. Cadet, qui dit que les verres, quels qu'ils soient, sont altérables non-seulement par les acides, mais même par l'eau, quand ils sont réduits en poudre impalpable.

Quoi qu'il en soit, M Pelouze a repris récemment ces expériences avec toute la supériorité qui résulte de l'état actuel de la science et du haut mérite de cet illustre maître : il ne s'est pas contenté de constater la décomposition et a voulu, en outre, en mesurer l'étendue.

Nous n'entrerons pas dans tous les détails de cet intéressant mémoire, qu'il faudrait relater en entier et que toutes les personnes que ce sujet intéresse ne manqueront pas de lire dans les *Comptes rendus;* nous nous bornerons à dire que l'auteur, après avoir rappelé le fait bien connu de tous les verriers, que tous les verres, même les mieux fabriqués, étant projetés du creuset où ils sont en fusion dans l'eau pure, s'y décomposent en partie et rendent l'eau alcaline, prouve que l'eau froide agit aussi même sur le verre à la température ordinaire d'une manière prompte et très-sensible, si ce verre a été réduit en poudre impalpable.

Puis, après avoir opéré sur plusieurs sortes de verre et constaté les quantités de verre décomposé, M. Pelouze pose les conclusions suivantes :

« Toutes les sortes de verre qu'on trouve dans le commerce, verre à glace, à vitres, à bouteilles, cristal, flint-glass et autres verres d'optique, réduits en poudre fine et abandonnés au contact de l'air, se décomposent lentement, absorbent peu à peu l'acide carbonique, et au bout de peu de temps font une vive effervescence avec les acides ; c'est quelquefois au point qu'on croirait opérer sur de la craie. La même effervescence se produit avec les acides dans un mélange d'eau et de verre en poudre qu'on a abandonné à l'air pendant quelques jours ; l'eau acide contient une grande quantité de soude et de chaux.

« Le verre en poudre fine, bouilli avec de l'eau dans laquelle on fait passer un courant d'acide carbonique, absorbe ce gaz en quelques instants et fait de suite une vive effervescence avec les acides.

« Le verre en poudre, maintenu pendant plusieurs heures en ébullition avec du sulfate de chaux, produit une quantité notable de sulfate de soude.

« Cette réaction explique pourquoi les murs et le sol des ateliers dans lesquels on doucit les glaces se recouvrent toujours d'efflorescences consistant en sulfate de soude : le plâtre qui sert au scellage des glaces fournit l'acide sulfurique, et le verre fournit la soude.

« Tous les verres réduits en poudre fine ramènent instantané-
ment au bleu le papier de la dissolution rouge de tournesol et ver-
dissent immédiatement le sirop de violette; c'est la conséquence
de leur altération instantanée par l'eau.

« Le cristal en poudre fine, agité avec de l'eau froide pendant
quelques instants, mêlé avec une très-petite quantité d'acide,
donne, avec l'hydrogène sulfuré, un dépôt noir de sulfure de
plomb. »

L'action si vive, si prompte de l'eau et des acides sur les verres
réduits en poudre impalpable, quand elle paraît nulle sur les
mêmes verres coulés ou soufflés, résulterait-elle de ce que la surface de ces verres, et même leur contexture intérieure, se trouveraient dans un état particulier qui serait modifié par la trituration?

M. Pelouze ne le pense pas, et nous sommes de cet avis. « Il
semble plus naturel de ne voir, dans la différence d'action de l'eau
sur le verre en morceaux transparents ou sur le même verre en
poudre, qu'une cohésion et une résistance mécanique différentes,
la multiplicité des surfaces et la facilité de mouvement dans la
poudre de verre hâtant son altération par l'eau. »

On peut donc dire que *tous les verres* sont altérés par l'eau;
mais, dans les circonstances ordinaires, cette altération pour les
bons verres, et avec des soins convenables, n'est appréciable
qu'après des années. Nous pensons que les meilleurs verres fabriqués de nos jours, quand ils seront retrouvés par une postérité
plus ou moins éloignée, présenteront les mêmes caractères que
les verres antiques, auront leur surface irisée, lamelleuse, indice
formel de leur décomposition.

Mais, il faut l'avouer, tous les verres ne sont pas bien fabriqués, loin de là; aussi cette altération est-elle quelquefois très-
prompte, ainsi que le témoignent assez souvent les verres à vitres :
on trouve dans des constructions, qui ne sont pas d'une date cependant très-ancienne, des vitres dont la surface est dépolie et
rugueuse, et où l'on remarque une multitude de petites *calcinures;*
d'autres vitres, beaucoup plus récentes, dont la surface est tellement irisée, qu'on croirait extérieurement voir des verres de couleur. Dans le livre II (*Verre à vitre*), nous parlerons plus à fond
de ce défaut, des moyens de l'éviter; nous ajouterons seulement
ici que nous avons cru remarquer une différence tranchée entre
le mode d'altération des verres ayant la potasse pour base et celui

des verres composés avec la soude. Dans ces derniers, l'altération
se manifeste par une irisation qui s'accroît de jour en jour. Ces
verres sont très-hygroscopiques, mais toutefois leur surface ne
devient pas rugueuse, et ce n'est qu'après un temps assez long
que les irisations, qui, comme on sait, sont le produit des reflets
de lumière sur les lames minces, ainsi que l'a observé Newton,
prendraient un corps palpable et s'enlèveraient en écailles minces,
comme cela a eu lieu pour la plupart des verres antiques qui
étaient fondus avec de la soude.

Dans les verres à base de potasse, l'action et la décomposition
opérées par l'eau produisent à la surface de ce verre de petits cristaux, qui, par suite de leur dépôt sur cette surface, la rendent
dépolie, rugueuse et couverte d'une multitude de petites fentes.
Cette décomposition se manifeste surtout dans les vitres des anciens hôtels qui avaient été vitrés en verres fabriqués en *Bohême*,
ou fabriqués en Alsace à la façon de *Bohême*, et fondus au moyen
de la potasse avec addition d'une trop petite quantité de chaux.
Les vitres des appartements de ces mêmes hôtels n'ont pas subi
cette altération, parce qu'on a pris soin de les nettoyer plus souvent, et qu'alors les petits cristaux n'ont pas eu le temps de se
former en assez grande quantité pour produire leur action des-
tructive. Les petites calcinures ou fentes que l'on remarque sur
ces vitres décomposées me semblent être l'effet des petits cristaux
de potasse ayant agi sur la surface du verre à la façon du diamant. Cette différence que je crois pouvoir affirmer entre l'altération des verres fondus par la soude et les verres fondus par la potasse tiendrait sans doute à la déliquescence plus grande des sels
dont la soude est la base, qui se dissolvent à mesure qu'ils se forment, et n'agissent pas comme corps dur sur la surface du verre.

J'ai vu le même effet de petites calcinures produit sur la surface
intérieure d'une pièce de cristal qui était le vase inférieur d'un
briquet à gaz hydrogène, dont j'avais versé l'eau contenant une
solution de sulfate de zinc; mais sans le rincer; le peu qui était
resté adhérent aux parois avait suffi pour former de petits cristaux, et toute la surface interne du cristal était couverte d'une
multitude de petites fentes qui avaient dû être produites par ces
petits cristaux [1].

[1] Le même effet s'est produit sur la surface du convexe d'un objectif achro-

En parlant ci-dessus de l'effet de l'eau sur les différents verres, il a été accessoirement question de l'effet des acides sur le verre. Nous ajouterons ici qu'il est généralement connu que certaines bouteilles mal fabriquées (cet accident est devenu très-rare de nos jours) altèrent le vin qu'elles renferment, ce qui provient de la décomposition de la matière de la bouteille par l'acide du vin; quelquefois ces bouteilles, qui ne subissent pas d'altération par l'effet du vin, ne résistent pas à l'action de l'acide azotique ou chlorhydrique, ou sulfurique étendu d'eau; il se forme intérieurement des espèces de pustules cristallines qui sont principalement des sels calcaires, qui, peu à peu, percent la bouteille. Dans le livre IV, *Des bouteilles*, nous indiquerons les compositions qui rendent les bouteilles le moins susceptibles d'être attaquées.

Nous ne ferons ici que mentionner l'action de l'acide fluorhydrique, qui s'exerce à un puissant degré sur toutes les espèces de verre, en s'unissant directement à la silice. Cette propriété ayant été utilisée pour l'ornementation des verres et cristaux, nous nous étendrons par là suite plus longuement sur ce sujet.

Enfin, nous dirons ici quelques mots seulement du verre fusible, que nous ne regardons que comme un produit chimique et non comme une des branches de l'art de la verrerie.

Le verre soluble est un silicate de soude ou de potasse, qui, en

---

matique de grande dimension, fourni par M. Lerebours à l'Observatoire de Paris. Quand, après un certain temps qui s'était écoulé pour la construction du pied qui devait servir à la lunette, on a voulu se servir de cet objectif, on a trouvé la surface du convexe couverte d'une multitude de petites calcinures : elles provenaient de ce que ce convexe s'était trouvé dans les conditions de ces vitres d'escaliers d'hôtels dont nous avons parlé ; si cet objectif eût été soigné comme les vitres des appartements des mêmes hôtels, on n'y eût pas trouvé cette altération. En effet, d'autres objectifs du même verre *de la même potée*, n'ont pas subi la moindre altération jusqu'à ce jour. Le verre de ce convexe avait été fondu avec de la potasse, nous le savons, car nous l'avons fabriqué ; et quoique nous disions et nous prouvions que, si ce verre avait été soigné, il n'aurait pas subi d'altération, nous avouons que ce verre n'était pas dans de bonnes conditions de fabrication. La crainte des accidents de dévitrification, dont nous parlerons ci-après, nous avait empêché d'ajouter à la composition une quantité suffisante de chaux. Depuis cette époque, par des perfectionnements apportés dans la fabrication de notre crown-glass, et consistant principalement dans la construction de nos fours, nous avons fait du crown-glass qui est plus inaltérable par l'eau et les gaz qu'aucun autre verre de glaces ou de vitres du commerce. Nous en parlerons naturellement en détail dans le livre VI, *Verres d'optique*.

raison de sa grande proportion basique, est soluble dans l'eau bouillante. C'est à un Allemand, J.-N. von Fuchs, que l'on doit les premières études (en 1825) et les applications du verre soluble à enduire les charpentes et les toiles pour les préserver des incendies. M. Fuchs composait son verre soluble avec 45 parties de quartz pulvérisé ou de sable pur, 30 parties de potasse purifiée (à l'état de carbonate), 3 parties de charbon de bois pulvérisé ; ou bien, s'il se servait de soude, la composition était de 45 parties de quartz, 23 de carbonate de soude sec, 3 de charbon pulvérisé.

Quant aux propriétés chimiques, à la préparation et l'emploi du verre soluble, nous engageons les lecteurs que ce sujet peut intéresser à prendre connaissance du mémoire de J.-N. von Fuchs de 1857, de l'article qui concerne ce produit dans le deuxième volume de la *Chimie appliquée aux arts* de M. J. Dumas, et enfin des travaux d'un de nos savants et industriels les plus distingués, M. Kuhlmann, du département du Nord.

CHAPITRE II.

DES ÉLÉMENTS QUI CONSTITUENT ET QUI COMPOSENT LE VERRE.

On ne trouve dans les anciens auteurs qui ont écrit sur le verre que bien peu de renseignements sur les éléments dont on composait le verre. Les termes mêmes dont ils se servent peuvent souvent induire en erreur ceux qui ne connaissent que la nouvelle nomenclature chimique. Les *recettes* qu'ils vous communiquent comme de précieux secrets n'offrent que des indications incomplètes. On ne trouve dans Agricola, Neri, Merret, Kunckel, Haudicquer de Blancourt et autres que des données éparses, incohérentes, quelquefois fausses, et presque toujours enveloppées d'emblèmes alchimiques qui les rendent parfois inintelligibles. Les auteurs qui ont écrit vers le milieu du siècle dernier, et en particulier dans l'*Encyclopédie*, ont commencé à suivre dans la description de l'art de la verrerie une marche plus rationnelle ; les progrès rapides de la chimie, après la fin du dix-huitième siècle, et l'esprit général de méthode qui a marché parallèlement avec les sciences, imposent aujourd'hui la loi de mettre les faits pratiques en accord avec la science, de parler un langage qui ne puisse donner lieu à des interprétations erronées ; et ainsi, par exemple, pour les matières qui entrent dans la composition des différents verres et dont nous allons nous occuper dans le présent chapitre, elles doivent être spécifiées de telle sorte qu'on ne puisse plus jamais se méprendre, non-seulement sur leur nature, mais sur la proportion exacte de leurs principes constituants.

Silice. SiO^3. — La silice, acide silicique, combinaison de la silice et de l'oxygène SiO^3, était connue autrefois sous le nom de *terre vitrifiable*, parce qu'en fait elle est la partie essentielle de toutes les compositions de verre. La silice se présente sous plusieurs formes et est employée par les verriers à l'état de sable plus ou moins pur, de grès, de quartz, ou enfin à l'état de caillou, de

silex auquel elle doit son nom. Pure et cristallisée, la silice constitue le cristal de roche, qui a été longtemps le type du verre le
plus beau.

La silice est dans un état d'autant plus favorable à la vitrification, qu'elle se trouve dans un plus grand état de division ; c'est
pourquoi le verrier, à égalité de pureté, préfère l'emploi du
sable à celui du grès, du quartz, du silex ; car, dans ces derniers
cas, il est obligé de faire subir à la silice une manutention dispendieuse dont il va être question tout à l'heure.

Sables. — Le sable le plus apte à faire le plus beau verre est
naturellement celui qui est le plus pur, le plus exempt de matières
étrangères. On peut le plus souvent le juger par l'apparence seule :
s'il est parfaitement blanc, qu'examiné à la loupe on le voie composé de petits cristaux blancs, transparents, semblables au cristal de
roche, le verrier pourra à peu près répondre de pouvoir avec ce
sable produire de très-beau verre blanc ; tels sont les sables que
l'on extrait de certaines carrières de la forêt de Fontainebleau, des
environs de Nemours, de la forêt de Chantilly et de quelques
autres localités en France, des environs de Namur en Belgique.
L'Angleterre ne possède aucun sable qui puisse être comparé à
ceux que nous venons de citer ; le plus blanc qu'elle possède provient de l'île de Wight et a été longtemps employé par les fabriques de cristaux de ce pays ; elles se servent beaucoup à présent
d'un sable envoyé des États-Unis d'Amérique, qui est peut-être
supérieur encore à nos beaux sables de France.

Le sable, même blanc, dans lequel on aperçoit à la loupe beaucoup de grains amorphes, n'est pas aussi pur, il contient généralement des matières alumineuses et calcaires, que l'on peut du
reste séparer en grande partie par un lavage. La plupart des
fabricants de cristaux font subir ce lavage au sable qu'ils emploient :
on peut l'opérer, soit sur une table légèrement inclinée sur la partie supérieure de laquelle coule de l'eau qui entraîne les parties
les plus légères du sable que l'on agite sur cette table dans le sens
inverse de la chute de l'eau, soit en mouvant le sable avec de
l'eau dans une caisse en bois dont, après cette agitation, on ouvre
un orifice par lequel s'écoule l'eau entraînant les parties les plus
légères, parmi lesquelles se trouvent les parties calcaires et alumineuses. Ce lavage est surtout utile pour la fabrication du cristal,
dans lequel on n'emploie jamais de chaux. Cette opération du la-

vage a encore un résultat utile, celui d'enlever les petites portions de matières organiques que peut contenir le sable, et qui, étant plus légères, s'en vont avec l'eau. Pour les verres blancs, les glaces, il semblerait que, pourvu que le sable ne contienne pas de parties ferrugineuses, peu importe qu'il contienne des parties calcaires dont l'analyse aurait seulement à faire le dosage exact pour régler en conséquence les proportions de la composition ; mais telle n'est pas cependant la réalité : les verriers ont généralement reconnu que les sables dont la formation est la plus cristalline, la plus exempte de parties amorphes, sont les plus favorables à la vitrification ; plusieurs même croient que ces sables exigent une moindre proportion d'alcali. Pour moi, je crois seulement que les sables amorphes exigent une plus grande quantité d'alcali quand ils contiennent une forte proportion d'alumine, mais non pas quand ces portions amorphes sont cependant de la silice. Toutefois, je considère ces sables amorphes comme d'une qualité fâcheuse, non pas parce qu'ils exigent une plus forte proportion d'alcali, mais parce que le verre produit par ce sable est d'un affinage plus long, se purge plus lentement des gaz dont le verre doit être exempt avant de commencer le travail du coulage ou du soufflage. Lorsque l'on n'a à sa disposition que des sables contenant une petite proportion d'oxyde de fer, on les lave à l'acide chlorhydrique étendu d'eau ; quelques verriers emploient de préférence l'acide sulfurique. J'engagerais généralement le verrier à se procurer un sable plus pur d'une localité éloignée, même avec un petit surcroît de dépense.

Quand le sable a été lavé, il faut le faire sécher, ce que l'on opère dans de grandes chambres sous le sol desquelles on construit un foyer.

Suffit-il de sécher le sable, c'est-à-dire de lui enlever toute l'eau provenant du lavage, et doit-on le chauffer au rouge avant de le faire entrer dans les compositions ? C'est une question dont la solution n'est pas encore nette pour moi. Un assez grand nombre de verriers sont dans l'habitude de faire subir cette opération à leur sable : ils prétendent que le sable chauffé au rouge fond plus facilement lorsqu'il a subi cette opération, qu'il requiert une moindre quantité d'alcali. Un chimiste allemand très-versé dans tout ce qui concerne les verreries, M. E. Engel, ingénieur des mines, admettant comme positif ce que plusieurs verriers lui ont dit à cet égard, a cherché à l'expliquer d'une manière qui s'applique aussi à l'état plus favorable à la vitrification des sables contenant le plus de petits cristaux. « La silice, dit M. Engel, ne serait-elle pas semblable à l'arsenic, qui, à l'état A^2O^5, est parfaitement transparent et cristallisé, et à l'état A^2O^3 n'est que translucide et opaque et assez semblable à un émail blanc? Il n'y a là que des différences d'oxydation : il en est de même peut-être de la silice par rapport aux diverses espèces de sable, et peut-être l'opération de chauffer au rouge les sables avant de les employer produit-elle une suroxydation de la silice qui la rend plus fusible. »

M. Engel n'a pas vérifié par des opérations délicates de laboratoire cette hypothèse, et j'avoue que, cette plus grande fusibilité du sable chauffé au rouge ne m'ayant pas été pratiquement prouvée dans ma longue carrière verrière, je n'ai pas recherché moi-même si par cette opération la silice absorbait une quantité appréciable d'oxygène.

Nous dirons peu de chose ici des sables employés par les verreries de bouteilles. Cette fabrication n'exigeant pas un verre blanc, il n'est guère de localités qui ne présentent à proximité un sable ayant les qualités suffisantes pour ces verreries.

Grès. — Le grès n'est autre chose qu'un sable aggluné par un ciment qui consiste généralement en argile ou en carbonate de chaux; ce ciment, quelque peu abondant qu'il soit, constitue toutefois une impureté qui met le grès dans un état d'infériorité vis-à-vis du sable dépourvu de ce ciment; dans certaines localités toutefois ces grès sont employés quand ils ne sont pas trop durs à écraser, et qu'ils sont plus exempts de matières étrangères et surtout de fer que les sables qui se trouvent à proximité ; ils peuvent surtout être employés pour la fabrication des verres à vitres, dans lesquels la chaux, loin de nuire, forme un des éléments de la composition. Nous ne croyons pas utile de nous étendre ici sur la manutention à faire subir au grès avant de l'employer, ni sur les prix de cette manutention, qui dépendent de la dureté du grès.

Quartz. — Presque toutes les verreries de Bohême et quelques verreries dans le midi de la France emploient la silice à l'état de quartz : ce quartz hyalin se rencontre quelquefois en filons dans le granit et le gneiss, quelquefois en fragments plus ou moins anguleux en diverses localités. Ce quartz ne peut être facilement broyé qu'après avoir été rendu friable en le chauffant au rouge et le projetant ensuite dans l'eau. Nous donnons (fig. 3) le plan et les coupes d'un four dans lequel on peut opérer la calcination du quartz.

La grille A A , sur laquelle on brûle du charbon de terre, communique avec l'aire *a a a a* sur laquelle le quartz est chauffé au rouge cerise ; la cheminée est placée en D. On n'éteint pas ce four tant qu'on a du quartz à calciner, ce qui diminue beaucoup les frais de combustible. Aussitôt une fournée jetée à l'eau, on remplit de nouveau le four, en sorte que la nouvelle charge arrive promptement à être pénétrée de la chaleur nécessaire. On peut compter sur une fournée toutes les quatre heures. On enfourne, par la porte B, le quartz sur l'aire du four, qui est légèrement inclinée de B en C. On remue les fragments de quartz avec un râble en fer par l'ouverture B, pour que toutes les parties s'égalisent de température. Quand toute la

Fig. 3.

Plan.

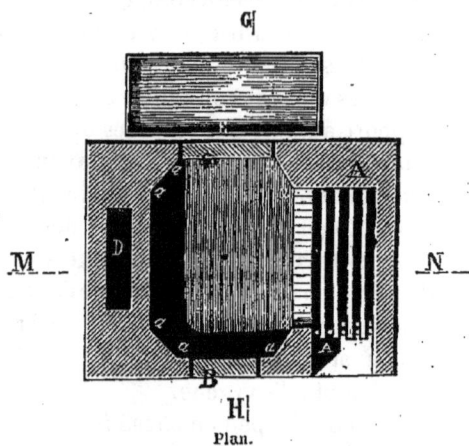

Coupe suivant la ligne MN du plan.

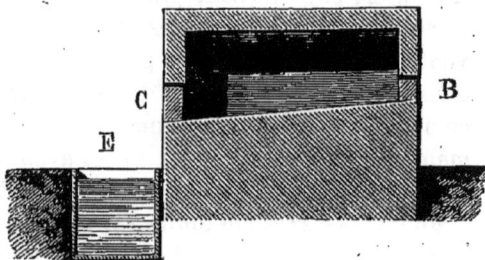

Coupe suivant la ligne GH.

fournée est à une température suffisamment élevée, on pousse tous ces fragments de quartz par l'ouverture B vers l'ouver-

4

ture C, et ils tombent ainsi dans la cuve E, qui est pleine d'eau ; ils sont ainsi *étonnés* et rendus très-friables. Cet effet s'explique facilement par la dilatation que produit sur le quartz la température élevée à laquelle il est exposé, et la contraction rapide que tend à produire la projection dans l'eau ; c'est un effet analogue à celui de la larme batavique. Il s'agit ensuite de le réduire à l'état de sable ; cela s'opère généralement, en Bohême, au moyen de pilons armés de têtes en fonte mus par une chute d'eau ; mais nous préférons l'usage de meules verticales en pierre dure roulant sur un fond de la même pierre dure. Le sable se trouve ainsi exempt de parcelles de fer ; et si les meules s'usent, du moins cela n'entraîne qu'une bien faible proportion de matière siliceuse et calcaire sans addition appréciable d'oxyde colorant.

Silex. — C'est dans le silex pyromaque que la silice se trouve à l'un des états de plus grande pureté, aussi les fabricants de verre blanc, en Angleterre, n'ayant guère à leur disposition de sable blanc, employèrent-ils originairement le silex (*flint*) broyé, pour leur fabrication, d'où est venu à leur verre le nom de *flint-glass*. La couleur noire du silex pyromaque tendrait à faire croire qu'il contient des parties colorantes ; on n'y retrouve cependant ordinairement que des traces presque insensibles de fer, ce qui ferait supposer que cette couleur noire est due à quelques principes organiques qui se brûlent quand on calcine ce silex, qui, après le broyage, fournit une farine très-blanche. Je ne crois pas qu'aucune verrerie de nos jours emploie le silex, dont les fabricants de poteries seuls se servent pour faire la faïence connue sous le nom de *cailloutage, terre de pipe*.

Cailloux. — Le quartz se trouve parfois dans certaines rivières à l'état de cailloux roulés, très-propres à faire un sable très-blanc.

Lorsque la cristallerie de Vonèche, près de Givet, appartenant à M. d'Artigues, se trouva par le traité de 1815 faire partie du territoire des Pays-Bas, il acheta la verrerie de Baccarat, dans le département de la Meurthe, pour pouvoir continuer à fabriquer pour la France. Il chercha vainement dans les environs du sable blanc ; remarquant alors que le lit de la Meurthe qui traversait son établissement offrait beaucoup de cailloux d'une très-grande blancheur, il en fit ramasser de grandes quantités qui furent traitées comme nous l'avons dit pour le quartz ; en outre, il fit laver le sable qui en provenait à une eau acidulée pour enlever le peu d'oxyde de fer que ces cailloux contenaient, et il produisit ainsi du cristal très-blanc ; mais peu à peu ces cailloux devinrent plus rares, du moins dans le voisinage immédiat, plus dispendieux par conséquent, et les successeurs de M. d'Artigues ne tardèrent pas à faire venir des sables de Champagne, qui, malgré un transport d'environ 200 kilomètres, revenaient moins cher que le sable des cailloux.

Après la silice, terre vitrifiable des anciens, qui, comme nous l'avons dit, est l'élément principal de tous les verres, les matières les plus essentielles, sans nul doute, sont ce qu'on appelait les fondants alcalins, c'est-à-dire les substances contenant à différents états la *soude*, alcali fixe minéral, ou la *potasse*, alcali fixe végétal. Ce sont ces substances que nous allons passer en revue, en suivant les transformations que la science a apportées dans leur préparation et leur emploi ; nous commencerons par celles dont la soude forme la base.

Soude, NaO. — Je mentionnerai d'abord les diverses matières qu'on appelait soudes dans le commerce, et qui étaient toutes le résultat de la combustion de plantes marines, surtout de celles appelées *kali* ; puis je parlerai du natron, et je terminerai par les soudes à l'état de sels dont la chimie moderne a enrichi les compositions du verre.

Le commerce donnait différents noms aux substances appelées génériquement du nom de soude ; on les nommait *barille*, *salicor*, *rochette* ou *roquette*, *varech*, suivant les lieux de provenance et les plantes qui les produisaient.

Les meilleures soudes venaient d'Espagne, d'où elles prenaient le nom de soudes d'Alicante. Les soudes de Sicile étaient aussi assez estimées, puis venaient celles de Carthagène, de Syrie, et à un degré moins recherché les soudes du Languedoc, supérieures aux soudes des côtes de Normandie, appelées varech, parce qu'elles étaient le résultat de la combustion du *varech*. Les soudes d'Espagne étaient connues aussi sous le nom de *barille*, parce qu'elles provenaient de l'incinération de plantes marines appelées *barilla* qui est le *kali hispanica*.

Outre les différences qui existent dans les soudes par la diversité des plantes brûlées, les barilles varient encore à cause des terrains dans lesquels elles sont semées, des soins pris pour les récolter et de la manière dont elles sont brûlées. Quand on fait la récolte des kalis, on les fait faner ; puis on pratique en terre des trous où l'on met du feu. On y jette les plantes successivement, à mesure qu'elles brûlent, ayant soin de pilonner les cendres qui en proviennent, et qui forment une pâte liquide qui conserve longtemps sa chaleur. Après avoir laissé refroidir spontanément cette pâte, on la tire des trous, on la brise et on la met dans le commerce.

Ces soudes ne doivent pas rester exposées à l'humidité, qui les fait fondre à la surface; puis, si elles sont transportées dans un lieu sec, elles s'effleurissent au point même de se réduire en poussière.

On peut regarder l'analyse suivante comme étant la représentation moyenne des soudes d'Alicante :

Acide carbonique (uni tant à la soude qu'à la chaux).	16,66
Charbon..	14,96
Chaux..	6,45
Magnésie...	2,20
Alumine..	2,28
Silice...	7,55
Soude libre..	14,62
Sulfate de soude.....................................	4,17
Chlorure de sodium...................................	2,22
Potasse..	5,15
Eau et perte...	25.98
	100,00

Les soudes du midi de la France étaient connues sous le nom de salicor, du nom de la plante qu'on cultive sur les bords de la Méditerranée.

D'après Chaptal, ces soudes de Languedoc contenaient :

Silice, magnésie, chaux, alumine................	35,16
Soude libre ou combinée, c'est-à-dire soude caustique, carbonate et sulfate de soude.............	44,53
Chlorure de sodium.............................	18,75
Sulfate de potasse.............................	1,10
	99,54

Nous remarquerons ici que cette analyse de Chaptal suppose que la soude sur laquelle il a opéré a été préalablement chauffée au point de faire disparaître toute trace d'eau et de charbon libre. Au reste, ce qui prouve l'immense variété qui existait entre toutes ces

soudes, c'est que l'analyse d'un échantillon de soude anglaise
(*kelp*), dont je puis garantir l'exactitude, a donné pour résultat :

Carbonate de soude............................	4,02
Charbon.....................................	2,00
Silice.......................................	1,03
Sulfate de chaux.............................	5,02
Carbonate de chaux...........................	23,05
Chlorure de sodium...........................	38,05
Sulfate de potasse...........................	14,01
Eau...	13,00
Perte en iode, brome, oxyde de fer, etc., n'ayant pu être dosés exactement............................	0,02
	100,00

Les soudes venant du Levant et principalement de Syrie étaient
généralement connues sous le nom de *rochette* ou *roquette, poudre*
ou *cendre de roquette, poudre* ou *cendre du Levant ;* c'était toujours le produit de la combustion de différents *kalis*. Elles arrivaient généralement en poudre, ce qui était dû probablement à
l'efflorescence qu'elles avaient subie, et qui leur faisait donner le
nom de poudre de rochette. L'on trouve fréquemment cette poudre
de roquette ou rochette citée dans les anciens auteurs qui ont écrit
sur la verrerie.

On faisait aussi beaucoup de soudes de cette espèce sur les côtes
occidentales de France ; on les nommait soudes de varech. Elles
étaient le résidu de la combustion des *fucus* ou *varechs* recueillis
au printemps sur le bord de la mer ou apportés par la marée.
Ces soudes n'étaient pas très-riches en alcali, on ne s'en servait
guère que pour la fabrication des bouteilles ou du verre à vitre
commun. M. Tillet a fait imprimer dans les mémoires de l'Académie, en 1771, des observations sur la combustion du varech,
et, en 1772, un mémoire fait avec M. Fougeroux de Bondaroy,
où ils décrivent les différentes espèces de *fucus* que l'on brûle pour
faire la soude.

Enfin, l'Angleterre fabriquait et fabrique encore le même genre
de soude, connu dans ce pays sous le nom de kelp. Nous avons
donné ci-dessus l'analyse d'une de ces soudes anglaises.

Toutes les soudes dont nous venons de parler se vendent généralement en *balles*, sous forme de pierres plus ou moins grosses,
recouvertes à l'extérieur par une efflorescence blanchâtre et dont

la cassure est d'un gris ardoise plus ou moins foncé, parsemé de petits charbons et de trous dont la grandeur varie suivant la nature des soudes. En général, les meilleures sont celles d'un gris peu foncé, qui contiennent peu de charbons et des trous un peu grands. A ces moyens de juger les soudes à l'inspection, on joint le secours de l'odorat et du goût : il faut que, mises sur la langue, elles soient lixivielles sans être salées. On y recherche une causticité franche et piquante sans amertume ; enfin on met un peu de salive sur un morceau de soude pour juger s'il ne se développe pas d'odeur hépatique qui dénote des sulfures, signe d'une soude de mauvaise qualité.

Ces essais sont peu scientifiques, sans doute, mais en réalité la quantité intrinsèque de soude ne suffit pas pour reconnaître la qualité d'une soude qui dépend aussi en grande partie de la manière dont les éléments se trouvent combinés ; en sorte qu'il arrive souvent qu'une soude moins riche est cependant d'un usage préférable pour le verrier qui, avant d'acheter une partie de soude, préfère à une analyse chimique l'essai en grand sur une fournée de verre.

Les soudes étaient souvent employées par le verrier telles qu'elles étaient achetées ; leur puissance vitrifiante dépendait non-seulement de la quantité de soude pure et libre qu'elles contenaient, mais encore : 1° des terres provenant de la combustion du végétal dont la présence facilite la fusion de la silice ; 2° du sulfate de soude dont la décomposition est en totalité ou au moins en partie opérée par les substances charbonneuses qui résultent de la combustion imparfaite du végétal ; 3° du chlorure de sodium ; 4° du carbonate de chaux ; 5° des oxydes métalliques, spécialement du fer. Ces soudes ne pouvaient toutefois être employées qu'en faisant subir préalablement à la composition l'opération de la *fritte* dans un four à réverbère, qui ordinairement était attenant au four de fusion. Si on avait enfourné la composition directement dans les creusets, la matière, par le fait de la présence du charbon en quantité très-notable, se serait boursouflée et aurait passé par-dessus les bords des creusets.

Malgré cette opération du frittage, on ne pouvait pas obtenir avec ces soudes brutes un verre tant soit peu blanc. Elles étaient donc réservées pour la fabrication des bouteilles et du verre à vitre commun. Avant de les employer, on les réduisait en poudre sous des meules, ou à l'aide d'un bocard, pour mieux opérer leur mélange.

Quand on voulait fabriquer des verres blancs, on ne se contentait pas de prendre les meilleures soudes d'Espagne ou du Levant, on en extrayait encore les sels par lixiviation. Nous n'entrerons pas ici dans le détail des opérations relatives à la purification des soudes du commerce, car il n'y a plus lieu à faire ces opérations, aujourd'hui qu'on se procure les sels de soude purs à bien meilleur marché; toutefois, ceux qui voudraient connaître les procédés qui étaient pratiqués, trouveront : 1° dans Néri le procédé qu'il employait pour faire l'extraction du sel de soude; 2° dans l'*Encyclopédie* in-folio, plusieurs manières de retirer les sels de la soude, qu'Allut a rapportées dans l'*Encyclopédie méthodique* par ordre de matières (article VERRERIE); 3° enfin l'on trouve dans le *Mémoire sur la fabrication des soudes, par le citoyen Loysel*, publié par ordre du Comité de salut public, une description circonstanciée des procédés employés à la glacerie de Saint-Gobain pour extraire les sels de soude.

Les meilleures soudes d'Alicante, traitées par ces procédés, donnaient environ 40 pour 100 de sel de soude à peu près sec, lequel sel de soude était un mélange de 55 à 60 de carbonate de soude, environ 30 à 35 de sulfate, 10 de chlorure de sodium et de 3 à 4 d'eau.

Natron. — Le mot *natrum* ou *natron*, sur le sens duquel on a été quelquefois trompé, est fort ancien; on l'a confondu avec le *nitre*, dont il diffère essentiellement, sans doute en raison de la ressemblance des mots, qui n'aura pas manqué d'occasionner des erreurs de copistes ou de traducteurs. Le natron est un carbonate de soude natif que la nature nous offre en assez grande quantité dans certains pays, en Égypte surtout, en Syrie, dans l'Inde, en Hongrie. On trouve dans le *Journal des Mines*, n° 2, page 117, une description fort intéressante des lacs d'où cette substance est retirée dans la Hongrie; cette description est extraite des *Annales de Chimie* de Crell, 1793, n°s 2, 3 et 6.

On connaissait du temps de Pline l'existence des lacs de natron e la Hongrie, mais surtout le natron recueilli en Égypte, et sur equel les savants qui accompagnaient l'armée d'Égypte en 1798 t 1799 ont donné de précieux renseignements. Une commission omposée de Berthollet, Fourier et Redouté jeune, se transporta sur les lieux où se récolte le natron ; le général Andréossy, chargé de les protéger, a décrit en ingénieur et en savant les endroits par où l'on passe pour se rendre à la vallée des lacs. Son mémoire a été imprimé dans le cinquantième numéro du *Journal de Physique*, page 405 ; on en trouve un extrait dans les *Annales de Chimie*, tome XXXIII, page 330. Les observations que M. Berthollet a publiées ensuite sur cette intéressante substance, la manière dont elle se forme, le mode qui conviendrait pour l'exploiter, la purifier et la rendre plus utile au commerce et à l'industrie, réunissent sans nul doute la concision à l'intérêt le plus vif ; mais nous pensons toutefois que leur relation nous éloignerait de notre sujet. Nous dirons seulement qu'il semblerait que la nature opère directement sur les eaux de ces lacs une partie des résultats qui ont été si ingénieusement obtenus de nos jours, par notre célèbre chimiste Balard, sur les eaux de mer, dans le midi de la France.

Avant qu'il fût permis aux verriers français d'employer du sulfate de soude pour la fabrication du verre, ils employaient beaucoup de natron, surtout dans les pays tels que la Provence, où son importation n'était pas très-coûteuse. Le natron contient généralement environ 18 à 20 pour 100 de carbonate de soude et 25 à 28 pour 100 de chlorure de sodium, de l'eau de cristallisation et des matières terreuses ; ce natron se vendait 6 à 7 francs la balle, qui pesait environ 40 kilogrammes, ce qui faisait environ 13 à 16 francs les 100 kilogrammes.

On trouvait aussi dans le commerce des natrons purifiés, qui contenaient 46 pour 100 de carbonate de soude et 4 à 6 pour 100 de sel marin, et qui se vendaient environ 10 fr. 50 c. la balle de 40 kilogrammes, soit 25 francs les 100 kilogrammes. On tirait aussi des natrons cristallisés de Tripoli, qui se vendaient 26 francs les 100 kilogrammes. Les natrons sont aujourd'hui très-peu employés.

Carbonate de soude, $NaO.CO^2$; $NaO = 31,2$, $CO^2 = 22$; ou bien, sur 100, soude, 58,6, acide carbonique, 41,4. — Les procédés de décomposition du sel marin, qui ont été découverts et mis en pratique à la fin du siècle dernier, qui ont eu des conséquences si importantes pour tant de produits chimiques, ont pour ainsi dire transformé aussi l'art de la verrerie.

Les verriers, habitués à l'usage des soudes d'Alicante et autres similaires, employèrent d'abord la soude brute, c'est-à-dire le résultat direct de la décomposition du sulfate de soude par la craie et le charbon, tel qu'il sortait du four; cette soude brute, contenant du charbon, ne pouvait naturellement être employée qu'en faisant subir au mélange destiné à produire le verre l'opération préalable de la fritte. On ne connaissait pas encore alors le moyen de faire le verre directement avec le sulfate de soude, et, d'ailleurs, les fabricants de *soude artificielle*, car c'est le nom qu'on donnait alors au produit de la décomposition du sel marin, n'avaient pas la faculté de vendre le sulfate de soude ; le gouvernement craignait que l'on ne pût, avec le sulfate, reproduire à bon marché le sel marin, frappé d'un droit très-élevé.

Cette soude brute artificielle, plus riche que les soudes du commerce provenant de la combustion des plantes marines, n'était toutefois employée que par les verreries à bouteilles et à verre à vitre commun. Les fabricants de *soude artificielle* ne tardèrent pas à épurer cette soude et à produire ce qui est connu dans le commerce sous le nom de *sel de soude*, vendu suivant son degré ; ce degré pendant bien longtemps ne dépassait guère 70 à 75, ce qui signifiait que sur cent parties ce sel contenait soixante-dix à soixante-quinze parties de carbonate de soude sec ; les vingt-cinq à trente autres parties étaient, en grande partie, du sulfate de soude non décomposé, un peu d'eau et de chlorure de sodium. Nous ne croyons pas utile de donner ici la manière dont on apprécie le degré d'un sel de soude par les appareils de Descroizelle ou de Collardeau, de tels détails allongeraient outre mesure notre traité. Nous avons dit que les sels de soude se vendaient au degré ; ce prix, à Paris, était d'environ 75 centimes le degré, en sorte qu'un sel de soude de 72 degrés coûtait soixante-douze fois 75 centimes, soit 54 francs les 100 kilogrammes.

Les sels de soude se fabriquent aujourd'hui à bien plus haut titre ; on les fait jusqu'à 95 et 97 degrés, ce qui constitue du carbonate de soude presque pur. Les fabricants de verre à vitre blanc ont longtemps employé le sel de soude de 72 à 75 degrés environ. Aujourd'hui, on a presque totalement substitué le sulfate de soude au carbonate de soude, même pour la fabrication des glaces. Le sel de soude se vend aujourd'hui de 45 à 48 francs, au degré ordinaire de 80 degrés, les 100 kilogrammes, et environ 50 francs quand il est à 95 degrés. Ce prix est encore beaucoup trop élevé par comparaison avec l'Angleterre et la Belgique.

Sulfate de soude, $NaO.SO^3$. Il contient 31,2 de soude sur 40 d'acide sulfurique, ou, pour 100 de sulfate de soude, 43,8 de soude sur 56,2 d'acide sulfurique. — Le sulfate de soude, produit immédiat de la décomposition du sel marin par l'acide sulfhydrique, ne pouvait pas, pendant longtemps, comme nous l'avons dit, être livré au commerce, et, du reste, les fabricants de verre ne savaient pas encore l'employer directement, le sulfate de soude et la silice enfournés dans un pot de verrerie ne se vitrifiant que très-imparfaitement; mais les travaux de plusieurs chimistes et entre autres du chimiste allemand Gehlen, en 1813, ayant indiqué les moyens de faire le verre directement avec le sulfate de soude, et la preuve ayant été rendue bien évidente que le sel marin produit avec du sulfate de soude serait bien plus dispendieux que le sel marin frappé alors d'un droit élevé, le gouvernement se décida enfin, vers 1824, à lever les entraves qu'il avait mises à la vente du sulfate de soude, qui, sur les indications données par M. Clément Desormes, fut d'abord employé à la fabrique de verre à vitre de Prémontré (Aisne), et toutefois on commença par fritter le mélange que l'on faisait de sable, sulfate, craie et charbon.

Nous devons le dire ici, de telles transformations de procédés ne peuvent, en général, s'opérer en verrerie très-rapidement; les résultats qu'on a pu obtenir en petit dans un creuset de laboratoire, par exemple, sont quelquefois bien différents, quand on opère en grand dans les fours de verrerie. On ne peut, d'autre part, faire un essai en grand sur tous les creusets d'un four, sans risquer une perte très-importante, résultant d'une fonte mal réussie ou même totalement manquée, qui entrave toute la fabrication. On est dans le cas de payer des ouvriers sans compensation de production; et, même quand on essaye sur un seul des huit ou dix pots d'un four, on risque encore de perdre, pendant plusieurs jours, un huitième ou un dixième de la fabrication; ce qui ne laisse pas que d'être important.

Il faut donc procéder avec une grande prudence. Aussi, comme je l'ai dit, commença-t-on par fritter la composition de verre faite avec du sulfate de soude; puis après on opéra directement dans les creusets, mais sans supprimer encore complétement le carbonate de soude; ainsi, pendant un temps assez long, employa-t-on 50 de carbonate et 50 de sulfate, puis 25 seulement de carbonate avec 75 de sulfate, et on en vint enfin à supprimer totalement le carbonate de soude. L'emploi du sulfate de soude, que nous avons dit avoir été fait à Prémontré d'abord, ne tarda pas à s'introduire dans toutes les autres fabriques de verre à vitre, et même de verre demi-blanc pour gobeletterie.

On le décompose directement dans les creusets de verrerie par le charbon et la craie. On se sert de charbon de bois pilé, si on peut l'obtenir à bon marché ; si, par exemple, le bois est le combustible employé dans la verrerie, on a des braises presque sans valeur, on les emploie alors à la dose de 7 à 8 en poids environ pour 100 de sulfate. Si l'on n'emploie que la houille dans la verrerie, on se sert de coke pilé provenant des escarbilles qui tombent sous le four de fusion ; si on peut se procurer à proximité de l'anthracite, son usage est des plus favorables, parce que son action est plus égale, à un même poids déterminé : pour 100 de silice, on emploie généralement de 33 à 40 de sulfate de soude, de 20 à 40 de carbonate de chaux ou la quantité de chaux équivalente, de 1,65 à 2 d'anthracite pilé, ou de 2,30 à 2,80 de braise de bois.

Nous donnons ceci simplement comme exemple, nous nous étendrons davantage à cet égard quand il sera question des compositions de verre.

Quoique théoriquement on dût penser que le sulfate de soude décomposé par la craie et le charbon dans le creuset devait produire un verre aussi blanc que le carbonate de soude, tel n'était pourtant pas le résultat pratique obtenu, et les chimistes s'imaginèrent que la légère teinte vert-bleuâtre du verre composé avec le sulfate pouvait être attribuée à une réaction d'une partie du charbon sur la soude, analogue à ce qui se passe dans la fabrication de l'outremer factice. M. Gay-Lussac lui-même, qui présida longtemps le conseil de la manufacture de Saint-Gobain, était persuadé que pour cette raison on ne pourrait pas substituer le sulfate au carbonate dans la fabrication des glaces. C'est à M. Pelouze que revient l'honneur d'avoir détruit cette erreur ; partant de cette conviction profonde que de la silice, du sulfate de soude, de la chaux et du charbon, tous chimiquement purs, devaient produire un verre blanc, il reconnut bientôt que la coloration vert-bleuâtre constamment obtenue n'était due qu'à la présence de l'oxyde de fer, dont une très-minime proportion produit ce résultat ;

et comme le sable, la chaux employés à Saint-Gobain sont exempts
de fer, c'est vers le sulfate de soude qu'il dut porter ses recherches, et c'est là, en effet, qu'il découvrit la proportion d'oxyde de
fer qui suffisait pour produire la coloration que l'on ne pouvait,
jusqu'à lui, éviter qu'en employant le carbonate de soude. Le sulfate de soude contient généralement un léger excès d'acide sulfurique qui agit sur l'argile du creuset. Cette argile contient de l'oxyde
de fer : voilà déjà une cause de coloration, quoique sans doute
très-légère, mais c'est surtout de la sole en fonte du four dans lequel on décompose le sel marin par l'acide sulfurique que provient
l'oxyde de fer dont le sulfate de soude retient toujours une proportion plus ou moins notable. M. Pelouze, ayant par une opération subséquente amené le sulfate à un grand état de pureté, l'a
entièrement substitué au carbonate de soude dans la fabrication
des glaces de Saint-Gobain, et a, par ce fait, apporté une très-importante économie qui a permis de baisser beaucoup le prix des
glaces.

Nous dirons sommairement comment on peut opérer la purification du sulfate de soude :

1° On ajoute au sulfate de soude environ 5 pour 100 de chaux
éteinte, on mélange le mieux possible ces deux substances, puis
on arrose d'eau ce mélange, en ayant soin de le remuer à la pelle
de manière que toutes ses parties soient également bien humec-
tées. Comme le sulfate de soude se combine avec l'eau en la soli-
difiant, il faut employer une quantité suffisante de ce liquide pour
amener le tout à un état à peu près pâteux.

2° Deux ou trois jours après, le précédent mélange est dis-
sous dans de l'eau chauffée de 50 à 70 degrés, dans des cuviers
en bois dont les parois et le fond sont revêtus de plomb laminé
de 2 à 3 millimètres d'épaisseur. La dissolution étant effectuée,
on doit s'assurer si la liqueur est neutre; si elle était encore
acide, on devrait y ajouter de la chaux jusqu'à neutralisation
parfaite.

3° On amène la liqueur neutre à 30 degrés de l'aréomètre de
Baumé, on la fait reposer et on la soutire au moyen de siphons
ou de robinets pour l'introduire dans des poêles à évaporer, semblables à celles employées dans les raffineries de sel. La liqueur
soumise à l'évaporation laisse déposer le sulfate de soude au fond
des poêles, d'où on le retire au fur et à mesure de son dépôt, pour le

mettre sur des égouttoirs placés au-dessus même desdites poêles.

4° La dessiccation du sulfate de soude ainsi obtenu se fait soit dans un four à réverbère chauffé avec du coke, soit dans un four à moufle chauffé avec de la houille, et dont on peut employer la chaleur perdue à chauffer les poêles à évaporer.

La chaux, à la température à laquelle on a porté l'eau de dissolution (de 50 à 70 degrés), précipite tout le fer au fond des cuviers, et on conçoit que l'opération du décantage doive être surveillée avec le plus grand soin; si toute l'opération n'est pas conduite par des ouvriers très-soigneux, il arrive, par suite de leur négligence, qu'on obtient un sulfate de soude tout aussi impur qu'avant de subir l'opération du raffinage.

M. Pelouze dit que les sulfates, après leur purification, doivent être essayés, et qu'on doit livrer au commerce, pour la fabrication des verres ordinaires ou pour d'autres usages, ceux qui contiennent encore plus de un à deux cent-millièmes de fer.

Nous ajouterons que sans doute cette proportion, au-dessous même de un à deux cent-millièmes de fer, exerce encore une influence, car M. Pelouze convient qu'il y a encore une supériorité appréciable de blancheur dans le verre fabriqué avec le carbonate de soude. On peut estimer de 3 francs à 3 fr. 50 c. par 100 kilogrammes le coût de la purification du sulfate de soude, en supposant le prix de la journée d'un ouvrier de 2 francs à 2 fr. 50 c. et 12 francs le prix de la tonne de houille.

Nous ferons remarquer ici que, si on veut obtenir un verre très-blanc, l'on doit proscrire l'usage de l'anthracite pilé pour la décomposition du sulfate, attendu que ce charbon contient généralement une assez notable proportion d'oxyde de fer.

L'économie qui résulte de la substitution du sulfate au carbonate de soude n'est pas égale à la différence du prix entre ces deux matières premières, car il faut employer une plus grande proportion de sulfate, qui sur 100 ne contient que 43,8 de soude, tandis que 100 de carbonate contiennent 58,6 de soude.

Le prix du sulfate de soude dans le commerce est de 12 à 14 francs les 100 kilogrammes; ce prix nous paraît beaucoup trop élevé vu le prix du sulfate de soude en Angleterre, qui est de 10 francs, et en Belgique de 11 francs.

On trouve aussi dans le commerce un sulfate de soude provenant de la décomposition du nitrate ou azotate de soude pour la fabrication de l'acide azotique. Ce sel se vend 9 à 10 francs les 100 kilogrammes; mais ce sel, moins pur, contient généralement un excès d'acide, et, en outre, une proportion notable d'oxyde de fer provenant de la préparation dans des chaudières en fonte.

Enfin, quoique le chlorure de sodium ne puisse pas être employé seul à la fusion du verre, on a éprouvé qu'il pouvait entrer en assez grande proportion dans la composition des bouteilles, et comme le chlorure de sodium n'est exempt de droits que lorsqu'il est destiné à être décomposé par les fabricants de sulfate et de carbonate de soude, les fabricants de bouteilles ont obtenu de l'État qu'on fît pour eux un sel demi-décomposé, c'est-à-dire contenant environ moitié sulfate, moitié chlorure de sodium, qui leur est livré ainsi à bien meilleur marché que le sulfate pur et s'emploie avec avantage dans la fabrication des bouteilles.

Nitrate de soude. — Il n'y a qu'un certain nombre d'années (trente à trente-cinq ans) que le nitrate de soude, produit naturel qui se trouve dans l'Amérique du Sud, a été importé en Europe; on le substitue, dans la plupart des usages, au nitre ou nitrate de potasse, et il coûte beaucoup moins cher. Les verriers l'emploient dans certaines compositions, comme produisant de l'oxygène, pour brûler des matières charbonneuses, ou plus souvent encore pour raviver les couleurs en maintenant l'oxydation des métaux dans la fabrication du verre de couleur.

Les nitrates de soude raffinés se vendent environ 45 francs les 100 kilogrammes.

Le *borate de soude* $2BO^3$.NaO, ou *borax du commerce*, est une substance d'un grand usage dans les laboratoires pour les vitrifications d'essais, et la fusion des oxydes métalliques. On l'emploie aussi quelquefois dans les verreries pour certains verres de couleur, ainsi qu'on le verra dans la suite de cet ouvrage. On a essayé aussi, dans ces dernières années, de l'employer dans la fabrication du verre blanc; on a ainsi produit du verre très-blanc; mais, comme le prix de revient en est fort élevé, et que, d'autre part, l'acide borique altère sensiblement les creusets, on peut dire que jusqu'à présent la production de ce verre n'a pas pris rang dans la pratique.

Le borax est fabriqué spécialement sur les lieux où se produit naturellement l'acide borique, particulièrement en Toscane. On le tirait autrefois entièrement de l'Inde. Quand on veut employer le borax dans la vitrification, on le débarrasse préalablement par la chaleur de son eau de cristallisation, pour éviter la fusion aqueuse; dans cette opération, il se boursoufle et se réduit en une poussière blanche. Le borate de soude ne peut qu'augmenter la diaphanéité du verre, en raison de la tendance de l'acide borique à former avec les diverses bases terreuses ou métalliques des verres très-transparents, mais le prix du borax et son action sur les creusets se sont jusqu'ici opposés, comme nous l'avons dit, à son emploi en grand.

Le prix du borax est d'environ 175 francs les 100 kilogrammes.

Le *sel marin*, ou *chlorure de sodium*, n'est jamais employé seul dans la fabrication du verre, parce qu'il ne se combine pas directement avec la silice, ou, du moins, quoique théoriquement le chlorure de sodium et la silice se combinent sous l'influence de l'eau, on n'a pas encore le moyen pratique de faire cette opération en grand dans les creusets de verrerie. Quand il se trouve du chlorure de sodium dans la composition du verre, il est en partie vaporisé, en partie vient se mêler aux sels ou fiels de verre qui surnagent vers la fin de l'opération, et une faible partie décomposée se combine dans le verre.

J'ai ajouté quelquefois du chlorure de sodium à la composition du verre; je dirai en quelles circonstances, dans la suite de cet ouvrage.

La *potasse*, KO, connue aussi autrefois sous le nom d'*alcali fixe végétal*, est employée dans les verreries, dans divers états que nous allons successivement examiner.

Les *cendres* provenant de la combustion du bois ou d'autres végétaux sont quelquefois employées directement comme fondant dans quelques verreries à bouteilles placées dans des localités où le bois est à bon marché. Ces cendres sont plus ou moins riches en potasse, suivant les végétaux qui les ont produites, le sol sur lequel ils ont fait leur croissance et l'époque à laquelle ces végétaux ont été coupés.

Parmi les bois, ceux qui donnent le plus de résidu par l'incinération, et dont on préfère généralement les cendres, sont les bois durs, tels que l'orme, le chêne, le hêtre, le charme; les bois blancs, les bois résineux donnent des cendres en moindre quantité et moins riches en alcali.

Nous donnerons ici un extrait d'un ouvrage du citoyen Perthuis, l'*Art de fabriquer le salin et la potasse*, et d'un mémoire du même auteur, ayant pour titre : *Expériences sur les moyens de multiplier la fabrication de la potasse.*

Rapportant au système décimal les résultats que Perthuis a énoncés et qui se trouvent compliqués des anciennes mesures, nous prendrons le chiffre de 10 000 kilogrammes pour poids de la quantité de chaque végétal sur lequel on a opéré et nous formerons ainsi la table suivante :

Noms des végétaux.	Produits en cendres.	Produits en sels.
Chêne.......................	125,20	15,40
Menues branches de chêne prises en mai.....................	251,56	
Hêtre.......................	58,50	14,64
Menues branches de hêtre prises en mai.....................	233,92	
Charme......................	113,00	12,56
Menues branches de charme prises en mai.....................	214,00	
Bourgeons de charme et de hêtre cueillis dans le moment où ils se développaient................	421,09	
Orme.......................	236,84	39,14
Menues branches d'orme et de charmille à la fin d'août.......	673,00	
Menues branches d'orme prises vertes à la fin de juillet, et séchées ensuite aux trois quarts..	548,65	
Sapin.......................	34,00	3,32
Saule.......................	284,92	29,00
Tremble.....................	115,50	7,55
Sarment de vigne.............	337,96	78,20
Feuilles de tilleul fraîches, détachées en octobre.............	653,92	
Genêt commun, en avril........	200	
Tiges de maïs................	886,40	176,38
Tiges de tournesol............	572,20	200
Ortie commune...............	1071,68	250,36
Chardon en pleine fleur........	408,27	47,28
Fougère verte, en juillet........	250	
Fougère sèche, en septembre.....	500	62,60

De ses expériences Perthuis conclut :

1° Que le résidu de la combustion des arbres est d'environ 0,01 de leur poids primitif en moyenne ;

2° Que les cendres des arbustes et branchages sont environ les 0,03 de leur poids;

3° Que les plantes donnent toujours, les unes dans les autres, plus de 0,05;

4° Que les branches fournissent plus que les troncs, et les feuilles plus que les branches;

5° Que les plantes brûlées à leur point de maturité produisent plus que les mêmes plantes brûlées avant ou après leur maturité;

6° Que les végétaux brûlés verts produisent plus de cendres que brûlés secs après avoir été pesés verts.

Que si la production des cendres des plantes aux bois est comme 5:1 en moyenne, celle en sels est comme 8:1, les cendres des plantes étant plus riches que celles des bois. Kirwan a fait sur le même sujet un travail dont les résultats s'accordent assez bien avec ceux de Perthuis, car il trouve les nombres suivants:

		Cendres.	Sel.	Quantité de sel pour 100 de cendres.
Sur 10000 en poids de	tiges de maïs.....	886	175	19,8
—	grand soleil......	572	20	34,9
—	sarments de vigne.	340	55	16,2
—	saule...........	280	28,5	7,8
—	orme.	235	39	10,2
—	chêne...........	135	15	11,1
—	tremble.	122	7,4	6,1
—	hêtre...........	58	12,7	21,9
—	sapin...........	34	4,5	13,2
—	fougère, en août.	364	42,5	11,6

Nous n'entrerons pas ici dans le détail des instructions relatives à la meilleure manière de brûler les bois et végétaux pour en recueillir les meilleures cendres; car, pour le verrier qui emploie ses propres cendres quand il se sert de bois, le principal but est de brûler son bois de manière à produire la plus haute température avec la moindre quantité de combustible.

Si c'est un verrier en bouteilles, il peut employer ces cendres en nature dans la composition de son verre, après toutefois les avoir calcinées fortement et assez longtemps, afin d'achever de brûler le reste de charbon qui se trouve mélangé, dans les arches du four de fusion destinées à cet usage, d'où leur est venu le nom d'*arches cendrières*. Ensuite on les tamise pour séparer les petites

5

pierres, les ordures et même les charbons qui n'auraient pas été brûlés, et malgré tout il faudra encore *fritter* la composition qui aura été faite avec ces cendres.

Les fabricants de bouteilles dans le voisinage des grandes villes emploient ou plutôt employaient les *charrées*, c'est-à-dire les cendres ayant servi aux blanchisseurs pour leurs lessives. Ces charrées naturellement ne sont pas très-riches en alcali, mais elles aident encore toutefois beaucoup à la vitrification ; de jour en jour les charrées tendent à disparaître, depuis que le blanchissage est sorti de son ancienne routine et emploie directement et sans mélange de matières impures les sels qui, dans les cendres, agissaient seuls utilement.

Salins. — Si l'on veut employer les cendres pour la fabrication d'un verre blanc, il faut les lessiver, évaporer ensuite les eaux saturées au maximum, et obtenir ainsi les sels qui, dans les pays où l'on fait cette opération, sont connus sous le nom de *salins*.

Tout le monde connaît la manière de conduire une pareille opération, aussi je crois inutile de la décrire ici.

Le salin du commerce, dans les pays où le bois est abondant, est ordinairement d'un brun assez foncé. Les parties les plus chauffées sont d'un jaune plus clair ; il faut le conserver dans des lieux secs pour éviter qu'il ne se fonde. On peut reconnaître sa richesse en alcali par les procédés d'épreuves ordinaires ; mais la plupart des verriers se contentent de le juger par l'apparence, ou quelquefois en faisant chauffer au rouge un échantillon ; quand il est devenu d'un blanc mêlé de veines bleues ou verdâtres claires, qu'il ne s'est point étalé sur le têt à rôtir, mais qu'il s'est boursouflé en devenant friable, alors on le juge de bonne qualité.

Quelques verriers emploient le salin en nature dans leur composition, s'ils ont l'habitude de fritter cette composition. L'opération du frittage achève de détruire les parties organiques qui existent encore, et produit le même effet que la calcination à l'aide de laquelle on transforme le *salin* en *potasse*. Cette dernière transformation toutefois est bien préférable, car le salin qu'on transforme en potasse varie beaucoup dans les résultats qu'il produit et perd de 8 à 25 pour 100 de son poids par la calcination, et, par conséquent, 100 de salin peuvent représenter 75 ou 92 de potasse. Ce n'est pas, d'ailleurs, le seul inconvénient que présentent

les salins, ils contiennent non-seulement des matières combustibles, mais des sels impropres à la vitrification et nuisibles conséquemment à la qualité du verre.

Le mieux est donc de calciner les salins; cette opération de la
calcination du salin se fait dans un four à réverbère dont la température ne doit pas être très-élevée au commencement de l'opération, pour éviter une fusion aqueuse qui serait très-nuisible.
On augmente le feu à mesure qu'on voit que le salin se sèche, et
on continue en remuant de temps en temps avec un rable en fer,
jusqu'à ce qu'on voie que les petits morceaux qu'on retire et que
l'on brise sont homogènes et de la même couleur blanche veinée
à l'intérieur qu'à l'extérieur. Alors on retire la fournée dans des
caisses en tôle ou des chaudières en fonte, et l'on obtient ainsi
une potasse semblable aux potasses de Russie, de Dantzig, de
Toscane, etc. Cette potasse est un composé de carbonate et de sulfate de potasse (en ne mentionnant que les deux éléments principaux), et il convient encore de séparer ces deux sels, car le sulfate
de potasse n'est que nuisible à la vitrification. Il ne se combine
pas avec la silice, surnage sur les pots, d'où il faut l'enlever avec
des poches en fer, s'il est très-abondant, ou le faire évaporer, ce
qui retarde l'opération. Il est d'autant plus avantageux de faire
ce départ des deux sels, que le sulfate de potasse, qui ne concourt
pas à la vitrification, se vend à un prix assez élevé aux fabriques
d'alun.

Pour séparer le sulfate du carbonate, on dissout le produit de
la calcination dans l'eau, de manière à obtenir des eaux concentrées à un degré où déjà une partie du sulfate et les impuretés
se déposent au fond des cuviers, et on transvase par décantation
les eaux claires concentrées dans des chaudières posées sur foyer,
où, par le fait de la différence de solubilité des sulfates et des
carbonates, ces sulfates se précipitent au fond des chaudières où
on les reçoit dans des poêles en fer. Quand il ne se précipite plus
de sulfate, on évapore à siccité, et on obtient ainsi un carbonate
de potasse $CO_2.KO$, très-propre à la fabrication des plus beaux
verres blancs et des cristaux.

Les potasses de Russie, de Dantzig, de Toscane sont des salins
calcinés comme nous l'avons dit précédemment; celles de Dantzig
viennent de la Pologne, d'où elles sont expédiées pour être em-
barquées.

Les potasses de Dantzig, première qualité, contiennent en moyenne :

Potasse..................	60
Acide carbonique..........	23
Sulfate de potasse..........	9
Matières terreuses..........	2
Eau et perte..............	6
	100

On voit par là qu'une partie de la potasse est à l'état libre, non combinée avec l'acide carbonique, puisque les proportions du carbonate sont 68,2 de potasse sur 31,8 d'acide.

Les potasses d'Amérique sont les plus généralement estimées ; elles sont de deux genres, la *potasse caustique, rouge* ou *grise*, et la *potasse perlasse*. Nous avons traduit par potasse et perlasse les mots *pot ashes* et *pearl ashes*, dont la traduction serait : Cendres passées à la chaudière et cendres perlées.

Les unes et les autres sont le résultat de salins produits par le défrichement et la combustion des forêts de l'Amérique du Nord. Pour les potasses, ces salins sont rendus caustiques par la chaux ; elles contiennent donc la potasse presque entièrement libre, et les perlasses sont le résultat de la calcination des salins, comme nous l'avons indiqué précédemment et ainsi que cela se fait en Russie et en Pologne.

En Angleterre, les verriers achètent généralement leurs potasses à des fabricants de produits chimiques, qui les leur livrent à l'état de carbonate de potasse sec et pur.

En France, où les verriers achètent directement les potasses ou perlasses d'Amérique, nous dirons quelques mots de la manière dont ils les traitent. Pour les perlasses, ils séparent les sulfates comme nous l'avons indiqué pour les salins calcinés ; pour les potasses caustiques, on les fait passer dans un four à réverbère semblable à celui où l'on calcine les salins, en y mêlant une assez forte proportion de braises de bois, dans les localités où les verriers se servent de ce combustible. Il n'y a pas d'inconvénient à mettre un excédant de charbon, car cet excédant est brûlé, ou bien surnage sur les eaux des baquets où l'on fait dissoudre le produit de cette calcination.

On remue de temps en temps ces matières enfournées avec un

rable en fer, afin de bien les mêler, et de faire pénétrer l'acide carbonique dans toutes les molécules de la potasse. Quand tout le charbon est à peu près brûlé, on tire la fournée et on met le produit dans des chaudières ou baquets pleins d'eau, en ayant soin de n'en mettre que peu à la fois. Les charbons non brûlés surnagent, on les retire avec un écumoir. Les parties insolubles et terreuses se précipitent au fond, et les eaux claires sont traitées comme nous l'avons vu pour les eaux des salins calcinés et des perlasses.

Ajoutons ici que la fabrication du sucre de betterave et de l'alcool, dans le Nord de la France, a donné naissance à la production d'une assez grande quantité de potasse provenant de la combustion des résidus de ces usines. Cette production ne peut suffire entièrement à notre consommation de potasse, mais toutefois elle est un obstacle au renchérissement qui ne manquerait pas d'avoir lieu sur les potasses d'Amérique, où les défrichements de forêts s'éloignent chaque jour davantage des côtes.

Les potasses d'Amérique valent, à Paris, environ 90 francs les 100 kilogrammes ;

Les perlasses, 110 à 120 francs ;

Les potasses indigènes (de Valenciennes), 80 francs.

Cendres gravelées. — On appelle *cendres gravelées* les cendres qui proviennent de la combustion des lies de vins. Pour brûler ces lies, on exprime d'abord l'humidité qu'elles contiennent, on les réduit en plaques semblables à des tuiles et on les fait sécher ; dans cet état on les brûle dans des fourneaux faits exprès. Le résidu de cette combustion est ce qu'on appelle *cendres gravelées*, qui contiennent de la potasse caustique, du carbonate et du tartrate de potasse et des matières organiques.

Les cendres gravelées étaient autrefois très-estimées des verriers ; les anciens auteurs les mentionnent souvent, surtout pour la fabrication de certains verres de couleur. Comme l'effet qu'elles produisaient résultait en partie des matières charbonneuses qu'elles contenaient encore, et surtout de l'acide tartrique, nous préférons aujourd'hui employer le *tartrate de potasse*, dont nous ne croyons pas devoir décrire la fabrication, qui est du domaine des fabricants de produits chimiques, et que le verrier aurait tort de vouloir préparer lui-même, surtout en raison de la petite quantité qu'il est dans le cas d'employer.

Le *nitrate de potasse* ou *azotate de potasse* KO.NO⁵, composé d'acide nitrique ou azotique 57,15, potasse 42,85, est appelé aussi *nitre, sel de nitre* ou *salpêtre raffiné*.

Ce sel est un des plus usités dans la fabrication des beaux verres ; il était connu des anciens auteurs, qui le considéraient comme le *fondant* du verre par excellence ; il est vrai qu'ils ont souvent confondu (et les commentateurs ou traducteurs plus souvent encore) le nitre avec le natrum ou natron, ces substances étant toutes deux produites par la nature en Egypte et dans l'Inde. Ce que nous pouvons considérer comme certain, c'est que les anciens verriers de Phénicie et d'Egypte ne confondaient certainement pas ces deux sels, dont l'emploi est si différent.

Le nitrate de potasse agit dans la vitrification, comme nous l'avons dit pour le nitrate de soude, et par la potasse qui s'unit à la silice, et par l'oxygène qui, à cette température, se sépare de l'azote et sert soit à brûler les matières charbonneuses qui peuvent se trouver dans la composition, soit à suroxyder les oxydes métalliques qui ont besoin de l'être ; aussi le nitre est-il le plus souvent employé dans la fabrication des cristaux et de certains verres de couleur dans lesquels la soude ne peut pas sans inconvénients être substituée à la potasse.

Comme les verriers ne préparent jamais eux-mêmes leur nitre, nous n'entrerons pas ici dans les détails relatifs à la récolte des salpêtres naturels, à la fabrication des salpêtres et à leur raffinage.

Le salpêtre raffiné vaut généralement environ 60 à 65 francs les 100 kilogrammes.

En terminant les généralités que nous voulions exposer sur la soude et la potasse, il convient peut-être de dire quelques mots sur le pouvoir relatif de ces deux bases, qui seront une réponse à cette question : Peut-on indifféremment employer l'une ou l'autre suivant que les conditions du marché sont plus favorables à l'une ou à l'autre ?

Rappelons d'abord la composition des sels employés le plus communément :

	Acide.	Base.
Sulfate de soude.............	56,20	43,80
Carbonate de soude...........	41,40	58,60
Nitrate de soude.............	68,96	31,04
Sulfate de potasse...........	45,90	54,10
Carbonate de potasse.........	31,80	68,20
Nitrate de potasse...........	57,15	42,85

Il résulte de cette table que pour introduire dans le verre 100 de base, il faut y mettre :

288 de sulfate de soude.
170 de carbonate de soude.
322 de nitrate de soude.
185 de sulfate de potasse.
147 de carbonate de potasse.
233 de nitrate de potasse.

Tous ces sels étant supposés secs.

Tels sont les éléments du calcul à faire, mais il y a d'autres considérations dont on doit tenir compte :

1° Le sulfate de soude, ainsi que nous l'avons fait observer, ne donne jamais du verre aussi blanc que le carbonate de soude ;

2° Le carbonate de soude lui-même le plus pur ne donne pas du verre d'un blanc aussi beau que le carbonate de potasse. Il y a toujours une légère teinte azurée qui ne se remarque pas, par exemple, dans l'épaisseur d'une belle glace, mais sur sa tranche, pour peu qu'on regarde à travers une lame de quelques centimètres. Les fabricants de cristaux préfèrent donc toujours l'emploi de la potasse à celui de la soude, et les fabricants de gobeletterie fine de Bohême continuent, par la même raison, à employer la potasse pour la fabrication de leur beau verre blanc, qui peut être comparé au cristal de roche.

3° Dans des conditions semblables de fusibilité, la potasse produit un verre plus dur, moins souple que la soude. Les fabricants de verre à vitre préféreront donc toujours employer la soude, quand même ils seraient placés de manière à avoir de la potasse à très-bas prix, parce que leurs *manchons* s'allongent plus facilement. Cette plus grande dureté du verre fondu à la potasse est aussi un inconvénient dans la fabrication de la gobeletterie, dont nous reparlerons au chapitre de la gobeletterie de Bohême.

Chaux, CaO. — La chaux et la silice seules ne se vitrifient pas au feu ordinaire des fours de verrerie ; mais quand à ces deux substances on ajoute la soude ou la potasse, la vitrification de la chaux s'opère alors avec la plus grande facilité.

Le verrier a tout avantage à employer la chaux dans ses compositions ; elle rend le verre moins déliquescent, elle lui donne aussi une bien plus grande ductilité. Le verre composé de silice

et de soude, ou de silice et de potasse seules, est cassant, aigre,
et il devient beaucoup plus doux par l'addition de la chaux. En
termes de verrerie, la chaux donne du *corps* au verre, c'est-à-
dire que les verriers le travaillent plus facilement. La chaux
partage cette propriété de donner plus de *corps* au verre, avec
plusieurs autres bases terreuses, telles que l'alumine, la magnésie; aussi les maîtres de verrerie qui avaient été habitués à employer pour la composition de leurs verres les seules matières qui
existassent dans le commerce, telles que les soudes d'Alicante,
les natrons, les salins, et qui employaient ces matières dans l'état
où ils les achetaient, lorsqu'ils voulurent essayer il y a trente à
quarante ans les sels épurés, tels que la nouvelle chimie les
leur offrait, se récrièrent d'abord sur la mauvaise qualité du
verre qu'ils obtenaient avec ces matières raffinées : « Le verre
se souffle mal, disaient-ils, il est aigre; les manchons (quand il
s'agissait des verres à vitre) ne peuvent pas s'allonger. Ce
verre se recuit mal, est dur à couper au diamant; enfin ce verre
a le grave inconvénient de ressuer, de se couvrir d'humidité. »
Il ne s'agissait pourtant que d'ajouter au mélange les matières
terreuses, et principalement la chaux qui était contenue dans les
soudes brutes, et qui donnait au verre les qualités désirées. Mais,
tout en avouant d'abord que la plupart des maîtres de verrerie
avaient fort peu de connaissances chimiques, et étaient guidés surtout par la routine, nous devons dire aussi qu'en verrerie les essais
sont coûteux, et il s'agissait là d'une sorte de transformation complète des compositions. En Angleterre, où jusqu'en 1832 on fabriquait les vitres exclusivement en plateaux ronds, l'emploi des
soudes brutes (*kelp*) se perpétua plus longtemps encore. On comprendra mieux, quand nous aurons décrit cette fabrication, combien il faut que le verre soit ductile, pour que l'ouverture d'une
espèce de boule, qui a quelques centimètres de diamètre, se développe jusqu'à atteindre 1m,50 environ ; aussi ai-je entendu dire
à cette époque à un fabricant anglais : Il sera à tout jamais impossible d'ouvrir un plateau avec du verre fabriqué avec le sulfate de
soude. Nous ajouterons qu'un motif plus grave encore s'opposait
aussi dans ce pays à l'adoption d'une nouvelle composition : le
verre à vitre, en Angleterre, était sujet à un droit d'excise très-
élevé (90 centimes par 450 grammes, soit environ 10 francs par
mètre carré, plusieurs fois la valeur du verre), droit qui était perçu

d'après le jaugeage des creusets, quel qu'en fût le produit. Un verrier ne se risquait donc guère à faire des essais qui l'eussent amené
à payer un droit de plusieurs milliers de francs sur une mauvaise
fabrication, ou même sur l'absence totale de production.

La chaux rend donc au verre fabriqué avec les sulfates ou carbonates purs les qualités qu'il tenait des matières précédemment
employées et qui contenaient des matières terreuses, chaux, alumine, magnésie.

La chaux, employée en proportion convenable, ôte au verre la
tendance à attirer l'humidité de l'air, tendance résultant de l'alcali libre, soude ou potasse, qui s'empare de l'eau atmosphérique.
Comment expliquer cette *neutralisation* de la soude ou potasse par
la chaux? Comment le verre composé de silice et de soude seulement et avec le minimum de soude, c'est-à-dire le plus dur possible eu égard à la température du four, verre dans lequel il doit
ou devrait y avoir le minimum de soude libre, est-il cependant
plus hydroscopique que le verre dans lequel, aux mêmes éléments
de silice et de soude, on aura ajouté une certaine proportion de
chaux? Nous hasardons à cet égard l'explication suivante : je suis
porté à admettre que la chaux agit directement sur une portion
d'alcali ; que la chaux agit comme acide, qu'il se forme un *calciate*
de soude et un silicate de soude, ou, si l'on veut, un silico-calciate
de soude. C'est très-humblement que j'avance cette explication,
basée d'ailleurs sur le fait de l'action de la chaux sur la soude
et la potasse, ou réciproquement ; cela est bien établi par les essais
du chimiste allemand Pott et consigné dans sa *Lithogéognésie*. On
voit, dans la table de ses essais, que la craie seule, exposée à une
température élevée dans un creuset, ne fond pas; que la craie et
la silice, exposées à la même température, ne se fondent pas non
plus; que trois parties de craie et une de sel alcali ne fondent pas,
deux parties de craie et une de sel alcali commencent à former un
corps opaque aggloméré, une partie de craie et une partie d'alcali
forment une masse transparente jaunâtre, enfin une partie de
craie et deux parties d'alcali forment un verre transparent jaune
verdâtre assez dur. Ne résulte-t-il pas de ces essais que la craie,
ou pour mieux dire la chaux mélangée avec une certaine proportion d'alcali, à une température élevée, fond en un verre? et si
la vitrification de la silice et de la soude, à la même température,
est un sel, pourquoi la vitrification de la chaux et de la soude ne

serait-elle pas aussi un sel? La formation de ce sel n'expliquerait-elle pas l'absorption de l'alcali libre des verres purement alcalins?

D'autre part, on pourrait dire aussi que la chaux, vis-à-vis de la silice et de l'alcali, joue un rôle catalytique, c'est-à-dire que sa présence éveillerait entre ces deux corps un jeu plus puissant d'affinité qui rendrait la silice capable de neutraliser une plus forte proportion d'alcali. Quelle que soit, du reste, la véritable explication, le fait pratique est hors de doute : la chaux agit directement sur l'alcali à la température des fours de verrerie.

Si la chaux exerce une action salutaire dans la composition du verre, il est toutefois une proportion qu'il ne faut pas dépasser sous peine de tomber dans d'autres inconvénients; si on force le dosage de la chaux, le verre perd sa transparence et il prend une tendance à se dévitrifier, surtout s'il n'est pas maintenu à une température très-élevée. Ainsi, par exemple, le refroidissement simple, résultant du travail du soufflage, amène un commencement de dévitrification avant même que la pièce soit terminée. C'est un effet dont nous aurons occasion de reparler dans la suite de l'ouvrage.

Il est important, surtout pour la fabrication des verres blancs, d'employer la chaux dans un assez grand état de pureté, exempte surtout d'oxyde de fer qui donnerait au verre une teinte verdâtre. On trouve dans la nature des pierres à chaux assez exemptes de fer ; le verrier ne les emploie pas dans cet état, car il lui faudrait opérer le broyage de ces pierres qui sont très-dures, ce qui serait très-dispendieux; on cuit donc ces pierres, ce carbonate, pour les ramener à l'état de chaux caustique, que l'on fait éteindre avec seulement la petite quantité d'eau nécessaire pour l'amener à l'état de poudre, et on l'ajoute en cet état dans la composition du verre.

D'autres verriers, qui ont à proximité de la craie pure, qui est facile à réduire en poudre, l'emploient à cet état de craie sans lui faire subir l'opération de la cuisson. Il en est qui pensent que puisque la chaux seule agit dans le mélange, il est mieux de l'y introduire pure, et non combinée avec l'acide carbonique, puisqu'il faudra que cet acide carbonique soit chassé du mélange par la chaleur du four. Ces verriers préfèrent donc l'emploi de la chaux caustique. Pour moi, je préfère l'emploi de la craie, quand cette craie est aussi pure, par exemple, que la craie de Meudon ; plusieurs motifs me font préférer cet emploi :

1° L'usage de la chaux caustique, qu'il faut d'abord tamiser avant de l'introduire dans le mélange, lequel mélange doit encore être remué ou à la pelle ou dans une machine spéciale, produit une poussière très-subtile nuisible aux ouvriers, et qui, d'ailleurs, altère un peu la proportion du mélange.

2° La chaux s'éteint au moyen de l'eau qu'elle absorbe en plus ou moins grande quantité, et comme elle reste susceptible d'en absorber suivant les changements de l'état hygrométrique de l'air, vous ne pouvez être sûr de la proportion exacte de chaux que vous ajoutez à la composition. Ceci n'a pas une grande importance pour les verres ordinaires, dans lesquels quelques centièmes de chaux en plus ou en moins ne peuvent altérer les résultats ; mais pour des verres d'optique, où il s'agit d'avoir des pouvoirs réfractif et dispersif constants, il est important de ne pas avoir la moindre variation dans les principes constituants. Nous verrons dans le livre VI, *Verres d'optique*, combien les moindres changements peuvent avoir d'influence sur le résultat.

3° Bien que l'acide carbonique n'entre pas dans la composition du verre, je pense que sa présence dans l'intérieur du creuset ne peut qu'avoir un résultat utile, celui d'agiter le mélange, de le brasser en quelque sorte, d'amener une action plus intime des éléments les uns sur les autres et de produire un tout plus homogène.

Toutefois, quand le verrier n'aura pas à proximité une craie bien pure, je lui conseillerai d'employer la chaux en poudre provenant de pierres à chaux pures, plutôt que de se procurer de la craie à grands frais.

La craie contient généralement des dépôts de silice sous forme de rognons de silex qu'il est important de séparer avant l'emploi ; d'abord ils rendent la craie plus difficile à broyer ; puis, quelque soin que l'on prît, il en resterait toujours des fragments plus gros que les grains du sable dont on se sert, qui résisteraient à la vitrification, et dont la présence dans le verre fondu est un défaut très-grave, car ce point opaque détermine autour de lui, dans le refroidissement, de petites fentes qui souvent amènent la brisure totale de la pièce de verre.

Les extracteurs de la craie de Meudon la délayent dans l'eau,

les cailloux se précipitent au fond ; puis, quand l'espèce de bouillie de craie a pris une certaine consistance, on en fait des pains
que l'on sèche sur des séchoirs à l'air libre.

Le marbre, qui est aussi un carbonate de chaux, n'est pas employé par les verriers, à cause de son prix, supérieur à celui des
pierres à chaux ordinaires.

Phosphate de chaux. — Les fabricants de cristaux font usage
du phosphate de chaux pour la composition des verres opales ; ils
se servent à cet effet d'os d'animaux brûlés et pilés qu'ils achètent
des fabriques de noir animal ou qu'ils préparent eux-mêmes. Ces
os, calcinés à blanc, sont composés en très-grande partie de phosphate de chaux, d'une petite quantité de chlorure de sodium, de
phosphate de soude et d'ammoniaque. Les anciens auteurs atta-
chaient une grande importance à la nature des os qu'ils employaient : ainsi ils recommandaient surtout la corne de cerf ou
les os de mouton. Nous ne pensons pas que ces prescriptions
soient justifiées ; seulement, ayant longtemps préparé moi-même
les os que j'employais, je préférais les gros os, surtout les os creux
des jambes de cheval, qui brûlaient mieux et produisaient un
phosphate plus blanc que les os menus ou plats, qui produisaient
une cendre grise, quoique portés au même degré de température.

Le cristal opale, produit par l'addition du phosphate de chaux
des os, n'est pas opale directement, c'est-à-dire que lorsqu'on le
cueille, il est transparent ; ce n'est qu'en refroidissant qu'il devient
opalin, et à chacun des réchauffages successifs, nécessités par la
confection d'une pièce de cristal, l'opalisation augmente ; il faut
donc calculer la proportion d'os suivant les pièces que l'on a à
fabriquer, en mettre davantage pour les pièces d'une fabrication
rapide, pour celles, par exemple, qui ne subissent qu'un moulage,
et en mettre moins pour les pièces compliquées. L'opalisation
produite par les os est tout à fait différente de l'opacité produite
par l'acide arsénieux ou par l'acide stannique ; ces derniers produisent un blanc mat plus ou moins opaque, tandis que les os
produisent une opalisation avec reflets plus ou moins compara-
bles à ceux de la pierre fine du nom d'opale. Cette opalisation
n'est autre chose qu'un précipité de chaux qui s'opère à mesure
que le verre se refroidit. Nous ne saurions préciser le rôle que
joue l'acide phosphorique dans cet effet d'opalisation ; probablement cet acide abandonne peu à peu la chaux pour s'unir à l'une

des autres bases, à mesure que le verre se refroidit ; et c'est bien
le refroidissement qui produit l'opalisation, car les couches extérieures sont les premières opalisées ; et, en effet, si vous brisez la
pièce qui n'a subi qu'un premier refroidissement, vous voyez sur
la tranche de la fracture que l'intérieur a encore toute sa transparence et que l'extérieur seul a commencé à être opaque. A mesure
donc que l'on réchauffe et refroidit, les couches intérieures s'opa-
lisent successivement. S'il y a beaucoup d'os dans la composition
ou qu'on opère un grand nombre de réchauffages, l'opalisation
devient de l'opacité semblable à celle produite par l'acide arsénieux et l'acide stannique ; ce qui démontre bien que cet effet
d'opalisation, ce jeu de lumière résulte de ce que le verre n'est pas
homogène, qu'il y a des parties transparentes et d'autres plus
ou moins opaques. Ce précipité de chaux n'explique pas suffisamment l'opalisation produite par le phosphate de chaux, car si, au
lieu de ce phosphate de chaux, on ajoute au mélange l'équivalent
de chaux, on n'obtient pas le même effet.

Nous devons mentionner ici le spath fluor (fluate de chaux ou
plutôt fluorure de calcium) qui depuis quelque temps est employé
dans la fabrication des verres blancs opaques, principalement
pour les verres d'éclairage.

Alumine, Al^2O^3. — L'alumine joue un grand rôle dans la verrerie, puisqu'elle est l'élément principal de l'argile, avec laquelle
on fait les fours et les creusets ; sous ce rapport ce n'est pas ici
qu'il y a lieu de l'examiner. L'alumine se rencontre aussi dans
l'analyse de tous les verres, mais ce n'est que rarement avec intention qu'elle s'y trouve ; c'est le résultat ou de l'emploi de substances qui en contenaient, telles que des craies, ou des sables,
ou des alcalis impurs, et de l'action de la composition sur la substance du creuset.

Il y a toutefois quelques cas où le verrier croit utile d'ajouter
une petite quantité d'alumine dans sa composition pour donner
une base de plus à son verre, ce qui ajoute à l'effet de la chaux et
donne plus de corps au verre. C'est ce que nous verrons quand il
sera question de la composition du verre à vitre en plateau.

Dans la composition des bouteilles, il y a toujours une assez forte
proportion d'alumine résultant de l'argile qu'on y ajoute ; on conçoit que cela fait de la composition à bon marché, car on n'est pas
difficile sur le choix de l'argile. Un peu de fer ne fonce pas par

trop la teinte de la bouteille, et l'argile, composée de silice, d'alumine et d'un peu de fer, se vitrifie pour ainsi dire sans addition d'autre fondant, bien que l'alumine pure et la silice pure ne puissent ensemble se vitrifier au feu de verrerie. Il n'y a dans la composition des bouteilles qu'une limite à l'addition de la chaux et de l'argile, celle qui résulte de la dévitrification qui s'opère pendant le travail même des bouteilles; on a beau maintenir le four aussi chaud que possible, le verre dans lequel on a forcé la dose de ces substances devient *galeux* peu de temps après le commencement du travail, qui ne peut plus se continuer.

Baryte, BaO. Sulfate de baryte, $BaO.SO^3$: sa pesanteur spécifique est de 4,08; carbonate de baryte, $BaO.CO^2$. — Le sulfate de baryte existe en assez grande quantité dans plusieurs localités; le carbonate de baryte n'est pas aussi commun, et toutefois c'est le seul qui pourrait être utilement employé dans la fabrication du verre.

La silice se combinant avec la baryte et produisant un verre très-blanc, quelques fabricants ont employé cette dernière en la substituant à une portion seulement de la soude ou de la potasse; mais nous ferons observer qu'en raison de la composition du carbonate de baryte, il faut 98 de carbonate de baryte pour équivaloir à 72 de sulfate de soude ou 54 de carbonate de soude; et comme le carbonate de baryte ne se trouve guère dans la nature qu'assez impur, qu'il exige des procédés de purification assez coûteux, il y aura sans doute fort peu de localités où il sera avantageux d'employer d'assez grandes quantités de baryte. Cette substance donne au verre une pesanteur spécifique très-considérable, et qui pourrait être utile pour du verre d'optique, mais qui est désavantageuse pour des verres ordinaires, qui ont à supporter des frais de transport plus élevés. Quant aux proportions de baryte qui pourraient être utilement employées, nous engagerions les verriers à prendre en grande considération l'observation faite par M. Péligot dans les termes suivants :

« Il y a d'ailleurs une importante remarque à faire en ce qui concerne la fusibilité des silicates multiples. Si l'on chauffe un mélange de deux silicates qui pris séparément sont infusibles, on obtient un produit fusible, un verre. Je mets sous vos yeux une belle glace fabriquée à titre d'essai et d'étude dans la glacerie de Saint-Gobain, avec un mélange de sable, de chaux éteinte et de carbonate de baryte Soumise à l'analyse, elle a donné la composition suivante :

Silice......................	46,50
Baryte....................	39,20
Chaux....................	14,30
	100,00

elle provient donc d'un mélange ou d'une combinaison parfaitement fusible de deux silicates qui, étant pris séparément, auraient fourni des composés extrêmement réfractaires. Ces faits ont pour le verrier une grande signification; ils lui montrent la nécessité d'introduire plusieurs bases dans sa composition [1]. »

Nous allons à présent passer à l'examen des oxydes métalliques employés dans la fabrication du verre. Quoique tous les oxydes métalliques soient susceptibles de se vitrifier, nous avons cru devoir nous abstenir de mentionner ceux dont le verrier n'a pas encore reconnu l'utilité pratique. Nous commencerons par l'oxyde de plomb, celui dont l'emploi est le plus considérable, et aussi le plus important, puisqu'il entre pour un tiers dans la composition du cristal.

Oxydes de plomb. — Protoxyde ou massicot, PbO; sesquioxyde ou minium, $Pb^2O^3 + PbO$. Le minium est un composé de protoxyde et de peroxyde.

Les fabricants de cristal préfèrent l'emploi du minium à celui du massicot, parce que, bien que la silice s'unisse à l'oxyde de plomb à l'état de protoxyde ou de massicot, comme ce massicot est facilement réductible, que les moindres parcelles de substances combustibles peuvent en ramener des portions à l'état de métal, que d'ailleurs il peut se trouver aussi dans le massicot des portions de plomb ayant échappé à l'oxydation, il y a sûreté plus grande à employer le minium, qui ne tarde pas dans le creuset à passer à l'état de massicot, abandonnant une portion d'oxygène qui peut brûler le peu de matières charbonneuses qui pourraient se trouver dans la composition, et même oxyder le peu de parcelles de plomb qui auraient échappé à l'oxydation.

[1] *Douze leçons sur l'art de la verrerie*, par M. Péligot. Le verrier trouvera dans ce petit ouvrage, dont le nom de l'auteur suffit pour en faire connaître la valeur, beaucoup d'autres observations très-précieuses.

L'oxyde de plomb ajouté à la silice et à la potasse dans les proportions ordinaires de 3 de silice, 2 de minium et 1 de carbonate
de potasse, constitue le verre auquel on a réservé en France le
nom de cristal, le *flint-glass* des Anglais. Ce verre, ayant un pouvoir réfractif plus considérable que le verre silico-alcalin, est
doué d'un plus grand éclat; c'est en cela qu'il est supérieur au
plus beau verre blanc et au cristal de roche..

Le fabricant de cristal ayant à sa disposition de la silice et un
carbonate de potasse très-purs, doit mettre tous ses soins à se procurer aussi un oxyde de plomb bien pur : quel que soit le soin avec
lequel l'oxyde de plomb est préparé, le minium ne sera pas d'une
qualité convenable si le plomb contenait des métaux étrangers qui
s'oxydent en partie avec le plomb.

Les plombs ordinaires du commerce contiennent souvent une
proportion d'oxyde de cuivre, qui, quelque minime qu'elle soit,
doit les faire rejeter de la fabrication du minium destiné à la composition du cristal, auquel cet oxyde de cuivre donne une teinte
bleu verdâtre très-désagréable. Ils contiennent aussi parfois de
l'argent, du fer, de l'arsenic, et quelquefois de l'étain si, dans la
fonte des saumons, on a introduit des vieux plombs avec soudures.
Lors donc qu'un fabricant de cristaux est satisfait de la qualité
d'un minium, il doit engager le fabricant de ce minium à lui fournir
une qualité constante, provenant du plomb de la même mine.

Les plombs d'Espagne, et surtout certaines marques, sont généralement assez bons . Je ne citerai pas ces marques, car il arrive
que dans les mines d'un même producteur, certain filon s'épuise,
et le suivant a quelquefois des qualités différentes. Les plombs
anglais sont généralement bons; je citerai surtout celui connu
sous le nom de *snailbeach*, qui est reconnu par les fabricants de
cristaux comme donnant le meilleur minium. Il y a de bonnes
qualités de plomb en Belgique. Certains plombs du Hartz sont
aussi assez bons; il y en a qui contiennent une petite proportion
de manganèse, qui sont recherchés par les fabricants de cristal
qui, l'employant en petite proportion, obtiennent une très-légère teinte rosée, qui par elle-même est agréable quand elle est
à peine perceptible, et qui peut d'ailleurs détruire quelque autre
teinte désagréable.

L'importance de la qualité de l'oxyde de plomb est telle pour
le fabricant de cristal, que si sa production est considérable,

son intérêt sera toujours de fabriquer son minium ; c'est pourquoi je ne croirai pas m'éloigner de mon sujet en donnant quelques détails sur cette fabrication.

La première oxydation du plomb s'opère dans un four à reverbère, dont la sole doit être faite avec le plus grand soin, car le plomb, à l'état liquide, s'introduit très-facilement entre les interstices des briques, et peut ainsi détruire très-rapidement cette sole. J'engagerai le fabricant à faire des briques spéciales, de la nature de celles avec lesquelles il construit les siéges des fours de fusion, à faire brûler ces briques avant de les employer, et à couler entre ces briques un mortier composé simplement de raclures des mêmes briques délayées. Les briques de cette sole doivent d'ailleurs être façonnées en clef de voûte, et être posées de manière à former une voûte renversée de quelques centimètres de flèche, 7 à 8 seulement, pour que le plomb fondu occupe une plus grande surface, et s'oxyde plus facilement.

Le four, dans la forme ci-contre (fig. 4), étant chauffé au rouge foncé, on y enfourne les saumons de plomb, environ 600 kilogrammes en totalité. Au bout d'un temps assez court, le plomb est fondu et se recouvre d'une pellicule poudreuse, que l'on attire avec un long rable en fer sur le devant du four et que l'on enlève, parce que dans cette sorte d'écume sont contenus des corps étrangers, et aussi des portions de métal moins fusibles que le plomb, en sorte que l'enlèvement de cette crasse est une sorte

Fig. 4.

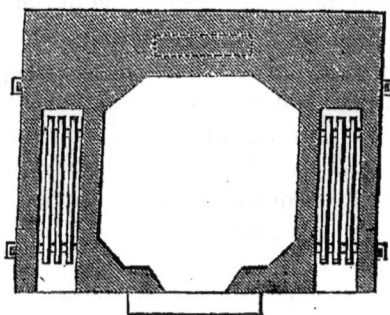

Plan.

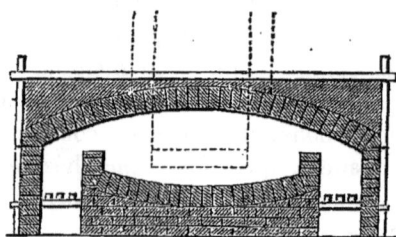

Coupe.

de purification du plomb qu'on a employé. On a d'ailleurs la preuve de ce fait, en réunissant toutes les crasses résultant d'une suite d'opérations, et les convertissant ensuite en minium. Si on

6

essaye de les faire entrer dans la composition du cristal, on obtient une coloration assez intense, tantôt verdâtre, tantôt vert bleuâtre, indice certain de la présence de métaux étrangers.

Quand cette crasse est enlevée, on voit de nouveau la surface du bain se couvrir d'une couche d'oxyde, et alors un ouvrier doit presque constamment, avec le ringard en fer, agiter légèrement la surface, de manière à écarter sur les bords les parties oxydées, et à renouveler constamment la surface du centre pour mettre le plomb en contact avec l'air. Il est important de ne pas pousser la température à un degré trop élevé, car alors on fondrait le massicot, on produirait de la litharge qui renfermerait du plomb non oxydé. Les fabricants de minium ont observé que toutes les qualités de plomb n'exigent pas le même feu ; en général les plus purs s'oxydent le plus facilement à la plus basse température. Au bout de quatre à six heures, on ne voit plus de plomb métallique au centre du four ; mais toutefois, il y a encore une grande partie du plomb entraînée dans un grand état de division, mêlé avec l'oxyde déjà formé. Alors l'ouvrier répand cet oxyde sur toute la sole du four avec son rable, et son travail consiste alors à tracer des sillons sur cette poudre, de manière à changer constamment les points de contact de l'air et de la matière à oxyder. L'opération doit être faite avec précaution, car si l'ouvrier agite brusquement, il se forme une poussière subtile d'oxyde qui est entraînée par le courant de la cheminée.

Au bout de huit heures généralement, on estime que le travail est aussi complet que possible, et avec des pelles en fer on retire la fournée, que l'on met à refroidir dans des caisses en tôle ou des auges en pierre de composition, ce qui est préférable. Jamais, par cette première opération, tout le plomb n'est oxydé ; il ne faut guère généralement compter que sur 70 pour 100 environ d'oxyde par cette première opération. Quand cet oxyde est refroidi, on procède au broyage, lavage et décantage. Je ne crois pas nécessaire d'entrer ici dans les détails des appareils destinés à cette opération ; qu'il suffise de dire que ce broyage se fait au moyen de meules placées au fond de cuves rondes, et mises en mouvement par un manége ou un moteur mécanique. La meule inférieure est fixe ou dormante et cylindrique ; elle occupe tout le fond de la cuve ; la meule volante est échancrée à peu près en forme de trèfle, de manière non-seulement à *engrainer* l'oxyde, mais aussi à tenir constamment agitée l'eau de la cuve. Ces cuves ont des trous percés à diverses hauteurs et bouchés avec des bondes en bois, que l'on ouvre de manière à opérer le décantage. Au fond de la cuve est une autre bonde, par laquelle s'écoulent les parties non oxydées, quand on a opéré le décantage. Par cette opération on sépare le massicot, qui est la partie la plus légère, du plomb non oxydé qui reste au fond des vases sous forme de poudre grise qui est du plomb métallique mêlé à quelques parties de massicot qui y sont restées adhérentes. Le massicot est ensuite égoutté et est apte à passer à l'état de minium. Cette suroxydation doit s'opérer à une température moins élevée que celle à laquelle a été produite la première oxydation, et, à cet effet, certains fabricants mettent le massicot dans de petites caissettes en fer qu'ils enfournent dans le four à oxyder, quand ils ont sorti la fournée de plomb oxydé. D'autres fabricants font cette opération dans un four spécial qu'ils appellent *four à rougir*, dont la sole est plate, et dans lequel on enfourne le massicot après avoir porté ce four à une chaleur rouge cerise, mais qui devient rouge-brun obscur par le fait de l'enfournement du massicot, et on l'y laisse séjourner pendant deux fois vingt-quatre heures, en bouchant le four et la cheminée pour que la chaleur se maintienne le plus longtemps possible, mais en le ramenant au bout de vingt-quatre heures à la température du rouge-brun, à laquelle on ramène le four au moyen d'un feu clair. Ce système a l'avantage de permettre d'opérer d'une manière continue dans le premier four d'oxydation. Ce four à rougir a été avantageusement remplacé par une chambre pratiquée au-dessus du four à oxyder, dans laquelle on met les caissettes en tôle remplies de massicot simplement égoutté : la chaleur communiquée par le four est suffisante pour dessécher d'abord, puis rougir le massicot, et il y a cela de remarquable, que, sans être obligé de remuer ce massicot pour renouveler les surfaces, l'oxydation pénètre tout aussi bien dans les couches inférieures que dans les couches supérieures; c'est à la température de 200 à 220 degrés que s'opère le rougissage : au-dessus de cette température, le minium redevient massicot; au-dessous de 200 degrés, le massicot ne rougit pas [1].

---

[1] Dans cette opération du passage du protoxyde de plomb à l'état de minium, l'eau du broyage et du décantage me semble jouer un rôle ; car quand on défourne le protoxyde mélangé avec les parcelles de plomb non oxydé, ce mélange est ver-

Ce travail se poursuit ainsi jour et nuit avec des ouvriers so relayant de huit en huit heures ; les plus grands soins, la plus grande propreté doivent être recommandés à ces ouvriers, et on devra même en avoir de supplémentaires, de manière à ne pas laisser chaque ouvrier dans l'atelier de minium plus de deux semaines, après lesquelles on l'occupe au moins une semaine à d'autres travaux, ce qui est toujours facile dans une cristallerie où il y a tant de sortes de travaux à faire ; on préserve ainsi les ouvriers de coliques de plomb qu'ils éviteraient difficilement s'ils travaillaient sans interruption dans cet atelier.

Quand tous les saumons de plomb d'une même provenance ont passé au four à oxyder, il faut arrêter son opération, ou au moins ne pas mélanger les oxydes qui proviennent d'une autre partie de plomb, et qui pourraient se trouver d'une qualité différente. De cette manière, le fabricant qui aura fait des essais sur les premiers miniums provenus d'une partie, pourra poursuivre sa fabrication avec une continuité du même résultat, tant que cette partie durera.

Nous avons dit que par la première opération on obtenait environ 70 pour 100 d'oxyde de la quantité de plomb enfournée ; les parties non oxydées restées au fond des baquets à décanter sont mises de côté, et quand on en a une certaine quantité, on fait passer ces résidus à leur tour au four d'oxydation à un feu un peu supérieur à celui employé pour la première oxydation du métal ; on en met environ 600 à 800 kilogrammes dans le four, et on le remue également pendant huit heures, puis on broie et décante comme on l'a fait précédemment. On obtient ainsi environ 70 pour 100 d'oxyde pur ; mais je conseille fort de ne pas mêler le minium provenant de cette deuxième opération avec celui des premiers massicots : ce deuxième minium se trouve mêlé à des métaux moins facilement oxydables que le plomb ; le cuivre surtout s'y trouve en plus grande quantité que dans les premiers oxydes, si le plomb en contenait primitivement. Les cristaux fabriqués avec ce deuxième minium se trouvent donc plus colorés. Ces miniums

---

dâtre foncé, tandis qu'ayant passé au décantage, l'oxyde prend une teinte jaune clair : c'est sans doute alors de l'oxyde hydraté qui, porté à la température de 220 degrés, devient le minium ou sesquioxyde de plomb. Si cette température était suffisante sans eau pour opérer ce rougissage, l'oxyde qu'on retire du premier four devrait devenir rouge au moment où il passe par les températures de 220 à 200 degrés.

peuvent être vendus dans le commerce pour des fabricants de poteries; c'est cette considération surtout qui doit engager le fabricant de cristaux à faire son minium, car on comprend que le fabricant ordinaire de minium ne prend pas cette précaution, et mêle ensemble tous les massicots qui proviennent d'un même plomb.

Les résidus provenant du fond des baquets à décanter de la seconde opération sont d'une qualité encore inférieure à celle des précédents. On peut encore, quand on en a une suffisante quantité, les repasser au four à oxyder pour produire du minium de commerce; mais quant aux résidus suivants, je n'engagerai pas le fabricant à les remettre encore au four à oxyder, mais à les réduire avec la première crasse en les faisant passer avec un mélange de poussière de charbon dans un four à réverbère légèrement incliné, de sorte que le plomb coule en dehors dans un réservoir à mesure qu'il se revivifie.

On comprend, d'après ce que nous avons dit, qu'une analyse chimique d'un minium ne peut être qu'un très-insuffisant indice de la qualité d'un minium, puisque les quantités de métaux étrangers qui peuvent rendre un minium impropre à la fabrication du cristal sont tellement minimes qu'elles échappent, pour ainsi dire, à l'analyse. Quelques fabricants sont dans l'usage de passer à un feu de moufle de petites plaques de faïence recouvertes d'une légère couche du minium qu'ils veulent essayer; ce minium produit un vernis jaune, dont la teinte indique assez bien l'absence de cuivre, ou sa présence qui se manifeste par une faible nuance verdâtre.

La couleur du minium est aussi un indice qui trompe rarement le fabricant. Le minium de bonne qualité est d'un rouge orangé très-vif; si la couleur en est un peu terne, s'il y a une tendance vers un rouge brique, il y a grande probabilité que la qualité ne sera pas satisfaisante. Le fabricant qui en voit de beaucoup de sortes a l'œil assez exercé à cet égard, et se trompe rarement.

Le fabricant de minium ne devra pas manquer d'avoir pour cet atelier une comptabilité en nature bien établie. On doit constater les poids des enfournements, des défournements des premières crasses, des premiers massicots, des premiers résidus, etc.

La théorie indique que 100 de plomb en passant à l'état de massicot absorbent 7,72 d'oxygène, et pèsent alors 107,7, et que, pour passer à l'état de sesquioxyde, il y a encore 2,6 d'oxygène absorbé; qu'enfin 100 de plomb doivent produire 110,3 de minium; mais on conçoit que dans une opération en grand, il y a des pertes inévitables dans le four à oxyder, dans le broyage et décantage, séchage et rougissage. Si l'atelier n'est pas conduit avec le plus grand soin, au lieu de trouver 110 de minium, on n'obtient que 100 ou même 95 ; on peut croire alors qu'il y a eu des détournements de plomb ou d'oxyde, tandis que la perte n'est provenue que d'une mauvaise manutention. Un atelier de fabrication de minium bien conduit doit donner environ 106 de minium pour 100 de plomb, de telle sorte que 100 kilogrammes de minium ne reviennent pas à un prix beaucoup plus élevé que les 100 de plomb Je donne ce résultat comme étant celui que j'ai obtenu.

Nous reviendrons naturellement (au livre V, *du Cristal*) aux détails de l'emploi du minium : il ne s'agit ici que de notions générales.

Nous n'avons pas parlé de la litharge, quoique autrefois elle ait été employée assez généralement dans la fabrication des cristaux, et qu'elle le soit encore dans quelques verreries d'Angleterre et d'Amérique. La litharge coûte moins que le minium, puisqu'elle provient d'une opération qui a pour but de séparer l'argent du plomb ; et quand un plomb est parfaitement pur, nul doute que l'usage de la litharge ne soit sans inconvénient; mais d'après ce que nous avons dit de la fabrication du minium, on conçoit la préférence accordée depuis longtemps au minium par les fabricants de cristaux.

Le minium vaut généralement 65 à 70 francs les 100 kilogrammes.

Zinc.— L'oxyde de zinc ZnO a, comme l'oxyde de plomb, la propriété de ne donner aucune coloration au verre; cette propriété était connue depuis longtemps. Un fabricant habile, M. Maës, a fait passer cette vérité dans le domaine de la pratique en fabriquant un verre blanc dont les éléments sont la silice, l'acide borique, l'oxyde de zinc et la potasse ; c'est donc un silico-borate de zinc et de potasse. L'analyse de ce verre indique aussi une petite proportion de plomb, environ 0,04. Ce verre est d'une parfaite blancheur, très-limpide; mais il est tout à fait inférieur au cristal sous le rapport de l'éclat, parce qu'en effet sa densité n'étant que celle des verres ordinaires, environ 2,5, sa puissance réfrangible n'est pas aussi forte à beaucoup près que celle du cristal. Ainsi, ce verre, comme usage ordinaire, n'est comparable qu'aux beaux verres blancs, et est inférieur au cristal. Quant à ses usages pour l'optique, il ne peut que suppléer le crown-glass. Nous en reparlerons plus tard aux deux livres V et VI.

C'est, du reste, à l'usage de l'optique que le zinc a été à peu près borné par ce fabricant. La fabrication de la gobeletterie au zinc a été un essai *en grand* à la vérité, mais n'a pas eu de suites pratiques.

Oxydes de fer. Protoxyde de fer, FeO ; peroxyde, Fe^2O^3. — Le fer, qui se rencontre en plus ou moins grande quantité dans presque tous les corps de la nature, est, en raison de cela, l'un des fléaux les plus fréquents du verrier. La couleur verdâtre qu'affectent tant de sortes de verres est le résultat du fer qui existe dans les sables, la chaux ou les alcalis, combiné avec l'effet des matières charbonneuses qui peuvent se trouver dans la composition même après le frittage, ou qui proviennent du combustible même du four de fusion.

Les sables sont rarement exempts de fer, ce qui n'est pas un inconvénient quand il s'agit de fabriquer des bouteilles, puisque l'on ne peut craindre dans cette fabrication la teinte que produit cet oxyde, qui, d'ailleurs, est un fondant très-actif.

Mais il n'en est pas de même quand il s'agit de verres blancs, même du verre à vitre, pour lesquels on doit chercher à se procurer les sables les plus purs.

La chaux aussi est assez rarement exempte d'oxyde de fer ; le fer se rencontre plus ou moins abondamment dans les cendres des végétaux qui servent à fabriquer les sels de potasse ; aussi n'est-ce que par une préparation très-soignée qu'on peut obtenir des carbonates de potasse assez purs ; le plomb, qui est employé à grandes doses pour la fabrication des cristaux, n'est pas non plus toujours exempt de fer ; c'est à ce métal autant qu'au cuivre que tous les plombs de France doivent l'impureté qui les fait exclure de la fabrication du minium pour les cristalleries.

Mais se rend-on bien exactement compte de l'effet de l'oxyde de fer dans la composition du verre ? Si vous ouvrez les différents auteurs qui en ont parlé, tous vous diront que l'oxyde de fer produit dans le verre une teinte verdâtre. Ce résultat n'est pas douteux ; mais cette teinte verte elle-même n'est-elle pas un effet composé ? Je suis disposé à le croire par les résultats que produisent dans certains cas les doses d'oxyde de fer qu'on introduit dans le verre. Nous verrons, lorsque nous traiterons des verres colorés, qu'il y a des circonstances où l'oxyde de fer donne au verre une teinte bleue, et dans d'autres l'oxyde de fer donne au verre une teinte jaune. Sans nul doute, dans ces deux cas le fer se trouve à des degrés différents d'oxydation. Ainsi la couleur jaune a lieu quand le fer se trouve au maximum d'oxydation, puisque cette couleur jaune se produit quand l'oxyde de fer dans la composition se trouve en présence d'une certaine quantité de peroxyde de manganèse qui, à la température du four de verrerie, cède une partie de son oxygène à l'oxyde de fer : tandis qu'au contraire la teinte bleue semblerait résulter du fer à un moindre degré d'oxydation, puisqu'elle se produit quand l'oxyde de fer se trouve seul mêlé à une composition de verre blanc. La couleur jaune produite par l'oxyde de fer au maximum d'oxydation est bien prouvée par l'aventurine dont la couleur jaune orange foncé est produite par l'oxyde de fer ayant absorbé l'oxygène de l'oxyde de cuivre, réduit à l'élément métallique et cristallisant. Nous expliquerions alors la teinte verte comme le résultat combiné de deux silicates composés, dont l'un contiendrait l'oxyde de fer au summum d'oxydation, et l'autre le protoxyde. Dans cette production du vert par l'oxyde de fer, le jaune prédomine toujours, car toujours la couleur verte produite est d'un vert jaunâtre. Je ne parle pas ici de la couleur rouge que produit l'oxyde de fer dans les émaux, le feu de verrerie est trop intense pour qu'on puisse jamais y faire résister la coloration en rouge par le fer. Nous verrons, quand nous parlerons de la peinture sur verre, liv. VII, comment, au moyen du fer, on peut se procurer les teintes rouge, orange, brune, qui, mêlées convenablement, produisent d'autres nuances, et entre autres la couleur de chair.

L'oxyde de fer est employé, comme nous le verrons aux livres II et V, pour faire les verres des différentes teintes de vert, en faisant varier les proportions d'oxyde de cuivre qui donne la teinte bleue inclinant au vert, et d'oxyde de fer qui produit le vert jaune. Nous engagerons ici les verriers à ne jamais se servir d'oxyde de fer provenant de la décomposition de la couperose verte ou sulfate de fer par la chaleur : l'oxyde rouge qui en résulte étant bien décanté est très-bon pour le travail du polissage des glaces, mais il est très-pernicieux dans la fusion du verre, parce que, le sulfate n'étant pas entièrement décomposé par la chaleur, on se trouve ainsi mettre dans le creuset du sulfate de fer, dont l'acide sulfurique s'unit à la soude ou à la potasse de la composition, et forme un bain de sel qui ne remonte pas assez franchement à la surface du verre, pour que la chaleur du four puisse le volatiliser et en débarrasser le verre, qui reste avec une apparence graisseuse, et est impropre au travail.

L'oxyde provenant des battitures de fer est d'un très-bon emploi, mais on devra toujours les faire passer, avant de les employer, dans un four à réverbère chauffé au rouge, parce que ces battitures se trouvent souvent mêlées à des parcelles charbonneuses. Il faut ensuite les piler et tamiser, car il est bien important aussi de ne pas introduire dans la composition des fragments de fer non oxydé qui tombent dans le fond du creuset, et le percent en peu de jours. Cette action du fer sur le creuset est due sans doute à ce qu'il se forme un silicate d'alumine et de fer aux dépens de l'alumine et de la silice du creuset, au lieu même où se trouve le fragment de fer.

Nous avons dit qu'il importait de passer au four à réverbère les battitures de fer pour brûler les matières charbonneuses qui s'y trouvent mêlées ; en effet, le fer et le charbon, même en petites proportions, donnent au verre une teinte olive pourrie (la couleur des bouteilles qu'on fabriquait autrefois, et dont la fritte n'était jamais entièrement purgée de matières charbonneuses). Si la proportion de ces deux éléments se trouve en plus grande quantité, le verre devient tout à fait noir ; ce que j'expliquerais par un état de verre *enfumé*. Le fer et le charbon étant tous deux avides d'oxygène, le charbon ne peut passer à l'état d'acide carbonique et se dégager, il se répand dans la masse du verre et le colore en noir.

Manganèse. Protoxyde de manganèse, MnO ; deutoxyde de manganèse, Mn^3O^4 ; peroxyde de manganèse, MnO^2. — Le manganèse, appelé autrefois *magnésie*, est, dans la nomenclature actuelle, très-distinct de la terre qui porte ce nom. Les anciens mettaient ce minéral dans la classe des pierres d'aimant (*magnes*), et à cause de cela attribuaient à des vertus magnétiques les effets de cette matière dans le verre. Il est vrai, d'une part, que le manganèse se trouve souvent mêlé à des minéraux de fer magnétique, et, d'autre part, les oxydes de manganèse et de fer agissent d'une manière tellement intime l'un sur l'autre, que sous ce rapport même le nom de *magnes* aurait été en quelque sorte justifié. Cette action de ces deux oxydes l'un sur l'autre, dont le résultat est de corriger la couleur produite par l'oxyde de fer qui se trouve dans presque toutes les matières employées par le verrier, a fait de tout temps donner au manganèse le nom de *savon du verrier*.

La couleur propre produite par l'oxyde de manganèse dans la composition du verre est le violet; et par cela seul on peut déjà se rendre compte de quelle façon il détruit la couleur jaune verdâtre produite par le fer. Le peroxyde de manganèse cédant une portion de son oxygène quand ces deux oxydes se trouvent en présence, la partie bleue de la teinte verdâtre se trouve détruite, il ne reste plus que la teinte jaunâtre; d'autre part, la couleur violette produite par le manganèse à l'état de peroxyde se trouve atténuée par la perte d'une portion de son oxygène : il reste donc en présence une légère teinte jaune et une légère teinte violette, dont la résultante est le blanc, car le jaune est la couleur complémentaire du violet, qui est composé de rouge et de bleu. On peut prouver d'ailleurs ce résultat en appliquant une feuille de verre jaune sur une feuille de verre violet; les objets regardés au travers de ces deux feuilles superposées sont comme s'ils étaient vus au travers d'un verre blanc, mais seulement moins éclairés : voici donc le phénomène du blanchiment du verre par le manganèse expliqué par une expérience d'optique, et de même que les objets vus au travers des deux feuilles ont été vus comme au travers d'un verre blanc, mais moins éclairés, de même les verres décolorés par l'oxyde de manganèse sont-ils aussi d'un blanc plus ou moins sombre.

Cet effet de l'atténuation ou de la destruction de la couleur violette du peroxyde de manganèse par la présence du protoxyde de fer qui lui enlève une portion de son oxygène, peut se produire aussi par l'introduction de matières charbonneuses dans le verre coloré par le peroxyde de manganèse. Ces matières charbonneuses, en s'emparant d'une portion de l'oxygène du peroxyde de manganèse, détruisent plus ou moins sa coloration violette. Cette propriété est mise à profit par le verrier quand il s'aperçoit qu'il a outre-passé la dose de manganèse. Ainsi, par exemple, dans les verreries de gobeletterie, on est généralement dans l'usage, lorsque le verre est fondu, d'y introduire de l'oxyde de manganèse pour le blanchir ; on appelle cela *mettre le verre en couleur*. L'effet est plus sûr qu'en introduisant le manganèse dans la composition, parce que, s'il se trouve dans la composition des matières charbonneuses, elles détruisent l'effet du manganèse, qui peut d'ailleurs se trouver détruit aussi par la fumée du four de fusion, ou des parcelles de combustible tombant dans le creuset. Cette *mise en couleur* s'opère donc généralement lorsque le verre est fondu ; on y met l'oxyde de manganèse, soit en l'introduisant jusqu'au fond du creuset dans une sorte d'éteignoir renversé en fer au bout d'un long manche en fer, soit en le mettant sur le dessus du verre, et brassant de suite le verre avec une spatule en fer. Quand l'effervescence produite par ce brassage dit *maclage* est passée, on fait une *montre* pour voir la couleur du verre. Si on a outre-passé la dose nécessaire de manganèse, le verre se trouve d'une nuance violette trop foncée, et alors il suffit de plonger une perche à quelques reprises jusqu'au fond du creuset pour diminuer cette teinte trop forte : dans cette opération, la combustion presque instantanée du bois de la perche au moyen de l'oxygène du manganèse, ramène celui-ci à un degré moindre d'oxydation, et corrige la couleur.

Observons que nous avons dit : *Si le verre* se trouvait d'une *nuance violette trop foncée*, parce qu'en effet il faut que le verre à cet état ait une teinte légèrement violette qui va en s'atténuant pendant le *raffinage du verre*, pendant le travail du soufflage, et surtout pendant la *recuisson*, car on peut remarquer que les rognures du verre résultant du travail sont d'une nuance plus violette que le verre sorti de la recuisson, opération pendant laquelle le manganèse paraît perdre encore une portion de son oxygène. Il résulte naturellement de ce que nous avons énoncé que le nitrate de potasse doit produire un effet opposé à celui des matières charbonneuses ; aussi le meilleur moyen de fixer la couleur violette du manganèse est-il d'ajouter à la composition du nitrate de potasse ou de soude qui fournit au manganèse de l'oxygène qu'il pourrait perdre en vertu d'autres réactions. On peut démontrer, par une expérience facile, les effets du manganèse dans le verre : si on fond au chalumeau sur un charbon un globule de verre ou un fragment de borax auquel on ajoute de l'oxyde de manganèse, à l'instant même il devient violet, mais bientôt après, le charbon qui le supporte le désoxyde, et la couleur redevient blanche ; si ensuite on ajoute une petite parcelle de nitre, le verre repasse au violet, et ainsi de suite tant que l'on veut continuer l'expérience ; ou bien encore, si l'on fond ce globe vitreux au chalumeau sur un support incombustible, la pointe désoxydante de la flamme du chalumeau le rend blanc, et la flamme oxydante du même chalumeau le fait repasser au violet. Ainsi il dépend de celui qui souffle de donner alternativement et à volonté de la couleur au globule vitreux. Toute la théorie de la coloration du verre par le manganèse est contenue dans cette jolie expérience.

L'acide arsénieux, ou arsenic blanc, produit sur le manganèse un effet analogue à celui du charbon; comme il tend à s'emparer de l'oxygène pour passer à l'état d'acide arsénique, on peut, et cela est préférable à l'emploi de la perche de bois, projeter quelques fragments d'acide arsénieux (dont l'habitude du verrier lui fait apprécier la quantité) dans le verre fondu dont la teinte est trop violette. Cet acide étant plus pesant que le verre, tend à aller au fond, désoxyde le manganèse et détruit en conséquence une partie de sa coloration.

D'après ce qui précède, les effets produits par le manganèse dépendent non-seulement de sa pureté, mais surtout de son degré d'oxydation. Les minerais de manganèse contiennent toujours de l'oxyde de fer ; ainsi, sous ce rapport, celui qui en contiendra le moins devra être préféré. Voici, par exemple, l'analyse d'un oxyde de manganèse que j'ai été dans le cas d'employer :

Oxyde rouge ou deutoxyde de manganèse...	67,30
Oxygène..	9
Peroxyde de fer......................	2,50
Matières insolubles..................	19,20
Eau.................................	2
Oxyde de cuivre......................	0,15
	99,95

Les matières indiquées comme insolubles étaient presque en totalité silice et alumine. Par la formule du deutoxyde de manganèse Mn^3O^4, les 67,30 d'oxyde contiennent :

Oxygène............................	18,55
L'oxygène en surplus est de..........	9
Total de l'oxygène..........	27,55

Si à ce manganèse j'avais eu à comparer une autre sorte dont l'analyse aurait indiqué un total pour cent de 22 d'oxygène, j'aurais accordé au premier une préférence dans la proportion de 27,55 à 22.

Il n'y a pas d'autre opération à faire subir au minerai de manganèse avant de l'employer que de le broyer et de le tamiser avec un tamis assez fin pour que les matières insolubles qu'il contient, quartz ou autre, ne puissent pas se trouver en fragments assez gros pour résister à la fusion par la combinaison avec les autres matières de la composition.

Les prix du manganèse varient beaucoup suivant les localités, de 20 à 40 francs les 100 kilogrammes.

Arsenic. Acide arsénieux, Ar^2O^3 ; acide arsénique, Ar^2O^5. — *L'arsenic blanc* du commerce, qui est employé dans les verreries, est l'acide arsénieux. Nous avons vu, à l'article du *Manganèse*, qu'on s'en servait quelquefois pour neutraliser un excès de couleur violette produite par ce dernier ; on se sert aussi de l'arsenic en raison de l'action mécanique qu'il exerce. Cette substance étant très-volatile, les morceaux d'arsenic que l'on introduit dans le verre fondu tombent au fond par le fait de leur pesanteur spécifique, font bouillonner la matière et exercent ainsi une sorte de brassage mécanique, qui mélange les parties inférieures avec les parties supérieures, rend le tout homogène et facilite aussi le dégagement des autres gaz qui se trouvent dans la pâte du verre. Quand tel est le résultat que l'on veut obtenir de l'arsenic, je pense qu'il vaut mieux l'employer ainsi, en le projetant dans le creuset, quand la fusion est terminée, et au moment de l'affinage, que de le mêler avec les autres matières dans la composition; car, dans ce dernier cas, l'arsenic étant très-volatil, une grande partie de la quantité employée est déjà volatilisée quand il s'agit d'opérer l'effet qu'on en attend. Toutefois une partie dans ce cas même est utilement employée, car il n'est pas douteux que l'arsenic ne facilite la fusion et n'équivaille à une proportion notable d'alcali.

Quelquefois il arrive que l'arsenic, introduit dans les mélanges, trouve à s'emparer d'oxygène aux dépens d'un des autres éléments et passe à l'état d'acide qui est fixe et produit dans le verre des taches blanches opaques, qu'on peut faire disparaître, si on s'en est aperçu avant le travail du verre, en y introduisant une substance combustible, en se servant, par exemple, d'une perche, ainsi que nous l'avons indiqué pour le manganèse. On pourrait aussi corriger ce défaut en ajoutant du sulfure d'antimoine, qui désoxygénerait l'arsenic et le ferait redevenir volatil, il ne resterait dans le verre qu'un peu de teinte jaune produite par l'antimoine.

L'acide arsénieux, employé en forte proportion dans la composition du verre, environ 3 pour 100 de la composition et avec le soin de mettre le nitrate de potasse parmi les éléments, produit un verre laiteux, un véritable émail blanc, devenant d'autant plus opaque qu'on le fait refroidir et réchauffer un plus grand nombre de fois. Dans l'état de transparence, l'acide arsénieux était-il à l'état de base, c'est-à-dire de silicate d'arsenic, ou bien s'unissait-il à l'une des bases en formant un arsénite ? Dans l'un et l'autre cas, il paraît que cet excès d'acide arsénieux se sépare ou de l'acide ou de la base lors du refroidissement, et forme dans la masse ce nuage qui se traduit par de l'opacité.

Jusqu'à présent nous avons parlé des éléments qui se trouvent, soit accidentellement, soit intentionnellement, dans la fabrication des verres blancs; les oxydes métalliques que nous allons passer en revue ne sont guère employés que dans la fabrication des verres de couleur.

Cuivre. Oxyde rouge de cuivre, Cu^2O; oxyde noir, CuO. — L'oxyde de cuivre a, de tout temps, joué un grand rôle dans la coloration des verres. Les alchimistes lui ont surtout attribué une grande importance, et dès qu'ils parvenaient à obtenir un oxyde rouge de cuivre, comme cet oxyde produisait un verre rouge, ils se regardaient déjà comme possesseurs du principe dont l'or est formé, parce que l'or aussi colore le verre en rouge ; de là tous les procédés secrets ou annoncés mystérieusement pour calciner le cuivre de manière à en obtenir un verre rouge. On en trouve un grand nombre indiqués par Néri, et surtout son commentateur, Kunckel, puis ensuite par Haudicquer de Blancourt. Ce fait de la coloration du verre en rouge par l'oxyde de cuivre était connu bien antérieurement à cet auteur : nous en avons la preuve bien manifeste non-seulement dans les vitraux les plus anciens existant encore, ceux du douzième siècle, où le verre rouge est coloré par le cuivre, mais dans les mosaïques et certains verres antiques colorés également en rouge par l'oxyde de cuivre.

Nous savons aujourd'hui que cette couleur rouge, par le cuivre, ne peut être obtenue qu'autant que le métal est maintenu à l'état de protoxyde.

Ce protoxyde tend toujours à passer à l'état de deutoxyde : on est donc obligé d'introduire dans la composition des matières désoxygénantes pour maintenir cet état de protoxyde, et naturellement l'effet voulu peut facilement être dépassé, et alors le cuivre, au lieu d'être maintenu à l'état de protoxyde, est ramené à l'état métallique, et se précipite au fond du creuset. De là vient la difficulté de la fabrication du verre rouge dont nous reparlerons en détail au chapitre des *verres colorés* du livre II. Nous remarquerons cependant encore ici que le verre coloré en rouge par l'oxyde de cuivre n'a cette transparence rouge qu'autant qu'il est à l'état de lame extrêmement mince : en masse il est rouge opaque ; et ce n'est donc qu'en l'employant à l'état de couche de moins d'un dixième de millimètre d'épaisseur qu'il produit cette belle couleur rouge transparent.

A l'état d'oxyde noir, ou deutoxyde, le cuivre produit dans le verre une couleur bleue qui ne peut être confondue avec la couleur bleue résultant du cobalt dont nous parlerons tout à l'heure : la couleur bleue du cuivre est moins intense d'une part, et, d'autre part, elle est de la nature de bleu plus voisine du vert que du violet. Si, dans la composition qui doit donner le bleu produit par le cuivre, on introduit une substance opalisante, comme les os calcinés, on obtient une couleur pure de la plus belle turquoise ; mais il est à remarquer que, pour obtenir cette couleur bleue, il faut que la composition ne contienne aucune matière qui ne soit parfaitement exempte de fer, car la présence d'une quantité très-minime de fer ou les moindres parcelles combustibles font de suite incliner au vert la couleur bleue produite par le cuivre ; aussi trouve-t-on très-souvent dans les livres que le cuivre donne une couleur verte au verre. Le cuivre donne, il est vrai, une couleur verte, mais moyennant qu'on y ajoute de l'oxyde de fer, et c'est ainsi, en effet, qu'en variant les proportions d'oxyde de fer et de cuivre, on produit toutes les teintes de vert, depuis le vert bleuâtre jusqu'au vert jaunâtre.

Le cuivre est aussi l'élément essentiel de la fabrication de l'aventurine artificielle que l'antiquité avait su fabriquer, et que les Vénitiens ont produite avec une rare perfection, et au moyen âge, et jusqu'à nos jours. Le cuivre, dans l'aventurine, est à l'état métallique cristallisé, ainsi qu'on le reconnaît facilement à l'aide d'une simple loupe. Nous étudierons plus tard, au livre V, dans quelles circonstances cet effet se produit ; remarquons seulement ici que le fond de l'aventurine est une couleur jaune brun qui est le produit de l'oxyde de fer qui entre dans la composition de l'aventurine, et qui, resté seul à l'état d'oxyde, produit du jaune qui, combiné avec les reflets rougeâtres du cuivre à l'état de métal naissant, donne cette couleur rouge-jaune à l'aventurine.

En traitant des verres de couleur, nous parlerons de la préparation des oxydes de cuivre, que le verrier fera bien d'opérer par lui-même pour la sûreté de ses résultats.

Étain. Acide stannique ou métastannique, StO^2, appelé autrefois oxyde blanc d'étain. — L'étain est parfois employé dans la fabrication du verre rouge, ainsi que nous le verrons au livre II ; on l'emploie aussi pour la production du verre blanc opaque ou de l'émail blanc. L'acide stannique s'interposant entre les molécules du verre sans se vitrifier lui-même, le rend blanc de lait.

Enfin l'étain est encore utilisé dans la production de la *potée d'étain*, qui est employée dans le polissage des cristaux taillés. Mais nous n'avons pas ici à nous étendre sur cet usage, pas plus qu'à parler de l'emploi de l'étain pour l'étamage des glaces, puisque nous ne mentionnons ici que les éléments constitutifs des différents verres.

Cobalt. Protoxyde de cobalt, CoO ; peroxyde, Co^2O^3. — L'oxyde de cobalt donne aux compositions vitreuses une très-belle couleur bleue très-intense, très-solide au feu le plus violent. On en fait un grand usage dans la verrerie.

Avant que la chimie eût fait connaître le cobalt comme un métal *sui generis*, on savait toutefois employer le minerai qui le contient et qui se trouve toujours mélangé à du nickel et à du fer, mais alors on employait le cobalt à l'état de *safre*, ou de *smalt*, ou bleu d'azur.

Le safre est le produit du grillage du minerai de cobalt. C'est à cet état qu'il a été le plus anciennement employé, et cette expression de safre a même donné lieu à des erreurs de traducteurs qui, par exemple, imaginèrent que l'abbé Suger, voulant ne rien épargner pour les vitraux de l'abbaye de Saint-Denis, avait fait colorer des verres en bleu avec des *saphirs*. Ces traducteurs ne savaient pas, bien entendu, ce qu'était le safre. On a plus tard employé le smalt, ou bleu d'azur, qui était et est encore employé beaucoup dans les poteries. Ce bleu d'azur est simplement un verre coloré très-fortement par le safre, puis broyé et pilé, décanté et séché en poudre ; ce bleu d'azur est d'un prix d'autant plus élevé que l'intensité de la couleur est plus grande et que la poudre est plus ténue.

Mais le safre et les bleus d'azur qui en proviennent ne contiennent jamais le cobalt qu'accompagné d'un peu de fer, et surtout de nickel, qui ôtent au cobalt la pureté de son bleu ; ce n'est que depuis environ vingt à vingt-cinq ans qu'on a trouvé, en Angleterre, un procédé pratique pour extraire le nickel, appelé en Angleterre *argent allemand*, du minerai de cobalt, et obtenir l'oxyde de ce dernier à un état de pureté chimique qui le rend infiniment préférable au safre et au smalt pour l'usage et des poteries et des verres fins.

Cet oxyde de cobalt se vend à présent environ 20 francs la livre anglaise de 450 grammes, prix élevé sans doute ; mais sa puissance colorante est plus intense que celle d'aucun autre oxyde, ainsi que nous le verrons par la suite.

Nickel. Oxyde de nickel, NiO. — L'oxyde de nickel donne au verre une teinte brune, quand il est chimiquement pur, mais, étant extrait du minerai de cobalt, il retient toujours une petite portion de cobalt qui modifie sa coloration, en sorte que l'oxyde de nickel qu'on se procure dans le commerce donne au verre une teinte d'un violet brun. L'oxyde de nickel ne se vitrifie pas facilement, aussi n'a-t-il pas été jusqu'à présent d'un grand usage. On l'a employé récemment toutefois, mélangé avec de l'oxyde de cuivre, pour produire une teinte neutre ou enfumée très-apte, quand elle est foncée, à être placée devant les oculaires pour observer le soleil, qui alors paraît parfaitement blanc, et très-favorable quand elle est plus claire pour verres de lunettes pour les vues qui ne peuvent supporter la grande clarté du jour.

Quelques verriers d'Allemagne et de France se servent aussi du nickel en place du manganèse pour corriger la teinte du verre blanc. Nous concevons en effet cet emploi ; toutefois le violet que produit le nickel étant moins gai, plus brun que celui produit par l'oxyde de manganèse, ce dernier, il nous semble, devrait être préféré ; il est vrai, d'autre part, que le violet du nickel est plus

7

fixe, plus stable. Il y a donc lieu à une étude plus suivie de ses résultats, étude à laquelle je ne me suis pas livré.

Antimoine. — L'antimoine rend peu de services dans la verrerie quoiqu'il ait été placé dans beaucoup de recettes que nous ont données les auteurs qui ont écrit sur la verrerie.

J'ai employé le sulfure d'antimoine et l'oxyde d'antimoine de bien des manières, pour pouvoir apprécier les propriétés qui l'ont fait prôner, sans pouvoir arriver à des effets justifiant ces éloges. Le résultat de mes recherches a été, qu'à petites doses l'oxyde ni le sulfure ne produisent aucun effet appréciable ; qu'à forte dose l'antimoine colore plus ou moins les verres en jaune, jamais d'un jaune assez franc, assez éclatant pour être employé comme vitre jaune ; que, de plus, il agit comme corps désoxydant, surtout si on l'emploie à l'état de sulfure. Ce sulfure peut aussi servir à agiter la masse du verre fondu, par la volatilisation du soufre qu'il contient ; mais, dans ce cas, l'emploi de l'arsenic est bien préférable. Si on veut l'employer à détruire une couleur légèrement bleuâtre dans un verre à base métallique, dans le cristal, par exemple, il faut bien faire attention à ne pas se servir de sulfure, qui précipiterait le plomb à l'état métallique : il faudrait employer l'oxyde d'antimoine, mais ce ne serait même pas un genre de correction que je conseillerais, car du bleu on tomberait dans le verdâtre, qui est plus désagréable encore. Règle générale, le bleu, en fait de cristaux, ne peut pas se corriger : il tient à l'impureté d'une des matières premières, il provient en général de ce que le minerai a été fait avec un plomb contenant du cuivre, et, dans ce cas, le fabricant doit rejeter l'emploi de ce plomb.

L'oxyde d'antimoine a la propriété de se vitrifier seul à une température qui n'est pas très-élevée, et produit un verre d'un jaune orange sale. Si on avait à employer l'oxyde d'antimoine, je conseillerais de le prendre à cet état de verre d'antimoine : on serait plus sûr de l'avoir ainsi toujours identique. Ou bien encore à l'état d'antimoine diaphorétique, c'est-à-dire antimoniate de potasse. On l'emploie quelquefois à cet état avec le pourpre de Cassius pour la couleur rose.

Urane. Oxyde d'urane, U.O. — Ce n'est que de nos jours que l'oxyde d'urane a été employé en verrerie. Les Allemands ont les premiers produit ces jolis verres d'un jaune clair citron à reflet verdâtre produit par l'oxyde d'urane, qui n'a d'ailleurs été

trouvé qu'en Allemagne. On a fait depuis, en France, des verres
semblables, mais il y a cette remarque essentielle à faire, que le
cristal, c'est-à-dire le verre dans lequel entre l'oxyde de plomb,
prend une teinte d'un jaune clair, terne et sans reflet verdâtre.
On ne réussit à l'obtenir belle qu'en fabriquant le verre comme
en Bohême, c'est-à-dire composé de silice, de potasse et de chaux.

Ce reflet verdâtre que renvoie le verre coloré par l'urane
est une fluorescence, c'est-à-dire une émission de courte durée
de lumière verte propre à ce verre; cette émission est de la
même nature que la lumière bleue produite par le cristal avec
d'autant plus d'intensité qu'il contient plus de plomb. Cette découverte de l'émission du bleu par le cristal pendant un temps
très-court après qu'il a été soustrait aux rayons de lumière a
expliqué un voile qui était produit par les objectifs de chambre
noire, voile qui est très-atténué quand, au lieu d'un flint contenant parties égales de silice et d'oxyde de plomb, on se sert d'un
flint ne contenant en oxyde de plomb que les deux tiers de la
quantité de silice.

C'est à M. Edmond Becquerel que sont dus les principaux travaux sur la phosphorescence et la fluorescence, et c'est dans ses
mémoires qu'il faut les étudier.

Chrome. — Le chrome communique aux verres où il est introduit une belle couleur verte franche, de la nuance de l'émeraude.

C'est à l'état de bichromate de potasse qu'il faut employer le
chrome dans la fabrication du verre. Le chromate de potasse
donne une teinte verte demi-opaque, tandis que le bichromate
produit un vert très-brillant inclinant plutôt au jaune qu'au bleu
(*vert pré*). Toutefois nous devons remarquer que le bichromate
de potasse est d'une vitrification difficile, et il est rare, si cette
substance est seule employée pour la coloration, par conséquent
en assez forte dose, et si elle n'a pas été triturée, que le verre ne
contienne pas une assez grande quantité de grains non vitrifiés.
Je conseille donc de l'employer conjointement avec l'oxyde de
cuivre et l'oxyde de fer : il donne plus de vivacité à la teinte produite par ces deux derniers oxydes.

Argent. — L'oxyde ou les sels d'argent produisent dans la vitrification de très-belles teintes de jaune, depuis le jaune orangé
foncé jusqu'au jaune citron; mais son action n'a pas, je crois,
été jusqu'à présent bien expliquée. Je ne pense pas qu'on ait clai-

rement défini si l'argent se combinait à l'état d'oxyde, ou bien, en raison de sa tendance à se désoxygéner, s'il ne repassait pas à l'état métallique, agissant alors comme corps extrêmement divisé interposé dans les molécules du verre. Je vais donc dire ce que l'expérience m'a appris sur les effets de l'oxyde d'argent ; la science et de nouvelles expériences apprendront ensuite, je l'espère, la théorie réelle de son action.

A quelque état que j'aie employé soit l'oxyde d'argent, soit le nitrate d'argent, soit le chlorure d'argent dans la composition du verre ou du cristal, j'ai obtenu un verre qui, au moment où il était cueilli, paraissait incolore, mais qui, à mesure qu'il se refroidissait, prenait des nuances agatisées, s'augmentant à mesure que la pièce était réchauffée et refroidie pour son achèvement, et devenant semblable à un marbre veiné de différentes nuances, d'un fond jaune verdâtre très-clair. Ainsi, par le refroidissement, il se forme non point une dévitrification, mais un précipité de plus en plus abondant.

Je dois dire, cependant, pour ne pas détourner les verriers de l'espérance d'obtenir par la vitrification un beau jaune transparent au moyen de l'argent, qu'une fois j'en ai obtenu dans un petit creuset, et que ce verre, étant travaillé, est demeuré jaune transparent très-beau. J'en ai conservé une coupe que je déposerai au Conservatoire des arts et métiers. Je n'ai malheureusement pas noté les conditions exactes dans lesquelles cette production a eu lieu ; je dirai seulement que je n'avais pas mélangé l'oxyde d'argent avec une composition *neuve*, c'est-à-dire sable, potasse, oxyde de plomb, etc., mais avec du *groisil pilé*. Je n'ai pas noté au moment même la provenance exacte de ce *groisil*, le petit creuset fut brisé. Je ne sais quelles circonstances firent que je ne continuai pas dans ce moment les essais de coloration par l'argent ; quand je voulus y revenir, je ne pus obtenir que du verre agatisé. Je n'ai pas vu, du reste, dans le commerce qu'aucune verrerie ou cristallerie en France, en Allemagne, en Angleterre, ait produit du verre coloré *en masse* en jaune transparent par l'argent. Mais puisqu'il est certain que ce résultat a été obtenu, les verriers devront, il me semble, tenter de le reproduire.

Nous devons dire toutefois que peu de recherches auront, sans doute, été faites dans ce but, car on obtient cette coloration si

belle, si pure, et ajoutons par un procédé si sûr, en n'agissant
que sur la surface, qu'on ne peut regretter beaucoup de ne pas
l'obtenir dans la masse du verre.

La coloration sur la surface n'est pas, pour ainsi dire, du domaine de la vitrification; nous n'en parlerons en détail qu'au livre
des *Verres colorés et vitraux*. Disons seulement ici que ce dépôt
de l'argent, à un état très-divisé d'oxyde ou de métal, est favorisé
par la température de la moufle dans laquelle on opère, et qui, en
quelque sorte, ouvre les pores du verre et facilite certaines affinités qui donnent lieu à ce dépôt; mais que ces affinités se témoignent à la longue, même à la température ordinaire. J'en ai pour
preuve un vase en verre, dont je m'étais servi pendant plusieurs
années pour contenir le mélange dont on couvre la surface du
verre que l'on veut *teindre* en jaune, et ce vase avait fini par être
teint lui-même intérieurement en jaune. Je déposerai également
ce vase au Conservatoire des arts et métiers.

Or. — C'est au moyen de l'or qu'on donne au verre cette belle
couleur rubis, qui diffère de la belle couleur rouge produite par
le cuivre en ce que celle-ci, quand elle est bien réussie, doit être
d'un rouge inclinant à l'orange, tandis que le rouge de l'or est un
rouge groseille, c'est-à-dire inclinant au pourpre; il y a aussi cette
différence que l'or peut donner un rouge dans la masse, tandis
que le rouge de cuivre ne peut être travaillé qu'en couche mince.
Cependant, le rouge d'or étant très-intense, on préfère généralement l'employer comme *doublure*, plutôt que de fabriquer un
rouge clair et en masse. On évite d'ailleurs ainsi une partie des
déchets de rognure, ce qui est assez important pour un verre
dont la composition est assez dispendieuse, quoique l'or ait une
puissance colorante très-intense.

C'est à l'état de précipité pourpre de Cassius qu'on emploie l'or
dans la vitrification. Les alchimistes, qui ont tourmenté l'or de
toutes les façons, et les auteurs qui ont écrit anciennement sur la
verrerie, se sont beaucoup étendus sur certaines précautions, certains tours de main indispensables dans la préparation de ce pourpre de Cassius, chlorure d'or et d'étain. Comme ils avaient reconnu
que l'eau régale seule dissolvait l'or, ils avaient imaginé différentes espèces d'eau régale, et tous leurs procédés consistaient à mêler
ensemble des substances qui continssent de l'acide chlorhydrique
(*esprit de sel*) et de l'acide nitrique (*esprit de nitre*). Du reste, plus

la recette était compliquée et plus on la regardait comme savante,
tandis que la science réelle tend toujours à simplifier les méthodes,
et c'est le résultat qu'elle a atteint, dans la préparation du précipité pourpre de Cassius, que nous engagerons les verriers à opérer
eux-mêmes, quand ils voudront l'employer. Ils devront pour cela
employer de l'or très-pur, car le moindre alliage d'argent, d'après
ce que nous avons dit de l'effet de ce métal dans le verre, nuirait
beaucoup au résultat. J'engagerai donc à se servir d'or en poudre
provenant de l'opération du *départ*. On prend partie égale d'acide
chlorhydrique et d'acide nitrique ; on les mêle après avoir mis dans
l'un des deux l'or qu'on veut dissoudre ; par l'action de l'acide
nitrique sur l'acide chlorhydrique, il se forme du chlore et de
l'acide nitreux, et on obtient ainsi un chlorure d'or qu'on pourrait
dessécher et employer dans la vitrification ; mais l'expérience a
prouvé qu'il était préférable de faire un précipité par l'étain, et,
pour cela, il suffit de prendre de l'étain bien pur, bien divisé en
copeaux, et de le dissoudre dans un mélange de deux parties d'acide
chlorhydrique et une d'acide nitrique. Quand le dissolvant est sa-
turé, on l'étend de deux ou trois parties d'eau, et, pour faire le
précipité pourpre, on mêle les deux dissolutions ensemble, en
ayant soin d'étendre le tout de beaucoup d'eau pure. C'est ce précipité qu'on emploie après l'avoir décanté, lavé, séché. Quelques
verriers sont dans l'habitude de ne jamais employer de pourpre
de Cassius sans y joindre un peu d'oxyde d'antimoine ou l'antimoniate de potasse ; je puis assurer cependant que j'ai obtenu de
très-beaux résultats sans l'adjonction de cette matière.

Il est à remarquer que le verre dans lequel on a fait entrer l'or
n'est pas coloré par la première fusion. Quand on le cueille, on ne
voit qu'un verre incolore : il faut, pour faire apparaître la couleur
rubis, laisser refroidir le plus qu'on peut sans opérer la fracture,
puis réchauffer. Alors, à mesure que le verre reprend une température élevée, vous voyez la couleur se développer. Que se passe-t-il
alors ? A quel état se trouve l'or, lorsque le verre est transparent et
incolore ? à quel état se trouve-t-il, lorsque le verre a revêtu cette
belle couleur rubis ? Il y a sans doute, dans ces deux cas, deux
degrés différents d'oxydation ; mais à quel élément l'or cède-t-il
ou prend-il son oxygène ? Le peu d'affinité de l'or pour l'oxygène
nous ferait croire que c'est en perdant de l'oxygène qu'il donne la
couleur rubis. Cette disposition de l'or est telle, que si, dans le

travail du verre coloré par l'or, on ne prend pas des précautions et qu'on expose les pièces à la fumée du four pour les réchauffer, il se fait à la surface une révivification d'or et en même temps la pièce devient opaque. C'est aussi en grande partie pour cela qu'on préfère généralement, quand on a fondu le verre préparé avec le précipité pourpre, travailler toute la potée simplement en baguettes ou petits cylindres de 10 à 15 centimètres de long sur 2 à 4 de diamètre, qu'on fait recuire et qu'on met de côté pour l'usage. Quand donc on veut faire des pièces de couleur rubis, on réchauffe successivement une certaine quantité de ces petits cylindres. Nous ne décrirons pas ici la manière dont on les emploie, ce serait anticiper sur les verres colorés des livres II et V.

Soufre. — Le soufre à l'état pur a, jusqu'à présent, été très-peu employé dans le verre; toutefois on sait que le soufre, quoique très-volatil, peut être fixé dans le verre, et produit, à la dose de 2 à 4 pour 100, un verre d'une belle nuance jaune transparente. Est-il, dans ce cas, à l'état de base, ou uni à l'une des bases, et formant un sulfure ou un sulfite, ou bien enfin n'est-il qu'interposé? C'est aux savants de décider. Généralement les verriers préfèrent produire le verre jaune au moyen du carbone.

Carbone. — Ce n'est pas du carbone comme combustible que nous avons à parler ici, mais de son emploi dans la composition du verre. Nous avons déjà dit que le charbon était nécessaire pour la décomposition du sulfate de soude; mais, dans ce cas, il ne reste pas de charbon dans le verre, il se trouve entièrement brûlé. Il n'en est pas de même quand on outre-passe la quantité de charbon nécessaire pour opérer la décomposition du sulfate; une partie de ce charbon donne au verre une teinte jaune qui est fixe. D'où vient cette teinte jaune? A quel état se trouve le carbone dans le verre jaune? N'est-il qu'à l'état de molécules interposées? ou bien est-il en combinaison? Ce qui nous ferait croire qu'il y a combinaison, c'est que ce verre jaune, éteint dans l'eau et divisé, puis refondu même plusieurs fois, conserve toujours cette teinte jaune une fois acquise. Cette propriété a été mise à profit pour obtenir des verres colorés en jaune dans la masse. Mais cette couleur ne s'obtient pas sans certaines précautions : ainsi, du charbon ou du bois, mis dans la composition du verre, le rend généralement très-bouillonneux, ce qui s'explique facilement, car ce charbon en brûlant produit du gaz dans toute la masse du verre. Cette coloration par le charbon est toujours d'un jaune terne plus ou moins brun, si on emploie du charbon ou de la braise de bois, ou de la houille. Pour avoir une couleur franche, il faut employer du bois très-divisé, par conséquent de la sciure de bois ; et notez, en outre, que si vous employez de la sciure de bois dur, tel que le chêne où quelque autre bois anciennement abattu, vous aurez le même résultat que si vous aviez employé du charbon de bois ou de la houille. Il faut prendre de la sciure de bois d'aune ou de bois de peuplier, et, en outre, il faut que ces bois soient fraîchement abattus, que cette sciure soit encore imprégnée de séve. Cette assertion ressemble fort à de l'empirisme, il est bien difficile d'expliquer de tels faits, mais je l'ai trop de fois expérimentée pour ne pas la donner comme fait incontestable. Le verre à colorer en jaune doit aussi être d'une composition un peu tendre, pour que les bulles de gaz, auxquelles il est très-sujet, puissent se dissiper pendant l'opération de l'*affinage* du verre.

Au sujet de la coloration du verre en jaune par le charbon, je dirai encore qu'avec de la sciure de bois d'aune, j'ai, à quelques reprises, obtenu un verre jaune qui, à la dernière chauffe du manchon, prenait une teinte rouge très-prononcée. Je l'ai ainsi obtenu, à deux ou trois reprises, à une époque où la fabrication du verre rouge par le cuivre n'avait pas encore été *retrouvée* ; ce qui lui donnait alors beaucoup de prix. Plus tard, je voulus refaire de ce verre rouge, je n'y pus jamais parvenir. Cela tient-il à certaines matières que j'employais alors, je ne puis le définir ; mais je constate le fait, que d'autres verriers pourront poursuivre, et, comme preuve à l'appui, je dépose au Conservatoire des arts et métiers quelques carreaux de ce verre coloré en rouge dans la masse par le bois [1].

Basalte. — Dans les basaltes on trouve pour ainsi dire le verre

---

[1] Depuis que l'article précédent, *Carbone*, a été écrit, M. Pelouze a communiqué à l'Académie des sciences, le 15 mai 1865, un Mémoire inséré dans les *Comptes rendus*, et qui traite « de l'action des métalloïdes sur le verre, et de la présence des sulfates alcalins dans tous les verres du commerce. »

« Résumant, dit M. Pelouze, les principaux résultats de mon travail, on voit :

« 1° Que tous les verres du commerce contiennent des sulfates ;

« 2° Que le verre fait avec des fondants exempts de sulfates n'est pas coloré par

tout fait; souvent même il a conservé son apparence vitreuse produite par l'action des feux volcaniques, et l'on doit être étonné que ces matériaux n'aient pas été exclusivement employés à la fabrication des bouteilles, quand on considère la profusion avec laquelle ils sont répandus, et dans des contrées où la houille abonde également, tandis qu'on compose ces bouteilles avec des substances plus dispendieuses. Plusieurs savants s'étaient occupés de la nature des substances volcaniques et avaient annoncé la possibilité d'en fabriquer du verre; mais il était donné à Chaptal de faire ici, comme dans bien d'autres cas, l'application aux arts des principes de la science : il fit faire des bouteilles de lave dans une verrerie à Saint-Jean, près d'Alais, où les essais réussirent parfaitement bien, et donnèrent un verre d'une qualité très-remarquable pour la ténacité, l'homogénéité et le brillant de la pâte. Et, toutefois, on ne tarda pas à cesser l'emploi de cette lave. Quoique je ne sache pas quels furent exactement les motifs qui firent renoncer à cet emploi, je serais porté à croire que ces laves, n'étant pas généralement très-homogènes, se trouvant plus ou moins fu-

le charbon; qu'il n'est pas coloré non plus par le bore, le silicium, l'hydrogène, etc.;

« 3° Que le soufre et les sulfures alcalins ou terreux colorent directement en jaune soit le verre pur, soit les verres du commerce;

« 4° Que la couleur que prend le verre sous l'influence des métalloïdes est due à une seule et même cause, consistant dans leur faculté réductive. »

Il ne m'est certes pas permis de contester des résultats obtenus par un savant tel que M. Pelouze, mais je ne puis m'empêcher d'exprimer combien il m'en coûte d'abandonner l'idée que le carbone colore le verre en jaune.

M. Pelouze a signalé le premier la présence du soufre à l'état de sulfate dans tous les verres qu'il a analysés, et attribue à ce soufre seul la coloration en jaune que donne à la composition du verre l'addition d'un des métalloïdes, le carbone, par exemple. Et, pour preuve, M. Pelouze a fondu dans un creuset de platine une composition de :

Sable blanc........................	250 grammes.
Carbonate de soude purifié par plusieurs cristallisations.	100 —
Carbonate de chaux pure..................	50 —
Charbon d'amidon.....................	2 —

Le verre obtenu était bien fondu, bien affiné et *parfaitement blanc.*

J'avoue que je ne trouve pas cette expérience suffisamment concluante : le charbon d'amidon n'est là que dans la proportion de 1/2 pour 100 du poids de la composition. N'eût-il pas fallu essayer successivement de plus fortes doses? Ce qui me fait hasarder cette question, c'est qu'il est connu en pratique de verrerie que, lorsqu'on veut colorer en jaune par le charbon, cette coloration commence brus-

sibles dans certains filons, on ne devait pas pouvoir procéder d'une manière suivie avec des résultats identiques ; en outre, les bouteilles faites avec la lave devaient être très-sujettes à devenir *galeuses*, c'est-à-dire à se dévitrifier pendant le soufflage même. J'ajouterai que ces essais n'ont pas dû être repris depuis, parce que de nos jours on fait les bouteilles en verre beaucoup plus clair qu'on ne les fabriquait autrefois. Le commerce n'admettrait plus aujourd'hui les bouteilles d'un vert presque noir ou brun que l'on faisait alors.

On a voulu faire de nos jours une application nouvelle de la fusibilité des produits volcaniques : un ingénieur anglais avait pris un brevet pour la production de pièces d'ornement pouvant remplacer les marbres, ou la pierre taillée, ou la fonte de fer, au moyen de basaltes fondues dans un four à réverbère et coulées dans des moules en sable, ainsi qu'on le fait pour la fonte. L'auteur coulait même ainsi des tuyaux qui auraient été très-avantageusement substitués aux tuyaux en fonte pour la conduite des eaux ou

quement à une certaine dose. Ainsi, dans une quantité donnée de composition, 500 grammes, puis successivement 700, 800 grammes de carbone n'auront donné aucune espèce de coloration. Le verre aura été parfaitement blanc ; puis, au lieu de 800, mettez 825 grammes, et vous obtiendrez un verre d'une nuance jaune très-prononcée.

Beaucoup de verriers mettent une petite dose de poudre de charbon dans la composition du verre ayant pour fondant le carbonate, dans le but de décomposer une partie du sulfate que contient le carbonate du commerce. Cela ne donne aucune teinte jaune au verre. Nous ajouterons que, dans l'expérience citée par M. Pelouze, la composition d'une matière relativement assez dure a dû être fondue à une température assez élevée dans ce creuset de platine, et qu'on s'explique aisément que les deux parties de charbon d'amidon aient pu être brûlées sans affecter la coloration. Ces deux parties de charbon ont dû être brûlées bien plus facilement dans ce creuset de platine d'une contenance de 400 grammes qu'elles ne l'eussent été dans la masse d'un creuset de verrerie.

Je suis amené à faire ces objections parce que les verres jaunes que j'ai fabriqués à plusieurs reprises, et en bien grandes quantités, au moyen du charbon, étaient fondus à l'aide de carbonates plus ou moins purs. J'ai même employé des cristaux de soude desséchés (non pas cependant cristallisés plusieurs fois), et, dans les divers cas, la coloration en jaune, plus ou moins pure, plus ou moins foncée, dépendait de la nature et de la proportion du charbon, et non de la pureté du carbonate.

Je crois donc que les résultats énoncés par M. Pelouze devraient être confirmés par des expériences en grand, et, jusque-là, je conserverai encore la croyance que le verre peut être coloré en jaune par le charbon sans aucune intervention du soufre.

du gaz. Cette entreprise n'a pas réussi, et ne pouvait pas, je crois, réussir, parce que les frais de moulage étaient considérables. Ces pièces moulées devaient, d'ailleurs, en leur qualité de *verre*, être recuites avec soin, et dans leur moule, autrement elles se seraient brisées pendant le refroidissement. Il fallait donc des fours de très-grande dimension pour recuire le produit d'une fonte, en sorte que ces frais de recuisson venaient encore accroître considérablement les dépenses de production, qui se sont trouvées hors de proportion avec la valeur du produit. Les pierres volca-niques avec lesquelles ces essais furent faits étaient composées en moyenne de :

Silice......................	45
Oxyde de fer..............	16,50
Alumine....................	18,50
Chaux......................	12,25
Manganèse.................	3,50
Soude......................	4,25
	100,00

On conçoit qu'avec de tels éléments cette pierre devait fondre avec beaucoup de facilité et produire un verre d'un très-beau noir, mais qui, naturellement aussi, pendant la longue cuisson nécessaire à des pièces d'un grand volume et fort épaisses, devait se dévitri-fier et reprendre l'apparence de la pierre qui avait déjà elle-même été soumise aux mêmes influences, c'est-à-dire fondue par les feux volcaniques et refroidie lentement.

Groisil. — A la suite des matières qui entrent dans la compo-sition des verres, je dois placer les *groisils* provenant des pièces de verre qui se cassent pendant la fabrication, des rognures pro-venant de cette même fabrication, des casses de magasin, enfin du verre que l'on tire à l'eau du fond des creusets, des *escrémaisons* et des *mors* ou *meules* de canne.

Les groisils, avant de les employer, surtout pour les verres fins, doivent être soigneusement examinés sur une table pour en séparer les corps étrangers qui peuvent s'y trouver mêlés, puis lavés pour enlever les poussières. Il est inutile de recommander de ne mêler les groisils qu'avec des compositions donnant les mêmes verres que ces groisils, car des groisils de composition de nature différente produiraient un verre qui ne serait pas homogène et se travaillerait fort mal.

Le groisil appelé *meules* ou *mors de canne*, provenant du verre attaché aux cannes et aux pontils, et qu'on en détache en frappant sur ces outils, ne peut pas être employé tel qu'on le détache, s'il s'agit de fabriquer du verre blanc ou du cristal, car ce verre, étant refroidi, contracte avec le fer une telle adhérence, qu'il ne s'en sépare qu'en emportant des parcelles de fer ou écailles qui porteraient dans le verre blanc une teinte fâcheuse. Il faut donc, si on veut se servir de cette sorte de groisil, faire séparer, avec un marteau en forme de coin aigu, les portions adhérant au fer, qu'il faut, ou jeter, ou employer dans des verres plus communs, ou dans des verres verts.

Généralement, dans une verrerie, les groisils de toute nature forment environ le tiers de la quantité totale de la matière enfournée dans les creusets.

Quoique les groisils soient, à vrai dire, un verre déjà fait, il ne faut pas croire que ces groisils fondent plus facilement que de la composition neuve. Le verre, nous l'avons dit, est mauvais conducteur du calorique; il en résulte que les portions qui touchent au creuset ou qui se trouvent en dessus, réverbérées par la voûte du four, se liquéfient assez vite, mais qu'il s'écoule un temps assez long avant que les portions intérieures soient pénétrées par la chaleur. Il faut, d'ailleurs, faire un aussi grand nombre d'enfournements avec du groisil qu'avec de la composition neuve, car un creuset rempli de groisil ne se trouve guère qu'à moitié, lorsque ce groisil est fondu. Enfin, l'*affinage* d'un pot rempli avec du groisil seulement, est plus long, le verre étant plus sec, moins liquide que du verre provenant de matière neuve, parce qu'à chaque fusion une portion d'alcali est évaporée. Cet effet, qui est sensible pour le verrier qui travaille le verre et le trouve moins souple, se développant plus difficilement quand il est composé de groisils seulement, ou qu'il est entré une grande quantité de groisils dans sa composition, est apprécié par les opticiens quand ils font des opérations très-délicates. Ainsi, il y a un changement sensible entre les pouvoirs réfringents et dispersifs d'un verre fait d'éléments neufs, et du verre provenant des groisils du même verre; une différence se fait même sentir avec le verre dans lequel il entre seulement moitié de groisil. Un célèbre opticien allemand, M. Voigtlander, qui a fait sans contredit les meilleurs instruments pour la photographie, et qui, opérant sur des quantités très-considérables, ne voudrait pas être astreint à modifier ses outils et ses courbes pour chaque instrument, qui, en un mot, ayant adopté certaines courbes pour des verres d'une qualité déterminée, veut que l'objectif, achevé dans les conditions usuelles de sa fabrication, soit parfait sans avoir besoin de corrections, m'a signalé à plusieurs reprises ce résultat des différences introduites dans ses instruments, quand, par addition de groisils des mêmes compositions, j'avais ainsi modifié cette même composition. Il m'eût fallu renoncer à lui fournir le flint-glass et le crown-glass qu'il consommait, si je ne m'astreignais pas à faire pour lui des fontes spéciales toujours identiques.

Nous avons enfin à faire une dernière remarque au sujet des groisils, c'est que, à chaque fonte, le verre perd de sa blancheur. Certainement, quelque blanc qu'on puisse fabriquer le verre, il a toujours une légère teinte, non pas au transparent par une faible épaisseur, mais sur la tranche. La glace de France, à une épaisseur de 1 et demi à 2 millimètres, ne changerait pas sensiblement la teinte d'un papier blanc; mais, si vous prenez un carré de cette glace de 8 à 10 centimètres et que vous l'examiniez sur la tranche, vous verrez une teinte bleuâtre très-prononcée : du verre même de gobeletterie de Bohême, plus blanc encore que la glace de France, aura une teinte très-prononcée dans les mêmes conditions. Je dis donc que si on prend du groisil de glace de France bien pur, et qu'on le fasse refondre sans additions de matières neuves, la teinte bleuâtre sera plus intense. Si le groisil provenant de cette seconde fusion est refondu de nouveau, l'intensité de la teinte augmentera encore. Cet effet n'est pas dû seulement à l'influence du combustible, qui agit toujours plus ou moins sur la surface des creusets ordinaires. J'ai fait à différentes reprises cette expérience sur des groisils de cristal en pots couverts, et j'ai obtenu le même résultat. Cet effet est bien connu des verriers, qui, quand ils veulent faire une potée de verre plus spécialement blanc, n'y ajoutent que fort peu de groisil.

Ce fait, comme nous le verrons par la suite, a une grande importance et se rattache à cet autre fait qu'un verre, composé dans des conditions *trop dures* ou exigeant une température plus intense, est moins blanc qu'un verre à peu près dans les mêmes conditions,

mais d'une fusion plus facile. Nous le constatons sans pouvoir
en donner une explication satisfaisante; nous dirons seulement
que la substance du creuset, qui contient toujours un peu de fer,
ayant par cela même de l'influence sur la coloration du verre, on
doit supposer qu'à chaque refonte il y a addition de cette coloration.

Nous avons mentionné dans ce chapitre les principaux oxydes
métalliques en usage dans les verreries, indiqué quelques-unes
des combinaisons, réactions, colorations qu'ils produisaient; mais
nous sommes bien loin d'avoir épuisé ce sujet, qui, pour un jeune
savant praticien, pourrait donner lieu à des études bien intéressantes. La chimie seule ne peut donner l'explication de tous les
phénomènes que présentent les colorations par les oxydes métalliques, qui sont modifiées par les conditions de température et
autres dans lesquelles sont placés les mélanges. Ainsi, nous avons
dit que le fer, suivant le degré d'oxydation, pouvait produire une
couleur jaune, bleue, ou verdâtre résultant des deux autres; mais
on peut dire, en outre, que le fer peut produire toutes les couleurs du spectre. Les fabricants de porcelaine savent très-bien
qu'on fait avec le fer un émail d'un beau pourpre (composé de
rouge et de bleu) ; que si cet émail est soumis à une température
plus élevée, il perd cette couleur pourpre et devient orange
(composé de rouge et jaune). Les verriers savent également que
si, pendant le travail d'une potée de verre, il tombe un fragment
de fer dans le pot, et qu'on retire ce pot du four après le travail,
on trouve autour de ce fragment de fer, en partie oxydé, une
portion de verre colorée en jaune orangé. Les couleurs rouge,
orange, jaune, vert, bleu, violet peuvent donc, suivant les circonstances, être produites par le fer. Le cuivre, l'or, l'argent peuvent
aussi produire toutes les couleurs du spectre, ainsi qu'ont pu le
remarquer les verriers qui ont fabriqué du rouge par le cuivre,
du verre pourpre par l'or, du jaune teint et du verre agatisé par
l'argent. Nous ne connaissons guère que le cobalt qui produit invariablement dans toutes les circonstances une couleur fixe inaltérable : le bleu.

La fluorescence, dont nous avons dit quelques mots à l'occasion
de l'oxyde d'urane, et sur laquelle M. Edmond Becquerel a fait
déjà des travaux importants, les changements que la lumière apporte dans la coloration de certains verres à la température ordi-

naire, où l'on ne peut guère supposer que des modifications dans la combinaison des éléments puissent avoir lieu, sont des faits dont la physique doit rechercher les causes. C'est donc à la science générale, qui aujourd'hui ne sépare plus la chimie de la physique, qu'il appartient d'explorer ce vaste champ d'études.

CHAPITRE III.

Les creusets dans lesquels le verre est fondu, les fours dans lesquels sont placés les creusets ont une immense importance dans l'art du verrier; de leur bonne confection dépend en grande partie le succès d'une verrerie. Les creusets, auxquels on donne plus communément le nom de *pots*, doivent résister au feu le plus violent. Qu'un creuset se casse lorsque le verre est fondu, et non-seulement il y a perte de la matière enfournée, mais s'il y a huit pots dans le four, il y a un huitième de production de moins, presque toutes les dépenses restant les mêmes ; en outre, la perturbation que produit dans le four l'écoulement du verre fondu par une fente du pot amène très-souvent la rupture d'un ou de plusieurs autres pots. Cet écoulement du verre tend à détériorer le four lui-même : à tous les points de vue la casse d'un pot est donc un accident très-grave. Si un verrier, en commençant sa *campagne*, n'a pas sa poterie garnie de très-bons pots, ce n'est pas son bénéfice seulement qui est compromis, mais une partie importante de son capital, avec impossibilité de se remettre rapidement en meilleure voie; car il faut refaire de nouveaux pots, qui ne pourront être employés que dans plusieurs mois. Et ces nouveaux pots seront-ils meilleurs ? Telle est l'anxiété que le maître de verrerie n'a aucun moyen de calmer, car il ne peut juger *a priori*, au moment où un pot vient d'être terminé, s'il remplira convenablement son office.

Le four ne joue pas un rôle moins important; non-seulement il doit être construit en matériaux résistant au feu, mais il doit aussi avoir été conçu dans les proportions les mieux appropriées à une bonne combustion, c'est-à-dire de manière à produire la température la plus élevée avec la moindre quantité de combustible; cette température élevée doit aussi être également répartie sur tous les pots du four, en sorte qu'ils puissent être fondus dans le même temps. Si un four ne chauffe pas convenablement, il faut, pour une même quantité de silice, mettre une plus forte proportion de soude ou de potasse. Le verre est d'une qualité inférieure, les fontes sont plus longues, les travaux de soufflage plus espacés, et, par conséquent, moins nombreux : il y a donc production moindre avec des dépenses en combustible plus considérables, et égale dépense de frais généraux.

Nous dirons, à la fin de ce chapitre, ce qu'on doit attendre de l'avenir, relativement au perfectionnement des fours et des creusets ; nous allons commencer par exposer l'état actuel des connaissances pratiques du verrier, en fait de pots et de fours.

Pots. — Avant de donner des prescriptions sur la confection des pots, nous pensons qu'il est bon de parler de leurs formes, de leurs dimensions, des avantages et des inconvénients attachés aux divers systèmes adoptés.

Les pots les plus communément employés sont des pots ronds, c'est-à-dire dont la section horizontale est un cercle. Ces pots sont toujours un peu plus étroits du bas que du haut, c'est-à-dire qu'ils ont la forme d'un cône tronqué renversé ; de cette manière les pots rangés à côté les uns des autres se touchent ou à peu près du haut, et leurs arêtes s'éloignent de plus en plus jusqu'au fond, pour permettre à la flamme de circuler entre les pots d'une part, et entre ceux-ci et la paroi verticale du four, devant laquelle ils sont placés. C'est dans cette paroi que sont percés les *ouvreaux* du four par lesquels on enfourne la matière, et on la *cueille* quand elle est fondue.

Il y a des verreries qui adoptent les pots ovales, c'est-à-dire dont la section horizontale est un ovale aplati dans le sens du plus grand diamètre ; l'ovale du haut étant, bien entendu, plus grand que l'ovale du fond du pot pour la circulation de la flamme. Cette forme est adoptée dans des fours carrés, c'est-à-dire dont la section horizontale à la hauteur des pots est un carré ou un rectangle. Le but de cette forme ovale est de placer des pots plus grands sur un même espace. Supposons, par exemple, un four rectangle dont les *sièges* où reposent les pots ont une longueur de 2^m,80. On ne peut pas placer sur ce siége plus de quatre pots ronds de 70 centimètres de diamètre du haut, mais on pourra y placer quatre pots ovales de 70 centimètres du petit diamètre sur 90 centimètres ou

8

plus du grand diamètre. Ces pots contiendront plus de matière que les pots ronds : il y a donc, sous ce rapport, avantage pour le verrier, car, avec la même quantité de combustible (du moins il l'espère), il fondra une plus grande quantité de verre. Nous devons dire, toutefois, que même dans des fours carrés, il y a des maîtres de verrerie qui préfèrent les pots ronds, et voici les motifs de leur préférence : La pression exercée par la masse du verre liquide sur les parois du creuset fait, dans une certaine mesure, céder ces parois du creuset ; leur forme s'altère, et bien que leur épaisseur soit plus grande au fond et aille en diminuant vers le haut, les pots se distendent principalement vers le tiers de la hauteur, à partir du bas, ils *prennent du ventre;* cette tendance a moins d'influence fâcheuse sur des pots ronds que sur des pots ovales, sur lesquels cette pression tend en outre à changer la forme ovale en forme ronde. Cette déformation a donc plus de chance d'occasionner la rupture du pot ; en outre, cette pression s'exerçant sur les côtés plats de l'ovale, tend à mettre les pots en contact non plus seulement sur l'arête du haut, mais sur une assez large surface, de telle sorte que la flamme ne pouvant plus aussi librement circuler, les fontes sont plus longues. On perd donc bientôt l'avantage que l'on a voulu atteindre en ayant des pots d'une plus grande contenance.

Il est un autre motif important de préférence en faveur des pots ronds, c'est que les pots se corrodent extérieurement du côté de la *fosse* assez rapidement ; l'arête du fond ou *jable* du pot contre lequel la flamme frappe pour ainsi dire comme le jet d'un chalumeau, s'amincit journellement, et la rupture du pot aurait lieu assez promptement, si le maître de verrerie n'avait la précaution, après quinze à vingt jours de durée du pot, de faire tourner *au logis,* c'est-à-dire du côté de l'ouvreau, le côté qui était exposé sur la fosse. Cette manœuvre ne pourrait naturellement pas être faite avec un pot ovale, auquel, en conséquence, on donne plus d'épaisseur du côté qui doit être sur le bord du siége. Pour que la flamme circule plus librement entre le pot et le mur d'ouvreau, on donne, en fabriquant ces pots ovales, une pente plus grande au côté qui est destiné à être près de l'ouvreau, qu'à celui qui doit être du côté de la fosse ; ainsi, en supposant cette pente par les côtés plats de 4 à 5 centimètres de chaque côté, et également 4 centimètres du côté de la fosse, on donnera 10 à 12 centimètres du côté de l'ouvreau, comme le montrent les deux coupes du pot ci-contre (fig. 5 et 6).

L'épaisseur à donner aux pots est un point qui mérite grande considération. Un pot d'une plus grande épaisseur, toutes autres conditions égales d'ailleurs, a plus de chance de durée : car il résiste mieux à la pression intérieure du verre liquide ; de plus, la réduction d'épaisseur provenant et de l'action extérieure de la flamme et de l'action intérieure des matières composant le verre, est plus de temps à amener le pot à ne plus pouvoir résister et à se rompre. Mais, d'autre part, un pot d'une plus grande épaisseur a par cela même moins de contenance (les dimensions extérieures étant données par celles du four), et le verre y fond plus difficilement,

Fig. 5.

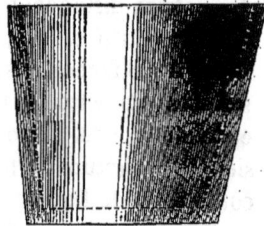

Fig. 6.

c'est-à-dire dans un temps plus long ; aussi les fontes sont-elles plus courtes, le verre plus facilement affiné quand les pots deviennent vieux et conséquemment plus minces. Le maître de verrerie a donc à calculer les avantages résultant de part et d'autre ; s'il paye le combustible très-bon marché (et en général c'est la condition dans laquelle il doit chercher à se placer), il pourra donner plus d'épaisseur à ses pots. Je pense toutefois qu'il y a généralement plus d'avantage à adopter des pots peu épais et à les remplacer un peu plus souvent. L'épaisseur moyenne la plus généralement adoptée est, pour le fond et la naissance de l'élévation, d'environ un douzième du diamètre supérieur du pot, arrivant graduellement au vingtième pour le bord (toutes mesures prises lors de la confection du pot).

Il n'y a guère de relation entre la hauteur du pot et son diamètre, parce que la hauteur étant déterminée principalement par la facilité à donner à l'ouvrier pour qu'il puisse cueillir le verre jusqu'au fond du pot, cette hauteur doit être en rapport avec la longueur des outils du verrier, spécialement de la canne. Les petits pots ont donc proportionnellement une hauteur plus grande que les grands pots ; 80 centimètres peuvent être regardés comme la hauteur moyenne extérieure donnée aux pots lors de leur confection. Ces 80 centimètres se réduisent par la dessiccation dans la poterie et le retrait dans le four à environ 70 centimètres, ce qui donne environ 60 centimètres pour la profondeur du pot. Nous parlons ici des pots ordinaires des grandes verreries de France, de Belgique et d'Angleterre, car pour les pots des verreries allemandes, on ne rencontrerait guère de pareilles dimensions.

Il existe en effet de très-grandes variations dans les dimensions des pots : c'est là une des faces qui se sont le plus modifiées depuis environ un demi-siècle dans la pratique des verreries. On ne se servait autrefois que de pots de dimension très-restreinte ; 150 à 200 kilogrammes de verre fondu, à la densité de 2,5, étaient considérés, il y a soixante ans, comme une contenance assez ordinaire. Les grands pots de glaceries qui servaient à l'alimentation des cuvettes ne contenaient guère que 300 à 400 kilogrammes de verre.

Cette contenance de 400 kilogrammes de verre fondu est considérée aujourd'hui en France et en Belgique comme une moyenne pour les pots de verre à vitres et de gobeletterie. Les verreries allemandes ont conservé leurs pots de petites dimensions, qui ne contiennent guère que 75 à 100 kilogrammes de verre pour les gobeletteries, et 125 à 150 kilogrammes pour les verres à vitres et bouteilles.

Les verreries anglaises, au contraire, ont beaucoup augmenté les dimensions de leurs pots ; il en est qui contiennent plus de 2 500 kilogrammes de verre fondu ; des contenances de 15 à 1 800 kilogrammes sont assez ordinaires pour le verre à vitres.

Nous ne pouvons guère discuter ici les avantages et désavantages précis de ces deux modes de fabrication ; nous y reviendrons quand nous traiterons les prix de revient ; disons seulement qu'à tous les points de vue, les pots de la contenance de 400 à 500 kilogrammes sont un progrès évident sur les pots de 75 à 125 kilogrammes des verreries de Bohême et des anciennes verreries françaises, n'ayant que des fours de fusion de petites dimensions, dans lesquels il y a proportionnellement plus de déperdition de chaleur, et emploi d'une plus grande quantité de combustible pour produire une quantité donnée de verre. Il y a donc, en principe, avantage évident à augmenter les dimensions des fours et celles des pots.

Cette augmentation a une limite toutefois : celle du maniement facile des creusets, qu'il faut transporter dans le four, après les avoir préalablement portés à la chaleur rouge blanc dans un four préparatoire. Il me semble que les Anglais sont arivés à cette limite, s'ils ne l'ont pas dépassée. Ils ont été guidés par plusieurs considérations : 1° le verre, une fois fondu, se conserve plus pur dans un grand pot que dans un petit ; 2° le même nombre d'ouvriers fondeurs est employé pour un four à huit pots de 500 kilogrammes que pour un four à huit pots de 1200 kilogrammes ; 3° la quantité de combustible employée n'est pas dans la proportion de 12 à 5. La perte est fort considérable, à la vérité, lorsqu'un semblable pot vient à se briser. Ce sont ces différentes considérations qu'il faut peser pour se déterminer dans la fixation des dimensions des pots et des fours.

Jusqu'ici nous n'avons parlé que des pots *ouverts*. Il y a une autre sorte de pots employés pour la fonte du cristal dans les fours chauffés à la houille, ce sont les pots *couverts*, sortes de cornues à col gros et court (fig. 7 et 8). Ce col ou embouchure est tourné vers l'*ouvreau* du four, et c'est par ce col qu'on enfourne dans le creuset la composition, qui se trouve ainsi à l'abri de la fumée et des parcelles de houille entraînées par le courant de la combustion, et dont l'influence décomposerait l'oxyde de plomb employé dans le cristal. Quand on a enfourné le mélange dans le pot, on *marge* l'entrée avec une *tuilette* et de l'argile humide, pour que la chaleur soit concentrée dans l'intérieur du creuset, et quand la fonte est terminée, on débouche cette entrée par laquelle l'ouvrier cueille le verre. Ce sont les Anglais qui ont les premiers employé cette sorte de pots, comme ils avaient été les premiers à se servir de houille pour la fonte des verres blancs. Ils ont vu qu'ils ne pouvaient pas, en raison des influences colorantes de ce combustible, obtenir du verre aussi blanc que celui fabriqué dans les fours chauffés par le bois. Ils imaginèrent de couvrir leurs pots d'une calotte hémisphérique ayant une ouverture du côté de l'ouvreau, il en résulta naturellement que l'intérieur du pot ne put atteindre une température

Fig. 7.

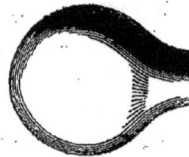

Fig. 8.

aussi élevée. Il fallut employer une plus forte proportion d'alcali ; le verre y perdit en qualité. C'est alors qu'ils introduisirent l'oxyde de plomb dans leur composition, et depuis lors les Anglais n'ont pas fabriqué d'autre gobeletterie que celle dans la composition de laquelle entre l'oxyde de plomb, et à laquelle nous donnons exclusivement le nom de cristal.

Les pots couverts sont presque toujours ronds, c'est-à-dire que leur coupe horizontale est un cercle ; ils sont, du reste, comme les pots ouverts, d'un diamètre moindre au fond qu'au niveau du verre. Leur épaisseur est dans les mêmes proportions que celle des pots ouverts, et leur contenance est en général entre 500 et 800 kilogrammes.

Anneaux flotteurs.—Nous devons parler ici des anneaux flotteurs, qui ont été un perfectionnement très-grand dans l'art de la verrerie, et que nous devons à l'Allemagne. Ils ont été introduits dans l'usage des verreries françaises et belges il y a environ trente ans, et ont été peu de temps après adoptés en Angleterre. Ces anneaux sont de la même matière que le creuset, d'une densité, par conséquent, un peu moindre que celle du verre ; ils sont d'un diamètre moindre que le diamètre intérieur du fond du pot, d'une largeur de 5 à 6 centimètres et d'une hauteur de 6 à 8 centimètres. Ces flotteurs restent au fond du pot tant que le verre n'est pas fondu, mais, aussitôt que le verre est devenu liquide, le flotteur monte à la surface du verre, et, en raison de la différence de densité, sa surface supérieure dépasse un peu celle du verre.

Le diamètre extérieur du flotteur étant moindre que celui du fond intérieur du pot, il en résulte que quand ce flotteur se trouve sur la surface du verre, il est entouré extérieurement d'une couronne de verre : ce flotteur isole donc en quelque sorte le verre qui se trouve au centre du creuset de celui qui se trouve contre les parois, lequel, pendant le travail, se trouve toujours plus refroidi que celui qui est au centre. C'est surtout le verre touchant à la paroi du côté de l'ouvreau qui est le plus refroidi, et qui, dans les pots ordinaires, se trouvant attiré vers le centre lors de l'opération du cueillage, occasionne un mélange de deux verres de température inégale qui produit des *filandres*, des *ondes*, contre lesquels le verrier ne se garantissait autrefois qu'en renouvelant souvent l'opération d'*écrémer*, ce qui est une perte de verre. Au moyen du flotteur, le verre que cueille l'ouvrier dans le centre de l'anneau ne se trouve remplacé que par du verre du centre, puisque celui des bords est arrêté par le flotteur. Le verre se maintient donc à une température égale dans l'intérieur de l'anneau flotteur; l'ouvrier n'est pas obligé d'écrémer, du moins il l'est beaucoup plus rarement; et cet effet est tellement marqué, que ceux des ouvriers qui sont le moins disposés à adopter un perfectionnement, et malheureusement il y en a trop de ce genre, ne manquent pas de réclamer un nouveau flotteur quand celui de leur pot est ou trop usé ou cassé. Ces flotteurs s'usent en plus forte proportion que les parois du creuset, parce que les éléments de la composition agissent et les corrodent sur toutes les faces pendant la fonte; aussi, malgré les dimensions que nous avons indiquées, se trouvent-ils au bout d'un mois tellement amincis, qu'on est obligé de les remplacer.

Nous allons à présent exposer ce qui est relatif à la composition et à la confection des pots.

Composition des pots. — De tous les métaux connus ou au moins en usage, le platine est le seul qui eût pu supporter le feu des verreries, et ne pas être attaqué par les composants du verre. Mais son prix énorme a dû le faire exclure des verreries et l'on a dû employer l'argile, qui est infusible au feu des verreries et sur laquelle la composition du verre n'agit que faiblement. Pour remplir ces conditions, l'argile doit être pure, c'est-à-dire ne se composer que de silice et d'alumine, ou du moins ne contenir que des proportions insignifiantes d'autres matières. On conçoit, en effet, qu'avec une faible proportion d'oxyde de fer, de chaux, l'argile deviendrait fusible, et ne répondrait pas au but qu'on se propose. Enfin, les argiles les plus propres à la confection des creusets sont celles dans lesquelles l'alumine entre en plus forte proportion, parce qu'elles ont plus de *liant*; plus de ténacité que les argiles contenant une faible proportion d'alumine.

La France possède d'excellentes argiles propres à la fabrication des pots, en tête desquelles nous citerons les argiles de Forges-les-Eaux. La Belgique a les argiles de Huy, près de Namur; l'Allemagne, les argiles de Kligenberg, dans la Bavière rhénane, de Moravie et de Pilsen, en Bohême. Enfin, l'Angleterre possède d'excellentes argiles dans les environs de Stourbridge, dans le Staffordshire. Nous ne donnerons pas l'analyse d'une de ces terres en particulier, parce que, dans la même localité, il y a quelques différences de composition; mais on peut regarder les proportions suivantes comme une moyenne des bonnes argiles :

Silice.....................	64
Alumine....................	28
Eau et matières organiques....	6,50
Magnésie.	1
Chaux.....................	0,50
Traces de fer.	

Cette composition d'argile suppose qu'elle a été, après son extraction, séchée pendant plusieurs mois sous des hangars, car, quand elle sort de la carrière, la proportion d'eau s'élève quelquefois au delà de 15 pour 100.

Dans le cas que nous citons, l'alumine et la silice sont dans la proportion de 30,5 à 69,5; il y a des argiles dans lesquelles ces proportions sont de 45 à 55, d'autres de 25 à 75. Ces argiles sont généralement d'un gris ardoisé résultant des matières organiques qu'elles contiennent; aussi, quand elles ont été exposées à un feu violent, elles deviennent blanches. Si la torréfaction les rend rouges, cela annonce la présence d'une trop forte proportion de fer et doit les faire rejeter de l'usage des pots.

Les argiles propres à la fabrication des pots sont onctueuses au toucher; elles happent à la langue, et si à ces deux qualités se joint cette circonstance de devenir blanches après avoir été exposées à un feu violent, il y a présomption, sans avoir à faire une analyse exacte, qu'elle produiront de bons creusets. Loysel, dans son *Essai sur l'art de la verrerie*, s'est très-longuement étendu sur les essais des argiles relativement à leur composition, leur qualité réfractaire, leur ductilité, ténacité, etc. Quelque disposé que je sois à asseoir toutes les opérations de la verrerie sur des bases rationnelles et scientifiques, je pense qu'un verrier devra se borner à une simple analyse chimique, et, d'après les qualités *apparentes* de l'argile, il pourra juger s'il y a lieu d'essayer un grand pot, qui sera la véritable expérience concluante. Mais dans les meilleures argiles on rencontre des veines sablonneuses et des veines pyriteuses qu'il faut soigneusement extraire. La première préparation à faire subir aux argiles est donc de les casser en morceaux de 100 à 150 grammes, et de racler avec un

couteau les parties qui ne paraissent pas pures, qui sont rudes
au toucher. L'argile est alors propre à la confection des pots.
Cette argile toutefois ne peut être employée seule dans l'état où
elle est extraite de la carrière. La propriété de l'argile de diminuer de volume quand elle est exposée au feu ne peut permettre
de confectionner des pots avec l'argile telle qu'elle est extraite de
la carrière. Le retrait considérable que le feu fait subir à l'argile,
et qui est le résultat de l'eau qu'elle retient avec une grande ténacité, étant naturellement plus fort sur la partie solide du fond
du pot que sur les parois, occasionnerait leur séparation, c'est-
à-dire la rupture du pot. Il faut donc mélanger cette argile avec
une autre substance qui soit douée des mêmes propriétés et qui
modifie ce retrait. Cette substance n'est autre chose que la même
argile ayant préalablement subi la même température à laquelle
devra être soumise le creuset. A cet effet, on remplit un four
semblable à ceux dans lesquels on *attrempe* les pots, de ces petits
fragments d'argile qui ont été nettoyés pour en extraire les portions sablonneuses ou pyriteuses, et on porte ce four au rouge
blanc pendant un temps assez long pour que cette température
pénètre complétement ces fragments. Il est des maîtres de verrerie qui, au lieu de mettre cette terre à même dans le four, où
elle est exposée aux cendres, préfèrent mettre l'argile dans des
pots grossiers que l'on range dans l'arche et d'où on retire la
terre plus propre que dans le premier cas. C'est cette terre brûlée
qui, pilée et tamisée, sert de *ciment* pour mêler avec l'argile
crue : ce ciment donne de la consistance au mélange, en ouvre
pour ainsi dire les pores, et permet ainsi l'évaporation de l'eau
pendant la dessiccation et l'attrempage. Plus on met de ciment,
plus la dessiccation est rendue facile, moins le pot est fragile pendant l'attrempage : mais, d'autre part, plus on met de ciment,
plus le pot est poreux, moins il est tenace et plus il a de facilité à
être attaqué par les matières qui entrent dans la composition du
verre. De même aussi, plus le grain du ciment est gros, plus le
desséchement est facile, mais le pot en est plus poreux et moins
tenace. Il y a donc à tenir compte de ces considérations diverses.
Quant à la grosseur du grain, je crois que ce qu'il y a de plus
convenable est de passer la terre à un tamis de laiton de 80 à 90
fils au décimètre. Pour la quantité de ciment, elle est relative à
la richesse de la terre en alumine : pour une argile semblable à

celle dont j'ai indiqué la composition, je conseillerais parties
égales en volume de terre crue et de ciment ; pour une terre plus
riche en alumine, c'est-à-dire plus *grasse*, je conseillerais d'augmenter la dose de ciment. Les terres du Staffordshire sont généralement un peu plus maigres, et il y a des verriers anglais qui
emploient jusqu'à trois quarts de terre grasse sur un quart de terre
brûlée ou ciment. On conçoit, d'après ce que nous avons dit, que
plus un pot est forcé en terre crue, plus les précautions doivent être
grandes pendant l'attrempage, surtout quand il s'agit de pots très-
volumineux.

Il y a en France une argile qui est très-pure, c'est-à-dire ne
contenant guère que de la silice et de l'alumine (l'argile de Montereau), mais dans laquelle la proportion de l'alumine est plus
faible que celles que j'ai indiquées, et, sans doute à cause de cette
faible proportion d'alumine, on n'est jamais parvenu avec cette
argile à faire des pots de verrerie très-satisfaisants. Cette argile
cuit très-blanc, et, toutefois, en mettant même une assez faible
proportion de ciment, ces pots ne résistent pas longtemps, ils
n'ont pas assez de ténacité. Remarquons en même temps que
cette argile de Montereau contient moins de matières organiques
que les argiles que nous avons citées : cette circonstance n'aurait-
elle pas quelque influence sur l'action des terres ? Il est certain
que les argiles grises-noirâtres ont plus de liant, sont plus ductiles que les autres, et quand elles sont à l'état de pâte, cette pâte
est plus *longue*, se prête mieux à la façon qu'on veut lui donner.
Il paraîtrait que ces matières organiques ont une influence à cet
égard ; et on a reconnu en outre que si on laisse l'argile divisée,
ou encore le mélange d'argile, de ciment et d'eau sous un hangar, ou même encore dans des caves pendant longtemps, de
manière à produire une fermentation, à *pourrir* ce mélange, il
acquiert des qualités ductiles beaucoup plus grandes. Les Chinois,
qui sont de grands maîtres en fait de poterie, font *pourrir* leurs
mélanges : la richesse d'un fabricant de porcelaine consiste à
avoir de grands approvisionnements de mélanges putréfiés.

En employant des mélanges ainsi putréfiés, on peut augmenter
la quantité de ciment, tout en conservant une grande ductilité à
la pâte, et fabriquant ainsi des pots plus tenaces. Cette fermentation a-t-elle pour résultat d'unir plus intimement la silice et
l'alumine ? Je ne puis exactement le définir, mais j'affirme le fait,

et quoique peu de maîtres de verrerie aient mis à profit jusqu'à présent cette propriété dans la confection des pots, elle est néanmoins reconnue ; ce n'est point une allégation de la nature de celles des anciens empiriques qui, bien examinées, souvent ne se confirmaient pas. Cette propriété a d'ailleurs été mise à profit par plusieurs verriers, qui entretiennent constamment un petit approvisionnement de mélange d'argile et de ciment que l'on remue de temps en temps et qui est à l'état de terre pourrie, avec lequel on répare les siéges ou autres parties du four de fusion, et tandis que de la terre nouvellement préparée n'adhère pas, tombe en presque totalité peu d'instants après avoir été introduite dans les cavités que l'on veut boucher, le mélange putréfié, au contraire, beaucoup plus tenace, résiste au feu, et garnit, sans se désagréger, les endroits où on l'a posé.

Les fragments de vieux pots peuvent aussi être employés comme ciment, mais ces fragments, avant d'être bocardés, doivent être soumis à une opération préalable, qui consiste à détacher au marteau toutes les portions extérieures et intérieures vitrifiées, et qui introduiraient un élément fusible dans les mélanges pour pots. Mais comme on a besoin, d'autre part, d'une grande quantité de ciment pour les briques de four dont nous parlerons ci-après, et que les débris de vieux pots seraient loin de suffire pour les pots et briques, on met rarement plus de moitié du ciment des pots en débris de pots, et bien des verriers n'en emploient même pas du tout dans les pots, pour lesquels ils ne se servent que de la terre neuve brûlée.

Le broyage des terres et du ciment se fait sous des meules ou au moyen de bocards, mûs par manége, machine à vapeur ou roue hydraulique, qu'il n'entre pas dans notre plan de décrire. Quand la terre est tamisée et le ciment passé aussi à un tamis de 80 à 90 fils au décimètre, on fait un mélange dans les proportions que nous avons indiquées, auquel on ajoute la quantité d'eau nécessaire pour former une pâte assez consistante. Loysel, que nous avons déjà cité, donne, pour reconnaître le degré de dureté convenable, une méthode qui consiste à laisser tomber une balle de plomb d'une certaine hauteur, et qui doit s'enfoncer d'une certaine quantité. Mais tous les potiers n'emploient pas leur terre au même degré de consistance, qu'ils apprécient à l'œil et au toucher, et savent, d'ailleurs, le nombre de mesures d'eau qu'ils doivent ajouter à un nombre donné de mesures d'argile et de ciment pour produire la consistance à laquelle ils ont l'habitude de travailler leur terre. Il y a des inconvénients dans les deux extrêmes ; si la terre est trop détrempée, le pot se déforme à mesure qu'on en monte les parois ; si, au contraire, elle a trop de fermeté, l'ouvrier n'a pas assez de force pour lier les parties, il se forme des chambres d'air qui font éclater le pot pendant l'attrempage. Avant de procéder à la confection du pot, la terre crue et le ciment doivent avoir été d'abord mélangés d'une manière bien intime. Dans quelques verreries, cette opération se fait mécaniquement, comme dans les fabriques de poteries à porcelaines, et dans un appareil consistant en un vaste cuvier ayant un axe vertical central garni de couteaux inclinés, qui opère avec une grande perfection les mélanges. Les terres, dans cet appareil, sont coupées en tous sens et pressées par ces couteaux vers un orifice inférieur par lequel elles sortent bien mélangées, surtout si on les soumet plusieurs fois à la même opération. Ce procédé n'a peut-être qu'un inconvénient, celui d'exiger une addition d'eau plus grande qu'on n'en emploie ordinairement, ce qui nécessiterait une certaine dessiccation avant d'employer la pâte.

Fig. 9.

Généralement les verriers de France, de Belgique, d'Allemagne et même d'Angleterre, font *marcher* le mélange de terre et de ciment dans une grande caisse ou *maie* d'environ 2 à 3 mètres ou plus de long sur 1^m,40 à 2 mètres de large, à rebords de 30 à 40 centimètres de hauteur. L'ouvrier marcheur commence par mêler avec une spatule l'argile crue et le ciment seul, puis peu à peu il mouille, et quand il a ajouté la quantité d'eau nécessaire, il forme du tout un bloc régulier occupant la moitié environ de la maie. Alors il entre pieds nus, et piétine le mélange à partir de l'extrémité de la maie, la face tournée vers la partie vide, allant de droite à gauche ou réciproquement ; puis, quand il arrive contre la paroi de droite ou de gauche, avançant d'une longueur de demi-semelle, il recommence le même piétinement transversal en sens inverse. Quand il est parvenu ainsi à l'extrémité de sa motte, il tranche verticalement cette motte avec sa

spatule en bois (fig. 9) par petites parties de la largeur de sa spatule, dont la palette a environ 12 centimètres sur 35 à 40, enlève
chaque portion avec la spatule, et place toutes ces sections à plat
du côté opposé de la maie, de manière à ce que toute la motte
occupe la partie qui était vide, et que les couches qui étaient verticales deviennent horizontales, puis il recommence à marcher
en partant de l'extrémité opposée. Il fait cette manœuvre cinq ou
six fois, après lesquelles le mélange se trouve suffisamment intime pour servir à la confection des pots.

Les pots se font à la main, dans des moules ou sans moule.
On a essayé de les faire par un moyen mécanique avec une presse,
mais jusqu'à présent les essais n'ont pas été satisfaisants. La pression n'était pas exercée d'une manière égale sur toutes les portions
du pot; il y avait de l'air renfermé dans la substance du pot.
La question mécanique de la confection des pots n'est donc pas
encore aujourd'hui résolue, et nous ne parlerons que des pots
faits à la main avec moule ou sans moule.

Les pots faits dans un moule doivent avoir naturellement une
régularité plus absolue. Le moule sert de point d'appui pour
presser et faire adhérer ensemble avec plus de force, au moyen de
la *batte*, les portions de terre que pose successivement le potier,
qui peut ainsi employer sa terre plus ferme. On conçoit du reste,
aussi, qu'il soit plus facile de former en peu de temps un ouvrier
potier qui a dans son moule un guide infaillible pour ses dimensions. Mais, d'autre part, j'ai vu les meilleurs potiers préférer
monter leurs pots sans moule, prétendant qu'ils jugent mieux
ainsi extérieurement et intérieurement la perfection de leur travail. Il serait d'ailleurs impossible de faire dans un moule un pot
de dimensions un peu considérables en hauteur : l'ouvrier ne
pourrait pas aller poser les premières assises inférieures. Quelle
que soit la méthode que l'on adopte, les précautions à prendre
consistent à lier aussi intimement que possible toute la terre qui
forme le pot, pour qu'il n'y ait aucune disjonction pendant la
dessiccation, et à n'emprisonner aucune portion d'air dont l'expan-
sion, quand le pot serait exposé à la chaleur, le ferait éclater.
Nous allons décrire d'abord la méthode au moyen du moule.
S'il s'agit d'un pot rond, ce moule est une sorte de cuvier sans
fond (fig. 10), composé de fortes douves en chêne s'ouvrant en
trois parties égales, que l'on assemble au moyen de clavettes

qui entrent dans des anneaux] terminant des bandes de fer qui
relient les douves du haut et du bas.

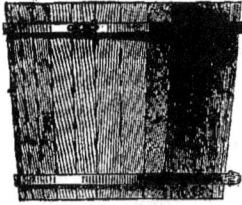

Fig. 10.

Ces bandes de fer doivent être assez
fortes pour ne pas permettre au moule de
se déformer. On les remplace quelquefois
par des courbes en bois, dont la coupe est
un carré de 6 à 7 centimètres, ayant aux
extrémités des pattes en fer trouées dans
lesquelles entrent les clavettes. On pourrait, à la rigueur, faire ce moule rond en
deux parties seulement, mais trois parties se séparent plus aisément
du pot terminé quand on ôte les clavettes. Pour éviter que la
terre humide n'adhère aux parois du moule, on revêt ce dernier
d'une toile clouée du haut et du bas sur les bords de chaque
compartiment.

La terre ayant été convenablement marchée, le marcheur la
divise en *pastons*, qui sont des petits rouleaux d'environ 12 à
15 centimètres de longueur sur 3 à 4 de diamètre, et les apporte au maître potier ; celui-ci commence par faire son fond
de pot, sur un *fonceau* qui n'est autre chose qu'un plateau carré
ou rond, d'un diamètre de 20 centimètres environ plus grand
que le fond du pot, traversé en dessous par deux barres de
bois qui servent à le porter et à porter le pot quand il est terminé. Au lieu de plateau en bois, on peut prendre
une ardoise épaisse d'environ 3 centimètres, qui
adhère moins au pot que le bois, ou bien on applique sur le plateau en bois une feuille de zinc.
Pour faire son fond de pot, le potier jette avec force
des moitiés de paston sur le fonceau, les liant ensemble en les étirant fortement avec l'extrémité des
doigts. Il en forme ainsi une espèce de tourteau rond,
plus élevé au centre qu'aux bords, ayant plus que
le volume du fond du pot qu'il doit faire et qu'il bat
ensuite perpendiculairement avec une batte cylindrique à long manche (fig. 11), au moyen de laquelle
il donne à sa terre la forme d'un cylindre aplati d'un
diamètre seulement un peu moindre que celui de
l'intérieur de son moule. Ayant ainsi nivelé avec la

Fig. 11.

batte le dessus de la terre, il enlève avec son aide le fonceau et

le renverse sur un autre fonceau dont le dessus a été préalablement recouvert de grenaille de ciment passée à un tamis à
maille double de celui du mélange pour pots, et cela dans le
but que le fond du pot n'adhère pas sur son fonceau et ne
soit pas gêné dans son retrait lors de la dessiccation. Le fond
de pot ayant ainsi été transbordé sur son fonceau définitif, le
potier place son moule sur ce fonceau, la terre se trouvant
alors à une faible distance des bords inférieurs du moule. L'ouvrier bat alors ce fond avec sa batte, de manière non-seulement à joindre le moule, mais à se relever contre les parois,
et forme ainsi le *jable* de son pot. Quand il présume qu'il a
fait refluer sur les parois suffisamment de terre pour que le
fond n'ait plus que l'épaisseur voulue, ce dont, d'ailleurs, il
peut s'assurer en mesurant l'intervalle entre le dessus du fond
et le bord supérieur, il commence à monter à la main les parois de son pot, et pour cela il commence par étirer horizontalement le bord de la terre vers le moule, de manière à la
mettre en chanfrein; puis il prend un paston de la main droite,
en applique l'extrémité sur le chanfrein de la terre déjà posée, et
relie successivement toute la longueur de son paston en le près-
sant avec la première phalange de l'index. Il continue de même,
en reculant constamment autour de son moule, étirant souvent la
terre avec l'extrémité des doigts, croisant les joints des pastons, et
battant de temps en temps horizontalement avec une batte courbe
garnie aussi de toile (fig. 12), au moyen de laquelle il règle l'épaisseur de la paroi. Il peut vérifier, au moyen de
cette batte, s'il a emprisonné de l'air en posant
ses pastons, car s'il y a une chambre d'air, même
très-petite, lorsqu'il bat fortement à l'endroit où
elle se trouve, l'air, comprimé par ce choc, réagit
par son élasticité, et on voit, après le coup de la
batte, surgir une petite bosse indicative, que l'ouvrier ouvre avec l'extrémité de son doigt jusqu'à
ce qu'il rencontre la cavité dans laquelle il res-
soude de la terre. L'ouvrier a plusieurs règles en
bois qui lui servent de guides pour ses épaisseurs
aux différentes hauteurs. Il arrive ainsi à l'extrémité supérieure de son moule, et le pot est ter-

Fig. 12.

miné. Il ne reste plus qu'à le polir intérieurement, ce qu'il fait

au moyen d'un polissoir (fig. 13) en bois, terminé en biseau arrondi par une extrémité, avec lequel l'ouvrier
frotte horizontalement la surface intérieure, de manière à faire disparaître toutes les inégalités. Cette
opération n'est pas à négliger, car mieux le pot sera
poli, moins il sera attaqué par la première fonte
de verre qu'on y fera. Lorsque le potier a terminé
son pot, il ôte les clavettes et sépare les trois parties du moule de son pot. — Le pot ovale se fait de
la même manière, seulement le moule se divise en quatre parties.
Le potier qui n'emploie pas de moule fait son fond de la même
manière, le transporte de même du premier fonceau sur le fonceau définitif, bat verticalement ce fond pour y prendre son jable
tout alentour, puis monte son tour de pot avec des pastons disposés
de la même manière que pour le pot moulé ; mais, au lieu d'appuyer contre le moule, il soutient avec la main gauche la terre
déjà posée, contre laquelle il appuie son paston avec la main
droite. Pour cette méthode, il a besoin de se référer plus souvent
à des mesures indicatives de ses diamètre et épaisseur, et il a
besoin aussi d'un fil à plomb pour vérifier l'accroissement régulier
du diamètre.—La terre s'emploie généralement un peu plus molle
quand on ne se sert pas de moule ; aussi le potier monte-t-il deux
ou trois pots simultanément pour leur permettre de prendre un
peu de consistance. Ainsi, après avoir monté son pot à peu près
au tiers, il recouvre la partie supérieure d'un linge mouillé pour
que ce bord ne soit pas séché quand il en continuera l'œuvre ;
puis il commence un deuxième pot, quelquefois un troisième,
ayant toujours soin de recouvrir d'un linge humide chaque pot
qu'il interrompt. Au bout de vingt-quatre heures, il peut revenir
au premier pot commencé, qu'il conduira aux deux tiers, ou qu'il
terminera, suivant ses dimensions, et ainsi de suite des autres.

S'il s'agit de pot couvert pour cristal, le potier pourra également le faire sans moule ou avec moule jusqu'à la hauteur de la
naissance du dôme, le laissera reposer vingt-quatre heures, puis
commencera son dôme en opérant comme pour un pot monté sans
moule. Ce dôme devra être fait sans préoccupation de l'ouverture ou gueule du pot, c'est-à-dire qu'il fera un dôme plein, et en
lui laissant prendre la consistance suffisante pour se soutenir sans
s'affaisser.

Fig. 13.

Le pot a donc d'abord la forme fig. 14. Alors le potier ouvre avec un couteau pointu une ouverture (fig. 15) de la grandeur

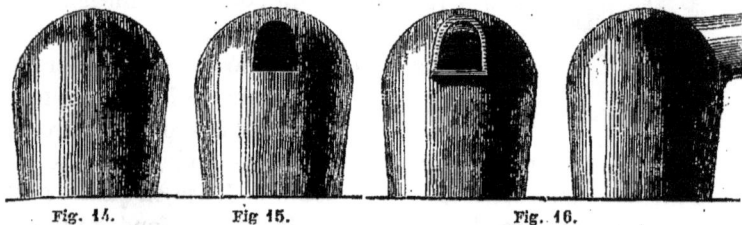

Fig. 14.   Fig 15.   Fig. 16.

qu'il veut donner à sa gueule, et à la hauteur, qui doit être le niveau supérieur du cristal fondu. Sur cette partie, il construit sa gueule (fig. 16) en petits pastons, rapportés de manière à former intérieurement une feuillure sur laquelle devra venir s'appuyer la tuilette ou couvercle de pot. Quelques potiers ont l'habitude de faire une gueule à part et de venir l'appliquer contre la partie *c d e* en la soudant avec des pastons et soutenant le dessous de cette gueule avec un support en bois; je préfère de beaucoup les gueules construites sur le pot même, qui y sont plus intimement liées.

Nous avons parlé précédemment des flotteurs et de leur important usage. On n'a pas manqué d'en adopter l'emploi dans les pots à cristal, et, pour cela, on a commencé à y introduire par la gueule deux demi-anneaux que l'on disposait ensuite, lorsque le verre était fondu, de manière à ce que les deux points d'assemblage se trouvassent sur les côtés; mais par le mouvement du cueillage, ces deux parties se disjoignaient souvent, et il n'en résultait qu'un assez mauvais service. Depuis on les a faits d'une seule pièce comme pour les pots ouverts, mais alors on les a introduits dans le pot avant de monter le dôme, seulement on a la précaution de les poser sur trois petites cales en bois qui les préservent du contact du pot frais avec lequel ils feraient corps.

Séchage. — Les pots ayant été fabriqués avec tous les soins que nous avons indiqués, il y a encore bien des précautions à prendre jusqu'au moment où ils seront placés dans le four, aptes à recevoir la matière à vitrifier. Ils doivent être d'abord séchés lentement, et plus ou moins lentement suivant leur épaisseur : un pot couvert exige une plus lente dessiccation qu'un pot ouvert,

9

un pot de 8 centimètres d'épaisseur au bord et 14 centimètres d'épaisseur au fond demande un temps au moins deux fois plus long qu'un pot de 3 à 4 centimètres de bord.

La température des chambres à pot doit donc être observée avec beaucoup de soin, et maintenue aussi égale que possible ; elle ne doit pas être trop élevée au moment où le pot vient d'être fait, car les surfaces extérieures seraient saisies, séchées trop rapidement, et ne permettraient pas aux parties intérieures de se ressuyer. Quelques maîtres de verreries sont dans l'usage d'avoir des chambres dans lesquelles, au moyen de calorifères, ils graduent la température depuis 20 degrés centigrades pour le lieu où on fabrique les pots, jusqu'à 35 degrés et même 40 degrés où on amène peu à peu les pots sur les fonceaux sur lesquels ils ont été faits, et ils ne quittent cette température de 40 degrés, que pour passer dans l'arche d'attrempage. Cette méthode a pour but de hâter un peu le moment de l'emploi du pot, on peut ainsi gagner quelques semaines ; mais je pense que la meilleure méthode, parce qu'elle est aussi la plus facile, la moins sujette à accident, consiste à entretenir une température égale de 20 degrés centigrades dans toutes les chambres à pots. On peut ainsi ne pas déplacer les pots jusqu'au moment où on les emporte dans l'arche d'attrempage ; et on peut d'ailleurs remplacer l'accélération résultant des 30, 35 et 40 degrés dans les chambres, par un plus long séjour dans l'arche d'attrempage ; si, par exemple, on chauffe un pot dans l'arche habituellement pendant trois jours, lorsqu'il est âgé de deux mois, on pourra, s'il n'est âgé que de cinq semaines et qu'on soit cependant dans la nécessité de s'en servir, le mettre trois jours plus tôt dans l'arche avec un feu très-doux. Un pot ouvert, de 3 à 4 centimètres d'épaisseur au bord, et de 7 à 9 centimètres au fond, doit, en général, n'être employé qu'après deux mois de fabrication, et il sera toujours mieux d'avoir un approvisionnement suffisant pour ne l'employer qu'au bout de trois à quatre mois. Mais dans un moment d'urgence, on pourra l'employer au bout de quatre à cinq semaines en redoublant de précaution au séchage et à l'attrempage. Un pot de 6 à 8 centimètres d'épaisseur au bord, de 12 à 15 au fond, devra rester trois à quatre mois dans la chambre à pots, et mieux encore cinq à six mois, mais pourra, avec un surcroît de précaution, être employé au bout de deux mois. Le

retrait que subissent les pots pendant leur dessiccation dépend
beaucoup de la quantité de terre crue qui a été employée. On
peut l'évaluer en général du quinzième au vingtième , et on
doit, en conséquence, calculer la dimension du moule d'après la
place que devra occuper le pot dans le four.

Attrempage. — Les pots, ayant été convenablement séchés
dans les chambres à pots, doivent encore, avant d'être mis dans
le four, avoir été amenés lentement à cette température du four
dans une *arche à pots.* Il y a presque autant d'arches à pots différentes qu'il y a de verreries. Dans les anciennes verreries, les
arches à pots attenaient au four de fusion, en sorte qu'elles
étaient maintenues à une température déjà élevée par rapport
au pot qui y était apporté; pas suffisante, cependant, pour le faire
casser. Mais, depuis un certain nombre d'années, on a généralement débarrassé les fours de fusion de toutes les arches accessoires, arches de frittage, de recuisson et d'attrempage. Ces arches d'attrempage sont donc dans un des coins de la halle ou
dans une localité très-voisine. Il y a ordinairement , pour un
four de fusion, deux arches à pots, dont l'une peut contenir tous
les pots du four ou au minimum le tout moins deux, et une autre
arche plus petite contenant deux pots que l'on chauffe pour la
mise totale des pots, ou quand on n'a qu'un ou deux pots à remplacer. Nous allons donner la description de trois sortes d'arches
à attremper les pots, pouvant être chauffées soit avec la houille,
soit avec du bois; dans ce dernier cas, on n'emploie que de gros
morceaux, des souches au moyen desquelles il est plus facile de
graduer la température sans coups de feu qui peuvent faire casser
les pots.

Dans l'arche à pots fig. 17, supposée
pour deux pots, l'aire du four est placée
au-dessus d'un foyer qui s'étend dans
toute la longueur de l'arche, et dont
la chaleur arrive dans l'arche par trois
lunettes, l'une à l'extrémité, les deux
autres à droite et à gauche au milieu.
Les deux pots ayant été placés dans
l'arche, chacun sur trois cales en terre
cuite qui les tiennent de 10 à 15 centi-

Fig. 17.

mètres au-dessus de la sole du four, on ferme l'entrée de l'arche

au moyen de pièces en terre cuite, en un ou deux morceaux, superposés et échancrés pour laisser passage à l'excédant de la
flamme qui ne s'échappe pas par la cheminée placée au-dessus
de l'entrée. Si on doit chauffer au bois, on met au fond du tisard
des braises allumées, et on les renouvelle ainsi pendant plusieurs heures, puis on met une ou deux souches qui brûlent sur
cette braise. On entretient ainsi un feu de souches ou gros bois,
non séché, pendant au moins douze heures, puis on augmente la
quantité de bois, et quand, par un feu sans courant actif, on a
porté la chaleur de l'arche presque au rouge obscur vers les lunettes, on met le bois sur la grille, en graduant la quantité et
l'intensité du feu, de manière à arriver lentement au rouge cerise,
et enfin au rouge blanc. Le pot n'est bon à sortir de l'arche, pour
être porté au four, que lorsqu'il a été plusieurs heures rouge
blanc en dessous du fond. On observera les mêmes précautions
si on chauffe au charbon, c'est-à-dire qu'on mettra au fond du
tisard, pendant plusieurs heures, des pelletées de charbon allumé,
puis on y ajoutera de la houille crue en gaillettes; puis, quand on
aura amené les lunettes au rouge brun, on posera les barreaux
sur les chenets, et on augmentera peu à peu l'intensité du feu.

Dans l'arche (fig. 18), le foyer est sur un des côtés; le mur qui

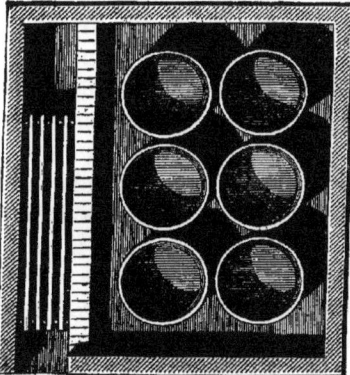

Fig. 18.   Fig. 19.

sépare le foyer des pots est élevé au moins jusqu'à la partie supérieure du pot. Mêmes précautions et observations que pour la précédente.

Dans l'arche fig. 19, il y a deux tisards intérieurs dans lesquels on brûle le charbon en gaillettes sans grille. Cette arche est fermée par une porte à deux vantaux dont le châssis est en forte fonte à compartiments garnis de briques ; ces deux vantaux ont chacun une petite porte à charnières par laquelle on fait entrer, au moyen d'une pelle, les gaillettes pour les poser dans les tisards entourés d'un mur à peu près à la hauteur du pot. Ces tisards n'ont qu'un trou allant à l'extérieur vers le fond pour dégager la cendre qui serait accumulée ; au-dessus de la porte à vantaux, il y a trois lunettes par lesquelles sortent la fumée et la flamme et au-dessus desquelles est la hotte de la cheminée.

Quelle que soit l'arche qu'on adopte, elle doit être fortement armée d'au moins deux montants de 8 à 10 centimètres en fonte sur chaque pied droit de la voûte, reliés par des traverses en fer à quelques centimètres au-dessus de l'extérieur de la voûte. Des trois arches que je viens de décrire, je pense que l'arche fig. 19 est préférable et donne le plus de garanties, surtout s'il s'agit de pots d'un grand volume et d'une grande épaisseur.

Quand il s'agit de transporter les pots dans le four, ils doivent être à leur plus haute température, et celle du four, au contraire, doit avoir été abaissée. La grille doit en être bien margée, la fosse garnie de charbon, c'est-à-dire qu'on aura dû faire une *forte braise*, afin qu'il n'y ait qu'une combustion morte, sans courant d'air, tant que les pots introduits dans le four ne se sont pas mis en équilibre complet de température avec ce four. Nous entrerons dans plus de détails relativement à cette opération, pour chaque nature de produits ; alors nous nous mettrons dans la supposition d'une verrerie commençant ses opérations, construisant son four, chauffant ce four, puis les pots, et ainsi de suite ; disons seulement ici que, quand on a sorti un pot de l'arche au moyen du chariot, il faut refermer cette arche jusqu'à ce qu'on vienne reprendre un autre pot. Quand les pots qu'on doit mettre dans le four remplacent d'autres pots hors de service, on retire ces vieux pots avant de remettre le four en état de recevoir les nouveaux. Il peut arriver parfois qu'un vieux pot brisé tombe dans la fosse : alors on écarte les barreaux de la grille pour sortir les fragments de ce pot ; mais cette grille est toujours de dimension inférieure à celle des pots, on ne peut donc jamais y faire passer un vieux pot entier, et encore moins essayerait-on d'y

faire passer un pot neuf, en raison des précautions que nous venons de recommander pour son introduction dans le four.

Nous n'avons parlé que des pots en usage dans les verreries,
nous devons cependant mentionner quelques essais faits en vue
de perfectionnements qui n'ont toutefois pas été réalisés : On
a imaginé d'adapter aux pots ouverts un plongeur, consistant
en une sorte de gaîne d'une section circu-
laire, dont une extrémité plonge dans le
pot et l'autre vient s'adapter à l'ouvreau
du four (fig. 20). L'auteur de ces plongeurs, M. Chamblant, avait des pots de
fonte et des pots de travail dans le même
four; on enfournait la composition dans
les pots de fonte par la gueule du plongeur, et à mesure que le verre fondait il

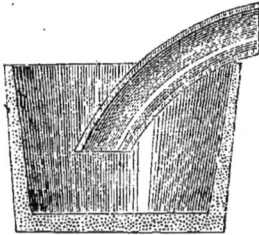
Fig. 20.

prenait son niveau en dehors du plongeur. Le fondeur prenait
ensuite le verre fondu en dehors du plongeur avec une *poche en
fer* et le *trafiait* ou *tréjetait* dans les pots de travail extérieurement au plongeur. De ces pots de travail il ne devait arriver à
l'intérieur de ce plongeur de travail que du verre épuré. Ces
plongeurs avaient un grave inconvénient : étant plus légers que
la matière du verre, ils tendaient à s'enlever, ce qui occasionnait
contre l'ouvreau une pression qui ébréchait les bords du plongeur
et faisait tomber les fragments dans le verre. M. Chamblant espé-
rait ainsi obtenir un travail continu, mais il n'y est pas parvenu.

On a essayé d'arriver au même but avec des pots qui par-

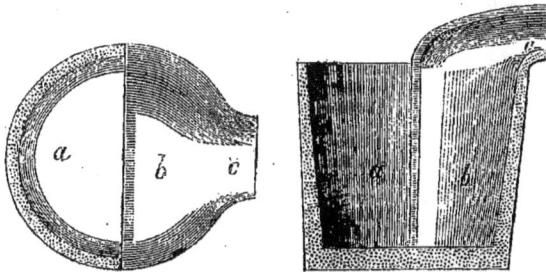
Fig. 21.

ticipaient des pots ouverts et des pots couverts : c'étaient des
pots cloisonnés dont la forme est fig 21. On enfournait dans la

partie *a* et on travaillait le verre de la partie *b* par la gueule *c*.
La cloison s'étendait d'un côté à l'autre du pot jusqu'au fond,
sauf une solution de continuité de quelques centimètres au fond
pour laisser passer le verre fondu. Nous dirons, dans la suite,
les essais de fabrication de bouteilles qui ont été faits avec ces
pots par M. Morlot, l'inventeur. On a dit que ces pots avaient
été aussi essayés précédemment dans une verrerie en Prusse.
Quoi qu'il en soit, ces essais n'ont pas encore été suivis d'une
réussite complète.

On a essayé aussi de suprimer les pots de verrerie; des brevets
relatifs à ce mode de fusion ont été pris à diverses époques, mais,
comme cette suppression des creusets consiste dans un mode particulier de construction du four, nous en parlerons à l'article
Four.

Pour terminer ce qui est relatif aux pots, nous mentionnerons deux sortes de réparations dont ils sont parfois susceptibles :

1° Lorsqu'il se manifeste sur le bord supérieur du pot un
commencement de fente, on y met quelquefois une clef, ou
agrafe, qui peut empêcher que cette fente ne s'étende
au delà. Cette clef (fig. 22) est mince et plate; elle
a environ 15 centimètres de *c* en *d*. La partie *a b* est
égale à l'épaisseur supérieure du pot; la largeur de
la clef est d'environ 5 à 6 centimètres, son épaisseur de 15 millimètres. Cette clef est en terre réfractaire et cuite préalablement; on l'applique sur le

Fig. 22.

commencement de fente, la partie *c d* étant extérieure au pot.

2° Quand il se forme un écoulement du pot par un petit trou
vers le jable, on tourne le pot (il faut que ce soit un pot rond) de
telle sorte que ce trou se trouve du côté du *logis* (au-dessous de
l'ouvreau); on ouvre ce logis et on isole la partie du pot où est ce
trou de l'intérieur du four, par deux petits murs latéraux et un
dessus en briques, puis on applique sur la plaie, du verre à bouteilles qu'on a préalablement chauffé au bout d'un fer et dont on
fait ainsi un emplâtre. Ce verre à bouteilles se dévitrifie, devient
plus dur et s'oppose à l'écoulement du verre, en ayant soin,
d'ailleurs, de rafraîchir cette plaie en y projetant un peu d'eau
quand on voit qu'elle reprend trop de chaleur. Mais ce n'est là
qu'un remède temporaire; on ne peut pas espérer qu'un pot

chambré puisse durer longtemps, et il faut pourvoir au plus tôt à son remplacement.

Fours. — Après avoir ainsi exposé en détail les soins qui doivent être apportés dans la composition, la confection et l'attrempage des pots, nous allons nous occuper des fours, dont l'importance n'est pas moins grande ; car du four chauffant plus ou moins, dépend la durée de la fonte, la quantité du *fondant* à mettre dans la composition, la qualité du verre, enfin la quantité de combustible employée et qui constitue une des principales dépenses de la verrerie, quand elle n'est pas la plus forte.

Si l'art de la verrerie a fait de grands progrès depuis un demi-siècle, surtout en ce qui concerne la composition du verre, on ne peut pas en dire autant des fours de fusion. On a seulement fait des fours plus grands, et en cela on a gagné de ne pas augmenter la consommation du combustible en proportion de la capacité des fours et pots ; mais on est demeuré dans les mêmes données relativement aux dispositions générales ; et on peut affirmer que la construction des fours n'est pas encore assise sur des bases rationnelles et scientifiques. Une transformation commence toutefois à s'opérer par l'emploi de fours à gaz que nous décrirons ci-après ; mais, comme ils ne sont pas encore généralement adoptés, nous devons mentionner d'abord ceux encore en usage et qui sont de deux sortes, c'est-à-dire les fours chauffés au bois et les fours chauffés à la houille. Nous nous occuperons d'abord des fours au bois, parce que ce sont ceux qui avaient été les plus anciennement employés, même les seuls employés jusqu'au moment où les Anglais, ces grands vulgarisateurs de la houille dans l'industrie, commencèrent à la substituer au bois dans les verreries, ce qui eut lieu vers le milieu du dix-septième siècle.

Les auteurs qui ont écrit le plus anciennement sur le verre ne nous ont donné que des indications bien imparfaites relativement aux fours dont on faisait usage. Le moine Théophile (*Theophili diversarium artium schedula*), qui écrivait au douzième ou treizième siècle, décrit les fours en usage dans les verreries de verre à vitres, et quoique le texte ne soit pas accompagné de planches, un verrier comprendra assez aisément sa description, qui se rapporte à peu près à celle que donne Agricola (*De re metallicâ*) environ trois siècles plus tard. Mais ici le texte est accompagné de gravures sur bois qui donnent une idée très-nette de l'état de la verrerie à cette époque : vous y trouvez le four à fritter, le four de fonte et de travail, le four à recuire. Et remarquons ici que ces fours durent pendant bien longtemps conserver les mêmes formes, car ceux qui écrivirent ensuite sur l'art de la verrerie ne crurent pas pouvoir donner à leurs lecteurs une meilleure idée des fours de verrerie et du mode de travail qu'en copiant fidèlement les dessins d'Agricola. Vous les retrouvez trait pour trait, avec les mêmes ouvriers, les mêmes moules sur le sol de la halle de travail, les mêmes pots, dans Néri, Merret, Kunckel, dans l'*Art de la verrerie* d'Haudicquier de Blancourt. Il resterait à savoir si ces auteurs, n'étant pas eux-mêmes très-familiers avec la réelle pratique des verreries, n'auraient pas jugé qu'ils n'avaient rien de mieux à faire que de se servir de planches toutes faites; nous avons vu d'ailleurs cet exemple suivi de nos jours, et il en résulte que sauf les planches de l'*Encyclopédie* in-folio ou de l'*Encyclopédie* par ordre de matières, il n'en existe dans aucun ouvrage qui donne des idées exactes de la construction des fours de verreries.

Nous ne nous occuperons dans ce chapitre que des principes généraux qui s'appliquent à la construction des fours pour les diverses sortes de verres, nous réservant de donner des descriptions plus spéciales aux livres qui traitent de ces verres.

Dans la construction d'un four, on doit avoir en vue de fondre la plus grande quantité de verre avec la moindre quantité de combustible ; on doit donc disposer l'intérieur du four de manière à avoir le moins possible d'espace perdu, et cependant un espace suffisant pour que la combustion soit le plus vive et le plus complète possible.

Les pots doivent avoir le bord supérieur très-près du mur d'ouvreau, pour la facilité du cueillage du verre et de l'épuisement du creuset. Ces pots doivent être coniques, ainsi que nous l'avons déjà dit, pour que la chaleur puisse circuler entre eux ; leur dimension doit être telle, qu'ils remplissent, à quelques centimètres près, l'espace qui leur a été destiné. Si on leur donnait des dimensions propres à remplir entièrement cet espace, il en résulterait souvent qu'un pot n'ayant pas pris dans l'attrempage tout le retrait sur lequel on aurait compté, ne pourrait pas entrer dans le four; si au contraire il restait un trop grand espace entre les pots, la tendance qu'ils ont à s'élargir sous la pression du verre fondu les dilaterait outre mesure et amènerait leur rupture. Au bout de quelques fontes, quand des pots sont raisonnablement espacés de 2 à 3 centimètres, ils arrivent à être tangents l'un à l'autre du haut, et se soutiennent pour ainsi dire les uns les autres. Ce contact arrive d'ailleurs plus rapidement avec les pots ovales qu'avec les pots ronds. La forme de four la plus adoptée est la forme rectangulaire, la longueur n'étant pas généralement de beaucoup supérieure à la largeur. Cette largeur est réglée par la dimension des pots, étant un peu plus de trois fois le diamètre du pot s'il est rond, et trois fois son grand diamètre s'il est ovale. Les pots sont placés sur une banquette ou *siége* qui règne dans toute la longueur du four sur une largeur à peu près égale au diamètre supérieur du pot. Entre les deux siéges se trouve la fosse, dont la profondeur est à peu près égale à la hauteur du pot. Cette fosse se prolonge de chaque côté sous le mur du carré du four supporté au-dessus de cette fosse par une petite voûte ou *tonnelle* fermée à l'extrémité par une pierre de la même composition que le four et qui est la pierre de *tisard*, dans laquelle sont entaillés, vers la partie supérieure, un trou carré par lequel on entre les billettes dans le four, et, à la partie inférieure, un autre trou en forme d'arche par lequel arrive l'air pour activer la combustion, et par lequel aussi on peut retirer, au moyen d'un rable, la braise qui encombrerait le fond de la tonnelle. Ce fond de tonnelle est garni d'une autre pierre de composition, percée d'un trou carré à environ 40 à 50 centimètres de la pierre de tisard, par lequel arrive le plus grand courant d'air nécessaire à la vive combustion et par lequel la billette, réduite en braise, tombe ou dans la cave, ou simplement sur le cendrier au niveau de la halle.

Le four s'élève carrément jusqu'à la hauteur du bord supérieur du pot, et à cette hauteur commence la naissance de la voûte, qui quelquefois est dans le sens des tisards, quelquefois dans le sens des ouvreaux. La flèche de cette voûte est généralement un peu supérieure seulement à la hauteur du pot. A chaque pot, correspond un ouvreau dont les dimensions répondent à la nature du verre à travailler : si c'est un four de gobeletterie ou cristal, il y a deux ouvreaux pour chaque pot. Le bord inférieur de cet ouvreau doit être de 2 à 3 centimètres au-dessus du bord du pot. Si le bord du pot dépassait le bord de l'ouvreau, ce serait autant de retranché sur l'usage de cet ouvreau, et ce bord du pot serait d'ailleurs exposé à être fendu par l'air extérieur. Un four sur la donnée que nous venons d'indiquer aura quatre pots ronds de chaque côté, ou cinq pots ovales. Si on mettait cinq pots ronds sur chaque siége, on risquerait d'avoir un espace trop grand à chauffer d'une manière suffisante au moyen des deux tisards. Nous ne parlons pas ici des fours accessoires qui peuvent être joints au four principal et qui dépendent de la nature du verre que l'on fabrique ; nous ne parlons ici que du four de fusion.

On a fait aussi et on fait encore des fours ronds. En principe, cette forme est plus favorable, car l'intérieur du four, étant circulaire et surmonté d'une voûte hémisphérique et un peu aplatie, se trouve dans de meilleures conditions pour la réverbération égale de la chaleur sur la surface de tous les pots ; dans ce cas, la banquette des pots ou *siége* règne tout alentour, et se trouve, des deux côtés des tisards, soutenue par les tonnelles. Il faut donc ou donner une profondeur plus grande à la fosse pour qu'il reste à la voûte de la tonnelle une épaisseur suffisante pour porter les pots, ou bien élever le siége au-dessus des tonnelles, et mettre ainsi de chaque côté un pot plus bas que les autres. Si on adopte ce plan de four, il est mieux que les pots soient disposés de manière que deux pots viennent se toucher au milieu de chaque tonnelle. Mais ces fours ont un grand inconvénient, en ce que le verre qui coule sur le siége et qui occasionne déjà des dégradations assez graves sur les siéges pleins, arrive rapidement à mettre la tonnelle hors d'état de supporter les pots.

Nous donnons ci-après les plan, coupes et élévation d'un four carré chauffé au bois d'après les données que nous avons indiquées. Nous supposons les pots de 70 centimètres de haut, 80 centimètres de diamètre. Les proportions entre les dimensions des pots, la profondeur, la largeur de la fosse, la hauteur de la voûte, ne sont pas le résultat de données scientifiques : je les donne comme une sorte de moyenne de ce que j'ai pratiqué ou vu pratiquer dans les établissements les plus recommandables, et, je le répète, il ne s'agit ici que de données générales sans application à une fabrication spéciale.

La figure 23 est le plan du four.

La figure 24, la coupe du four par le milieu dans le sens des tisards.

La figure 25, la coupe par le milieu en travers, c'est-à-dire dans le sens des ouvreaux.

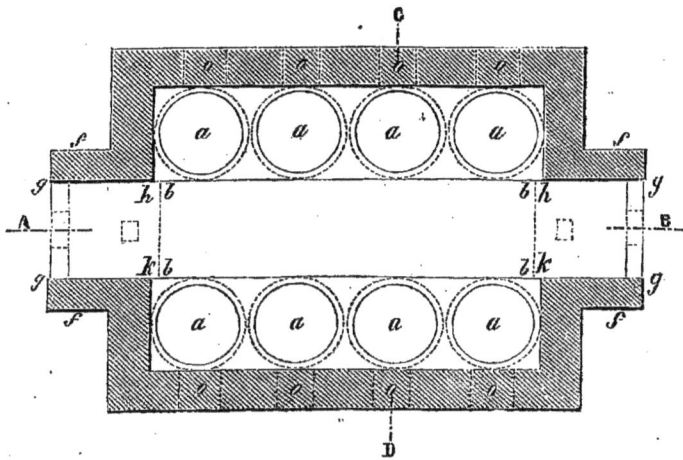

Fig. 23.

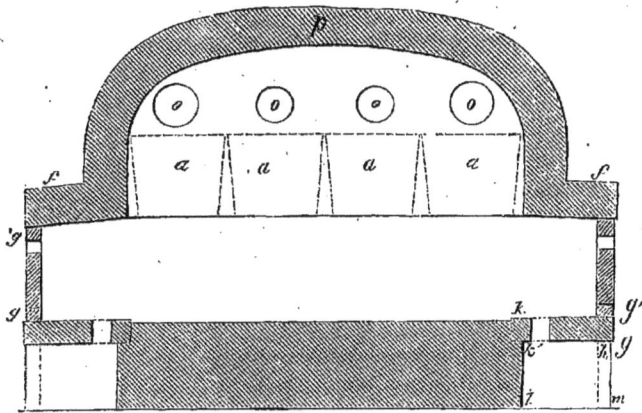

Fig. 24.

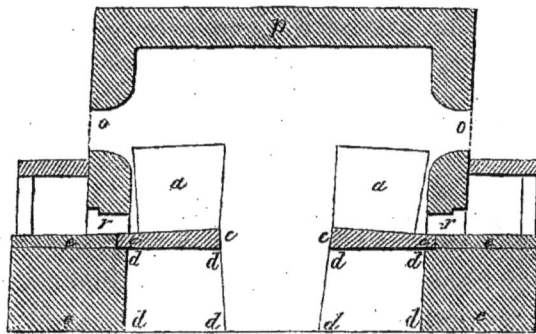

Fig. 25.

La figure 25 *bis*, l'élévation de la devanture du côté des ouvreaux.

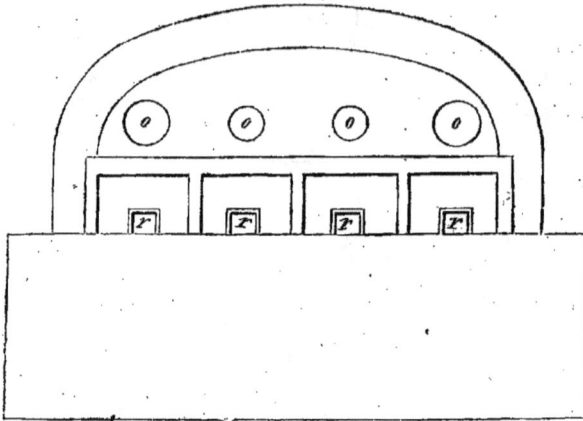

Fig. 25 *bis*.

La figure 26 est l'élévation d'un des tisards.

a, a, a , a, pots.

bbbb, fosse.

c, c, c, c, plateaux de siége.

d, d, d, d, murs de siége.

c, c, d, e, e, massifs de maçonnerie.

ff, tonnelle.

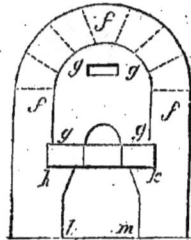

Fig. 26.

g,g,g,g, pierres de tisard ayant un trou supérieur de 10 sur 15 centimètres pour passer la billette, et un trou inférieur de 15 sur 15 centimètres pour passage de l'air.

bghk, pierre de fond de tisard ayant un trou de 15 sur 15 centimètres pour passage de la braise.

hklm, cendrier.

o, ouvreaux.

p, couronne de forme ellipsoïdale.

r, r, r, r, trous de logis pour surveiller le fond des pots.

Nous ne croyons pas utile de donner les plan, coupe et élévation d'un four rond à huit pots, nous redirons seulement que, dans ce four rond, les tonnelles qui ont à supporter les pots et les détériorations qui résultent du verre qui peut couler sur ces tonnelles servant de siéges, nécessitent les plus grands soins et une épais-

seur plus grande que dans les fours carrés, dont les tonnelles dan.
l'intérieur du four ne font qu'un avec les murs des bouts du four.
Nous devons d'ailleurs abréger tout ce qui est relatif à des fours
carrés ou ronds, et surtout chauffés directement avec du bois, car
ils n'auront bientôt plus qu'un intérêt historique. Dans le four
rond, la nécessité de donner le plus de force possible à la voûte de
la tonnelle, ne permet guère d'entrer les pots par le tisard, car la
fosse en serait démesurément agrandie ; dans ce cas donc, on
entre les pots à la hauteur du siége par des arcades correspondant
à chaque pot, ou bien, on réserve seulement une seule arcade de
chaque côté pour le service des pots. Si le pot à remplacer n'est
pas celui de l'arcade réservée, on est obligé de sacrifier ce pot,
de l'enlever d'abord, puis faire passer par la même arcade le pot
cassé, remplacer d'abord ce dernier, puis ensuite remplacer le pot
de l'arcade. On peut quelquefois jeter à la fosse, après l'avoir
brisé, le pot qu'il s'agit de remplacer pour le retirer par le tisard,
puis porter en sa place le pot de l'arcade, et alors mettre le pot
neuf à la place de ce dernier. En ne réservant ainsi qu'une arcade
de chaque côté, on peut donner plus de solidité au pourtour du
four qui supporte la couronne.

Quelle que soit la forme de four adoptée, on ne doit pas négliger de le munir d'une forte armature composée de montants en
fer, ou simplement en fonte, d'un fort équarrissage, scellés du
bas dans le sol, et se reliant du haut au moyen de traverses
en fer.

Les fours chauffés à la houille ne diffèrent pas beaucoup de
ceux que nous venons de décrire ; seulement, le fond de la fosse,
au lieu d'être plein, est occupé par une grille qui s'étend de
chaque côté jusqu'à moitié de la tonnelle. Comme il résulterait
le plus souvent de cette disposition une grille trop longue, quand
on a un four carré à quatre grands pots ou plus, on fait au milieu
de la fosse *un pont* qu'on élève jusqu'aux deux tiers de la hauteur
du siége, de la largeur d'environ deux tiers d'un pot du bas, venant
en fuyant vers le haut, et contre lequel viennent s'appuyer des
deux côtés les extrémités des deux grilles. Nous en donnons
ci-après l'indication par une coupe du four le long du milieu
de la fosse (fig. 27).

Lorsqu'on emploie les fours à houille, ils doivent être naturellement construits sur cave, amenant l'air sous la grille. Cette cave

doit pouvoir être fermée à volonté de l'un et de l'autre côté, pour régler à volonté l'arrivage de l'air, suivant la direction des vents. Nous dirons aussi que la hauteur de la fosse, l'espacement des bar-

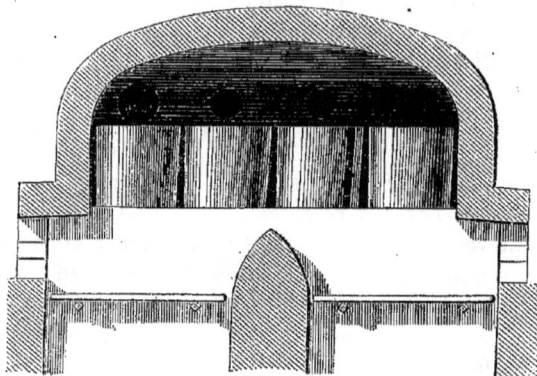

Fig. 27.

reaux de la grille, dépendent de la nature de la houille employée. Les houilles grasses demandent des barreaux plus espacés, des fosses plus profondes : nous reviendrons sur ce sujet.

Les fours que nous avons décrits peuvent s'appliquer pour les fours à bois à toutes les fabrications de verre ou de cristal, et pour les fours à charbon à toutes les fabrications de verre à pots découverts. Quand on se sert de houille pour la fabrication du cristal, on est obligé de se servir de pots couverts, et alors ne pouvant plus entrer ces pots par les tisards à cause de leur dôme, on les entre à la hauteur du siége par des arcades, ainsi que nous l'avons expliqué pour les fours ronds ; en outre, pour concentrer la chaleur sur les pots, il faut que la gueule fasse corps avec l'arcade ; à cet effet, on bouche avec de la terre à briques l'intervalle entre le pot et l'arcade, et les produits de la combustion ne pouvant pas passer par les ouvreaux comme dans les fours à pots ouverts, on pratique des ouvertures dans les piliers qui séparent les arcades, et ces ouvertures sont surmontées en dehors par des cheminées droites, d'une hauteur de 1^m,50 environ, ayant leur issue sous une hotte commune. Nous donnons (fig. 28) l'indication de ces dispositions.

Nous avons donné les indications générales relatives à la forme des fours ; on pourra comprendre à présent la préparation des matériaux et les méthodes de construction en usage.

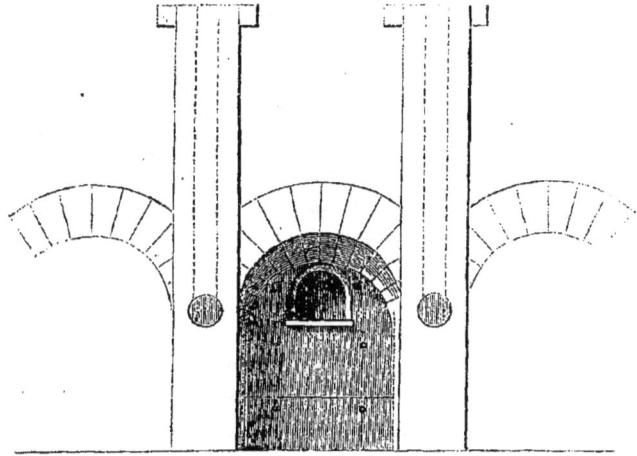

Fig. 28.

Si on pouvait se procurer une pierre naturelle, pouvant résister au feu nécessaire pour la fusion du verre, la construction des fours serait bien· simplifiée, mais on n'en a pas trouvé remplissant complétement ce but. Il y a bien dans le département de la Meurthe, en France, et dans quelques localités en Angleterre, près de Newcastle et dans le Surrey, des pierres siliceuses résistant assez bien au feu ; elles ont été employées dans quelques verreries de ces localités. Mais cet emploi n'a jamais été au delà de la couronne du four ; on n'a jamais pu faire de bons siéges, et même pour la couronne, il a été reconnu que des briques composées étaient infiniment supérieures. C'est donc de la construction en briques que nous allons d'abord parler. L'*Encyclopédie* parle de trois manières d'employer ces briques, savoir : 1° immédiatement après avoir été moulées ; 2° après avoir été séchées pendant deux à trois mois ; 3° enfin, après avoir été cuites. Par la première méthode, on pensait pouvoir réunir les briques de manière à ce que le four fût un tout sans joints. On ne pouvait procéder qu'assez lentement, attendu que, la terre n'ayant pas une consistance suffisante, les assises inférieures se seraient affaissées sous les assises supérieures. Le séchage d'un tel four exigeait aussi un temps très-long en raison de la masse, et n'était jamais aussi parfait que pour des briques isolées; il en résultait que quand on chauffait ce four, quelque précaution que l'on prît, il s'opérait des fentes pires que les joints réguliers des briques sèches, qu'on avait voulu éviter.

L'emploi de briques cuites a aussi ses inconvénients, car pour éviter la multiplicité des joints sur lesquels le feu exerce son action corrosive, il faut faire des briques d'un très-gros volume. Pour pouvoir les employer cuites, il faut les tailler à l'avance avec la précision que l'on donne aux pierres qui composent un bâtiment (et, d'après les plans que nous avons donnés, on doit voir qu'il y a des coupes assez compliquées). Or, il arrive que, dans la cuisson, ces briques prennent un peu plus ou un peu moins de retrait qu'on ne l'avait calculé, et aussi un retrait inégal dans diverses parties d'une même brique, ce qui peut amener des modifications dans la construction du four dont les dimensions avaient été calculées. Un autre inconvénient des briques cuites est de ne pas se relier par le ciment; ce ciment, qui n'est pas autre chose qu'un *barbotage* de débris de ces briques pilés et passés au tamis, ne faisant pas corps avec les briques déjà cuites, s'en sépare quand il a été atteint par le feu, et ouvre des joints. D'un autre côté, ces briques cuites ont un grand avantage, c'est qu'ayant déjà subi l'épreuve du feu, l'attrempage ne mettra pas en danger la solidité du four. En résultat, on a adopté une méthode mixte, qui consiste à employer des briques sèches et des briques cuites. Le siége, n'étant composé que d'assises horizontales, peut être fait en totalité ou en partie en briques cuites; les murs d'ouvreaux, les tonnelles, la couronne, sont faits de briques seulement séchées.

Il y a aussi des différences de composition pour ces briques, suivant la place qu'elles occupent dans le four. Commençons donc par décrire la composition et la fabrication de ces briques. On fait usage de la même argile que pour les pots eux-mêmes; toutefois une terre moins riche en alumine peut être également adoptée, si on en trouve d'un prix moins élevé. Cette terre doit être épluchée avec le même soin que pour les pots, pilée et tamisée, mêlée avec une proportion de ciment variable, suivant la place que les briques doivent occuper. En parlant des pots, nous avons dit que plus la proportion de terre crue était grande, plus

10

la matière offrait de ténacité. Mais on conçoit que pour les briques, cette ténacité n'est pas le point qu'il faut rechercher, et qu'on doit s'attacher à obtenir des briques résistant le plus à la haute température, à des variations de température, et ne prenant que peu de retrait. J'indiquerai comme la proportion qui m'a paru le mieux réussir pour les briques de siége un tiers de terre crue contre deux tiers de ciment ; ce ciment n'a pas besoin d'être aussi fin que pour les pots, il suffit de le passer à un tamis de trente fils de laiton au décimètre. Pour ce ciment, on emploie la même terre cuite lorsqu'on fonde une verrerie, mais dans la suite on peut employer de vieux pots ou de vieilles briques de la même composition, les uns et les autres préalablement nettoyés, débarrassés des portions vitrifiées.

La composition ayant été faite dans ces proportions, est mêlée et *marchée* dans la maie, ainsi que nous l'avons indiqué pour les pots ; mais, au lieu d'en faire des pastons, on la divise à mesure qu'on l'emploie, en la coupant avec la grande spatule. On fait les briques dans des moules en bois, de dimensions calculées et qui sont composés de quatre côtés assemblés avec des clavettes (fig. 29). On remplit ce moule placé sur un fonceau de la même manière qu'on fait un fond de pot, et si la brique est d'un assez grand volume, on y marche la terre comme on l'a fait dans la maie pour que les parties en soient encore mieux liées.

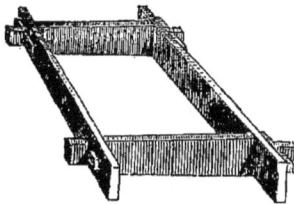

Fig. 29.

On laisse ces briques sur leur fonceau tant qu'elles ne sont pas assez sèches pour être transportées ; puis, quand elles ont acquis un assez grand degré de siccité, on les range les unes sur les autres avec intervalles pour que l'air puisse circuler et achever la dessiccation. Celles qui sont destinées à être cuites doivent être taillées avec précision sur les mêmes principes qu'on taille la pierre. Mais, outre la hachette, on se sert d'un *riflard* (fig. 30) en fer avec lequel on plane les surfaces. La cuisson s'opère dans des arches du genre de celles dans lesquelles on attrempe les pots,

Fig. 30.

et dans lesquelles on les range avec des espaces pour permettre à la flamme de circuler; on pousse la chaleur au rouge blanc, on l'y entretient pendant au moins deux jours, pour que cette température puisse pénétrer jusqu'aux centres des briques, et on laisse refroidir.

Les verriers qui préfèrent n'employer que des briques sèches et non cuites ne peuvent toutefois se dispenser de cuire la première assise du siége, c'est-à-dire celle où se trouve la grille, car dans cette position, l'on ne pourrait jamais cuire cette assise par l'attrempage du four. Il convient aussi de cuire les *plateaux* de siége, c'est-à-dire l'assise dernière sur laquelle reposent les pots, car il est très-important que ces plateaux soient complétement cuits quand on y pose les premiers pots, et, en mettant des briques cuites, on est d'ailleurs moins exposé à avoir des joints ouverts qui donneraient lieu à l'altération du siége par l'écoulement du verre sur le siége.

La composition que nous avons donnée est celle qui convient le mieux aux briques de siége, celles qui sont le plus exposées aux ravages du feu, et à l'altération résultant des écoulements de verre.

Cette composition donne lieu à un faible retrait; mais ce retrait n'a pas un grand inconvénient, en ce sens qu'il ne s'agit que de construire un massif carré. Pour les murs d'ouvreaux et pour la couronne, ce retrait causerait des déformations très-préjudiciables, qui amèneraient promptement la destruction du four. Au lieu de la proportion de un tiers à deux tiers, on met généralement un quart de terre cuite sur trois quarts de ciment; mais pour qu'une quantité aussi grande de ciment se lie mieux avec la terre crue, on le passe à un tamis plus fin, de soixante à soixante-dix fils au décimètre. On peut, au lieu de ciment, employer du sable, si l'on a à sa disposition du sable très-pur, et, par conséquent, très-réfractaire, et les briques faites ainsi, non-seulement ne prennent pas de retrait, mais même éprouvent un peu de dilatation. Cette propriété de ne pas prendre de retrait les rend tout à fait précieuses pour la construction de la couronne, parce que les joints ne s'ouvrent pas, et donnent beaucoup moins de prise à la flamme et, par suite, à l'écoulement de gouttes ou larmes sur la surface des pots.

Il existe dans le pays de Galles une argile qui contient 95 pour 100 de silice contre 5 d'alumine sans aucune trace de fer, et dont on fait des briques extraordinairement réfractaires. J'ai vu un four de verrerie dont la couronne, faite avec ces briques, ne présentait pas, au bout de six mois d'usage, les moindres traces de vitrification ; leur surface intérieure n'était nullement vernissée. Si la mine peut fournir abondamment, ce sera un véritable tré-sor pour tous ceux qui ont à construire des fours.

Les briques qui doivent composer un four ayant été ainsi faites suivant les indications que nous avons données, il nous reste peu de choses à dire sur la construction des fours, que tout maçon habile est apte à faire, quand il connaît exactement les dimensions auxquelles il doit scrupuleusement se conformer. Seulement l'in-strument principal en usage, au lieu d'être la hachette, le mar-teau, etc., est le riflard dont nous avons déjà parlé, avec lequel il plane exactement les surfaces, puis avant de placer définitive-ment une brique, l'ouvrier la frotte à plat sur la brique sur la-quelle elle doit reposer ; ces deux briques s'usent l'une par l'autre, de manière à obtenir un contact complet ; après avoir été frottée et sur la brique de dessous et contre la brique laté-rale, on la relève, on prend avec une cuiller en fer du coulis qu'on étend à la place que la brique doit oc-cuper et contre la brique adjacente, on rabaisse soi-gneusement la brique, on la frotte encore un peu sur le coulis, et on la fixe à sa place définitive ; ce coulis n'est autre chose que des raclures de la même brique faites par le riflard, délayées dans de l'eau. Quand on veut diviser une brique, on la scie avec un passe-partout ou scie en fer à main (fig. 31).

C'est par la cave naturellement qu'on doit com-mencer la construction. S'il s'agit d'un four à houille, la grille forme en quelque sorte une tranchée sur la voûte qui règne dans la longueur du four. A envi-ron 40 centimètres au-dessous du niveau où seront les chenets, on place plusieurs rouleaux en fer de 3 à 4 centimètres de diamètre, roulant sur pivots scellés sur les côtés de la voûte, et sur lesquels on appuiera les crochets avec lesquels les tiseurs vien-dront casser les crasses qui obstruent la grille. On ferme la voûte au centre, à la place occupée par le pont, et de chaque côté du pont on scelle les chenets sur lesquels

Fig. 31.

reposeront les barreaux ; ces chenets sont scellés dans des briques réfractaires faites à la verrerie, en même composition que les briques de siége et cuites. Quand les chenets sont scellés, on pose de chaque côté une assise de briques de siége cuites, puis les briques de siége séchées et non cuites [1], puis enfin les plateaux de siége qui doivent s'étendre en longueur sur un espace un peu plus grand que l'intérieur du four, de telle sorte que les murs d'ouvreaux et les pieds droits portent sur ces plateaux de siége. Il faut aussi avoir soin que les assises des briques de siége, au lieu d'être de niveau, soient légèrement inclinées du dedans au dehors. Cette inclinaison diminue un peu par le fait du retrait qui s'opère dans l'attrempage du four, et qui est plus fort vers la fosse que vers le mur d'ouvreau. Si on posait les assises de niveau, les briques auraient une tendance à couler vers la fosse. Les plateaux de siége reposent donc déjà sur une assise inclinant légèrement à l'ouvreau, et en outre on leur donne plus d'épaisseur vers la fosse que vers l'ouvreau, en sorte que cela donne au pot qui y repose une inclinaison vers l'ouvreau. Cette inclinaison vers l'ouvreau empêche le pot d'avoir une tendance à couler vers la fosse. En outre, le verre qui peut parfois passer par-dessus les pots lors des enfournements, ou par le fait d'un bouillonnement, et qui tombe sur le siége, s'écoule ainsi vers le logis par lequel on peut le retirer, au lieu de s'écouler vers la fosse au détriment de la conservation des siéges. On doit aussi calculer la dimension des plateaux de siége, de manière que les joints se trouvent, non pas entre deux pots, mais sous le milieu des pots, de telle sorte que l'entre-deux des pots, sur lequel il peut y avoir de l'écoulement de verre, ne présente pas de joint dans lequel le verre puisse s'introduire. Ainsi, dans la supposition de quatre pots sur chaque siége, je conseillerai de faire de chaque côté trois ou cinq plateaux de siége.

Le four ayant été construit, il s'agit de l'attremper, c'est-à-dire de l'amener au degré de chaleur nécessaire pour recevoir les pots et fondre le verre. Il faut, pour cela, prendre des précautions de la nature de celles que l'on prend pour les pots. On a exagéré

---

[1] Ces briques de siége n'ont pas besoin d'avoir la profondeur des plateaux ; il suffit qu'elles aient 40 à 50 centimètres de large, et on remplit le surplus de la largeur avec une maçonnerie composée d'anciens débris de four liés avec du coulis.

parfois ces précautions en chauffant, par exemple, un four pendant deux, trois mois et plus. D'autres verriers, au contraire, entreprennent d'attremper un four en huit jours à peine ; on peut parfois réussir, mais je conseillerai toujours de mettre deux semaines entières à attremper un four. Je conseillerai aussi de disposer en avant et à une faible distance des ouvreaux (8 à 10 centimètres) une chemise légère en briques ordinaires, posées avec un coulis de briques, et s'élevant de 30 à 40 centimètres au dessus des ouvreaux, afin de préserver les façades du four du contact immédiat de l'air extérieur, et de permettre ainsi aux murs d'ouvreaux de cuire jusqu'à l'extérieur. Quelquefois les briques d'ouvreaux sont percées sur place ; mais le mieux est de les tailler et percer d'avance dans la forme convenable, et même de cuire à part ces briques, ainsi qu'on le fait pour la première assise et pour les plateaux de siége. Ces dispositions prises, s'il s'agit d'un four à bois, on allume un petit feu en dehors de chaque tisard ; on entretient ce feu avec de grosses bûches ou souches, de manière à donner, pendant trois ou quatre jours, seulement de la fumée dans l'intérieur du four ; on augmente peu à peu ce feu, et on l'avance jusque sous la pierre de fond du tisard, et dans cette position, on lui donne le plus d'intensité que l'on peut, ce qui, dans cette position, ne peut pas arriver à produire une température très-élevée à l'intérieur du four ; le sixième jour, on peut commencer le feu sur la pierre de fond du tisard ; mais alors on bouche le trou cendrier, et on augmente peu à peu le feu, et on l'étend sur une plus grande longueur, toujours avec du gros bois. Les plus grandes précautions sont toujours à prendre tant qu'on n'a pas vu l'intérieur du four se revêtir d'une couche noire ; une fois ce point amené, ce qui doit être vers le onzième ou douzième jour, on peut pousser davantage le feu, et en peu d'heures cette couche noire se brûle, et le four arrive au rouge obscur ; on peut alors poser les pierres de tisard, et continuer le feu avec des billettes *non séchées,* et sans dégarnir entièrement le fond de braise, qui est sur la pierre de fond du tisard ; enfin, le treizième jour, on peut ouvrir le trou cendrier, brûler des billettes sèches pendant vingt-quatre heures, et se préparer alors à la mise des pots.

S'il s'agit d'un four à charbon, l'attrempage doit durer le même temps ; on commencera par marger la grille avec un mortier de terre délayée à l'eau ; puis on met en dehors de chaque tisard (la pierre de tisard étant ôtée) des pelletées de charbon de terre allumé, et on entretient ainsi un petit feu pendant environ deux jours, puis on ajoute des gaillettes de houille. Peu à peu on amène le feu sous les tonnelles, puis on étend le foyer sur la grille jusqu'au pont de chaque côté, et toujours sans poser les pierres du tisard; on doit ainsi amener le four pendant dix jours jusqu'au point où le noir s'attache à la voûte et aux côtés du four. Si la cendre qui est sur la grille s'oppose à l'élévation de la température, on fait au-dessous avec un crochet quelques petits trous au mortier de terre pour faire tomber la cendre, et on les rebouche. On marche ainsi jusqu'au douzième jour, où l'on casse tout le mortier qui garnissait la grille, mais en ayant soin, avant de le casser, d'avoir sur la grille une épaisseur de chauffage suffisante pour que le courant ne soit pas trop vif au moment où l'on démarge; puis on pose les pierres du tisard; et enfin, on met le four en chaleur de fonte pendant vingt-quatre heures au moins avant la mise des pots. Le maître de verrerie doit bien se garder, soit qu'il s'agisse d'un four à bois ou d'un four à charbon, d'en donner l'entreprise d'attrempage à un seul homme, qui tâche de se faire suppléer pendant quelques heures seulement chaque jour. Il faut qu'il y ait au moins deux hommes se relayant de douze en douze heures; car, si un four a été négligé pendant quelques heures, et que le veilleur cherche à rattraper le temps perdu, il peut en résulter la détérioration du four.

Aux indications générales que nous avons données sur la fabrication des fours, telle qu'elle se pratique dans les verreries, nous ajouterons quelques aperçus sur certains perfectionnements qui ont été partiellement adoptés ou tentés, et sur ceux que l'on doit espérer obtenir. Nous parlerons plus spécialement des fours à houille qui tendent à se substituer de plus en plus aux fours à bois, excepté, toutefois, dans des localités telles que la Bohême, où sans doute les fours à bois ont encore un certain avenir.

Quand il s'agit de houille, c'est souvent en Angleterre qu'il faut aller chercher l'expérience. Je ne dirai pas qu'il faille y aller chercher l'économie de combustible, loin de là. J'y ai vu beaucoup de verreries où l'on semblait s'être posé le problème d'employer le plus de combustible possible pour la production d'une quantité donnée de verre; mais, toutefois, ayant employé la houille longtemps avant nous, les Anglais ont adopté certaines dispositions qu'il serait bon d'imiter : nous citerons en première ligne la construction des halles dans lesquelles les fours sont établis.

On sait généralement que les halles anglaises sont d'immenses cônes qui entourent le four, soit que ces cônes portent sur des arcades à une distance de quelques mètres seulement du four, soit que leur base s'étende jusqu'aux murs extérieurs de la halle. Les fours à houille anglais sont donc placés sous de grandes hottes qui donnent à la combustion une activité que la forme de nos halles françaises est loin de pouvoir produire. Nos fours, en France, sont placés au centre de halles en charpente au milieu desquelles se trouve généralement une lanterne donnant passage aux produits de la combustion. Ces halles étaient suffisantes pour des fours chauffés au bois, et l'on conçoit que lorsque la houille fut peu à peu introduite dans les verreries, les propriétaires d'usines ne soient pas entrés dans la dépense de reconstruction totale de leurs verreries; toutefois, c'eût été une dépense bien placée. Frappé, sous ce rapport, de la supériorité des verreries anglaises, j'ai voulu racheter en partie cet avantage avec le plus d'économie possible, en plaçant, au-dessus de mes fours à houille, une hotte conique en tôle d'un diamètre d'environ 1 mètre à $1^m,50$ supérieur au diamètre du four, d'une hauteur de 3 à 4 mètres, et surmontée d'un tuyau en tôle d'environ 1 mètre de diamètre, s'élevant jusqu'à 2 mètres au-dessus du faîtage (la partie extérieure du tuyau en tôle galvanisée). J'ai ainsi obtenu un meilleur résultat; mais, pour l'obtenir complet, il aurait fallu étendre cette cheminée aux proportions des cônes de briques que je voulais suppléer; et alors, autant aurait valu de suite refaire la halle, car ces cheminées en tôle sont assez coûteuses, et quoique je fisse la partie extérieure en tôle galvanisée, les dépenses de réparations étaient assez élevées. Je conseillerai donc à celui qui établit une verrerie *ab ovo*, de faire des halles coniques, et je donnerai même ce conseil aux propriétaires de verrerie ayant des halles en charpente. Le tirage du four, dans ces halles coniques, est beaucoup moins dépendant des variations atmosphériques; il y a un appel constant, énergique, qui se manifeste quand vous entrez dans la halle : si la porte s'ouvre du dedans en dehors (ainsi que cela doit avoir lieu dans ces halles), vous ouvrez la porte avec difficulté, et cette porte est énergiquement repoussée sur vous lorsque vous êtes entré. Outre les hottes en tôle, j'avais adopté

une autre disposition de nature à activer le tirage par les ouvreaux, et qui consistait à fermer par des portes en tôle les intervalles entre les montants en fonte ou fer servant d'armature au
four, et qui s'élèvent devant les séparations en briques qui sont
aux entre-deux d'ouvreaux. Ces portes en tôle, posées sur des
gonds fixés aux montants, s'élevaient jusqu'à la hotte, s'ou-
vraient pour les renfournements et le travail, augmentaient le
tirage, et surtout diminuaient la déperdition de calorique résultant de l'air froid extérieur. Plusieurs verreries anglaises ont
adopté l'usage de ces portes en tôle, mais ils les placent à environ 2 mètres de la devanture des fours ; ils préservent ainsi ces
devantures de fours du refroidissement résultant de l'immense
quantité d'air attirée par leur cône.

Je parlerai, enfin, d'une autre disposition que j'avais pratiquée,
et qui l'a été aussi dans d'autres verreries, et qui consistait à appliquer aux fours à pots ouverts les petites cheminées qui dans
les fours à cristal à pots couverts sont substitués au tirage des
ouvreaux. Dans les fours ordinaires à pots ouverts, le tirage ne
s'effectue que par les ouvreaux, et, pour ne pas donner lieu à une
aussi grande consommation de combustible, ces ouvreaux sont
garnis d'une tuilette, qui en masque une partie de l'ouverture ; et,
par parenthèse, les verriers anglais négligent généralement cette
économie, ils laissent à l'ouvreau toute son ouverture pendant la
fonte. Toute la flamme est attirée par les ouvreaux, et il n'en circule qu'une faible partie vers le bas des pots. J'ai obtenu un peu
d'économie de combustible et plus de régularité de fonte en prati-
quant à l'entre-deux de chaque pot et à 40 centimètres au-dessus du
siége un trou de 12 à 15 centimètres à l'intérieur du four, s'évasant
jusqu'à 18 au dehors du mur d'ouvreau, et surmonté d'une cheminée comme celle décrite pour les fours à pots couverts, et au lieu
de mettre devant l'ouvreau une tuilette qui n'en masquait guère
que la moitié, j'ai mis une tuilette en forme de lune, ne laissant
à la flamme qu'un trou rond de 6 à 8 centimètres. J'ai obtenu
l'effet que j'en attendais, car, pendant la fonte, au lieu de cette
énorme quantité de fumée s'échappant par les ouvreaux, il ne
sortait généralement de ces trous de lune qu'une flamme courte
et bleue, le principal tirage s'effectuant par les cheminées. Il est
vrai que j'étais dans une localité où l'économie de combustible
était une condition d'existence. Mais je ne sache pas de localité

où quelque économie que ce soit doive être négligée. Je dois dire
que ces trous, percés dans les murs d'ouvreaux, amènent un peu
plus promptement la détérioration du four, mais les dépenses de
construction d'un four, même dans les localités où le combustible
est à très-bon marché, sont bien faibles auprès d'une économie
sur une matière qui s'emploie journellement par tonnes.

Ce que nous avons dit des pots et des fours est un résumé que
nous croyons assez exact de l'état le plus général de cette partie
de l'art de la verrerie; et nous émettrons de nouveau cette opinion, que cet état ne nous paraît pas très-avancé; mais nous redirons aussi que les innovations en verrerie sont très-dangereuses,
très-dispendieuses, et que les maîtres de verrerie hésitent toujours à substituer à des résultats éprouvés des améliorations
hypothétiques, et qui, fussent-elles basées sur des raisonnements
solides, sur les lois d'une saine physique, ne réussiront quelquefois
qu'après des essais tellement dispendieux, que des sommes importantes pourront être employées, avant que l'on soit arrivé à
une pratique normale.

Quand les établissements de verrerie qui, comme presque tous
les établissements industriels, se seront plus encore rapprochés
d'une complète concentration, on pourra alors, dans une entreprise qui comptera ses fours par douzaine, tenter sur l'un d'eux
des nouveautés étudiées avec le concours de la science et de
la pratique. Les idées de transformation ne manquent pas, et je
pourrais citer bien des brevets qui ont été pris depuis longtemps
déjà, soit pour des fours sans creusets, c'est-à-dire fondant tout
le verre dans une aire creuse entre deux foyers, ou seulement
adossée à un seul foyer latéral; soit pour des fours à compartiments, également sans creusets, où le verre, fondu dans un premier réservoir, s'écoulerait à mesure dans un deuxième réservoir
où il affinerait et serait travaillé : on voulait ainsi obtenir un travail continu. La plupart de ces brevets sont restés à l'état de
projets, et il n'en est, je pense, aucun dont la réussite complète
ait été constatée.

Nous devons mentionner aussi les essais qui ont été faits pour
activer la combustion, par une ventilation dirigée sur la grille des
fours à houille. Ces essais n'ont pas réussi jusqu'à présent, et nous
avouons que nous ne fondons pas grand espoir sur cette application de la ventilation; il ne faut pas perdre de vue que dans un

four à verre, il s'agit non-seulement d'obtenir une assez haute température, mais surtout une température bien également répartie dans un espace assez considérable, car il faut que tous les pots fondent les mêmes mélanges dans le même temps ; et on a plus à gagner, je pense, en opérant un énergique appel par le haut, qu'à forcer le courant par la base, ce qui a généralement pour résultat d'entraîner dans les pots une plus grande quantité de charbon non brûlé et de poussière. On a aussi essayé d'utiliser une partie de la chaleur perdue pour diriger sur la grille un courant d'air chaud ; cette tentative, qui n'est pas encore généralement pratiquée, diminuerait sans doute beaucoup la consommation du charbon.

Il est une autre idée que j'ai conçue depuis longtemps déjà, mais que je ne suis pas encore arrivé à pouvoir formuler dans ses détails. Il s'agirait d'appliquer aux fours à verre le *principe du double courant d'air*, si ingénieusement adapté aux becs de lampe par Argand. C'est en vertu de ce principe que les lampes brûlent avec vivacité et sans fumée. Ce principe doit pouvoir être approprié à presque tous les fours, et surtout aux fours à verre. Combustion plus vive, plus égale, plus complète et sans fumée, diminution de consommation de combustible, verre plus blanc, plus parfait, suppression même des pots couverts pour la fabrication du cristal, tels seraient les avantages qui résulteraient des fours à double courant d'air. Mais n'oublions pas que nous voulons surtout faire connaître l'état actuel des verreries, et ne nous lançons pas davantage dans les conjectures de l'avenir.

Après avoir exposé les détails pratiques relatifs aux *pots* et aux *fours*, il convient de donner quelques renseignements économiques sur leur fabrication. Nous prendrons pour base des pots les dimensions que nous avons citées, savoir :

Des pots de 70 centimètres de hauteur ;
— 80 — de grand diamètre ;
— 68 — de diamètre du bas ;
— 10 — d'épaisseur du fond et du jable ;
— 5 — d'épaisseur au bord.

Ces pots ont, en conséquence, un volume de $0^m,148$ cubes et pèsent environ 300 kilogrammes (nous disons environ, parce que le poids dépend du degré de siccité).

Nous avons donc à porter en dépense 300 kilogrammes de terre réfractaire que nous supposerons à 4 fr. 50 les 100 kilogrammes. On comprend qu'une grande partie de ce prix résulte de la dépense du transport, cette terre ne se trouvant que dans un petit nombre de localités. Un bon potier peut faire en deux jours trois pots de cette dimension (il y a des potiers habiles qui en feraient deux par jour, mais il en est d'autres qui n'arriveraient qu'avec peine à un pot par jour). Il peut donc faire 36 pots par mois, nous n'en porterons que 30.

Un tel potier est payé, environ, par mois. .   140 à 150 fr.
Son marcheur de terre est payé environ. .   75 à 80 »
Un aide pour préparer les pastons.   40   »
On aura employé pour la fabrication de ces 30 pots, pour le pilage et le tamisage de la terre crue et du ciment, environ la force d'un cheval, que nous évaluerons à.   160   »
Comptons en outre pour épluchage des terres. .   45   »
Chaque pot pesant 300 kilogrammes, les 30 pots pèsent 9,000 kilogrammes de terre réfractaire, à 4 fr. 50.   405   »
Nous ne faisons pas entrer dans ce compte le loyer des ateliers, machines, etc., qui entrent dans les frais généraux de la verrerie, mais toutefois il convient de compter, pour les frais particuliers de l'atelier, usure des fourneaux, moules, chauffage (ce chauffage n'est pas coûteux : on le fait avec des escarbilles provenant des fours de fusion), cuisson de la terre pour ciment; mettons pour ces faux frais par mois.   100   »

La dépense totale de ces 30 pots est donc de   980 fr.
soit 32 fr. 70 par pot, ou bien encore on peut dire que les pots, dans ces dimensions, reviennent à environ 10 fr. 90 les 100 kilogrammes.

Si on suppose des pots plus grands, on en calculera le volume, et je pense qu'on ne s'éloignera pas beaucoup de la vérité en mettant également leur valeur à 10 fr. 90 les 100 kilogrammes.

On voit, par ce qui précède, que le prix de la terre est l'élément principal du coût du pot, qui peut, en conséquence, varier beaucoup, suivant les prix de la terre réfractaire.

Pour calculer le prix d'un four, nous évaluerons également le volume de sa construction, mais ici, en raison du ciment employé que nous supposerons provenir des anciennes briques ou pots, nous ne compterons en dépense de terre que le tiers du volume du four.

Il y a donc à compter, pour la terre des briques, par 100 kilogrammes. 1 fr. 50

Nous évaluons le pilage et le tamisage des terres à 1 franc les 100 kilogrammes, ci. . . . . 1 »

Le marchage à. » 50

Le moulage des briques à. . . . . » 50

Frais accessoires relatifs à l'épluchage des terres, casse et épluchage des vieilles briques, et autres menus frais, compris la cuisson de certaines briques. . . . . . 1 »
$$\overline{4\quad 50}$$

Nous pensons donc qu'on ne s'éloigne guère d'une moyenne en portant à 4 fr. 50 les 100 kilogrammes le prix des briques.

Le four à houille, dont nous avons donné la description, a un cube d'environ 10^m,50, dont le poids est d'environ 22,000 kilogrammes qui, d'après notre estimation, valent environ. . . . . 990 fr.

On peut évaluer la taille préalable des briques à environ 15 journées d'un fournaliste et son aide à 6 francs. . . . . 90 »

Enfin, deux fournalistes et deux aides devront faire un tel four en deux semaines, soit 28 journées à 4 francs. . . . . 112 »

Et 28 journées à 2 francs. . . . . 56 »

Nous ajouterons pour dépenses accessoires, emploi de briques ordinaires et réparations des ferrements et ajustements. . . . . 142 »

Ce qui fera pour la dépense totale du four. . . . 1,390 fr.

Dans les conditions que nous avons établies, un four coûterait environ 65 fr. 45 la tonne ou encore 137 francs le mètre cube plein. Ce prix naturellement variera beaucoup avec les prix des terres réfractaires.

Nous avons déjà dit quelques mots des réparations que l'on peut faire ; ces réparations ne peuvent toutefois être faites qu'aux siéges ou aux murs d'ouvreaux. Quand la couronne est attaquée, il faut pourvoir au plus tôt au remplacement du four, ou au moins refaire une autre couronne. Les réparations à faire sur les plateaux sont assez faciles, la terre préparée (semblable à de la composition de briques) s'y maintient assez bien dans les anfractuosités que le feu peut avoir déterminées. Les réparations aux murs de siége ne sont pas aussi faciles, et souvent, quelques heures après avoir mis des pastons dans les fentes, toute cette terre a été entraînée sur la grille ; cependant il en reste ordinairement suffisamment pour retarder la mise hors de service de ces siéges et du four par conséquent. Pour faire ces réparations, on laisse refroidir le siége au rouge brun, puis on met un paston de terre pas trop consistante, et mouillée extérieurement, sur le bout d'une *espagnole* (on appelle ainsi une perche de 2 à 3 mètres au bout de laquelle on attache un tampon de chiffons). On mouille ce tampon, et le paston s'y attache suffisamment pour pouvoir être transporté assez vivement contre la crevasse que l'on veut remplir. Un autre ouvrier, avec le tampon d'une autre espagnole, pousse le paston dans la crevasse, et on en ajoute ainsi la quantité nécessaire pour niveler à peu près la surface latérale du siége. Cette réparation a quelque chance de durée, si la crevasse n'est pas trop évasée vers le bas, et surtout si on a employé pour *paston* un mélange fait avec la terre *fermentée*, et maintenu longtemps à la cave en le *remarchant* de temps en temps.

Dans tout ce que nous avons dit sur les pots et fours, nous n'avons eu en vue comme matière composante que l'argile, qui seule a été employée jusqu'à ce jour, mais la science et la pratique n'ont sans doute pas dit leur dernier mot à cet égard. Nous savons déjà très-bien la supériorité qu'auraient des creusets de platine si le prix exorbitant de ce métal n'en excluait l'usage, mais parmi les métaux ou métalloïdes si abondamment répandus dans la nature, tels que le silicium, l'aluminium, etc., n'en trouvera-t-on pas dont les procédés de réduction et l'inaltérabilité permettront de les employer au moins comme revêtement des pots et des fours ?

On peut dire aussi que la forme des fours, le mode de fusion, n'ont subi jusqu'à ce jour que de faibles modifications, et appellent certainement l'attention des physiciens, pour sortir radicalement d'une ancienne routine. Déjà nous avons signalé le perfectionnement qui nous semble pouvoir être obtenu de l'application aux fours de verrerie du double courant d'air de la lampe d'Argand (*suprà*, p. 155). Sans doute aussi le verrier doit être désireux d'éviter l'emploi direct, dans son four de fusion, de la houille ou autres combustibles, pour n'y brûler que les gaz produits par ces combustibles, et se délivrer ainsi des cendres et des parcelles de charbon qui sont projetées sur les pots par la combustion.

Cet essai a été fait en Allemagne il y a déjà plus de seize ans, par un très-habile fabricant de produits chimiques de Zwikau en Saxe, M. Fickentscher, qui me raconta ainsi comment il était arrivé à se servir des gaz pour fondre le verre : M. Fickentscher employant une assez grande quantité de bombonnes en verre pour l'expédition de ses acides, et ne pouvant se les procurer facilement, ou du moins à un prix suffisamment bas, résolut de faire un four à verre, et comme ce four à verre devait produire plus que la quantité de bombonnes dont il avait besoin, il joignit à cette fabrication celle du verre à vitres; mais il n'avait dans son voisinage qu'une terre réfractaire assez médiocre; peut-être aussi n'avait-il qu'un mauvais potier, et il éprouvait beaucoup de casses de pots, et conséquemment de pertes de verre : cela pouvait provenir aussi de ce que n'ayant pas de tiseurs habitués à conduire un four de verrerie avec la houille (toutes les verreries d'Allemagne consommant du bois), la grille était mal dirigée, et il devait résulter des coups de feu et des casses de pots. Toujours est-il que M. Fickentscher crut ne pouvoir remédier à ce mal qu'en supprimant la grille de son four, et employant sa houille à produire des gaz.

Voici les dispositions qu'il a adoptées : il y a dans le four six pots contenant chacun 225 kilogrammes de verre. Il est construit suivant les règles ordinaires, quant aux siéges et aux devantures d'ouvreaux. Les gaz sont amenés par un tuyau bifurquant à chaque tisard, à l'entrée duquel se trouve un robinet pour en régler la consommation. A côté du tuyau de chaque tisard est un tuyau pour amener l'air atmosphérique nécessaire à la combustion des gaz, et garni aussi d'un robinet; on peut ainsi régler la marche du four, activer ou atténuer la combustion pendant la fonte ou le travail. Mais, soit que les gaz n'affluassent pas avec une assez grande énergie, ou que l'appel extérieur ne fût pas suffisant, ce four, que j'ai vu en fonte et en travail, n'avait pas pendant la fonte l'intensité de chaleur que l'œil exercé du verrier apprécie parfaitement. Aussi je ne fus pas étonné quand M. Fickentscher me dit que ses fontes duraient jusqu'à quarante-cinq heures, quoique, pour 100 de silice, il employât jusqu'à 50 de sulfate de soude. Néanmoins, cette tentative de l'emploi des gaz était très-remarquable, et n'a probablement pas été étrangère aux travaux qui ont eu lieu depuis dans cette direction. M. Fickentscher employait aussi les gaz à l'étendage de son verre à vitres, et ici le succès était complet. Les gaz arrivaient aux quatre coins du four à étendre par quatre *lunettes*, et le tuyau était aussi subdivisé en quatre branches, à chacune desquelles était joint un tuyau d'air atmosphérique, qu'on ne faisait arriver qu'en quantité un peu insuffisante pour la combustion des gaz; car, me disait M. Fickentscher, si l'air atmosphérique ne suffit pas pour brûler tout le soufre qui s'est dégagé, il se forme de l'acide sulfurique, qui n'a pas d'action sur le verre, tandis que, dans le cas contraire, il donne naissance à du gaz sulfureux, qui forme sur la surface du verre cette vapeur blanche bleuâtre qui en attaque la substance.

Ayant donné ces détails sur l'intéressante tentative de M. Fickentscher, nous croyons devoir donner aussi une idée de l'appareil au moyen duquel il produisait les gaz.

Il y a deux appareils pour produire les gaz pour le four de fusion, et un appareil pour le four à étendre. La figure 32 (p. 161) est la section verticale de l'un de ces appareils.

La grille *ab*, de huit barreaux, a environ 80 centimètres carrés; il y a environ 2 mètres de la grille à la partie supérieure du fourneau. On maintient environ 50 à 60 centimètres d'épaisseur de charbon sur la grille : ce n'est pas du charbon fin, mais de la petite gaillette : on l'introduit par une trappe A, elle tombe sur le dessus d'un cône BBB qui ferme le laboratoire de l'appareil. Quand la trappe A est refermée, on lève le poids P, alors le cône B descend et le charbon tombe en bas. Les gaz de combustion s'en vont par le tuyau M. — N est un orifice que l'on ouvre quand on veut ôter les crasses qui se forment sur la grille. L'appareil est au-dessous du sol, de manière que le tuyau M lui-même est aussi au-dessous du sol, et va, par une légère pente ascendante, vers le fond de la fosse du four de fusion. Ces appareils sont placés sous un hangar éloigné de 6 à 8 mètres de la halle.

M. Fickentscher a donc construit un appareil très-simple et peu dispendieux pour la production de ses gaz; mais sans doute, s'il eût employé des cornues, desquelles les gaz se seraient rendus dans un réservoir comme pour le gaz d'éclairage, d'où une pression l'aurait envoyé au four de fusion, nous pensons qu'il eût obtenu une combustion plus vive, une température plus intense.

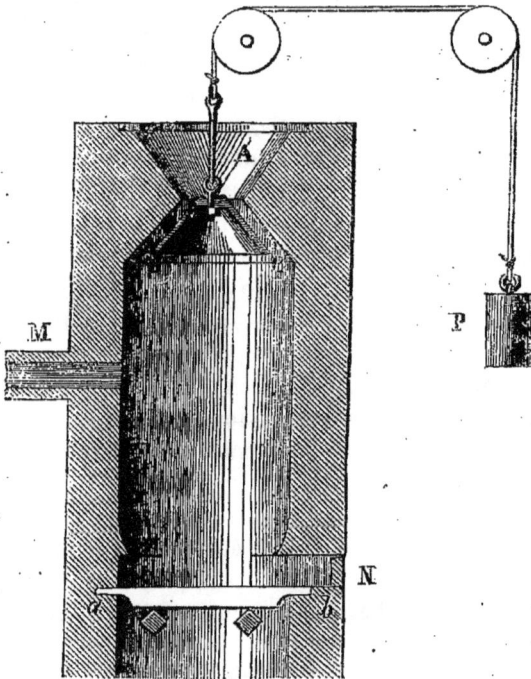

Fig. 32.

Une puissante cheminée d'appel adaptée au four de fusion aurait surtout produit ce résultat. Mais, quel que soit encore l'état d'imperfection de son four à gaz, nous nous félicitons d'avoir été admis par M. Fickentscher à voir son intéressant établissement, et à rendre justice à un industriel aussi distingué, et qui, nous le répétons, a été le premier à appeler l'attention sur l'opportunité d'éloigner les combustibles des fours de fusion.

Après M. Fickentscher, un ingénieur allemand, M. Schinz, a

pris, sous le numéro 50239, un brevet pour *four de verrerie alimenté par les gaz de combustion*. Cette combustion s'opère dans des
appareils séparés du four qui contient les pots. Ce système a été
appliqué par son auteur à la combustion de la tourbe et du bois, et
a produit des résultats assez satisfaisants. Mais tant qu'on n'aura
pas fait l'épreuve avec la houille et qu'on n'aura opéré que dans
de très-petits fours, comme les construisent encore les Allemands
et les Suisses, et qui devront certainement bientôt cesser d'être
en usage, on ne pourra assigner la valeur réelle de ce procédé, sur
lequel, en conséquence, nous ne nous étendrons pas.

Le système de M. Ch. W. Siemens a eu plus de retentissement.
Cet ingénieur a pris un brevet, en mai 1861, sous le numéro 49068;
il donne à son système le nom de *fours régénérateurs à gaz*. La
fonte s'opère aussi dans ces fours au moyen de gaz de combustion
préparés dans des appareils séparés. L'idée fondamentale de
M. Siemens a été de faire servir l'énorme quantité de chaleur perdue qui s'échappe par les cheminées, à chauffer l'air atmosphérique qui alimente la combustion, et à chauffer aussi les gaz qui
viennent se brûler dans le four.

Si, en effet, entre le fourneau où s'opère la combustion du gaz et
la cheminée d'appel par laquelle s'échappent les produits de la
combustion à une température égale à celle du fourneau lui-
même, on interpose une sorte de chambre remplie de briques, superposées de manière à laisser des interstices entre elles, la partie de cette chambre voisine du foyer deviendra bientôt aussi
chaude que le four lui-même, et la température ira en décroissant
jusqu'à l'extrémité opposée, qui communiquera avec la cheminée
d'appel. Si, à présent, au moyen d'une soupape, on intercepte la
communication entre cette chambre et la cheminée d'appel, tout
en ouvrant en même temps une autre soupape qui donne entrée
à l'air extérieur, cet air extérieur, suivant une marche contraire,
s'échauffera successivement à mesure qu'il se rapprochera de
l'extrémité opposée, et il pénétrera dans le four presque aussi
chaud que le four lui-même. Dans le même temps, on aura, par
le moyen de deux autres soupapes d'une autre chambre semblable, fermé le passage de l'air extérieur arrivant par cette seconde
chambre, et ouvert le passage par lequel les produits de la combustion se rendront dans la cheminée d'appel. Par ce jeu alterna-
tif de soupapes, on maintient une alimentation d'air chaud dans

le four, et on économise ainsi une grande quantité de combustible, tout en portant le four à une plus haute température. On comprend que l'appareil peut être disposé de telle sorte que la même soupape qui intercepte le passage des produits de la combustion à la cheminée d'appel, donne, par cette manœuvre de fermeture, l'accès à l'air atmosphérique, et réciproquement.

Si, d'autre part, on soumet la houille ou autre combustible, dans un appareil séparé, à une température seulement suffisante pour volatiliser les gaz combustibles, sans toutefois les brûler, et que l'on fasse passer ces gaz par un appareil réticulaire, ainsi qu'on l'a fait pour l'air, de manière à s'échauffer à mesure qu'ils s'approchent du four de combustion, on arrive ainsi à opérer la combustion au moyen de gaz et d'air déjà presque aussi chauds que le four lui-même, et l'on conçoit dès lors et le degré de température et l'économie de combustible qui doivent résulter de cette combinaison. Il est entendu que les gaz, comme l'air, sont mis alternativement en correspondance avec deux chambres réticulaires. Ces chambres sont donc au nombre de quatre, dont deux conduisent les produits de la combustion dans la cheminée d'appel, les deux autres donnent accès, l'une à l'air chaud, l'autre aux gaz de combustion échauffés ; puis, par un jeu de soupapes, ces deux dernières, dont la température s'est abaissée, sont réchauffées de nouveau en servant de passage aux produits de la combustion vers la cheminée d'appel, tandis que les deux autres amènent à leur tour l'une l'air, l'autre les gaz.

L'intensité de la température peut d'ailleurs être réglée au moyen des soupapes qui donnent accès à volonté à plus ou moins d'air atmosphérique, à plus ou moins de gaz. On peut aussi par intervalles, et si la température s'élevait trop, faire arriver directement soit l'air atmosphérique, soit les gaz dans le four, sans les faire chauffer par leur passage dans les *régénérateurs*.

Le système de M. Siemens consiste donc surtout à éloigner du four la houille ou autres combustibles solides, et à alimenter la combustion dans ce four au moyen de gaz et d'air préalablement chauffés à une haute température.

Les fours d'après le système de M. Siemens sont encore dans une phase de perfectionnement, en sorte qu'il serait difficile d'apprécier les économies qu'ils peuvent réaliser. Il est clair qu'on a dû, dès le principe, produire une surabondance de gaz, plutôt que de risquer de se trouver au dépourvu. Les premiers fours suivant ce système ayant été construits en Angleterre, où, comme j'ai déjà eu l'occasion de le faire remarquer, il semble qu'on se soit proposé de brûler la plus grande quantité de combustible pour une production donnée de verre, on n'a pas dû oser, dès le principe, diminuer dans une trop grande proportion la quantité de houille destinée à produire les gaz. Aussi ai-je vu un four à verre à vitres pour lequel on consommait dans les appareils Siemens une quantité de houille encore bien supérieure à celle qu'on use généralement en France et en Belgique pour une semblable production. Mais, toutefois, il y avait déjà grande économie relativement aux autres fours du même établissement.

Nous allons à présent signaler quelques-uns des principaux avantages des fours du système Siemens.

Ces avantages sont de plusieurs natures : ils doivent amener une économie dans la consommation du combustible, donner des produits plus réguliers, plus beaux.

1° Nous disons que ces fours doivent amener une économie de combustible. Cela résulte incontestablement des principes sur lesquels ils reposent, et en outre de la diminution très-sensible de la capacité intérieure des fours, n'ayant plus ni grille ni fosse, et dans lesquels les deux rangées de pots peuvent être très-rapprochées, surtout si les fours de fusion ne servent pas en même temps de fours de travail. Si cette économie de combustible n'a pas encore été réalisée comparativement aux fours anciens construits dans de bonnes conditions, cela tient, ainsi que nous l'avons fait remarquer, à la crainte que l'on pouvait concevoir, dès le début, de ne pas fournir les gaz en quantité suffisante.

2° Un perfectionnement important résulte de la suppression des parcelles de charbon et des cendres qui dans les anciens fours sont assez fréquemment projetées sur la surface du verre en fusion, et nuisent à sa qualité. Cet avantage est précieux, et les propriétaires du brevet l'avaient même annoncé comme pouvant permettre de fondre les cristaux dans des pots ouverts, mais M. Ch. Siemens m'a avoué depuis que, dans l'état actuel de ses fours, il se produisait des flammes désoxydantes qui réduisaient le minium employé dans cette fabrication.

Il y avait donc à perfectionner le système de M. Siemens sous ce rapport, et je suis heureux de pouvoir dire que l'un de nos plus habiles verriers de France, M. Didierjean, administrateur de la cristallerie de Saint-Louis, a réussi à fondre le cristal à pots ouverts dans des fours Siemens alimentés avec de la houille.

3° Un très-grand perfectionnement résultant de ces fours consiste dans le maintien de la pureté du verre pendant le travail depuis les premiers cueillages jusqu'au fond du pot. Dans les anciens fours on ne parvient jamais entièrement à maintenir l'uniformité de température depuis le commencement jusqu'à la fin du travail. Le verre devient plus dur, *ondé*, *cordé*. En outre, la *braise* qui maintient la chaleur du four se perce, les cendres volent sur les pots, rendent le verre mousseux, de telle sorte qu'on ne peut obtenir des choix supérieurs quand on a employé le tiers ou la moitié du verre de chaque pot. On conçoit que ces graves inconvénients sont évités par les fours Siemens, dans lesquels le verre peut être maintenu aussi pur et aussi chaud jusqu'à épuisement des pots.

Malgré les avantages des fours Siemens, un très-grand nombre de verriers hésitent encore à l'adopter; plusieurs de ceux qui en ont fait l'essai les ont abandonnés. C'est qu'il faut l'avouer, la conduite de ces fours est des plus difficiles; il faut pour ainsi dire un ingénieur au lieu d'un fondeur ordinaire pour en suivre la marche. Plusieurs fois des explosions ont eu lieu dans ces fours par suite de fausse manœuvre de l'ouvrier fondeur. Si ce fondeur n'est pas attentif, qu'il ne manœuvre pas la soupape en temps opportun, la température peut s'élever au delà du degré utile et fondre pots et four, ou bien refroidir à un degré qui les compromette par l'effet opposé. Ces accidents, cette nécessité d'une surveillance éclairée indiquent la nécessité de nouveaux perfectionnements.

Les fours Siemens sont d'une assez grande importance pour que nous croyions devoir en donner une description complète que nous extrayons d'une revue anglaise, *the practical Mechanic's Journal*, *march* 1862.

Les figures sont à l'échelle de 1 centimètre par mètre.

La figure 33 est une section longitudinale à travers le four et les régénérateurs, suivant la ligne 1.1 de la figure 34.

La figure 34 est une section du four, des régénérateurs et des générateurs des gaz, suivant la ligne 2.2 de la figure 33.

La figure 35 est une section suivant la ligne 3.3 de la figure 34, et montre en même temps la devanture du four en élévation.

La figure 36 est une section longitudinale de l'un des générateurs de gaz, suivant la ligne 4.4 de la figure 34.

A est le four de fusion, sur le siége a duquel reposent les creusets X. Les ouvertures b, b sont les ouvreaux pour enfourner la composition et cueillir le verre.

Au-dessous du siége se trouvent les quatre régénérateurs B^1, B^2, B^3, B^4, consistant chacun en une chambre bâtie en briques. A une certaine distance du fond de ces chambres est disposée une grille c^1 c^2 c^3 c^4, sur laquelle sont empilées des briques d^1, d^2, d^3, d^4, de manière à laisser entre elles des intervalles. Ces chambres sont voûtées du haut, et supportent le siége du four.

Aux extrémités du siége se trouvent des conduits e communiquant d'un côté par le conduit f (fig. 34) avec l'atmosphère, et de l'autre côté par le conduit I avec les générateurs.

Un courant d'air passe continuellement par ces conduits dans le but de maintenir le dessous du siége et la voûte des régénérateurs à une température relativement peu élevée.

Les communications sont établies entre la partie supérieure des régénérateurs B^1, B^2, B^2, B^3 et le four A de la manière suivante : le régénérateur B^1 communique avec le four A en C par le passage D^1, tandis que le régénérateur B^2 communique avec le four A également en C par le passage D^2. De même, le régénérateur B^3 communique avec le four en C′ par le passage D^3, pendant que le régénérateur B^4 communique avec le four également en C′ par le passage D^4.

Aux points C et C′ les passages D^1 et D^2, ainsi que les passages D^3 et D^4, sont séparés par une division verticale jusqu'au niveau du dessus du siége a. On peut voir par la disposition du four que le verre ou autres matières qui tomberaient sur le siége ne pourraient entrer dans les régénérateurs, mais tomberaient dans les fosses E, E′, d'où on peut les retirer par les ouvertures l, l' qu'on maintient ordinairement fermées.

Le dessous des grilles des régénérateurs B^1, B^2, B^3, B^4 correspondent avec les ouvertures F^1, F^2, F^3, F^4, de telle sorte que les régénérateurs B^1 et B^4 communiquent alternativement avec le passage C, par lequel arrivent les gaz des générateurs que nous décrirons ci-après, et avec le passage H qui conduit à la cheminée d'appel, tandis que les régénérateurs B^2 et B^3 communiquent alternativement avec le passage I, qui amène l'air atmosphérique, et le passage H conduisant à la cheminée d'appel. Ces communications diverses sont réglées par le jeu des soupapes g, h, qu'on fait fonctionner de la manière suivante : Lorsque la soupape g est dans la position indiquée dans la figure 35, des gaz de combustion arrivent par le passage J, et entrent dans le régénérateur B^4 par l'ouverture F^4 ; en même temps, la soupape h étant dans la même position que la soupape g, l'air atmosphérique arrivera dans le régénérateur B^3 par le passage I, à travers L et F^3.

Si les régénérateurs B^3 et B^4 ont été précédemment échauffés par les produits de la combustion qui les ont traversés pour se rendre à la cheminée, alors les gaz de combustion et l'air atmosphérique, en passant par les interstices de ces chambres, y seront portés par degrés à une très-haute température. Ils arriveront aussi par les passages D^3, D^4 au point C, où, franchissant la division verticale i^1 qui les sépare, ils se réuniront en produisant une flamme d'une grande intensité, qui se répartira dans toute la capacité du four sur les pots qui le garnissent. Arrivés à l'autre extrémité du four, les produits de la combustion descendront par les passages D^1, D^2 dans les régénérateurs B^1 et B^2 pour se rendre dans la cheminée d'appel par les ouvertures F^1, F^2, les passages K et M, les soupapes g et h et le conduit H. Par ce passage des produits de la combustion dans les régénérateurs B^1 et B^2 de haut en bas, ces deux appareils, qui avaient été précédemment refroidis par la continuité du passage de l'air atmosphérique et des gaz de combustion, sont chauffés de nouveau. Lorsqu'on suppose qu'ils sont arrivés à la température convenable, on renverse la position des soupapes g, h, au moyen des leviers Z, et la combustion s'opère dans le four en sens inverse. On doit avoir soin, dans la construction du four, de ménager sur le côté des régénérateurs un passage Y pour pouvoir y communiquer par les ouvertures y^1, y^2, y^3, y^4 (fig. 33 et 34).

Les gaz de combustion sont produits dans une série de générateurs N, où le combustible est mis en ignition. Le combustible, supposons la houille, est introduite par des trémies O que l'on ferme au moyen de couvercles o (fig. 36) ; de ces extrémités la houille descend sur un plan incliné à 45 degrés environ, P, sur la grille Q, inclinée elle-même à 30 degrés environ. Au-dessus de cette grille et à une hauteur suffisante pour permettre l'introduc-

Fig. 33.

Fig. 35.

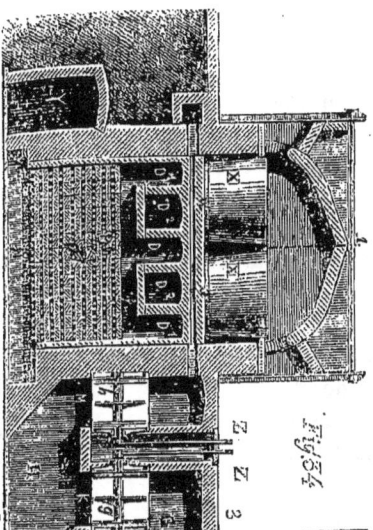

Fig. 34.

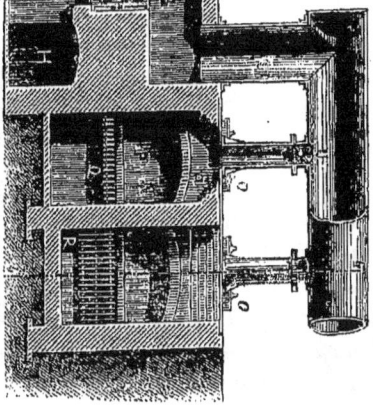

Fig. 36.

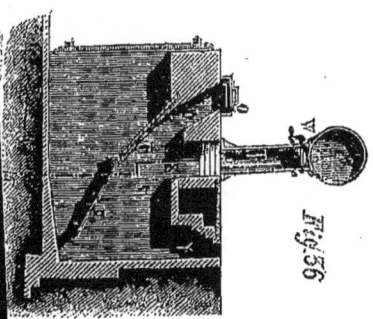

tion d'une couche assez épaisse de houille, est une voûte en briques qui, échauffée à une assez haute température par le feu de la grille, réverbère la chaleur sur la houille fraîche qui arrive par le plan incliné et commence à opérer la décomposition et la volatilisation qui s'achèvent au moyen de l'air atmosphérique traversant la grille Q ; cet air, en passant au travers de la couche de houille, déjà arrivée à une assez haute température, qui repose sur les barreaux, forme de l'acide carbonique qui, traversant les couches supérieures de houille moins échauffées, se transforme en oxyde de carbone, et dans cet état passe par-dessus le charbon par le plan incliné P, où il se réunit aux autres gaz produits par la décomposition de la houille, pénètre par le passage S dans le tuyau vertical T, et de là dans le tuyau horizontal U, qui établit la communication entre les générateurs de gaz et les régénérateurs B^1 et B^4. Ce tuyau U descend ensuite en U^1, où il débouche dans le conduit G. De cette manière, la colonne de gaz dans le tuyau U^1 étant plus froide et par conséquent plus dense que la colonne de gaz qui se trouve dans la partie T, il s'établit vers la cheminée d'appel un courant suffisant pour prévenir l'accès de l'air atmosphérique par les fissures des tuyaux et la combustion partielle des gaz qui y passent.

On ménage sur le dessus du générateur une ouverture V pour permettre de temps en temps de remuer la houille, et faciliter sa décomposition.

Chaque tuyau de générateur T est garni d'une soupape W, de manière à interrompre la communication avec le tuyau U qui réunit les gaz de tous les générateurs, et pouvoir ainsi réparer chacun des générateurs, ou en suspendre l'action. Enfin, un petit tuyau s'embranchant dans chacun des conduits T amène dans chacun de ces conduits un petit filet d'eau qui, tombant en partie sur la houille, forme une vapeur d'eau qui, se combinant avec les atomes chauds de carbone qui s'élèvent avec les gaz, produit de l'oxyde de carbone et de l'hydrogène.

Quelques grands établissements d'Angleterre, de France et de Belgique ont adopté les fours Siemens. Cette adoption fera chaque jour de nouveaux progrès, et surtout à mesure que leur usage aura amené de nouveaux perfectionnements.

CHAPITRE IV.

COMBUSTIBLE.

On peut employer comme combustible, dans les verreries, le bois, les diverses variétés de charbon minéral, la tourbe, les gaz combustibles.

Bois. — Le bois était, jusqu'à une époque comparativement récente, le seul combustible employé dans les verreries, qui s'établissaient naturellement près des forêts. Aujourd'hui, quelques verreries en France, et presque toutes les verreries d'Allemagne, brûlent encore du bois; et tant que ce combustible pourra être livré à un prix qui ne rendra pas trop inégales les conditions d'exploitation de ces verreries, comparées à celles qui brûlent de la houille, elles persévéreront dans cet usage, qui présente de grands avantages sur la houille. On obtient avec le bois une température aussi élevée dans les fours à verre qu'avec la houille, le feu est plus clair et ne peut altérer la couleur du verre, comme cela a lieu quand on brûle la houille.

Toutes les essences de bois peuvent être employées pour la fonte du verre, et naturellement chaque verrerie emploie celle qui est la plus abondante dans sa localité, mais on doit dire que toutes les essences ne produisent pas les mêmes résultats. Les bois auxquels on donne le nom de bois durs, c'est-à-dire le chêne, le hêtre, le charme, donnent plus de chaleur que les bois blancs, tels que le bouleau, le tremble, le peuplier; le pin est d'un excellent usage en raison de la résine qu'il contient. Toutes les contrées ne produisent pas des essences semblables : ainsi, dans les Vosges, le bois de hêtre est employé de préférence au chêne; et au contraire, le chêne du Morvan est préférable au hêtre.

Si la quantité de calorique produite par les diverses essences de bois devait être en raison de leur densité, on pourrait la calculer à peu près d'après les bases suivantes, qui sont le résultat moyen des expériences que j'ai faites sur plusieurs sortes pour des bois après une année de coupe, conservés sous des hangars :

L'orme de quarante à cinquante ans pèse 500 kilogrammes le stère ;

Le charme de quarante à cinquante ans pèse 480 kilogrammes le stère ;

Le chêne de vingt à vingt-cinq ans pèse 460 kilogrammes le stère ;

Le hêtre de quarante à cinquante ans pèse 445 kilogrammes le stère ;

Le sapin (les branches) pèse 340 kilogrammes le stère ;

Le tremble de vingt à vingt-cinq ans pèse 325 kilogrammes le stère.

Le point capital en verrerie n'est pas de savoir quelle quantité de calorique peut donner un certain volume ou un certain poids de bois ; mais il s'agit surtout de produire la plus grande quantité de chaleur en un temps donné. De là est venue la méthode de diviser le bois en billettes, et de faire sécher ces billettes avant de les employer, afin qu'elles puissent dégager promptement le plus de flamme possible sans fumée. Il est bon d'insister ici sur la nécessité de faire scrupuleusement attention à ne jamais employer qu'un bois dépouillé, autant que possible, d'humidité. Les inconvénients qui résultent du défaut de soin à cet égard sont : 1° le petillement des billettes qui jettent des charbons jusque dans les pots où ils mettent le verre en mouvement, réduisent les oxydes métalliques, si on en emploie de l'oxyde de plomb dans la composition, et altèrent ainsi sa qualité ; 2° le dégagement d'une grande quantité de fumée qui remplit la capacité du four et emporte ainsi loin du four les produits de la combustion qui eussent dû lui fournir du calorique ; 3° enfin, le retard opéré dans la combustion du bois, dont l'inflammation parfaite n'a lieu qu'après le dégagement de l'humidité, ce qui empêche le four d'arriver à la température élevée que produit une prompte combustion.

On a donc dû chercher à rendre le feu vif et clair autant qu'on a pu, et pour cela on met d'abord le bois dans un grand état de division : on le fend en billettes, auxquelles on donne une longueur proportionnée à la dimension du four. Pour le four dont j'ai donné la description page 140, je conseillerais de couper les billettes à une longueur de 0^m,70 à 0^m,75, et, quelle que soit cette longueur, il ne faut pas donner plus de grosseur que 10 à 12 centimètres de large sur 4 à 5 d'épaisseur. Si on peut avoir un assez grand approvisionnement de ces billettes sous des hangars, on obtient ainsi un premier degré de dessiccation. Mais cela ne dispense pas de les exposer pendant un certain temps à une douce chaleur capable de dégager l'humidité qu'elles contiennent, sans toutefois volatiliser les principes dont la combustion produit la flamme.

Les procédés pour sécher le bois se réduisent à deux. Le premier consiste à les exposer au-dessus du four de fusion sur une charpente construite à cet effet et qu'on appelle la *roue* : le calorique qui se dégage continuellement du four par toutes ses ouvertures entretient sur cette *roue* une température élevée, dont les bois sont pénétrés, et ils sèchent sans qu'il en coûte rien pour leur dessiccation.

Cette roue est un plancher de charpente, placé à environ 75 centimètres au-dessus du four : ce plancher est supporté dans le milieu par des piliers de maçonnerie qui posent sur les angles du four, et aux extrémités par des chevalets en bois posés sur des dés de pierre. La largeur de la *roue* est réglée par celle du four; sa longueur peut s'étendre au delà des tisards, elle est traversée par un chemin qui sert à la charger et qui aboutit à une des extrémités de la halle, où il répond à une pente extérieure assez douce pour qu'on puisse la monter et la descendre avec des brouettes chargées. On empile les billettes sur cette *roue* à une hauteur de 2 mètres à $2^m,50$, et le calorique, sortant par les ouvreaux et même à travers la maçonnerie, entretient une température assez élevée pour dégager la plus grande partie de l'humidité nuisible.

Cette méthode de sécher le bois est sujette à beaucoup d'inconvénients : 1° la crainte du feu qui peut se communiquer au bois déjà très-sec et déterminer l'incendie de toute la halle avant qu'on ait pu y apporter les secours nécessaires; 2° la difficulté de bien sécher également les billettes qui sont sur les devantures, et les culées, celles qui sont au bas de la pile et celles qui sont au-dessus. Ces inconvénients ont été tellement sentis qu'il n'est plus aucune verrerie importante qui sèche les billettes sur les *roues,* et nous avons mentionné cette méthode parce qu'elle n'a pas cependant cessé d'être pratiquée dans quelques petites verreries (notamment dans la Seine-Inférieure).

La deuxième méthode de dessiccation consiste à placer les billettes dans des fours appelés *carcaisses*, qu'on a soin de ne pas placer trop près des halles, parce que, dans ces fours même, il n'est pas rare que les billettes s'enflamment ; mais alors le danger ne s'étend pas au delà du contenu de la carcaisse. On construit généralement, pour chaque four de fusion, quatre carcaisses contenant chacune la consommation d'une fonte, de telle sorte que, si on emploie trois jours à sécher une carcaisse, on en a chaque jour une disponible. Si, par exemple, le four consomme 13 à 14 stères, on fera une carcaisse de 3 mètres sur 3 mètres et de 1^m,75 de haut, contenant ainsi environ 15 stères de billettes. Cette carcaisse est chauffée par un foyer régnant sous l'aire de la carcaisse dans toute sa longueur, et débouchant à l'extrémité au niveau de l'aire par un trou devant lequel on applique une large brique inclinée, de telle sorte que la fumée ne puisse pas sortir verticalement, mais seulement par les côtés de cette brique inclinée. On ne brûle, à l'entrée du tisard, que des grosses bûches, ou souches, de manière à entretenir seulement un feu doux dans la carcaisse, dans laquelle, laissant un peu de vide auprès de la brique du fond, on empile les billettes aussi serrées que possible jusqu'à la porte de la carcaisse. La vapeur qui s'échappe par l'ouverture n'est d'abord qu'une vapeur aqueuse, et si on pousse la dessiccation trop loin, la vapeur devient acide et piquante aux yeux. Il ne faut pas chauffer tout à fait à ce point, car alors le bois est bien près de s'enflammer. Si cette ignition s'est manifestée, il faut se hâter de fermer l'entrée du tisard et celle de la carcaisse avec un volet garni en tôle, qui s'ajuste complétement et que l'on marge avec de l'argile délayée. Si la carcaisse est bonne, le feu, faute d'alimentation, doit s'éteindre ; on attend qu'il soit complétement éteint, on ouvre la carcaisse et on retire le bois. Il arrive souvent que des crevasses existent dans les parois en briques ; la combustion intérieure continue, alors on doit s'empresser d'ouvrir la carcaisse, retirer le bois avec des crochets en dirigeant un jet de pompe sur la partie où a lieu la combustion. On fera donc sagement d'arrêter la dessiccation quand on ne sent plus s'échapper de vapeur d'eau.

Les carcaisses, bien supérieures à la *roue* des anciennes verreries, ont aussi été remplacées, dans quelques grands établissements, par une dessiccation avec appareil continu, consistant en une série de chariots portant les billettes et s'engageant sur un chemin de fer placé dans une longue gaîne de l'espèce des arches à recuire la gobeletterie ; mais, tandis que, pour les arches à recuire, les chariots vont en s'éloignant du foyer, dans les nouvelles carcaisses, au contraire, les chariots s'engagent dans la gaîne par l'extrémité opposée au foyer dont ils s'approchent successivement en amenant ainsi les billettes vers une température de plus en plus élevée, sans les faire approcher, toutefois, jusqu'au point où elles s'enflammeraient. On sort ainsi les chariots et les billettes par une ouverture latérale au fur et à mesure des besoins.

Nous ne parlerons pas ici du mode d'emploi des billettes dans le four de fusion. Les dispositions à adopter à cet égard trouveront leur place quand il s'agira de la fusion du verre dans les fours à bois.

Houille. — La houille est, de nos jours, le combustible le plus généralement employé dans les verreries. Il n'a besoin d'aucune préparation : tel il est extrait de la mine, tel il est mis dans le four, et tandis que le bois gagne à être conservé pendant un certain temps sous des halliers, où il s'opère un commencement de dessiccation, la houille, au contraire, s'altère sensiblement par son exposition à l'air ; il résulte, en effet, d'expériences faites sur les houilles, que le principe gras qui facilite la formation du coke, sous l'action de la chaleur, disparaît en grande partie par l'exposition des houilles à l'air libre : des houilles grasses, après six mois d'exposition à l'air, ne donnent plus que du coke imparfaitement formé, tandis qu'on obtient d'excellent coke dans les mêmes fours avec la même houille fraîche. Les houilles longtemps exposées à l'air cessent de se boursoufler et de s'agglutiner dans le four ; et, si on les a réduites en poussière avant de les chauffer, on les retrouve en poussière après leur distillation. Ce que des expériences directes ont constaté, les verreries qui sont dans le voisinage des mines n'ont pas manqué de le remarquer. La différence de la combustion entre des houilles fraîchement extraites et des houilles sorties précédemment de la mine est sensible, même au bout d'une semaine ; ces dernières brûlent moins vivement, ne produisent pas une si belle flamme. Il y a donc avantage, pour une verrerie, à se trouver dans le voisinage d'une mine et à faire extraire son charbon journellement, au lieu de faire des approvisionnements. Cette circonstance était tout à fait défavorable aux usines qui se trouvaient éloignées des mines et dont les approvisionnements se faisaient par bateaux. La construction des chemins de fer a, sous ce rapport, beaucoup amélioré leur condition.

Cette détérioration du charbon de terre à l'air est surtout sensible sur les charbons gras ; les charbons maigres en éprouvent moins les inconvénients ; et, toutefois, quand on voudra choisir l'emplacement d'une verrerie, toutes circonstances égales d'ailleurs, j'engagerai fort à préférer le voisinage d'une mine de houille grasse à une mine de houille maigre. La première, contenant une bien plus grande quantité d'hydrogène, produit plus de flamme, une flamme plus longue, et, ne l'oublions pas, il s'agit, dans un four de verrerie, non pas d'obtenir la température la plus élevée sur un point donné, mais de répartir également une haute température dans un assez grand espace. La houille grasse peut permettre des siéges plus élevés qui éloignent davantage le dessus des pots du foyer, et donnent beaucoup moins lieu à la projection de fragments de charbon et de cendres sur la surface des pots.

La conduite de la grille est, du reste, plus difficile avec de la houille grasse qu'avec la houille maigre, et exige un tiseur plus habile, car il se forme sur les barreaux, avec la houille grasse, des crasses qui bientôt obstrueraient la grille, si le tiseur n'avait la précaution de décrasser dans une juste mesure. Avec la houille maigre, au contraire, le tiseur a peu de soins à donner à la grille, qui rarement se trouve fortement encrassée. Nous entrerons dans plus de détails sur le *tisage*, la conduite de la grille aux diverses époques de la fonte, quand il sera question des diverses espèces de verre. Il ne s'agissait, pour le moment, que d'établir les différences d'action des houilles ; nous n'avons, du reste, nulle intention de nous étendre sur les analyses des houilles et les expériences auxquelles elles ont été soumises, ce serait nous éloigner de notre sujet.

Anthracite. — D'après ce que nous avons dit des houilles grasses et des houilles maigres, on comprendra quelles peuvent être les difficultés d'employer en verrerie l'anthracite. Ce charbon minéral, à l'état de carbone presque pur, ne peut brûler qu'à l'aide d'une ventilation factice qui jusqu'à présent n'a pu être appliquée avec succès aux fours de verrerie. Nous nous abstiendrons, en conséquence, d'en parler, puisque nous ne voulons faire connaître que l'état de l'art de la verrerie tel qu'il est pratiqué.

Tourbe. — La tourbe contient une proportion trop grande d'éléments étrangers à la combustion pour pouvoir être employée avec avantage dans la fonte du verre. C'est un combustible excellent pour une infinité d'usages, tels que les évaporations, la cuisson de la chaux, des briques, des tuiles, et même des poteries vernissées ; mais, pour ces dernières, on est obligé pour *glacer* le vernis de donner un dernier coup de feu avec du bois ; cette circonstance explique son insuffisance pour les verreries. Je sais, toutefois, que des verreries à bouteilles en ont fait usage dans des localités où tout autre combustible était dispendieux, et où il y avait un marché avantageux pour les bouteilles. Aujourd'hui que l'état des communications s'est grandement amélioré, il est peu présumable que des tentatives de chauffage de four à verre par la tourbe soient renouvelées, à moins que ce ne soit dans des fours à gaz.

Lignites. — Les lignites tiennent, pour ainsi dire, le milieu entre les tourbes et les houilles, elles offrent donc trop de ressemblance avec les tourbes pour être avantageusement employées à fondre le verre. *Les meilleures lignites remplacent la houille dans ceux de ses usages qui n'exigent pas les qualités spéciales des houilles grasses.* Ainsi parle M. Dumas, et ce jugement est, à notre point de vue, la condamnation des lignites.

CHAPITRE V.

MAIN-D'ŒUVRE.

Après avoir parlé des propriétés générales du verre, des éléments qui le composent, des pots et fours dans lesquels s'opère la vitrification, du combustible par lequel elle s'opère, nous ne croyons pas nous éloigner de notre sujet en parlant des ouvriers par lesquels s'accomplissent toutes les opérations qui concourent à la production du verre. Nos successeurs pourront trouver quelque intérêt dans ce court exposé, et nos contemporains étrangers à l'art de la verrerie auront occasion de rectifier quelques idées fausses, quelques préjugés relatifs aux ouvriers des verreries.

Dans toutes les verreries un peu importantes, on emploie des menuisiers, des charpentiers, des forgerons, des maçons, etc. Nous n'avons pas à nous occuper des ouvriers de ces diverses professions. Il y a ensuite les potiers, fournalistes, tiseurs, fondeurs, qui, attachés à des travaux de verrerie proprement dits, peuvent être aussi bien employés dans une fabrique de verre à vitres que dans une cristallerie, dans une glacerie que dans une verrerie à bouteilles. Enfin, il y a les ouvriers qui soufflent le verre à vitres, ceux qui l'étendent, les souffleurs de bouteilles, les souffleurs de gobeletterie, de cristal, les tailleurs et graveurs de cristaux. Toutes ces divisions sont spéciales. Les souffleurs de verre à vitres ne sauraient pas faire les bouteilles, ceux qui font ces dernières s'acquitteraient assez mal du soufflage des cristaux. Et parmi toutes ces catégories d'ouvriers de verrerie, ceux-là seuls sont appelés verriers qui soufflent le verre ou le cristal, et, pour les distinguer, on dit : verriers en cristal, en verre à vitres, en bouteilles, en gobeletterie.

Il résulte de ces spécialités, du nombre limité des verreries de chaque espèce, et de l'éloignement de ces verreries les unes des autres, que les verriers sont une classe d'ouvriers essentiellement nomades ; ils ne se disent pas Lorrains, ou Flamands, ou

12

Provençaux; car, s'ils sont nés dans le département de la Meurthe, ils l'auront peut-être quitté dans la première enfance pour aller avec leur famille dans le département du Nord, où ils ne seront peut-être restés que peu d'années, pour aller ensuite à Givors ou à Rive-de-Gier. Ils justifient, du reste, assez généralement ce proverbe que pierre qui roule n'amasse pas mousse; et quoique les salaires des verriers soient presque tous très-élevés, ce n'est pas la majorité des verriers qui pourvoit par l'épargne au repos des vieux jours.

Je dois dire, toutefois, qu'il y a des établissements anciennement existants, où les verriers et autres ouvriers sont nés, sont restés attachés, eux et leurs enfants, et font, pour ainsi dire, partie de la famille des maîtres de verrerie. On leur a donné une portion de terre à cultiver, on a veillé à l'instruction de leurs enfants, on les a encouragés dans leurs dispositions à l'économie, et par une vie laborieuse ils acquièrent le repos et l'aisance de leurs vieux jours. Le nombre d'établissements dirigés avec de telles vues paternelles tend chaque jour à augmenter, malgré l'état de concurrence existant entre les maîtres de verrerie qui est une grande cause de démoralisation; les ouvriers, souvent sollicités par des salaires plus élevés, sont moins stables, voyagent davantage, ils perdent les habitudes d'ordre; et ce n'est pas là un des moindres fléaux qui résultent et de la concurrence et du morcellement de l'industrie. Mais gardons-nous d'entrer dans la discussion de ces questions sociales, c'est de la technologie que nous voulons faire, et non de l'économie politique.

Revenons donc à l'état actuel de la condition du verrier. Nous dirons que leur salaire, quoique généralement assez élevé, diffère assez sensiblement pour les diverses spécialités de verreries, sans que ces différences soient en rapport avec les difficultés et le mérite du travail. Ainsi, le verrier qui produit toutes ces formes si variées, si élégantes du cristal, ne gagne pas autant que le verrier qui souffle du verre à vitres, qui cependant travaille chaque semaine pendant un moindre nombre d'heures. C'est que ces derniers ont joui, jusque dans ces derniers temps, d'un privilége qu'ils s'étaient eux-mêmes attribué, et qu'ils ont su se maintenir pendant un temps assez long.

Quand nous ferons l'historique du verre à vitres, nous dirons que la fabrication de ce verre au moyen de cylindres fendus et développés, qui était celle décrite par le moine Théophile au douzième ou treizième siècle, avait cessé d'être pratiquée en France et ne s'était maintenue qu'en Allemagne, en sorte que, quand on voulut dans le siècle dernier renouveler cette fabrication, on dut faire venir en Lorraine des ouvriers d'Allemagne. D'autres verreries qui imitèrent la verrerie de Saint-Quirin, laquelle avait donné l'impulsion à cette fabrication, firent aussi venir des souffleurs allemands. Ces souffleurs, pour maintenir cette industrie dans leurs familles et n'en pas déprécier les salaires, s'entendirent entre eux pour ne pas faire d'apprentis et n'enseigner que leurs propres enfants. Il n'y eut à cet égard aucun engagement écrit, aucun contrat, que la loi, d'ailleurs, n'eût pas reconnu, et, toutefois, jamais acte authentique ne fut plus rigoureusement observé pendant un siècle. De cette espèce de ligue, d'ailleurs, les maîtres de verrerie, peu nombreux alors, profitaient aussi, puisque cette industrie ne pouvait prendre de développement en dehors d'eux, et c'est ainsi que le soufflage du verre à vitres se trouva concentré dans un certain nombre de familles dont les noms, encore aujourd'hui, attestent l'origine. Nos souffleurs de manchons sont des Theber, des Zeller, Stinger, Schmidt, Singer, Wiecht, Walker, Lober, etc., etc. Après plusieurs générations, la ligue tacite entre ces ouvriers était aussi rigoureusement observée que dans le principe. Tous les souffleurs d'une verrerie, il y a moins de vingt ans, eussent cessé le travail si le maître eût voulu faire des apprentis qui ne fussent pas de *leur sang*, et comme, du reste, de tels apprentissages eussent été très-dispendieux, ce privilége se maintint. Mais peu à peu, et surtout en Belgique, quelques *aides*-souffleurs se hasardèrent à souffler des manchons, entrèrent dans d'autres verreries comme souffleurs. Ces derniers eurent moins de répugnance à former des élèves: c'est ainsi que des *corniaux* [1] commencent à se mêler en assez grand nombre aux ouvriers de race. Comme, d'ailleurs, la consommation du verre s'est accrue dans une immense proportion, qu'on a cessé en France, en Belgique et dans presque toute l'Allemagne, de souffler du verre à vitres en plateaux, qu'en Angleterre même cette dernière fabrication a été en grande partie remplacée par le verre en manchons, le salaire de ces souffleurs est encore, de nos jours, plus élevé que

---

[1] On appelle ainsi les verriers qui ne sont pas *du sang*.

celui des autres verriers; et nous n'avancerons sans doute pas un
fait étonnant en disant que c'est parmi ces verriers, dont le salaire
est le plus élevé, qu'on rencontre généralement le moins d'instruction, les intelligences les moins développées. Cette ignorance a
tenu en grande partie à ce que les ouvriers verriers faisaient travailler leurs enfants dès leur bas âge comme *gamins,* et que les
heures de travail ne s'accordaient généralement pas avec celles
de l'école.

Qu'il nous soit permis de faire justice ici de ce préjugé assez
répandu, qu'autrefois l'état de verrier anoblissait ou n'était
exercé que par des gentilshommes verriers. J'ai fait beaucoup
de recherches pour me procurer les moyens de dire à ce sujet
quelque chose de satisfaisant, sans pouvoir y parvenir. Haudiquer de Blancourt dit bien, en parlant du travail du verre et
du cristal : « Les ouvriers qui travaillent à ce bel et noble art sont
tous gentilshommes, et ils n'en reçoivent aucun qu'ils ne le connaissent pour tel. » A cet égard, cet auteur ne mérite pas plus de
créance que pour d'autres assertions de son livre. Toutefois, ce
qui donne lieu à l'erreur de Haudiquer de Blancourt, c'est qu'effectivement des gentilshommes avaient obtenu des priviléges pour
établir des *grosses verreries* (verreries à bouteilles), priviléges
portant qu'ils pourraient exercer cet art sans déroger à leur noblesse. Antoine de Brossard, seigneur de Saint-Martin et de Saint-
Brice, écuyer de Charles d'Artois, comte d'Eu, prince du sang
royal, obtint de ce prince, en 1453, « une concession de verrerie
dans tout son comté d'Eu pour travailler ou faire travailler *au
gros verre,* avec promesse de n'en souffrir établir aucune autre
dans son comté. » M. de Brossard, en mariant sa fille à M. de Caqueray, lui donna en dot la moitié de son droit, et c'est ainsi que
M. de Caqueray devint gentilhomme verrier. Quelques autres familles nobles, telles que les Vaillant, les Virgile, les de la Mairie,
de Sagrier, de Bongard, obtinrent de semblables priviléges. Mais
ce privilége consistait à ne pas déroger et à pouvoir exercer cette
industrie sans concurrence, dans un certain rayon. Quelques
membres de ces familles nobles, se trouvant sans fortune, ont pu
honorer et ont en effet *honoré* la canne du souffleur; et, dans ce
cas, ces messieurs arrivaient au four *l'épée au côté;* mais ce n'est
qu'accidentel et local; des gentilshommes ont pu être et ont été
verriers, mais tous les verriers n'étaient pas gentilshommes.

Il est un autre préjugé assez généralement répandu, relatif à l'insalubrité de la profession de verrier. On croit que ces ouvriers, exposés à une grande chaleur, et ayant souvent et longtemps les yeux fixés sur le four incandescent, sur le verre en fusion, meurent jeunes et deviennent aveugles : cela est tout à fait inexact. La salubrité des ateliers est incontestable, l'air y est constamment renouvelé par le fait de la combustion et du tirage. Les vapeurs sulfureuses ou arsenicales qui pourraient provenir de la houille ou de la composition du verre, sont emportées par le courant. Resterait donc le rayonnement du calorique comme cause délétère et que ne peuvent supporter les personnes qui viennent accidentellement dans une verrerie, mais auquel les verriers et autres personnes employées dans l'usine s'habituent aisément, et qui n'entraîne jamais d'état morbide. Les verriers transpirent beaucoup, mais comme ils travaillent au milieu d'un air constamment en mouvement, ils ne souffrent pas comme les moissonneurs exposés au soleil par une journée calme. Je n'ai jamais appris qu'un verrier près du four soit tombé anéanti par la chaleur ainsi que cela arrive à ceux-ci.

Cette transpiration abondante les force seulement à user souvent d'une boisson légèrement acidulée ou mieux un peu alcoolisée, comme de l'eau avec très-peu de vin, de l'eau et de la bière ; du vin pur ou même de la bière pure les mettrait bientôt hors d'état de continuer leur travail. C'est une justice que nous sommes heureux d'ailleurs de rendre aux verriers en général, aussi bien à ceux qui soufflent le verre que le cristal et les bouteilles : il est presque sans exemple de voir arriver un ouvrier ivre à son travail, ou de voir un verrier s'enivrer pendant son travail, et si quelque cas rare se présente, qu'un verrier soit sujet à faire exception, il est méprisé par ses camarades mêmes. Je ne parle ici que de la France. Il n'en est pas tout à fait ainsi dans d'autres pays, en Angleterre, par exemple. Il y a des verreries où les verriers entre eux s'imposent des amendes qui frappent celui qui arrive au travail quand il est déjà commencé, ou qui dans la suite du travail deviendrait incapable de le continuer pour cause d'ivresse. Les verriers ont en général un assez grand respect d'eux-mêmes, et ce sentiment louable a d'excellents résultats dans la bonne tenue des ateliers et la bonne confection du travail. Ce témoignage, que nous nous plaisons à leur rendre après avoir pendant près de quarante ans vécu avec eux, nous a fait perdre de vue un instant ce que nous avions à dire en faveur de la salubrité de leur travail. Nous ajouterons que les verriers ont seulement des précautions à prendre en raison de leur abondante transpiration, qui pourrait être brusquement arrêtée, surtout en hiver, quand ils quittent leur travail. Aussi ne manquent-ils pas de se couvrir alors suffisamment pour se garantir de l'air extérieur. La chaleur du four agit seulement d'une manière sensible sur quelques ouvriers ayant une peau plus délicate, et dont le nez et la joue qui se présentent au feu sont légèrement excoriés et rouges, mais la santé n'en est nullement altérée ; et je puis attester que non-seulement il n'y a aucune maladie qui soit spéciale aux verriers, ce qu'ont reconnu tous les médecins qui, à ma connaissance, leur ont donné des soins, mais ils jouissent généralement d'une bonne santé. J'en ai connu un grand nombre ayant exercé leur état jusque dans un âge avancé, un grand nombre d'autres qui n'avaient cessé de souffler que parce qu'ils s'étaient acquis par leurs économies la faculté du repos, et dans ma longue carrière de verrier je n'ai connu qu'un souffleur devenu aveugle dans sa vieillesse par suite d'une cataracte.

Une seule chose est à regretter dans le travail des verriers, c'est l'âge trop précoce où les enfants commencent à servir les verriers comme gamins : le développement physique et intellectuel de ces enfants ne peut que souffrir de cette vie irrégulière, où parfois le jour est consacré au sommeil, tandis qu'il faut travailler de nuit ; De certaines constitutions en sont altérées. Puis on ne peut guère demander à des enfants qui ont passé une partie de la nuit au four, d'aller à l'école pendant le jour. Il y en a, en conséquence, bon nombre d'illettrés. On arrivera, je l'espère, à retarder de quelques années l'admission des enfants au travail des fours, et à régler ce travail de manière à ne souffler le verre que le jour, ce qui, d'ailleurs, sous bien des rapports, sera dans l'intérêt du maître de verrerie. Les lois sur le travail des enfants et sur l'instruction primaire, une plus grande sollicitude de l'autorité et des chefs de fabrique, ont déjà amené de grandes modifications à cet état de choses regrettable.

J'ai parlé des verriers proprement dits. Il y a ensuite, ainsi que nous l'avons dit, les ouvriers qui sont spécialement attachés aux verreries, tels que potiers, fondeurs, tiseurs, etc., qui ne sont pas

rétribués par un salaire aussi élevé, et dont l'importance cependant est bien grande. Nous avons déjà dit quels soins demandait
la fabrication des pots, quelles ruineuses conséquences pouvaient
résulter de pots mal confectionnés. Un bon tiseur, un bon fondeur
sont aussi des ouvriers précieux, et non communs. Un bon tiseur
peut avec une quantité moindre de combustible porter le four à
une température plus constante et plus élevée. Du soin et de l'intelligence du fondeur à opérer ses renfournements en temps opportun résultera la bonne réussite de la fonte. Ils contribuent donc tous
dans une proportion non minime au succès ou à l'insuccès des
opérations. Ces ouvriers, généralement plus modestes que les verriers, ont aussi des habitudes plus économiques, et, quoique avec
des salaires communément peu supérieurs à la moitié de ceux des
verriers, élèvent aussi honorablement leur famille, tout en détachant encore une parcelle de ce modeste salaire pour l'épargne.

En terminant ce chapitre, nous devons dire que, dans la plupart
des verreries, les administrateurs peuvent être signalés par leur
sollicitude éclairée pour le sort de leurs coopérateurs à tous les
degrés. Cette sollicitude s'étend à une salle d'asile pour le premier âge, à l'instruction et à la moralisation des enfants, à la salubrité des ateliers et des habitations, à l'approvisionnement à bon
marché des ménages, aux soins médicaux, à l'épargne et à la
prévoyance pour la vieillesse. J'ajouterai que ces œuvres, très-
louables en elles-mêmes, ne sont pas d'ailleurs étrangères au
succès de l'entreprise.

CHAPITRE VI.

DES DÉFAUTS QUI SE TROUVENT DANS LE VERRE.

Notre premier livre traitant du verre en général, nous croyons devoir consacrer un chapitre à l'examen des défauts qui peuvent se trouver dans toutes les sortes de verre, à savoir les *bulles*, les *points* ou la *mousse*, les *larmes*, les *fils* ou *filandres*, les *ondes*, les *cordes*, les *stries*, les *nœuds*, la *graisse*, la *gale*. Nous allons donc entrer dans la discussion des causes qui produisent ces défauts, et des moyens d'y remédier.

Bulles ou bouillons. — Nous ne parlerons d'abord que des bulles ou bouillons d'une certaine dimension, soit par exemple de un millimètre et au-dessus de diamètre, et non de ces très-petites bulles, qu'on nomme en verrerie points ou mousse, dont il sera question ensuite. La présence des bulles dans le verre s'explique par le dégagement des gaz qui accompagnent la fonte du verre. Ces gaz sont de plusieurs sortes. Il y a d'abord l'air atmosphérique qui se trouve enfourné avec la composition, puis surtout le dégagement des acides qui neutralisaient les bases, et qui deviennent libres par l'union de ces bases avec la silice. Soit, par exemple, un verre composé de silice, de carbonate de soude ou de potasse, et de carbonate de chaux[1]. La vitrification aura donné lieu au dégagement de l'acide carbonique de la soude ou de la potasse et de la chaux. Si la composition avait été faite avec du sulfate de soude ou du carbonate de chaux, auxquels on aura dû ajouter du charbon pilé, le sulfate de soude aura d'abord été décomposé, transformé en carbonate, puis ce carbonate lui-même aura cédé sa base à la silice, et il y aura eu dégagement d'acide sulfureux ou sulfurique, suivant la quantité de charbon employée et d'acide carbonique. Il est rare qu'on emploie la quantité de charbon nécessaire pour décomposer tout le sulfate de soude, parce qu'un

[1] Même dans le cas où on emploie la chaux vive éteinte, elle ne tarde pas à absorber une certaine portion d'acide carbonique.

faible excès de charbon suffirait pour produire du verre jaune, et qu'on préfère ainsi se tenir en deçà plutôt qu'au delà de la dose de charbon nécessaire. Il reste donc toujours une certaine quantité de sulfate non décomposé qui monte à la surface sous forme de *sel* ou *fiel de verre*, ou qui peut rester en partie renfermé dans le verre à l'état gazeux, ainsi que l'a constaté Bosc Dantic dans son mémoire de 1758.

Dans la fonte du cristal, il y a dégagement d'air atmosphérique, d'oxygène du minium (celui-ci passant à l'état de massicot ou protoxyde) et d'acide carbonique de la potasse.

Toutes ces bulles de diverses natures arrivent en un certain temps à la surface du verre, et si elles se trouvent dans le verre quand on le travaille, c'est qu'on n'aura pas continué la fonte assez longtemps, qu'elles n'auront pas pu toutes se dégager. Il suffira souvent, quand en commençant le travail on s'apercevra de la présence d'un grand nombre de ces bulles, d'arrêter le travail, de reboucher partiellement les ouvreaux, et de réchauffer le four pendant une heure ou deux pendant lesquelles les bulles monteront à la surface.

On donne plus particulièrement le nom de *bouillons* aux bulles qui résultent d'un défaut de soin de l'ouvrier verrier ; ainsi, par exemple, le verrier qui, pour fabriquer une certaine pièce, doit faire deux ou trois cueillages de verre, peut enfermer de l'air entre deux cueillages et donner lieu ainsi à des bouillons. Si un premier cueillage a touché quelque corps étranger susceptible de se volatiliser avant de replonger dans le pot, l'ouvrier aura ainsi donné naissance à des bouillons. Enfin, quand l'ouvrier cueille le verre et détache la portion qu'il a enroulée sur sa canne, le verre qui retombe sur le pot emprisonne le plus souvent une bulle d'air, qui, en raison du refroidissement de cette portion par le contact de la canne, ne se crève pas de suite ; et si l'ouvrier vient faire son cueillage suivant sur cette même place, il cueille naturellement ce bouillon.

Le verrier est donc responsable des bouillons, comme le fondeur est responsable des bulles, et cette responsabilité se traduit en amendes ou diminution de salaire.

Points ou mousse. — Les *points* ou la *mousse*, qui ne sont autre chose que des bulles extrêmement fines et très-rapprochées, sont de la même nature que les bulles ; mais elles constituent un

défaut bien plus grave ; car, quand elles se sont déjà réunies
pour former les bulles, c'est qu'elles se sont trouvées dans un
milieu plus liquide, d'où elles peuvent facilement achever de se
dégager, tandis qu'en restant à l'état de mousse, elles prouvent
que le verre est trop visqueux ; elles demeurent à l'état de gaz
naissant qui reste emprisonné dans la matière. Différentes causes
donnent lieu à du verre mousseux ; cela peut être la faute du fondeur : si son four n'a pas été assez chaud pendant les premières
heures de la fonte, la réaction des éléments de la composition
aura été lente à s'opérer, le verre aura été ce qu'on appelle rôti ;
une partie de l'alcali aura été vaporisé, et il en sera résulté un
verre moins tendre, que les gaz ne pourront pas facilement pénétrer et où ils resteront à l'état de mousse. C'est en vain que, dans
la suite de la fonte, le four aura été ramené à sa température
normale : le premier verre fondu manifestera son vice irrémé-
diable sur toute la potée ; rarement le fondeur réussira, en poussant ensuite son four plus que d'usage (et au risque d'avoir des
pots cassés), à rendre le verre assez liquide pour que cette première mousse arrive à la surface.

Le verre est mousseux quand la composition est trop dure, eu
égard à la chaleur qu'on peut obtenir dans un four ; ainsi, une
composition qui donne habituellement du bon verre pourra donner du verre mousseux par le fait d'un changement de houille.
La même composition peut donner un verre mousseux dans un
four et du beau verre dans un autre four, qui, étant plus âgé, a
un siége plus pénétrable à la flamme et chauffe davantage. Le
remède à la mousse est donc, dans ces cas, d'attendrir la composition, c'est-à-dire de mettre une plus forte dose de soude ou
potasse. *Règle générale*, un verrier aura toujours plus d'avantage
à faire sa composition plutôt un peu trop tendre qu'un peu trop
dure. Dans ce dernier cas, il allonge la durée de sa fonte et a souvent du verre mousseux et même difficile à travailler ; dans le
premier cas, au contraire, sa fonte se fait plus rapidement : le peu
d'alcali qu'il a pu mettre en excès, il peut en purger son verre
en prolongeant un peu sa fonte, et il obtiendra un verre bien
affiné et bon à travailler.

Le verrier ne pourra pas corriger ainsi son verre, lorsque la
mousse proviendra d'un défaut de construction dans son four. Si,
relativement à la qualité de la houille, la fosse n'est pas assez pro-

fonde, la couronne trop haute, les pots ne chauffent pas assez du bas, le verre ne fond que par le fait de la chaleur réverbérée sur la surface supérieure; mais jamais cette chaleur n'arrivera à liquéfier assez le verre qui est au fond pour que les gaz puissent se dégager; et, au fait, ouvrez le *logis* (voir, dans le chapitre III, la description du four), et vous voyez le jable et le fond du pot à peine rougis. Un tiseur habile pourra bien s'efforcer de conduire sa grille de manière à porter davantage la flamme sur les fonds de pot; il pourra y réussir en partie; mais, toutefois, le grand remède sera l'abandon de ce four, et sa reconstruction sur de meilleurs principes.

Il est un signe auquel les fondeurs et les personnes expérimentées reconnaissent que le four n'est pas dans les conditions convenables pour la fonte, soit qu'il n'ait pas été, avant de commencer les renfournements, amené à la température convenable, soit surtout que le four n'ait pas été construit dans des proportions en rapport avec la nature du combustible; on voit alors que le verre *fond plat* et non pas en *pain de sucre*. Expliquons ceci à ceux qui ne sont pas initiés à la pratique des verreries: quand on renfourne un pot, on ne met pas de la composition jusqu'au bord; mais toutefois on l'enfaîte au centre, de dix à vingt centimètres au-dessus du bord du pot. Si le four et le pot ont été amenés au degré de chaleur convenable, la composition se met peu à peu en fusion dans toutes les parties qui sont en contact avec le pot, plus encore que vers le faîte de la masse, parce que cette composition n'est nullement conductrice du calorique; et toute la composition descend à un niveau inférieur, tout en conservant sa forme. On dit alors que cela fond en pain de sucre, très-bon pronostic pour le succès de la fonte. Le bain de verre s'agrandit peu à peu autour du pot; mais il reste au centre un petit monticule, qui n'est fondu qu'à la surface, jusqu'à ce qu'enfin il prenne tout à fait son niveau, et alors tout est fondu au centre.

Si, au contraire, le fond du pot ne chauffe pas suffisamment, si le four a été mal préparé, si l'intensité de la chaleur de la flamme n'est développée que quand elle a passé la moitié de la hauteur du pot, alors la composition du bas du pot ne fond pas; il n'y a que la portion qui est à la surface qui reçoit le coup de feu, principalement par réverbération; la motte fondue s'affaisse; le verre *fond plat*, et la fonte ne gagne les parties centrales et inférieures que par communication de haut en bas ; la fonte dure plus longtemps ; l'on n'obtient ainsi que du verre *mal fin mousseux*, car la mousse n'a pas la force de se réunir en bulles et de gagner la surface du pot.

Il est enfin une autre mousse dont il est bien difficile de se garantir, qui affecte presque tous les verres ; qui, à la vérité, est peu visible, si ce n'est sous certaine inclinaison ; mais qui n'en est pas moins un défaut assez grave, surtout, par exemple, pour un verre blanc, ou légèrement teinté, destiné à faire des verres de lunette, pour lesquels on exige naturellement une pureté à peu près absolue : c'est la mousse résultant de la multiplicité des cueillages. Ne sait-on pas qu'il y a toujours dans l'air une infinité de petites poussières fines, invisibles, si ce n'est quand elles se trouvent dans un rayon de soleil traversant un espace moins éclairé ? Toutes ces fines poussières sont surtout de nature organique ; or, quand vous avez cueilli un premier verre, ces fines poussières s'attachent au verre, doivent être emprisonnées quand vous cueillez de nouveau , et, par leur combustion, donner lieu à cette mousse fine. Une preuve manifeste que cette mousse est due à ces petites impuretés saisies entre deux cueillages, c'est que si vous examinez un manchon de verre soufflé, ou la feuille après son étendage, vous trouvez la bande extrême opposée à la canne, c'est-à-dire celle qui a été ouverte au feu, exempte de cette mousse, parce que, par l'opération du soufflage, le verre des premiers cueillages est resté près de la canne, et que la partie extrême du manchon ne s'est trouvée formée entièrement que d'une partie du dernier cueillage ; aussi les opticiens qui viennent en verrerie chercher du verre pour faire des oculaires de longues-vues prennent-ils des bandes de dix à douze centimètres à l'extrémité des feuilles quand ils ne trouvent pas ces feuilles assez pures.

On peut, en grande partie, éviter cette cause de mousse en laissant refroidir son cueillage un peu plus qu'on ne le fait communément et en tournant ensuite son verre dans le four au-dessus du bain de verre pendant quelques secondes avant de le plonger pour un nouveau cueillage. On aura ainsi brûlé ces petites poussières jusqu'à n'en plus laisser trace. On doit d'ailleurs veiller à ce que la halle où l'on opère ait été bien balayée avant le travail, et à se garantir des vents passant sur des lieux où se trouverait de la poussière. Pendant des orages, alors qu'on ne peut pas se garantir des tourbillons amenant de la poussière, ce n'est pas seulement de la mousse qu'on voit, mais le verre devient bouillonneux ; et, par le fait de la poussière chassée sur les pots et par le fait de celle qui s'attache au verre cueilli, on est alors obligé de suspendre le travail.

Larmes. — Les *larmes* sont des gouttes qui proviennent de la vitrification des briques de la couronne. Après peu de temps de service, la surface intérieure de la couronne se *glace*, se vitrifie par le fait de l'évaporation des alcalis et de l'action des cendres ; peu à peu, cette action augmente, et surtout s'il s'ouvre quelque joint de brique, et au moment où le four est dans sa plus grande intensité de chaleur, le verre formé sur la surface de la couronne, quoique fort dur, devient toutefois assez liquide pour qu'il s'accumule jusqu'à former des gouttes qui coulent et dont quelques-unes peuvent tomber dans les pots. Ces gouttes, d'une nuance verdâtre, à la suite desquelles est un long fil, comme celui des *larmes bataviques*, ne se mêlent pas avec le verre, à cause de leur dureté ; et quand elles se trouvent sous un cueillage, elles gâtent complétement la pièce que ce cueillage devait produire.

Si on aperçoit une larme sur le dessus du pot, on *écrème* le verre pour l'enlever. Quant aux moyens d'éviter qu'il n'en tombe dans les pots, il faut d'abord, et surtout, avoir une couronne faite en bonnes briques, c'est-à-dire avec d'excellente argile bien exempte d'oxyde de fer ; il faut que cette couronne soit construite de manière à présenter une surface aussi unie que possible et à joints bien serrés. Mais enfin, quelque réfractaire que soit cette couronne, sa surface finira toujours par se vitrifier un peu : il faut donc, en outre, combiner la forme de la voûte de telle sorte que les larmes qui se formeront coulent le long de la paroi au lieu de s'en détacher. Quelques fours autrefois avaient leur couronne construite en *bonnet de prêtre* (c'était l'expression consacrée) : cette couronne était composée de quatre murs plats inclinés, se réunissant au centre en une petite voûte. Les larmes de cette petite voûte ne pouvaient tomber que dans la fosse, et celles qui se formaient sur les parois coulaient le long de ces parois sans pouvoir s'en détacher. Mais de tels fours étaient très-défectueux au point de vue de la réverbération. Pour éviter un défaut, on tombait dans un inconvénient plus grave, celui de ne pouvoir obtenir une aussi

grande intensité de chaleur. On a donc renoncé à cette forme, et
on tâche de combiner la courbe de la voûte du four, de telle sorte
que la partie de cette courbe se rapprochant le plus de l'horizontale soit au-dessus de la fosse, et la partie la plus près de la verticale au-dessus des pots; on évite ainsi beaucoup de larmes.
Nous supposons ici que la couronne, en forme d'arche de pont, soit
voûtée d'un côté à l'autre des ouvreaux. Si la voûte va de l'un à
l'autre tisard, la courbe ne pourra protéger que les pots de coin et
non ceux du milieu.

On a soin, quand on change les pots d'un four, au moment où la
couronne est le plus refroidie, de casser avec une pince en fer les
gouttes que l'on aperçoit au-dessus des pots. Je dirai, du reste,
qu'il y a un moment, dans les premiers temps de l'usage d'un
four, où l'inconvénient des larmes se fait plus sentir; puis ordinairement, elles prennent ensuite leur écoulement le long de la
couronne et ne tombent plus dans les pots.

Fils. — Les *fils* ou *filandres* sont des fils de verre étrangers à
la matière du verre en fusion, et qui proviennent soit des larmes
dont nous avons parlé, soit de la matière du creuset lui-même;
nous n'en parlerons donc pas davantage en ce qui concerne les
filandres qui sont à la suite des larmes, et quant à celles qui proviennent du pot, nous dirons que les pots bien fabriqués et en
bonne terre, quoique étant peu à peu rongés par la composition,
peuvent bien produire des stries, mais pas de filandres sensibles.

Ondes. — Les *ondes* indiquent un défaut d'homogénéité dans
le verre. Si, par exemple, on a fait un premier renfournement
dans un pot, et qu'ensuite le renfournement suivant ne soit pas
d'une composition parfaitement identique, il en résultera du verre
ondé. Si à un certain mélange de matières on ajoute du groisil
ne provenant pas de composition semblable, on a encore du verre
ondé. Signaler les causes du verre ondé, c'est indiquer le moyen
de les éviter. Il peut arriver aussi que le verre soit ondé à la suite
d'une fonte irrégulière pendant laquelle le four se sera refroidi,
ou bien un renfournement se sera fait trop attendre; enfin certains
fours d'une construction vicieuse, dans lesquels toutes les parties
des pots ne chauffent pas également, peuvent produire du verre
ondé. On peut souvent détruire ces ondes en *mâclant* le verre,
opération qui consiste à le brasser de bas en haut avec un fer
carré de six à sept centimètres, qu'on ne laisse pas chauffer assez

pour que le verre s'y attache; si on n'a pas assez brassé, on reprend un autre fer à mâcler.

Cordes. — Les *cordes* ressemblent aux ondes, mais elles vont jusqu'à faire saillie sur la pièce soufflée. Elles proviennent du refroidissement du four pendant le travail qui n'aura pas permis au filet de verre, qui tombe de la canne à la suite du cueillage, de se liquéfier complétement et de refaire corps homogène avec le verre du pot. Quand on vient cueillir de nouveau, le verre, qui ne s'est pas suffisamment liquéfié, qui est à une température différente de la masse du cueillage, ne se souffle pas à l'égal de cette masse et fait ainsi saillie sur ce verre. Le seul remède aux cordes est de réchauffer le four pour rendre le verre plus liquide.

Stries. — Les *stries* proviennent aussi du défaut d'homogénéité du verre. Nous avons dit que la composition attaquait toujours le creuset : il en résulte un verre très-chargé d'alumine, plus dur et d'une densité différente du verre que l'on fond. Ce verre alumineux n'est pas à chaque fonte en quantité suffisante pour produire des cordes ou des ondes, mais il donne lieu à de fines stries. Il y a aussi des stries qui proviennent des différents silicates qui composent le verre et qui ne sont pas d'égale densité; cette différence est surtout sensible dans la composition du cristal, qui est un silicate double de potasse et de plomb. La silice ne se combine pas simultanément avec la potasse et l'oxyde de plomb, dans les proportions où le mélange a été fait. Il en résulte des verres de densité différente, dont le mélange n'arrive jamais à être d'une homogénéité absolue, et d'où résultent des stries inévitables, mais toutefois peu sensibles dans les pièces fabriquées, quand les mélanges ont été faits avec soin. Nous verrons, quand nous parlerons des verres d'optique (livre VI), comment on peut détruire ces stries pour les verres destinés aux instruments d'optique.

Nœuds ou grains. — Les *nœuds* ou *grains* sont des points blancs plus ou moins gros, qui se voient quelquefois dans le verre et qui peuvent provenir de plusieurs causes. Quelquefois ce sont simplement des grains de sable qui se seront agglomérés, et qui ne se seront pas trouvés en présence d'un équivalent alcalin pour les vitrifier, ou bien, et surtout si l'on se sert de quartz pilé, il se sera rencontré un petit fragment qui aura échappé au tamis, et dont le volume aura été trop considérable pour se dissoudre. On pourra encore avoir des grains provenant de quelque petit fragment du creuset ou du flotteur. Ces grains ne sont pas blancs comme ceux provenant du sable. Enfin, il y a une autre espèce de grains, et c'est la pire espèce : elle provient, dans les verres faits avec des sulfates de soude, de renfournements faits en temps inopportun. Ceci demande explication : quand on fait dans les pots un premier enfournement de composition, on attend généralement, pour faire un deuxième renfournement, que le premier soit entièrement fondu. Mais il est à remarquer que quand ce premier enfournement est fondu, il monte à la surface une très-petite quantité de sulfate non décomposé, et dont on doit attendre l'évaporation par la chaleur avant de faire le deuxième enfournement; si, au contraire, on enfourne sur ce sel, on le divise en une multitude de petites parcelles dans lesquelles pénètre du sable, qui s'en trouve entouré et qui ne peut plus se vitrifier. Toute la masse du verre se trouve ainsi infestée d'une foule de petits grains blancs mélangés de sable et de sel, et dont l'inconvénient est non-seulement de produire des défauts sensibles dans les pièces de verre, mais de donner lieu à la rupture de ces pièces; car de ces points partent, en se refroidissant, des étoiles, c'est-à-dire des commencements de fente qui ne manquent guère de s'étendre. On évite ces points de deux manières : ou en faisant le deuxième enfournement quand le premier est presque fondu, mais avant toutefois que le sel ait commencé à monter; ou bien, si on a vu que le sel a commencé à monter, en attendant pour enfourner que le sel soit complétement dissipé.

Graisse. — Le verre *gras* ne se rencontre guère que quand il est composé avec une potasse mal purifiée contenant du sulfate, et qu'il y a absence de chaux, dans le cristal, par exemple. Ce verre, transparent et limpide quand on le cueille, se trouble quand on le travaille. Les alternatives de refroidissement et de réchauffage augmentent son apparence grasse laiteuse, et il est ainsi impossible de le travailler; il faut le tirer à l'eau, et ne le réemployer en groisils qu'en petite proportion. Si le verre qui tourne au gras n'est composé que de silice, potasse et chaux, on peut détruire cette disposition en le mâclant à la perche, c'est-à-dire en y introduisant à plusieurs reprises une perche dont la carbonisation décompose le sulfate et détruit ainsi la cause de la graisse.

Gale. — Certains verres, lorsqu'ils se refroidissent au delà d'un certain point, deviennent ce qu'on appelle *galeux*, c'est-à-dire que leur surface devient rugueuse, se couvre d'aspérités qui paraissent être du verre d'une autre nature. Le verre, dans cet état, cesse d'être malléable, il se souffle mal, ne s'étend pas ; on est obligé de cesser de le travailler. Les verres sujets à ce défaut sont les verres à vitres dans lesquels on a forcé la dose de chaux, ou qui, sans qu'on ait forcé cette dose, se trouvent contenir de l'alumine provenant ou du sable ou de la craie, ou du pot même. Ce verre ne manifestera pas toujours ce défaut ; mais si le travail du soufflage, par une circonstance particulière, se trouve durer plus longtemps que de coutume, ou que, par une autre cause, le verre se soit trop refroidi, alors ce défaut se manifeste, il devient impossible de le souffler ; il faut ou réchauffer fortement le four et recommencer le travail, s'il reste encore beaucoup de verre dans les pots, ou reprendre une nouvelle fonte, s'il reste peu de verre dans les pots.

Le verre à bouteilles, qui est toujours, par la nature de ses composants, très-chargé de chaux et surtout d'alumine, est sujet à devenir galeux ou à ce qu'on appelle tourner *en petit*. Aussi a-t-on grand soin de le maintenir aussi chaud que possible, pendant le travail. Le verre à bouteilles se travaille généralement tellement liquide, qu'il faut au moins trois cueillages pour une bouteille pesant 750 grammes. Sitôt que le verre se refroidit et se décompose, cette décomposition est un commencement de dévitrification, qui va faire l'objet du chapitre suivant. Nous devons ajouter toutefois que les bouteilles fabriquées depuis quelques années, contenant beaucoup moins de matières *terreuses*, sont aussi beaucoup moins sujettes à ce défaut.

CHAPITRE VII.

DÉVITRIFICATION.

Tous les verres, lorsqu'on les fait passer d'une façon très-lente de l'état liquide au refroidissement complet, sont plus ou moins sujets à perdre leur transparence et à se transformer en une substance semblable à une poterie dont la cassure n'est plus pareille à celle du verre, mais fibreuse, et à laquelle on a donné le nom de *porcelaine de Réaumur*, du nom de ce physicien, qui, le premier, fit des observations sur cette modification du verre, qui est réellement une *dévitrification*, puisqu'il perd dans ce changement les principaux caractères du verre.

Depuis les mémoires de Réaumur sur ce sujet, sir James Hall a décrit des expériences très-curieuses qui se rattachent au phénomène de la dévitrification. M. d'Artigues a fait un mémoire très-intéressant sur la dévitrification, qu'il a lu à l'Académie des sciences, le 30 floréal an XII. Personne n'était plus apte à jeter la umière sur ce phènomène que cet habile verrier, qui était en même temps un savant distingué; il est seulement à regretter qu'il se soit borné à un petit nombre d'observations, se réservant sans doute de donner un plus grand développement à ce sujet dans l'ouvrage qu'il se proposait de faire sur l'art de la verrerie, que nul ne pouvait nous faire connaître mieux que lui, dans l'état où il se trouvait au commencement de ce siècle; projet qu'il n'a malheureusement pas mis à exécution.

Le phénomène de la dévitrification ne pouvait manquer d'attirer l'attention de nos savants; aussi M. J. Dumas s'en est-il occupé dans le chapitre VERRE de la *Chimie appliquée aux arts;* et M. J. Pelouze a fait, en 1855, un mémoire sur la dévitrification du verre, qui est le résultat de ses expériences dans la fabrique de Saint-Gobain. Tous ceux qui voudront avoir des notions sur la dévitrification devront lire les auteurs que je viens de citer. Je vais, toutefois, hasarder d'y joindre mes propres observations et le résultat de ma longue pratique, ne croyant pas devoir m'abstenir de relater des faits déjà énoncés avant moi.

J'ai dit en commençant que tous les verres étaient susceptibles de se dévitrifier ; mais pas avec la même facilité. Ce phénomène s'opère d'autant plus rapidement que le verre contient plus de bases *terreuses*, c'est-à-dire de la chaux, de l'alumine, de la magnésie, etc. ; aussi le verre à bouteilles est-il celui dont la dévitrification est la plus facile et qui a dû donner lieu au plus grand nombre d'observations.

Pour peu que la chaleur du four ne soit pas maintenue suffisante pendant le travail des bouteilles, le verre devient *galeux*, ainsi que nous le disions dans le chapitre précédent ; on est obligé de cesser de souffler et de réchauffer le four pour reprendre le travail. Cette gale est un commencement de dévitrification ; et si on examine le verre qui est resté au fond des pots de bouteilles, quand ils sont retirés du four, on verra que ce verre est complétement dévitrifié et tout semblable à une poterie grossière, à tel point que, si on casse ces fonds de pot, on peut à peine distinguer ce qui était du verre, de la matière même du creuset.

Nous avons vu également que le verre à vitres, s'il contenait une proportion trop forte de chaux, ou si le four devenait trop froid pendant le travail, devenait *galeux*, c'est-à-dire commençait à se dévitrifier. Si dans un four à étendre, où la température est portée au degré nécessaire pour ramollir le verre, vous laissez pendant quelques jours dans un coin des débris de *lagre* (les feuilles de verre sur lesquelles on étend les autres), ou de feuilles cassées et que vous les retiriez ensuite, ces débris sont devenus d'un blanc opaque comme de la porcelaine. Si l'exposition à la chaleur n'a pas été assez longue, la dévitrification a commencé par les deux surfaces et s'est manifestée par une cristallisation en aiguilles, partant des surfaces, et au milieu desquelles se trouve encore une couche de verre transparent. Quand la transformation est complète, les aiguilles se sont rejointes des deux parts ; on ne voit plus qu'une feuille blanche entièrement opaque. J'ai des échantillons de dévitrification composés de fragments de feuilles de verre accolés l'un à l'autre provenant de caisses de verre incendiées dans le fameux incendie de Hambourg. Dans ces échantillons, les feuilles, quoique adhérentes les unes aux autres par le fait de la chaleur qu'elles ont éprouvé), sont cependant distinctes, par le fait de la dévitrification plus avancée sur la surface qu'à l'intérieur, et la surface de quelques-unes a été noircie par le fait de la combustion du foin ou de la paille qui servait d'emballage. Je dépose au Conservatoire des arts et métiers l'un de ces échantillons.

Sauf le verre à vitres dévitrifié dans les fours à étendre, on est peu à même d'observer des accidents de dévitrification complète dans la verrerie de verre à vitres. Ainsi, les fonds de vieux pots de verre à vitres ne sont pas dévitrifiés, leur refroidissement a été trop rapide.

Les fours chauffés au bois donnaient lieu autrefois à beaucoup d'observations sur ce sujet, parce que le verre qui s'écoulait des pots et tombait dans la fosse pouvait s'y loger dans des interstices et produire des échantillons très-curieux. Mais dans les fours à charbon, le verre qui tombe des pots s'écoule sur la grille et ne reste pas ainsi dans le four.

Le cristal se dévitrifie plus difficilement ; mais, enfin, il obéit aussi à cette loi. Si vers l'entrée d'une arche à recuire, il tombe une pièce de cristal en dehors du chariot et qu'elle reste pendant un certain nombre de jours à cette place, la dévitrification ne manque pas de se manifester. Dans ces exemples de dévitrification, il se présente, pour les verres qui contiennent de l'oxyde de manganèse, un fait assez curieux : tandis que l'intérieur de la pièce a passé du blanc transparent au blanc opaque de porcelaine, la surface s'est revêtue d'une teinte violet-rose d'une épaisseur inappréciable et comme couchée au pinceau ; ce qui montre que, pendant le long espace de temps où le verre était à l'état mou, l'oxyde de manganèse, combiné dans le verre de la surface, a pu absorber de l'oxygène pour passer à l'état de peroxyde et produire cette teinte violette. Je dépose également au Conservatoire un échantillon de ce fait curieux.

Le verre qui serait le moins sujet à se dévitrifier serait celui qui ne contiendrait que silice et soude ou potasse ; mais un tel verre ne se fabrique pour aucun usage.

Cette assertion est contraire à celle qu'énonce M. Pelouze dans un mémoire qu'il a lu dans la séance du 14 janvier 1867 de l'Académie des sciences. Dans ce mémoire, M. Pelouze cite des expériences d'où il conclut « que les phénomènes de la dévitrification sont surtout dus, toutes choses égales d'ailleurs, à de fortes proportions de silice. »

Dans ces expériences, M. Pelouze montre, en effet, qu'en augmentant la proportion de silice, d'une certaine composition, il a rendu le verre d'une dévitrification plus facile ; mais je suis persuadé que ce n'est pas à la silice qu'il faut attribuer cet effet. Quand un verrier a des accidents de dévitrification dans la fabrication du verre à vitres ou des bouteilles, ce n'est pas la silice dont il diminue la proportion, mais la chaux. Dans les expériences que cite M. Pelouze, le verre est devenu plus facilement dévitrifiable par l'augmentation de la dose de silice ; mais la composition à laquelle on a ajouté de la silice contenait une forte proportion de chaux, et cette chaux a naturellement manifesté davantage son pouvoir de dévitrification à mesure que le verre est devenu plus dur. Si M. Pelouze eût fait ses expériences sur un verre contenant peu de chaux, ou mieux, n'en contenant pas du tout, je suis convaincu qu'il aurait eu un verre plus rebelle à la fusion, contenant de plus des grains de sable, mais toujours transparent.

Je crois devoir revenir ici sur un exemple de dévitrification que j'avais observé, et au sujet duquel M. J. Dumas m'a fait l'honneur de me citer, p. 552, tome II, de la *Chimie appliquée aux arts*. Ce verre était composé de 100 de silice et 40 de carbonate de soude. Je voulais faire du crown pour l'optique ; mais, par une longue exposition au feu, ce verre perdit sa transparence.

Involontairement, j'avais fait à M. Dumas une déclaration inexacte en ce sens que j'avais donné le nom de carbonate de soude au *sel de soude* du commerce, qui, surtout à cette époque, n'était généralement pas supérieur à 72 ou 74 degrés, c'est-à-dire que ce sel de soude ne contenait réellement sur 100 que 72 parties de carbonate de soude, les 28 parties restant étant un peu d'eau, un peu de chlorure de sodium, et surtout du sulfate de soude. Ce sont ces sels dont la présence a dû amener un état d'opalisation plutôt que de dévitrification.

Après avoir dit dans quelles circonstances s'opèrent les phénomènes de dévitrification, il s'agit de définir ce qui donne lieu à ces phénomènes. Or, évidemment, la *dévitrification* est le résultat de la *cristallisation* du verre. Quand le verre est entièrement fondu, si vous le laissez en repos, tout en le maintenant à une température où il est liquide, il s'opère dans la masse un mouvement des molécules qui précède la dévitrification ; si le verre n'est pas de ceux qui se dévitrifient aisément ; si, d'ailleurs, l'état liquide n'a

pas été assez longtemps prolongé, il y a toutefois une modification sensible dans la contexture du verre. La tendance à la cristallisation se manifeste par un état gélatineux, état que l'on
rend plus visible en polissant deux faces parallèles. Si le verre
est dans des conditions de dévitrification facile et que les circonstances du refroidissement soient favorables, il se forme à la surface une croûte opaque, de laquelle partent des aiguilles cristallines, dont la couche augmente constamment d'épaisseur; et,
d'autre part, il se forme à l'intérieur de la masse tantôt des sortes
d'étoiles composées d'aiguilles convergeant vers le centre, tantôt
de petits solides à six faces convergeant vers deux pôles aplatis,
ressemblant à des graines de capucine, comme dans la figure 37.
Plus on prolonge l'épreuve du refroidissement, plus la couche
supérieure devient épaisse, plus le nombre des étoiles ou graines
s'augmente; au lieu d'étoiles ou graines d'un petit volume, il se
forme des sortes de rognons de plusieurs centimètres; et enfin,

Fig. 37.

toute la masse du verre finit par former une masse homogène,
fibreuse, opaque. Il est plus facile d'obtenir une dévitrification
complète, une porcelaine de Réaumur, que d'arrêter ce travail de
dévitrification dans cet état qui présente les cristaux bien formés,
prouvant que ce phénomène de la dévitrification n'est dû qu'à la
cristallisation du verre. Je suis heureux de pouvoir déposer des
échantillons de ces cristaux que j'ai obtenus en laissant refroidir
lentement des pots de verre à vitres dans des fours hors de service.
Je dépose aussi un fragment de verre dévitrifié, provenant du cabinet de M. Sage, à la surface duquel se trouvent des cristaux en
aiguille et des cristaux en prismes basaltiques à six pans; c'est le

plus curieux spécimen de verre cristallin que j'aie vu ; il est probable qu'il a dû être trouvé dans un fond de pot laissé dans un
four qu'on aura voulu refroidir très-lentement, et dont la surface
aura été protégée par l'interposition d'un fragment de creuset
qui l'aura couvert sans le toucher.

La dévitrification est donc le résultat de la cristallisation du verre ;
à ce sujet il n'existe pas le moindre doute. Mais comment a lieu
cette cristallisation ? S'opère-t-il dans ce travail une séparation
d'un ou plusieurs éléments du verre par laquelle un certain silicate cristallise en abandonnant aux parties non cristallisées les
éléments qui se sont séparés ? ou bien est-ce le verre lui-même
dans tous ses éléments dont la cristallisation commence en divers
points à la faveur de certaines circonstances de température ? De
même que la cristallisation dans les liquides est hâtée par des
fils, de petites baguettes, ne pourrait-on pas penser que, dans le
verre, cette cristallisation peut être favorisée par une strie, une
bulle, un grain de sable ? Ce qui corrobore cette probabilité, c'est
que, lorsque, dans une potée de verre que j'abandonnais dans un
four clos pour y produire des dévitrifications, je jetais un fragment de brique dans le pot, l'inspection de la masse refroidie
montrait que la cristallisation s'était d'abord manifestée dans les
points de contact avec la brique. De telles questions sont du
domaine de la science pure, un praticien ne peut y apporter que
le contingent des faits qu'il a observés ; or, je dois dire que tout
me porte à croire que les cristaux qui se forment dans la masse
d'un verre sont identiques avec cette masse, non pas comme disposition de molécules, mais comme composition ; et voici mes
principaux arguments :

1° Lorsqu'un cristal se forme au centre d'une masse de verre,
si une certaine portion de ses éléments abandonne la partie qui
cristallise, que deviennent ces portions qui l'abandonnent ? Si c'est
de la chaux, elle ne doit pas pouvoir s'unir au verre ambiant et doit
apparaître à son état de chaux ; mais ce n'est pas de la chaux qui
se sépare ; car, au contraire, la chaux ajoute à la tendance que le
verre a à cristalliser : ce serait donc de la soude ou de la potasse
qui se sépareraient du cristal. Mais serait-ce à l'état gazeux ? On
verrait alors le cristal environné de bulles ; or, la grande généra-
lité des cristaux que j'ai vus, et dont je dépose des échantillons,
sont en contact immédiat avec la masse de verre sans présence de

bulles. Que si la soude ou potasse s'est ajoutée à la soude ou potasse existant dans la masse non encore dévitrifiée, cette quantité
excédante n'a pu toutefois s'étendre bien loin ; car, remarquons-
le bien, le verre dans lequel se forment ces cristaux n'est pas très-
liquide, il est pâteux. Or, il me semble que ce verre touchant le
cristal, et qui se trouve chargé d'un nouvel excédant d'alcali, devrait revêtir un aspect un peu différent, ne fût-ce que par des stries
très-marquées ; or, le verre qui touche aux cristaux paraît être de
la même pureté exactement que celui qui en est un peu plus
éloigné.

2° Lorsque l'on abandonne un pot contenant une certaine
quantité de verre dans un four que l'on bouche pour en opérer
lentement le refroidissement, c'est la surface qui, refroidissant le
plus promptement, se dévitrifie et se solidifie la première ; puis,
il se forme dans l'intérieur de la masse des cristaux en étoile, ou
des cristaux en forme de graine de capucine dont nous avons
parlé, des rognons. A mesure que l'opération se prolonge, ces
cristaux ou rognons deviennent plus abondants, plus gros. Nous
émettons ce fait parce que nous avons retiré des pots à divers états
d'avancement de cristallisation. Mais, si des portions d'alcali se
séparent à mesure que cette cristallisation s'avance, que deviennent
donc ces portions d'alcali qui ne peuvent s'échapper à l'état gazeux,
la surface du pot étant alors solidifiée ? Enfin, si l'opération est
poussée jusqu'au bout, la dévitrification est complète, la masse
est homogène ; il n'y a plus de partie transparente, tout a été
cristallisé. Or, comme aucun des éléments n'en est sorti, cette
masse qui, dans sa dévitrification, a une telle apparence d'homogénéité, serait donc composée de diverses natures de cristaux ?
Cela me paraît bien peu vraisemblable.

Le verre dévitrifié devient tout à fait semblable au whinstone et
autres pierres volcaniques sur lesquelles sir James Hall a fait ses
expériences. Ainsi qu'il l'a observé, et que nous avons déjà constaté le fait, page 107, ces produits volcaniques fondent à l'état de
verre, et si ce verre est soumis à un refroidissement lent, le travail de la cristallisation s'opère de nouveau, la dévitrification
devient complète, et ce verre reprend l'état où il avait été trouvé
dans la nature.

3° Lorsqu'un verre en travail commence à se dévitrifier, devient galeux, il suffit de le réchauffer pour qu'il reprenne l'état

dans lequel il se trouvait auparavant ; or, l'élément qui se serait déjà séparé serait donc réabsorbé par le fait du réchauffage ? Cela n'est pas probable ; et si cet excès d'alcali abandonné s'était évaporé, comment le verre qui en serait privé reprendrait-il sa forme, sa consistance première, se travaillant aussi aisément ?

4° Ayant réuni un certain nombre de rognons cristallisés dans une masse de verre à vitres refroidie lentement, j'ai fondu ces rognons et j'ai obtenu un verre transparent semblable à celui dans lequel s'étaient formés ces rognons ; et, dans cette nouvelle fonte refroidie, il s'est formé de nouveaux rognons semblables aux premiers. Sans doute, les premiers rognons et ceux de la fonte suivante n'eussent pas donné les mêmes résultats à l'analyse, mais cela tient à ce que, ainsi que nous l'avons fait remarquer à l'article *Groisil* (pages 107 à 109), à chaque fonte le verre perd une portion de son alcali et devient plus dur ; mais, je le répète, ces rognons, dans la première et la deuxième fonte, ne sont que le commencement d'une cristallisation et dévitrification complètes et homogènes. Mais si tous les verres sont susceptibles de se dévitrifier, de cristalliser, quelle que soit leur composition, sans donner lieu à des modifications de leur composition, il s'ensuivra donc que les cristaux du verre ne sont pas toujours un composé en proportions définies ? A cette question, je répondrai que les analyses des verres prouvent que ces proportions définies se rencontrent rarement ; que souvent même des verres dont la qualité est très-bonne s'éloignent plus de ces proportions définies que d'autres verres d'une qualité moins bonne ; or, s'il n'y a pas nécessité de proportions définies pour la constitution du verre, pourquoi la dévitrification ne pourrait-elle pas s'opérer dans les mêmes conditions ?

Les conclusions du mémoire de M. J. Pelouze, conformes à mes observations, donnent un grand poids à ma conviction. J'avouerai même que c'est sous la protection d'une telle autorité que j'ai osé émettre une opinion dans une telle question. En effet, une autre autorité bien imposante serait contraire à ces conclusions. M. J. Dumas dit, en effet, dans sa *Chimie appliquée aux arts* : «Dans la solidification lente du verre, il s'établit un partage des éléments au moyen duquel un silicate défini se cristallise et se sépare ainsi de la masse restante.»

M. Dumas cite l'analyse suivante qu'il a faite d'un tube de

verre à bouteilles dévitrifié par M. Darcet à la verrerie de la
Gare :

Silice...........................	52	= 27 oxygène.
Alumine.......................	12,0	= 5,6 } 7,6
Sesquioxyde de fer et de manganèse..	6,6	= 2,0 }
Chaux............................	27,4	= 7,6 } 7,8
Perte ou potasse................	2,0	= 0,2 }

.« En comparant cette analyse avec celle du verre à bouteilles
ordinaire, on voit que, s'il reste de la potasse, la quantité s'en
trouve au moins réduite au tiers ou à la moitié de la quantité
ordinaire. »

M. Dumas a comparé l'analyse de ce tube avec celle d'un verre
à bouteilles ordinaire ; mais si ce n'est pas avec le verre même qui
avait produit ce tube dévitrifié, on ne peut pas conclure, car il y
a une grande diversité dans la composition des bouteilles ; et on
conçoit que des bouteilles non dévitrifiées eussent pu fournir
aussi l'analyse que donne M. Dumas.

M. Dumas dit d'ailleurs que M. Darcet a trouvé que le verre à
bouteilles se dévitrifiait sans changer de poids, ce qui rentre dans
les observations de M. J. Pelouze.

A la vérité, M. Dumas, p. 553, cite les deux analyses suivantes
de parties transparentes et de portions cristallisées, provenant
d'une même masse qui existe dans le cabinet de l'Ecole polytechnique :

	Portion transparente.	Portion cristalline.			
Silice......	64,7	68,2	= 36,14	oxygène.	
Alumine...	3,5	4,9	2,28	—	
Chaux.....	12	12	3,3	—	} 8,39
Soude.....	19,8	14,9	5,8	—	
	100	100			

Ces deux analyses seraient certes un argument assez puissant,
mais je ferai observer toutefois (parce que je pense avoir fourni
cet échantillon à l'Ecole polytechnique) que souvent, pour faciliter la cristallisation du verre dans un pot laissé dans un four
bouché, je jetais sur le pot, avant de le boucher, une pelletée
d'argile très-siliceuse ; et si l'analyse du verre cristallisé a été faite
sur la partie dévitrifiée de la surface, il ne serait pas surprenant
qu'elle eût été différente de l'analyse du verre des couches inférieures. Il faudrait comparer l'analyse des étoiles ou rognons des

couches inférieures avec celle du verre environnant ces rognons.

Enfin, je pense que même certains cas d'analyse indiquant des différences entre du verre cristallisé et du verre transparent d'une même potée, me paraîtraient insuffisants pour conclure au général en présence des autres arguments.

Il est toutefois constant que les phénomènes de la cristallisation et de la dévitrification du verre n'ont pas encore été suffisamment étudiés, et sont dignes des travaux suivis d'un habile chimiste. Malheureusement ce n'est pas chose facile ; on a bien rarement à sa disposition des fours à refroidir, des pots à abandonner avec du verre. De telles expériences sont coûteuses et ne peuvent pas être souvent renouvelées. Un chef d'établissement est absorbé par trop d'autres soins pour donner beaucoup de temps à de telles études. Il serait donc à désirer qu'une personne spéciale pût étudier ce sujet ; cette personne trouverait d'ailleurs dans une verrerie bien d'autres phénomènes à observer, qui ne lui feraient pas regretter de s'y être consacrée.

Après avoir en quelque sorte résumé les faits de dévitrification, il nous reste à parler de l'application qui pourrait en être faite à un point de vue industriel.

C'est en ce sens que la dévitrification avait attiré l'attention de Réaumur, qui, occupé alors de son travail sur la porcelaine, voulut en faire l'application à une fabrication de poteries ; et comme, pour opérer cette dévitrification de pièces fabriquées en verre sans les déformer, il était obligé, soit dans le four, soit dans le vase où on les mettait, de les poser dans un milieu réfractaire qui ne s'attachât pas aux pièces en verre, tel que du sable, du plâtre en poudre, Réaumur attribuait le phénomène de la dévitrification au milieu dans lequel il faisait *cémenter* le verre. Ainsi, il disait que le plâtre était un meilleur cément que le sable. Bosc d'Antic a fait aussi quelques études sur les matières qui pourraient être le mieux appropriées à la cémentation du verre. M. d'Artigues a tout à fait démontré l'erreur de Réaumur, et tous ceux qui depuis ont fait des expériences sur la dévitrification ont pu reconnaître l'inutilité de toute espèce de cément au point de vue du phénomène en lui-même.

M. Darcet a fait aussi des essais d'application de la dévitrification du verre, que cite M. Dumas (p. 548) : « M. Darcet, à qui tant de branches d'industrie doivent de si heureux perfectionnements, n'a point négligé celle-ci : il a fait en verre à bouteilles dévitrifié des camées, des carreaux d'appartement, des porphyres, des mortiers et des pierres colorées pour la mosaïque, dont les propriétés précieuses seront appréciées tôt ou tard. Qu'un fabricant habile monte ce travail avec soin, et l'on peut assurer qu'il en tirera bon profit. »

Et plus haut, M. Dumas dit encore : « En raison de ses propriétés, le verre dévitrifié peut remplacer la porcelaine dans presque tous ses usages. Ainsi, pour les besoins de la chimie, on peut faire des tubes, des cornues, des ballons, des capsules qui résistent au feu non moins aisément que les vases de porcelaine, qui sont aussi peu perméables que le verre ordinaire, qui résistent fort bien aux acides, et qui, enfin, peuvent s'obtenir d'une seule pièce sous mille formes variées, que le moulage de la porcelaine ne fournirait qu'avec peine. C'est une industrie à créer, et une industrie bien importante, car elle pourrait fournir des vases d'une poterie salubre, élégante, et d'un prix peu élevé. »

Un tel appel fait par un homme aussi éminent est certes de nature à tenter plus d'un jeune industriel, et il n'en est que plus important de poser, à côté de ces motifs d'encouragement, quelques arguments au point de vue des désavantages d'une telle industrie.

Le verre qui fournirait la base de cette fabrication devrait être composé de manière à se dévitrifier aisément; le verre à bouteilles est dans ce cas. Mais étant dévitrifié, il est d'une couleur peu agréable, qui ne pourrait le mettre en comparaison qu'avec des poteries grossières, et l'avantage du bon marché serait sans aucun doute pour ces dernières. On peut aussi dévitrifier assez aisément un verre de la nature du verre à vitres, pour peu que l'on force un peu la dose de la chaux, et ce verre dévitrifié sera d'un blanc opaque moins agréable que celui de la porcelaine, mais toutefois supérieur aux poteries ordinaires. Mais ces pièces faites en verre blanc, avant même l'opération de la dévitrification, ne seraient pas généralement d'un prix inférieur à celui de la porcelaine. On ne ferait certes pas en verre des assiettes à moins de 5 ou 6 francs la douzaine.

C'est dans l'opération de la dévitrification (la cémentation, comme l'appelait Réaumur) que résideront les principaux écueils de cette industrie. Cette opération sera coûteuse ; il faudra d'abord ranger toutes les pièces de verre dans des *casettes* avec du sable interposé, puis mettre ces casettes dans un four, où il faudra entretenir une température élevée pendant un temps assez long ; et c'est à la sortie des casettes du four que le fabricant doit s'attendre à bien des désappointements. Quelque soin qu'on ait pris dans l'arrangement des casettes, comme la température pour la réussite de l'opération a dû être suffisante pour qu'il y ait eu un faible ramollissement de la substance du verre, la grande majorité des pièces dévitrifiées se seront plus ou moins affaissées, malgré l'interposition du sable ou du plâtre, du *cément* comme on l'appelait, dont la seule utilité est de soutenir ces pièces. Ce changement de forme affectera surtout les pièces à anse, ou dont la section verticale présentera des parties surplombantes.

Un fabricant de verre de Sunderland, M. James Hartley, avait, à l'Exposition universelle de 1855, divers vases en verre à vitres dévitrifié qu'il avait exposé sous la dénomination de *verre de Ninive*. Cette dévitrification donnait en effet à ce verre une apparence d'antiquité ; et, suivant la remarque que je viens de faire, ces pièces étaient presque toutes plus ou moins déformées.

Ainsi donc, prix de revient élevé (beaucoup au-dessus de celui de la porcelaine), réussite assez chanceuse, tels seront les résultats inévitables de cette fabrication pour la plupart des pièces semblables à celles qu'on peut obtenir en poterie. La matière du verre dévitrifié sera d'ailleurs toujours moins réfractaire que la porcelaine ; elle ne se substituera donc pas avantageusement sous ce rapport aux tubes, cornues, etc., de porcelaine.

J'ai voulu, par les remarques précédentes, prémunir contre les écueils de la fabrication du verre dévitrifié ; mais loin de moi la pensée qu'il n'y ait aucune espèce de pièces qu'on puisse fabriquer avec cette curieuse et intéressante matière.

CHAPITRE VIII.

Nous avons dit, dans le chapitre précédent, que les analyses des verres prouvaient que rarement les éléments qui les composaient se trouvaient en proportions définies; sous ce rapport là déjà, il y a lieu de les examiner avec intérêt, mais il est un autre point de vue qui touche de plus près à la question industrielle : c'est celui de la relation entre l'analyse d'un verre et la composition qui a produit ce verre. C'est ce point de vue qui fixera surtout notre attention, parce que le fabricant peut avoir souvent un très-grand intérêt à connaître de quelle manière certain verre qu'on lui présente a été fait. La quantité de verres variés, dont je connaissais exactement la composition et dont une analyse exacte a été faite, a donné un certain degré de certitude aux déductions que je puis tirer de ces comparaisons. Cette habitude a dû, en outre, me rendre très-sceptique au sujet de certaines communications que l'on a considérées comme véridiques. Il n'est que trop vrai qu'un fabricant, consulté sur certains résultats de son travail, ne donne, le plus souvent, ou que des indications vagues, ou même tout à fait inexactes. Ainsi, M. Dumas, page 538, dit : « M. Perdonnet, qui a eu l'occasion de visiter une verrerie en verre de Bohême à *Neuvelt,* a bien voulu me faire connaître le dosage qu'on y emploie; c'est le suivant :

Quartz................	100
Chaux caustique........	50
Carbonate de potasse....	75

« Salpêtre, acide arsénieux, peroxyde de manganèse en quantités convenables. »

Je déclare qu'on a abusé de la bonne foi de M. Perdonnet, qu'il n'est aucune verrerie de Bohême qui emploie une semblable composition, où il y a environ deux fois plus de chaux et de carbonate de potasse qu'il n'est nécessaire. Je ne crains pas d'être démenti à cet égard par aucun verrier. Il en est de cette composition comme d'une partie de celles qu'a citées M. Bastenaire d'Audenard, dans un traité de la vitrification qui a paru en 1825, et qui étaient tout à fait inexactes, parce qu'elles lui avaient été aussi communiquées. M. Dumas ajoute : « Le verre pris dans cette verrerie par M. Perdonnet a été analysé par M. Gras, dans le laboratoire de l'Ecole des mines; cette analyse a donné :

$$
\begin{array}{lll}
\text{Silice.} \dots\dots\dots\dots & 71,6 = 37,10 & \text{d'oxygène.} \\
\text{Chaux.} \dots\dots\dots\dots & 10 = 2,81 \\
\text{Potasse.} \dots\dots\dots\dots & 11 = 1,86 \\
\text{Alumine.} \dots\dots\dots\dots & 2,2 = 1,02 \\
\text{Magnésie.} \dots\dots\dots\dots & 2,3 = 0,89 \\
\text{Oxyde de fer} \dots\dots\dots & 3,9 = 1,20 \\
\text{Oxyde de manganèse} \dots & 0,2 = 0,05
\end{array}
\left.\rule{0pt}{3em}\right\} = 7,83
$$

La silice contient à peu près cinq fois l'oxygène des bases : $7,83 \times 5 = 39,15$.

Je vois dans cette analyse le résultat d'un verre composé dans des conditions de dureté très-grande ; et, en raison de mes études de comparaison, je dirai, d'après cette analyse, que ce verre a dû être composé à très-peu près dans les proportions suivantes :

$$
\begin{array}{ll}
\text{Quartz.} \dots\dots\dots\dots & 100 \\
\text{Chaux caustique} \dots\dots & 17 \text{ ou craie } 31 \\
\text{Carbonate de potasse} \dots & 30 \text{ à } 33
\end{array}
$$

avec de petites proportions de salpêtre, acide arsénieux et manganèse, ce qui diffère immensément du dosage indiqué à M. Perdonnet. Quant à l'alumine, à la magnésie, à l'oxyde de fer de l'analyse, ils ont dû provenir du quartz, de la chaux et du creuset.

Les diverses analyses de verres à vitres, à glaces, de cristal, que cite M. Dumas, rentrent parfaitement dans les conditions normales de leur composition ; il en est une toutefois dont je révoquerais en doute l'exactitude ; c'est celle du cristal de Vonêche, faite par M. Berthier :

$$
\begin{array}{ll}
\text{Silice.} \dots\dots\dots\dots & 61 = 31,7 \text{ oxygène.} \\
\text{Oxyde de plomb} \dots\dots & 33 = 2,3 \\
\text{Potasse.} \dots\dots\dots\dots & 6 = 1
\end{array}
$$

Cette analyse indiquerait une composition faite à très-peu près dans les proportions suivantes :

```
Silice................  100
Minium.............   60
Carbonate de potasse...   15
```

Une telle composition fondrait bien difficilement et surtout en pots couverts, ainsi qu'il est dit que ce cristal a été produit ; et les nombreuses analyses que j'ai fait faire de cristal composé dans les conditions ordinaires de celui de Vonêche, qui était composé de :

```
Sable..................  100
Minium................   66,66
Carbonate de potasse.....   33,33
```

ne me laissent pas le moindre doute sur l'erreur de l'analyse de M. Berthier, à moins que cette analyse n'ait été faite sur un verre d'essai, fait dans un petit creuset d'un demi-kilogramme environ.

L'autre analyse de cristal que cite M. Dumas rentre bien dans les conditions ordinaires de la composition du cristal :

$$
\begin{array}{llll}
\text{Silice}.......... & 56 & = 29 & \text{oxygène.} \\
\text{Chaux}......... & 2,6 & = 0,72 \\
\text{Oxyde de plomb}.. & 32,5 & = 2,25 & \left.\right\} 4,47 \times 6 = 26,82 \\
\text{Potasse}........ & 8,9 & = 1,50 & \left.\right) \quad \times 7 = 31,29
\end{array}
$$

La présence de la chaux peut être attribuée à ce qu'on a pu employer un grès ou un sable qui contenait du carbonate de chaux, car il est bien rare qu'on ajoute de la chaux à la composition du cristal.

Parmi les analyses de verre à vitres que cite M. Dumas, je prendrai les suivantes, n° 1 et n° 4 :

$$
\begin{array}{llll}
\text{N° 1. Silice}........ & 69,65 & = 36,21 & \text{oxygène.} \\
\text{Alumine}...... & 1,82 & = 0,85 \\
\text{Chaux}....... & 13,31 & = 3,72 & \left.\right\} 8,45 \\
\text{Soude}....... & 15,22 & = 3,88
\end{array}
$$

L'oxygène des bases : $8,45 \times 4 = 33,80$.
L'oxygène de l'acide est donc en excès de 2,41.

$$
\begin{array}{llll}
\text{N° 4. Silice}.... & 68,65 & = 35,6 & \text{oxygène.} \\
\text{Alumine}.. & 4 & = 1,86 \\
\text{Chaux}... & 9,65 & = 2,70 & \left.\right\} = 9,06 \times 4 = 36,24 \\
\text{Soude}... & 17,70 & = 4,50 \\
\end{array}
$$
$$
\text{Oxygène de la silice en moins.......} \quad \overline{0,64}
$$

Le numéro 1 a dû être composé à très-peu près dans les proportions suivantes :

Silice............ 100
Chaux............ 20 ou l'équivalent en craie.
Sulfate de soude... 48 ou l'équivalent en carbonate.

Ainsi que le fait remarquer M. Dumas, l'alumine a dû provenir
en partie du creuset, en partie du sable.

Le numéro 4 a dû être composé de :

Silice............. 100
Chaux............ 14 ou l'équivalent en craie.
Sulfate de soude..... 55 ou l'équivalent en carbonate.

Je ferai remarquer ici que l'analyse présente le numéro 4 comme
étant dans des conditions très-rapprochées des proportions définies, tandis que, dans le numéro 1, il y a un grand excédant de
l'oxygène de l'acide; et, toutefois, le verre du numéro 1 doit être
d'une qualité supérieure à celui du numéro 4, moins attaquable
par l'humidité, *meilleur à couper* (au diamant), tous les verriers le
reconnaîtront; mais ils reconnaîtront en même temps que le
meilleur de ces verres est d'une bien médiocre qualité.

Je vais à présent donner plusieurs analyses, et je mettrai en
regard les compositions *faites par moi* des verres qui ont donné
lieu à ces analyses, auxquelles on peut se fier. Elles ont été toutes
faites par un jeune ingénieur, élève distingué de l'Ecole des mines,
M. Claudet (Fréd.), dont le nom est une garantie d'exactitude.

Un verre composé de :

Sable. 100
Sulfate de soude.... 40
Craie. 40
Manganèse. 0,50
Arsénic. 0,55

a donné à l'analyse :

Silice...................... 72,50 = 38,42 oxygène.. 38,42
Soude...................... 13,00 = 3,35 ⎫
Chaux...................... 13,10 = 3,74 ⎬ 7,64×5=38,20
Alumine.................... 1 = 0,46 ⎭
Oxyde de fer et manganèse..... 0,40 = 0,09 ⎭

Excédant de l'oxygène de la silice........ 0,22

Un verre composé de :

Sable................... 100
Carbonate de potasse..... 45
Chaux. 20
Salpêtre.............. 2
Acide arsénieux........ 0,66

a donné à l'analyse :

Silice....................... 72,11 = 58,20 oxygène. 58,20
Potasse. .... 16,26 = 2,77
Soude...................... 1,13 = 0,29
Chaux...................... 10,10 = 2,89   6,12 × 6 = 36,72
Alumine et oxyde de fer .... 0,59 = 0,17
Traces d'arsenic. ....

                                   Excédant d'oxygène........ 1,48

Un verre composé de :

Sable................ 100
Carbonate de potasse.... 40
Minium............. 9,05
Chaux.............. 9,05
Salpêtre............. 2
Arsenic.............. 0,4

a donné à l'analyse :

Silice.................. 70,87 = 37,50 oxygène...... 37,50
Potasse. .... 15,56 = 2,64
Soude. .... 1,68 = 0,43
Chaux................. 4,78 = 1,57   5,24 × 7 = 36,68
Oxyde de plomb........... 6,36 = 0,46
Alumine et oxyde de fer ..... 0,75 = 0,34

          Excédant de l'oxygène de la silice.............. 0,82

On voit, dans les deux échantillons précédents, que l'analyse a
montré de la soude, où je n'avais cru employer que de la potasse ;
mais ayant fait analyser séparément cette potasse, qui était un
carbonate de potasse provenant de perlasse d'Amérique, il a été
reconnu qu'elle contenait en effet de la soude, ce qui a lieu fréquemment, sans qu'il y ait pour cela fraude.

Un verre composé de :

Sable............... 100
Minium. 66,66
Carbonate de potasse.... 33,33

a donné à l'analyse :

Silice............... 55,20 = 29,25   oxygène..... 29,25
Oxyde de plomb....... 33,50 = 2,40
Potasse.... .... 10,26 = 1,75 } 4,30 × 7 = 30,10
Alumine .... 0,32 = 15

Excédant d'oxygène des bases..... 0,85

Un verre composé de :

Sable. 100
Minium.............. 105
Carbonate de potasse.... 20
Salpêtre............. 5

a donné à l'analyse :

Silice..................... 45,40 = 24,05   oxygène..... 24,55
Oxyde de plomb............. 45,80 = 3,28
Potasse................... 8,15 = 1,58 } 4,91 × 5 = 24,55
Alumine.................. 0,55 = 0,25

Excédant de l'oxygène des bases..... 0,50

A ces analyses, nous joindrons celle d'un verre silico-borate de zinc, de potasse et de plomb :

Silice................ 57,17 = oxygène 50,30
Acide borique.......... 6,76 =   —   4,64 } 34,94
Oxyde de zinc......... 14,50 = 2,86
Oxyde de plomb....... 3,90 = 0,28
Chaux................. 1,67 = 0,48 } 6,51 × 5 = 52,25
Potasse............... 17 = 2,89

Excédant d'oxygène de l'acide..... 2,69

Ce verre a dû être composé à peu près comme suit :

Sable............... 100
Acide borique......... 12
Oxyde de zinc......... 25
Minium.............. 7
Chaux............... 3
Carbonate de potasse.... 43

Nous avons donné suffisamment d'exemples pour qu'on puisse voir la relation qui existe entre une analyse et la composition d'un verre; l'alumine, l'oxyde de fer doivent être éliminés, en ce sens qu'ils proviennent en partie de la substance du creuset, en partie du défaut de pureté des matières employées. La potasse doit être recomposée à l'état de carbonate, la soude à l'état de sulfate ou de carbonate, mais plutôt de sulfate, quand il s'agit d'un verre à vitre; en outre, on doit compter que le sulfate ou carbonate de soude, ou potasse, ne sont jamais employés privés d'eau d'une manière absolue : ils en contiennent bien 1 à 2 pour 100. De plus, il y a dans la fonte du verre un peu d'évaporation de soude ou de potasse, qu'on peut toujours évaluer à 2 à 3 pour 100, ce qui dépend de l'intensité de la chaleur, de la durée de la fonte, etc. Etablissant, d'après ces bases, la composition d'un verre dont on connaîtra l'analyse, on sera certain de ne commettre que de faibles erreurs et d'obtenir un verre possédant les qualités, ou à très-peu près, du verre dont on aura fait l'analyse.

Il m'est arrivé plusieurs fois de recevoir des échantillons dont on demandait la reproduction exacte pour des usages d'optique où il était important d'obtenir les mêmes pouvoirs dispersifs et réfringents, et j'ai complétement réussi à les fournir en agissant d'après les bases que je viens d'exposer.

C'est surtout en ce sens que des analyses peuvent être, dans beaucoup de cas, très-utiles aux verriers; et, en raison de cela, il me semble à propos de donner un résumé des opérations relatives à l'analyse du verre, qui peut être de quelque intérêt pour le verrier qui voudrait lui-même faire cette analyse. C'est par cette description que nous terminerons ce chapitre; mais nous ferons d'abord quelques remarques sur les rapports entre l'oxygène de la silice et l'oxygène des bases qui résultent de ces analyses.

L'oxygène de l'acide, c'est-à-dire de la silice, est, dans ces analyses, égal à quatre, ou cinq, ou six, ou sept fois l'oxygène des bases; mais rarement ces nombres sont exacts; il y a des excédants, tantôt du côté de la silice, tantôt du côté des bases, et ces excédants sont parfois assez considérables.

Je remarquerai, en outre, d'après la connaissance que j'avais des verres analysés que, dans certains cas, des verres approchant beaucoup de proportions exactes, étaient, tantôt de très-bons verres, tantôt de verres assez peu recommandables, tandis que des verres, doués d'une perfection relative très-éminente, se sont trouvés assez éloignés des proportions exactes. On peut donc dire que la silice d'une part, les soude, potasse, chaux, oxydes métalliques d'autre part, peuvent se *vitrifier* et *dévitrifier* en toutes proportions non définies. Cette question, comme une foule de celles qui tiennent à la verrerie, demande sans doute à être encore soigneusement approfondie.

Description de l'analyse du verre. — On commence par concasser l'échantillon en petits fragments que l'on broie dans un petit mortier d'acier; on tamise, on enlève toutes les parcelles d'acier qui se seraient détachées du mortier, au moyen d'un aimant que l'on promène dans la matière tamisée, et l'on finit la pulvérisation dans un mortier d'agate.

On en pèse 2 grammes dans une capsule de platine et on l'attaque par l'acide fluorhydrique. A cet effet, on a un vase de plomb d'environ 25 centimètres de diamètre, 6 de profondeur, avec un couvercle du même métal; on étend sur le fond du vase du fluorure de calcium pulvérisé, et on ajoute assez d'acide sulfurique concentré pour en former une bouillie épaisse qui ne doit pas s'élever à plus de 2 centimètres du fond. Sur ce fond se place un anneau de plomb de 5 centimètres et $0^m,025$ de hauteur; et sur cet anneau on met la capsule de platine contenant le verre en poudre et un peu d'eau; et par-dessus on met le couvercle du vase. On chauffe le tout légèrement sur un bain de sable; les vapeurs d'acide fluorhydrique ne tardent pas à se produire, se condensent dans l'eau de la capsule et attaquent la matière vitreuse avec production de fluorure de silicium, qui se volatilise. On remue de temps en temps la matière avec une spatule; et lorsque la matière a été complétement attaquée (au bout de douze heures), on verse dans la capsule de l'acide sulfurique pour transformer les fluorures des bases en sulfates.

On évapore à siccité, et on chasse l'excès d'acide sulfurique par la chaleur; puis on traite la masse sèche par de l'eau, de l'ammoniaque et du carbonate d'ammoniaque; on fait bouillir, on filtre et on lave à l'eau chaude. Le résidu peut contenir du sulfate de baryte, des carbonates de plomb, de bismuth, de chaux, de l'alumine, de l'oxyde de fer. La liqueur filtrée contient les alcalis à l'état de sulfates, des traces de magnésie, et un excès de carbonate d'ammoniaque mêlé de sulfate.

Pour séparer les substances contenues dans le résidu, on le traite par l'acide chlorhydrique étendu d'eau ; ce qui dissout tout, à l'exception du sulfate de baryte, que l'on recueille sur un filtre ; et, après l'avoir lavé, on brûle le filtre dans un creuset de platine. Le poids de la baryte se déduit du poids de sulfate de baryte, sachant que 116,6 de sulfate correspond à 76,6 de baryte.

On fait maintenant passer, dans la liqueur filtrée acide, de l'hydrogène sulfuré, qui précipite les sulfures de plomb et de bismuth, et on filtre pour les séparer de la liqueur. On brûle le filtre dans un creuset de porcelaine ; on arrose la matière avec de l'acide nitrique mêlé d'un peu d'acide sulfurique pour transformer le plomb en sulfate de plomb insoluble ; ou chasse alors la plus grande partie de l'acide sulfurique libre. On reprend par l'eau et on filtre. On sépare ainsi le sulfate de bismuth du sulfate de plomb. D'après le poids du sulfate de plomb, on calcule la quantité d'oxyde, 151,5 de sulfate de plomb étant équivalent à 111,5 d'oxyde de plomb. On traite le sulfate acide de bismuth par le carbonate d'ammoniaque ; le carbonate de bismuth ainsi obtenu et calciné donne de l'oxyde de bismuth, dont on détermine le poids. On fait bouillir la liqueur contenant l'excès d'hydrogène sulfuré, afin de chasser ce dernier ; on y ajoute quelques gouttes d'acide nitrique pour peroxyder le fer, si, par hasard, il s'en trouvait, puis on ajoute de l'ammoniaque caustique en léger excès, ce qui donne ensemble l'alumine et le peroxyde de fer ; on détermine le poids de ce précipité après l'avoir calciné, et on le dissout dans l'acide hydrochlorique concentré, puis on y ajoute un excès de potasse caustique. Le fer se précipite, tandis que l'alumine se redissout. On filtre, on lave à l'eau bouillante et on prend le poids de l'oxyde de fer ; en le retranchant du poids de l'alumine et oxyde de fer plus haut, on a par différence le poids de l'alumine. La liqueur ne contient plus que la chaux avec des traces de magnésie, que l'on peut négliger. On y ajoute de l'oxalate d'ammoniaque, ce qui produit l'oxalate de chaux insoluble ; on filtre, on lave et on calcine à une haute température, capable de transformer l'oxalate en carbonate, puis en chaux caustique, dont on détermine le poids.

S'il est entré du zinc dans la composition du verre, il se trouve dans la liqueur contenant les alcalis, et, avant de procéder au dosage de ces alcalis, on le précipite par le sulfhydrate d'ammoniaque; le sulfure de zinc est recueilli sur un filtre, lavé à l'eau contenant quelques gouttes de sulfhydrate d'ammoniaque, et après avoir séché et brûlé le filtre dans une capsule de platine, on obtient, par un grillage soigné, de l'oxyde de zinc que l'on pèse.

Pour le dosage des alcalis, on reprend la liqueur filtrée qui les contient, on évapore à siccité et l'on chauffe le résidu afin de se débarrasser des sels ammoniacaux qui se volatilisent, puis on traite par l'eau et par de l'hydrate de baryte, qu'on ajoute en assez grande quantité pour précipiter tout l'acide sulfurique des sulfates et un peu de magnésie, s'il s'en trouve. On filtre pour séparer la potasse caustique et la soude qui sont en solution avec l'excès de baryte; on y ajoute du carbonate d'ammoniaque; il se produit du carbonate de potasse et de soude et du carbonate de baryte; on filtre pour séparer ce dernier. On évapore à siccité et l'on calcine pour chasser l'excès de carbonate d'ammoniaque; enfin, on sature le résidu avec quelques gouttes d'acide chlorhydrique; on évapore à sec de nouveau; on calcine et on pèse le chlorure de potassium et de sodium. Il s'agit maintenant de séparer le chlorure de potassium du chlorure de sodium.

On dissout les deux chlorures dans une petite quantité d'eau et on y verse une dissolution concentrée de perchlorure de platine jusqu'à ce que la liqueur ait pris une couleur jaune très-prononcée; on évapore la liqueur à sec, et, reprenant par l'alcool, on dissout le chlorure double de platine et de sodium, et il reste le chlorure double de platine et de potassium, que l'on recueille sur un filtre. On le lave à l'alcool; on le pèse après dessiccation, 244 de sel double équivalent à 74,5 de chlorure de potassium. Connaissant le poids du chlorure de potassium et celui du chlorure de sodium et de potassium réunis, on en déduit le poids de chlorure de sodium. On peut maintenant calculer le poids de la soude et de la potasse contenues dans le verre, sachant que 74,5 de chlorure de potassium équivalent à 47 de potasse, et que 58,5 de chlorure de sodium équivalent à 31 de soude.

On connaît maintenant tous les éléments du verre, à l'exception de la silice, que l'on peut déduire par différence; mais il vaut toujours mieux faire un dosage direct. A cet effet, on mélange 2 grammes de verre avec 6 grammes environ de carbonate de soude pur et sec, et on fait fondre le mélange dans un creuset de platine à un feu de moufle; on met alors le creuset contenant la matière bien fondue dans une grande capsule de porcelaine avec de l'eau et de l'acide chlorhydrique (on emploie de l'acide nitrique quand le verre contient du plomb); la matière se dissout avec effervescence. Quand la solution est terminée, on enlève le creuset de platine, et après l'avoir lavé à plusieurs reprises, on évapore le tout à sec dans un bain de sable. A la fin, on chauffe assez fortement; on verse sur la matière desséchée de l'eau chaude acidulée avec un des deux acides; on laisse digérer, puis on étend d'eau. Tous les oxydes métalliques se dissolvent, la silice seule reste comme résidu insoluble; on la recueille sur un filtre; on la calcine après l'avoir bien lavée et on la pèse.

M. Pelouze ayant dit, dans un mémoire que nous avons cité (p. 104), que presque tous les verres du commerce contenaient des quantités notables de sulfate de soude, il convient d'indiquer de quelle manière on doit le rechercher. A cet effet, on prend la liqueur dont on a séparé la silice et qui doit contenir tout le sulfate de soude qui se trouve dans le verre, on y ajoute du chlorure de barium en excès, on fait bouillir assez longtemps et on laisse reposer pendant douze heures. On recueille sur un filtre le sulfate de baryte qui s'est produit, et d'après son poids on déduit la quantité d'acide sulfurique et, par conséquent, la quantité équivalente de sulfate de soude.

La détermination quantitative de l'acide borique présente de très-grandes difficultés quand il est mélangé avec le verre; et en analysant de pareilles combinaisons on ne peut jamais arriver qu'à des résultats approximatifs. On fait rougir la matière pulvérisée avec du carbonate de soude; on fait bouillir la masse rougie avec de l'eau. On filtre et on précipite dans la liqueur filtrée, par le carbonate d'ammoniaque, la petite quantité d'alumine et d'acide silicique que la liqueur alcaline a dissoute. On évapore à sec; on traite par l'acide sulfurique et on fait digérer sur le résidu de l'alcool, qui dissout l'acide borique. On sature ensuite la solution avec de l'ammoniaque; on fait rougir le résidu qui consiste en acide borique et on en détermine le poids.

Quand le verre contient de la magnésie, on attaque par le carbonate de soude. La magnésie se trouve encore en solution après avoir précipité la chaux par l'oxalate d'ammoniaque, puisqu'elle n'est précipitée par aucun des réactifs employés jusqu'alors. On concentre alors par l'évaporation la liqueur filtrée, et on y ajoute du phosphate de soude. Au bout de vingt-quatre heures toute la magnésie se précipite à l'état d'ammonio-phosphate de magnésie, que l'on recueille sur un filtre et qu'on lave avec de l'eau ammoniacale ; 112 parties de ce précipité calciné correspondent à 40 de magnésie.

Les analyses de verre étant très-délicates, il convient de s'assurer par plusieurs opérations de l'exactitude de chaque dosage.

La marche que nous avons décrite a pour but de déterminer à peu près toutes les substances que l'on peut avoir à rechercher ; mais il est bien entendu que l'on procédera d'une manière plus spéciale, quand on aura à analyser un verre dont on connaîtra à peu près les éléments.

CHAPITRE IX.

Quoique nous ayons cru devoir consacrer un chapitre à cette question, nous ne nous proposons que de donner quelques aperçus généraux, attendu que les chapitres consacrés à la question économique et aux prix de revient pour chaque espèce de verre mettront beaucoup mieux le lecteur en état d'apprécier les avantages et désavantages que peuvent offrir les diverses localités, l'opportunité de fonder une verrerie nouvelle ou de déplacer un ancien établissement.

A tout entrepreneur d'industrie verrière, je dirai d'abord : Gardez-vous d'aller établir des verreries dans un pays dont le climat vous obligerait à chômer pendant les mois les plus chauds; durant ce chômage, il est vrai, vous ne brûlerez ni bois ni charbon, vous ne consommerez pas de matières premières, mais il vous faudra payer une partie de vos ouvriers, les verriers, ou les payer pour neuf ou dix mois autant qu'ils pourraient l'être pour douze, et la plus grande partie de vos frais généraux sera aussi élevée que pour douze mois de production.

Je conseillerai également de s'abstenir de fonder une verrerie dans un pays où cette industrie n'est pas encore établie; car, comme on ne peut pas improviser des verriers, dont il faut dès l'enfance commencer l'apprentissage, il vous faudrait importer une colonie de verriers, que vous ne pouvez expatrier que par l'appât d'un salaire très-élevé, qui rendra les frais de fabrication onéreux.

Enfin n'établissez pas de verrerie dans un pays où la fabrication du verre aura besoin, pour être profitable, d'être protégée par un droit de douane élevé ; car cette protection, combattue par les consommateurs et par les autres producteurs, devra tôt ou tard disparaître.

La France, l'Angleterre, la Belgique, l'Allemagne, ce sont là

les pays où l'industrie du verre est vivace ; ces pays peuvent se
disputer la consommation des autres contrées du monde, empié-
ter même sur la consommation les uns des autres ; mais il n'est
pas de libre échange qui puisse faire disparaître les verreries
d'aucun de ces pays. En Allemagne, la main-d'œuvre et certaines
matières premières sont à très-bon marché. Mais, d'autre part,
l'Allemagne, dont les produits sont en général très-remarquables,
a des établissements qu'on peut qualifier de primitifs, surtout
quant à l'exiguïté des moyens de fabrication. Un pot de certaines
verreries anglaises a plus de contenance que les huit à dix pots
d'une verrerie de Bohême, et si le salaire d'un ouvrier verrier
anglais est plus élevé que celui d'un verrier de Bohême, il produit aussi beaucoup plus.

Le prix de la main-d'œuvre est moins élevé en Belgique qu'en
France et en Angleterre, ce qui donne à ce pays un avantage pour
certains articles d'exportation ; avantage que les autres pays ra-
chètent par leur supériorité dans les articles de luxe et de fantaisie.

Les verreries d'Allemagne en viendront sans doute à agrandir
leurs moyens de fabrication ; mais, j'ai eu l'occasion déjà de le
dire, les transformations en verrerie sont lentes, et quand les
verreries d'Allemagne, de Bohême surtout, se seront mises au
niveau des verreries de Belgique, de France ou d'Angleterre, la
multiplication des communications résultant des chemins de fer,
et d'autres causes du même genre, auront changé dans ce pays les
conditions générales de production. Ainsi donc, je le répète, la fabrication du verre, dans ces quatre pays, pourra s'étendre plus ou
moins dans telle ou telle branche, mais sans jamais absorber,
éteindre l'industrie des contrées rivales.

Examinons à présent dans un pays comme la France les avantages et désavantages de diverses localités.

Les questions qui se rapportent à cet examen sont celles relatives 1° aux approvisionnements de combustible, de silice, de
chaux, des alcalis et oxydes métalliques, des terres réfractaires,
2° à la main-d'œuvre ; 3° aux débouchés des produits.

On peut dire que généralement la dépense du combustible
forme environ le tiers des dépenses d'une verrerie ; la silice et
les autres matières réunies un autre tiers, et la main-d'œuvre
aussi un tiers.

La dépense en combustible formant environ le tiers de celle d'une verrerie, on voit que les économies sur cet article ont une grande influence sur le résultat final de la production, et comme le poids du combustible est en général deux à trois fois celui du verre produit, il est clair qu'il y a *à priori* plus d'avantages à transporter le produit que le combustible ; et dût-on avoir à transporter sur le lieu de production du combustible presque toutes les matières premières de fabrication pour les retransporter à l'état de verre fabriqué, tous ces transports n'équivaudraient pas à celui du combustible. En outre, si vous êtes sur le lieu d'extraction de la houille, non-seulement vous êtes exempt de la nécessité d'approvisionnements, ce qui équivaut à l'économie d'un capital, mais, en profitant de cette économie, vous avez en outre, comme nous l'avons dit au chapitre *Combustible*, une houille de meilleure qualité.

Dans la question du combustible, nous nous sommes plus préoccupé de la houille que du bois, car nous pensons que le bois tend chaque jour à se retirer de la fabrication du verre : l'appauvrissement des forêts et l'accroissement des consommations de bois pour d'autres usages, ont élevé le prix du bois dans des pays tels que les départements de la Meurthe, de la Moselle, par exemple, au point que la dépense pour fondre 1 kilogramme de verre avec du bois dans ces départements n'est guère inférieure à celle nécessaire pour fondre la même quantité de verre auprès de Paris, par exemple, où cependant on a à transporter le charbon de terre de la Belgique ou du département du Nord.

Après le combustible, c'est la silice dont le poids est le plus à considérer, puisqu'elle forme environ la moitié du poids total des matières premières. Il sera donc en général très-avantageux de pouvoir concilier les économies relatives au transport du combustible et du sable ou quartz employés pour la vitrification.

La chaux, les alcalis ou oxydes métalliques, forment l'autre moitié du poids des matières premières employées ; mais il est clair que la question de leur transport ne pourra jamais constituer un élément important des frais de fabrication, car, sauf pour la chaux, le prix des autres matières ne pourra pas être augmenté de beaucoup par le transport, tandis que pour le sable, par exemple, le prix du transport pourra être souvent plusieurs fois sa valeur sur le lieu d'extraction.

La question de la main-d'œuvre mérite un très-sérieux examen, car, comme nous l'avons dit, la dépense de ce chef est environ le tiers de la dépense totale d'une verrerie. Les salaires des verriers proprement dits sont à peu près les mêmes dans toutes les verreries : c'est-à-dire qu'on payera à peu près le même prix pour la façon de cent bouteilles, ou de cent manchons de verre à vitre, à Rive-de-Gier, à Valenciennes, ou même près de Paris; mais, d'une part, en raison de cette presque uniformité de tarifs, les bons ouvriers préféreront se caser dans les verreries situées dans des pays où ils peuvent vivre à meilleur marché; d'autre part, le personnel d'une verrerie ne se compose pas de verriers seulement : il y a les fondeurs, tiseurs, potiers, emballeurs, etc.; en outre, un certain nombre de manœuvres ; vous serez obligé de donner à ces divers ouvriers un salaire proportionné à celui des manœuvres du lieu où est établie la verrerie. En effet, si un tiseur habile, par exemple, se contente d'un salaire de 75 francs par mois dans Rive-de-Gier, il ne se trouvera plus suffisamment payé avec la même somme auprès de Paris, quand il verra un simple manœuvre payé 3 francs par jour, soit 75 francs pour vingt-cinq jours de travail dans le mois.

J'ajouterai encore que le voisinage immédiat d'une grande ville n'est pas aussi favorable à la discipline, au bon ordre des ouvriers d'un établissement industriel, et qu'il y a intérêt, et pour le chef de l'établissement et pour les ouvriers eux-mêmes, à ce que l'usine se trouve éloignée des causes de désordres qui, on ne peut le nier, se rencontrent plutôt dans les grandes villes.

Enfin, une question très-importante aussi est celle des débouchés, pour lesquels le voisinage d'une grande ville de commerce mérite considération. Il peut y avoir un grand intérêt à établir auprès de Paris une fabrication de bouteilles ou de flaconnerie, parce qu'il y a une infinité d'industries qui ont besoin de modèles particuliers au sujet desquels on veut s'entendre avec le fabricant, et qu'on a besoin de recevoir du jour au lendemain. Dans la fabrication des cristaux, il y a aussi mille articles de fantaisie que l'on veut avoir aussitôt qu'on les a conçus, et qu'en raison de cela on ne craint pas de payer plus cher, ce qui compense certains frais de fabrication plus élevés. Le fabricant peut aussi plus facilement se tenir au courant du goût dominant, étant en rapport plus fréquent avec le consommateur. Il sera aussi mieux informé des procédés nouveaux, des perfectionnements qui auront pu être introduits chez des concurrents nationaux ou étrangers.

Ces avantages ne sont pas entièrement anéantis par la création des chemins de fer, mais toutefois les désavantages de l'éloignement des fabriques sont de beaucoup atténués. Le consommateur peut au besoin se transporter rapidement sur le lieu de fabrication, si sa commande est importante et exige des explications particulières ; les produits *pressés* peuvent être livrés presque aussi rapidement que par un établissement voisin de Paris. Un établissement auprès de Paris aura sans doute encore la préférence pour un certain nombre de petites demandes, mais je pense qu'il fera sagement de limiter sa production de manière à ne fabriquer autant que possible que ces articles spéciaux et ceux qui, sous un poids donné, ont un assez grand volume et exigent ainsi des frais relatifs d'emballage et de transport assez élevés pour les établissements éloignés, et qu'il peut livrer même sans emballage, tels que les cylindres ou verres de pendules, les globes d'éclairage, etc.

Telles sont les réflexions générales que nous voulions présenter sur le choix d'un emplacement de verrerie. Nous avons voulu principalement appeler l'attention du lecteur sur des questions qu'il pourra bien mieux résoudre lui-même, et auxquelles les détails des livres suivants apporteront de plus importants éléments de solution.

LIVRE II.

VERRE A VITRE.

HISTORIQUE.

Le verre à vitre, ce produit dont l'utilité doit être principalement appréciée dans les contrées du nord, ne paraît pas avoir été employé dans une antiquité bien reculée. Le silence des anciens auteurs grecs et latins sur ce point prouve suffisamment qu'on n'en faisait point usage de leur temps ; et, toutefois, la merveilleuse adresse avec laquelle on travaillait le verre bien des siècles avant l'ère chrétienne rendrait surprenant qu'on n'eût pas songé à en faire des vitres, si le climat l'eût réclamé plus impérieusement. Nous ne commençons à en trouver mention que dans le premier siècle de l'ère chrétienne. Philon, juif, dans un passage de la relation de son ambassade vers l'empereur Caligula, fait allusion à l'emploi des vitres ; d'autre part, Sénèque nous assure que ce fut de son temps qu'on en inventa l'usage. Ces assertions ont pu, du reste, être longtemps contestées. Certains commentateurs voulaient que ces vitres ne fussent que des treillis ou sortes de jalousies en bois dont on garnissait les fenêtres ; d'autres soutenaient qu'elles n'étaient que du talc mince, qu'on appelait *pierre spéculaire* ; mais aujourd'hui l'incertitude ne peut plus être admise depuis les découvertes faites à Herculanum et à Pompéi. Mazois, architecte, dans son remarquable ouvrage, *les Ruines de*

Pompéi (Paris, 1814-1835, 4 vol. in-f°), s'exprime ainsi, tome II, p. 77, chapitre des *Bains publics* :

« Si la question de l'emploi des vitres chez les anciens était encore douteuse, nous trouverions dans cette salle un témoignage propre à la résoudre : les siècles y ont conservé un châssis vitré en bronze, qui détermine non-seulement la grandeur et l'épaisseur des vitres employées, mais encore la manière de les ajuster. Les figures 38 et 39, qui donnent l'ensemble et les détails de ces châssis, font voir que ces vitres étaient posées dans une rainure, et

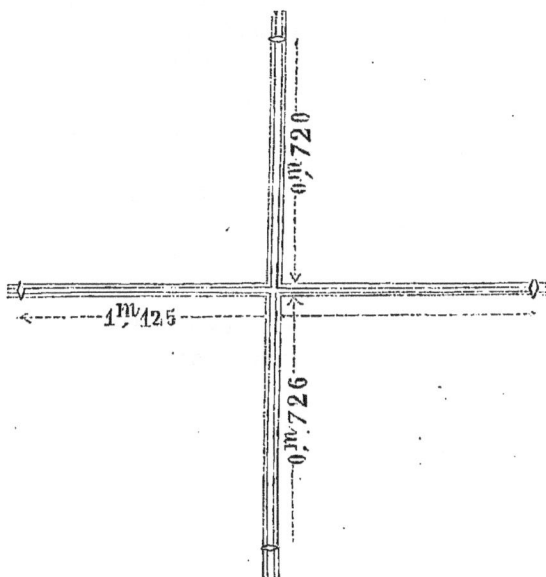

Fig. 38.

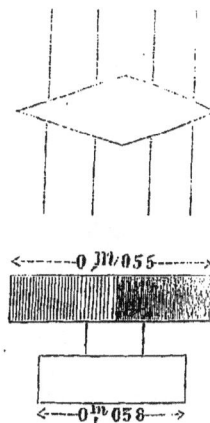

Fig. 39.

retenues de distance en distance par des boutons tournants qui se rabattaient sur les vitres pour les fixer ; leur largeur est de 20 pouces (0m,54 environ) sur 28 pouces (0m,72) de haut, et leur épaisseur de plus de 2 lignes (5 à 6 millimètres). »

La certitude de l'emploi des vitres à une époque antérieure à l'an 79 de notre ère (date des éruptions du Vésuve qui enfouirent Herculanum et Pompéi) étant acquise, il devenait fort intéressant pour les verriers de savoir comment ces vitres qui, comme on l'a vu, étaient d'une assez grande dimension, avaient été fabriquées, si elles avaient été soufflées en *cylindres* ou en *plateaux*, ou si elles avaient été coulées à la manière des glaces. L'inspection seule des fragments pouvait m'éclairer à ce sujet. Ces vitres, qui, d'après les dimensions, ne devaient pas peser moins de 5 kilogrammes, ne pouvaient pas, si elles avaient été soufflées, être le produit d'un seul *cueillage* de verre ; on devait donc, dans ce cas, reconnaître sur la tranche du verre les différents cueillages. Si ces vitres étaient le résultat du soufflage d'un cylindre fendu et développé, les bulles que contenait le verre devaient être allongées et parallèles dans le sens de l'arête du cylindre ; elles devaient être concentriques, si ces vitres étaient le résultat d'une boule développée en plateau ; enfin, si elles avaient été coulées, les bulles ne pouvaient avoir aucune direction uniforme et devaient être généralement rondes et plates. Ne sachant à quelle époque je pourrais aller examiner les fragments de ces vitres trouvées à Pompéi, je m'adressai à M. le ministre des affaires étrangères, pour le prier de faire demander par le consul de Naples que l'on me confiât quelques-uns de ces fragments. M. Dumas voulut bien apostiller ma demande, et peu de semaines après M. le ministre m'annonçait que l'intervention de l'agent consulaire de Naples (M. de Soulanges, consul général) avait eu tout le succès que je pouvais espérer ; qu'en effet, le surintendant général des musées de Naples, M. le prince de San Giorgio, appréciant l'utilité de mes travaux, était heureux de m'offrir des fragments des vitres trouvées à Pompéi.

Ces fragments ne mesurent pas moins de 10 centimètres, et, d'après leur examen, il ne peut rester le moindre doute sur la manière dont ces vitres avaient été fabriquées.

Le verre est bien fondu, exempt de nœuds et autres défauts. Il y a des parties qui sont exemptes de bulles ; il s'en trouve en grande quantité dans d'autres portions ; mais elles ne sont pas toutes inhérentes à la fusion. L'épaisseur du verre est inégale ; elle est de plus de 5 millimètres par places, tandis que dans d'autres elle est à peine de 3. Ce signe seul n'indiquerait pas que ces vitres n'ont pas été soufflées. L'une des surfaces porte l'empreinte de l'aire sur laquelle le verre a reposé étant chaud ; ce pourrait être la marque de la pierre réfractaire sur laquelle on aurait développé le *cylindre* ou *manchon ;* mais l'autre surface n'est pas semblable à celle qui proviendrait d'un soufflage. Puis il y a d'autres signes encore plus certains que ce verre n'a pas été soufflé : les

15

bulles ne sont ni celles d'un cylindre ni celles d'une boule déve-loppée en plateau.

On voit évidemment que chaque vitre a été l'objet d'un cou-lage ; que ce coulage, dans certaines parties, n'a pas atteint tout à fait la règle qui devait le borner ; que, dans d'autres, au con-traire, l'ouvrier étant arrivé en coulant près de la limite, a rétro-gradé en repliant le verre sur lui-même, et qu'il y a eu ainsi interposition d'air et formation d'une couche de bulles.

L'inégalité d'épaisseur prouve qu'on n'employait pas un cy-lindre métallique pour presser sur le verre. Il est donc vraisem-blable que l'on posait un cadre métallique de la grandeur de la vitre qu'on voulait obtenir, soit de $0^m,72$ sur $0^m,54$ sur une pierre polie sur laquelle on saupoudrait un peu d'argile très-fine. On versait dans l'intérieur de ce cadre le verre que l'on avait extrait du creuset dans des cuillers probablement en bronze, ou même avec des cannes, et, avec un petit bloc en bois emmanché d'une tige de fer, on pressait sur le verre de manière à lui faire remplir le cadre. Les anciens étaient donc bien près de l'invention des glaces coulées, qui ne devait avoir lieu en France que dix-sept siècles plus tard ; car s'ils avaient passé un rouleau sur ce cadre, ils auraient obtenu ces vitres d'une épaisseur régulière, et il ne s'agissait plus ensuite que de polir les surfaces, opération à la-quelle ils n'étaient pas étrangers ; car Pline, dans son *Histoire du Monde*, dit qu'on se servait d'obsidienne pour en faire des miroirs qu'on attachait contre les murs, et ce ne pouvait être évidemment qu'après avoir poli cette obsidienne [1].

Le verre des vitres de Pompéi est d'une teinte verte-bleuâtre, comme était le verre à vitre commun il y a environ cinquante ans. L'analyse a donné le résultat suivant :

Silice............................	69,43	oxygène de la silice......	36,78	
Chaux...........................	7,24	—	2,07	
Soude............................	17,51	—	4,46	
Alumine........................	5,55	—	1,65	$8,60 \times 4 = 34,4$
Oxyde de fer.................	1,15	—	0,34	
Oxyde de manganèse.......	0,39	—	0,08	
Oxyde de cuivre............	traces			
	99,07			

[1] « In genere vitri et obsidiana numerantur ad similitudinem lapidis quem in Ethiopia invenit Obsidius nigerrimi coloris, aliquando et translucidi, crassiore visu, atque in speculis parietum pro imagine umbras reddente. » (Lib. XXXVI, cap. xxvi.)

Cette analyse est remarquable en ce qu'elle se rapporte tout à fait avec l'analyse de verres fabriqués de nos jours ; en effet, prenons l'analyse du verre à vitre faite par M. Dumas, citée dans son ouvrage sous le n° 4, et nous trouvons :

Silice.........	68,65
Chaux.......	9,65
Soude.......	17,70
Alumine.....	4

Peut-être dans cette dernière analyse a-t-on négligé quelques traces de fer et de manganèse ; mais, en dehors de ces deux éléments, on conviendra que ces deux analyses indiquent des compositions presque identiques.

Mais revenons à l'analyse du verre de Pompéi : la silice, comme de nos jours, constituait l'élément principal du verre. Les anciens ajoutaient à leur composition une quantité assez notable de *chaux* ; ils avaient parfaitement reconnu que la silice et l'alcali seuls font un verre déliquescent, sans solidité, difficile à travailler. La *soude* était l'alcali employé, du moins dans les vitres de Pompéi, ainsi que cela résulte de l'analyse ; on aurait pu en douter d'après Pline, qui, au même livre, même chapitre, dit : « On fait le verre en Italie avec un sable blanc qu'on trouve au bord du fleuve Vulturne, à six milles de son embouchure, entre Cumes et le lac Lucrin. Ce sable, très-tendre, est facilement pulvérisé sous des pilons ou une meule ; on le mêle avec trois quarts de *nitre ;* on fond ce mélange dans un premier four et on obtient une masse qu'on appelle *ammonitrum*, que nous traduirons par *fritte* ; et étant ensuite refondue, elle se convertit en un verre blanc[1]. »

Mais par *nitrum*, il ne faut peut-être pas toujours comprendre le nitrate de potasse. Si nous recherchons dans cet auteur, au livre **XXXI**, chapitre x, ce qu'il entend par *nitrum*, nous voyons que la définition qu'il en donne, sa formation en efflorescence dans certaines vallées, peut s'appliquer au nitrate de potasse, mais aussi à une substance connue sous le nom de *natron*. Ce

---

[1] « Jam vero et in Vulturno mari Italiæ arena alba nascens sex. M. q. a littore inter Cumas atque Lucrinum, quæ mollissima est, pila molaque teritur. Dein miscetur tribus partibus nitri pondere vel mesura, ac liquata in alias fornaces transfunditur : ibi fit massa quæ vocatur *ammonitrum*, atque hoc recoquitur et fit vitrum purum, ac massa vitri candidi. »

qu'il dit dans le même chapitre des *nitrières* d'Égypte achève de nous persuader qu'il s'agissait de cette dernière substance. Ce passage se termine par ces mots : «·Nec non frequenter liquatum (nitrum) cum sulphure·coquantes in carbonibus. » Et assez souvent on fond ce nitro mélangé avec du soufre sur un feu de charbon.

Mais s'il s'agissait réellement du nitre ou nitrate de potasse, ne serait-il pas arrivé qu'une petite portion du mélange tombant une fois ou l'autre sur le charbon eût fait explosion et amené dès lors la découverte de la poudre à canon? Ce mélange sulfureux, dont parle Pline, devait, sans aucun doute, se ·rapporter à une opération métallurgique subséquente.

Nous sommes donc très-porté à croire que par *nitrum* on désignait aussi le *natron*, et comme ce sel se trouve en assez grande abondance en Égypte , c'est sans doute cet alcali dont les verriers égyptiens se seront servis pour faire leur verre, et ce sel aura de même été employé dans les verreries d'Italie, qui n'étaient que des colonies verrières égyptiennes.

La présence de l'alumine dans la proportion de 3,55 s'explique naturellement; elle ne diffère guère de la quantité signalée par M. Dumas dans un verre à vitre de nos jours; elle provient de plusieurs sources : du sable d'abord très-probablement, de la chaux peut-être aussi, du natron pour une petite portion, et enfin de l'argile du creuset.

L'*oxyde de fer*, dans la proportion de 1,15, provient des mêmes sources que l'alumine. C'est à sa présence que doit être principalement attribuée la coloration du verre.

L'analyse signale des traces de *cuivre*. Il y aurait à se demander à cet égard si le verrier n'aurait pas voulu donner à son verre une teinte plus agréable en y ajoutant une très-petite quantité d'oxyde de cuivre auquel le verre doit cette légère coloration azurée ; mais nous supposons plutôt que ces traces indiquent l'usage d'instruments en cuivre, tels que chaudières dans lesquelles on aurait séché le natron, plaques ou mortiers sur lesquels on aurait broyé le sable, la chaux, etc. Les anciens, pour un grand nombre de leurs outils, employaient plus le bronze que le fer.

Vient enfin l'*oxyde de manganèse,* que l'analyse signale dans la proportion de 0,39, soit plus d'un tiers pour 100. Ce fait est remarquable et nous prouve que les anciens avaient très-bien apprécié la propriété de l'oxyde de manganèse. Pline dit fort bien dans le même chapitre, après avoir rapporté sa légende absurde de l'origine de la fabrication du verre : « Depuis lors, comme les hommes sont inventifs, on ne se contenta pas de mêler le nitre à la matière du verre, on y mit aussi de la pierre *d'aimant*, parce qu'on croit que cette pierre attire le verre liquide, comme elle attire le fer. Ce qui est la traduction littérale de cette phrase : « Mox, ut est astuta et ingeniosa solertia, non fuit contenta nitrum miscuisse, cœptus addi et magnes lapis, quoniam in se liquorem vitri quoque ut ferrum trahere creditur. »

On a longtemps confondu le minerai de manganèse avec le fer magnétique qui lui ressemble ; et c'est ainsi que les Latins lui ont donné le nom de *magnes*, qu'il faut traduire ici, non pas par pierre d'aimant, mais bien par manganèse. On donnait aussi autrefois à ce métal le nom de *magnésie*, ainsi que nous l'avons dit page 89. Et quant à la propriété qu'on lui attribuait d'attirer le verre liquide, comme le fer, un verrier ne peut traduire cela autrement qu'en disant qu'on avait reconnu que, de même que l'aimant attire le fer, de même, dans le verre liquide, le manganèse agit sur le fer et neutralise sa coloration.

Cette présence du manganèse dans les vitres de Pompéi indique donc que les anciens avaient apprécié l'opportunité de son emploi dans le verre blanc. Ils connaissaient aussi très bien sa propriété de coloration en violet plus ou moins foncé ; cela n'a pas lieu de nous surprendre : pour peu que l'on ait examiné les verreries antiques, non-seulement celles qui ont dû être fabriquées du temps de la splendeur de Rome, mais celles dont l'origine remonte aux anciens âges de l'Égypte, on reconnaît que les verriers de ces temps éloignés avaient appliqué les propriétés colorantes des oxydes d'un assez grand nombre de métaux, tels que le cuivre pour le bleu turquoise et le rouge, le cobalt pour le bleu, l'antimoine pour le jaune, le cuivre et le fer pour le vert, le manganèse pour le violet. A cet égard même, l'examen des verres antiques pourrait ne pas être inutile à l'étude de la minéralogie chez les anciens. Ils savaient aussi combiner ces divers verres de couleur dans une même pièce avec un art devant lequel les verriers de nos jours doivent s'incliner. Il n'y a que le verre blanc pour lequel ils n'avaient pas atteint une grande perfection, en raison de l'impureté de leurs matières ; et quoique Pline nous dise au sujet des coupes en verre : « On estime surtout celles qui sont d'une transparence et d'une blancheur approchant du cristal de roche (Maximus tamen honos in candido translucente quam proxima crystalli similitudine, usus vero ad potandum argenti metalla et auri pepulit). » Nous ne pensons pas, d'après tous les vases antiques qui nous ont été conservés, que ces coupes fussent beaucoup plus blanches que les vitres de Pompéi ; aussi sommes-nous bien persuadés que les deux vases de moyenne grandeur, qui, du temps de Néron, furent vendus six mille sesterces (« Sed quid refert, Neronis principatu, reperta vitri arte quæ modicos calices duos quos appellabant *Pterotos*, sex millibus venderet... » Pline, liv, XXXVI, cap. x), ne devaient pas être du simple verre blanc. C'étaient sans doute de ces merveilles dont le vase Barberini ou Portland, du Musée britannique, ou d'autres fragments qui se trouvent à la Bibliothèque impériale de Paris, nous donnent une si haute idée, et sur lesquelles les grands artistes, dont les camées excitent notre juste admiration ne dédaignaient pas de modeler des bas-reliefs en émail blanc sur un fond de verre coloré, avec une perfection digne des belles époques de l'art grec.

Nous savons donc pertinemment que les Romains ont employé des vitres coulées, et l'on doit naturellement en conclure que cet usage ne put que s'étendre à mesure qu'ils portèrent dans les provinces sous leur domination, c'est-à-dire dans l'Ibérie, les Gaules, la Germanie, toutes les jouissances auxquelles ils s'étaient habitués en Italie. L'usage des vitres était certes un de ceux dont le besoin devait se faire le plus sentir dans ces pays froids ; mais, toutefois, il ne dut être réservé qu'aux habitations les plus luxueuses, surtout tant qu'on fit usage de vitres coulées, très-dispendieuses par la quantité de matières qu'elles employaient ; mais l'extension de cet usage dut assez promptement amener des procédés de fabrication plus économiques, et conséquemment le soufflage des vitres. Il nous est impossible, toutefois, de suivre pendant quelques siècles, à partir de l'enfouissement de Pompéi, l'historique de la fabrication des vitres. Ce n'est qu'au quatrième siècle qu'il en est fait mention dans deux auteurs sacrés : Lactance et saint Jérôme. Le premier dit que notre âme voit et distingue les objets par les yeux du corps comme par des fenêtres garnies de verres ; le second parle de fenêtres fermées avec du verre en lames peu étendues et très-minces. Ceci semble déjà nous confirmer qu'il ne s'agissait plus de vitres coulées, mais soufflées. Fortunat de Potiers, contemporain de Grégoire de Tours au sixième siècle, s'est singulièrement appliqué, dans ses poésies latines, à faire honneur aux saints évêques de son temps, du soin qu'ils prennent d'éclairer les églises au moyen de grandes fenêtres garnies de verre. L'usage des vitres paraît n'avoir pénétré que plus tard en Angleterre. La première mention authentique qui en soit faite ne date que du huitième siècle, dans les histoires de saint Bède et de saint Benoît, supérieurs des monastères de Jarrow et de Wearmouth. Ces saints hommes, par le moyen des pèlerinages des membres de leur ordre, firent venir du continent du verre et des ouvriers pour vitrer leurs églises ; et tel était l'effet merveilleux de la substitution de ces fenêtres vitrées, aux volets opaques qui garnissaient les ouvertures de ces églises, que le vulgaire attribuait cet effet à des combinaisons surnaturelles ; et remarquant qu'à travers ces vitres on apercevait la lumière de la lune et des étoiles, il en était résulté cet adage, que pour l'église de Jarrow il n'y avait pas de ténèbres. A la même époque, James Wilfrid avait fait venir de France des vitres et des vitriers pour fermer les fenêtres de la cathédrale d'York, que saint Paulin avait fait bâtir. Ce luxe des vitres fut pendant bien des siècles réservé presque exclusivement aux églises ; il était tellement limité, surtout en Angleterre au seizième siècle, et en Écosse au dix-septième siècle, que les palais seuls étaient garnis de vitres, et seulement aux étages supérieurs.

Examinons à présent de quelle nature furent les vitres primitivement employées et quelles transformations cette industrie a subies.

Il serait difficile d'assigner lequel des deux procédés, du soufflage en plateaux ou du soufflage en cylindre, a été le plus anciennement pratiqué ; et nous ne pensons pas nous tromper en supposant que tous deux furent à peu près contemporains et simultanément en usage à toutes les époques. D'un côté, les vitres blanches, trouvées dans de très-anciens édifices, sont généralement formées de petites pièces de verre rondes appelées *cives*, qui avaient cet avantage de pouvoir être fabriquées par une seule opération ; d'un autre côté, il est également constant que les verres des plus anciens vitraux connus (il n'en existe pas d'antérieurs au douzième siècle) ont été fabriqués par le procédé des

cylindres. Ce dernier procédé est même le seul décrit par le moine
Théophile dans les chapitres VI et IX du livre II de son ouvrage :
Diversarium artium schœdula, qui date du onzième ou douzième
siècle. On conçoit, du reste, que ce procédé devait avoir un
grand avantage quand il s'agissait des verres de couleur et surtout
des verres de couleur doublés (ainsi qu'était toujours le verre
rouge), parce qu'on obtenait ainsi une teinte plus égale dans toute
la surface du verre soufflé, tandis que par le procédé des plateaux le centre eût été toujours d'une couleur plus intense que
la circonférence. Quoi qu'il en soit, et bien que nous supposions
que ces deux procédés de fabrication des vitres furent contemporains, il paraît toutefois que les Vénitiens pratiquèrent presque
exclusivement le procédé de fabrication au moyen des cylindres,
procédé qu'ils appliquèrent plus tard à la fabrication de leurs
miroirs ; mais que ce procédé tomba peu à peu en désuétude en
France et en Angleterre, surtout à mesure que la fabrication des
verres de couleur et des vitraux tendit à disparaître ; et qu'ainsi
les vitres, dans ces deux pays et dans le nord de l'Allemagne, ne
furent plus guère, à partir du seizième au dix-septième siècle,
fabriqués qu'en plateaux.

Le procédé des cylindres, pratiqué, ainsi que nous l'avons dit, à
Venise, s'était conservé aussi dans la Bohême, qui paraît avoir
été initiée par Venise à tous les procédés des diverses espèces de
verreries ; de telle sorte que lorsqu'on voulait se procurer en
France, aux dix-septième et dix-huitième siècles, des vitres
blanches d'une épaisseur uniforme et d'une grande dimension, on
les tirait de la Bohême. En effet, les plateaux ne portaient guère
alors que 30 pouces de diamètre, étaient beaucoup plus épais au
centre que vers la circonférence, et l'on n'aurait guère pu y couper un carreau de 16 pouces sur 12 (0^m,39 sur 0^m,31) d'une
épaisseur à peu près égale.

Tel était l'état de la fabrication des vitres en France au commencement du dix-huitième siècle, lorsqu'un militaire français,
M. Drolinvaux, frappé de la supériorité des vitres qu'il avait vu
fabriquer en Bohême, entreprit d'introduire ce mode de fabrication en France. Il forma une compagnie avec laquelle il exploita
une verrerie située à Lettenbach (Saint-Quirin), sur les fron-
tières de la Lorraine et de l'Alsace, dans laquelle il amena des
verriers allemands, qui ne durent pas se trouver dépaysés, car on

y parlait et l'on y parle encore leur langue. Cette exploitation fut conduite avec un succès tel, que la Compagnie, ne pouvant acheter cette verrerie, qui appartenait aux moines de Saint-Quirin, la loua, en 1740, par bail emphytéotique, au profit de ces moines ; et, par suite, conséquemment, au profit de l'État. Ce bail a cessé en 1840, et l'établissement a été alors vendu par l'État et acheté par la Compagnie, qui, par précaution, avait déjà fondé dans le voisinage la belle usine de Cirey. Cette verrerie de Lettenbach, plus connue ensuite sous le nom de Saint-Quirin, a été la souche de toutes les verreries qui depuis ont fabriqué des verres à vitres en cylindres, dans le Lyonnais, dans le nord de la France, en Belgique , et, de nos jours, en Angleterre.

Les premiers souffleurs de verres en cylindre qui avaient été amenés à la verrerie de Saint-Quirin par l'appât de salaires élevés, prévoyant que ces salaires subiraient une forte baisse s'ils formaient des élèves, s'étaient engagés entre eux à n'enseigner leur état qu'à leurs enfants, et à s'opposer même à ce que des ouvriers verriers, étrangers à leurs familles, essayassent ce genre de travail. Cette convention s'est parfaitement maintenue pendant près d'un siècle, ainsi que nous l'avons dit au livre Ier, page 179.

Les avantages du procédé des cylindres sur celui des plateaux sont la plus grande dimension des carreaux obtenus et l'absence de déchet à l'équarrissage et à la division des feuilles. Ces avantages devaient être surtout appréciés en France et en Belgique, où les architectes tendaient constamment à augmenter les dimensions des carreaux de vitres, et amenèrent peu à peu la substitution complète des verreries à cylindres aux verreries à plateaux. La dernière qui en ait fabriqué en France était une verrerie en Normandie, près d'Abbeville. La fabrication des plateaux a disparu aussi presque complétement en Allemagne, où il ne reste plus que deux verreries : l'une dans le Hanovre, l'autre près de Wurzbourg, en Bavière, qui en fabriquent sur une échelle très-restreinte.

En Angleterre, au contraire, la fabrication des vitres en plateaux, qui y avait pris le nom de *crown-glass*, s'était tellement perfectionnée sous le rapport de la fusion, de l'uniformité d'épaisseur et des grandes dimensions, qu'elle a pu s'y maintenir presque exclusivement jusqu'à une époque assez récente. On y fabriquait aussi une espèce de verre assez grossier, connue sous le nom de *spread-glass* ou *broad-glass,* qui n'était guère employée que pour le vitrage des maisons de laboureurs et d'ouvriers. C'est ce verre qu'on a connu aussi en France sous le nom de *queue de morue.* On le soufflait comme les cylindres ; mais au lieu de laisser refroidir ces cylindres, on les ouvrait à chaud avec des ciseaux et on les développait de suite sur une plaque de tôle recouverte de sable. Ce verre avait une épaisseur très-irrégulière, une surface très-grossière, et sa fabrication a complétement disparu. Le crown-glass, au contraire, développé (*flashed*) par l'action du feu, a une surface brillante, à laquelle la glace polie peut seule être comparée. Le verre à vitre en cylindres, quelque bien fabriqué qu'il soit, donne à la vérité des carreaux plus grands ; mais, d'une part, la nécessité de le développer sur une aire, même la plus unie possible, enlève une partie de son brillant à la surface qui est en contact avec cette aire ; d'autre part, la surface intérieure d'un cylindre étant inférieure en étendue (quelque mince que soit ce cylindre) à la surface extérieure, il résulte de l'opération de l'étendage qui les ramène à l'égalité, tiraillement de l'une et contraction de l'autre, ce qui produit une sorte d'ondulation qui se remarque sur la feuille, surtout quand on la voit extérieurement et d'une manière oblique. Ces motifs d'infériorité du verre soufflé en cylindre ont rendu assez lente d'abord l'introduction de ce verre en Angleterre ; mais l'usage, chaque jour plus répandu, des glaces pour vitrage, qui a amené un changement dans les formes des fenêtres, qui ne peuvent plus être vitrées qu'avec de grands carreaux, diminue chaque jour l'emploi du verre en plateaux, dont la fabrication disparaîtra probablement dans un temps peu éloigné.

VERRE A VITRE SOUFFLÉ EN MANCHONS.

Nous allons étudier séparément ces deux sortes de fabrication, en commençant par le verre à vitre soufflé en cylindres, généralement appelés *manchons* ou *canons* en France et en Belgique.

Afin de n'omettre autant que possible aucun des détails relatifs aux diverses opérations qui concourent à la fabrication du verre à vitre, nous traiterons chacune de ces opérations en particulier, de manière à appeler l'attention successivement sur tout ce qui les concerne.

COMPOSITIONS.

La composition du verre à vitre a naturellement subi les varia-tions et modifications des diverses matières qui y sont employées.

Le verre à vitre est, en termes généraux, composé de sable [1], d'alcali et de chaux.

Si l'analyse signale d'autres substances, telles que l'alumine, le fer, la magnésie, on peut dire que ces substances s'y trouvent accidentellement, en raison de l'impureté de certaines matières ou de l'action des éléments du verre sur la matière du creuset.

Nous avons fait connaître aux articles *Silice, Soude, Potasse, Chaux*, liv. Ier, chap. II, les diverses variétés de ces matières pre-mières employées pour la fabrication du verre ; nous ne recher-cherons pas à une époque trop éloignée à quel état et en quelles proportions elles furent employées : nous ne trouverions, à cet égard, que des renseignements trop incomplets. Nous nous repor-terons à l'*Encyclopédie*, où nous trouverons des détails précis sur diverses compositions de verre à vitre. Nous citerons seulement, pour le verre à vitre ordinaire :

Soude d'Alicante ou de Sicile...	280 livres.
Sable......................	500
Cendres....................	200
Salin ou potasse.............	60
Saffre.....................	» 1 once 6 gros [2].

Et la suivante :

Salicor de Languedoc.........	540 livres.
Sable......................	440
Cendres....................	200
Salin ou potasse.............	60
Saffre.....................	» 1 once 6 gros.

Afin de ramener toutes les compositions dont nous aurons occa-

---

[1] Nous ne disons pas silice ou acide silicique, qui est le terme scientifique, et nous devons prévenir encore une fois ici que nous emploierons plus généralement les noms dont on se sert en fabrique.

[2] L'addition du saffre avait pour but de faire virer au bleuâtre, la teinte vert-jaune résultant des matières ferrugineuses et charbonneuses.

sion de parler à des termes de comparaison facile, nous prendrons pour le sable, qui est l'élément principal commun à tous les verres, une quantité fixe invariable, 100 parties, par exemple; et, de cette manière, la première composition ci-dessus devient (en nombres ronds) :

Sable	100
Soude d'Alicante ou de Sicile	56
Cendres	40
Salin ou potasse	12
Saffre	0,02

La deuxième :

Sable	100
Salicor de Languedoc	77
Cendres	45
Salin ou potasse	14
Saffre	0,03

Ces compositions étant mélangées, on les enfournait dans l'arche à fritter qui attenait au four de fusion. Cette opération avait pour but la combustion du principe organique contenu dans les soudes, les cendres et les salins. La matière était remuée dans l'arche à fritter avec un grand râble en fer, pour que toutes les parties fussent soumises à l'action du feu ; et quand l'opération était jugée suffisante, on prenait la matière rouge dans les arches à fritter et on l'enfournait de suite dans les pots. L'auteur de l'article de l'*Encyclopédie* ajoute : « On emploie avec utilité dans chaque potée de verre quelques onces d'arsenic que l'on y mêle avec la première pellée de composition que l'on enfourne.

Outre le verre à vitre ordinaire qu'on appellait aussi *verre d'Alsace*, on fabriquait à cette époque ce qu'on appelait *verre façon de Bohême* ou *verre en table*. Nous expliquerons, quand il sera question du travail du verre, la différence qui existe entre le *verre à vitre* et le *verre en table ;* pour le moment, nous dirons seulement que ce dernier était plus blanc et généralement plus épais. Ce verre était employé à vitrer les fenêtres des beaux appartements en grands carreaux, à garnir les portières des voitures, à couvrir les estampes et pastels.

Voici l'une des compositions indiquées alors pour cette fabrication :

Sable.............	100
Potasse...........	60
Chaux	7
Manganèse	0,06

Si le sable avait été bien lavé et séché, la potasse parfaitement calcinée, et si la chaux était bien blanche, on se dispensait de l'opération de la fritte et on ajoutait un peu de nitre pour assurer l'effet du manganèse.

Quelquefois on remplaçait la potasse par l'*alcali fixe minéral*, extrait de la barille d'Alicante et suffisamment calciné.

Les compositions que nous avons citées étaient celles en usage vers la fin du dernier siècle, et encore assez longtemps dans ce siècle-ci. La soude d'Alicante était souvent remplacée par les soudes de Fécamp ou de Cherbourg ; mais alors on forçait la dose de celles-ci, qui n'étaient pas si fortes en alcali que les soudes d'Espagne.

La découverte de la fabrication de la soude artificielle par la décomposition du sel marin ne tarda pas à amener des modifications radicales dans la composition du verre à vitre. D'abord, quelques verriers remplacèrent les soudes de varech par la soude artificielle ; puis, quand avec ces soudes artificielles on fabriqua du carbonate de soude, ce dernier sel fut bientôt employé dans la fabrication du beau verre à vitre, et on cessa alors de fritter la composition.

Toutefois, comme ce carbonate de soude, connu sous le nom de *sel de soude du commerce*, était encore assez dispendieux, on y adjoignit soit des soudes de varech lessivées [1], soit des natrons d'Egypte. Ces sels de soude du commerce, qui se fabriquaient généralement près de Marseille, titraient de 72 à 75 degrés.

Vers l'année 1820, la composition du verre à vitre était, en moyenne, dans les verreries de Rive-de-Gier, du département du Nord et des environs de Paris :

Sable........	100
Sel de soude.	40
Chaux.......	20
Arsenic......	0,5
Manganèse...	0,5

[1] C'était surtout à Cherbourg qu'on fabriquait ces soudes provenant de lixivia-

A ces éléments on ajoutait le groisil provenant de la fabrication, qui, en général, forme environ le tiers de la composition totale. Si on fabriquait du verre plus commun, au groisil provenant de la fabrication on ajoutait partie égale de groisil de vitrier, et même quelquefois des bouteilles cassées.

La chaux était employée à l'état de chaux éteinte en poudre ou de craie. Dans ce dernier cas, on en mettait une plus grande quantité.

La quantité de sel de soude dépendait du degré de température du four. Si ce four était construit dans des proportions bien calculées ; si le combustible était de bonne qualité, 36 à 38 de sel de soude pouvaient suffire pour 100 de sable. Mais ce sel de soude, qui généralement contenait une assez forte proportion de sulfate de soude, donnait lieu pendant la fonte à la production du *fiel de verre*, formant un bain aqueux à la surface du creuset. Si la quantité n'en était pas trop forte, on pouvait attendre qu'elle fût évaporée par la force du feu ; mais généralement on le retirait avec des poches à la fin de la fonte. Ce sel, ou fiel de verre, qui n'était autre qu'un mélange de sulfate de soude et de sel marin, n'était pas utilisé dans la verrerie, parce qu'alors on ne connaissait pas l'emploi direct du sulfate de soude pour la fabrication du verre, comme nous l'avons dit page 58.

Pendant assez longtemps on employa moitié sulfate, moitié carbonate, puis enfin le sulfate fut seul employé pour la fabrication des verres à vitre. On peut dire que depuis environ trente ans la composition du verre à vitre dans toutes les verreries de France a été, à quelques légères différences près, formée de :

Sable.   100
Sulfate de soude. . . . .   33 à 40
Charbon en poudre. . .   1,5 à 2 (mêlé préalablement avec le sulfate pilé) ;
Carbonate de chaux. .   25 à 35
Manganèse.   0,5
Arsenic   0,5
Groisil (celui provenant de la fabrication).

Pour le *charbon en poudre*, on emploie des braises pilées, si on se

tion des soudes de varech. Le produit de cette lixiviation était séché et calciné au four ; on obtenait donc ainsi un produit assez blanc composé de sulfate et de carbonate, mais qui différait des sels de soude du commerce en ce qu'il contenait une bien plus forte proportion de chlorure.

sert de bois dans l'établissement ; sinon, on pile du coke. Quelques
verriers qui ont des mines d'anthracite dans leur voisinage en
emploient à cet usage.

Si on n'a pas employé une assez forte proportion de charbon
en poudre, il ne suffit pas à la décomposition totale du sulfate de
soude. Si, au contraire, on force la dose, cet excès de charbon peut
agir comme matière colorante (voir liv. Ier, chap. II, page 103),
naturellement il vaut mieux pécher par défaut que par excès, et
avoir un peu de sulfate indécomposé qui s'évapore à la surface
du bain de verre, ou qu'on enlève à la poche en fer, que d'avoir un
verre jaune, qui ne serait pas vendable comme verre à vitre,
quelque faible que fût cette teinte jaune.

La quantité de *sulfate de soude* dépend du degré de température
que peut atteindre le four de fusion et de la qualité de la houille.
Nous avons déjà dit à l'article *Houille*, chap. II, liv. Ier, que non-
seulement certaines houilles produisaient une température plus
élevée que d'autres, mais que, de la même mine, la houille brû-
lait d'autant plus activement qu'elle était plus nouvellement extraite. Nous ajouterons que l'état de l'atmosphère influe beaucoup
sur la combustion, et, par suite, sur la température du fourneau.
Dans les temps secs et froids surtout, le tirage est plus actif, la
température du four plus élevée ; enfin, les fours de fonte, après
quelques mois d'usage, chauffent davantage. Le verrier, dans la
préparation des compositions, devra donc avoir égard à toutes
ces circonstances pour les modifier par l'addition ou la soustraction
de quelques parties de sulfate de soude. Enfin, quant à cette proportion du sulfate de soude, nous conseillerons de ne jamais
tendre à arriver à la limite du minimum de sulfate. Sans doute,
il y a économie à employer le moins possible de sulfate, et l'on
sait aussi que moins un verre contient d'alcali, moins il est sujet à
s'altérer par l'humidité ; et toutefois, nous insistons sur ce point :
mieux vaut une composition trop riche que trop pauvre en sulfate.
Vous ne manquerez pas votre fonte parce que vous aurez mis un
excédant de sulfate. Le verre fondra plus facilement ; la plus
grande portion de cet excédant sera évaporée vers la fin de la
fusion, si le four est convenablement chauffé, et, pourvu que vous
ayez mis le carbonate de chaux en quantité suffisante, le verre
n'attirera pas l'humidité ; tandis que, si vous ne mettez que rigoureusement la quantité de sulfate nécessaire, il peut arriver, si

vous êtes dans une mauvaise veine de houille, si l'état de l'atmosphère n'est pas favorable, que la fonte soit difficile; vous aurez
des portions de sable non vitrifiées, et, conséquemment, du verre
pierreux. Le verre n'étant pas assez liquide, les gaz ne se dégage-
ront pas facilement; vous aurez du verre mousseux; enfin ce verre
sera dur à travailler; les divers cueillages ne feront pas un tout homogène; le verre sera ondé. Il y a donc plus d'inconvénients que
d'avantages à n'employer que juste la quantité de sulfate nécessaire dans les circonstances ordinaires.

On trouve, dans le commerce, des sulfates de soude provenant
de la décomposition du nitrate de soude pour la fabrication de
l'acide nitrique ou azotique. Ces sulfates ne sont pas aussi purs
que ceux qui proviennent de la décomposition du sel marin ; ils
contiennent toujours un excédant d'acide sulfurique et des portions de fer provenant des chaudières en fonte dans lesquelles sa
•préparation a été terminée; aussi ces sulfates sont-ils moins
propres à la fabrication du verre à vitre quand on veut obtenir
une grande blancheur.

Le *carbonate de chaux*, dans la composition, contribue à la décomposition du sulfate de soude ; il donne *du corps* au verre. Quand
on employait pour la fabrication des vitres le carbonate de soude
et qu'on ne mettait qu'une faible proportion de craie ou de chaux,
non-seulement le verre était déliquescent, mais il n'avait pas de
corps, il était trop liquide sur la canne, se soufflait mal. Plus on
met de carbonate de chaux dans la composition, plus le verre a
de qualité et plus il est indécomposable par les variations hygrométriques; mais, d'autre part, il y a une proportion qu'on ne peut
dépasser; et cette proportion est environ la quantité de sulfate de
soude employé qu'on peut à peu près regarder comme limite.
Au delà de cette proportion, sitôt que la matière commence à se
refroidir dans les pots, le verre devient *galeux*, c'est-à-dire qu'il
s'opère un commencement de dévitrification. On est obligé de
réchauffer le four pour faire cesser cet état du verre ; mais bientôt,
après le soufflage de quelques manchons, la *gale* se représente en
plus grande quantité encore et rend le verre tout à fait impropre
au travail. On est obligé de le *tirer à l'eau*, et la fonte se trouve
ainsi perdue. Il ne faut donc pas que le verrier se tienne trop près
de la limite de l'excès de carbonate de chaux ; car, si ce n'est dans
le commencement du travail, lorsqu'on arrivera vers le fond des

pots, on aura généralement du verre galeux qu'on sera obligé de tirer du pot.

Le carbonate de chaux s'emploie à l'état de pierre à chaux pilée, ou de chaux éteinte, ou mieux encore, quand on en trouve à proximité, à l'état de craie (voir page 75).

Il est sans doute superflu de recommander de ne pas employer de pierre à chaux contenant de l'oxyde de fer. La craie de Meudon est un véritable type du carbonate de chaux à rechercher par les verreries.

Quelques fabricants ont essayé d'introduire le carbonate de baryte dans la composition du verre à vitre ; mais on peut dire qu'aucun résultat pratique avantageux n'a encore été obtenu. Nous avons dit au livre Ier, page 78, que 98 de carbonate de baryte étaient l'équivalent de 54 de carbonate de soude ou de 72 de sulfate de soude. Ainsi dit la théorie ; mais on ne peut pas en totalité substituer le carbonate de baryte au sulfate ou au carbonate de soude, parce que le verre qu'on obtient ne peut pas se travailler aussi facilement. Ainsi, nous avons essayé de faire du verre à peu près dans les données de celui fait à Saint-Gobain, dont l'analyse est énoncée page 79. Ce verre, dès la première fonte, était déjà *roide*, difficile à travailler ; et, dès la seconde fonte, la même composition avec le groisil provenant du premier travail, fondait plus difficilement, et l'ouvrier, dès les premiers manchons, dut renoncer à le souffler.

Nous avons peu de choses à dire du manganèse et de l'arsenic (oxyde de manganèse et acide arsénieux). Nous avons vu au livre Ier, chap. II, le rôle que ces deux substances jouent dans la composition du verre. La qualité du manganèse sera d'autant meilleure qu'il contiendra moins de fer et qu'il sera plus complétement à l'état de *peroxyde*. Le manganèse est destiné à agir sur quelques portions de fer qui se trouvent dans la composition, principalement celles qui résultent de l'emploi du groisil, des *meules* ou *mors* de canne. L'arsenic est destiné à agiter le mélange par le fait de sa *sublimation;* il constitue en même temps un *fondant actif.* Quelques verriers, au lieu d'en mettre dans la composition même, se contentent d'en projeter quelques fragments dans le pot lors du raffinage du verre, et nous devons dire que nous préférons ce dernier mode. L'arsenic employé ainsi opère un *maclage*, un brassage du verre liquide qui le rend plus homogène, prévient le défaut des ondes et facilite le dégagement des gaz.

Il nous reste à parler du *groisil* employé dans les composi-tions. Ce groisil résulte du travail du soufflage, de la casse à l'étendage et des rognures de magasin. Le travail du soufflage donne en groisil la portion de verre qui reste adhérente à la canne, la calotte du manchon et le rognage de l'extrémité op-posée à la canne, les écrémages ou *excramaisons*, comme on dit en verrerie. De tous ces groisils, le verre qui était adhérent à la canne est celui dont l'emploi est le plus désavantageux, à cause du fer de la canne qui reste adhérent au verre. Il y aura d'au-tant moins de fer détaché de la canne qu'on l'aura moins chauffée avant de la plonger dans le verre (et toutefois il faut qu'elle soit assez chaude pour que le verre y adhère, et qu'elle ne re-froidisse pas trop le verre devant le trou de canne, ce qui em-pêcherait le soufflage). Il faut aussi avoir un nombre de cannes suffisant pour qu'elles aient le temps de se refroidir avant d'être réemployées. Quand ce nombre est suffisant, les meules ou mors se détachent spontanément, à mesure que le verre se refroidit et se brise, et enlèvent moins de fer de la canne que quand on est obligé de les battre pour en détacher le verre. La qualité du fer de la canne est aussi un point important. Le fer le plus *corroyé* est le meilleur ; aussi emploie-t-on souvent dans les verreries les vieux fers de chevaux pour faire les bouts de canne.

Quand on veut avoir des potées de verre plus blanches, on n'y met que les groisils des *calottes* de manchons et les rognures de magasin, et pas les meules de canne.

Le groisil constituerait sans doute une grande perte dans la fabrication si on ne l'employait pas dans la composition ; mais il faudrait bien se garder de croire que le groisil, étant déjà un *verre tout fait*, doit beaucoup hâter la vitrification de la composi-tion. Il n'a, pour ainsi dire, qu'un avantage, celui de rendre le mélange moins compacte dans le pot, et de faciliter ainsi l'accès de la chaleur vers les parties centrales ; mais il ne fond pas plus facilement que de la composition neuve, ainsi que nous l'avons remarqué page 108 ; et, comme nous l'avons dit aussi, il produit un verre plus dur que cette même composition ; aussi remarque-t-on que quand il arrive qu'on *charge* un pot entièrement en groisil, ce pot n'est pas en avance sur les autres ; son affinage même est plus lent, et le verre de ce pot est plus *roide* à travailler ; aussi quand on a à faire de très-grandes feuilles de verre ou de très-grands verres de pendule (cylindres), on met fort peu de groisil dans la composition pour avoir un verre plus souple, obéissant plus facilement au soufflage.

Les verreries, celles surtout qui se trouvent dans le voisinage des grandes villes, se laissent généralement imposer par les acheteurs la condition de recevoir en payement d'une partie du verre qui leur est fourni, des casses et rognures de vitre, qu'ils reçoivent eux-mêmes en payement des vitriers. Souvent même, par le fait de la concurrence entre les fabricants, ils consentent à reprendre ce verre cassé à un prix presque égal, parfois même égal, à celui de la composition neuve. Cette condition est très-fâcheuse, car ce groisil peut être différent dans ses principes constituants de la composition du fabricant qui l'achète, il peut en résulter du verre non homogène, et, par conséquent, ondé ; en outre, ce groisil est plus dur à fondre et altère la blancheur. Pour compenser ces désavantages, il faudrait que ce groisil de la casse des vitres ne revînt qu'à peine à la moitié du prix de la matière neuve ; et encore même serait-il préférable de le rejeter entièrement de la fabrication du verre à vitre, pour être employé par les fabricants de bouteilles.

Les compositions doivent se faire dans une chambre spéciale, où se trouvent de grandes caisses pour chacune des matières premières et de grandes maies pour remuer les mélanges. Il importe d'exercer une active surveillance sur ce département, et d'avoir un compte de matières bien régulier, pour que les ouvriers auxquels on donne les ordres écrits pour les proportions des mélanges, si toutefois un employé n'est pas chargé de faire faire les potées sous ses yeux, soient

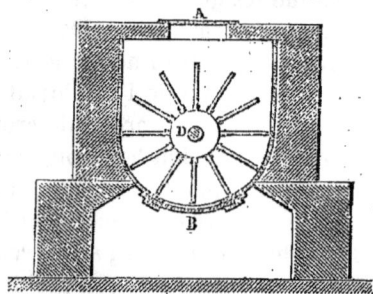

Fig. 40.

contrôlés par les quantités dépensées. Deux hommes peuvent transporter dans leur chambre les matières premières et peser les compositions pour trois fours et les mélanger. Si le charbon en poudre n'a pas été préalablement mêlé avec le sulfate de soude pilé, il sera bien de les peser d'abord et de les mélanger entièrement avant d'ajouter le sable et le carbonate de chaux. Il y a des verreries où le mélange se fait dans un appareil dont la coupe est indiquée figure 40. Les matières premières pesées sont jetées par une porte à coulisse A dans une trémie dans laquelle la machine à vapeur fait tourner un cylindre garni d'aubes qui opère le mélange par sa rotation. Quand on juge ce mélange suffisant, on ouvre la porte à coulisse B, au-dessus d'une brouette ou tombereau qui enlève la composition.

Le groisil ne s'ajoute à la composition que quand elle a été préalablement mêlée.

Nous avons dit que la composition, dont nous avons indiqué les proportions page 238, pouvait être considérée comme étant, à quelques légères différences près, la composition de toutes les verreries de France, nous pouvons dire même des verreries de Belgique et d'Angleterre. Cette composition produit un verre plus ou moins blanc, suivant la pureté du sable et des autres matières, mais aussi suivant la qualité de la houille, et surtout suivant la manière dont le tisage est conduit. Le verre à vitre a toujours une teinte légèrement verdâtre azurée, teinte assez faible dans certains verres de France, mais qui est très-prononcée dans les verres à vitre d'Angleterre, qui, même lorsqu'on emploie le carbonate de soude pur au lieu de sulfate, ont une teinte plus verte que les verres de France fabriqués au sulfate, et qui tient à l'impureté de leur sable et à la poussière de houille qui tombe dans les pots par le fait d'un tisage mal dirigé. Cette teinte foncée ne pouvait pas convenir pour certains usages, tels que les verres pour la photographie, dont la consommation est devenue très-importante.

Les fabricants anglais ont alors fait pour les verres à vitre extrablancs ce qu'ils avaient fait il y a près de deux siècles pour le cristal. Ils ont fondu du verre à vitre à *pots couverts*. La composition suivante a très-bien réussi :

Sable blanc de Fontainebleau ou d'Amérique.....	100
Carbonate de potasse........................	7
Sesquioxyde de plomb (minium)...............	5
Carbonate de soude à 96 degrés...............	50
Nitrate de soude............................	5
Chaux éteinte en poudre.	11
Arsenic....................................	0,5

Cette composition fondait très-bien dans un petit four à deux pots couverts ; puis la consommation de ce verre ayant augmenté, on construisit un four à huit pots couverts, dont la température atteignait au plus haut degré d'intensité ; on a alors supprimé le minium et le carbonate de potasse, et la composition suivante a très-bien réussi :

Sable de Fontainebleau ou d'Amérique..........	100
Carbonate de soude à 96 degrés................	36
Nitrate de soude.............................	5
Chaux éteinte en poudre......................	12
Arsenic......................................	0,5

On fait rentrer chaque jour dans la composition le groisil de la veille, mais en supprimant les fragments de mors de canne tachés de fer. Le verre produit par cette composition en pot couvert est très-blanc. Posé sur le papier, il n'en change pas la couleur. C'est là le résultat qu'on devrait pouvoir obtenir même à pot ouvert. Ce progrès est sans doute réservé à nos successeurs.

FONTE DU VERRE A VITRE.

Sous ce titre, nous traiterons des pots et des fours employés pour la fonte du verre à vitre, des combustibles, de la conduite de la fonte, c'est-à-dire des renfournements, du tisage, de l'affinage du verre.

Dans le chapitre *Pots et fours* du livre Ier, nous avons dit qu'on employait des pots ronds et des pots ovales ; leurs dimensions dépendaient autrefois de la quantité de verre que peut, dans un travail, souffler un verrier ; car, jusqu'à ce jour, dans la presque totalité des verreries de verre à vitre, chaque verrier avait son pot à travailler. Dans l'article *Verre en manchons*, de l'*Encyclopédie par ordre de matières* (c'est, nous ne nous lassons pas de le répéter, le seul ouvrage où l'on puisse trouver des renseignements exacts), on estimait « qu'un bon ouvrier pouvait, sans s'excéder, fabriquer de cent soixante à cent quatre-vingts pièces de mesures ordinaires, du poids d'une livre et demie. » Il s'ensuivait que les pots devaient contenir environ quatre cents livres de verre, pour suffire non-seulement à la fabrication, mais encore aux déchets qu'entraîne le travail. Les pièces dont il était question étaient des feuilles de 20 pouces sur 12, ou de 18 sur 14. Mais plus tard, au lieu de fabriquer ces petites mesures, on doubla les dimensions, c'est-à-dire qu'on souffla des feuilles pouvant donner deux carreaux des anciennes dimensions, soit des 25 sur 20 et des 29 sur 18 et un ouvrier put fabriquer plus que la moitié en nombre de ces feuilles doubles, c'est-à-dire que l'ouvrier qui fabriquait cent soixante à cent quatre-vingts manchons de 20 pouces sur 12 ou de 18 sur 14 de 1 livre 1/2, put faire plus de quatre-vingts à quatre-vingt-dix manchons de 25 sur 20 ou de 29 sur 18, pesant 3 livres ; on augmenta donc la dimension des pots. Aujourd'hui on a même doublé ces dimensions de 25 pouces sur 20, 29 sur 18 (69-54, 81-48, en centimètres) ; on souffle des 111e sur 69, 99 sur 81 ; le nombre des pièces fabriquées s'est aussi proportionnellement augmenté ; en outre, le verre à vitre se fabrique plus épais. Il ne pesait, d'après les données de l'*Encyclopédie*, que $3^k,50$ le mètre carré ; il pèse actuellement $4^k,50$ le mètre carré. Un verrier qui peut souffler environ soixante feuilles de 111 centimètres sur 69, pesant 4 kilogrammes, doit donc avoir à sa disposition un pot contenant environ 350 à 400 kilogrammes de verre. Il faut observer, en outre, qu'il est convenable de laisser au fond du pot quelques centimètres de verre, qui ne produiraient que des manchons de rebut ; et, en outre, le pot ne peut être rempli que jusqu'à 3 à 4 centimètres du bord : on pourra donc calculer la grandeur à donner aux pots, d'après ces données, que le mètre cube de verre à vitre pèse 2,500 kilogrammes. Les pots ronds devant toujours être coniques, on calcule leur capacité en multipliant la demi-somme des deux cercles intérieurs supérieur et inférieur par la hauteur.

Ainsi, un pot ayant intérieurement :

Diamètre du haut	70	centimètres.
Diamètre du bas	54	—
Hauteur intérieure	64	—

Contiendra, en supposant le pot plein jusqu'au bord, environ 500 kilogrammes de verre ; mais si on ne compte que 50 centimètres de hauteur de verre à travailler, supposant que le pot n'est plein que jusqu'à 4 centimètres du bord, et qu'on laisse 10 centimètres au fond du pot, on aura environ 370 kilogrammes de verre à travailler, ce qui produira au moins soixante feuilles de 4 kilogrammes. D'après ce que nous avons dit de l'épaisseur raisonnable des creusets, du retrait au séchage et à la cuisson, le pot dont nous venons de parler devra avoir extérieurement, quand il est sec, 77 centimètres de diamètre du haut, 70 centimètres de diamètre du bas et 72 centimètres de hauteur, et au moment de leur fabrication environ :

Diamètre du haut....	85 centimètres.
Diamètre du bas.....	79 —
Hauteur intérieure...	85 —

Nous disons environ, attendu que le retrait dépend de la qualité de l'argile employée, et de la proportion d'argile crue et d'argile cuite qui le composent.

La dimension de pots ci-dessus est, en moyenne, celle des verreries de verre à vitre du nord de la France; les verreries du Lyonnais ont des pots plus grands; les ouvriers travaillent environ vingt heures avec deux ou trois *poses*, et fabriquent, dans ce temps, deux cent cinquante manchons de 66 centimètres sur 54, un peu plus légers que les manchons du Nord. Les pots de Rive-de-Gier contiennent, pour cela, environ 600 kilogrammes de verre; c'est à peu près aussi la contenance des pots en Belgique, où les verriers, aidés par un grand gamin, peuvent produire davantage. Par un système de travail que nous mentionnerons quand il s'agira du soufflage du verre, on est arrivé (cela en Angleterre) à se servir de creusets beaucoup plus grands, jusqu'à 1^m,60 de diamètre extérieur, contenant environ 2,500 kilogrammes de verre; mais nous ne parlerons, pour le moment, que de la moyenne des pots employés aujourd'hui en France, et, pour décrire la conduite d'une fonte, nous prendrons pour exemple un four carré à huits pots ronds de 400 kilogrammes de verre; il ne sera également question ici que des fours à la houille, car c'est à peine, sans doute, s'il reste aujourd'hui en France un seul four à verre à vitre chauffé au bois; la houille est seule employée aussi en Belgique, et, à plus forte raison, en Angleterre; il n'y a donc qu'en Allemagne (comprenant la Bohême), où l'on fonde au bois.

Disons d'abord quelques mots de la halle dans laquelle le four est construit : cette halle doit être spacieuse, pour que le travail du soufflage s'y fasse avec aisance, que l'air y circule largement pendant le soufflage, et, à cet effet, les côtés de la halle faisant face aux ouvreaux doivent être, à partir de la hauteur d'appui, et sur une largeur de 6 mètres environ, formés par des montants en charpente de 25 centimètres carrés, et de 2 à 2^m,50 de haut, espacés de 1 à 1^m,20, sur lesquels s'ajustent des volets que l'on tient fermés pendant la fonte, et que l'on ouvre à volonté pendant le travail du verre. La halle doit avoir environ 7 mètres de hauteur sous charpente, et être garnie à son sommet d'une lanterne en charpente régnant sinon sur toute la langueur de la halle, au moins sur une longueur de 6 mètres au-dessus du four; cette lanterne est destinée à donner passage à la fumée et autres produits de la combustion, pour toutes les verreries qui n'ont pas encore surmonté leur four d'une hotte, dont nous avons indiqué la disposition au livre I, p. 152.

Une halle pour le four que nous prenons pour exemple doit avoir intérieurement environ 20 mètres sur 20 mètres, et être élevée au-dessus d'une cave s'étendant longitudinalement au-dessous de la grille du four, d'une largeur d'environ 2^m,50, et d'une hauteur d'environ 2^m,50 sous les barreaux de la grille.

Outre le four de fusion placé au centre, il doit y avoir dans la halle une *arche* pour l'attrempage de six pots, et une plus petite pour l'attrempage de deux pots; de telle sorte que si on n'a que un ou deux pots à remplacer, on chauffe seulement la petite arche, et on les chauffe toutes les deux quand tous les pots sont à remplacer. Il y a des verreries, c'est même le plus grand nombre, qui ne remplacent les pots que quand ils cassent; ils ont alors dans leur four des pots de différents âges, qui fondent inégalement. Je recommande fortement aux verriers d'établir un système de remplacement régulier des pots. Ce système n'est pas facile si les pots n'ont pas été faits, séchés, attrempés avec soin, si des négligences du fondeur amènent des accidents; mais avec un bon potier, des mélanges de terres faits avec soin, dans des proportions convenables, au moyen d'une surveillance exercée avec intelligence sur la fonte, enjoignant même, si l'on veut, l'appât de primes, on arrive facilement à établir ce système de remplacement régulier. Des pots de verre à vitre peuvent durer deux mois et plus, si on leur donne une épaisseur suffisante; mais je conseillerais plutôt de les faire plus minces (assez forts cependant pour supporter la charge), de manière à leur donner une durée certaine d'environ quatre ou cinq semaines;

alors sans attendre qu'il y ait de pot cassé, à jour fixe, le samedi, par exemple, après le travail du soufflage, on tire tous les pots du four, et on on fait une mise entière neuve. Pendant cette mise, il pourra arriver une fois ou deux fois dans l'année qu'un ou deux pots auront éprouvé un accident, un coup d'air, et casseront dès la première fonte, ou au bout de peu de jours ; on se bornera à les remplacer ; mais généralement tous les pots de cette mise feront leur temps, et alors, au bout des quatre ou cinq semaines, suivant la période adoptée, le samedi après le travail on renouvellera tous les pots. Quand on remplace des pots isolément, il est bien rare que l'opération de leur remplacement ne cause pas quelque blessure à l'un des pots dans le four, et n'amène un nouvel accident. Ce système de mise régulière de pots est surtout avantageux quand on règle la marche du four de manière à accomplir la fonte et le travail en vingt-quatre heures et à commencer ainsi régulièrement le travail tous les jours à la même heure ; ce système présente de grands avantages au point de vue de l'ordre et de la surveillance.

Revenant aux dispositions générales de la halle, nous dirons que si on fabrique des manchons d'une grande dimension et en verre double (3 à 4 millimètres d'épaisseur), il faut avoir des fours à recuire, nous ferons connaître leur disposition quand il s'agira du *travail du verre ;* et si on fabrique des *cylindres* ovales ou carrés, il faut aussi des fours de recuisson. Nous rappellerons ici de nouveau l'attention sur deux détails qui ont assez d'importance ; nous voulons parler d'abord des petites cheminées pratiquées entre les pots, ainsi que nous l'avons expliqué au livre I, page 153. Par cette disposition le tirage s'opère, en grande partie, par les petites cheminées placées vers la partie inférieure des pots ; il y a une combustion plus active, moins de parcelles charbonneuses projetées sur les pots, et le fondeur peut régler encore mieux la marche de son four par l'inspection des petits trous d'ouvreaux par lesquels doit sortir seulement une flamme assez courte et bleue. Si la flamme cesse de sortir par ces ouvreaux, c'est qu'il n'y a plus assez de charbon dans le four ; si, au contraire, la fumée sort en abondance par ces trous, c'est qu'il y a excédant de charbon : il n'y a qu'au commencement de la fonte, que le four n'ayant pas encore atteint sa haute température, la flamme courte des ouvreaux est encore mélangée de fumée. Ces petites cheminées sont une cause supplémentaire de détérioration pour le four, les trous des murs d'ouvreaux se rongent, s'agrandissent, mais en supposant même qu'il en résultât une durée un peu moindre pour le four, ce désavantage est bien plus que compensé par une température plus élevée, plus égale, et une fonte, par conséquent, plus rapide.

Les pots ayant, secs, 85 centimètres de diamètre du haut (4 fois 85 = 3^m,40), le four doit avoir au moins 3^m,65 de longueur intérieure sur 2^m,50 de largeur, savoir : chaque siége, 85 centimètre de largeur, et la fosse, au milieu, 80 centimètres de largeur. La fosse aura 1^m,10 de profondeur si on use de la houille grasse, et 80 centimètres si on use de la houille maigre. La grille, divisée en deux parties séparées par un pont de 1^m,15 à la base, devra avoir en totalité 3 mètres, savoir : 1^m,50 de chaque côté du pont et 45 centimètres de largeur sur les chenets.

Le four dont nous avons donné la description ayant été attrempé par un feu gradué, pendant au moins quinze jours, sa température, amenée au point le plus élevé possible, et, d'autre part, les pots ayant été également chauffés à blanc, on fait ce qu'on appelle *une bonne braise* dans le four, c'est-à-dire qu'on laisse la grille s'encrasser un peu et on remplit la fosse de charbon à une hauteur d'environ 40 centimètres, de manière à n'avoir pas de tirage au travers de la grille; quand cette braise est assez allumée, on ouvre une des deux portines du four, on jette sur les siéges un mélange de sable et de fines *escarbilles* (résidus de la combustion qui tombent sous la grille), et, avec une spatule en fer, on en fait une couche égale très-mince, sur laquelle on posera les pots, et qui est destinée à empêcher le pot d'adhérer au siége. Puis, on sort de l'une des arches un premier pot que l'on enlève sur le *diable* (fig. 41), et on le roule à l'entrée de la portine, où on le dépose. On passe dessous une grande pelle en fer à très-long manche, appelée *éburge*, sous laquelle on introduit un rouleau en fer, et on pousse ainsi le pot jusqu'à l'extrémité opposée du four, devant le dernier ouvreau, en l'accompagnant avec des dents de loup, sorte de crochet double à longue tige (fig. 42). Quand ce premier pot est en place, on en va chercher un second, que l'on entre et met en place de la même manière jusqu'au quatrième placé près de la portine. Quand ce dernier est en place, on referme la portine après avoir mis de la braise, c'est-

à-dire des charbons allumés entre la portine et le pot, pour éviter le refroidissement de ce dernier. On peut, à la rigueur, entrer
tous les pots par une même portine, en leur faisant traverser la

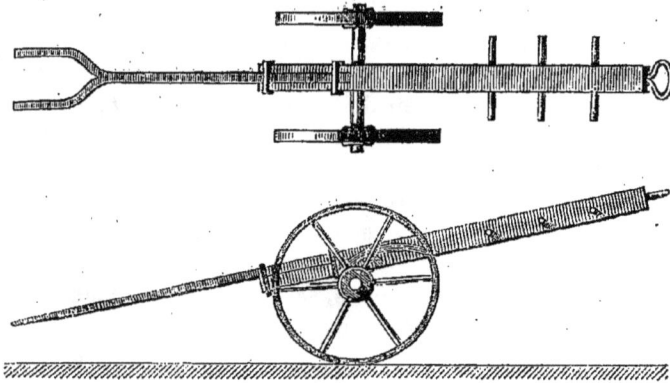

Fig. 41.

fosse sur l'éburge; mais on trouve ordinairement plus aisé d'ouvrir la portine diagonalement opposée pour mettre en place les
pots de l'autre siége. Pour faciliter la mise en place des pots, on

Fig. 42.

ouvre les *logis* qui correspondent à chaque ouvreau, à hauteur
du siége, et par lesquels on passe une palette en fer pour faire
mouvoir le pot et le mettre à la place convenable. Quand ce pot
est en place, on jette au pied du pot, par le logis, une pelletée de
braise allumée; on ferme et on marge le logis avec un mortier
de terre.

Les pots ayant été ainsi mis en place, les logis fermés, les ouvreaux presque entièrement bouchés, et les trous des petites che-

minées fermées par un tampon en terre brûlée, on laisse le four reprendre sa chaleur doucement, sans tiser, et par le fait seul de la *braise* qu'on a faite dans la fosse avant la mise des pots, et qui brûle lentement parce que la grille n'est pas percée; il faut que les pots se mettent ainsi en équilibre de température avec le four. Si on voulait activer trop tôt la combustion, aller en dessous de la grille y donner de l'air, les pots, subitement chauffés du côté de la fosse avant que le côté des ouvreaux eût pu atteindre une température suffisamment élevée, ne manqueraient pas de se gercer et de se fendre. Trois heures au moins doivent s'écouler entre le moment où on a terminé la mise des pots et le moment où on recommence à activer le four; pendant ce temps-là, le charbon accumulé dans le four s'est en partie consumé, est devenu de plus en plus vif, la chaleur a gagné jusqu'aux murs d'ouvreau au pied des pots opposés à la fosse; on s'aperçoit qu'ils sont devenus partout presque rouge blanc; on peut alors commencer à *donner à la grille*, c'est-à-dire à la décrasser, et donner passage à l'air; enfin, à tiser comme en fonte. Après une heure environ de tisage on *enverre* les pots, c'est-à-dire qu'on enfourne dans chaque pot environ 30 à 40 kilogrammes de groisil; une heure et demie ou deux heures après, ce groisil étant fondu, on prend une longue palette avec laquelle on prend du verre au fond du pot pour en frotter les parois tout autour, de manière à lui donner pour ainsi dire une couche de vernis destinée à empêcher le contact immédiat de la composition avec la paroi du creuset. Cette opération, quoique de courte durée, refroidit encore le four. On chauffe donc de nouveau fortement, et quand on est au rouge blanc, le fondeur et ses aides enfournent la composition. L'équipe de fonte se compose du chef fondeur, qui est en même temps tiseur, d'un deuxième tiseur et de deux manœuvres chargés d'enlever les crasses et escarbilles de la cave, d'amener le charbon auprès des tisards, reporter les groisils à la chambre de composition, amener les compositions, balayer la halle. Chacun de ces quatre hommes enfourne deux pots qui sont comblés, ou enfaîtés à 20 centimètres environ au-dessus du bord du pot au milieu, mais de manière toutefois que la composition n'atteigne pas tout autour à plus de 3 à 4 centimètres du bord du pot. Le renfournement fait, on remet les tuilettes ou rondelles devant les ouvreaux, on ferme les volets devant les ouvreaux, on tise plusieurs pelletées de chaque côté, on met la grille en état, et on pousse le four à sa plus haute température.

Les renfournements suivants s'opèrent suivant deux méthodes : il y a des verriers qui attendent, avant de procéder au deuxième enfournement, que le premier soit fondu et que le sel excédant qui remonte à la surface soit évaporé ; d'autres, aussitôt que la *motte* s'est affaissée, s'empressent de faire le deuxième enfournement. J'ai expliqué au livre I, page 192, les avantages de cette deuxième méthode ; nous n'insisterons donc pas davantage ici sur ce point. Nous rappellerons seulement ce que nous avons dit de la *fonte en pain de sucre* (liv. I, p. 187) : qu'il faut avoir toujours soin d'observer, car si votre composition fond *plat*, c'est que le four n'est pas dans de bonnes conditions ; qu'on aura, par exemple, enfourné avant que le four et les pots aient atteint la température suffisante jusqu'à la base des pots. Le deuxième enfournement se fait *enfaîté*, comme le précédent ; le premier enfournement a rempli les pots jusqu'à un peu plus de moitié ; le deuxième les met au moins aux cinq sixièmes de la quantité qu'on veut fondre (nous avons dit que le verre fondu ne devait s'élever qu'à environ 3 à 4 centimètres du bord du pot). Un troisième enfournement est nécessaire pour compléter ; il n'est que d'un petit nombre de pelletées. Quelquefois on fait ce troisième enfournement en groisil seulement. Si la composition enfournée ne contient que très-peu ou pas de groisil, au lieu de trois il faudra quatre enfournements pour emplir les pots. Le dernier enfournement est rapidement fondu, car le four est en pleine chaleur, et, en outre, c'est vers le haut du pot que la température du four est le plus élevée. Le raffinage ne tarde donc pas à commencer ; la vitrification est terminée, mais la masse est bouillonneuse ; les gaz renfermés dans la partie inférieure, la première fondue, n'ont pu se dégager, les couches supérieures n'étant pas encore liquides. Ce dégagement des gaz exige d'ailleurs une température très-élevée. C'est le moment où le fondeur doit redoubler d'attention, car c'est pendant l'affinage qu'est le principal péril pour les pots ; la matière qu'ils contiennent étant très-liquide, presse d'autant plus sur les parois, et surtout vers la base, et si un coup d'air vient à frapper le fond d'un pot, il arrivera le plus souvent qu'il se fendra et laissera échapper la matière en fusion. Il faut donc avoir soin que la grille soit dans un état convenable, assez claire pour que le tirage soit

actif, mais garnie de combustible sur toute sa surface, car si, par
négligence, la grille se *perce* en quelque endroit, c'est-à-dire se
dégarnit complétement de charbon, il s'établit là un courant d'air
qui, venant à frapper le pot le plus voisin, amène sa rupture.
Mais est-ce bien un courant d'air *froid* qui frappe ce pot qui est
à une température très-élevée, et dont le contraste produit sa
rupture? ou bien ce contraste existe-t-il en sens inverse? Des
verriers prétendent que lorsque la grille se *perce*, ce trou donne
lieu à un passage plus rapide d'air qui brûle avec plus d'intensité
les gaz qu'il rencontre, et forme une sorte de pointe de chalumeau
sur le pot immédiatement au-dessus, et forme le contraste dont
nous avons parlé. Ce qui semblerait faire croire à cet effet, c'est
que lorsque la grille est percée on s'en aperçoit à l'ouvreau correspondant, par lequel sort une flamme plus bleue que par les
autres. Quelle que soit la cause, le résultat est positif, et l'on
doit l'éviter avec le plus grand soin. Le fondeur doit donc avoir
l'œil attentif à ses ouvreaux, descendre souvent à la cave pour
inspecter sa grille, et veiller à ce que ses deux *tisonniers* soient
toujours bien garnis.

Expliquons ce que nous entendons par ces tisonniers : nous
voyons par le plan du four que la grille ne s'étend pas jusqu'au
pied du montant de *tisard* (fig. 44), il y a ce qu'on appelle un

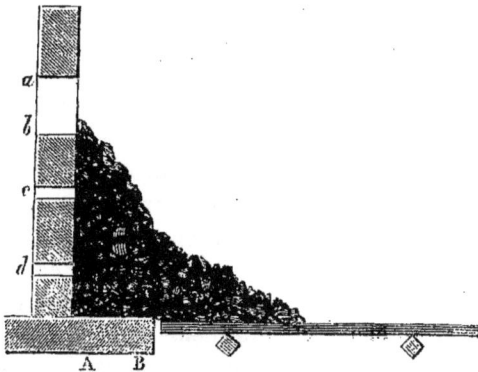

Fig. 44.

seuil A B de 15 à 20
centimètres, sur lequel
repose une masse de
combustible ; après
avoir tisé en projetant
la houille sur la grille,
on en verse une ou
deux pelletées au bord
du trou de tisard *a b* :
c'est ce qui forme le
tisonnier. Si ce trou
de tisard n'est pas
garni d'une porte en
fer on le bouche, même avec du charbon. De temps en temps,
par les trous *c d*, on pousse le charbon du tisonnier sur la grille,
et on le renouvelle ; il s'ensuit qu'on a toujours, de chaque côté
du four, une accumulation de charbon allumé, mais non en

pleine combustion, et qui sert soit à boucher des trous sur la grille lorsqu'on la décrasse en dessous avec les crochets, soit, dans d'autres moments, à garnir sur la grille si on s'aperçoit qu'elle a tendance à se percer. C'est aussi le cas de recommander de tiser peu et souvent. Généralement les tiseurs sont enclins à jeter dans le four beaucoup de charbon à la fois, pour avoir ainsi à se déranger moins souvent; c'est une très-mauvaise méthode; une grande quantité de charbon arrivant à la fois dans le four, et ne pouvant s'allumer, amène un refroidissement dans le four, produit une quantité énorme de fumée; une partie notable du charbon est ainsi entraînée à l'état de fumée sans avoir produit le résultat utile de sa combustion; la couleur du verre est altérée par le contact de cette fumée qui remplit le four; tandis qu'en tisant peu et souvent, on produit un feu clair, qui élève et maintient bien plus efficacement la température du four. De temps en temps le fondeur fait des éprouvettes avec une cordeline sur les différents pots pour voir si le verre est fin. Cette cordeline est une tige en fer rond de 2 mètres à $2^m,50$ environ de long, de 12 millimètres de diamètre, qu'il passe par le trou de la rondelle d'ouvreau: quand il voit que le verre qu'il prend sur cette cordeline en la plongeant dans le pot est exempt de bulles, que le fil qui tombe à la suite est parfaitement net, l'affinage est alors parfait.

Un peu avant que l'affinage soit terminé, et pour le hâter, on est souvent dans l'habitude de jeter sur chaque pot un ou deux fragments d'acide arsénieux, environ 250 à 300 grammes. Cet arsenic, par sa pesanteur spécifique, gagne le fond du creuset, et, par sa sublimation rapide, brasse la matière liquide, la rend plus homogène en même temps qu'elle facilite le dégagement des gaz; d'autres verriers, au lieu d'employer l'arsenic font, vers la fin de l'affinage, un *maclage* avec un fer de 5 à 6 centimètres carrés d'une longueur suffisante pour que le fondeur puisse atteindre vers le fond du pot sans être trop exposé lui-même à la chaleur; il remue ce fer à macler en tournant de bas en haut, et le retirant du pot avant qu'il soit assez chaud pour que le verre s'y attache. Cette opération rend aussi le verre homogène et *coupe les ondes*.

On remplace encore l'arsenic ou le maclage en *perchant* le verre, c'est-à-dire en plongeant une ou deux fois une perche de bois vert jusqu'au fond du pot; la vapeur d'eau dégagée de ce bois vert, et le commencement de distillation instantanée du bois, produisent le même effet que l'arsenic. Cette opération doit être faite avec précaution, car si la perche est trop forte, le verre peut se soulever avec trop de violence, et dépasser les bords du creuset. Les Allemands ont remplacé très-avantageusement la perche par une pomme de terre piquée au bout aigu et recourbé d'une tige mince de fer de 2m,50 de longueur; on peut ainsi plonger la pomme de terre jusqu'au fond du creuset, et la vapeur d'eau et les produits de la distillation se dégageant du fond-seulement produisent bien mieux l'effet de l'arsenic, et même d'une manière plus sûre, car si le verre n'est pas suffisamment liquide, si le fragment d'arsenic n'est pas assez gros, il ne gagne pas le fond du creuset et n'atteint pas ainsi le but auquel il était destiné. On ne maintient la pomme de terre que quelques instants au fond du creuset et on la retire.

Le fondeur s'étant assuré au moyen de la cordeline, ainsi que nous l'avons dit, que sa fonte est terminée, il se retire avec son équipe après avoir fait venir le *tiseur de jour* ou de travail. Toutefois, avant de se retirer, le fondeur charge la grille d'une quantité plus forte de charbon, puis ferme les petites cheminées pour arrêter l'activité de la combustion. Le tiseur de jour, en arrivant, débouche les ouvreaux, ouvre même totalement ou en partie les volets extérieurs de la halle pour refroidir le four et le verre, et le mettre en état d'être travaillé; il laisse pendant quelque temps brûler le charbon, dont l'équipe de fonte a chargé la grille avant de se retirer, puis, quand la couche de charbon commence à devenir mince, il marge sa grille par le dessous, en y tamponnant de l'argile mêlée avec un peu de paille ou de foin, puis il *fait sa braise*, c'est-à-dire qu'il charge par chaque tisard sa grille à une hauteur de 40 à 45 centimètres de charbon fin, légèrement trempé d'eau; il bat cette braise avec une longue spatule pour qu'elle soit compacte et non sujette à se percer pendant le travail; car si pendant le soufflage la braise vient à se percer, il s'établit de suite un courant d'air qui entraîne des poussières de charbon, et le verre devient bouillonneux; on est obligé d'arrêter le travail, de réparer la braise, et on recommence le soufflage après avoir écrémé le verre.

Quand le tiseur de jour voit que son four est suffisamment refroidi, il rebouche quelques ouvreaux, et laisse ainsi sa braise s'allumer petit à petit ; elle brûle lentement, pour ainsi dire comme en vaisseau clos, et le verre qui, dans le commencement de l'opération de la braise, était redevenu très-bouillonneux, recommence à se rasseoir et à se raffiner ; quand il est redevenu fin, il est alors trop froid pour être travaillé ; le tiseur de jour remet donc toutes les rondelles devant les ouvreaux, recharge par-dessus sa braise, environ 15 à 20 centimètres d'épaisseur, du charbon gailleteux. Ce charbon produit une flamme qui réchauffe le four et le verre, et, après vingt minutes ou une demi-heure, on peut commencer le travail du soufflage. Il s'est écoulé alors trois heures au moins depuis le départ des fondeurs.

Pour en finir avec l'ouvrage qui concerne l'équipe des fondeurs, nous supposerons le soufflage terminé. On rappelle alors l'équipe de fonte, dont la première main-d'œuvre consiste à démarger la grille, faire tomber une grande partie du charbon qui est à l'état de coke, enfin remettre le four en chaleur de fonte ; et, à ce sujet, nous ne saurions trop insister pour que cette chaleur soit poussée au plus haut point possible avant d'enfourner ; car, si on enfourne avant que tout le siége et le fond des pots aient atteint une température assez élevée, la fonte suivante est mauvaise ; la composition fond du haut, le bas ne se réchauffe plus suffisamment, et quelques efforts que fasse ensuite le fondeur, sa fonte sera plus longue, et il n'aura qu'un verre mousseux ; il vaut donc mieux chauffer une demi-heure, une heure de plus, pour que son four soit dans l'état convenable : à l'ordinaire, en une heure et demie il obtiendra ce résultat. Avec les données que nous avons indiquées, nous estimons que le réchauffage du four et la fonte peuvent durer quinze heures ; viennent ensuite trois heures pour mettre le verre en état d'être travaillé ; les verriers pourront vider les pots en six heures ; total vingt-quatre heures, de telle sorte qu'on peut ainsi commencer le travail tous les jours à la même heure.

Lorsque les pots sont à remplacer, qu'ils ont fait leur temps, l'équipe des fondeurs arrivant après le soufflage commence par soulever un peu les pots par l'ouvreau au moyen d'une pince, et pendant qu'on tient le pot ainsi soulevé, on passe par le *logis* un fragment de brique ou de pot cassé pour que le pot ne puisse pas retomber en contact avec le siége, puis on tire à l'eau tous les

17

fonds de pots, ce qui se fait avec des *poches* en fer (voir ci-contre fig. 45), puis on *démonte* la grille comme après chaque travail pour réchauffer son four, car l'opération de la mise des pots étant assez

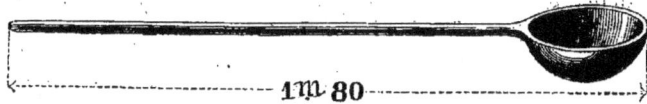

--- 1m 80 ---

Fig. 45.

longue, et le four étant longtemps ouvert, il deviendrait trop froid, ce qui lui causerait un grave préjudice, il se *glacerait* par places, il s'en détacherait des portions de briques. Si ces glaçures ont lieu dans la couronne du four, cela détermine des écoulements de larmes qui, venant à tomber sur les pots, gâtent le verre, et il n'y a pas de réparation possible à une voûte de four. Si c'est le siége qui a été *glacé*, il s'en détache des fragments qui forment des excavations profondes, qui menacent la solidité des pots, et augmentent la consommation du combustible.

Du reste, quels qu'aient été les soins du fondeur, lorsqu'un four a déjà servi quelque temps, il se forme toujours quelques creux dans les siéges, et on profite de l'opération de la mise des pots pour les réparer. A cet effet, le four ayant été réchauffé comme nous l'avons dit, on ouvre l'une des portines, on retire l'un après l'autre tous les pots avec le diable, et, quand le four est vidé, on procède à la réparation des siéges de la manière suivante : on a de la terre de la même composition que les briques de siége, que l'on détrempe dans une auge, de manière à en faire une sorte de mortier un peu serré. On en prend un morceau de la grosseur du poing, que l'on pose sur l'extrémité d'une perche, garnie à cette extrémité d'un tampon de linge mouillé, et on pose ainsi ce morceau de terre mouillée, soit par la portine, soit par l'ouverture du tisard, à l'entrée de la fente, ou du trou que l'on veut boucher ; on le pousse avec le tampon, et on achève ensuite de l'introduire dans la cavité avec une spatule en fer à long manche ; on remet de la terre avec le tampon jusqu'à ce que le trou soit bouché. Si les joints supérieurs du siége se sont ouverts, on les bouche de la même manière.

Nous ne devons pas oublier de recommander de nouveau,

ainsi que nous l'avons fait livre Ier, au chapitre *Pots et Fours*, de prendre pour ces réparations un mélange de terre longtemps fermenté, *pourri*, qui est bien plus plastique que de la terre neuve qui, le plus souvent, se détache peu d'instants après avoir été posée.

Quand la réparation du four est terminée, il faut de nouveau réchauffer le four ; quand il est arrivé à la température convenable, que les pots d'autre part sont prêts (il faut qu'ils soient au rouge blanc jusque sous le fond), on procède à la mise au four ainsi que nous l'avons vu pour le four neuf, et après avoir, comme pour la première mise, répandu sur les siéges une couche mince d'escarbilles et de sable.

SOUFFLAGE DU VERRE.

Nous croyons avoir suffisamment insisté sur tous les détails du travail des fondeurs ; nous avons indiqué la manière dont le tiseur de jour procédait pour amener le verre au point convenable pour être travaillé : nous arrivons maintenant au soufflage.

Donnons d'abord la description des divers outils dont se sert le verrier :

1° A environ 3 mètres de distance de l'ouvreau de cueillage est fixé sur deux montants un petit *baquet* carré en fonte, d'environ 20 centimètres de large, 25 centimètres de long, et 16 à 18 centimètres de profondeur. Ce petit baquet (fig. 46) contient l'eau avec laquelle l'ouvrier rafraîchit sa canne quand il a cueilli son verre ; sur le rebord du côté droit du baquet est fixé un crochet en fer, ainsi que l'indique la figure, au moyen duquel l'ouvrier attire et rassemble près du bout ou mors de canne le verre qu'il a cueilli. Dans les verreries où le four de fonte ne sert pas pour le travail du verre qui s'opère

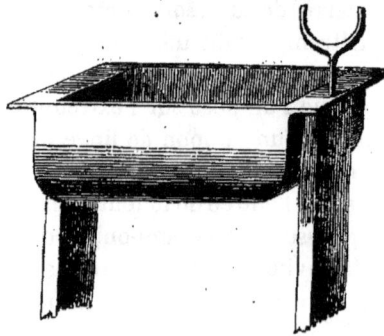

Fig. 46.

dans un four séparé, au lieu de ce petit baquet particulier à chaque souffleur, on place devant chaque côté d'ouvreau une longue auge de 2 mètres de long environ sur 40 centimètres de large, et 30 de profondeur, pleine d'eau, à hauteur d'appui, sur laquelle les cueilleurs viennent rafraîchir leur canne ;

2° *Râble* à écrémer le verre ; il est composé d'une palette en fer, de 12 centimètres d'épaisseur, de 16 à 18 centimètres sur 6 à 7, fixé, ainsi que l'indique la figure 47, au bout d'une tige

Fig. 47.

en fer rond de 18 à 20 millimètres, de $1^m,65$ à $1^m,80$ de long. Au lieu d'écrémer le verre avec un râble de cette forme, on accomplit quelquefois cette opération de l'écrémage, en faisant un râble avec le verre lui-même, ainsi que nous le verrons ci-après pour l'écrémage du verre soufflé en plat ;

3° La *palette* en fer de 12 millimètres d'épaisseur et de 18 centimètres de long sur 6 de large, avec un manche de 12 à 14 centimètres (fig. 48), sert à l'ouvrier à marbrer et arrondir son cueillage de verre, lorsqu'il tient sa canne sur le baquet ;

Fig. 48.

4° La *pincette*, en petit fer carré de 8 à 10 millimètres (fig. 49), est quelquefois employée par le verrier à saisir et extraire une pierre ou une larme que le verrier aperçoit sur le verre qu'il vient de cueillir ; il s'en sert aussi pour saisir l'extrémité du verre qu'il destine à rogner la calotte d'un manchon, comme nous le verrons ci-après.

5° Le *pic* (fig. 50) est en fer carré, et d'une longueur d'environ 45 centimètres, avec une partie recourbée, à peu près à angle droit, d'environ 6 à 7 centimètres, qui lui fait donner le nom de *pic;* cet outil sert à glacer le col du manchon pour le détacher de la canne, comme nous le verrons ci-après ;

6° *Ciseaux.* Ces ciseaux (fig. 51) ont de longs manches; ils servent à rogner l'ouverture du manchon ;

Fig. 49.

7° L'ouvrier a ordinairement deux *cordelines* qui sont simplement des tiges de fer rond, d'environ 1,75 de long sur environ 12 à 15 millimètres de diamètre, et qui servent à divers usages, que nous relaterons par la suite du travail ;

8° Un petit *marbre* en fonte, d'environ 15 centimètres carrés

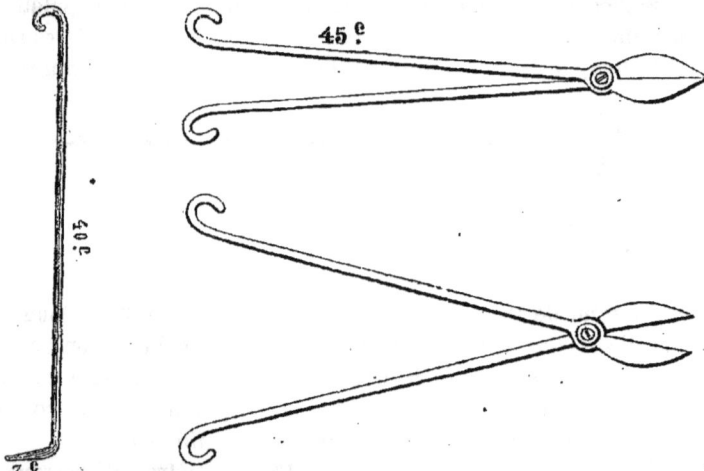

Fig. 50.

Fig. 51.

sur lequel on façonne le cordon de verre, destiné à couper la calotte du manchon ;

Fig. 52.

Fig. 53.

9° Plusieurs *blocs* (fig. 52) pour souffler la *boule* du manchon. Ces blocs sont en bois de poirier ou de pommier, ou de hêtre ;

ces bois sont choisis comme n'étant pas fibreux : ils sont non équarris. On prend, par exemple, un tronc de pommier d'environ 35 à 40 centimètres de diamètre, qu'on scie en billes de 50 à 60 centimètres environ de long. Chacune de ces billes, partagée en deux, fait deux blocs. Le verrier, avec une *hachette* à tranche arrondie (fig. 53), taille dans ce bloc une sorte de cuvette de quelques centimètres de profondeur, et d'une largeur un peu moindre que le diamètre du manchon qu'il doit fabriquer. En dehors du travail, ces blocs sont constamment tenus dans l'eau ; dans l'intervalle des travaux, le verrier vient hacher ou au moins raviver les trous des blocs dont il se servira pendant le travail suivant, puis il les replonge dans l'eau, d'où le gamin les retire quand on est près de commencer le travail.

Depuis quelques années on commence à remplacer ces blocs en bois par des blocs en fonte, ou mieux encore en laiton bien poli, de 28 à 30 millimètres d'épaisseur fixés sur un bloc en fonte, de manière à laisser entre deux un intervalle de quelques centimètres, dans lequel on fait couler de l'eau que l'on renouvelle de temps en temps pour maintenir frais le bloc de laiton, dans lequel on souffle. On fait arriver l'eau par un tube garni d'un robinet, et il y a un tube de trop plein pour le renouvellement de l'eau. De temps en temps, on éponge le bloc, on le saupoudre de poussier de charbon qui s'y attache, et en outre d'un peu de sciure de bois.

10° Enfin huit ou dix cannes. C'est l'outil principal, car tous les autres ne sont pour ainsi dire qu'accessoires ; on pourrait les remplacer par des changements de dispositions, tandis que sur la canne, cet instrument aussi ancien presque que le verre lui-même, que nous voyons décrit sur les monuments égyptiens qui datent de plusieurs milliers d'années, est fondé tout le travail du verre, et surtout du verre à vitre. Il y a des cannes de plusieurs dimensions, proportionnées aux verres que l'on souffle ; mais pour les

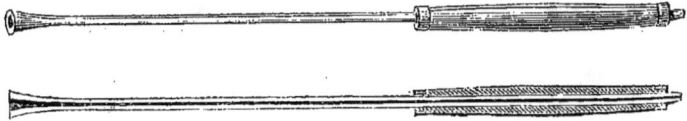

Fig. 54.

manchons que l'on fait généralement à présent, la canne (fig. 54) doit avoir environ 1^m,60 de long, un diamètre d'environ 26 mil-

limètres, depuis l'embouchure jusqu'à environ 15 centimètres de
l'extrémité ; à partir de ce point la canne va en s'évasant jusqu'à
un diamètre au bout de 7 centimètres environ ; l'extrémité opposée,
celle par laquelle on souffle, s'arrondit légèrement vers le bout.
Le trou intérieur a environ 13 millimètres du côté de la bouche,
et 23 millimètres à l'autre extrémité. Pour la facilité du maniement de cette canne, pour qu'elle ne glisse pas dans la main du
souffleur, il y ajuste un manche en bois tourné, du double de son
diamètre, et d'environ 40 centimètres de long qu'il enfile sur sa
canne jusqu'à environ 5 centimètres de l'embouchure, ou bien il
garnit cette partie de la canne d'une petite corde tournée et serrée autour : ou bien enfin, et c'est la disposition qui a été le plus
récemment adoptée comme étant préférable, la canne porte extérieurement, à 5 centimètres du bout et à 48 centimètres de l'embouchure, deux bagues, entre lesquelles on ajuste soit un cuir, soit
un caoutchouc vulcanisé.

Tels sont les outils dont se sert le souffleur, et qui ont été préparés par le gamin pendant que le tiseur de jour *faisait sa braise.*
Le gamin, pendant ce temps, a aussi arrosé, balayé sa place, et la
partie de la halle correspondante à sa place, car il importe qu'il
ne s'élève pas, pendant le travail, de poussière qui, tombant sur le
verre, le rendrait bouillonneux ; enfin le gamin pose son *chevalet*
(fig. 55) à portée de sa place. Il est formé d'un cadre à quatre

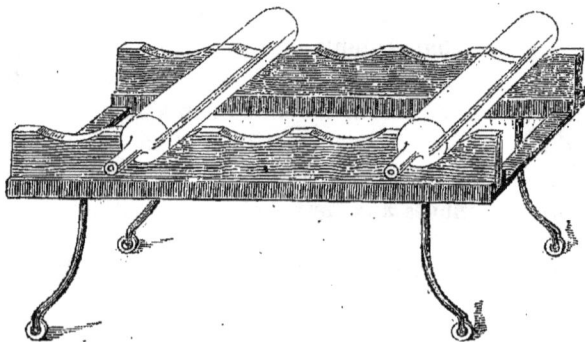

Fig. 55.

pieds en fer, sur lequel sont ajustés deux petits madriers parallèles d'environ 1m,50 à 2 mètres de long, et de 20 centimères sur

5 centimètres d'épaisseur, posés de champ; sur ces madriers on a fait cinq ou six encoches correspondantes, que l'on a légèrement carbonisées avec un peu de verre chaud, et c'est sur ces encoches que l'on appuie le manchon pour le détacher de la canne.

Lorsque le tiseur de jour voit que le verre sera bientôt bon à travailler, le gamin, qui a fini de préparer les outils, va chercher son *maître*, qui doit être rendu au four quelques minutes avant le commencement du travail. Le verre étant prêt, et les ouvriers arrivés, ils montent sur place, débouchent les ouvreaux, posent les râbles sur le bord des ouvreaux pour les faire chauffer, et à un signal donné par le souffleur de grande place et répondu par le souffleur diagonalement opposé, chacun écrème son verre, pendant que les gamins chauffent les cannes, soit dans un petit four spécial sur un côté de la halle, soit chaque gamin dans un trou pratiqué dans le logis de chaque pot. L'opération de l'écrémage a pour but d'enlever une légère couche de verre impur, parce qu'il y sera tombé quelques poussières de charbon pendant qu'on faisait la braise, et aussi parce que quelques grains seront remontés à la surface avec quelques bouillons non crevés par le fait du refroidissement de la surface du bain de verre.

Le verre étant écrémé, chaque souffleur prend sa canne dont le mors a été rougi au feu, et à un signal donné, tous commencent le cueillage. Mais avant de suivre toute la fabrication d'un manchon, disons quelques mots des modifications que ce travail a subies depuis une cinquantaine d'années.

Lorsqu'au siècle dernier, on a importé en France la fabrication du verre en manchons, nous devrions dire plutôt lorsqu'on est revenu à cette fabrication (qui avait été pratiquée alors qu'on faisait tant de vitraux pour les églises), on distinguait deux sortes de verres en manchons : le *verre à vitre*, pour les usages ordinaires, et le *verre en table*, pour les grandes et belles vitres. Le verre à vitre ne se soufflait qu'en petites feuilles; les mesures courantes étaient en pouces : 20 sur 12, 19 sur 13, 18 sur 14, 17 sur 15 et 16 sur 16. Comme ce verre se vendait en raison du nombre de pouces réunis de hauteur et de largeur, ces cinq mesures précédentes, qui formaient 32 pouces réunis, se vendaient au même prix; elles formaient la base du commerce de la vitrerie. Les pots étaient petits, ils ne contenaient guère que 150 kilogrammes de verre; les fours étaient naturellement proportionnés aux pots.

Les ouvriers, assez rapprochés les uns des autres, n'eussent pas pu faire de grands manchons; les ouvriers des pots de coins, seuls plus à l'aise, pouvaient souffler des manchons plus grands; ils doublaient les mesures. Ainsi, ils soufflaient des feuilles dans lesquelles on pouvait couper 2 carreaux de 20 sur 12, ou 2 de 19 sur 13, 2 de 18 sur 14, 2 de 17 sur 15, 2 de 16 sur 16. Or, ces mesures devant avoir un pouce de faveur sur chaque côté, mesuraient 21 sur 13, 20 sur 14, 19 sur 15, 18 sur 16, 17 sur 17; les mesures nouvelles, destinées à faire deux des anciennes, devaient donc porter 26 sur 21, 28 sur 20, 30 sur 19, 32 sur 18, 34 sur 17. On les désignait toujours en raison du pouce de faveur par 25 sur 20, 27 sur 19, 29 sur 18, 31 sur 17, 33 sur 16. C'est ce qu'on appelait les feuilles de *verre à couper*, parce que, bien que les prix suivissent une progression, à mesure que les dimensions croissaient, ces mesures marchandes ne se vendaient que comme deux fois le prix du numéro 32. Plus tard, quand on a fait des pots plus grands, ces mesures, qui étaient celles de grande place, sont devenues les mesures ordinaires. On cessa, d'ailleurs, de fabriquer du *verre en table*, dont nous allons parler tout à l'heure, et alors les grandes places soufflaient les grandes mesures pour les très-grandes vitres et pour les gravures, et les verres double épaisseur pour éclairage et couverture de passage, etc. Cet état de choses dura jusque vers 1846. On commença alors à doubler encore les mesures ordinaires de 25 sur 20, etc. Ces mesures, qui, depuis la réforme métrique obligatoire de 1840, avaient pris la dénomination de 69 sur 54, 75 sur 51, 81 sur 48, 84 sur 45, 90 sur 42 centimètres, auxquelles on avait ajouté les mesures de 96 sur 39, 102 sur 36, 108 sur 33, furent donc soufflées en double dans quelques verreries; il y en a toutefois encore quelques-unes où l'on souffle encore les 69 sur 54 et autres.

Le *verre en table*, appelé aussi *verre de Bohême*, était, comme nous l'avons dit, destiné aux beaux vitrages en vitres plus grandes et plus blanches; et à cette époque où les soudes n'étaient pas épurées, où le verre blanc se fabriquait au salin et à la potasse, on employait pour le faire une composition à base de potasse; or, le silicate de potasse et de chaux est beaucoup plus dur, plus *roide* à travailler que le silicate de soude et de chaux; il ne se souffle pas aussi facilement, se refroidit plus vite. Il était donc désavantageux de le fondre dans les mêmes fours que le verre à

vitre ; on avait des fours spéciaux pour le verre en table, et en
raison de sa dureté, de la difficulté qu'il y avait à allonger le
manchon chaud par le fait du moulinet de la canne, au lieu de
faire des manchons étroits et longs, comme dans le verre à vitre,
où le diamètre développé est destiné à donner la largeur de la
feuille, on soufflait des manchons plus courts, mais d'un plus
grand diamètre qui, développé, produisait la longueur de la
feuille.

La fabrication des sels de soude a amené la cessation du travail
du *verre en table ;* comme on pouvait avec cette composition faire
du verre aussi blanc, ou à peu près, qu'avec la potasse, que ce
verre se travaillait d'ailleurs plus facilement, plus rapidement,
qu'on pouvait le fabriquer simultanément dans les mêmes fours
que le verre à vitre plus commun, il ne tarda pas à se substituer
au verre en table, qui, depuis quarante ans environ, est tout à
fait inconnu en France, et ne se fabrique plus que dans quelques
verreries d'Allemagne.

Ces préliminaires posés, revenons à notre four. Le signal est
donné : chaque ouvrier plonge sa canne dans son pot, en la tournant ; le verre est trop chaud pour qu'il y adhère une grande
quantité de verre ; le verrier retire sa canne, dont le mors est en-
verré d'environ 200 grammes de verre ; il tient quelques instants
sa canne en dehors, en la tournant sur son axe ; puis, par un second cueillage, charge sa canne de 6 à 700 grammes de verre. Il
pose sa canne sur les deux arêtes du baquet, et la tournant toujours de la main gauche, il prend la palette avec la main droite
pour arrondir son cueillage ; puis il souffle dans sa canne, simplement pour la déboucher et introduire un peu d'air dans la
masse, car s'il attend trop tard, la partie du verre contre le trou
de canne devient trop dure, et il ne pourrait faire pénétrer l'air
dans la masse du verre ; ce deuxième cueillage étant arrondi et
suffisamment refroidi, l'ouvrier procède au cueillage suivant. Au
commencement du travail, le verre étant encore assez liquide, il
faut quatre cueillages pour faire un manchon de 111 sur 69 centimètres, que nous prenons pour exemple, et pour lequel il faut
cueillir environ 5 kilogrammes de verre ; lorsque le verre devient
plus rassis, cette quantité de verre peut être obtenue en trois cueillages. Quand le souffleur a cueilli la quantité voulue, il pose de
nouveau sa canne sur les deux bords du baquet plein d'eau, et,

la tournant de la main gauche, il rafraîchit la canne avec sa main droite, de manière à pouvoir la saisir jusque très-près du verre. Lorsque la canne est ainsi refroidie, il reprend la canne des deux mains, la main gauche en avant, et pose la canne sur le crochet près du verre, et la recule en tournant, de manière à rassembler le plus possible le verre à l'extrémité de la canne, et alors il pose son cueillage dans le bloc, dans lequel le gamin a fait couler un peu d'eau, en pressant une éponge; le verrier tourne le verre dans le bloc, en tenant sa canne parallèle à la direction du bloc, et de manière à donner à son verre la forme d'une poire très-allongée; puis il relève sa canne dans une inclinaison d'environ 45 degrés, laissant toujours le verre dans le creux du bloc, et il commence à souffler, le gamin pressant toujours l'éponge pour faire couler de l'eau dans le creux du bloc.

L'eau que l'on met dans le bloc a pour but de prévenir la combustion du bois du bloc et de faciliter le mouvement de rotation de la masse de verre, en l'interposant à l'état d'eau bouillante entre le verre et le bloc. Ce verre, d'ailleurs, est trop incandescent pour que l'eau en petite quantité puisse le calciner; elle est entre le bloc et le verre à l'état sphéroïdal. Toute espèce d'eau ne peut pas être employée par le verrier, il ne suffit pas qu'elle soit propre et claire; l'eau de puits des environs de Paris, par exemple, contenant généralement des sels, tels que le sulfate de chaux, donne lieu, par l'évaporation *de l'eau*, à un précipité de sels calcaires, qui, quoique non perceptibles à la vue simple, font adhérer le verre au bloc, au lieu de faciliter sa rotation. Dans une localité où l'on ne pourrait pas se procurer d'autre eau, le verrier ne pourrait pas souffler de manchons, à moins qu'on ne recueillît de l'eau de pluie, ou qu'on se procurât de l'eau distillée. Le gamin fait couler ensuite un petit filet d'eau sur le col qui commence à se former, afin de refroidir un peu ce col, pour qu'il ne devienne pas plus mince et ait la force de supporter le manchon. Lorsque le col est ainsi formé, l'ouvrier continue à souffler, en poussant le col sur la boule, et quand la boule a atteint le diamètre voulu, soit environ 22 centimètres (ce qu'il mesure de l'œil et d'après le trou de son bloc, n'employant jamais de compas), et qu'il juge que ce qui formera la calotte du manchon est réduit, par le soufflage, à peu près à l'épaisseur que devra avoir le manchon, soit près de 2 millimètres, il continue à tourner dans le bloc sans souffler, et en pressant le col contre la boule, de manière à aplatir la calotte du manchon. Quand ce col a atteint ainsi suffisamment de consistance, le verrier enlève sa boule, décrit un ou deux moulinets, et vient porter sa boule à l'ouvreau, en posant sa canne sur le crochet de place fixé à la gauche de l'ouvreau. Il tourne la canne sur elle-même, et quand il s'aperçoit que son verre est suffisamment chaud, il s'éloigne de l'ouvreau, souffle et balance le verre, de telle sorte que, par le souffle, il tend à gonfler le verre, mais que, par le balancement, il tend à l'allonger. La résultante de ces deux opérations allonge le manchon en lui continuant son même diamètre. Le verre devient bientôt trop dur pour arriver à la dimension voulue; il réchauffe donc de nouveau sans enfoncer trop son manchon dans le four, pour que la partie qui est déjà réduite à son épaisseur voulue ne participe pas au réchauffage; puis, sortant de l'ouvreau, il souffle encore et fait quelques moulinets, et amène le manchon à la longueur voulue. Il s'agit maintenant d'ouvrir l'extrémité du manchon; ce qui peut s'opérer par deux procédés. Quand on ne faisait que des petits manchons, et en verre mince, le verrier, ayant amené son manchon à la longueur voulue, posait sa canne sur un crochet posé au bout d'une perche, et que lui présentait le gamin, ou sur un crochet tournant attenant au pilier de séparation de la place, l'extrémité du manchon à ouvrir placée ainsi à l'entrée de l'ouvreau; alors l'ouvrier soufflait dans sa canne, en

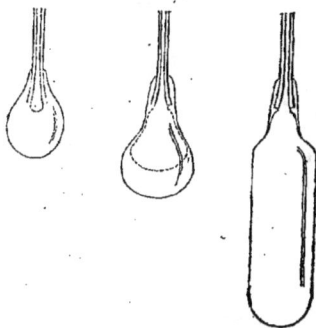

Fig. 56.

fermait l'ouverture avec la main droite, soufflait encore, et fermait; au bout de peu d'instants, l'air contenu dans le manchon dilaté par la chaleur croissante du côté de l'ouvreau, se frayait un passage à l'extrémité du manchon, que la chaleur de l'ouvreau avait amollie et amincie; une fois ce premier trou formé, l'ouvrier n'avait plus qu'à entrer un peu plus avant dans le four et tourner un peu rapidement sa canne sur elle-même; le trou s'élargissait, le verre se contractait sur lui-même; puis, sortant de l'ouvreau et tenant le manchon l'ouverture tournée vers le bas, et continuant à tourner la canne sur elle-même, cette extrémité ne tardait pas à devenir cylindrique. La figure 56 montre le manchon à trois états successifs avant d'être ouvert.

Si le manchon est un peu épais, il serait trop long de souffler l'extrémité jusqu'à la faire crever. Alors on l'ouvre par l'autre procédé, qui consiste, lorsque le manchon a atteint sa longueur, à faire cueillir par le gamin environ 100 à 150 grammes de verre au bout d'une cordeline en dehors du flotteur, et faire appliquer ce verre au moment même où il vient d'être cueilli à l'extrémité du manchon ; aussitôt le verrier bouche le trou de canne avec la paume de la main droite, et fait entrer le manchon à moitié dans le four par l'ouvreau ; l'air contenu dans le manchon, se dilatant rapidement, s'ouvre un passage à l'endroit de la moindre résistance, c'est-à-dire où l'on a appliqué du verre chaud, et il s'y forme une ouverture ; le verrier sort son manchon de l'ouvreau et va poser sa canne sur le baquet, en lui donnant une inclinaison, de manière que le gamin puisse facilement, en introduisant une des lames des ciseaux que nous avons décrits dans l'ouverture formée, rogner tout alentour le verre qui avait été appliqué. Le verrier rentre alors le bout du manchon par l'ouvreau, tourne la canne sur elle-même, pour élargir l'ouverture faite et la rendre cylindrique, comme par le premier procédé. Le gamin prend alors la canne des mains du verrier, va poser le manchon sur le chevalet, applique le dos du pic froid sur un point du col du manchon, y détermine ainsi une petite fente ou calcinure, et tapant alors plusieurs petits coups avec son pic sur la canne, à 25 centimètres environ de son extrémité, la petite fente s'étend, fait le tour du col et sépare ainsi la canne du manchon. S'il se détermine sur le col une autre fente, qui gagne dans la calotte du manchon, alors le gamin, appuyant extérieurement la pointe d'un pic au delà du point où est arrivée la fente, entre un autre pic par l'intérieur du col, et donnant, avec la pointe de ce second pic, un petit coup sec près de l'endroit où est arrivée la fente, cette fente revient sur elle-même, et le pic intérieur fait trou dans la calotte. Le verrier, ayant mis le manchon entre les mains du gamin, prend la canne chauffée, et procède à la confection d'un autre manchon. Pendant que le verrier fait ses premiers cueillages, le gamin enlève de dessus le chevalet les manchons refroidis, et va les placer sur des étagères auxquelles on a conservé leur nom allemand de *Schaff*, où il ira, plus tard, les chercher pour faire enlever les calottes. Quand le verrier a fait un certain nombre de manchons, quelques poussières qui se sont abattues sur le verre, les fils de cueillage qui, en retombant sur le verre, ne se sont pas mis en équilibre de température avec le reste, produisent des manchons de moindre qualité. Il est essentiel alors d'écrémer de nouveau; il chauffe alors son râble, procède à cette opération comme au commencement du travail, et recommence ensuite le soufflage. Un verrier fait, par heure, environ neuf à dix manchons de 111 sur 69 centimètres; quand il souffle des 69 sur 54, qui sont la moitié des 111 sur 69, il en fait seize à dix-sept par heure.

Les manchons de 1 et demi à 2 millimètres d'épaisseur, quelle que soit leur dimension, n'ont pas besoin d'être recuits; en effet, l'épaisseur étant régulière et faible, le refroidissement de l'extérieur et celui de l'intérieur sont à peu près simultanés; mais quand on fait des manchons un peu grands et de 3 à 4 millimètres d'épaisseur, pour lesquels le col est plus fort, la calotte plus épaisse, il y a nécessité de faire subir une recuisson avant de fendre les manchons pour les étendre, sinon, quelques instants après avoir été détachés de la canne, un certain nombre éclatent en morceaux, d'autres cassent quand on les fend. On conçoit, en effet, que ce manchon étant épais, il y a contraste trop marqué, d'une part, entre la température intérieure et extérieure du côté de la calotte, d'autre part, entre la température de ce côté du manchon et celle du côté qui a été ouvert au feu. Il est donc important de ramener ce manchon à une température élevée, égale dans toutes ses parties; et pour cela, aussitôt que le gamin a détaché le manchon sur le chevalet, un ouvrier, chargé de la recuisson, enlève ce manchon avec une perche, dont l'extérieur est un peu carbonisé pour ne pas glacer le verre, et le porte sur les chevalets en fer d'un four à recuire (fig. 57), qui est simplement une arche d'environ 3 mètres sur 3 mètres et de 1m,50 à 1m,75 de haut, ayant deux rangées de traverses en fer rond, de 5 à 6 centimètres de diamètre, courbées de place en place pour recevoir les manchons, et placées de 50 à 60 centimètres au-dessus de la sole de l'arche. Ce four est chauffé au rouge-brun; quand le manchon y a séjourné quinze minutes, toutes ses parties sont à la même température, on peut l'en retirer avec la perche, et le laisser refroidir auprès de l'arche, pourvu qu'il ne soit pas exposé à un courant d'air.

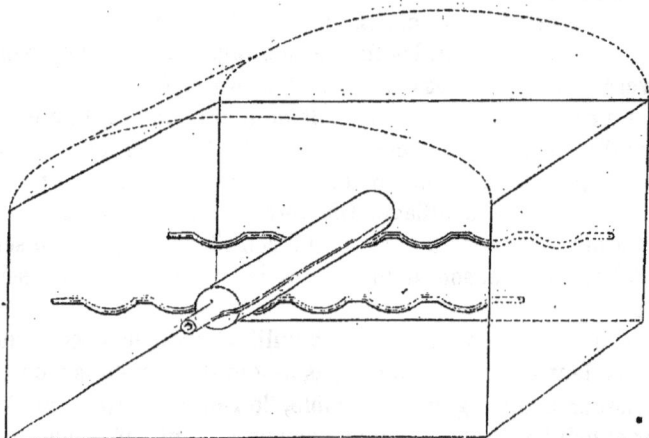

Fig. 57.

Quand les ouvriers ont fini de souffler le verre contenu dans les pots, chacun d'eux coupe les calottes ou bonnets des manchons qu'il a soufflés. A cet effet, le gamin pose un manchon sur un petit support mobile propre à recevoir deux manchons qu'il met sur le baquet, le col tourné du côté du four, place sur le dessus une règle en bois, indiquant la longueur à laquelle doit être coupé le manchon. Le verrier prend avec sa cordeline un peu de verre au fond du pot, le roule sur son petit marbre, de manière à lui donner une forme régulière et un peu de consistance, puis, enlevant sa cordeline de la main gauche, et laissant le verre s'allonger un peu par son propre poids, il en saisit l'extrémité avec sa pincette de la main droite, et l'étire de manière à former un cordon dont il entoure le manchon à l'endroit indiqué par la mesure en bois; il rapproche en dessous du manchon le bout de verre pris à la pincette, du verre qui tient à la cordeline, et, après quelques secondes, l'ouvrier tire à lui le cordon de verre, et mouillant un peu le côté de sa pincette, il le pose sur la partie où le cordon de verre chaud touchait le manchon. Il s'y détermine alors une fente qui fait le tour du manchon, et la calotte tombe dans une caisse posée en avant du baquet. Il y a des verreries où le

souffleur rogne ses manchons au fur et mesure de la fabrication.
Dans ce cas, au lieu de donner son manchon à détacher sur le chevalet à son gamin, il va le détacher lui-même, puis prenant du
verre avec sa cordeline, il coupe la calotte non pas du manchon
qu'il vient de souffler et qui n'est pas assez refroidi, et sur lequel
le contact du fil de verre rouge ne ferait pas contraste suffisant,
mais l'antepenultième soufflé. Pour faciliter cette opération, on a
dans un coin du four à chauffer les cannes une cuvette de fonte ou
de terre dans laquelle on met des fonds de pot ou du verre d'é-
crémaison, qui sont suffisamment bons pour cette opération.
Pendant que le verrier a rogné ce manchon, le gamin a fait le
premier et le deuxième cueillage de verre du manchon suivant, en
sorte que le verrier, remontant sur place, n'a plus qu'à faire son
troisième cueillage et souffler. Par cette méthode, les verriers,
aussitôt qu'ils ont soufflé tout le verre des pots, peuvent se retirer,
et ne gênent pas l'équipe des fondeurs dans l'opération du réchauffage du four.

Dans les verreries françaises, le verrier est en outre chargé de
fendre ses manchons, opération qu'il exécute ordinairement de
suite, après que les pots ont été vidés et les manchons rognés.
Il se sert pour cela du fer à fendre, tige de fer rond d'environ
1^m,50 de long, et de 2 centimètres et demi de diamètre, auquel on donne la forme de la figure 58.

Fig. 58.

On fait rougir au feu dans le tisard la partie CB du fer à fendre,
on le promène ainsi chaud dans toute la longueur du manchon, en
ayant soin de ne pas s'écarter d'une même ligne, et de ne pas toucher aux deux extrémités dans le commencement du mouvement
de va-et-vient; on complète ensuite le contact aux deux extrémités; la fente se déclare, et s'étend dans toute la longueur du manchon, suivant la ligne suivie par le fer. Il arrive parfois que la
fente ne se déclare pas de suite : alors l'ouvrier n'a qu'à mouiller
légèrement à l'entrée du passage du fer, et aussitôt le manchon
se fend d'un bout à l'autre. L'opération doit toujours se faire en
entrant le fer à fendre par le côté qui a été au feu, c'est-à-dire
opposé à la calotte, parce que cette portion du manchon ouverte

ayant été à peu près également refroidie intérieurement et extérieurement, n'est pas aussi sujette à éclater que la partie du côté de la calotte.

Nous ferons ici une autre remarque : c'est que, quand le manchon a été fendu, si, par une pression des deux mains aux deux extrémités, on ouvre la fente du manchon, qu'on place un des bords supérieur à l'autre, et qu'on cesse cette pression, ces deux bords, au lieu de reprendre leur position et de se rejoindre, se croisent l'un sur l'autre : cela s'explique facilement par le manque de recuisson du manchon, dont l'extérieur, refroidi le premier, n'a pas permis aux molécules intérieures de se contracter, de telle sorte qu'elles sont dans un état de tension à laquelle elles obéissent quand on a opéré la solution de continuité, et qui fait croiser les deux bords de la fente. Il n'en est pas de même pour les manchons que l'on fait recuire ; dans les mêmes circonstances, les deux bords de la fente reprennent leur première place sans contraction.

En détaillant les perfectionnements qui ont été apportés à l'étendage, nous parlerons de la modification qu'a subie le fendage des manchons.

Nous avons décrit le mode de travail en usage dans la plus grande partie des verreries de France. Les verreries belges ont introduit une modification qui accélère l'épuisement des pots ; au lieu d'avoir pour gamins des enfants de dix à quatorze ans, comme en France, leurs gamins sont des jeunes gens déjà forts, de seize à dix-huit ans, qui sont en état de cueillir tout le verre du manchon et de souffler la boule. Aussitôt que le maître ouvrier commence à allonger son manchon, le gamin commence le cueillage, puis fait les deuxième et troisième cueillages ; pendant que l'ouvrier termine son manchon et le détache sur le chevalet, le gamin commence à souffler la boule, et l'ouvrier, revenant sur place, prend la canne des mains de son gamin, finit de souffler la boule, si elle ne l'est pas, et continue son manchon. Dans ce mode de travail, le verrier ouvre tous ses manchons au feu, et non par l'application du verre chaud. S'il souffle du verre double, il lui faut un gamin supplémentaire pour attacher le verre au bout du manchon et le rogner.

Le mode de travail belge a, sur le premier mode que nous avons décrit, l'avantage de pouvoir faire travailler une plus grande quantité de verre dans un même temps ; on peut ainsi

18

avoir des pots plus grands ; il y a économie positive. Les inconvénients consistent en ce que le verre est généralement cueilli moins
proprement par des gamins que par les verriers ; puis, ces deux
hommes ayant à opérer dans un espace restreint, se gênent dans
leurs mouvements; il y a assez fréquemment des accidents de
brûlure ; en réalité, ce mode de travail a été l'acheminement vers
un système, qui est un progrès manifeste dans la fabrication du
verre à vitre, qui a été mis en usage il y a quelques années en
Angleterre, qui n'est pas encore adopté en Belgique ni en France,
mais qui le sera évidemment quand les maîtres de verreries auront
compris tous les avantages qui en résultent. Il est vrai que son
adoption nécessite une transformation complète des aménage-
ments intérieurs des halles, et occasionne, en conséquence, d'assez grandes dépenses; mais, je le répète, les avantages sont tels
que d'ici à un temps qui n'est sans doute pas très-éloigné, tout
maître de verrerie qui n'établira pas ce système de travail, devra
cesser la fabrication du verre à vitre.

Ce système anglais consiste à remplacer le four qui sert à fondre
le verre et à le travailler, par un four qui ne sert qu'à fondre, et
un four de travail qui n'a pas de pots, et qui ne sert qu'à souffler.

Disons comment cette modification a été amenée : les maîtres
de verrerie anglais qui, les premiers, ont établi chez eux, il y a une
trentaine d'années, le travail du verre à vitre en manchons, ont
dû naturellement faire venir des souffleurs de France et de Belgique, auxquels ils ont dû payer des gages très-élevés. Ces souffleurs ne consentaient pas à aller travailler en Angleterre à moins
que d'y gagner 450 et 500 francs par mois ; les ouvriers qui
soufflaient les grands volumes gagnaient même jusqu'à 600 et
700 francs. Ils ne consentaient d'ailleurs pas à faire des élèves anglais. Cette main-d'œuvre constituait donc pour ce verre à vitre
un prix de revient tellement élevé, qu'il eût fallu renoncer à cette
fabrication, si chaque verrier eût été limité dans son travail par
la contenance des pots ordinaires des verreries de France et de
Belgique. Les fours de verre à vitre en plateaux avaient des pots
d'une contenance de 1 700 à 1 800 kilogrammes; mais si on eût
voulu faire le travail du verre à vitre en manchons sur un four
semblable, comme on n'aurait toujours pu mettre qu'un seul verrier devant chaque pot, il n'aurait pas pu vider la moitié de son
pot, même en travaillant dix à douze heures ; il aurait fallu faire

revenir une seconde brigade d'ouvriers pour achever les pots; et
on aurait produit ainsi beaucoup de verre de qualité inférieure.
Or, le commerce anglais veut surtout du beau verre, et tandis
qu'en France et en Belgique les choix inférieurs sont surtout demandés, que le premier choix n'est que nominal, en Angleterre,
au contraire, on recherche surtout les verres sans défauts, et les
verres défectueux ne trouvent guère leur écoulement que pour
l'exportation, et à un prix très-bas. Il était donc indispensable de
changer un mode de travail dans lequel, tous les ouvreaux étant
ouverts, le verre se refroidit rapidement, et produit, après quelques heures de travail, des manchons filandreux, ondés, bouillonneux. On en vint donc à une transformation complète, qui
consista à construire dans le voisinage du four de fonte *un four-
ouvreaux*, devant lequel on met les souffleurs en travail : dès lors le
four de fonte n'a plus besoin de grands ouvreaux, comme quand
on y souffle de grandes pièces, ils doivent être simplement de la
dimension suffisante pour pouvoir en sortir un fort cueillage de
verre, soit 25 à 30 centimètres; en outre, on peut n'ouvrir à la
fois qu'un ou deux ouvreaux de chaque côté, c'est-à-dire ne travailler à la fois qu'un petit nombre de pots, de manière à maintenir le four et le verre à une température constante. Un ouvrier
spécial est chargé d'écrémer le verre, et de faire passer les cueilleurs sur un autre pot préalablement écrémé, quand il s'aperçoit
que le verre du pot sur lequel on cueille commence à se gâter ; il
bouche alors l'ouvreau de ce pot, le fait ainsi réchauffer pour le
reprendre plus tard. On peut attacher à ce four autant de verriers qu'on veut. Si, par exemple, le four de fonte est à huit pots
de 1 800 kilogrammes, on peut y adjoindre un four ouvreaux pour
douze ou quatorze verriers, et, afin de leur faire travailler le plus
de verre possible, on adjoint à chacun un gamin souffleur et un
petit gamin. Le gamin souffleur cueille le verre, souffle la boule,
et le maître verrier n'a plus qu'à réchauffer et achever le manchon ; en outre, on ne fait que des manchons de très-grandes dimensions, par exemple, 125 sur 75 à 100 centimètres. On peut
faire souffler à chaque ouvrier quatre-vingts à quatre-vingt-dix de
ces manchons, de telle sorte que ses gages, quoique très-élevés,
répartis sur une très-grande quantité de verre fabriqué, constituent une main-d'œuvre à un taux qui n'est pas supérieur à celui
que l'on paye en France ou en Belgique.

Les grands avantages qui résultent de ce système de travail consistent, ainsi que nous l'avons fait observer, dans la plus grande quantité de verre que l'on peut faire travailler à chaque verrier, et dans la pureté que conserve le verre presque jusqu'au fond des pots. Lorsque les verriers travaillent sur les pots de fonte, on est obligé, pour qu'ils n'aient pas trop chaud, d'ouvrir les volets de la halle ; ce qui tend à refroidir le verre, les ouvreaux étant d'ailleurs entièrement ouverts. Cette ouverture des volets amène aussi des poussières qui contribuent à produire des défauts dans le verre ; tandis que, le four de fonte ne servant plus pour le travail des manchons, on laisse les volets fermés, ce qui, joint au mode suivi de ne travailler qu'un petit nombre de pots à la fois, conserve bien plus longtemps au verre la chaleur convenable, et conséquemment sa finesse.

Dans ce système de travail, le four à chauffer les cannes se trouve non loin du four de fonte, et au lieu d'avoir un baquet pour chaque ouvrier, on place, de chaque côté du four, une longue cuvette en bois ou en zinc pleine d'eau, sur laquelle les gamins souffleurs viennent rafraîchir leur canne quand ils ont fait leur cueillage ; puis, ils passent avec leur verre dans la halle de soufflage, où est leur bloc, auprès de la place de leur maître, et auprès duquel se trouve le petit gamin, qui met l'eau dans le bloc.

Le four de travail doit avoir intérieurement environ 3 mètres de largeur, de telle sorte que deux manchons, entrant par deux ouvreaux opposés, ne soient pas exposés à se toucher (on fait quelquefois des manchons de plus de $1^m,50$, mais ce n'est pas fréquent, et, dans ce cas, l'ouvrier observerait la position de l'ouvrier opposé). La longueur du four de travail est en raison du nombre de souffleurs qu'on veut y mettre. Si on veut avoir douze verriers, six de chaque côté, il convient que le four ait environ 5 mètres de longueur intérieure, et six ouvreaux de chaque côté ; on donne aux ouvreaux des quatre coins un plus grand diamètre, surtout si l'on doit souffler des *cylindres* ou globes de pendules dont nous parlerons plus loin. La voûte du four de travail doit être toujours d'un mur à l'autre des ouvreaux et non dans le sens de la longueur. La fosse n'a pas besoin d'une grande profondeur, la plus haute température devant être à la hauteur des ouvreaux. Une grille de 40 à 45 centimètres est suffisante, et on peut avoir un pont au milieu. Ce four de travail consomme plus de charbon que l'excédant qui serait nécessaire pour travailler le verre sur le four de fonte. Cette considération est de peu de poids pour les verreries anglaises qui se sont établies dans les localités où la houille est à très-bas prix (3 à 4 francs les 1000 kilogrammes, par exemple). En France, ce point serait plus important ; mais on pourrait faire servir le même four de travail pour au moins deux fours de fonte, en organisant le service de telle sorte, que le verre du deuxième four de fonte serait bon à travailler deux ou trois heures après qu'on aurait vidé les pots du premier four. On aurait ainsi ces deux ou trois heures pour remettre ce four de travail en état, c'est-à-dire renouveler le chauffage. Ce four de travail ne refroidirait jamais, et ne consommerait qu'une faible quantité de houille, tandis que, dans les verreries anglaises, chaque four de fusion ayant son four de travail, on laisse refroidir ce dernier quand le travail de soufflage est terminé ; et on le chauffe de nouveau quelques heures avant le travail suivant, ce qui, en raison du refroidissement, n'exige pas beaucoup moins de charbon que si on avait eu à l'entretenir d'une manière continue.

Avant de passer à l'étendage du verre à vitre, nous devons

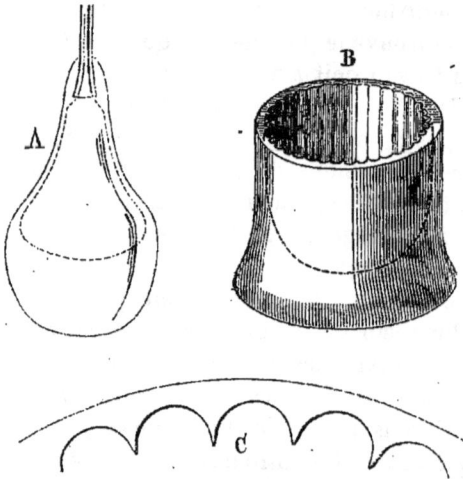

Fig. 59.

dire quelques mots du verre cannelé qu'on emploie parfois quand on veut éclairer une pièce sans qu'on puisse de l'extérieur y per-

cevoir les objets. Ce verre cannelé se souffle dans un moule de
laiton de la forme ci-contre (fig. 59). Le verrier, ayant soufflé
sa boule, comme d'ordinaire, dans la forme A proportionnée au
diamètre du moule B, chauffe fortement cette boule; mais, au
lieu de souffler en allongeant, en sortant de l'ouvreau, il fait entrer de suite sa boule jusque dans le fond du moule, et souffle avec
la plus grande force pour faire pénétrer le verre dans les cavités
du moule cannelé ; puis, sans laisser refroidir son verre, il le sort
du moule, et souffle en allongeant, en faisant attention de ne pas
tourner la canne sur elle-même, pour que la cannelure s'étende
en ligne droite sur le manchon, qui se termine de la manière ac-
coutumée. La profondeur de la cannelure diminue naturellement,
à mesure que le manchon s'est allongé; mais elle reste suffisamment marquée pour remplir le but désiré, si la cannelure du
moule est suffisamment profonde (un bon centimètre), si la boule
était préparée presque exactement du diamètre intérieur du
moule, et si le verrier a suffisamment soufflé. Afin de pouvoir
faire, sans trop de pertes, une assez grande variété de mesures, il
est bon d'avoir au moins deux à trois moules, depuis 16 centimètres, par exemple, de diamètre intérieur jusqu'à 22 ou 25 centimètres.

On fait aussi dans quelques pays, et dans le même but, un
verre soufflé dans un moule, qui, au lieu de cannelures, est taillé
en forme de petites pyramides quadrangulaires creuses, en sorte
que l'empreinte sur le verre figure des pointes de diamant ; mais
on ne peut faire ainsi que de petits carreaux, et dont les pointes
ne sont jamais régulières, attendu qu'elles s'amoindrissent et
s'écartent, à mesure qu'on allonge le manchon, tandis que les
cannelures peuvent s'étendre dans une très-grande longueur.

ÉTENDAGE DU VERRE A VITRE.

Les manchons de verre à vitre ayant été soufflés et séparés de
la calotte ou bonnet, et fendus; il reste à les étendre pour en
former des feuilles. Pour cela, on les introduit dans un four
élevé à une température suffisante seulement pour amollir le
verre, et dans lequel on développe le manchon sur une pierre de

composition [1] de la même nature que les briques de four et sur laquelle on a préalablement étendu une première feuille de verre, un peu plus grande que les manchons que l'on doit étendre, et destinée à empêcher le contact de la surface extérieure du manchon et de la *pierre à étendre*, et conserver ainsi, autant que possible, le poli de cette surface extérieure. Cette feuille de verre, sur laquelle on étend les autres manchons, s'appelle *lagre;* c'est le mot allemand qui a été conservé en France. Quand le manchon a été étendu sur le lagre, on fait passer la feuille développée dans une autre partie du four, dans laquelle elle doit être recuite. Telle est la description sommaire de l'étendage du verre à vitre, mais cette partie de la fabrication a subi, depuis environ un siècle, une transformation presque complète dont tous les détails sont importants : nous insisterons donc sur chacun d'eux et ferons connaître toutes les modifications, tous les perfectionnements apportés dans l'étendage jusqu'à ce jour.

Nous commencerons par donner une description détaillée de l'étendage, tel qu'il a été pratiqué jusqu'en 1826, tel qu'il avait été importé d'Allemagne au siècle dernier, tel, enfin, que nous le trouvons dans l'*Encyclopédie méthodique.*

Nous donnons (fig. 60) le plan du four, qui est divisé en deux parties, savoir : le four à *étendre* et le four à *dresser.*

Le compartiment à étendre est chauffé au moyen d'un foyer, soit au centre, sous la pierre à étendre, correspondant avec l'intérieur du four au moyen de quatre lunettes qui répandent la chaleur aux quatre coins, soit par un foyer sur le côté gauche, comme l'indique la figure. Sur le côté droit se trouve la *trompe* E, par laquelle arrivent les manchons. C'est par l'ouverture A que l'on enlève le manchon pour le poser sur la pierre à étendre C, qui occupe le milieu de l'aire de cette partie du four, laquelle est de niveau avec la partie du four à dresser dont elle est séparée par un *manteau*, sous lequel est ménagée une ouverture de toute

---

[1] Nous dirons ici que nous avons lu, non sans surprise, dans des ouvrages savants que le manchon était étendu sur une *plaque de fonte ou de bronze*. Il est vrai que cette assertion était reproduite d'un ouvrage spécialement consacré à la verrerie (*l'Art de la vitrification*), dont on avait dû croire l'auteur bien informé. Mais *jamais* on n'a étendu les manchons sur une plaque de fonte. Comment pourrait-on concevoir une table de fonte se maintenant plane et polie dans un four à étendre à une chaleur rouge continue ?

la largeur de la pierre à étendre, et d'une hauteur suffisante seulement pour le passage de deux feuilles de verre épais, soit environ 1 centimètre et demi.

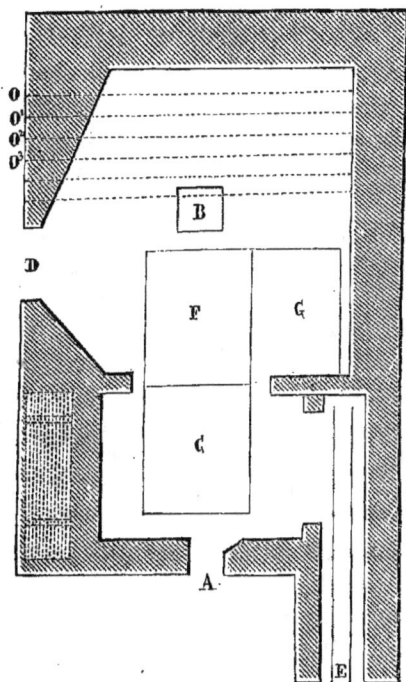

Ce four à dresser a une porte D assez grande pour qu'on puisse, par cette ouverture, défourner toutes les feuilles de verre quand le four est refroidi ; mais, pendant le travail, on bouche en briques cette porte, ne laissant que l'ouverture nécessaire pour passer la fourche et relever les feuilles contre les barreaux. Ce four à dresser est chauffé par un foyer n'ayant qu'une lunette B. Mais ce four une fois chauffé au degré convenable, qui est inférieur à celui du four à étendre, on bouche le foyer et la lunette pendant le travail, et on entretient seulement la température, en jetant, de temps en temps, une billette de bois blanc entre l'ouverture et le manteau, c'est-à-dire en avant de la pierre à refroidir F.

Fig. 60.

Sur l'aire de la trompe on pose deux barres de fer rond sur lesquelles on fait avancer les manchons ; à cet effet, on pose un premier manchon dans la partie extérieure de la trompe, pour qu'il commence à s'échauffer ; puis, on le met sur le support, qui n'est autre qu'une tige de fer à laquelle est adaptée une tôle recourbée sur laquelle repose le manchon. On laisse quelques instants ce manchon sur le support à l'entrée de la trompe, puis on pousse la tige de fer à l'extrémité de la trompe ; c'est là que l'étendeur prend ce manchon, par l'ouverture A, avec son *krabb*, tige de fer ronde d'environ 2^m,50 de long, et le pose d'abord près de la pierre à étendre C; d'autre part, le gamin de l'étendeur, aussitôt que le maître a pris le manchon avec son krabb, retire le support et y pose un autre manchon. Le précédent manchon est, quelques instants après, placé au milieu de la pierre à étendre, la fente en l'air. On voit bientôt les deux bords de la fente se séparer, s'affaisser de part et d'autre. L'étendeur, avec son krabb, aide au développement du cylindre, en pressant légèrement et alternativement sur les quatre coins et sur les bords, et quand le développement est à peu près complet, l'étendeur prend son polissoir, qui n'est autre qu'un bloc en bois de 12 à 15 centimètres sur 10 et 10, piqué au bout d'une tige en fer de la longueur du krabb, mais terminée en pointe. Il entre ce polissoir par l'ouverture A, en lui faisant parcourir toute la surface de la feuille de verre ; il presse sur cette surface, en plaçant l'extrémité de la tige, à laquelle est adapté un manche en bois, sur son épaule droite et appuyant sur la tige avec la main droite. Aussitôt que, par cette opération, il a rendu la surface de la feuille complétement unie, il retire le polissoir du four et le trempe dans l'eau pour arrêter la combustion; il reprend ensuite son krabb, et plaçant son extrémité contre le bord de la feuille, il la pousse et la fait ainsi arriver, en passant sous le manteau, jusque sur la pierre à refroidir F; puis avec son krabb, il prend dans la trompe le manchon le plus avancé, le pose sur la pierre à étendre, pour qu'il prenne un degré de température plus élevé. Il passe ensuite du côté du four à dresser, prend avec sa fourche la feuille posée sur la deuxième pierre à refroidir ou pierre à dresser C, où elle a pris une consistance suffisante pour être relevée dans le fond du four à dresser, et, également avec sa fourche, il transporte la feuille qu'il vient d'étendre de la première pierre à refroidir sur la deuxième, et retourne au premier four procéder à l'étendage du manchon suivant.

Pour terminer les explications relatives au four à dresser, nous dirons que, quand on a dressé dans le fond quatre à cinq piles d'environ trente feuilles chacune, comme une charge trop forte occasionnerait de la casse dans les premières feuilles empilées, on passe, par le trou O, une barre de fer dont on pousse l'extrémité dans la case correspondante O', et quand cette barre est chauffée, on y appuie d'autres piles de verre, et ainsi de suite...

Quand ce four à dresser, qui contient environ quinze à dix-huit cents feuilles de 69 sur 54 centimètres à 90 sur 42 centimètres, ou environ mille de 111 sur 69 centimètres, est plein, on bouche l'ouverture avec un mortier de terre de brique, et on le laisse refroidir. Au bout de cinq à six jours, on peut commencer à faire une ouverture ; puis le lendemain on ouvre toute la porte ; et enfin, le jour suivant, on entre dans le four à dresser et on en tire les feuilles. Si, après avoir vidé en partie ce four, on trouvait les feuilles trop chaudes, il serait à propos de suspendre ce travail, parce que le verre, saisi par le contraste de température, serait mal recuit et *dur à la coupe.*

Revenons à présent sur quelques détails de l'étendage. Nous avons dit que sur la pierre à étendre on posait une première feuille de verre appelée *lagre*, qui sert de lit aux manchons suivants pour préserver leur surface extérieure, quoique la pierre à étendre ait été faite et polie avec tout le soin possible. La composition suivante m'a donné de très-bonnes pierres à étendre :

Terre grasse........................	2	mesures.
Ancienne pierre à étendre pilée........	3	—
Écailles de pots....................	1	—

Si on n'a pas d'écailles de pots, ni même d'anciennes pierres, il est clair qu'en définitive le mélange que je recommande est de une mesure de terre grasse sur deux mesures de terre brûlée. Quand on moule la pierre à étendre, on met du côté supérieur qui devra servir à l'étendage 4 à 5 centimètres du même mélange, mais passé à un tamis très-fin. Quand la pierre est sèche, au bout de deux mois, par exemple, on commence par dresser à la règle la surface supérieure, puis on la polit en la mouillant légèrement et la frottant avec une large molette en verre. Un fond de bouteille remplit parfaitement ce but. Le poli s'obtient mieux en mêlant un peu de vinaigre à l'eau avec laquelle on imbibe le dessus de la pierre à étendre.

Quand on a fabriqué un certain nombre de ces pierres à étendre, et qu'elles sont bien sèches, on les fait cuire dans un four, dans lequel on les range debout, à une distance suffisante l'une de l'autre, pour que la flamme circule facilement entre elles ; il faut plusieurs jours de cuisson pour les pénétrer complétement. Sur des pierres faites ainsi avec soin, bien polies, on pourrait sans doute étendre les manchons ; mais ces pierres étant chauffées et refroidies chaque fois qu'on passe d'un four à étendre à un autre, leur surface est sujette à s'altérer, à se fendiller, il peut s'y coller de petits morceaux de verre qui enlèvent un peu de la substance de la pierre quand on les détache. De là la nécessité d'employer les *lagres :* ces lagres, avant d'être passés par la trompe pour être étendus sur la pierre, sont saupoudrés intérieurement avec du sulfure d'antimoine (*crocus*) qui, fondant à la température du four, forme sur le lagre une sorte d'enduit gras qui empêche la feuille d'adhérer au lagre ; puis de temps en temps on projette par le tisard une ou deux poignées de poudre de chaux vive ou de plâtre très-fin qui, enlevé par le courant, vient se déposer en partie sur le lagre, et remplit le même but que le sulfure. Quand le lagre a servi pendant quelque temps, de trois à six heures, suivant que sa composition est plus ou moins chargée de chaux, il commence à se dévitrifier, à devenir rugueux, de manière à altérer la surface de la feuille qui est en contact avec lui ; alors, avec le krabb, on le roule sur lui-même, on le sort par l'ouverture... et on fait entrer un autre lagre. Les lagres hors de service rentrent comme groisil dans les compositions.

Nous avons dit précédemment que quand le manchon était étendu, on le poussait avec le krabb par-dessous le manteau, de la pierre à étendre sur la première pierre à refroidir. On conçoit que, dans cette opération, quelque soin qu'on prenne de nettoyer de temps en temps avec le polissoir la pierre à refroidir, etc., le frottement de la feuille sur la lagre et ensuite sur la pierre à refroidir imprime sur la surface inférieure de la feuille de petites raies, qui à la rigueur peuvent passer dans un vitrage ordinaire, mais qui ne sont pas acceptables pour un vitrage soigné, et surtout pour couvrir des gravures, aquarelles, etc. Pour éviter cet inconvénient, quand la feuille est étendue, on pousse le lagre avec la feuille étendue, de la pierre à étendre sur la pierre à refroidir. Après quelques instants, on prend la feuille avec la fourche, on la pose sur la deuxième pierre à refroidir, puis, avec la fourche, on repousse le lagre par-dessous le manteau sur la pierre à étendre. On obtient ainsi des feuilles qui n'ont pas ce défaut des raies dont nous avons parlé : c'est ce qu'on appelait le verre *passé* ou *poussé au lagre*, ou simplement verre au lagre, qui se payait plus cher, parce que l'étendeur ne pouvait étendre, dans un même temps, qu'à peine les deux tiers de ce qu'il étendait de verre non au lagre, en raison du refroidissement de ce lagre, qui rendait plus long le développement du manchon suivant.

Par les nouveaux modes d'étendage dont il sera question ci-après, on n'a plus ces distinctions de verre au lagre ou non au lagre. Mais nous tenions à faire connaître ce point de départ du mode d'étendage, pour faire mieux apprécier les perfectionnements obtenus de nos jours.

Le personnel des fours à étendre se composait de deux étendeurs, d'un chauffeur de four, et de deux gamins ou *pousseurs*. Ces deux étendeurs devaient étendre le produit d'un four de fonte. Le chauffeur de four chauffait le four à étendre au point convenable pour commencer l'étendage, fournissait le bois ou le charbon pour chauffer le four et les billettes pour le travail, et aidait les étendeurs à vider le four à étendre. Quand le chauffeur avait préparé son four, il appelait un étendeur, qui arrivait avec son gamin, travaillait pendant douze heures, et était remplacé par le deuxième étendeur avec son gamin. Deux *chauffes* de chaque étendeur suffisaient pour remplir le four; pendant la dernière *chauffe*, le chauffeur de four préparait le four à étendre suivant, et il restait un temps suffisant entre le passage d'un four à un autre pour vider un four refroidi; quatre fours à étendre suffisaient moyennement pour l'étendage de la production d'un four de fonte.

Chaque four à étendre, dans les dimensions que nous avons indiquées, consommait, pour le chauffer, 2 stères et demi à 3 stères de menu bois dur, ou 6 hectolitres de houille, et pendant l'étendage 3 stères de bois blanc fendu long (de 1^m,12) et 1 stère de bois blanc scié en deux et débité en billettes.

Un étendeur étendait, par heure, trente-cinq à quarante feuilles, d'épaisseur ordinaire, de 69 centimètres sur 54 centimètres ou 90 centimètres sur 42 centimètres non au lagre; ou environ vingt à vingt-cinq de mesures doubles.

Tel était l'étendage qui a été décrit avec beaucoup d'exactitude dans l'*Encyclopédie par ordre de matières*, et qui existait, pour ainsi dire, de temps immémorial. ●

Les plus grands inconvénients de ce mode d'étendage résultaient : 1° de la nécessité de pousser la feuille étendue de la pierre à étendre sur la pierre à refroidir, mouvement qui altère la surface inférieure de la feuille, défaut que l'on n'évite qu'en poussant le lagre lui-même chargé de sa feuille dans le four à dresser, ce qui nécessite de le ramener chaque fois sur la pierre à étendre, fait perdre beaucoup de temps et met ce lagre bien plus promptement hors de service, à cause des refroidissements et réchauffements successifs ; 2° de la consommation du combustible employé à réchauffer les fours à étendre, qui n'aurait pas lieu si on travaillait d'une manière continue dans le four à étendre, en employant un autre mode de recuisson des feuilles étendues, qui permettrait de les enlever au fur et mesure du four à dresser.

On ne comprendrait pas que ces vices de l'ancien système d'étendage se fussent si longtemps perpétués, si l'on ne faisait pas attention que ce n'est qu'avec la plus grande circonspection qu'on peut introduire dans une verrerie des modifications dans le système de fabrication, modifications qui peuvent entraîner des pertes très-considérables. Ainsi, par exemple, pour ce qui concerne l'étendage, s'il résulte d'un changement que vous essayez d'introduire du verre un peu moins bien recuit et, par conséquent, *dur à la coupe*, non-seulement vous avez de la casse dans votre magasin, mais le marchand à qui vous vendez ce verre, s'il rencontre seulement quelques feuilles qui se fendent en plusieurs directions sous la pression du diamant, n'ose plus employer votre verre, et vous avez quelquefois bien de la peine à le faire revenir de la prévention que *tout* votre verre est mauvais à la coupe.

M. Malherbe, de la verrerie de Cirey, fut, je pense, le premier qui essaya d'introduire un système d'étendage plus économique. Il étendait d'une manière continue dans un four contre lequel venaient s'appliquer des fours à dresser mobiles sur roues ; quand un four à dresser était plein, on le retirait, on fermait sa devanture et on le laissait refroidir. L'existence des fours à étendre Malherbe n'a pas été de longue durée, et je suis tenté de l'attribuer à l'imperfection avec laquelle auront été construits les fours à dresser mobiles ; car le système était bon et constituait un progrès réel.

Le changement suivant date de 1826. A cette époque, M. Aimé Hutter, de Rive-de-Gier, prit un brevet pour un four à étendre à pierres tournantes, ce système remédiait aux inconvénients du poussage de la feuille ou du lagre, d'une pierre sur une autre ;

quatre pierres à étendre étaient fixées sur un plateau circulaire horizontal mobile sur un pivot central, portant engrenage, et mis en mouvement par une petite roue extérieure au four.

L'étendeur ayant étendu une première feuille sur la pierre A (fig. 61) faisait faire à l'appareil un quart de révolution, qui mettait la pierre A dans la position B, et alors la pierre D arrivait à la position A, et on y étendait une deuxième feuille de verre, un deuxième quart de révolution conduisait la pierre D dans la position B, et alors la première feuille tendue en A, qui avait commencé à se refroidir en B, arrivait en C suffisamment refroidie pour être relevée à la fourche dans le four à dresser.

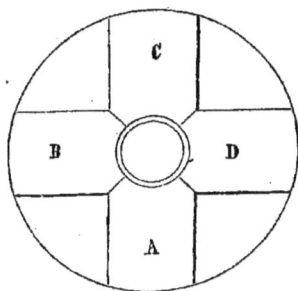

Fig. 61.

J'ai entendu des verriers allemands revendiquer pour l'Allemagne l'invention de ce four à pierres tournantes, mais le brevet de M. A. Hutter n'ayant pas eu de contradicteur, je trouve plus juste de lui en attribuer tout le mérite. Des verriers allemands, MM. Mullensiefen, de Cregeldanz, ayant plus tard adopté ces pierres tournantes, les disposèrent de la manière ci-contre (fig. 62), ce qui leur permettait d'avoir des pierres un peu plus grandes pour une même dimension de plateau tournant.

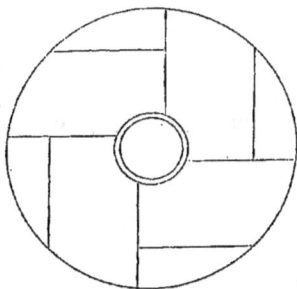

Fig. 62.

Le système des pierres tournantes remédiait aux inconvénients du lagre; mais il fallait toujours, quand le four à dresser était plein, passer à un autre four. On avait donc toujours l'inconvénient du réchauffage des fours et celui de la consommation du combustible nécessaire à cet effet. L'appareil des pierres tournantes d'ailleurs était dispendieux, et il fallait l'adapter à tous les fours à étendre. C'était donc vers l'étendage continu dans un four unique qu'il fallait diriger le perfectionnement, et, dans ce but, je pensai, en 1828, à appliquer à la recuisson des feuilles le four usité dans la fabrication du cristal.

J'adjoignis donc au four à étendre une arche à tirer, dont l'entrée pour les chariots ou *ferrasses* se trouvait à droite de la trompe; cette arche à tirer était chauffée par sa communication avec le four à refroidir et aussi par un petit foyer intérieur placé à l'angle d'intersection du four à refroidir et de l'arche à tirer. Cette arche à tirer avait 12 mètres de longueur; à 3 mètres de son extrémité s'ouvrait une cheminée pour enlever la fumée et attirer la chaleur vers cette extrémité, à laquelle arrivaient les chariots successivement chargés chacun de douze à quinze feuilles posées à plat. Si on mettait un plus grand nombre de feuilles, elles formaient une masse dont la partie inférieure ne se refroidissait pas suffisamment, et la charge du verre occasionnait souvent de la casse dans les feuilles du dessous. La réussite de cette arche à tirer fut satisfaisante quand le four et l'arche étaient convenablement dirigés; la verre sortait suffisamment recuit, bon à la coupe. Dans d'autres cas, malheureusement, un peu de négligence à l'un ou l'autre foyer, une porte ouverte en temps inopportun, amenaient un courant d'air froid sur le verre dans l'arche à tirer, et occasionnaient dans un ou plusieurs chariots quelques feuilles dures à la coupe. Les marchands se plaignaient; je dus suspendre le travail de ce four, qui, d'ailleurs, dans sa réussite, ne réalisait que la moitié des perfectionnements désirés; combiné avec les pierres tournantes, il eût atteint complétement le but. M. A. Hutter se chargea de faire les essais relatifs à cet ensemble, et n'obtint qu'une médiocre réussite; mais, dès ce moment, l'attention des verriers était sérieusement appelée, et plusieurs systèmes de fours furent successivement mis en œuvre, tous réunissant les deux avantages qu'on voulait obtenir; et d'abord M. Houtard Cossé, alors propriétaire de la verrerie de Mariemont (plus tard directeur de la fabrique de glaces de Sainte-Marie-d'Ogny), au lieu de pierres tournantes, organisa un système de va-et-vient; il eut deux pierres à étendre montées sur chariots superposés. La pierre inférieure était plus étroite que la pierre supérieure, et passait avec ses quatre roues sur chemin de fer par-dessous la pierre supérieure, dont les roues, d'un plus grand diamètre, roulaient sur des rails plus espacés. M. Houtard avait en même temps adjoint une arche à tirer à son four à étendre.

Après avoir étendu sur une des pierres, on la poussait dans le four à refroidir, et on retirait l'autre pierre dans le four à étendre. Pendant que le manchon se développait, l'étendeur allait prendre avec la fourche la feuille précédemment étendue, et la posait sur le chariot de l'arche à tirer. Entre les deux parties du four il y avait un manteau mobile, qu'on pouvait lever et baisser au moyen d'une poulie, qu'on baissait quand on étendait sur la pierre inférieure, et qu'on relevait pour faire repasser la pierre supérieure. Ce four avait deux inconvénients, celui résultant de l'étendage à deux niveaux différents et celui de l'inégalité des pierres, qui imposait ou l'obligation d'étendre alternativement une grande feuille et une plus petite, ou bien de n'étendre que des feuilles adaptées à la dimension de la plus petite.

M. Carillion, dans un appareil qu'il construisit pour moi, avait remédié à cet inconvénient en allongeant les essieux de la pierre supérieure, et de cette manière la pierre inférieure pouvait être de la même dimension que l'autre. A partir de cette époque, chaque verrerie, pour ainsi dire, eut sa forme particulière de fours, mais basée sur les mêmes principes, c'est-à-dire des pierres à étendre montées sur roues, et sur recuisson continue. M. Magdoudal introduisit au plan de M. Houtard une modification pour laquelle il prit un brevet, et qui consistait à disposer un appareil pour relever la pierre inférieure, de manière à opérer l'étendage au même niveau. Quand on avait étendu le manchon, on rabaissait la pierre pour la faire repasser sous l'autre. Nous ne croyons pas devoir donner les plans de toutes les modifications qui ont été apportées à ces systèmes de fours; nous dirons seulement quelques mots de ceux qui eurent le plus de succès.

M. Patoux ayant adopté les pierres tournantes, organisa un système d'étendage sans fin, pour lequel il prit, en 1840, un brevet qui ne portait que sur le mode de recuisson.

Le verre ayant été étendu d'une manière quelconque, c'est-à-dire par l'ancien système, ou par le système des pierres tournantes, ou de va-et-vient, et la feuille étant arrivée dans la position L (fig. 63), c'est-à-dire à l'endroit où elle est suffisamment froide pour pouvoir être dressée, est alors enlevée avec la fourche par l'ouverture X, et placée avec la fourche dans la case A, faisant partie d'un système rotatif horizontal en fonte, divisé en huit compartiments, le tout surmonté d'une voûte sphérique en briques. Quand on a mis un certain nombre de feuilles, vingt, par exemple, dans le compartiment A, on fait faire à l'appareil un huitième de révolution, et ainsi de suite, et quand le compartiment A est arrivé en G, on ouvre d'abord une petite porte pour commencer à refroidir, puis

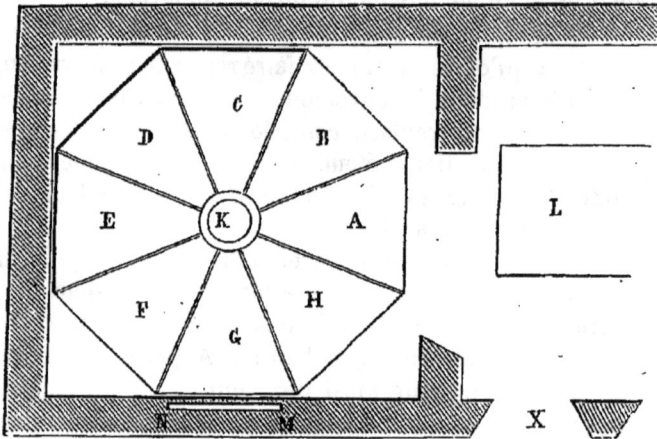

Fig. 63.

on soulève peu à peu une grande porte mobile MN, par laquelle on retire le verre. Le compartiment vidé reprend de la chaleur en H pour se remplir de nouveau en A.

Avant cette époque, il avait été pris un brevet en Angleterre pour un système de recuisson, analogue, quant à la forme, et dont j'avais donné les plans. Je ne posais qu'une seule feuille dans chaque compartiment, mais c'était sur fils métalliques. Je reviendrai sur ce genre de recuisson.

Vers 1844, on établit en Angleterre, chez MM. Chance frères, de Birmingham, un mode d'étendage auquel on n'avait pu songer que dans un pays où tous les appareils de ce genre peuvent être établis à très-bon marché. Ce mode d'étendage eut une complète réussite, et a été longtemps en usage tel que nous allons le décrire (fig. 64).

Le manchon poussé en A est étendu en B dans le four chauffé au coke par le foyer G[1], sur une pierre à étendre, montée sur

---

[1] Nous n'indiquons pas dans la figure des petits foyers accessoires pour entretenir la chaleur dans la deuxième partie du four, nous bornant à la description générale du système.

cadre en fonte, porté sur roues en fonte de 40 centimètres environ
de hauteur, roulant sur rails. Quand la feuille est étendue, on
pousse la pierre et son chariot en C, on enlève la feuille pour la
porter en D, et on ramène la pierre à étendre de C en B pour

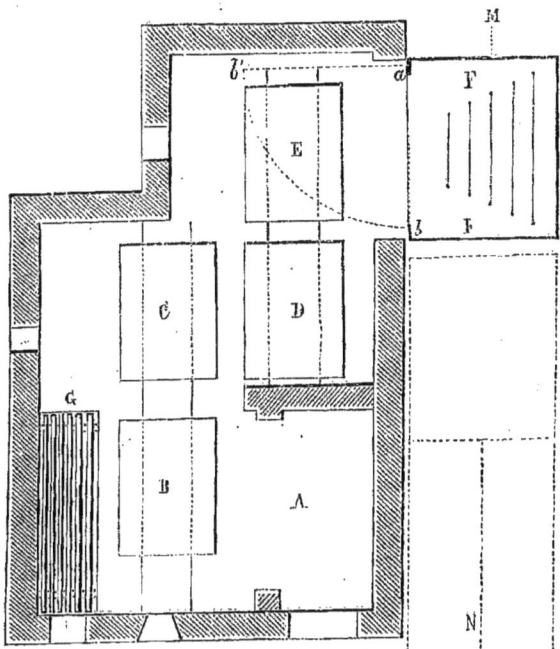

Fig. 64.

étendre une autre feuille. La pierre D est montée sur chariot
comme la pierre B, et on la pousse en E, d'où l'étendeur prend la
feuille pour la mettre debout dans la caisse en fonte F ; puis on
ramène le chariot de E en D, et ainsi de suite. La caisse F est
garnie dans sa partie inférieure de cadres mobiles, sur un axe horizontal, et qu'on relève successivement dans une position légèrement inclinée vers le côté opposé à l'ouverture, pour y appuyer
un certain nombre de feuilles de verre.

Les caisses F sont chauffées successivement dans un foyer particulier avant d'être amenées dans la position où on les remplit.
Quand la caisse est amenée en F, on ouvre sa porte *ab*, qui vient

prendre la position *a'b* ; puis, quand cette caisse est remplie, on referme cette porte, et on pousse la caisse sur ses rails dans la direction MN sous une arche voûtée.

Les caisses F sont en forte tôle, d'une dimension à pouvoir contenir les plus grandes feuilles de verre ; leur poids est énorme, mais elles sont bien montées sur roues en fonte, et circulent très-librement sur rails avec plateaux tournants aux extrémités, pour les mouvements de retour. A la sortie de l'arche à tirer, on les laisse refroidir encore pendant quelques heures avant d'ouvrir la porte, puis, quelques heures encore après avoir ouvert la porte, on peut sans danger en retirer les feuilles, qui sont très-bien recuites.

Au four que nous venons de décrire, on a introduit ensuite une autre modification résultant d'un plan adopté et breveté par M. J. Frison, et qui consistait en principe à donner aux pierres à étendre le double mouvement de va-et-vient et de droite à gauche, modification qui produit un étendage plus rapide, en ce qu'on n'attend pas la pierre sur laquelle on doit étendre le manchon suivant.

Nous donnons, page 292 (fig. 65), le plan de ce four ainsi modifié :

Le manchon entrant en A, puis en B, *où il est retourné bout pour bout*, au moyen d'une disposition que nous décrirons ci-après, est étendu sur la pierre C : la pierre et son chariot sont poussés en D, à côté de la seconde pierre F ; puis l'ensemble des deux chariots des deux pierres est amené par le mécanisme dont le moteur est en K, de manière que D arrive en E, et F en D. Alors cette deuxième pierre F est de suite tirée dans le four à étendre en C, pour y étendre une deuxième feuille; pendant ce temps, la première pierre est repoussée de E en F, puis de F en G, d'où, par l'ouverture L, la feuille est empilée dans la caisse H. La deuxième feuille, étendue en C, est poussée en D ; la pierre G est ramenée en F, puis l'ensemble des deux pierres ramené en D et E, et ainsi de suite.

Il est bien entendu que toutes les pierres sont montées sur roues en fonte, posées sur des rails indiqués dans la figure.

Les résultats de ce four sont satisfaisants, mais le mécanisme en est assez compliqué. J'ai suggéré d'y adapter le système des pierres tournantes, qui donnerait lieu à moins de mouvements.

Au lieu d'un grand plateau pouvant contenir quatre pierres à étendre, le plateau est disposé de manière à recevoir seulement deux chariots à pierres. Le manchon entrant en A (fig. 66), puis en B, où il est tourné bout pour bout, est ensuite porté en C, où il est étendu. Le chariot C est poussé en D. On fait faire une demi-révolution au plateau, de manière à faire arriver D en E, et réciproquement.

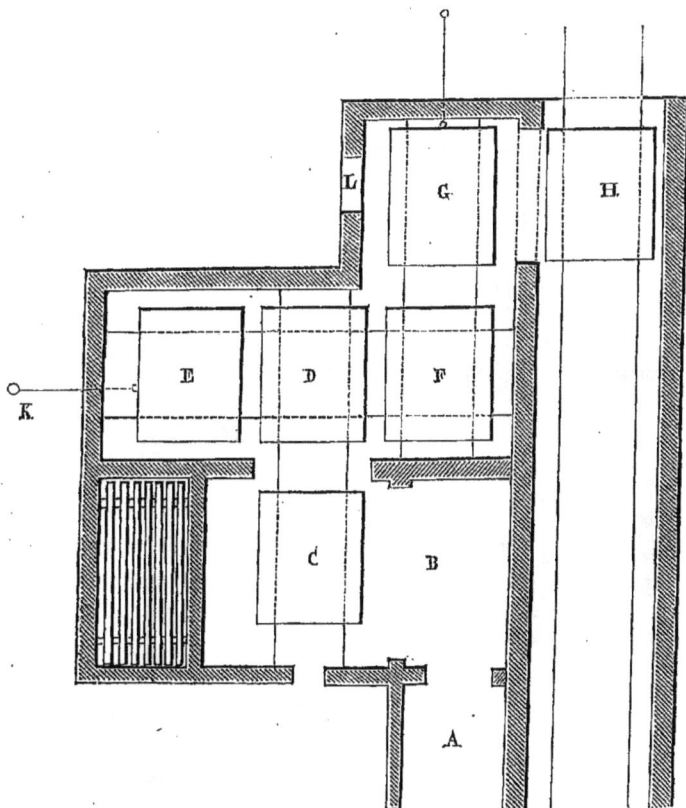

Fig. 65.

Le chariot E est alors poussé de suite en C, pour qu'on y étende le manchon suivant. Pendant ce temps, le premier chariot est tiré en F, où l'on enlève la feuille pour la mettre dans la caisse C, et le chariot est ramené de F à E, et ainsi de suite.

J'ai dit que le manchon amené en B était tourné *bout pour*

bout ; ceci est le résultat d'un perfectionnement apporté dans les fours à étendre, dans le but de chauffer plus également le manchon avant de l'étendre. Le manchon poussé dans la trompe reçoit une chaleur plus intense dans la partie antérieure que dans

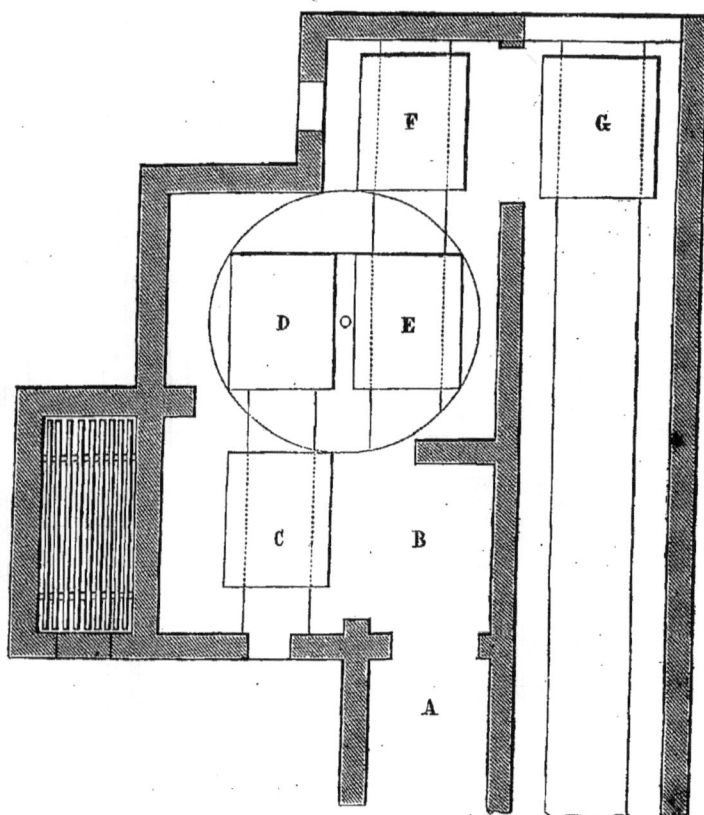

Fig. 66.

la partie postérieure. Pour rétablir l'égalité de température, on dispose un petit chevalet en fer (fig. 67) pivotant sur un axe central mobile, au moyen d'un engrenage correspondant à une petite roue placée en dehors en avant du four à étendre. Quand le manchon est arrivé au bout de la trompe, le verrier le prend avec son krabb, le pose sur le chevalet, puis faisant faire un demi-tour à la petite roue extérieure, fait faire le même demi-tour au chevalet, de telle sorte que le manchon qui, auparavant, se présentait le bord ouvert au feu du côté de l'étendeur, se présente ensuite le côté de la calotte tourné vers l'étendeur.

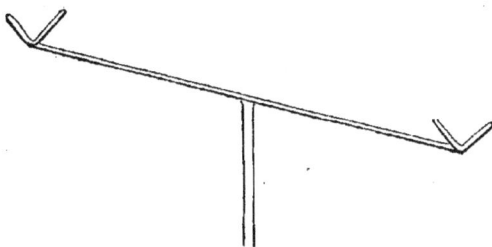

Fig. 67.

Les chariots qui portent les pierres à étendre ou les pierres à recuire dont nous avons parlé dans les descriptions qui précèdent, sont généralement montés sur roues de 40 centimètres de diamètre. Ces roues et les rails sur lesquels elles circulent sont sur les modèles des chemins de fer ordinaires. On a généralement éprouvé que les chariots uniquement formés de barres de fer forgé sont préférables à ceux construits en fonte ; ces barres sont plus sujettes à plier, mais ces chariots ont l'avantage de pouvoir se réparer.

Nous croyons avoir, par ce qui précède, fait connaître l'état passé et présent de l'étendage ; nous ajouterons que, dans notre opinion c'est la recuisson du verre qui est encore la partie faible, celle qui réclame surtout des améliorations. La difficulté de cette recuisson résulte de la juxtaposition des feuilles de verre, soit qu'on les mette à plat sur un chariot, soit qu'on les dresse pour les mettre en pile. Ces feuilles, appliquées l'une sur l'autre, ne fussent-elles qu'en petit nombre, forment une masse qui ne peut se refroidir que par l'extérieur, et les feuilles placées à l'intérieur (le verre étant mauvais conducteur du calorique) ne peuvent subir convenablement leur refroidissement graduel. Je suis persuadé qu'une feuille de verre, même épaisse, pourrait être recuite dans un temps extrêmement court, si elle n'était en contact ni avec un certain nombre d'autres feuilles, ni avec aucune autre surface. Dans ces conditions, une feuille de verre passant graduellement en moins d'une heure de la température de l'étendage à celle de l'air extérieur, sans courant d'air froid, serait parfaitement recuite. J'ai donc pensé qu'une feuille de verre, une fois qu'elle a pris la consistance suffisante pour ne pas plier, suspendue sur des fils

métalliques horizontaux, serait dans les meilleures conditions pos-
sibles de recuisson. Ce système pourrait être appliqué au four de
M. Patoux, que nous avons décrit précédemment. Au lieu d'em-
piler les feuilles dans la case A (fig. 63), cette case et les suivantes
seraient garnies de plusieurs étages de fils métalliques, sur lesquels on glisserait les feuilles de verre ; ou bien encore, si on employait les fours avec recuisson sur des chariots dans une arche à
tirer, on emploierait une série de chariots légers supportant des
cadres garnis de fils métalliques. Cette recuisson sur fils métalliques serait incontestablement une amélioration dans l'étendage
du verre.

Depuis que nous avons décrit les divers modes d'étendage,
l'Exposition universelle de 1867 nous a fait connaître un perfectionnement récent apporté par M. Bievez, de Haine-Saint-Pierre
(Belgique), dans la recuisson du verre étendu.

La figure 68, qui n'est peut-être pas rigoureusement con-

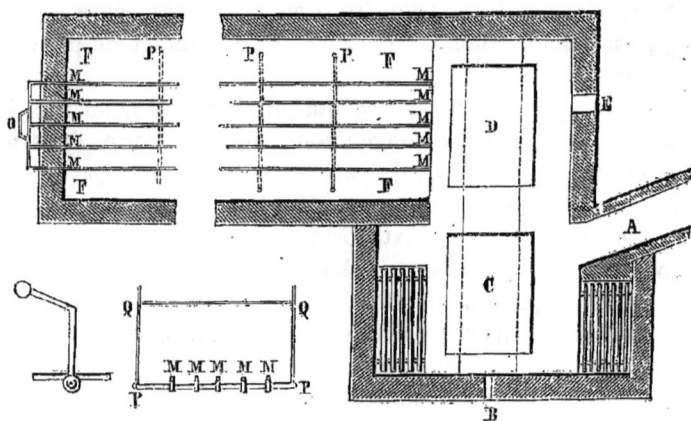

Fig. 68.

forme au plan de M. Bievez, donnera toutefois une explication
complète de son procédé.

Le manchon introduit par la trompe A est étendu, par l'ouverture B, sur la pierre C montée sur chariot ; ce chariot est ensuite
poussé sur les rails, de manière à occuper la position D. Quand
la feuille a pris assez de consistance, l'étendeur la prend sur sa

fourche par l'ouverture E et la pose à l'entrée de la gaîne de recuisson. La sole de cette gaîne de recuisson, faite en pierres réfractaires, bien aplanies, est coupée par cinq rainures longitudi-
nales, dans lesquelles sont enclavées des barres de fer reliées
ensemble à l'extrémité NN, à l'extérieur de la gaîne. Ces barres
de fer reposent de distance en distance sur des rouleaux transver-
saux garnis de poulies mobiles aux endroits où portent les barres.
Cet ensemble, de barres peut, par la poignée O, avancer ou reculer longitudinalement d'une distance égale à la largeur de la
pierre à étendre, et sur toute la longueur des barres il y a quatre
rouleaux-supports. Le dessus des barres est presque au niveau
de la sole, mais plutôt en dessous qu'en dessus, et, au moyen des
leviers R, on peut soulever les rouleaux et, par conséquent, l'ensemble des barres, d'environ 15 millimètres. L'ensemble des rouleaux et des barres est solidaire, en sorte qu'un seul des leviers
élève ou abaisse tout l'ensemble.

Quand une deuxième feuille a été étendue et poussée en D, l'é-
tendeur abaisse les leviers R, ce qui soulève tout le cadre ; dans
cette position, l'aide étendeur tire la poignée O ; le cadre et toutes
les feuilles qni sont dessus avancent, vers la sortie de la gaîne,
d'une distance, puis l'étendeur laisse redescendre les barres ; l'aide
repousse le cadre, et l'étendeur va, par l'ouverture E, placer la
deuxième feuille à l'entrée de la gaîne où il avait mis la première.
La longneur de la gaîne étant de neuf fois la largeur de la pierre
à étendre, quand l'ouvrier a étendu une dixième feuille, la première étendue est arrivée à l'extrémité de la gaîne, c'est-à-dire
environ au bout de trente minutes, et parfaitement recuite, parce
qu'elle a passé par des températures régulièrement décroissantes,
sans contact avec d'autres feuilles. Une seule feuille, en effet, n'est
pas gênée dans son retrait, en refroidissant, et reste parfaitement
plane, tandis que, quand on charge plusieurs feuilles l'une sur
l'autre sur des chariots, les feuilles extérieures et intérieures refroidissent inégalement, le verre n'est jamais bien recuit, et il y a
beaucoup de casse. Le système de M. Bievez est, en outre, économique, car il évite la dépense des chariots, qui sont d'un entretien assez dispendieux. Ce procédé de recuisson est certainement
un grand progrès sur tous les systèmes établis jusqu'à ce jour.

Avant de terminer ce qui est relatif à l'étendage du verre, nous
devons mentionner deux améliorations qui ont été apportées en

Angleterre [1] dans les préparations des manchons avant de les soumettre à l'étendage.

Nous avons dit que le manchon, après avoir été séparé de la calotte et fendu avec le fer rouge, était en état d'être étendu ; mais le bord ouvert au feu est assez irrégulier, il n'est même parfois qu'imparfaitement ouvert. Le côté de la calotte, qui a été rogné avec le fil de verre chaud, n'est pas non plus parfaitement régulier. Si ces deux bords du manchon étaient deux cercles perpendiculaires à l'axe du cylindre, ces deux bords, en se développant, formeraient deux lignes parallèles, en sorte que la feuille étendue n'aurait pas besoin d'être équarrie sur ces deux lignes : c'est précisément ce qu'on obtient, en coupant au diamant les deux extrémités du manchon. On se sert, à cet effet, d'un diamant monté sur chariot, dont nous donnerons la description exacte à l'article des *Cylindres* ovales et carrés pour couvrir les pendules, vases, etc. Un gamin apporte successivement les manchons au-dessus d'une table AB (fig. 69), les appuie perpendiculairement contre deux fourches attenant à une tige verticale CD fixée sur la table ; le manchon est ainsi tenu par le gamin à une hauteur de 15 centimètres au-dessus de la table. Le coupeur place alors le diamant du chariot à l'intérieur du manchon, et faisant rouler le chariot autour du manchon, celui-ci se trouve rogné suivant un cercle parallèle à la table et, par conséquent, perpendiculaire à l'axe du cylindre. Le gamin retourne ensuite le manchon et la même opération est faite de la même manière à l'autre extrémité.

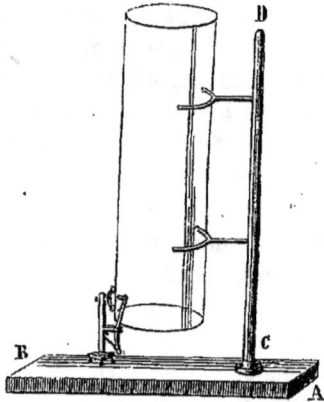

Fig. 69.

Quand les manchons sont ainsi rognés par un ouvrier spécial, ce même ouvrier procède à la fente longitudinale au moyen aussi d'un diamant.

[1] Chez MM. Chance, de Birmingham ; on doit également à ces habiles fabricants plusieurs des perfectionnements que nous avons signalés, et notamment le soufflage des manchons dans un four séparé.

Le fendage avec le fer chaud a un inconvénient assez grave, provenant de l'oxydation du fer, qui laisse une trace rougeâtre résultant du frottement, de 15 à 20 millimètres environ de large. Cette trace est ineffaçable, et il en résulte, en conséquence, une perte sur la feuille ; c'est ce que l'on évite en fendant les manchons au diamant, et, pour cela, on pose le manchon sur un support incliné AB (fig. 70), et, posant une longue règle à l'intérieur

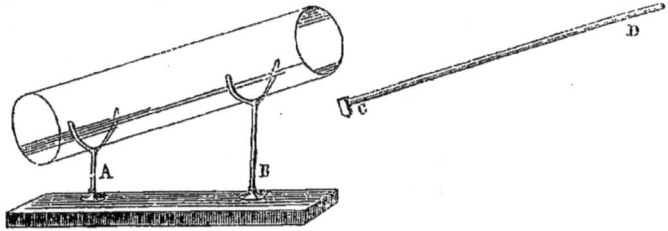

Fig. 70.

du manchon, on fait glisser le long de cette règle un diamant fixé à l'extrémité d'une longue tige en bois CD. Le mouvement doit être rapide, pour que la fente qui prend naissance sous la pression du diamant ne s'écarte pas de la ligne qu'on veut lui faire suivre, et, de cette manière, aussitôt que le diamant est arrivé à l'extrémité de sa course, la fente éclate dans toute la longueur de la ligne parcourue. Si la séparation n'est pas complète dans toute la longueur, on n'a qu'à donner quelques petits chocs avec la main sur le dessous du manchon, la fente achève de s'ouvrir dans toute la longueur.

Quel que soit le procédé qu'on emploie pour fendre le manchon, c'est-à-dire le fer rouge ou le diamant, on doit avoir soin, avant de le fendre, de l'examiner, afin que, s'il se rencontre un défaut, tel qu'un gros bouillon ou autre, on fende le manchon sur ou près de ce défaut, qui se trouvera ainsi sur le bord extrême de la feuille et non dans le centre.

Il ne suffit pas que du verre à vitre ait été composé dans de bonnes proportions, bien fondu, bien affiné, soufflé par un habile verrier, dont tous les manchons sont bien cylindriques et d'une égale épaisseur dans toutes leurs parties ; il faut, en outre, que ces manchons aient été étendus par un étendeur habile et soigneux. Si l'étendeur ne veille pas à la propreté de sa pierre à étendre ou de son lagre, les corps durs, qui pourront tomber sur cette pierre ou sur le lagre, et qui peuvent venir de la voûte du four, ou chassés du foyer par le courant d'air, s'interposant entre le manchon et le lagre, donneront leur empreinte sur la feuille de verre. Si l'étendeur ne passe pas son polissoir sur toutes les parties de la feuille, en exerçant une pression assez forte, il pourra rester des bosses non aplaties. Si, dans le but d'avoir à exercer une moindre pression, dans le but aussi d'étendre plus rapidement (étant payé généralement en raison du nombre de feuilles étendues), il porte son four à une température trop élevée, son verre est ce qu'on appelle *brûlé* ou *piqué*, la surface supérieure de la feuille, éprouvant un commencement de fusion, est marquée d'une infinité de petites piqûres qui altèrent le poli de cette surface. Si la température du four à refroidir est trop basse, la feuille, passant dans ce second four, éprouve un contraste trop intense ; la feuille *se lève*, se gauchit, forme l'aile de moulin, et ne peut plus s'appliquer sur une surface plane. Le salaire de l'étendeur ne doit donc être établi que quand on a visité le produit de son travail, et on fait une déduction en raison des défauts qui peuvent lui être imputés. Plus le verre est étendu à une température basse, meilleures sont les surfaces ; mais, nous devons le répéter, jamais on n'obtiendra des surfaces qui ne soient pas ondulées et dont l'apparence (vues obliquement) ne soit pas en quelque sorte semblable à celle d'un lac légèrement agité. Ce défaut est inhérent à la nature de ce verre et provient, ainsi que nous l'avons déjà remarqué, de la différence d'étendue des deux surfaces intérieure et extérieure du manchon, qui deviennent égales lorsque ce manchon est développé. Plus le diamètre du manchon est grand, moins il y a de différence relative entre ces deux surfaces, et moins, par conséquent, les ondulations doivent être sensibles. Lorsque vous êtes dans un appartement, vous ne vous apercevez guère de ce défaut ; mais si, extérieurement, vous regardez obliquement les vitres d'une maison, alors il devient très-apparent et choquant même pour des yeux habitués au vitrage en glaces polies, ou même en verre soufflé en plateaux des belles qualités.

MAGASIN. — EMBALLAGE.

Les feuilles de verre sorties des fours à étendre sont portées au magasin, et là elles doivent d'abord subir un examen pour faire les choix en raison des défauts.

Ces défauts peuvent provenir du verre mal fondu ou mal affiné, du travail du souffleur, ou de celui de l'étendeur.

Les défauts de la fonte ou de l'affinage sont le verre mousseux ou pierreux, ondé ou cordé. Les défauts provenant du travail du verrier sont :

1° Les bouillons de cueillage dont nous avons vu la cause en parlant du soufflage du verre ;

2° Si la canne n'est pas propre, si elle est trop chaude quand le verrier cueille son verre, il se forme une multitude de *bouillons de canne*, qui gâtent toute une feuille de verre ;

3° Si le manchon n'est pas soufflé bien cylindrique, qu'une règle ne s'y applique pas complétement partout dans le sens de l'axe, le manchon ne pourra pas, par le développement, produire une surface exactement plane, quelques efforts que fasse l'étendeur avec son polissoir ;

4° Enfin, le manchon pourra avoir été soufflé d'une épaisseur inégale, plus épais, par exemple, à la calotte qu'à l'autre extrémité, ou réciproquement, ou bien encore pendant qu'il allongeait son manchon, il ne l'aura pas tenu suffisamment en l'air, le bec de la canne tourné vers la terre, le verre aura *coulé*, et le manchon sera mince au milieu, épais dans les bouts. Ces différences d'épaisseur constituent de graves défauts. Enfin, il y a les défauts provenant de l'étendage, que nous avons signalés précédemment.

C'est sur ces différents défauts que l'on porte son attention pour classer les feuilles de verre à leur arrivée au magasin. Les *portoirs* sur lesquels elles ont été placées, en les sortant de l'étendage, sont rangés près d'une table placée contre un vitrage ; le magasinier les en tire feuille par feuille, les examine, les pose sur la table pour voir si elles s'y appliquent complétement, puis il les présente au jour directement et obliquement, et les passe à son aide-magasin, en lui disant à quel choix il doit les ranger.

J'ai vu, chez MM. Mullensiefen, à Cregueldanz, un appareil

pour l'examen du verre qui signale principalement les défauts d'étendage. Cet appareil consiste en un grand panneau en bois bien plan et peint en noir, lequel panneau est monté sur deux tourillons au-dessus de son centre de gravité, comme une grande glace de toilette ; au bas du panneau est une petite planchette pour poser la feuille à examiner, et à cette planchette est attachée une corde pour mouvoir le plateau. L'examinateur se place le dos tourné au jour ; entre ce jour et le panneau, une feuille est posée sur la planchette, et d'abord on voit si elle s'applique bien contre le panneau, si elle n'est pas voilée, puis l'examinateur, tirant la corde pour placer la feuille à diverses inclinaisons, la fait ainsi miroiter et aperçoit les moindres défauts, comme piqûres, bosses, et fait ainsi un premier classement.

Les choix ayant été faits, on procède ensuite à l'équarrissage des feuilles ; si le manchon a été préparé pour l'étendage, d'après les procédés que nous avons décrits, c'est-à-dire coupé au diamant aux deux extrémités, il en sort assez régulièrement équarri ; il n'y a donc qu'à équarrir les feuilles cassées. Autrefois, on livrait au commerce les feuilles, telles qu'elles sortaient des fours à étendre, c'est-à-dire, au dernier siècle, le 20 sur 12, le 18 sur 14 pouces, etc., avec le pouce de faveur sur chaque dimension. Puis ensuite les 25 sur 20, 29 sur 18 et 33 sur 16, également avec le pouce de faveur ; mais, pour que le marchand de verre pût équarrir ces feuilles à 26 sur 21, 30 sur 19, 34 sur 17, il fallait bien que les feuilles portassent environ 27 sur 22, etc. A cause de l'irrégularité des bords, les marchands s'étaient donc habitués à compter sur ces deux pouces, d'autant plus que, profitant de la rivalité entre les maîtres de verreries, ils faisaient valoir auprès de chacun l'avantage des mesures de son concurrent. On a mis fin à ces réclamations en équarrissant tout le verre, et, comme alors la réforme métrique était devenue obligatoire, on a équarri les 69 sur 54 et 90 sur 42, avec 6 centimètres de bonification en longueur et largeur.

L'équarrissage du verre se fait sur des tables où les divisions en centimètres sont marquées en longueur et largeur, ou sur des cartons recouvrant ces tables et également divisés ; une méthode préférable est de se servir de règles en T divisées, qui servent d'équerre et de mesures.

Parlant de l'équarrissage du verre, nous croyons que c'est ici

le lieu de toucher la question de la coupe au moyen du diamant.

Nous avons vu dans la description de la façon d'un manchon
qu'un contraste de température déterminait la coupe du verre
par le fait de la dilatation ou du retrait subit s'opérant sur un
point déterminé. Ainsi, on a détaché le col du manchon encore
chaud en appliquant sur ce col une lame de fer froid, puis on a
détaché la calotte du manchon refroidi en appliquant autour de
cette calotte un fil de verre chaud; et enfin on a fendu ce manchon froid dans sa longueur en faisant glisser sur une même ligne
longitudinale un fer rougi au feu.

C'est par ce procédé du contraste de température qu'on a longtemps coupé le verre. Tous les fragments de formes si variées des
vitraux, qui font notre admiration, des douzième, treizième, quatorzième et quinzième siècles, n'étaient pas coupés autrement.
Après avoir tracé la ligne ou le contour suivant lequel on voulait
couper le verre, on commençait par déterminer un commencement de fente au moyen d'un trait de lime ou d'une pointe d'a-
cier, puis avec un fer rouge terminé en pointe obtuse, ou un
charbon ardent, ou un bois allumé assez inflammable, on *appelait* la fente suivant la ligne tracée. Nous disons qu'on appelait
la fente parce qu'on plaçait le corps incandescent sur la ligne
tracée en avant de la fente, s'approchant de la fente et reculant
quand on voyait que la fente s'avançait. Cet effet était le résultat
de la dilatation *locale* du verre qui tendait à amener une rupture
qui s'opérait naturellement à la suite de celle déjà commen-
cée. Ce procédé est encore employé aujourd'hui dans les laboratoires pour couper des verres creux; il y a même des opéra-
teurs très-adroits qui peuvent découper un verre cylindrique
ou conique en une spirale faisant douze à quinze fois le tour du
verre.

Depuis le seizième siècle, c'est avec le diamant, en raison de
son extrême dureté, qu'on coupe le verre plat. Mais remarquons
toutefois que ce n'est pas seulement en raison de sa dureté que le
diamant coupe le verre. Tout corps plus dur que le verre le
raye, mais ne le coupe pas, ne le fend pas. Un corps dur qu'on
presse dans une direction donnée sur le verre attaque sa surface
comme le ferait la roue du lapidaire ou du tailleur sur cristaux.
Le diamant, taillé comme pierre fine, agit de la même manière :

ses angles, formés par l'intersection de faces rectilignes, rayent le verre, entraînent après eux la portion qu'ils ont attaquée par leur dureté, mais leur action ne s'étend pas au delà; ce n'est que le diamant brut dont l'angle naturel coupe le verre quand il est appliqué dans une certaine direction. Si on examine attentivement, et surtout à la loupe, un diamant brut, on y remarquera quelques angles formés par l'intersection de surfaces convexes. Ces angles sont, en quelque sorte, des sommets de pyramides sphériques. La pointe A (fig. 71) est le sommet d'une pyramide sphérique formée par les angles EAC, CAB, BAD, et c'est en appuyant ce diamant sur la partie d'une des arêtes près du sommet de la pyramide, et faisant suivre à cette arête la ligne suivant laquelle on veut couper le verre, en tirant le sommet de la pyramide à la suite de l'arête que la fente se détermine, et suit toute la ligne. Ainsi le diamant coupe le verre en allant de A à F, le diamant étant dans la position invariable ABCD. Ce diamant a, en quelque sorte,

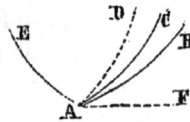
Fig. 71.

la forme de la partie inférieure de la proue d'un navire qui fait son sillage dans la mer.

L'arête et l'angle naturel du diamant ne sont pas mordants comme l'angle rectiligne d'un diamant taillé; ils pressent donc sur le verre sans entamer sa surface. Cette pression de l'extrémité de l'arête AB tend à creuser un sillon dans la portion du verre contiguë à la surface, et la pointe A venant immédiatement agir sur ce commencement de sillon, avant qu'il se soit remis en équilibre avec les parties plus profondes du verre, rompt l'équilibre et détermine la fente du verre qui se prolonge à la suite de cette pointe. Ni l'arête seule agissant sur le verre ne détermine cette fissure, ni la pointe elle-même posée perpendiculairement, qui ne ferait que rayer la surface.

Si le verre est mal recuit, le diamant agissant sur des molécules qui étaient déjà dans un état de tension les unes par rapport aux autres, détermine des fractures irrégulières; la fissure, au lieu de suivre la direction imprimée, s'écarte en tous sens, il y a impossibilité de diviser la feuille en carreaux réguliers. On dit alors que le verre est *dur à la coupe*, parce qu'en outre, le verre étant *trempé* à l'air, sa surface est plus dure et ne se laisse pas aussi facilement entamer. Si l'on n'appuie que légèrement le diamant sur le verre,

comme on doit le faire sur du verre bien recuit, il no détermine
pas de fissure ; il faut appuyer davantage, et alors se manifestent
les accidents que nous avons signalés. La recuisson, au lieu d'être
aussi mauvaise, est cependant quelquefois incomplète : le verre
est encore dur à la coupe ; il ne se divise pas en plusieurs pièces
sous l'action du diamant, mais quand on coupe les bords de la
feuille, la fissure, à mesure qu'elle suit le diamant, s'écarte en
même temps vers le bord de distance en distance, et, au lieu de
détacher une seule bande tout le long de la feuille, cette bande se
brise, à mesure que le diamant s'avance, en huit, dix fragments,
suivant la longueur.

D'après ce que nous avons dit de la coupe du diamant, on comprend que tout corps dur, rubis ou autre pierre précieuse à laquelle on donnera la même forme qu'au diamant, sera capable
de couper le verre, et la démonstration en a été faite par Wollaston ; mais la difficulté consisterait à donner artificiellement à ces
autres pierres les mêmes arêtes curvilignes que le diamant affecte
dans son état natif et qui agit revêtu, pour ainsi dire, de sa couverte naturelle.

On enchâsse le diamant dans une petite virole en acier ou en
laiton surmontée d'un petit manche en ébène ou en ivoire ; cette
virole elle-même traverse un *rabot* A (fig. 72) destiné à glisser le
long de la règle qui guide le diamant. Ce rabot, en
conséquence, doit être parallèle à la *coupe* du diamant;
on se sert, pour fixer le diamant dans la virole, d'un
alliage fusible, ordinairement de la soudure d'étain.
En chauffant à la flamme d'une chandelle l'extrémité
de la virole dans laquelle est la soudure d'étain, l'ouvrier, avec la pointe d'un canif, peut tourner le diamant dans la direction qu'il désire, ou substituer une
autre pointe quand l'une est hors de service. Quand
il croit avoir bien placé sa pointe, il essaye sa coupe,
et s'il voit que la position du diamant exigerait qu'il
penchât trop sa main en avant ou en arrière, à droite
ou à gauche, il y remédie en chauffant de nouveau.

Fig. 72.

Quand une bonne pointe de diamant est bien placée, elle peut,
pendant deux mois, faire un service journalier ; mais le diamant
enchâssé, comme nous venons de l'indiquer, dans une monture
tendre, comme de la soudure d'étain, ne tarde pas à se déranger :

il faut que le coupeur, au moins une fois la semaine, rétablisse son diamant en position convenable. Les Anglais, pour obvier à cet inconvénient, après avoir bien posé leur diamant, le fixent dans du laiton, au lieu de soudure d'étain; ils ont aussi apporté un perfectionnement au rabot qui, au lieu d'être fixé d'une manière immobile sur le manche, est doué d'un petit mouvement de pivot sur ce manche. Ainsi, le rabot B (fig. 73) pivote sur la partie A seulement d'un dixième à peine de circonférence, mais qui suffit pour que le rabot B glisse le long de la règle sans changer sa direction, quand même la position du doigt qui tient le manche C aurait un peu varié en tirant le diamant le long de la règle.

Le coupeur tient ordinairement le manche du diamant entre l'index et le médium, le pouce servant d'appui du côté opposé; il doit connaître l'inclinaison suivant laquelle le diamant est sur sa coupe, et cette inclinaison ne doit pas varier dans toute la course du diamant, autrement le verre serait coupé dans certaines parties, pas dans d'autres. Du reste, le bruit du diamant indique très-bien la bonté de la coupe; ce bruit est une espèce de sifflement, tandis que, lorsque le diamant n'est pas sur sa *coupe*, on entend qu'il gratte le verre et le raye sans le couper.

S'il ne s'agit que de verre mince, le coupeur, quand il a fait son trait de diamant, n'a qu'à prendre l'extrémité de la bande qu'il a voulu détacher entre le pouce et l'index, et appuyant légèrement de haut en bas, il voit la fente s'ouvrir, s'étendre jusqu'à l'extrémité, et la bande se détache. Si le verre est très-épais, il faut quelquefois donner

Fig. 73.

quelques petits chocs sous la ligne de la coupe pour déterminer la fente, ou bien on prend les deux extrémités de la bande avec deux pinces à mâchoires plates, et, appuyant de haut en bas, la bande se détache, si elle a été bien coupée. Quand, au lieu d'une bande qu'on veut détacher, c'est une feuille qu'il s'agit de diviser, alors, après avoir fait la coupe, on pose la feuille de manière que le trait de diamant suive la ligne du bord de la table, et appuyant la main gauche sur la partie de la feuille restée sur la table, on prend avec la main droite le bord opposé de la feuille

20

parallèle à la coupe, et appuyant légèrement de haut en bas, les deux parties de la feuille se séparent suivant le trait de diamant.

Les murs d'un magasin, et même le centre s'il est assez spacieux, sont garnis de casiers, depuis le bas jusqu'en haut, les cases du bas étant réservées pour les longues mesures, et les cases supérieures, moins élevées, pour les courtes mesures. C'est dans ces cases *étiquetées* que sont rangées les feuilles à mesure qu'elles sont choisies et équarries. Celles qui sont déjà commandées sont de suite portées à l'emballage ; quant à celles qu'on appelle les mesures courantes, c'est-à-dire les 69 sur 54, 75 sur 51, 81 sur 48, 84 sur 45, 90 sur 42, 96 sur 39, ou les mêmes mesures doublées, qui forment la base de l'approvisionnement du commerce, on ne les range pas dans les cases, on les met de suite en caisses.

Les mesures courantes s'emballent généralement par soixante feuilles, dans des caisses à claire-voie ayant une séparation au milieu, de manière à mettre trente feuilles dans chaque division ; on met d'abord un lit de paille dans le fond de la caisse, en cassant cette paille de sorte qu'elle se trouve en travers, et que le verre puisse y reposer perpendiculairement à la direction des brins, puis on penche la caisse et on met de la paille droite tout le long du flanc de la caisse ; on prend deux feuilles de verre l'une contre l'autre, puis quelques légers brins de foin doux, puis deux feuilles, puis quelques brins de foin, jusqu'à dix feuilles, qu'on coule le long du lit de paille droite, dont on courbe et ramène quelques brins de distance en distance le long du paquet, puis on coule un deuxième paquet de dix feuilles ; on ramène encore quelques brins de la paille droite le long du deuxième paquet, puis un troisième paquet de dix feuilles, puis on coule de la paille droite entre ce dernier paquet et la séparation ; la seconde division de la caisse s'emplit de même ; on garnit ensuite de paille l'un des bouts de la caisse, puis faisant reposer la caisse sur ce bout, de manière que le verre pèse sur la paille qu'on vient d'y introduire, on bourre l'autre extrémité avec de la paille qu'on enfonce avec une palette en bois. Enfin, on garnit le dessus de la caisse de paille non peignée, sur laquelle on force le couvercle que l'on cloue.

Il y a des verreries en Belgique et en Allemagne où l'on passe le verre à l'eau avant de l'emballer. A cet effet, on pose les feuil-

les de champ sur un cadre en fer forgé, doublé de bandes en bois
sur lesquelles appuie le verre ; ce cadre est suspendu au moyen de
deux poulies ou d'un contre-poids au-dessus d'une cuve remplie
d'eau ; quand le cadre est chargé de verre, on le fait descendre
au fond de la cuve, où on le laisse pendant deux ou trois minutes,
jusqu'à ce qu'il ne monte plus de bulles d'air à la surface ; on
relève ensuite le cadre, et on emballe le verre comme à l'ordinaire. Les Américains préfèrent le verre qui a subi cette opération ;
ils disent qu'il a meilleure apparence. Les Hollandais, au contraire, demandent que leur verre ne soit pas passé à l'eau. Nous
avons cru devoir relater cet usage de quelques verreries, quoique
nous n'en reconnaissions pas l'opportunité. On comprend mieux
l'usage de quelques verreries de graisser légèrement avec du suif,
ou autrement, le verre avant de l'emballer ou avant de le mettre
dans les cases d'un magasin, afin qu'il ne soit pas impressionnable
à l'humidité de l'air qui altère la surface des verres hydroscopi-
ques et y fait apparaître les irisations que l'on ne peut ensuite
effacer que bien difficilement. C'est un remède, assurément ; mais
nous dirons aux verriers : Efforcez-vous surtout de fabriquer votre
verre dans des conditions où cette décomposition soit le moins à
craindre, c'est-à-dire qu'il n'y ait pas d'excès d'alcali et que la
chaux y soit en quantité suffisante.

Et nous dirons aussi aux marchands de verre : N'emmagasinez
pas votre verre dans des lieux humides et sujets à de grands changements de température, car le verre fabriqué dans les meilleures
conditions n'est jamais complétement exempt de s'altérer sous
l'impression de l'air humide. Nous avons insisté sur ce point,
parce que nous savons que l'altération des surfaces est une des
grandes plaies du commerce du verre à vitre. Aussi devons-nous
signaler un nouveau remède apporté par M. Renard, de Fresne,
et qui consiste à plonger le verre, immédiatement à sa sortie des
fours, dans un bain d'eau aiguisée d'acide chlorhydrique, qui
s'empare, dit-il, de tout ce qui peut rester d'alcali libre vers les
surfaces, sur lesquelles dès lors l'humidité ne peut plus agir.

VENTE DU VERRE A VITRE.

Dans le siècle dernier et jusque assez avant dans le siècle présent, les tarifs du verre étaient basés sur le nombre de pouces réunis de longueur et largeur des feuilles, en sorte que toutes les feuilles qui formaient le même nombre de pouces étaient du même prix ; c'est ainsi que les *cinq mesures courantes* 20 sur 12, 19 sur 13, 18 sur 14, 17 sur 15 et 16 sur 16, qui formaient 32 pouces, se vendaient au même prix. On vendait alors 2 fr. 50 c. à 3 francs le *lien*, qui était de six feuilles. Une caisse se composait de dix liens. Le prix s'élevait avec le nombre de pouces réunis, mais quand on en vint à souffler des feuilles doubles de grandeur, c'est-à-dire à fabriquer les 25 sur 20, 27 sur 19, 29 sur 18, 31 sur 17, 33 sur 16, ces doubles feuilles ne se vendirent que le double des mesures précédentes, et alors on les appela mesures de *verre à couper*, et non *verre de mise*; c'est-à-dire que si on avait eu besoin de poser un carreau de 25 pouces sur 20 (portant 26 sur 21), alors c'était du *verre de mise*, par conséquent, un peu plus fort, et qu'on payait comme le numéro 45 (25 sur 20), c'est-à-dire, 1 fr. 80 c. à 2 francs, au lieu de 1 franc à 1 fr. 20 c. Naturellement, les marchands firent abus de ce mode de vente de verre à couper ; ainsi, ils demandaient des 31 sur 21, des 35 sur 19, qu'ils demandaient en *verre à couper*, c'est-à-dire pour ne les payer que comme deux numéros 36, soit environ le double de 1 franc (prix du 36), au lieu de les payer comme nos 52 et 54, soit environ 4 francs; et ce verre dit *à couper* se posait fort bien à l'occasion dans son entier; en sorte que le prix du verre de mise était devenu purement *nominal*. Tout se vendait comme *verre à couper*.

La base du nombre de pouces réunis n'avait qu'un avantage, celui de la simplification des tarifs; on n'avait ainsi à coter que les prix depuis 12 jusqu'à 60 pouces réunis, soit quarante-neuf prix différents, car on ne faisait pas de *verre à vitre* plus grand que 36 sur 24 pouces. Mais ce tarif avait une base défectueuse, en ce sens que des feuilles réunissant le même nombre de pouces peuvent mesurer des surfaces très-différentes. Ainsi 30 sur 30, soit 60 pouces réunis, fait une surface de 900 pouces carrés, tandis que 40 sur 20, soit aussi 60 pouces réunis, donne une surface de 800 pouces seulement; en outre, 36 sur 24, qui est aussi le numéro 60, et qui a une surface de 864 pouces, se souffle plus facilement que 30 sur 30, qui est d'un plus grand diamètre, et plus facilement aussi qu'une feuille de 44 sur 16, qui est trop étroite par rapport à sa longueur; c'est ce qui m'amena à changer la forme des tarifs, et à établir un prix pour chaque grandeur de feuille, de pouce en pouce, pour la hauteur et la largeur d'abord, puis de 3 centimètres en 3 centimètres, quand, en 1840, les mesures métriques devinrent obligatoires. Mais avant d'entrer dans plus de détails sur ce nouveau tarif, nous dirons quelques mots des prix du verre, qu'on appelait, au siècle dernier et jusque vers 1825, *verre en table* ou *façon de Bohême*. Même alors qu'on ne fabriquait presque plus de ce verre *façon de Bohême*, c'est-à-dire dont le diamètre du manchon développé formait la longueur de la feuille, le verre blanc, plus ou moins épais pour vitrages de choix et pour gravures, etc., s'appelait encore *verre en table* et se vendait *au paquet;* le paquet était une mesure de convention, *le lien* et *le paquet* étaient des importations du mode de vente d'Allemagne d'où était venu ce mode de fabrication. Le numéro 61, c'est-à-dire 61 pouces réunis, soit, par exemple, 36 sur 25, formait *un paquet;* deux feuilles du numéro 64 formaient trois paquets; une feuille du numéro 68 formait deux paquets; quatre feuilles du numéro 57 formaient trois paquets; deux du numéro 52, un paquet; quatre du numéro 45, un paquet; quinze du numéro 36, deux paquets; huit du numéro 34, un paquet, etc. On n'avait donc qu'à connaître le prix du paquet et le rapport de la feuille au paquet pour établir le prix de cette feuille.

Le paquet se vendait, en 1825, à raison de 18 francs en verre épais pour grands vitrages, pour portières de voitures, etc., et à raison de 14 francs en verre plus mince pour gravures. On ne soufflait pas alors au delà du numéro 68, soit 40 sur 28.

Mais on fit, vers cette époque, des gravures telles que le *Serment du jeu de paume*, la *Bataille d'Austerlitz*, qui exigèrent des feuilles de verre plus grandes; on souffla alors des 40 sur 30, 45 sur 30 et au delà. Il est vrai qu'alors on avait des pots plus grands, de plus grands fours, car auparavant la difficulté d'obtenir de plus grandes dimensions serait venue moins de l'incapacité des verriers que de l'exiguïté des fours et des ouvreaux; des mesures de 36 à 40 pouces de long soufflées aux deux côtés du four se seraient rencontrées par leurs extrémités au moment où on les chauffé pour la dernière fois, et auraient adhéré l'une à l'autre, et les ouvriers n'auraient pu retirer leurs cannes qu'en-brisant les deux manchons.

Cette supputation du verre au *paquet* cessa en 1826, quand nous eûmes fixé des prix particuliers à chaque feuille, d'abord de pouce en pouce, puis de 3 en 3 centimètres, soit à partir de 1840. A cette époque également cessèrent les distinctions de verre de Bohême, verre demi-blanc, ou verre d'Alsace et verre commun. L'emploi du carbonate de soude, puis du sulfate de soude s'étant généralisé dans presque toutes les verreries, on ne conserva que les dénominations de verre blanc et de verre demi-blanc, qui ne différaient guère qu'en ce qu'on mettait moins de groisil, dans le verre blanc, et surtout qu'on n'y ajoutait pas le groisil des cannes. On conserva encore quelque temps les dénominations de verre blanc *au lagre* ou non au lagre ; mais depuis que l'étendage sur chariot mobile s'est généralisé, c'est-à-dire depuis environ vingt ans, il n'est plus question de verre au lagre, les feuilles n'étant plus jamais poussées isolément. Depuis une vingtaine d'années, l'habitude qu'ont prise les verriers de faire de grandes mesures, qu'ils soufflent à présent avec plus de facilité, a amené une grande baisse dans les prix des grandes mesures, ainsi qu'on peut le voir dans un tarif que nous donnons ci-après, et qui s'étend jusqu'aux feuilles de 147 centimètres sur 105, et de 210 centimètres sur 42 (tarif de 1860).

Nous avons dit précédemment comment les maîtres de verreries avaient été amenés à ne faire payer les 25 sur 20 (pouces) et autres que comme deux 20 sur 12, ce qui avait fait donner à ces mesures la dénomination de verre à couper ; le même résultat devait être produit quand on a commencé à doubler les mesures de 69 sur 54, 75 sur 51, etc. Les marchands ne peuvent être portés à commander, par exemple, des 105 sur 66 au prix du tarif quand ils peuvent avoir des 114 sur 69, c'est-à-dire la mesure de 69 sur 54 doublée au prix de 2 fr. 20 c. Il est vrai que si le marchand demande des 105 sur 66, la fabrication en sera plus soignée ; le verre aura au moins 2 millimètres d'épaisseur, tandis que, pour le verre ordinaire, on ne donne que 1 millimètre et demi. Mais la différence de prix est trop forte pour que le marchand accepte le prix fort ; on peut donc dire que les prix de tarif ne sont que nominaux, et ne sont employés que pour les mesures qui excèdent les mesures ordinaires doublées.

Quelques maîtres de verreries en sont venus même à doubler la longueur de la feuille, au lieu de la largeur; ainsi, ils ont fabriqué des 144 sur 54, qu'ils vendent comme deux feuilles de 69 sur 54, en sorte qu'entre les feuilles doublées en longueur et en largeur, soit 114 sur 69 et 150 sur 54, on peut trouver bien des mesures intermédiaires qui, par le tarif, seraient d'un prix bien plus élevé.

Il en résulte que ce sont les mesures ordinaires qui forment la base du commerce de verre à vitre. Nous ne pensons pas que la vente de toutes les grandes mesures atteigne le dixième du montant de la vente des mesures ordinaires; c'est donc sur le prix de ces mesures ordinaires que le verrier doit établir principalement son compte de revient, et qu'on peut, d'une manière générale, établir la valeur moyenne du verre à vitre. Depuis 1861, au lieu de cinq mesures courantes, on en a établi douze, qui sont :

63 sur 60	90 sur 42
66 sur 57	96 sur 39
69 sur 54	102 sur 36
75 sur 51	108 sur 33
81 sur 48	114 sur 30
84 sur 45	120 sur 27

Ces mesures portent bonification de 6 centimètres sur chaque dimension ; leur grandeur exacte est donc :

69 sur 66, dont la surface égale		0m,4554
72 sur 63	—	0m,4536
75 sur 60	—	0m,4500
81 sur 57	—	0m,4617
87 sur 54	—	0m,4698
90 sur 51	—	0m,4590
96 sur 48	—	0m,4608
102 sur 45	—	0m,4590
108 sur 42	—	0m,4536
114 sur 39	—	0m,4446
120 sur 36	—	0m,4320
126 sur 33	—	0m,4158
		5m,4153

La surface moyenne des mesures courantes est donc de 0,4513.

Or, ces mesures courantes se vendent, en 1867 :

> 90 centimes en deuxième choix,
> 80   —   en troisième choix,
> 70   —   en quatrième choix.

La plus forte demande porte sur le quatrième choix ; mais, comme on vend encore une certaine quantité de deuxième choix pour gravure, on peut estimer que, sur 100 feuilles vendues, il y a en :

> 60, quatrième choix, à 70 centimes..... 42 fr. 00 c.
> 35, troisième choix, à 80 centimes..... 28   00
> 5, deuxième choix, à 90 centimes..... 4   50
>   ‾‾‾‾‾‾‾‾‾‾
>   74 fr. 50 c.

On peut donc regarder 0,75, comme le prix moyen de la feuille, ce qui met le prix du mètre superficiel de verre à 1 fr. 65 c. Or, comme les mesures ordinaires pèsent 2 kilogrammes, cela met le kilogramme de verre à vitre à 0,37,25. Nous ferons remarquer, en outre, que dans ce prix sont comptés les frais de transport sur les lieux de consommation ou ports d'embarquement.

Et si on pensait que la vente des grandes mesures, à un prix relativement fort élevé, tendrait à produire une moyenne plus forte du prix du verre, je ferai remarquer, d'un autre côté, que tous les carreaux qui sont coupés dans la casse qui se fait à l'étenderie et au magasin, et qui forme au moins 15 à 20 pour 100 de la production totale du verre, sont vendus à un prix qui n'excède guère, en moyenne, 1 franc le mètre, ce qui est à peine compensé par la vente des grandes mesures et ne permet pas de regarder le prix du mètre superficiel comme supérieur à 1 fr. 65 c.

Les fabricants ont avec raison récemment abandonné la fausse désignation des mesures qui comprenait les 6 centimètres en plus : ainsi les 69 sur 54 anciennes sont des 75 sur 60, les 114 sur 69 anciennes sont des 120 sur 75, etc.

Bien que nous ayons dit que la vente des mesures ordinaires forme la base du commerce du verre à vitre, nous croyons devoir faire connaître les prix des mesures en dehors de ces mesures ordinaires. L'échelle des prix est de 3 en 3 centimètres en longueur et en largeur, mais nous ne croyons pas nécessaire d'entrer dans un aussi grand détail, et nous allons donner une table des prix de 6 en 6 centimètres.

Tarif du verre blanc de 2 millimètres d'épaisseur.

Mesures en cent.	42	48	54	60	66	72	78	84	90	96	102
96	3.10	3.50	4.10	5. »	6.10	7.50	9.10	11. »	13.10	15.60	18. »
102	3.40	4. »	4.70	5.80	7.10	8.60	10.40	12.50	14.80	17.50	20.60
108	3.80	4.60	5.50	6.70	8.10	9.80	11.80	14.10	16.80	19.80	22.90
114	4.30	5.20	6.40	7.70	9.30	11.20	13.40	16. »	18.90	21. »	25.20
120	5. »	6. »	7.30	8.80	10.70	12.80	15.20	18. »	21.30	24.20	26.50
126	5.70	6.90	8.40	10.10	12.10	14.40	17.20	20.30	23.10	25.30	27.80
132	6.50	7.90	9.60	11.50	13.70	16.30	19.30	22. »	24.20	26.50	29. »
138	7.50	9.10	10.90	13. »	15.50	18.30	20.90	23. »	25.20	27.10	30.30
144	8.60	10.30	12.30	14.70	17.40	19.80	21.80	24. »	26.30	28.20	31.60
150	9.80	11.70	13.90	16.50	18.80	20.60	22.70	25. »	27.30	29.40	32.90
156	11.20	13.30	15.70	17.80	19.50	21.40	23.50	26. »	28.40	30.50	
162	12.80	15. »	17. »	18.50	20.20	22.20	24.40	26.90	29.40		
168	14.50	16.30	17.60	19.10	20.90	23. »	25.20	27.80			
174	15.70	16.80	18.20	19.70	21.60	23.80	26.10				
180	16.20	17.40	18.80	20.40	22.30	24.60					
186	16.70	17.90	19.40	21. »	23. »						
192	17.30	18.50	20. »	21.70							
198	17.80	19. »	20.60								
204	18.30	19.60									
210	18.90										

Tarif du verre blanc double, soit 3 millimètres d'épaisseur.

Mesures en cent.	42	48	54	60	66	72	78	84	90	96	102
96	4.30	5.20	6.20	7.50	9.20	11.20	13.70	16.50	19.70	23.40	27. »
102	5.10	5.90	7.10	8.70	10.60	12.90	15.60	18.70	22.30	26.30	30.90
108	5.70	6.80	8.30	10. »	12.20	14.70	17.70	21.20	25.10	29.60	34.80
114	6.50	7.90	9.50	11.60	14. »	16.80	20.10	24. »	28.40	33.40	37.90
120	7.40	9.10	11. »	13.30	16. »	19.10	22.80	27.10	31.90	36.20	39.80
126	8.50	10.40	12.60	15.20	18.20	21.70	25.80	30.50	34.60	38. »	41.70
132	9.80	11.90	14.30	17.20	20.60	24.50	29. »	33. »	36.20	39.70	43.60
138	11.20	13.60	16.30	19.50	23.20	27.50	31.40	34.50	37.80	41.40	45.50
144	12.90	15.50	18.50	22. »	26. »	29.70	32.70	35.90	39.30	43.10	47.40
150	14.70	17.60	20.90	24.70	28.10	30.90	34. »	37.30	40.90	44.90	49.30
156	16.80	19.90	23.50	26.70	29.20	32.10	35.30	38.80	42.50	46.60	
162	19.10	22.60	25.40	27.70	30.30	33.30	36.60	40.20	44.10		
168	21.70	24.40	26.30	28.70	31.30	34.50	37.90	41.70			
174	23.50	25.50	27.30	29.70	32.40	35.70	39.20				
180	24.30	26.10	28.20	30.60	33.50	36.80					
186	25.10	26.90	29.10	31.60	34.60						
192	25.90	27.80	30. »	32.60							
198	26.70	28.60	30.90								
204	27.50	29.50									
210	28.30										

Sur les prix de ces tarifs il est fait, en 1867, remise de 40 pour 100 sur les premier et deuxième choix ; de 50 pour 100 sur le troisième [1].

Il y a quelques années, les verres à vitres doubles étaient employés en grande quantité pour vitrages de magasins et d'appartements en place de glaces. A cet effet, on les assemblait à *joints vifs* ; mais la baisse du prix des glaces, dont l'apparence est bien supérieure, a diminué cette consommation. On fabrique un peu moins de verre double et un peu plus pour vitrages de verre demi-double, dont les prix sont moitié en sus de ceux du verre simple.

Les demandes pour vitrages ne sont généralement qu'en troisième et quatrième choix : le verre deuxième choix est demandé pour couvrir les gravures et tableaux, et alors ces demandes sont adressées d'une manière spéciale, de telle sorte que le fabricant, pour les remplir, soigne la teinte de son verre en n'y mettant pour groisils ni meules de cannes ni groisils des marchands. Il est rare qu'on demande pour vitrages du verre en deuxième choix.

On peut s'étonner qu'en France, qui est un pays de luxe, où les appartements, même dans les classes moyennes, sont décorés avec élégance, la demande du verre à vitre porte principalement sur les choix inférieurs : cela tient peut-être en partie à ce que les fenêtres étant généralement très-garnies à l'intérieur de rideaux, la qualité des vitres n'est pas très-remarquée ; peut-être aussi faut-il avouer que notre luxe recherche plus l'apparence que la réalité. Mais nous ne voulons que constater ce fait désastreux pour les fabricants de verre, qui ont intérêt à diminuer leurs frais de fabrication, mais fort peu à améliorer la qualité de leurs produits. Un verrier qui, par ses soins, réussirait à ne fabriquer que du premier et du deuxième choix, verrait son verre rester dans ses magasins, à moins qu'il ne consentît à le livrer au prix des troisième et quatrième choix. Il en est de même en Belgique, où la fabrication est une bonne moyenne qualité, mais de laquelle on pourrait difficilement extraire une quantité notable de premier et de deuxième choix. C'est cette cause qui a préservé la

[1] Les deux tarifs précédents indiquent les prix de vente de fabrique aux marchands de verre en gros. Ceux-ci vendent aux vitriers qui traitent avec les entrepreneurs ou propriétaires. Il y a donc pour ces derniers une assez grande différence de prix.

nouvelle fabrication anglaise en manchons de l'invasion des produits de Belgique, où le prix de revient, ainsi que nous le verrons plus tard, est moindre qu'en Angleterre. Les Belges font une rude concurrence à ces fabriques anglaises pour les qualités ordinaires de verre à vitre ; mais comme la consommation demande beaucoup de premier choix, que les Belges ne peuvent fournir, les Anglais peuvent maintenir ce choix à un prix élevé qui produit pour eux une moyenne satisfaisante. Nous devons ajouter toutefois que le verre anglais, très-supérieur comme finesse aux verres de France et de Belgique, est tout à fait inférieur pour la couleur, qui est presque aussi foncée que quand on employait les soudes brutes, et du jour où les Belges ou les Français importeront en Angleterre du verre plus fin, ce verre obtiendra une juste préférence, et les fabricants anglais seront alors dans la nécessité de faire du verre plus blanc, s'ils veulent continuer de fabriquer.

En Belgique, le commerce n'est pas basé sur le prix des cinq mesures. Les feuilles qu'on souffle le plus communément sont les 30 sur 24 pouces. Il y a seulement dans chaque four un ou deux ouvriers qui soufflent des mesures plus grandes, soit 40 sur 30 pouces. La plus grande partie de la fabrication belge est destinée à l'exportation ; c'est le verre à vitre belge qu'on rencontre principalement sur les marchés d'Amérique et même de l'Orient ; il y a même lieu de remarquer que les verres belges chargés à Anvers se sont presque complétement substitués sur les marchés de Constantinople et de Smyrne aux verres à vitre de Rive-de-Gier chargés à Marseille. Cela tient-il à un fret moindre d'Anvers, ou à une meilleure fabrication en Belgique que dans le Lyonnais ? Nous sommes disposé à croire aux deux causes. Sans aucun doute les frais de fabrication à Givors et Rive-de-Gier ne sont pas plus élevés qu'à Charleroi ; mais nous devons convenir que, jusque dans ces derniers temps, le verre à vitre était moins bien fabriqué, plus mince, moins bien étendu qu'en Belgique, dont la fabrication est à peu près l'équivalente de celle du département du Nord en France, laquelle est supérieure au verre de Lyon dont les débouchés sont dans le Midi et ne dépassent guère la Loire au nord.

Le catalogue officiel de la Belgique pour l'Exposition universelle de 1867 évalue pour 1865 la production du verre à vitre en Belgique, à 7,491,000 mètres carrés d'une valeur de 9,712,000 francs et du poids environ de 33,330,000 kilogrammes.

L'exportation belge en 1864 a été de 35,501,712 kilogrammes d'une valeur de 8,875,428 francs.

Dans cette somme l'Angleterre est comprise pour ...	2,743,000 francs.
Les États-Unis pour........................	1,537,944 —
Les Pays-Bas pour.........................	1,004,345 —
Diverses contrées pour......................	3,590,139 —

D'après les documents précédents, le prix du verre belge ne serait guère que de 25 centimes le kilogramme ou 1 fr. 25 c. le mètre ; mais le prix d'exportation est un peu au-dessous du prix réel qui, par les chiffres de la fabrication de 1865, peut être évalué à 1 fr. 29 c. le mètre.

L'exportation se fait en général en petites caisses d'une seule mesure contenant 100 ou 50 pieds carrés anglais de cette mesure; le prix des 100 pieds carrés anglais est de 11 francs environ, ce qui met le mètre carré à près de 1 fr. 20 c.; ce qui est fort au-dessous de sa valeur en France.

En France, au contraire, l'exportation forme à peine la dixième partie de la fabrication totale; cette fabrication totale peut-être évaluée à environ 7,000,000 de mètres carrés, à peu près comme en Belgique; soit environ 2,600,000 mètres fabriqués dans les verreries du Lyonnais (Rive-de-Gier, Givors), 3,000,000 dans les verreries du département du Nord, et 1,400,000 dans les autres verreries dans divers départements.

Ces 7 millions de mètres carrés représentent une valeur d'environ 11,500,000 francs et pèsent environ 31,000 tonnes. On peut évaluer qu'il faut employer pour les produire environ :

24,000,000	kilogrammes	de sable,
10,000,000	—	de sulfate de soude,
10,000,000	—	de carbonate de chaux,
Total.......	44,000,000	kilogrammes,

qui, par le fait de la décomposition des sels de soude et carbonate de chaux, se réduisent à peu près à 34,000,000. Mais il faut bien compter 4,000,000 kilogrammes de perte provenant de ce qui déborde des pots dans les renfournements ou par le fait du bouillonnement, plus de ce qui se perd en groisils.

La consommation de houille nécessaire à cette production peut être évaluée à environ 140,000,000 de kilogrammes, tant pour la fonte que pour l'étendage et les autres foyers accessoires.

Enfin ces 7 millions de mètres carrés de verre sont travaillés par environ :

520 verriers souffleurs,
520 gamins,
130 étendeurs,
340 fondeurs, tiseurs potiers, fournalistes, composeurs,
140 coupeurs de verre, emballeurs, etc.,
250 forgerons, menuisiers, etc., ouvriers accessoires,

Total. 1,900 personnes,

qui reçoivent un peu plus de 3 millions de francs de salaires. Nous ne croyons pas devoir donner ici la justification de tous les chiffres de statistique que nous venons d'énoncer, parce qu'elle se trouvera naturellement placée dans le chapitre où sont établis les comptes de revient.

Nous avons des données moins exactes sur la production du verre à vitre en manchons en Angleterre; cependant nous sommes certain de ne pas nous éloigner beaucoup de la réalité en l'évaluant à 37,000,000 pieds carrés anglais, qui représentent environ 3,370,000 mètres carrés. Cette fabrication s'est substituée en grande partie au *crown-glass*, c'est-à-dire au verre soufflé en plat, dont nous ne pensons pas que la production s'étende aujourd'hui au delà de 5,500,000 pieds carrés anglais, soit environ 500,000 mètres carrés. Sur cette quantité de 3,870,000 mètres carrés des deux espèces de verre, l'exportation pour l'Amérique s'élève du quart au tiers; il reste une consommation pour l'Angleterre bien inférieure à celle de la France, ce qui s'explique par une moindre population, et aussi par un emploi plus considérable en Angleterre de glaces polies et brutes pour vitrages. Nous devons d'ailleurs noter que la consommation des vitres en Angleterre est croissante dans une assez forte proportion, depuis qu'on a supprimé d'abord la taxe d'*excise* sur la fabrication du verre à vitre (*glass-excise duty*), et ensuite depuis la suppression de la taxe des fenêtres (*window tax*), qui était très-élevée, et d'où résultaient des constructions percées du moindre nombre possible de fenêtres. La suppression de ces deux taxes a amené de grands changements dans les plans des nouvelles maisons, et multiplié aussi le nombre des serres.

Toutefois le vitrage de ces dernières a eu, dans un derniers temps, un nouvel élément de concurrence dans la fabrication du *rolled plate*, sorte de glace coulée mince dont nous parlerons au livre III [1].

CYLINDRES RONDS OVALES ET CARRÉS.

C'est dans les fours où l'on fait les verres à vitre en *manchons* ou cylindres que l'on fabrique les *globes* destinés à préserver de la poussière les vases, bronzes, fleurs artificielles, objets d'histoire naturelle etc., et auxquels on a donné le nom de *cylindres*, parce qu'en effet on ne fit d'abord que des globes cylindriques ; ces globes cylindriques ou *cylindres* n'étaient simplement que des *manchons non ouverts* à l'extrémité, et dont on coupait le *bonnet* comme pour les manchons destinés à être fendus. Pendant long-temps, jusque dans le commencement de ce siècle, on n'employait que ces *cylindres* dont la forme se prêtait très-bien à couvrir des vases de porcelaine, de petits candélabres en bronze, qui, posés sur un socle rond en marbre, ou en bois doré ou ébène, étaient re-couverts de cylindres dont le bord entrait dans une rainure pra-tiquée à l'entour du socle. Quand il s'agissait de couvrir des objets

---

[1] On pourrait avoir des données plus certaines sur la fabrication et la con-sommation du verre en Angleterre, si on se reporte au temps où l'excise était exercée en Angleterre et fournissait des détails authentiques. Nous trouvons qu'en 1845, la consommation intérieure du verre en plateau a été de :

93,347 quintaux, soit.....................	4,667,350 kilogrammes.
L'exportation du même verre de...........	1,637,600 —
En totalité....................	6,304,950 kilogrammes.

Et en verre à vitre en manchons, la consommation intérieure a été de :

23,175 quintaux, soit.....................	1,158,750 kilogrammes.
L'exportation de 7,656 quintaux, soit.......	1,531,200 —
En totalité..............	2,689,950 kilogrammes.

soit en totalité, pour les deux sortes, 8,994,900 kilogrammes; soit environ 2,000,000 de mètres carrés.

Depuis cette époque et par les raisons que nous avons données, la fabrication et la consommation ont presque doublé.

Cette augmentation s'est portée principalement sur la fabrication du verre à vitre en manchons, qui croît chaque jour, tandis que la fabrication du verre en plateau, malgré ses qualités spéciales, est en décroissance continuelle.

de forme allongée, tels que pendules, on employait des *cages* qui étaient fabriquées à Paris par des *bombeurs de verre*. Ces *cages*, qui avaient d'abord été faites par les vitriers de cinq carreaux de verre à vitre, dont quatre pour les quatre faces et un pour les couvrir, — le tout assemblé avec un mastic siccatif que l'on dorait généralement, — furent ensuite composées de trois pièces seulement, dont une *bombée* formait la face antérieure et les deux côtés ; une deuxième pièce, la face postérieure, et une troisième légèrement bombée formait le dessus, s'assemblant avec les deux autres avec le même mastic. Les vitriers qui se livrèrent à ce travail spécial prirent le nom de *bombeurs de verre* : c'étaient eux qui tenaient en magasins les *globes* ronds dits *cylindres*.

Ces bombeurs de verre avaient des fours pour bomber les devantures et les dessus de cage; ils faisaient aussi dans ces fours des *carreaux bombés* pour des devantures de boutique ; il y avait alors un assez grand nombre de boutiques dont la devanture, pour la *montre*, formait saillie et était vitrée en carreaux plats sur toute la face et en carreaux bombés aux deux extrémités.

Le four à bomber était divisé en deux parties, dont une destinée au travail du bombage, l'autre à la recuisson. Le four de travail était chauffé avec des billettes en dessous de l'aire ayant plusieurs ouvertures correspondant avec le foyer. La forme était donnée au verre au moyen de moules ou formes en tôle préparés à l'avance et ayant exactement la courbure qu'on voulait donner au verre. On posait la feuille de verre coupée de la dimension calculée et préalablement légèrement chauffée sur la forme en tôle, que l'on avait frottée avec de la chaux en poudre, et au bout de peu d'instants, la feuille plate avait pris exactement la forme de la tôle. On enlevait alors la tôle et la feuille bombée, et on la posait dans le four à refroidir. La devanture des deux fours était composée de plusieurs portes en tôle glissant dans des coulisses.

Les bombeurs de verre fabriquaient aussi des verres à *lunettes* ou à *cadran*; on appelle ainsi les petits verres posés devant les cadrans de pendules. A cet effet, ils coupaient à la *tournette* des *ronds* de verre à vitre de la dimension convenable, et auxquels on faisait prendre la forme dans des calottes concaves de tôle. Ce sont à présent les fabricants de verres de montre qui font généralement ces verres à cadran ; on en fait aussi beaucoup en glace biseautée.

Nous avons dit que les ronds de verre étaient coupés avec une *tournette ;* nous croyons devoir donner la description de cet outil.

Il y a deux sortes de tournettes : l'une se compose d'un plateau rond horizontal en bois, d'un diamètre supérieur à celui des ronds en verre que l'on peut avoir à couper. Ce plateau est mobile sur son centre ; au-dessus de ce plateau, et suivant l'un de ses diamètres, est une règle dont le milieu correspond au centre du plateau, et sur laquelle glisse une tige verticale dont l'extrémité inférieure porte un diamant que l'on éloigne ou rapproche du centre, suivant la dimension du rond à couper. Le verre dont on veut faire un rond est placé au centre du plateau ; on place la tige du diamant à la distance du centre correspondant au rayon du cercle que l'on veut produire, et faisant porter le diamant sur le verre, on fait faire une révolution complète au plateau horizontal, et le verre est ainsi coupé en rond.

Dans l'autre sorte de tournette, le plateau horizontal est immobile, par conséquent une table ordinaire fait l'office du plateau ; le diamant au contraire est monté sur une tige verticale qui glisse sur une règle horizontale mobile autour d'une autre tige verticale qui vient s'appuyer sur le verre ; on place la tige du diamant à la distance voulue du centre, et appuyant le diamant sur le verre, on fait faire à la règle une révolution autour de son centre et le rond se trouve coupé.

Jusque vers les premières années de ce siècle, les *cages* faites par les bombeurs de verre et les globes ronds ou cylindres soufflés dans les verreries étaient donc seuls en usage pour couvrir les divers objets et les garantir de la poussière ; on eut alors l'idée, après avoir soufflé un *cylindre*, de l'aplatir, pour lui donner une forme à peu près ovale ; à cet effet, ce cylindre, non encore détaché de la canne, était réchauffé dans l'ouvreau, puis, le verrier le posait sur un plateau de bois blanc uni, et un autre ouvrier ou gamin l'aplatissait en appuyant parallèlement au plateau une palette en bois, pendant que l'ouvrier donnait quelques petits coups de souffle pour maintenir la forme intérieure. Ce moyen était assez grossier ; on ne pouvait ainsi arriver qu'à des dimensions approximatives, mais on ne tarda pas à donner de la régularité à ce travail, en remplaçant la palette par un autre plateau semblable au premier et maintenu à une distance déterminée, égale à l'épaisseur que l'on voulait donner au *globe ;* et comme les globes cylindriques étaient connus sous le nom de cylindres, on appela *cylindres ovales* (deux mots qui ne vont guère ensemble) les cylindres aplatis entre deux plateaux; plus tard, au lieu de deux plateaux, on en assembla quatre, entre lesquels on souffla le *cylindre*, et on obtint ainsi ce qu'on appelle *cylindres carrés*.

Telles sont les bases générales du travail des *cylindres* ronds, ovales et carrés; nous allons, en outre, donner quelques indications plus détaillées relatives à leur fabrication.

Les *cylindres ronds* doivent être d'une égale épaisseur dans toutes leurs parties, plutôt plus minces que plus épais à la tête ou calotte; cette tête doit être arrondie pour avoir une forme gracieuse. Quand le manchon a été allongé par le soufflage joint au mouvement de *moulinet*, sa tête est en pointe comme l'indique la figure 74, A, l'ouvrier doit alors chauffer de nouveau la tête du cylindre, puis, le retirant de l'ouvreau, le placer dans une situa-
tion verticale , tourner la canne
sur elle-même ; la tête prend
alors la forme *abc* (fig. 74, B),
parce que le centre étant la partie la plus chaude, fléchit et devient concave. L'ouvrier souffle
alors très-légèrement, et lui fait
prendre la forme *adc* (fig. 74, B);
s'il ne trouve pas cette tête encore suffisamment aplatie , il
chauffe de nouveau et lui fait
subir la même opération ; il doit

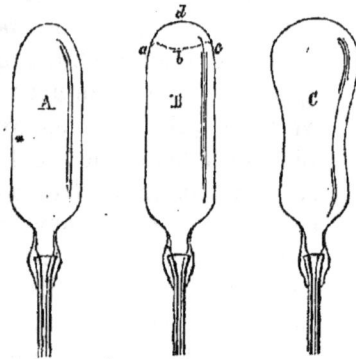

Fig. 74.

surtout faire attention à ne pas entrer son cylindre trop avant dans le four, pour que le sursoufflage de la tête n'amène pas l'extension du diamètre, ce qui donnerait une forme très-disgra-
cieuse (fig. 74, C).

Les *cylindres ovales* sont soufflés dans des moules, du moins on appelle ainsi les deux plateaux fixés à une distance égale au petit diamètre que l'on veut donner au cylindre ; ces plateaux sont des madriers de bois de peuplier de 10 à 12 centimètres d'épaisseur. On choisit ce bois comme étant le moins fibreux, le plus homogène dans sa substance, n'ayant pas de nœuds et se carbonisant sans

laisser des côtes saillantes qui feraient impression sur les faces
du cylindre ; le peuplier blanc de Hollande est généralement le
plus convenable. On recherche pour cet usage les arbres du plus
grand diamètre, afin de n'avoir qu'un seul madrier pour chaque
face du moule, et on les scie d'un mètre de longueur en moyenne,
quelques-uns plus longs quand on veut faire des cylindres ovales
d'une grande hauteur. Ces madriers sont tenus dans une grande
citerne pleine d'eau, où on les remet après le travail. Chaque
jour, le menuisier prépare ses moules quelques heures avant le
commencement du travail des verriers. A cet effet, il a des calibres
de centimètre en centimètre. Il place les deux madriers d'un
moule dans une position parallèle et les rapproche jusqu'à ce
qu'ils pressent le calibre indiquant l'intervalle à laisser entre eux ;
il y a pour chaque dimension deux calibres, celui du bas est
d'environ 5 millimètres plus petit que celui du haut, pour que le
cylindre que l'on souffle entre les deux plateaux en sorte sans
difficulté. Quand les deux madriers sont ainsi rapprochés à la
distance voulue, on les fixe au moyen d'une petite planchette et
de deux ou trois pointes dans le haut et une autre dans le bas,
puis, retournant le moule sur le côté qui vient d'être fixé, on fait
la même opération du côté opposé (fig. 75). Le bord supérieur
de chaque plateau est évasé dans la
forme ci-contre pour faciliter l'entrée du
verre dans le moule. Dans la disposition
du moule telle que nous venons de la
décrire, et telle qu'elle a été généralement pratiquée, il fallait naturellement
que l'ouvrier eût autant de moules qu'il
y avait de cylindres d'une épaisseur différente à fabriquer ; on a depuis obvié
à cette nécessité en fixant les plateaux
aux diverses distances voulues au moyen
de vis de rappel.

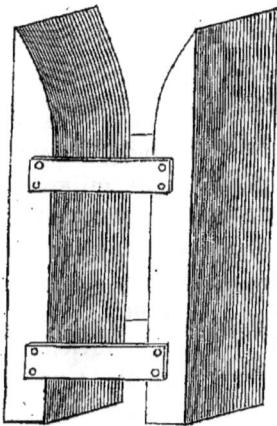

Fig. 75.

Disons de suite que, pour les *cylindres
carrés*, le moule est composé de quatre
madriers. Les deux madriers de côté
forment calibre. Ils doivent être un peu
plus étroits du bas que du haut, par la raison que nous avons
donnée pour la sortie du verre du moule ; quelquefois même

cette différence est assez grande, de plusieurs centimètres par exemple, quand on a besoin que le cylindre aille en fuyant vers la tête. Avant de fixer les madriers dans leur position, le menuisier doit les raboter pour les aplanir et enlever la partie carbonisée dans le travail précédent.

Nous allons à présent donner quelques indications relatives au travail du verrier. Le moule est placé dans la fosse où s'allongent les manchons, mais assez près du four pour permettre au verrier d'allonger le cylindre après avoir soufflé la boule; le côté large du moule est placé parallèlement à la *place* (on désigne ainsi le *plat-bord* sur lequel se tient le souffleur). L'ouvrier doit savoir calculer le diamètre qu'il doit donner à sa *boule* pour arriver aux dimensions déterminées pour le cylindre ovale. Si, par exemple, on lui commande un cylindre de 48 centimètres du grand diamètre sur 20 du petit diamètre, il sait que cet ovale a le même contour environ qu'un cercle qui aurait une circonférence de deux fois le grand diamètre plus le petit, soit 96 + 20 ou 116, et il sait qu'une circonférence de 116 à un diamètre de 37 centimètres; c'est donc là le diamètre qu'il donnera à sa boule. On n'a pas appris à l'ouvrier le rapport 7 à 22 du diamètre à la circonférence, mais il sait que c'est un peu moins du tiers, et son coup d'œil est tel que, sans compas, il souffle sa boule dans la dimension exacte qui doit produire le cylindre ovale qui lui est demandé. Quand, après avoir soufflé sa boule et l'avoir réchauffée, il souffle et allonge son verre en faisant le moulinet, il doit faire attention à ne pas lui donner une forme cylindrique, car, dans ce cas, la partie *aa b cc* (fig. 76, A), qui a pris, en réchauffant dans l'ouvreau, une température plus élevée que la partie du cylindre qui arrive à la canne, se prêtant plus à l'action du souffle, prendrait la forme disgracieuse de la figure 76, B, et ne serait pas dans les dimensions commandées. Après donc avoir réchauffé sa boule, il lui donne la forme de la figure 76, C. En conservant une assez forte épaisseur à l'extrémité, cette forme de la figure C deviendra la forme de la figure D; le cylindre sera coupé au fil de verre suivant le plan *g h*. L'ouvrier ayant donc donné à son verre la forme de la figure C, le réchauffe dans l'ouvreau le plus avant qu'il peut, puis il l'introduit dans le moule, souffle, ressort du du moule, y rentre et souffle encore, et ainsi de même jusqu'à ce que son verre n'obéisse plus au souffle. On comprend pourquoi l'ouvrier ne maintient pas le verre dans le moule, c'est que les parois de ce moule, qui s'enflamment, repousseraient le verre; en

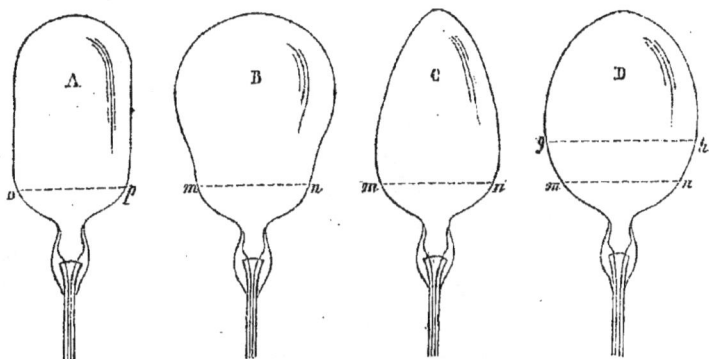

Fig. 76.

retirant donc son verre, les gaz se dégagent, et il peut rentrer de nouveau quelques secondes sans que l'action de cette combustion contre-balance l'effet de son souffle. En sortant pour la dernière fois de son moule, l'ouvrier donne encore un léger coup de souffle pour être bien certain que les parties plates n'auront pas été repoussées, et qu'il y ait plutôt une légère courbure convexe que concave; puis le gamin va détacher le cylindre de la canne comme on le fait pour les manchons. Si on veut donner au cylindre ovale une forme en fuyant vers la tête, alors on donne au verre, après avoir soufflé la boule, une forme encore plus pointue que la figure C ne l'indique.

Le *cylindre* carré se fait de la même manière. Pour calculer le diamètre à donner à sa boule, il prend le double du grand côté plus le petit côté, et y ajoute une quantité proportionnée à la dimension du cylindre qu'il fabrique; soit, par exemple, un cylindre carré de 48 sur 30, il comptera sur une circonférence de deux fois 48, soit 96 + 30 + 6 centimètres, soit 132 centimètres et conséquemment sur un diamètre de 42 centimètres.

La précision d'un ouvrier habitué à souffler des cylindres est telle qu'il ne s'éloigne pas d'un demi-centimètre des mesures commandées et qu'il peut fabriquer des paquets de cylindres ronds, ovales et carrés entrant les uns dans les autres, dans des limites extrêmement rapprochées ; il fabriquera, par exemple, quinze cylindres ronds dont le plus petit aura 12 de haut sur 9 de diamètre et le plus grand 30 de haut sur 20 de diamètre, ne formant qu'un seul paquet ; et pour les ovales, entre la dimension de 20 de haut sur 18 du grand diamètre et 9 du petit diamètre et la dimension de 45 de haut sur 36 du grand diamètre et 20 du petit diamètre, il fera entrer douze autres cylindres ovales.

Lorsqu'il s'agit de souffler des manchons pour faire des feuilles de verre, la dimension de ces feuilles de verre n'est limitée que par la force de l'homme nécessaire pour manœuvrer la quantité de verre voulue pour cette dimension, quantité qui ne peut guère aller au delà de 25 à 30 kilogrammes, et, quant au soufflage, il n'y a pas grande fatigue pour les poumons du verrier: Quand sa boule est faite et réchauffée, il n'est pas nécessaire qu'il donne en une seule fois tout le développement nécessaire à sa pièce ; il souffle en plusieurs fois, réchauffe son verre quand il ne se prête plus au soufflage, jusqu'à ce qu'il ait atteint les dimensions voulues. Il n'en est pas de même quand il s'agit de faire un *cylindre* de très-grande dimension, il faut, quand la boule est soufflée et réchauffée, introduire rapidement et en une seule fois une grande quantité d'air dans le verre, car si le verre, qui doit être soufflé assez mince, se refroidit avant d'être arrivé à la dimension voulue, il ne peut plus manœuvrer une pièce d'un tel volume de manière à la réchauffer dans l'ouvreau, et sa pièce se trouve manquée ; or, les poumons de l'homme ne peuvent suffire à l'insufflation rapide d'un tel volume. Il essaya d'y suppléer en introduisant par la canne une petite quantité d'eau ou d'alcool qui, se vaporisant dans le verre, produisait l'effet du souffle de l'homme, mais quelquefois l'effet était outre - passé ; l'alcool soufflait trop rapidement et une partie de la pièce étant trop mince, se trouvait sursoufflée ; si on avait projeté de l'eau en trop grande quantité, elle pouvait arriver à *glacer* le verre : en un mot, on n'était pas maître de l'effet qu'on voulait produire. Je pensai alors à employer un moyen mécanique pour lequel je pris un brevet en 1833 [1], et dont je vais donner la description. Il s'agit d'insuffler par la canne un grand volume d'air en réglant toutefois

[1] C'est le seul brevet d'invention que j'aie pris ; j'avais dérogé en cela à mes principes, contraires aux brevets : aussi me gardai-je de poursuivre la contre-façon, qui eut lieu presque immédiatement.

cette quantité, et en conservant au verrier le libre maniement de
sa canne pour la manœuvre de son verre ; pour parvenir à ce
résultat, je mets la canne de l'ouvrier en communication avec un
vaste soufflet au moyen d'un tuyau flexible fait à l'instar de
ceux des machines pneumatiques. A 3 centimètres de l'extrémité
de la canne par laquelle on souffle, est ajoutée une bague saill-
lante destinée à retenir un ajutage en cuivre venant s'adapter
à cette extrémité. Cet ajutage en cuivre est fixé au bout du tuyau
flexible de 3 mètres à 3ᵐ,50 de long dont l'autre extrémité est
vissée sur la tuyère d'un soufflet pouvant contenir un quart à
un tiers de mètre cube d'air ; ce soufflet est posé derrière l'ouvrier
et assez près pour qu'il puisse aisément manœuvrer sa canne ;
les extrémités du tuyau flexible sont ajustées dans des viroles en
cuivre, de manière à pouvoir tourner sur leur axe sans que le
tuyau éprouve de torsion ; ce tuyau flexible est composé d'une
spirale en fil de fer entouré de caoutchouc vulcanisé ; son diamètre
intérieur doit être plus grand que celui du trou de la canne,
laquelle elle-même doit être percée d'un plus grand trou que les
cannes ordinaires, attendu que l'air insufflé éprouve une assez
grande résistance en raison de la longueur parcourue avant
d'arriver dans la masse de verre. L'ajutage de ce tuyau flexible
qui doit s'adapter sur la canne, est garni d'un crochet à ressort
qui est retenu par la bague de la canne, de telle sorte que l'ouvrier
pressant la main sur le ressort peut aisément dégager la canne
de cet ajutage quand il ne lui est plus nécessaire. Sur la tuyère
du soufflet se trouve un robinet pour empêcher la rentrée de
l'air insufflé lorsqu'on a cessé de souffler la pièce de verre, ou
pour empêcher l'aspiration pendant qu'on relève le levier du
soufflet, si on est obligé de donner un second coup de soufflet.

L'ouvrier ayant donc soufflé sa boule, la chauffe dans l'ouvreau.
C'est alors que le gamin entre l'extrémité du tuyau flexible sur
le bout de la canne où il reste retenu par le crochet à ressort, en
sorte que quand l'ouvrier trouve sa boule suffisamment chaude
et sort de l'ouvreau, il ordonne de souffler et va poser sa canne
sur le baquet ou sur un crochet vertical sur lequel il tourne sa
canne pour que le verre ne coule pas. Aussitôt qu'il voit que le
verre a atteint un développement suffisant, ce qui a lieu après
quelques secondes, il presse sur le ressort, dégage sa canne et
introduit son verre dans le moule ; quelquefois, au lieu de dégager

sa canne quand le verre a atteint le développement suffisant, il fait fermer le robinet de la tuyère, introduit son verre dans le moule et faisant rouvrir le robinet, il fait souffler à petits coups jusqu'à terminaison du cylindre.

On peut aussi, pour faciliter la manœuvre des grosses pièces de verre, suppléer à la force musculaire de l'ouvrier après avoir suppléé à celle de ses poumons. Pour cela, on ajuste sur le milieu de la canne un anneau mobile entre deux bagues fixes; cet anneau mobile tient à un anneau plus grand que l'on peut entrer dans un crochet suspendu à l'extrémité d'une longue chaîne, en sorte que l'ouvrier peut balancer sa pièce de verre sans avoir à supporter le poids de la canne et du verre, et enfin, quand il veut réchauffer son verre, il pose sa canne horizontalement sur un crochet monté sur une forme roulante pouvant s'approcher et s'éloigner de l'ouvreau. Un semblable chariot sert aussi pour le cueillage du verre destiné à ces pièces d'un très-grand volume. Quand il s'agit du dernier cueillage, l'opération est difficile et pénible, car une partie de la canne est dans le four et l'ouvrier ne peut plus agir qu'à l'extrémité d'un levier assez court; il est ensuite très-difficile d'enlever et la canne et le verre sans que ce dernier, qui est assez liquide, touche en sortant les parois de l'ouvreau, le cueilleur ayant à l'extrémité de sa canne de 25 à 30 kilogrammes de verre et ne pouvant approcher sa main gauche du côté du verre de manière à alléger l'effort de la main droite. Cette opération est singulièrement facilitée lorsqu'on pose la canne sur le crochet de ce chariot, lequel crochet peut s'avancer très-près de l'ouvreau, de telle sorte que, quand le dernier verre est cueilli, l'ouvrier appuyant sa canne sur le crochet, baisse la main de manière à enlever le verre, tourne la canne sur elle-même pendant qu'on éloigne le chariot de l'ouvreau. On peut alors rafraîchir la canne de manière que l'ouvrier puisse porter la main gauche très-près du verre pour placer son verre dans le bloc. Par ces divers appareils, on est parvenu à souffler des cylindres ronds de près de 2 mètres de haut sur 60 à 65 de diamètre, des ovales de 1^m,50 à 1^m,60 de haut sur 75 de grand diamètre et 40 de petit diamètre.

Les cylindres ronds d'un développement même assez grand n'ont pas besoin d'être recuits; il n'en est pas de même des cylindres ovales et carrés. On comprend que ces derniers, lorsqu'ils viennent d'être terminés, ne sont pas à une température uniforme dans toutes leurs parties, les parties plates s'étant trouvées en contact avec le moule ; leur forme d'ailleurs n'est pas aussi favorable à un retrait régulier pendant le refroidissement que pour les cylindres ronds : aussi quand on essaye de couper le bonnet au fil de verre chaud sans leur avoir fait subir une recuisson, la fissure qui s'ouvre sur le point où on glace, au lieu de suivre la ligne sur laquelle était posé le fil de verre, marche irrégulièrement et s'étend jusqu'à la tête du cylindre. Il arrive même que le cylindre éclate par le fait seul du premier contact du fil de verre. On est donc obligé de recuire les cylindres ovales et carrés comme les grands manchons en verre double, et pour cela on emploie une *arche à tirer* comme pour la recuisson du verre à vitre étendu ; cette arche à tirer, longue de 8 à 10 mètres, est chauffée, à son entrée seulement à une température assez élevée pour ramener le cylindre au rouge-brun, mais pas assez pour l'amollir et le déformer. La cheminée de l'arche est placée à l'extrémité opposée, et deux barres de fer ou *rails* sont fixés le long de l'aire, destinés à faciliter le glissement des *ferrasses* plates en tôle sur lesquelles on recuit les cylindres et qui sont garnies à une extrémité d'un anneau et d'un crochet à l'autre extrémité. Ces ferrasses sont de 1 mètre de long, longueur qui permet de recuire des cylindres d'une assez grande dimension. On en a seulement quelques-unes plus longues encore, pour le cas où l'on fait des cylindres d'un plus grand volume. On détache le cylindre que l'on vient de fabriquer comme on le fait pour les manchons, en posant ce cylindre sur la *ferrasse* qui est à l'entrée de l'arche, et on glace le col avec le dos du pic, puis on ferme la porte de l'arche ; quand le cylindre a séjourné quelques instants à l'entrée de l'arche, on pousse la ferrasse et on en accroche une autre, pour qu'elle s'échauffe et soit apte à recevoir le cylindre suivant. Quand on ne fabrique que de petits cylindres ovales ou carrés, on en peut mettre plusieurs à recuire sur la même ferrasse.

Il y a des verreries où, au lieu d'une arche à tirer, on emploie simplement un four carré pouvant contenir une demi-douzaine de ferrasses et chauffé à la température convenable ; on détache le cylindre sur une ferrasse placée à l'entrée, puis on pousse la ferrasse vers le fond ; quand on a rempli ainsi cinq autres ferrasses, on retire la première que l'on pose pour quelques instants encore

sur un tas de cendres à l'abri de tout courant d'air. Quand le
travail est terminé et que les cylindres sont recuits, le verrier
coupe tous les bonnets au fil de verre, et on porte les cylindres
au magasin. Ils sont alors aptes à être expédiés aux marchands
qui portent encore le nom de *bombeurs de verre*, quoique l'industrie qui leur a fait prendre ce nom soit presque entièrement
éteinte. Ces cylindres ont encore besoin de subir une opération
avant de pouvoir remplir le but de leur destination. Le bord coupé
au fil de verre n'est pas très-régulier, et ne s'appliquerait pas dans
tous ses points sur un plan perpendiculaire à l'axe du cylindre ;
il faut donc le dresser au diamant. Cette opération est assez facile
pour les cylindres ronds et s'exécute au moyen d'une tige AB (fig. 77)

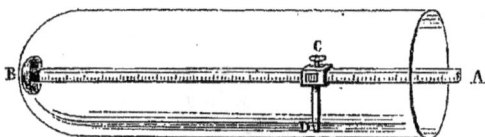

Fig. 77.

terminée en B par un petit hémisphère en liége ; sur cette tige
glisse une autre tige CD portant à l'extrémité D un diamant monté
de manière que sa coupe soit perpendiculaire à la ligne AB.
Cette tige CD peut s'allonger et se raccourcir selon le diamètre
du cylindre. On couche le cylindre rond que l'on veut couper
sur une table, et introduisant de la main droite la tige AB de
manière que la demi-sphère B s'appuie au fond du cylindre, la
tige CD ayant été fixée à la longueur que doit avoir le cylindre,
on roule avec la main gauche le cylindre sur la table, en suivant
le mouvement avec la main droite de manière à faire porter le
diamant au point où le cylindre touche à la table, et après avoir
fait une révolution, le cylindre se trouve coupé tout alentour.

Pendant très-longtemps, le dressage des cylindres ovales et carrés
ne s'accomplissait que très-difficilement ; il dépendait de l'adresse
et du coup d'œil de l'ouvrier qui, plaçant de même son cylindre
couché sur la table, le tournait de la main gauche en suivant de
la main droite, avec un diamant ordinaire de vitrier, la direction
qu'il jugeait devoir dresser le mieux son cylindre ; après avoir fait
une première coupe, il posait le cylindre debout sur la table pour

pouvoir juger du résultat ; il se trouvait alors souvent que le cylindre penchait à droite ou à gauche ou bien sur l'une des grandes faces ; il faisait alors des corrections en couchant de nouveau le cylindre sur la table ; quelquefois aussi il opérait quelques légères corrections au moyen de l'*égrugeoir* ou *grésoir* ; mais on peut dire que ce n'était toujours qu'un travail de tâtonnement et d'à peu près. Ce fut en 1832 que M. A. Claudet inventa un appareil très-ingénieux qui, du dressage irrégulier existant alors, fit une opération d'une exactitude mathématique. Cet appareil consiste en une table disposée ainsi que nous allons le décrire et en un diamant monté à chariot dont nous avons vu déjà l'usage pour rogner les manchons (page 297). Sur une base triangulaire en cuivre M N (fig. 78), montée sur trois petites roulettes à équerre, s'élève une

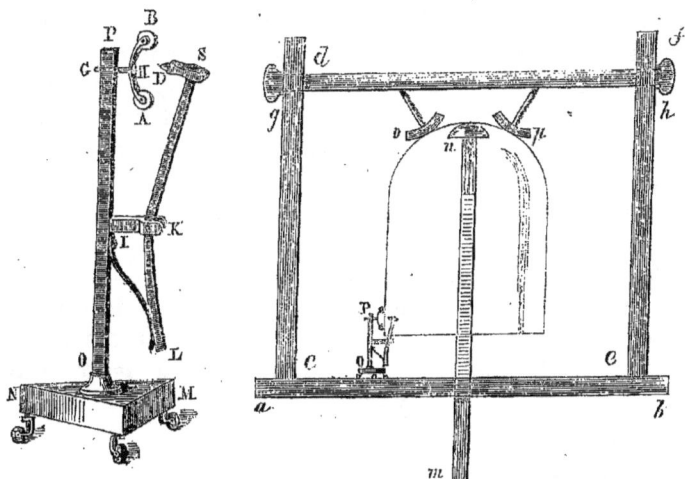

Fig. 78.

colonne O P traversée par une tige G H portant deux petites roulettes A, B. Sur cette même colonne O P, est fixée une autre tige I K portant une autre tige S K L mobile, dont un ressort I L permet le rapprochement et l'éloignement de la partie supérieure S D, qui porte en D un diamant dont la coupe a lieu suivant un plan horizontal, c'est-à-dire parallèle à la base M N. D'autre part, on a une table *a b*, sur laquelle s'élèvent deux traverses perpendiculaires *c d, e f*, entre lesquelles se meut une barre transversale *g h* portant

deux coussinets o et p. Le milieu de la table est traversé par une
tige $m\,n$ graduée en centimètres et garnie à son extrémité d'une
demi-sphère en liége. On pose le cylindre sur la demi-boule en
liége et on enlève la tige $m n$, de telle sorte que les bords du cylindre
se trouvent à une hauteur un peu moindre que la hauteur du
diamant du chariot. On fixe alors la tige $m n$ au moyen d'une vis
de pression; on fait ensuite attention que le cylindre repose sur
la boule dans la position où on voudrait qu'il fût sur la pièce
qu'il est destiné à couvrir. On est facilité dans cette opération par
la traverse mobile $g\,h$, qu'on peut descendre un peu plus d'un
côté ou de l'autre, de manière à faire appuyer davantage le cous-
sinet o ou p et redresser ainsi le cylindre d'un côté ou de l'autre.
Quand on juge que le cylindre est dans une position convenable,
on fixe la traverse $g\,h$ au moyen de vis, et alors, passant le chariot
de manière à mettre le bord du cylindre entre les deux molettes A
et B et le diamant D, on fait rouler la base M N autour du cylindre.
Le diamant se trouve maintenu sur sa coupe dans tout son
parcours, au moyen de la pression du ressort contre les deux
molettes, et le cylindre se trouve mathématiquement coupé
suivant un plan parallèle à la table $a\,b$. Il pourra donc reposer
ensuite exactement dans le fond de la rainure du socle que l'on
fait pour lui.

Ce dressage des cylindres à la mécanique a été un très-notable
perfectionnement dans l'industrie et le commerce des cylindres.

On peut aussi se servir de cette machine pour couper les cylindres
ronds; mais M. Claudet, voulant faciliter toutes les opérations

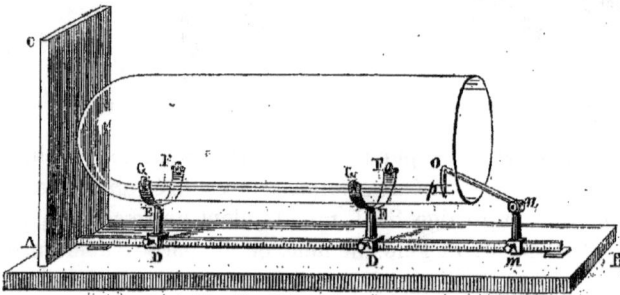

Fig. 79.

relatives au coupage au diamant de tous les verres, a construit
aussi un appareil particulier pour le dressage des cylindres ronds

devenu indépendant de la main plus ou moins sûre de l'ouvrier.
A cet effet, sur une table horizontale AB (fig. 79), s'élèvent un
plateau vertical AA, et deux supports DEFG, DEFG, terminés
par de petits galets. Ces supports glissent sur une tringle horizontale graduée en centimètres, de manière à pouvoir s'éloigner et
se rapprocher à volonté. Sur cette même tringle est montée une
tige $mnop$, dont la partie no est mobile sur le point n, et dont
la pointe p est munie d'un diamant disposé de manière à avoir sa
coupe suivant un plan parallèle au plan AC. On pose le cylindre
rond sur les galets, la tête appuyée contre le plan AD, et, mettant
la tige mn dans la position où la pointe p correspondra à la hauteur que l'on veut donner au cylindre, on presse avec la main
droite sur la partie no, pendant que la main gauche fait tourner le
cylindre sur les galets, et, quand il a accompli une révolution, le
cylindre se trouve coupé. Si on a un grand nombre de cylindres
à couper de la même hauteur, on opère sans avoir à déplacer
les supports et la tige du diamant ; ce qui se fait donc très-rapidement.

Nous allons terminer ce qui est relatif à cet article par le tarif
de vente.

Au lieu de faire un prix pour chacun des cylindres qui peuvent
varier par les hauteurs et les diamètres, on a fait un tarif basé
sur leur développement, en additionnant la hauteur avec le pourtour de leur base. Pour un cylindre rond, on a ajouté la hauteur
à trois fois le diamètre. (On n'a pas prétendu que trois fois le diamètre fût le développement exact, mais on a adopté cette base.)
Ainsi un cylindre rond de 45 sur 15 centimètres, c'est-à-dire de
45 centimètres de hauteur sur 15 de diamètre, est un cylindre
rond du numéro 90.

Pour un ovale, on a pris la hauteur de deux fois le grand diamètre, d'une fois le petit diamètre. Ainsi, un ovale de 40-20-13 centimètres, c'est-à-dire de 40 centimètres de haut, 20 du grand diamètre et 13 du petit diamètre, est un ovale du numéro 93. Pour
un carré, on a pris la hauteur de deux fois le grand diamètre,
d'une fois le petit, et 10 centimètres en sus. Ainsi, un carré de
40-20-13 centimètres est un cylindre du numéro 103.

Le tarif donne les prix de centimètre en centimètre, depuis 21
centimètres jusqu'à 280 ; mais il nous suffira de donner les prix
de 10 en 10 centimètres.

Centimètres réunis.	PRIX des RONDS.		PRIX DES OVALES et CARRÉS.	
	FR.	C.	FR.	C.
70	1	04	1	57
80	1	25	1	92
90	1	58	2	40
100	2	»	2	90
110	2	50	3	45
120	3	50	4	40
130	4	55	5	90
140	6	40	7	70
150	8	50	10	»
160	11	20	13	60
170	15	50	18	50
180	21	60	24	60
190	27	»	30	70
200	33	75	38	45
210	41	50	47	50
220	51	»	58	25
230	63	25	72	25
240	79	50	91	»
250	102	»	118	50
260	137	»	156	»
270	194	50	213	50
280	282	»	301	»

Sur les prix de ce tarif, il y a une remise variable, suivant l'état de concurrence des fabricants entre eux.

En 1867, cette remise est de 70 pour 100, et en outre on alloue une bonification de 6 centimètres sur la hauteur, c'est-à-dire que le marchand, pour recevoir 36 centimètres de hauteur, demande 30 seulement.

Ces conditions sont, bien entendu, celles des marchands en gros dépositaires.

VERRES A VITRES COLORÉS.

Nous avons cru devoir faire suivre la fabrication des verres à vitres en manchons par celle des verres de couleur, parce qu'ils sont soufflés, étendus par les mêmes procédés, par les mêmes ouvriers, dans les mêmes fours.

La fabrication des verres de couleur a naturellement suivi les phases de celle des vitraux qui formaient leur principal, leur presque exclusif débouché ; quand on considère l'immense quantité de vitraux qui furent faits aux douzième, treizième et quatorzième siècles, mais surtout au treizième, on concevra que la fabrication des verres de couleur dut alors être bien importante ; on peut dire qu'elle surpassait peut-être même celle du verre blanc, car, à cette époque, les habitations particulières n'avaient pas encore le *luxe* des vitres, réservé presque exclusivement au *temple du Seigneur*. Les verres de couleur étaient alors très-épais, au moins 3 à 4 millimètres, ce qui, joint à la solidité de la mise en plomb, a conservé pendant tant de siècles ces précieux chefs-d'œuvre. Dès le quinzième siècle, les verres de couleur qui composent les vitraux sont plus minces ; les artistes qui les emploient sont plus habiles au point de vue du dessin, mais moins nombreux ; il se fait donc peu de vitraux ; il y a d'ailleurs peu d'églises à construire et à garnir de vitraux, en raison du grand nombre de celles édifiées dans les trois siècles précédents ; la même cause rend moins nombreuses encore les constructions d'églises aux seizième et dix-septième siècles : le caractère de l'architecture, d'ailleurs, se modifie ; les débouchés du verre de couleur vont tellement en diminuant, que cette fabrication finit, au dix-septième siècle, par être presque entièrement délaissée. Lorsque, au siècle dernier, on recommença à faire, en France, du verre à vitres en manchons, on fit aussi, de temps en temps, quelques verres bleus, violets et jaunes. Leur emploi était à peu près limité à des kiosques de jardin et à des enseignes de vitrier ; on fit aussi, mais plus rarement, des verres verts ; c'étaient là les seuls verres de couleur que l'on sût fabriquer ; le *secret* de la fabrication du verre rouge était tellement perdu que Léviel, qui écrivait cependant un ouvrage sur la peinture sur verre et les verres de couleur, croyait que le verre rouge des anciens était un verre *peint*, et remarquait qu'on voyait même sur plusieurs fragments de ces verres la *trace du pinceau*. Ce secret paraissait même avoir été perdu en Allemagne ; car le même Leviel dit :

« J'ai voulu faire faire du verre rouge dans les verreries de Bohême, d'où j'ai tiré une assez grande quantité de verres en table de toutes les autres couleurs de parfaite beauté (si l'on excepte le vert), et, quoique j'eusse consenti à une augmentation de deux tiers en sus des autres couleurs, je n'ai pu obtenir des verriers de ce royaume de m'en faire un envoi. »

Leviel indique des recettes pour faire le verre rouge, mais on peut voir clairement, par la manière dont il explique la fabrication du verre rouge des anciens, qu'il ne fait que rapporter inexactement ce qu'on lui a dit, ou ce qu'il a lu, et qu'il n'a pas compris. Il voit que tous les verres rouges des anciens ne sont colorés que sur l'une des faces; il ne sait pas que cela tient à ce que l'on n'a jamais pu réussir à faire du verre rouge qui ait une transparence suffisante quand il est soufflé d'une épaisseur moyenne; que ce verre rouge, coloré par le protoxyde de cuivre et l'oxyde de fer, est toujours très-foncé et opaque en masse, et, au lieu d'expliquer cette couche par un premier *cueillage* dans un creuset de verre rouge foncé, cueillage recouvert ensuite d'un autre ou de plusieurs autres *cueillages* de verre blanc, Leviel parle d'un émail rouge broyé et délayé que l'on étend au pinceau sur le verre blanc, et que l'on cuit ensuite au feu de moufle. D'après Haudiquier de Blancourt et Kunckel, Leviel indique le cuivre comme pouvant produire un émail rouge, mais dans d'autres endroits il attribue cette couleur à l'emploi de l'or, et cette opinion est tellement prédominante que, quelques années plus tard, on propose à la Convention nationale de fondre tous les vitraux des églises pour en tirer l'or des verres rouges; le citoyen Darcet est chargé de rechercher quelle quantité probable d'or on retrouvera dans ces vitraux; le chimiste les soumet à l'analyse, et, au lieu d'or, il n'y trouve que de faibles proportions de cuivre et de fer comme principes colorants. Ce ne fut pas là un médiocre service que la science rendit à l'art des vitraux, qui durent à cette analyse d'être respectés ou pour mieux dire *méprisés*.

M. Darcet, fils du précédent, énonça ce fait en 1826; à cette époque, un architecte, voulant faire exécuter un vitrail et ne pouvant se procurer des verres rouges dans le commerce, apprit qu'on venait d'en fabriquer en Suisse et en Allemagne; il demanda au gouvernement l'autorisation de faire entrer ces verres, qui, comme tous les autres produits de verreries, étaient alors prohibés. Avant de donner cette autorisation, le gouvernement, sur l'avis du comité consultatif des arts et manufactures, voulut faire un appel à la fabrication française. La Société d'encouragement en donna avis aux maîtres de verreries, et, dès la même année, je fabriquai du verre rouge que je soumis à la Société d'encouragement. M. Darcet fut nommé rapporteur, et conclut ainsi son rapport, inséré dans le Bulletin de la Société d'août 1826 :

« ..... Il résulte de ce qui précède que M. Bontemps ayant fabriqué, à la verrerie de Choisy-le-Roi, des verres rouges de bonne qualité colorés sur une de leurs surfaces, imitant parfaitement les plus beaux verres rouges des anciens vitraux peints, nous paraît avoir atteint le but, et avoir décidé favorablement, pour notre industrie, la question de l'introduction en France des verres rouges fabriqués à l'étranger ; car la verrerie de Choisy-le-Roi est maintenant en état de fournir au commerce le beau verre rouge pareil à celui des anciens vitraux peints, et en aussi grande quantité que ce produit pourra être demandé.

« Nous pensons, en conséquence, que M. Bontemps, directeur de la verrerie de Choisy-le-Roi, a fait une chose utile à l'industrie française en rétablissant chez nous la branche d'industrie dont il est question, et nous proposons à la Société, en approuvant ses travaux, de lui témoigner tout l'intérêt qu'elle y prend. »

Ce fut vers cette époque, en effet, qu'un retour à l'intelligence des arts du moyen âge amena les premiers essais de vitraux, essais qui ne tardèrent pas à faire la base de fabriques spéciales qui employèrent d'assez grandes quantités de verres de couleur. Je doute qu'aucun autre verrier ait fabriqué autant que moi, de 1825 à 1855, des verres de couleur de toutes les nuances, et ce sont les résultats de ma longue expérience que je vais exposer.

Et d'abord je dirai : c'est à tort qu'un fabricant de verre à vitres se livrerait à la fabrication des verres de couleur, s'il n'a pas l'intention de lui donner une assez grande importance ; pour être en état de satisfaire à la demande en verres de couleur, il faut pouvoir fournir toutes les diverses nuances de chacune des couleurs, et même dans chaque couleur avoir des verres plus ou moins épais ; le fabricant de verres de couleur doit pouvoir fournir et les verres teints dans la masse et aussi les verres *doublés*, c'est-à-dire dont la couleur, comme dans les verres rouges, ne résulte que d'une couche mince de verre coloré appliquée sur du verre blanc ; cela exige un fonds de magasin considérable, dont l'intérêt devient ruineux si ce fonds n'est souvent renouvelé. Le fabricant doit être lui-même au courant des emplois des verres de couleur pour ne pas accepter les commandes de petites quantités de certaines nuances dont le reste du produit de la potée devrait probablement rester éternellement en magasin. Enfin, il doit avoir une assez grande habitude des dosages de matières colorantes pour arriver avec certitude à la production d'une nuance déterminée, sans avoir à fabriquer plusieurs potées de verre pour y parvenir. Pour cela, le fabricant devra conserver des échantillons de toutes les potées de verre de couleur qu'il fait, portant un numéro de renvoi à la composition qui l'a produite.

Nous avons vu au livre Ier, chap. II, l'effet que produisent les diverses substances employées dans la composition des verres de couleur, mais il s'agit à présent d'assigner les proportions dans lesquelles les diverses matières doivent être employées, les dispositions spéciales qu'exigent certaines couleurs, certains oxydes. Nous commencerons par traiter des verres bleus et des verres violets, qui sont les couleurs les plus fixes, dont la fabrication est le plus exempte de difficultés. De là nous passerons à la fabrication des verres jaunes, puis des verres verts; dans chacune de ces couleurs, nous donnerons les indications relatives aux verres colorés dans la masse et aux verres doublés, et nous nous occuperons ensuite de la fabrication des verres rouges, qui sont toujours des verres doublés. Nous terminerons ce chapitre par les verres *blancs anciens* ou blancs antiques, que les Anglais appellent verres *cathédrales*; ce sont les teintes des verres blancs ordinaires employés dans les anciens vitraux; ce sont des blancs d'une teinte verdâtre, inclinant plus ou moins au bleu, qui n'étaient pas alors fabriqués spécialement, mais que nous sommes obligés de faire, parce que nos verres blancs, surtout depuis qu'on emploie des sels purifiés, heurteraient la gamme des couleurs dans les vitraux, à moins qu'on ne les recouvrît d'une couche de couleur claire.

VERRES BLEUS.

Dans les verres bleus, nous comprenons toutes les nuances depuis celles dans lesquelles il y a un léger mélange de violet jusqu'à celles dans lesquelles on peut remarquer une tendance au vert; puis ces diverses nuances peuvent être plus ou moins assombries par un mélange de noir qui peut les faire arriver jusqu'à des teintes neutres: ce sont ces dernières qu'on emploie pour les lunettes.

Nous avons dit au livre Ier, page 96 : « L'oxyde de cobalt donne aux compositions vitreuses une très-belle couleur bleue très-intense et très-solide au feu le plus violent.

« Avant que la chimie eût fait connaître le cobalt comme un métal *sui generis*, on savait toutefois employer le minerai qui le contient et qui se trouve toujours mélangé à du nickel et à du fer; mais alors on employait le cobalt à l'état de *safre*, de smalt (bleu d'azur).

« Le safre est le produit du grillage du minerai de cobalt, c'est à cet état qu'il a été le plus anciennement employé. »

On conçoit, d'après ce qui précède, que les verres blancs anciens, qui, par eux-mêmes, avaient déjà une teinte verdâtre, colorés par le safre contenant du fer et du nickel, ne pussent jamais être d'un bleu pur; ils ont toujours une sorte de teinte neutre, qui, du reste, plaît beaucoup aux amateurs de vieux vitraux. Il en est même de très-compétents, tels que M. Winston, qui, remarquant la différence qui existe généralement entre les verres bleus fabriqués de nos jours et les verres bleus des vitraux des douzième, treizième, quatorzième et quinzième siècles, différence résultant principalement de ce qu'aujourd'hui la *pâte* à colorer est plus blanche, attribuent en partie à cette différence la supériorité des anciens vitraux sur ceux exécutés de nos jours. Ce n'est pas ici le lieu de traiter ce sujet, auquel nous donnerons une assez grande extension au livre VII, des *Vitraux*. Nous dirons seulement que les anciens vitraux sont supérieurs, non pas *parce que* les bleus sont différents, mais *quoique*.

On n'emploie pas le sulfate de soude dans la composition des verres de couleur, la nécessité de joindre le charbon au sulfate de soude en prohibe l'emploi; le charbon, en effet, réduirait les oxydes métalliques colorants. La composition qui sert de base au verre bleu est dans les proportions de :

Sable...	100
Carbonate de soude au plus haut titre, soit 96 degrés,	35
Craie...	50
Nitrate de soude...............................	3

Si j'ai à opérer dans un pot d'une contenance de 400 kilogrammes, j'ajouterai 8 à 9 kilogrammes de safre qui seront remplacés avantageusement, sous le rapport de la pureté de la couleur, par 1,100 à 1,200 grammes d'oxyde de cobalt. Mais les 400 kilogrammes de composition peuvent être remplacés avec grande économie par 75 à 80 kilogrammes de composition neuve et le reste en groisil, observant toutefois qu'une grande quantité de groisil donnant du verre cassant, il est bien de l'assouplir par l'addition de 4 à 5 kilogrammes de carbonate de soude.

Je ferai remarquer en outre que, dans une verrerie où l'on fabrique habituellement les verres de couleur, il y a toujours des groisils séparés, de toutes les couleurs, que l'on réemploie quand on fabrique les mêmes couleurs. En définitive, une potée de verre bleu de 400 kilogrammes sera donc généralement composée de :

Composition dans les proportions indiquées ci-dessus.	75 kilogrammes.
Carbonate de soude additionnel.	5 —
Groisil bleu.	140 —
Groisil de verre blanc.	180 —
Safre 5 ou 6 kilogrammes, ou oxyde de cobalt 0,700 à .	0,800 grammes.

On obtiendra ainsi un verre bleu d'une couleur assez intense en feuilles soufflées de 1 et demi à 2 millimètres d'épaisseur. Cette teinte serait même trop foncée pour des vitraux du genre de ceux du treizième siècle. Si on devait fabriquer des feuilles de 3 à 4 millimètres d'épaisseur, il faudrait à peine la moitié de la matière colorante indiquée ci-dessus, surtout si le groisil bleu employé provenait de verre soufflé à 2 millimètres.

Si la composition était faite avec du sable très-blanc, si on a employé non du safre, mais de l'oxyde de cobalt purifié, si le four a été bien conduit à flamme claire, le verre bleu résultant doit être d'une belle nuance non ardoisée. Il serait oiseux d'ajouter que le fabricant modifiera l'intensité de la teinte par les proportions d'oxyde de cobalt, et il modifiera aussi la nature de la nuance en employant du safre au lieu d'oxyde de cobalt, ou ajoutant, soit des groisils verdâtres, soit une petite quantité d'oxyde de fer ; à cet égard, il n'y a pas de proportions à indiquer, puisqu'elles dépendent de la nuance dont on demande la reproduction.

J'ai fait de très-beau bleu de ciel, d'une nuance qui n'avait pas encore été fabriquée, en ajoutant au cobalt, qui donne une nuance de bleu virant au violet, de l'oxyde de cuivre, qui donne une nuance de bleu virant au vert. Je vais, pour ce verre, donner les proportions d'un très-beau bleu céleste :

Sable..............................	100 kilogrammes.
Minium..............................	10 —
Carbonate de soude....................	30 —
Craie..............................	25 —
Nitrate de soude......................	6 —
Oxyde noir de cuivre..................	7 —
Oxyde de cobalt......................	0,400 grammes.
Groisil blanc....	220 kilogrammes.

Cette composition est assez délicate ; l'oxyde de cuivre *craint* le chauffage à la houille, dont les fumées peuvent le réduire. Il faut avoir soin de faire un feu clair. J'ai ajouté du minium pour que le verre fût plus doux. Cette composition, qui m'a bien réussi dans des pots ordinaires, serait d'une réussite plus certaine encore dans des pots couverts.

Les verres *bleu-gris* employés pour les lunettes sont colorés par une petite quantité de cobalt dont on neutralise la *partie rouge* par l'oxyde de fer ; ces verres doivent être bien moins foncés que les verres bleus employés dans la vitrerie. Le quart de l'oxyde de cobalt employé dans la composition du bleu est tout à fait suffisant, soit 170 à 200 grammes de cobalt pour une potée de 400 kilogrammes, et on y ajoute de 3 à 4 kilogrammes d'oxyde de fer. Au lieu de colorer avec de l'oxyde de cobalt, on peut employer du groisil bleu ; 100 à 120 kilogrammes de groisil bleu suffiront pour colorer suffisamment une potée de 400 kilogrammes, et on y ajoutera l'oxyde de fer comme ci-dessus ; nous ferons remarquer seulement que le verre destiné à des lunettes devant être très-pur, très-homogène, il est convenable de piler le groisil bleu qu'on emploie, et qui, étant quelquefois en fragments assez volumineux, pourrait donner lieu à une coloration inégale, à des *traînées* de couleur plus intense, résultant de fragments non complétement incorporés à la masse. Les verres pour lunettes doivent être le plus possible exempts de *points*, de *mousse* ; il faut donc que la composition et la fonte en soient bien soignées. On fera bien sur une potée d'avoir au moins 200 kilogrammes de composition neuve au lieu de 75. Le fondeur devra faire un renfournement de moins qu'aux autres pots pour que les gaz aient plus de temps pour se dégager; l'affinage devra être très-soigné; enfin, le verrier devra écrémer son verre avec beaucoup de soin, ne faire que des manchons de dimensions assez restreintes, pour faire moins de cueillages, et surtout chauffer dans le four le verre déjà cueilli, avant de procéder à un nouveau cueillage, afin que les poussières qui auraient pu s'attacher au cueillage soient brûlées avant de replonger dans le verre, et ne puissent pas donner des points mousseux; il doit enfin travailler avec la plus grande propreté et éviter d'ouvrir les volets extérieurs qui sont de son côté, si le vent vient de cette direction.

Les proportions que nous avons indiquées pour les bleus-gris peuvent être variées, modifiées suivant les teintes que l'on veut obtenir.

On fait aussi pour les lunettes une teinte complétement neutre qu'on appelle *couleur fumée de Londres* (London smoke). Ce n'est pas, à proprement parler, une couleur, ce n'est qu'une atténuation du noir; aucune couleur n'y domine, ni le bleu, ni le vert, ni le violet; il faut donc que les oxydes qui produisent ces couleurs soient en proportion, de nature à se contre-balancer. J'ai produit un très-bon verre neutre avec la composition suivante :

Sable........................ ..	100
Carbonate de potasse.................	28
Carbonate de soude.	10
Minium...........................	50
Oxyde de fer.	3
— de manganèse.................	4
— de cuivre....................	2

Je dois dire toutefois que j'ai fondu ce verre dans un pot couvert; en augmentant les quantités d'oxydes colorants, tout en conservant leurs proportions et diminuant la quantité de carbonate de potasse (parce que les oxydes agissent aussi comme fondants), on obtient un verre neutre plus foncé, c'est-à-dire un verre noir, qu'on emploie pour observer le soleil, et au travers duquel on doit le voir blanc sans aucune nuance de rouge.

On peut, dans la fabrication du verre neutre, remplacer les oxydes de fer et de manganèse par l'oxyde de nickel, qui produit une couleur d'un violet brun qui est assez bien neutralisée par le cuivre.

Nous allons à présent passer à la fabrication des verres bleus doublés ; et d'abord, disons quelques mots des verres de couleur doublés en général.

Aux douzième, treizième et quatorzième siècles, le verre rouge seul était une couleur doublée, et quand il sera question du verre rouge, nous verrons pourquoi le rouge était une couleur doublée, c'est-à-dire formée d'une très-légère couche de verre rouge recouvrant un verre blanc d'épaisseur ordinaire. Au quinzième ou seizième siècle, on mit à profit ce fait de la couleur rouge doublée, en usant au tour une partie de la couche rouge, pour faire, par exemple, une ornementation sur la bordure d'un manteau rouge, sur laquelle on pouvait entailler une ornementation en blanc, ou même la teindre en jaune d'or. Ce résultat suggéra aux peintres-verriers l'idée de commander aux verriers des verres avec une couche légère de verre bleu ou de verre violet, et l'on en peut voir des exemples dans les vitraux de cette époque. C'est cette fabrication qui a été renouvelée de nos jours et dont nous verrons l'emploi au livre VII, non-seulement dans les vitraux, mais dans les décorations destinées aux habitations, cafés, etc. Les verres doublés peuvent être faits dans les fours ordinaires où l'on fait les verres blancs; mais nous ferons, à cet égard, plusieurs observations. Le verre de couleur destiné à doubler le verre blanc doit être d'une teinte extrêmement foncée, pour que la couche de couleur soit le plus mince possible. Cette couche doit être très-mince, pour être plus facilement gravée, soit par le tour, soit par l'acide fluorhydrique, et aussi pour ne pas donner lieu à la rupture du manchon par le fait de la superposition de deux verres de nature différente. Or, tous les pots d'un même four étant de capacité égale, si l'on emplissait un de ces pots de cette couleur foncée, il fournirait à doubler plus que la matière contenue dans tous les autres ; cela mettrait d'ailleurs dans le cas d'employer tous les ouvriers de ce four à faire du verre doublé, et il faut, pour faire ce travail, une certaine habileté ou habitude que tous n'ont pas. On produirait ainsi, à la fois, une trop grande quantité de verre d'une même teinte. Qu'enfourner, d'ailleurs, le jour suivant, dans un tel pot? On ne peut y mettre qu'un verre semblable, jusqu'à ce qu'il soit hors de service. Le verre de couleur doit être très-doux, car, comme il n'est pas de la même nature que le verre blanc qu'il doublera, les manchons à peine soufflés éclateraient en morceaux, si le verre de couleur n'était pas très-doux; étant donc plus fusible, contenant généralement, à cet effet, du minium, il pourra être altéré par les parcelles charbonneuses que la combustion pourra y faire tomber. Indépendamment même du minium, la quantité d'oxyde colorant se trouvera mieux d'une fonte en pot couvert, et, par conséquent, dans un four séparé. Nous conseillerons donc aux verriers qui voudront se livrer à la fabrication des verres de couleur, d'avoir un petit four séparé à pots couverts pour la fabrication des verres doublés. On pourrait se contenter d'un petit four à un ou deux pots de 50 à 60 kilogrammes, mais ce petit four consommera comparativement beaucoup plus de combustible qu'un four à quatre pots, et il faudra, pour l'un comme pour l'autre, un fondeur spécial. Je préfère donc l'emploi d'un petit four à quatre pots, sauf à ne pas le tenir constamment en activité.

Tout fabricant de verre sera sans doute apte à donner les plans d'un petit four à quatre pots couverts, qui réponde au but qu'on se propose. Toutefois, je crois devoir donner une indication sommaire d'un four qui m'a parfaitement réussi, et dont la figure 80 représente le plan;

$aaaa$ représentent les quatre pots couverts d'une contenance de 60 kilogrammes;

$bbbb$ est la grille placée à environ 0m,50 au-dessous du siége des pots, plus ou moins suivant la qualité de la houille, et alimentée par un *tisar* unique placé en cc. Cinq cheminées, $ddddd$, donnent du tirage à la combustion, et ont leur extrémité supérieure dans un cône en brique qui surmonte le four. Devant chaque pot est une portine, M N, que l'on enlève pour mettre ou retirer le pot; cette portine est en deux pièces, dont la partie supérieure s'ajuste avec la gueule du pot.

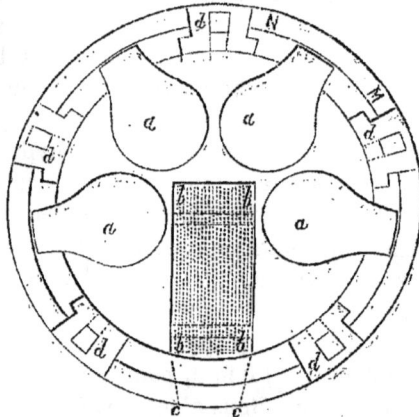

Fig. 80.

Nous ne croyons pas devoir entrer dans le détail des diverses compositions que nous avons faites depuis 1827, où nous avons commencé à faire des verres bleus doublés ; nous avons été long-temps sans faire entrer le minium dans la composition, et alors le verre étant plus sec, il y avait beaucoup de casse dans les man-chons, soit avant soit pendant l'étendage. Nous ne trouvions dans le commerce que le safre ou le bleu d'azur, dont il fallait de grandes quantités pour obtenir une couleur très-intense, cou-leur qui n'était pas d'ailleurs aussi pure, aussi éclatante que celle produite par l'oxyde noir de cobalt, que l'on vend à pré-sent exempt de nickel et de fer. Nous nous bornerons donc à indiquer la composition qui produit un très-beau bleu doublé.

Sable.........................	100
Sesquioxyde de plomb (minium)......	90
Carbonate de soude (haut titre)......	25
Nitrate de soude................	4
Oxyde de cobalt................	6

Ainsi que je l'ai dit précédemment, la réussite est plus assurée en fondant cette composition à pot couvert. Sept à huit heures suffisent pour fondre complétement cette composition, surtout si c'est dans un pot ne contenant que 60 kilogrammes environ. En conséquence, on fera bien de n'enfourner le pot que sept à huit heures avant l'époque présumée du commencement du travail dans le grand four où sera pris le verre blanc qu'on voudra dou-bler.

Il arrive assez souvent que le verre obtenu par la composition ci-dessus est semé de petits points noirs qui nuisent à la pureté des feuilles de bleu doublé. Quand ce cas s'est présenté, j'ai tou-jours évité qu'il se renouvelât, en fondant d'abord la composi-tion ci-dessus avant d'y ajouter l'oxyde de cobalt, tirant à l'eau cette composition, puis après l'avoir fait sécher, mêlant à ce verre tiré à l'eau le cobalt indiqué, et renfournant le tout sept à huit heures avant le travail, en y ajoutant deux à trois parties de borax pour redonner au verre la malléabilité que le tirage à l'eau a diminuée. A cette deuxième fonte, on ajoute naturellement le groisil bleu de fond de pot et les écrémaisons du travail précédent. Ce groisil bleu de fond de pot provient de ce que chaque jour, après le travail du souffleur, on doit tirer à l'eau ce qui reste au fond du pot de bleu, pour qu'il ne reste pas inutilement au feu.

Le verre, une fois fondu, ne peut que perdre à rester exposé au feu; il se *sèche*, devient plus dur, plus cassant.

Le verre dont nous avons donné la composition présente une belle teinte d'un bleu foncé, étant en couche d'une épaisseur d'environ un sixième à un septième de millimètre.

Nous dirons en peu de mots comment se travaille le verre doublé. Le verrier ayant fait chauffer sa canne, fait son premier cueillage sur le pot de verre bleu, en prenant soin de ne la plonger que le moins possible, afin qu'il y ait peu de verre perdu sur le bout de canne. Un cueillage d'environ 200 grammes de verre bleu suffit pour une feuille de verre d'un demi-mètre de superficie. Ayant arrondi son cueillage en tournant sa canne sur le crochet dans l'ouvreau, il débouche sa canne, c'est-à-dire qu'il souffle seulement de manière à faire pénétrer une bulle d'air d'un à deux centimètres de diamètre dans le verre, puis il laisse refroidir ce cueillage avant de le recouvrir de verre blanc. En prenant en deux cueillages environ 3 kilogrammes à $3^k,5$ de verre blanc, il pourra faire une feuille de verre d'environ un demi-mètre de superficie d'une épaisseur d'environ 2 millimètres. Quant au détail de la façon de cette feuille, aux précautions à prendre pour que le bleu se trouve également réparti sur toute la feuille, il est clair que tout consiste dans l'habileté de l'ouvrier. Nous dirons seulement que quand il a cueilli tout son verre, il doit, avant de le rouler dans le bloc, trancher son verre sur le crochet en tirant la canne à lui, de manière à laisser le moins de verre possible sur la canne, et surtout à repousser ainsi le verre bleu au milieu du verre blanc.

Si on veut, avec la même potée de verre bleu, obtenir des teintes plus ou moins foncées, on proportionnera le cueillage de verre bleu à la teinte qu'on veut obtenir. Avec un petit pot de 50 kilogrammes, un verrier pourra travailler toute une potée de verre blanc de 400 kilogrammes, de manière à produire environ 35 à 40 mètres superficiels de verre bleu, doublé d'une épaisseur ordinaire de 1 et demi à 2 millimètres. Nous ferons observer de nouveau que le verre blanc employé à doubler le bleu doit être un verre doux, ne contenant pas beaucoup de groisil, pour éviter la rupture des manchons. Tous les groisils de la *journée* de cet ouvrier, c'est-à-dire les *mors* de canne, les *bonnets* de manchons doivent être mis de côté, et en raison de l'intensité de la couleur, ils peuvent suffire à colorer en bleu d'une bonne teinte toute une potée de verre de 400 kilogrammes, sans y ajouter d'oxyde de cobalt. On pourra donc ainsi faire autant de potées de verre bleu en masse qu'on aura fait de journées de verre bleu doublé sans dépense de matière colorante.

Quelquefois on fait les verres doublés par une autre méthode, qui est celle généralement employée dans les verreries d'Allemagne. On fait un approvisionnement de verre à doubler en *bâtons*, et pour cela on fait plusieurs jours de suite du verre soit bleu ou autre d'une teinte très-foncée. Pendant que les autres verriers travaillent le verre des autres pots du four, un verrier cueille le verre bleu au bout d'un pontil (non au bout d'une canne, car il ne s'agit pas de le souffler), puis il le marbre de manière à en faire un cylindre massif de 12 à 15 centimètres de long et de 4 à 5 de diamètre ; il tranche ce cylindre près du pontil, et le détache dans le four à recuire, puis il va en cueillir un autre et ainsi de suite, jusqu'à ce que le pot soit épuisé. En faisant ainsi quelques potées travaillées de cette manière, on peut avoir un approvisionnement pour faire une très-grande quantité de verre doublé, pour lequel on procède de la manière suivante : On fait chauffer dans une arche le nombre de bâtons présumés nécessaires pour un travail ; un gamin prend un de ces bâtons au bout d'un pontil sur lequel il y a un peu de verre chaud ; il va réchauffer ce bâton à l'ouvreau, puis, venant à son maître qui a de son côté pris une très-petite portion de verre au bout de sa canne et qu'il a commencé à souffler, il applique le verre de couleur contre le verre blanc. L'ouvrier tranche alors avec sa pincette ce qu'il veut de verre de couleur, soit le cinquième, le quart ou le tiers du bâton de couleur ; puis il va chauffer de nouveau, et enfin va cueillir le verre blanc nécessaire par-dessus son verre coloré. Au lieu de faire des bâtons cylindriques, on peut encore couler le verre dans une sorte de lingotière ; tranchant le verre de distance en distance pendant qu'il est encore chaud, on le divise ainsi en fragments d'une longueur voulue que l'on fait recuire.

Par cette méthode, on évite de mettre du verre coloré sur la canne ; tout le verre coloré est employé sans perte dans la pièce fabriquée, ce qui est assez important quand il s'agit d'un verre dispendieux, comme, par exemple, le verre rose coloré par l'or. Cette méthode est toujours employée quand il s'agit d'un travail de gobeletterie ; mais pour faire des feuilles de verre, la première méthode que nous avons indiquée est préférable. Elle est plus expéditive, et le verrier réussit bien mieux à répartir sa couleur d'une manière tout à fait égale dans toute la surface de la feuille, parce que les deux verres ont été bien mieux incorporés que par la superposition du bâton appliqué.

VERRES VIOLETS.

Il y a une grande variété de verres violets. Il y a le violet rouge, le violet inclinant au bleu, qu'on appelle *violet évêque*, le violet indigo ou pensée ; il y a des violets bruns, puis on fait des violets brun-clair qu'on nomme *violet chair*, parce qu'ils sont employés comme celui des anciens vitraux du douzième et du treizième siècle pour les figures. Ainsi que nous l'avons vu au livre Ier, c'est l'oxyde de manganèse qui est la base de la coloration en violet. Mais il y a un fait assez remarquable, c'est que le manganèse seul donne un violet rouge quand on emploie le sel de soude pour fondant, et le violet bleu évêque quand on emploie la potasse. Si on veut un violet encore plus indigo, on y ajoute une petite quantité d'oxyde de cobalt ; enfin pour obtenir un violet brun, on ajoute de l'oxyde de fer à l'oxyde de manganèse. L'oxyde de manganèse employé en verrerie n'est pas pur, c'est le manganèse du commerce, qui est un minerai de manganèse. J'ai donné page 92, livre Ier, l'analyse d'un de ces minerais, qui peut être considéré comme un type moyen de manganèse du commerce.

Le verre violet comme le verre bleu peut se fondre, et se fond ordinairement dans les mêmes fours que le verre blanc ordinaire ; mais la combustion de la houille, qui agit toujours d'une manière fâcheuse sur l'oxyde de manganèse, en nécessite l'emploi d'une quantité plus grande que si on faisait la fonte dans un four chauffé au bois, ou dans un pot couvert ; on contre-balance l'effet de la houille par l'addition d'une assez forte proportion de nitrate de potasse ou de nitrate de soude.

En raison de la quantité de manganèse employée pour colorer en violet et qui aide à la fusion du verre, on doit modifier les proportions de la composition indiquée pour le verre de la manière suivante :

Sable........................... 100 parties.
Carbonate de soude..............   30   —
Craie...........................   25   —
Nitrate de soude................   5   —

A quoi ajoutant huit parties oxyde de manganèse, on obtiendra un violet d'une nuance assez intense, dans l'épaisseur de 1 et demi à 2 millimètres. Ainsi que nous l'avons dit, cette teinte sera d'un violet rouge, de la nature des violets qui se trouvaient dans les vitraux des douzième et treizième siècles sauf l'intensité, car les verres de couleur de ces vitraux étaient de nuance plus claire. Si on veut obtenir la nuance violette de ces vitraux, il faudra diminuer de beaucoup le manganèse, et ajouter de l'oxyde de fer, car le verre *blanc* que l'on colorait alors avec le manganèse était d'une teinte verdâtre dont le fer fera l'équivalent.

A la composition ci-dessus, il faudra donc ajouter :

Oxyde de manganèse.............. 4 parties.
Oxyde de fer.................... 1   —

pour avoir le violet des anciens vitraux.

Dans la fabrication des verres violets, comme dans celle des verres bleus, on fait rentrer les groisils des potées précédentes, et si, par exemple, il s'agit de remplir un pot de 400 kilogrammes, on prendra 260 kilogrammes de composition faite dans les proportions que nous avons indiquées, et on y ajoutera 140 kilogrammes de groisil violet.

Dans les vitraux des quinzième et seizième siècles, on trouve des violets bleus ; sans doute parce qu'au lieu de soude d'Alicante, de Roquette, de Salicor, on a employé comme fondant des cendres de bois lessivées et calcinées.

Les proportions suivantes :

Sable........................... 100
Carbonate de potasse............   36
Sesquioxyde de plomb (minium)...   10
Craie...........................   20
Nitrate de potasse..............   5
Oxyde de manganèse..............   8

donnent un très-beau violet évêque.

La composition que nous venons d'indiquer donnerait un violet trop foncé pour vitraux. Il faudrait, pour cet usage, diminuer le manganèse d'au moins un tiers. Notons ici, du reste, qu'en diminuant le manganèse d'un tiers, on réduirait probablement d'environ moitié l'intensité de la teinte, car il y a toujours, et surtout à pots découverts, une portion notable de l'oxyde de manganèse qui n'agit pas comme principe colorant. On est quelquefois très-surpris, quand on veut passer d'une teinte un peu claire à une teinte plus claire encore, d'obtenir un verre sans coloration, parce que les produits de la combustion auront totalement neutralisé l'effet du manganèse; aussi faut-il employer d'autant plus de nitrate de potasse qu'on emploie peu de manganèse.

Nous devons noter aussi un fait très-remarquable sur la réaction du cobalt sur le manganèse quand on travaille à pot ouvert. Si vous faites une composition comme la précédente, avec l'intention de produire un violet bleu, en mettant, par exemple, au lieu de huit de manganèse cinq seulement, puis 300 à 400 grammes d'oxyde de cobalt, on n'obtient qu'un verre pur bleu, dans lequel l'effet du manganèse ne se fait pas sentir. Si même, au lieu d'employer les oxydes, on n'emploie que des groisils, si, par exemple, on fait fondre dans un pot ouvert :

Composition de verre blanc........	60	kilogrammes.
Groisil de verre violet.............	170	—
Groisil de verre bleu..............	170	—

en y ajoutant même 5 kilogrammes de nitrate de potasse, on a pour produit un verre bleu, d'une teinte pareille à celle qu'auraient produite les 170 kilogrammes de groisil violet, mêlé avec 230 kigrammes de groisil blanc ou composition blanche. Mais j'ai obtenu du beau violet bleu, une belle teinte indigo avec la composition suivante fondue à pot couvert :

Sable......................	100	kilogrammes.
Carbonate de potasse.............	35	—
Carbonate de soude..............	5	—
Oxyde de plomb.................	5	—
Nitrate de potasse................	20	—
Carbonate de chaux..............	50	—
Manganèse.....................	5	—
Oxyde de cobalt.................	150 à 225	grammes.

De la remarque que nous avons faite sur l'intensité de la c
leur produite par le manganèse, il résulte que la fabrication
violet très-clair, violet *chair*, par exemple, n'est pas sans di
cultés : il faut souvent faire plusieurs potées pour arriver à
teinte qu'on désire. Heureusement, les teintes intermédiaires qu'
emploie sont d'un usage assez fréquent, surtout dans les vitra
en imitation de ceux des douzième et treizième siècles. J'ai obter
généralement un très-bon violet chair avec les proportions su
vantes :

Sable............................	100
Carbonate de soude.................	30
Carbonate de chaux...............	28
Nitrate de potasse.................	6
Manganèse........................	15
Oxyde de fer......................	2
Groisil blanc.....................	250

Nous allons passer à présent au violet doublé, que nous avon
fabriqué comme le bleu doublé, c'est-à-dire dans un petit four
pots couverts. Comme pour le verre bleu, le violet à doubler doi
être d'une nature très-malléable, non cassante. Nous avons obten
de très-bon violet avec la composition dans les proportions suivantes :

Sable...........................	100
Minium..........................	90
Potasse..........................	20
Salpêtre (nitrate de potasse).........	12
Manganèse........................	22

cette composition était enfournée dans un pot de 60 kilogrammes
huit heures environ avant le commencement du travail du grand
four.

Voulant obtenir un violet doublé d'une teinte plus bleue, j'ai
ajouté à la composition ci-dessus 9 kilogrammes de groisil de
tirage à l'eau de fond de pot de verre bleu à doubler. Après
l'avoir fait sécher et piler en poudre assez fine pour bien le mêler
à la composition, j'ai ainsi obtenu du verre violet doublé d'une
nuance bleue.

VERRES JAUNES.

Avant de commencer ce que nous avons à dire du verre jaune, qu'il nous soit permis encore une fois de prémunir le lecteur contre certaines recettes qu'il pourra trouver dans des ouvrages même très-estimables. Ainsi, par exemple, Loysel, dans son *Essai sur la verrerie*, ouvrage cependant très-remarquable à beaucoup d'égards, indique comme composition de verre à vitre jaune :

Sable blanc............................	100
Carbonate de chaux éteinte à l'air..........	12
Sel de soude calciné, contenant 11 pour 100	
d'acide carbonique....................	45 à 48
Rognures de verre de même qualité........	100
Muriate d'argent......................	5 à 10

Or, j'affirme qu'une telle composition n'a jamais pu donner du verre à vitre jaune; on n'aurait ainsi obtenu qu'un verre opaque, marbré de diverses nuances olivâtres.

Quant aux compositions que j'ai indiquées ou que j'indiquerai dans la suite de cet ouvrage, elles ne sont autres que celles que j'ai moi-même expérimentées.

J'ai fabriqué les verres jaunes en masse par deux procédés différents; savoir : en colorant le verre blanc par un mélange d'oxydes de manganèse et de fer, ou bien par le charbon végétal.

Comme nous l'avons fait observer en parlant des verres violets, il est très-difficile d'arriver à des résultats certains quand on emploie l'oxyde de manganèse, et surtout à pots ouverts, et encore plus difficile quand à l'oxyde de manganèse vient se joindre l'oxyde de fer; le résultat des premières potées n'est pas celui qu'on obtient ensuite. Il est donc à propos, quand on est arrivé à une teinte convenable, de continuer dans le même pot et de se faire un approvisionnement. Si le fer domine, une nuance verdâtre se fait sentir; si c'est le manganèse qui est en excès, la teinte tourne au brun; la composition suivante est celle que je regarde comme une bonne moyenne.

Sable..........................	100
Carbonate de soude...............	32
Craie..........................	52
Nitrate de soude.................	6
Manganèse......................	22
Oxyde de fer....................	3,5

Si on commençait toutefois une première potée avec les proportions ci-dessus, la couleur serait brune ; il faut donc commencer avec quinze de manganèse seulement et six de fer ; vous obtenez alors une couleur où le vert domine ; vous faites rentrer le groisil dans la potée suivante, et ne mettant pas de fer dans la composition, vous augmentez la proportion de manganèse, et vous arrivez ainsi, à la deuxième ou troisième potée, à une teinte d'un jaune orange clair, que vous maintenez en remettant trois parties et demie de fer et vingt-deux de manganèse; c'est d'ailleurs en étudiant le produit de chaque jour que vous modifiez au besoin la composition pour la potée suivante. En portant la quantité de manganèse jusqu'à vingt-quatre, on obtient un jaune orange plus foncé.

J'ai cru devoir donner l'indication de la fabrication du verre jaune au moyen des oxydes de manganèse et de fer ; mais je dois dire que j'ai bien plus fréquemment fait le verre jaune coloré par le charbon, ou, ce qui est plus exact, par le bois. Je dis plus *exact* car, bien que le charbon végétal ou minéral colore le verre en jaune, vous n'obtenez jamais avec ces charbons un beau jaune brillant. Le verre, qui paraît d'abord d'une assez bonne teinte jaune, prend bientôt une teinte brune enfumée, soit pendant le travail même du manchon, soit pendant l'étendage. Ce défaut à même lieu si vous employez du bois sec comme colorant. Les anciens verriers qui connaissaient la coloration du verre en jaune par le bois, conseillaient surtout le bois d'aune. Le bois d'aune est effectivement très-bon, mais j'ai obtenu des jaunes tout aussi beaux avec d'autres bois légers, tels que le peuplier, et aussi avec du cerisier. Ce que l'on doit surtout observer, et ce que ces anciens verriers ne mentionnaient pas, c'est que ce bois doit être employé quand il a encore sa séve, comme nous l'avons déjà remarqué page 104. Prenez du bois d'aune, de peuplier, quelques mois après avoir été coupé, vous aurez un verre jaune tournant au brun, comme si vous aviez employé du charbon de bois ou de terre, ainsi que nous l'avons déjà dit aussi page 104.

Le verre jaune coloré par le bois est très sujet à être bouillonneux; aussi faut-il le faire tendre, c'est-à-dire forcer la dose d'alcali pour qu'étant plus liquide, le bouillon puisse plus facilement se dégager. En raison de cela, il a besoin d'un raffinage plus long que les autres verres; si donc on voulait commencer le travail du verre jaune en même temps que les autres verres, on aurait des feuilles de verre jaune pleines de bouillons. Alors on doit maintenir l'ouvreau du verre jaune tout grand ouvert, et ne commencer à le souffler que trois ou quatre heures après qu'on a commencé à souffler les autres pots, et alors on y met plusieurs ouvriers, pour qu'il puisse être vidé en même temps que les autres.

Un beau verre jaune est produit par la composition suivante :

Sable............................... 100
Carbonate de soude..................... 45
Craie.............................. 35 à 40
Sciure de bois de peuplier récemment
    abattu............................. 4

La même composition, avec huit parties de sciure de bois de peuplier ayant sa séve, a donné un jaune orange clair, et avec douze parties de la même sciure, a donné un jaune orange foncé [1].

J'ai ensuite obtenu un verre jaune dont la tendance à bouillonner était moindre, en substituant une partie de potasse au carbonate de soude dans les proportions suivantes :

Sable............................. 100
Carbonate de soude.................. 28
Carbonate de potasse................ 20
Craie.............................. 40

Mais, je le répète, c'est sur le bois que doit porter l'attention du verrier ; à cet égard, j'ai acquis une assez grande expérience, qui m'a appris, par exemple, que le chêne, même vert, le sapin également, avec sa séve, ne donnent pas le même résultat

---

[1] Nous renouvellerons ici les observations que nous avons faites au livre Ier, p. 104, sur le Mémoire de M. Pelouze, qui attribue exclusivement au soufre la coloration en jaune. Notre composition pour verre jaune a pour fondant le carbonate de soude à haut degré, et, quand même il resterait dans le verre provenant de cette composition 2 pour 100 de sulfate de soude (ce qui n'est guère admissible), ces 2 pour 100 ne représenteraient que 0,35 de soufre, qui ne suffiraient pas, à beaucoup près, à la production du jaune, et surtout de l'orange, tandis que l'intensité de la couleur est, comme nous l'avons remarqué, proportionnée à la dose de carbone (représenté par la sciure de bois).

que le peuplier ou l'aune coupés verts. Il y aurait toutefois à faire encore un assez grand nombre d'expériences sur d'autres essences de bois, et coupés à différentes époques de l'année ; on arriverait probablement ainsi à fabriquer un verre orange foncé et même rouge que j'ai obtenu deux fois, ainsi que je l'ai mentionné au livre Ier, page 104, mais que je n'ai pu jamais fabriquer depuis.

La fabrication du verre jaune en masse a d'ailleurs perdu une grande partie de son importance depuis qu'on fait si facilement des verres *teints* en jaune par l'argent; et quoique ce verre teint soit du domaine du peintre-verrier plutôt que du fabricant de verre, nous croyons devoir en faire connaître ici la fabrication; cela tiendra la place du verre jaune doublé, qu'on peut aussi obtenir en fabriquant comme verre à doubler un verre jaune d'une nuance très-foncée par le manganèse et le fer, mais qui n'est jamais d'une nuance aussi claire, aussi belle que teinte en jaune par l'argent. Il y a d'ailleurs des conditions exigées pour le verre blanc destiné à être teint, qui sont tout à fait du domaine du verrier.

Nous avons dit au livre Ier, chap. II, p. 99 et suiv., que l'argent appliqué sur le verre dans un état d'extrême division avait la propriété de teindre ce verre en jaune; afin d'obtenir cet état d'extrême division, on le mélange avec un médium neutre, tel que l'ochre ou l'oxyde rouge de fer obtenu par la calcination du sulfate de fer ou couperose verte.

Nous avons employé deux procédés pour la préparation de l'argent; le premier consiste à fondre ensemble, dans un petit creuset, à un feu doux :

> Argent fin..................... 1 partie.
> Régule d'antimoine........... 1 —

On broie le mélange produit avec trois parties d'oxyde rouge de fer et on expose le mélange broyé au feu dans une poêle ou *ferrasse*, de manière à faire évaporer l'antimoine ; puis on rebroie à l'eau avec sept parties d'oxyde rouge de fer, de manière que l'argent et le fer soient dans la proportion de 1 à 10. Le tout amené à l'état de bouillie très-liquide, constitue une teinture qui donnera au verre un beau jaune orange assez foncé , *si la qualité du verre le permet :* on produira d'ailleurs des jaunes plus clairs, si on le veut, par l'addition d'une quantité de rouge de fer proportionnée à la teinte qu'on désire.

Le deuxième procédé, que nous avons employé plus souvent, consiste à dissoudre 5 grammes d'argent fin dans 10 grammes d'acide nitrique, où on ajoute un peu d'eau chaude pour faciliter la dissolution. Quand elle est opérée, mettez dans un autre vase cent vingt gouttes d'acide sulfurique, auquel on ajoute un peu d'eau bouillante, et versez le premier mélange dans le deuxième ; ajoutez ensuite 50 grammes d'oxyde de fer, et si vous n'avez pas mis trop d'eau chaude, tout le mélange doit être à consistance de pâte ferme ; on le mélange intimement en l'écrasant avec le couteau à palette, puis on le met sur le feu dans une poêle en fer pour faire évaporer les acides. On n'a plus ensuite qu'à le broyer à l'eau à l'état de bouillie liquide pour s'en servir à colorer le verre.

La feuille qu'on veut teindre en jaune doit être d'abord soigneusement nettoyée, puis on la met sur trois à quatre petits supports posés sur une table, pour pouvoir l'enlever facilement sans toucher les bords ; on prend alors, avec un pinceau ou brosse plate, de la teinture dans le vase qui la contient, en agitant de bas en haut cette teinture avec la brosse, pour que le tout soit homogène et on *couche* cette teinture sur la feuille de manière à en couvrir toute la surface. Cette bouillie se trouve assez inégalement répartie sur toute la surface de la feuille ; on l'enlève alors en la prenant en dessous sur les doigts, en lui conservant la position horizontale ; on l'agite légèrement par un mouvement saccadé et la couleur se répartit assez également ; on penche ensuite la feuille sur l'un des coins, de manière à porter vers cette extrémité l'excédant de couleur qu'on verse dans le vase à la teinture.

On fait la même opération par les quatre coins, on agite encore par petites saccades horizontales et on dispose enfin la feuille sur un chevalet à claires-voies pour qu'elle y sèche.

Les feuilles ainsi séchées n'ont plus qu'à passer au feu de moufle du peintre-verrier pour que l'argent s'incorpore dans le verre. Il faut faire attention à ne pas porter trop haut la température de la moufle, car vous courriez le risque d'attacher le médium sur le verre qui serait ainsi couvert de tâches de rouge de fer, et, en outre, la couleur de l'argent s'opaliserait, la surface de la feuille prendrait une apparence métallique, vue par réflexion oblique.

Quand les feuilles sont sorties de la mouffle, on n'a plus qu'à les brosser avec une brosse un peu dure; le médium tombe en poudre, et la feuille, nettoyée, est d'un jaune égal, vif, transparent, orange foncé, nous le répétons, si la substance du verre était dans les conditions convenables.

Le brossage de la feuille, à la sortie de la mouffle, doit se faire sur un grand papier ou une peau, de manière à recueillir toute la poudre de rouge de fer qui se détache de la feuille, car ce médium a retenu encore une assez forte proportion d'argent, et peut servir à teindre du verre en jaune clair sans addition de teinture neuve, c'est-à-dire sans addition d'argent.

Nous venons de dire que les feuilles préparées étaient passées au feu de mouffle du peintre-verrier; mais le fabricant de verres à vitre n'a pas besoin de ce secours: il peut, pour cette opération, se servir de son four à étendre, et c'est encore là un des motifs qui doivent engager le fabricant de verres à vitre, qui se livre à la fabrication des verres de couleur, à y joindre aussi les verres jaunes teints par l'argent. Nous allons d'ailleurs indiquer la modification qu'on doit apporter au four à étendre pour y cuire les feuilles de verre teint en jaune. Cette modification réside dans la trompe seulement, disposée de manière à pouvoir y introduire une feuille de verre au lieu d'un manchon.

La figure 81 est sur une petite échelle, le plan de la première partie du four à étendre dans lequel la gaîne ou trompe est modifiée de manière à admettre les feuilles entières étendues. Cette gaîne est fermée par une porte en tôle que l'on peut soulever pour introduire la ferrasse qui porte la feuille. Cette ferrasse est garnie de deux supports qui élèvent la feuille de manière qu'on puisse la prendre en dessous avec le krabb.

La figure 82 est une coupe de la gaîne ou trompe à l'endroit de la porte mobile.

On met la feuille sur les supports de la ferrasse en dehors de la trappe et on introduit la ferrasse sur les deux barreaux a, b, dans la partie M de la trompe ou gaîne où on laisse un peu chauffer la feuille, puis on pousse la ferrasse dans la partie N; quand la feuille est sur la ferrasse, dans la partie N, l'étendeur l'enlève avec son krabb et l'amène sur la pierre à étendre en la tenant soulevée par l'extrémité jusqu'à ce qu'elle ait une tendance à s'affaisser pour bien chasser tout l'air entre la feuille et la pierre;

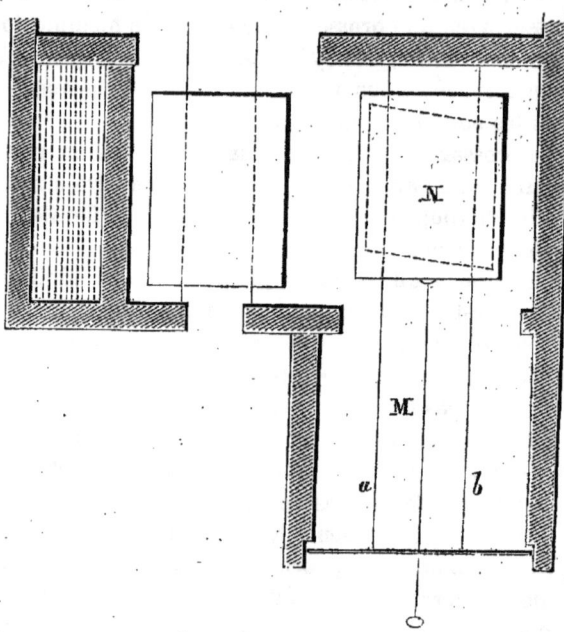

Fig. 81.

et quand il voit que toute la feuille a pris une température uniforme, qui doit être un peu inférieure à celle de l'étendage des manchons, il pousse la pierre à chariot dans la seconde partie du four.

Un étendeur peut ainsi cuire par heure de 4 à 5 mètres carrés de verre jaune, ce qui nous servira à établir le prix de revient du verre jaune teint par l'argent.

La teinture dont nous avons

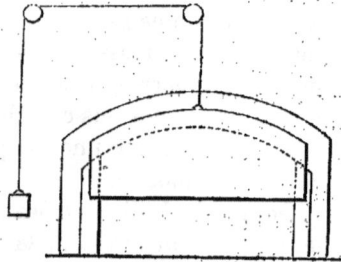

Fig. 82.

indiqué deux méthodes de préparation, a le pouvoir de teindre en jaune orange un verre composé dans les conditions convenables;

si, après avoir teint ainsi une des surfaces d'une feuille de verre,
on teint de la même manière l'autre surface, on obtient une teinte
double-orange, qu'on peut appeler *rouge*, mais qui n'a jamais le
brillant, l'éclat du verre rouge coloré par le cuivre. Ce n'est, en
réalité, qu'un double-orange plus foncé même que ne le seraient
deux feuilles colorées sur une seule face appliquées l'une sur
l'autre, parce que la première surface teinte prend par la seconde
cuisson une nuance plus foncée.

Nous avons dit qu'en couchant le minium, provenant du brossage d'une première teinture sur d'autres feuilles de verre de même
qualité, on obtenait encore une teinte jaune-clair ; on obtient aussi
une teinte jaune-clair en employant sur du verre ordinaire *non
préparé ad hoc* la teinture qui, sur du verre en condition convenable, donne du verre orange. Ce jaune n'a guère même que la
couleur jaune-citron.

Nous dirons à présent dans quelles conditions doit être le verre
à vitre pour prendre une teinte de jaune foncé.

Quand, en 1829, j'établis à Choisy-le-Roi une fabrication du
verre peint sous la direction de M. Edw. Jones, le verre que je
fabriquais ne prenait qu'un jaune clair, et les verres des autres
verreries que je me procurai dans le commerce ne prenaient également qu'un jaune très-clair. M. Jones attribua ce résultat à un
manque de dureté de notre verre, et effectivement, en fabriquant
un verre plus dur, c'est-à-dire contenant moins d'alcali et plus de
chaux, nous avions un jaune un peu moins clair, mais bien loin
encore de la teinte désirée, et M. Jones me montrait toujours
comme type un morceau de verre anglais dont la moitié était
teinte d'un jaune orange foncé sur une seule surface. Ce verre
était dur, mais, en outre, à sa teinte verdâtre, je reconnaissais
bien qu'il avait été fabriqué comme je savais, d'ailleurs, que tous
les verres en plat l'étaient alors en Angleterre, avec des soudes
brutes (*kelp*) pour fondant. Je supposai donc que cette matière
pouvait avoir de l'influence sur la coloration du verre par l'argent ; j'aurais pu à la rigueur me procurer des soudes brutes, mais
il eût fallu faire *fritter* la composition, établir un four à fritter, et
sans être même certain du résultat. Si cette soude brute avait,
d'ailleurs, cette influence, elle le devait, sans doute, à l'une des
substances qui la composaient ; la soude brute, outre le sulfate et
un peu de carbonate de soude, contient :

Du sel marin,
De la potasse,
De l'alumine,
De l'oxyde de fer.

Ne sachant à laquelle de ces substances attribuer le résultat désiré, mais présumant que le sel marin devait jouer le principal rôle à cause de ses affinités particulières pour l'argent, je fis une composition dans laquelle j'ajoutai une assez forte proportion de sel marin, en ne négligeant pas toutefois de mettre aussi les autres substances ci-dessus, et, dès la première composition, que je fis du reste assez dure, j'obtins un verre qui prenait un jaune plus foncé qu'aucun des verres que j'avais essayés jusque-là, et, avec quelques modifications, j'arrivai enfin à fabriquer un verre qui prenait, par une seule couche, une couleur orange foncée comme les meilleurs verres en plat d'Angleterre.

La composition suivante est celle qui m'a le mieux réussi :

Sable...............................	100
Sulfate de soude......................	54
Charbon pilé..........................	1,500
Carbonate de potasse..................	7
Terre à creuset pilée.................	10
Sel marin.............................	14
Craie.................................	40
Oxyde de fer..........................	0,35

Il est à remarquer que ce verre n'acquiert son excellence qu'après quelques potées, c'est-à-dire que la première potée ne prend pas un jaune très-foncé; après quatre à cinq journées, on a le verre désiré, et il est bien alors de continuer cette fabrication pendant toute la durée de ce pot, en augmentant chaque jour la dureté du verre par une plus forte proportion de sable jusqu'à 106 au lieu de 100. On fait naturellement rentrer chaque jour dans la composition le groisil du travail précédent, et il faut avoir soin de mettre de côté non-seulement ce groisil du travail, mais aussi celui qui se fait à l'étenderie, les coupes du magasin et enfin la casse de l'atelier de teinture, afin d'employer tous ces groisils quand on a à refaire du verre semblable.

En raison de son extrême dureté, ce verre a une tendance à être bouillonneux parce que les gaz arrivent difficilement à la surface; aussi ne peut-on pas remplir les premières potées, mais au bout de trois à quatre fontes, on arrive à avoir des potées à peu près complètes; il faut seulement avoir soin de ne pas refroidir le pot autant que les autres pendant l'affinage.

Nous avonsindiqué $0^{gr},35$ d'oxyde de fe. rà ajouter à la composition; il est à remarquer toutefois que si, dans chaque composition, on met cette quantité d'oxyde de fer, le verre prend une teinte azurée trop prononcée; il vaut donc mieux n'en mettre que cette quantité toutes les trois ou quatre journées.

Les peintres-verriers des douzième et treizième siècles ne paraissent pas avoir connu cette coloration du verre en jaune par l'argent; ce n'est qu'au quatorzième siècle qu'on commence à voir dans les figures de saints et dans les baldaquins des portions de verre teintes en jaune; aux quinzième et seizième siècles, cela devient plus commun, il y a même des vitraux où il n'y a pas de verres de couleur, mais simplement des verres blancs avec de la grisaille et des parties teintes en jaune.

VERRES VERTS.

L'oxyde de cuivre, l'oxyde de fer, le bichromate de potasse sont les substances employées pour la coloration du verre en vert. Cette coloration s'opérait facilement dans les pots ouverts des fours chauffés au bois; mais ce n'est pas sans précautions qu'on arrive à avoir de beaux verres verts dans les fours à la houille, à cause de la fâcheuse influence de ce combustible sur l'oxyde de cuivre; aussi doit-on, quand on en a la facilité, faire ce verre à pots couverts.

Dans tous les cas, il faut toujours (comme, du reste, dans tous les verres de couleur) employer d'assez fortes proportions de salpêtre pour maintenir l'oxydation du cuivre.

La fabrication du verre vert est, comme celle de tous les autres verres de couleur, sujette à des tâtonnements résultant des groisils qui rentrent dans les compositions; quand la couleur incline trop au bleu pour la teinte dont on a besoin, alors on diminue l'oxyde de cuivre et on augmente l'oxyde de fer ou le bichromate de potasse pour la potée suivante. J'ai obtenu de très-beaux verres verts sans employer de bichromate de potasse, c'est-à-dire rien qu'avec le cuivre et le fer, je dois dire toutefois que l'effet du bichromate de potasse est plus certain et donne une nuance un peu plus brillante ; aussi l'emploierait-on en plus forte proportion s'il n'avait pas l'inconvénient de fondre très-difficilement et de donner des grains noirs dans le verre ; on évite toutefois presque entièrement ce défaut en le refondant après l'avoir tiré à l'eau. Nous allons indiquer des compositions qui nous ont donné de beau verre vert à pot découvert et à pots couverts.

Composition pour pot ouvert produisant un beau vert-pré :

Sable....................	100
Carbonate de soude..........	30
Carbonate de chaux..........	23
Nitrate de potasse..........	7
Oxyde noir de cuivre........	6
Oxyde de fer..............	4

à quoi on ajoute du groisil vert des précédentes potées.

Cette composition donne un beau vert-pré inclinant plutôt au jaune qu'au bleu.

Si, au lieu de 6 parties d'oxyde de cuivre et 4 parties d'oxyde de fer, on met :

Oxyde de cuivre..............	5
Oxyde de fer.	3
Bichromate de potasse.........	3,5

on a également un vert-pré, mais encore plus éclatant. En ajoutant à cette composition 80 grammes d'oxyde noir de cobalt, nous avons remplacé la nuance jaune par une teinte d'un vert bleu.

On connaît les teintes résultant séparément des quatre matières colorantes ; c'est donc en variant leurs proportions qu'on obtient les diverses nuances désirées. Nous ferons seulement remarquer que les compositions que nous indiquons donnent une couleur assez foncée à l'épaisseur de 1 et demi à 2 millimètres ; il faut donc, pour les vitraux, diminuer de beaucoup les proportions des matières colorantes.

Composition pour pots couverts :

Sable.....................	100
Carbonate de potasse..........	10
Carbonate de soude..........	12
Sesquioxyde de plomb.........	6
Nitrate de potasse............	12
Oxyde de cuivre..............	5
Oxyde de fer................	2
Bichromate de potasse	1
Groisil des potées précédentes..	»

J'ai, dans la suite, fabriqué du très-beau verre vert à pots couverts en supprimant la potasse et le minium, et les remplaçant par le carbonate de soude. Je remarquerai seulement que, pour les verres de couleur, j'ai toujours employé le carbonate de soude pur, c'est-à-dire les cristaux de soude privés de l'eau de cristallisation.

Ma composition était donc comme suit :

Sable.......................	100
Carbonate de soude...........	33
Craie.......................	20
Nitrate de potasse.	7
Oxyde de fer..................	3
Oxyde de cuivre.	5
Bichromate de potasse........	1,4

La teinte produite par cette composition est un beau vert, ayant un peu de jaune. Voulant obtenir des verts plus jaunes sans une plus forte proportion de bichromate de potasse, dont l'emploi n'est pas sans inconvénient, j'ai ajouté de l'oxyde d'urane et fait la composition suivante :

Sable.......................	100
Carbonate de soude...........	33
Craie.......................	20
Nitrate de potasse...........	7
Oxyde de fer.................	3
Oxyde de cuivre.............	5
Bichromate de potasse........	1,4
Oxyde d'urane...............	3

Je dois noter que, dans chacune de ces compositions, on ajoute le groisil du travail précédent; il faut, comme je l'ai déjà fait observer, tenir bien compte, dans la fabrication des verres de couleur, de la rentrée de ces groisils, qui va assez souvent du tiers à la moitié de la composition enfournée, parce que ordinairement, au lieu de laisser les verres de fond de pot, on les tire à l'eau, afin de les mêler à la composition pour que le mélange suivant soit plus homogène, surtout si on veut faire subir une modification à la couleur.

Nous conseillons au fabricant, qui veut se livrer sur une assez grande échelle à la fabrication des verres de couleur, de se construire un four à pots couverts de deux ou quatre pots, par exemple, dût-il ne le faire marcher que pendant quelques mois de l'année ; il pourra, pendant l'activité de ce four, se faire un approvisionnement de beaux verres violets de toutes les nuances, de verres bleu de ciel (colorés par le cuivre), et, si, du reste, il voulait donner un autre emploi à ce four, il pourrait y fabriquer un verre à vitre extra-blanc dont il ne sera pas embarrassé du placement, soit pour couvrir les miniatures et surtout pour les usages de la photographie. Nous en avons donné la composition à la page 245.

La fabrication du verre vert doublé n'est pas sans difficultés ; l'oxyde de cuivre n'ayant pas une très-grande puissance colorante, on est obligé d'en employer une assez grande quantité, et il est assez difficile de maintenir son oxydation pendant la fonte du verre d'une part, et ensuite pendant le travail ; la surface du verre est sujette à prendre une apparence métallique et à noircir ; en outre, le peu de puissance colorante de cet oxyde oblige à avoir la couche de verre vert plus épaisse ; elle s'accorde plus difficilement avec la substance du verre blanc, on a beaucoup de casse, et même en recuisant les manchons, on n'évite pas totalement cette casse. Voici toutefois une composition qui a assez bien réussi :

Sable......................	100
Minium....................	120
Nitrate de potasse...........	10
Oxyde de cuivre.............	11
Oxyde de fer................	4
Bichromate de potasse........	1,800

L'effet de l'oxyde de cuivre, étant en grande partie atténué par la fusion avec les matières composant le verre, j'ai pensé que je réussirais à avoir une couleur plus foncée avec la même quantité d'oxyde, mais en ne mêlant cet oxyde qu'avec le verre déjà fondu ; j'ai donc renfourné une composition de :

Sable....................	100
Minium..................	120
Nitrate de potasse...........	10

quand cela a été fondu, j'ai tiré à l'eau et ajouté au groisil qui en provenait :

Oxyde de cuivre.............	11
Bichromate de potasse........	1,800
Nitrate de potasse...........	5
Oxyde de fer................	4

J'ai renfourné et fondu ce mélange, qui a produit un vert foncé, assez bon pour doubler.

J'ai aussi essayé de maintenir l'oxydation du cuivre en employant du manganèse au lieu de salpêtre, et je n'ai pas remarqué que le résultat fût préférable. Enfin, j'ai voulu faire du verre vert doublé sans employer d'oxyde de cuivre ; j'ai fait la composition suivante :

Sable......................	100
Minium....................	90
Carbonate de soude..........	25
Oxyde de fer..............	3
Bichromate de potasse.......	2,400
Oxyde de cobalt.............	0,575

Cette composition m'a bien réussi, mais la teinte verte n'est pas aussi gaie, elle est plus sombre. Le verre vert doublé est généralement moins demandé que les autres couleurs doublées, parce que ces verres étant toujours destinés à être gravés et la couche de verre vert étant plus épaisse que pour les verres bleus, violets, jaunes, rouges, le travail du graveur se trouve de beaucoup augmenté et, par conséquent, plus dispendieux.

VERRES ROUGES.

J'ai expliqué, au commencement de ce chapitre (*Des verres colorés*, p. 334 et suiv.), les circonstances qui avaient donné lieu à mon commencement de fabrication de verre rouge en 1826 ; j'avais bien vu dans Kunckel que l'*œs ustum* colorait le verre en rouge ; il m'était plusieurs fois arrivé en fabriquant du verre vert de remarquer dans les fonds de pots des traces de beau rouge produites par des influences charbonneuses ; j'avais essayé de les produire d'une manière complète dans de petits pots d'essai de 500 grammes à 1 kilogramme, où je tentais de ramener le cuivre à un premier degré d'oxydation, soit avec de la poudre de charbon, soit avec du fer et de l'étain, ou enfin du tartrate de potasse ; souvent je dépassais le but, le cuivre était tout à fait désoxydé et se rassemblait au fond du pot à l'état métallique ; j'arrivais quelquefois à voir tout le contenu du creuset rouge opaque en masse, mais transparent quand je le tirais en fils fins ; souvent aussi le cuivre se réoxydait et le verre redevenait vert. Les expériences en petit d'ailleurs n'assurent pas la réussite quand on opère en grand; il faut qu'en *verrerie pratique* tous les résultats marchent ensemble : on ne peut pas attendre un pot particulier, ou cesser la fonte des autres quand l'un d'eux est prêt; ainsi les conseils que donnent les anciens auteurs tels que Kunckel , d'essayer le verre et, s'il n'est pas au point que vous désirez, d'ajouter telle ou telle substance, puis de continuer le feu, et enfin de travailler le verre quand vous l'avez amené au point désiré , de tels conseils ne sont plus praticables aujourd'hui. Enfin la certitude que me donna M. d'Arcet que tous les beaux verres rouges anciens avaient été colorés par le cuivre et sur une des surfaces seulement, redoubla mes efforts, et j'arrivai à ce résultat, base de la fabrication du verre rouge: c'est que *ce verre ne s'obtient jamais d'une première fonte*, que plus il a été fondu, plus on est certain de la réussite, plus la couleur est belle et égale.

Je crois inutile d'entrer dans le détail de toutes les expériences qui m'ont amené à une bonne fabrication de verre rouge; il doit suffire que j'indique les procédés qui donnent de bons résultats. Toutefois, je dirai quelques mots des matières premières employées dans la composition du verre rouge. C'est d'abord le cuivre qui remplit le principal rôle, c'est à lui seul qu'est due cette coloration; les autres matières, le fer, l'acide stannique , le tartrate de potasse ne sont qu'accessoires; on peut ne pas employer de fer et avoir un beau rouge ; on en met généralement, parce qu'il contribue à maintenir le cuivre à l'état de protoxyde ; car c'est à l'état de protoxyde que le cuivre colore le verre en rouge ; j'ai donc souvent employé le cuivre à l'état de protoxyde ou oxyde rose, que je préparais moi-même en décomposant l'acétate de cuivre par le sucre; mais je dois dire que je n'ai pas obtenu ainsi de meilleur résultat qu'en employant l'oxyde brun de cuivre provenant de la décomposition de la couperose bleue ou sulfate de cuivre par le carbonate de soude. J'ai employé aussi l'*œs ustum*, si préconisé par les anciens, mais les *écailles* de cuivre calcinées et broyées ne me donnaient pas des résultats aussi suivis, l'oxyde de cuivre ne se trouve pas ainsi dans une aussi grand état de division que quand il a été obtenu par des précipités , et puis il contient souvent quelques parcelles charbonneuses qui ne permettent pas de calculer d'une manière aussi sûre la quantité de matière désoxydante à employer.

L'acide stannique est la substance la plus propre à maintenir le cuivre au premier degré d'oxydation. Je le préparais en faisant dissoudre l'étain dans l'acide nitrique, lavant et séchant le précipité ou bien en calcinant directement l'étain dans un petit four à réverbère.

Pour aider à l'action de l'acide stannique, j'ai souvent employé les copeaux d'étain, c'est-à-dire l'étain à l'état de métal, puis aussi du tartre purifié (tartrate de potasse); mais je n'ai employé ces substances qu'en petites proportions et aux deuxième et troisième fontes.

La composition suivante m'a donné de très-beaux verres rouges :

Sable................................	100
Minium......................	90
Carbonate de potasse..........	32
Oxyde d'étain ou acide stannique.	15
Oxyde brun de cuivre.........	0,700
Oxyde noir de fer...............	0,750
Borax.....................	4

Cette composition était fondue à pot couvert, *mâclée* à la pomme puis tirée du pot à la poche et à sec, on broyait, tamisait, et on y ajoutait :

Oxyde brun de cuivre....	50 grammes.
Borax.................	100 —
Oxyde d'étain............	400 —

on fondait de nouveau; on mâclait de nouveau à la pomme de terre; on tirait encore du pot à la poche et à sec et on renfournait en temps utile pour que le verre fût prêt pour le commencement du travail du verre blanc; c'est-à-dire six à sept heures avant ce commencement : si on renfourne trop tôt, que ce verre rouge soit prêt deux ou trois heures avant le commencement du travail, la couleur rouge peut disparaître; il faudrait le tirer de nouveau et le faire refondre avec une petite dose de tartre ou de copeaux d'étain et d'oxyde de cuivre.

Il arrive assez souvent, quand on travaille le verre rouge, que la couleur ne se manifeste pas tout d'abord : on cueille la petite portion de verre rouge qui, en refroidissant, prend une teinte foncée, puis étant recouverte de verre blanc, elle perd sa couleur, et le manchon se travaille comme s'il était entièrement en verre blanc ; ce n'est qu'à la dernière chauffe, c'est-à-dire quand on a fini d'allonger le manchon et qu'il se refroidit, qu'on voit la couleur se développer.

La méthode suivante est celle que je considère comme donnant le verre rouge le plus régulièrement beau ; c'est celle qui est généralement employée pour doubler le cristal et la gobeletterie en rouge. On fait une première composition avec

Sable...................... 25
Minium..................... 50
Oxyde de cuivre............ 1,200
Acide stannique............ 3

on la renfourne dans un petit pot ; au bout d'une heure, on la travaille deux ou trois fois à la pomme de terre, c'est-à-dire que, fixant une petite pomme de terre au bout d'un petit ferret, on fait deux ou trois fois pénétrer cette pomme de terre jusqu'au fond du pot, puis on tire à l'eau. Quand le verre est sec, on le renfourne de nouveau, et au bout de deux heures on le travaille deux ou trois fois à la pomme de terre, et on le tire à l'eau. On le renfourne une troisième fois, on le travaille au bout de trois heures deux ou trois fois à la pomme de terre et on le tire à l'eau. Au second tirage à l'eau, le verre est d'un jaune clair ; au troisième, il est d'un jaune orange avec quelques parties d'un rouge transparent. Après ce troisième tirage à l'eau, on le mélange avec vingt-cinq parties de verre blanc composé dans la proportion de :

Sable...................... 100
Carbonate de potasse. 56
Chaux...................... 18
Minium..................... 3

et préalablement fondu ; on fond ces vingt-cinq parties de groisil de verre blanc avec le verre rouge tiré à l'eau, on refond de nouveau en ajoutant seulement 30 à 40 grammes de tartre ou de copeaux d'étain et on obtient un beau rouge.

J'ai essayé de faire du verre rouge en n'employant que du groisil de verre vert, que je savais coloré par l'oxyde de cuivre et l'oxyde de fer. J'ai fait une composition de :

Sable...................... 100
Minium..................... 90
Carbonate de potasse. 32
Oxyde d'étain.............. 15

J'ai pris cent parties de cette composition, j'y ai ajouté 30 kil. de groisil vert, on a fondu tiré à l'eau et refondu en ajoutant 60 grammes de tartre, et j'ai obtenu de beaux verres rouges; mais toutefois ce procédé n'est pas aussi certain, je n'engagerai pas les verriers à en faire usage.

Tous les rouges précédents ont été fondus à pot couvert, mais on peut faire aussi de beau rouge à pot ouvert. Tous les verres rouges que j'avais faits jusqu'en 1848, étaient faits à pot ouvert, mais je dois dire qu'ils n'étaient pas d'une teinte aussi régulièrement belle que ceux ci-dessus. Je n'étais pas non plus arrivé à une réussite aussi constante. La méthode suivante donne, à pot ouvert, des résultats satisfaisants.

On fait une composition de :

Sable...................... 100
Carbonate de soude sec........ 75
Chaux (et non craie)......... 20
Oxydes de cuivre et de fer, pré-
parés comme je le dirai ci-
après.................... 10
Acide stannique............. 10

Aussitôt fondu, vous tirez à la poche, à sec, sur une plaque de fonte. Vous pilez ce verre et le passez à un tamis dont les mailles sont d'un centimètre ; vous prenez cent parties de ce verre et vous y ajoutez :

Sable...................... 80
Carbonate de soude.......... 50
Chaux...................... 14

Vous renfournez, fondez et tirez à la poche également à sec. Vous pilez, tamisez à travers le même tamis, vous prenez cent parties de cette deuxième fonte, vous y ajoutez trente-cinq parties de sable, vous renfournez pour la troisième fois, fondez et tirez de nouveau à sec ; vous pilez, tamisez à travers un tamis plus serré de 4 à 5 millimètres. C'est là le verre qui, étant renfourné en temps opportun pour être prêt avec le verre blanc, produit le rouge. Ce verre rouge est beau sans doute et surtout d'une teinte régulière, mais sa teinte n'est pas aussi éclatante que celle de rouges fondus avec le minium.

Le mélange d'oxyde de cuivre ou de fer qui fait partie de la composition ci-dessus, est préparé de la manière suivante; mais toutefois la couleur réussirait de même en employant l'oxyde brun dont nous avons indiqué la préparation.

Vous prenez une feuille de cuivre rouge d'environ 3 millimètres d'épaisseur, vous la découpez en petites bandes étroites de différentes longueurs que vous roulez, vous remplissez de ces rouleaux plusieurs petits creusets de 20 à 25 centimètres de haut que vous percez de trois rangées de trous, pour faciliter l'oxydation à l'intérieur, et vous les placez dans un fourneau de réverbère chauffé au rouge avec du coke. Quand la calcination a duré environ une heure et demie, vous les retirez, laissez refroidir, et tirez le cuivre que vous battez au marteau pour en faire tomber les écailles d'oxyde ; vous pulvérisez ces écailles et les faites passer à un tamis fin, vous obtenez ainsi environ un tiers du poids du cuivre que vous aurez mis à oxyder ; vous prenez douze parties de cet oxyde que vous mêlez avec douze parties de couperose verte (sulfate de fer), vous prenez alors un autre creuset non percé que vous placez sur un feu doux, et vous y mettez une petite quantité de votre mélange, qui entre bientôt en ébullition et qui débordera du creuset si vous en enfournez trop à la fois ; vous remuez constamment avec une tige de fer recourbée, et vous ajoutez successivement du mélange, tout en remuant, tant que ce mélange est aqueux. Lorsque toute l'eau est évaporée, que le creuset est suffisamment rempli, vous poussez peu à peu le feu jusqu'à amener le mélange à la chaleur rouge, où vous l'y maintenez quelque temps, puis vous laissez refroidir. Le mélange d'oxyde refroidi doit être alors noir ; s'il ne l'est pas, c'est que la calcination n'a pas été poussée assez longtemps, et vous calcinez de nouveau. Vous pilez ensuite, tamisez à un tamis fin (mailles d'un millimètre), et vous obtenez ainsi le mélange d'oxyde à employer pour le verre rouge.

Je rangerai dans la classe des verres rouges, le verre *rose* coloré par l'or qui n'est pas d'un usage fréquent, mais dont on peut toutefois avoir besoin pour certaines ornementations. Cette couleur se fait en verre doublé comme le rouge.

Pour produire cette couleur, on fond à pot couvert une composition ordinaire de cristal, soit :

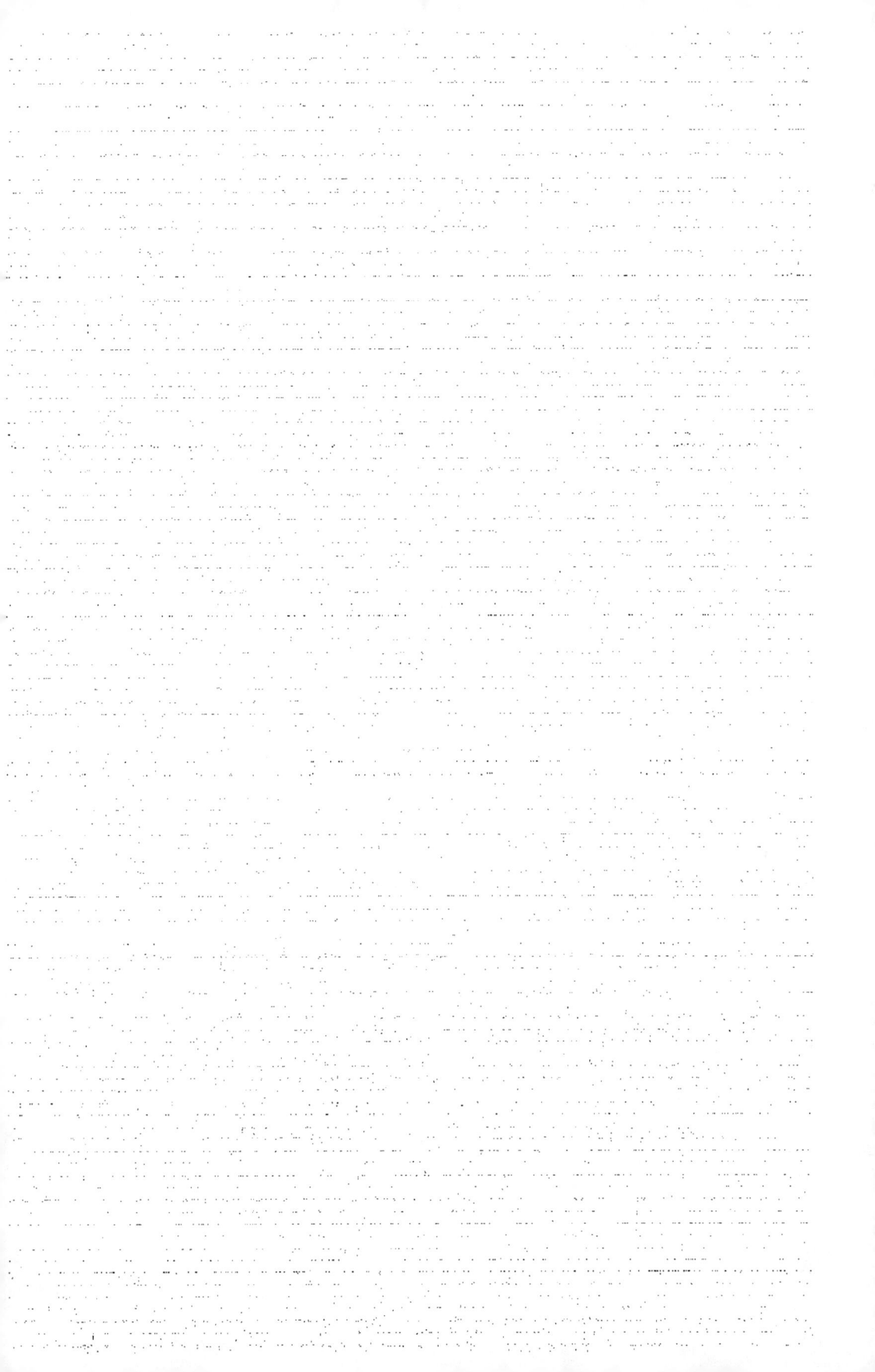

Sable,	100
Minium	66,66
Carbonate de potasse	33,34

On prend :

Cristal fondu précédemment...	100
Minium	15
Salpêtre	3
Précipité pourpre de Cassius..	0,25
Antimoniate de potasse	3

On mélange ensemble d'abord le minium, le salpêtre, l'antimoine et le pourpre de Cassius, et on mêle ensuite le tout avec le groisil de cristal et en enfourne dans un pot couvert. Le verre qui en résulte paraît d'abord blanc ; ce n'est qu'en le réchauffant qu'on lui voit prendre la couleur rouge violet-foncé.

Ce verre se travaille en doublé comme le rouge, et comme il est assez dispendieux, on se garde bien de le cueillir à la canne, car une grande partie serait perdue au mors de canne, mais on le coule en bâtons, comme nous l'avons dit pour le bleu doublé.

VERRES DE COULEURS DIVERSES.

Les peintres-verriers demandent en assez grande quantité des verres légèrement teintés, pour imiter les verres blancs anciens ; s'ils ne les obtiennent pas en verrerie, ils sont obligés de peindre le verre blanc avec une légère couche de couleur, car le verre blanc ordinaire, employé dans un vitrail à côté du verre de couleur, présenterait un trop grand contraste, ferait pour ainsi dire trou dans le vitrail. Le verre blanc qu'on fabriquait au douzième et au treizième siècle s'harmonisait très-bien avec les verres de couleur ; il faut donc, pour les imiter, faire ce que l'on appelle dans le commerce *verre blanc antique*, que les Anglais appellent *verre cathédrale* (cathedral glass). On conçoit que le verrier qui fabrique de grandes quantités de verres de couleur, n'a pas besoin de colorer du verre blanc avec des oxydes métalliques, pour produire ce verre ancien ; il n'a qu'à prendre des groisils de couleur qu'il mêle en petites proportions avec un peu de composition de verre à vitre et beaucoup de groisil de verre à vitre. Il emploie à cet

usage principalement les groisils de verre vert et verre bleu, de
verre jaune par le manganèse et le fer , et aussi les groisils de la
fabrication du verre rouge. Ces derniers étant refondus, n'ajoutent
presque pas de teinte au verre ordinaire, mais c'est pour s'en débarrasser qu'on les fait entrer dans la composition des blancs
antiques. En général, un huitième et un dixième de groisil de
verre de couleur suffit pour donner une teinte de verre blanc
antique ; on n'a donc qu'à proportionner les divers groisils verts,
bleus, jaunes, selon la teinte qu'on désire obtenir, et à laquelle
on arrive aisément quand on en a l'habitude.

Les peintres verriers demandent quelquefois, pour imiter les
anciens vitraux, qu'on leur fournisse des verres de couleur rugueux, mal fondus ; mais dans l'état actuel de la fabrication du
verre , il est plus dispendieux d'avoir un tel verre, parce qu'il se
travaillerait mal, qu'on en perdrait beaucoup ; le moyen qui m'a
le mieux réussi, pour satisfaire à ces demandes, a été de faire du
verre *galeux,* c'est-à-dire d'amener un commencement de dévitrification par l'addition à la composition de moitié en sus de la
quantité de craie ou de chaux.

Les fabricants de cartonnages emploient certains verres plats,
tels que les verres opales, bleu turquoise, bleu lapis opale, dont la
composition est plutôt du domaine des fabricants de cristal et
dont nous aurions pu, en conséquence, différer l'indication jusqu'au moment où nous parlerons de cette fabrication. Toutefois,
comme ces verres sont faits en manchons, étendus dans des fours
à étendre qui n'existent pas dans les fabriques de cristal , nous
en ferons connaître ici la composition.

L'opale se compose avec :

Sable................................	100
Minium..............................	66,66
Potasse..............................	34,34
Os calcinés (phosphate de chaux).	8 à 10

Ce verre est transparent quand on le cueille et qu'on commence à le souffler; ce n'est qu'à la première chauffe qu'il s'opa-
lise, et plus on le chauffe, plus il devient opaque ; si la proportion
d'os calcinés est trop forte, on dépasse l'effet voulu : le verre, au
lieu d'avoir un léger reflet aurore, est d'un blanc mat et devient
semblable à l'émail blanc.

Si à la composition précédente on ajoute cinq parties d'oxyde brun de cuivre, on obtient un opale couleur de turquoise.

Si, au lieu de cuivre, on ajoute 200 grammes d'oxyde de cobalt, on obtient un bleu lapis opale.

Pour éclairer de nuit les cadrans d'horloge par transparence, on a quelquefois de la glace dépolie, mais ces cadrans de glace dépolie paraissent dans le jour assez sombres. D'autres fois, on a appliqué sur du verre blanc une couche d'émail blanc qui fait un assez bon effet. On s'est aussi servi de verre opale, mais si l'opale n'est pas assez mat, il donne une lumière rouge.

La composition suivante :

Sable......................	100
Minium....................	120
Carbonate de potasse ,........	30
Os calcinés (phosphate de chaux).	14
Arsenic....................	4
Borax.....................	4
Acide stannique............	9

donne un émail blanc doux qui, étant travaillé en doublé avec du verre ordinaire transparent, donne un verre mat très-propre à être employé comme cadran d'horloge.

On peut faire aussi du verre blanc opaque, pour cadran, au moyen du fluate de chaux, mais il est moins transparent que celui dont nous avons donné ci-dessus la composition.

VERRE A VITRE SOUFFLÉ EN PLAT.

Ce verre est aussi connu sous le nom de *verre à boudine*. Les Allemands l'appellent verre en lune (*moon-glas*).

La fabrication du verre à vitre en plateaux ou en plat qui, au dernier siècle, était la seule pratiquée en France, n'est plus guère connue sur le continent, et peu de verriers même se doutent de la perfection à laquelle sont parvenus les Anglais dans la fabrication de ce verre.

Deux causes ont amené cette perfection dans la verrerie anglaise :

1° Le droit d'excise qui pesait sur la fabrication du verre ;

2° La préférence qu'accorde le consommateur anglais, même avec une très-grande différence de prix, aux verres de belle qualité.

La taxe sur le verre à vitre à l'époque où existait l'*excise duty*, qui n'a cessé que depuis une vingtaine d'année, s'élevait à 3 liv. sterl. 16 sh. par quintal. Le quintal est de 112 livres anglaises, équivalant à 50^k,7; cette taxe était donc de 1 fr. 90 c. par kilogramme, c'est-à-dire plus de quatre fois le prix de vente du verre à vitre en France qui, ainsi que nous l'avons dit, se vend environ 40 centimes le kilogramme. Cette taxe étant la même sur toutes les qualités, et formant plus des deux tiers du prix intégral du verre, on conçoit que le fabricant ait dû faire tous ses efforts pour ne la faire supporter qu'à de beaux produits. Et d'autre part on conçoit aussi que le consommateur, qui payait le verre un prix fort élevé, même dans les choix inférieurs, ait donné la préférence aux beaux choix.

Puisque nous avons parlé de cet impôt qui frappait la fabrication du verre, qu'il nous soit permis de donner quelques détails sur la manière dont les fabriques étaient exercées.

Les officiers de l'excise exerçaient une surveillance continuelle dans la verrerie; quand la fonte du verre était terminée, il fallait qu'ils vinssent jauger les pots avant qu'on commençât le travail. Ils venaient les jauger de nouveau quand le travail était terminé; ils estimaient ainsi la quantité de verre qui avait dû être sortie de chaque pot. Cette quantité formait la base de la taxe, car on allouait au fabricant la possibilité d'un déchet au travail de moitié de la quantité de verre sortie du pot; si les plateaux produits pendant le travail ne pesaient pas la moitié de la quantité de verre qui avait été évaluée devoir être sortie des pots, le fabricant payait le droit sur cette moitié; et si le poids des plateaux dépassait (comme cela devait avoir lieu) la moitié de la quantité de verre jaugée, le fabricant payait la taxe pour tout le poids des plateaux. Ils avaient soin d'ailleurs de s'assurer que tout le produit de la fabrication était soumis à leur contrôle, et pour cela, quand le travail du soufflage était terminé, l'entrée de l'arche à recuire des plateaux était grillée, cadenassée et scellée du sceau de l'Etat. L'officier revenait ouvrir l'arche quand la recuisson était terminée et pesait tout le verre qui en sortait. Dans les fabriques de cristal, où il y avait travail continu du lundi au

jeudi, et où les pièces fabriquées étaient mises à recuire dans une
arche à tirer sur des chariots qui arrivaient dans une chambre
dite *la chambre de l'arche*, les officiers de l'excise avaient la
clé de cette chambre, et on était obligé de faire avancer les chariots dans l'arche au moyen d'un treuil placé dans la halle et qui,
par une poulie de renvoi, allait tirer les chariots.

Ce contrôle continuel des officiers de l'excise, l'impôt élevé qui
en résultait étaient de lourdes charges pour le fabricant de verre,
et toutefois cet impôt énorme constituait en quelque sorte un privilége dont l'abolition n'a pas été sans laisser des regrets ; on
conçoit, en effet, qu'un fabricant qui avait à payer toutes les six
semaines une taxe dont le montant annuel s'élevait pour quelques-uns à plusieurs millions de francs, qu'il avait ainsi à dé-
bourser avant d'avoir reçu le prix de la vente, devait posséder
un fort capital, et n'avait pas ainsi à craindre la concurrence de
petits fabricants.

Les officiers de l'excise avaient aussi à contrôler le poids des
verres coupés en carreaux destinés à l'exportation, car l'Etat
accordait sur les verres exportés un *drawback* supérieur à la taxe
perçue à la fabrication, parce qu'on faisait une allocation pour le
déchet qui devait résulter de la division d'un plateau rond en
carreaux; ces verres pour l'exportation étaient donc pesés par
l'officier, emballés sous sa surveillance, puis la caisse scellée du
sceau de l'Etat, et il était tenu compte du drawback sur la récep-
tion du certificat de sortie. On conçoit à quel point toutes ces
opérations de l'excise devaient donner lieu à des tentations de
fraude, tant pour détourner, dans la fabrique, du verre sans le
soumettre au droit, que pour recevoir le drawback sur du verre
non exporté : l'élévation de la taxe et du drawback par conséquent était une trop forte prime à l'immoralité ; aussi, que de
caisses censées contenir du verre furent jetées à la mer quand
on était sorti du port !

L'excise avait produit en Angleterre deux résultats assez opposés, savoir : grande perfection des produits, résultant, comme
nous l'avons dit, du droit qui était aussi élevé sur des verres de
qualité inférieure que sur les belles qualités; grande imperfection des moyens de fabrication, parce que le fabricant ne
pouvait guère changer les procédés établis, n'osant pas se
livrer à des essais dont la non-réussite pouvait l'exposer à payer

des droits élevés sur des produits qui n'auraient pas été d'une qualité *marchande*. Si, d'ailleurs, le fabricant désirait introduire une modification qui eût dû apporter un changement dans le mode d'exercice des officiers, il ne le pouvait qu'après avoir obtenu une autorisation qui avait à parcourir tous les degrés de la hiérarchie administrative. Et c'est ainsi que la fabrication du verre à vitre en manchons ne put pas être établie en Angleterre sans d'assez grandes difficultés, parce que l'administration eût voulu que le droit fût établi sur les manchons après le soufflage, et que les fabricants voulaient obtenir, et obtinrent en effet, que le verre fût pesé à la sortie des fours à étendre, qui furent en conséquence grillés et cadenassés, comme les arches à recuire du verre en plateaux et du cristal.

Le lecteur nous pardonnera, nous l'espérons, cette petite digression sur une institution qui a régné si longtemps en Angleterre, et nous rentrons dans la fabrication du crown-glass ou verre à vitre en plateaux.

La composition du verre en plateaux diffère peu de celle du verre en manchons; il est à remarquer seulement qu'il est plus important encore que la matière du verre en plateaux soit *douce, souple* et non *raide,* autrement la boule ne pourrait pas se développer de manière à former un plateau ; les bords à peine développés se briseraient, ou même ils se développeraient irrégulièrement. Il faut que le verre ait *du corps* et en même temps qu'il ne soit pas sec, comme le serait une matière dans la composition de laquelle on aurait fait entrer trop de groisil. Les verriers ont toujours reconnu qu'un verre était d'autant plus doux, et en même temps avait d'autant plus de corps, qu'il y entrait plus de *bases terreuses ;* aussi les vieux praticiens renonçaient-ils à regret à l'emploi des soudes brutes, qui contenaient en effet beaucoup de *bases terreuses.* Lors de ma première visite en Angleterre, en 1828, je témoignai à un fabricant de crown-glass mon étonnement de ce qu'il se servait encore de *kelp* (soude brute) et de ce qu'il n'employait pas le sulfate de soude. Il me répondit qu'il ne l'emploierait jamais, que le verre fait avec du sulfate ne pourrait pas s'ouvrir en plateaux. Et toutefois ce fabricant employa par la suite le sulfate ; mais ce ne fut qu'après avoir vu son emploi dans la fabrication du verre à vitre en manchons qu'il osa, peu à peu, le substituer au *kelp* dans la fabrication des plateaux; il est vrai aussi qu'à cette époque régnait l'*excise* qui, comme nous l'avons dit, était de nature à ôter les tentations de changement. Ce verre fabriqué avec la soude brute, était composé de :

> Sable...................... 100
> Soude brute................ 165 à 170
> Chaux...................... 10
> Groisil (celui de la fabrication).

Cette composition était frittée dans des arches avant d'être renfournée dans les pots.

La chaux fournit en partie la base terreuse, *desideratum* des anciens fabricants ; mais nous sommes toutefois forcé de convenir que la chaux ou la craie ne donne pas encore une matière aussi douce, ayant autant de corps que les vieux verres à base de soude ; aussi ajoute-t-on quelquefois dans la composition du verre pour plateaux une petite quantité d'argile.

Il convient aussi d'employer un peu plus d'alcali et un peu moins de craie que pour le verre en manchons ; ainsi, dans un four qui donnerait un bon verre à manchons dans les proportions de :

> Sable...................... 100
> Sulfate de soude........... 37
> Charbon en poudre.......... 1,8
> Craie...................... 35
> Manganèse.................. 0,5
> Arsenic.................... 0,5

il conviendrait de composer pour plateaux avec :

> Sable...................... 100
> Sulfate de soude........... 40
> Charbon.................... 2
> Craie...................... 32
> Manganèse.................. 0,5
> Arsenic.................... 0,5

A cette composition on ajoute quelquefois 5 d'argile pilée. On prend de l'argile pure, exempte de fer, telle que la terre de pipe.

Outre la nécessité d'avoir un verre souple qui se développe facilement, il y a, dans la composition du verre pour plateaux, à éviter un défaut qui se présente quelquefois et qui résulte du *mar-*

brage du verre avant de souffler : on comprend que les 8 à 10 kilogrammes environ de verre que l'on cueille au bout de la canne, et qui, quand le plateau est développé, atteignent un diamètre de $1^m,50$ et une superficie d'environ $1^m,75$, doivent, pour que la matière soit bien également répartie sur une telle surface à une épaisseur d'un millimètre et demi à peine, être préparés avec le plus grand soin, pour que, lorsque le soufflage commence, l'air s'introduise bien exactement au milieu de la masse. Le verrier marbre donc pendant assez longtemps son verre sur une plaque de fonte polie ; ce contact prolongé du verre sur le fer amène quelquefois un commencement de dévitrification, qui se manifeste par une apparence nuageuse ou grasse qui ne s'efface plus. Quand le verrier s'aperçoit de cet effet, il n'a, pour le faire cesser, qu'à augmenter un peu, dans sa composition, la proportion du sulfate de soude et à diminuer un peu la quantité de craie.

Nous ne dirons rien de la fonte de ce verre ni de son affinage, qui s'opère comme pour le verre à vitre ; dans cette fabrication, le four ne sert jamais que pour la fonte, il y a des fours accessoires pour le travail.

Les fondeurs ayant terminé la fonte du verre, les tiseurs d'affinage arrivent et procèdent à l'affinage du verre. Rien n'égale le soin avec lequel cet affinage est pratiqué dans les verreries en plat ; les préparatifs du coulage dans les fabriques de glaces peuvent seuls lui être comparés : la halle, tous les abords du four sont balayés, nettoyés avec le plus grand soin, pour éviter les poussières qui pourraient tomber sur le verre en travail. Les fours dont on se sert pour la fabrication du verre en plat ou à *boudine*, sont de dimensions dont les verriers en France n'ont pas idée : ces fours contiennent huit pots de $1^m,50$ de diamètre du haut ; ces fours ont donc intérieurement 6 mètres de long sur $4^m,25$ à $4^m,50$ de large ; la grille est divisée en deux parties par un pont au centre, qui a $1^m,50$ de long. La hauteur du four, de la grille à la voûte, est de $3^m,50$. En raison de ces dimensions, si différentes de celles que nous avons relatées, page 250, nous allons dire comment on *fait la braise* pour l'affinage du verre.

On marge la grille par l'intérieur de la tonnelle, au lieu de le faire par-dessous, comme nous l'avions indiqué ; et pour cela, on emploie environ deux bonnes brouettées de terre glaise pour cha-

que côté de la grille, pour être bien certain qu'il ne s'établira pas
de courant d'air. L'un des tiseurs tient la queue d'une *poche* en
fer à très-long manche, dans laquelle un autre tiseur met le mortier,
que le premier porte sur toutes les parties de la grille, en le battant
dans tous les recoins avec le dos de la poche ; aussitôt le mortier
posé, il met sur chaque côté de la grille environ 4 hectolitres de charbon *tout venant ;* une heure après, quand ce charbon
est bien allumé (par le fait seul de la chaleur de la fosse), il met
de chaque côté environ 3 hectolitres et demi de charbon en
grosses gaillettes ; et, cinq heures après, il met encore de chaque
côté 8 à 10 hectolitres de gaillettes moyennes, et une heure
après, il recouvre le tout avec environ 5 hectolitres de chaque
côté de charbon gras fin. Lorsque la flamme est passée ou du
moins qu'elle ne donne plus de fumée, que l'ensemble de la
braise est pour ainsi dire à l'état de distillation, on procède à
l'écrémage du verre. Cette opération de *la braise* dure au moins
huit heures, et consomme 40 hectolitres de charbon, c'est-à-dire
tout le charbon qu'exige la fonte entière d'un four de moyenne
dimension de France.

Lorsque la braise est terminée, le directeur du four arrive et
ne s'éloigne guère pendant toute la durée du travail ; il est rare
que ce directeur ne soit pas, soit un ancien verrier ayant inspiré
de la confiance par sa conduite et son habileté, ou un contre-
maître d'un ordre plus élevé, mais capable toutefois de faire lui-
même chacune des opérations qui ont lieu dans le travail, et
pouvant, en conséquence, s'assurer à tout instant si chacune de
ces opérations est faite convenablement.

On ne se sert pas pour écrémer d'un râble en fer, ainsi qu'on
le fait en France. On écrème le verre avec du verre, ce qui est bien
plus propre, et ne présente pas le danger des paillettes d'oxyde de
fer, et même de la chute de la patte du râble, qui peut se détacher de la queue et tomber dans le pot, ce qui gâte toute une
potée de verre (tous les verriers savent que cet accident n'est pas
sans avoir lieu). L'écrémeur se sert donc d'un long ferret d'environ 2 mètres à 2^m,25, ayant à l'une des extrémités un manche
en bois ; l'écrémeur chauffe un peu l'autre extrémité du ferret, et
prend en dehors du flotteur un peu de verre comme avec une
canne, il le laisse refroidir, puis en recueille un peu plus et l'a-
platit sur un marbre, en attirant une partie du verre à l'extrémité

du ferret, qu'il tourne rapidement sur lui-même, de telle sorte
que la force centrifuge, donnant au verre une forme de **T** qu'il
aplatit sur le marbre, produit ainsi une sorte de *râble* que l'é-
crémeur laisse refroidir, et avec lequel il écrème toute la surface
intérieure de l'anneau flotteur. Quand son râble factice est trop
chargé de verre, il en recueille un nouveau en dehors de l'anneau flotteur. On écrème ainsi un pot de chaque côté du four, et
on laisse fermés les ouvreaux des autres pots; quand on a travaillé
quelque temps sur un pot de chaque côté, l'écrémeur en prépare
un autre, et dès qu'on s'aperçoit que les plateaux ont quelque
défaut, qu'il y a quelques bouillons ou quelques filandres, on
passe au second pot écrémé, on laisse reposer le premier que l'on
rebouche, pour le reprendre un peu plus tard, après l'avoir de
nouveau écrémé.

L'écrémeur est ainsi constamment occupé à écrémer des pots,
ou de concert, avec le directeur, à examiner l'état des plateaux en
fabrication, pour voir s'il y a lieu de changer de pot.

Outre le four de fusion, il y a, dans la halle où l'on fabrique le
verre en plateaux, deux fours de travail pour chacune des deux
brigades afférentes à un four à huit pots; ces fours de travail
sont surmontés de leur cône, et chaque brigade a, en outre,
au moins deux et généralement trois fours de recuisson des
plateaux.

Le premier four de travail (fig. 83) a un ouvreau A, d'environ
30 centimètres de diamètre, et un ou-
vreau B diamétralement opposé, d'environ 75 centimètres de diamètre. Ces
deux ouvreaux sont indépendants l'un
de l'autre, quoique contenus dans la
même construction circulaire; ils ont
chacun leur grille, de telle sorte que
l'un ne peut jamais porter préjudice à
l'autre. On commence à chauffer ces
ouvreaux huit à dix heures avant le
commencement du travail, avec du

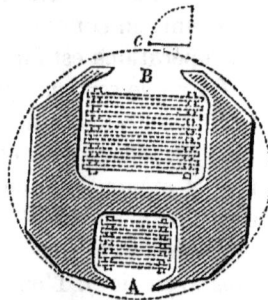

Fig. 83.

charbon en grosses gaillettes qu'on jette sur la grille par l'ouvreau même qui se trouve à environ 80 centimètres au-dessus de
la grille, et toute la capacité intérieure se trouve garnie de charbon ardent, quand le travail commence.

En avant du premier ouvreau, se trouve, monté sur la maçonnerie, un crochet, sur lequel l'ouvrier pose sa canne pour chauffer
la paraison dans l'ouvreau; en avant et à gauche du deuxième
ouvreau, se trouve un crochet C pour supporter la canne; mais
ce crochet est monté sur une barre horizontale mobile à équerre,
de telle sorte qu'après avoir chauffé le verre dans l'intérieur de
l'ouvreau, le verrier peut, tout en laissant sa canne sur le crochet,
lui faire décrire un quart de cercle en dehors, et amener sa canne
parallèle à la face de l'ouvreau, souffler le verre et rentrer dans
l'ouvreau par une manœuvre inverse.

Le deuxième four de travail (fig. 84) a un ouvreau D, de

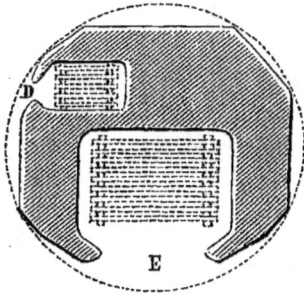

Fig. 84.

30 centimètres environ, et non pas
diamétralement opposé, mais à
90 degrés, le grand ouvreau à développer E, qui a environ 1m,20
de diamètre. Ces deux ouvreaux,
comme ceux du premier four, sont
indépendants l'un de l'autre. On
conçoit, du reste, ce qu'un tel ouvreau de 1m,20 centimètres, tenu
constamment ouvert pendant toute
la durée du travail, doit consommer de combustible, d'abord pour
l'amener à la température convenable, puis pour l'y maintenir.
Cet ouvreau, qui a environ intérieurement 2 mètres de large sur
1m,20 de profondeur, est chauffé avec d'énormes morceaux de
houille, avant et pendant le travail.

La consommation du combustible pour la fabrication du verre
en plateaux s'élève généralement, en Angleterre, à la quantité
énorme d'une tonne, c'est à-dire 1,000 kilogrammes par *crate de
crown-glass* [1], c'est-à-dire par vingt plateaux de 7k,20, soit 144 kilogrammes. Il s'ensuit que 100 kilogrammes de verre en plateaux
sont produits par 700 kilogrammes de houille. Nous ajouterons
que ce résultat doit être considéré comme une économie par
rapport à la consommation de la houille qui avait lieu il y a vingt-
cinq à trente ans, et qui était estimée également à une tonne pour
une *crate* de vingt plateaux; mais ces plateaux ne portaient alors

---

[1] *Crate,* en anglais, est ce que nous nommons *harasse.*

que 52 pouces anglais et pesaient 5^k,6, ce qui faisait 855 kilogrammes de houille pour 100 kilogrammes de plateaux. On peut
concevoir cette énorme consommation d'après ce que nous avons
dit seulement de l'opération de la *braise* et de l'alimentation des
fours de travail. Il est vrai que le charbon de terre ne revient pas
à la plupart des fabricants à plus de 5 francs la tonne en moyenne.

Ce bon marché fabuleux pour le fabricant explique jusqu'à un
certain point la supériorité des verres à vitre anglais sous le rapport de la finesse du verre ; mais ne doit-on pas être surpris que
le consommateur anglais, qui s'est montré jusqu'à ce jour si difficile pour la finesse du verre, le poli de la surface, se soit contenté d'un verre aussi foncé en couleur que l'a toujours été leur
verre en plateaux, et que l'est encore aujourd'hui leur verre à
vitre en manchons ?

Après cette digression, qui n'est pas, ce nous semble, en dehors
de notre sujet, nous allons procéder à la description du travail
des verriers, tel qu'il a lieu en Angleterre, avec les divers perfectionnements importants qui y ont été apportés depuis vingt-cinq
à trente ans.

La canne dont se servent les ouvriers en plat
est plus longue que celle des ouvriers en manchons ; elle a environ 1^m,90.

Cette canne, dont la figure 85 indique la coupe
dans sa longueur, diffère par les deux extrémités
de la canne dont se servent les ouvriers en manchons. Nous devons dire, du reste, que cette différence n'est qu'un résultat d'habitude des ouvriers, car on pourrait très-bien souffler un verre
en plat avec une canne de verrier en manchons
et réciproquement. La différence de longueur a
pour but d'éloigner davantage l'ouvrier des ouvreaux: qui, étant d'un grand diamètre, émettent
une très-grande chaleur. En raison de ce grand
rayonnement de calorique, les ouvriers se servent d'une *mitaine* pour se préserver la main, et
d'un *écran* ou garde-vue pour garantir leur visage,
spécialement pendant l'opération de l'ouverture
en plat.

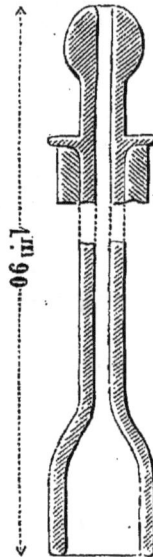

Fig. 85.

Le cueilleur, prenant une canne chauffée, et s'étant bien assuré que son extrémité est propre, c'est-à-dire qu'il n'y a ni fumée ni parcelles d'oxyde de fer qui pourraient gâter le verre, cueille environ 9 kilogrammes, et va rafraîchir sa canne en la posant sur un baquet au-dessus duquel est un tube horizontal percé de trous, et correspondant à un réservoir d'eau, et, l'ayant ainsi rafraîchie jusqu'à pouvoir poser sa main à 4 ou 5 centimètres du verre, il commence par *marbrer* son verre sur une plaque de fonte bien polie, d'environ 1^m,20 de long sur 50 à 60 centimètres de large, fréquemment nettoyée pour ne pas salir le verre.

L'ouvrier donne sur ce marbre au verre la forme de la figure 86 [1]

ci-contre, qui est celle de deux cônes appliqués base à base. Quand il est parvenu à donner cette forme bien régulière, il fait souffler par le gamin pendant qu'il continue à promener le verre sur le marbre, et quand le verre est percé, l'ouvrier, relevant la canne, continue à souffler, et commence à former la boudine ou bouton, en roulant sa canne le long du bord opposé du *marbre*, de manière à inciser le bouton le long d'une barre de

Fig. 86.

fer placée horizontalement sur une fosse au-dessous du marbre. Le souffleur s'occupe ensuite de trancher le verre à l'endroit où il faudra plus tard le séparer de la canne, soit à environ

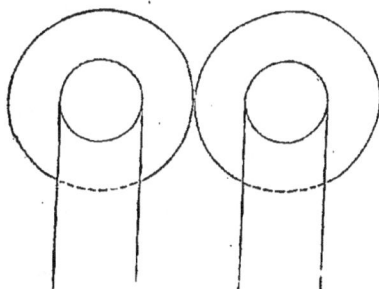

6 centimètres de l'extrémité de la canne, et, à cet effet, il place sa *paraison* ou *bosse* (comme on l'appelait dans les verreries françaises) à l'endroit où l'on veut trancher le verre, entre deux galets tangents, mobiles sur leur axe (fig. 87), et dont le tour est formé en biseau. Les deux galets tranchent le verre en y traçant un sillon circulaire régulier.

Le verre ayant donc été tranché et la boudine indi-

quée, la paraison est réchauf-

Fig. 87.

fée dans l'ouvreau (d'environ

[1] Les verriers en plateaux ont récemment renoncé à ce marbre; ils emploient des blocs comme les verriers en manchons.

30 centimètres de diamètre) de la figure 83. Quand la paraison
est bien chauffée à fond, l'ouvrier sort le verre de l'ouvreau, le
souffle en appuyant sa canne le long d'une barre de fer posée sur
deux supports, et lui donne la forme d'une sorte de poire, comme
l'indique la figure 88, dans laquelle le verre a encore une assez

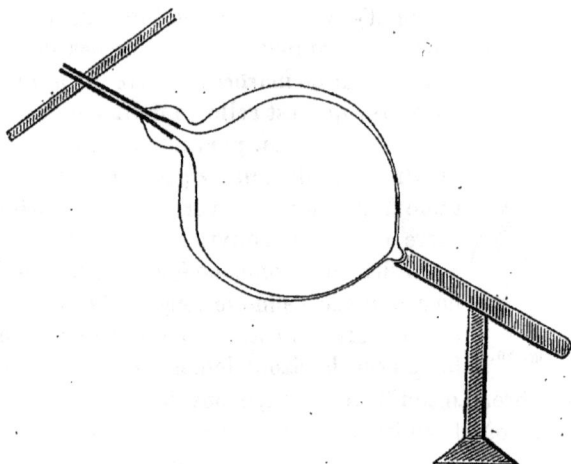

Fig. 88.

grande épaisseur près de la canne ; mais on souffle l'extrémité opposée jusqu'à ce qu'elle devienne, auprès du bouton ou boudine,
aussi mince que devra l'être le plateau quand il sera terminé, car
cette partie, en s'aplatissant, ne devra pas se développer. Pendant
que le souffleur souffle ainsi son verre pour lui donner cette forme
de poire, il appuie la boudine contre une douille creuse B, fixée
dans la direction voulue, ainsi que l'indique la figure, ce qui lui
permet de souffler l'extrémité de la paraison, de manière à l'amener à la minceur voulue jusque auprès de la boudine, tout en
maintenant de la force à celle-ci, de telle sorte que l'égalité d'é-
paisseur des plateaux arrive jusque tout auprès de la boudine,
tandis qu'autrefois ce n'était guère qu'à partir de 10 à 15 centimètres du centre que l'épaisseur était régulière, et de là au centre
l'épaisseur allait en augmentant jusqu'à près de 1 centimètre,
ainsi qu'on peut le voir dans quelques carreaux qui existent en

core dans quelques provinces, surtout en Normandie, où l'*œil-de-bœuf* ou boudine s'étend sur presque toute la surface du carreau. Ce perfectionnement ne date guère que d'une trentaine d'années.

Le souffleur ayant ainsi amené sa paraison au point où nous l'avons vue, il va la réchauffer dans le grand ouvreau du même four (fig. 83), diamétralement opposé au premier. Il souffle encore cette paraison et la développe à la grandeur voulue, puis, sortant de l'ouvreau en faisant décrire un quart de cercle au crochet, il donne à la canne un mouvement de rotation sur le crochet, ce qui donne à la paraison la forme de la figure 89. C'est le moment de mettre la paraison au pontil; pour cela, l'ouvrier la pose sur un bloc garni de cendres; un autre ouvrier, qui a pris un peu de verre au bout d'un pontil (tige de fer d'environ

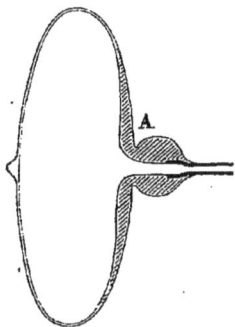

Fig. 89.

$2^m,25$ de long, ayant un manche en bois), approche ce pontil contre la boudine où il s'attache. En même temps, le souffleur, trempant dans l'eau l'extrémité d'un fer qu'en France on appelait le *bion*, incise la paraison à l'endroit A où elle a été tranchée par les galets, et, donnant un choc à la canne avec ce bion, celle-ci se détache de la boule à l'endroit tranché et incisé, et cette boule ne tient plus alors qu'au pontil avec lequel on l'enlève. L'ouvrier qui l'a empontillée présente alors à l'ouvreau de 20 centimètres (fig. 84) la partie détachée de la canne qui, étant très-épaisse, a besoin d'être spécialement réchauffée pour que le développement puisse s'opérer régulièrement; tandis que si on réchauffait tout le verre directement dans le grand ouvreau à développer, la partie mince arriverait promptement à la température voulue avant que les bords épais y fussent à beaucoup près parvenus; la partie ouverte ayant donc été réchauffée au rouge blanc devant l'ouvreau de 20 centimètres placé à angle droit avec le grand ouvreau, l'ouvrier empontilleur vient placer le pontil sur le crochet devant le grand ouvreau, qui a environ $1^m,20$ de diamètre (fig. 84). A ce moment, l'ouvrier prend en main le pontil, et avance sa pièce dans l'intérieur de l'ouvreau en tournant le pontil sur le crochet; après avoir ainsi chauffé quelques instants en tournant modérément, la pièce prend la forme de la figure ci-contre (90, A). A ce moment, l'ouvrier, imprimant plus de rapidité au mouvement du pontil sur le crochet, retire la pièce à lui, de manière qu'elle se trouve à quelques centimètres en avant de l'ouvreau ; on la voit alors se développer tout à coup, de manière à ne présenter qu'une surface plane, comme la figure B ; il redouble encore la rapidité du mouvement pour assurer la planimétrie du verre. A ce moment, un aide pousse un écran devant l'ouvreau, et vient prendre en main le pontil, qui continue

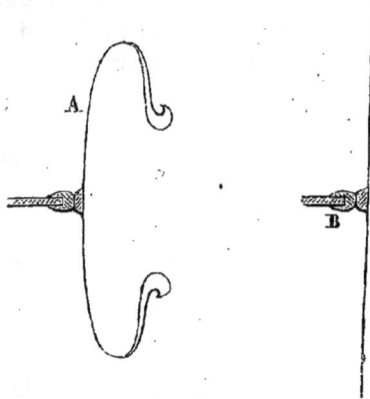

Fig. 90.

encore à tourner sur lui-même en raison de la force acquise par cette pièce, qui développe alors environ 1^m,50 de diamètre. Cette force de rotation est telle que l'on est généralement obligé, avant de détacher le plateau sur la pelote, d'arrêter forcément ce mouvement, et cet aide, tenant son pontil horizontalement, la main gauche du côté du plateau, garnie d'une sorte de gantelet, va détacher ce plateau en le renversant sur la *pelote*, qui n'est autre qu'une petite sole recouverte de cendre, placée au niveau du sol, près du four à recuire. Lorsque cet aide a posé le plateau sur la pelote, un autre ouvrier vient, avec des ciseaux à longues poignées, trancher le verre entre la boudine et le pontil, ce qui les sépare l'un de l'autre ; le même ouvrier prend alors une longue fourche avec laquelle il enlève le plateau pour le porter dans le four à recuire. Ce four à recuire a une entrée, d'environ 2 mètres de long sur 40 centimètres de haut, par laquelle on entre le plateau sur la fourche. Les plateaux sont placés debout dans ce four sur deux rangs, et reposent, chaque rangée, sur deux barres suffisamment élevées au-dessus de la sole pour que le bord du plateau ne puisse l'atteindre. Les plateaux sont ainsi empilés les uns contre les autres ; mais, après avoir posé ainsi un certain nombre de plateaux, on introduit dans le four à recuire un chevalet (fig. 91) en petites bandes légères de fer, que l'on place en avant du dernier plateau relevé, et contre lequel viennent s'ap-

25

puyer de nouveaux plateaux. Ce four à recuire contient le produit
du travail d'une brigade, c'est-à-dire tous les plateaux qui ont été
développés au même ouvreau, et qui provien-
nent des pots d'un côté du four. La brigade
qui travaille les pots du côté opposé a également ses deux petits fours à ouvreaux et son
four à recuire. Ce four à recuire est chauffé
avant le travail avec des gaillettes placées en
avant à l'entrée, et amené à la chaleur
rouge, et on le laisse retomber un peu à la
chaleur nécessaire pour recuire, mais pas
assez forte pour faire fléchir les plateaux.
Quand le travail est terminé, il n'est pas nécessaire de fermer le four qui n'a qu'une ouverture, dans lequel, en conséquence, il n'y

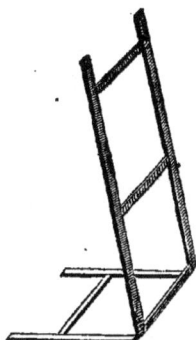

Fig. 91.

a pas de courant d'air, et dans lequel d'ailleurs les plateaux ne
s'approchent pas de plus de 1 mètre de l'entrée ; au bout de deux
jours, on peut commencer à sortir les plateaux du four à recuire
pour les porter au magasin.

Le diamètre ordinaire des plateaux dont nous venons de décrire
la fabrication était autrefois de 53 pouces anglais, soit environ
1^m,32 à 1^m,35, et de 12 à 13 livres anglaises, soit environ 5^k,250.
On les fait à présent d'un diamètre de 60 pouces anglais, soit 1^m,50
et du poids de 16 livres anglaises, soit 7^k,200.

Chaque brigade fait environ 560 plateaux par travail, mais, en
raison de la casse, on compte seulement 550, soit environ
1,100 plateaux pour les deux côtés du four ou les huit pots, soit
environ 140 plateaux par pot, pesant environ 1,000 kilogrammes.
On trouvera peut-être que c'est peu pour la production d'aussi
grands pots, mais, d'une part, pour obtenir ces 1,000 kilogrammes
de travail utile, il a fallu cueillir environ 1,300 kilogrammes de
verre, et, d'autre part, n'oublions pas que les Anglais veulent du
beau verre, que les quatrièmes choix ne se placeraient que difficilement, et qu'il y a aussi plus d'avantages pour le verrier à
laisser au fond du pot 25 à 30 centimètres de hauteur de verre
qui facilitent la fonte suivante, qu'à continuer de souffler des plateaux d'un choix inférieur. Il ne faudrait pas toutefois laisser ainsi
pendant trop longtemps ce verre au fond du pot, il s'appauvrirait
et influerait sur les couches supérieures, en donnant une ten-

dance à la dévitrification. De temps en temps, une fois par semaine, par exemple, il est bien de tirer à l'eau les fonds de pots, jusqu'à 4 ou 5 centimètres près du fond.

Les fours anglais ne font jamais plus de quatre fontes et quatre travaux de verres en plateaux par semaine, assez fréquemment même ils n'en font que trois ; on doit savoir que, dans les verreries anglaises, on ne travaille jamais le dimanche, du moins on ne souffle pas, car il faut bien cependant admettre le travail des fondeurs ; on ne peut pas laisser éteindre les fours le dimanche pour les rallumer le lundi.

Si on admet quatre fontes par semaine de 4,400 plateaux, les cinquante-deux semaines donneront 228,800 plateaux, pesant 1,647,360 kilogrammes, et mesurant près de 400,000 mètres carrés.

Les plateaux sortis du four à recuire sont portés au magasin, où ils sont classés suivant leur choix, mais cette opération est précédée de leur coupe en deux pièces, car on ne les expédie pas dans leur entier ; on les met en *harasse* par 20 plateaux divisés en 40 pièces dont 20, par conséquent, portent la boudine (que les Anglais nomment *bulleye* [1]). Cette coupe en deux des plateaux ne se fait pas par le centre, à cause de la boudine. La section se fait à environ 8 centimètres du centre, et le coupeur examine avec attention le plateau pour décider sur quelle ligne il coupera, de manière à rapprocher le plus possible de la ligne les défauts principaux. Le coupeur, après avoir examiné le plateau, le pose la boudine au-dessus, sur une sorte de tabouret rembourré, du diamètre à peu près du plateau ; il pose une règle flexible suivant la ligne qu'il a jugée la plus convenable, un gamin tient fixe l'extrémité de la règle, dont le coupeur tient l'autre extrémité de la main gauche et fait de la main droite le trait de diamant. Nous avons dit que la règle devait être flexible ; effectivement, les plateaux sortant du four à recuire sont légèrement bombés, malgré la précaution prise d'imprimer un vif mouvement de rotation au pontil, alors que le développement est opéré ; malgré le soin de rouler un écran entre l'ouvreau et le plateau aussitôt qu'il est développé, la surface du plateau opposée à la boudine, qui a été impressionnée la dernière par la chaleur de l'ouvreau, se trouve à une

---

[1] Comme en France autrefois ; *œil-de-bœuf*.

température supérieure à l'autre, et conserve ainsi plus longtemps sa malléabilité ; la surface du côté de la boudine a opéré
son retrait et est devenue solide avant la surface opposée à la
boudine qui, se trouvant alors arrêtée dans son retrait, reste supérieure en surface et, par conséquent, se bombe, tandis que
l'autre devient concave, ainsi que le représente la figure 92.

Fig. 92.

Tous les carreaux que l'on coupe dans un plateau doivent être
placés le côté bombé en dehors, cela donne au vitrage une meilleure apparence que si le côté concave était en dehors. Ce qui est
surtout d'un effet désagréable, c'est de placer les carreaux les uns
avec le bombé en dehors, les autres avec le concave en dehors ;
mais, assurément, ce qui est encore bien supérieur, c'est d'amener
ces carreaux à être tout à fait plans ; c'est ce que l'on obtient en
raplatissant les carreaux provenant des plateaux ou même la
moitié du plateau sur laquelle ne se trouve pas la boudine. Ce
sont les demi-plateaux et carreaux de la plus belle qualité auxquels on fait subir cette opération ; à cet effet, on a de grands
fours carrés, à voûte surbaissée, dont l'aire, formée par de grandes
pierres plates bien unies, telles que des pierres à étendre les
manchons, est chauffée par un foyer en dessous, correspondant
avec l'intérieur par des lunettes ; on range avec soin, sur l'aire de
ce four, des piles de cinq ou six carreaux de même dimension et
des demi-plateaux, le bombé en dessus, de manière à garnir
toute cette aire, puis on chauffe jusqu'à la température nécessaire
pour, non pas amollir, mais simplement assouplir le verre, jusqu'à ce que la feuille inférieure de chaque pile et toutes les autres
sur cette première deviennent planes ; on cesse alors le feu et on
bouche le four ; quand le four est froid, on retire les feuilles, qui
font un vitrage qu'on peut parfaitement prendre pour de la glace
polie et auquel le verre de manchons ne peut certes pas être
comparé.

La division des plateaux en carreaux exige une certaine habileté
que n'ont pas tous les coupeurs : il peut y avoir un quart à un
tiers de différence entre la valeur des carreaux résultant de la
division de deux plateaux par deux coupeurs différents ; on con-

çoit qu'il faut opérer cette division de manière à éviter le plus de déchet possible provenant de la circonférence ; puis, un certain nombre de carreaux d'une dimension donnée étant demandés, il faut calculer aussi s'il n'est pas plus avantageux de couper cette quantité de carreaux dans douze ou quinze ou vingt plateaux, ou bien dans un nombre beaucoup plus restreint. Dans ce dernier cas, on aura peut-être produit beaucoup de déchet, ou bien on aura des restes qui ne donneront pas des dimensions courantes ; tandis qu'en opérant sur un grand nombre de plateaux, on aura découpé en même temps des dimensions avantageuses et d'un placement sûr.

Ce déchet résultant de la division d'un cercle en carrés, déchet qui, sous le règne de l'excise, payait également l'impôt, a été une des causes qui ont amené l'introduction en Angleterre de la fabrication des manchons ; la fabrication des cylindres ronds, ovales et carrés, qui accompagne celle des verres en manchons, a été aussi une cause déterminante ; puis le vitrage commun se fait plus facilement en carreaux de verre en manchons qui sont plus plats que les carreaux de crown-glass, qui, étant bombés, ne s'appliquent pas aussi bien en feuillure, et doivent être placés sur mastic. Ces plateaux ne peuvent pas non plus fournir des verres forts d'une grande dimension, car on peut bien faire des plateaux de $1^m,60$ de diamètre dans lesquels on peut couper des carreaux de :

$1^m,10$ sur $1^m,48$	$0^m,84$ sur $0^m,60$
$1^m,00$ sur $0^m,57$	$0^m,63$ sur $0^m,63$

mais pour avoir ces dimensions, qui sont bien loin de celles qu'on peut atteindre avec des manchons, et d'une épaisseur de 3 à 4 millimètres, il faudrait faire des plateaux d'un poids énorme, et tout le verre en dehors des grandes dimensions serait du verre perdu.

COMPTABILITÉ D'UNE FABRICATION DE VERRE A VITRES.

En commençant ce chapitre, nous devons d'abord déclarer qu'en donnant tous les éléments du calcul du prix de revient du verre à vitre en France, nous n'avons eu en vue aucune position déterminée, nous ne voulons faire le compte d'aucun fabricant;

nous avons supposé une verrerie dans des conditions moyennes, relativement aux dépenses de matières premières et combustibles, ainsi que de main-d'œuvre, et nous arrivons ainsi à un résultat qui ne s'éloigne pas beaucoup de la moyenne réelle ; chaque fabricant pourra établir les différences en ce qui le concerne, et nos calculs pourront servir de cadre pour l'évaluation du prix de revient dans une localité déterminée.

Nous supposons un établissement de trois fours de verre à vitre tenus constamment en activité, ce qui suppose des halles pour quatre fours ; notre supposition de trois fours est basée sur l'économie qui résulte d'une direction et de frais généraux appliqués à trois fours, qui ne sont pas, à beaucoup près, trois fois plus dispendieux que pour un seul four. En outre, un seul potier peut entretenir les pots de trois fours ; s'il n'y en avait qu'un ou même deux, il faudrait l'employer, une partie de son temps, à des travaux de moindre valeur ; il en est de même de plusieurs autres ouvriers, tels que forgerons, et aussi des employés de bureau, etc.

Ces trois fours dont nous composons notre verrerie, nous les supposons chacun de huit pots de la contenance de 400 kilogrammes de verre (ainsi que nous l'avons déjà supposé page 30 pour la conduite de la fonte). Chaque pot donne une production nette par chaque fonte de 120 feuilles des mesures courantes, 69 sur 54, 75 sur 51, pesant 2 kilogrammes, ou 60 feuilles des mesures doublées, 114 sur 69, etc., pesant 4 kilogrammes.

Les 8 pots produisent donc 960 feuilles de 2 kilogrammes, soit 1,920 kilogrammes.

Nous avons dit, en parlant de la fonte du verre, qu'on pouvait conduire un four semblable de manière à faire fonte, affinage et travail dans vingt-quatre heures, et avoir ainsi un travail par chaque jour, résultat que nous avons obtenu d'une manière suivie.

Mais, en supposant même que la fonte et le travail durent vingt-cinq ou vingt-six heures, on peut encore, tout en ne soufflant pas le dimanche, faire six travaux par semaine. Nous établirons donc nos calculs sur la base de vingt-cinq fontes par mois, qui donneront par mois 24,000 feuilles pesant 48,000 kilogrammes.

Telle est donc la production sur laquelle nous allons établir les dépenses de toute nature, savoir :

1° Les frais de fours et pots ;
2° Matières premières, compositions ;
3° Combustible ;
4° Main-d'œuvre de fonte ;
5° Main-d'œuvre de soufflage ;
6° Frais d'étendage ;
7° Magasin et coupe ;
8° Emballage ;
9° Menuiserie, forge ;
10° Loyer, impositions ;
11° Dépenses de gestion et direction.

1° *Fours et pots.* — Dans le livre Ier, chap. III, nous avons précisément établi la valeur des pots et des fours dans les conditions que nous avons posées.

Nous avons dit qu'un pot de la contenance de 400 kilogrammes revenait à 31 francs ; ces pots doivent, en moyenne, durer un mois, et par conséquent 3 fours de 8 pots consommeront 24 pots par mois. Mais quoique, dans une verrerie bien organisée, on ne doive pas avoir de fréquents accidents, nous ferons toutefois une large part à ces accidents, et nous supposerons que dans cette verrerie à trois fours on use 30 pots, précisément ce qu'un potier ordinaire peut faire dans ce mois.

Les 30 pots coûtent 930 francs ; leur dépense s'applique à trois fois 24,000 feuilles pesant 48,000 kilogrammes, soit à 72,000 feuilles pesant 144,000 kilogrammes de verre, ce qui fait une dépense pour les pots de 0 fr. 646 par 100 kilogrammes.

La dépense d'un four, ainsi que nous l'avons établie au chapitre III du livre Ier, est de 1,440 francs. Ce four dure environ un an, mais admettons qu'il ne dure que dix mois, ce qui ferait pour chaque mois une dépense de. . . . . 144 fr.

Admettant, en outre, que les réparations qu'on lui fait subir dans le cours de sa durée puissent être évaluées pour chaque mois, à. . . . . 16 fr.

nous avons ainsi une dépense de. . . . . 160 fr.

par chaque mois pour le chapitre du four. Cette dépense de 160 francs, appliquée à une production de 24,000 feuilles pesant

48,000 kilogrammes, fait la somme de 0 fr. 333 par 100 kilogrammes.

Nous avons donné :

Pour les pots............................... 0ʳ,646
Pour le four............................... 0 ,333

Total par 100 kilogrammes de verre........ 0ʳ,979

Nous porterons en compte 0 fr. 98 c.

2° *Matières premières, compositions.* — Nous prenons pour base de nos calculs la composition que nous avons dit être la moyenne de celles généralement employées dans les verreries à vitres, c'est-à-dire :

Sable...................... 100
Sulfate de soude............. 33 à 40
Charbon en poudre........... 1,5 à 2
Carbonate de chaux.......... 25 à 35
Manganèse.................. 0,5
Arsenic.................... 0,5

Nous compterons sur 36 de sulfate. Les prix que nous assignons à chacune des matières ci-dessus sont ceux que nous regardons comme pouvant s'appliquer à des localités moyennement favorisées ; ainsi, nous avons compté à 1 franc les 100 kilogrammes le sable qui, à Fontainebleau, vaut seulement 70 centimes rendu sur le port d'embarquement :

100 kilogrammes de sable, à 1 franc................... 1 fr. » c.
36   —   de sulfate de soude, à 13 francs [1]...... 4   68
35   —   de carbonate de chaux à 2 francs....... 0   70
0,5   —   de manganèse, à 14 francs............ 0   07
0,5   —   arsenic, à 50 francs................ 0   25

172 kilogrammes.

Le charbon pilé pourrait être mis pour mémoire, car on peut se servir de coke venant du four ; néanmoins portons........ 0   05

Total....................... 6 fr. 75 c.

Nous avons donc 6 fr. 75 c. pour prix de 172 kilogrammes de matières formant la composition ; mais nous devons calculer la

[1] Nous avons dit, p. 61, que le sulfate de soude se vendait de 12 à 14 francs, nous le portons à 13 francs : ce prix est encore supérieur à ce qu'il devrait être.

réduction que ces matières éprouvent à la fonte. Ainsi, le sulfate de soude étant composé de 0,438 de soude et 0,562 d'acide sulfurique qui n'entre pas dans la composition du verre, les 36 kilogrammes de sulfate se réduisent à 15^k,77.

Le carbonate de chaux est composé de 0,56 chaux ; 0,44 acide carbonique; les 35 de carbonate de chaux se réduisent donc à 19,60. L'arsenic est sublimé pour la plus grande partie. Ainsi, les 172 kilogrammes se réduisent en nombre rond à 137 kilogrammes, qui coûtent 6 fr. 75 c., soit 4 fr. 93 c. les 100 kilogrammes.

Nous avons estimé à 120 feuilles de 2 kilogrammes la production *nette* de chaque pot. Mais pour avoir *net* 120 feuilles à vendre, on a dû consommer environ en matières premières le poids de 130 feuilles, car : 1° il faut faire une allocation pour le verre qui déborde les pots, soit qu'ils soient trop emplis, soit que la production des gaz soulève la matière; 2° il y a de la casse dans le travail du verrier, casse au fendage des manchons, casse à l'étendage, casse en portant au magasin, casse en coupant le verre. Tous ces groisils ne sont pas perdus, ils rentrent dans les compositions, mais toutefois avec un déchet qu'on peut bien évaluer à 5 pour 100, et c'est pourquoi nous croyons devoir compter, pour la production nette de 120 feuilles, l'emploi de la matière nécessaire pour 130, soit 260 kilogrammes de composition à 4 fr. 93 c., soit 12 fr. 74 c.

Les 120 feuilles ou 240 kilogrammes coûtent donc 12 fr. 74 c., ce qui fait 5 fr. 30 c. pour 100 kilogrammes; mais à cette somme

de. . . . .   5 fr. 30 c.

il faut ajouter les frais relatifs à trois hommes occupés à faire les compositions pour les trois fours, ci, trois hommes payés à 90 francs par mois.   270 fr.

les frais de broyage des matières premières,

estimés.   170 »

            Total. . . . .   440 fr.

Ces frais appliqués à la production de 72,000 feuilles ou de 144,000 kilogrammes, font pour 100 kilogrammes la somme de. . . . .   »   30

Les 100 kilogrammes de verre à vitre à livrer au

commerce coûtent donc pour la matière . . . .   5 fr. 60 c.

3° *Combustible.* — Nous supposerons la verrerie située dans des conditions moyennes par rapport à la houille, et payant ce combustible à raison de 20 francs la tonne rendue à la verrerie.

La fonte et l'affinage d'un four à 8 pots de 120 feuilles peuvent être effectuées avec 4,500 kilogrammes de charbon pour 1,920 kilogrammes de verre travaillé, ou pour 100 kilogrammes de verre. . . . . Charbon   235 kilogr.

On peut évaluer à 700 kilogrammes le charbon nécessaire pour le travail du soufflage, soit pour 100 kilogrammes de verre. . . . . . . Charbon   42 —

On peut évaluer à 1,200 kilogrammes la quantité de charbon nécessaire pour étendre 960 feuilles de verre (ce charbon est brûlé dans certains fours à l'état de coke), ce qui pour 100 kilogrammes de verre fait. . . . . Charbon   63 —

Total. . . . . 340 kilogr.

La dépense en combustible est donc de 340 kilogrammes de charbon qui, à 2 francs, font 6 fr. 80 c.

4° *Main-d'œuvre de fonte.* — Nous avons dit, à l'article de la fonte du verre, que l'équipe de fonte se composait d'un chef fondeur qui est en même temps tiseur, d'un deuxième tiseur et de deux manœuvres.

Nous compterons :

Pour le fondeur, par fonte.	4 fr.	50 c.
Pour le deuxième tiseur.	5	75
Deux manœuvres, à 2 fr. 50 c. chacun.	5	»
Le tiseur de travail.	5	75
Total pour 1,920 kilogrammes de verre.	17 fr.	» c.

Soit par 100 kilogrammes de verre, 88 centimes.

5° *Main-d'œuvre de soufflage.* — Pendant un temps très-long, tant que les ouvriers verriers ont pu maintenir le privilége qu'ils s'étaient arrogé de concentrer exclusivement dans leur descendance mâle le soufflage des manchons, le prix du soufflage des mesures courantes 69 sur 54, etc., avait été invariablement de 10 centimes, ce qui, pour un travail de 120 feuilles, faisait la somme de 12 francs pour un travail répété vingt-cinq fois dans le mois. Depuis que les verreries belges ont fait des apprentis qui n'étaient pas *du sang,* et qu'à leur suite quelques verreries françaises ont aussi formé d'autres élèves, le prix des mesures courantes a varié suivant les localités : il a été de 9, de 8 et même de 7 centimes. Toutefois, en raison de ce que les 120 feuilles portées par nous comme produit net ont dû provenir d'au moins 125 feuilles *payées* au souffleur, nous porterons en dépense seulement 120 feuilles à 10 centimes, soit 12 francs. Ce prix comprend le salaire du gamin ; nous avons donc 12 francs pour 240 kilogrammes de verre, soit 5 francs par 100 kilogrammes de verre. Ce prix peut comprendre les primes que, dans certaines verreries, on alloue aux souffleurs pour des quantités proportionnelles de premier et de deuxième choix.

Nous aurions pu donner ici un tarif complet de la main-d'œuvre des verriers souffleurs, mais ce tarif varie de verrerie à verrerie ; les prix sont le plus souvent fixés de gré à gré entre le maître de verrerie et le souffleur : ils dépendent de l'habileté de l'ouvrier, de la quantité de grandes mesures qu'on peut avoir à souffler dans la verrerie, car il ne s'agit ici que des mesures au-dessus des mesures courantes, simples ou doublées, en verre ordinaire de 1 et demi à 2 millimètres d'épaisseur. Il nous suffira de donner quelques indications générales : ainsi, le verre double, c'est-à-dire de 3 à 4 millimètres d'épaisseur, se paye dans les mesures courantes le double du verre de force ordinaire, soit de 16 à 20 centimes.

Pour les mesures en verre simple ou double dépassant les mesures ordinaires, on convient avec le souffleur qu'il sera payé 13, ou 15, ou 18 francs pour sa journée, suivant la grandeur des mesures, à la condition de vider son pot à l'égal des souffleurs pour les mesures ordinaires, cela dans le cas où chaque ouvrier a un pot qui lui est exclusivement affecté ; si le nombre des pots ne correspond pas au nombre d'ouvriers, que ceux-ci soufflent sur un four de travail, on estime les feuilles à souffler d'après leur surface, et, par conséquent, leur poids, de manière à calculer la quantité que le souffleur peut faire de ces mesures pour produire la même quantité en surface et en poids que les ouvriers qui font les mesures courantes, et on en base le prix de manière à produire pour l'ouvrier une journée de 13, 15, 18 francs, suivant la grandeur des mesures, la force et l'habileté nécessaires pour les bien faire.

Il arrive souvent que dans une verrerie où il n'y a qu'un ou

deux verriers soufflant les grandes mesures, on les paye à un prix
fixe par journée, ou même par mois; ce prix va de 350 à 450 et
quelquefois même jusqu'à 500 francs par mois. Cette méthode
est très-vicieuse: l'ouvrier n'est plus stimulé à produire le plus
possible, et, quelque consciencieux qu'il puisse être, il ne tarde
pas à se relâcher et à ne produire qu'un minimum.

Nous avons donné un aperçu des prix payés aux souffleurs de
verre à vitre; mais il est entendu que ces prix sont pour des
manchons soigneusement faits: si l'ouvrier a négligé d'écrémer
son verre (dans le cas où c'est lui qui est chargé de ce soin), s'il se
rencontre dans des manchons de larges bouillons de cueillage,
des *bouillons de canne* provenant du cueillage fait avec une canne
malpropre, trop chaude, ces manchons ne doivent pas être payés
à l'ouvrier, pas plus que ceux qui seraient soufflés d'inégale épaisseur; mais il doit se rencontrer peu de ces derniers; un ouvrier
qui ne souffle pas le verre d'égale épaisseur, dont les manchons
ne sont pas réguliers, doit être congédié, et renoncer à l'état de
verrier. Quelque bas prix qu'on le payât, ce serait toujours beaucoup trop cher, car il y aurait chaque jour à réaliser sur le produit
de son travail une perte énorme: casse au fendage, casse à l'é-
tendage, et mauvais verre en magasin.

6° *Frais d'étendage.* — Nous avons déjà évalué les dépenses du
chauffage des fours à étendre, que nous avons comprises dans
l'article combustible, il nous reste à évaluer la dépense de main-
d'œuvre.

Dans les anciens fours à étendre, un bon ouvrier étendeur
pouvait étendre de 35 à 40 feuilles de verre, force ordinaire des
mesures courantes, *et non au lagre;* mais depuis qu'on a abandonné cet étendage barbare, et qu'on se sert de fours continus de
pierres à étendre mobiles, avec recuisson sur chariots, la pierre à
étendre qui revient du four à refroidir a perdu une partie de sa
chaleur; l'étendage va beaucoup moins vite, mais on n'a plus de
verre rayé par le frottement sur la pierre; on ne peut guère
étendre par heure que 25 à 30 feuilles des mesures ordinaires, et
en raison des interruptions qui ont lieu lorsque les étendeurs se
relayent, quand on tise, qu'on remet un nouveau chariot de recuisson, il ne faut pas compter plus de 300 feuilles par douze
heures, soit 600 par vingt-quatre heures, et 15,000 pour vingt-
cinq jours de travail dans le mois.

Ces 600 feuilles sont étendues par deux étendeurs à 140 francs par mois, soit. . . . . 280 francs.

Chaque étendeur a un gamin pour nettoyer les manchons et les entrer dans la trompe : ces deux gamins à 35 francs par mois, soit. . . . . 70 »

En outre, chaque étendeur a un ferrassier pour entrer, tirer et vider les chariots de recuisson; nous compterons les deux ferrassiers à 65 francs, soit. 130 »

———————

480 francs.

Il est convenable, en outre, de compter les gages d'une équipe de relais pouvant servir pour trois fours à étendre; nous ajouterons donc un tiers à la dépense ci-dessus, soit . . . . 160 »

———————

Ce qui fait un total de . . . . 640 francs, pour la main-d'œuvre d'étendage de 15,000 feuilles pesant 30,000 kilogrammes, soit 2 fr. 13 c. par 100 kilogrammes.

A cette dépense de main-d'œuvre il faut ajouter la dépense du matériel. Un four à étendre continu, y compris ses armatures, peut être estimé à environ. . . . . 2,100 francs, sans y comprendre les chariots de recuisson, dont chacun coûte, soit qu'il soit fait en partie en fonte, en partie en fer forgé, ou tout en fonte, environ 120 francs. Il faut en compter 12 par four, soit. . 1,440 »

Le chariot qui porte la pierre à étendre coûte aussi. . . . . 120 »

Nous ajouterons encore, pour dépense de pierres à étendre et autres menus frais. . . . . »

———————

Total. . . . . 3,800 francs.

La dépense première doit entrer dans les comptes d'établissement d'une verrerie, mais un four à étendre n'a qu'une durée assez limitée, ou, du moins, il y a lieu de temps en temps à des réparations ; les chariots de recuisson exigent aussi des réparations, et nous pensons qu'il y a lieu de compter annuellement le tiers de la dépense totale comme entretien, en y comprenant les outils, krabb, fourche, soit 1,233 francs, pour une production annuelle de 360,000 kilogrammes, soit par 100 kilogrammes, 34 centimes.

Nous avons donc pour main-d'œuvre par 100 kilogrammes
de verre. . . . .   2 fr. 13 c.
Pour entretien des fours à étendre. . . . .   »   34
                                                   _____
                          Total. . . . .   2 fr. 47 c.

Mais il y a de la casse dans l'opération de l'étendage, et elle est
au moins généralement de 4 pour 100; dans certains établissements,
on ne peut l'évaluer à moins de 6 pour 100 ; nous prendrons une
moyenne de 5 pour 100, en faisant observer que nous avons eu
déjà égard, à l'article des matières premières et du soufflage, au
déchet qui a lieu dans toute l'opération; il ne nous reste qu'à
appliquer les 2 fr. 47 c., frais d'étendage ci-dessus, à 95 kilogrammes de verre au lieu de 100, ce qui portera le prix des 100 kilogrammes à 2 fr. 60 c.

7° *Frais de magasin et de coupe.* — Il faut, en général, compter
trois coupeurs de verre par chaque four, dont deux maîtres et un
apprenti :

Un coupeur chef de magasin, faisant exécuter les commandes,
du prix de. . . . .   140 fr. » c.
Un deuxième coupeur. . . . .   120 »
Un apprenti.   40 »
Pour porter le verre de l'étenderie au magasin,
puis à l'emballage : deux hommes peuvent faire ce
travail pour deux fours, nous en compterons donc
un à 75 francs, ci. . . . .   75 »
 Il y a des établissements où les coupeurs fournissent les diamants, d'autres où on les leur fournit :
nous prendrons cette dernière supposition, et nous
évaluerons à 75 francs par an la dépense d'achat et
de remontage des diamants, soit par mois. . . . .   6 » 25
                                                   _____
                          Total. . . . .   381 fr. 25 c.

Cette dépense s'applique à 48,000 kilogrammes, ce qui fait
80 centimes par 100 kilogrammes.

8° *Emballage.* — Un emballeur peut emballer tout le produit
d'un four, ayant seulement un gamin pour l'aider.

Un emballeur, par mois . . . . , ... 120 francs.
Un gamin. . . . . 40 »
Pour 48,000 kilogrammes. . . . . 160 francs.
Soit par 100 kilogrammes pour main-d'œuvre . . 0 fr. 33 c.
Une caisse pour 100 kilogrammes de verre em-
ployé 11 mètres de volige à 15 centimes. 1 fr. 65 c.
350 grammes de pointes à 60 c. . . » 21 } 2 26
Main-d'œuvre. . . . . » 20
Foin et paille. . . . . » 20
Total des frais d'emballage par 100 kilogrammes. 2 fr. 59 c.

C'est ici le lieu de faire remarquer que le verre se vend généralement franc d'emballage, c'est pourquoi nous avons dû faire
entrer la caisse dans le prix du verre.

9° *Menuiserie, forge.* — Dans une verrerie à trois fours de verre
à vitre, il y a du travail constant pour un menuisier-charpentier,
pour préparer les blocs des verriers, les polissoirs, réparer les
chevalets, les portoirs de verre, etc.

La dépense de ce menuisier par mois est de. . . 140 francs.

Son travail consiste principalement en réparations, mais il y a parfois lieu à remplacer : on peut
compter qu'il peut user par mois un stère de bois de
travail. . . . . 60 »

Les souffleurs de trois fours peuvent user par
mois soixante blocs [1], qui peuvent coûter. . . . . 135 »

Les dépenses accessoires d'outils, clous, etc.,
peuvent être évaluées à. . . . . 15 »

Un forgeron peut également suffire à l'entretien
des outils de trois fours, réparation de cannes, etc.
Nous ne comprenons pas dans son travail les réparations des chariots d'étendage, que nous avons estimées d'autre part ; un forgeron peut coûter. . . . 140 »

Il peut consommer pour les trois fours, par mois,
100 kilogrammes de fer à 40 centimes . . . . 40 »

Nous supposerons l'emploi par mois de 2 tonnes
de charbon à 20 francs, soit. . . . . 40 »

Total pour 144,000 kilogrammes de verre . . . . 570 francs,
soit 40 centimes par 100 kilogrammes de verre. -

[1] Bien que l'emploi des blocs en métal commence à se généraliser, nous maintien-
drons cette dépense, qui n'est pas beaucoup diminuée par l'emploi des blocs en métal.

10° *Loyer, impôts.* — On peut évaluer à 180,000 francs la dépense nécessaire pour établir une verrerie à trois fours dans des
conditions ordinaires ; le loyer de cette verrerie ne doit pas être
établi sur le pied d'un intérêt à 5 pour 100, nous ne pensons pas
qu'on doive le porter à moins de 6 pour 100. . . .   10,800 francs.

L'impôt foncier et la patente peuvent être
portés à.   1,400   »

Total de la dépense pour trois fours. . . . .   12,200 francs.

Cette dépense s'applique à une production de 1,728,000 kilogrammes de verre, ce qui fait 77 centimes par 100 kilogrammes
de verre.

11° *Dépenses de gestion et direction, frais généraux.* — Ces dépenses, pour trois fours, peuvent être évaluées d'après les bases
suivantes pour l'année :

Un directeur . . . .   8,000 francs.

Deux contre-maîtres pour les fours de fonte et
étenderies, à 1,500 francs.   3,000   »

Deux commis aux écritures, dont un caissier. .   3,600   »

Un garde-magasin de matières premières. . . .   1,500   »

Frais de bureau, ports de lettres.   1,200   »

Assurance contre l'incendie.   500   »

Eclairage.   1,500   »

Réparations des bâtiments, toiture, etc   2,000   »

Total. . . . .   21,300 francs.

A ces frais il convient d'ajouter l'intérêt d'un capital de roulement qui, pour une vente annuelle s'élevant à environ 700,000 fr.,
ne doit pas être moindre de 150,000 francs.

Si donc aux. . . . .   21,300 francs
qui précèdent, nous ajoutons l'intérêt à 5 pour
100 de ce capital, soit   7,500   »

nous avons un total de frais généraux de. . . .   28,800 francs,
qui, répartis sur une production de 1,728,000 kilogrammes,
font par 100 kilogrammes 1 fr. 67 c.

Résumant donc toutes les dépenses précédemment énoncées,
nous trouvons que 100 kilogrammes de verre à vitre coûtent :

1º Pour les fours et pots......................	» fr.	98 c.
2º Pour les matières premières...............	5	60
3º Combustible............................	6	80
4º Main-d'œuvre de fonte...................	»	88
5º Main-d'œuvre de soufflage................	5	»
6º Frais d'étendage........................	2	60
7º Magasin, coupe.........................	»	80
8º Emballage..............................	2	59
9º Menuiserie, forge.......................	»	40
10º Loyer, impositions......................	»	77
11º Frais généraux, direction, loyer des capitaux.	1	66
Total....................	28 fr.	08 c.

Nous avons dit que les mesures courantes, qui pèsent 2 kilogrammes, avaient une surface moyenne de $0^m,4513$, cela met le prix du mètre superficiel à 1 fr. 244 c., nous mettrons 1 fr. 25 c.

Si nous voulons établir le compte par potée de verre, la dépense devra s'appliquer à une production de 120 feuilles de 2 kilogrammes, soit 240 kilogrammes. Nous aurons donc à multiplier par 2,40 chacune des dépenses, et nous aurons pour la potée :

1º Fours et pots...........................	2 fr.	35 c.
2º Matières premières......................	13	44
3º Combustible............................	16	32
4º Main-d'œuvre de fonte...................	2	12
5º Main-d'œuvre de soufflage................	12	»
6º Frais d'étendage........................	6	24
7º Magasin et coupe.......................	1	92
8º Emballage..............................	6	22
9º Menuiserie, forge.......................	»	96
10º Loyer, impositions......................	1	84
11º Frais généraux, gestion, etc..............	5	99
Total....................	67 fr.	40 c.

Ce prix de $0^r,2808$ le kilogramme, soit $56^c,16$ la feuille de 2 kilogrammes, et de 1 fr. 25 c. le mètre superficiel, indique le prix de revient sur le lieu de la production, c'est-à-dire au magasin de la verrerie, et comme le verre est généralement vendu franc de port dans les grands centres de consommation ou dans les ports d'embarquement, on ne doit pas compter moins de 2 francs par 100 kilogrammes de ce chef de dépense; puis, les fabricants de verre ont généralement un agent pour la vente de leur verre à qui ils font une remise de 50 centimes à 1 franc par caisse de

26

60 feuilles : il faut donc augmenter de 2 fr. 50 c. le prix des 100 kilogrammes que nous avons précédemment trouvé, ce qui fait 30,58 le prix des 100 kilogrammes, et 1 fr. 35 c. le prix du mètre superficiel.

Si donc la verrerie a trois fours à 8 pots et produit 1,728,000 kilogrammes de verre, la dépense aura dû être de 528,422 fr. 40 c.

Si 25 pour 100 de cette production ont été, par le fait de la casse à l'étenderie ou au magasin, divisés en petits carreaux, soit 432,000 kilogrammes, cette quantité, représentant 86,400 mètres n'aura pas pu être vendue plus de 1 fr. 10 c. le mètre (à raison de 10 francs les 100 pieds carrés anglais pour l'exportation).

86,400 mètres à 1 fr. 10 c........................	95,040 fr.	» c.
Reste 1,296,000 kilogrammes qui, vendus en mesures courantes et au prix net de 75 centimes, soit 37,5 le kilogramme, font........................	486,000	»
Total................	581,040 fr.	» c.
La dépense ci-dessus........................	528,422	40
Bénéfice indépendant des intérêts................	52,618 fr.	60 c.
Si les 1,382,400 kilogrammes en feuilles ont été vendus sur le pied de 80 centimes, soit 40 centimes le kilogramme, cela fait une augmentation de........	34,560	»
Et un bénéfice total de........................	87,178 fr.	60 c.

Ce bénéfice paraît sans doute brillant, mais nous devons faire remarquer que nous avons supposé une fabrication régulière, sans accidents ; qu'une négligence peut souvent avoir de bien funestes conséquences ; un pot cassé par faute d'un tiseur qui aura laissé percer sa grille peut entraîner la casse de plusieurs autres pots, vous aurez perte de matières, absence de production, avec les mêmes frais généraux. Il faut ensuite le bénéfice de bien des journées pour réparer ce désastre.

Si nous divisons le compte d'année que nous avons exposé, qui représente pour chacun des trois fours douze fois vingt-cinq ou trois cents journées, nous aurons :

Pour produit d'une journée d'un four................	645 fr.	60 c.
Et pour dépense d'une journée d'un four............	587	14
Soit en bénéfice............	58 fr.	46 c.

Si nous comptons les mesures ordinaires à 80 centimes, nous avons pour produit 688 fr. 64 c., et pour bénéfice 101 fr. 50 c.

Indépendamment des accidents de pots, nous avons les fontes mal conduites, d'où peut résulter du verre pierreux, dont à peine moitié arrivera au magasin et en choix inférieur. La marge de bénéfices n'est donc pas aussi large qu'on pourrait le croire d'abord : en verrerie, plus peut-être qu'en aucune autre industrie, les résultats dépendent d'une grande surveillance, d'un zèle et d'une régularité soutenus de la part des ouvriers, et je me plais, du reste, à reconnaître de nouveau ici qu'il y a peu de classes d'ouvriers dont la conduite et l'assiduité dans les ateliers soient plus irréprochables.

Nous allons à présent reprendre les dépenses qui concourent à la production du verre, pour établir la proportion qui existe entre elles.

De ce compte, précédemment établi, il résulte que la dépense de :

1° Fours et pots entre dans la dépense totale pour.......	3,49 pour 100.
2° Les matières premières..........................	19,94 —
3° Le combustible...............................	24,22 —
4° La main-d'œuvre de fonte.......................	3,13 —
5° La main-d'œuvre de soufflage.	17,81 —
6° Les frais d'étendage..........................	9,26 —
7° La dépense de magasin et de coupe.	2,85 —
8° L'emballage.	9,25 —
9° La menuiserie et la forge.......................	1,42 —
10° Loyer, impositions............................	2,73 —
11° Dépenses de gestion, direction, loyer des capitaux...	5,92 —
Total	100,00

C'est en faisant ainsi la décomposition des comptes qu'on peut le mieux apprécier sur quelles spécialités il y aurait lieu de s'efforcer de faire porter des économies. Mais que le fabricant se rappelle sans cesse que ce sont de tristes économies que celles qui tendent à diminuer le salaire des ouvriers. La véritable économie consiste dans l'ordre, dans le bon emploi des matières premières en veillant strictement à ce qu'il n'y en ait pas de perdues; dans un judicieux emploi des forces et de l'habileté des ouvriers, de manière à obtenir le plus de produit utile d'un salaire déterminé, et enfin surtout dans la simplification et le perfectionnement des procédés de fabrication.

COMPARAISON AVEC LE PRIX DE REVIENT EN BELGIQUE.

Nous pouvons dire *à priori* que le prix de revient du verre à vitre est moindre en Belgique qu'en France, car la main-d'œuvre, qui entre pour environ un tiers[1] dans le prix du verre, doit être à meilleur marché dans un pays où la plupart des denrées, telles que le sucre, le café, le tabac et autres, qui sont des articles de grande consommation pour les ouvriers, sont à un prix moindre qu'en France ; la houille est aussi à meilleur marché en Belgique ; les verreries belges se trouvent singulièrement favorisées par leur proximité des mines de charbon, de sable, de terre réfractaire, de chaux, des fabriques de sulfate de soude. Il n'est donc pas un seul des éléments de la fabrication du verre à vitre qui ne soit à meilleur marché en Belgique qu'en France.

Nous allons entrer dans quelques détails relatifs à ces différences :

Les verreries belges payent leur terre réfractaire environ 2 francs les 100 kilogrammes rendus à la verrerie ; nous avons compté 4 fr. 50 c. pour les verreries de France ; chaque pot, d'après cela, ne coûterait en Belgique que 23 fr. 50 c., et même, en raison de la différence de main-d'œuvre, il conviendrait de le porter à 23 francs seulement ; la différence provenant du prix de la terre réfractaire appliquée au four fait aussi pour ce four une dépense de 135 francs par mois au lieu de 160 francs, ce qui, pour l'ensemble de ce chapitre, fait une dépense par 100 kilogrammes de 76 centimes au lieu de 98 centimes.

Matières premières. — Les Belges payent le sable de 70 à 80 centimes les 100 kilogrammes, le sulfate de soude 12 francs, et, par conséquent, les 172 kilogrammes de composition, que nous avons évalués à 6 fr. 75 c., ne leur coûteraient guère que 6 fr. 19 c., en sorte que, au lieu de 5 fr. 60 c. pour les matières premières, nous n'avons à porter que 4 fr. 82 c.

Combustible. — Les Belges payent en moyenne 15 francs la tonne que nous avons portée pour 20 francs ; la dépense par 100

[1] Nous disons un tiers environ, parce qu'en réunissant la main-d'œuvre relative au soufflage, à l'étendage, à la fonte et aux divers autres chapitres, on arrive à peu près à ce résultat.

kilogrammes de verre est donc au lieu de 6 fr. 80 c., de 5 fr. 10 c.

Le chapitre de main-d'œuvre de fonte devra être diminué de la différence des salaires payés en Belgique et en France, et qu'on peut évaluer en général à 8 pour 100 ; ainsi, un ouvrier, payé 120 francs en France, n'est guère payé que 110 francs en Belgique, etc. Nous réduirons donc cette main-d'œuvre de 88 centimes à 81 centimes.

Il en sera de même de la main-d'œuvre du soufflage, qui sera réduite de 5 francs à 4 fr. 60 c.

Les frais d'étendage seront également réduits de 2 fr. 60 c. à 2 fr. 40 c.

Les frais de magasin et coupe de 80 centimes à 74 centimes.

Les frais d'emballage sont peu différents, à cause du prix du bois; il y a lieu toutefois de porter 5 pour 100 de moins, à cause de la main-d'œuvre, soit 2 fr. 46 c. au lieu de 2 fr. 59 c.

La menuiserie et la forge à 5 pour 100, aussi à cause du bois, soit 37 centimes au lieu de 40 centimes.

La dépense de loyer et impositions doit être moindre, car on peut construire à meilleur marché en Belgique, où la main-d'œuvre, les briques et le fer coûtent moins qu'en France ; nous pensons qu'on doit évaluer à environ 10 pour 100 la différence entre les deux pays, et, en conséquence, les 81 centimes que nous avons portés pour ce chapitre seront réduits à 73 centimes.

Enfin les dépenses de gestion et frais généraux, qu'il convient de diminuer, comme la main-d'œuvre, de 8 pour 100 pour ce qui concerne les salaires, doivent être réduites pour ce qui concerne le loyer des capitaux, car il doit falloir un capital de 10 pour 100 moindre environ. Cette dépense se trouve donc réduite à 1 fr. 50 c.

Résumons donc ces dépenses pour la Belgique, nous trouvons pour :

Les pots et fours	» fr.	76 c.
Matières premières	4	82
Combustible	5	10
Main-d'œuvre de fonte	»	81
Main-d'œuvre de soufflage	4	60
Étendage	2	40
Magasin	»	74
Emballage	2	46
Menuiserie, forge	»	37
Loyer, impositions	»	73
Gestion, frais généraux	1	50
Total	24 fr.	29 c.

Ce qui met le prix du mètre à 1 fr. 08 c., qui coûte à la verrerie française 1 fr. 25 c.

Il est bien entendu que nous avons supposé des verreries en France et en Belgique dirigées d'après les mêmes bases de fabrication ; c'était le seul mode de comparaison possible.

Par le traité de commerce entre la France et la Belgique, les verres à vitre belges, dont nous avons établi la valeur par 100 kilogrammes à 24 fr. 29 c., ont à payer, pour entrer en France, un droit d'entrée par 100 kilogrammes de 3 francs, ce qui met le prix du verre belge entré en France à 27 fr. 29 c.; à quoi il faut ajouter le prix du transport en France, et comme d'ailleurs, les verreries belges, dont le grand centre est à Charleroi, sont très-voisines des verreries du Nord, on peut en conclure que les fabricants de verres à vitre belges sont placés à peu près dans les mêmes conditions que les fabricants français pour l'alimentation de notre marché, et que le traité s'est montré très-libéral vis-à-vis de la Belgique.

Comparaison avec les prix de revient en Angleterre. — Nous allons aussi établir la comparaison avec les verreries de l'Angleterre, mais les conditions de fabrication sont si différentes que nous ferons ressortir les résultats qui pourraient être, plutôt que ceux qui sont réellement obtenus.

Sur le chapitre des fours et pots, nous pensons qu'il y aurait à peu près parité entre la fabrication française et la fabrication anglaise; car si, d'une part, la fabrication anglaise paye généralement l'argile à un prix plus bas, les ouvriers, d'autre part, sont payés plus cher, ce qui fait à peu près compensation.

Pour les matières premières, il n'y a pas de notables différences. Le sable commun est plus cher en Angleterre que le beau sable en France, car on le paye dans les environs de 15 francs la tonne, ce que nous avons porté à 10 francs. Pour l'équivalent du sable français, il faut payer environ 25 francs la tonne.

Le sulfate de soude est beaucoup meilleur marché en Angleterre : il ne vaut que 10 francs les 100 kilogrammes.

En résumé, voici le prix auquel revient la composition :

100 kilogrammes de sable, à 25 francs les 1,000 kilogrammes.	2 fr.	50 c.
36 de sulfate de soude, à 10 francs les 100 kilogrammes....	3	60
35 de carbonate de chaux, à 1 fr. 60 c....................	0	56
0,5 de manganèse, à 25 francs................	0	12,5
0,5 d'arsenic, à 30 francs...............................	0	15
Total...............................	6 fr.	93 c.

ce qui coûte au fabricant français 6 fr. 75 c.; il y a presque parité.

Le combustible est à un prix infiniment moindre en Angleterre : il y a des verreries placées dans la proximité des mines de houille *qui ne payent pas le charbon qu'elles consomment*; les propriétaires de la mine s'estiment satisfaits que ces verreries débarrassent les abords de leurs puits de tout le charbon fin, ne vendant et n'expédiant que le charbon en morceaux et gaillettes; ce charbon ne coûte donc que le transport à quelques centaines de mètres; d'autres verreries obtiennent leur charbon tout-venant à moins de 3 shillings (soit 3 fr. 75 c.) la tonne, c'est-à-dire les 1,000 kilogrammes; ce charbon étant un charbon maigre, ces verreries ont besoin d'acheter, d'autre part, des charbons gras qu'elles payent plus cher, mais toutefois le prix moyen du charbon pour un verrier ne dépasse pas 5 à 6 shillings la tonne rendue à la verrerie, soit 7 fr. 50 c. les 1,000 kilogrammes.

Les 340 kilogrammes de charbon que nous avons comptés pour 100 kilogrammes de verre ne coûteraient donc que 2 fr. 55 c. au lieu de 6 fr. 80 c.

La main-d'œuvre de fonte ne diffère guère de ce qu'elle est en France, parce que ces ouvriers sont comparativement payés moins en Angleterre qu'en France.

Les souffleurs ont un salaire beaucoup plus élevé en Angleterre qu'en France; ce sont pour plus de moitié des ouvriers français et belges. Un verrier qui gagnerait en France 300 francs par mois, gagne au moins 100 francs par semaine, soit 430 francs par mois, et il n'a pas de gamin à payer, mais comme, par le système des fours de travail, on peut faire souffler à chaque ouvrier une plus grande quantité de verre, on peut estimer que cet ouvrier, qui gagne 430 francs par mois, gagnerait en France au moins 390 à 400 francs pour la même quantité de verre : on peut compter que cette main-d'œuvre ne coûte pas plus de 8 pour 100 de plus qu'en France. Elle serait donc de 5 fr. 40 c. au lieu de 5 francs par 100 kilogrammes de verre.

Les étendeurs sont presque tous Anglais et n'ont pas généralement un gage plus élevé qu'en France, eu égard à la quantité de verre étendue; et, si d'ailleurs, il y avait à porter un petit excédant de main-d'œuvre, ce petit excédant serait compensé par un prix moindre payé pour les appareils mécaniques des fours et pour le combustible.

Pour le magasin, il y a lieu d'augmenter la somme que nous avons portée pour ce chapitre, parce qu'on détaille beaucoup plus le verre dans les verreries anglaises, qui reçoivent un bien plus grand nombre de commandes sur mesures déterminées. Nous porterons en conséquence 90 centimes, au lieu de 80 centimes pour cette dépense.

L'emballage n'est pas plus cher, les verriers obtenant à très-bas prix les bois qui servent à faire les caisses, et ayant les clous aussi à très-bas prix.

Nous porterons aussi au même taux les dépenses de forge, menuiserie.

Le loyer et les taxes devront être portés à un prix plus élevé, car bien que les constructions ne soient pas en général d'un prix plus élevé, toutefois on peut dire que les verreries sont bâties d'une manière plus substantielle. Nous porterions donc 89 au lieu de 81.

Les dépenses de gestion et frais généraux doivent aussi être portées à un taux plus élevé. Nous porterons ainsi pour ce chapitre 2 francs au lieu de 1 fr. 66 c.

Résumant donc ces chapitres, nous aurons pour le prix de 100 kilogrammes de verre à vitre :

Fours et pots..............................	» fr.	98 c.
Matières premières.........................	5	90
Combustible...............................	2	55
Main-d'œuvre de fonte......................	»	88
Main-d'œuvre de soufflage..................	5	40
Frais d'étendage...........................	2	60
Magasin, coupe............................	»	90
Emballage.................................	2	59
Menuiserie, forge..........................	»	40
Loyer, impositions.........................	»	29
Frais généraux, gestion, direction, etc........	2	»
Total......................	25 fr.	09 c.

au lieu de 28 fr. 08 c. pour la fabrication française, et 24 fr. 29 c. pour la fabrication belge.

Nous voyons ainsi que le prix de revient pour la verrerie anglaise serait à peu près pareil au prix de revient belge, et inférieur de plus de 10 pour 100 au prix de France. Le prix du verre anglais en épaisseur ordinaire serait ainsi de 1 fr. 12 c. le mètre superficiel, ce qui mettrait le prix du pied carré anglais à 10 c. 18, soit à très-peu près un penny (denier anglais).

Le résultat que nous venons d'indiquer est celui que l'on déduit des conditions d'une bonne direction française ; mais tel n'est pas le résultat obtenu en Angleterre par une direction très-habile aussi sous d'autres rapports.

Ainsi que nous l'avons fait remarquer, le fabricant anglais s'attache surtout à produire le plus possible de verre des choix supérieurs, et il y réussit de manière à ne pouvoir être rivalisé sous ce rapport par les verriers de France et de Belgique. Les Belges envoient d'assez grandes quantités de verre à vitre en Angleterre, mais en deuxième choix qui équivaut au quatrième anglais ; ils prennent bien des commandes pour premier choix, mais d'abord ils n'acceptent ces commandes que comme complément dans une petite proportion de leur deuxième choix, et ne l'expédient même pas, ou du moins en très-faibles quantités. Les fabricants belges conviennent que pour faire du premier choix en plus grande proportion, il leur faudrait changer leur système de fabrication. Dans ce changement, il s'agirait surtout d'abandonner le four de fonte comme four de travail ; il faudrait des constructions nouvelles, l'ensemble de leur fabrication deviendrait plus coûteux, et comme ils n'obtiendraient pas un prix plus élevé de la grande masse de leur fabrication, qui est pour l'exportation, ils préfèrent conserver leur méthode actuelle.

Revenons à la fabrication anglaise, dont le prix de revient serait, avons-nous dit, de 10 pour 100 au-dessous du prix en France. La plus grande différence porte sur le combustible ; mais aussi, dans cet article de dépense, le fabricant anglais est d'une prodigalité dont on aurait de la peine à se faire une idée.

Lorsqu'il s'est agi d'évaluer la dépense en France pour les matières premières, nous avons dit qu'en raison des divers déchets de fabrication, il fallait, pour obtenir le poids de cent vingt feuilles ou 240 kilogrammes, calculer sur le poids de cent trente feuilles ou 260 kilogrammes, mais on serait loin de compte en établissant le même calcul pour l'Angleterre. Tandis que, dans le soufflage du verre en France, le groisil ne s'élève pas aux cinq douzièmes du poids des manchons, en Angleterre il forme plus des sept douzièmes. Les cueilleurs enverrent leurs cannes souvent sur une longeur de 15 centimètres, au lieu de faire attention à n'engager que 8 à

10 centimètres de la canne dans le verre. En France et en Belgique, on paye les souffleurs sur le nombre de leurs manchons après qu'ils sont fendus. En Angleterre, il y a des fendeurs spéciaux, qui cassent beaucoup de verre en le fendant au diamant, non pas que cette méthode soit mauvaise, mais parce qu'ils ne prennent pas les mêmes précautions que le souffleur qui n'est payé que pour les manchons fendus. Il y a ensuite beaucoup plus de casse dans les étenderies, et si, toutefois, tous ces groisils étaient soigneusement recueillis, comme ils doivent rentrer tous les jours dans les compositions, il ne devrait pas résulter une plus grande quantité de matières premières neuves employées pour la production d'une quantité donnée de verre; mais une partie de ce groisil est perdu dans les balayures des halles et des étenderies. Toutes ces pertes doivent porter au moins au poids de 150 kilogrammes la quantité de verre nécessaire pour en vendre 120. Ce qui fait qu'en définitive, le verrier anglais dépense plus que le verrier français, pour les matières premières.

Pour le combustible, les fabricants anglais ont, nous l'avons déjà dit, un luxe de consommation réellement prodigieux, d'après leur propre aveu, pour 100 kilogrammes de verre à vitre, ils consomment de 600 à 700 kilogrammes de charbon, tandis que nous n'en avons compté, pour la fabrication française, que 266 kilogrammes, et ainsi, par le fait, ils font, malgré le bas prix de leur charbon, une dépense en combustible égale à celle du verrier français. Nous devons convenir que pour avoir leurs belles qualités, les verriers anglais doivent prolonger leur fonte et leur affinage, et, par conséquent, consomment une plus grande quantité de charbon; mais ce serait leur accorder une grande marge que d'évaluer à moitié en sus la quantité de charbon nécessaire pour atteindre ce résultat. Il y a donc, quant à présent, à peu près parité entre le prix de revient du verre en manchons, en France et en Angleterre.

Nous craindrions de commettre quelques erreurs en voulant donner un prix exact de revient du verre à vitre en plateaux, en Angleterre; la matière première est à très-peu de chose près dans les mêmes proportions, par conséquent, au même prix que pour le verre à vitre en manchons. Nous avons dit, pour le combustible, que les verriers anglais l'estimaient à une tonne, soit 1,000 kilogrammes pour vingt plateaux; soit à 855 kilogrammes de houille pour 100 kilogrammes de verre, ce qui est encore supérieur à la consommation pour le verre à vitre. La main-d'œuvre ne s'élève pas à un chiffre aussi élevé ; les verriers qui font les plateaux n'ont jamais fait *caste*, et, par conséquent, cette main-d'œuvre est restée dans des conditions ordinaires. Un bon ouvrier de plateaux est payé à raison de 2 shillings 6 pence (3 fr. 10 c.) par cent plateaux ; les souffleurs le même prix. Les cueilleurs ne sont payés que 1 shilling 6 pence (1 fr. 85 c.) par cent plateaux. Une brigade fait par journée de cinq cents à cinq cent cinquante plateaux. Les premiers ouvriers gagnent 15 fr. 50 c. et les seconds 9 fr. 25 c. par journée ; mais il ne se fait jamais plus de quatre journées par semaine, et souvent trois. Ces ouvriers gagnent donc, au plus, 250 et 150 francs par mois.

Il n'y a pas de frais d'étendage, et, en somme, un poids donné de plateaux revient un peu meilleur marché que le verre à vitre en manchons ; mais il y a perte considérable à la coupe, puisqu'il faut décomposer un cercle en carrés, avec l'obstacle du centre, qui ne peut faire qu'un petit carreau à employer pour des vitrages d'étables ou autres lieux semblables.

Si de l'Angleterre nous passons à l'Allemagne, nous trouvons des conditions de travail tout à fait opposées ; tandis que, dans le premier pays, on est arrivé à se servir de pots qui jaugent plus de 2,000 kilogrammes de verre, on trouve encore en Allemagne des verreries dont les pots ne contiennent pas plus de 90 à 100 kilogrammes ; et ce sont de grands pots, dans ce pays, qui contiennent 160 à 180 kilogrammes. Ce n'est certes pas là une condition de travail à bon marché ; mais la main-d'œuvre, les matières premières, le combustible (généralement le bois), ne sont pas d'un prix élevé, et, en somme, nous pensons, d'après les indications que nous avons pu recueillir, que les prix de revient doivent être à peu près ceux de la Belgique. Les ouvriers allemands sont habiles, les maîtres de verreries très-ingénieux ; quand à ces qualités ils joindront la volonté d'établir de plus larges bases de fabrication, leur concurrence devra être bien redoutable pour les fabricants de Belgique, d'Angleterre et de France.

Nous finirons ce chapitre par une évaluation du prix de revient des verres de couleur.

Verre bleu. — Nous reportant à l'indication donnée précédemment sur la composition du verre bleu, nous commencerons par calculer le prix de la composition du verre blanc, qui lui sert de base, savoir :

100 sable, à 1 franc...........................	1 fr. » c.
35 carbonate de soude, à 50 francs...........	17 50
50 carbonate de chaux, à 2 francs.............	0 60
3 nitrate de soude, à 45 francs..............	1 55
168	20 fr. 45 c.

Cette composition revient brute à 12 fr. 18 c. les 100 kilogrammes.

Pour faire la composition du verre bleu nous prenons :

75 kilogrammes de la composition précédente, à 12 fr. 18 c...	9 fr.	44 c.
5 — de carbonate de soude, à 50 francs.........	2	50
140 — groisil bleu.........................	»	»
180 — groisil verre blanc, à 5 fr. 90 c.............	10	62
0k,8 d'oxyde de cobalt, à.55 fr. le kilogramme............	44	»
400k,8	66 fr.	56 c.

Nous n'avons pas donné de valeur au groisil de verre bleu, car le travail de la potée de verre donnera de nouveau à peu près la même quantité de groisil. Quant au groisil de verre blanc, qui remplace ici de la composition neuve, nous lui avons donné la valeur de la composition de verre blanc.

Le prix de la potée de verre bleu est donc de 66 fr. 56 c. — Au lieu de produire cent vingt feuilles comme pour le verre blanc, nous estimerons le produit à quatre-vingt-quatre feuilles seulement, parce que le verre de couleur se fabrique toujours un peu plus épais ; qu'il y a un peu plus de casse pendant le travail ; enfin, parce qu'il faut laisser plus de marge dans cette fabrication que dans celle du verre ordinaire. Quant aux autres frais, nous les appliquerons à quatre-vingt-quatre feuilles comme à cent vingt ; nous aurons donc :

Fours et pots, pour la potée.................	2 fr. 33 c.
Matières premières, comme ci-dessus...........	66 56
Combustible.................................	16 32
Main-d'œuvre de fonte......................	2 12
Main-d'œuvre de soufflage..................	12 »
Frais d'étendage...........................	6 24
Magasin, coupe.............................	1 92
Emballage.................................	6 24
Menuiserie, forge..........................	0 96
Loyer, impositions..........................	1 84
Frais généraux, gestion.....................	3 99
Total.....................	120 fr. 54 c.

Les quatre-vingt-quatre feuilles reviennent à 120 fr. 54 c. ; ce qui met la feuille à 1 fr. 43 c. Ce qui met le prix du mètre à 3 fr. 15 c., en épaisseur d'environ 2 millimètres.

Il est facile, d'après le compte précédent, de faire le calcul du prix de revient d'un verre bleu dont la couleur serait moins intense, et qu'on aurait coloré, par exemple, avec 3 à 400 grammes de cobalt au lieu de 800 grammes.

Nous allons établir le prix du verre bleu doublé.

Nous allons d'abord établir le prix de la composition que nous avons indiquée, p. 344.

100 kilogrammes de sable, à 1 franc.....................		1 fr.	» c.
90 — de minium, à 65 francs..................		58	50
25 — de carbonate de soude, à 50 francs........		12	50
6 — d'oxyde noir de cobalt, à 55 francs.........		330	»
221 kilogrammes.		402 fr.	00 c.

Cette composition revient à 183 francs les 100 kilogrammes. Nous supposerons d'abord qu'on fait ce verre dans un des huit pots du four, et qu'on renfourne la quantité nécessaire pour employer deux pots de verre blanc pour le doubler, soit 100 kilogrammes. Nous aurons donc trois pots occupés par cette fabrication de bleu doublé et qui ne produiront pas plus de soixante feuilles pour chacun des deux pots de verre blanc, car il faut remarquer qu'il y aura plus de casse que dans le verre bleu non doublé, et qu'il y aura des feuilles et parties de feuilles à mettre au rebut, parce que la couleur n'aura pas été également répartie.

Nous établirons donc ainsi la dépense totale :

Fours et pots, pour trois pots...................	7 fr.	05 c.
Matières premières pour le bleu...............	182	»
— pour deux pots de blanc......	26	88
Combustibles, pour trois pots...................	48	96
Main-d'œuvre de fonte pour trois pots...........	6	36
— de soufflage.....................	24	»
Frais d'étendage pour trois pots................	18	72
Magasin et coupe............................	3	84
Emballage pour deux pots.....................	12	44
Menuiserie, forge, pour deux pots..............	1	92
Loyer, impositions, pour deux pots.............	3	68
Frais généraux pour deux pots.................	7	98
Dépenses pour 120 feuilles....................	343 fr.	83 c.

Le prix de la feuille reviendra donc à 2 fr. 86 c. et le mètre à 6 francs; dans le compte de la dépense nous avons porté l'étendage et le magasin comme pour trois pots, en raison des soins plus grands que demande ce verre et du temps plus long qu'on y passe.

Si nous supposons que ce verre bleu a été fondu dans un petit four à quatre pots couverts, tel que nous l'avons décrit, nous prendrons d'abord les dépenses de ce petit four, soit par jour :

Pour deux tiseurs, à 4 francs chacun..............	8 francs.
700 kilogrammes de charbon, à 20 francs..........	14 —
Dépenses de fours, pots et outils [1]...............	10 —
Total...........................	32 francs.

La dépense, pour chacun des quatre pots, est donc de 8 francs.

Supposons deux pots enfournés en verre bleu, nous compterons toutes les dépenses comme suit :

Dépense du petit four......................	16 fr.	» c.
Matières premières du bleu.................	182	»
Dépense du grand four, fours et pots pour deux..	4	70
Matières premières pour deux pots............	26	88
Combustible pour deux pots.................	32	64
Main-d'œuvre de fonte pour deux pots.........	4	24
— de soufflage...............	24	»
Frais d'étendage pour trois pots.............	18	72
Magasin, coupe, pour trois pots.............	3	84
Emballage, pour deux pots.................	12	44
Menuiserie et forge......................	1	92
Loyer, impositions.......................	3	68
Frais généraux, gestion...................	7	98
Prix des 120 feuilles, à peu près	339 fr.	04 c.

Nous arrivons ainsi à peu près au même résultat; c'est dire combien il est préférable de faire le verre bleu doublé dans un petit four séparé, ce qui n'entrave pas les opérations du grand four dans lequel un pot en couleur et surtout en couleur aussi intense est toujours sujet à danger. Le pot dans lequel on doit enfourner la couleur reste vide une partie de la fonte, car il faut à peine six heures pour fondre les 100 kilogrammes de bleu; le pot vide souffre; puis une distraction peut faire gâter une autre

[1] Nous portons un peu élevés les frais de pots parce qu'il y a souvent lieu à changer les pots.

potée, si on emploie la même pelle à renfourner ; enfin le verre de couleur, dans la composition duquel entre l'oxyde de plomb, est sujet à être gâté par les parcelles de charbon qui peuvent y tomber. Nous ne saurions donc trop instamment conseiller de faire une partie des verres de couleur et surtout les verres doublés avec l'adjonction d'un petit four à pots couverts.

Verre violet. — La dépense, pour la composition du verre violet indiquée p. 348, sera ainsi qu'il suit :

100 kilogrammes de sable, à 1 franc...............	1 fr.	»	c.
50 — de carbonate de soude, à 50 francs.	15	»	
25 — de craie, à 2 francs...............	0	50	
5 — de nitrate de soude, à 45 francs...	2	25	
8 — de manganèse, à 21 francs........	1	68	
172 kilogrammes.	20 fr.	43	c.

Cette composition coûte 11 fr. 88 c. les 100 kilogrammes.

Nous mettrons dans le pot : 240 kilogrammes de la composition ci-
dessus (à 11 fr. 88 c. = 28 fr. 51 c.), ci............... 240 kil.
Et 160 kilogrammes de groisil violet de fabrication antérieure, ci. 160 —
400 kil.

Le prix de la potée, produisant quatre-vingt-quatre feuilles d'après les bases établies pour le verre bleu, sera de 82 fr. 47 c., ce qui donnera 98 centimes pour le prix de la feuille, et 2 fr. 17 c. pour le prix du mètre superficiel.

Si, pour avoir un verre violet évêque, on fait la composition indiquée p. 342, le prix de revient sera comme suit :

100 kilogrammes de sable, à 1 franc.............	1 fr.	»	c.
36 — de carbonate de potasse raffiné, à 110 francs................	39	60	
10 — de minium, à 65 francs........	6	50	
20 — de craie, à 2 francs.............	»	40	
5 — de nitrate de potasse, à 90 francs.	4	50	
8 — de manganèse, à 21 francs......	1	68	
183 kilogrammes.	53 fr.	68	c.

Soit 29 fr. 33 c. les 100 kilogrammes.

Le pot sera rempli avec un mélange de : 240 kilogrammes de la
composition ci-dessus (à 29 fr. 33 c. = 70 fr. 39 c.), ci....... 240 kil.
Et de 160 kilogrammes de groisil violet de fonte antérieure, ci... 160 —
400 kil.

Le prix de la potée, produisant quatre-vingt-quatre feuilles d'après les bases précédentes, sera de 124 fr. 40 c., ce qui mettra la feuille à 1 fr. 48 c., et le mètre superficiel à 3 fr. 25 c.

Passons au vert violet doublé fabriqué dans de petits pots couverts d'un four à part, et prenant la composition de la p. 350.

100 kilogrammes de sable, à 1 franc..............		1 fr.	» c.
90	—	de minium, à 65 francs..........	58	50
20	—	de carbonate de potasse, à 100 fr..	20	»
12	—	de nitrate de potasse, à 65 francs..	7	80
24	—	de manganèse, à 21 francs........	5	04
246 kilogrammes.			92 fr.	54 c.

Les 100 kilogrammes coûtent 37 fr. 54 c. Supposons, comme nous l'avons fait pour le bleu doublé, qu'on remplisse deux petits pots de cette composition, soit avec 100 kilogrammes; on obtiendra, en y consacrant deux pots du grand four deux fois, soixante feuilles qui coûteront, d'après la même base que pour le verre bleu doublé, 194 fr. 58 c., soit 1 fr. 62 c. la feuille, et 3 fr. 60 c. le mètre.

Verre jaune. — La dépense, pour la composition du verre jaune par le manganèse et le fer, indiquée p. 351, sera ainsi qu'il suit :

100 kilogrammes de sable, à 1 franc.............		1 fr.	» c.
52	—	de carbonate de soude, à 50 francs.	16	»
52	—	de craie, à 2 francs............	»	64
6	—	de nitrate de soude, à 45 francs...	2	70
22	—	de manganèse, à 21 francs.......	4	62
5k,5 d'oxyde de fer, à 50 francs..............		1	05
195k,5			26 fr.	01 c.

Soit 13 fr. 30 c. les 100 kilogrammes.

On complète un pot avec : 240 kilogrammes de cette composition (coûtant 51 fr. 92 c.), ci.................................	240 kil.
Et 160 kilogrammes de groisil jaune antérieur, ci..............	160 —
	400 kil.

Le prix de la potée, produisant quatre-vingt-quatre feuilles d'après les bases établies pour les verres bleus et violets, sera de 85 fr. 90 c., ce qui met la feuille à 1 fr. 02 c. et le mètre à 2 fr. 24 c.

Le verre jaune par le bois, p. 353, coûte ainsi qu'il suit :

100 kilogrammes	de sable, à 1 franc.............	1 fr.	» c.	
45 —	de carbonate de soude, à 50 francs.	22	50	
40 —	de craie, à 2 francs............	»	80	
4 —	de sciure de bois fraîchement coupé, pour mémoire........	»	»	
185 kilogrammes.		24 fr. 30 c.		

Soit 13 fr. 14 c. les 100 kilogrammes.

Pour la potée : 240 kilogrammes (31 fr. 53 c.), ci........ 240 kil.
Et 160 kilogrammes de groisil pareil, ci............... 160 —

D'après les bases ci-dessus, la potée de quatre-vingt-quatre feuilles reviendra à 85 fr. 71 c., ce qui met la feuille à 1 fr. 02 c. et le mètre à 2 fr. 26 c.

Verre jaune par l'argent. — Le prix de revient du mètre superficiel de verre ordinaire ayant été établi à 1 fr. 31 c., nous trouvions que le verre, résultant de la composition de la page 359, ne peut pas différer de beaucoup de valeur, mais nous avons dit que ce verre raffinait difficilement; il est dur à travailler, le souffleur ne pourra pas en faire la même quantité dans son travail. Nous estimerons à 1 fr. 85 c. le prix du mètre superficiel du verre destiné à être teint en jaune par l'argent, ci. . . . . 1 fr. 85 c.

On peut estimer à 5 grammes la quantité d'argent fin nécessaire pour teindre en jaune 1 mètre de verre, — il en faut réellement environ 7 grammes la première fois qu'on couche la mixture sur le verre ; mais nous avons dit que le médium qu'on brosse après la cuisson contenait encore une quantité assez forte d'argent. Nous croyons donc, en comptant 5 grammes, être dans le vrai, 5 grammes à 220 francs, font.. . . . . 1 10

L'ouvrier chargé du travail peut faire dans une journée 10 mètres; nous compterons par mètre. . . . . . . » 50

Nous compterons les frais de brossage, etc. . . . . » 50

Nous compterons pour les frais d'étendage, par mètre. » 25

Total du mètre de verre teint. . . . . 4 fr. 20 c.

Les frais généraux sont compris dans la valeur que nous avons assignée au verre à teindre, soit 1 fr. 85 c.; néanmoins, il con-

27

vient de porter une somme en sus pour cette branche spéciale du travail, puis de faire une allocation pour la casse à l'étendage et dans la manutention, en sorte qu'on devrait regarder 4 fr. 30 c. à 5 francs comme le prix de revient du mètre de verre teint en jaune par l'argent, ce qui met la feuille à 2 fr. 26 c.

Verres verts. — Nous nous contenterons de donner le prix de revient d'un seul des verres verts dont nous avons indiqué la composition, p. 361, parce que les autres ne diffèrent que par des proportions d'oxydes métalliques.

Prenons donc la première, nous avons :

100 kilogrammes de sable, à 1 franc......................	1 fr.	» c.
30 — de carbonate de soude, à 50 francs...........	15	»
25 — de carbonate de chaux, à 2 francs...........		46
7 — de nitrate de potasse, à 90 francs............	6	30
6 — d'oxyde de cuivre, à 2 francs le kilogramme.....	12	»
4 — d'oxyde de fer, à 30 francs le 100...........	1	20
3k,5 de bichromate de potasse, à 1 fr. 50 c. le kilogr.	5	25
173k,5	41 fr.	21 c.

Cette composition coûte 23 fr. 75 c. les 100 kilogrammes.

On remplira le pot avec : 240 kilogrammes de la composition ci-dessus (à 23 fr. 75 c. = 57 francs), ci .... 240 kil.
Et 160 kilogrammes de groisil du travail précédent, ci .... 160 —

400 kil.

Le prix de la potée produisant 84 feuilles, d'après les bases établies à la page 244, sera de 111 fr. 04 c., ce qui mettra le prix de la feuille à 1 fr. 32 c., et le prix du mètre à 2 fr. 93 c.

Pour les verts doublés dont nous avons indiqué la composition, le prix de revient sera comme suit :

100 kilogrammes de sable, à 1 franc....................	1 fr.	» c.
90 — de minium, à 65 francs................	58	50
25 — de carbonate de soude, à 50 francs......	12	50
3 — d'oxyde de fer, à 30 francs...........		90
2k,4 de bichromate de potasse, à 1 fr. 50 c....	3	60
0k,375 d'oxyde de cobalt, à 55 francs.........	20	62
221 kilogrammes.	97 fr.	12 c.

Soit, 43 fr. 95 c. les 100 kilogrammes.

Comme pour les autres verres doublés, nous remplissons deux petits pots avec 100 kilogrammes de cette composition, qui serviront à travailler deux pots du grand four, et produiront 120 feuilles qui, d'après les bases précédemment établies, coûteront 204 fr.

Soit, 1 fr. 67 c. la feuille, et 3 fr. 70 c. le mètre.

Verre rouge. — Nous donnerons les prix de revient du verre rouge, d'après trois modes de fabrication.

1re Composition de la page 366 :

100 kilogrammes	de sable, à 1 franc................	1 fr.	» c.
90 —	de minium, à 65 francs	58	50
32 —	de carbonate de potasse, à 110 francs.	35	20
15ᵏ,400	d'acide stannique, à 3 fr. 50 c.	53	90
0ᵏ,750	d'oxyde de cuivre, à 2 francs........	1	50
4ᵏ,100	de borate de soude, à 125 francs.....	5	12
0ᵏ,750	d'oxyde de fer, à 30 francs..........		23
243 kilogrammes.		155 fr.	45 c.

Soit, 64 francs les 100 kilogrammes.

Deux pots du petit four seront remplis pour 100 kilogrammes de cette composition, et pourront servir à doubler le verre blanc de deux grands pots, qui produiront 120 feuilles qui, d'après les bases établies, coûteront 221 fr. 64 c., soit 1 fr. 84 c. la feuille, et 4 fr. 05 c. le mètre.

2° Composition :

25 kilogrammes	de sable, à 1 franc	0 fr.	25 c.
50 —	de minium, à 65 francs.....	32	50
1ᵏ,200	d'oxyde de cuivre, à 2 francs.	2	40
3	d'acide stannique, à 3 fr. 50 c.	10	50
79ᵏ,200		45 fr.	65 c.

Cette composition ayant été fondue trois fois, on y ajoute vingt-cinq parties de verre obtenu de la composition ci-après :

100 kilogrammes	de sable, à 1 franc................	1 fr.	» c.
36 —	de carbonate de potasse, à 110 francs.	39	60
18 —	de chaux, à 1 fr. 50 c............		27
3 —	de minium, à 65 francs	1	95
157 kilogrammes.		42 fr.	82 c.

Ces 157 kilogrammes se réduisent à la fonte à 145 kilogrammes, mais en raison de quelques déchets au tirage à l'eau, nous compterons seulement 135, qui coûtent 42 fr. 82 c., soit 31 fr. 75 c. les 100 kilogrammes. Nous ne comptons pas la dépense de la fonte, parce qu'on fond ce verre dans les petits pots, qui ne sont pas occupés tout le temps de la fonte des grands pots. Les 25 kilogrammes coûtent donc en nombre rond 8 francs ; ajoutant ces chiffres à la dépense ci-dessus, nous avons 104 kilogrammes coûtant. . . . . 53 fr. 65 c.

Il faudra encore y ajouter 30 à 40 grammes de copeaux d'étain ou de tartrate de potasse; on peut donc compter, en nombre rond, que le remplissage de deux petits pots du petit four coûtera 55 francs, au lieu de 64 francs par la première méthode, ce qui est peu différent, et les 120 feuilles coûteront 212 francs au lieu de 221 francs, soit 1 fr. 77 c. la feuille, et 3 fr. 92 c. le mètre.

Nous allons à présent supposer que le verre est fait dans un des pots du grand four par la troisième méthode. On fond d'abord :

100 kilogrammes	de sable.	1 fr. » c.
75 —	de carbonate de soude, à 50 francs. .	37 50
20 —	de chaux, à 1 fr. 50 c.	30
10 —	d'oxyde de cuivre et de fer, à 2 francs.	20 »
10 —	d'acide stannique, à 3 fr. 50 c.	35 »
215 kilogrammes.		93 fr. 80 c.

Ce verre tiré à la poche et pilé, vous devez avoir un déchet d'environ 65 kilogrammes (il y a déjà perte de près de 45 kilogr. sur le carbonate de soude). Les 215 kilogrammes se réduisent donc à 155 kilogrammes, qui coûtent. . . . . 93 fr. 80 c.

Soit 60 fr. 58 c. les 100 kilogrammes.

Vous prenez pour la deuxième fonte :

100 kilogrammes	qui coûtent.	60 fr. 58 c.
vous ajoutez : 80 —	de sable, à 1 franc.	0 80
30 —	de carbonate de soude, à 50 francs.	15 »
14 —	de chaux, à 1 fr. 50 c.	21
224 kilogrammes coûtant.		76 fr. 59 c.

Cette deuxième fonte se réduit encore d'environ 34 kilogrammes par déchets et évaporations, et vous avez ainsi 190 kilogrammes, coûtant. . . : . . . . 76 fr. 59 c.

Soit, 40 fr. 30 c. les 100 kilogrammes.

On prend de cette deuxième fonte :

100 kilogrammes	coûtant.	40 fr. 30 c.
on ajoute : 35 —	de sable, à 1 franc.	» 35
135 kilogrammes.		40 fr. 65 c.

C'est le produit de cette troisième fonte qui, étant encore dé-
fourné, pilé, et renfourné en temps convenable, produit la quantité
de rouge à peu près équivalente à ce que nous avons enfourné
dans deux petits pots, et pouvant, par conséquent, doubler le verre
de deux grands pots. Nous allons donc, pour arriver au prix de
revient, suivre les bases que nous avons établies pour le prix de
revient du verre bleu doublé ; mais nous devons, d'abord pour la
composition ci-dessus, porter une dépense additionnelle résultant
des frais de défournement, broyage, tamisage, que nous porterons
à. . . . . 3 fr. 10 c.

La dépense monte alors à. . . . . 43 fr. 75 c.

Mais on doit compter, en outre, que quand même il n'y aurait
pas à exécuter l'opération du broyage, on ne pourrait pas opérer
les quatre fontes pendant la durée de la grande fonte des autres
pots. L'opération de ces quatre défournements dérangerait d'ailleurs la fonte des autres pots ; il est donc préférable de consacrer
un certain nombre de fontes d'un pot à se faire en approvisionnement, et, admettant la supposition, assez près de la réalité, où
trois fontes consacrées à préparer les matières fourniraient du
verre pour neuf journées, soit, une fonte pour trois journées à
compter en dépense :

On aura à augmenter la somme déjà trouvée, soit.............	43 fr.	75 c.
Des frais de fours et pots...................... pour un tiers,	0	78
Combustible................................. —	5	44
Main-d'œuvre de fonte. .... —		71
Forge, etc................................. —		32
Loyer, impôts. .... —		61
Frais généraux, gestion...................... —	1	33
Nous avons donc pour dépense de matière........ —	52 fr.	94 c.
Les autres frais, établis d'après la base que nous avons indiqué pour le bleu doublé au grand four, seront de. .... —	161	83
Les cent vingt feuilles coûteront ainsi........... —	214 fr.	77 c.

Chaque feuille coûtera donc 1 fr. 79 c., et le mètre, en nombre
rond, 3 fr. 96 c., ce qui est encore très-peu différent du verre
fabriqué dans les petits pots.

Verre doublé rose coloré par l'or. — On fond d'abord le mélange de :

100 kilogrammes	de sable......................	1 fr.	» c.
66k,66	de minium, à 65 francs..........	43	33
33k,34	carbonate de potasse, à 110 francs.	36	67
200 kilogrammes.		81 fr.	» c.

On défourne ce verre qui, par le fait de la perte de l'acide carbonique du carbonate de potasse, et d'une partie de l'oxygène de l'oxyde de plomb, enfin par la perte au défournement, se réduit environ de 25 kilogr., en sorte que 175 kilogr. coûtent 81 francs. Soit, 46 fr. 30 c. les 100 kilogrammes.

Nous prenons de ce verre :

100 kilogrammes............................	46 fr. 30 c.

Nous y ajoutons :

15	—	de minium, à 65 francs..........	9	75
3	—	de nitrate de potasse, à 90 francs..	2	70
3	—	antimoniate de potasse, à 2 fr. 20 c.	6	60
0k,50		précipité pourpre de Cassius.......	400	»
121 kilogrammes.			465 fr. 35 c.

Cette quantité étant considérée comme pouvant être employée par deux pots de verre blanc, qui produiront 120 feuilles, la dépense pour la production de ces 120 feuilles sera de 616 fr. 15 c., ce qui mettra chaque feuille à 5 fr. 14 c., et le mètre à 11 fr. 39 c.

On conçoit que le prix peut varier beaucoup suivant l'intensité de la couleur, qui dépend de la proportion de pourpre de Cassius.

Les verres *blancs anciens*, ou verres *cathédrales*, n'ont pas besoin, avons-nous dit, d'une composition spéciale, ce sont simplement des groisils qui lui donnent la teinte que l'on désire, et leur prix de revient n'est un peu plus élevé que celui du verre ordinaire que parce qu'on lui donne un peu plus d'épaisseur. Nous prendrions donc pour 84 feuilles la valeur que nous avons trouvée pour 120 feuilles de verre ordinaire, soit, 67 fr. 40 c., ce qui met la feuille à 80 centimes, et le mètre à 1 fr. 78 c.

Le *verre opale*, composé de :

100 kilogrammes	de sable......................	1 fr.	» c.
66k,66	de minium, à 65 francs..........	43	33
33k,34	de carbonate de potasse, à 110 francs.	36	67
10 kilogrammes	d'os brûlés, à 18 francs..........	1	80
210 kilogrammes.		82 fr.	80 c.

Cette composition coûte 39 fr. 43 c. les 100 kilogrammes, et ne peut se fondre que dans un four à cristal. Il faudrait environ 350 kilogrammes de cette composition valant ainsi 138 fr. » c. 150 kilogrammes de groisil, pour produire la superficie de 75 feuilles de verre ordinaire, pour lesquelles les autres frais, y compris ceux résultant de la fonte à pots couverts, s'éleveraient environ à. . . . . 70 »

Total.. . . . 208 fr. » c.

Soit 2 fr. 78 c. la feuille et 6 fr. 14 c. le mètre.

Le prix du *verre blanc mat doublé* sera, d'après les calculs ci-dessous :

100 kilogrammes de sable, à 1 franc.	1 fr.	» c.
120 — de minium, à 65 francs.	78	»
30 — de carbonate de potasse, à 110 francs.	33	»
14 — d'os brûlés, à 18 francs.	2	52
4 — d'arsenic, à 30 francs.	1	20
4 — de borax, à 125 francs.	5	»
9 — d'acide stannique, 3 fr. 50 c.	31	50
281 kilogrammes.	152 fr.	22 c.

Soit 54 fr. 20 c. les 100 kilogrammes.

Si nous enfournons deux petits pots du petit four de cette composition, soit 100 kilogrammes qui coûteront. . . 54 fr. 20 c. nous aurons pour les frais accessoires pour produire 120 feuilles.. . . . . 157 04

Total pour les 120 feuilles. . . . . 211 fr. 24 c.

Soit 1 fr. 76 c. la feuille et 3 fr. 90 c. le mètre.

Si on ne trouvait pas dans ces proportions la teinte assez mate, il faudrait mettre la couche un peu plus épaisse, et alors il faudrait enfourner trois petits pots du petit four pour obtenir les 120 feuilles, et alors, au lieu de 100 kilogrammes, il en faudrait enfourner 150 à 54 fr. 20 c. . . . . 81 fr. 30 c.

Les autres frais seront augmentés d'un quart de la dépense du petit four, soit. . . . . 8 »

Les frais ci-dessus. 157 04

Prix des 120 feuilles. . . . . 246 fr. 34 c.

Soit, 2 fr. 05 c. la feuille et 4 fr. 54 c. le mètre.

Nous allons à présent résumer dans un tableau les prix de revient de tous les verres de couleur que nous avons établis ci-dessus.

PRIX DE REVIENT DES VERRES DE COULEUR.

	Prix de la feuille, des dimensions ordinaires énoncées page 311.	Prix du mètre superficiel.
Verre bleu..............................	1f,45c	5f,15c
— bleu doublé.....................	2 ,86	6 ,55
— violet.........................	0 ,98	2 ,17
— violet évêque.	1 ,48	5 ,25
— violet doublé.	1 ,62	5 ,60
— jaune, par manganèse et fer....	1 ,02	2 ,26
— jaune par le bois..............	1 ,02	2 ,26
— jaune teint par l'argent........	2 ,26	5 ,00
— vert..........................	1 ,52	2 ,93
— vert doublé....................	1 ,67	5 ,70
— rouge, première méthode.......	1 ,84	4 ,05
— rouge, deuxième méthode.......	1 ,77	3 ,92
— rouge, troisième méthode.......	1 ,79	3 ,96
— rose par l'or..................	5 ,14	11 ,59
— ancien, ou cathédrale..........	0 ,80	1 ,78
— opale.	2 ,78	6 ,14
— mat doublé....................	1 ,76	5 ,90
— mat, plus mat.................	2 ,05	4 ,54

Nous avons établi ces prix de revient assez rigoureusement et en supposant une constante réussite et sans accidents. On comprend à quel point le prix de revient peut changer, si on a des potées manquées, ce qui arrive malheureusement trop souvent. Vous avez toujours d'ailleurs, dans la fabrication des verres de couleur, des fonds de magasin assez considérables, qui représentent un capital dont il convient de tenir compte ; enfin, c'est une fabrication qui absorbe beaucoup du temps du maître de verrerie, et c'est encore là une considération qui doit entrer dans la fixation des prix du verre de couleur, qui doivent être tellement au-dessus des prix rigoureux de revient, que peu de maîtres de verrerie sont tentés de se livrer à cette fabrication.

Les prix de vente du verre de couleur, en 1867, sont les suivants :

Les verres bleus........	se vendent, en verrerie, de 1 fr. 50 c.	
— violets........	à 1 fr. 75 c. la feuille, dans les mesures	
— jaunes [1]......	ordinaires.	
Les verres vert-clair................	de 2 fr. 25 c. à 2 fr. 75 c.	
Les verres vert-foncé...............	de 2 fr. 75 c. à 3 fr. 75 c.	
Le verre rouge.....................	de 2 fr. 50 c. à 3 fr. » c.	
Les bleus doublés..................	de 2 fr. 50 c. à 3 fr. » c.	
Les violets doublés................	de » »	

Ces prix sont de beaucoup au-dessus du prix de revient, et les marchands de verre les vendent aux vitriers et peintres sur verre à des prix plus élevés encore, et cependant en raison des considérations que nous avons énoncées, des non-valeurs considérables qui résultent de la vente de ces verres de couleur, ces prix sont en définitive très-peu remunérateurs. Les prix que nous avons donnés sont pour les verres de force ordinaire ; les verres de double force (3 à 4 millimètres) sont payés le double pour les verres non doublés, et 1 franc de plus par feuille pour les verres doublés, bleus, violets, rouges.

[1] Aucune verrerie ne fait le verre jaune teint par l'argent : ce sont des peintres sur verre qui teignent en jaune des verres que leur donnent les marchands de verre, et ils prennent de 5 à 6 francs la feuille pour cette opération.

LIVRE III.

GLACES.

—

La meilleure définition que nous puissions donner du mot *glace* est celle-ci : Plateau de verre dont les surfaces sont planes et parallèles ; et bien qu'il soit d'une grande difficulté, et même mathématiquement presque impossible de produire des plateaux de verre remplissant rigoureusement cette condition, c'est du moins vers cette perfection que tendent les fabricants de glaces, car le principal emploi des glaces étant de faire des miroirs réfléchissant les objets avec la plus grande fidélité, on comprend que la planimétrie et le parallélisme des surfaces peuvent seuls atteindre ce but.

Les différents auteurs qui se sont occupés de l'histoire des inventions ont consulté les textes des anciens, et ont conclu, fort à tort, suivant nous, de ce qu'Homère ne parle pas de *miroirs*, par exemple, quand il donne la description de la toilette de Junon, que les miroirs n'étaient pas connus de son temps. Cicéron en attribue l'invention au premier Esculape ; nous ne pensons pas que Cicéron puisse faire autorité en semblable matière : une preuve incontestable de leur antiquité serait le chapitre XXXVIII, verset 8, de l'*Exode*, où il est dit « qu'on fondit les miroirs des femmes qui servaient à l'entrée des tabernacles et qu'on en fit un bassin d'airain avec sa base. » Mais sans s'arrêter aux différents textes, ne peut-on pas dire avec certitude que, dès l'origine des sociétés, les hommes durent chercher à produire artificiellement l'effet que leur offrait la nature dans le miroir des eaux, et n'est-il pas évident que, dès qu'ils travaillèrent et polirent les métaux pour d'autres usages, ils obtinrent ainsi de véritables miroirs, et durent, par conséquent, faire de ces derniers une industrie spéciale ?

Nous avons vu dans l'*Histoire générale du verre*, livre Ier, que Pline parle de miroirs faits avec l'*obsidienne ;* mais il est constant que le métal fut longtemps presque la seule matière employée pour les miroirs. Outre l'airain, on employa le fer poli ; ceux qui étaient faits à Brindes, et qui passèrent longtemps pour les meilleurs, étaient composés d'airain et d'étain ; puis on donna la préférence à ceux qui étaient faits d'argent et qui furent inventés, dit-on, par Praxitèle (non pas le sculpteur), qui était contemporain de Pompée.

L'auteur de l'*Encyclopédie du dix-huitième siècle*, sur l'histoire des miroirs, dit : « Il est d'autant plus étonnant que les anciens n'aient pas connu l'art de rendre le verre propre à conserver la représentation des objets en appliquant l'étain derrière les glaces, que les progrès de la décoration du verre furent chez eux poussés fort loin..... Nous ignorons le temps où les anciens commencèrent à faire des miroirs de verre, nous savons seulement que ce fut des verreries de Sidon que sortirent les premiers miroirs de cette matière. »

Nous ne savons sur quelle autorité s'appuie l'auteur de cet article ; nous ne pensons pas que les Phéniciens aient jamais fabriqué des miroirs de verre étamé, et il nous paraît incontestable que cette invention doit être attribuée aux Vénitiens, qui fabriquèrent les premiers des miroirs en verre soufflés en cylindre, étendus, dégrossis et polis, et ensuite étamés : à une époque où toutes les autres verreries ne fabriquaient que des verres blancs assez grossiers, ils produisaient des miroirs d'une assez grande dimension, d'une grande blancheur, d'une remarquable pureté et auxquels le biseautage formait pour ainsi dire un premier cadre, qui était encore relevé par l'élégance de la forme et de la ciselure du cadre métallique qui le renfermait. Pendant longtemps, Venise conserva le monopole du commerce des miroirs ; l'Allemagne fut la première à s'en affranchir. Cette fabrication s'introduisit en Bohême, où l'on fait encore aujourd'hui les glaces par le même procédé de soufflage. La France fut plus longtemps tributaire de Venise ; ce ne fut que sous le ministère de Colbert que l'on commença à fabriquer des glaces. Des artistes français établis à Venise avaient pu prendre une connaissance complète des procédés employés à Murano pour la fabrication des glaces. L'amour de leur pays et la réputation de Colbert les fit rentrer en France, avec la pensée de l'enrichir de cette branche brillante de commerce et d'industrie. Le ministre les accueillit favorablement et les autorisa à choisir le local qu'ils croiraient le plus convenable à leur entreprise. Ces hommes prudents, mais peu éclairés, craignant que les moindres changements dans les positions relatives des ateliers et des courants d'air n'amenassent des modifications dans les résultats, explorèrent quelques côtes de France et choisirent Tourlaville, près de Cherbourg, où ils crurent reconnaître la plus grande analogie de local ; ils y fondèrent leur établissement, qui eut un succès complet. On y fabriqua, comme à Venise, des glaces soufflées, et cette industrie fut ainsi acquise à la France.

Les Anglais, pour s'affranchir du monopole de Venise, fabriquèrent des miroirs par un autre procédé, qui consistait à cueillir avec la canne une certaine quantité de verre que l'ouvrier laissait couler sur le marbre, et qu'il séparait de la canne avec des ciseaux ; il aplatissait ensuite ce verre sur le marbre, de manière à former une pièce carrée et d'une épaisseur aussi égale que possible qu'on portait dans le fourneau de recuisson. Ce procédé, que nous pourrions appeler renouvelé des anciens, car nous avons vu au livre II, p. 224 et suivantes, que c'était ainsi qu'avaient été fabriquées les vitres de Pompéi, avait été pratiqué dans plusieurs verreries en Angleterre, et, entre autres, à la verrerie de Southshields, où l'on a fabriqué le plus anciennement des miroirs en Angleterre ; mais là difficulté d'arriver à de grandes dimensions par ce moyen y fit peu à peu renoncer.

Il fallait, pour arriver à couler de grandes glaces d'une épaisseur égale, avoir la pensée de retirer du four de verrerie un creuset de verre fondu pour le verser sur la table ; c'est cette conception hardie, qui honore Abraham Thevart, à qui nous sommes redevables de cette magnifique industrie. Cet homme de génie sut tellement bien combiner tous les détails de ce nouveau procédé relatif à la sortie du creuset du four, l'enlevage du creuset au-

dessus de la table, le coulage du verre, son laminage au moyen
du rouleau entre deux tringles qui règlent l'épaisseur du verre,
enfin la recuisson dans la carcaise, que toutes ces diverses opérations sont encore exécutées aujourd'hui, à peu de chose près,
comme elles le furent dans le principe, en 1688, dans la manufacture du faubourg Saint-Antoine, à Paris.

Nous devons dire ici que plusieurs auteurs ont récemment
attribué à un nommé Lucas de Nehou l'honneur de l'invention du coulage des glaces, se fondant à cet égard sur une
collection de documents possédés par la compagnie de Saint-
Gobain ; mais ces documents mêmes ne nous semblent pas pouvoir
enlever cette gloire à Abraham Thévart. En effet, le privilége du
roi du 14 décembre 1688, en faveur d'Abraham Thévart, dit :
« Louis, par la grâce de Dieu, etc. Notre cher et aimé Abraham
Thévart nous a représenté que, depuis plusieurs années, il se serait
appliqué à rechercher les secrets et moyens de faire des glaces
d'une beauté et grandeur extraordinaires... et qu'après plusieurs
épreuves, il en aurait enfin découvert le secret, en sorte que, par
le moyen des machines qu'il a inventées, il pourrait fabriquer des
glaces de 60 à 80 pouces de hauteur et au-dessus sur 35 à 40 et
plus de largeur... A ces causes... avons accordé et octroyé, et
par ces présentes, signées de notre main, accordons et octroyons
audit sieur Thévart, ses héritiers et ayants cause, de fabriquer où
bon leur semblera des glaces de 60 pouces de haut sur 40 pouces
de large et de toutes autres hauteurs et largeurs au-dessus, sans
qu'ils puissent en faire au-dessous desdits volumes ni employer
en œuvre, vendre ni débiter, sous prétexte de rupture, des petites
glaces..... Donné à Versailles, le quatorzième jour de décembre,
l'an de grâce 1688, et de notre règne le quarante-sixième.

« *Signé :* Louis. »

Les priviléges accordés à Abraham Thévart furent plus tard
attaqués par plusieurs, et, entre autres, par Lucas de Nehou, ainsi
qu'il résulte d'un arrêt du conseil d'État du 15 octobre 1695,
rendu en présence du roi, « déboutant les miroitiers, les six corps
de marchands, les soldats des Invalides, Pergrin, Benjamin, Lucas
de Nehou, sauf à ce dernier à se pourvoir en dommages et intérêts envers Thévart. »

Cet arrêt ne nous semble pas prouver que Lucas de Nehou était
le réel inventeur ; il nous faudrait un arrêt déclarant que c'est

à tort qu'Abraham Thévart s'est dit l'inventeur. Allut, qui a écrit l'article si remarquable : *Glaces*, dans l'*Encyclopédie par ordre de matières*, et qui connaissait parfaitement et cette fabrication et les traditions, ne parle que de Thévart comme étant l'inventeur du coulage des glaces.

Bosc d'Autic, qui a été directeur de la glacerie de Saint-Gobain, et qui ne devait ignorer aucune des particularités relatives à l'origine du coulage des glaces, dit positivement, page 63 de son *Mémoire sur la verrerie*, tome Ier de ses œuvres : *Sur la fin du dernier siècle, Abraham Thévart fit une très-belle découverte en fait de verrerie ; il trouva le moyen de couler le verre pour les glaces à miroir.* Dans son *Essai sur l'art de la verrerie*, le citoyen Loysel, qui avait eu aussi de hautes fonctions à la glacerie de Saint-Gobain, dit : « Vingt ans après la fondation de la glacerie de Tourlaville, un artiste français ingénieux, Abraham Thévart, inventa le coulage des glaces, au moyen duquel il put en fabriquer de près de trois mètres de hauteur [1]. »

Ce n'est que de nos jours que M. Turgan, dans *Les grandes usines de France*, M. Augustin Cochin, dans son histoire, si intéressante du reste, de la manufacture de Saint-Gobain, ont attribué à Lucas de Nehou le mérite de cette invention, et cependant aucune des pièces de ces auteurs ne nous paraît pouvoir enlever cette gloire à Abraham Thévart, et contredire ce qui, depuis près de deux siècles, avait été admis comme authentique. L'arrêt que nous avons cité, et qui déboute les *miroitiers*, les six corps marchands, les soldats des Invalides, Pergrin, Benjamin et Lucas Nehou, *sauf à ce dernier à se pourvoir en dommages-intérêts envers* Thévart, est loin de pouvoir constituer pour nous une preuve que Lucas de Nehou fût l'inventeur du coulage. Ce Lucas de Nehou était verrier à Tourlaville. Nous comprenons parfaitement qu'Abraham Thévart, plus mécanicien que verrier, ait pu juger son concours comme utile dans la fabrication des glaces coulées,

---

[1] Nous avons nous-même vu, dans notre jeunesse (en 1819), un sieur Kévastre, alors plus que septuagénaire, que la Compagnie de Saint-Quérin avait fait venir de Saint-Gobain quand elle avait voulu fabriquer des glaces coulées. Cet homme, dont les premières années n'étaient pas déjà fort éloignées de la fondation de Saint-Gobain, ne me parla que d'Abraham Thévart comme inventeur du coulage des glaces : c'était donc alors un fait généralement admis, la tradition était donc aussi en sa faveur.

et qu'une contestation ait pu survenir entre eux sur les conditions de sa coopération, et au sujet desquelles il était réservé à Lucas de Nehou de se pourvoir.

Cette coopération résulte même des pièces justificatives de l'ouvrage de M. Augustin Cochin; il y est dit, p. 140 :

« En 1688, les fortunes immenses faites par les intéressés dans la Compagnie des glaces donnèrent de la jalousie à plusieurs gens de finances, qui conçurent le désir d'obtenir un pareil établissement; ils présentèrent une requête au conseil, par laquelle ils demandèrent à faire des glaces coulées d'une nouvelle invention et beaucoup plus grandes que celles que faisait faire la Compagnie de Bagneux. Sous ces conditions, ils obtinrent, sous le nom de Thévart, un privilége pour les grandes glaces; mais n'ayant ni expérience, ni savoir, ils ne purent venir à bout de leur entreprise et furent prêts à y renoncer honteusement. Près de tout abandonner, ils s'adressèrent audit Louis-Lucas de Nehou, dont ils connaissaient la capacité; ils le conjurèrent de quitter la manufacture de Cherbourg, et de les aider de ses soins, l'assurant de leur reconnaissance et d'un établissement infiniment plus avantageux que celui qu'il abandonnait à leur considération.

Le sieur de Nehou se rendit à leur prière et mit en peu de temps les glaces coulées dans leur perfection; il eut l'honneur d'en présenter quatre à Sa Majesté, qui les trouva très-belles, et les intéressés convinrent qu'ils devaient à ses soins et à sa lumière la réussite de leur entreprise. »

Quoique cet historique soit présenté sous le jour le plus favorable à Louis-Lucas de Nehou, n'est-il pas de toute évidence que les financiers en question n'auraient pas pu présenter leur requête s'ils ne l'avaient appuyée sur cette considération des *machines inventées par Thévart* pour *couler* des glaces de 60 à 80 pouces et au-dessus de hauteur? Comment donc peut-on attribuer à Louis-Lucas de Nehou l'invention du coulage? Et si ces financiers, qui n'étaient sans doute pas des verriers consommés, *conjurèrent* Lucas de Nehou, si celui-ci se rendit à leurs *prières* et les aida de ses connaissances en verrerie, il n'en est pas moins vrai qu'il n'avait pas coulé de glaces à Tourlaville, qu'un autre habile verrier aurait pu être attiré dans l'établissement de cette compagnie de Paris, pour contribuer à la complète réussite du nouveau procédé.

Il nous paraît donc évident qu'on doit s'en tenir à l'édit de Louis XIV de 1688, dans lequel Abraham Thévart est seul énoncé *comme ayant recherché pendant plusieurs années et découvert le secret* du coulage et *inventé les machines pour l'exécuter.*

L'ancienne compagnie pour les glaces soufflées, celle qui avait été établie par les soins de Colbert, à Tourlaville, près de Cherbourg, ne vit pas sans jalousie le privilége accordé à Thévart.

Il s'éleva entre les deux compagnies plusieurs contestations sur l'étendue de leur privilége, à cause de l'intervalle entre la dimension de 45 pouces, terme des plus grandes glaces soufflées, et celle de 60 pouces, à laquelle commençait le privilége des glaces coulées. D'ailleurs, ces dernières, venant à se casser pendant le travail, formaient des glaces de petite dimension, dont les propriétaires devaient naturellement désirer pouvoir tirer parti. Ces discussions furent terminées par la réunion des deux priviléges et des deux compagnies. L'établissement de Tourlaville continua de souffler des glaces qui furent apportées brutes pour être dégrossies, polies et étamées à Paris, où avait été fondée la fabrique de la compagnie Thévart. Mais bientôt les difficultés résultant de l'approvisionnement et de la cherté du combustible déterminèrent cette compagnie à chercher en province un emplacement plus convenable, et en 1691, les fours de coulage furent établis à Saint-Gobain, d'où, pendant plus d'un siècle, on continua à expédier les glaces brutes à la manufacture de la rue de Reuilly (faubourg Saint-Antoine), pour y être terminées.

Je ne crois pas qu'aucune autre fabrique ait jamais fait *type* à un degré aussi remarquable que la glacerie de Saint-Gobain, qui a non-seulement servi de modèle à tous les établissements du même genre créés en France ou à l'étranger par des souverains ou des compagnies particulières, mais dont aucune ne fut fondée sans le concours d'ouvriers ou de directeurs sortis de Saint-Gobain. Nous citerons la fabrique de la Granja ou Saint-Ildefonse, en Espagne, créée par le petit-fils de Louis XIV, qui, mal administrée, ne fabriquant des glaces qu'à de longs intervalles, se bornait au commencement du dix-neuvième siècle à fabriquer quelques articles de gobeleterie et a enfin été vendue il y a quelques années par la couronne d'Espagne.

Dès le commencement du dix-huitième siècle, une fabrique de glaces avait été établie à Neuhaus, puis transférée à Scheymuhl

28

par l'Empereur d'Allemagne; mais, sans doute par suite de mauvaise gestion, elle ne put soutenir la concurrence des glaces soufflées, et cessa bientôt d'exister.

Une fabrique de glaces avait été fondée à Rouelle, près de Langres, quelque temps après l'expiration du premier privilége de Saint-Gobain : cette fabrique n'eut qu'une assez courte existence.

La première fabrique de glaces coulées fondée en Angleterre ne l'a été qu'en 1773, à Ravenhead, près de Prescott, dans le Lancashire, par une compagnie qui s'était assuré le concours d'un sieur Delille, de Saint-Gobain.

Cette compagnie a pour raison sociale *The British plateglass Company*.

A la suite de cette fabrique, se sont établies la glacerie de Southshields, que nous avons déjà citée comme ayant la première fabriqué des miroirs en Angleterre ; la glacerie sous la raison sociale *London et Manchester plateglass Company*, à Sutton, dans le Lancashire, la glacerie de Saint-Helen, sous la raison *Union plateglass Works*, la glacerie de *Birmingham*, à Smelhivuk, et enfin la glacerie établie à Blackwall, près de Londres, sous la raison *Thames plateglass Company*.

La Compagnie de Saint-Quirin, qui, ainsi que nous l'avons vu au livre II, avait renouvelé, en France, au siècle dernier, la fabrication des verres à vitre en *cylindres*, et qui n'avait pas tardé à y joindre la fabrication des glaces soufflées, entreprit au commencement de ce siècle le coulage des glaces avec l'assistance d'un contre-maître de Saint-Gobain [1]. Cet établissement entouré de forêts, riche de ses capitaux et de puissants cours d'eau, ne tarda pas, sous la savante et habile direction de M. Chevandier, à lutter sans désavantage contre la fabrique de Saint-Gobain.

La Compagnie de Saint-Quirin, dont le bail emphytéotique devait expirer en 1840, pouvant craindre qu'une autre société ne lui disputât, à cette époque, l'établissement qu'elle avait réellement créé, avait commencé de longue date à former une nouvelle fabrique à Cirey, à peu de distance de Saint-Quirin. Peu à peu elle y transporta toute sa fabrication, de telle sorte que, quand

---

[1] M. Kévastre, que nous avons cité.

vint l'époque des enchères, en 1840, elle put acquérir, sans concurrence sérieuse, la verrerie de Saint-Quirin, qui fut éteinte.

Les produits des deux glaceries de Saint-Quirin-Cirey et Saint-
Gobain furent, pendant longtemps, vendus en concurrence, mais
une nouvelle glacerie s'étant établie à Commentry-sur-l'Allier,
les deux anciennes compagnies, sans s'associer pour la fabrication, réglèrent à l'amiable la vente de leurs produits dans un dépôt commun. Bientôt l'établissement de Commentry, vaincu par
la concurrence, cessa de fabriquer et fut mis en vente; les anciennes compagnies s'entendirent pour l'acheter et le revendirent
avec la stipulation expresse de ne pouvoir y fabriquer des glaces.

M. de Violaine, propriétaire de la verrerie à vitre et à bouteilles
de Prémontré, près de Saint-Gobain, établit aussi, vers 1830,
une fabrication de glaces; il était facile, dans un voisinage aussi
immédiat, de se procurer et tous les documents et les ouvriers
nécessaires pour cette opération; la glacerie de Prémontré travailla pendant quelques années avec succès, puis fut achetée et
éteinte par l'établissement de Saint-Gobain.

Cette politique d'élimination par achat et extinction des fabriques était plutôt un encouragement à la fondation d'établissements
nouveaux et devait avoir un terme; des fabriques nouvelles se
fondèrent; la Société nationale de Bruxelles confia, vers 1830, à
M. Clément Desormes, qui avait été directeur général de Saint-
Gobain, la création de la verrerie de Sainte-Marie d'Oignies, qui
est aujourd'hui l'une des glaceries les plus renommées et les plus
florissantes.

Vers la fin du règne de Louis-Philippe, une compagnie formée
par un ancien directeur de Saint-Gobain fonda une glacerie à
Montluçon (non loin de Commentry).

MM. Drion et Patoux ont aussi créé une fabrication de glaces
dans leur importante verrerie d'Aniché (Nord). Enfin, pour compléter cette nomenclature, nous aurons à citer cinq fabriques de
glaces qui se sont établies depuis une douzaine d'années environ :

La fabrique de Floreffe, près de Namur, établie par une société
sous la direction d'un ingénieur sorti de Sainte-Marie d'Oignies.

Les fabriques de Recquignies et de Jeumont, dans le département du Nord, fondées par les établissements de Sainte-Marie
d'Oignies et de Floreffe, auxquelles la prohibition des glaces inter-
disait le marché français. La fabrique d'Aix-la-Chapelle, établie

pour la consommation de l'Allemagne. Enfin, celle de Manheim, créée par la Compagnie de Cirey.

Les Compagnies de Saint-Gobain et de Cirey, dont les intérêts depuis de longues années avaient déjà une grande connexion, se sont réunies depuis peu d'années en une seule société ; elles exploitent en commun la glacerie de Manheim et ont aussi loué la fabrique d'Aix-la-Chapelle.

Tel est l'historique de la fabrication des glaces, qui a pris un développement en rapport avec le nombre des établissements où on les fabrique, développement qui a été singulièrement favorisé par la très-grande baisse de prix qu'a amenée la concurrence et par l'extension du luxe et de l'emploi des glaces : fabriquées autrefois presque exclusivement pour faire des miroirs, les glaces sont aujourd'hui employées en très-grandes quantités sans tain pour vitrage des palais, des boutiques et des appartements élégants. On se sert beaucoup aussi de glaces brutes, c'est-à-dire telles que le coulage les produit, pour éclairer des toitures et vitrer des portes d'établissements publics.

Cet historique de la fabrication des glaces ne serait toutefois pas complet si nous ne disions quelques mots des tentatives faites à diverses époques pour *laminer* le verre, quoique nous croyons déjà, au livre Ier, p. 37, avoir démontré l'impossibilité de cette opération. En France, M. Pajot des Charmes avait eu, au commencement de ce siècle, cette idée que nous qualifierons de *malheureuse*. De nos jours, un ingénieur anglais d'une grande habileté, auquel d'autres inventions (celle surtout relative à la fabrication de l'acier) ont donné une grande célébrité, M. Bessemer prit, en 1846, un brevet d'invention pour le laminage du verre ; en coulant le verre entre deux rouleaux, plus ou moins distants, M. Bessemer prétendait pouvoir fabriquer non-seulement des glaces, mais du verre à vitre continu. C'était une transformation complète de l'art de la verrerie. Le propriétaire d'une fabrique très-importante de verre me consulta sur le mérite de cette invention et sur l'opportunité d'acheter le brevet. M. Bessemer avait accumulé dans la description des différents procédés qui constituaient l'ensemble de l'opération un luxe de mécaniques très-ingénieuses, il supprimait presque toutes les mains-d'œuvre ; à son four de fonte, M. Bessemer avait adjoint un moteur à vapeur qui, prenant le creuset dans l'arche où il était attrempé, venait le poser sur le siége du four. Je crois que le tisage s'opérait aussi mécaniquement ; ce dont je suis certain, c'est que le creuset était sorti du four par le moteur, enlevé, versé entre les rouleaux mobiles, et le verre laminé conduit dans le four à recuire, le tout sans l'intervention de la main de l'homme. Tout ce système dénotait, sans contredit, une immense habileté mécanique, mais, suivant moi, l'ignorance complète des qualités inhérentes à la substance du verre. J'essayai donc de dissuader le fabricant de verre de l'entreprise ; il m'objecta que M. Bessemer était aussi en pourparlers avec un autre propriétaire de verrerie, et que la réussite du procédé, chez ce dernier, serait pour lui très-funeste ; à quoi je répondis à mon ami, que ce qui pourrait lui arriver de plus heureux serait que son concurrent traitât avec M. Bessemer. L'influence de ce dernier fut plus forte que la mienne ; mon ami acheta le brevet à un prix fort élevé, dépensa encore plus d'argent pour l'exploiter d'abord sous la direction de M. Bessemer lui-même, puis sous celle d'un ingénieur fort habile, mais qui devait échouer dans l'exécution d'une entreprise contraire à tous les principes des propriétés du verre.

L'usage des glaces coulées avait peu à peu amené, en France et en Angleterre, la cessation de la fabrication des glaces soufflées, qui n'existait plus qu'en Allemagne et à Venise ; mais depuis quelques années on a recommencé à fabriquer des glaces soufflées en Angleterre, en Belgique et en France ; elles formeront le sujet d'un chapitre de ce livre.

On a fabriqué, depuis quelques années, en Angleterre, une nouvelle espèce de glaces brutes pour vitrage, coulées plus minces et par des moyens économiques. Au lieu de tirer le creuset du four, pour le verser sur une table, ce qui exige un outillage dispendieux, on prend le verre fondu dans le creuset ordinaire avec une poche à manche, qui peut en contenir 15 à 20 kilogrammes, que l'on verse sur une table sur laquelle on fait passer un rouleau, comme dans le coulage des grandes glaces. La fabrication de cette espèce de glaces brutes, connue en Angleterre sous le nom de *rolled plate*, a été introduite en France à la glacerie de Saint-Gobain. Elle sera aussi le sujet d'un chapitre de ce livre.

La fabrication des glaces doit être dirigée par un verrier consommé, car aucun autre produit de verrerie ne demande une plus

grande pureté de matière, et, en outre, elle exige le concours
d'un ingénieur mécanicien fort habile, tant pour l'outillage très-
compliqué du coulage que pour les machines destinées à dresser
et polir les glaces, qu'on doit s'efforcer de perfectionner constamment ; car les frais de ce travail constituent la plus grande partie
de la valeur des glaces. Nous n'insisterons pas sur la partie mécanique de cette fabrication, pour laquelle nous reconnaissons
notre incompétence ; il eût fallu nous adjoindre, pour ce travail,
un ingénieur attaché à l'une des compagnies, qui toutes ont des
machines quelque peu différentes, et que chacune croit être la
plus parfaite; or, c'est un concours sur lequel nous n'avons pas
dû compter, et plutôt que de donner des descriptions de machines depuis longtemps remplacées par de plus parfaites, nous
avons préféré nous circonscrire dans la partie verrière de cette
fabrication, sauf pour les résultats économiques qu'il importait
de faire connaître.

GLACES COULÉES.

COMPOSITION.

Le plus grand mérite de la *glace*, soit qu'elle doive être employée comme vitre, ou destinée à faire un miroir, consiste à se
dissimuler le plus complétement possible ; elle doit manifester
son existence uniquement par sa solidité, être d'une grande pureté, d'une transparence parfaite, et aussi incolore que possible.

Allut, qui a fait dans l'*Encyclopédie par ordre de matières*
l'article si remarquable que nous avons cité, sur l'art de fabriquer les glaces, s'est posé cette question : Quelle est la couleur
de verre la plus propre à la fabrication des glaces ? Il cite, à ce
sujet, un mémoire de Montami, qui tend à prouver que la couleur noire est la plus favorable : « M. de Montami propose, par
l'addition du bleu, du rouge et du jaune, en doses convenables,
de former dans le verre *le noir, qui, étant une destruction de couleur, n'y en laisse apercevoir aucune.* »

C'est-à-dire que M. de Montami propose de donner aux glaces

une teinte *neutre*. M. Allut combat toutefois cette opinion de M. de Montami, et dit que le fabricant de glaces doit faire son verre le plus blanc qu'il peut : « Il réussira, dit-il, en employant le manganèse dans sa composition. »

On ne comprendrait plus, aujourd'hui, en France surtout, qu'il pût y avoir divergence d'opinions sur ce point ; mais à une époque où les verriers n'avaient à leur disposition que des matières que la chimie ne leur avait pas encore enseigné à purifier, on peut très-bien admettre cette opinion de M. de Montami, qui disait : « Ayez plutôt des miroirs d'une teinte neutre, légère, qui absorbera plus de lumière, mais qui ne changera pas les couleurs des objets réfléchis, que des miroirs verdâtres, ou bleuâtres, ou rougeâtres, qui modifient la couleur des objets. » Encore, de nos jours, en Angleterre, où les glaces n'ont atteint, dans aucune fabrique, le degré d'incoloration des glaces françaises et belges, il est une fabrique qui persiste à donner à ses glaces une teinte bleue, qu'elle croit préférable à toute autre, comme donnant plus de brillant à ses produits.

Nous ne croyons pas nécessaire de donner des détails sur la composition qu'on employait au siècle dernier, sur les soins donnés à la purification des soudes pour obtenir un verre plus blanc. Nous nous contenterons, à cet égard, de renvoyer à l'article *Glacerie* de l'*Encyclopédie par ordre de matières*. Nous constaterons seulement que, alors comme aujourd'hui, on donnait la préférence à l'alcali *minéral* sur l'alcali *végétal*, pour la fabrication des glaces, c'est-à-dire qu'on préfère là soude à la potasse, comme donnant un verre plus *coulant*.

Dès le commencement du dix-neuvième siècle, les perfectionnements apportés dans la préparation des sels de soude, survenus à la suite de la décomposition du sel marin, permirent de faire des glaces de plus en plus blanches ; peu à peu, on supprima l'opération du frittage de la composition ; mais, en même temps, il faut avouer que l'incoloration, que l'on s'attacha surtout à obtenir, diminua sensiblement une qualité que possédaient les anciennes glaces, à un degré supérieur, celle d'être fort peu hydroscopes, qualité qu'elles devaient à une plus grande proportion de matières *terreuses*, c'est-à-dire d'alumine et de chaux. Toutes les glaces étaient alors propres à faire de très-bons plateaux de machines électriques, tandis qu'aujourd'hui les fabricants d'instruments de physique recherchent avec soin les anciennes glaces, dans les vieux châteaux ou anciens hôtels, comme étant beaucoup moins sujettes que les glaces modernes à l'humidité. Les développements dans lesquels nous sommes entrés, lorsqu'il s'est agi de la composition du verre à vitre, livre II, nous dispenseront d'entrer dans de grands détails sur la composition des glaces, qui ne diffèrent du verre à vitre ordinaire que par une plus grande incoloration.

La composition que nous allons donner peut être considérée comme la moyenne des compositions employées par diverses fabriques de glaces, pendant la première moitié de notre siècle :

Sable blanc...	100	ou 64.103 p.
Carbonate de soude, haut titre, de 80 à 90 degrés.	42	— 26.923
Charbon de bois pilé.	0.50	— 0.321
Chaux éteinte par aspersion.....................	15	— 8 333
Arsenic.	0.25	— 0.160
Manganèse.	0.25	— 0.160

100.000 p.

Il est sans doute inutile d'insister sur les soins que l'on doit apporter dans le choix des différentes matières. Le sable et la chaux doivent être, autant que possible, exempts de fer. Quelque pur que soit le sable, on fera bien de le laver avant de l'employer ; à la chaux éteinte, on peut substituer la craie, si on peut l'avoir aussi pure que la craie de Meudon. On a ajouté une petite quantité de charbon pilé au mélange, parce que le carbonate de soude, n'étant alors au plus que de 80 à 90°, contient encore une proportion de sulfate de soude, que l'on décomposait par le charbon qui, en outre, par le gaz qu'il produit, facilitait la fusion. Nous avons déjà fait observer, dans le livre II, que tous les verriers pratiques avaient remarqué que, pour avoir du bon verre, il était nécessaire qu'il y eût, dans la composition, une matière qui le fît bouillir, *qui le fît travailler*, disent les vieux fondeurs. L'arsenic, ajouté au mélange, remplit le même but ; l'oxyde de manganèse est pour neutraliser les quelques portions de fer qui, malgré les meilleurs choix de matières, se trouvent encore dans le mélange.

L'analyse suivante, dont nous garantissons l'exactitude, d'une glace de Saint-Gobain, d'une fabrication assez récente, atteste cette présence du fer :

Silice	75	oxygène.	39.73	39.73
Soude	17.60	—	4.54	
Chaux	6.40	—	1.83	6.58
Alumine	0.37	—	0.17	
Oxyde de fer	0.15	—	0.04	
Potasse	traces.			
Six fois l'oxygène des bases				39.48

Ce n'est que depuis un très-petit nombre d'années qu'on a substitué au carbonate de soude, le sulfate de soude, que l'on ne croyait pas pouvoir produire du verre très-blanc.

Nous avons dit, livre Ier, p. 59, que l'illustre Gay-Lussac, qui a été, pendant un certain nombre d'années, président du conseil d'administration de la Compagnie de Saint-Gobain, était persuadé de cette impossibilité de faire du verre très-blanc avec le sulfate de soude ; il pensait que cela tenait à la présence du charbon (employé pour décomposer le sulfate), dont une partie se combinait avec la soude, et formait un outremer produisant une coloration bleuâtre. M. Pelouze, appelé depuis dans le conseil de la Compagnie, se fondant sur une conviction intime, que la moindre proportion d'oxyde de fer, dans le verre, suffisait pour altérer sa blancheur, que la coloration du verre fabriqué avec du sulfate de soude devait être le résultat de la présence d'une certaine proportion de fer, dont le sulfate n'était jamais exempt, se livra à des travaux qu'il poursuivit avec persévérance pendant plusieurs années, dans le but d'obtenir, par des moyens pratiques, industriels, du sulfate chimiquement pur ; ses travaux furent couronnés par un succès complet, et, depuis l'année 1856, il est parvenu à purifier les sulfates fabriqués par les moyens ordinaires, de manière à les employer pour la fonte des glaces, ce qui a produit, pour l'usine de Saint-Gobain, l'économie annuelle de 300,000 francs ! Voilà, certes, un magnifique exemple, ou, si l'on veut, une *illustration,* de l'immense avantage de la science appliquée à l'industrie.

Nous avons donné au livre Ier, p. 60, les détails du procédé propre à purifier le sulfate de soude.

Le sulfate de soude étant substitué au carbonate de soude, la composition suivante peut être considérée comme la moyenne de celles employées par les divers fabricants de glaces :

Sable blanc lavé....................	100	ou 60 60 p.
Sulfate de soude purifié..............	42	— 25.45
Charbon en poudre...................	2.5	— 1.52
Craie de Meudon ou autre, carbonate de chaux pure......................	20	— 12.12
Arsenic..........................	0.5	— 0.31

Total[1]......... 100,00 p.

Il est une remarque que l'on ne peut s'empêcher de faire à la première inspection de cette composition, c'est que les quarante-deux parties de sulfate de soude sont loin d'être l'équivalent des quarante-deux parties de carbonate de soude, que nous avions indiquées dans l'ancienne composition ; mais, à ce sujet, nous ferons trois observations : 1° depuis le temps où était employée cette composition, les fours, le mode de tisage ont été perfectionnés ; 2° on fondait alors dans des pots de fonte, et on raffinait ensuite dans des cuvettes de coulage ; cette double opération donnait lieu à une plus grande évaporation d'alcali ; 3° enfin, les glaces qu'on fabriquait alors étaient plus hydroscopes que celles que l'on fait aujourd'hui. Les quarante-deux parties de sulfate, que nous indiquons, constituent encore une quantité supérieure à celle que nous avons indiquée pour la composition du verre à vitre ; mais on craindrait, par la diminution de l'alcali et l'augmentation de la chaux, de produire un verre plus roide et qui se prêterait moins facilement à la pression du rouleau.

Ce serait vainement qu'on prendrait les soins les plus minutieux pour la purification du sulfate de soude, si les mêmes soins n'étaient apportés au choix des autres matières premières ; ainsi, tout sable, tout carbonate de chaux, contenant un millième

---

[1] Nous n'avons pas fait entrer le manganèse dans la composition des glaces, quoique la plupart des manufactures de glaces en emploient à la dose moyenne de 0,25 pour 100 de sable, parce que nous pensons que si toutes les matières premières ont été bien choisies, soigneusement préparées, il est mieux de s'abstenir de l'addition du manganèse, qui peut, dans le principe, produire une glace sensiblement plus blanche, mais qui a le danger de faire tourner, dans un temps plus ou moins long, la teinte de la glace vers une coloration jaune, puis violette.

d'oxyde, doivent être rejetés de la fabrication des glaces ; il est bon aussi d'éviter l'emploi de la houille ou de l'anthracite, pour la décomposition du sulfate, parce qu'ils ne sont généralement pas exempts de fer. Quelques fabricants ont employé de la sciure de bois, des sons de mouture de blé ; mais le plus grand nombre des fabricants se sont renfermés dans l'usage du charbon de bois, comme étant aussi pur et se prêtant le mieux aux conditions d'un usage régulier.

Nous n'avons pas indiqué la quantité de groisil ou cassons de glaces à ajouter à la composition ; ces cassons proviennent de l'équarrissage des glaces, et des glaces brisées, et produiraient une perte réelle, si on ne les utilisait pas ; ils influeraient défavorablement sur la couleur du verre, si on en employait une grande quantité ; mais, dans une fabrication bien conduite, toute la quantité des cassons n'est pas de nature à nuire sensiblement à la couleur, et est favorable à la fonte du verre.

Nous avons indiqué une composition unique, comme étant la moyenne de celles employées de nos jours, par diverses fabriques ; mais il est bien évident que chaque fabricant peut y introduire des variantes ; il en est qui emploient encore une certaine proportion de carbonate de soude ; quelques-uns suppriment l'arsenic ; d'autres ont ajouté du sulfate de baryte ; enfin, il en est qui ont essayé l'emploi d'une faible proportion de minium, ou de borax, et d'oxyde de zinc. Mais nous pensons que la composition la plus simple est encore la meilleure ; dans tous les cas, il est très-important que le fabricant note très-exactement, journellement, les compositions qu'il emploie, et qu'il tienne un registre des glaces produites, de manière à pouvoir assigner dans la suite de quelle composition elles proviennent ; car, outre les défauts visibles au sortir de la carcaise, il y a des différences de dureté que l'on remarque dans le travail du dégrossissage et du polissage ; il y a, de plus, certains défauts qui ne se manifestent que quand les glaces ont été polies, par exemple, des mousses fines ou des ondes qui déforment les objets par réfraction et par réflexion ; enfin, il y a des défauts qui ne se manifestent qu'après un certain séjour dans le magasin, tels que l'hygrométrie : les glaces dans lesquelles il y a excès d'alcali attirent l'humidité, adhèrent les unes aux autres, *s'impriment* quand elles sont en pile en magasin.

FONTE DES GLACES.

Au siècle dernier, la fonte des glaces s'opérait dans des fours chauffés avec du bois. Ces fours contenaient des pots de fonte et des cuvettes ; les pots de fonte étaient ceux dans lesquels on enfournait la composition, quand on la sortait des arches où elle avait subi l'opération du frittage ; quand le verre était fondu dans ces pots, on le *tréjetait* dans des pots plus petits, qu'on appelait *cuvettes ;* un pot avait ordinairement la capacité de six cuvettes ordinaires ou de trois seulement, quand on voulait couler de plus grandes glaces ; quand le verre était raffiné dans les cuvettes, on les sortait successivement du four pour opérer le coulage des glaces.

Des fabriques de glaces ont ensuite divisé l'opération et adopté des fours de fonte et des fours d'affinage ; j'ai encore vu, il y a peu d'années, une fabrique considérable de glaces, travaillant d'après ce système ; un four de fonte de huit grands pots fournissait du verre à trois fours d'affinage, contenant chacun six cuvettes de 300 kilogrammes environ de verre. Quand le verre était fondu, mais non raffiné dans les pots de fonte (opération qui durait de douze à quatorze heures), on le tréjetait avec des poches en cuivre rouge d'environ 30 centimètres de diamètre, ayant un long manche en fer ; trois hommes faisaient la manœuvre de chaque poche, l'un tenant l'extrémité du manche, les deux autres portant une barre en croix, assez près de la poche ; ils remplissaient la poche et allaient la verser dans le pot d'affinage ou cuvette. Le raffinage, dans les cuvettes, durait environ six heures, après lesquelles on opérait le coulage des six cuvettes qui remplissait une carcaise de six glaces. Chacun des fours d'affinage produisait, par mois, environ quarante-deux coulages, cent vingt-six coulages pour les trois fours d'affinage, et, par conséquent, sept cent cinquante-six glaces, du poids brut d'environ 18,000 kilogrammes.

Cette fabrique, travaillant toute l'année, aurait donc produit 84,000 mètres de glaces, mais elle ne fondait guère que cinq à six mois sur les douze.

Les cuvettes étaient rondes et garnies extérieurement de deux renflements annulaires, laissant un intervalle pour recevoir les branches des tenailles devant enlever les cuvettes et les renverser sur la table. Il y a des fabricants qui, au lieu d'un double anneau saillant, font des pots portant une rainure dans laquelle s'engagent les tenailles pour enlever le pot et le verser ; le premier procédé nous semble préférable, en ce qu'il ne diminue pas la force du pot.

Les fabriques de glaces les plus avancées ont, depuis un certain nombre d'années, simplifié l'opération de la fonte ; on a supprimé le tréjetage, et, conséquemment, les pots dans lesquels s'opère la fusion du verre sont également ceux qu'on extrait du four pour opérer le coulage. On a aussi généralement substitué la houille au bois, pour l'alimentation du four de fonte.

Nous devons dire en même temps que depuis qu'on a cessé l'emploi des cuvettes de raffinage, les beaux choix deviennent plus rares ; c'est surtout la mousse et les ondes qu'on a de la peine à éviter ; on y parviendrait sans doute en prolongeant la fonte et poussant le four à une plus haute température, mais on craint d'altérer la couleur. En réalité, les fabricants de glaces conviennent que la recherche de l'incoloration et du bon marché a été nuisible à la qualité générale des glaces ; mais, d'autre part, la consommation des glaces sans tain, pour vitrage, qui a pris une extension très-considérable, permet d'employer à cet usage les qualités les moins belles, en sorte que la moyenne des glaces pour miroirs s'est plutôt améliorée.

Le système des fours alimentés par les gaz de combustion, dont nous avons parlé au livre Ier, n'ayant été jusqu'à ce jour adopté que dans un petit nombre de fabriques de glaces, nous ne parlerons que des anciens fours, et nous n'entrerons même pas, à ce sujet, dans des détails circonstanciés, car, nous aurions à répéter ce que nous avons dit au livre II, sur les fours pour la fonte du verre à vitre.

On construit en Belgique, pour la fabrication des glaces, des fours ronds ou ovales. En principe, ces fours sont plus avantageux ; il y a dans l'intérieur moins de place perdue, pour une même capacité ; il y a une plus grande quantité de verre fondue, par conséquent, une moindre quantité de combustible consommée. En outre, dans un four rond ou ovale, tous les

creusets ont chacun leur arcade par laquelle ils peuvent être
entrés et sortis, ce qui se prête très-bien aux manœuvres du coulage. Quelques fabricants, en Angleterre et en France, ont conservé les fours carrés qui sont d'une plus grande solidité ; mais
ils ne se prêtent pas aussi commodément à la sortie des pots.
Les quatre pots occupant toute la largeur de la devanture du
four, et cette devanture exigeant au moins un pilier central pour
soutenir la voûte, chacune des deux ouvertures est naturellement
moins large que deux pots : il faut donc, après qu'on a sorti le
pot du coin pour le couler, attendre, pour le rentrer dans le four,
que le pot voisin ait été sorti, et alors on remplace ce deuxième
pot par le premier pot vidé, dont la place reste libre pour re-
placer le deuxième pot.

Dans l'hypothèse de ce four carré à quatre pots de chaque côté,
la devanture est disposée comme l'indique la figure 93.

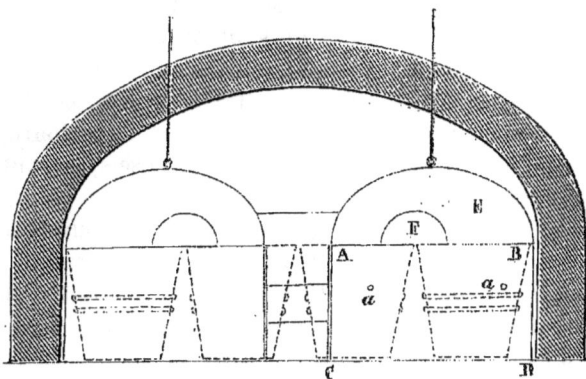

Fig. 93.

Il y a deux portines sur chacune des deux faces du four ; chacune de ces portines est composée de deux pièces. La partie
A B C D est enlevée au moyen d'un diable à chariot, dont les
pointes entrent dans les trous aa et est mise de côté pendant le
coulage des deux pots correspondants; la partie E est élevée seulement de 15 à 20 centimètres au moyen d'une chaîne et d'une
poulie. On l'enlève aussi pour les renfournements, si on n'y laisse
pas un ouvreau F pour le passage de la pelle à enfourner ou

deux ouvreaux pour plus de commodité du renfournement. Quant à la construction même du four, elle se rapporte à celle d'un four carré pour la fusion du verre à vitre, et ne demande pas de description particulière. Si on préfère un four rond ou ovale, chaque pot est sorti par une arcade spéciale semblable à celles que nous avons décrites pour les fours à cristal à pots couverts. Cette arcade est, comme pour les fours carrés, fermée par une portine en deux pièces.

Nous n'avons que très-succinctement à parler de l'opération de la fonte, car on peut à cet égard se reporter à ce que nous avons dit de la fonte du verre à vitre.

Les mélanges doivent être faits avec le plus grand soin, car du verre ondé peut quelquefois n'être provenu que d'un imparfait mélange. Il faut aussi être très-sobre de changement dans les éléments de la composition, toujours pour éviter d'avoir du verre ondé. Il faut ne renfourner que quand le four a été convenablement réchauffé ; on regagne dans la fonte le temps qui aura été passé à amener le four à un haut degré de température. Il est bien de ne pas remplir de suite les pots, il est mieux de les remplir à moitié, de reboucher les ouvreaux, et d'attendre une demi heure environ avant de compléter le renfournement ; de cette manière, on a moins refroidi les creusets, ils sont d'un plus long usage.

Nous répéterons ici ce que nous avons dit sur le moment le plus convenable d'opérer le deuxième enfournement et les suivants ; il faut bien se garder d'enfourner quand la fonte du premier enfournement étant déjà très-avancée, il se forme un bain de sel à la surface ; il faut, si on a attendu jusque-là, ne renfourner que quand tout le sel qui est venu à la surface est complétement évaporé ; mais ce qui est beaucoup mieux, c'est de faire le deuxième enfournement avant que la fonte du premier ne soit complétée, et de même pour les suivants.

Le fondeur doit exercer une surveillance constante sur les tiseurs, s'opposer à ce que ceux-ci mettent beaucoup de houille à la fois dans le four pour s'éviter de tiser souvent. La grille doit être conduite avec intelligence et eu égard à la qualité de la houille. La houille maigre exige des barreaux de grille plus rapprochés, et un moindre usage des crochets à décrasser ; les houilles grasses, qui sont celles qu'on doit employer quand on peut avoir le choix, forment promptement sur la grille des *crasses* qui intercepteraient l'air, si on ne prenait soin de maintenir ce passage en détachant avec les crochets de grille les crasses qui, tendent à l'obstruer. Avec l'usage des houilles grasses, l'un des tiseurs doit être presque constamment à la cave, pour maintenir la grille en état. Quand la fonte du verre est opérée, ce qui, pour des pots de 450 kilogrammes, a lieu à peu près au bout de douze à quatorze heures, on procède au raffinage, n'ayant plus besoin alors que d'entretenir la température sans l'exciter autant ; on donne moins de tirage en laissant un peu plus s'obstruer la grille, et ayant une plus épaisse couche de combustible sur la grille. Au bout de trois heures environ, le verre se trouve suffisamment affiné ; mais il serait trop chaud pour le coulage : on débouche alors les ouvreaux ou *pigeonniers,* ou bien on soulève la pièce supérieure des portines ; on recharge la grille d'une quantité de houille suffisante pour se maintenir jusqu'à la fin de l'opération du coulage ; et on attend ainsi que le verre ait pris la consistance convenable, ce qui a lieu au bout d'une heure et demie environ, plus ou moins, selon qu'on a plus ou moins ouvert le four, et on procède alors à l'opération du coulage, qui ne dure guère qu'une heure pour les huit creusets. Quand le coulage est terminé, que les creusets sont tous rentrés dans le four, que les devantures ont été replacées et margées, on procède au réchauffement du four pour une nouvelle fonte.

Il y a avantage pour la surveillance générale des travaux à régulariser les fontes et le coulage de telle sorte que cette dernière opération ait lieu chaque jour à la même heure. Si donc la fonte dure seize heures, le raffinage et le refroidissement cinq heures, le coulage une heure, on peut attendre deux heures pendant lesquelles on ne fait que maintenir le four avant de le réchauffer sérieusement, ce que l'on peut faire facilement en deux heures. On a alors rempli les vingt-quatre heures. On voit ainsi que, quand on a à remplacer un ou plusieurs pots, cette opération peut se faire sans changer l'heure du coulage.

Avant d'entrer dans le détail de l'opération du coulage, nous dirons quelques mots de l'organisation des halles d'une glacerie.

La halle doit contenir les fours de fusion et les fours destinés à la recuisson des glaces qu'on nomme *carcaises.*

Nous donnons, ci-contre, deux sortes de dispositions pour une halle. Les anciennes glaceries étaient construites comme l'indique la figure 94. Il y a des glaceries construites plus récemment, dont les dispositions sont conformes à la figure 95.

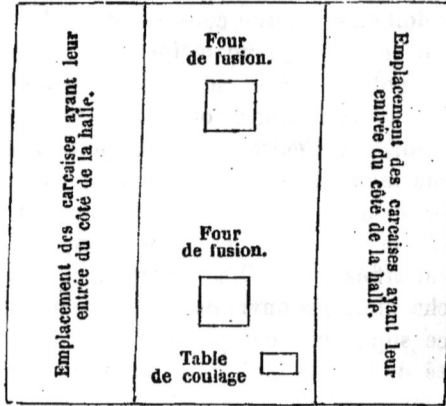

Fig. 94.

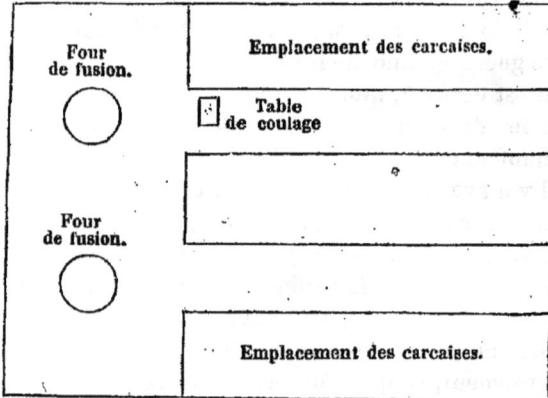

Fig. 95.

Dans l'hypothèse que nous avons adoptée d'un four à dix pots de 400 kilogrammes, produisant chaque jour dix glaces, ces glaces sont mises à recuire dans cinq carcaises contenant ainsi chacune deux glaces de 12 mètres chacune de superficie.

La forme, la construction et le chauffage d'une carcaise sont d'une très-haute importance; la bonne recuisson de la glace étant

29

une des conditions les plus graves de cette fabrication, une glace mal recuite peut se briser avant de sortir de la carcaise, quelquefois seulement à l'équarrissage au diamant, d'autres fois, enfin, alors qu'elle a déjà subi une partie du travail de dégrossissage.

Il faut donc que la carcaise ait été amenée avant l'enfournement des glaces coulées à une température suffisamment élevée et égale dans toutes ses parties, que la chaleur se maintienne suffisamment longtemps après l'enfournement des glaces, pour que le refroidissement s'opère lentement d'une manière égale et à l'abri de tous courants d'air. Il faut que l'aire de la carcaise soit bien plane, afin que le travail du dégrossissage n'ait qu'à enlever une très-minime épaisseur. Les carcaises ont généralement trois foyers, une ouverture en avant de la largeur de la table de coulage pour l'enfournement et le défournement, de petites ouvertures pouvant se boucher à volonté, mais que l'on ouvre successivement pour refroidir graduellement les glaces; une cheminée commune réunit les fumées de plusieurs carcaises. La recuisson des glaces dans les carcaises ne nous semble pas être au niveau des progrès accomplis dans cette branche de la fabrication du verre. Ne pourrait-on pas réduire de beaucoup le nombre des carcaises en appliquant à la recuisson des glaces le procédé de recuisson des verres à vitres étendus de M. Biévez, que nous avons mentionné au livre IIe, p. 295. Il y aurait sans doute des modifications à introduire, mais cela nous paraît tout à fait praticable.

La casse dans les carcaises ou par suite de cette recuisson s'élève dans certaines fabriques jusqu'à 15 et même 20 pour 100 des glaces enfournées ; et je ne crois pas que, dans les glaceries les mieux conduites, cette casse soit descendue en moyenne au-dessous de 8 pour 100. Toute la matière n'est pas perdue, mais on a perdu les frais de fonte, de coulage et de recuisson, et nous verrons que ces frais s'élèvent encore à une somme assez élevée. On conçoit dès lors toute l'importance qu'on doit attacher à surveiller et à perfectionner cette phase de la fabrication.

L'aire de la carcaise est composée de briques de champ, bien dressées sur toutes les faces, reposant sur une couche de sable et assemblées sans mortier, pour que l'élévation de la température ne trouble pas la planimétrie de l'aire ; cette planimétrie est d'ailleurs vérifiée chaque fois qu'on va chauffer la carcaise. Quand la carcaise a été amenée à la température convenable, avant d'y introduire les glaces, on passe un râble en bois bien droit, à long manche, dans toutes les parties de la carcaise, pour enlever toutes les ordures qui peuvent se trouver sur l'aire, et pour unir le sable qui y est répandu.

Lorsque le coulage des glaces fut primitivement établi (nous dirons toujours, par Abraham Thévart), la table et le rouleau étaient en bronze; et jusqu'assez avant dans le siècle présent on a continué à employer le bronze pour cette partie de l'outillage. C'était une opération considérée comme assez difficile, et qui était très-coûteuse, d'obtenir une table de bronze d'une grande dimension, exempte de défauts et d'une parfaite planimétrie. Les Anglais, qui nous ont précédés dans les perfectionnements de l'industrie du fer, sont les premiers qui aient fait des tables de coulage et des rouleaux en fonte de fer; aujourd'hui il n'y a plus, dans les glaceries, que des tables et des rouleaux en fonte de fer; on en est arrivé même à éviter la difficulté de couler une table de fonte d'une grande superficie, en composant cette table d'un certain nombre de pièces assemblées, de telle sorte qu'on peut remplacer une pièce défectueuse, et que la surface générale n'est plus aussi susceptible de se *déplaner*.

Pour compléter ce que nous avons à dire de la table de coulage, nous mentionnerons les tringles ou réglettes qui déterminent la largeur et l'épaisseur de la glace. Ces tringles sont deux petites bandes de fer plat qu'on pose sur la table, parallèlement à ses côtés; c'est sur ces tringles que porte le rouleau, lorsqu'on le fait mouvoir pour aplatir le verre. Au bout des tringles sont deux crochets qui s'appliquent contre l'épaisseur de la table, maintiennent les tringles et les empêchent de céder au mouvement du rouleau.

Les tringles sont de la longueur de la table, leur largeur de 25 à 30 millimètres; quant à leur épaisseur, elle varie suivant l'épaisseur qu'on veut donner, de 19 à 14 millimètres. Ces tringles doivent être calibrées avec le plus grand soin, afin d'obtenir des glaces d'une égale épaisseur dans toute leur surface.

Dans la plupart des glaceries, la table est supportée par quatre roues en fonte placées dans une direction perpendiculaire à la longueur de la table, et reposant sur deux rails parallèles aux

devantures des carcaises, de telle sorte que lorsqu'une carcaise
est remplie de ses deux ou quatre, ou un plus grand nombre de
glaces, la table est roulée devant la carcaise voisine ; tous les
outils accessoires qui enlèvent le pot; le portent au-dessus de la
table et le versent sur la table, sont également roulés en même
temps que la table.

Il y a des glaceries qui ont adopté une autre combinaison, qui
consiste à avoir une table de coulage fixe devant l'une des carcaises ; tous les appareils de la manœuvre sont également fixes.
On amène la cuvette auprès de la table, on l'enlève, on la verse
et on passe le rouleau. Si cette glace est destinée à entrer dans la
carcaise qui est devant la table, on la pousse comme à l'ordinaire
dans cette carcaise, lorsque celle-ci est pleine ; alors la glace suivante est poussée sur une table mobile dont le dessus est en bois,
et on pousse cette table mobile jusqu'à la carcaise qu'il s'agit de
remplir.

Nous allons à présent décrire succinctement l'opération du
coulage, qui offre sans nul doute le spectacle le plus imposant de
tous ceux auxquels peut donner lieu la fabrication des verres.
Tous les détails de cette opération sont accomplis avec une précision, un silence, une discipline qui assurent son succès et lui
impriment en même temps un caractère tout à fait solennel.

Tous les ouvriers ont leur place marquée, leur travail spécial,
et la manœuvre entière est accomplie chaque fois sous la direction du chef du coulage, avec une régularité, une uniformité, et
nous ajouterons, avec une calme rapidité dont les manœuvres
militaires peuvent seules fournir un autre exemple.

On suppose qu'avant l'opération on a eu soin de nettoyer soigneusement tous les outils, surtout ceux qui touchent le verre
plus immédiatement, tels que la table et le rouleau, on essuie
ceux-ci avec des torchons, et l'on renouvelle même cette précaution, dès que l'on a coulé une glace, avant d'en couler une
suivante. Le chef de coulage doit être arrivé à la halle pendant
les dernières heures du raffinage, inspecter tous les outils et
vérifier s'ils sont tous aux places convenables. Lorsqu'il a reconnu
que le verre est raffiné et a la consistance convenable, tous les
ouvriers se rendent à leur poste de manœuvre, munis des outils
dont ils ont la charge. On commence par démasquer une première cuvette : cette cuvette est légèrement soulevée au moyen

d'une pince, de manière à pouvoir introduire dessous la pelle d'une grande et forte pince; puis, plaçant deux grands crochets dans l'intérieur du four, derrière la cuvette, les ouvriers attachés tant à la grande pelle qu'aux deux crochets réunissent leurs efforts pour tirer à eux la cuvette qu'on amène ainsi hors du four, jusque sur la plaque d'un chariot. On dégage alors la grande pince en soulevant un peu la cuvette au moyen d'une pince. Lorsque la cuvette est bien établie sur le chariot, on conduit celui-ci vers la table de coulage, et en même temps les ouvriers qui avaient démasqué la cuvette remettent la devanture, pour que le four ne se refroidisse pas.

Aussitôt que la cuvette est arrivée auprès de la table, on la saisit avec la tenaille ronde ou carrée, suivant la forme du pot ou cuvette enveloppant la ceinture, et aussitôt deux ouvriers procèdent à l'écrémaison : placés chacun d'un côté de la cuvette, armés d'un sabre recourbé, ils croisent leurs outils pour occuper toute la largeur de la cuvette ; ils passent le côté courbe de leurs lames sur la surface du verre, commençant par une des extrémités de la cuvette et la suivant jusqu'au côté opposé; ils enlèvent ainsi toute une couche mince, qui est reçue par deux ouvriers qui la saisissent avec la patte de leur râble et la déposent dans une poche.

Dès que le verre est écrémé, on enlève la cuvette par le moyen du cric et de la potence; un ouvrier en nettoie toute la partie extérieure, pour qu'il n'en tombe aucune ordure sur la table pendant l'opération; lorsque la cuvette est arrivée à la hauteur convenable, et qu'on l'a amenée au-dessus et près du rouleau, les ouvriers qui tiennent la cuvette par les extrémités de la tenaille lui impriment un mouvement d'oscillation parallèle au rouleau, puis la renversent en suivant ce mouvement de pendule, de manière que la matière est ainsi versée sur toute la largeur de la table près du rouleau, et on relève rapidement la cuvette avant qu'elle soit vidée complétement; la cuvette, en se relevant, forme des bavures que d'autres hommes rattirent pour qu'elles ne se mêlent pas à la masse coulée, sur laquelle on a de suite passé le rouleau par un mouvement régulier, depuis le côté de la carcaise jusqu'à l'extrémité de la table où le rouleau va se reposer sur le support à bascule. Pendant que les rouleurs avancent ainsi, des ouvriers, munis de grappins, veillent sur le flot de verre pour enlever adroitement les pierres ou larmes qu'ils aperçoivent.

Lorsque le rouleau est parvenu sur son chevalet, on enlève les deux tringles régulatrices de l'épaisseur; s'il a passé du verre sur les tringles, en frappant sur les extrémités de celles-ci, on détache la bavure et on la fait tomber dans des récipients placés dans ce but auprès de la table. Pendant ce temps, on a fait descendre la cuvette sur la ferrasse du chariot, dégagé les tenailles; on la ramène au four, on la replace sur le siége, après avoir enlevé la devanture, et on procède à l'enlèvement d'une seconde cuvette.

D'autre part, après que le rouleau est arrivé sur son support à bascule, des ouvriers forment la tête de la glace au moyen du *procureur*, c'est-à-dire qu'ils forment un bourrelet contre lequel on pose la pelle au moyen de laquelle des ouvriers poussent la glace le long de la table, jusque sur la sole de la carcaise; pendant que ces ouvriers poussent la pelle, d'autres appuient sur la tête, pour que l'effort ne relève pas le bourrelet et ne fasse pas plier la glace; d'autres suivent le mouvement de manière à redresser la glace, si elle ne s'engage pas directement dans la carcaise.

Lorsque la glace est dans la carcaise, on la laisse un instant sur le devant de ce four, pour qu'elle prenne un peu plus de consistance par un certain degré de refroidissement; ensuite on la pousse plus avant, à la place qu'elle doit définitivement occuper.

Dans cette description que nous venons de faire de l'opération, nous avons dit qu'on versait la cuvette du côté de la table le plus rapproché de la carcaise, et que le rouleau manœuvrait en partant de ce point et allant vers l'autre extrémité de la table. C'était là la méthode adoptée depuis les premiers temps du coulage et que certains fabricants ont conservée; mais d'autres fabricants ont adopté le coulage en sens inverse, c'est-à-dire par le côté de la table le plus éloigné de la carcaise; de cette manière, quand le rouleau a passé sur la glace, le bout par lequel on la pousse dans la caisse est déjà suffisamment refroidi, pour qu'il ne soit pas nécessaire d'y faire une tête.

Lorsque les glaces ont été refroidies graduellement dans la carcaise qui les contenait, on les tire successivement sur une table en bois placée devant la carcaise, on essuie la poussière qui couvre la surface de la glace, on applique à une de ses bandes une branche d'une grande équerre en bois; on pose le long de l'autre branche, amenée à la place où on veut équarrir la glace, une règle en bois contre laquelle on fait passer le diamant à rabot, qui ne diffère du diamant de vitrier que nous avons décrit au livre II qu'en ce que le diamant est un grain plus fort, fixé au milieu d'un rabot d'environ 6 centimètres de long sur 2 centimètres de large et d'épaisseur, sur lequel s'élève un petit manche de 5 à 6 centimètres de hauteur, qui sert à fixer l'outil dans la main de l'ouvrier. Lorsque le diamant a exercé son action sur la surface supérieure de la glace, on force le trait qu'il y a imprimé à pénétrer toute l'épaisseur en frappant en plusieurs places, avec ménagement, la surface inférieure avec un maillet; pendant ce temps, un ouvrier saisit, avec deux pinces plates, la partie que l'on veut détacher, et, forçant légèrement sur ces pinces, facilite l'ouverture du sillon et la séparation de la tête de la glace. On équarrit de la même manière l'autre extrémité de la glace, puis on la porte en magasin. A cet effet, la glace est enlevée horizontalement par trois ou quatre ouvriers, de chaque côté, qui l'amènent à une position presque verticale, en baissant un des côtés, pendant que l'autre est au contraire élevé, et la posent ainsi sur deux chantiers qui permettent de passer cinq bricoles ou sangles garnies de cuir sous la glace, au moyen desquelles la glace est portée, dans une position verticale, jusque dans le magasin de brut.

Il y a des glaceries où la table qui reçoit la glace à sa sortie de la carcaise est disposée à bascule, de manière à pouvoir déposer la glace sur un support incliné, monté sur roues, qui, par un chemin de fer, transporte la glace au magasin de brut.

En finissant ce qui est relatif au coulage des glaces, nous donnerons quelques détails sur les progrès de cette fabrication depuis son origine.

En 1688, Abraham Thévart représente, dans un mémoire au roi, que, par le moyen des machines qu'il a inventées, il peut fabriquer des glaces de 60 à 80 pouces de hauteur et au-dessus, et 35 à 40 pouces et au-dessus de largeur. C'est d'après ce mémoire et sur le rapport de Louvois, qu'il est concédé à Abraham Thévart un privilége de trente ans. J'admets qu'Abraham Thévart, qui n'était pas verrier, n'ait pas complétement réussi dans le principe, et ait cru devoir se procurer le concours d'un verrier d'une compagnie rivale, Lucas de Nehou. Quoi qu'il en soit, avec l'assistance même de ce dernier, les progrès de l'industrie des glaces coulées semblent pendant longtemps avoir été très-lents. Bosc d'Antic (p. 164 du premier volume de ses œuvres) dit : « Il est notoire que la célèbre manufacture des glaces à miroir de Saint-Gobain, à l'époque de 1775, avait été trois années consécutives dans l'impossibilité de fabriquer aucune glace coulée marchande..... »

Bosc d'Antic, pendant sa direction, de 1755 à 1758, rétablit la fabrique en bonne voie. Depuis cette époque jusque vers le commencement de notre siècle, les procédés restèrent à peu près invariables, ainsi que les dimensions de coulage. A l'Exposition de Paris de 1834, la plus grande glace exposée par la manufacture de Saint-Gobain ne portait que 4^m,14 sur 2^m,52, soit 10^m,44 de superficie.

Mais, à partir de cette époque, toutes les glaceries augmentent beaucoup la dimension de leur table de coulage.

A l'Exposition universelle de Londres de 1851, la Compagnie des glaces de la Tamise avait exposé une glace de 5^m,68 sur 3^m,04, soit 17^m,267.

A l'Exposition universelle de Paris de 1855, la Compagnie de Saint-Gobain avait exposé :

Une glace de 18^m,04 de superficie.

La compagnie de Cirey :

Une glace de 18^m,50 de superficie.

Enfin, à l'Exposition universelle de 1867, la Compagnie de Saint-Gobain-Cirey a exposé :

Deux glaces nues, de 6^m,09 sur 3^{m}53, soit 21^m,50 de superficie ;

Une glace étamée de 6^m,53 sur 3^m,23, soit 21^m,10 de superficie ;

Une glace étamée, de 5^m,50 sur 3^m,53, soit 19^m,41 de superficie.

La Compagnie de Montluçon a exposé :

Une glace nue, de 5^m,07 sur 3^m,23, soit 16^m,38 de superficie ;

Une glace argentée, de 4^m,95 sur 3^m,15, soit 15^m,60 de superficie.

Les glaces de 12 mètres de superficie, il y a trente ans seulement, étaient un prodige ; aujourd'hui, les dimensions sont presque illimitées ; ce n'est plus qu'une affaire de grands creusets,

de grandes tables en fontes et d'engins puissants et coûteux ;
tandis qu'en 1851 encore, on ne coulait des glaces de 15 à 17 mètres qu'en versant sur une table la matière de deux creusets, ce
qui donnait lieu à des défauts presque inévitables ; une glace de
21 mètres de superficie est aujourd'hui le produit d'un seul creuset ; cette glace devant peser environ 750 kilogrammes, doit exiger
un pot d'une contenance d'environ 900 kilogrammes. Il est probable que, pour longtemps encore, on se bornera à ces dimensions, car on ne trouve pas même l'emploi de ces glaces, quoique
leur prix soit relativement peu élevé.

DOUCI, SAVONNAGE, POLI.

Les glaces brutes ont à subir une succession d'opérations qui
ont pour but d'établir aussi parfaitement que possible la planimétrie et le parallélisme de leurs surfaces, et de leur donner ce
poli éclatant qui les rend propres à transmettre uniformément et
avec aussi peu que possible de déperdition les rayons de lumière
à travers les glaces nues, ou à les réfléchir sans déformation des
objets par les glaces étamées.

Ces opérations forment trois divisions :

La première, qui est le *douci*, est elle-même subdivisée en
dégrossissage et doucissage ;

La deuxième, le savonnage ;

La troisième, le poli.

Jusque dans les commencements de notre siècle, ces opérations
se faisaient manuellement ; il y a environ cinquante ans seulement
qu'on commença, du moins en France, à employer des machines
pour le poli ; puis on fit aussi, au moyen de machines, l'opération
du douci ; et, quant au savonnage, il est encore presque complétement fait à la main.

Ainsi que nous en avons prévenu, nous n'entrerons pas dans la
description des machines qui concourent à ces opérations. Chaque
usine croit, à cet égard, posséder un outillage supérieur en effi-
cacité et en économie à celui de ses concurrents. Les mécaniciens
habiles s'étudient constamment à perfectionner, simplifier les
machines, de telle sorte que les appareils que nous décririons
aujourd'hui seraient très-différents de ceux qui, dans très-peu

d'années, seront en usage ; nous ne ferons donc qu'une description sommaire du travail auquel sont soumises les glaces.

Avant de soumettre les glaces au travail, on procède à leur équarrissage au moyen de la grande équerre, de la règle et du diamant à rabot dont nous avons parlé, et au moyen desquels on a opéré, à la sortie de la carcaise, la section des deux bouts ; mais, préalablement, il faut les soumettre à un examen scrupuleux, dans le but de les *réduire à leur volume utile.* Par cet examen, on voit si la glace doit être laissée et travaillée dans son intégrité, ou, par les défauts que l'on reconnaît, on détermine les sections que l'on doit opérer et qui élimineront ces défauts, ou au moins les rapprocheront des bords des glaces divisées.

Il y a aussi des défauts qui, se trouvant très-rapprochés de l'une des surfaces, n'influent pas sur la division et disparaîtront par le travail du dégrossissage.

Douci. Nous avons dit que le douci se subdivisait en deux opérations.

Le dégrossissage s'opérait autrefois par le frottement de glace sur glace, scellées l'une et l'autre avec du plâtre sur des pierres, et avec du sable interposé. A présent on scelle au plâtre une grande glace ou deux moyennes sur une table ou *banc* de pierre parfaitement dressé. Au-dessus de ce banc se trouve une table garnie de bandes de fonte. Cette table, d'une dimension inférieure à la table fixe ou banc, vient s'appliquer sur la glace et se meut au moyen de leviers qui la font glisser par un mouvement de va-et-vient demi-circulaire sur toutes les parties du banc, et entament la surface de la glace au moyen du gros sable ou du grès pulvérisé que l'on jette sur la glace, sur laquelle coule en même temps un filet d'eau.

Les grains de sable ou de grès, pressés par les bandes de fer contre la glace, s'usent assez rapidement ; dès qu'on sent que leur action diminue, on essuie la glace, on met une nouvelle couche de sable et ainsi de suite. Aussitôt que la glace est dégrossie, c'est-à-dire que le sable a enlevé tout le brut de la glace et qu'on n'y voit plus que le grain de sable, on procède au douci ; et pour cela on opère glace sur glace, en scellant une ou plusieurs glaces également dégrossies sur une table en châssis que l'on applique sur la glace fixe, et à laquelle on imprime mécaniquement le même mouvement qu'avait la table garnie de bandes de fer, et, au lieu de sable, on interpose successivement des émeris de plus en plus fins qui achèvent le travail du douci sur la glace gisante et sur les glaces volantes.

La préparation des émeris est une des opérations les plus importantes d'une fabrique de glaces, en raison de l'influence qu'elle a sur la rapidité et la perfection du travail du douci. Chaque *numéro* d'émeri doit être homogène, c'est-à-dire d'un grain bien égal; car si, après avoir passé la glace, par exemple, à deux émeris, il se trouve au troisième émeri quelques grains d'un émeri antérieur, ces grains opèrent des sillons plus profonds qui nécessitent de recommencer le travail.

L'émeri est un silicate d'alumine qui se trouve à Cayenne et dans certaines îles de la Méditerranée, et principalement dans l'île de Naxos, d'où on le tire dans un état brut.

Cet émeri brut est broyé à l'eau dans des moulins formés d'une meule fixe et d'une meule tournante placées dans un cuvier en bois, d'où on fait couler l'émeri broyé mêlé à l'eau dans une succession d'autres cuviers descendant en gradins, et on obtient par des décantages réglés sur le temps de repos donné au liquide après l'agitation les divers degrés de finesse de l'émeri nécessaires pour le travail des glaces. Quand les émeris se sont complètement déposés, on décante l'eau qui les couvre, on fait sécher le dépôt jusqu'à consistance de pâte et on le livre aux ouvriers, en ayant bien soin de les classer par numéros.

Savonnage. Une glace bien doucie est en état d'être polie, mais cette opération du douci par les machines n'arrive jamais à un état de perfection suffisant : il y a toujours vers les angles et aussi dans quelques autres places certaines imperfections, des inégalités de piqûre d'émeri qui demandent à être retouchées : il faut faire subir aux glaces l'opération qu'on appelle *savonnage.*

Lors donc que la glace a été *doucie* sur ses deux faces aussi bien que possible, on l'enlève, et on la porte dans un autre atelier, où elle subit la visite du chef du savonnage qui ordinairement l'examine en l'interposant dans une position inclinée entre l'œil et une lumière; il marque ses défauts en les entourant d'une raie faite avec du rouge à polir, et on la livre ensuite aux ouvriers savonneurs qui enlèvent ces défauts par le travail manuel d'une petite glace doucie sur les parties à corriger avec interposition d'eau et d'émeri très-fin.

L'ouvrier, après avoir fixé sa glace sur la *levée*, ou banc parfaitement plan, la frotte aux places à retoucher avec de l'émeri fin qu'il arrose d'un peu d'eau ; il étend cet émeri avec une petite glace d'environ 25 centimètres sur 15 dont les coins et arêtes sont adoucis pour que les angles ne déchirent pas la surface de la glace ; l'ouvrier passe cette petite glace, appelée *pontil*, sur les parties à corriger en appuyant dessus avec les deux mains ; dès que la première couche d'émeri ne mord plus, il essuie les deux surfaces avec une éponge fine et propre, et il replace une autre couche d'émeri, et ainsi de suite, tant qu'il juge que le douci n'est pas parfait. Il doit faire attention à ne pas circonscrire son travail seulement à la partie de la glace à corriger, mais à l'étendre un peu au delà, autrement il creuserait la glace, et lorsque tous les défauts sont corrigés, il doit faire un travail léger sur toute la surface pour amener toute cette surface à un grain bien égal.

Poli. Les glaces, après avoir subi l'opération du savonnage, sont aptes à recevoir le poli ; cette opération, la première qui ait été faite mécaniquement dans les manufactures de glaces, se fait au moyen de frottoirs en feutre et de colcothar ou oxyde rouge de fer. Cet oxyde rouge de fer s'obtient par la calcination de la couperose verte ou sulfate de fer ; cette calcination enlève l'acide sulfurique, il reste l'oxyde rouge de fer que l'on broie et décante avec le plus grand soin pour l'obtenir d'un grain très-fin, puis on fait sécher le dépôt et on le livre en *pains* aux ouvriers polisseurs.

La différence entre l'effet du douci et l'effet du poli consiste essentiellement dans l'effet des poudres agissant sous l'action d'un corps dur ou d'un corps mou. C'est vainement qu'on prolongerait le frottement de glace sur glace avec les émeris les plus fins et avec le rouge de fer, jamais les surfaces ne deviendraient brillantes. Nous avons vu que pour *doucir* une surface de verre on procède à l'amélioration de la surface par l'interposition de poudres d'émeri de plus en plus fines entre cette surface à polir et un frottoir métallique ou une autre surface de verre qui participe ainsi au résultat du douci. Dans cette opération, les poudres roulent entre les deux surfaces ; ces poudres, d'une grande dureté, ne sont pas des sphères, mais des polyèdres qui en roulant sur la surface du verre y produisent un *grain* de plus en plus fin à mesure qu'on emploie des poudres plus ténues, et qui le deviennent elles-mêmes de plus en plus sous l'action du frottoir. Quand on

pense être arrivé à un douci, c'est-à-dire à un *grenu* suffisamment
fin, on procède au polissage au moyen de polissoirs non plus
rigides, mais composés d'une substance molle, cuir ou feutre
par exemple, contre lesquels viennent s'appliquer les poudres à
polir qui s'enchatonnent pour ainsi dire dans ce corps mou, en
sorte que ces poudres n'agissent plus en roulant sur la surface à
polir, mais comme présentant un même angle. On a donc, d'une
part, la surface du verre composée d'une multitude infinie de
petites aspérités, et, de l'autre, une autre surface armée aussi de
petites aspérités fixes qui presse en tout sens sur les aspérités du
verre, les émousse et y imprime une multitude de petites raies
tellement rapprochées, qu'elles dépassent la divisibilité des rayons
lumineux qui s'y réfléchissent comme s'ils tombaient sur une
surface mathématiquement plane. Ces raies du verre produites
par le poli sont tellement fines, qu'elles ne peuvent être mises en
évidence par les plus forts grossissements du microscope ; mais
on apprécie toutefois la différence qui existe entre la surface du
verre poli mécaniquement et le poli naturel de la surface du
verre soufflé, par la comparaison des divisions micrométriques opérées sur ces deux surfaces. Sur une surface polie mécaniquement,
les divisions, quand on veut les pousser à un certain degré, deviennent confuses, sans doute parce que les raies inhérentes au
travail du poli interfèrent avec celles opérées par le diviseur,
tandis que sur une surface d'un poli naturel, les lignes tracées
par le diviseur conservent une parfaite netteté.

Les frottoirs à polir sont garnis de feutre et montés sur des leviers qui leur impriment un mouvement de va-et-vient sur la
surface de la glace posée sur une table à laquelle la machine
imprime aussi un mouvement lent, inverse de celui des frottoirs.
Un seul ouvrier peut suivre le travail du polissage d'un certain
nombre de glaces, sur lesquelles il n'a qu'à projeter de temps en
temps du rouge délayé, et le travail de polissage se fait d'autant
plus rapidement que le travail du douci a été fait plus soigneusement.

Les fabriques livrent la plus grande partie de leurs produits à
l'état de glaces polies, mais non étamées, parce que, d'une part,
une très-grande quantité de ces glaces seront employées sans tain
pour vitrage, d'autre part, les glaces étamées sont d'une conservation difficile en magasin : elles sont trop sujettes à des écorchures

de l'étamage qui obligeraient à refaire ce travail. Les miroitiers préfèrent donc de beaucoup les glaces *nues*, et ils ont tous chez eux un atelier d'étamage pour faire subir cette opération aux glaces au fur et mesure seulement des demandes.

ÉTAMAGE, ARGENTURE.

Étamage, argenture. — L'étamage des glaces consiste dans la fixation, sur une de leurs surfaces, d'une légère couche de mercure, dont l'éclat et la blancheur produisent une réflexion presque intégrale et sans altération des couleurs propres à l'objet réfléchi ; mais le mercure, si liquide, pour être fixé sur la surface du verre a besoin d'être retenu par un autre métal, et pour cela on l'amalgame à l'étain : c'est cet amalgame qu'on nomme *tain*. Voici, sommairement, comment on procède : la table à étamer est formée par une pierre de sciage engagée dans un cadre de bois ; l'un des petits côtés est libre pour laisser passage à la glace, les trois autres sont garnis d'un rebord autour duquel on forme une rigole qui entoure la pierre et qui sert à faire écouler le mercure excédant. Quelquefois cette rigole est taillée dans la pierre même. Aux coins de la pierre sont des trous par lesquels s'écoule le mercure surabondant dans des bassins placés au-dessous. La pierre à étamer est portée, dans le milieu de sa longueur, par un axe sur lequel elle a la liberté d'exécuter un mouvement de bascule, de manière qu'on peut la mettre de niveau ou lui donner un peu d'inclinaison au moyen d'une vis de rappel. Au moment de commencer l'opération, la pierre doit être de niveau et bien propre ; on y étend le plus exactement possible une feuille d'étain de la grandeur de la glace qu'on veut étamer, et l'on a le plus grand soin de faire disparaître le plus léger pli de la feuille en la lissant avec des brosses de crin doux. On répand sur cette feuille d'étain bien étendue une petite quantité de mercure, dont on frotte la feuille au moyen de rouleaux de lisières de drap, ce qui favorise et hâte l'amalgame : c'est ce qu'on appelle *aviver la feuille*. Ensuite on verse autant de mercure qu'il peut en tenir sur la feuille d'étain, laquelle, par le fait de son affinité, peut en retenir une épaisseur de quatre à cinq millimètres. On garnit d'une bande de papier l'espace de la pierre qui reste entre son bord et la feuille d'étain, pour que la glace, à son passage, ne prenne aucune ordure, et que la surface ne coure pas le risque d'être rayée par le frottement. Pendant ce temps, la glace à étamer a été nettoyée et séchée avec le plus grand soin, après quoi on ne la touche plus que par l'intermédiaire de plusieurs doubles de papier de soie. On amène ensuite cette glace dans une position horizontale et l'on pose son bord sur la bande de papier ; puis on la fait glisser ou couler aussi près que possible de la feuille d'étain, sans toutefois la toucher. Cette partie de l'opération doit être exécutée d'un mouvement égal jusqu'à ce que toute la feuille d'étain soit occupée par la glace, avec le soin de maintenir toujours celle-ci dans une position horizontale : si on l'élevait, on laisserait introduire entre le *tain* et la glace quelques portions de cette crasse ou écume, qui est un commencement d'oxydation qui se forme à la surface du mercure ; si, au contraire, on l'abaissait, le bord de la glace couperait et entraînerait la feuille d'étain.

Lorsque la glace est coulée sur le mercure, on la couvre d'une flanelle ou d'un drap, et on la charge de poids en pierre ou en fer pour favoriser son contact avec l'amalgame et aider par la pression à l'expulsion du mercure surabondant. Après que la glace est ainsi chargée, on donne une légère pente à la pierre, le mercure en excès s'écoule dans les rigoles et est reçu dans les bassins disposés aux coins de la pierre. Au bout de quelques heures, on augmente encore l'inclinaison de la pierre ; si on avait donné trop tôt cette inclinaison, le mercure, en s'écoulant, aurait pu entraîner par son poids la feuille d'étain, ou au moins quelques parties de cette feuille. Lorsque la glace s'est suffisamment égouttée sur la pierre, ce qui a lieu au bout de vingt-quatre heures, on la relève de dessus la pierre. Cette opération demande beaucoup de ménagement ; le tain est encore mou, il contient encore un petit excès de mercure, et il serait enlevé ou écorché par un très-léger frottement. Il faut donc avoir soin, en maniant une glace fraîchement étamée, de ne toucher que la surface libre et l'arête. On transporte les glaces étamées de dessus la pierre sur des égouttoirs ou plans inclinés en bois, où elles achèvent d'y laisser écouler le mercure excédant qu'on recueille avec soin. On augmente peu à peu la pente des égouttoirs jusqu'à ce que l'on parvienne à leur donner une position presque verticale. Il est difficile d'assigner au juste le temps auquel l'étamage est tout à fait purgé de l'excès de mercure, car on voit souvent découler des globules de ce fluide, de glaces déjà placées dans les appartements. Lorsque le tain a pris toute la solidité désirable, c'est-à-dire quand le *tain est sec*, il faut fixer la glace sur un *parquet;* puis on l'encadre, car on n'étame généralement les glaces qu'au fur et à mesure de leur demande. Il est toujours bien préférable de les conserver en magasin *nues*, jusqu'au moment de leur emploi immédiat.

Nous ne devons pas oublier de mentionner ici une nouvelle méthode de douer les glaces de la propriété de réfléchir les objets, nous voulons parler de l'*argenture des glaces;* bien que ce procédé ne soit pas encore généralement adopté, il constitue un progrès tellement notable, il se substitue à une méthode qui, par le fait de l'emploi du mercure, a des effets si déplorables sur la santé des ouvriers, que nous devons appeler de tous nos vœux son adoption générale. C'est au baron Liebig qu'est due la découverte scientifique qui a servi de point de départ aux divers procédés industriels de l'argenture des glaces. Un premier brevet fut pris en Angleterre et en France par M. Drayton, mais il ne produisit pas des résultats assez satisfaisants pour déterminer son adoption et la cessation de l'étamage au mercure. Mais aujourd'hui, l'argenture des glaces par le procédé de M. Petitjean remplit parfaitement le but. Ce procédé consiste à verser sur la glace, parfaitement nettoyée et placée dans une position bien horizontale, sur une plaque de fonte, une dissolution très-étendue de tartrate d'argent ammoniacal; celle-ci s'obtient en ajoutant une certaine quantité d'acide tartrique à une dissolution d'azotate d'argent et d'ammoniaque contenant un léger excès de cet alcali, et en échauffant graduellement la glace jusqu'à la température de cinquante degrés environ. L'argent métallique se dépose en couche feuillante et adhérente à la surface du verre, lequel, bien nettoyé et séché, reçoit sur la surface argentée une couche de peinture à l'huile au minium, ou bien, ainsi qu'on le fait en Allemagne, un enduit bitumineux. Ce procédé à l'avantage d'une exécution très-rapide, joint celui du bon marché, car il suffit de 7 à 8 grammes de métal pour argenter un mètre superficiel de verre, soit environ une dépense de 1 fr. 40 c. à 1 fr. 80 c. pour la valeur de l'argent.

Ce procédé, exploité par MM. Brossette et Ce, ne laisse presque

rien à désirer. Si les objets réfléchis présentent une blancheur
un peu pâle, cela tient à la teinte inclinant au jaune de l'argent,
teinte qui est d'ailleurs corrigée par la nuance généralement un
peu azurée des glaces; les glaces argentées présentent d'ailleurs
une grande vivacité et une grande pureté de réflexion. Les glaces
argentées supportent sans inconvénient les voyages de long cours,
auxquels ne résiste pas l'étamage ordinaire. Enfin, le procédé
est économique; aussi espérons-nous que MM. Brossette et Cᵉ, qui
déjà opèrent journellement l'argenture de 100 mètres de glaces,
étendront encore cette production dont on doit désirer la substitution complète à l'étamage au mercure.

Les miroitiers, qui, presque tous, font étamer chez eux les
glaces-miroirs qui leur sont demandées, ont un outillage qui les
fait sans doute hésiter à abandonner l'ancien procédé, mais espérons que la considération puissante de l'insalubrité de ce procédé,
et la réussite chaque jour plus complète de l'argenture, finiront
par les décider à son adoption.

Nous devons dire quelques mots d'un essai qui a été fait de
remplacer l'étamage et l'argenture par le *platinage*. Il a été pris
à cet effet un brevet en avril 1864 par un sieur Dodé. Il est conçu
en peu de mots; il y est dit :

« Dissoudre 100 grammes de platine dans l'eau régale. —
Évaporer à siccité. — Broyer le résidu à l'essence.

« D'autre part, broyer à l'essence 25 grammes de litharge ou
autre oxyde de plomb, mélanger ces deux produits, les broyer de
nouveau avec soin et très-fin.

« Étendre au pinceau le mélange sur la surface du verre qu'on
veut étamer et passer au feu de mouffle. »

Tel est le brevet que MM. Creswell et Tavernier ont tenté d'exploiter et dont nous avons vu les produits.

La surface sur laquelle le mélange a été étendu est la surface
réfléchissante ; elle se trouve en quelque sorte émaillée. La substance pénètre à une certaine profondeur, ainsi qu'on peut le voir
avec une loupe sur la tranche du verre : le verre, ainsi pénétré,
conserve encore une partie de sa transparence, en sorte que la
réflexion se manifeste plus complétement en appliquant sur
l'autre surface, c'est-à-dire sur la surface postérieure, une feuille
de papier bleu foncé, par exemple. L'incorporation de la mixture

30

n'exigeant pas une température très-élevée, on met les feuilles debout dans la moufle.

L'étamage des glaces par ce procédé est évidemment inférieur en beauté à l'étamage au mercure et à l'argenture ; il est sombre ; il ne donne pas une fausse couleur aux objets, n'est ni bleu ni vert, mais *neutre*.

Les exploitants du brevet ont dit que l'addition d'une certaine proportion d'or au mélange donnait une réflexion plus blanche, mais que le résultat était plus douteux ; ce serait à vérifier. Il y aurait lieu d'essayer aussi quelques autres métaux.

Les avantages du procédé seraient les suivants :

1° La réflexion étant donnée par la surface antérieure, il n'y a pas la double réflexion qui a lieu lorsque la substance destinée à réfléchir se trouve sur la surface postérieure.

2° La réflexion étant produite par la surface antérieure, peu importe que la substance de la glace soit plus ou moins colorée, plus ou moins pure à un certain degré ; on peut donc employer aussi bien du verre à vitre ordinaire.

3° La réflexion étant produite par la surface antérieure, on se bornera à doucir et polir cette surface ; cet avantage est considérable, même si on emploie la glace coulée ordinaire.

Une des principales difficultés de ce procédé doit résider dans la cuisson à la moufle ; il faut une température suffisante pour incorporer l'émail dans le verre, sans arriver au point de courber les glaces ; la cuisson à plat comme pour la peinture sur verre serait sans doute préférable.

Nous ne connaissons pas tous les écueils que ces messieurs ont rencontrés ; leurs produits étaient acceptés par les miroitiers, et toutefois ils ont cessé leur exploitation vers la fin de 1866, ce qui indique qu'ils ne l'ont pas trouvée rémunérative. Mais nous ne voudrions pas condamner sans appel ce procédé ; il n'est pas impossible que des perfectionnements amènent un jour sa réussite pour certains usages.

COMPTABILITÉ.

Ainsi que nous l'avons dit pour le verre à vitre (liv. II), en donnant les éléments du prix de revient des glaces en France, nous n'avons en vue aucune position déterminée, aucun établis-

sement en particulier ; nous avons entre les mains tous les calculs relatifs à une fabrique existante, mais nous supposons dans
les calculs qui vont suivre une glacerie dans des conditions
moyennes sous le rapport du prix des matières premières, des
combustibles et de la main-d'œuvre.

Nous prenons pour base de nos calculs la production d'un four
à dix pots de 400 kilogrammes de verre. Ces dix pots doivent
produire à chaque coulage 120 mètres de glaces équarries au
sortir de la carcaise et pesant 3,000 kilogrammes. Toutefois, nous
n'estimerons qu'à 100 mètres superficiels de glaces la production
de chaque fonte, faisant ainsi une large allocation aux divers déchets produits dans les divers travaux que subit successivement
la glace dans ses évolutions dans les ateliers et magasins ; et ainsi,
bien que nous ne portions cette production que pour 100 mètres
par fonte, nous établirons la dépense sur une consommation de
350 kilogrammes de matière neuve par jour, le surplus consistant
en rognures et casses de magasin.

Nous supposerons enfin que notre four produit pendant l'année
trois cents coulages, et nos calculs porteront ainsi sur une fabrication annuelle de 30,000 mètres carrés de glaces.

Nous allons donc faire le calcul des dépenses relatives à la
production d'abord de la glace brute, qui comprend la composition, le combustible, les fours et pots, la main-d'œuvre, les frais
d'outillage.

Puis nous évaluerons les dépenses relatives au doucissage, savonnage et polissage des glaces, et enfin nous ferons le compte
des frais généraux.

La composition, conforme à ce que nous avons dit, est de :

100 kilogrammes de sable lavé, à 1 fr. 50 c.............	1 fr.	50 c.
40 — de sulfate de soude purifié, à 17 francs.	6	80
2k,50 de charbon pilé, à 10 francs..........	0	25
20 kilogrammes de carbonate de chaux, à 4 francs......	0	80
0k,50 d'acide arsénieux, à 50 francs........	0	25
163 kilogrammes.	9 fr.	60 c.

Avant de passer plus loin, nous tenons à justifier les prix ci-
dessus : 1° pour la fabrication du verre à vitre, nous avons
compté le sable à raison de 1 franc les 100 kilogrammes ; nous le
portons ici à 1 fr. 50 c. en raison des frais de lavage et séchage,

et nous sommes certain que ce prix de 1 fr. 50 c. couvre largement les frais inhérents à cette manutention. En effet, les sables
les plus beaux, ceux de Fontainebleau, de Nemours, de Com-
piègne, de Champagne, ne coûtent pas 10 francs la tonne, soit
1 franc les 100 kilogrammes rendus dans les usines qui les consomment. Un ouvrier peut certainement laver au moins une tonne
de sable par jour; en mettant donc 50 centimes pour le lavage,
le séchage et le déchet du lavage, nous sommes certain d'être au-
dessus du prix de revient, en comprenant même le séchage dans
des chambres en briques, alors qu'on peut, dans la belle saison,
faire provision de sable séché à l'air libre.

2° Nous avons mis le sulfate de soude purifié à 17 francs les
100 kilogrammes, nous l'avions porté à 13 francs pour la fabrication du verre à vitre. Nous avons dit que les frais de raffinage
pouvaient être évalués à 3 fr. 50 c. par 100 kilogrammes, mais
toutefois nous les avons compris pour 4 francs, et quant au prix
principal de 13 francs, nous ferons observer ici que le plus souvent le fabricant de glaces fabrique son sulfate de soude et que si
ce sulfate de soude coûte en Angleterre moins de 10 francs les
100 kilogrammes, la différence du prix du combustible et des
pyrites ne peut pas constituer une différence de plus de 2 francs
par 100 kilogrammes. Toutefois nous le comptons, y compris les
frais de raffinange, à 17 francs.

3° Nous avons porté 4 francs pour le prix du carbonate de
chaux; à ce prix on peut, sans aucun doute, se procurer un carbonate très-pur. La craie de Meudon, par exemple, a été portée,
dans nos comptes de verre à vitre, à 2 francs les 100 kilogrammes.
Nous portons ici 4 francs, pour le cas où la fabrique de glaces se
trouverait éloignée de la carrière de carbonate pur. Les 163 kilogrammes de notre composition coûtent donc 9 fr. 60 c., soit
5 fr. 89 c. les 100 kilogrammes. Les dix pots, soit dix fois 350 kilogrammes de matière neuve, ou 3,500 kilogrammes, coûtent
donc 206 fr. 15 c., et comme nous avons évalué à 100 mètres *net*
la production de chaque coulage, nous arrivons ainsi à 2 fr. 06 c.
pour le prix de la matière première d'un mètre de glace livré à
la consommation. Nous pouvons faire remarquer ici combien est
grande l'économie résultant de la substitution du sulfate, au carbonate de soude dans la fabrication des glaces. En mettant le
carbonate de soude à 50 francs, la composition formée de :

100 kilogrammes de sable, à 2 francs.................	2 fr.	»	c.
38 — de carbonate de soude, à 50 francs.....	19	»	
0ᵏ,50 de charbon......................	00	00	
20 kilogrammes de carbonate de chaux, à 4 francs......	0	80	
0ᵏ,50 d'acide arsénieux, à 50 francs.........	0	25	

159 kilogrammes pour...........................	21 fr. 05 c.

revient à 13 fr. 24 c. les 100 kilogrammes; les 3,500 kilogrammes coûtent donc 463 fr. 40 c., qui produisent 100 mètres, ce qui fait 4 fr. 63 c. pour le prix de la matière de chaque mètre, au lieu de 2 fr. 06 c., soit pour une fabrication de 30,000 mètres une différence de 77,100 francs, et 257,000 francs pour une fabrication de 100,000 mètres.

Combustible. — La consommation de la houille pour la fonte, le coulage et le réchauffage pour un four de dix pots de 400 kilogrammes ne doit pas s'élever à 7,000 kilogrammes. Toutefois nous adopterons ce chiffre et celui de 3,200 kilogrammes pour le chauffage des carcaises, attrempage de pots, etc., et nous supposerons le prix de 20 francs la tonne pour le prix de la houille; les 10,200 kilogrammes à 20 francs coûtent donc 204 francs pour 100 mètres; soit, pour un mètre, 2 fr. 04 c.

Les fours et pots. — En supposant que chaque pot puisse opérer 20 coulages, la consommation, pour 300 coulages de 10 pots, serait de 150 pots que nous évaluons à 40 francs [1], soit, pour les 150 pots, 6,000 francs pour 30,000 mètres de glace, soit 20 centimes par mètre.

La dépense pour les réparations annuelles du four et des carcaises ne doit pas dépasser annuellement le même prix de 6,000 francs, soit 20 centimes par mètre.

Main-d'œuvre. — Les dépenses annuelles relatives à la fonte et au coulage d'un four peuvent être évaluées comme suit :

Deux composeurs..............................	1,400 francs.
Un chef fondeur...............................	1,000 —
Quatre tiseurs et rentreurs de charbon, à 750 francs....	3,000 —
Un chef de coulage.............................	2,400 —
A reporter.......	7,800 francs.

[1] Nous avons évalué à 31 francs le prix des pots de verre à vitre; ceux-ci sont un peu plus grands, et en raison des dispositions particulières relatives à leur sortie du four et au versage, nous portons 40 francs au lieu de 31.

	Report	7,800 francs.
Deux verseurs à 1,000 francs..........................	2,000	—
Deux rangeurs de glaces............................	2,000	—
Un meneur de manivelle............................	900	—
Deux ouvriers au chariot à corne....................	1,800	—
Deux ouvriers au chariot à ferrasse.................	1,800	—
Deux rouleurs.......................................	2,000	—
Six gamins.	3,600	—
Deux chauffeurs de carcaises.......................	1,400	—
Un redresseur de carcaise..........................	900	—
Deux ouvriers supplémentaires manœuvres...........	1,200	—
		25,400 francs.

Ces dépenses de main-d'œuvre ayant un peu augmenté depuis que ces renseignements positifs nous ont été fournis, nous porterons cette dépense à 30,000 francs ; ce qui, pour 30,000 mètres, fait 1 franc de main-d'œuvre.

Frais d'outillage. — Nous porterons pour les frais d'entretien des outils, rouleaux, tables, chariots, etc., et amortissement de ces outils, la somme de 9,000 francs ; ce qui, pour 30,000 mètres, donne 30 centimes par mètre. En résumé, nous avons :

Composition.................	2 fr.	06 c.
Combustible.................	2	04
Fours et pots...............	0	40
Main-d'œuvre.	1	»
Outillage...................	0	30
Prix de 1 mètre de glace brute.	5 fr.	80 c.

Si, dans le prix de revient de la glace brute, on fait entrer les frais relatifs à l'intérêt du capital constituant la valeur des bâtiments pour les halles, carcaises, et l'outillage comprenant la table en fonte rabotée avec son chariot, les rouleaux, chariots, potences, etc., capital que l'on peut évaluer à 200,000 francs. Cet intérêt, à 5 pour 100, est de 10,000 francs, ce qui, pour 30,000 mètres de glace, fait 33 centimes par mètre. Le prix d'un mètre de glace brute est ainsi de 6 fr. 13 c., non compris les frais généraux que nous établirons ci-après.

Douci. — L'opération portant sur 30,000 mètres *net* de glace peut être effectuée par trente-cinq doucisseurs assistés de trente-cinq gamins.

Les glaces brutes sont divisées par trois équarrisseurs à
900 francs . . . . , ... 2,700 fr.

Assistés de trois gamins à 500 francs. 1,500

Il y a ensuite un visiteur à 1,000 francs. 1,000

Deux premiers ouvriers inspecteurs à 700 francs . 1,400

Ces inspecteurs reçoivent une prime de 10 centimes
par mètre, soit. 3,000

. Enfin, il y a trois appareilleurs de levée à
900 francs 2,700

On paye aux doucisseurs 2 fr. 10 c. 63,000

Total. . . . . 75.300 fr.

Les 63,000 francs à payer aux adoucisseurs ne sont pas pour eux
un salaire net; ils ont à payer tous les matériaux qu'ils emploient et qui consistent en plâtre, grès, sable commun, émeri
et menues fournitures; ces diverses dépenses, pour
30,000 mètres de glace, peuvent s'élever à. . . . 22,000 fr.

Les doucisseurs payent leurs gamins à 25 francs
par mois, soit 300 francs par an, et pour les trente-
cinq gamins 10,500

Du salaire total des doucisseurs, il y a donc à
déduire. . . . . 32,500 fr.

Il reste, pour les trente-cinq doucisseurs 31,500

Pour trois cents jours de travail, soit environ 3 francs par jour.

Aux frais ci-dessus mentionnés, il faut ajouter l'entretien
des bâtiments du douci, qu'on peut évaluer annuellement à. 4,000 fr.

Enfin, il y a la dépense des machines, qui consiste en un contre-maître mécanicien. 3,000

Deux chauffeurs 1,700

Un graisseur. 800

Payement aux ouvriers mécaniciens, forgerons,
ajusteurs, réparateurs 8,000

Dépense de combustible pour les machines nécessaires pour le douci de 30,000 mètres de glaces;
2,200 tonnes de charbon à 20 francs. 44,000

Total. . . . . 61,500 fr.

qui, ajoutés aux. 75,300

ci-dessus, donnent. . . . . 136,800 fr.

Cette somme, répartie sur les 30,000 mètres, donne en nombre rond 4 fr. 56 c. pour dépense par mètre pour le douci.

Savonnage. — Cette opération emploie trois inspecteurs à 1,200 francs. . . . .   3,600 fr.

Qui reçoivent en outre une prime de 5 centimes par mètre, soit sur 30,000 mètres.   15,000

On paye à façon le savonnage à raison de 1 fr. 30 c., ce qui fait.   39,000

Sur ces 1 fr. 30 c., on retient toutes les fournitures pouvant s'élever, pour les 30,000 mètres, à environ 6,000 francs; il reste donc 33,000 francs pour le travail qui peut être opéré par cinquante ouvriers, ce qui fait chacun 660 francs, ce qui paraîtrait un salaire peu élevé, si l'on ne savait que ce travail est généralement opéré par des femmes.

Enfin, pour réparation des bâtiments, nous porterons une somme de   1,500

Total. . . . .   45,600 fr.

qui forme le montant des frais de savonnage pour 30,000 mètres, soit 1 fr. 52 c. par mètre.

Poli. — Cette opération emploie un équarrisseur et deux aides. . . . .   2,000 fr.

Trois inspecteurs surveillants à 900 francs   2,700

Un visiteur-inspecteur   1,000

Prime pour les inspecteurs, 1 centime   3,000

Ouvriers accessoires pour machines, etc.   3,000

Total. . . . .   11,700 fr.

Quarante ouvriers polisseurs peuvent suffire au travail de 30,000 mètres, et reçoivent 2 francs, ci. . .   60,000
sur quoi on leur déduit, pour fourniture de plâtre, de *rouge*, de feutres, éponges, huiles, chandelles et autres menues fournitures, 24,000 francs.

Il reste 36,000 francs pour quarante ouvriers, soit 900 francs par an pour trois cents jours de travail, soit 3 francs par jour.

A reporter.   71,700 fr.

	Report.	71,700 fr.
L'entretien des bâtiments du poli peut être évalué à		6,000

Pour les machines, nous compterons un contre-
maître mécanicien 3,000

Deux chauffeurs. 1,700

Un graisseur. 800

Dépenses relatives aux forgerons, mécaniciens,
ajusteurs, fourniture de matériaux, briques, fer,
acier, etc. 14,000

Combustible. — La force nécessaire pour le poli
de 30,000 mètres de glaces exigera 3,000 tonnes de
houille à 20 francs. 60,000

Total. . . . . . . 157,200 fr.

Le total des frais de poli est donc de 157,200 francs pour 30,000 mètres, soit 5 fr. 24 c. par mètre. Nous avons donc, pour prix de revient de la glace polie, par mètre :

Valeur du brut.	6 fr. 13 c.
Douci.	4 56
Savonnage.	1 52
Poli.	5 24
	17 fr. 45 c.

Non compris les frais généraux, les frais de transport, d'emballage, etc.

Frais généraux. — Nous évaluerons les frais généraux de la manière suivante :

Direction [1]. . . . . 10,000 fr.

Trois commis. 4,500

Frais matériels de bureaux. 1,000

Un chef de matériel en fabrique. 2,000

Six garçons de magasin. 3,000

Un estimateur 1,500

A reporter. 22,000 fr.

---

[1] Nous ne comprenons ici que le traitement fixe du directeur, qui doit avoir, en outre, une part dans les bénéfices.

Report.   22,000 fr.

Concierge, manœuvres de cour, etc   4,000

Deux chevaux, un charretier.   3,000

Transport et emballage de 30,000 mètres, soit de
600,000 kilogrammes, à 10 francs la tonne.   6,000

Location d'un magasin central.   6,000

Directeur du magasin et employés.   10,000

Frais de bureaux du magasin.   1,500

Total. . . . . . .   52,500 fr.

Pour 30,000 mètres, soit 1 fr. 75 c. par mètre.

Intérêt des capitaux d'établissement. — L'établissement
d'une fabrique, pour 30,000 mètres de glaces, donne lieu aux
dépenses suivantes :

Une halle de coulage. . . . .   80,000 fr.

Les carcaises de recuisson.   50,000

Chemin de fer dans les halles, four à cuire les
pots et autres dépenses accessoires   25,000

Bâtiments pour le douci, avec couloir dans le
milieu de la largeur, pour la transmission du mouvement, deux autres couloirs sous les bancs des machines, construction de trente bancs et bâtiments accessoires pour broyer le plâtre, préparer l'émeri, etc.   125,000

Bâtiments pour le douci, avec les détails de transmission du mouvement et ateliers accessoires au poli.   150,000

Bâtiments pour magasins, bureaux, forge, menuiserie, emballage ; logement de directeur et employés.   185,000

Total. . . . . . .   615,000 fr.

L'outillage de la halle, consistant en table de
coulage, rouleau en fonte et chariot ; la grue, les
chariots à cornes et à ferrasses, crochets et pinces,
brouettes, auges en fonte, seaux, pelles, etc. . . .   65,000

Quinze machines à doucir, à 8 000 francs. . . .   120,000

Quinze machines à polir, à 10,000 francs. . . .   150,000

Machines à vapeur pour le douci, le poli, les
broyages de matières premières, terre, plâtre,
émeri   100,000

A reporter. 1,050,000 fr.

Report. 1,050,000 fr.

Pompes d'injection pour les ateliers; tuyaux de conduite, moellons, ferrasses, pupitre à glace et autres accessoires 25,000

Total. . . . . 1,075,000 fr.

Nous prendrons l'intérêt sur 1,100,000 francs à 5 pour 100, soit 55,000 francs, soit 1 fr. 83 c. par mètre [1].

L'intérêt de la valeur des glaces en magasin, que nous évaluerons à la production d'une année, soit sur 30,000 mètres à 18 francs, soit sur 540,000 francs, sera de 27,000 francs, soit 90 centimes par mètre.

Enfin, nous devons compter un capital disponible pour l'achat au comptant des matières et les crédits aux miroitiers. Supposons ce capital de 600,000 francs, soit 30,000 francs d'intérêt, cela ajoute encore 1 franc par mètre au prix des glaces.

Ajoutons donc ces dépenses au prix de revient que nous avons établi à. . . . . 17 fr. 45 c.

Nous mettrons pour frais généraux. 1   75

Intérêt du capital d'établissement 1   83

—   sur valeur d'une année de production. . . »   90

—   du capital de roulement 1   »

Total. . . . . 22 fr. 93 c.

Nous n'ignorons pas que certaines de nos évaluations pourront être contestées. Les uns trouveront que la dépense pour matières premières n'a pas été portée à un chiffre assez élevé, mais que les frais de douci ou de poli sont au delà de la réalité. D'autres critiques seront faites dans des sens différents, car il n'y a pas uniformité de condition de travail chez les divers fabricants, mais les documents d'après lesquels nous avons établi notre compte, nous ayant été communiqués par des personnes dignes de toute confiance, nous sommes persuadé que ce résultat final ne peut s'éloigner beaucoup de la moyenne du prix de revient des divers établissements.

La plupart des fabriques de glaces sont constituées sur un capital

---

[1] Nous devons noter ici que nous avons déjà compté 10,000 francs d'intérêt des bâtiments et outillages sur la valeur de la glace brute; 4,000 francs pour réparations des bâtiments de douci, et 6,000 francs au même titre sur le poli.

excessivement élevé, ce qui tient à ce que ces fabriques ont porté au compte du capital primitif, non-seulement des achats d'immeubles, ce qui était naturel, mais aussi les diverses transformations successives opérées dans l'outillage, dans les mécanismes, et, dans ces conditions, elles ont à tenir compte d'un intérêt qui augmente considérablement le prix de revient. Mais nous avons dû établir notre compte d'après les bases d'un capital largement suffisant pour l'établissement d'une fabrication annuelle de 30,000 mètres de glaces.

Le prix des glaces a subi d'énormes réductions, depuis le commencement de ce siècle, et surtout depuis trente ans.

Jusqu'en 1856, les glaces étaient vendues d'après un tarif imprimé, portant la date du 1er janvier 1835.

Dans ce tarif, les glaces étaient ainsi cotées :

De	75 centimètres sur	66... à	48 fr. 70 c.
De	99	—	51... à	50	»
De	99	—	99... à	127	»
De	150	—	99... à	236	»
De	195	—	120... à	492	»
De	270	—	180... à	1,757	»

Il est vrai qu'on était arrivé à faire sur ces prix des remises tellement énormes, que le prix nominal était bien loin de faire connaître la valeur réelle; aussi fut-on amené à refaire, à la date du 1er août 1856, un nouveau tarif qui fixait ainsi le prix des glaces d'après leurs dimensions :

Une glace de	75 sur 66 était portée..... à	24 fr. 50 c.
—	de 99 sur 51	—	..... à	25	10
—	de 99 sur 99	—	..... à	61	»
—	de 150 sur 99	—	..... à	99	»
—	de 195 sur 120	—	..... à	176	»
—	de 270 sur 180	—	..... à	444	»
—	de 300 sur 201	—	..... à	586	»
—	de 324 sur 204[1]	—	..... à	661	»

[1] On pourrait s'étonner de l'adoption de mesures

telles que   99—51   150— 99   300—201, etc.
au lieu de 100—50   150—100   300—200, etc.

Cela tient à l'ancienne habitude que l'on avait du tarif, dont les dimensions en largeur et hauteur étaient de pouce en pouce ; quand les mesures métriques furent de rigueur, on ne fit pas le tarif de centimètre en centimètre, ce qui eût été trop compliqué; mais de 3 en 3 centimètres, ce qui se rapprochait le plus de la distance d'un pouce d'une mesure à l'autre, et alors toutes les dimensions en hauteur et largeur furent des multiples du nombre 3.

On ne fit d'abord que 5 pour 100 de remise sur le deuxième choix, 15 sur le troisième, puis on arriva, en 1861, à faire :

20 pour 100 de remise sur le premier choix ;

30 pour 100 sur le deuxième ;

40 pour 100 sur le troisième.

En outre, on accordait sur le net de la facture une nouvelle remise de 5 pour 100 et un escompte de 4 1/2 pour 100.

D'après les bases précédentes :

La glace de 75-66 (représentant $0^m,495$, près d'un demi-mètre superficiel) se vendait :

En 1er choix net 17 fr. 78 c. soit 35 fr. 92 c. le mètre.

En 2e choix net 15   57   soit 31   45   —

En 3e choix net 13   54   soit 26   95   —

La glace de 99-51 (représentant $0^m,5049$ superficiel) :

En 1er choix net 18 fr. 22 c. soit 36 fr. 08 c. le mètre.

En 2e choix net 16   78   soit 33   22   —

En 3e choix net 14   58   soit 28   47   —

La glace de 120-84 (représentant $1^m,008$ superficiel) :

En 1er choix net 46 fr. 73 c. soit 46 fr. 35 c. le mètre.

En 2e choix net 40   »   soit 39   68   —

En 3e choix net 34   30   soit 34   02   —

La glace de 150-99 (représentant $1^m,485$ superficiel) :

En 1er choix net 71 fr. 85 c. soit 48 fr. 38 c. le mètre.

En 2e choix net 62   87   soit 42   33   —

En 3e choix net 53   90   soit 36   29   —

La glace de 195-120 (représentant $2^m,34$ superficiel) :

En 1er choix net 127 fr. 74 c. soit 54 fr. 59 c. le mètre.

En 2e choix net 111   78   soit 47   77   —

En 3e choix net 95   81   soit 40   94   —

La glace de 270-180 (représentant $4^m,86$ superficiel) :

En 1er choix net 322 fr. 26 c. soit 66 fr. 30 c. le mètre.

En 2e choix net 382   »   soit 58   »   —

En 3e choix net 237   27   soit 48   82   —

La glace de 300-201 (représentant $6^m,03$ superficiel) :

En 1er choix net 425 fr. 32 c. soit 70 fr. 53 c. le mètre.

En 2e choix net 372   17   soit 61   71   —

En 3e choix net 319   02   soit 52   90   —

La glace de 324-204 (représentant $6^m,60$ superficiel) :

En 1er choix net 479 fr. 75 c. soit 72 fr. 57 c. le mètre.

En 2e choix net 419   80   soit 63   51   —

En 3e choix net 359   85   soit 54   44   —

Nous devons ici faire observer que le premier choix est pour ainsi dire nominal, pour deux raisons : 1° il est très-rare, il constitue une glace tout à fait sans défauts ; 2° il n'est pas demandé. Les miroitiers et les entrepreneurs ne demandent surtout que du troisième choix, dont les prix leur laissent une plus grande marge de bénéfices.

En dehors des conditions générales précédentes, les fabriques vendaient souvent des choix mêlés avec 40 pour 100 de déduction, 5 pour 100 de remise sur le montant de la facture et 4 1/2 d'escompte.

Et enfin, quand il s'agissait de glaces pour vitrage, elles étaient généralement vendues à un rabais de 45 pour 100, plus 5 de remise et 4 1/2 d'escompte ; souvent même les glaces pour vitrage étaient vendues 33 francs le mètre sans distinction de mesure.

Ce prix de 33 francs le mètre constituait à peu près le prix moyen de la vente des glaces, parce que la plus grande quantité des glaces vendues est d'une superficie inférieure à 1 mètre.

En 1862, le 1er mars, il a été publié un nouveau tarif ; nous allons donner les prix de mesures précédemment énoncées d'après ce tarif :

75c- 66c....	18 fr. 40 c.	Sur les prix de ce tarif, on fait :
99c- 51c....	18	85	10 pour 100 de remise sur le 1er choix;
150c- 99c....	74	»	15 pour 100 de remise sur le 2e choix;
195c-120c....	152	»	20 pour 100 de remise sur le 3e choix.
270c-180c....	333	»	En outre, sur le total des factures,
300c-201c....	440	»	on fait 5 pour 100 de remise et
324c-204c....	496	»	3 pour 100 d'escompte.

D'après les conditions de vente ci-dessus :

75c-66c, soit 0m,495 superficiel, se vendent :
  En 1er choix, 15 fr. 75 c. soit 31 fr. 77 c. le mètre.
  En 2e choix, 14   86   soit 30   »   —
  En 3e choix, 13   99   soit 28   26   —
99c- 51c, soit 0m.505 superficiel, se vendent :
  En 1er choix, 16 fr. 15 c. soit 31 fr. 98 c. le mètre.
  En 2e choix, 15   22   soit 30   13   —
  En 3e choix, 14   33   soit 28   37   —
150c- 99c, soit 1m,485 superficiel, se vendent :
  En 1er choix, 63 fr. 27 c. soit 42 fr. 60 c. le mètre.
  En 2e choix, 59   75   soit 40   23   —
  En 3e choix, 56   24   soit 37   87   —
195c-120c, soit 2m,34 superficiel, se vendent :
  En 1er choix, 112 fr. 86 c. soit 48 fr. 23 c. le mètre.
  En 2e choix, 106   60   soit 45   55   —
  En 3e choix, 100   32   soit 42   87   —

270ᶜ-180ᶜ, soit 4ᵐ,86 superficiel, se vendent :

      En 1ᵉʳ choix, 284 fr. 72 c. soit 58 fr. 58 c. le mètre.
      En 2ᵉ choix, 268   90   soit 55   .33   —
      En 3ᵉ choix, 253   08   soit 52   07   —

300ᶜ-201ᶜ, soit 6ᵐ,03 superficiel, se vendent :

      En 1ᵉʳ choix, 376 fr. 20 c. soit 62 fr. 38 c. le mètre.
      En 2ᵉ choix, 355   50   soit 58   92   —
      En 3ᵉ choix, 334   40   soit 55.   45   —

324ᶜ-204ᶜ, soit 6ᵐ,60 superficiel, se vendent :

      En 1ᵉʳ choix, 424 fr. 08 c. soit 64 fr. 24 c. le mètre.
      En 2ᵉ choix, 400   52   soit 60   68   —
      En 3ᵉ choix, 376   96   soit 57   12   —

Enfin, il est tenu un compte de toutes les ventes faites aux marchands, auxquels il est accordé au bout de l'année une bonification de 3 à 5 pour 100 sur le total de leurs achats.

Ainsi que nous l'avons fait remarquer, le premier choix n'est que nominal, la majorité des ventes est en troisième choix.

A l'Exposition universelle de 1867, la Compagnie de Saint-Gobain avait exposé un tableau tracé sous une forme simple et ingénieuse, qui, par une combinaison de lignes droites et courbes, indiquait non-seulement le prix de toutes les mesures de glace, mais en même temps le prix du mètre superficiel pour toutes les dimensions et la progression des prix suivant ces dimensions.

Les glaces de vitrage se vendent généralement[1] à raison de 27 francs le mètre avec 5 pour 100 de remise; soit, net : 25 fr. 65 c.

Le tarif ne s'étend pas au delà de 324 centimètres de hauteur sur 204 de largeur, quoique les fabriques puissent livrer des glaces de 15 à 20 mètres superficiels.

L'usage d'augmenter le prix du mètre superficiel a été vivement critiqué, lors de l'enquête de 1860, par les membres du conseil supérieur, qui disaient que, puisque toutes les glaces étaient coulées de grande dimension, payées pour le travail du douci et du poli un prix égal par mètre, il n'y avait pas lieu d'établir des prix progressifs; mais on a fait observer, avec juste raison à ces messieurs, que, quoique l'on coulât généralement toutes les glaces de même grandeur, on les coupait d'abord à la sortie des carcaises, d'après les défauts déjà apparents dans le brut et les cassures qui avaient lieu dans la recuisson ; puis, après être polies,

[1] En 1867.

elles sont encore divisées suivant les défauts que l'on y reconnaît. On n'arrive donc à obtenir qu'un nombre assez restreint de grandes glaces exemptes des défauts essentiels qui les font rebuter, ou au moins rejeter dans une catégorie inférieure ; il est donc tout à fait naturel que ces grandes glaces soient vendues non-seulement en raison du prix moyen de revient, mais aussi en raison des difficultés éproùvées pour les obtenir. La même cause d'ailleurs produit l'abaissement du prix des petites glaces, qui ne dépasse guère le prix de revient, et dont la consommation est de beaucoup supérieure à celle des glaces de grandes dimensions. Du reste, en même temps que les prix ont été réduits dans une grande proportion, la différence entre les catégories a toujours été en s'amoindrissant, parce que l'abaissement du prix a été la conséquence des progrès de la fabrication qui ont rendu plus facile la production des grandes glaces. Cette diminution du prix des glaces, l'extension du luxe et l'emploi comme vitrage ont de beaucoup accru la consommation, qui est de nature à s'étendre encore.

Pour le moment, la fabrication annuelle de la France peut être évaluée à 380,000 mètres, savoir :

Les fabriques de Saint-Gobain et Cirey, formant une seule compagnie. 250,000 mètres.

Les fabriques de Montluçon, Recquignies, Jeumont et Aniche, ensemble. . . . . 130,000 —

Total. . . . . . 380,000 mètres.

On estime que les six fabriques d'Angleterre ont une production de. . . . . 350,000 —

En Belgique, les deux fabriques de Sainte-Marie d'Oignies et de Floreffe produisent une moyenne de. . . . . 100,000 —

Enfin, la fabrique de Manheim, appartenant à la Compagnie de Cirey-Saint-Gobain, et la fabrique d'Aix-la-Chapelle, louée par cette même société, peuvent produire environ. . . 120,000 —

Total. . . . . . 950,000 mètres.

La production totale des glaces coulées s'élèverait ainsi annuellement à neuf cent cinquante mille mètres.

L'étamage des glaces se paye à part, à raison de 15 pour 100 du tarif de 1862 avec remise de 5 pour 100 et 3 et demi d'escompte.

Nous avons établi précédemment que les glaces brutes revenaient à 6 fr. 13 c. le mètre, mais sans y comprendre les frais généraux, intérêts de capitaux ; comme il se vend une assez grande quantité de ces glaces brutes pour couverture de bâtiments ou vitrages de grandes portes d'édifices, il convient d'examiner quelle portion de frais généraux et d'intérêts de capitaux on doit ajouter à ce prix de 6 fr. 13 c.

Une fabrication de glaces brutes n'aurait besoin que des bâtiments de la halle de coulage, des carcaises et de quelques ateliers accessoires ; le personnel de la direction, bureaux, magasins, serait beaucoup diminué ; d'autre part, le produit du coulage des dix pots de 400, que nous avons estimé à 100 mètres à cause des diverses pertes résultant de toutes les séries d'opérations, serait très-sensiblement augmenté ; tout compensé, nous croyons qu'il suffirait de mettre pour frais généraux, intérêts des capitaux, etc., une somme proportionnelle à la valeur de la glace brute comparée à celle de la glace polie.

La glace brute valant. . . . . 6 fr. 13 c.
Et la glace polie. 22   93
Nous trouverons ainsi qu'au prix de la glace brute.   6 fr. 13 c.
Il faut ajouter : pour frais généraux. . . . .   »   46
Intérêts des capitaux. . . . .   »   75
Total. . . . . .   7 fr. 34 c.

Il n'est pas nécessaire d'ajouter un intérêt pour valeur en magasin, attendu que ces glaces brutes peuvent être livrées au fur et à mesure de la demande, sans nécessité d'en avoir en magasin.

GLACES SOUFFLÉES.

Nous avons dit, lorsque nous avons tracé l'historique de la fabrication des glaces, que l'Allemagne avait été la première à s'affranchir du monopole de Venise pour la fabrication des glaces soufflées ; cette fabrication n'y a jamais été interrompue. Non-seulement on y fabrique les petits volumes qui produisent les petits miroirs connus sous le nom de *miroirs de Nuremberg*, mais aussi la plupart des glaces qui ornent les maisons dans toutes les parties de l'Allemagne. Les verriers allemands sont arrivés à souffler des glaces jusqu'à $2^m,25$ sur $1^m,10$, ainsi qu'on en a vu à l'exposition de Londres de 1851. Nous pensons que des glaces soufflées dans de telles dimensions sont d'une fabrication plus difficile et plus coûteuse que celle des glaces coulées de même dimension ; elles n'ont pour nous que le triste mérite d'une grande difficulté vaincue ; mais la fabrication des glaces coulées exige une réunion de capitaux plus considérable que les Allemands ne sont habitués à en consacrer à l'exploitation de leurs verreries, construites assez légèrement, et que l'on transfère suivant les nécessités d'exploitation des forêts [1].

Quoique cette fabrication de glaces soufflées soit destinée à disparaître plus ou moins prochainement, nous allons en dire quelques mots, pour indiquer de quelle manière les ouvriers sont parvenus à souffler d'aussi grands volumes.

Les détails dans lesquels nous sommes entrés pour la fabrication du verre à vitre, rendront plus compréhensibles les indications que nous allons donner, et qui résultent de la visite que nous avons faite d'une fabrique de glaces soufflées, située à Ludwigsthal, sur les confins de la Bavière et de la Bohême.

Les glaces soufflées se fabriquent dans des fours semblables à ceux où l'on fond le verre à vitre ; toutes les dispositions sont les mêmes, et souvent dans le même four on souffle des glaces et du verre à vitre. Il est même assez remarquable que, malgré le poids considérable des grandes glaces soufflées, la fonte s'opère dans des pots relativement d'une bien faible capacité, tels qu'ils sont généralement employés en Bohême et dans les autres parties de l'Allemagne.

Une glace de $2^c,25$ sur $1^c,10$, que nous avons citée précédemment, présente une superficie de $2^m,50$ et pèse $6^k,25$ par chaque millimètre d'épaisseur ; on ne peut pas supposer qu'elle puisse être fabriquée à une épaisseur moyenne moindre de 7 millimètres, pour être amenée après le travail du dégrossissage et du douci à une épaisseur de 4 millimètres. Cette glace pèse donc, avant de subir ces opérations, 42 à 45 kilogrammes ; c'est donc la masse énorme de 45 à 50 kilogrammes de verre qu'il a fallu réunir au

[1] Il n'y a guère que depuis l'établissement des glaceries de Stolberg, en Prusse, et de Manheim, dans le pays de Bade, que la consommation des glaces coulées a commencé à prendre de l'extension en Allemagne.

bout d'une canne pour souffler une semblable pièce. Plusieurs souffleurs concourent à ce travail ; ils réunissent plusieurs cueillages sur une même canne de dimension supérieure à celles des cannes ordinaires : on arrondit la masse de verre, puis on commence le soufflage. Le souffleur n'a, dans aucun moment, à supporter le poids du verre et de la canne, qui d'abord est tenue dans une position horizontale par deux ouvriers au moyen d'une barre transversale placée très-près du verre. Quand le soufflage a fait un certain progrès, que la calotte du manchon est amenée au degré de minceur que l'on veut donner à tout le cylindre et que la matière devient rebelle, on porte le verre à l'ouvreau sur un crochet pour le ramener à un état plus malléable. Il ne s'agit plus ensuite que d'allonger la boule en la faisant devenir cylindrique, en conservant dans cette transformation le diamètre et l'épaisseur de la calotte voisine de la canne. La canne alors, au lieu d'être en position horizontale, est tenue verticalement, et, à cet effet, elle se trouve soutenue par un anneau et une chaîne, de telle sorte que l'ouvrier qui souffle n'ait pas à supporter le poids du verre. Pour des pièces d'une aussi grande dimension, l'ouvrier est placé dans une espèce de chaire contre laquelle son corps s'appuie quand il souffle ; peu à peu le verre s'étend ; il est en même temps soutenu par un autre ouvrier empêchant le verre de couler trop vite et, par conséquent, de s'amincir dans le centre, au moyen d'une planche qu'il abaisse peu à peu.

Quand le cylindre est arrivé à la longueur voulue, résultant de la masse du verre, on ouvre l'extrémité opposée à la canne, ainsi que nous l'avons vu pour le verre à vitre épais ; on reporte le manchon au feu pour le chauffer le plus avant possible, et, avec des ciseaux, on le coupe longitudinalement jusqu'à la moitié environ de sa longueur ; on arrondit ensuite, mais toutefois sans faire adhérer les parties séparées, et on prend le manchon au pontil au moyen d'un pontil fait en verre, mais qui, au lieu de prendre tout le bord circulaire du cylindre, ne s'y attache que par deux points extrêmes. Quand la glace est prise au pontil on la reporte à l'ouvreau, on la chauffe ainsi autant que possible en la soutenant transversalement, et on achève de la couper longitudinalement avec les ciseaux ; puis on la détache sur une longue pelle plate pour la porter de suite au four à étendre, chauffé à un très-haut degré et dans lequel on corrige l'opération du soufflage, en refoulant les parties minces, et pressant sur les parties trop épaisses avec un rouleau en fer. Cette opération se fait pendant qu'on souffle la glace suivante ; et toutes ces opérations si pénibles, si difficiles pour éviter le coulage dont le résultat est si régulier, si facile ! — Il est vrai que nous avons parlé du travail relatif à une glace de très-grande dimension ; la fabrication ne porte guère généralement que sur des dimensions inférieures à 0,81 sur 0,66 et de 5 millièmes d'épaisseur, d'un soufflage très-facile.

Une grande partie des glaces fabriquées dans les diverses verreries sont doucies et polies dans des établissements situés à Furth, près de Nuremberg ; ce sont surtout les glaces destinées à la petite miroiterie et à l'ébénisterie commune.

Ces glaces, fabriquées d'une assez grande épaisseur, sont scellées au plâtre sur des bancs comme les glaces coulées, et se réduisent, par le travail du dégrossissage, à une épaisseur de 1 et demi à 2 millimètres.

VERRE A VITRE POLI.

Nous avons expliqué, au livre II, pourquoi le verre à vitre, produit par des manchons développés, ne pouvait jamais avoir une surface comparable à celle du verre soufflé en plateaux ; aussi lorsque les fabricants anglais commencèrent, il y a trente-six ans, à fabriquer du verre à vitre soufflé en manchons, ce produit dut-il vaincre de grandes répugnances de la part du consommateur. On l'employa d'abord dans des dimensions que ne pouvait atteindre le *crownglass* pour le vitrage des serres, et autres usages où la différence des surfaces ne pouvait pas être remarquée. Cette concurrence avait d'ailleurs amené dans la fabrication du *crownglass* des perfectionnements tels, qu'il n'y avait plus que la *glace polie* qui pût être comparée à ce verre. Ce fut là ce qui amena MM. Chance frères à perfectionner d'abord la fabrication du verre à vitre en manchons qu'ils avaient importée dans leur verrerie, et enfin à *polir ses surfaces*. C'est ainsi qu'ils fabriquèrent le verre auquel ils ont donné le nom de *patent plateglass*. Tandis que les fabricants de glaces soufflées en Allemagne, en France, en Angleterre même, soufflaient des verres à vitres très-épais que l'on soumettait au même travail que les glaces coulées en usant une grande partie de l'épaisseur pour amener le parallélisme des surfaces, MM. Chance imaginèrent de n'opérer que sur du verre relativement assez mince, mais étendu avec beaucoup de soin, pour éviter les *bosses*, et dont ils n'enlevèrent, pour ainsi dire, que l'épiderme par un léger douci suivi du même poli que pour les glaces.

L'espèce d'ondulation qu'on remarque à la surface du verre à vitre, et que nous avons dit être le résultat inévitable de l'inégalité des surfaces extérieure et intérieure du manchon, ramenée par le développement ou étendage du cylindre à une parfaite égalité des surfaces, développement qui opère du côté intérieur une extension, et du côté extérieur un refoulement des molécules des surfaces, cette espèce d'ondulation, disons-nous, qui est sensible à l'œil, n'affecte cependant qu'une faible fraction de millimètre de la surface, lorsque le manchon a été soufflé bien cylindriquement et étendu avec soin. Il ne s'agit donc d'enlever, comme nous l'avons dit, pour ainsi dire que l'épiderme, et alors non-seulement il n'est pas nécessaire de fabriquer du verre épais, mais l'opération se fait même d'autant plus facilement que le verre est plus mince. En effet, la feuille est quelquefois légèrement voilée, quelque soin que l'on ait donné à l'étendage, mais le verre étant mince peut, malgré cette légère voilure, se prêter à s'appliquer exactement sur une surface plane; seulement il reprend sa première courbe quand il a subi l'opération.

Au lieu de fixer et sceller le verre sur une surface solide et dure, M. James Chance eut l'ingénieuse idée de se servir d'un cadre en bois, ou d'une ardoise bien dressée, que l'on recouvrit d'abord d'un cuir d'une seule pièce, qui fut ensuite remplacé par cette étoffe épaisse de coton qui sert généralement à habiller les ouvriers anglais et principalement les mécaniciens. Ce cuir, ou l'étoffe de coton, est mouillé, et on y glisse la feuille de verre de manière à ne pas laisser introduire d'air entre la table et la feuille, qui y adhère ainsi, comme si elle y était scellée. Une table correspondante supérieure et également garnie d'une surface en coton est relevée pour qu'on y fasse adhérer une autre feuille de verre, puis rabaissée sur l'autre table, et l'on opère ensuite mécaniquement le frottement verre contre verre avec interposition de sable et d'émeri. D'après ce que nous avons dit, le but d'enlever l'épiderme jusqu'à effacement des ondulations est promptement atteint, et, par la succession de finesse des émeris, on arrive bientôt au douci exigé pour le poli ; on opère ensuite le douci de l'autre surface, puis les feuilles passent à l'atelier du savonnage, où des inspecteurs examinent toutes les feuilles en interposant la feuille entre un bec de gaz et l'œil ; ils marquent avec un trait rouge les défauts à faire disparaître, travail qui est opéré par des femmes, puis les feuilles sont envoyées à l'atelier du polissage, où les feuilles sont également fixées sur une surface de velours coton mouillé fixée sur une ardoise bien plane, enchâssée dans un cadre en bois. Ces feuilles sont polies mécaniquement par des blocs garnis de feutre avec du rouge de fer, comme pour les glaces coulées.

Ces petites glaces minces sont éminemment propres à être employées en concurrence avec la glace coulée, quand on veut un vitrage parfait en dimensions moyennes ; elles lui sont même supérieures, en ce que, étant beaucoup plus légères, elles n'exigent pas des châssis aussi massifs. Ces glaces sont aussi d'un excellent emploi pour couvrir des gravures, des aquarelles, pour des glaces de voitures, des vitrages de bibliothèque ; on en fait aussi usage pour la miroiterie dans l'ébénisterie ; enfin la photographie a augmenté beaucoup aussi la consommation de ces glaces minces. Nous croyons que la fabrication de ces glaces minces n'est pas, en Angleterre, de moins de 100,000 mètres carrés annuellement. Cette fabrication a été introduite en France et en Belgique, mais n'y a pas encore pris d'extension.

Les Anglais fabriquent plusieurs épaisseurs de glaces soufflées qu'ils désignent, comme pour leur verre à vitre, par le poids du pied carré anglais ; ainsi ils ont les *patent plates* de 13 onces, de 17 onces, de 21 onces et 24 onces.

Réduisant en mesures françaises, nous dirons qu'ils fabriquent ces glaces en épaisseurs de 4 kilogrammes par mètre, n° 1 ; de 5^k,25 par mètre, n° 2 ; de 6^k,50 par mètre, n° 3, et de 7^k,40 par mètre, n° 4.

Les petites dimensions, c'est-à-dire 6 pouces sur 4 jusqu'à 10 sur 8, qu'elles soient du numéro 1 ou du numéro 4, se vendent à raison de 12 francs le mètre.

Les dimensions de 22 pouces sur 16 se vendent :

Le mètre en numéro 1...................	16 fr.	50 c.
— — 2...................	19	25
— — 3...................	20	90
— — 4...................	21	45

Enfin les dimensions de 40 pouces anglais sur 30 jusqu'à 48 sur 32 se vendent :

Le mètre en numéro 1	....	22 fr.	55 c.
—	— 2	23	15
—	— 3	24	75
—	— 4	26	40

Nous allons donner un aperçu du prix de revient de ces glaces.

Nous avons dit, livre II, que le verre à vitre ordinaire, en mesures courantes de 2 kilogrammes ayant une superficie moyenne de $0^m,4513$, revenait à 1 fr. 25 c. le mètre superficiel ; ces feuilles de 2 kilogrammes ayant une superficie de $0^m,4513$, pèsent, en conséquence, $4^k,43$ par mètre. Le mètre de verre ordinaire pèse donc $4^k,43$; c'est celui que nous prendrons pour équivalent du numéro 1 des verres polis qui pèsent 4 kilogrammes par mètre. Dans ce prix de 1 fr. 25 c., nous avons fait entrer les frais de gestion, frais généraux, intérêts des capitaux ; mais comme on doit prendre des soins particuliers pour la fabrication et l'étendage surtout du verre destiné à être poli, nous porterons sa valeur par mètre à. . . . . 1 fr. 60 c.

Les frais de douci sont beaucoup moins élevés que pour les glaces, car il ne s'agit, comme nous avons dit, que d'enlever, pour ainsi dire, l'épiderme du verre ; il n'y a pas de scellement au plâtre, puisque la feuille est fixée simplement par la pression atmosphérique, les frais de ce douci ne s'élèvent pas, par mètre, à plus de. 2 20

Le savonnage ne diffère pas beaucoup du savonnage des glaces ; mais toutefois le maniement des pièces est plus facile ; les frais peuvent être évalués à. 1 20

La dépense du poli est presque aussi grande que pour les glaces ; mais en raison de l'absence du scellement, de la facilité de la manutention, ils ne s'élèvent pas, par mètre, au delà de. 4 50

Total du prix de revient, indépendamment des frais généraux. . . . . , 9 fr. 50 c.

A reporter. 9 fr. 50 c.

Report.	9 fr. 50 c.

Nous comptons pour frais généraux, dont les comptes précédents nous dispensent de faire le détail. . . . . , ... 1 »

Intérêt. . . . . 1 »

Amortissement. . . . . » 75

Intérêt de la valeur des verres en magasin. . . . » 25

Total général. . . . . 12 fr. 50 c.

Nous prendrons ensuite le prix de revient du numéro 4, qui correspond au verre à vitre de double épaisseur.

Nous mettrons le prix du verre soufflé, par mètre, à. 3 fr. » c.

Toutefois ce verre épais étant moins souple, plus sujet, par conséquent, à se casser dans les diverses manipulations de fixage sur les parquets, on peut évaluer cette différence à une dépense extra de 1 fr. 25 c. par mètre, ci. 1 25

Ajoutant les frais de douci et de poli, comme pour le numéro 1, soit. 7 90

Le prix du mètre du numéro 4 revient à. . . 12 fr. 15 c.
au lieu de 9 fr. 50 c., prix brut du numéro 1, et à 15 fr. 15 c., en y comprenant les frais généraux et intérêts, au lieu de 12 fr. 50 c., prix du numéro 1; les numéros 2 et 3 reviendraient naturellement à des prix proportionnels intermédiaires entre les prix du numéro 1 et les prix du numéro 4.

GLACES BRUTES MINCES COULÉES.

Pour compléter le livre III des *Glaces*, il nous reste à parler des glaces brutes minces coulées qui ont été fabriquées d'abord, il y a dix-sept à dix-huit ans, par M. J. Hartley, de Sunderland, qui a donné à ces glaces le nom de *rolled plate*, sous lequel elles sont connues en Angleterre. Le but de cet habile fabricant a été de produire, pour la vitrerie et la couverture des serres et bâtiments, des glaces plus minces que les grandes glaces coulées, et par des moyens plus économiques. Le procédé de M. Hartley a été adopté depuis par plusieurs verriers anglais et par la fabrique de Saint-Gobain, qui a donné à ces glaces le nom de *verres à reliefs*.

Au lieu de presser, sur un marbre, dans un cadre, une certaine quantité de verre cueilli à la canne, comme on le fit autrefois, et au lieu de tirer le creuset du four pour le verser sur une table, ce qui exige, comme nous avons vu, une main-d'œuvre et un outillage dispendieux, on prend le verre fondu dans le creuset au moyen d'une poche à long manche qui peut en contenir de 15 à 20 kilogrammes (comme les poches avec lesquelles on *tréjetait* autrefois le verre des glaces des pots dans les cuvettes[1]), l'on verse ces poches, manœuvrées par trois hommes, sur une petite table, sur laquelle on fait passer un rouleau comme dans le grand coulage. On coule généralement ce verre de 3 à 4 millimètres d'épaisseur; cette épaisseur est réglée, comme pour les grandes glaces, au moyen de deux réglettes fixées sur les côtés de la table. On imprime généralement à ces glaces une cannelure ou un quadrillage[2] qui dissimule en grande partie les bouillons et autres défauts résultant de ce mode de coulage. On coule en Angleterre des épaisseurs de :

1/8	de pouce,	$3^{mm},175,$
3/16	—	$4^{mm},763,$
1/4	—	$6^{mm},350,$
3/8	—	$9^{mm},526,$
1/2	—	$12^{mm},700,$

mais plus de la moitié de la fabrication se fait en $3^{mm},176$, et plus de la moitié du reste, en $4^{mm},763$.

Nous n'avons que peu de mots à dire de la fabrication de ces glaces, qui est d'une extrême simplicité.

Le verre, composé comme le verre à vitre ordinaire, est fondu dans des fours semblables à ceux du verre à vitre, dont le fond des pots est au niveau du sol de la halle. Lorsque le verre est fondu et affiné, les ouvriers du coulage se mettent à l'œuvre ; on introduit la poche dans le four et l'on fait porter le manche sur un crochet placé en avant de l'ouvreau, de manière que l'ouvrier qui tient l'extrémité du manche puisse facilement tourner à moitié la poche pour l'introduire dans le verre et la ramener pleine. Les deux autres ouvriers la soulèvent alors au moyen d'une barre

[1] C'est cette opération qui donna à M. J. Hartley l'idée de cette nouvelle fabrication.

[2] D'où est venu le nom de *verres à reliefs.*

transversale pour la sortir du four; on donne au-dessous de la
poche un choc sur une plaque de fonte pour faire tomber les bavures qui sont sur les bords; on va verser la poche de verre sur
la table de coulage, qui n'a généralement pas plus de 0^m,75 de
largeur, et deux ouvriers font passer le rouleau sur ce verre.
Lorsque le verre a été étendu, on fait décrire à la table sur son
centre un mouvement horizontal d'un quart de circonférence, la
table se trouve ainsi faire suite à une table en bois portée sur un
chariot sur laquelle on pousse le verre coulé, on pousse ce chariot
mobile sur des rails jusqu'au four à recuire, fig. 96, chauffé par

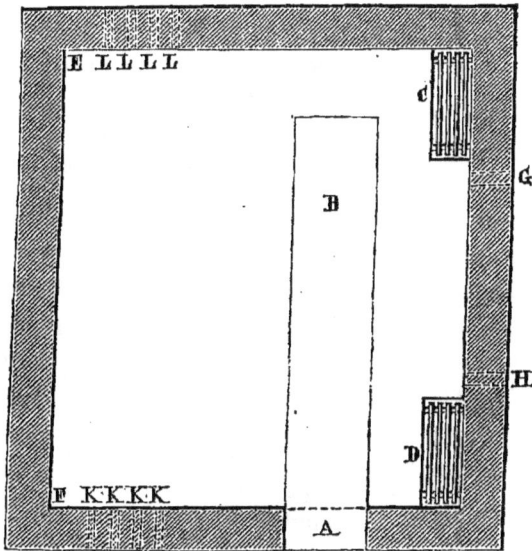

Fig. 96.

les foyers C et D et dont l'entrée de l'aire se trouve au même
niveau que la table du chariot. On pousse le verre par l'entrée A
sur la pierre à refroidir B et après l'y avoir laissée se raffermir, on
la relève au moyen d'une fourche introduite par une des ouvertures G, H contre la paroi E F, comme le verre à vitre dans les anciens fours à étendre; on relève une seconde feuille contre la première et ainsi de suite (toutes, bien entendu, dans le sens de la
largeur, la seule dont les bords soient droits); et quand on a relevé
ainsi un certain nombre de feuilles, on passe une barre de fer

dans l'intérieur du four à recuire par les ouvertures K, L, pour appuyer les feuilles suivantes, pour qu'il n'y ait pas un trop grand nombre de feuilles pesant sur la première mise en place.

La construction de ces fours à recuire est très-simple. Les feuilles n'ayant généralement pas plus de 0m,75 de large, le four carré n'a qu'environ 1 mètre de hauteur de pied droit et est voûté très-plat.

Après avoir coulé une première glace, et pendant qu'on opère la manœuvre qui doit conduire cette glace au four à recuire, les ouvriers de coulage vont de nouveau remplir la poche et viennent verser la matière pour une seconde glace, et ainsi de suite.

On comprend que l'introduction, plusieurs fois répétée, de la poche dans le verre fondu produise des bouillons dont le nombre s'augmente chaque fois; c'est pourquoi, après avoir pris plusieurs pochées de verre dans un pot, on le bouche et on prend le verre dans le pot suivant; pendant ce temps, le verre du pot se purge de bouillons, l'on y revient après avoir pris le même nombre de glaces dans le pot suivant, et l'on vide ainsi successivement tous les pots.

Lorsque tous les pots sont vidés, on bouche le four ou les fours dans lesquels on a mis le verre à recuire. Au bout de peu de jours le verre est suffisamment froid pour qu'on puisse le tirer du four; on le porte en magasin, on coupe au diamant les deux bouts irréguliers perpendiculairement aux deux arêtes, puis on le divise suivant les commandes.

· On conçoit que ce verre puisse être fourni à très-bas prix ; les frais de production ne sont pas élevés, ce travail pouvant être accompli par de simples manœuvres. Lorsqu'on construisit le palais de cristal pour l'Exposition universelle de 1851, M. J. Hartley offrit de fournir tout le verre nécessaire en épaisseur d'un huitième de pouce anglais, soit 3mm,175, à raison de 18 £ 13 sh. 4 d. par tonne, soit 466 fr. 65 c. les 1,000 kilogrammes. L'épaisseur de 3mm,175 donne un poids de 7k,9375 par mètre superficiel. M. Hartley offrait donc de fournir du verre de 3mm,175 à raison de 3 fr. 70 c. le mètre. Cette offre ne fut pas acceptée parce que l'on n'avait pas encore alors une expérience suffisante de l'effet de cette sorte de verre; on craignait qu'il ne fût plus fragile que du verre soufflé, et qu'on ne s'exposât à des accidents en couvrant avec ce verre un bâtiment dans lequel se trouveraient réunis un si grand nombre de personnes et de marchandises d'un grand prix, et l'on employa du verre soufflé d'un douzième de pouce d'épaisseur (2^{mm},1) de 5^k,3 par mètre superficiel, qui coûta 675 francs la tonne, soit 3 fr. 57 c. le mètre superficiel.

Nous allons voir que le prix de 3^m,70 aurait laissé à M. Hartley une belle marge de bénéfices.

Nous prendrons pour base de la comptabilité l'organisation telle qu'elle existe en Angleterre, parce que cette fabrication n'est pas encore en France sur un pied de grande consommation. On fabrique ce verre dans des fours ayant huit pots ronds de 1^m,50 de diamètre du haut et de 8 à 12 centimètres d'épaisseur. Ces pots, quand ils sont secs, pèsent de 1,500 à 1,750 kilogrammes; on y fond environ 2,000 kilogrammes de verre. On ne fait généralement, en Angleterre, que trois fontes et trois coulages par semaine, quelquefois quatre, si la demande presse; on pourrait facilement faire six fontes et six coulages par semaine. Les huit pots produisent environ 12,000 kilogrammes de verre coulé, mais en raison des déchets, casse, etc., on ne peut pas évaluer la production à plus de 9,000 kilogrammes net, soit par semaine 27,000 kilogrammes et par an 1,350,000 kilogrammes, ce qui ferait environ 170,000 mètres superficiels en épaisseur de 3^{mm},175 et d'environ 114,000 mètres superficiels en épaisseur de 4^{mm},763.

Il y a, en Angleterre, trois fabriques qui font du *rolled plate*, et leur fabrication réunie ne s'élève certainement pas à moins de 2,500 à 3,000 tonnes et de 200,000 à 300,000 mètres superficiels.

Pour base du prix de revient de la composition, nous nous reportons aux prix établis pour le verre à vitre, livre II, et alors nous comptons :

Fours et pots. — Pour les fours et pots, par 100 kilogrammes de verre. . . . .   » fr. 98 c.

Matières premières. — La composition coûte net 5 fr. 30 c. les 100 kilogrammes; mais nous avons dit que 12,000 kilogrammes de verre coulé se réduisaient à environ 9,000 kilogrammes: il y a donc un déchet de 3,000 kilogr., soit environ 25 pour 100, mais ce déchet est du groisil qui rentre en grande partie dans la composition. Nous estimerons

A reporter.   » fr. 98 c.

Report. » fr. 98 c.

donc, comme pour le verre à vitre, que les 100 kilogrammes de verre compris, le gage des mélan-
geurs est de. 6 50

Combustible. — Comme pour le verre à vitre. . 6 80

Main-d'œuvre de fonte. — Comme pour le verre
à vitre. . . . . » 88

Main-d'œuvre de coulage et de recuisson. — Le
personnel comprend :

1 contre-maître.	6 francs.
1 ouvrier écrémeur.	4 —
1 tiseur.	5 —
3 hommes à la poche, à 3 francs. . . .	9 —
3 hommes au roulage, à 3 francs. . . .	9 —
3 hommes au chariot et four à re- cuire, à 3 francs.	9 —
12	40 francs.

mais il faut des ouvriers pour relayer les hommes
de la poche et du rouleau : nous compterons sur un
personnel de vingt au lieu de douze payés 70 francs
pour une production de 9,000 kilogrammes net, ce
qui fait par 100 kilogrammes . . . . » 78

Frais de magasin et de coupe. — Nous évaluerons cette dépense aux deux tiers de celle du verre
à vitre, en raison de ce qu'une surface de glace
coulée mince ne représente pas par 100 kilogrammes la moitié de la surface produite par le
même poids de verre à vitre ; nous porterons donc
sur ce chef par 100 kilogrammes. . . . . » 54

Emballage. — Pour le même motif, nous porterons pour l'emballage non pas moitié mais deux
tiers du prix du verre à vitre, soit. 1 71

Forge, menuiserie. — Comme pour le verre à
vitre. . . . . » 40

Enfin pour les frais généraux, intérêts, gestion.
— Nous porterons par 100 kilogrammes. 2 50

Total de la dépense par 100 kilogrammes. 21 fr. 09 c.

Ce compte remet le prix de revient du mètre carré à 1 fr. 66 c. en épaisseur de 3^{mm},175 et à 2 fr. 58 c. en épaisseur de 4^{mm},75.

Nous avons vu, au livre II, que le verre à vitre revenait à 28 fr. 08 c. les 100 kilogrammes : cette différence de 7 francs par 100 kilogrammes provient des frais de soufflage et d'étendage, remplacés par ceux bien moins considérables du coulage.

Ce verre se vend en moyenne, en Angleterre, sur le pied de 2 fr. 90 c. le mètre en épaisseur de 3^{mm},175 et de 3 fr. 30 c. en épaisseur de 4^{mm},75.

La manufacture de Saint-Gobain, qui, comme nous l'avons dit, désigne ces glaces sous le nom de *verres à reliefs*, ne fabrique qu'une seule épaisseur de 5 à 6 millimètres, et les vend dans les dimensions au-dessous d'un demi-mètre superficiel, 6 francs net en verre demi-blanc, et 6 fr. 80 c. en verre blanc ; dans les dimensions d'un demi-centimètre à un mètre superficiel, 6 fr. 80 c. net en verre demi-blanc, et 7 fr. 60 c. en verre blanc. Ces prix seraient sans doute beaucoup réduits si la consommation devenait plus importante.

Il est à noter que le verre demi-blanc de Saint-Gobain est plus blanc que le verre anglais.

LIVRE IV

BOUTEILLES.

On donne le nom de *bouteilles* aux vases de verre plus ou moins foncé en couleur, ayant un col assez étroit, de manière à pouvoir être facilement bouché, généralement avec un bouchon de liége ; elles sont, à l'exclusion de toute autre matière, en usage pour contenir les vins. Les bouteilles servent aussi à renfermer d'autres liquides spiritueux et d'autres matières liquides ou solides dont on craint l'évaporation ou l'évent. Cette fabrication offre un grand intérêt, en raison de son importance ; elle s'élève, en effet, à une somme très-considérable ; car, en France seulement, on fabrique de cent à cent quinze millions de bouteilles, dont la valeur s'élève de 14 à 18 millions de francs.

Les bouteilles se fabriquent dans des verreries spéciales : c'est pourquoi nous les avons séparées des autres vases de toutes sortes en verre qui formeront le texte du livre suivant.

L'historique de la fabrication des bouteilles ne peut s'étendre à une époque très-éloignée. Longtemps on conserva les vins dans des outres, dans des jarres en terre, et ce n'est guère qu'à la suite des raffinements du luxe qui s'introduisirent à l'époque de la renaissance, que commença l'usage général des bouteilles en verre, non-seulement pour contenir, mais pour y faire vieillir les vins. La verrerie dont les archives remontent à l'époque la plus reculée est celle de Quiquengrogne, près de la Capelle (Aisne), appartenant au vicomte Van Leempoel. Elle a été fondée en 1290, fut brevetée par Charles de Bourgogne, le 2 mars 1467 ; par François Ier, le 5 septembre 1523 ; par Charles IX, en mars 1565 ;

par Henri III, en octobre 1574 ; par Henri IV, en 1598 ; par Philippe, roi de Castille, 7 avril 1559 ; par Albert et Isabelle, infants d'Espagne, 26 juin 1559. Voilà certes de vrais titres de noblesse, pour cette verrerie ; mais ils ne détruisent pas notre assertion que l'usage général des bouteilles ne date guère que du quinzième siècle. Tandis que, pour les autres produits en verre, on s'efforçait de fabriquer une matière blanche et transparente, on se contenta, pour les bouteilles, d'un verre assez grossier, et les verreries qui les fabriquaient s'appelaient *verreries en verre noir* ou *verreries à bouteilles*. Ce verre, d'une part, était moins dispendieux et avait, en outre, la propriété de dérober à la vue le dépôt que les meilleurs vins forment à la longue dans les vases qui les contiennent. De nos jours, la fabrication des bouteilles s'est généralement transformée ; on voit fort peu de bouteilles en verre noir, ou, pour mieux dire, brun foncé, ou vert foncé, qui avait donné son nom à la couleur *vert bouteille*. Nous indiquerons ci-après la cause de ce changement, en parlant de la *composition*.

La fabrication des bouteilles demande des soins de plus d'un genre ; leur composition doit être combinée de manière à ce que la matière ne soit pas altérée par les liquides qu'elles sont destinées à contenir. L'acide sulfurique étendu d'eau et la plupart des autres acides affaiblis peuvent décomposer les bouteilles dans lesquelles l'alcali ou la chaux en quantité surabondante ne se trouvent pas suffisamment combinés. Nous avons vu des bouteilles d'une bonne fabrication apparente, qui, sous l'action d'un acide affaibli, se recouvraient intérieurement d'une sorte de pustules qui était un sel calcaire, et peu à peu les bouteilles se trouvaient transpercées par cette action. C'est ainsi que des vins dont la plupart contiennent un peu d'acide libre sont parfois altérés par des bouteilles de mauvaise qualité. On conçoit, dès lors, l'importance extrême de *composer* et de *fondre* les bouteilles de manière à éviter ce grave défaut.

Il est extrêmement important aussi que les bouteilles soient soufflées bien régulièrement et bien *recuites*. Ces conditions sont surtout essentielles pour les bouteilles destinées à contenir des vins ou autres liquides gazeux. Si la matière se trouve inégalement répartie, la pression du gaz ne manque pas de faire éclater la bouteille, à l'endroit où elle rencontre la moindre résistance. La rupture a lieu également si les bouteilles n'ont pas été recuites

avec le plus grand soin. Il ne suffit pas qu'une bouteille soit d'une
épaisseur assez forte pour résister à la pression du gaz, car si,
d'autre part, la recuisson n'a pas lieu dans de bonnes conditions,
la bouteille la plus épaisse sera même la plus sujette à se briser.
Il résulte des soins particuliers apportés à la fabrication des bouteilles destinées aux vins mousseux, qu'elles se vendent le double
au moins des autres bouteilles.

Nous croyons devoir dire ici quelques mots de la contenance
des bouteilles et de la réglementation que quelques économistes
ont paru désirer leur imposer. On sait que certaines formes spéciales ont été généralement adoptées pour les vins des divers
crus. Ainsi, les bouteilles pour vins de Bourgogne ont une forme
différente de celles pour vins de Bordeaux, et les bouteilles pour
vins mousseux ont aussi leur forme particulière. Toutes ces bouteilles ont des contenances qui varient de 60 à 88 centilitres ; et
comme le prix de ces vins est établi par le vendeur, par bouteille
ou par douzaine de bouteilles, on voudrait qu'elles eussent une
contenance rigoureusement déterminée ; on s'appuie, à cet égard,
sur la fraude usitée par certains négociants peu scrupuleux, qui,
ayant à expédier à l'étranger ou même dans l'intérieur du pays
des vins mousseux ou autres, font fabriquer pour leur commerce
spécial des bouteilles de moindre contenance, afin de vendre
pour un même prix une quantité moindre de vin. Ce commerce
déloyal ne justifie pas à nos yeux cette demande.

On n'est déjà que trop porté chez nous à l'abus de la réglementation et de l'intervention de l'autorité dans les affaires
privées. Sans aucun doute, l'adoption de l'unité de mesures métriques a été un grand bienfait, l'un de ceux qui font le plus d'honneur à notre révolution ; mais n'aurait-on pas lieu de se moquer
du législateur qui voudrait que l'on ne pût boire que dans un
gobelet d'une contenance déterminée ? Si l'on vous sert une bouteille de château-laffitte, de clos-vougeot ou de cliquot, vous
ne mesurez pas si la bouteille contient 65 ou 75 centilitres de ce
précieux liquide, vous avez surtout égard à l'authenticité du cachet. Un producteur qui se respecte, quand il a adopté un type
de bouteille, renferme invariablement ses vins dans des bouteilles
du même type, et comme il ne porte pas sur sa facture tant de
litres, mais tant de bouteilles, l'acheteur n'est pas trompé et sait
ce qu'il achète. Si M. X*** vend au même prix des bouteilles de

32

vin de Champagne de la même qualité, mais d'une contenance moindre que celles de M. Z***, on continuera à se fournir chez ce dernier. Si M. X***, après avoir vendu, à un certain prix, des bouteilles d'une certaine contenance, envoie, pour une demande suivante et au même prix, des bouteilles d'une contenance moindre, il aura fait une fort sotte spéculation, car s'il a gagné un peu plus sur cet envoi, il perdra indubitablement ce client. La fraude peut bien procurer un profit accidentel, mais elle ne conduit pas à une prospérité durable.

Nous ajouterons d'ailleurs que la bouteille ne peut jamais être une mesure légale rigoureuse, comme celle que l'on fabrique en métal ; on fabrique dans les verreries des bouteilles de litres, de demi-litres, mais ce n'est jamais qu'un à peu près ; il peut y avoir et il y a toujours des différences de 1 à 3 ou 6 centilitres d'une bouteille à l'autre ; car, d'une part, le verrier ne peut mesurer à 5 grammes près la quantité de verre qu'il cueille, et, d'autre part, la façon dont la matière est répartie par le soufflage dans deux bouteilles qui présenteront extérieurement le même profil peut amener des différences dans leur capacité.

Nous allons à présent passer directement à la fabrication des bouteilles. Nous commencerons par la composition.

COMPOSITION.

La qualité essentielle des bouteilles, avons-nous dit, est la *solidité ;* c'est presque la seule à laquelle on se soit longtemps attaché, et pourvu que la couleur brune ou verdâtre fût nette, c'est-à-dire non nuageuse, et que la matière fût à peu près exempte de bulles, on s'inquiétait peu du plus ou moins d'intensité de la couleur. Cette couleur, pour chaque verrerie, dépendait en très-grande partie de la nature des matières premières qu'elle employait, lesquelles matières premières dépendaient de la localité où était située la verrerie. Ainsi, dans le voisinage des grandes villes, on employait dans la composition des bouteilles quelques cendres neuves de bois et surtout de grandes quantités de *charrées,* produit de la lexiviation des cendres de bois par les blanchisseuses. Les autres matières qui entraient dans la composition étaient le sable, qui pouvait, sans inconvénient, être jaune et plus ou moins

argileux, et la soude brute de varech. Quand le sable est très-
siliceux, on ajoute une certaine quantité d'argile ordinaire à la
composition ; lorsque le sable ou l'argile ne contiennent qu'une
faible proportion de calcaire, on ajoute à la composition de la
craie ou de la marne ; enfin, des bouteilles cassées, les déchets de
la fabrication et même les *crasses* de grille ou *picadit* font aussi
partie, en différentes proportions, de la composition des bouteilles.
Toutes les matières, après avoir été mélangées, sont frittées dans
des arches attenant au four de fusion, avant d'être enfournées
dans les pots. La couleur plus ou moins brune, plus ou moins
verte, plus ou moins foncée des bouteilles, tient à la proportion
d'oxyde de fer ou de matières charbonneuses qui entrent dans la
composition. Le fer seul donnerait une couleur bleuâtre, mais les
matières organiques qui restent toujours, malgré le frittage,
changent cette couleur en vert plus ou moins brun.

Nous avons dit précédemment que les substances pures, silice,
alumine, chaux, étaient extrêmement réfractaires, mais que les
mêmes substances, mélangées et surtout additionnées d'une très-
faible proportion d'oxyde de fer, pouvaient devenir très-facilement
vitrifiables ; ainsi l'alumine et la chaux, invitrifiables séparément, produisent un verre, lorsqu'on soumet au feu leur mélange ; le sable ou l'alumine, avec une très-faible proportion de
chaux, mais mélangés d'un peu d'oxyde de fer et de matières
organiques, se vitrifient très-facilement ; certaines argiles qui
produisent d'assez bonnes briques, si on ne les cuit pas à un
trop grand feu, se fondent en un verre noir, si on les soumet
au feu de verrerie. C'est cette propriété des mélanges qui a été
mise à profit dans la composition des bouteilles, pour écono-
miser la matière qui est toujours la plus chère dans la composition des verres, c'est-à-dire l'*alcali*, et obtenir ainsi un verre à
bon marché.

Les laves ou autres produits volcaniques étant le produit d'une
réelle vitrification, on a dû penser qu'on pourrait aisément les
revitrifier, et les faire entrer dans la composition des bouteilles,
avec ou sans addition d'autres matières. Nous avons dit, au
livre Ier, p. 105, que ce fut le célèbre Chaptal [1] qui le premier
provoqua l'emploi des laves et basaltes dans des verreries ; après

---

[1] Il était alors professeur de chimie des États de Languedoc.

avoir fait dans son laboratoire quelques expériences préliminaires, en 1780, il remit une certaine quantité de lave du volcan éteint de Montferrier, près de Montpellier, à un maître de verrerie des environs d'Alais, qui fit l'épreuve de cette lave pure et sans mélange dans son four chauffé à la houille. La lave fondit assez rapidement et on en fit des bouteilles d'un beau poli, mais très-foncées en couleur ; un autre maître de verreries des mêmes contrées essaya aussi l'emploi des laves, et réussit, pendant quelque temps, à faire d'assez bonnes bouteilles, en mêlant ces laves avec du sable et de la soude ; mais il dut toutefois renoncer à cet emploi, parce que cette matière n'était pas toujours identique dans sa composition, amenait des accidents de fabrication, des irrégularités de fonte, qui, au lieu d'une économie, causaient des pertes très-notables.

D'après ce que nous avons dit, on peut aisément conclure que la composition des bouteilles varie pour chaque verrerie, et se trouve le résultat des matières qui se trouvent le plus à portée, car, nous le répétons, la composition des bouteilles doit nécessairement être peu dispendieuse.

Dans les verreries qui avoisinaient Paris, de Sèvres et de la Gare, qui eurent, la première surtout, une grande célébrité, la composition des bouteilles était en moyenne d'après les bases suivantes :

Terre jaune très-siliceuse et très-calcaire, contenant aussi une assez forte proportion de carbonate de fer.............................. 1,000 parties.

Charrées, ou cendres lessivées, séchées dans les arches cendrières et tamisées... 550 —

Craie ou marne pilée et tamisée........................... 300 —

Soude de varech.. 75 —

A quoi on ajoutait les groisils de la fabrication qui, en y joignant le picadil de la grille, se trouvaient généralement dans la proportion de... 750 —

Vieilles bouteilles achetées aux chiffonniers, environ........ 500 —

Total.......................... 3,175 parties.

Quand les sulfates de soude devinrent d'un prix peu élevé, on remplaça souvent les 75 parties de soude de varech par 50 de sulfate de soude.

Quand les charrées manquaient ou qu'on voulait les supprimer pour fabriquer un verre un peu plus clair, on employait une composition dont la moyenne peut se résumer ainsi qu'il suit :

Terre jaune, comme ci-dessus..........................	1,000	parties.
Sable commun...	500	—
Craie ou marne..	500	—
Soude de varech...	250	—
Groisils de fabrication et picadil, comme précédemment, environ...	750	—
Total......................	3,000	parties.

Et, dans ce cas, on n'ajoutait pas de vieilles bouteilles, qui, étant généralement d'une ancienne fabrication, se trouvaient très-foncées en couleur.

Ces bouteilles étant destinées en très-grande partie au commerce de Paris et ne devant pas contenir de vins mousseux, il y avait peu d'inconvénients à charger la composition de bouteilles cassées. Il n'en aurait pas été de même pour les bouteilles de Champagne, car nous avons dit, dans les livres précédents, que l'addition d'une forte proportion de groisil rend le verre plus sec, plus aigre ; il a moins de cohésion et se brise plus facilement sous la pression d'un gaz ou par des changements de température. Dans les verreries des environs de Paris, la quantité de vieux verre employé dans la composition n'est guère limitée que par la propension à la dévitrification, qui s'augmente par l'addition du groisil.

Nous allons donner quelques compositions qui étaient employées, il y a une trentaine d'années, dans des verreries du département de la Meuse, qui fabriquent des bouteilles pour les vins de Champagne.

Sable argileux........................	1,000	parties.
Chaux................................	850	—
Cendres de bois......................	600	—
Soude de varech.....................	50	—
Sulfate de soude.....................	20	—
Picadil pilé et tamisé.	60	—
Groisil de fabrication.................	600	—

Autre :

Sable argileux.........................	1,000	parties.
Cendres de bois.......................	500	—
Argile jaune..........................	400	—
Craie.................................	750	—
Chaux................................	700	—
Sulfate de soude......................	75	—
Groisil et picadil de la fabrication.		

Autre :

Sable argileux........................	1,000 parties.
Argile.............................	850 —
Chaux.............................	750 —
Craie..............................	250 —
Soude de varech.....................	300 —
Sulfate de soude.....................	20 —
Groisil et picadil de la fabrication.	

Toutes ces compositions étaient frittées avant d'être enfournées dans les pots, et fondues dans des fours alimentés avec du bois.

On peut voir, d'après ce qui précède, que la composition des bouteilles n'est pour ainsi dire guidée que par l'empirisme, et ne s'appuie pas sur une théorie raisonnée. Sans doute, il serait mieux de calculer la puissance vitrifiante des divers éléments, soude, chaux, fer, alumine, etc., et de pouvoir déduire de l'analyse exacte des diverses matières premières employées dans quelles proportions il serait plus convenable de les mélanger ; mais nous devons convenir que cette théorie est encore à faire. Ainsi, certains sables, certains argiles sont plus fusibles que d'autres, sans que les analyses aient indiqué jusqu'à présent des causes suffisantes : il paraîtrait que la disposition des molécules, l'état plus ou moins amorphe de ces molécules ont des influences puissantes dans l'opération de la vitrification. Le verrier est donc principalement guidé par la nature et le prix des matières premières qu'il peut se procurer le plus facilement et au meilleur marché. Les essais, l'expérience de la composition qui produit les meilleures bouteilles, dans la fonte la plus courte, sont les principaux guides du fabricant de bouteilles. Il ne s'agit pas seulement d'avoir une vitrification facile, le verrier rencontre souvent un écueil fâcheux dû à la trop grande quantité des matières *terreuses* qu'il emploie, c'est la *dévitrification :* ce qu'on appelle verre *ambité ;* les compositions de bouteilles sont toutes plus ou moins sujettes à ce défaut, que l'on n'évite qu'en maintenant le four à une assez haute température et en ne prolongeant pas trop la durée du travail ; il y a des compositions qui, dès le commencement du travail, produisent sur les bouteilles une teinte nuageuse bleuâtre, semblable au laitier des hauts fourneaux, et auxquelles on doit naturellement renoncer, car avant même d'avoir épuisé la moitié du creuset, le verre serait entièrement dévitrifié et ne pourrait être soufflé. Les progrès de la fabrication des produits chimiques ont amené presque entièrement le rejet de l'emploi des soudes brutes dans les localités éloignées de la mer et leur remplacement par le sulfate de soude. A l'époque où le sel marin (chlorure de sodium) était exempt de droits, les verriers à bouteilles l'employèrent dans leurs compositions en assez grande quantité, conjointement avec le sulfate de soude. Comment ce chlorure de sodium, qui, théoriquement, n'est pas décomposé par la silice et la chaux à une haute température, si ce n'est avec addition de vapeur d'eau, se trouvait-il cependant décomposé dans les arches cendrières ? Nous ne nous chargerons pas de l'expliquer ; peut-être l'humidité du sable était suffisante, peut-être aussi la multiplicité des matières de la composition, sable argileux, ferrugineux, chaux argileuse, chlorure de sodium, donne-t-elle lieu à des réactions et décompositions qui n'auraient pas lieu pour un composé de silice, chaux et chlorure de sodium. Le fait est que le chlorure de sodium agissait comme fondant énergique. Lorsque le sel fut de nouveau taxé, les verriers obtinrent qu'on fabriquât pour eux du sulfate de soude mélangé, c'est-à-dire du chlorure de sodium à moitié décomposé, contenant moitié chlorure, moitié sulfate. La composition suivante peut être considérée comme une moyenne des compositions actuelles de bouteilles dans les verreries de France.

Sable de rivière (limoneux contenant de l'argile en proportions diverses, des matières organiques et de l'oxyde de fer)................. 100 parties.
Carbonate de chaux.................................. 10 —
Marne calcaire..................................... 10 —
Sulfate mélangé de chlorure de sodium................. 6 à 10 —

à quoi on ajoute le groisil du travail et le picadil préalablement broyé et tamisé.

Nous répétons que nous ne pouvons assigner des compositions absolues, puisque les éléments et leurs proportions dépendent des localités, de la facilité et des prix auxquels on peut obtenir les sables, chaux, marnes et alcalis. Ainsi, dans les fabriques de bouteilles champenoises, les matières premières employées sont : un sable argileux et calcaire contenant aussi une assez forte proportion de carbonate de fer ; des cendres de bois neuves

ou lessivées ; la craie de Champagne ; le sulfate de soude et la
soude brute, c'est-à-dire le produit brut de la décomposition du
sulfate de soude, par la craie et le charbon ; ces deux matières
sont tirées des usines de Chauny.

Nous n'avons parlé que de la composition des bouteilles à vin,
celles qui se fabriquent dans les verreries à bouteilles proprement
dites ; on fait aussi, pour certaines liqueurs, des bouteilles particulières, qui sont pour ainsi dire l'enseigne de chaque liqueur :
il y en a de bleuâtres, de jaunes, de vert clair. La composition de
ces bouteilles est généralement assez semblable à celle du verre à
vitre qui serait faite avec du sable plus commun, avec addition
d'une certaine proportion d'oxyde métallique, pour produire la
teinte désirée. Nous devons mentionner spécialement les bouteilles
à vin du Rhin, qui ont une forme allongée spéciale, et une teinte
agréable d'un brun rouge, que l'on fabrique auprès de Saarbruck
et dans d'autres localités de l'Allemagne. Il est clair que la teinte
de ces bouteilles est due à l'addition d'une certaine proportion de
manganèse : cet oxyde modifié par le fer et les matières charbonneuses contenues dans la composition produit cette jolie teinte
brun-rouge léger. Nous n'indiquons pas la proportion de manganèse, par la raison qu'elle dépend des éléments fer et charbon
contenus dans les autres matières.

FONTE DES BOUTEILLES.

Il y avait autrefois un grand nombre de verreries à bouteilles
qui employaient le bois pour combustible. Cela avait, sous un
rapport, un grand avantage, parce que l'on pouvait plus facilement, en tisant avec du bois pendant le soufflage des bouteilles,
entretenir le verre à une haute température et l'empêcher ainsi
de devenir *ambité* ; tandis qu'avec la houille on est obligé, comme
nous l'avons vu pour le verre à vitre, de *faire une braise* dans le
four, au lieu de continuer à tiser pendant le travail, et qu'ainsi
le verre ne reste pas à la même température pendant la durée du
soufflage. Malgré cet avantage du bois, les autres facilités qui
résultent de l'emploi de la houille, et surtout l'économie, ont
fait presque généralement adopter ce dernier combustible dans
les verreries à bouteilles ; et nous ne parlerons que des fours où

l'on brûle la houille. La forme carrée est celle généralement adoptée pour les fours à bouteilles.

Ces fours contiennent généralement huit pots ronds d'une contenance d'environ 1,000 kilogrammes ; c'est sur cette donnée que nous décrirons la fonte et le travail, et que nous établirons ensuite la comptabilité.

Les pots ont :

Diamètre du haut..................... 1^{m},08
Diamètre du bas...................... 0^{m},94
Hauteur............................. 1^{m},03

L'épaisseur de ces pots est de 0^{m},08 en bas, et 0^{m},05 en haut. En raison de la grande dimension de ces pots et de leur poids, quelques verriers ont l'habitude de pratiquer dans la confection de ces pots une rainure intérieure avec renflement près du bord ; cela donne plus de facilité pour les manœuvrer dans le four et les approcher du mur d'ouvreau au moyen de crochets.

Nous avons dit que les fours contiennent ordinairement huit pots ; ces huit pots sont travaillés par dix places, cinq de chaque côté du four ; la place du milieu cueille son verre sur les pots à sa droite et à sa gauche, et a un petit ouvreau au milieu pour la confection du goulot.

La composition pour les bouteilles doit être frittée dans les arches avant d'être renfournée dans les pots. Cette opération, qui n'est plus pratiquée dans les verreries de verre à vitre, l'est encore dans toutes les verreries à bouteilles : elle a pour but l'évaporation des substances charbonneuses et gazeuses qui se trouvent mêlées aux matières de la composition ; elle amène en même temps un plus intime mélange, qui favorise la combinaison et la fusion dans les pots. Les soudes brutes, les charrées, les cendres, le picadil, qui entrent encore dans la composition dans certaines verreries, nécessitent d'une manière absolue l'opération de la fritte, car si on enfournait directement dans les pots une composition dont ces matières feraient partie, la matière se boursouflerait énormément, la plus grande partie serait ainsi projetée en dehors du pot.

Il y a des matières que l'on enfourne à part, dans des arches, avant de les ajouter à la composition ; ce sont, par exemple, les charrées, qui arrivent toujours à la verrerie humides et qu'il convient de faire sécher préalablement; mais à part l'opération de la dessiccation, on doit fritter ensemble toutes les matières formant la composition, sauf les groisils, qui ne seraient qu'une addition inutile. Si on frittait à part la soude brute, les cendres, le picadil, la chaleur de l'arche cendrière occasionnerait une fusion, produirait un *magma* qu'il faudrait ensuite briser pour le mêler au sable et aux autres matières, tandis qu'en les mêlant avec le sable, les argiles, les matières calcaires, il est facile, en remuant de temps en temps tout ce mélange, de le maintenir dans une disposition à s'unir et à se vitrifier, mais pas assez avancée pour produire une masse compacte, une réelle fusion.

Les quatre arches à fritter d'un four à bouteilles doivent pouvoir contenir la composition pour deux journées. En effet, quand commence la fonte, on prend la matière dans deux de ces arches, une de chaque côté, pour renfourner les pots, mais ce premier renfournement ne produisant que moitié à trois cinquièmes de la contenance du pot, il reste de quoi compléter les pots dans ces deux arches, qui ne peuvent servir à fritter les matières pour la fonte suivante; c'est donc dans les deux autres arches que l'on enfourne, dès le commencement de la fonte, la matière pour la fonte du lendemain.

Si, toutefois, les matières ne sont pas trop charbonneuses ou du moins si la matière qui contient ces parties charbonneuses n'est pas en grande proportion, on peut se contenter d'arches à fritter moins grandes ou n'en avoir que deux, parce que les cinq à six heures qui s'écoulent entre le dernier renfournement de matière dans les pots et la fin de la fonte peuvent suffire pour fritter les matières de la fonte suivante.

L'ouvrier chargé de l'opération de la fritte doit veiller à ce que tout l'enfournement soit chauffé successivement d'une manière égale; si certaines parties restent trop longtemps exposées au point où la température est le plus élevée, l'alcali se liquifie, la fritte devient non-seulement pâteuse, mais presque liquide, et s'attache à l'aire de l'arche. Il faut donc, par une manœuvre attentive, ramener à l'entrée de l'arche les portions qui ont été fortement chauffées et repousser, au contraire, au point le plus chaud les parties qui étaient à l'entrée de l'arche. On se sert, à cet effet, d'un râble en fer, avec lequel on trace des sillons dans la matière, non pas en présentant et poussant la partie large du râble dans une position horizontale, mais en poussant l'un des angles de manière à atteindre avec cet angle l'aire de l'arche.

Quand les ouvriers bouteillers ont fini le soufflage, le fondeur et les tiseurs préparent la grille, font tomber toutes les scories, et remettent le four en fonte. Aussitôt qu'il est arrivé au degré de température convenable, le fondeur et les enfourneurs prennent la fritte avec de grandes pelles en fer dans les arches à fritter, et ils chargent les pots, qui ne se trouvent ainsi que peu refroidis par ce renfournement. Lorsque ce premier renfournement est fondu, on procède à un premier rechargement, puis de même à un deuxième, et si la grille a été bien menée, le tisage fait convenablement, et si la houille est d'une bonne qualité, la fonte doit être terminée en douze à quatorze heures au plus. Le fondeur et les tiseurs de fonte quittent alors le four et sont remplacés par le tiseur de travail qui fait la braise, c'est-à-dire qui garnit toute la fosse de houille, de manière à maintenir le four chaud pendant le travail. Nous ne nous étendrons pas sur cette opération de la braise, analogue à celle que nous avons décrite pour le verre à vitre ; le verre à bouteille n'exigeant pas autant de finesse, et d'ailleurs la nature du verre étant moins sujette à se troubler, l'opération de la braise ne dure que deux heures. On emploie pour cette braise environ 3 tonnes de charbon, soit 3,000 kilogrammes ; quant à la fonte proprement dite, on y consomme environ 8 tonnes de houille, y compris le chauffage des fourneaux de recuisson. On consomme donc, en totalité, 11 tonnes de charbon de terre, pour la fonte et le travail de 8 pots contenant chacun 1,000 kilogrammes de composition. Ces 1,000 kilogrammes de composition avec groisils donnent environ 600 kilogrammes de verre utile, soit 600 bouteilles fortes de 1 kilogramme ou 750 bouteilles de 750 grammes. La production journalière est donc de 6,000 bouteilles pour les 8 pots et les 10 places, et comme on fait un travail par vingt-quatre heures, cela fait une production mensuelle de 180,000 bouteilles par four. Les picadils qui tombent au travers de la grille provenant du boursouflement de la matière par-dessus les pots et le groisil de la fabrication qui rentrent dans la composition des jours suivants forment environ 400 kilogrammes. Nous avons donc 600 kilogrammes pour chaque pot ou 6,000 kilogrammes de bouteilles pour les 8 pots, produites par la combustion de 11 tonnes ou

11,000 kilogrammes de houille; soit 183 kilogrammes de houille, pour 100 kilogrammes de bouteilles fortes, ou 137 pour 100 de bouteilles ordinaires de 750 grammes.

Dans les verreries du département du Nord, les fours sont généralement de 8 pots de 600 bouteilles, du poids de 825 grammes. On estime que l'on consomme 170 kilogrammes de houille, par 100 de bouteilles du poids de 825 grammes, ce qui ferait 206 kilogrammes de houille par 100 kilogrammes de bouteilles. Les verreries qui font les bouteilles champenoises ont généralement des fours à 6 pots de 500 bouteilles, et consomment en moyenne 200 kilogrammes de charbon par 100 bouteilles.

TRAVAIL OU SOUFFLAGE.

Le travail des huit potées de verre est opéré par dix places, composées chacune d'un *maître ouvrier*, d'un grand garçon et d'un gamin. Ce travail dure de neuf à dix heures, sans interruption, parce que, comme nous l'avons dit, le verre à bouteille est très-sujet à devenir *ambité ;* pour procurer aux ouvriers un rafraîchissement, on a ordinairement une onzième place appelée *place tournante complète,* qui relève chaque place fixe, tour à tour, en faisant vingt-cinq bouteilles sur chaque place. La place tournante fait, dans les dix heures, deux fois le tour du four, et relève, par conséquent, chaque ouvrier deux fois durant ce temps.

Pendant que le tiseur de jour fait la braise, le grand garçon et le gamin préparent la place, mettent les outils en ordre, nettoient les cannes et autres outils, de manière que tout soit prêt lorsque le verre est bon à travailler, et le maître ouvrier sur place. Le gamin met alors une canne à chauffer dans l'ouvreau, pendant que le grand garçon écrème le verre; lorsqu'elle est assez chaude, il cueille un premier verre, retire la canne et laisse un peu refroidir le verre, en tenant la canne horizontalement et la tournant sur elle-même plus ou moins rapidement, suivant la fluidité du verre et de manière à ne pas le laisser couler, puis il cueille un second coup de verre, et passe la canne au grand garçon, après avoir rafraîchi la canne en l'arrosant avec l'eau d'un baquet posé à l'extrémité de la place. Le grand garçon achève de cueillir le verre nécessaire à la confection de la bouteille, puis commence à

marbrer et à souffler son cueillage, c'est-à-dire à faire sa *poste*,
le marbre étant sur un support, à l'extrémité de la place et légè-
ment incliné vers lui, il roule la canne en lui donnant la même
inclinaison que celle du marbre, et, plaçant le verre en dehors du
marbre, et tirant en même temps la canne à lui, il tranche ainsi
le verre jusqu'au mors de la canne. Il roule ensuite le verre sur le
marbre, toujours avec la même inclinaison, et commence à souffler, de temps en temps, en tenant la main droite près de l'embouchure de la canne, et la main gauche vers le milieu et remar-
brant dans les intervalles où il ne souffle pas. Quand la poste a
pris déjà un certain développement, le grand garçon, relevant les
bras et continuant à tourner le verre, de manière à ne plus s'appuyer sur le marbre que par la partie inférieure, tire peu à peu
la canne à lui, de manière à laisser couler le verre et à former le
col de la bouteille ; il a alors accompli sa part de la confection
de la bouteille, c'est-à-dire que la paraison est terminée. Il la
porte à l'ouvreau, pose la canne sur le crochet pour la réchauffer,
tournant la canne pour maintenir le verre, et aussitôt qu'il est
arrivé à la température convenable, il remet la canne au maître
ouvrier, qui, appuyant l'extrémité de la paraison sur un autre
marbre, posé à terre devant la place, souffle à petits coups, de
manière à former le fond de la bouteille et la faire arriver à la
dimension propre à être introduite dans le moule. Ce moule est en
laiton, en fer, ou même en terre réfractaire ; il a une hauteur un
peu inférieure à la moitié de la hauteur du corps de la bouteille
(nous ne parlons ici que de l'ancienne fabrication). Au milieu du
fond du moule est une petite saillie circulaire destinée à marquer
le milieu du fond de la bouteille ; l'ouvrier introduit donc la paraison dans le moule, la pousse contre le fond et souffle en tournant sa pièce dans le moule jusqu'à ce que le verre ait rempli la
capacité du moule ; alors il la retire du moule, la retourne de bas
en haut, de manière à faire porter l'embouchure de la canne sur
le marbre posé à terre, et tenant la canne de la main gauche
dans cette position verticale, de sa main droite il enfonce le cul
de la bouteille, soit avec le manche de la palette, soit avec un
crochet spécial ; et comme ce renfoncement du col a pu déformer
le fond de la bouteille, il le roule deux ou trois tours sur le marbre ;
puis, *tranchant* le col par le contact d'un fer mouillé, il détache la
bouteille sur le *cachon* en terre, formé de deux plans inclinés ; puis,

retournant sa bouteille bout pour bout, il la *pontille* avec la
partie du col resté à la canne et posée au fond de la partie
repoussée. La bouteille ainsi empontillée est reportée à l'ouvreau
pour réchauffer le col, et pendant qu'il la chauffe ainsi, en tenant
la canne de la main gauche, de la main droite et avec une cordeline en fer, il prend dans le pot un peu de verre qu'il laisse
couler sur le bord du col, de manière à former une bague à cette
extrémité du col. Quand le verre qui coule ainsi a formé le tour
de ce col, l'ouvrier, éloignant rapidement la cordeline, le fil de fer
s'amincit et se rompt de lui-même; l'ouvrier ayant ainsi posé cette
bague ou cordeline, achève de chauffer le col, puis retirant la
bouteille de l'ouvreau, il s'assied sur son banc, roule de la main
gauche la canne sur les bardelles de ce banc [1], tandis que de
la main droite, il aplatit le bord du col, avec le plat de ses fers, et
donne la dernière forme à son col, en arrondissant intérieurement
le goulot et régularisant la bague ou cordeline en l'embrassant
avec les deux branches des fers. La bouteille est alors terminée;
l'ouvrier donne la canne au gamin, qui va au four à recuisson, où
il détache d'abord la bouteille à l'entrée, en donnant un petit choc
sur le milieu de la canne, puis l'ouvrier [2] du four à recuire range
la bouteille dans ce four. Pendant que la bouteille a été menée
à fin par l'ouvrier, le grand garçon a préparé une paraison qu'il
passe à l'ouvrier, et reprend lui-même une autre canne sur laquelle le gamin a fait un premier cueillage, et ainsi de suite.

Telle était l'ancienne marche de la fabrication de bouteilles.
Nous allons dire à présent les modifications qui ont été introduites dans ce travail. Quelques verreries ont abandonné l'usage
de renfoncer le cul de la bouteille. Cette opération donne à cette
bouteille une apparence de contenance plus grande que la contenance réelle, mais nous devons dire que ce n'est pas là le seul
motif qui a conservé cet usage dans la plupart des verreries;
nous avons dit qu'on était obligé de maintenir le verre à une
très-haute température, pour qu'il ne se décomposât pas ; il faut
dans cet état, le travailler aussi très-rapidement, et comme le
verre est dans un état de grande fluidité, il reste toujours beau-

---

[1] Ce banc, semblable à celui dont se servent les ouvriers de cristal ou de gobeleterie sera décrit au livre V.
[2] Cet ouvrier est désigné sous le nom de *fouet*.

coup de matière vers le fond, et alors, en renfonçant le cul, on amincit toute cette partie de la bouteille, qui, si elle restait aussi épaisse, serait d'une recuisson moins sûre.

On continue donc généralement de repousser le fond de la bouteille; mais on a abandonné cette méthode barbare d'empontiller la bouteille avec la partie du col attenant à la canne. Il restait toujours dans ce fond une partie de verre coupant; dans certaines verreries, on empontille la bouteille avec un pontil plat formé avec du verre cueilli au bout d'un pontil en fer, arrondi et aplati, de manière à couvrir la circonférence du fond de la bouteille, auquel il n'adhère que suffisamment pour former le col et s'en détacher sans laisser de traces, quand on porte la bouteille au four de recuisson.

Dans d'autres verreries, on se sert aussi pour empontiller la bouteille d'un pontil à branches en fer, se rapprochant autour du fond de la bouteille, au moyen d'un anneau, comme un porte-crayon ; mais l'usage qui a prévalu dans la plupart des verreries à bouteilles est de se servir d'un pontil appelé *sabot*, conforme à à la figure 97, qui enveloppe le fond de la bouteille. Naturellement, il y a un sabot pour chaque échantillon de bouteille, et chaque échantillon étant soufflé dans un moule, ce sabot s'adapte exactement au fond de chacun.

Il y a des bouteilles qui, au lieu d'être moulées seulement pour la partie inférieure, sont moulées en totalité; il y a même des verreries où l'on ne fabrique que ces sortes de bouteilles : les bouteilles pour madère, rhum, etc., sont fabriquées, en Angleterre, de cette manière. Le moule est composé de trois pièces : l'une, presque cylindrique, forme la bouteille jusqu'aux trois quarts environ de la hauteur. Le haut du moule s'ouvre en deux parties égales et forme le dôme et le goulot ; ces deux parties

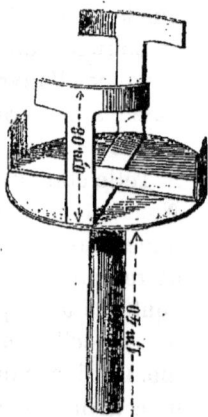

Fig. 97.

sont montées sur deux charnières horizontales liées à la partie inférieure. C'est le grand garçon qui moule la bouteille ; quand il a introduit son verre dans le moule du fond, le gamin, au moyen de deux branches tenant aux deux parties supérieures du moule, rapproche ces parties, et le grand garçon moule toute la bouteille.

On fait même une disposition qui dispense de l'aide du gamin : à cet effet, le moule est fixé sur un plateau, et par une combinaison assez simple de leviers, le grand garçon, quand il a introduit la paraison dans le moule, pose le pied droit sur une pédale qui en se baissant, ferme le moule. Aussitôt que le grand garçon a moulé sa bouteille, en soufflant et tournant la paraison dans le moule, il ôte son pied de la pédale, un contre-poids fait ouvrir les deux parties supérieures du moule, et il retire sa bouteille pour la passer au maître ouvrier qui forme le col et la bague. Quelquefois le moule pour fabriquer la bouteille entière a une disposition différente de celle que nous venons d'indiquer ; il y a toujours une seule pièce pour le fond, jusqu'aux trois quarts environ de la hauteur, mais les deux parties du moule formant le dôme et le col de la bouteille, au lieu d'être montées sur deux charnières horizontales, sont montées sur une seule charnière verticale, et viennent, par conséquent, enfermer la paraison, par un mouvement demi-circulaire horizontal des leviers ajustés sur ces deux parties du moule.

Par ce procédé du moulage entier de la bouteille, j'ai vu dans des fabriques anglaises des places composées du verrier, du grand garçon et du gamin, fabriquer de quatre-vingt-dix à cent bouteilles à madère, par heure. Dans ces mêmes verreries d'Angleterre et d'Ecosse, que je visitai, il y a quarante ans, le verrier, pour former le col et la bague de la bouteille, se servait d'une pince suivant la figure 98.

Les parties A et B, dont le profil intérieur est celui du col extérieur de la bouteille, que chaque verrerie peut faire à sa fantaisie, ont environ 2 centimètres de large ; elles sont légèrement cintrées et ne doivent pas renfermer toute la circonférence du col de la bouteille. La branche C fixée sur le milieu R du ressort de la pincette, est destinée à former l'intérieur du col ; sur cette branche C est fixée en travers une tige *a b*, qui traverse les branches A et B, et qui a deux fiches d'arrêt O O, qui limitent le rapprochement des deux branches A et B, quand elles sont pressées par la main de l'ouvrier. Lorsque l'ouvrier a jeté sa cordeline sur le col et chauffé suffisamment ce col, il retire la bouteille, s'assied, place sa canne sur les *bardelles*, introduit la partie C de la pince, dans le col, et, roulant sa canne sur les bardelles de la main gauche, il suit avec la main droite le mouvement de la bouteille en pressant les lames de la pince, de manière à mouler la cordeline dans les parties A et B. Ces pinces ont été depuis adoptées dans un certain nombre de verreries, en France et en Belgique ; d'autres verreries à bouteilles, imitant ce qui se pratique dans les verreries de gobeleterie et de cristal, chauffent fortement le col de la bouteille, et, par refoulement de la matière, au moyen de la pincette, forment une bague et le bord du goulot suivant le profil particulier à chaque échantillon. Il y a des bouteilles qui portent un *cachet* indiquant, soit la nature du contenu, soit la marque de celui qui veut vendre un liquide spécial : ce cachet se fait exactement comme celui qu'on appose sur une lettre. Lorsque l'ouvrier a terminé son col, le gamin prend au bout de la cordeline un peu de verre qu'il laisse couler sur le dôme de la bouteille, et l'ouvrier presse ce verre avec le cachet en cuivre qui y laisse son empreinte. Les fours à recuire les bouteilles sont de deux sortes ; quelquefois le tisard est au milieu, et de chaque côté de ce tisard sont les deux compartiments où sont placées les bouteilles. D'autres fois, le tisard est à l'une des extrémités : il y a des fours de recuisson dont la capacité est calculée pour contenir tout le travail de la journée ; d'autres qui ne tiennent que la moitié du produit de la journée, et, dans ce cas, on chauffe chaque jour deux fours : moitié des ouvriers fait recuire dans l'un et moitié dans l'autre.

Fig. 98.

L'ouvrier qui arrange les bouteilles dans le four à recuire se nomme *fouet;* il emploie pour son travail une longue tige en fer de 2 centimètres de diamètre, courbée et pointue par le bout, avec laquelle il empile les bouteilles. Cet ouvrier est chargé de mettre le four de recuisson au degré de température convenable, après qu'il a été d'abord chauffé par les fondeurs et tiseurs, de le maintenir pendant le travail à ce degré suffisant pour recuire, et pas assez élevé pour déformer les bouteilles. Quand le travail est terminé, il ôte une partie du combustible du tisard s'il y en a en trop grande quantité, bouche ce tisard et l'entrée par laquelle

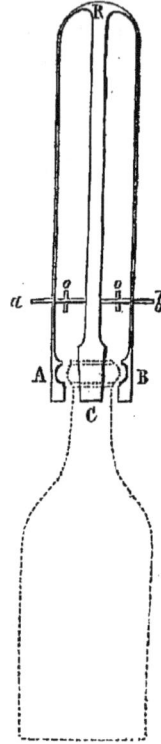

33

on introduit les bouteilles. Quand l'intérieur du four est déjà refroidi, on dégage une partie de l'ouverture, pour faciliter le refroidissement, sans y établir de courant d'air. Quand on est assuré qu'il n'y a plus de danger d'un refroidissement trop subit, on ouvre entièrement la porte, et quand on peut pénétrer dans le four, les ouvriers de magasin le défournent, font les choix et les portent en magasin.

Nous n'avons parlé que des bouteilles de grande fabrication, et qui se font dans les *verreries à bouteilles*. Quant aux diverses bouteilles moulées de formes diverses, elles sont plutôt du ressort de la fabrication de la *flaconnerie*, dont nous n'avons pas ici à nous occuper. Nous dirons seulement quelques mots des bouteilles spécialement fabriquées pour les vins mousseux, qu'on appelle généralement *des champenoises;* nous avons déjà fait observer précédemment que ces bouteilles devant résister à la pression d'un gaz, devaient être fabriquées avec un soin tout particulier. Les fabricants de vins mousseux éprouvent toujours de très-grandes pertes, pendant les premiers temps de la fermentation. Le nombre des bouteilles qui ne peut résister à la pression s'élève de 15 à 20 pour 100, quelquefois même à 30, et quoique l'on prenne des dispositions pour ne pas perdre tout le liquide contenu dans les bouteilles qui éclatent, on conçoit toutefois que cette énorme casse augmente de beaucoup le prix de revient, et que le fabricant de vin ne doit pas hésiter à payer beaucoup plus cher les bouteilles qui donnent une faible proportion de casse. Le fabricant de bouteilles champenoises doit éviter d'employer de fortes proportions de groisils, car le groisil rend le verre sec et cassant; les matières doivent être tamisées avec soin; il doit se guider, pour l'emploi de ces matières, d'après la localité où se trouve son usine. La composition doit être bien fondue, bien affinée; s'il y a des grains, de grands bouillons dans le verre, ce seront autant de causes de rupture; il doit surtout avoir un excellent choix d'ouvriers bouteillers. Les bouteilles champenoises ne sont jamais des bouteilles légères; elles pèsent environ 1 kilogramme, pour une contenance d'environ 75 centilitres; il faut que la matière soit répartie bien également : si le grand garçon laisse trop couler son verre, le fond sera très-épais et l'épaule de la bouteille sera mince, elle ne résistera pas à la pression du gaz. La recuisson est surtout d'une immense importance, car si une bouteille imparfaitement recuite est sujette à se briser quand elle ne contient que des liquides ordinaires, il est clair qu'elle éclatera dès les premiers moments de la fermentation, si elle contient un liquide gazeux. L'ouvrier, après avoir achevé le col de sa bouteille, fera bien de la rentrer dans l'ouvreau pour réchauffer un peu le fond, avant de la faire porter au four de recuisson, qui doit être dirigé avec les plus grands soins.

Les contestations entre les fabricants de vins mousseux et les fabricants de bouteilles ont amené la construction de machines d'épreuves, pour mesurer la résistance des bouteilles. M. Collardeau est le premier qui fit ces machines. Les bonnes bouteilles résistent à une pression de 25 à 30 atmosphères; et l'on conçoit que les marchés de bouteilles puissent être conclus d'après la base de cette épreuve. Bien que l'on n'estime qu'au plus à 10 ou 12 atmosphères la pression exercée par les vins mousseux, on éprouve cependant encore de la casse avec des bouteilles qui ont résisté à une pression dépassant 20 atmosphères, parce que l'épreuve est de courte durée; la bouteille est suspendue et dans des conditions favorables à la résistance; tandis que les bouteilles renfermant les vins sont soumises à une pression prolongée; puis des contacts, des changements de température peuvent, en s'ajoutant à l'effort de la pression, amener la rupture de l'équilibre.

Dans les fabriques de bouteilles champenoises, on fait un certain nombre de demi-bouteilles et des quarts; ces dernières ne sont guère employées que pour l'exportation en Amérique; on fait aussi des bouteilles de double contenance dites *magnum*, et même quelques *doubles magnum;* mais ces fabrications ne portent jamais que sur de faibles quantités.

C'est généralement dans des fabriques de bouteilles que se font les bouteilles de transport dites *bonbonnes* ou *dames-jeannes*, et quelquefois *touries*, d'une contenance d'environ 18 à 20 litres, et qui va quelquefois jusqu'à 100 litres. Mais on a reconnu que ces touries de 100 litres présentaient plus d'inconvénients que d'avantages; elles sont d'un maniement difficile, surtout quand elles sont pleines, et, par conséquent, beaucoup plus exposées à être brisées. Ces monstruosités ne sont donc pour ainsi dire que des tours de force de l'ouvrier souffleur, et des réclames pour les expositions d'industrie, mais ne sont pas pratiques, usuelles.

Les bonbonnes mêmes de 50 litres ne sont que d'une fabrication très-limitée; tandis que celles de 18 à 20 litres sont d'une fabrication courante; il s'en fait en France plusieurs centaines de milliers; elles servent surtout au transport des acides, et aussi pour des spiritueux et autres liquides. Elles sont clissées en osier, afin de les préserver des contacts et des chocs. Ce clissage s'opère dans les verreries mêmes, et les maîtres de verreries qui fabriquent ces dames-jeannes s'occupent même généralement de la culture des oseraies.

Le fabricant de bouteilles qui ne ferait qu'un nombre limité de dames-jeannes n'aurait peut-être pas intérêt à s'occuper lui-même de cette culture, il achèterait l'osier; mais alors le clissage des dames-jeannes lui reviendrait à un prix plus élevé. Il y a dans le nord de la France une verrerie à bouteilles qui fabrique annuellement environ deux cent mille dames-jeannes. Cette verrerie a une plantation de 42 hectares en oseraie, qui produisent annuellement 90,000 kilogrammes d'osier blanc, d'une valeur de 25,000 francs. Lors de la coupe des oseraies, cent cinquante femmes et enfants sont occupés à la coupe et au pelage des osiers verts pour les convertir en osiers blancs, et quarante ouvriers, femmes et enfants sont annuellement employés pour le travail spécial de garniture des dames-jeannes en clisses d'osier. C'est en fabriquant cet article sur une grande échelle, et en concentrant dans l'établissement toutes les opérations, que le fabricant est parvenu à réduire, depuis vingt-cinq à trente ans, le prix de revient de ces dames-jeannes de 2 fr. 50 c. à 1 fr. 25 c.

Nous ne croyons pas utile d'entrer dans le détail de la fabrication des dames-jeannes, qui se font, comme nous l'avons dit, dans les verreries à bouteilles. Ces dames-jeannes ne sont pas empontillées; quand elles ont été soufflées avec la quantité de verre voulu à la dimension et forme qu'elles doivent avoir, ce qui est à peu près celle représentée fig. 99, le gamin cueille avec la cordeline une petite quantité de verre dont l'ouvrier fait un cordon autour du col de la bonbonne, puis il *tranche* ce col un peu au-dessus de la bague ou cordon, et on porte la pièce au four de recuisson. La pièce n'ayant pas été prise au pontil, le bord du col n'est pas rebrûlé, il est inégal et coupant, on se borne à adoucir l'arête à la lime après la recuisson. Si la dame-jeanne est d'une dimension exceptionnelle, 50, 60 litres ou plus, l'ouvrier, pour parvenir plus rapidement à faire atteindre au verre la dimension

Fig. 99.

voulue, prend dans sa bouche de l'eau, ou de l'eau-de-vie en moindre quantité, qu'il insuffle par l'embouchure de sa canne dans le verre déjà soufflé à une certaine dimension ; la volatilisation de l'eau ou de l'alcool par la chaleur du verre opère rapidement son développement. L'ouvrier ne doit user de ce moyen qu'avec prudence, car s'il a insufflé une trop grande quantité de liquide, d'eau-de-vie surtout, l'effet qu'il veut obtenir est dépassé, le verre est soufflé au delà de ce qu'il voulait, et quelquefois même jusqu'à éclater.

Enfin, nous avons à parler d'un article qui se fabrique aussi dans les verreries à bouteilles : ce sont les *cloches de jardin*. Dans les verreries où l'on fabrique ces cloches, il y a une ou deux *places de coin* consacrées à ce travail. On enfourne dans ce pot ou ces pots

de coin une composition d'un verre plus blanc que pour les bouteilles, de la composition comme pour un verre à vitre commun,
soit, par exemple :

Sable commun...................................   100
Sulfate de soude (des fabriques d'acide nitrique).......   35
Craie ou marne..................................   50
Groisils...

Si on n'a pas de marne à sa disposition, on peut mettre moitié
chaux ou craie, moitié argile.

Comme pour les bouteilles, la *place* se compose d'un ouvrier,
d'un grand garçon et d'un gamin. Le gamin cueille le premier
et le second verre, le grand garçon achève le cueillage et fait la
paraison ; quand cette paraison à atteint le développement voulu
pour le dôme de la cloche, il passe la canne à l'ouvrier ; alors, si
la cloche doit avoir un bouton, le gamin cueille avec la cordeline
une petite quantité de verre que l'ouvrier fixe sur le milieu du
dôme de la cloche, puis détache le verre de la cordeline ; il arrondit sur son banc le bouton, et prend ensuite la cloche au pontil ;
mais l'addition de ce bouton, qui donne à la vérité une facilité
pour le maniement de la cloche, en augmente la main-d'œuvre et
la rend plus fragile, d'une recuisson plus chanceuse ; généralement on n'ajoute donc pas ce bouton. Quand le grand garçon
a passé la paraison à l'ouvrier, celui-ci pose la canne sur son banc,
le gamin approche son pontil dans une position horizontale. Ce
pontil est une tige de fer de 1m,30 environ, à l'extrémité de laquelle il y a un peu de verre assez chaud pour se coller contre
le dôme de la cloche ; l'ouvrier, avec ses fers dans la main droite,
fixe le pontil au point central du dôme de la cloche, et quand la
soudure est formée, il tranche le verre de la paraison près du col.
Le gamin doit suivre le mouvement de l'ouvrier, et quand l'ouvrier
a détaché la paraison de la canne, il doit tourner le pontil sur lui-
même de manière à maintenir la paraison suivant l'axe du pontil ; l'ouvrier prend alors le pontil et porte la cloche à l'ouvreau
pour chauffer la partie qui sera le bord de la cloche et la rendre
malléable. Quand elle est suffisamment chauffée, il la sort de
l'ouvreau, pose le pontil sur les bardelles de son banc, et le faisant rouler le long de ces bardelles de la main gauche, il ouvre
et développe le bord de la cloche avec ses fers qu'il tient dans la

main droite, pour l'amener à la dimension et à la forme requises.
Il faut généralement qu'il porte la cloche deux fois à l'ouvreau
pour arriver à sa terminaison. Quand la cloche est terminée, l'ouvrier tranche avec ses fers près du pontil, et détache sur une palette en bois la cloche que le gamin porte au four de recuisson.

COMPTABILITÉ.

Nous prenons pour base de la comptabilité la production d'un
four à huit pots, de 1,000 kilogrammes chacun de composition.
Nous avons dit que ces 1,000 kilogrammes de composition enfournée, pour chaque pot, produisaient six cents bouteilles de
1 kilogramme; la production est même de six cent quinze à six
cent vingt, en y comprenant quinze à vingt bouteilles de rebut,
dont la façon n'est pas payée à l'ouvrier, et qui servent parfois à
payer les charrées aux blanchisseurs, ou les cendres. Nous allons
analyser chaque nature de dépense, ainsi que nous l'avons fait
dans les livres précédents. Nous ne croyons pas utile de faire le
calcul des compositions qui étaient autrefois employées; nous
prendrons pour exemple la composition que nous avons indiquée
comme étant la moyenne actuelle des verreries à bouteilles, soit :

Sable de rivière..........	100 kilogr., à 50 centimes...	0 fr. 50 c.	
Carbonate de chaux.......	10 — à 1 fr. 20 c.....	» 12	
Marne calcaire..........	10 — à 1 franc.......	» 10	
Sulfate mélangé de chlorure de sodium............	10 — à 10 francs.....	1 »	
Groisil de fabrication......	50 —		
Total...............	180 kilogr.	Total..... 1 fr. 72 c.	

Soit 96 centimes les 100 kilogrammes.

Chaque pot de 1,000 kilogrammes coûte donc 9 fr. 60 c.; et
produit six cents bouteilles de 1 kilogrammes ou sept cent cinquante bouteilles de 750 grammes; d'où on conclut que cent bouteilles fortes coûtent, pour la matière première, 1 fr. 60 c.; et
cent bouteilles de 750 grammes coûtent 1 fr. 28 c., non compris
les frais de main-d'œuvre, de composition et de frittage.

Combustible. — Nous avons dit que la fonte et le travail du four
à huit pots, de six cents bouteilles fortes chacun, consommaient

onze tonnes de charbon, nous porterons ce charbon à 16 francs la tonne, attendu que nous n'estimons pas qu'une verrerie à bouteille puisse se placer avantageusement dans une localité où la houille revient à plus de 16 francs la tonne[1]. La dépense de combustible est donc de 176 francs pour six mille bouteilles fortes, soit 2 fr. 94 c. par cent de bouteilles de 1 kilogramme.

Fours et pots. — Nous estimerons une durée moyenne de vingt-cinq fontes pour les pots; chaque pot, d'après les bases établies dans les livres précédents, devant coûter environ 55 francs, coûte en conséquence 2 fr. 20 c. pour chaque fonte.. 2 fr. 20 c.
Le four peut coûter journellement en construction et réparation 6 fr. 40 c., soit par chaque place. 0   80

Pour six cents bouteilles, four et pots. . . . . . . 3 fr. » c.
Soit 50 centimes par cent bouteilles de 1 kilogramme.

Main-d'œuvre. — On paye aux ouvriers bouteillers :

Pour cent bouteilles.................................... 2 fr. 50 c.
Sur ces 2 fr. 50 c., l'ouvrier garde............. 1 fr. 50 c.
Il y a pour le grand garçon.................. 60
Pour le gamin............................. 40
L'équipe de fonte est payée par cent bouteilles[2]........... 1   »
Les magasiniers et porteurs coûtent par jour 24 francs pour
  six mille bouteilles, soit pour cent.................. »   40
                         Total.................................. 3 fr. 90 c.

Frais généraux. — La dépense par jour est de :

Chevaux et voitures.............. 30 francs.
Pour le forgeron et dépense de fer. 18 —
Divers manœuvres.............. 7 —
Frais de bureaux.............. 20 —
Frais de gestion.............. 30 —
                         Total.............. 105 francs.

Soit par cent bouteilles, 1 fr. 75 c.

---

[1] A moins que, par une fabrication assurée d'une certaine quantité de bouteilles spéciales, cette verrerie ne puisse avoir une compensation dans le prix de ces bouteilles à un prix plus élevé du combustible.

[2] Cette main-d'œuvre comprend quatorze hommes occupés à piler, tamiser, mêler, monter au four les mélanges, fritter dans les arches, enfourner dans les creusets, fondre et tiser; toute cette main-d'œuvre coûte 60 francs par jour pour six mille bouteilles, soit 1 franc par cent.

Résumant les dépenses, nous avons :

Pour matières de composition par cent de bouteilles..... 1 fr. 60 c.
Combustible................................. 2 94.
Fours et pots.............................. » 50
Main-d'œuvre............................... 3 90
Frais généraux............................. 1 75

Total du prix de revient des cent bouteilles......... 10 fr. 69 c.
pesant chacune 1 kilogramme, soit bouteilles fortes, à quoi il
faut ajouter pour loyer de l'usine, intérêt du capital, 60 francs
par jour, soit 1 franc les cent bouteilles.................. 1 »

Total.............................. 11 fr. 69 c.

Soit 11 fr. 70 c.

Si nous voulons estimer le prix de revient des bouteilles champenoises, nous devrons, en raison d'un meilleur choix des matières
premières, porter pour le prix de la composition de :

Cent bouteilles................................. 2 fr. 70 c.
Nous devrons compter 200 kilogrammes de houille, et,
comme les verreries qui fabriquent ces bouteilles sont plus à
la portée des fabricants de vins mousseux, nous compterons le
charbon à 25 francs la tonne, ci.................. 5 »
Fours et pots................................... » 50
La main-d'œuvre du verrier est de beaucoup plus élevée ;
on ne peut l'estimer moindre que   2 fr. 50 c. pour l'ouvrier.
                                    1 20   pour le grand   } 4 45
                                            gamin.....
                               »   75   pour le gamin.)
Main-d'œuvre de fonte............................. 1 25
Magasins, porteurs, etc.......................... » 50
Frais généraux................................... 1 75

Les cent bouteilles coûtent.......................... 16 fr. 15 c.
Il faut ajouter pour intérêts du capital, loyer, etc........ 1 75

Total.............................. 17 fr. 90 c.

Nous avons porté un intérêt de capital plus élevé, parce que
les fabricants de champenoises doivent avoir un plus grand approvisionnement de bouteilles, à cause de l'inégalité de consommation des fabricants de vins, selon les années plus ou moins
productives.

Dans le prix de revient de 11 fr. 70 c. par cent de bouteilles fortes, modèle ordinaire :

Les matières premières entrent pour.........	13,7	pour 100
Le combustible pour.......................	25,1	—
Les fours et pots pour....................	4,5	—
La main-d'œuvre pour.....................	33,5	—
Les frais généraux pour...................	15	—
Loyers des immeubles et capitaux...........	8,6	—
Total.,......................	100	

D'après cette base, on peut calculer les différences qui auront lieu dans les prix de revient par le fait de diminutions ou augmentations dans les prix du combustible, des matières premières ou de la main-d'œuvre. Les verreries à bouteilles en France se trouvant généralement près des mines de houilles, nous pensons que le prix de revient ne diffère pas beaucoup du prix de revient en Belgique.

Parmi les progrès que l'on pourrait désirer introduire dans la fabrication des bouteilles, nous citerons la recuisson qui se fait, comme nous l'avons dit, dans des arches dans lesquelles on empile les bouteilles, et que l'on bouche lorsque le travail est terminé. On a fait peu d'essais pour remplacer ces arches de recuisson par une seule *arche à tirer*, dans laquelle on placerait les bouteilles sur des chariots, comme cela se fait pour la recuisson de la gobeleterie, ainsi que nous le verrons dans le livre suivant. Nous convenons qu'on risquerait fort d'avoir ainsi des bouteilles assez mal recuites ; car, si on empile dans les chariots les bouteilles couchées en long, la recuisson sera inégale pour les bouteilles supérieures et celles qui auront été posées au fond du chariot ; si on pose les bouteilles sur leur fond, ce fond, généralement très-épais, ne sera pas dans les conditions d'une bonne recuisson. Nous croyons qu'il y aurait possibilité de recuire les bouteilles sur des chariots dans une arche à tirer, en plaçant le fond des bouteilles en haut ; à cet effet, le chariot de tôle serait garni d'un double treillis en fil de fer ou de laiton, dans lequel on introduirait la bouteille par le col : le treillis inférieur retiendrait le col, qui ne reposerait pas sur le fond du chariot ; le treillis supérieur serait un carré un peu plus grand que le diamètre de la bouteille, qui serait ainsi maintenue en position verticale le col en bas. Cette position serait extrêmement favorable à une bonne recuisson; la bouteille marcherait ainsi suspendue de l'entrée de l'arche chauffée à l'autre extrémité, où elle arriverait recuite.

Nous avons dit, en commençant ce livre IV, que la fabrication des bouteilles en France s'élevait au chiffre considérable de cent à cent quinze millions, représentant 15 à 18 millions de francs; elle est le résultat de la production de vins fins, de l'exportation considérable de vins de Bordeaux, de Bourgogne et surtout des vins mousseux; ces derniers seuls sont estimés employer vingt-cinq à trente millions de bouteilles, tant pour la consommation intérieure que pour l'exportation.

La Belgique, d'après les statistiques de la commission de l'Exposition de 1867, produit environ dix millions de bouteilles, d'une valeur ne dépassant guère 1 million.

En Angleterre, il y a un assez grand nombre de fabriques de bouteilles assez importantes. La grande consommation des vins de Porto, de Xérès et des bières en bouteille, donne lieu à cette production que nous croyons être au moins quadruple de celle de la Belgique; l'Angleterre n'ayant pas, comme la Belgique et la France, des verreries fabriquant des produits intermédiaires entre le cristal et la bouteille, c'est-à-dire la gobeleterie ordinaire, c'est dans les verreries à bouteilles que se font généralement toutes les fioles, flacons de tous modèles employés dans les parfumeries et pharmacies.

LIVRE V.

CRISTAL.

HISTORIQUE.

Nous traiterons, dans ce livre V, du verre appliqué aux divers usages mobiliers, c'est-à-dire aux services de table, de toilette ; ornements de cheminée, d'étagères ; articles d'éclairage, de pharmacie, de parfumerie, de laboratoire ; verres de montre ; enfin tous les verres autres que le verre à vitre, les glaces et les bouteilles, dont nous avons parlé aux livres II, III et IV. Nous aurons donc à entrer dans les détails de la fabrication des verres ou cristaux blancs soufflés, moulés par le souffle ou par la presse, taillés ou gravés, des cristaux de couleurs variées, des verres filigranés, *millefiori*, des imitations de perles, etc., et nous devons dire, dès le principe, que si nous avons, à beaucoup d'égards, à constater de grands progrès, nous ne devons pas dissimuler notre infériorité vis-à-vis de certains produits de nos devanciers. Parmi les échantillons provenant des fouilles faites en Égypte, en Italie et surtout à Herculanum et Pompéi, nous trouvons des verres soufflés, moulés, gravés, des mosaïques, des vases à camées qui sont de réels chefs-d'œuvre, non-seulement au point de vue de l'art, mais aussi au point de vue de l'industrie du verrier. Nous avons dit, dans notre Introduction historique, que l'art de la verrerie paraissait s'être transmis par tradition non interrompue des anciennes verreries romaines à Venise, où il se sera sans doute réfugié lors des invasions des barbares ; ce qui est incontestable, c'est que les produits de ces antiques verreries ont servi de modèles aux Vénitiens, et s'ils ne les ont pas égalés dans la production de cer-

tains vases à combinaison de filigranes et de fleurs rubanées,
dans ces petites urnes à fond bleu ou blanc à festons de couleur,
qui ont été surtout fabriquées à Alexandrie, ils les ont surpassés
dans la production des verres blancs unis ou avec filigranes opaques dont la légèreté et la grâce des formes sont restées des modèles.

L'ère moderne, et surtout le dix-neuvième siècle, ont amené de
grands progrès dans la qualité de la matière. Le cristal que l'on
fait aujourd'hui est de beaucoup supérieur, pour la blancheur et
l'éclat, à tous les verres de toutes les époques passées ; mais,
toutefois, nous ne saurions trop engager nos fabricants de verres
et cristaux et même les ouvriers verriers à visiter et observer avec
soin les verres des collections particulières et des musées. Ils
puiseront, sans aucun doute, des instructions de plus d'un genre.
En ce qui me concerne, les verres antiques de la Bibliothèque
impériale, du musée Campana, du musée Britannique, du musée
du Louvre, et les verres des anciennes verreries de Venise, m'ont
toujours pénétré d'une vive admiration. Je ne croirai pas devoir
parler ici en détail de ces verres, parce que c'est à l'état de la
fabrication actuelle que cet ouvrage est consacré, mais je ne re-
nonce pas à l'espérance de faire connaître mes observations artis-
tiques et industrielles sur ces merveilles verrières de l'antiquité
et du moyen âge.

Venise a été le berceau de toutes les verreries qui se sont
établies dans les autres États modernes, et c'est en Bohême que
ces verreries arrivèrent aux plus beaux résultats, sous le rapport
de la blancheur ; la belle qualité de son quartz, de sa potasse
obtenue par la combustion du bois de ses forêts, produisit un
verre plus blanc que celui des autres contrées, et donna à ses
produits en *cristal* une réputation qui ne devait être éclipsée plus
tard que par la production du *cristal à base de plomb.*

Le mot *cristal*, en nomenclature de verrerie, s'appliquait autrefois au verre blanc préparé avec le plus grand soin, pour la fabrication des beaux services de table, des lustres et autres objets
de luxe ; cette dénomination lui venait de ce que le fabricant
admettait comme beau idéal, comme type de son produit, le
cristal de roche. Depuis que la beauté, c'est-à-dire la transparence
incolore et le brillant de l'ancien verre silico-alcalin (silicate de
potasse et de chaux) ont été surpassés dans la fabrication du verre

à base de plomb (silicate de potasse et de plomb), on a réservé en France, dans la fabrication et le commerce du verre, le mot *cristal* exclusivement à ce dernier produit, et le verre silico-alcalin, même le plus beau, est désigné sous le nom de *verre blanc*. On a continué, en Allemagne, à donner le nom de *cristal* au verre le plus blanc, se rapprochant le plus de la beauté du cristal de roche. En Angleterre, on donnait et on donne encore aujourd'hui au verre blanc le nom de *flint-glass*, parce que, dans le principe, on fit le verre blanc avec le sable provenant du *flint* (silex) ; la première fabrique de *flint-glass*, en Angleterre, fut établie en 1557, à *Savoy-House*, dans le *Strand*, mais de ce qu'aujourd'hui on ne fabrique pas d'autre *flint-glass* en Angleterre que celui à base de plomb et potasse, il ne faudrait pas en conclure que, dès 1557, c'était cette espèce de verre que l'on y fabriquait. Près d'un siècle plus tard, sir Robert Mansell, qui, en 1635, obtint le privilége de la fabrication du *flint-glass* en considération d'avoir été le premier à employer la houille au lieu du bois dans la fonte du verre, ne fabriquait encore qu'à pots découverts, comme sur le continent, du verre composé de silice d'alcali et de chaux. L'importation en Angleterre, à cette époque, des verres à boire de Venise ne serait pas une preuve suffisante de notre assertion; nous en trouvons une bien plus convaincante dans un auteur anglais, le docteur Merret, qui au commencement du règne de Charles II, dans des annotations qu'il a faites sur l'*Art de la verrerie* du Florentin Neri, s'exprime ainsi :

« Parmi nous, en Angleterre, nous faisons usage de plusieurs sortes de *frittes* : la première est la fritte du *flint-glass*, elle est composée de *sel de roquette* et de *sable* ; la seconde est la fritte ordinaire, etc. » Ce *flint-glass* était donc simplement un silicate alcalin. Un autre passage du docteur Merret est encore plus concluant ; dans un chapitre où il est question du verre à base de plomb dont on se servait sur le continent pour l'imitation de quelques pierres précieuses, il ajoute : « Le verre de plomb n'est point en usage dans nos verreries d'Angleterre, à cause de sa trop grande fragilité... Si cette espèce de verre avait la même solidité que le verre cristallin, il serait supérieur à tous les autres, à cause de la *beauté de sa couleur*... »

Ainsi, point de doute, au commencement du règne de Charles II, c'est-à-dire vers 1665, on ne fabriquait pas encore, en Angleterre, de *flint-glass* de la même nature que celui d'aujourd'hui. En 1635, ainsi que nous l'avons dit, on avait commencé à employer la houille pour la fusion du verre blanc, mais on dut bientôt s'apercevoir que ce verre était plus coloré que celui qu'on avait précédemment fondu avec du bois ; l'effet de cette coloration dut donc être attribué à la houille, et les verriers durent chercher à combattre cette influence colorante, et c'est ainsi qu'ils arrivèrent à soustraire la matière en fusion au contact de la fumée de la houille, en couvrant le creuset d'un dôme, qui donnait à ce creuset la forme d'une sorte de cornue à col court. Mais en protégeant ainsi la matière en fusion, on s'aperçut aussitôt que cette matière ne subissait plus une température aussi élevée ; il fallait prolonger la fonte, augmenter la dose du *fondant*, l'alcali : il en résultait une autre cause de coloration et un verre d'une moindre qualité. C'est ainsi qu'on fut amené à ajouter, au lieu d'alcali, un fondant métallique, l'*oxyde de plomb*, dont la quantité ne fut limitée que par le point où il aurait produit un commencement de coloration jaune, et non-seulement on obvia ainsi aux inconvénients de la houille et du pot couvert, mais on fut amené à fabriquer le verre le plus parfait, le plus blanc, le plus brillant qui eût jamais été produit, auquel le cristal de Bohême le plus beau ne peut être comparé, qui fait pâlir le cristal de roche (qui ne lui est supérieur que par la dureté, mais qui n'est pas doué de son éclat), qui ne le cède enfin qu'au pur diamant seul. Ce fut sans doute vers la fin du dix-septième siècle que ce verre fut régulièrement fabriqué ; car, vers 1750, quand le célèbre opticien Dollind faisait ses premières expériences sur l'achromatisme, le *flint-glass* à base de plomb semblait être d'un usage courant pour les services de table, etc. ; ajoutons toutefois que le *flint-glass* à base de plomb fut encore longtemps avant d'acquérir le degré de perfection qu'il a atteint de nos jours, car, dans tout le cours du dix-huitième siècle, les fabricants anglais étaient obligés de réclamer des droits protecteurs assez élevés sur les verres de Venise et de Bohême, qui étaient encore considérés comme supérieurs, sous certains rapports, aux cristaux anglais.

Sur le continent où l'on continuait l'usage du bois, il n'y avait pas les mêmes causes pour adopter ce nouveau genre de fabrication. On continua donc à faire, en France, du cristal silico-alcalin ; ce ne fut qu'en 1784 qu'un verrier français, M. Lambert, résolut d'introduire en France cette fabrication, et fit bâtir, à cet effet, à Saint-Cloud, près Paris, un petit four à cristal, d'après les procédés anglais à pots couverts ; cette manufacture fut peu d'années après transportée à Montcenis, près d'Autun, où s'établissaient alors les fameuses usines du Creusot, et qui offrait sur Saint-Cloud le grand avantage de la houille à bon marché. Cette cristallerie de Montcenis ou du Creusot s'appellait alors la *verrerie de la Reine ;* elle a fabriqué du cristal jusqu'en 1827, époque à laquelle elle fut achetée *pour être éteinte*, par les propriétaires de deux autres cristalleries.

Une autre verrerie, Münstahl ou Saint-Louis, près de Bitche (Moselle), avait aussi commencé à fabriquer, vers 1790, du cristal à base de plomb, mais fondu au bois et à pots ouverts. Cette fabrique a pris, depuis une quarantaine d'années, un grand développement, et ne le cède en importance qu'à la cristallerie de Baccarat. Cette dernière avait été achetée, en 1816, par M. d'Artigues, qui après avoir, pendant quelques années, exploité comme locataire la verrerie de Saint-Louis, où il avait fabriqué le *verre en table* et du *cristal*, avait fondé, vers 1800, une grande cristallerie à Vonèche, près de Givet. Cet établissement s'étant trouvé, par le traité de 1815, en dehors du territoire français, M. d'Artigues obtint de faire entrer pendant trois ans ses cristaux en France, avec exemption de droits d'entrée, à la condition de fonder dans le même intervalle une cristallerie en France. C'est en vertu de cette convention que M. d'Artigues acheta la verrerie alors connue sous le nom de *verrerie Sainte-Anne*, à Baccarat, où l'on n'avait fait jusqu'alors que du verre à vitre et de la gobleterie ordinaire, et y établit une cristallerie qui, achetée en 1823, par MM. Godard et Cᵉ, est devenue, sous l'administration et la direction successives de MM. Godard, Toussaint, de Fontenay, Michaut, l'établissement de ce genre le plus important du monde. D'autres cristalleries se sont établies depuis une quarantaine d'années en France et aussi en Belgique, où le nom de *cristal* a été, comme en France, exclusivement réservé aux verres contenant une proportion d'oxyde de plomb, qui est généralement le tiers du poids total.

Quant à l'Allemagne, elle s'est renfermée, jusqu'à présent, dans la fabrication du silicate de potasse et de chaux ; aucune verrerie n'y fabrique le silicate de potasse et de plomb. Le cristal présente ce grand avantage sur le verre, qu'on le fond avec une très-faible dose d'alcali, qui est suppléé par l'oxyde de plomb. Le verre, pour être d'une bonne qualité, doit être fondu à une très-haute température, parce qu'il a d'autant moins de qualité qu'il contient plus d'alcali : le cristal, au contraire, est d'une pâte assez tendre, sans que cela nuise à sa solidité ; il est toujours brillant et net ; en outre, il est moins fragile que le verre, étant d'une nature moins rigide et moins aigre ; il est plus facile à travailler, tant à chaud qu'à froid : à chaud, il se refroidit moins vite, peut se modeler plus longtemps, se couper plus aisément, ce qui lui permet de mieux obéir à la main de l'ouvrier ; à froid, il se cisèle, se taille et se polit plus facilement ; enfin, le son argentin qu'il rend quand on le frappe est encore une de ses qualités distinctives.

Bien que la fabrication du cristal soit, comme nous venons de le montrer, de date assez récente, c'est cependant de cette fabrication, qui est de beaucoup la plus variée, que nous nous occuperons plus spécialement ; la plupart des détails dans lesquels nous entrerons pourront d'ailleurs s'appliquer à la fabrication du verre, pour laquelle nous n'ajouterons que quelques indications complémentaires assez restreintes.

Comme dans les livres précédents, nous commencerons par donner les instructions relatives à la composition du cristal blanc et des cristaux de couleur ; nous parlerons ensuite de la fonte, puis viendra le *Travail du cristal* qui comprendra :

Les cristaux soufflés sans moules et dans des moules ;

Les cristaux moulés à la presse ;

Les cristaux de couleur monochromes, doublés, triplés... ;

Les verres filigranés, *millefiori*, mosaïques.

Étant ainsi entré dans tous les détails des opérations qui s'accomplissent au four à cristal, il ne nous restera plus qu'à parler des ateliers de taille et de gravure, qui forment un appendice indispensable et inséparable d'une cristallerie.

Nous nous bornerons à ajouter quelques notes sur le verre silico-alcalin des fabriques de gobeleterie, et sur le verre de Bohême en particulier, et nous terminerons cette longue revue du travail par la description d'une fabrication spéciale extrêmement intéressante, celle des *verres de montre*.

Nous aurons ainsi épuisé tout ce qui est relatif à la fabrication que nous voulions décrire dans ce livre V. Il nous restera à traiter un point que nous regardons comme le plus important, la question du prix de revient, celui que nous croyons devoir être consulté avec le plus d'intérêt dans l'avenir par les verriers qui voudront se rendre compte de l'état de la fabrication du cristal à notre époque. Nous entrerons à ce sujet dans des détails qui, nous l'espérons, ne seront pas considérés comme trop minutieux par nos successeurs, pour qui, je l'avouerai, j'ai principalement entrepris ce travail, qui aura alors une valeur statistique supérieure à sa valeur industrielle.

COMPOSITION.

Le cristal est composé dans toutes les verreries, à quelques légères différences près, de :

> 100 parties en poids de silice ;
> 66 parties 2/3 de sesquioxyde de plomb ou minium ;
> 33 parties 1/3 de carbonate de potasse ;

c'est-à-dire que les proportions sont :

> 1 partie de carbonate de potasse ;
> 2 — de minium ;
> 3 — de silice ;

on ajoute ordinairement une petite dose d'oxyde de manganèse ; quelquefois on remplace une partie du carbonate de potasse par du salpêtre raffiné ou azotate de potasse ; mais ce qui constitue réellement le cristal, c'est la proportion 1, 2, 3 des matières que nous avons indiquées, les seules que l'on retrouve généralement par l'analyse chimique, qui indique comme moyenne de la composition du cristal :

> Silice........................ 53,5
> Oxyde de plomb............ 35,5
> Potasse.................... 11,0
> Total.............. 100,0

en faisant abstraction de très-petites quantités d'alumine, et de traces de métaux qui peuvent être signalées par une analyse très-soignée.

Nous allons donc entrer dans quelques détails sur le choix et la préparation de ces trois matières ; silice, minium, carbonate de potasse.

De la *silice* nous avons évidemment peu à dire, après les observations que nous avons faites aux livres I, II et III. Il est évident que le cristal étant de tous les verres celui auquel on veut donner la plus belle transparence, la plus grande incoloration, on doit faire choix de la silice la plus pure que l'on puisse trouver. En France, on emploie principalement les sables de Fontainebleau ou de Nemours, et les sables des environs d'Épernay, en Champagne. Ces sables, quoique déjà assez purs, sont encore lavés à grande eau dans de grandes bâches en bois, munies de trous d'écoulement à plusieurs hauteurs ; après avoir agité le sable avec un râble en bois, on ouvre l'un des déversoirs, et l'eau entraîne les parties les plus légères, qui sont des parcelles de détritus végétal et quelques calcaires. On emploie quelquefois, au lieu de bâches, un plan légèrement incliné en bois, le long de la partie supérieure duquel arrive un cours d'eau qui lave le sable posé sur le plan incliné, et dont on modère l'écoulement au moyen d'un large râble en bois que l'on promène sur les diverses parties du plan incliné ; l'eau entraîne ainsi d'abord les parties les plus légères, les plus ténues, où se trouvent principalement les impuretés.

Le sable lavé est ensuite séché soit dans des fours à reverbères, soit dans de grandes chambres en briques, dans lesquelles on fait passer un courant d'air chaud.

En Angleterre, le sable le plus généralement employé dans les cristalleries était extrait de l'île de Wight. Il est bien inférieur au sable de Fontainebleau ou de Senlis ; aussi, depuis quelques années, la plupart des fabricants anglais font venir des sables de France ; quelques-uns même tirent des États-Unis d'Amérique un sable plus dispendieux, mais aussi plus pur encore que le sable de Fontainebleau.

Les verreries de Bohême sont singulièrement favorisées sous ce rapport ; leur silice provient de l'*étonnement* [1], et pulvérisation du quartz hyalin. Ceux des fragments de quartz qui paraissent à l'œil exempts de matières métalliques, sont payés par les verreries en moyenne de 50 à 60 centimes les 100 kilogrammes. Ces fragments

[1] Opération dont nous avons donné la description au livre Ier, p. 49.

sont triés ; ceux qui sont formés de quartz enfumé dit *topazkies*, sont mis de côté comme plus purs et réservés pour la fabrication des verres fins. On estime qu'un stère de bois de pin est consommé pour l'étonnement de 1,500 kilogrammes de quartz.

Potasse. — Nous avons indiqué au livre Ier les diverses provenances des potasses employées dans les verreries, et la manière de les préparer. Depuis que nous avons écrit ce livre Ier, la potasse indigène provenant de la combustion des résidus de raffineries des départements du Nord a conquis une part plus importante de la consommation des cristalleries. Quelle que soit leur provenance, les potasses employées par le fabricant de cristaux doivent être amenées à l'état de carbonate de potasse le plus pur possible ; elles ne doivent contenir ni matières organiques qui ne manqueraient pas de réduire une portion de l'oxyde de plomb, ni sulfate de potasse, ni chlorure qui ne sont que nuisibles à la fusion sans y contribuer. Il faudrait aussi rejeter de l'emploi pour le cristal des potasses qui contiendraient du fer ou autre métal, ou préalablement les en séparer, car si nous avons vu que moins d'un millième de fer nuisait essentiellement à la fabrication des glaces, à plus forte raison l'effet de ce métal doit-il être évité quand il s'agit de cristal. Nous regardons donc comme important pour le fabricant de cristal d'analyser souvent le carbonate de potasse qu'il emploie, non-seulement pour s'assurer de sa pureté, mais aussi pour constater son degré alcalimétrique, qui peut varier suivant la quantité d'eau qu'il peut contenir, et de manière à avoir toujours des compositions identiques.

Nous devons dire que la plupart des fabricants français ont, depuis un certain nombre d'années, ajouté à leur composition une certaine proportion de carbonate de soude pur en remplacement du carbonate de potasse ; ainsi au lieu de :

Sable................................	100	parties.
Minium.............................	66,66	—
Carbonate de potasse...............	33,33	—

ils ont pris :

Sable................................	100	parties.
Minium.............................	66,66	—
Carbonate de potasse...............	24	—
Carbonate de soude.................	8	—

Certains avantages résultent sans doute de cette substitution :
1° le carbonate de soude pur, obtenu même par la dessiccation
des cristaux de soude (carbonate de soude cristallisé), est moins
cher que le carbonate de potasse ; 2° le carbonate de soude est
un fondant plus actif que le carbonate de potasse, il peut donc
abréger le temps de fonte ; 3° le carbonate de soude, ainsi que
nous l'avons déjà remarqué, produit un verre plus coulant. Nous
comprenons donc cette substitution ; mais, d'autre part, nous
sommes persuadé que ces avantages sont aux dépens de la beauté
du produit ; le silicate de soude est notablement moins blanc que
le silicate de potasse. La différence de nuance (en n'employant surtout qu'une faible proportion de carbonate de soude) peut bien ne
pas être saisie dans beaucoup de cristaux minces, mais elle existe,
et dans les pièces d'une forte dimension, dans celles surtout qui
doivent se faire remarquer par leur blancheur et leur éclat, je ne
conseillerais pas de l'employer.

Minium. — Le minium est l'élément qui constitue le cristal, et
c'est en même temps celui d'où résulte essentiellement le plus ou
moins de beauté du produit. Il est bien rare qu'un plomb soit
obtenu chimiquement exempt de tout autre métal étranger, et
quand on songe que des dix millièmes d'oxydes apportent dans le
cristal une coloration sensible, on conçoit combien la qualité de
cette matière première est importante. Un fabricant de cristaux
qui ne fabrique pas lui-même son minium, s'expose à une foule
d'irrégularités dans sa fabrication, s'il ne fait pas continuellement des essais des miniums qui lui sont livrés.

Le verrier qui fabrique son minium et qui achète une forte partie
de plomb d'une marque qu'il a déjà expérimentée, devra mettre
à part les derniers massicots obtenus, dans lesquels se trouve la
plus notable partie des oxydes étrangers à l'oxyde de plomb ; il
fera avec ces massicots des miniums qu'il livrera au commerce
pour la fabrication des poteries, faïences et autres usages, ou
bien il les emploiera dans les cristaux de couleur. Après avoir
éprouvé le minium des premiers massicots, il saura à quoi s'en
tenir sur la qualité, sur les corrections qu'il devra lui faire subir,
si cela est nécessaire, et il procédera ensuite avec sûreté dans
sa fabrication, tant que durera cette partie. Le cuivre est le
métal qui se trouve le plus souvent allié au plomb, en bien petite proportion, à la vérité, mais toujours néanmoins trop forte

pour obtenir un beau cristal, car la teinte d'un azur légèrement verdâtre qu'il produit, ne peut être corrigée par aucune addition d'autre oxyde.

Il y a des plombs auxquels se trouve alliée une très-faible proportion de manganèse ; ces plombs sont très-précieux pour le fabricant de cristal, car ils produisent une légère teinte d'un pourpre rosé singulièrement favorable à l'éclat du cristal. En employant le minium de ce plomb à la dose seulement d'un huitième ou d'un dixième du poids total du minium, on obtient un excellent résultat, et, nous devons le remarquer, ce résultat est obtenu ainsi d'une façon plus certaine, plus fixe que si au minium on avait ajouté une quantité d'oxyde de manganèse équivalente à celle contenue dans le plomb. Nous avons eu occasion de remarquer précédemment que le manganèse employé pour détruire la coloration du verre n'avait pas un effet très-fixe, que sa coloration, légèrement violacée sur les parties supérieures de la potée, diminuait d'intensité à mesure qu'on s'approchait des couches inférieures, et que cette même teinte violacée tournait quelquefois dans l'arche de recuisson vers le jaune pelure d'oignon. Il n'en est pas de même quand un plomb contient une petite proportion de manganèse ; la coloration que produit ce dernier est alors fixe, la même dans tout le cours du travail du creuset et ne s'altère nullement dans la recuisson ; c'est un fait que les fabricants mettent à profit. Nous n'essayerons pas de l'expliquer ; nous nous contenterons de le signaler aux savants qui, sans doute, en trouveront la cause.

Nous considérons comme d'autant plus utile d'employer dans une certaine proportion un minium contenant un peu de manganèse ou, à défaut de plomb de cette sorte, d'ajouter un peu de manganèse à la composition, qu'on ne peut pas dire réellement que le minium ait la propriété de donner de la blancheur au verre; il lui donne surtout de l'éclat, mais loin d'ajouter à la blancheur ou pour mieux dire à l'incoloration produite par la fusion de la silice et de la potasse parfaitement pures, ne pourrait-on pas dire qu'il atténue dans une certaine proportion cette incoloration? Augmentez la proportion d'oxyde de plomb dans la composition ; arrivez à mettre poids égal de minium et de silice et dépassez cette proportion, vous arriverez à une légère coloration jaune. Le strass, avec lequel on imite le diamant, a une nuance jaune

assez prononcée, quand il est vu en masse; cette teinte, à mesure
qu'on s'éloigne des proportions dans lesquelles le minium entre
dans le strass et dans le *flint-glass* pour l'optique, diminue de
manière à être peu sensible, mais on peut dire qu'elle est à l'état
de jaune naissant quand le minium est dans la proportion du
tiers du mélange total; et c'est pourquoi au minium le plus
pur, il peut être jugé convenable d'ajouter une petite portion
d'oxyde de manganèse, dont on assure la fixité par la substitution
d'une certaine quantité d'azotate de potasse à une partie du carbonate de potasse. M. de Fontenay a le premier (du moins en
France) substitué le nickel au manganèse, pour la correction de
la tendance au jaune de la composition du cristal. L'effet du nickel est plus fixe; mais, d'un autre côté, nous pensons que son
emploi ne se généralisera pas au même degré que celui du
manganèse, parce que la teinte produite par le nickel est moins
gaie, plus brune que celle du manganèse.

Groisils. — Comme dans toutes les autres fabrications du
verre, les groisils provenant des pièces cassées et du travail des
verriers rentrent dans les compositions, mais on conçoit l'importance de n'employer que des groisils tout à fait purs de toute
matière étrangère; le verre qui a été en contact avec le fer, c'est-
à-dire les *mors de canne*, et le verre qui est resté sur les pontils
et cordelines retient, en se détachant de ces outils par le refroidissement, une légère pellicule de fer dont l'influence serait très-
nuisible dans la composition, et dont on doit, en conséquence,
opérer l'extraction. On commence par tamiser tout le groisil dans
un tamis à assez larges mailles, soit environ 6 millimètres; toute
la poussière et le petit groisil passent au tamis. On lave ces tamisures, puis les *groisilleuses* séparent sur une table les petits fragments qui sont purs de ceux qui sont tachés de fer. Pour les
groisils restés sur le tamis, ils sont également triés sur une table.
Les groisils dont la tache de fer n'occupe qu'une faible partie,
qu'on peut enlever facilement avec un marteau en forme de coin,
sont soumis à cette opération; ceux un peu volumineux, dont
on ne pourrait enlever tout le fer, sont soumis à la *taille*. Des
femmes, sur des tours de tailleurs de cristaux, usent sur une
meule en fer, sur laquelle coule du sable mouillé, tout le
fer attaché au verre. Enfin, tous les petits fragments tachés
de fer sont mis dans un bain d'acide sulfhydrique très-étendu

d'eau (10°), qui dissout le fer, et on lave ensuite ce groisil à grande eau.

Les verreries qui fabriquent de grandes quantités de cristaux de couleur se contentent d'extraire des groisils tout le fer qui peut être enlevé au marteau, et emploient le reste dans des couleurs où la présence du fer n'est pas nuisible.

Nous avons passé en revue les matières qui entrent dans la composition du cristal blanc, dont les proportions suivantes peuvent être considérées comme un type moyen :

Sable	100	parties.
Minium	66,66	—
Carbonate de potasse	28 à 30	—
Azotate de potasse	5 1/3 à 3,33	—
Oxyde de manganèse	0,05	—
Groisils	160	—

Les fabricants de cristaux en Angleterre emploient généralement une plus grande quantité de salpêtre ; sur 100 de sable, ils mettent souvent 30 de carbonate de potasse et 10 d'azotate de potasse, ce qui ne doit pas peu contribuer à l'éclat du cristal.

Le fabricant de cristaux qui a à sa disposition du minium contenant du manganèse, ce qui, comme nous l'avons observé, est un précieux avantage, le fait entrer dans la proportion convenable, et alors il se dispense d'ajouter de l'oxyde de manganèse.

COMPOSITION DES CRISTAUX COLORÉS.

Nous pourrions, en quelque sorte, nous borner, pour la composition des cristaux colorés, à renvoyer aux détails que nous avons donnés sur la fabrication des verres à vitre de couleur, ou répéter que le bleu indigo est obtenu par l'oxyde de cobalt ; le bleu céleste, par l'oxyde de cuivre ; le vert, par un mélange d'oxyde de cuivre et de fer, auquel on ajoute souvent le bichromate de potasse ; les diverses nuances de violet, par l'oxyde de manganèse ; le pourpre, par l'oxyde d'or ; le rouge, par le protoxyde de cuivre ; le jaune, par l'oxyde d'argent, l'oxyde d'urane ou le charbon ; le noir, par les oxydes de cuivre, de fer et de manganèse. En effet, les proportions de ces divers oxydes dépendent de l'intensité de la teinte qu'on veut obtenir, suivant les pièces que l'on a à fabriquer, leur épaisseur. Mais nous avons, en outre, à parler des cristaux opalisés, des cristaux dichroïdes, et puis, en reprenant chaque couleur en particulier, nous aurons encore à relater quelques observations qui pourront ne pas être inutiles.

Cristal imitant l'opale. — Nous ne parlons pas ici du cristal d'un blanc plus ou moins opaque qu'on peut obtenir par l'addition à la composition d'une proportion plus ou moins grande, suivant le degré d'opacité désiré, d'acide arsénieux ou d'acide stannique, mais du cristal ayant des reflets orangés comme la pierre d'opale. C'est avec du phosphate de chaux qu'on obtient ce résultat; ce phosphate de chaux est employé sous la forme d'os brûlés et pilés. D'anciens auteurs recommandaient spécialement des os de mouton ; d'autres, de la corne de cerf : c'était l'époque des recettes empiriques. Je puis dire, par le résultat d'une longue expérience, que les os de tous les animaux qu'on peut facilement se procurer remplissent le même but, pourvu qu'ils soient convenablement préparés. Je recommande toutefois aux fabricants de cristaux de faire eux-mêmes leur phosphate de chaux, pour être plus certains de l'avoir exempt de matières étrangères. Les grands os des chevaux, bœufs, vaches, c'est-à-dire les os des jambes, sont préférables, parce qu'ils produisent moins de cendres, qu'il est plus facile de les brûler plus complétement. Quand on brûle dans un four à réverbère de petits os qui s'entassent les uns sur les autres, la combustion ne pénètre pas aussi facilement jusqu'au fond, il y reste souvent du charbon animal non brûlé, ce qui serait très-pernicieux dans la composition du cristal. Quels que soient les os qu'on aura brûlés, il faudra, quand ils seront refroidis, les trier avec soin et ne faire pulvériser que les fragments tout à fait blancs, et qui sont du phosphate de chaux à peu près pur. Ce phosphate de chaux entre pour 9 pour 100 dans la composition du cristal opale, c'est-à-dire qu'à une composition de :

Sable..........................	100 parties.	
Minium........................	66	— 2/3
Carbonate de potasse..........	33	— 1/3
On ajoute : os calcinés pilés, ou phosphate de chaux........................	18	—
Il est bien d'ajouter aussi : oxyde de manganèse.........................	0,100	

Si on a du groisil opale (et on en a dès la deuxième journée de travail), on l'ajoute à la composition ci-dessus, en observant toujours qu'il faut éliminer les groisils tachés de fer, qui donneraient au cristal opale une nuance désagréable.

Le cristal dont nous venons de donner la composition n'a pas, au premier moment où on le travaille, l'opalisation que l'on veut obtenir ; c'est par suite des refroidissements et réchauffements qui résultent du travail de la pièce de cristal que cette opalisation prend de plus en plus de l'intensité. Cette opalisation est donc le résultat d'un précipité ou d'une dévitrification qui s'opère par le fait de ces refroidissements et réchauffements successifs[1]. En tout état de cause, il en résulte qu'il faut varier la quantité de phosphate de chaux, suivant les pièces que l'on a à fabriquer. Si on ne doit faire, par exemple, que des bols et gobelets qui sont assez minces et qui se terminent avec deux *chauffes,* on doit forcer la dose de phosphate de chaux ; ce n'est pas trop, dans ce cas, de la porter à 10 pour 100 du poids de la composition. Mais si on doit fabriquer des pièces ou épaisses ou d'un travail compliqué, 7 à 8 de phosphate de chaux sont suffisants, parce qu'avec une plus forte proportion, le cristal, à peine opale au commencement du travail de la pièce, deviendrait tout à fait opaque quand elle serait terminée.

Le cristal opale est la base du cristal imitant la turquoise, pour lequel il suffit d'ajouter à la composition d'opale, telle que nous l'avons indiquée, deux parties d'oxyde brun de cuivre. Il sera bien aussi de remplacer cinq parties de carbonate de potasse par même quantité d'azotate de potasse, pour prévenir l'effet de quelque matière organique charbonneuse qui aurait pu s'introduire dans la composition, qui pourrait désoxyder le cuivre et produire des veines rouges. Si, au lieu d'oxyde de cuivre, on ajoute 40 centièmes d'oxyde de cobalt, on obtiendra un bleu opale qui a été assez demandé.

On fait aussi un verre demi-opaque, mais sans aucun reflet de l'opale qu'on appelle *pâte de riz* ou *albâtre* ; ce verre a une teinte de lait mêlé d'eau ; ce n'est pas du cristal, c'est-à-dire qu'il n'y entre pas d'oxyde de plomb, c'est, en quelque sorte, un verre

---

[1] Nous laissons aux savants le soin de déterminer le rôle que joue l'acide phosphorique dans cette décomposition ; il est certain que la chaux seule, ajoutée à la composition, ne produit pas cet effet d'opalisation.

imparfait, c'est-à-dire non fondu complétement ; on l'obtient par l'emploi du *bicarbonate* de potasse et les proportions suivantes :

Sable........................	100 parties.
Bicarbonate de potasse..........	43 —
Phosphate de chaux (os calcinés)..	5 —
Azotate de potasse.............	4 —

Ce verre ne doit pas être soumis à une fonte trop longue, autrement il deviendrait transparent.

On obtient aussi un verre pâte de riz par l'addition du sulfate de potasse, substitué au bicarbonate et au phosphate de chaux. En ajoutant à cette composition de verre pâte de riz, de l'oxyde brun de cuivre, ou de l'oxyde de cobalt, ou un mélange d'oxydes de cuivre et de fer, on obtient des bleus et des verres de nuances très-agréables, et dont on a fait beaucoup de cristaux d'étagère.

Outre le cristal opale et le verre pâte de riz, on a fait depuis quelques années un cristal blanc de lait avec le spath fluor (fluate de chaux). Ce cristal blanc de lait est principalement employé pour les appareils d'éclairage ; tandis que, dans les globes en opale, la flamme de la lampe apparaît avec une nuance rouge, dans ceux rendus opaques par le fluate de chaux, le foyer disparaît, et la lumière, sans aucune nuance rouge, se trouve divisée et comme tamisée également sur toute la surface du globe. Ce verre s'obtient par l'addition de spath à la dose de 4 pour 100, de la composition ordinaire du cristal. C'est M. Pâris, de Bercy (à présent au Bourget), qui, nous le pensons, a le premier fabriqué ce verre.

Le cristal bleu s'obtient par l'addition de l'oxyde de cobalt ; on peut employer aussi le safre, l'azur ; mais depuis qu'on a purifié l'oxyde de cobalt en séparant tout l'oxyde de nickel qui y est toujours mélangé dans les mines, il est préférable d'employer cet oxyde pur de cobalt que l'on dose avec plus de certitude que le safre et l'azur, dans lesquels on ne connaît jamais exactement la proportion de matière colorante, et qui contiennent presque toujours (le safre surtout) de l'oxyde de nickel et du fer. Cinquante centièmes d'oxyde de cobalt ajouté à la composition ordinaire de 100 parties de sable produisent une nuance assez intense. Si au lieu de bleu de roi on veut un bleu céleste, au lieu d'oxyde de cobalt on emploiera de l'oxyde brun de cuivre, dans la proportion de

1,25 pour la composition de 100 parties de sable, dans laquelle on remplacera pour tous les cristaux de couleur 5 parties de carbonate de potasse par la même quantité d'azotate de potasse. Il est clair que si on veut un bleu céleste moins intense, on mettra soixante centièmes seulement d'oxyde de cuivre.

Le cristal violet s'obtiendra dans une teinte assez foncée par l'addition de 2,50 à 3 parties d'oxyde de manganèse à la composition du cristal de 100 parties de sable.

Si on veut n'obtenir qu'un violet clair imitant assez l'améthyste, on ne mettra que 1 à 1,25 d'oxyde de manganèse.

Le cristal vert s'obtient par l'addition des oxydes de fer et de cuivre, et la nuance verte s'approche d'autant plus du bleu, qu'on force la dose de cuivre par rapport à celle du fer. La proportion de 3 parties d'oxyde de fer et soixante-quinze centièmes d'oxyde de cuivre, ajoutée à la composition de 100 parties de sable, produit une nuance verte fort agréable. Quand on veut une nuance verte d'un plus grand éclat et inclinant plus au jaune, on emploie le bichromate de potasse. On doit avoir soin de piler ce bichromate de potasse en poudre extrêmement fine, autrement il se trouve quelques grains noirs dans la pâte du verre vert; 2 parties de bichromate de potasse, soixante-quinze centièmes d'oxyde de cuivre, ajoutés à la composition de 100 parties de sable, produisent une teinte vert-pré clair et brillant.

Nous avons dit que le pourpre, c'est-à-dire le rose et le rouge violacé (groseille), s'obtient au moyen de l'oxyde d'or. C'est le précipité de Cassius dont on se sert à cet effet. Ce cristal ne s'emploie pas seul et en masse, on s'en sert pour doubler du cristal transparent. On a ainsi moins de perte de ce cristal assez dispendieux que si on l'employait en masse; il résulte d'ailleurs de ce doublage que toutes les parties de la pièce ont à peu près la même nuance, ce qui n'aurait pas lieu si toute la pièce était faite de ce verre. La composition de ce cristal rubis est la même que celle que nous avons indiquée pour le verre à vitre, liv. II, p. 380.

On prend 100 parties de groisil de cristal composé dans les proportions ordinaires, auquel on ajoute un mélange soigneusement fait de :

Minium	15	parties.
Azotate de potasse	5	—
Précipité pourpre de Cassius	0,25	—
Antimoniate de potasse	3	—

Le tout, fondu, donne un cristal qui, refroidi puis réchauffé, prend une couleur rouge-violet foncé.

Pour le rouge vif, c'est l'oxyde de cuivre que l'on emploie, et suivant la formule que nous avons donnée au livre II, p. 367, c'est-à-dire :

Sable..........................	25	parties.
Minium......................	50	—
Oxyde de cuivre.............	1,200	—
Acide stannique.............	5	—

On fond le mélange pendant quatre à cinq heures, en ayant soin, dans les deux dernières heures de la fonte, de l'agiter à plusieurs reprises par l'action d'une pomme de terre au bout d'une griffe de fer que l'on plonge jusqu'au fond du creuset. Après les quatre à cinq heures de fonte, on tire à l'eau et on refond encore deux fois dans les mêmes conditions. Après le troisième tirage à l'eau, on le mélange avec 25 parties de verre blanc, provenant d'une composition de :

Sable......................	100	parties.
Carbonate de potasse...........	36	—
Chaux.	18	—
Minium......................	5	—

Ce mélange étant encore refondu avec addition de trente à quarante centièmes de tartrate de potasse ou de copeaux d'étain, peut alors s'employer comme doublure directement dans la fabrication des pièces, ou bien on peut en faire un approvisionnement de petits bâtons cylindriques de 4 à 5 centimètres de diamètre, que l'on fait recuire et dont on se sert comme nous le verrons plus loin dans la fabrication des cristaux doublés.

Le jaune peut s'obtenir avec l'antimoine, avec un mélange d'oxyde de maganèse et de fer, avec le charbon, avec l'argent, avec l'oxyde d'urane. Nous allons passer en revue ces divers procédés :

L'antimoine a été employé dans l'antiquité pour la coloration des filets que l'on voit dans certains ouvrages filigranés, dans des perles ; mais nous ne connaissons pas de masse un peu importante colorée en jaune par l'antimoine, qui, en effet, doit être employé à très-forte dose pour produire une coloration très-peu intense, et dont le jaune produit ainsi est d'une teinte fausse peu agréable ;

aussi peut on dire que l'antimoine n'est pas employé pour la coloration du verre ou du cristal en jaune.

Le mélange d'oxyde de fer et de manganèse dont nous avons vu l'emploi pour la coloration du verre à vitre en jaune, ne produit pas non plus une teinte agréable dans les pièces soufflées et d'épaisseurs irrégulières, en verre ou en cristal. Ce mélange n'est donc pas employé.

La coloration par le charbon que nous avons vue donner de bons résultats pour les verres à vitre, en employant de la sciure de bois blanc *fraîchement coupé*, ne peut, bien entendu, être utilisée dans la fabrication du cristal, qui ne s'accommode d'aucun mélange charbonneux ; mais on peut colorer ainsi du verre silico-alcalin ; ce verre, nous l'avons dit au livre II, est sujet à être bouillonneux ; aussi est-on obligé de le faire assez tendre, c'est-à-dire assez chargé en alcali. Aussi, quand il y a quelques années, les verreries firent un assez grand nombre de pièces moulées en verre jaune coloré par le charbon, on s'aperçut que les pièces qui restaient enveloppées de papier dans des casiers attiraient l'humidité à un point extrême, et allaient même jusqu'à se fendiller et se désagréger; elles se trouvaient à l'état de *verre fusible*, l'alcali ayant été employé en trop grand excès. On peut toutefois, si on ne veut pas avoir un jaune trop foncé, faire un beau jaune assez solide avec les proportions de :

Sable	100	parties.
Carbonate de soude	24	—
— de potasse	18	—
— de chaux	20	—
Sciure de bois tendre	3	—

Les divers jaunes dont nous venons de parler n'ont qu'une importance très-secondaire, en raison de la facilité que l'on a de *teindre* les verres et cristaux avec une préparation d'argent, ainsi que nous l'avons vu pour le verre à vitre au livre II.

Les nuances produites par l'argent sont bien plus belles, et, en outre, comme la couleur provient d'une simple application sur toute la surface, il s'ensuit que la teinte est uniforme, n'a pas moins d'intensité dans les parties minces que dans celles qui ont le plus d'épaisseur. La couleur jaune par la teinture d'argent a encore cet avantage que l'on peut faire des réserves, c'est-à-dire ne teindre que certaines parties de la pièce de verre ou cristal et, sur les parties teintes, on peut ensuite enlever des dessins par la taille ou la gravure.

Nous avons vu, au livre II, les précautions que l'on devait prendre pour obtenir un verre à vitre susceptible d'être plus ou moins coloré par la préparation d'argent ; nous dirons aussi que tous les cristaux ne sont pas également teints au même degré, les plus durs sont ceux qui prennent la couleur la plus intense. Si donc c'est cette couleur très-intense qu'on veut obtenir, on pourra, dans les cristaux destinés à être teints, diminuer un peu la proportion d'alcali, et surtout forcer la dose du groisil.

Nous ne reviendrons pas sur la préparation d'argent destinée à teindre en jaune, et qui est un mélange d'oxyde d'argent et d'oxyde de fer, ce dernier employé seulement comme *medium ;* on fait de ce mélange une bouillie épaisse que l'on couche au pinceau sur les parties que l'on veut teindre, quand ces pièces sont sèches, on les enfourne dans une moufle qu'il ne faut pas trop chauffer, pour que l'oxyde de fer ne s'attache pas sur le verre ou cristal, et d'ailleurs, à ce degré qui attacherait le rouge de fer, la teinte jaune de l'argent serait irisée par des reflets opaques. Quand les pièces sont sorties de la moufle, on les brosse en recueillant l'oxyde de fer qui a encore retenu une partie de l'argent et qui sert pour des opérations subséquentes, et les parties qui ont reçu la couche de peinture sont d'une belle couleur jaune-transparent. Nous venons de dire que si l'on poussait trop le feu dans la teinture en jaune par l'argent, la teinte jaune s'irisait, s'opalisait ; elle arrive même à devenir presque opaque : c'est-là ce qui s'est opposé à ce que l'on employât l'oxyde d'argent pour la coloration en masse du verre ou cristal ; la composition, à laquelle on ajoute une petite proportion d'oxyde d'argent, soit un quart ou un demi pour 100, produit un cristal d'un très-beau jaune, au moment où on le tire du creuset ; mais en achevant de se refroidir, on le voit s'opaliser et devenir bientôt tout à fait jaune verdâtre opaque avec des veines bleuâtres. C'est ainsi qu'on obtient les cristaux *agate,* qui, à l'état brut, sont d'un assez triste aspect, mais qui, étant taillés à côtes plates, présentent des nuances veinées assez agréables.

Il y a toutefois un moyen d'obtenir le cristal jaune par l'argent, ainsi que je l'ai fait remarquer, livre Ier, p. 100 ; et j'ajoutais alors : « Je n'ai pas vu du reste, dans le commerce, qu'aucune verrerie ou cristallerie, en France, en Angleterre ou en Allemagne, ait produit du verre coloré *en masse*, en jaune transparent par l'argent ; mais puisqu'il est certain que ce résultat a été obtenu, les verriers devront, il me semble, tenter de le reproduire. »

Depuis que ce livre Ier a été imprimé, M. Monot, l'habile fabricant de cristaux de Pantin, a fait travailler dans la petite cristallerie qu'il avait établie à l'Exposition universelle, dans le Champ de Mars, du *cristal doublé en jaune coloré par l'argent*. Cette doublure jaune était très-mince (aussi mince que la doublure rouge rubis). Je suppose que cet émail jaune transparent est obtenu par une composition analogue à celle du rouge par le cuivre, c'est-à-dire : silice et minium en quantités à peu près égales, sans addition d'alcali, et une faible proportion d'oxyde d'argent, car c'est l'alcali, potasse ou soude qui cause surtout l'opalisation. Dans tous les cas, le problème du cristal jaune par l'argent se trouve résolu autrement que par la teinture, et je suis heureux d'en faire honneur à M. Monot.

De même qu'on teint le cristal et le verre en jaune par l'argent, on a réussi à teindre aussi en rouge par le cuivre, mais le verre seulement et le verre à base de potasse. Voici le procédé employé ; on fait un mélange de :

4 parties d'oxyde de cuivre bien pur à l'état d'oxyde rose ou brun ;
2   —   d'écailles de fer, ou oxyde noir ;
4   —   d'ocre jaune calciné (comme medium).

On broie ces matières à l'essence de térébenthine et on applique ce mélange au pinceau sur les pièces qu'on veut teindre en rubis ; on passe ces pièces à un premier feu de moufle, qui a pour but d'y fixer le mélange, on les brosse avec une brosse dure et on en sépare ainsi ce qui n'a pas été attaché sur le verre, qui paraît alors d'un vert noirâtre, puis on remet ces pièces dans la moufle, dans laquelle on introduit la valeur de 1 kilogramme de charbon de bois pilé par mètre cube de capacité de la moufle, que l'on clôt de manière que l'air extérieur n'y puisse pas entrer, et l'on chauffe. Le cuivre fournit une partie de son oxygène pour la combustion du charbon, et les pièces se trouvent teintes en rouge ; mais généralement, à ce second feu, on n'obtient guère qu'un rouge un peu obscur ; un troisième feu lui donne l'éclat rouge-orangé brillant.

Nous avons dit qu'on colorait ainsi seulement le verre fondu à la potasse, le silicate de potasse et de chaux, qui supporte mieux un feu de moufle d'une température assez élevée. Nous croyons, en effet, qu'on n'a pas encore réussi à teindre le cristal en rouge.

Il nous reste à parler de l'emploi de l'oxyde d'urane dans la coloration du verre. Cet oxyde est la base des verres qu'on a appelés *dichroïdes*. On sait que le dichroïsme est la propriété qu'ont certains minéraux transparents d'offrir une couleur différente, suivant qu'on les regarde par réflexion ou par réfraction ; l'oxyde d'urane a précisément cette propriété de donner aux verres dans la composition desquels on le fait entrer cette apparence dichroïde. L'oxyde d'urane produit une nuance jaune citron par réfraction, et par réflexion, la pièce paraît d'un vert clair un peu nuageux, et comme lorsqu'on regarde une pièce telle qu'un vase, il y a certaines parties qui présentent leur coloration par réfraction, d'autres par réflexion, il en résulte pour l'œil un mélange agréable de deux couleurs. Cet effet est un résultat de l'état de *fluorescence* dans lequel se trouvent les verres colorés par l'urane ; c'est dans les mémoires de M. Edmond Becquerel, qui s'est livré à des travaux très-remarquables sur la *phosphorescence* et la *fluorescence*, qu'il faut étudier tout ce qui est relatif à cet état physique des substances. Nous indiquons seulement ici le fait et le moyen de l'obtenir. Or, il est remarquable que le cristal ne jouit pas de la propriété d'être rendu fluorescent par l'addition de l'urane (ou du moins d'une manière sensible). Quant à la composition ordinaire de cristal de 100 de sable on ajoute 3 d'oxyde d'urane, on obtient alors un cristal jaune clair assez triste et sans aucun effet dichroïde ; mais si, à la composition de :

Sable.....................	100 parties.
Carbonate de potasse........	58 —
Chaux éteinte.............	18 —
Azotate de potasse..........	3 —

on ajoute :

Oxyde d'urane.............	2,5 —

on obtient le véritable jaune dichroïde, qu'on peut faire plus ou moins foncé, suivant la quantité d'oxyde d'urane.

On peut ensuite varier encore la nuance en introduisant dans la composition une petite proportion de bichromate de potasse.

Ces cristaux dichroïdes ont eu une assez grande vogue, comme du reste beaucoup d'autres verres de couleur. Nous pensons qu'il est de bon goût de les employer en petites quantités pour de petits articles de fantaisie et d'étagère ; le cristal blanc est la matière par excellence, celle dans laquelle nous avons surpassé tous nos prédécesseurs et qui restera toujours le type du plus beau verre que l'industrie puisse produire.

Nous pensons que les détails qui précèdent relatifs à la fabrication des cristaux de couleur peuvent paraître suffisants; il y a, sous ce rapport, une telle variété, qu'il serait difficile de ne pas en omettre un grand nombre. Nous avons cru devoir nous borner à indiquer les principales couleurs, celles qui servent de base à toutes les autres. Toutefois, nous ne devons pas manquer de mentionner l'*aventurine,* dont la fabrication est toute spéciale. L'aventurine est un verre, variant dans sa masse du jaune-brun à une teinte rosée, dans lequel se trouvent répandus de petits cristaux tétraédriques sans nombre, très-brillants, ayant l'apparence du cuivre. Ces petits cristaux sont-ils du cuivre à l'état naissant ou du protoxyde de cuivre cristallisé? Nous pencherions pour la première opinion. Ce qu'il y a de certain, c'est qu'ils sont produits par la réduction de l'oxyde noir de cuivre, par les oxydes de fer et d'étain ou même par l'oxyde de fer seul. L'aventurine est composée des mêmes éléments que le verre rouge, mais l'oxyde de fer et l'oxyde de cuivre y sont en bien plus grande proportion; l'oxyde de fer passe au maximum d'oxydation et produit ainsi la teinte jaune-brun qu'affecte d'ordinaire l'aventurine, tandis que l'oxyde de cuivre, qui a fourni une partie de son oxygène ou tout son oxygène au fer, est ramené à l'état de protoxyde ou de métal. L'aventurine est d'ordinaire un verre silico-alcalin, auquel on ajoute de 4 à 8 pour 100 d'oxyde de cuivre à l'état d'oxyde noir ou de battitures calcinées, et à peu près les mêmes quantités d'oxyde de fer. Mais il ne suffit pas de connaître l'analyse de l'aventurine pour la produire: il y a certains détails de fabrication qui ont, jusqu'à présent, échappé aux chimistes et aux fabricants qui s'en sont occupés. MM. Maës et Clémandot ont obtenu, il y a déjà un certain nombre d'années, quelques échantillons d'aventurine ; j'en ai aussi obtenu quelques fragments, mais ce n'était pas une réussite complète ; on en peut

dire autant des essais plus récents de M. Hautefeuille ; M. Monot
a exposé en 1867 une petite coupe qui se rapprochait davantage
des beaux types d'aventurine; mais on peut dire que les fabricants de Venise, et spécialement M. Bigaglia, possèdent encore
seuls le procédé de la belle aventurine sans veines enfumées
quoique produite en grande masse.

Nous devons parler aussi de l'aventurine de chrome, nouvelle
sorte de verre analogue à l'aventurine de cuivre, et qui a été l'un
des derniers résultats des beaux travaux sur les substances vitreuses de l'illustre Pelouze dont le monde scientifique déplore la
perte récente et prématurée. Dans cette aventurine, l'oxyde de
chrome se trouve en partie revivifié et apparaît sous forme de
cristaux chatoyants.

Déjà, dans les derniers mois de l'Exposition de 1867, MM. Mayr
neveux, les célèbres fabricants de cristaux de Bohême, avaient
ajouté à leurs beaux produits deux vases en aventurine de
chrome. Il est assez probable qu'on parviendra à faire encore
d'autres espèces d'aventurine produites par d'autres métaux.

FONTE DU CRISTAL.

Nous avons dit que la fabrication du cristal avait été la conséquence de l'emploi des *pots couverts*, qui commença à avoir lieu,
en Angleterre, à la fin du dix-septième ou au commencement du
dix-huitième siècle, et que les premiers cristaux qui furent faits
en France, au siècle dernier, étaient également fondus dans des
pots couverts ; mais peu d'années après, comme nous l'avons
dit aussi, la verrerie de Saint-Louis commençait la fabrication du
cristal dans les pots ouverts dans des fours chauffés au bois.
Cette verrerie, qui avait des *affouages* considérables de bois, et la
cristallerie de Baccarat, qui fut fondée plus tard dans le voisinage des riches forêts des Vosges, ont fabriqué jusqu'à ce jour
le cristal à pots découverts ; mais le grand accroissement de
la production du cristal et des autres usines qui consomment
du bois, qui a amené une grande élévation du prix de ce combustible, a commencé à battre en brèche le mode de fabrication au bois. Ces deux cristalleries, les seules qui fondent au

bois, ont déjà établi des fours à houille [1], ce qui leur permet de maîtriser le prix du bois, et établit en même temps la transition à l'emploi exclusif de la houille, qui aura probablement lieu d'ici à peu d'années, sous l'heureuse influence de l'achèvement des canaux et des chemins de fer.

Nous aurions donc pu, en quelque sorte, nous borner à la description de la fonte à la houille; mais c'est avec le bois que le cristal s'est développé en France: nous commencerons par donner des indications sur ce mode d'opérer.

Pendant bien des années, la fonte au bois du cristal s'opérait en deux fois; on fondait le cristal dans des creusets de petite dimension (comme les pots des verreries de Bohême), et le four contenait le double des creusets dont on voulait travailler le verre : si, par exemple, on avait un four de douze creusets de 150 kilogrammes chacun, ce qui était environ la proportion et la contenance ordinaire, il y avait six creusets pour la fonte et six creusets pour le travail, dans un four carré ayant sur chaque siége six creusets. Aux deux creusets de coin correspondaient des ouvreaux plus grands; c'est sur ces ouvreaux que les ouvriers des grandes places, c'est-à-dire ouvrant les pièces les plus difficiles et les plus grandes, réchauffaient leurs pièces, et ces pots de coin étaient des pots de fonte. Le second creuset, de chaque côté, était celui dans lequel on cueillait le verre pour la place de coin : c'était donc le pot de travail; puis, des deux pots du centre, l'un était pot de travail, c'est-à-dire dans lequel on cueillait, l'autre pot de fonte, sur lequel l'ouvrier de la place du milieu réchauffait ses pièces.

On commençait par faire une grande fonte de tous les pots, et les ouvriers venaient vider les six creusets (trois de chaque côté) destinés pour le travail. Le travail de ces six creusets terminé, les fondeurs revenaient et commençaient par *trafier* ou *tréjeter*, avec des poches en fer, le verre des pots de fonte dans les pots de travail, puis, le four suffisamment réchauffé, ils renfournaient dans les pots de fonte. Le verre des pots de travail subissait donc ainsi deux fontes. Il peut paraître étonnant aujourd'hui qu'un tel système se soit prolongé pendant un aussi grand nombre d'an-

---

[1] La cristallerie de Saint-Louis paraît même avoir renoncé entièrement à l'usage du bois pour la fonte du cristal.

nées; en supposant que la première fonte n'eût été qu'incomplète, c'est-à-dire qu'elle eût exigé, par exemple, trois ou quatre
heures de plus, il n'en résultait pas moins que ce cristal subissait, en deux fois, vingt heures de fonte, quand il ne lui en
eût fallu que quatorze. De là une perte énorme de combustible;
et, en outre, du cristal qui a fondu pendant vingt heures n'a
pas autant d'éclat que celui qui a fondu pendant quatorze seulement. Nous devons dire la cause qui avait maintenu cet état de
choses : il s'agissait de la régularité du travail. Comme dans les
fours, tels qu'ils étaient construits, la fonte ne s'opérait guère qu'en
quatorze heures, qu'il fallait laisser reposer le verre pendant
deux heures pour le laisser affiner, que le travail des verriers
durait onze heures et qu'il fallait ensuite réchauffer le four pendant au moins une heure avant de recommencer une fonte suivante, le tout réuni formait vingt-huit heures : le commencement
de chaque travail eût été retardé chaque jour de quatre heures,
et, en admettant même que le premier travail commençât dans la
nuit du dimanche au lundi, le sixième travail n'eût fini que dans
la journée du dimanche, ce qu'on voulait éviter, et sous tous les
rapports on préférait commencer tous les jours le travail à la
même heure, en réservant pour le samedi soir les remplacements
de pots ou raccommodages du four.

Il fallait, pour faire cesser cet état de choses onéreux sous le
rapport de la consommation du combustible, défavorable à la
qualité de la matière, perfectionner la construction du four, de
manière à fondre en une seule fois; c'est ce qui avait été obtenu
par M. Toussaint, qui, pendant quarante ans qu'il a dirigé ou
administré la cristallerie de Baccarat, a amené de si nombreux
perfectionnements dans cette branche de production. Il comprit
bientôt que la fonte dans de petits pots, dans un four de proportions exiguës, n'est pas aussi active que dans de grands pots placés
dans un grand four.

Par une meilleure préparation des matières premières, et une
construction de four perfectionné, il parvint à fondre en moins de
douze heures des pots d'une contenance de 500 kilogrammes ;
on put donc fondre et travailler, six fois par semaine, la contenance de tous les pots, ayant seulement parfois d'un jour à
l'autre un retard de une ou deux heures, mais qui n'allait pas
jusqu'à prolonger le travail au delà du samedi soir.

Nous admettrons, dans ce qui va suivre, l'emploi d'un four à six pots de 500 kilogrammes.

Nous avons dit au livre Ier, chap. *Combustible-bois*, qu'il était nécessaire, pour assurer le succès de la fonte, que le bois fût parfaitement sec et divisé en petites billettes, afin qu'il pût dégager promptement le plus de flamme possible sans fumée, et donner de cette manière tout le calorique qu'il est susceptible de fournir. Cependant il est bon d'insister sur la nécessité où l'on est de faire la plus scrupuleuse attention à ne jamais employer qu'un bois que l'on a dépouillé autant que possible de son humidité. Les inconvénients qui résultent du défaut de soins dans cette partie sont : le pétillement des billettes, qui projettent des braises dans les creusets où ils réduisent de l'oxyde métallique, le dégagement d'une grande quantité de fumée, qui remplit la capacité du four, et en sort sans avoir été brûlée, enfin le retard opéré dans la combustion du bois, dont l'inflammation parfaite n'a lieu qu'après le dégagement de l'humidité qu'il contenait. Brûler le plus rapidement possible une quantité donnée de bois est le moyen d'obtenir la plus haute température, et c'est à quoi l'on arrive par l'emploi de bois bien sec. Nous avons indiqué, dans le livre Ier, les procédés en usage pour sécher le bois, nous n'avons pas ici à y revenir.

Les billettes doivent être fendues de manière à présenter une coupe de 7 à 10 centimètres sur 3 à 5, et avoir une longueur de 56 à 58 centimètres, qui est celle du bois ordinaire, scié en deux.

Quelquefois le tisage est fait par un seul tiseur, qui tourne autour du four, en mettant une, deux ou trois billettes au trou de chaque tisard ; mais il faut alors, pour ce travail, un garçon assez fort et marchant assez rapidement. Si, pour éviter une marche aussi rapide, il met souvent un plus grand nombre de billettes à la fois à chaque tisard, quelques-unes de ces billettes tombent sur le fond du tisard avant même d'avoir commencé leur combustion ; elles ne produisent pas leur effet utile : il y a plus grande consommation de bois et combustion moins parfaite. Il est infiniment préférable d'avoir un enfant à chaque tisard, n'ayant de chemin à faire que celui du tas de billettes placé à proximité jusqu'au tisard. Ce travail n'est pas fatigant, chaque enfant met une ou deux billettes à la fois, et l'on peut régler leur marche au moyen d'un timbre monté de manière à sonner trois, quatre, cinq fois par minute à volonté ; ces enfants sont sous la surveillance du fondeur, qui, dans les moments où il veut élever la température, leur fait mettre, une fois sur trois ou une fois sur deux, deux billettes à la fois. Soit qu'on commence une fonte, après une mise de pots, ou que ce soit à la suite du travail des verriers, le fondeur réchauffe d'abord son four ; pendant ce temps-là, on apporte la composition sur les places. Au bout d'une heure, le four est suffisamment chaud, le fondeur et les composeurs enfournent les pots seulement à moitié, pour ne pas trop les refroidir, puis une demi-heure après ils achèvent de les renfourner au comble, de manière à laisser toutefois les bords bien francs pour qu'il ne s'écoule pas de matière en dehors. C'est alors qu'il faut donner le plus d'activité possible au feu. Trois heures et demie à quatre heures après le premier renfournement, on renfournera de nouveau au comble. Au bout de neuf heures, la fonte sera terminée, mais les pots ne seront pas toutefois pleins ; nous conseillons alors de renfourner sur chaque pot 50 à 60 kilogrammes de beau groisil, et, une heure après, le tout sera fondu. La fonte aura ainsi duré onze heures. Il faut alors raffiner le verre qui est en *mouvement,* en ébullition ; les fondeurs bouchent alors les fonds de tisard, pour empêcher le tirage par ces ouvertures, on ôte les tuilettes qui sont devant les ouvreaux, dont on modifie la grandeur par des rondelles ou lunes donnant plus d'ouverture, et après avoir laissé, pendant quelque temps, le four dans un état complet de tranquillité, c'est-à-dire sans tisage, on recommence à tiser avec des billettes sèches, mais n'ayant pas toutefois subi le séchage de la carcaise. Au bout de deux heures, le cristal est bon à travailler ; les gamins, pendant ces deux heures, ont balayé les places, préparé les outils, et les ouvriers arrivent. Les souffleurs écrèment le dessus des pots et le travail commence ; pendant tout le travail, on tise avec du bois sec non passé à la carcaise ; pendant la pose, que l'on fait après cinq heures de travail, on débraise, on réchauffe le four avec des billettes séchées, on rebouche les fonds de tisards et, à la reprise du travail, les souffleurs écrèment les pots.

Quand il sera question du prix de revient, nous admettrons que les six pots de 500 kilogrammes, soit 3,000 kilogrammes de composition, donnent un produit utile de 1,440 kilogrammes. Les 3,000 kilogrammes de composition peuvent produire 1,800 ki-

logrammes de certains cristaux terminés et même davantage ;
mais, pour d'autres pièces, le produit serait inférieur à 1,200 kilogrammes ; nous avons pensé que 1,440 kilogrammes étaient
une moyenne assez vraie. Le combustible-bois nécessaire pour
la fonte et le travail, si le bois est de bonne qualité, séché convenablement, c'est-à-dire ni trop ni trop peu, devra s'élever
à 33 à 34 stères en billettes, mais ces 33 à 34 stères de billettes
sont le produit de 27 stères de bois non fendu tel qu'il est amené
de la forêt, et si nous comptons 3 stères de bois employés pour
la dessiccation, nous arrivons à une consommation de 30 stères
de bois. Il est convenable d'ajouter le bois, pour le chauffage
des pots, pour les arches de recuisson, et nous arrivons au chiffre
de 33 stères, pour la production de 1,440 kilogrammes de cristal,
soit 2st,3 par 100 kilogrammes de cristal travaillé. Nous croyons
que ce chiffre est plutôt au-dessus qu'au-dessous de la réalité,
mais c'est ainsi que doivent être calculés les prix de revient ;
du reste, comme nous avons dit que les fours à bois pour le
cristal tendaient à disparaître, nous n'entrerons pas dans plus de
détails relativement à la comptabilité de ces fours à bois, et nous
établirons plus tard le prix de revient du cristal sur les bases
de la production par des fours à houille.

La cristallerie de Baccarat, en adoptant le système Siemens, a
adapté ce système à la combustion des gaz du bois, qui doit modifier essentiellement la quantité de bois consommé. On continue
naturellement à se servir de pots ouverts ; la fonte et le travail
s'opèrent dans les vingt-quatre heures, et au lieu d'employer des
billettes séchées dans les carcaises, on se sert des billettes séchées
seulement sous les hangars.

Nous allons à présent étudier les fours à cristal alimentés par
la houille.

Alors qu'on commença en Angleterre à adopter les creusets
couverts pour la fabrication du verre, puis du cristal, la gueule
de chaque pot-cornue dut être employée en même temps pour le
cueillage par le souffleur, et pour le réchauffage par l'ouvrier ou
ouvreur ; l'intérieur du dôme du pot-cornue, par le fait de l'ouverture de la gueule, perdait beaucoup de sa chaleur, le réchauffage n'était pas rapide, et, conséquemment, l'ouvrier, dans
un temps donné, ne produisait qu'un petit nombre de pièces. Il
fallait donc un temps très-long pour épuiser les pots, et, comme,

d'une part, en raison de l'imperfection des fours, les fontes duraient quarante-huit heures, et que, d'autre part, par les règle-
ments de l'*excise*, il n'eût pas été permis de travailler une partie
des pots pendant que les autres eussent été en fonte, on en était
arrivé au mode de travail suivant : on ne faisait qu'une seule fonte
par semaine, et on n'appliquait au four que le nombre de places
nécessaires pour épuiser la quantité de verre fondue ainsi. Généralement le travail commençait le lundi matin, à minuit, et se
prolongeait au moyen de deux brigades se relayant de six en six
heures jusqu'au jeudi soir, à six heures, rarement jusqu'au vendredi matin ; puis on recommençait la grande fonte, de manière
à reprendre le travail le lundi matin. Les deux brigades avaient
ainsi au moins quatre-vingt-dix à quatre-vingt-seize heures de
travail, soit quarante-cinq à quarante-huit heures chacune.

Nous devons parler aussi d'une modification qui fut introduite
dans les fours à pots couverts : l'intérieur du dôme d'un pot plein
ne se maintient à une température un peu élevée, qu'autant que
l'ouverture n'est pas laissée dans toute sa grandeur et est circonscrite par une rondelle. Cela est fort bien pour le travail de petites
pièces, telles que verres, gobelets ; mais si on doit fabriquer de
grandes pièces, l'ouverture entière de la gueule refroidit promptement l'intérieur, il y a ralentissement du travail, il arrive même
pour un assez grand nombre d'articles de fabrication que toute
l'ouverture de la gueule ne donne pas encore un passage suffisant
pour la pièce à réchauffer. Cela amena à introduire dans le four
des pots ouvreaux, non destinés à fondre du verre, mais uniquement à servir d'ouvreaux de travail, et on a ainsi construit des
fours ayant, par exemple, neuf pots destinés à contenir du verre,
et trois ne servant que comme ouvreaux, et désignés sous le nom
de *moufles* ou *bottes*. D'autres fabricants ont encore introduit un
autre système de travail ; ils ont construit en dehors du four de
fusion un petit four annexe pour servir d'ouvreaux aux places
d'ouvriers.

Si on fabrique des verres de couleur et qu'on ne veuille pas les
fondre en aussi grande quantité à la fois, on peut remplacer un
pot rond, dans une arcade, par deux pots ovales accolés, présentant, dans leur ensemble, même longueur, largeur et hauteur
qu'un grand pot rond.

En introduisant en France le système anglais de fabrication

du cristal à pot couvert, les fabricants français, qui n'étaient pas gênés par les prescriptions de l'excise, adoptèrent bien le travail continu au moyen de deux brigades se relayant de six heures en six heures, mais ils y joignirent la fonte continue, c'est-à-dire qu'aussitôt qu'un pot est vidé, les fondeurs le remplissent de nouveau, pour être retravaillé aussitôt qu'il est fondu, et, par des perfectionnements dans la construction des fours, on est arrivé successivement à fondre et travailler tous les pots jusqu'à quatre et cinq fois dans la semaine.

Si, comme dans la fonte au bois, on pouvait fondre le cristal dans des pots de 500 kilogrammes en onze à douze heures, il serait bien préférable d'avoir fonte et travail alternatifs, dût même le travail se prolonger jusqu'à une heure assez avancée le samedi; mais jusqu'à présent on n'a pas pu fondre, en pots couverts, en moins de dix-huit à vingt-quatre heures, du cristal composé en proportions convenables.

Nous avons peu de choses à dire de la direction de la fonte du cristal. Dans les fours dont il a été question dans les livres précédents, où il y a successivement fonte et travail, et, par conséquent, conduite différente du four dans ces deux périodes; tandis que le four à pots couverts est toujours en fonte : quand un pot est vide, on bouche la gueule pendant environ une heure pour réchauffer l'intérieur du pot, puis on le renfourne autant qu'il peut contenir de composition en l'enfaîtant jusqu'au sommet de la calotte, on n'a pas à craindre ici qu'elle déborde; puis on met un couvercle en terre cuite qui bouche complétement la gueule du pot. Quand ce premier enfournement est gros fondu (c'est-à-dire non raffiné), ce qui a lieu au bout de huit à neuf heures, on enfourne de nouveau le pot comble et, cette fois, on ne se contente pas de mettre un couvercle en terre cuite bouchant la gueule du pot : on fait en outre un terrasson composé de grosse terre à briques de four, auquel on ajoute un peu de foin ou paille, qu'on pétrit à la forme de la gueule et de trois à quatre centimètres d'épaisseur, que l'on applique sur toute la surface du couvercle en l'y tamponnant avec un linge mouillé. Au moyen de cette double couverture, la haute température est mieux concentrée dans l'intérieur du creuset. Suivant la qualité de la houille, les soins apportés dans le tisage, le cristal sera entièrement fondu et raffiné de dix à douze heures après le

deuxième enfournement. Pour s'en assurer, le fondeur fait avec
une cordeline pointue un trou au milieu du bas du terrasson, ce
trou correspond à un autre laissé dans le milieu du bas de tous
les couvercles, et alors on peut, au moyen d'une autre cordeline,
enlever un peu de verre sur le dessus du pot. Si ce verre est pur
et exempt de bouillons, on est assuré que la fonte est terminée :
on peut alors détruire le terrasson et laisser seulement le couvercle dont le trou inférieur restera ouvert. Si le verre apparaît
avec quelques rares bulles écartées, on peut compter que le verre
est très-près d'être raffiné et qu'une heure ou deux de repos
dissiperont le peu de bulles qui restent. Si, au contraire, le verre
que rapporte la cordeline est bouillonneux, si surtout les bouillons
sont très-petits, sont ce qu'on appelle *des points,* il faut se hâter
de reboucher le trou, et ne pas regarder le verre de ce pot avant
un intervalle de quatre heures.

Nous savons que des fabricants de cristaux opèrent leur fonte en
dix-huit heures, à partir du premier renfournement dans des pots
de 550 à 600 kilogrammes, mais nous croyons que pour obtenir
ce résultat ils emploient une dose d'alcali supérieure à celle que
nous avons indiquée, et nous pensons que cela ne peut être qu'au
détriment de la belle qualité du cristal, qui doit avoir moins d'éclat.

Nous avons dit que, sous l'empire des lois de l'excise, on ne
fondait, en Angleterre, qu'une fois par semaine, et bien que
complète liberté ait été rendue aux fabricants de cristaux, plusieurs
ont encore conservé ce même mode de travail, qui peut se concevoir jusqu'à un certain point avec de la houille à bon marché ;
mais ce n'est pas le cas en France, où l'on cherche à fondre la
plus grande quantité de cristal avec une quantité donnée de
houille ; aussi, comme nous l'avons fait observer, on fond, en
France, généralement quatre et cinq fois par semaine tous les
creusets, c'est-à-dire qu'on fait quatre et cinq fois la tournée. En
effet, la fonte et le travail d'un pot ne durent guère, en moyenne,
que vingt-huit heures, et comme le lundi à minuit on commence
le travail avec tous les pots fondus et que, du lundi matin au
samedi à deux heures, on a cent trente-quatre heures, on voit que
tous les pots peuvent être vidés et travaillés quatre et cinq fois ;
cela dépend du nombre de pots qu'on travaille à la fois et des
pièces fabriquées : si les commandes portent sur beaucoup de
pièces minces, il faut plus de temps pour vider un pot.

Le commis de la fabrication doit avoir grand soin de se tenir au courant de l'état des différents pots, noter les époques de renfournement etc., etc., car si n'ayant plus qu'un pot à travailler, il reconnaît par l'inspection du pot le plus anciennement renfourné que le verre n'en est pas raffiné, il devra diriger sa fabrication sur de petites pièces consommant moins de matière, de façon à ne pas faire chômer ses ouvriers ; il lui est facile avec une potée de verre d'occuper les verriers pendant dix ou douze heures et même davantage pour arriver au moment où le pot suivant est complétement raffiné et bon à travailler.

Le tisage d'un four à cristal à pots couverts, et, par conséquent, chauffé à la houille, doit être conduit avec une grande régularité ; on doit tenir plutôt à ce que la température soit toujours égale qu'à ce qu'elle soit très-élevée ; le verre raffine mieux avec cette égalité de température. La grille doit donc être ménagée : on ne doit pas la tenir trop claire ; un tirage trop vif maintient le verre en mouvement et les bulles ne se dissipent pas facilement. Le cristal, tel que nous l'avons vu composé, n'a pas besoin d'une température très-élevée pour fondre, nous dirons même qu'une température très-élevée, telle, par exemple, qu'on fait en sorte de l'obtenir pour le verre à vitre, pour les glaces, lui est défavorable, altère son éclat. Nous prendrons texte à ce sujet de la différence qui existe entre les cristaux de France et d'Angleterre ; disons d'abord que les cristaux français fabriqués dans de grandes usines, beaucoup mieux dirigées que la plupart des petites cristalleries anglaises, sont d'une qualité très-égale. Le verrier français préfère briser les cristaux mal travaillés par l'ouvrier, ayant des défauts comme nœuds ou bouillons, ou d'une mauvaise nuance ; ces cristaux ne pourraient être vendus qu'à des rabais considérables, à des prix semblables à ceux de la gobeleterie ordinaire, ce seraient autant de cristaux de premier choix vendus en moins et cela nuirait donc essentiellement à la fabrication. Il n'y a, en France, qu'un seul choix de cristaux : tout est beau ou, au moins, n'est dans aucun cas *refusable* par la consommation. Le choix est fait très-scrupuleusement en fabrique même. En Angleterre, le commerce du cristal est tout différent. On ne fabrique pas d'autre verre que le *flint-glass*, pour la table du riche et celle du pauvre ; les cristaux de choix inférieur, de couleur défectueuse, ont donc facilement leur écoulement sans que cela nuise à la consommation des cristaux de luxe. D'autre part, les fabricants anglais, dont, nous l'avons dit, les usines ne sont pas généralement très-importantes, ne fabriquant pas eux-mêmes leur minium, sont exposés à des irrégularités de résultats, obligés souvent de changer les proportions de manganèse pour la correction de la teinte; aussi est-on frappé, dans un magasin de cristaux anglais, de l'inégalité des produits, on y voit des cristaux ayant une nuance bleuâtre, plus souvent d'une teinte sombre, mais aussi on est certain d'y trouver des cristaux d'une blancheur et surtout d'un éclat incomparables.

M. Pelouze, dans son Rapport sur l'Exposition de 1862, disait que si certains cristaux anglais étaient plus brillants, ils étaient, d'autre part, moins bien raffinés, plus striés. Nous n'admettons pas le fait : la lustrerie anglaise est d'une pureté très-remarquable, et l'on en peut dire autant des beaux cristaux anglais taillés; ils ne sont ni plus striés, ni plus bouillonneux que les cristaux de France et de Belgique.

J'ai appelé sur ce point l'attention de mon très-regretté confrère Toussaint, le plus habile, sans contredit, des fabricants de cristaux que nous ayons eu en France; il est convenu avec moi de ces différences; il a attribué en partie la supériorité de l'éclat de certains cristaux anglais à un emploi d'une quantité beaucoup moindre de groisil : les verriers anglais, disait-il, ne fabriquant pas de *gobeleterie*, font des compositions particulières pour leurs cristaux de luxe, ne mettent dans ces compositions qu'une très-petite quantité de beau groisil et font rentrer la plus grande partie de ce groisil dans les cristaux de seconde classe et dans les cristaux moulés.

Cette remarque est assurément très-fondée : le groisil, étant refondu, perd de son éclat, il devient plus terne; mais toutefois l'explication n'était pas suffisante, et M. Toussaint convenait avec moi que la principale cause du degré supérieur d'éclat tenait à ce que le cristal anglais était fondu à *moins haute température*. Les fabriques de cristaux anglais qui, pour la plupart, ont conservé l'habitude de ne fondre qu'une fois par semaine les pots d'un four qui se trouvent vides le vendredi, fondent du vendredi au lundi matin; ce temps est largement suffisant pour fondre et raffiner tous les pots du four, sans nécessité d'une haute température. En même temps, M. Toussaint disait : « Fondre à une moindre tem-

pérature serait une transformation complète de notre système de
fabrication organisée de manière à fondre le plus rapidement
possible pour faire produire, par nos ouvriers, la plus grande
quantité possible de cristaux dans un temps donné. Notre cristal
est beau ; si nous n'avons pas une supériorité d'excellence, nous
avons une supériorité d'égalité : nous nous y tiendrons jusqu'à ce
que nous ayons trouvé un procédé, tout en maintenant nos conditions de travail, d'arriver au suprême éclat de quelques cristaux
anglais. »

Cette supériorité des cristaux anglais aux Expositions de 1851
et 1862 n'a pas été aussi sensible à l'Exposition de 1867. Certains
cristaux français pouvaient être mis en parallèle avec ceux de
l'Angleterre, mais nous maintenons encore que c'était l'exception,
et que la masse des cristaux anglais était remarquable par un
plus grand éclat.

La plupart des cristalleries anglaises ne fondant qu'une fois
par semaine les pots de chaque four, il en résulte naturellement
que la quantité de houille consommée chaque semaine s'applique
à la production d'une moindre quantité de cristal ; mais le prix
de la houille étant, en Angleterre, de beaucoup inférieur à ce
que payent la plupart des cristalleries françaises, ce point ne
constitue pas pour le fabricant anglais une plus grande dépense.

Pour le four à six pots que nous prenons pour base de nos
calculs, on peut consommer, dans les sept jours de la semaine,
vingt tonnes de charbon de terre, s'il est de bonne qualité ; si,
dans cette semaine, on a fondu et travaillé quatre fois toutes
les potées de 500 kilogrammes de composition, matière première et groisils, produisant 240 kilogrammes de cristal à livrer
au commerce, soit 1,440 kilogrammes pour chaque tournée,
5,760 kilogrammes pour quatre tournées d'une semaine auront
exigé une consommation de 20,000 kilogrammes de houille, soit
347 kilogrammes de houille pour 100 kilogrammes de cristal
livré au commerce. Si le travail portant sur des pièces donnant
plus de déchet en groisils, n'a produit que 5,000 kilogrammes à
livrer au commerce, il en résultera que 100 kilogrammes auront
consommé 400 de houille. Si, au lieu de faire quatre tournées
seulement, on a fait quatre tournées et demie de tous les pots
comptés pour 240 kilogrammes, alors la production sera de

6,480 kilogrammes, et chaque 100 kilogrammes de cristal livré au commerce aura consommé seulement 310 de houille.

Si, au lieu de 240 kilogrammes sur chaque potée, on a obtenu une moyenne de 300 kilogrammes de cristal travaillé, soit pour une tournée 1,800 kilogrammes et pour quatre tournées 7,200 kilogrammes, on aura consommé 277 kilogrammes de houille pour 100 de cristal produit, et pour quatre tournées et demie, les 8,100 kilogrammes de cristal produit auront dépensé en nombre rond 247 kilogrammes de houille pour 100 de cristal.

Ces conditions de consommation de combustible se trouvent notablement modifiées par les fours à gaz du système Siemens, dont nous avons parlé, pages 162 et suivantes, et qui produisent une économie notable de combustible; nous avons dit aussi que l'habile administrateur de la cristallerie de Saint-Louis, M. Didierjean, avait amené des modifications à ce système qui lui permettent de fondre le cristal à pot ouvert avec les gaz produits par la houille, et de telle sorte que, la fonte s'accomplissant comme dans les fours à bois anciens, il a pu revenir au mode de fonte et travail alternatifs opérés dans les vingt-quatre heures : nous énonçons le fait, qui nous a été communiqué par M. Didierjean, mais ce progrès n'étant encore qu'un cas particulier, nous baserons nos descriptions et nos calculs sur la marche encore suivie dans presque toutes les cristalleries.

Travail du cristal. — Nous allons à présent passer en revue les opérations par lesquelles on donne au verre toutes les formes que l'on peut désirer, ce que nous tâcherons de faire avec le plus de clarté possible, en accompagnant nos explications d'*illustrations* qui les feront mieux comprendre; nous nous bornerons, bien entendu, à un nombre assez restreint de pièces, mais au moyen desquelles toutefois on pourra se rendre compte de toutes celles qui pourront se présenter. Cette partie de notre travail est principalement destinée aux personnes qui ne connaissent pas le travail des verreries; l'ouvrier verrier ne viendra certes pas y apprendre son métier, mais, comme nous y joindrons les dessins de l'outillage, nos successeurs pourront se rendre compte aussi du mode de trayail usité de nos jours, qui, nous devons le dire, ne diffère guère de ce qu'il était du temps d'Agricola, ainsi que nous le pouvons constater dans les illustrations de son ouvrage, et de ce qu'il était probablement bien des siècles auparavant.

Quoique nous ayons, au livre Ier, énoncé les propriétés générales du verre, nous dirons encore quelques mots de celles sur
lesquelles est principalement fondé le travail de cette merveilleuse substance.

Le verre, cette matière si dure que l'acier ne peut l'entamer,
est à la fois si cassant, que le moindre choc le brise en éclats, et
cependant, ramolli par la chaleur, il devient peut-être la substance
la plus ductile et la plus plastique qui soit connue ; en cet état,
il se file aussi bien qu'aucun métal, il se moule comme une pâte,
et il n'existe aucun corps qui se soude aussi solidement : sa ductilité, qu'on ne doit pas confondre avec la malléabilité, rend le
verre propre à recevoir toutes les formes.

Le verre fondu et encore rouge ne s'attache pas aux corps
froids ; l'eau qu'on jette dessus ne s'y étale pas, elle y reste à
l'état sphéroïdal, comme sur le fer rouge. On peut donc mettre
un corps froid dans le verre chaud sans que ce dernier contracte
aucune adhérence ; cela donne le moyen de le prendre dans des
poches en fer, de le couler sur des tables de métal et dans des
moules sans qu'il s'y attache.

Le verre chaud, mis en contact avec des corps également
chauds, s'y attache d'autant plus fortement que la température
est plus ou moins élevée de part et d'autre ; par là on parvient à
le cueillir dans les pots avec la canne ou avec les pontils. C'est
par cette propriété du verre chaud de se souder au verre chaud
qu'on forme des vases de plusieurs pièces rapportées ; c'est aussi
à l'aide de cette propriété qu'on tient les pièces de verre pour
les façonner au tour au bout du pontil, comme nous le verrons
bientôt [1].

Le verre s'étend par le soufflage pour ainsi dire indéfiniment,
en telle sorte que si on souffle une petite quantité de verre très-

---

[1] Cette propriété du verre très-chaud d'adhérer à un autre morceau de verre
est employée dans les verreries dans une circonstance particulière. Il arrive parfois que les ouvriers sont blessés par de petits éclats de verre, trop minces pour
qu'on les retire facilement; cela arrive surtout aux gamins, marchant souvent
pieds nus sur la place. Dans ce cas, on prend dans le pot, avec une canne ou un
pontil, une pelote de verre incandescent, et, au moment où elle sort du four, on
frappe avec cette pelote la partie où est l'éclat du verre, ayant eu la précaution
de mouiller la place auparavant; le verre incandescent s'attache au tesson de verre
et l'enlève, sans brûler la chair, à cause de la promptitude du choc et de la précaution d'avoir mouillé.

chaud assez rapidement pour qu'il n'ait pas le temps de se refroidir pendant sa distension, l'on forme une boule très-volumi-
neuse qui finit par éclater en une infinité de fragments tellement
fins, qu'ils nagent pour ainsi dire dans l'atmosphère, où ils
obéissent aux courants d'air, et qu'ils ne sont visibles qu'autant
qu'ils présentent à quelques rayons lumineux leur surface inclinée,
devenant ainsi visibles par la réflexion de ces rayons.

Cette ductilité du verre permet, comme nous avons dit au
livre Ier, de le tirer en fils, soit massifs, soit tubulaires, d'une
ténuité extrême. On sait que les étoffes de verre étaient composées de fils minces tirés sur un rouet. Si le verre est très-
chaud, le rouet tournant très-rapidement, le verre atteindra
une finesse plus grande encore que celle de la soie ; et si, au lieu
d'un cylindre massif de verre, c'est un tube que l'on étire ainsi,
il pourra être réduit à la même ténuité, et chaque fragment de
ce fil aura conservé sa forme tubulaire, ainsi qu'on pourra s'en
convaincre au microscope.

Les différentes compositions de verre font varier un peu les
propriétés que nous venons d'énoncer ; c'est ainsi qu'un silicate
de soude et de chaux, et surtout un silicate de potasse et de chaux,
conservent bien moins longtemps leur ductilité que le silicate de
plomb et de potasse ; il en résulte qu'on est obligé de travailler les
deux premiers plus promptement et à une température plus élevée
que le dernier ; mais ce ne sont que des différences, et l'on retrouve
dans tous les verres les propriétés qui caractérisent cette éton-
nante substance et sur lesquelles sa manipulation est basée.

Avant d'entrer dans l'explication relative au travail de diverses
pièces qui devront servir comme types pour toutes les autres,
nous donnerons une description sommaire des principaux outils
des verriers. Dans les livres précédents, nous avons eu occasion
de relater déjà l'emploi d'un assez grand nombre d'ustensiles de
verrerie, mais ce chapitre-ci étant plus spécialement consacré aux
verres de formes variées, nous devons nous arrêter davantage
aux moyens par lesquels on produit ces formes.

Canne. — Nous ne reviendrons pas sur la description de la canne
ou *felle*, qui a été faite dans les livres précédents ; nous dirons
seulement que les cannes pour le cristal ont généralement de
1^m,30 à 1^m,80 de long et une grosseur proportionnée. L'extrémité qui doit plonger dans le verre est renforcée ; c'est le *mors*

de canne, et on appelle aussi mors de canne les morceaux de verre qui ont adhéré à la canne.

Pontil. — Le pontil est une espèce de tringle ou baguette pleine en fer qui sert à cueillir aussi du verre, mais seulement la quantité nécessaire pour attacher ou *empontiller* une pièce de verre quand l'ouvrier la détache de la canne. — Les pontils varient aussi de dimensions ; ils sont de 1^m,30 à 1^m,80 de longueur sur un diamètre proportionné. L'extrémité à laquelle est attaché le verre est aussi un peu renforcée.

Cordeline. — La cordeline est une baguette de fer à peu près semblable au pontil, mais plus mince ; elle sert à puiser dans les pots de petites quantités de verre, par exemple pour des pieds de verre, pour des cordons de carafe, des anses d'aiguière ou de carafe à huile ou autres.

Banc. — Le banc (fig. 100) sur lequel l'ouvrier s'assied pour tra-

Fig. 100.

vailler est garni de deux bras ou *bardelles,* un peu inclinés en avant, s'allongeant parallèlement entre eux. Ces bardelles sont bordées sur le côté d'une bande de fer qui les dépasse un peu ; ces bardelles sont les supports du *tour* sur lequel l'ouvrier façonne ses pièces ; c'est sur elles qu'il pose sa canne et la roule de la main gauche, tandis qu'avec les outils qu'il tient de la main droite il façonne, il *tourne* la pièce qui est au bout de la canne ou du pontil. Au delà du bras droit du banc, il y a un prolongement à ce banc sur lequel l'ouvrier pose différents outils : ciseaux, com-

pas, etc., et au bout de ce prolongement il y a des crochets auxquels pendent les fers, un seau, enfin tout ce que l'ouvrier doit
avoir sous la main.

Il y a des petites verreries où l'ouvrier, au lieu d'un banc, n'a
qu'un tabouret, et il a sur les cuisses des planchettes qui s'y lient
avec des courroies ; c'est sur ces planchettes qu'il roule sa canne
ou son pontil. Cela a beaucoup de désavantages et n'a que le
mince avantage de contenir un plus grand nombre d'ouvriers
dans un moindre espace.

Fers. — Les fers dont le dessin est ci-contre (fig. 101) sont un

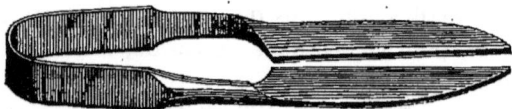

Fig. 101.

des outils les plus essentiels du verrier. Ils sont faits d'un fer
extrêmement doux et doivent être maintenus très-propres, pour
ne pas rayer le verre ni le salir ; le ressort qui est la tête des fers
doit être assez fort pour qu'ils se tiennent ouverts d'eux-mêmes ;
l'ouvrier tient les fers par le milieu des branches et se sert tantôt
de la tête des fers pour opérer une pression plate, tantôt de l'extrémité des branches qui lui servent aussi à trancher le verre par
une pression anguleuse ; on peut dire qu'il en fait le même usage
que le potier fait de ses doigts quand il modèle ses pièces sur le
tour ; c'est avec ses fers qu'il ouvre une paraison, qu'il l'allonge
ou la raccourcit, qu'il lui donne enfin toutes les formes.

Fers à lames de bois (fig. 102). — Ceux-ci diffèrent des précé-

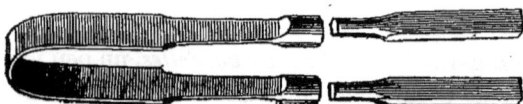

Fig. 102.

dents en ce que les branches sont plus courtes et terminées par des
douilles dans lesquelles on entre de petites tiges carrées en bois
doux, hêtre, par exemple ; on conçoit que la pression de ces
lames de bois ne raye pas le verre, et on s'en sert principalement
pour arrondir une forme, ouvrir une paraison, achever le bord

d'un vase, etc. Quand les lames en bois, qui se brûlent peu à peu et qu'on éteint dans l'eau chaque fois qu'on les a appliquées sur le verre, sont hors de service, le gamin les remplace par une autre paire.

Ciseaux (fig. 103). — Les ciseaux servent à couper le verre, quand il y a dans une paraison des parties trop allongées. Tous les bords des gobelets, des verres et des autres pièces un peu évasées sont coupés aux ciseaux ; on réchauffe ensuite la partie coupée, pour lui rendre le poli du feu.

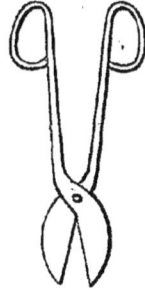

Pincettes (fig. 104). — Les pincettes servent à saisir et à prendre les pièces de verre ; il y en a de plusieurs formes. Nous donnons ci-contre la plus usuelle ; c'est avec des pincettes que le verrier façonne l'anse d'un vase et qu'il aplatit des têtes de bouchons. La pincette, dans les anciennes verreries, avait un rôle très-important ; on faisait

Fig. 103.

alors une foule de pièces qu'on appelait *ouvrages à la pincette ;* c'étaient des cordons rapportés sur les flancs de carafes ou de toutes autres pièces, et façonnés en festons, fleurs, des petites anses contournées unissant la coupe d'un verre à boire avec son pied ; on trouve des exemples de ces pièces *à la pincette* dans les cabinets d'amateurs. Ces ouvrages ne témoignent pas toujours d'un goût très-pur dans les pièces d'ancienne verrerie française ou allemande, mais dénotent toutefois une certaine originalité et surtout une grande adresse des ouvriers.

Palette (fig. 105). — La palette est en fer et sert à appuyer sur le fond d'une pièce pour l'aplatir pendant qu'on roule sur le côté de la pièce les fers avec lesquels on appuie aussi. C'est le gamin qui tient la palette suivant l'indication de l'ouvrier.

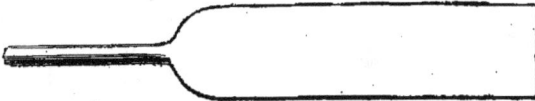

Fig. 104.

Fig. 105.

Planchette. — Elle a le même usage et la même forme que la palette en fer que nous venons de décrire, mais, ainsi que son nom l'indique, elle est en bois ; on s'en sert plus encore que de la palette, comme donnant une pression plus douce, ne refroidissant et ne *marbrant* pas le verre comme la palette en fer.

Compas (fig. 106). — Les compas servent à prendre les diffé-

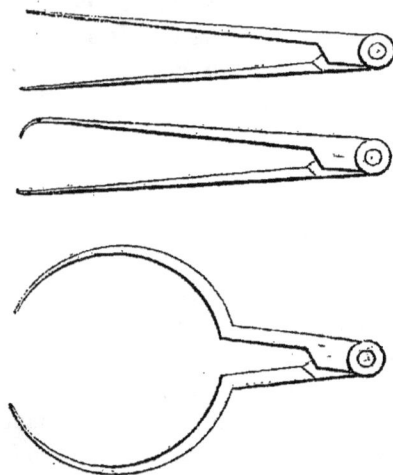

Fig. 106.

rentes dimensions. Il y a des compas de diamètre et des compas de longueur ; nous donnons ci-contre des exemples de plusieurs sortes de compas.

Profils et mesures de bois (fig. 107). — Ce sont de petites planchettes très-minces dans lesquelles on a découpé le profil d'un verre ou d'un vase, ou seulement fait des entailles pour fixer sa hauteur, son ouverture ; ces mesures, approchées du vase pendant que l'ouvrier le travaille, lui servent de guide pour ne pas s'écarter des dimensions demandées. Quand le profil doit s'appliquer à une pièce très-courante, très-demandée, comme certains verres, on fait ce profil en tôle.

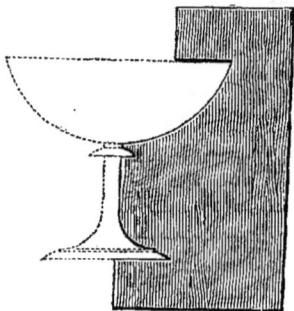

Fig. 107.

Fusée (fig. 108). — La fusée est un cône allongé emmanché d'une tige de fer ; elle sert quelquefois pour préparer des anneaux qu'on modèle sur sa circonférence à la grandeur voulue ; mais plus souvent pour agrandir et arrondir des ouvertures ou tubulures faites à des vases.

Fig. 108.

Moules. — Les moules pour l'usage des verreries sont aussi variés que peuvent l'être la forme et la grandeur des pièces qu'on veut mouler ; nous ne parlerons pas ici des moules destinés à laisser une empreinte sur le verre, à simuler des tailles ou autres ornements. Nous nous étendrons à cet égard quand nous parlerons du travail des cristaux moulés : nous ne mentionnerons ici que les moules ordinaires qui facilitent le travail ordinaire des pièces soufflées, tels que les moules que nous avons vus employés pour les fonds de bouteilles (liv. IV), et dans lesquels l'ouvrier commence à *carrer* le fond d'une paraison destinée à former une carafe ou un gobelet, et ceci nous amène à parler d'un perfectionnement très-essentiel dans le travail du verre et du cristal qui existait très-anciennement en Allemagne, et qui n'a été importé en France que depuis l'année 1835.

Ce n'est guère que de nos jours que commencèrent les visites internationales d'usines. Les fabricants de chaque pays, confiants dans leurs douanes prohibitives, se souciaient généralement peu du mode de travail des étrangers ; cependant il vint heureusement un temps où l'éveil des concurrences étrangères commença à exercer sa salutaire influence ; les efforts des associations pour la défense du travail national en Angleterre, en France, en Allemagne, associations qu'on aurait pu qualifier d'associations contre les consommateurs nationaux, ne donnèrent plus une sécurité suffisante aux chefs d'industrie ; on commença à s'inquiéter du mode et des conditions de travail des étrangers. A l'époque dont nous avons parlé, tous les voyageurs qui revenaient des eaux d'Allemagne en rapportaient ces mille produits, variés de forme et de couleurs, de l'industrie verrière de Bohême, prohibés par la douane, mais dont chaque voyageur avait la faculté de rapporter quelques échantillons par *tolérance*, et avec un droit excessivement élevé. La contrebande avait aussi réussi à en introduire dans les magasins ; l'attention fut donc appelée sur cette fabrication ; plusieurs directeurs de cristalleries françaises allèrent

visiter les verreries de Bohême, et le résultat le plus saillant de
leur voyage fut l'importation du moulage en bois.

En Allemagne, nous l'avons dit, on ne travaille que du verre
alcalin (silicate de potasse et de chaux). Ce verre est raide, il ne
se prête pas facilement au soufflage et au tour, il faut le travailler vite ; et alors, au lieu de donner les formes sur le tour
(les bardelles du banc) par la pression des fers, toutes les pièces
sans exception sont faites dans un moule en bois ; l'intérieur de
ce moule représente exactement la pièce qu'on veut fabriquer ;
il est composé de deux parties s'assemblant à charnière, et aux
côtés opposés aux charnières sont deux leviers qui servent à ouvrir et fermer le moule. Quand un souffleur a fait sa paraison
approchant de la dimension voulue, il vient au moule, que le gamin ouvre ; le souffleur introduit la paraison, le gamin ferme
fortement le moule, et le souffleur souffle dans la canne en la
tournant sur elle-même pour que les jointures du moule ne laissent aucune trace sur la pièce soufflée. La pièce plus ou moins
compliquée, gobelet, carafe ou vase, se trouve ainsi terminée ;
seulement, elle est surmontée d'une calotte intermédiaire entre le
moule et la canne ; quand la pièce est recuite, on enlève cette
calotte avec un fer rouge et on *flette*[1] sur une meule plate le bord
de la pièce, gobelet, carafe ou vase.

Les verriers allemands avaient introduit ce mode de travail,
parce que leur verre étant très-dur, très-long à réchauffer, la
façon d'un gobelet, qui est la pièce la plus simple cependant,
qu'il fallait prendre au pontil, réchauffer, rogner et ouvrir, prenait beaucoup de temps ; on ne pouvait donc en fabriquer qu'un
petit nombre en un temps donné, les pots ne se vidaient pas
rapidement ; tandis qu'en les moulant dans un moule en bois,
on faisait plus que tripler la rapidité d'exécution et de l'épuisement du creuset, et quant au travail subséquent du flettage, il
n'entraîne qu'une dépense relativement minime. Nous reviendrons
plus tard sur ce travail au moule en bois ; qu'il nous suffise de
dire ici que, bien qu'il ne fût pas précisément dans le travail du
cristal d'une importance aussi grande que pour le verre de
Bohême, toutefois cette importation a été très-féconde en résul-

---

[1] *Fletter*, en termes de verrerie, est synonyme de *planer*.

tats, a rendu beaucoup plus économique le travail de la plupart des pièces, et a permis ainsi d'en diminuer le prix.

L'adoption des moules en bois dans les cristalleries n'a pas constitué seulement une modification, mais une réelle transformation du travail.

Piston Robinet. — Le piston Robinet est un petit cylindre en fer-blanc ou en laiton de 34 à 40 centimètres de long sur 6 à 8 de diamètre, fermé par un bout, et dans l'intérieur duquel se trouve un ressort spiral en fer ; à sa partie inférieure est un piston en bois percé de part en part par une ouverture centrale, garnie de cuir et retenue par une fermeture à baïonnette. L'embouchure de la canne étant mise contre l'ouverture du piston, qui s'y adapte exactement, on comprime par une pression brusque l'air contenu dans le cylindre, qui se trouve ainsi injecté rapidement et avec force dans la pièce qu'on veut fabriquer. Ce piston a été inventé en 1821 par *un jeune ouvrier souffleur de Baccarat nommé Robinet*, qui, atteint d'une phthisie pulmonaire, remplaça par cet outil ingénieux les poumons qui lui faisaient défaut. On fabriquait alors beaucoup de gobelets, de carafes et autres pièces ayant au fond une moulure à côtes qui, pour être fortement imprimée, exigeait un souffle puissant pour faire pénétrer le verre dans les anfractuosités du moule. On conçoit, dès lors, l'emploi de cet instrument. Son action s'exerce dans l'intérieur d'une pièce qui est déjà à peu près soufflée à sa dimension, mais dans laquelle on veut que l'air exerce une pression très-forte et rapide, c'est-à-dire avant que le verre ait eu le temps de se refroidir, pour forcer par cette pression ses molécules à s'introduire jusqu'au fond des ciselures du moule.

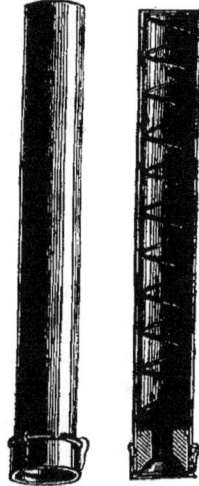

Fig. 109.

Blocs. — Les blocs, dont nous avons déjà vu l'usage au livre II, sont des morceaux de bois où l'on pratique des cavités pour y rouler le verre, au moment où on vient de le cueillir et de le marbrer. En roulant le verre dans le bloc, on commence à lui donner la forme d'une boule ou d'une poire ; il y a beaucoup de verriers qui n'emploient jamais le bloc, mais seulement le marbre.

Marbre. — Le marbre est une plaque de fonte bien polie sur laquelle on roule la paraison quand on l'a cueillie. Le marbre a généralement de 35 à 50 centimètres de large sur 30 à 35 de long et 12 à 15 millimètres d'épaisseur. Il y en a de plus grands encore pour marbrer les très-grosses paraisons destinées à de grandes pièces ; il y a aussi de petits marbres, qui servent de fond aux moules de bois ; il y en a toujours plusieurs sous la main de l'ouvrier, pour ses différentes opérations.

Ferrasses. — Ce sont de petites caisses de tôle de 35 à 40 centimètres carrés, ayant un rebord de 6 à 8 centimètres ; elles sont au pied du banc de l'ouvrier, et reçoivent les morceaux de verre qu'on a coupés des pièces pendant le travail. Ces fragments, de cette manière, ne traînent pas sur la place, et ne se salissent pas ; on peut les employer directement dans la composition.

Cachon. — Le cachon est un grand coffre en bois dont le fond est doublé en tôle et dans lequel le gamin dépose la canne, quand la pièce en a été détachée et soudée au pontil. Si le nombre de cannes est suffisant, le verre qui est au mors de la canne a eu le temps d'éclater ou de se détacher, quand revient son tour d'être réchauffée pour servir ; mais, le plus souvent, il reste encore quelques fragments de verre sur le mors : alors le gamin, enlevant la canne de la main gauche, pose le mors sur une barre transversale dont est muni le cachon, et frappant ce mors avec le fer à battre qu'il tient de la main droite, il en détache tous les fragments de verre. C'est le verre de ces cachons qui est porté après le travail au groisilleuses, pour en opérer le triage.

Râbles. — Ils servent à écrémer le verre, au commencement du travail et quand il devient filandreux par le résultat du cueillage.

Baquets. — Il y a aux extrémités des places de grands baquets pleins d'eau propre, dans lesquels les souffleurs jettent le verre des écrémaisons, afin qu'il se brise en morceaux et soit plus propre à être refondu. Le verre du fond de ces baquets est également porté aux groisilleuses, qui en extrayent les impuretés qui peuvent s'y trouver.

Ces baquets servent aussi pour le tirage à l'eau du verre d'un pot, lorsqu'on s'aperçoit qu'il coule par une fente, et aussi pour le tirage à l'eau des fonds de pots.

Servantes (fig. 110). — Sont des espèces d'écrans faits en planches, quelquefois en terre réfractaire, dont les ouvriers se servent pour se garantir partiellement du feu de l'ouvreau. On ajuste sur ces servantes des crochets qui servent à soutenir les cannes ou pontils, quand on chauffe la pièce à l'ouvreau.

Crochets (fig. 111). — Les ouvriers ont aussi des crochets massifs en fonte qui servent à soutenir les cannes ou pontils des pièces qu'on présente à l'ouvreau. Lorsqu'il s'agit du travail de grandes pièces, ces crochets sont portés sur quatre roulettes, glissant sur deux rails, de manière à pouvoir être éloignés ou rapprochés de l'ouvreau, à la volonté de l'ouvrier.

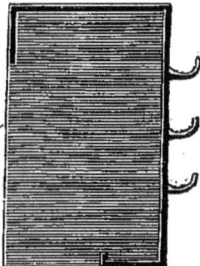

Fig. 110.

Fig. 111.

Ayant ainsi décrit la plus grande partie des outils dont se servent les ouvriers verriers, nous allons indiquer par quels moyens ils parviennent à donner au verre toutes les formes qu'il peut comporter, autant du moins qu'on peut le faire avec le secours de quelques figures, et persuadé toutefois que nous ne pouvons donner qu'une idée bien imparfaite aux personnes qui n'ont pas vu de leurs propres yeux ce tableau magique du travail d'une verrerie.

Chaque pièce de cristal ou verre est fabriquée au moyen du concours de plusieurs ouvriers, formant une *place*. Il y a, pour travailler tout le verre d'un four, un certain nombre de places proportionné à la grandeur du four ; le four à bois à six pots de 500 kilogrammes comporte six places, travaillant onze heures avec une pose d'une heure. Un four à houille de six pots de 500 kilogrammes peut comporter également six places, mais divisées en deux brigades de trois places, se relayant de six en six heures, sans interruption pendant toute la semaine. Chaque place est composée d'un ouvreur, qui est le chef de place, d'un premier souffleur, d'un deuxième souffleur, d'un grand gamin et d'un petit gamin. Le petit gamin a le département des cannes : il les chauffe, les met au cachon, les bat, et ordinairement porte à l'arche à recuire les pièces fabriquées.

Le grand gamin apporte le pontil, chauffe la pièce empontillée, pendant que l'ouvreur termine la précédente. C'est le grand gamin qui cueille les cordons, les anses.

Le deuxième souffleur cueille le verre en plusieurs cueillages, commence à le marbrer et à le souffler ; le premier souffleur commence à donner les formes, et, pour certaines pièces, les empontille.

L'ouvreur, ainsi que son nom l'indique, ouvre les pièces ; il y en a beaucoup qui ont besoin de subir entre ses mains une certaine main-d'œuvre avant d'en venir à l'ouverture du bord, qui est la dernière opération. Comme le principal but à atteindre dans le travail est de produire la plus grande quantité de pièces en un temps donné, de vider le plus rapidement possible un pot fondu, on a augmenté le personnel que nous venons d'indiquer et, au lieu de cinq, on a porté à huit et quelquefois à dix, le nombre des coopérateurs de chaque place. Il y a un gamin qui ne s'occupe que du chauffage des cannes, un autre qui porte à l'arche les pièces fabriquées ; il y a, en outre, un gamin pour les moules, un grand gamin pour les cueillages, un autre pour les pontils.

Ainsi que nous l'avons dit au livre Ier, et que nous l'avons indiqué pour chacune des sortes de verre dont nous avons parlé, tout verre travaillé a besoin d'être recuit. Il fut un temps, pour le cristal, où cette recuisson s'opérait dans des cylindres en terre fermés par une extrémité, appelés *kulhaven*, qui est le nom allemand de ces vases ; ces *kulhaven* avaient environ 60 à 75 centimètres de long sur un diamètre d'environ 35 à 40. Ils étaient placés dans une arche attenant au four de fusion et chauffée par ce four. A mesure que les pièces étaient achevées par l'ouvrier, le gamin les portait dans un *kulhaven*, dans l'arche. Quand le *kulhaven* était rempli, un souffleur l'enlevait sur une fourche, venait le déposer horizontalement sur un côté de la halle, sur des cendres, le fermait par un couvercle en terre juxtaposé devant son ouverture, et on jetait dessus le *kulhaven*, et en avant du couvercle, de la braise et de la cendre rouge. Au bout de huit à dix heures, on pouvait sortir de ce *kulhaven* les pièces qui y avaient été mises à recuire et qui étaient refroidies. Cette recuisson était suffisante pour des verres, des carafes, et la plupart des pièces qui n'étaient pas trop compliquées. Mais pour les vases un peu grands, épais et composés de plusieurs pièces rapportées, on ne pouvait pas se fier à cette recuisson ; les pièces pouvaient bien en sortir intactes, mais ne supportaient guère, sans se briser, le travail de la taille. Alors, on chauffait à part un four spécial appelé *arche à recuire*, dans lequel on introduisait les pièces fabriquées ; puis, quand il était plein, on fermait la porte, on la calfeutrait avec un mortier d'argile, ainsi que toutes les issues du tisard, et on n'ouvrait cette arche que quand elle était refroidie, ce qui durait de trois à quatre jours. Ces arches devaient être conduites avec une entente parfaite de la température voulue : trop chaud, les pièces se déformaient ; pas assez, la recuisson n'était pas complète.

Depuis longtemps, les *kulhaven* ont été remplacés par des arches à tirer, comme les avaient adoptées depuis bien longtemps les fabricants anglais. Ces arches sont de longues gaînes en briques, où sont ordinairement quatre lignes de rails, pour deux rangées de chariots dits *ferrasses*, portés sur quatre roues. Ces arches sont chauffées seulement à l'une des extrémités, celle par laquelle est introduite la marchandise à recuire. Les chariots ou ferrasses ont généralement de 75 à 80 centimètres de long sur 50 à 60 de large, et sont accrochés les uns aux autres, au moyen d'un anneau d'un côté et d'un crochet de l'autre. A l'extrémité de l'arche, qui a généralement de 12 à 15 mètres de long, se trouve un treuil, au moyen duquel on tire, par une chaîne, le dernier chariot, qui entraîne tous les autres, quand le tireur d'arche a été averti que la ferrasse de tête est pleine.

Ces arches à tirer sont disposées de deux manières ; quelquefois elles tiennent au four et sont chauffées par le four. Ce moyen, sans doute, est économique, mais on ne peut pas se dissimuler que cette arche encombre la halle : il faut que le gamin monte pour mettre les pièces à l'arche ; puis, si le four est hors de service et qu'on passe à un autre four, il faut que ce four ait aussi son arche à tirer. Et d'ailleurs la chaleur de l'arche n'est pas généralement bien réglée par la chaleur excédante du four, il faut ou une grille supplémentaire ou, si l'on se sert de bois, ajouter de

temps en temps des billettes. Il y a des cristalleries qui, toutefois,
ont conservé ce système de recuisson, mais un plus grand nombre ont adopté des arches à tirer indépendantes, placées dans la
halle de manière à pouvoir servir pour deux fours et de plain-
pied avec la halle. Le feu se règle facilement; au lieu d'enfourner
par le côté de l'arche, c'est la façade qui s'ouvre pour donner
passage aux chariots et à la marchandise à recuire. A cet effet,
la grande porte à deux vantaux a, dans chaque vantail, une
petite porte suffisante pour introduire les pièces à recuire (fig. 112),

Fig. 112.

Après ces préliminaires, nous allons entrer dans une description
sommaire du travail :

La pièce la plus simple à faire, en apparence du moins, est une
boule de verre ; on en emploie de très-grandes quantités pour les
lampes. Il paraît fort aisé de faire une boule de verre : il semble
qu'il n'y aurait qu'à souffler dans la canne, comme on fait dans
un chalumeau de paille pour souffler des bulles de savon ; mais
il est, au contraire, assez difficile de souffler une boule bien
sphérique et égale d'épaisseur dans toutes ses parties. Le verre
se refroidit promptement et dans les endroits où il commence à
se refroidir, il ne s'étend plus comme dans les parties qui ont
conservé une haute température. L'ouvrier dont le travail est
entièrement basé sur la malléabilité du verre, a, en même temps,
à combattre les effets de la malléabilité et de la gravité, et l'une
des manœuvres qui nécessite le plus d'habitude est de tourner
continuellement la canne, de manière à ce que l'axe du verre
soit toujours la suite de l'axe de la canne. Cette adresse de
l'ouvrier pour soutenir le verre, en le tournant continuellement

et à propos, est nécessaire pour toutes les pièces à fabriquer ; ainsi, c'est une fois dit pour n'y plus revenir.

Quand le souffleur a cueilli la quantité de cristal voulue, au moyen de deux ou trois cueillages suivant la grosseur de la boule, il continue à tourner sa canne dans une position horizontale, et ramasse ainsi le verre en une masse arrondie, comme l'indique la figure 113, A ; puis il marbre son verre ou le tourne au bloc et souffle un peu, pour faire le commencement de vide qu'on voit dans la figure B. Après avoir encore un peu soufflé, il se met sur son banc, pose la canne sur les bardelles et tranche avec ses fers le verre à 2 ou 3 centimètres plus loin que l'extrémité de la canne, et fait souffler par un gamin qui accompagne avec sa bouche à l'orifice de la canne, pendant que le souffleur la roule sur les bardelles. Le verre est alors parvenu à la forme C ; le souffleur passe alors la canne à l'ouvreur, qui porte la canne à l'ouvreau, pour bien réchauffer toute la paraison, en entrant assez avant dans le four. Quand il juge le verre suffisamment chaud, il sort la canne de

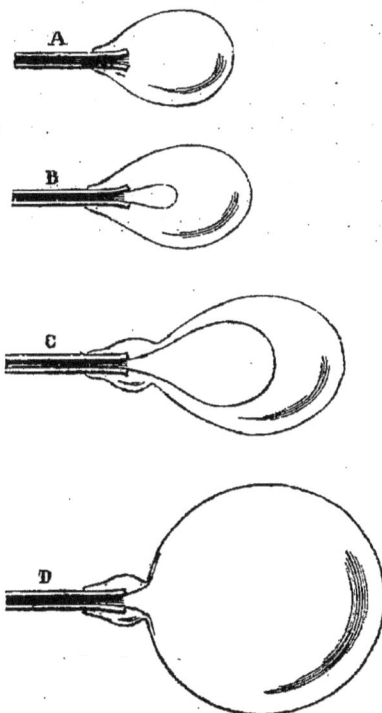

Fig. 113.

l'ouvreau, la met dans une position verticale, pour souffler en l'air le verre, qui prend la forme sphérique. Quand il croit avoir atteint à peu près la dimension voulue, il s'assied, pose la canne sur les bardelles, mesure sa boule avec le compas et achève de l'amener à la dimension exacte (D), en faisant souffler par le gamin de la manière que nous avons vue tout à l'heure. Pendant que le gamin souffle, l'ouvreur suit toujours la boule entre les deux pointes de son compas, et sitôt qu'elle a atteint les deux pointes, il retire lestement la canne de la bouche du gamin, par un retrait horizontal, puis il tranche avec ses fers près de la canne, sur la partie qui avait déjà été tranchée par le souffleur; et quand, par la pression continue de ses fers, il voit que le verre a commencé à être glacé, il n'a qu'à poser la boule sur une planchette à rebords, donner un léger choc sur la canne : la boule s'en détache et le gamin la porte au four de recuisson.

Pour faire un gobelet [1], le souffleur cueille le verre à l'ordinaire, puis le marbre, le souffle peu à peu en le tenant tantôt horizontalement, tantôt en levant sa paraison en l'air pour que le verre se partage mieux et ne diminue pas trop d'épaisseur du côté qui sera le bord, le souffle de nouveau en le rabaissant et frappant légèrement le fond sur un marbre à terre, ce qui s'appelle *pomper ;* puis il s'assied, tranche son verre près de la canne avec les fers en AA (fig. 114) et carre le fond de son gobelet au

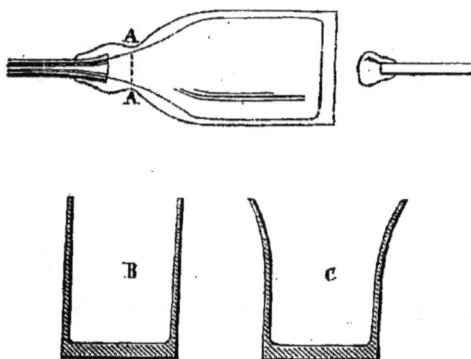

Fig. 114.

moyen de la pression de ce fond contre la palette que présente le gamin, et quand le fond a atteint le diamètre voulu, il met le gobelet au pontil. A cet effet, le gamin approche le pontil garni d'un peu de verre, le souffleur saisit ce pontil avec la pincette, pose le verre du pontil au centre du fond, et, mouillant légèrement sa pincette, il l'applique sur le verre non loin de la canne :

---

[1] En nomenclature de verrerie, le gobelet diffère du verre en ce que celui-ci a une jambe et un pied.

une fente s'opère, le souffleur donne un petit choc à la canne, la fente s'étend tout autour, la paraison se détache de la canne et reste attachée au pontil ; le gamin l'enlève, la porte à l'ouvreau et alors l'ouvreur prend le pontil. Quand la partie détachée de la canne est suffisamment ramollie, il tire la pièce de l'ouvreau, s'assied, pose sa canne sur les bardelles, et la roulant lentement de la main gauche, il coupe de la main droite avec les ciseaux la paraison à la hauteur voulue, réchauffe de nouveau, revient sur son banc, et avec ses fers à lames de bois il ouvre le gobelet de manière à lui donner la forme cylindrique B ou la forme évasée C.

Le gobelet étant ainsi terminé, l'ouvrier le détache du pontil en posant le gobelet sur une forme en terre et donnant un petit choc sur le centre du pontil ; puis le gamin le porte à l'arche de recuisson.

On conçoit que toutes ces opérations se font de telle sorte que chaque ouvrier est constamment occupé, les souffleurs à cueillir et à souffler pendant que l'ouvreur achève. L'ouvreur n'a même pas à tenir le gobelet empontilé à l'ouvreau : c'est un gamin qui le réchauffe et l'apporte à l'ouvreur pour le couper et l'achever ; et c'est ainsi qu'une place arrive à faire environ cent gobelets d'une grandeur ordinaire à l'heure.

Quelquefois, au lieu de carrer le fond du gobelet à la palette, comme nous l'avons dit, le souffleur le carre dans un moule.

La fabrication d'un verre à pied (fig. 115) est déjà plus com-

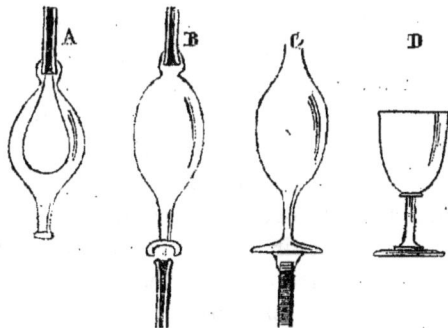

Fig. 115.

pliquée ; le souffleur cueille d'abord le verre pour la coupe, il marbre ce verre, le souffle ; puis, roulant cette paraison sur les

37

bardelles, il forme avec ses fers une petite ballotte (fig. A) qui lui
sert à saisir le verre et à allonger une jambe toujours en tournant.
Quand cette jambe a la proportion voulue, il tranche la ballotte
et la détache par un petit choc. Durant ce temps, le gamin avait
cueilli un peu de verre et soufflé une petite boule ; il l'approche
de la jambe, où elle est soudée par le souffleur (fig. B), en appuyant l'une contre l'autre pendant que la température est assez
élevée ; il tranche la petite boule près de la canne du gamin, l'en-
tr'ouvre un peu pour introduire ses ciseaux et la rogner à la grandeur voulue. Ordinairement il n'a pas besoin de la rogner, la
petite boule doit avoir été soufflée, tranchée à des mesures pré-
cises. Le souffleur va chauffer à l'ouvreau, puis revient ouvrir le
pied, met le verre au pontil (fig. C), le détache de la canne, puis
le gamin le porte à l'ouvreau, et c'est l'ouvreur qui le termine,
c'est-à-dire qu'après avoir chauffé le bord du verre, il le rogne,
le réchauffe et l'ouvre avec ses fers. Beaucoup d'ouvriers, et ce
sont les meilleurs — au lieu de revenir à leur banc pour rogner
le verre, ce qui prend du temps et permet au verre de se refroidir — sortent seulement le verre de l'ouvreau, et tenant le
pontil légèrement incliné, rognent avec les ciseaux de la main
droite pendant que la main gauche tourne à mesure le pontil.
Quand le verre est ouvert et à la mesure, l'ouvrier le détache
(fig. D) du pontil par un petit choc, et le gamin le porte à
l'arche.

Nous devons dire ici, et cela s'appliquera à la fabrication de
toutes les autres pièces de cristal, que la principale qualité de
l'ouvreur consiste à tirer parti le plus possible, pour l'ouverture
des pièces, de la force centrifuge agissant sur le verre à l'état
pâteux ; quand la coupe du verre a été chauffée à l'ouvreau,
l'ouvreur, revenant à son banc et roulant plus ou moins rapidement la canne sur les bardelles, cette coupe se développe et
s'ouvre d'elle-même par cette force centrifuge. L'ouvrier n'a pour
ainsi dire qu'à la contenir légèrement avec ses lames de bois ;
moins il touchera le verre avec ses fers, moins surtout il forcera
intérieurement avec ceux-ci, plus la pièce sera limpide.

Au lieu d'un pied soufflé, on met quelquefois un pied massif ;
pour cela, quand la jambe est tirée comme nous l'avons vu, le
gamin, au lieu d'apporter une petite boule soufflée, a cueilli un
peu de verre avec une cordeline ; il approche ce verre de l'extrémité

de la jambe, le souffleur l'y attache, tranche la quantité qui lui est nécessaire, et, tournant assez rapidement sa canne sur les bardelles, il façonne avec ses fers ce petit fragment de verre chaud de manière à former le pied du verre.

Dans la plupart des verres de luxe, la jambe n'a pas été tirée sur le fond de la coupe, mais rajoutée. Soit, par exemple, la forme ci-contre (fig. 116); le souffleur cueille le verre pour sa coupe, le marbre, souffle, et enfin donne la forme de la partie A (fig. 116). A ce moment, le gamin lui apporte du verre sur la cordeline; il l'approche du fond de la coupe, en tranche la quantité qu'il juge nécessaire, et forme avec ses fers d'abord la petite moulure ou *amolisse* B (en terme de verrerie), puis la jambe C; il peut aussi, avec ses fers, trancher sur cette jambe plusieurs moulures, ainsi qu'on le voit ci-contre. La jambe étant faite de l'une ou l'autre manière, le

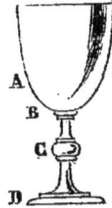

Fig. 116.

gamin apporte avec la cordeline un nouveau morceau de verre que le souffleur attache à l'extrémité de la jambe et avec lequel il tourne le pied, puis il met au pontil, et le reste s'opère comme nous l'avons dit précédemment.

Nous devons mentionner ici un perfectionnement qui a eu pour but d'éviter l'empontillage qui laisse toujours sous les pieds un restant de verre qu'il faut effacer à la roue de tailleur : on se sert à cet effet d'un pontil dont l'extrémité est composée de deux disques en fer tenus rapprochés au moyen d'un ressort qui est dans la tige du pontil. Le gamin, en tirant le ressort, éloigne les deux disques, ce qui permet d'introduire le pied du verre entre ces deux disques, entre lesquels il se trouve tenu par la pression du ressort ; l'ouvrier termine alors la coupe du verre, c'est-à-dire le rogne et l'ouvre ; puis, tirant le ressort, les deux disques s'éloignent, et il dépose le verre sur la planchette que lui présente le gamin, qui le porte à l'arche de recuisson.

Un autre perfectionnement a été introduit à la cristallerie de Baccarat dans la fabrication des verres ; il a pour base le mode d'opérer des verriers de Bohême, qui, ainsi que nous l'avons dit, soufflent la coupe du verre dans un moule en bois, y attachent la jambe et le pied, le détachent sans le prendre au pontil, et le portent ainsi à l'arche de recuisson ; ils enlèvent ensuite la calotte au fer chaud et flettent le bord du verre sur la meule. Le perfectionnement introduit à Baccarat consiste, quand le verre a été recuit, à le rogner à la hauteur exacte qu'il doit avoir, en le tournant sur un plateau horizontal, et dirigeant sur la ligne où doit avoir lieu la section une flamme horizontale, plate et très-fine, de gaz d'éclairage ; la coupe du verre se trouve ainsi échauffée suivant une ligne horizontale très-fine, et, au bout de peu d'instants, l'apposition d'un corps froid comme une petite éponge légèrement humectée, détermine une petite fente qui ne tarde pas à faire le tour du verre et à offrir ainsi une section nette horizontale.

Puis, par une autre application de la chaleur du gaz, on a remplacé le flettage des bords du verre par un rebrûlage au gaz ; à cet effet, l'ouvrier expose peu à peu les bords du verre à la flamme d'un bec de gaz horizontal, et, tournant ce verre à mesure qu'il le voit se rebrûler, ainsi que cela aurait lieu à la flamme de l'ouvreau, l'opération se trouve complétée en peu d'instants.

Cette méthode de faire les verres en évitant l'empontillage est très-avantageuse pour le fabricant, car on fait ainsi dans un même temps plus du double de verres qu'on n'en ferait par l'ancienne méthode, et il ne faut pas perdre de vue qu'il est de la plus grande importance de fabriquer le plus grand nombre de pièces, d'employer le plus de verre possible dans un temps donné.

L'opération subséquente du coupage au fer chaud ou au gaz, et du flettage ou du rebrûlage au gaz, ne peut jamais occasionner une dépense qui puisse entrer en comparaison avec les avantages de la rapidité de l'exécution du verrier.

On a dit qu'il arrivait que des verres coupés et rebrûlés au gaz étaient plus cassants, qu'il s'en détachait quelquefois un anneau ; nous concevons que cela puisse arriver : l'opération demande, en effet, à être conduite avec de grandes précautions, et doit être appliquée surtout à des verres assez minces, mais nous ne pensons pas que quelques accidents doivent condamner la méthode ; si le rebrûlage a été opéré dans des conditions convenables en ne chauffant pas trop subitement le bord du verre, en évitant les courants d'air dans l'atelier où on opère, en prenant enfin toutes les précautions que comporte ce travail, il ne peut manquer de donner de bons résultats.

Nous pensons que le coupage au moyen de la flamme mince et horizontale pourrait être utilement remplacé par l'emploi d'un diamant monté de manière à avoir son action sur la surface convexe du verre.

Les cheminées de lampe, dont le boisseau était autrefois attaché sur un pontil plat qui laissait presque toujours quelques parcelles de verre sujettes à déchirer ou les doigts ou les linges avec lesquels on les nettoyait, à moins que l'on ne flettât ce bord du boisseau, ne sont plus à présent empontillées ; l'ouvrier, après avoir façonné et calibré ce boisseau, incise la cheminée à la longueur voulue, de la même manière que lorsqu'il l'empontillait, c'est-à-dire en posant le plat de sa pincette à la place où il veut la couper. Généralement, la cheminée se trouve ainsi coupée d'une manière nette, il n'y a plus qu'à rebrûler le bord à la flamme du gaz. Si la section est irrégulière, ce qui n'a lieu que pour un petit nombre, alors on les recoupe préalablement à la flamme horizontale.

Les cheminées de lampe, étant ouvertes des deux bouts et soufflées généralement assez minces, n'ont pas besoin de passer à l'arche de recuisson ; il suffit de les déposer sur des cendres chaudes, pour éviter un refroidissement trop subit.

Une carafe à eau nécessite naturellement une plus grosse paraison qu'un gobelet ou un verre, mais, comme on ne peut pas cueillir beaucoup de verre à la fois à cause de son état liquide, on fait ce qu'on appelle une *poste*. Après avoir cueilli deux petits coups de verre, on marbre et on souffle cette poste, puis on replonge la poste dans le verre et on en retire alors tout le verre nécessaire pour la carafe, on marbre le verre, on le souffle, on le tranche près de la canne, on laisse pendre le verre pour allonger le col, puis on réchauffe à l'ouvreau et on donne la forme du fond, c'est-à-dire qu'on carre ce fond, comme nous l'avons vu pour le gobelet ; quand on a carré le fond, on empontille, on glace le col pour le détacher de la canne, le gamin porte à l'ouvreau pour chauffer le col, que l'ouvreur achève en relevant le bord avec ses fers et perfectionnant la forme de l'épaulement avec les lames de bois, si le souffleur ne l'a pas mise exactement aux dimensions voulues. Nous devons dire ici que, depuis l'adoption des moules en bois, le souffleur, au lieu de *tourner* la forme sur ses bardelles, introduit la paraison dans le moule en bois, que le gamin referme, puis il souffle en tournant la canne sur elle-même, le gamin ouvre le moule, et le souffleur met la carafe au pontil.

Les carafes à fond plat ou en poire se font de la manière que nous venons d'indiquer. Si la carafe doit avoir des cordons sur le col, l'ouvrier ayant chauffé ce col et retroussé le bord, un gamin apporte sur une cordeline un petit morceau de verre dont l'ouvreur fixe l'extrémité sur le point voulu du col (fig. 117), puis

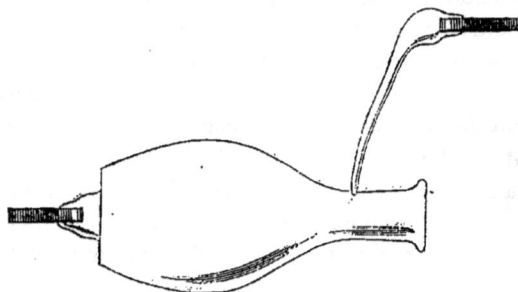

Fig. 117.

tournant sa canne de la main gauche, le verre s'allonge et s'enroule autour du col. Quand ce verre est arrivé au point de départ, l'ouvreur, qui tient le bout de la cordeline avec ses fers, l'écarte par un mouvement rapide, le verre se tranche ainsi de lui-même près du cordon, et l'ouvreur arrondit et façonne ce cordon avec ses fers ; un deuxième, un troisième cordon se posent successivement de la même manière et la carafe est terminée.

Pour faire un vase à pied, forme œuf (fig. 118), le souffleur fait une poste si ce vase doit être d'une certaine grandeur, puis recueille du verre pour faire sa paraison, la marbre, souffle cette paraison en étirant un col comme nous l'avons vu pour la carafe, puis sur ce col forme un cordon au moyen d'un morceau de verre que lui apporte le gamin au bout de la cordeline, et, ainsi que nous l'avons vu pour la carafe à cordon ; quand le souffleur a donné à l'œuf la forme voulue, la pièce passe entre les mains de l'ouvreur, qui corrige, s'il y a lieu, la forme de l'œuf, puis il pose à l'extrémité une petite

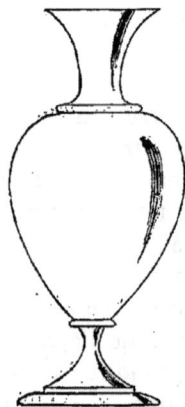

Fig. 118.

amollisse, et procède ensuite à la façon de la jambe et du pied, comme nous l'avons vu pour les verres à pied. Quand le pied est fait et a la dimension voulue, l'ouvreur empontille la pièce, chauffe le col, le rogne avec les ciseaux pour le rendre régulier, jette un cordon sur le bord au moyen d'un autre morceau de verre que le gamin lui apporte, ouvre ce col à l'évasement voulu, détache la pièce du pontil par un petit choc, et elle est portée à l'arche de recuisson. Quelquefois, et surtout pour les très-grands vases, le pied est formé par un autre moyen : pendant que le souffleur fait le corps du vase, le deuxième souffleur cueille avec un pontil un petit morceau de verre dont il façonne une jambe dans la forme voulue ; sur cette jambe il rapporte, à l'extrémité, un morceau de verre chaud que le gamin lui apporte et dont il fait le pied, il tranche le verre en haut de la jambe, met au pontil et détache du précédent pontil.

Le gamin chauffe à l'ouvreau, et quand l'ouvreur a posé l'amollisse à l'extrémité de l'œuf du vase, le gamin approche la jambe contre l'amollisse, l'ouvreur presse l'une contre l'autre, la soudure se fait ; l'ouvreur tranche et détache sa pièce près de la canne, il n'y a plus qu'à finir le col comme nous l'avons vu précédemment.

Pour un vase forme Médicis (fig. 119, D), le souffleur fait sa poste, souffle sa paraison, mais sans tirer un col, il donne à sa paraison la forme A et la pièce passe au premier souffleur. Celui-ci mettant la canne perpendiculaire, l'embouchure en bas, le gamin lui apporte une quantité assez forte de verre qu'il fait couler sur le fond du vase (fig. B), et coupe avec ses ciseaux quand il en a la quantité voulue ; puis, mettant la canne sur les bardelles, il façonne avec la palette de bois d'abord, puis avec ses fers, cette doublure, de manière à lui donner la forme C, puis il pose une amollisse (fig. D), façonne le pied par l'un ou l'autre des moyensque nous avons exposés pour le vase œuf. Il empontille sa pièce, la détache de la canne, chauffe à l'ouvreau, rogne avec ses ciseaux le bord pour le rendre régulier, chauffe de nouveau. et, avec ses fers à lames de bois, développe ce bord et lui donne la forme et la dimension voulues (fig. E).

Pour les carafes à huile, les aiguières avec anses, je n'ai autre chose à décrire maintenant que la manière dont on rogne le col et dont les anses s'attachent. Pour le rognage du col d'abord,

l'ouvrier, ayant un peu évasé le col, coupe avec ses ciseau
cet évasement, ainsi que l'indique la ligne ponctuée de la fi
gure 120, A. On a imaginé récemment de faire un outil, sorte d'em
porte-pièce, qu'on introduit dans le col et qui le tranche suivan

la forme voulue. On conçoit qu'on puisse se servir d'une telle machine pour un modèle donné, dont on fabrique de grandes quantités; mais quand il s'agit d'aiguières ou autres pièces de dimensions et formes variables, c'est l'ouvreur qui doit rogner son col, et qui le fait, du reste, avec adresse et régularité. Quand le bec est coupé, le gamin qui a cueilli un morceau de verre, le marbre et l'allonge de manière à en faire une forme de baguette ou ronde ou carrée, l'apporte en le laissant pendre, l'ouvreur le pose sur le goulot de la carafe au point *a* (fig. 120, B), coupe le verre avec ses ciseaux au point *b*, puis saisissant l'extrémité de

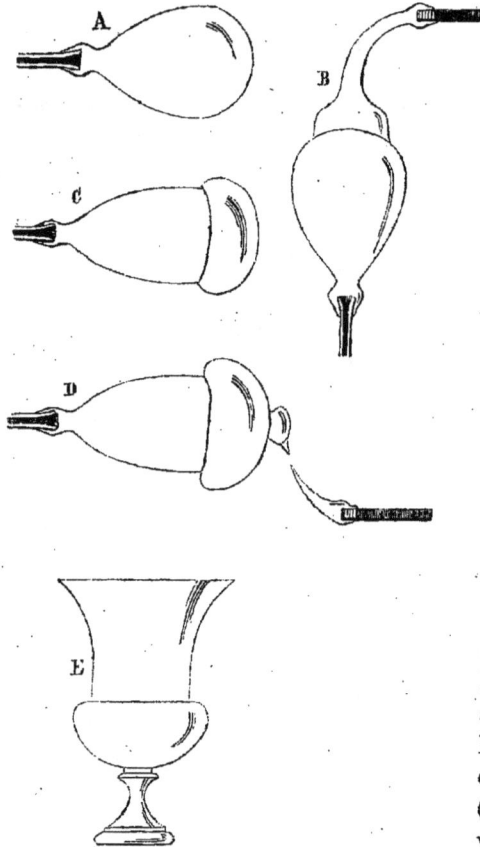

Fig. 119.

cette baguette avec des pincettes, il la tire, la retourne et
la rattache lestement en *c*, où l'anse se trouve forcément soudée ; puis, avec sa pincette, il achève de donner à cette anse
la forme voulue, soit carrée du haut, soit arrondie (fig. 120, C). Il
faut beaucoup de dextérité de la part de l'ouvrier pour atta-

cher une anse avec grâce et bien droite dans le sens de l'axe de la pièce. Cette opération doit se faire vite pour que l'anse soit bien soudée, car il n'y a plus de correction possible, si cette anse a été mal attachée.

Nous croyons à peine nécessaire de donner la description du travail d'une jatte ronde : on souffle une paraison en forme de boule, on l'empontille, on la détache de la canne, on chauffe le bord et on l'ouvre à bord droit ou à bord évasé, à volonté ; mais nous devons donner la manière de faire un plateau plat à rebord ; sans ce rebord on n'aurait qu'à reprendre la méthode dont se font les plateaux de verre pour verre à vitre (liv. II) ; mais en raison du rebord, il y a une petite main - d'œuvre additionnelle : on souffle la paraison, on l'empontille, on la chauffe à l'ouvreau, l'ouvreur rogne le bord, puis il donne, au moyen de ses fers, à la paraison la forme cicontre (fig. 121, p. 586), puis il chauffe fortement et avant dans l'ouvreau, et quand le verre est très-chaud, il le retire, pose promptement sa canne sur les bardelles, la fait rouler rapidement, le verre se développe, devient plat en conservant son rebord perpendiculaire au plateau.

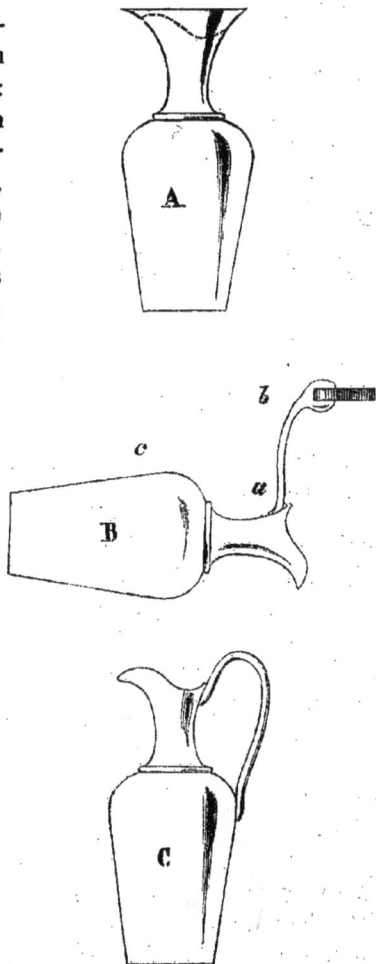

Fig. 120.

Nous indiquerons encore de quelle manière on peut ajuster à un vase à anse ou autre une tubulure semblable à celle d'une théière : l'ouvrier ayant soufflé la paraison et l'ayant amenée à

la forme A (fig. 122), le gamin apporte un morceau de verre
chaud, le pose en *a*, en forme aussi ronde que possible, et appuyant

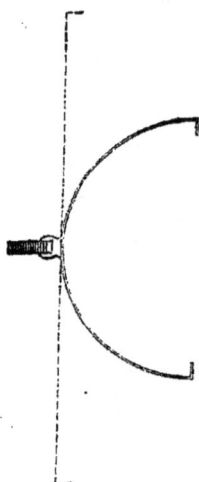

Fig. 121.

un instant perpendiculai-
rement la cordeline ou
pontil qui a apporté le
verre, il l'enlève ensuite
assez rapidement. Non-
seulement dans cette opé-
ration le verre apporté s'é-
tire, mais, ce verre ayant
amolli la partie de la paroi du vase où il a été posé,
le mouvement de traction
de ce verre attire l'air de
l'intérieur du vase, et ce
verre se souffle en forme
de tube. Quand l'ouvrier

Fig. 122.

trouve le verre suffisamment étiré, il tranche ce tube à la longueur voulue et, après l'avoir fait chauffer à l'ouvreau, il lui
donne avec la pincette une forme gracieuse (fig. 122, B), puis

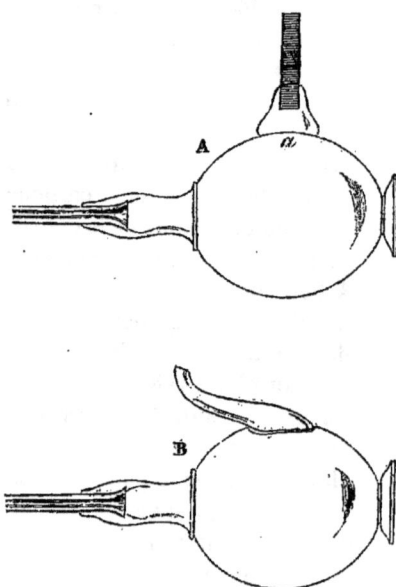

met la pièce au pontil et la termine en y ajoutant, en outre, au besoin, une anse (fig. 122, C), comme nous l'avons vu pour d'autres vases. C'est par ce moyen de verre chaud rapporté que l'on fait les tubulures pour flacons de chimie, cornues, etc.; sur le bord de ces tubulures, on peut rapporter un cordon, après avoir arrondi intérieurement la tubulure pour pouvoir la boucher à l'émeri, etc.

On fabriquait autrefois des vases à plusieurs compartiments, des carafes, par exemple, à quatre compartiments, pour contenir quatre liqueurs différentes, ou des flacons pour quatre sortes de parfums; nous allons indiquer comment on procède pour effectuer ce travail.

L'ouvrier ayant cueilli avec un pontil une certaine quantité de verre, le marbre, puis en forme une sorte de petite palette plate, aussi régulière que possible et de la forme A (fig. 123). Sur le milieu de cette petite palette, on lui apporte un autre morceau de verre cylindrique, qu'il aplatit avec sa pincette de manière à former une paroi longitudinale, égale en épaisseur à la palette et d'une hauteur égale à la moitié de cette palette; puis il retourne son verre et pose du côté opposé une cloison semblable : il a ainsi formé les quatre compartiments de sa carafe (fig. B). D'autre part, on a soufflé et mis au pontil une pièce de la forme C, disposée de telle sorte, que son diamètre intérieur réponde aux dimensions extérieures des compartiments. On chauffe alors les deux pièces, puis on introduit les compartiments dans la pièce C, de manière à les appliquer au fond; on presse avec la tête des fers sur les parois de la pièce C pour les souder contre les compartiments, ensuite on tranche et détache ces compartiments du pontil

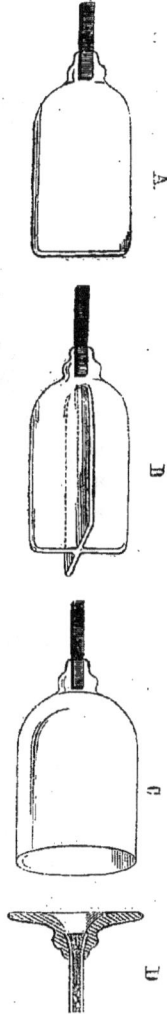

Fig. 123.

au bout duquel ils ont été faits; d'autre part, on a pris du verre au bout d'une canne, on l'a soufflé, ouvert et on a formé une sorte de pontil plat ayant au centre l'ouverture de la canne (fig. D), on applique ce pontil contre l'ouverture de la pièce à compartiments et on en détache le pontil ; on a donc alors au bout de la canne une pièce que l'on façonne par les moyens ordinaires. En la soufflant, l'air pénètre également dans les quatre compartiments ; on peut ensuite étirer le col, mettre la pièce au pontil après lui avoir ajouté, si l'on veut, un pied plaqué, et enfin terminer le col, jeter un cordon sur le bord pour former la bague et arrondir chacune des quatre ouvertures avec une fusée ou petit fer conique.

Nous pensons que, d'après les divers exemples que nous venons de donner, on pourra se rendre compte de la manière dont s'exécutent les objets de toutes formes qui se font en verre. Toutefois, nous ajouterons aux descriptions précédentes la manière dont on fait les tubes.

On souffle une paraison plus ou moins épaisse, selon l'épaisseur que l'on veut donner au tube, on prépare un pontil plat, puis, la paraison étant fortement chauffée, on lève la canne verticalement, la paraison au bas, et on place l'extrémité de cette paraison sur le pontil plat posé verticalement, puis les deux ouvriers s'éloignent et le tube s'allonge à mesure qu'ils s'éloignent, tant que le verre conserve sa ductilité. On fait de cette sorte une longueur quelquefois de 20 mètres et plus, ainsi que nous le verrons pour la fabrication des perles. Ces tubes sont employés pour baromètres, thermomètres, etc. Quand on veut des thermomètres à trous plats, on procède de la manière suivante : On fait une poste, on la souffle et on l'aplatit de manière à lui donner la forme d'un flacon plat, on la laisse refroidir un peu plus qu'à l'ordinaire, puis on cueille du verre sur cette poste qui, étant un peu froide, ne se déforme pas, même quand on marbre le verre cueilli en le roulant sur le marbre. On obtient ainsi une paraison cylindrique extérieurement et dont le soufflé est plat ; on n'a alors qu'à le chauffer et tirer comme les tubes ordinaires, et le trou se conserve plat dans toute la longueur du tube.

Nous allons passer aux verres et cristaux moulés par le soufflage ; et d'abord on peut déjà savoir, par ce qui précède, que ce n'est que par le moulage que peuvent être exécutées des pièces dont toutes les sections transversales ne sont pas des cercles ; ainsi, une jatte ovale, un flacon carré ne peuvent être faits qu'au moyen de moules.

Il est à peine nécessaire d'indiquer comment se font les flacons carrés. Si on a un grand nombre de flacons carrés d'une même dimension à faire, il est bon d'avoir un moule carré en fer ou en laiton représentant l'extérieur du flacon, mais il est bon aussi d'avoir dans une verrerie un moule composé de quatre pièces à angles que l'on peut écarter et rapprocher à volonté (fig. 124), et avec lequel on peut, par conséquent, souffler une grande variété de dimensions de flacons, ou tout à fait carrés ou carrés longs. Ces pièces à angles sont maintenues ensemble au moyen de pinces recourbées, munies de vis de pression ; quand on a soufflé le flacon dans ce moule, on le met au pontil et on fait le col par le procédé ordinaire.

Fig. 124.

Nous avons parlé des moules en bois, de leur usage pour les pièces de verre ou cristal qui peuvent se faire sans moule, mais au moyen desquels on acquiert une grande rapidité d'exécution : cette rapidité est surtout très-marquée quand il s'agit de pièces d'une grande complication, et un seul exemple que nous allons illustrer pourra donner une idée de tout le parti que l'on peut tirer de ces moules en bois.

Supposons qu'il s'agisse de faire des vases à fleurs de la forme A (fig. 125). Nous avons vu précédemment qu'il faut souffler une paraison, jeter un cordon sur le col, rajouter le pied en deux ou trois morceaux, prendre au pontil et faire le col. Si on veut faire usage d'un moule, on commencera par prendre un profil exact du vase, ce profil servira au tourneur pour tourner l'intérieur d'un moule en bois qui se fait en deux parties assemblées à charnières. On doit avoir soin de pratiquer dans les parois de ces moules un certain nombre de petits trous de vrille pour le dégagement de l'air et de la fumée provenant de la combustion du moule. Ces moules sont maintenus légèrement humides, de telle sorte qu'il ne se fait qu'une faible combustion et que le même moule peut servir pour un assez grand nombre de pièces de même grandeur. On peut ensuite l'utiliser pour une forme pareille et d'une grandeur au-dessus.

C'est dans ce moule, que nous figurons ci-contre, que l'ouvrier, après avoir allongé une paraison à la longueur à peu près que devra avoir le vase, et avoir étiré un col, entre cette paraison dans

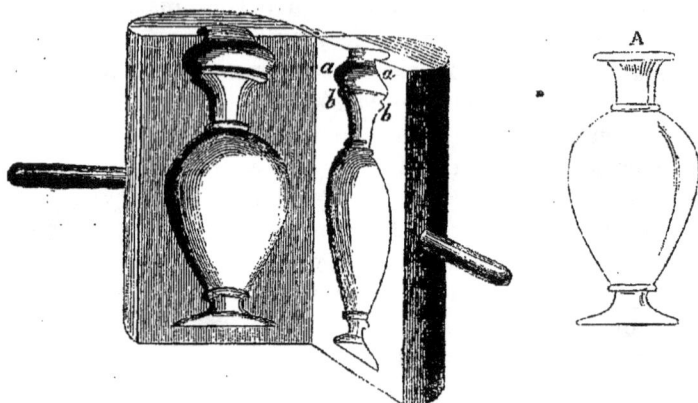

Fig. 125.

le moule qu'ouvre le gamin, puis aussitôt celui-ci referme fortement le moule au moyen des leviers, et l'ouvrier souffle fortement en tournant toujours sa canne. Quand il pense que le verre a pénétré dans toutes les cavités du moule, le gamin l'ouvre : le vase est terminé ; on n'a pas même besoin de l'empontiller. Au moyen de la petite calotte *aa* réservée au-dessus du col, que l'on coupe au fer chaud quand le vase est recuit, on peut fletter le bord du vase en *bb*.

On le voit, cette méthode est très-expéditive, mais il ne faut pas s'attendre à avoir de cette manière des formes aussi pures que par les moyens indiqués précédemment. Les angles sont toujours arrondis, les parties étroites sont comparativement plus épaisses que celles qui se sont développées davantage. On ne peut faire ainsi des vases destinés à être taillés, à recevoir surtout une taille un peu profonde ; mais cette méthode du moulage en bois est très-favorable à la fabrication d'un très-grand nombre de vases de couleur de toutes formes, et surtout des couleurs opalisées dont on ne peut pas juger les différences d'épaisseur. Généralement les vases qui reçoivent des peintures cuites à la moufle ont été ainsi moulés ; c'est un genre de fabrication qui a pris une assez grande extension. L'atelier de peinture sur verre que j'avais fondé dans l'établissement que je dirigeais m'avait naturellement conduit à orner ainsi des vases d'opale. J'en avais, à l'Exposition de 1839, un assez grand nombre d'échantillons dont j'offris quelques-uns au musée céramique de la manufacture de Sèvres. Les cristalleries de Baccarat et de Saint-Louis ont entrepris ensuite cette fabrication sur une grande échelle.

Pour terminer ce qui est relatif à ce moulage, nous dirons que, malgré l'humidité qu'on entretient dans ces moules, on doit concevoir qu'on ne peut pas y souffler un bien grand nombre de pièces sans que ses dimensions soient sensiblement altérées par la combustion. On a donc cherché à les remplacer par des moules métalliques, tout en visant à conserver cet avantage du bois, de ne pas faire empreinte sur le verre. Dans ce but, on fait des moules en fonte douce ou en laiton, que l'on tourne de manière à ne pas présenter une surface unie, mais très-légèrement sillonnée. On graisse ce moule, et on le saupoudre de poussier de bois qui remplit les inégalités du moule, et opère ainsi comme le moule en bois lui-même; de temps en temps on nettoie le moule et on renouvelle l'enduit. On est parvenu aussi à faire des moules en matière composée de plâtre, de plombagine et de terre réfractaire qui opèrent d'une manière assez efficace. Mais le moule en bois ordinaire est toujours préférable quand on n'a pas un très-grand nombre de pièces à fabriquer, et que l'agrandissement du moule par la combustion n'est pas de grande importance.

Passons au moulage par soufflage des pièces sur lesquelles on veut imprimer un ornement. Les moules se font généralement en laiton; ils sont ou d'une seule pièce ou de plusieurs pièces ajustées à charnière. On ne peut, on le comprend, mouler du verre dans un moule d'une seule pièce, que si ce moule offre de la *dépouille*, c'est-à-dire s'il permet à la pièce moulée de sortir du moule ; on a longtemps fait, par exemple, des gobelets, des carafes ayant au fond une étoile, et latéralement des côtes figurant une olive ou une côte plate taillée. On peut obtenir ces moulures avec un moule d'une seule pièce. La paraison ayant été amenée à peu près à sa dernière forme, on la chauffe fortement, on l'enfonce dans le moule, et c'est le cas ici de se servir du piston Robinet qui, agissant avec force et rapidité, imprime sur le verre les ciselures du moule, avec une puissance dont sont incapables les poumons de l'ouvrier ; quand on sort la paraison du moule, on la chauffe à l'ouvreau assez pour rendre au verre une partie du poli que lui a ôté le moule, pas assez pour effacer l'impression, et on achève la pièce comme à l'ordinaire. C'est le piston Robinet qui a, en réalité, créé le moulage par soufflage, ou du moins lui a donné une extension qu'il n'aurait jamais eue, parce qu'il a permis, au moyen de la pression énergique qu'il opère, de produire des ornements que le souffle de l'homme n'eût obtenu que tout à fait imparfaitement. Les figures 126 et 127 donnent une idée de ce que produit ce moulage.

La carafe, après avoir été moulée, est prise au pontil pour faire le col ; quant au vase, il est moulé avec une calotte au-dessus ; on ne le met donc pas au pontil, on le détache de la canne, et après

Fig. 126.

Fig. 127.

la recuisson, on coupe la calotte au fer chaud, et le tailleur achève le bord du vase.

Nous n'insisterons pas davantage sur le moulage par le soufflage, qui était autrefois pratiqué pour un assez grand nombre de pièces et qui a été depuis presque entièrement abandonné.

On voit beaucoup de vases de verre antique, présentant une moulure en saillie semblable à celles qu'on opère sur les vases en marbre. Les Vénitiens ont aussi fait quelquefois des moulures

semblables, le dessin ci-dessous (fig. 128, A) en offre un exemple :
pour obtenir ces fortes saillies, on a un moule en cuivre (B), à en-

Fig. 128.

tailles très-profondes, dans lequel on introduit le verre cueilli sur
une poste que l'on laisse refroidir plus qu'à l'ordinaire, et on presse
fortement en appuyant et soufflant un peu ; le verre très-chaud
du dernier cueillage pénètre dans les cavités de ce moule, où on
le laisse séjourner quelques instants, puis, après cela, on souffle
le verre comme à l'ordinaire. On a ainsi une paraison dont l'extérieur est fortement cannelé, et quand on continue le travail du
vase par les moyens ordinaires, cette cannelure, tout en se diminuant un peu, reste très-saillante et acquiert le poli du verre
soufflé, parce qu'elle est plusieurs fois réchauffée pour l'achèvement du vase.

La fabrication des cristaux moulés par *pression* a joué un bien
grand rôle dans la fabrication et le commerce du verre et du
cristal. Il y eut une époque (il y a de vingt à vingt-cinq ans) où
la fabrication des cristaux moulés formait une proportion très-
importante de la production totale. Cette sorte de moulure ne
peut naturellement s'appliquer aux pièces fermées, telles que
carafes, etc., mais seulement aux pièces dont l'intérieur représente une forme pouvant sortir de la pièce moulée. On peut donc
faire ainsi des gobelets, verres, coupes de toutes formes, boîtes
carrées, ovales, sucriers, assiettes, etc. Dans la fabrication de
ces pièces, l'industrie de l'ouvrier verrier souffleur disparaît; la

matière première n'est plus pour ainsi dire du verre, mais un
métal que l'on coule dans un moule ; il faut s'adresser au cise-.
leur pour avoir des moules faits avec le plus de perfection possible, au mécanicien pour que les différentes pièces qui composent
ce moule soient ajustées au mieux, et que la presse qui opère
le moulage agisse avec énergie et promptitude. Toute l'adresse
du verrier consiste à cueillir aussi exactement que possible la
quantité de verre nécessaire pour la pièce qu'on doit mouler. Il
y a des moules assez simples, d'autres d'une grande complication ;
ainsi, par exemple, un moule pour une assiette portant même
extérieurement une ornementation très-compliquée peut n'être
composé que d'une pièce représentant la partie extérieure de l'assiette, et d'une pièce formant le noyau intérieur. Cette seconde
pièce du moule est aussi unie que possible, puisqu'elle doit représenter le soufflage. Cette pièce est vissée à son centre, soit sous une
vis verticale, soit sous une tige verticale que l'on peut lever ou
baisser verticalement au moyen d'un levier, c'est-à-dire qu'il y
a des presses à vis, et des presses à levier. Ordinairement la pièce
inférieure du moule est fixée sur une espèce de tiroir pouvant se
tirer en avant et se reculer à volonté jusqu'à la place qui correspond exactement avec le centre du noyau qui doit opérer la pression du verre. Ce tiroir a pour but de donner la facilité de retirer
la pièce moulée sans être gêné par le noyau placé au-dessus. Le
verrier ayant cueilli son verre, l'apporte au milieu du moule, coupe
avec ses ciseaux, quand il juge la quantité coulée suffisante, et le
moule étant en rapport exact avec le noyau, on descend ce dernier
soit avec la vis de pression, soit avec un levier (fig. 129) ; il faut
presser fortement, mais sans secousse, laisser le noyau quelques
instants, pour que le verre ait le temps de reprendre de la consistance et que les moulures ne s'effacent pas, puis on enlève le
noyau, on amène le tiroir en avant, on enlève la pièce moulée, et
on procède au moulage de la pièce suivante. Il ne faut pas que
le moule s'échauffe trop, car le verre s'y attacherait : on le rafraîchit un peu de temps en temps en le touchant avec de la cire.
Le noyau s'ajustant exactement dans la partie inférieure, on
conçoit que l'assiette est toujours moulée exactement, seulement
le noyau descend plus ou moins, et l'assiette est plus ou moins
épaisse, suivant la quantité de verre qu'on a coulée dans le moule.
Quelquefois, c'est la partie inférieure du moule qui représente

l'intérieur de la pièce. Supposons, par exemple, que ce soit une assiette comme celle que nous venons de mentionner, alors;

Fig. 129.

quand on a amené le tiroir en avant, l'ouvrier peut enlever la pièce avec un pontil, et la réchauffer au four, ce qui améliore considérablement la surface en redonnant au verre une partie de son poli naturel altéré par l'impression du moule.

Ce que nous venons de dire s'applique à toutes les formes analogues à cette assiette, mais la plupart des pièces exigent des moules composés de plusieurs parties ; les moules de gobelets mêmes doivent être au moins de deux parties ; ils sont même généralement de quatre : une pour le fond trois pour les côtés, pour que les ornements sortent facilement des anfractuosités du moule. On moule aussi par pression des verres à pied, et l'on comprend qu'il faut pour cela un moule très-compliqué ; il faut que la jambe puisse s'ouvrir, pour laisser passage au pied. Ces moulures sont donc composées au moins de six pièces, sans comprendre le noyau.

Les pièces moulées par la pression n'ont pas, nous l'avons dit, une surface comparable à celle du verre soufflé ou bien taillé,

souvent on aperçoit des gerçures, s'il y a eu un trop grand refroidissement du moule ; les joints du moule, quelque bien fait
qu'il soit, sont toujours perceptibles. Quand l'ornementation se
compose de très-petits motifs, on ne s'aperçoit pas trop du
manque de poli du verre, mais les parties unies manquent toujours de brillant : on y remédie en partie en prenant les pièces au
pontil et les chauffant à l'ouvreau ; mais, d'autre part, on déforme
ainsi une partie de l'ornementation, certains angles s'arrondis-
sent. Les verriers américains, pour obvier à cette imperfection des
parties unies, imaginèrent de graver sur ce fond un petit pointillé
ou sablé (fig. 130), qui fait effectivement ressortir mieux le dessin

Fig. 130.

de l'ornementation ; ce perfectionnement fut imité en Angleterre
et en France et redonna, pour un temps, une grande vogue à la
moulure par pression. La moulure à fond sablé rend inutile la
mise au pontil et le réchauffage des pièces moulées ; le verrier
n'est plus qu'un cueilleur de verre.

  Nous ne devons pas négliger de dire quelques mots des pièces de lustrerie qui s'obtiennent aussi au moyen de moules qui portent l'empreinte des facettes qui devront être taillées et polies. Ces moules de pendeloques sont en deux parties montées sur une pince, exactement comme un moule à gauffres. Les bords de ces deux parties du moule sont taillés en bizeaux, de manière à couper le verre : le souffleur cueille du verre, le marbre et fait une colonne proportionnée au diamètre des pièces à mouler ; il chauffe fortement le bout de cette colonne et la présente à l'ouvreur, qui tenant la pince à moule, en saisit la quantité nécessaire pour remplir le moule, et le serre fortement ; sur une même colonne, on peut ainsi pincer successivement un grand nombre de pendeloques.

Une des grandes qualités des pendeloques de lustre est d'être pures et le plus possible exemptes de stries ; or le cueillage du verre en plusieurs fois, et en tournant la canne dans le verre, occasionne beaucoup de stries. Pour y obvier on a une poche en cuivre rouge de 8 à 10 centimètres de diamètre sur autant de profondeur, ayant une forme légèrement conique, pour la dépouille du verre. Cette poche a un manche en fer de 1m,30 de long. Sans la faire chauffer, on la remplit de verre, en la faisant plonger par un bord, puis la relevant ; au bout de quelques instants, le souffleur enlève le verre de dedans cette poche avec un pontil plat, le marbre, et fait sa colonne à l'ordinaire.

On a même imaginé, pour donner encore moins de mouvement au verre, d'avoir une poche dont le manche est un tube par lequel on fait le vide, de telle sorte que, posant l'orifice de la poche sur le verre, et faisant le vide, le verre monte dans la poche, et retournant alors cette poche, on enlève le verre.

On a fait, il y a trente à quarante ans, un assez grand nombre d'incrustations dans des pièces de cristal ; ces incrustations étaient de deux sortes : les unes étaient des figures ou ornements de terre blanche, qui par le reflet que leur donnait le cristal, paraissaient argentées ; les autres, des émaux peints sur une feuille d'or, tels que croix de divers ordres, armoiries, etc. Ces émaux s'appliquaient généralement sur des verres et autres pièces de services de table. La pièce étant terminée et encore au pontil, on posait la croix ou armoirie sur l'endroit où on voulait la fixer. Il n'était pas nécessaire de la chauffer préalablement, attendu qu'étant d'une minceur extrême, n'étant qu'une peinture en émail sur feuille d'or très-mince, elle se mettait de suite en équilibre de température. Le gamin apportait une goutte de verre qu'il coulait sur l'émail, l'ouvrier coupait le verre, puis avec la tête de ses fers étalait la goutte sur tout l'émail ; il remettait à l'ouvreau dans le cas où cette opération aurait légèrement déformé sa pièce, puis elle était mise à l'arche à recuire. Quand le verre était recuit, on enlevait à la taille presque toute la goutte de verre, en simulant simplement par la taille un cadre formant l'entourage de l'émail.

Les figures en terre blanche étaient composées de terre à porcelaine et de silex broyé, en proportion convenable, pour avoir un retrait exactement semblable à celui du cristal ; de ce mélange plastique on formait, dans un moule, les camées que l'on cuisait à l'état de biscuit.

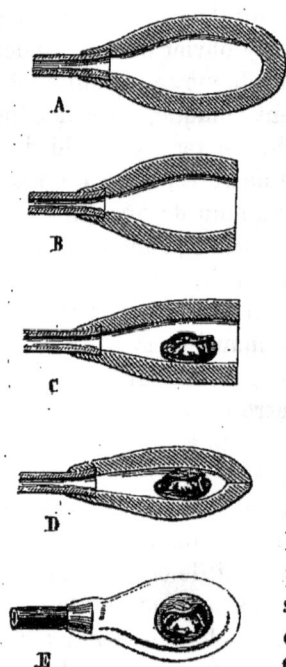

Fig. 131.

Ces incrustations de camées s'opéraient de deux manières : ou bien on les appliquait comme les émaux sur un gobelet ou autre pièce ; mais, dans ce cas, il fallait avoir la précaution de les mettre sur une palette en terre cuite que l'on portait à l'ouvreau, pour que le camée qu'on appliquait sur le verre fût à sa même température ; on coulait la goutte de verre sur le camée, ainsi que nous l'avons vu pour les incrustations d'émail ; il fallait seulement plus de précautions, pour ne pas enfermer d'air entre le camée et le verre coulé. Quand ces camées n'étaient pas ainsi appliqués, on en formait des médaillons. A cet effet, on soufflait une paraison A (fig. 131), que l'on ouvrait, comme on le voit en B, puis on l'aplatissait (C), en ne laissant que l'espace suffisant pour introduire le camée ; quand il était introduit, on chauffait et on achevait, avec la tête des fers ou une palette, de faire coller par l'extrémité les deux parois plates du côté où on avait indroduit le camée (D), puis, réchauffant encore et po-

sant la canne sur les bardelles, l'ouvrier pressait à partir du
bout déjà fermé et graduellement les deux côtés plats pendant
qu'un gamin aspirait l'air de la canne. Les deux parties plates
arrivaient ainsi à se souder intérieurement, en ne laissant entre
elles que le camée, l'air s'étant entièrement dégagé ; on tranchait
ensuite près de la canne, et on portait à la recuisson. On avait
donc ainsi une pièce plate de cristal massif au milieu de laquelle
se trouvait le camée, et la taille donnait à ce cristal la forme de
médaillon.

Les cristaux et verres de couleur se travaillent par les mêmes
procédés que le cristal ou verre blanc ; mais, toutefois, nous avons
quelques indications à donner relativement à certains ouvrages
dans lesquels plusieurs couleurs sont combinées de manière à
obtenir certains résultats.

Nous avons dit déjà que le verre pourpre ou rubis par l'or, ou
rouge par le cuivre ne se travaillait pas en masse ; il se double,
comme nous l'avons vu pour la fabrication du verre à vitre
rouge. A cet effet, au lieu d'avoir constamment dans le four un
pot de rubis ou de rouge, on fond, pendant un jour ou plusieurs
jours de suite, l'une ou l'autre couleur pour en faire provision ;
on fait avec ce verre des colonnes massives de 20 à 30 centimètres
de long, par exemple, sur trois à cinq de diamètre, et on les fait
recuire.

Quand on veut s'en servir, on les chauffe d'abord dans une ferrasse, à l'entrée de l'arche à tirer ; puis le gamin prend une de
ces colonnes au bout d'un pontil, muni d'un peu de verre pour
s'y attacher, et va chauffer à l'ouvreau seulement l'extrémité de
la colonne, puis, sur son banc, l'ouvrier tranche à l'extrémité une
petite *ballotte*, plus ou moins forte, suivant la pièce qu'il doit
fabriquer, attache cette ballotte sur le mors d'une canne sur laquelle on a cueilli une très-petite quantité de verre, et détache la
ballotte de la colonne. Cette ballotte étant au bout de la canne,
est le principe d'une poste sur laquelle on cueillera du verre pour
la pièce qu'on voudra fabriquer, se distendra à mesure qu'on
soufflera, et formera ainsi un fond rubis ou rouge d'une nuance
claire : voilà pour le doublé intérieur. Pour les pièces qu'on
veut doubler extérieurement, ce qui est le plus fréquent, on
peut, si la doublure doit être bleue, violette ou verte, et si on
ne tient pas à ce qu'elle soit très-mince, tremper une poste de

verre blanc dans un pot où on a fondu le verre de couleur,
l'entourer ainsi de ce verre et souffler sa pièce suivant la forme
voulue.

Mais plus fréquemment, on tient à n'avoir que des couches de
doublé très-minces, et pour cela on se sert de ces colonnes de couleur préparée; on y prend au bout d'une canne une ballotte, dont
on souffle ce qu'on appelle *une chemise* (fig. 132, A), que l'on

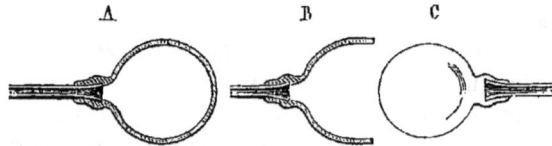

Fig. 132.

ouvre (B) et qu'on tranche près de la canne; d'autre part, l'ouvrier
cueille le cristal intérieur (C), l'introduit dans le fond de la chemise,
et les rapproche par le soufflage, de manière à ne pas laisser d'air
enfermé entre la chemise et le verre intérieur. Cette chemise, déjà
mince, est encore développée par le soufflage et le travail de la
pièce, et on a ainsi une doublure qui peut être facilement entamée
par la roue du tailleur, ou par la gravure, pour faire reparaître
par places et suivant un dessin donné le verre intérieur. On a fait
ainsi, il y a quelques années, beaucoup de pièces de fantaisie en
verre doublé; on en a même fait aussi de grandes quantités en
verre triplé. La troisième couche se posait naturellement sur la
seconde, au moyen aussi d'une chemise. On prenait, par exemple,
du cristal blanc transparent, qu'on doublait d'une couche de
verre blanc opaque, par-dessus lequel on mettait une chemise de
verre bleu; puis, par la taille, on entamait, suivant un dessin
donné, le bleu seulement, et, dans d'autres parties, le bleu et
le blanc opaque. Il y avait aussi des verres roses, doublés de
blanc opaque triplés de bleu, qui produisaient un assez agréable
effet par les combinaisons de la taille.

Il y a, en outre, des combinaisons de moulage et de doublure
de verre qui produisent un assez curieux résultat. Nous en donnons un exemple dans la figure 133.

Ce vase est octogone à huit faces plates; les arêtes de toutes les faces sont formées par un petit filet bleu, et le dessin, sur les faces de deux en deux, est également bleu; le reste du vase est opale. Pour l'obtenir, on a un moule en cuivre octogone, s'ouvrant en trois ou quatre parties pour la facilité de la sortie. Les côtés de l'octogone, de deux en deux (si on veut que le dessin ne se présente que de deux en deux faces), ont en relief le dessin qu'on veut produire sur le vase, et les huit arêtes sont également légèrement saillantes. L'ouvrier souffle sa paraison de verre opale doublé d'une chemise mince de verre bleu; quand cette paraison est arrivée à la dimension convenable et chauffée, il l'introduit dans le moule, souffle fortement avec le piston Robinet, pour que le dessin en relief s'imprime convenablement, et termine sa pièce comme à l'ordinaire; on a ainsi un vase octogone où la couleur bleue est seule

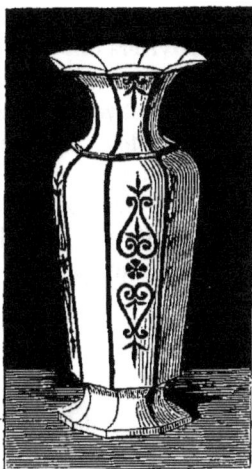

Fig. 133.

apparente; mais, si on taille à plat toutes les faces de l'octogone, on arrivera à un point où cette couche bleue sera enlevée partout, excepté dans les parties qui ont été repoussées par le relief du dessin et des arêtes, et on aura ainsi obtenu le résultat que nous avons indiqué.

Peut-être nous reprochera-t-on d'être entré dans de trop grands détails relativement au travail du verre ou du cristal, et cependant nous sommes bien loin d'avoir épuisé toutes les combinaisons auxquelles cette matière admirable peut se prêter; ces explications nous ont semblé si peu inutiles, qu'un verrier expérimenté se demande quelquefois comment une pièce qu'il a sous les yeux a été obtenue : je puis, pour mon compte, assurer que devant certaines pièces des collections de la Bibliothèque ou des musées, je me suis demandé par quels artifices ces pièces avaient été obtenues, sans pouvoir résoudre d'une manière certaine le problème que je m'étais posé. Lorsque le premier, en 1838 et 1839, je voulus refaire des verres filigranés à l'instar des Vénitiens, la tradition était perdue parmi les ouvriers, il nous fallut faire bien des essais, perdre beaucoup de verre, pour n'arriver d'abord qu'à des résultats bien peu recommandables, mais j'ouvris la voie, les procédés furent retrouvés ; d'autres verriers habiles se lancèrent dans cette voie, et on a obtenu des résultats qui, sous le rapport matériel, ne laissent rien à désirer ; mais nos ouvriers ont-ils le goût inné des anciens Vénitiens? à cela, la réponse négative doit être admise, et les ouvriers actuels de Venise, qui ont voulu aussi refaire du vieux venise, ne les ont pas égalés[1]. Toutefois, comme cette mode des cristaux filigranés peut être abandonnée, puis être plus tard encore recherchée, je crois qu'il peut être bon, pour nos successeurs, de donner quelques détails relatifs aux procédés matériels, ne fût-ce que pour leur éviter les essais auxquels nous nous sommes livré.

VERRES FILIGRANÉS.

Déjà, dans une séance de la Société d'encouragement du 23 avril 1845, j'ai donné des détails sur ces procédés, qui ont été insérés dans le *Bulletin de la Société*. M. Jules Labarte les a reproduits d'abord dans son intéressante et savante description des objets d'art qui composent la collection Debruge-Duménil, qu'il a publiée en 1847, puis ensuite, et avec plus de développement, dans sa splendide *Histoire des arts industriels du moyen âge et de la renaissance*. Ces procédés sont donc ainsi sûrement garantis contre l'oubli ; mais je crois devoir les décrire encore dans cet ouvrage spécial.

Les pièces filigranées sont composées de l'assemblage d'un certain nombre de petites baguettes de verre de forme cylindrique de 3 à 6 millimètres de diamètre, soit de verre blanc opaque,

---

[1] Ce qui précède était écrit lorsque a été ouverte l'Exposition universelle de 1867 ; nous devons donc ajouter ici qu'à cette exposition, le docteur Salviati a voulu nous prouver que Venise possédait encore des verriers capables de fabriquer des chefs-d'œuvre dignes des anciennes verreries. Il a exposé un très-grand nombre de pièces filigranées avec fleurs et ornements de couleurs rapportés, exécutés avec une rare habileté. Tous les verriers ont été frappés de la dextérité incomparable avec laquelle ces pièces ont été fabriquées. Nous n'hésitons pas à dire que les anciennes verreries de Venise n'ont pas eu de verriers plus habiles, mais les vrais connaisseurs préféreront encore les anciens chefs-d'œuvre, et M. Salviati est lui-même un artiste trop distingué pour ne pas convenir que ses ouvriers ne sont pas encore doués d'un goût aussi délicat que leurs devanciers.

soit de verre coloré, soit de baguettes contenant déjà elles-mêmes des dessins filigranés; ces baguettes, préparées à l'avance, sont disposées en tel ordre qu'adopte le verrier, souvent alternées par des baguettes de verre blanc (par verre blanc, nous entendrons toujours blanc transparent), puis réunies ensemble par la chaleur et par le soufflage, et enfin façonnées lorsqu'elles forment une *paraison*, comme toute autre pièce de verre ordinaire. Vingt-cinq, trente, quarante baguettes de verre peuvent entrer dans la composition d'un vase filigrané. Ces baguettes filigranées sont, elles-mêmes, composées d'un certain nombre de baguettes simples. Ce sont donc ces dernières qu'il faut d'abord préparer.

Les baguettes de verre blanc (transparent, comme nous l'avons dit) sont faites avec du verre cueilli au bout d'un pontil, marbré de manière à former une colonne cylindrique, puis chauffé, empontillé et tiré par deux ouvriers qui s'éloignent l'un de l'autre, comme pour faire des tubes, jusqu'à ce que la colonne soit réduite au diamètre voulu. On coupe ensuite, à la lime, cette longue colonne en petits tronçons de même longueur, soit, par exemple, de 10 à 12 centimètres.

Pour les baguettes colorées (et nous comprenons le blanc opaque parmi les baguettes colorées), on les fait en verre doublé. On commence par cueillir le verre de couleur, blanc opaque ou bleu, ou toute autre couleur; on le marbre cylindriquement; on le recouvre par le cueillage d'une couche de verre blanc transparent; on marbre de nouveau, on chauffe, on met au pontil et on étire une longue colonne, que l'on divise ensuite, ainsi que nous l'avons vu pour les baguettes de verre transparent; on fait de la sorte une provision de baguettes blanches et colorées de toutes façons, qui sont la base de toutes les baguettes filigranées dont nous allons donner la description, et qui sont elles-mêmes les éléments des vases filigranés. Avant d'aller plus loin, nous recommandons, pour le verre blanc opaque, un *émail* blanc très-dur, c'est-à-dire composé à l'étain; le blanc opaque par les os et l'arsenic est trop doux, il ne donne pas aux verres filigranés ce relief qui en partie en fait le charme.

1° Pour obtenir les baguettes à filets en spirale rapprochés, qui par leur aplatissement produisent des réseaux à mailles égales, représentés figure 134, on garnit l'intérieur d'un petit moule cylindrique en terre cuite de 7 à 8 centimètres de haut sur

6 ou 7 de diamètre intérieur, de baguettes à filets colorés, al-
ternés avec des baguettes en verre transparent. Ces baguettes sont

Fig. 134.

fixées au fond du moule au moyen d'un peu de terre molle dont
on garnit ce fond à la hauteur de 5 à 6 millimètres. La figure 135,
A, ci-dessous indique la disposition des baguettes dans le moule;
la figure 135, A¹, est une section horizontale du moule et des ba-

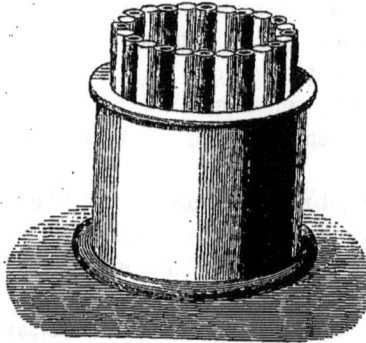

A   Fig. 135.   A¹

guettes. Les baguettes étant ainsi disposées, on les fait chauffer avec
le moule auprès du four de verrerie, et, lorsqu'elles sont susceptibles d'être touchées par du verre rouge sans se rompre, le verrier
cueille du verre transparent, qu'il *marbre* de manière à former un
cylindre massif qui puisse entrer aisément dans l'intervalle laissé
par les baguettes; il chauffe fortement cette masse cylindrique,
l'introduit dans le moule, la refoule de manière à presser les baguettes qui adhèrent ainsi contre la masse molle, il enlève alors
la canne pendant que son aide retient le moule, et entraîne ainsi
les baguettes avec le cylindre transparent; il chauffe de nouveau
pour rendre l'adhérence plus complète; puis, chauffant l'extrémité
seulement de sa masse, il tranche avec ses fers vers le bout des
baguettes, de manière à former une pointe où elles aboutissent

toutes; il chauffe de nouveau cette extrémité, la saisit avec une pincette de la main droite pendant que, de la main gauche, il fait tourner rapidement sa canne sur les *bardelles* de son banc de travail; de telle sorte que, pendant que l'extrémité de la masse s'allonge, les filets s'enroulent en spirale. Quand le verrier a étiré sa baguette au diamètre voulu (environ 6 millimètres), et qu'il juge les filets suffisamment enroulés, il tranche la partie terminée pour la détacher, chauffe de nouveau l'extrémité de la masse pour former de la même manière une nouvelle baguette, et ainsi de suite, jusqu'à ce qu'il ait épuisé toute sa masse. Ce sont ces baguettes à filet en spirale, qui, étant aplaties par le soufflage de la pièce filigranée, produisent, par le fait de la transparence du verre qui enveloppe le filet coloré, l'effet quadrillé de la figure 134.

2° Les baguettes à filets croisés plus rapprochés, suivant le modèle (fig. 136, B), sont expliqués par la figure B¹ ci-contre, qui est la

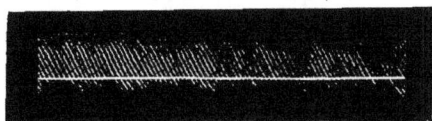

B

Fig. 136.   B¹

section horizontale du moule avec ses baguettes, où l'on voit que le moule n'est garni que de baguettes à filets colorés sans interposition de baguettes en verre transparent; il n'y a donc entre les filets croisés que le peu de verre transparent qui entoure chaque baguette.

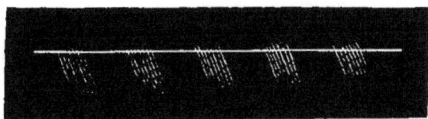
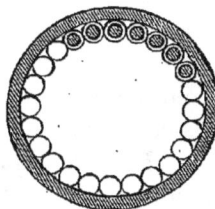

C

Fig. 137.   C¹

3° Pour obtenir les baguettes qui, par leur aplatissement, produisent dans la pièce filigranée la figure 137 (C), dans laquelle sept filets colorés s'enroulent en spirale, on pose dans le moule, ainsi que l'indique la figure 137, C¹, sept baguettes à filets, et on garnit ensuite la circonférence intérieure du moule de baguettes transparentes, afin de maintenir les baguettes à filet dans leur position, et on procède ensuite comme pour les baguettes de la figure 134.

4° Les baguettes qui, par leur aplatissement, produisent l'effet de la figure 138, D, ne diffèrent de la précédente qu'en ce qu'il y

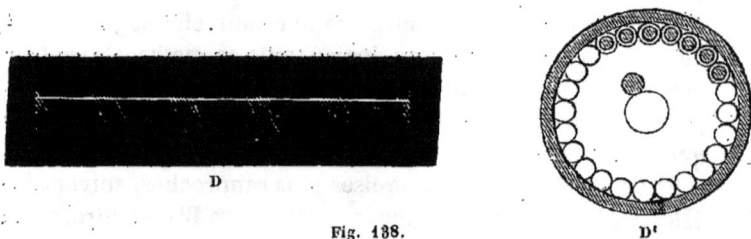

Fig. 138.   D¹

a au centre un filet en verre coloré qui forme un zigzag s'éloignant peu de l'axe central. Pour fabriquer ces baguettes, il faut d'abord préparer le moule comme pour les précédentes, c'est-à-dire mettre sept baguettes à filet et tout le reste en baguettes de verre transparent ; le verrier cueille ensuite une petite quantité de verre transparent, qu'il marbre de manière à lui donner la forme cylindrique ; il applique longitudinalement sur ce cylindre une petite baguette en verre coloré bleu, par exemple ; puis il cueille de nouveau du verre transparent, marbre sa masse de manière à la rendre cylindrique et d'un diamètre à pouvoir entrer dans le moule garni comme nous l'avons indiqué (D¹), il n'a plus ensuite qu'à étirer ses baguettes en spirale, comme précédemment, la petite baguette de verre bleue étant excentrique, tournera en spirale autour du centre, spirale dont la courbe s'éloignera plus ou moins du centre, selon qu'on aura posé la baguette de verre coloré plus ou moins rapprochée de ce centre, et qui, par l'aplatissement de la baguette, produira un zigzag de verre bleu.

5° Pour fabriquer des baguettes qui, par leur aplatissement, produisent deux faisceaux de trois ou quatre filets en quadrille figurés en E (fig. 139), on place dans le moule, aux extrémités d'un même diamètre, trois ou quatre baguettes à filet simple (E¹) ; on garnit ensuite le reste de la paroi intérieure du moule de baguettes transparentes, et on opère ensuite comme pour les baguettes précédentes. Nous n'avons pas indiqué ici qu'on dût alterner les trois ou quatre baguettes à filets avec des baguettes

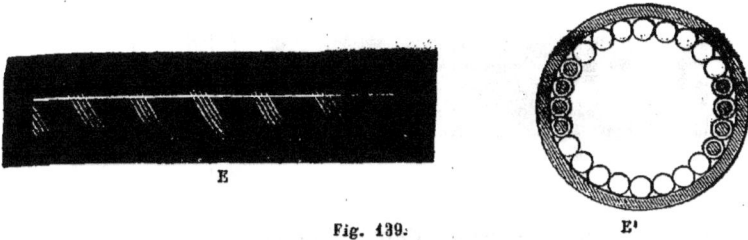

Fig. 139.   E¹

transparentes; mais si les filets colorés n'étaient revêtus que d'une très-mince couche de verre transparent, ces filets se trouveraient ensuite trop rapprochés et sembleraient presque se confondre dans les baguettes, auquel cas il aurait fallu les alterner avec des baguettes transparentes; l'espace entre les filets sera suffisant si le filet coloré n'est guère que la moitié du diamètre de la baguette. La même remarque s'applique à tous les autres échantillons.

6° Pour produire les baguettes à double quadrille de la fi-

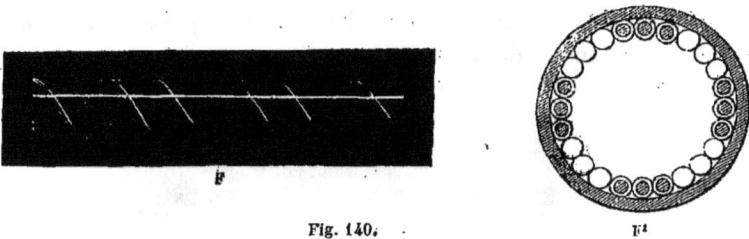

Fig. 140.   F¹

gure 140 (F), on place dans le moule, aux extrémités d'un même diamètre, trois ou quatre baguettes à filet simple; puis, aux extrémités du diamètre perpendiculaire au précédent, trois ou quatre baguettes à filets (F¹); on garnit les intervalles de baguettes transparentes et on opère ensuite comme précédemment.

7° Pour obtenir des baguettes produisant par leur aplatissement des grains de chapelet figurés en G (fig. 141), on souffle une paraison dont on ouvre l'extrémité opposée à la canne, de manière à obtenir un petit cylindre ouvert; on aplatit ce cylindre, et on introduit quatre, cinq ou six ou même un plus grand nombre de baguettes à filets; la coupe perpendiculaire aux baguettes de ce fourreau est représentée par la figure 141 (G¹); on chauffe l'extrémité du fourreau, on aplatit encore cette extrémité de manière à souder les deux parois, puis l'ouvrier presse sur la paraison plate pen-

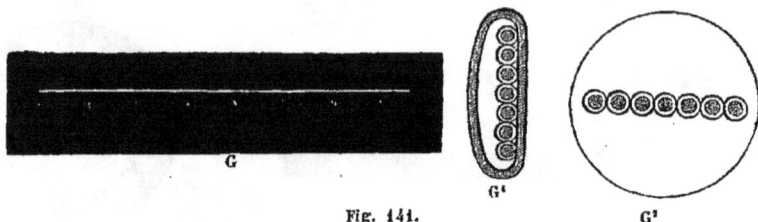

Fig. 141.

dant qu'un aide aspire l'air de la canne, de manière à le faire sortir et à produire une masse plate dans laquelle sont logés les filets (comme nous l'avons vu pour les incrustations de camées); il rapporte ensuite du verre chaud transparent sur les deux faces plates, marbre la masse de manière à la rendre cylindrique ; il obtient ainsi une petite colonne dont la coupe transversale est figurée en G^2, dans l'intérieur de laquelle sont rangés les filets opaques sur un même diamètre. Il procède ensuite comme pour les baguettes précédentes, en chauffant et étirant l'extrémité pendant qu'il roule rapidement sa canne sur les bardelles ; par ce mouvement de torsion, la ligne des filets se présente alternativement de face et de profil, et produit les grains de chapelet qui sont plus ou moins allongés, c'est-à-dire semblables à G (fig. 141),

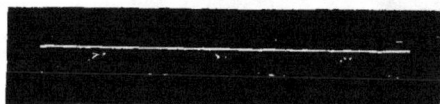

Fig. 142. H.

ou à H (fig. 142), selon que l'ouvrier aura plus ou moins étiré la baguette pendant la torsion.

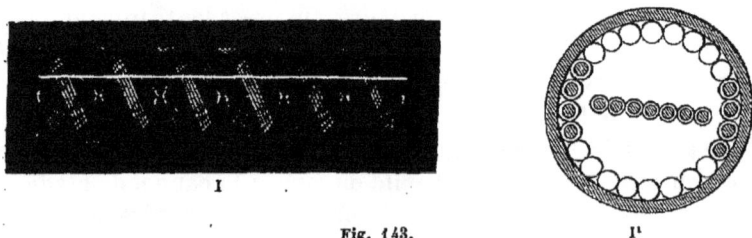

Fig. 143.

8° Il arrive souvent que l'on combine ces grains de chapelet avec les quadrilles (fig. 143, I), en se servant, pour introduire dans le moule préparé pour des baguettes à quadrille, de la masse préparée pour les grains de chapelet (fig. 143, I¹). Du reste, les combinaisons qu'on vient d'indiquer mettent sur la voie d'une foule d'autres que le verrier peut opérer.

9° Pour préparer les baguettes figurées en K (fig. 144), on pose dans le moule K¹ un certain nombre de baguettes colorées en masse,

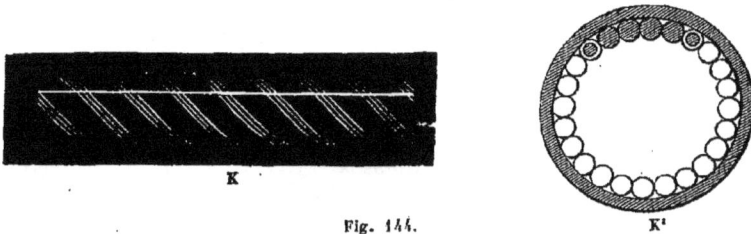

Fig. 144.

c'est-à-dire non recouvertes de verre transparent, puis aux deux extrémités deux baguettes différemment colorées, en blanc opaque, par exemple, et on garnit le reste du moule de baguettes transparentes; on procède ensuite comme pour les autres modèles. Les petites baguettes bleues produisent par leur aplatissement une bande bleue qui se trouve bordée par les filets opaques.

10° Si on veut que la bande et les filets forment saillie comme en L (fig. 145), sur une masse transparente marbrée cylindriquement, on applique longitudinalement une bande plate colorée bleue, par exemple (L¹), de chaque côté de laquelle on pose deux

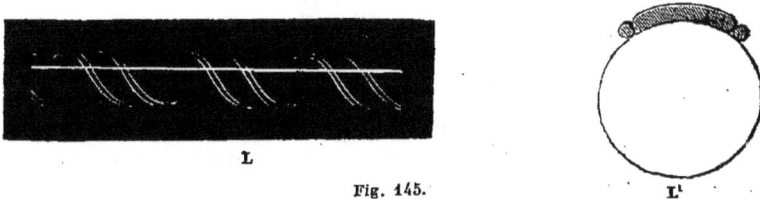

Fig. 145.

baguettes de verre opaque, de même épaisseur que la bande colorée en bleu ; puis réchauffant le tout, étirant et torsinant, on produit la baguette L, dans laquelle la bande et les filets restent en saillie.

Outre les baguettes filigranées dont nous venons de donner la description, on emploie aussi, pour les pièces connues sous le nom de *millefiori*, dont nous parlerons plus loin, des baguettes

39

dont la section présente des étoiles, des enroulements et d'autres formes variées de plusieurs couleurs ; nous décrirons un seul exemple de cette fabrication, dont la figure 146 représente la coupe, et que le verrier peut varier à l'infini : le verrier formera au bout de sa canne un petit cylindre massif en verre rouge, autour duquel il cueillera une petite couche de verre d'une autre couleur, blanc opaque, par exemple, puis, après avoir marbré de manière à rendre sa masse cylindrique, il appliquera, le long de ce cylindre, cinq petites masses de verre bleu, qu'il façonnera

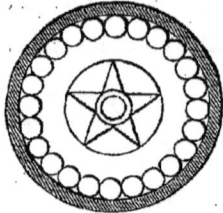

Fig. 146.

avec sa pincette de manière à former des ailes prismatiques triangulaires dont la base est sur le verre opaque ; puis il remplit les intervalles entre ces ailes avec du verre d'une autre couleur, jaune par exemple ; il marbre et cueille par-dessus le tout du verre violet ; il peut ensuite introduire cette petite colonne dans un moule garni intérieurement de baguettes blanc opaque, qui, par leur section, feront un cercle de perles blanches ; après avoir étiré cette masse en baguettes de 10 à 15 millimètres de diamètre, on peut en garnir un moule, et introduire dans ce moule une colonne préparée d'une manière analogue à la précédente : on obtiendra ainsi des colonnes d'une section très-compliquée et que l'on pourra varier à l'infini.

Lorsque le verrier est en possession de baguettes de verre coloré, de baguettes à dessins filigranées (dont nous venons de donner la description) et de baguettes de verre transparent et incolore, il peut procéder à la fabrication de vases. Il range circulairement autour de la paroi d'un moule plus ou moins élevé et semblable à celui que nous avons décrit précédemment, autant de baguettes qu'il lui en faut pour garnir la paroi intérieure du moule : il peut les choisir de plusieurs couleurs et de plusieurs modèles, présentant autant de combinaisons filigraniques différentes ; il peut les alterner ou les espacer par des baguettes de verre blanc transparent et incolore. Les baguettes étant ainsi disposées et chauffées, ainsi que nous l'avons dit pour leur confection, le verrier prend avec sa canne un peu de verre transparent pour en souffler une petite paraison qu'il introduit dans l'espace formé par le cercle des baguettes, il souffle de nouveau pour presser cette paraison contre les baguettes et les y faire adhérer, et retire le tout du moule ; le gamin applique à l'instant vers l'extrémité des baguettes, qui sont venues former l'extérieur de la paraison, un cordon de verre chaud qui les fixe davantage sur cette paraison. La pièce étant ainsi disposée, le verrier la porte à l'ouvreau, la marbre pour achever l'union des baguettes, tranche avec ses fers vers le bout de la paraison, ce qui réunit les baguettes en un point central ; la paraison, arrivée à cet état, est alors travaillée par les procédés ordinaires ; l'ouvrier produit avec cette paraison un verre, une coupe, un flacon ou autre pièce dans laquelle chaque baguette aplatie forme une bande ayant l'un des dessins indiqués précédemment.

Si, au lieu de souffler la pièce à l'ordinaire, il imprime à la paraison un mouvement de torsion en saisissant l'extrémité tranchée avec ses fers et tournant la canne sur les bardelles, alors les filets, au lieu d'être longitudinaux dans la pièce terminée, s'étendront en spirale, ainsi qu'on le voit dans une foule de pièces filigranées vénitiennes.

Les pièces les plus remarquables peut-être sont celles qui présentent un réseau de fils d'émail se croisant et laissant entre chaque maille de cette espèce de filet une petite bulle d'air renfermée entre les deux couches de verre blanc qui forment le fond. Ces vases étaient désignés par les Vénitiens sous le nom de *vasi a reticelli*. Pour parvenir à faire ces pièces à filets croisés, on souffle une première paraison à filets simples tordus, puis une deuxième paraison semblable, mais à filets tordus en sens inverse ; on ouvre l'une de ces paraisons pour y introduire l'autre de manière à la faire adhérer, les filets se croisent ainsi, et si l'émail est dur, les baguettes restent saillantes, et leur croisement forme un réseau emprisonnant à chaque intervalle une bulle d'air. On n'a plus qu'à souffler l'ensemble de ces deux paraisons accolées comme à l'ordinaire.

On réussit aussi à exécuter ces pièces à *reticelli* de la manière suivante : on prépare un moule rempli de baguettes d'émail opaque recouvert de verre blanc (il est surtout important, comme nous l'avons dit, que cet émail soit sec et dur), on fait avec ces baguettes une paraison comme à l'ordinaire, on torsine fortement cette paraison, en maintenant l'extrémité fixe avec la pincette et roulant la canne sur les bardelles, puis avec les fers on tranche

cette paraison vers le milieu jusqu'à rapprochement ; on tranche
ensuite l'extrémité de la paraison de manière à l'ouvrir, et la
chauffant à l'ouvreau, on l'évase et on la retourne avec les fers
sur elle-même jusqu'à ce qu'elle s'applique complétement sur la
partie antérieure. De cette manière, les filets se trouvent croisés,
et comme, l'émail étant très-sec, les filets sont restés saillants, le
croisement de ces filets emprisonne dans chaque maille une bulle
d'air : on a ainsi une paraison à filets croisés avec laquelle on fait
le vase que l'on veut.

Les Vénitiens ont fabriqué, à l'imitation des verres antiques,
des vases dits *millefiori*, avec des tronçons de baguettes dont la
section présente des étoiles ou autres formes symétriques de plusieurs couleurs, et dont nous avons expliqué la préparation. Ces
tronçons de baguettes, coupés de 1 centimètre environ de longueur et préalablement chauffés, sont fichés sur une paraison de
verre, transparent ou coloré, de manière à y adhérer ; on réchauffe
le tout, puis on marbre, et on souffle de manière à former de cet ensemble une nouvelle paraison mosaïque, avec laquelle on façonne
des vases de toute sorte. On peut encore faire ces vases dits *millefiori*
en soufflant une paraison en verre transparent dont on rentre intérieurement le fond vers la canne, de telle sorte que cette paraison,
étant détachée de la canne, présente la figure ci-après.(147, A) ; on

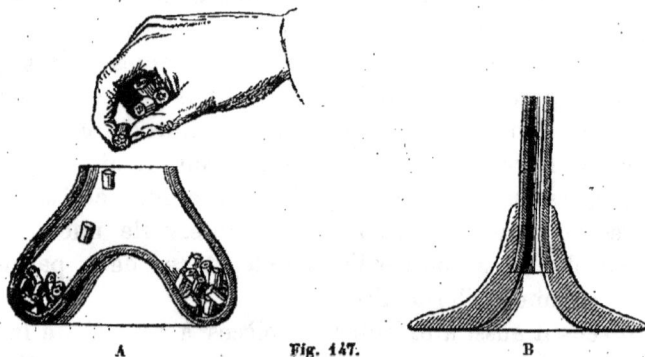

Fig. 147.

la laisse refroidir ; on introduit entre les parois des tronçons de
baguettes, afin de remplir autant que possible tout le vide, on réchauffe peu à peu cette paraison ainsi remplie, et on prépare une
canne de manière à la garnir d'un disque de verre chaud qui
n'intercepte pas le trou de canne (B); on fixe le verre de cette

canne-pontil sur la partie ouverte de la paraison remplie de tronçons, on aspire l'air compris entre les tronçons et on tranche le verre près de la canne ; puis, préparant une autre canne semblable à B, on l'applique contre le côté opposé de la paraison et on détache celle de la première canne. L'intérieur du fond rentré formera alors l'intérieur de la paraison, que l'on souffle par les moyens ordinaires et de manière à lui donner la forme voulue.

On a aussi imité récemment une sorte de verre que fabriquaient les Vénitiens, appelé *verre craquelé*, qui a son originalité propre quand il est destiné à contenir de la glace, mais qui nous paraît un non-sens appliqué à d'autres usages, d'autant plus qu'il est désagréable au toucher et qu'il est impossible de le nettoyer. Pour obtenir ce verre craquelé, on souffle une paraison un peu épaisse, on la chauffe fortement, et on la plonge rapidement dans l'eau jusqu'à une certaine distance de la canne, l'extérieur se glace et se fendille en tous sens ; on n'a plus ensuite qu'à continuer le travail comme à l'ordinaire : ces petites calcinures ne s'effacent plus complétement. Si on plongeait la paraison sans qu'elle fût très-chaude ou si on la maintenait trop longtemps dans l'eau, elle se calcinerait dans toute son épaisseur et se briserait.

Nous n'avons pas pu épuiser tout ce qui se rattache au travail du verre, surtout en présence des curiosités que nous présentent les musées, mais nous avons l'espoir de pouvoir faire un jour un travail spécial sur toutes les pièces les plus intéressantes que nous a laissées l'antiquité.

PERLES.

Nous ne voulons pas quitter ce sujet du travail du verre sans parler de la fabrication des perles. C'est l'objet d'un commerce assez étendu, et puis ces perles se font principalement à Venise, ce qui, pour nous, ajoute encore à l'intérêt de cette production.

Depuis bien des années, nous éprouvions un vif désir de visiter Venise, si intéressante pour tout amateur des arts, et qui, pour nous, avait cet attrait spécial d'avoir produit tant de chefs-d'œuvre en verrerie. J'ai pu enfin satisfaire ce désir, et, grâce à l'obligeance de M. D. Bussolin, visiter en très-grand détail les verreries vénitiennes. On fabrique encore à Venise et dans l'île de Murano des verres à vitres, de la gobeleterie, des verres filigranés, des pains d'émaux, de l'aventurine que les verriers de France et d'Allemagne ne sont pas encore parvenus à produire en masses aussi régulières; enfin, des perles. C'est ce dernier article qui constitue une fabrication importante, dont les détails de main-d'œuvre sont curieux, même pour les verriers.

Nous ne parlerons ni de la composition ni de la fonte de la matière de ces perles, blanches ou colorées : ce serait rentrer dans des sujets déjà traités ; nous dirons seulement que les verreries de Venise, comme celles de Bohême, n'emploient que de très-petits fours et de petits creusets.

Les perles sont faites avec des tubes de verre blanc ou coloré de différentes grosseurs. Pour faire ces tubes, le verrier cueille avec un ferret ou pontil une portion de verre dans le creuset, il le marbre et en fait ainsi un cylindre assez court, dont il creuse l'extrémité, puis il réchauffe à l'ouvreau, en ayant soin que le trou formé se conserve dans le centre ; quand ce cylindre creusé est suffisamment chauffé, un autre ouvrier présente un pontil pour y fixer l'extrémité du verre, et les deux ouvriers s'éloignent l'un de l'autre en courant le long d'une galerie qui est à côté du four et qui a plus de 50 mètres; ils réduisent ainsi ce verre ductile en un long tube plus ou moins fin et percé dans toute sa longueur. Pour les petites perles, ces tubes sont tirés d'une longueur de 50 mètres environ. Là finit le travail du verrier; des femmes sont ensuite occupées à trier les tubes de manière à les assortir par égale grosseur, après qu'ils ont été coupés à des longueurs de 60 à 80 centimètres [1].

Les tubes, divisés par grosseurs, sont ensuite coupés en petits fragments d'égale longueur. A cet effet, on se sert d'un banc horizontal sur lequel est fixé perpendiculairement un ciseau d'acier de 8 à 10 centimètres de longueur, en avant d'un disque régulateur éloigné du ciseau d'une distance égale à la longueur qu'on veut donner aux perles. Un ouvrier, se mettant à cheval sur le banc, prend un certain nombre de tubes dans la main gauche, les pose horizontalement sur le ciseau, à côté les uns des autres

---

[1] Nous avons v précédemment que, pour faire des tubes, on marbrait et soufflait le verre avant de le tirer; pour les perles, au lieu de souffler, on fait un creux avec un outil de fer : sans doute par cette méthode on refroidit moins le verre, et on peut le tirer en un tube bien plus fin.

et de manière que l'extrémité s'appuie contre le disque, puis, avec un autre ciseau pareil qu'il tient de la main droite, il donne rapidement de petits coups secs sur les tubes qu'il pousse à mesure de la main gauche et qui se trouvent ainsi tous coupés de même mesure.

Depuis quelque temps, on a construit une machine qui remplace avantageusement l'ouvrier : les tubes viennent, au moyen de cette machine, se présenter sur le ciseau fixe, et l'autre ciseau frappe régulièrement sur les tubes et les coupe au fur et à mesure qu'ils avancent.

Ces petits fragments, ainsi coupés, sont des petits cylindres creux : les bords sont à vive arête ; il s'agit de les arrondir, opération qui se fait au feu ; mais préalablement, et pour que la température à laquelle ils seront soumis ne bouche pas les trous, on met tous ces petits fragments dans un mélange de chaux et de charbon réduits en poudre très-fine et un peu humectée d'eau, on brasse les verres avec ce mélange, et il en résulte que la poussière pénètre dans l'intérieur de ces petits cylindres et les bouche momentanément. Ainsi préparés, on les met dans un cylindre qui est quelquefois en fonte, d'autres fois en fer laminé ou même en cuivre rouge, et on y verse aussi du sable fin et quelquefois du charbon en poudre, on introduit ce cylindre dans un four assez fortement chauffé, dans lequel on lui imprime un mouvement de rotation, l'action du feu émousse les arêtes et arrondit les perles. On retire le cylindre, on verse les perles, on les laisse refroidir ; puis, au moyen d'un tamis fin, on sépare les perles du sable ; et enfin, pour faire sortir le mélange qui avait été introduit dans les tubes, on les met dans un sac où on les secoue fortement.

Après avoir arrondi les perles, on les fait passer sur des tamis à mailles plus ou moins serrées, on les divise ainsi par grosseurs, puis, pour séparer celles qui auraient été imparfaitement arrondies, on les met sur un plateau uni, que l'on incline légèrement de manière à faire rouler celles qui sont bien rondes et à retenir celles qui doivent être rebutées.

Ces perles, ainsi rangées par grosseurs, ont encore besoin d'être polies et, pour cela, on les secoue d'abord dans un sac avec du sable, on sépare ensuite le sable au moyen d'un tamis et enfin on les secoue dans un autre sac avec du son, et elles reprennent ainsi le brillant qu'elles avaient perdu dans l'opération de l'arrondissage.

Les perles sont enfin livrées à des femmes qui, au moyen d'aiguilles longues très-fines, les enfilent et les rassemblent en écheveaux qu'on appelle *masses*, de diverses grandeurs selon la grosseur des perles.

Il y a aussi à Venise une fabrication assez importante de perles à la lampe d'émailleur, c'est un travail aussi très-intéressant. Les ouvriers, je dois plutôt dire les artistes, emploient généralement, non pas des tubes, mais des baguettes pleines que leur fournissent les verriers. Il est difficile, avant de l'avoir vu, d'imaginer avec quelle adresse ils confectionnent avec ces baguettes de verre cette infinie variété de perles qui ont généralement un réel cachet de style oriental.

Plusieurs émailleurs de Venise, au lieu de l'ancienne lampe à huile, emploient un jet de gaz d'éclairage, ce qui est un grand perfectionnement.

TAILLE ET GRAVURE.

Pour terminer ce qui concerne le travail du cristal, il nous reste à parler de la taille et de la gravure.

La taille est un complément important d'une fabrication de cristal et occupe un nombreux personnel; il n'y a presque pas de pièces sorties des mains des verriers qui n'aient à passer à l'atelier de taille, ne fût-ce que pour effacer la marque du pontil; puis il y a les tailles depuis la simple côte plate sur le fond d'un gobelet ou d'une carafe, jusqu'aux ciselures les plus riches, qui rehaussent encore la valeur du cristal, non-seulement par cette ornementation ajoutée, mais aussi par le brillant et le jeu de la lumière qui résulte de ces tailles.

Le travail de la taille des cristaux est divisé en trois opérations, qui sont l'ébauche, le douci et le poli; ces trois divisions du travail se font au moyen de disques de matières différentes, montés sur des tours. On ébauche sur une roue en fer ou en fonte de fer, sur laquelle tombe goutte à goutte de l'eau mêlée de sable dur, ou grès pilé; le douci se fait sur une meule en pierre siliceuse d'un grain très-fin, sur laquelle tombe, goutte à goutte, de l'eau; le poli est obtenu au moyen d'une meule en bois, ordinairement en bois de peuplier, ou autre essence du même genre, coupé en rondelle, avec intervention de pierre ponce pilée humide. Quelquefois, au lieu de rondelles, on emploie des disques composés d'onglets en bois reliés entre eux dans un noyau central. Pour un poli plus fini, on emploie une meule de liége avec intervention de potée (oxyde de plomb et étain) ou de rouge d'Angleterre, comme pour les glaces. Quelquefois on polit avec une roue de plomb, et enfin on emploie, mais rarement, une brosse circulaire.

Autrefois le tailleur tournait son tour au pied : c'était un *tour en l'air*, en ce sens qu'il imprimait la rotation à un axe central terminé par une douille creuse dans laquelle entrait et était fixé l'axe des roues de fer, pierre ou bois. Il n'avait pas, d'ailleurs, la main aussi sûre, étant constamment dérangé par ce mouvement de la jambe. Mais, depuis longtemps, les fabriques ont adapté à leurs tailleries une force motrice, soit roue hydraulique ou machine à vapeur, qui met tous les tours en mouvement; les ouvriers n'ont alors qu'à présenter leur pièce à l'action des meules traversées par un axe central, et ne sont pas dérangés par le mouvement du pied; on peut d'ailleurs employer ainsi des meules d'un plus grand diamètre et agissant avec plus d'énergie et présentant un arc de cercle plus plat que quand le diamètre est moindre.

La machine fait mouvoir, dans chaque atelier, une grande poulie sur laquelle est une courroie qui fait mouvoir un arbre horizontal qui, lui-même, porte un grand nombre de petites poulies qui, au moyen de courroies, font tourner les meules de chaque tailleur, de telle sorte que tous les tailleurs sont indépendants les uns des autres.

Les tailles plates, telles, par exemple, que le plat des flacons carrés, s'opèrent sur des meules horizontales, dites *meules à fletter*, et bien entendu se font avec les mêmes séries de meules que les autres tailles, c'est-à-dire ébauchage à la meule de fonte, douci à la meule de grès, poli à la meule de bois. Le travail de la lustrerie, c'est-à-dire les bouchons lustrés, les pendeloques de lustres, s'opère aussi à plat; mais, en général, ce travail est fait par des femmes qui se servent quelquefois de meules verticales, et travaillent sur le côté de la meule.

Avant de quitter la taille, nous devons dire comment se fait le bouchage de carafes. Sur un tour ordinaire de tailleur, est monté un mandrin en bois ayant au centre un creux dans lequel on peut entrer à force la tête du bouchon dont la douille a été jugée

pouvoir s'adapter dans le goulot de la carafe sans un grand travail, on fait couler de l'eau et du sable sur la douille, et le tailleur, tenant la carafe horizontalement de la main droite, présente
le goulot à la douille, avance peu à peu et recule. L'action du
sable entre la douille et le goulot les use peu à peu et les ajuste
ainsi jusqu'à ce qu'on ait entré le haut de la douille jusqu'au
bord du goulot. On conçoit que, pour la facilité de l'opération, la
douille du bouchon et le goulot de la carafe ont dû être faits par
le verrier légèrement coniques. Si on veut un bouchage poli,
après avoir ajusté au sable, on emploie de l'émeri de plus en
plus fin.

Le travail de la gravure est fondé sur le même principe que la
taille, mais ici il s'agit d'un travail plus fin, la matière du verre
est généralement à peine entamée par la gravure. C'est sur le
tour, comme la taille, que s'opère la gravure, mais les meules
ne sont plus que des roues en cuivre rouge, d'un très-petit diamètre, depuis 3 millimètres, par exemple, et rarement de plus
de 10 centimètres. Il y en a qui n'ont guère qu'un millimètre d'épaisseur; d'autres jusqu'à 6, 8 millimètres, quelquefois
davantage. Dans le travail de la gravure, la roue ou meule est
un crayon, ou pour mieux dire, un burin fixe avec lequel on dessine sur la surface du verre; mais au lieu de dessiner ou buriner
sur une matière immobile, c'est au contraire le burin qui est
fixe, et la matière à graver que l'on présente à ce burin en la
contournant de manière à produire le dessin.

On peut dire que la gravure n'ajoute pas à l'éclat du cristal,
aussi a-t-elle été plus en vogue autrefois sur la gobeleterie française, et s'est-elle maintenue en grande faveur sur le verre de
Bohême. Quand la gravure est très-bien faite, c'est alors un objet
d'art dans lequel la matière n'est plus qu'un accessoire. Le plus
grand usage de la gravure en France a été appliqué aux cristaux d'éclairage, c'est-à-dire pour les boules de lampe, garde-
vue, lanternes de diverses formes, etc. Et pendant que nous
parlons des cristaux d'éclairage, nous devons dire ici comment
on fait le dépolissage des boules et autres pièces d'éclairage.

Si la boule ou autre pièce doit être dépolie extérieurement, on
la place entre deux mandrins d'un tour, et pendant qu'elle tourne
entre les deux mandrins, l'ouvrier, ayant en main un morceau de
tôle, appuie successivement sur toutes les parties qu'il veut dé-

polir, en interposant constamment du sable mouillé entre la tôle et le verre. L'adresse de l'ouvrier consiste à produire un grain fin et égal sur toutes les parties. Si sur cette boule ainsi dépolie le tailleur taille et polit des étoiles, ces étoiles paraîtront brillantes sur un fond mat.

Le moyen qu'on a employé pour dépolir intérieurement les boules a consisté à les emplir au tiers de petits graviers ou cailloux avec de l'eau et de l'émeri. Ce mélange étant introduit dans la boule, on bouchait le trou avec un bouchon de liége et on agitait la boule dans tous les sens : par ce mouvement, les cailloux agissant sur la surface intérieure du verre avec l'interposition de l'émeri, dépolissaient entièrement l'intérieur au bout de quelques heures ; mais ce travail d'agitation sur chaque boule devenait dispendieux ; alors on a imaginé de faire de grandes caisses de 4 à 5 mètres de long, montées horizontalement sur deux axes ; on remplit du mélange d'eau, d'émeri et de cailloux trente, quarante ou cinquante boules, suivant leur diamètre, auxquelles on adapte des bouchons, on emballe ces boules avec du foin dans la caisse, puis on fait tourner la caisse sur ses deux axes au moyen d'une manivelle. Au bout de quatre à cinq heures, on cesse le mouvement, on déballe, débouche et vide les boules, qui se trouvent dépolies intérieurement, d'un grain très-fin et très-égal. Ces boules n'ont qu'un trou, elles sont telles qu'elles ont été tranchées par le verrier. Pour faire les trous convenables pour le passage des cheminées de lampe, on monte sur le tour un mandrin cylindrique en tôle, dont le bord est découpé en scie et du diamètre du trou qu'on veut percer, et l'ouvrier ayant marqué les deux places où doivent être percés les trous, prend la boule de la main droite et la présente contre le mandrin, sur lequel il jette de l'eau et du sable avec la main gauche : peu à peu le mandrin pénètre dans le verre et y détache un disque de son diamètre. Lorsque les deux trous sont ouverts, les boules sont livrées aux graveurs, si elles doivent recevoir ce complément de travail.

GRAVURE DES CRISTAUX PAR L'ACIDE FLUORHYDRIQUE.

Depuis longtemps on connaissait l'action de l'acide fluorhydrique sur le verre, mais cette action n'était guère utilisée que dans la peinture sur verre, pour enlever par places, sur du verre doublé en rouge, bleu ou jaune, la couche de couleur et produire ainsi des ornements, une broderie, par exemple, sur un fond coloré. Les fabricants anglais ont les premiers appliqué en grand la gravure du verre par l'acide fluorhydrique à la décoration des vitres blanches ou colorées, et surtout des glaces. Ces gravures sur des glaces polies produisent une ornementation en quelque sorte argentée d'un grand effet. Nous en parlerons au livre VII.

On aurait pu s'étonner qu'on n'eût pas appliqué ce genre de décoration aux cristaux, et surtout dans le pays où cette gravure était journellement employée pour des vitrages. Ce n'est qu'après l'Exposition universelle de 1855, et en France, qu'on a appliqué aux cristaux cette nouvelle décoration. Il est vrai que, s'il eût fallu, pour chaque verre qu'on voulait décorer, recouvrir ce verre d'une couche de vernis inattaquable par l'acide, graver à la pointe cette couche pour mettre à nu le cristal où l'on voulait faire pénétrer l'acide, puis enfin le soumettre à l'action de cet acide, cette sorte de gravure aurait été plus dispendieuse que la gravure à la molette dont nous avons parlé.

Cette gravure à l'acide n'est donc devenue pratique qu'en y joignant l'impression, et c'est à M. Kessler qu'on doit cette application. On avait transporté sur verre plat des impressions sur papier avec couleur inattaquable à l'acide pour multiplier ainsi des gravures, mais M. Kessler n'en avait pas connaissance, et l'eût-il même connu, il devenait réellement inventeur lui-même par une application de l'impression sur surfaces courbes, qui constituait une source nouvelle très-productive d'ornementation pour les cristaux.

La gravure sur métal ou sur pierre lithographique représente la partie qui doit être réservée, c'est-à-dire mise à l'abri de l'action de l'acide ; cette gravure doit être assez creuse pour donner de la puissance à la couche de substance préservatrice ; cette substance, qui est l'encre d'impression, est composée de :

2 parties d'acide stéarique,
3　—　de bitume de Judée,
3　—　d'essence de térébenthine.

Le papier sur lequel on imprime doit avoir été préalablement mouillé légèrement avec de l'eau de savon, ce qui empêche l'adhérence de l'encre au papier, de telle sorte que, quand on a appliqué le papier sur le cristal, on peut enlever le papier, et toute l'encre reste fixée sur le cristal. Cette impression n'est destinée à préserver que les parties voisines de la gravure qu'on veut opérer sur le cristal; les parties plus éloignées, les cols, pieds des vases, etc., sont simplement recouverts au pinceau d'une couche de la même encre, et, quand cette encre est sèche, on soumet les pièces au bain d'acide fluorhydrique pendant le temps jugé nécessaire à l'opération. Quand la gravure à l'acide fluorhydrique est employée sur des cristaux à deux couches, on l'opère souvent en deux fois, de manière à enlever d'abord une demi-couche qui donne une demi-teinte que l'on recouvre par places d'encre protectrice pour un enlevage subséquent de toute la couche colorée.

L'action de l'acide fluorhydrique produit une gravure brillante qui est d'un joli effet sans doute, mais il était désirable d'obtenir aussi une gravure mate, et c'est ce résultat qui a été obtenu aussi par MM. Kessler, Tessié du Motay et Maréchal. Leur procédé consiste à saturer de l'acide fluorhydrique par du carbonate de soude ou de l'ammoniac; on prend cette dissolution un peu concentrée et on l'acidule par l'acide faible chlorhydrique. C'est cette solution qu'on emploie pour la gravure du cristal, sur lequel il se forme un léger dépôt de fluosilicate de potasse. Ce dépôt de petits cristaux alternant avec les parties entamées par la solution, constitue le dépoli mat qui est d'autant plus fin que l'opération a été menée plus lentement, et à cet effet les pièces à graver sont montées sur un axe qui, par sa rotation lente, fait alternativement plonger dans le bain et en sortir les pièces de cristal soumises à l'opération. Un seul moteur met en mouvement les axes de toutes les pièces à graver, en sorte que cette opération se fait très-économiquement.

Les cristalleries de Baccarat et de Saint-Louis ont donné un immense développement à ce nouveau genre de gravure.

GOBELETERIE.

Après le cristal, c'est, sans contredit, le verre de Bohême qui tient le premier rang parmi les autres verres. Cette supériorité, due à sa blancheur et à son excessive pureté, lui a conservé la

réputation qui le faisait rechercher sur les tables les plus somp-
tueuses. Cette blancheur pâle se mariait harmonieusement avec
la dorure dont étaient ornés les services de luxe. Ces verres sont
même recherchés encore aujourd'hui, malgré la supériorité de
l'éclat du cristal. On conçoit donc, jusqu'à un certain point, que
l'Allemagne n'ait pas renoncé à cette fabrication pour faire du
cristal à l'instar de l'Angleterre et de la France. Toutefois, à mesure que le cristal se perfectionnait, les Allemands s'efforcèrent
de maintenir leur rang dans la production du verre ; ils parvinrent,
par des additions de gravures soignées faites d'abord sur le verre
blanc lui-même, puis sur des médaillons teints en jaune et par
d'autres combinaisons heureuses de verres de couleur, à créer de
nouveaux débouchés à leurs verreries. Les fabricants de cristaux
en France, puis ceux d'Angleterre, se sont aussi adonnés à la fabrication des cristaux de couleur, mais on peut dire qu'ils n'ont
jamais qu'à peine égalé les verriers allemands, qui d'ailleurs ont
toujours eu le mérite de l'initiative dans toutes ces productions
de fantaisie. Toutefois, le verre blanc forme toujours la base
principale de toute la fabrication de la Bohême ; et bien que,
comme nous l'avons dit, le cristal lui soit très-supérieur, c'est
encore le verre de Bohême qui, dans les exportations de verre, présente le chiffre le plus élevé, en raison du rapport du prix à la
qualité. Nous disons verre de Bohême comme terme générique,
car il y a aussi des verreries de ce genre en Prusse et en Bavière ;
mais en Prusse elles sont principalement situées du côté de Lei-
gnitz, près de la crête des montagnes qui séparent la Bohême de
la Silésie ; par exemple, la verrerie de Josephinenhutte, appartenant à M. le comte de Schaffgotsch, si habilement dirigée par
M. Pohl ; et en Bavière dans les environs de Walmunchen et de
Zwissel, au pied des montagnes qui séparent la Bavière de la
Bohême, la verrerie de Theresientahl, par exemple, l'une de celles
qui fabriquent les plus beaux verres d'Allemagne.

La composition du verre de Bohême a été, dans plusieurs ouvrages, mentionnée assez inexactement ; à cet égard les personnes
compétentes ont dû reconnaître ces erreurs, mais on peut se fier
à la composition que nous allons donner, qu'on peut regarder
comme une moyenne :

> Sable provenant de quartz étonné et pilé....... 100
> Carbonate de potasse.................... 38 à   42

Chaux éteinte,................................ 18
Nitrate de potasse........................... 1,25
Arsenic.............,......................... 0,75

Il est clair que d'une verrerie à l'autre et même dans chaque verrerie, il y a des variantes, mais s'éloignant peu des proportions ci-dessus ; il y a des verreries où l'on ajoute un peu de minium et où l'on compose ainsi :

Sable provenant de quartz étonné et pilé........ 100
Carbonate de potasse...................... 38 à 40
Chaux éteinte,............................... 18
Minium....................................... 2,50
Nitrate de potasse.,........................ 1,25
Arsenic...................................... 0,75

Cette composition même diffère bien peu de la précédente ; toutes ces matières étant très-pures et étant fondues au bois, donnent un produit très-blanc.

Les verriers de Bohême qui ont tant de goût, qui ont, pour ainsi dire, tant d'imagination dans la variété de leurs produits, sont toutefois restés assez routiniers dans leurs moyens de production ; ainsi ils ont toujours de très-petits fours, de petits pots qui contiennent à peine 150 kilogrammes de matière, et quand on voit leurs ouvriers travailler avec des outils en rapport avec ces fours et ces pots, on est étonné qu'ils puissent fabriquer ces pièces qui ont parfois surpris les verriers étrangers dans les expositions internationales.

La composition du verre de Bohême indique un verre qui doit être très-raide à travailler, le verre à la potasse étant beaucoup moins ductile que le verre à la soude ; aussi, d'une part, la fonte est généralement longue, vingt-cinq à trente heures, et les verriers ne font guère que quatre travaux par semaine ; et, de plus, cette rigidité du verre de Bohême a été la cause du mode de travail qui y est universellement adopté, et qui consiste à ne pas prendre au pontil les gobelets, les verres, ni même les carafes et à couper et fletter les bords à froid ; c'est en même temps ce qui a amené l'usage des moules en bois.

On avait bien remarqué depuis longtemps que tous les verres de Bohême, au lieu d'avoir un bord rebrûlé au feu, avaient ce bord fletté ou biseauté à la roue : on pensait que les verreries de ce

pays croyaient ainsi donner une meilleure apparence à leurs verres,
mais on ne savait pas que c'était, pour ainsi dire, une nécessité
de fabrication. Les verres de Bohême, par cette raison, ne portent
pas de traces de pontil. La fabrication des verres et gobelets dans
les moules en bois et la suppression du pontil donnent aux verres
de Bohême une netteté que n'atteignent jamais les verres rognés
au feu et ouverts avec les fers ; c'est encore là un avantage de ce
mode de travail qu'atteignent toutefois nos meilleurs ouvriers,
quand, comme nous l'avons remarqué, ils touchent à peine la
coupe du verre avec les lames de bois.

Cette fabrication de Bohême dans les moules en bois avec absence d'empontillage, simplifie beaucoup le travail ; généralement
une place ne se compose que d'un ouvrier, d'un grand gamin et
d'un petit gamin. S'agit-il, nous supposerons, de faire un verre à
pied, le gamin prend, au bout d'une petite canne, un petit cueillage
de verre, l'arrondit à la palette et le souffle, ce qui fait une petite
paraison grosse comme une noix (toutes les pièces commencent
par cette petite paraison, soufflée par le gamin). L'ouvrier prend
cette paraison et fait dessus un nouveau cueillage, puis, tenant la
canne sur un crochet avec la main gauche, il prend de sa main
droite un petit bloc à manche, avec lequel il arrondit son verre,
puis il le souffle. Nous ferons remarquer ici que le verrier allemand ne marbre pas son verre, toujours à cause de sa rigidité.
Nous ne suivrons pas plus loin la description de ce travail, ce
serait rentrer dans les détails que nous avons donnés fort au long ;
nous dirons seulement que généralement les ouvriers de Bohême,
au lieu de s'asseoir sur un banc garni de *bardelles* pour tourner
leurs pièces, n'ont qu'un simple escabeau, et que les bardelles ne
sont autres que deux bandes de bois fixées sur leurs cuisses et sur
lesquelles ils roulent leur canne de la main gauche.

Nous ne nous étendrons donc pas davantage sur le travail du
verre de Bohême, il nous a suffi de constater certaines particularités qui le distinguent ; mais nous engagerons toujours le fabricant qui se livre à l'industrie verrière à ne jamais rester
étranger aux diverses pratiques des verriers allemands ; à côté
de certains procédés qui, à tels égards, paraissent primitifs,
il aura toujours à y remarquer certains tours de main et des
combinaisons qui lui prouveront que ces verreries continuent
d'occuper un rang distingué dans cette industrie.

La Belgique, dont les verreries occupent une place très-recom-
mandable dans le commerce des verres, fabrique des verres à vitres
d'une bonne qualité moyenne ; ses glaces sont fort belles, mais
on doit convenir que ses cristaux sont généralement moins beaux
que ceux d'Angleterre et de France ; est-ce parce que les fabriques
de ce pays tendent au bon marché ? Peut-être est-ce la vraie cause,
et c'est sans doute le même motif qui a amené dans ce pays la
fabrication du demi-cristal, avec lequel on fait les mêmes formes
que le cristal et que l'on vend pour l'exportation à d'assez grands
rabais. Ce demi-cristal a presque le même son que le cristal, parce
qu'il contient une assez grande quantité de plomb ; il est généralement assez bien fondu, mais a ordinairement une teinte assez
sombre, c'est-à-dire un gris bleuâtre qui dans les pièces minces,
comme les verres à pied, n'est pas très-choquante, mais qui est
peu agréable dans les fonds de carafe et dans toutes les parties
qui présentent un peu d'épaisseur.

La composition suivante est celle d'un fabricant qui a fait d'assez
grandes quantités de cette espèce de verre :

Sable blanc..............................	100
Minium.................................	33 1/3
Carbonate de soude......................	23
Carbonate de potasse....................	7
Chaux éteinte...........................	8
Nitrate de potasse......................	2
Arsenic.................................	1
Groisil de cristal......................	20
Groisil de la fabrication du demi-cristal..	100 à 150

À la fabrication ci-dessus, ce fabricant ajoutait ordinairement :

Oxyde de manganèse......................	0,75
Oxyde d'antimoine.......................	0,20
Azur...................................	0,05

Nous devons avouer que nous préférons du beau verre blanc à
ce demi-cristal dont les fabricants belges avaient entrepris la fabrication en partie pour utiliser des groisils de cristal qu'ils ne
trouvaient pas assez beaux pour les faire rentrer dans les compositions.

En France, les perfectionnements apportés dans la préparation
et la purification du sel de soude ont amené la fabrication d'une

40

gobeleterie d'une assez belle qualité. L'ancienne verrerie française analogue à celle de Bohême, et composée de sable et de salins[1], auxquels on mêlait un peu de soude, pour avoir un verre plus doux, devenait, par les perfectionnements du cristal, d'un prix relativement élevé; l'emploi du carbonate de soude et ensuite même du sulfate de soude épuré a fait rentrer la fabrication de la gobeleterie française dans des conditions de bon marché, tout en produisant un verre d'une assez belle qualité. Nous croyons inutile d'entrer dans les détails de cette fabrication; comme composition, nous n'aurions qu'à renvoyer à ce que nous avons dit pour les glaces. Le perfectionnement des fours de fusion et le haut titre du carbonate de soude ont permis de fondre du verre à pots couverts et de l'obtenir ainsi plus blanc que celui des glaces, et quant au travail, il s'opère d'après les procédés employés pour le cristal.

La gobeleterie a une très-grande importance commerciale; cette fabrication atteint, en France, un chiffre plus élevé que celle du cristal, et avec le degré de perfection auquel elle est parvenue on peut être certain qu'elle se maintiendra dans cet état florissant. On fait encore en France des verres d'une qualité inférieure et qu'on trouve désignés, dans l'*Encyclopédie* et d'autres ouvrages sur le verre, sous le nom de verre en *chambourin* ou *pivette;* ce sont ces verres dont on fait les verres et carafes de cabaret, les fioles de médecine, rouleaux pour sirops, etc.; mais les verreries mêmes qui fabriquaient autrefois ces sortes d'articles ont suivi le progrès général, depuis qu'elles ont pu employer des *fondants* perfectionnés; il ne se fabrique plus guère aujourd'hui de ces petits gobelets polygonaux verdâtres qu'on appellait *mazarins;* les cabarets les plus infimes versent le vin aux consommateurs dans des gobelets d'un verre sinon très-blanc, du moins bien fondu, et les fioles des pharmaciens sont généralement d'un assez beau verre; ces fioles et les flacons de chimie se fabriquent en grande partie dans des verreries qui refondent des groisils qu'elles achètent dans les grandes villes; à ces groisils on ajoute une petite quantité de composition neuve; il y a un assez grand nombre de

---

[1] Nous avons dit que l'on appelait *salins*, dans les verreries, le produit non passé au four de la lixiviation des cendres, c'est-à-dire un carbonate de potasse mêlé de sulfate et d'une petite proportion de matière charbonneuse.

ces verreries dans la Seine-Inférieure, dans la Sarthe : on y fait
les vases de chimie, les tubes, les cornues et un grand nombre de
cheminées de lampe. On se plaint, dans les laboratoires, que les
tubes et autres appareils devant aller au feu résistent beaucoup
moins bien à de hautes températures que les mêmes articles venant d'Allemagne, ce qui ne doit pas surprendre, d'après ce que
nous avons dit des compositions : les verres d'Allemagne sont
fondus à la potasse et conséquemment très-réfractaires, tandis
que les cristaux, d'une part, sont très-fusibles, et les verres mêmes
qui ne contiennent pas d'oxyde de plomb sont fondus à la soude,
ce qui produit une matière beaucoup moins rigide. Une verrerie
française qui voudrait fondre du verre à la potasse pour la production de ces articles, serait obligée d'enfourner cette composition
dans tous ses pots, car on ne pourrait pas fondre dans un pot du
verre à la potasse, et dans les autres du verre à la soude, parce que
ce dernier serait fondu longtemps avant l'autre ; ce serait donc
tout un changement d'organisation qui très-probablement n'aurait
pas une compensation suffisante dans la vente des articles de laboratoire. On disait autrefois : Il faut s'efforcer d'arriver à ce résultat,
pour affranchir le pays d'un tribut payé à l'étranger ; mais on
comprend aujourd'hui que la prospérité générale résulte de la
plus grande masse possible d'échanges internationaux, et que,
pour l'article ici en question, il vaut mieux l'acheter dans le pays
où sa fabrication est normale et se rattache au système de composition adopté dans ce pays, que de le produire à un prix très-
élevé et en dehors du mode général de fabrication.

VERRES DE MONTRE.

Nous ne devons pas négliger de parler des verres de montre
dont la production est très-intéressante au point de vue des procédés de fabrication et de l'extrême bon marché qui est résulté
de ces procédés. Nous dirons toutes les transformations qu'a subies
cette fabrication. Autrefois les verres de montre étaient simplement des segments de sphère enlevés sur des boules au moyen de
cercles de fer rougis au feu. Le bord de ces segments était régu-
larisé à la meule. L'opération était très-simple, mais il fallait
prendre ces verres sur des boules d'un diamètre relativement

assez petit, de 6 à 10 centimètres, pour que la flèche fût assez grande pour permettre le mouvement des aiguilles ; des boules d'un diamètre de 20 à 25 centimètres de diamètre auraient donné des segments trop plats. On avait ainsi beaucoup de matière perdue et des verres de montre d'un bombé disgracieux. L'invention des montres à cylindre, qui permettait de les fabriquer beaucoup plus plates, rendit plus sensible l'inconvénient de ces verres bombés ; on fit alors, pour les montres de luxe, des verres *chevés*, c'est-à-dire que, dans une plaque ronde de cristal du diamètre voulu et d'une certaine épaisseur, on creusait, on *chevait*, à la roue de graveur, l'excavation nécessaire pour le passage des aiguilles, on polissait ensuite ce creux et on ajustait le bord, en le rendant apte à être reçu dans la rainure ou *drageoire* du couvercle de la montre. Les horlogers vendaient alors ces verres de 3 à 5 francs pièce. Ce prix si élevé devait naturellement engager les maîtres des verreries à fabriquer des verres d'un moindre prix, et pour cela, ils firent souffler des espèces de fioles à fond plat ou presque plat (fig. 148), de diamètres variés et dont le

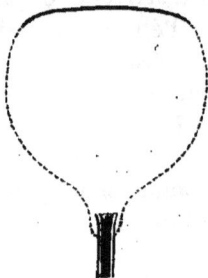

rebord du fond, coupé au fer chaud et usé à la meule, formait la partie qui devait s'ajuster dans la rainure de la montre ; ces petites fioles étaient soufflées très-rapidement et pouvaient être livrées à un prix extrêmement modique ; mais il fallait souffler une pièce pour chaque verre de montre, il y avait donc et beaucoup de travail et beaucoup de verre fondu pour un très-faible résultat, et

Fig. 148.

toutefois on arriva, par ce moyen, à livrer au commerce des verres qu'on appelait *chevés*, à raison de 60 francs la grosse. Le procédé que nous allons décrire et que nous avons vu pratiquer dans l'intéressante usine de MM. Walter-Berger, à Goetzenbruck, a été un bien grand perfectionnement dans la fabrication des verres de montre. Il avait été imaginé par des fabricants de Genève ; il consiste à mouler les verres de montre pris, comme autrefois, sur des boules, dans des moules creux.

Les boules ayant été fabriquées dans les dimensions convenables pour les divers diamètres de verres chevés, on commence par découper sur ces boules des segments de sphère, non plus au moyen de cercles de fer rougis au feu, mais au moyen d'un diamant monté comme l'indique la figure 149. A B est une tige métallique repliée en A C à un angle légèrement aigu et armée à l'extrémité C d'un diamant fixé de manière à se trouver sur sa coupe quand la tige AB est mue circulairement autour d'un point de centre pris sur

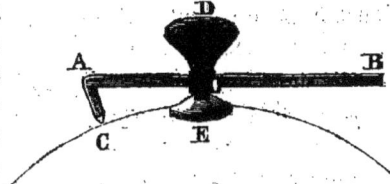

Fig. 149.

un des points de sa longueur. Sur cette tige AB glisse une partie DE, dont la partie D forme en même temps manche et vis de pression pour être fixé sur un point déterminé de la tige AB, graduée en millimètres ; l'autre extrémité E de ce manche, mobile autour d'un axe, est terminée par une petite surface concave en feutre ou en cuir, et sert de point d'appui sur la surface convexe de la boule.

Le diamètre des verres à couper étant déterminé par la position de la partie DE sur la branche A B, on pose la partie E sur la boule, la partie D dans la paume de la main droite, la boule dans la main gauche, et, tournant les deux mains en sens inverse, on fait parcourir au diamant C un cercle entier ; le verre de montre se trouve ainsi tracé, mais non détaché. On comprend que la partie A C est légèrement inclinée sur la direction A B, pour que le diamant se trouve, dans sa course, perpendiculaire à la surface convexe de la sphère. On trace de cette manière dix cercles sur la convexité de la boule, dont un opposé au trou de canne, cinq sur une zone se rapprochant de ce trou et quatre autour du trou de canne. Quand ces dix cercles ont été tracés, il s'agit d'abord d'en détacher un, ce qu'on fait en imprimant de petits chocs secs autour d'un des cercles ; quand un premier rond a été détaché (c'est le plus long et le plus difficile), l'ouvrière introduit le pouce en dedans de la boule par l'ouverture du premier verre et prend un deuxième verre entre le pouce intérieurement et deux doigts extérieurement, et pressant légèrement du dedans au dehors, ce deuxième verre se détache aisément, et ainsi de suite. Ces verres sont ensuite triés, classés et portés au four à chever, où on donne à ces segments de sphère la forme de verres chevés, c'est-à-dire une surface presque plane, recourbée seulement sur les bords.

Cette forme se donne dans des moules ayant intérieurement la forme voulue, ressemblant à des godets d'aquarelle ; ces moules sont en terre réfractaire très-fine, ils sont parfaitement unis intérieurement, on peut même dire polis (mais non émaillés). Les fours à chever sont chauffés au coke ; ils contiennent une petite moufle dans laquelle se fait l'opération.

Les outils pour l'opération de chever le verre sont :

1° Le moule dont nous venons de parler : il faut naturellement un moule pour chaque dimension ;

2° Un petit crochet avec lequel l'ouvrier pousse le moule dans la moufle et le retire sur la table (plaque de terre réfractaire posée en avant de la moufle), quand le verre est suffisamment chaud, et maintient ce moule fixe quand il presse sur le verre dans le moule ;

3° Une petite tige de polissoir en fer dont une extrémité est recourbée à angle droit et pointue de manière à pouvoir se piquer dans le polissoir ;

4° Les polissoirs sont des petits tampons ou cylindres en papier mâché d'environ 2 centimètres de diamètre et 2 centimètres et demi de hauteur, d'une pâte bien homogène ne contenant pas de parcelles de corps durs qui rayeraient le verre : l'ouvrier a une provision de ces petits polissoirs à côté de lui ;

5° Un petit sachet contenant une poudre impalpable de chaux et d'argile.

L'ouvrier secoue un peu ce sachet sur le moule, prend un verre, le pose exactement sur le moule du côté du convexe, pousse avec le petit crochet le moule dans la moufle, le retire sur la table quand il voit que le verre est suffisamment chaud, et, appuyant avec le polissoir sur toutes les parties du verre, il fait prendre à ce verre la forme exacte de l'intérieur du moule ; il renverse ce moule dont le verre se détache (au moyen de la poudre interposée) et est empilé avec les verres précédemment moulés. La recuisson n'est pas nécessaire, vu la minceur du verre. On change souvent les polissoirs, qui se brûlent un peu chaque fois, et dont la surface brûlée devient peu à peu irrégulière.

Les verres ainsi moulés paraissent assez nets et non rayés ; ils pourraient à la rigueur être ainsi employés, mais, pour être livrés au commerce, ils doivent être repolis intérieurement et extérieurement avec la pierre ponce et la potée sur des roues de feutre.

L'intérieur du verre se fait avec le tour de la roue, et le convexe sur le côté de ladite roue.

Toutes ces opérations étaient tellement combinées, la division du travail établie d'une manière si efficace, que la fabrique de Gœtzenbruck était arrivée à livrer ces verres en qualité ordinaire au prix de 2 fr. 50 c. la grosse, auquel on avait été amené par la concurrence de Bohême et qui ne laissait qu'un bénéfice insuffisant. Cet état de commerce amena chez MM. Walter-Berger un nouveau procédé qu'ils ont breveté, et que nous allons également décrire. Il consiste principalement à prendre les verres dans des boules d'un très-grand diamètre, et à les monter sur des moules en relief au lieu de moules en creux.

Les boules, que l'on fait de 80 centimètres de diamètre environ, nécessitent une bien plus grande masse de verre ou plusieurs cueillages. Il en résulte à la vérité un plus grand nombre de défauts dans le verre; mais, d'une part, la grande boule fournit environ trois grosses de verre, dont environ un dixième est premier choix, quatre dixièmes sont deuxième choix, et cinq dixièmes troisième choix; et comme la vente est généralement environ dans cette proportion, cet inconvénient de quelques défauts disparaît devant le grand avantage d'obtenir sur un grand diamètre des verres presque plats, et dont il n'y a qu'à recourber les bords pour obtenir des verres chevés.

Cette dernière opération se fait également avec un moule en terre réfractaire très-polie, mais convexe au lieu d'être concave. On se sert des mêmes mouffles; le verre est posé sur le moule qu'il déborde juste de la longueur qu'il faut pour former le rebord du verre chevé; ce débordement n'appuyant pas sur le moule, se chauffe ainsi beaucoup plus vite dans la mouffle, que le verre touchant au moule. On retire ce moule sur la table, on capuchonne le verre avec une petite calotte en bois d'une forme conique qui rabat le verre sur le côté du moule, et comme cette calotte ne touche qu'au débordement, le verre reste clair à l'exception du débordement en dehors, qui a seul besoin d'être un peu repoli, il y a donc suppression d'une grande partie de la main-d'œuvre, et dans le moulage et surtout dans le repolissage, et MM. Walter-Berger sont ainsi parvenus à vendre à bénéfice, au prix de 1 fr. 95 c. la grosse, les verres de choix moyen qu'ils vendaient auparavant 2 fr. 50 c.

PRIX DE REVIENT.

Nous sommes arrivé à la partie à laquelle nous attachons le plus d'importance, au point de vue surtout de nos successeurs, pour lesquels il sera extrêmement intéressant de connaître les conditions économiques de la fabrication à notre époque. Nous ne voulons nous occuper que du cristal, et nous tenons essentiellement à prévenir que, dans les calculs qui vont suivre, nous n'avons eu en vue aucune localité déterminée, ainsi ce n'est ni la position de Baccarat ni de Saint-Louis sur laquelle nous avons établi nos appréciations. Ce ne sont pas non plus les conditions de travail des cristalleries placées aux portes de Paris ou de Lyon que nous avons prises pour base. A cet égard, comme pour les verreries de verre à vitre, de bouteilles ou de glaces, nous avons voulu éviter de faire de notre travail des questions pour ainsi dire personnelles ; nous avons donc adopté des données moyennes, qui seront tantôt supérieures, tantôt inférieures aux conditions de travail de telle ou telle localité, mais qui, dans l'ensemble, nous ont semblé résumer des bases pouvant faire connaître d'une manière assez exacte l'état économique du cristal.

Nous ne nous occuperons que de la fabrication à la houille, puisque nous avons dit que le bois tendait à disparaître de jour en jour comme combustible dans les fours de verrerie. Nous mettons aussi hors de cause les fours à régénérateur Siemens ; c'est une transformation qui s'opère, qui amènera des modifications importantes dans la dépense du combustible, mais nous la considérons comme étant encore à l'étude, et nous basons nos calculs sur l'état qui a précédé ces fours.

Examinons d'abord les prix des matières premières.

Sable. — Nous référant à ce que nous avons dit, au livre III, pour le sable employé dans la fabrication des glaces, nous prendrons 1 fr. 50 c. pour le prix des 100 kilogrammes de sable blanc, lavé, séché, prêt à être employé pour la composition du cristal.

Minium. — On peut considérer 65 francs les 100 kilogrammes comme un prix même au-dessus de la moyenne des plombs d'Espagne, qui forment la plus grande partie de la consommation des cristalleries, et, en adoptant ce prix de 65 francs, nous supposons le plomb rendu à l'usine. Nous supposons aussi le minium préparé dans la cristallerie. La théorie enseigne que 100 de plomb donnent 107 de minium, mais à la pratique ce chiffre se réduit à environ 105, et encore l'atelier au minium doit-il être bien conduit, pour produire régulièrement ce résultat. Cet excédant de poids paye une partie des frais de cet atelier, mais pas en totalité : nous admettons que le minium revient au prix de 70 francs les 100 kilogrammes.

Carbonate de potasse. — Ce sel est préparé dans la cristallerie, soit avec des potasses grises ou rouges caustiques d'Amérique, soit avec des potasses d'Amérique contenant 18 à 20 pour 100 de sulfate de potasse et chlorure de potassium, ou bien on emploie des potasses indigènes (produit des raffineries du Nord) contenant 3 à 4 pour 100 de soude. En tenant compte des frais de purification, avec déduction du produit des sulfates, nous trouvons que le carbonate de potasse, prêt à être employé pour la composition du cristal, ne revient pas à plus de 100 francs les 100 kilogrammes, et d'ailleurs, à ce prix, on pourrait se procurer, rendus en France, des carbonates de potasse raffinés par les fabricants de produits chimiques anglais pour les cristalleries, et dont je puis garantir la pureté, ayant employé ces potasses pour des usages très-délicats (dans la fabrication du verre d'optique). Les autres matières employées pour ainsi dire accidentellement dans la fabrication du cristal n'ont pas une grande importance et ne doivent pas être mentionnées ici, car ce n'est que sur le cristal blanc que nous allons faire porter nos calculs.

Prenant la composition dans ses termes les plus simples, avec les prix ci-dessus, nous avons :

100 kil. de sable, à 1 fr. 50 c.....................	1 fr.	50 c.
66 2/3 de minium, à 70 francs...................	46	67
33 1/3 de carbonate de potasse, à 100 francs..	33	33
200 kil.	81 fr.	50 c. [1]

La composition revient donc à 40 fr. 75 c. les 100 kilogrammes.

[1] On remarquera que le prix que nous donnons peut être considéré comme un maximum, car le fabricant de cristaux, par l'emploi d'un carbonate de moindre prix et la substitution de quelques kilogrammes de sel de soude à la potasse, fait généralement une composition plus économique.

Examinons à présent à combien revient, comme matière, le cristal fondu :

—Le minium passe dans la fonte à l'état de massicot et perd environ 3 pour 100 d'oxygène; le carbonate de potasse perd un peu d'eau qu'il contient encore et son acide carbonique, qui est de 31 pour 100. — Admettons qu'outre la diminution provenant de la cause ci-dessus, il y ait un peu de perte de matière dans les transports de composition, dans les renfournements, nous n'arriverons que difficilement à une perte de 22 kilogrammes, et nous faisons même entrer dans ce chiffre la perte causée par les pots cassés. Dans une usine bien organisée, nous n'admettrons pas qu'il y ait dans l'année plus de douze pots cassés de manière à ne pouvoir en rien retirer et dont la matière s'écroulerait entièrement à la cave; or, dans un four à 6 pots fondant quatre fois par semaine, on a, pour l'année, la fonte de 1,248 potées de verre : on voit donc qu'il n'y aurait de ce chef qu'une perte de 1 pour 100. Dans un four à pots couverts, il n'y a pas de matière débordant le pot; ce qui a toujours lieu plus ou moins dans les pots ouverts. Les 200 kilogrammes ci-dessus se réduisent donc à 178 kilogrammes, qui coûtent 81 fr. 50 c., soit 45 fr. 80 c. les 100 kilogrammes.

Nous avons, en outre, à faire entrer en ligne de compte le groisil produit par les extrémaisons et par le travail des verriers; ce groisil rentre dans les compositions, mais évidemment le poids des pièces de cristal sorties de l'arche à recuire, plus le groisil rentrant dans la composition, ne représentent pas en totalité le cristal fondu. Le groisil a besoin d'être trié, il faut enlever les impuretés ; en séparant le fer attaché aux mords de canne, il y a perte de cristal, il s'en perd aussi dans les tamisures. Quand les pots sont usés et sont extraits du four, ils sont revêtus d'une couche de verre qui constitue aussi une perte. Nous supposons que toutes ces causes peuvent amener sur les 178 kilogrammes une perte totale de 18 kilogrammes, ce qui est certes au delà de la réalité; les 200 kilogrammes de matières enfournées produisent donc, d'après ces calculs, 160 kilogrammes de cristal qui coûtent 81 fr. 50 c., soit 50 fr. 90 c. les 100 kilogrammes.

Evaluons à présent la dépense en *combustible :*

Nous avons dit qu'un four à 6 pots de 500 kilogrammes de composition consommait par semaine 20 tonnes de houille : chaque pot de 500 kilogrammes est, en moyenne et d'après les données exposées ci-dessus, composé de 300 kilogrammes de composition neuve et 200 de groisil, et produit 240 kilogrammes de cristal à livrer au commerce. Si, pendant la semaine, tous les pots ont été vidés quatre fois et demie, on aura produit 6,480 kilogrammes de cristal, ayant consommé 20 tonnes de houille, soit 308 kilogrammes de houille pour 100 kilogrammes de cristal. Les cristalleries se trouvant généralement plus éloignées des mines de houille que les autres verreries, nous compterons 26 francs pour le prix de la tonne, soit 8 francs pour 100 kilogrammes de cristal.

Main-d'œuvre. — Nous commencerons par la main-d'œuvre des verriers : nous avons dit qu'une place d'ouvriers se composait de :

Un ouvreur dont le gage par mois peut être évalué à......	200 francs.
Un premier souffleur...............................	120 —
Un deuxième souffleur..............................	90 —
Un troisième souffleur ou carreur...................	50 —
Un grand gamin....................................	40 —
Un deuxième grand gamin...........................	35 —
Un petit gamin....................................	50 —
Un deuxième petit gamin...........................	30 —
Total............................	595 francs.

Il y a des ouvreurs qui sont payés à un prix plus élevé, mais d'autres ont de moindres gages : nous avons donc pris une moyenne. Si nous supposons que les 6,480 kilogrammes de verre par semaine, ou 1,080 kilogrammes par jour, ont été travaillés par deux brigades de trois places, chacune des trois places aura produit, par jour, 180 kilogrammes et en comptant vingt-six jours de travail par mois, et divisant, en conséquence, les gages de 595 francs par 26, on a, en nombre rond, la somme de 23 francs pour le coût de la main-d'œuvre de 180 kilogrammes de verre à livrer au commerce, soit 12 fr. 80 c. par 100 kilogrammes, pour la main-d'œuvre verrière.

Pour les tiseurs, fondeurs, tireurs de ferrasses, nous devons compter, par mois. . . . . 500 francs.
Garçons de magasin, groisilleuses, par mois. . . 250 —
————————
750 francs.

Appliqué à la production, par mois de 28,080 kilogrammes de

marchandises, cela donne 2 fr. 67 c. par 100 kilogrammes de cristal produit, et porte la main-d'œuvre totale à 15 fr. 47 c.

Fours et pots. — Les pots à cristal ont une assez longue durée, souvent trois ou quatre mois ; mais nous ne supposerons qu'une durée moyenne de deux mois, et, pour les six pots d'un four, nous estimerons la dépense annuelle à . . . . . 2,750 francs.

Nous supposerons la même dépense pour les fours de fusion, les arches, soit par an. . . . . . 2,750 —

5,500 francs ;

soit par mois 458 fr. 30 c., ou enfin 1 fr. 63 c. par 100 kilogrammes.

Frais d'outillage. — Ils peuvent s'élever annuellement en main-d'œuvre, consommation de fer, moules en bois et autres à 5,400 francs, soit par mois 450 francs, soit 1 fr. 60 c. par 100 kilogrammes.

Frais généraux. — Nous évaluerons les frais généraux de la manière suivante :

Direction, caisse et correspondance............	9,000 francs.
Commis...............................	3,000 —
Frais de bureaux.........................	600 —
Concierge, manœuvres de cour, etc..........	3,000 —
Chevaux, charretiers, etc..................	3,000 —
Total......................	18,600 francs.

Si certaines de ces évaluations paraissent un peu faibles, nous ferons remarquer que ces sommes ne portent que sur la production d'un seul four, laquelle production est toujours dans une condition désavantageuse sous le rapport des frais généraux, vis-à-vis d'usines ayant plusieurs fours. Nous avons donc porté ces dépenses pour la moitié de ce que coûteraient deux fours ; la somme ci-dessus, pour l'année, constitue une dépense mensuelle de 1,550 francs, soit 5 fr. 50 c. par 100 kilogrammes.

Pour l'intérêt des capitaux résultant de la valeur des immeubles, nous ferons rentrer dans le prix de l'immeuble les tailleries, parce que, bien que nous ne nous soyons pas occupé de la partie économique de la taille qui, pour la plus grande partie des pièces qui lui sont soumises, amène son bénéfice, il y a aussi beaucoup de pièces qui doivent passer dans cet atelier sans augmentation de valeur, et nous estimons qu'en totalité le montant de la partie d'un immeuble de cristallerie afférente à un seul four doit être porté à la somme de 250,000 francs, dont l'intérêt annuel doit être porté à 5 pour 100, soit 12,500 francs, pour une production en nombre rond de 337,000 kilogrammes, soit 3 fr. 70 c. par 100 kilogrammes. Enfin, le capital de roulement ne peut guère être moindre de 150,000 francs, dont l'intérêt représente 7,500 francs, soit 2 fr. 20 c. par 100 kilogrammes. Résumant donc tous les chapitres, nous avons pour le prix de 100 kilogrammes de cristal :

Matières...	50 fr.	90 c.
Combustible...	8	»
Main-d'œuvre des verriers.............................	12	80
Diverses autres mains-d'œuvre.........................	2	67
Fours et pots...	1	63
Outils..	1	60
Frais généraux..	5	50
Intérêts des capitaux engagés.........................	3	70
Intérêts du capital de roulement......................	2	20
Total..	89 fr.	» c.

Sur ce prix de 89 francs les 100 kilogrammes, soit 89 centimes le kilogramme, nous avons plusieurs observations à faire.

Dans une fabrication comme celle du cristal, dont les produits sont si variés, le prix moyen est bien loin de pouvoir faire connaître le prix de chaque article en particulier. En effet, un verre du genre de ceux appelés *verres mousseline* dont la tige égale à peine un fétu de paille et dont la coupe plie sous le doigt, ne peut être estimé d'après la même base qu'une carafe ordinaire du poids de 1 kilogramme.

Si les ouvriers ne fabriquaient que des verres mousseline, ils ne videraient pas deux pots par semaine et, au contraire, les huit pots travaillés quatre fois par semaine ne suffiraient pas pour la production de certaines pièces renforcées. Il faut donc faire entrer en ligne de compte dans le prix de chaque article et son poids et la quantité qu'un ouvrier ou plutôt une place peut en produire dans un temps donné ; et, pour arriver à ce résultat, il est bon d'évaluer, par les calculs qui précèdent, les dépenses qui s'appliquent à un temps donné. Nous laisserons naturellement en dehors la matière première :

Nous avons, par mois, pour dépense de main-d'œuvre acces-
soire. . . . .   750 fr. » c.
Pour le combustible, 90 tonnes en nombre
rond.   2,340   »
 Fours et pots.   458   30
 Outillage.   450   »
 Frais généraux.   1,550   »
 Intérêt des capitaux.   1,667   »
                                                     —————————
                                                     6,465 fr. 30 c.

Telle est la dépense qui doit s'appliquer au travail de six places;
soit pour chaque place par mois. . . . .   1,078 francs.
   Nous avons dit que chaque place était payée
par mois. . . . .   595 —

   Nous avons donc la somme de. . . . .   1,673 francs,
pour la dépense que doit supporter par mois chaque place d'ouvrier.
   S'il n'y a pas d'interruption dans le travail en dehors du chômage du dimanche, chaque place travaille pendant le mois
vingt-six fois onze heures, soit deux cent quatre-vingt-six heures.
Il en résulte que chaque heure de travail d'une place est grevée
d'une dépense de 5 fr. 85 c.
   Cela posé, le poids d'une pièce de cristal et le nombre de ces
pièces qu'une place peut fabriquer en une heure établiront le
prix de cette pièce.
   Supposons, par exemple, qu'une place fasse dans une
heure soixante gobelets pesant chacun 300 grammes, nous
aurons soixante gobelets ou 18 kilogrammes de
matière à 50°,90. . . . .   9 fr. 16 c.
   Les autres frais, pour l'heure, montent à   5   85
                                                     —————————
   Les soixante gobelets coûtent donc. . . . . . .   15 fr. 01 c.
Chaque gobelets coûte donc au fabricant 25 centimes.
   Si au lieu de soixante, la place fait quatre-vingts gobelets, ils
ne coûtent plus que 22°,6.
   Supposons des verres à boutons faits sur le pied de quarante
à l'heure, et pesant 16 kilogrammes :
   Nous avons 16 kilogrammes à 50°,90. . . . . . .   8 fr. 15 c.
   Frais pour une heure.   5   85
                                                     —————————
   Nous avons pour prix des quarante verres. . .   14 fr. » c.
Soit environ 35 centimes pour chaque verre.

Si dans une heure on fait quinze carafes pesant 25 kilogrammes :

Nous avons 15 kilogrammes à 50°,90. . . . . .   7 fr. 64 c.
Prix de l'heure. . . . , ...   5   85
                                                  ——————————
           Prix de quinze carafes, , . . .   13 fr. 49 c,
Soit, 90 centimes pour chaque carafe.

Si, par le moyen de moulage au bois, la place fait vingt carafes à l'heure au lieu de quinze :

Nous avons 20 kilogrammes à 50°,90. , , , . .   10 fr. 10 c.
Prix de l'heure.   5   85
                                                ——————————
           Prix de vingt carafes. . . . . .   16 fr. 03 c.
Soit 80 centimes au lieu de 90 centimes par chaque carafe.

Si une place d'ouvrier fait dans une heure quatre-vingts cheminées de lampe pesant chacune $0^k,165$, soit ensemble $13^k,20$:

Nous avons $13^k,20$ à 50 fr. 90 c. . . . .   6 fr. 72 c.
Frais pour une heure.   5   85
                                                  ——————————
           Prix des quatre-vingts cheminées. .   12 fr. 57 c.
Soit 15 fr. 71 c. les cent cheminées.

Si, pour généraliser, nous désignons par a le nombre de pièces fabriquées à l'heure, par b le poids de ces a pièces, le prix de chaque pièce sera : $\dfrac{b \times 50^f,90 + 5^f,85}{a}$; ainsi, dans l'exemple des verres ci-dessus, $b = 20$ et $a = 50$, et nous avons le prix de la pièce $= \dfrac{20 \times 0,509 + 5,85}{50} = 32^c,06$.

En termes plus généraux encore, désignons par c le prix du kilogramme de matière de cristal et par d les frais qui grèvent une heure d'une place d'ouvriers, par x le prix de la pièce à établir.

Nous avons $x = \dfrac{bc + d}{a}$.

Si le fabricant fait une remise de 25 pour 100 au commerce, chaque prix de revient devra être multiplié par 1,33 et, par conséquent, le prix de chaque pièce au tarif, ou $x = 1,33\,\dfrac{(bc + d)}{a}$.

Si, au lieu de 25 pour 100, la remise n'est que de 20 pour 100, on multipliera par 1,25.

Si la remise est de 30, le coefficient sera 1,43, et ainsi de suite.

Comme dans toute espèce d'industrie, le grand intérêt du fabricant consiste à faire produire par ses ouvriers le plus grand nombre possible de pièces dans un temps donné, pour stimuler le zèle de ces ouvriers, on les fait souvent travailler à leurs pièces, en partant pour cela de la base du nombre de chaque pièce qu'on peut fabriquer par heure. On aura reconnu, par exemple, qu'une place d'ouvriers peut fabriquer régulièrement quarante-cinq verres à bouton d'un certain numéro par heure ; comme l'heure de travail est payée à cette place sur le pied de 595 francs par mois, ou deux cent quatre-vingt-six heures, soit à peu près 2,08 par heure, il s'ensuivra que les cent verres coûtent pour la main-d'œuvre du verrier 4,62 ; on pourra dire à ces ouvriers qu'on leur payera ces verres à raison de 4,70 par cent, et, avant peu de temps, au lieu de quarante-cinq à l'heure, ils en fabriqueront cinquante et même cinquante-cinq, et dans onze heures ils en auront fait cinq cent cinquante ou six cents, qui leur seront payés 25,85 ou 28,20. Il y aura donc à répartir pour la journée 2,97 ou 5 fr. 32 c. en sus des gages ordinaires, répartis au prorata des gages de chacun.

Nous ne pouvons pas entrer dans les détails du prix de vente des cristaux dont les articles sont si multipliés et qui sont ensuite le plus souvent compliqués d'un prix de taille. Ces prix sont d'ailleurs très-variables.

Aujourd'hui, par exemple, on vend aux conditions d'une première remise de 10 pour 100,

Plus 10 pour 100 sur le net,

Et enfin 5 pour 100 d'escompte.

Ainsi, sur une facture de.	1,000 fr. » c.
on fait une première remise de.	100
	900 fr. » c.
Sur ce net on fait encore 10 pour 100.	90
Et sur ce net.	810 fr. » c.
on fait 5 pour 100.	40 50
	769 fr. 50 c.

On a donc fait, en réalité, 23,05 pour 100 de remise.

Lorsque les ventes deviennent plus actives, on diminue les remises.

Nous pouvons dire seulement que le prix de vente moyen du cristal, sans aucune taille, peut être considéré comme étant d'environ 1 franc à 1 fr. 10 c. net le kilogramme.

Nous avons, au livre II (*Verre à vitre*), établi les prix comparatifs de revient en Belgique et en Angleterre. Nous ne croyons pas utile de faire pour le cristal le même travail, dont on a d'ailleurs tous les éléments d'après le prix des matières premières, du combustible et de la main-d'œuvre. Les modes de fabrication étant, d'ailleurs, sensiblement les mêmes dans les trois pays.

LIVRE VI

VERRES POUR L'OPTIQUE.

HISTORIQUE.

L'historique du verre d'optique se lie naturellement à celle des instruments d'optique et paraît, par conséquent, ne pas pouvoir être reporté à une époque fort éloignée ; et, toutefois, nous ne devons pas négliger de mentionner ici ce qui a été dit du phare d'Alexandrie, l'une des sept merveilles du monde des anciens, et qui a été résumé par M. E. Charton, dans son excellent ouvrage, *les Voyageurs anciens et modernes*, dont nous extrayons ce qui suit :

« C'est vers le port d'Alexandrie qu'Alexandre a construit une digue qui s'étend à un mille de long dans la mer, sur laquelle il a bâti une haute tour appelée *Hamgerah*, et en arabe *Megar Alexandria* ; au sommet de cette tour, il avait fait un certain miroir de verre, d'où l'on pouvait voir à cinquante journées[1] d'éloignement tous les vaisseaux qui venaient de la Grèce ou de l'Occident pour faire la guerre ou pour nuire autrement à la ville. Cela dura ainsi longtemps après la mort d'Alexandre ; mais un jour il vint un vaisseau de la Grèce, commandé par un capitaine grec, habile en toutes sortes de sciences, qui s'appelait Sodoras... Après s'être concilié les bonnes grâces du garde, il l'enivra, cassa le miroir et s'enfuit...

Il est difficile de décider si le phare a été construit pour la sûreté de la ville ou pour celle des vaisseaux ; néanmoins, il rem-

---

[1] Nous pensons qu'il faut lire cinquante *milles* et non *journées*.

plissait ce double but par le moyen des feux qu'on y entretenait
pendant la nuit, et d'un miroir ou espèce de télescope placé au-
dessous d'un dôme qui couronnait son sommet. Les merveilles
que l'on raconte touchant ce miroir pourraient inspirer des doutes
fort plausibles sur son existence, si l'on ne connaissait l'époque de
sa destruction et de celle du phare... Si l'on en croit les Arabes,
le fameux observatoire d'Alexandrie était placé dans le phare. Ce
miroir avait cinq palmes (3 pieds 9 pouces) de diamètre; certains
auteurs disent qu'il était de cristal, d'acier de la Chine poli, ou de
différents métaux fondus ensemble. Suivant d'autres, des vedettes
munies d'une cloche et placées auprès de ce miroir y décou-
vraient les vaisseaux en haute mer et les signalaient aux habi-
tants de la ville. En temps de guerre, ceux-ci pouvaient se
mettre sur la défensive et ne craignaient pas d'être surpris. Ce
miroir paraît avoir longtemps résisté aux échecs que la place
éprouva... »

Si l'on pouvait se croire fondé à révoquer en doute la possibilité de l'existence de ce télescope d'Alexandrie, nous invoquerions
le témoignage de M. Babinet, qui l'énonce dans les termes suivants :

« C'est chez M. L. Foucault que j'ai pu me satisfaire relativement à la question tant controversée du miroir du phare d'Alexandrie, qui faisait apercevoir les objets jusqu'à l'horizon... Chez
M. L. Foucault, avec un seul miroir et sans aucun appareil téles-
copique, sans lentilles de verre, sans oculaire, sans tuyau, en
suivant exactement les indications des anciens auteurs, nous
avons vu à l'horizon comme dans les meilleures lunettes d'approche ou les meilleures lunettes de pilote; pour les astres,
les phases de Mercure, les satellites de Jupiter, et même un de
ceux de Saturne, ont été distingués; la lune vue dans ce miroir, posé simplement sur une chaise, en face de l'observateur
tournant le dos à l'astre, était d'une splendeur inouïe et d'une
netteté d'aspect sans égale; enfin, les étoiles doubles et les né-
buleuses s'y montraient avec avantage. Le miroir avait un
foyer de 3 à 4 mètres, et pour les vues ordinaires, il grossissait
autant et plus que les lunettes marines. Il n'y a donc rien de difficile à croire dans ce qu'on dit du miroir installé dans la tour du
phare d'Alexandrie... Le père Abat se flattait de démontrer,
même avec des miroirs mal travaillés, qu'il n'y avait rien d'im-

possible dans ce qu'on racontait de l'effet du miroir du phare. L'affirmation complète résulte sans incertitude aucune de ce que produisent les miroirs de M. Foucault. Une fois le fait reconnu possible, les récits circonstanciés des Arabes sur le diamètre du miroir, sur le métal et l'alliage dont il était formé, sur sa destruction, ne laissent aucun doute sur son existence et sur l'inspection de la mer, qu'il commandait du haut de la tour.

« Maintenant qu'on se figure ce qui fût résulté, pour les progrès de l'esprit humain et de la science, de l'inspection des astres par ce miroir; si, au lieu de chercher à l'horizon le sommet des mâts d'un navire, on y eût observé la lune et les ombres de son croissant, Vénus en phase, Jupiter avec ses satellites, Saturne avec son anneau, le soleil et ses taches, enfin tout ce que Galilée et ses contemporains virent au commencement du dix-septième siècle ! peut-être que l'esprit humain, rappelé à la réalité par la contemplation des objets du ciel, ne se fût pas perdu dans la dialectique qui s'empara exclusivement des écoles grecques, et qui fit perdre plus tard les écrits d'Archimède entre les praticiens qui n'entendaient pas les mathématiques et les théoriciens qui méprisaient les applications usuelles de la science. Au reste, les sciences appliquées, autres que l'astronomie, sont chez nous d'une date si récente que nous n'avons guère le droit de faire un crime aux anciens de les avoir négligées complétement. »

A l'affirmation de M. Babinet, de l'existence du miroir du phare d'Alexandrie, nous n'ajouterons que quelques mots relatifs à la composition de ce miroir : certains auteurs disent qu'il était de cristal, d'acier de la Chine poli ou de différents métaux fondus; or, nous croyons pouvoir certifier qu'il n'était point de cristal, c'est-à-dire de verre. L'état de l'art de la verrerie dans l'antiquité nous est parfaitement connu et ne comportait nullement la fabrication d'un miroir concave (soit pour le moulage, soit pour la taille) de 3 pieds 9 pouces de diamètre ; il eût fallu, d'ailleurs, enduire on recouvrir la partie convexe de ce miroir d'une surface réfléchissante, opération beaucoup plus compliquée et plus difficile pour les anciens que la construction d'un miroir en métal poli.

En définitive, il résulte de ce qui précède que le télescope a été un instrument connu dans l'antiquité, dont il n'a été fait qu'une application très-restreinte ; ce fait ne rentre pas, d'ailleurs, dans le cercle de nos études, qui se bornent à ce qui concerne le verre.

Nous ne quitterons pas toutefois les anciens sans dire quelques mots de la connaissance qu'ils eurent de la propriété des lentilles en matière transparente, de concentrer les rayons calorifiques ou lumineux; on n'en peut pas douter d'après un passage des *Nuées* d'Aristophane. Il introduit sur la scène Sthrepsiade, qui se moque de Socrate et enseigne une méthode nouvelle de payer de vieilles dettes, c'est de mettre entre le soleil et le billet de créance une belle pierre transparente que vendaient les droguistes, et d'effacer par ce moyen les lettres du billet. Le poëte appelle cette pierre ϰαλὸς, que l'on traduit généralement par *verre;* et quoique ce mot ait pu avoir, suivant certains auteurs, d'autres significations, telles que cristal, ambre jaune transparent, toujours est-il constant que cette propriété d'effacer, c'est-à-dire de faire fondre ces caractères tracés sur une surface enduite de cire, devait provenir de la forme lenticulaire donnée au verre, au cristal de roche, ou à toute autre matière transparente.

Comme pour le miroir d'Alexandrie, on peut s'étonner et regretter que les anciens n'aient pas compris toute l'importance de cette propriété de la lentille transparente, qui ne devait trouver que bien des siècles après des applications si utiles, dans les besicles d'abord, puis ensuite dans la lunette de Galilée.

Les anciens avaient connu aussi la propriété d'une bouteille de verre en forme de boule pleine d'eau placée près d'une lumière, de projeter un vif éclat sur un point peu éloigné de cette boule, pour faciliter ainsi le travail de l'artisan; et, toutefois, il faut traverser toute la civilisation romaine et les travaux scientifiques du moyen âge pour arriver à la naissance de l'optique, qui se manifesta au commencement du quatorzième siècle par l'invention des lunettes, pour venir en aide aux vues affaiblies. Personne n'a plus savamment discuté l'origine des verres de lunettes que M. Molineux, dans sa *Dioptrique*. Il y prouve, par un grand nombre d'autorités laborieusement recherchées, qu'ils n'ont commencé à être connus en Europe que vers l'an 1300.

C'est dans l'Italie qu'on en indique les premières traces; un manuscrit italien, de 1299, contenait ces paroles remarquables : « Mi trovo cosi gravoso d'anni che non avrei valenza di leggere è « di scrivere senza vetri appellati occhiali, trovati novellamente

« per commodita dei poveri vecchi , quando affiebolano di
« vedere. »

Le Dictionnaire de la Crusca nous apprend, au mot OCCHIALI, que
le frère Jordan de Rivalto, dans un sermon prêché en 1305, disait
à son auditoire qu'il y avait à peine vingt ans que les lunettes
avaient été découvertes, et que c'était une des inventions les plus
heureuses que l'on pût imaginer. Enfin, on pense que le nom de
l'inventeur était Salvino, d'après un monument qui existait dans
la cathédrale de Florence avant les réparations qui y ont été faites
au commencement du dix-septième siècle. Ce monument portait,
dit-on, cette inscription : *Qui giace Salvino d'Armento di Firenze,
inventor delli occhiali*, etc.

L'usage des besicles devait amener l'invention du télescope, qui
ne date toutefois que du milieu du seizième siècle, tout au plus.
Jean-Baptiste Porta, noble napolitain, si l'on en croit Wolfius,
est le premier qui ait fait un télescope, comme il paraît par ce
passage de sa *Magie naturelle*, imprimée en 1549 : « Pourvu que
vous sachiez la manière de joindre ou de bien ajuster les deux
verres, savoir : le concave et le convexe, vous verrez également
les objets proches et éloignés plus grands, et même plus distincte-
ment qu'ils ne paraissent au naturel. C'est par ce moyen que
nous avons soulagé beaucoup de nos amis qui ne voyaient les
objets éloignés ou proches que d'une manière confuse, et que nous
les avons aidés à voir très-distinctement les uns et les autres. »

Il ne nous semble pas qu'on puisse voir dans ce passage une
preuve de l'invention du télescope ; Porta ne semble pas parler de
la *combinaison* des verres concaves et convexes, mais de leur
appropriation aux vues myopes et presbytes. Il ne s'agirait, suivant nous, que de l'adaptation des courbes convenables pour les
différents degrés de myopie et de presbytie.

Mais cinquante ans après, on présenta au prince Maurice de
Nassau un *télescope* de douze pouces de long, fait par un lune-
tier de Middelbourg, du nom de Jean Lipperson, suivant Sirturus
(dans son *Traité du télescope*, imprimé en 1618), ou du nom de
Zacharie Hansen, selon Borel, qui a composé exprès un volume,
imprimé en 1655, sur l'inventeur du télescope. Voici de quelle
manière on raconte l'histoire de la découverte du télescope par
Jansen ou Hansen : Des enfants, en se jouant dans la boutique de
leur père, lui firent, dit-on, remarquer que, quand ils tenaient

entre leurs doigts deux verres de lunettes, et qu'ils mettaient les
verres l'un devant l'autre à quelque distance, ils voyaient le coq
de leur clocher beaucoup plus gros que de coutume, et comme
s'il était tout près d'eux, mais dans une situation renversée. Le
père, frappé de cette singularité, s'avisa d'ajuster deux verres sur
une planche en les y tenant debout à l'aide de deux cercles de
laiton qu'on pouvait approcher ou éloigner à volonté. Avec ce
secours, on voyait mieux et plus loin. Bien des curieux accoururent
chez le lunettier ; mais cette invention demeura quelque temps
informe. D'autres ouvriers de la même ville modifièrent les dispositions de Hansen. L'un d'eux, attentif à l'effet de la lumière, plaça
les verres dans un tuyau noirci par dedans ; un autre enchérissant
encore sur ces précautions, plaça les mêmes verres dans des
tuyaux rentrants emboîtés l'un dans l'autre. Jean Lappuy, autre
artiste de la même ville, passe pour le troisième qui ait travaillé
au télescope, en ayant fait un en 1610 sur la simple relation de
celui de Zacharie.

En 1620, Jacques Métius, frère d'Adrien Métius, professeur de
mathématiques à Franeker, se rendit à Middelbourg avec Drebel
et y acheta des télescopes des enfants de Zacharie, qui les rendirent publics : mais aucun de ces télescopes n'avait plus d'un
pied et demi de long. Simon Marius, en Allemagne, et Galilée, en Italie, sont les premiers qui aient fait de longs télescopes propres aux observations astronomiques.

Le Rossi raconte que Galilée étant à Venise, apprit que l'on
avait fait en Hollande une espèce de verre pour l'optique propre
à rapprocher les objets. Sur quoi s'étant mis à réfléchir sur la manière dont cela pouvait se faire, il tailla deux morceaux de verre
du mieux qu'il lui fut possible et les ajusta aux deux bouts d'un
tuyau d'orgue ; ce qui lui réussit au point qu'immédiatement
après il fit voir à la noblesse vénitienne toutes les merveilles de
son invention au sommet de la tour de Saint-Marc.

Le Rossi ajoute que, depuis ce temps, Galilée se donna tout
entier à perfectionner le télescope et que c'est par là qu'il se rendit digne de l'honneur qu'on lui fait assez généralement de l'en
croire l'inventeur et d'appeler cet instrument le *tube de Galilée*.
Ce fut par ce moyen que Galilée aperçut des taches sur le soleil ;
il vit ensuite cet astre se mouvoir sur son axe, etc., etc.

La lunette de Galilée fut sans doute déjà un pas immense dans la voie de l'optique et des découvertes astronomiques ; mais c'était encore là un instrument bien imparfait, car l'objectif n'étant formé que d'un seul verre, la différence de foyer des diverses couleurs qui constituent la lumière frangeait de ces diverses couleurs l'objet observé ; il était donc à désirer de pouvoir *achromatiser* cet objectif, et ce fut Euler qui, le premier, en conçut la possibilité. Cet éminent philosophe, observant que, dans notre œil, les différentes humeurs que traversent les rayons lumineux sont disposées de telle sorte qu'il n'en résulte aucune diffusion de foyer, pensa qu'on pourrait imiter cette perfection de la nature en combinant divers milieux dans les lunettes ; il calcula les courbures de verres entre lesquelles on mettrait de l'eau pour rassembler les rayons des diverses couleurs à un même foyer. Les verres qu'on exécuta, d'après son mémoire, n'atteignirent pas complétement le but proposé ; mais l'attention était appelée sur ce problème, qui ne devait pas tarder à trouver sa solution.

John Dollond, opticien de Londres, dont le nom mérite d'être transmis à la postérité, chercha, en 1753, à corriger cette aberration de refrangibilité en combinant ensemble plusieurs verres de courbures différentes. Ses premiers essais n'eurent encore que peu de succès ; mais ensuite, guidé par les savants travaux d'Euler, de Klingenstierna, mathématicien suédois, et par de nombreuses expériences personnelles, il parvint au résultat cherché en donnant des courbures convenables à des objectifs composés de deux sortes de verres employés en Angleterre : le *flint-glass* (silicate de plomb et de potasse), qui est la matière dont on fait les services de table, et le *crown-glass* (silicate de soude de chaux), matière dont on fait le verre à vitre.

Le problème était donc résolu ; mais Dollond et les opticiens, qui, en France et en Allemagne, construisirent des lunettes achromatiques, reconnurent bientôt la difficulté de se procurer du *flint-glass* exempt de stries, qui détournent les rayons lumineux et défigurent les objets. L'Académie des sciences de Paris proposa inutilement un prix à ce sujet. Macquer, célèbre chimiste, Roux, de la manufacture des glaces de Saint-Gobain, Allut, de la manufacture des glaces de Langres, s'en occupèrent sans succès. Les opticiens déclaraient que sur cent livres de *flint-glass* provenant de fonds de gobelets, de carafes, etc., ils avaient souvent bien de la peine à trouver de quoi faire un objectif de trois pouces.

Trois pouces et demi et trois pouces trois quarts étaient alors les plus grandes dimensions qu'on donnât aux objectifs de lunettes achromatiques. Quand les opticiens voulurent faire des lunettes d'une plus grande ouverture, la difficulté de se procurer du bon *flint-glass* dut naturellement s'accroître encore.

M. d'Artigues, l'un des premiers qui fabriquèrent du cristal (*flint-glass*) en France, et qui, au mérite incontesté d'habile fabricant joignait des connaissances scientifiques étendues, s'occupa de la solution du problème de la fabrication du *flint-glass* bon pour l'optique ; mais ses efforts ne tendirent qu'à obtenir, par les moyens ordinaires, du cristal bien fondu dont il fabriquait, par le moyen du soufflage, de petites plaques, parmi lesquelles M. Cauchoix trouva quelques objectifs de trois à quatre pouces, *aussi bonnes*, disait-on, que celles de Dollond, qu'il présenta en son nom et en celui de M. d'Artigues à la classe des sciences physiques et mathématiques de l'Institut, et sur lesquelles M. Biot fit un rapport favorable dans la séance du 21 janvier 1811. Le mérite si éminent de ce rapporteur garantit sans nul doute l'exactitude des détails scientifiques qu'il expose ; mais, pour ce qui concerne les moyens de fabrication du *flint-glass*, on chercherait vainement la solution du problème dans ce rapport basé sur le Mémoire de M. d'Artigues, qui n'indiquait aucun procédé nouveau, et semblait dire : « Fabriquez avec tout le soin convenable du bon cristal, et vous y trouverez du *flint-glass* pour les usages de l'optique. » Le rapporteur ne manquait pas d'ailleurs d'ajouter à ses conclusions approbatives, qu'il existait encore dans les objectifs présentés par M. d'Artigues, et travaillés par M. Cauchoix, des fils ou stries extrêmement fins qui ne paraissaient pas nuire à la vision, mais qu'il fallait cependant engager M. d'Artigues à les faire disparaître pour donner à ses objectifs toute la perfection dont ils paraissaient susceptibles.

Les assertions de M. d'Artigues, confirmées par l'inutilité des recherches de M. Dufougerais de la cristallerie du Creuzot, et de bien d'autres encore, tendaient à faire croire qu'il n'y avait pas de procédé particulier pour la fabrication du *flint-glass* ; qu'il existait dans une proportion même considérable dans le cristal en fusion, et que la grande difficulté était de l'y reconnaître et de l'en extraire. Toutefois un homme obscur, étranger aux progrès de la science, aux perfectionnements et aux grands travaux de l'industrie, mais doué de cet esprit de recherche et de persévérance, de cette faculté d'invention que l'on peut appeler *l'imagination du savoir*, travaillait dans les montagnes de la Suisse à la solution d'un problème qui semblait abandonné. Guinand, des Brenets, près de Neuchatel, ouvrier horloger, sans connaissance en chimie et en physique, sans autre ressource que cette routine de mécanique, cette précision d'exécution, caractère distinctif des ouvriers de son pays, avait entrepris, aux environs de Neuchatel, la fabrication du *flint-glass :* cette perfection d'un art dont il ignorait les premières notions. Longtemps ses efforts furent sans résultat, tout devenait obstacle pour lui : les lois et les propriétés des corps sur lesquels il opérait, et les agents qu'il employait, ne se révélaient à lui que par de fâcheux accidents. Il arriva cependant, à force de tâtonnements, au résultat qu'il poursuivait, c'est-à-dire à produire du *flint-glass* exempt de stries.

Le nom de Guinand est devenu célèbre, et nous nous estimons heureux, pour notre part, de pouvoir rendre ici justice à un mérite que nous apprécions d'autant plus, que nous connaissons mieux les difficultés qu'il eut à vaincre.

M. Utzschneider, de Munich, instruit de cette découverte, proposa à son auteur de traiter de son procédé, et de venir le mettre à exécution en Bavière. Guinand s'y décida et alla s'établir à Benedictsbeuren, où il concourut, avec le célèbre Frauenhoffer, à la confection d'un assez grand nombre d'objectifs d'assez petite dimension, si l'on excepte celui de neuf pouces de diamètre de la lunette de Dorpat.

Guinand retourna ensuite dans son pays. M. Utzschneider et M. George Mertz, son associé, continuèrent à faire du *flint-glass* en Bavière, mais seulement pour la consommation de leur atelier, d'où sortirent plusieurs objectifs très-remarquables, entre autres celui de 38 centimètres de l'observatoire de Pulkowa.

Guinand, revenu en Suisse, était resté trois ans sans s'occuper de la fabrication du *flint-glass;* enfin, il recommença quelques fontes qui ont produit des objectifs de 33 et 35 centimètres travaillés par MM. Lerebours et Cauchoix. Guinand avait découvert le principe ; mais, n'étant pas verrier, il n'en faisait pour ainsi dire l'application que par tâtonnements. Nous professons une admiration trop réelle pour ses travaux, nous lui rendons une justice trop complète pour qu'il ne nous soit pas permis de constater qu'il y avait encore de l'incertitude dans son procédé, et qu'il avait à peine abordé les difficultés de la fabrication du *crown-glass*.

Dans les dernières années de sa vie, Guinand entra en communication avec la Société astronomique de Londres. Il lui adressa un premier envoi de disques de *flint-glass* d'une trop petite dimension pour motiver un jugement de la Société. Mais plus tard il lui présenta un disque de six pouces sur lequel une commission, composée de MM. J. Herschell, Dollond et Pearson, fit un rapport favorable ; et il est à remarquer qu'en Angleterre, d'où le *flint-glass* était originaire, un disque de six pouces était considéré comme une rareté précieuse. Toutefois, les négociations de Guinand avec la Société astronomique de Londres n'eurent pas de résultats. C'est alors qu'il se forma une commission composée de MM. J. Herschell, Faraday, Dollond et Roger, chargée de faire des expériences pour arriver à la fabrication du *flint-glass*. Le professeur Faraday prit la direction des travaux, qui se firent tant dans la verrerie de MM. Pellatt que dans le laboratoire de l'Institution royale, et dont il publia la relation dans un mémoire dont la traduction a été insérée dans les numéros de septembre, octobre et novembre 1830 des *Annales de chimie et de physique*. Un homme de science et de génie tel que le professeur Faraday, ne pouvait manquer d'arriver à des résultats curieux et importants dont nous reparlerons ci-après ; mais apprenant que les procédés de Guinand étaient pratiqués en Suisse et en France où l'on pouvait se procurer du *flint-glass*, la commission cessa ses travaux.

Guinand, en même temps qu'il s'était mis en rapport avec la Société astronomique de Londres, avait entamé aussi avec le gouvernement français des négociations qui furent également sans résultat. Il mourut peu de temps après, sans avoir laissé la description de son procédé ; mais nous avons dit qu'on avait continué à l'exploiter en Bavière, et, d'autre part, il avait opéré en présence de sa femme et de ses deux fils, qui naturellement voulurent tirer parti de son invention.

La nature de mes travaux avait naturellement dirigé depuis longtemps mon attention vers la fabrication du *flint-glass*. J'avais fait déjà des essais assez nombreux et comptais bien les poursuivre, lorsque M. Lerebours, le célèbre opticien de Paris, me mit en rapport avec l'un des fils de Guinand, horloger à Clermont-sur-Oise, qui voulait vendre en France ou en Angleterre le secret

de son père, que nous lui achetâmes en participation avec M. Lerebours, par acte en date du 30 mars 1827. Plusieurs fontes faites
sous la direction de M. Guinand fils, ne produisirent aucun bon
résultat, et il dut reconnaître, ainsi que cela résulte d'un acte
signé par lui en date du 1ᵉʳ mars 1828, que les indications qu'il
avait données étaient insuffisantes. Notre traité était rompu ; mais
nous n'avions pas été sans reconnaître le mérite réel de l'invention de Guinand père, il ne s'agissait que de l'appliquer convenablement ; nous résolûmes donc de continuer les travaux sans
exclure M. Guinand, à qui nous devions la connaissance du principe qui formait la base essentielle de cette fabrication ; et, dès
la première fonte faite sous ma direction en 1828, nous produi-
sîmes du *flint-glass* dont nous présentâmes plusieurs disques à
l'Académie des sciences dans sa séance du 20 octobre 1828, entre
autres un disque de douze pouces travaillé par M. Lerebours, et
un disque de six pouces acheté par le célèbre astronome sir
James South, et qu'il fit travailler par Tulley. M. South le con-
sidérait comme un des meilleurs objectifs connus.

De cette époque commença la régularité de la fabrication du
flint-glass, qui, toutefois, fut en quelque sorte peu active pendant
quelque temps. Aussi la Société d'encouragement pour l'industrie
nationale crut-elle devoir proposer, en 1839, un prix pour la fabrication du *flint-glass* et un prix pour la fabrication du *crown-
glass*, qu'elle décerna en 1840 à M. Guinand et à moi.

La Société d'encouragement publia la même année dans son
Bulletin une description que je lui communiquai du procédé de
fabrication du verre d'optique et une autre description fournie par
M. Guinand.

J'avais aussi présenté à l'Académie des sciences, dans sa séance
du 27 janvier 1840, un mémoire sur la fabrication du *flint-glass*
et du *crown-glass*. J'y avais joint les plans des fours et creusets,
et indiqué toute la marche de l'opération. Mais, depuis cette
époque, j'ai surtout beaucoup modifié les compositions, ainsi
qu'on le verra ci-après.

M. Guinand, mort en 1851, a eu pour successeur M. Feil, son
petit-fils. D'autres manufacturiers se sont livrés à la fabrication
du verre d'optique en France et en Angleterre. La veuve et l'autre
fils de M. Guinand ont aussi continué cette fabrication en Suisse.
M. Daguet, de Soleure, qui leur a succédé, fait d'excellent verre

d'optique apprécié par tous les opticiens. Cette fabrication a donc pris un cours normal et régulier ; on peut satisfaire à toutes les demandes de verre d'optique, dont la consommation a été augmentée dans une si grande proportion depuis l'invention merveilleuse de la photographie. Sans doute cette industrie, comme toute autre, est encore susceptible de grands perfectionnements ; les détails de la fabrication dans lesquels je vais entrer conduiront, sans aucun doute, nos successeurs à de nouveaux progrès. J'ai, dans tous les cas, la pensée d'avoir fait une œuvre utile en constatant son état présent.

CONSIDÉRATIONS GÉNÉRALES.

Avant d'entrer dans les détails de la fabrication du verre d'optique, nous croyons utile d'examiner au moins sommairement quelles sont les qualités exigées de ce verre, quels sont les défauts qu'il faut éviter.

Quoique la fabrication du cristal, en Angleterre d'abord, puis ensuite en France, soit parvenue à un assez haut degré de perfection, que cette matière, dont on fait les beaux vases, les services de table, soit en apparence d'une grande pureté, elle n'en est pas moins généralement impropre aux usages de l'optique. Ainsi, M. Dollond déclarait, en 1828, que, dans les cinq dernières années, il n'avait pas été capable de trouver un disque de *flint-glass* de quatre pouces et demi de diamètre propre à faire un objectif, ni un disque de cinq pouces pendant les dix dernières années. Il ne suffit pas, en effet, que le disque dont on veut faire un objectif réunisse les conditions de transparence et de dureté, mais que toutes les parties de ce disque soient d'une complète homogénéité. Sans cette condition, les rayons lumineux sont détournés de la direction qu'ils devraient suivre et ne concourent pas à un même foyer ; l'image se trouve déformée.

Un verre quelquefois exempt de stries apparentes, même à la loupe, est composé de plusieurs couches de verre d'inégale densité, et, par conséquent, de pouvoirs réfractifs différents. On conçoit qu'un tel verre soit impropre à la confection d'une lunette. Or, si un tel verre, presque parfait en apparence, est impropre à l'optique, à plus forte raison sera-t-il impossible de faire un bon instrument avec un verre où se verront des stries ou des ondes.

Les verres, nous l'avons dit, ne sont pas des sels composés dans des proportions définies invariables; et, pour parler d'abord du cristal, que nous avons vu être un silicate de potasse et de plomb, le rapport entre l'acide et les bases peut varier à l'infini; il en résulte que, quand une composition formée de ces trois éléments est mise à fondre dans un creuset, l'effet de la liquéfaction tendant à précipiter vers le fond les parties les plus denses, c'est-à-dire les silicates les plus plombeux, les couches inférieures de la potée sont sensiblement plus denses que les couches supérieures. Sans doute, on serait porté à croire que, si dans un creuset de cristal bien pur, bien fondu, abandonné à un refroidissement lent, on sciait des tranches parallèles à la surface de l'épaisseur des disques dont on aurait besoin, ces tranches devraient être propres à donner de bons objectifs, que la très-faible différence de densité existant dans une épaisseur de 1 à 2 centimètres, par exemple, ne serait pas capable de faire dévier les rayons; mais, dans un tel creuset, il y a d'autres causes qui peuvent amener un défaut d'homogénéité : 1° la chaleur du four n'agit pas uniformément sur toutes les parties du creuset, et le verre étant mauvais conducteur du calorique, il y a ainsi des parties plus liquides que d'autres, et il peut s'établir des ondulations dans la masse constituant des différences de densité dans une même couche; 2° tant que le verre est en fusion, il y a toujours plus ou moins un dégagement de bulles qui, en se portant à la surface du verre, soulèvent et entraînent avec elles des parties de verre plus denses vers des parties de verre moins denses; 3° enfin, quelque bien fait que soit le creuset, que nous savons être d'argile, sa substance est toujours plus ou moins attaquée par les matières qui composent le verre, c'est-à-dire par l'alcali et l'oxyde de plomb. Les parois du creuset se trouvent donc tapissées d'une couche plus ou moins étendue de silicate de potasse de plomb et d'alumine, qui est bien plus dur que le silicate de potasse et de plomb, et qui est la source principale des stries, qui, par un grand nombre de causes, viennent s'étendre jusqu'à l'intérieur du creuset.

On a cru toutefois longtemps que le sciage de tranches parallèles devait donner le plus de chances de trouver des disques propres à faire de bons objectifs, et on attribuait le manque de réussite uniquement à une mauvaise fusion. Telle n'était cependant pas la cause essentielle de l'impossibilité de trouver de bons objectifs dans du verre abandonné à un refroidissement lent. Outre les stries, qui, ainsi que je l'ai fait remarquer, peuvent encore se trouver dans ce verre, il présente, vu à travers deux faces polies, une apparence gélatineuse qui en trouble la transparence ; les rayons lumineux ne peuvent le traverser directement. Je crois avoir trouvé la véritable raison de cet état du verre en l'attribuant à un commencement de cristallisation. Nous avons dit précédemment que tous les verres, c'est-à-dire les silicates multiples, étaient susceptibles de cristalliser quand ils passaient, dans des circonstances spéciales, de l'état liquide à l'état solide. Nous avons vu en même temps qu'il n'était pas toujours facile de placer les verres dans ces circonstances spéciales qui produisent une cristallisation nettement formée ; mais dès que le principe existe que la tendance est un état normal, il en résulte que dès qu'un verre est abandonné à un refroidissement lent, il doit s'opérer dans ses molécules un commencement de mouvement vers l'état de *cristal*, et je ne doute pas que ce ne soit ce mouvement des molécules qui produise dans la masse ce trouble, cet état gélatineux qui existe dans tous les verres refroidis très-lentement ; et, d'autre part, si pour éviter cet effet on tente un refroidissement rapide, nous savons que les parties centrales se trouvant encore à une température élevée, alors que les parties le plus tôt refroidies ont déjà passé à l'état solide, toute la masse se trouve alors dans l'état de la larme batavique et éclate en une multitude de fragments, soit spontanément, soit à la première tentative de division qu'on veut opérer.

Des considérations qui précèdent il résulte que, pour obtenir un verre propre aux usages de l'optique, il faut, par un moyen spécial, amener toute la matière contenue dans un creuset à un état de densité aussi homogène que possible dans toutes ses parties, et maintenir cet état d'homogénéité pendant le refroidissement du verre.

L'inventeur de ce moyen, Guinand, avait remarqué dans une verrerie que quand, par un défaut quelconque de la composition, soit qu'on eût enfourné successivement dans un même pot des compositions qui n'étaient pas dans des proportions identiques, soit qu'on eût ajouté à un mélange des *groisils* ou cassures de verre provenant de verre de composition différente, le verre se trouvait ce qu'on appelle *cordé*, *ondé*, on corrigeait ces défauts en *mâclant* le verre à la fin de la fonte, c'est-à-dire en brassant à plusieurs reprises ce verre avec une barre en fer qu'on retirait du creuset avant qu'elle fût assez chaude pour adhérer au verre. Sans doute aussi il avait remarqué que si on verse dans un verre deux liquides de nature différente, de l'eau et du sirop par exemple, on aperçoit des stries nombreuses qui disparaissent complétement lorsque, par un *mâclage* au moyen d'une cuiller, on mêle le liquide de manière à produire un tout homogène.

Guinand dut sans doute essayer de mâcler aussi son verre à diverses reprises avec un instrument en fer ; mais cette opération produit des bulles, car on est obligé de changer souvent la barre de fer qui s'échauffe rapidement. Il pensa donc que s'il pouvait brasser avec un instrument qui resterait dans le verre aussi longtemps qu'il voudrait sans l'altérer, le problème serait résolu ; il imagina donc de brasser son verre avec un outil formé de la même matière que le creuset : il fit un cylindre creux en terre réfractaire fermé à sa base, et garni à sa partie supérieure d'un rebord plat pour s'appuyer sur le bord du creuset. Après avoir fait chauffer ce cylindre au rouge blanc, il le porta dans la matière liquéfiée, et, introduisant dans ce cylindre un crochet à long manche en fer, il put ainsi brasser d'une manière continue en changeant seulement le crochet en fer, quand la barre en dehors du rebord du cylindre en terre, devenant rouge blanc, menaçait de laisser tomber des écailles d'oxyde dans le verre. Le succès de cette opération confirma les espérances de Guinand, et c'est ainsi que fut produit le premier *flint-glass* bon pour des objectifs achromatiques de grandes dimensions.

Telle est l'ingénieuse invention de Guinand, qui semble bien simple, mais qui doit frapper d'admiration tous ceux qui s'occupent de verrerie. Une fois le cylindre en terre pour brasser le verre imaginé, le problème de la fabrication du *flint-glass* était résolu ; il ne restait plus que des questions secondaires. On devait, par des essais, arriver à savoir quelle forme de four convenait le mieux, quelles compositions on devait adopter pour le *flint-glass* et le *crown-glass*, de quelle manière on devait diriger la fonte, à quel moment et comment devait se faire le brassage, comment devait s'opérer le refroidissement, puis le ramollissage du verre

42

pour en faire des plaques ou des disques. La plupart de ces questions n'avaient pas été formellement résolues par Guinand, et, quoiqu'elles ne fussent que secondaires, elles m'ont occasionné de très-nombreux et pénibles essais. C'est surtout dans la fabrication du *crown-glass* que j'ai rencontré le plus de difficultés.

Pour rendre hommage à l'invention de Guinand, nous proposons de donner son nom à l'outil avec lequel on opère le brassage du verre.

Sans doute on ne doit être nullement surpris que l'éminent professeur de l'Institution royale de Londres soit arrivé aux mêmes conclusions, alors que le *secret* de M. Guinand n'était pas encore connu. M. Faraday, qui opérait sur de faibles quantités, et qui, pour éviter les stries qui proviennent surtout de la matière du creuset, fondait dans des creusets de platine, parvint aussi à donner l'homogénéité voulue à son verre en le *mâclant* avec un râteau de platine.

Je ne sais si je dois répéter ici ce qui avait été dit du procédé que l'on attribuait à Guinand dans l'*Encyclopédie* de Courtin pour la fabrication du *flint-glass*. On prétendait que le hasard de la chute d'une masse de *flint-glass* sur un rocher avait opéré un clivage suivant les stries de la matière, et avait ainsi enseigné à Guinand la méthode qu'il devait suivre pour la division de son *flint-glass*. Cette méthode, toute fabuleuse qu'elle est, avait cependant été énoncée par un savant distingué dans une séance de la Société d'encouragement; mais elle n'a sans doute dû trouver aucun crédit auprès des personnes ayant des notions pratiques de la verrerie.

Ayant énoncé le principe sur lequel repose la fabrication du verre pour les usages de l'optique, je vais à présent entrer dans les détails de cette fabrication. Je parlerai d'abord des compositions employées pour les diverses sortes de *flint-glass* et de *crown-glass*, puis de la fonte de ces verres, du brassage, du refroidissement, de la division du verre refroidi ; enfin, du ramollissage du verre pour en former des plaques ou des disques.

A la suite de ces détails de fabrication, je donnerai les tarifs de vente, car nous ne devons pas oublier que notre but principal, en écrivant cet ouvrage, a été de faire connaître à nos successeurs l'état complet de la situation des diverses parties de l'art de la verrerie au milieu de ce siècle.

COMPOSITIONS.

Nous avons dit qu'on était parvenu à corriger l'aberration de réfrangibilité des objectifs, à les rendre *achromatiques* en donnant des courbures convenables à des objectifs composés de deux sortes de verres employés en Angleterre : le *flint-glass* et le *crown-glass*. Depuis lors nous avons réservé, en France et en Allemagne, le nom de *flint-glass* exclusivement au silicate de plomb et de potasse *fabriqué pour les usages de l'optique*, et le nom de *crown-glass* au verre moins dense destiné à être combiné avec le précédent.

Nous avons vu aussi qu'on ne se servit pendant longtemps que de fragments de *flint-glass* et de *crown-glass*, c'est-à-dire de cristal et de verre, parmi lesquels on recherchait les parties les plus exemptes de stries et autres défauts. Ce *flint-glass* était donc du cristal ordinaire qui, à de faibles différences près, a été généralement composé, en Angleterre et en France, dans les proportions de :

Silice.	100	soit	50
Oxyde de plomb.	66,66	—	53,33
Carbonate de potasse.	53,33	—	16,66
	200		100

Nous donnerons à ce *flint-glass* la désignation de n° 1.

Nous avons insisté, dans les livres précédents, sur la qualité des matières premières qui doivent composer les verres et cristaux, il doit donc être superflu de renouveler ici ces recommandations, car il s'agit, pour cet usage spécial, d'arriver le plus près possible de la perfection.

Les proportions que nous venons de citer comme constituant les cristaux en général ont ensuite été modifiées, quand on a fondu du cristal pour l'optique. Comme la solution du problème de l'achromatisme résultait de la différence des indices de réfraction et de dispersion des deux verres employés, on a vu que l'effet était d'autant mieux et d'autant plus facilement obtenu que cette différence était plus grande ; on a donc été amené à faire du *flint-glass* plus dense, toutefois dans certaines limites, car si on veut trop augmenter la proportion d'oxyde de plomb, on arrive à produire un verre trop sensiblement coloré en jaune, trop tendre, et plus susceptible de s'altérer sous certaines influences.

Les proportions adoptées par Guinand, et qui avaient peut-être été établies pendant qu'il travaillait avec Frauenhoffer, étaient généralement de :

Silice... 100
Oxyde rouge de plomb........................... 106
Carbonate de potasse 43

Telles sont du moins celles qui nous avaient été communiquées par son fils. Mais nous supposons que le carbonate de potasse n'était pas bien sec, car le verre composé ainsi aurait été trop tendre.

Le professeur Faraday, voulant éviter les inconvénients résultant de l'emploi des alcalis dans la composition des verres d'optique, en avait exclu la potasse et fondait un mélange de silicate de plomb, de nitrate de plomb et d'acide borique. Il s'était arrêté aux proportions suivantes :

24	parties de silicate de plomb contenant : Silice..........	16
	Oxyde de plomb.	8
154,14	parties de nitrate de plomb contenant : Oxyde de plomb.	104
	Acide nitrique qui disparaît à la fonte, 50,14.	
42	parties d'acide borique cristallisé, contenant :	
	Acide borique sec.	24
	Ces proportions produisaient donc en verre....................	152

Le but de M. Faraday, en employant le nitrate de plomb, était de ne se servir que de plomb chimiquement pur. Le silicate de plomb était obtenu en fondant de la silice et de la litharge purifiée aussi avec soin.

La densité de ce verre était de........................... 5,4400
L'indice de réfraction pour les rayons rouges extrêmes, de.... 1,8621
 — — pour les rayons violets extrêmes, de... 1,9135
L'indice de dispersion, de................................ 0,0703

Nous avons dit que M. Faraday avait cessé ses travaux sur le verre d'optique quand il avait appris que la fabrication du *flint-glass* avait pris un cours régulier en France et en Suisse ; nous sommes porté à croire que s'il les eût continués, il aurait essentiellement modifié la composition de son verre, qui était très-tendre, qui avait plus de coloration en jaune que le *flint-glass* ordinaire, et qui, s'il ne présentait pas les inconvénients que l'on rencontre dans les verres contenant un alcali, était toutefois sujet à un autre genre d'altération résultant de la très-grande proportion d'oxyde de plomb qu'il contenait.

Pendant assez longtemps, le *flint-glass* que j'ai fabriqué pour la construction des lunettes astronomiques, des longues-vues et des jumelles de spectacle, était composé dans les proportions de :

Silice..	100
Oxyde rouge de plomb [1] ou minium...............	100
Carbonate de potasse,............................	21,50
Nitrate de potasse... :..........................	5

Ce *flint-glass,* auquel nous donnerons la désignation de n° 2, a les propriétés optiques suivantes :

Densité..	5,569
Indice moyen de réfraction.......................	1,611
Indice de dispersion.............................	0,054

Le *flint-glass* que nous désignons par n° 1, est celui qui n'est autre que le cristal ordinaire, c'est-à-dire composé de :

Sable..	100
Minium...	66,66
Carbonate de potasse.............................	33,33

Plus tard, à partir de 1850, j'ai presque constamment fabriqué le *flint-glass* pour l'astronomie avec les proportions suivantes :

Silice...	100
Minium...	105
Carbonate de potasse.............................	20
Nitrate de potasse..............................	5

[1] Je dis *oxyde rouge de plomb* ou *minium,* parce qu'il a été appelé *deutoxyde de plomb,* puis on a dit que ce n'était qu'un sesquioxyde de plomb, comme on pourrait le nommer encore différemment. Je le désigne par le nom qu'on lui donne dans les ateliers.

La densité de ce *flint-glass* est de 3,630
Indice moyen de réfraction............................... 1,628
Indice de dispersion.................................... 0,055

Quoique ce dernier *flint-glass*, que je désigne par n° 3, soit celui auquel je me suis plus spécialement arrêté, il m'est encore arrivé quelquefois de fabriquer du *flint-glass* dans la proportion du numéro 2 pour des opticiens qui, ayant fait leurs calculs de courbure sur cette espèce, tenaient à n'en pas changer.

Le disque de *flint-glass* de 74 centimètres de l'Observatoire de Paris est du numéro 2.

Enfin, j'ai fait encore du *flint-glass* plus dense, à la demande d'opticiens qui s'occupaient plus spécialement de la construction des microscopes. Les proportions étaient de :

Silice.. 100
Minium....................................... 128
Carbonate de potasse......................... 18
Nitrate de potasse........................... 7

Ce *flint-glass*, que je désigne par n° 4, a une densité de 3,80.

Nous allons à présent passer aux compositions du *crown-glass*. C'est là que nous avons rencontré les plus grandes difficultés. Le *crown-glass* est la matière ordinaire des glaces, du verre à vitre, de la gobeleterie commune ; c'est un composé de silice, de potasse ou de soude et de chaux. Si ce verre n'est pas fondu dans un four assez chaud, s'il contient une trop forte proportion d'alcali, il attire fortement l'humidité. La chaux remédie en partie à cet inconvénient. Mais une forte proportion de chaux donne un verre sujet aux dévitrifications. Ces dévitrifications sont d'ailleurs singulièrement favorisées par les refroidissements partiels qui ont lieu pendant l'opération du brassage et le refroidissement final opéré lentement. L'emploi de la potasse, substituée à la soude, éloigne ces causes de dévitrification. Mais le silicate de potasse est plus dur à fondre, plus visqueux que le silicate de soude ; il est plus difficile, dans un petit four ne contenant qu'un creuset, d'obtenir et de maintenir la température suffisante pour l'opération du brassage. Nous avons successivement vaincu toutes ces difficultés, et l'on pourra travailler avec certitude en suivant nos indications.

Nous commencerons par dire que les proportions de silice et alcalis que nous avons précédemment indiquées, soit dans les

Bulletins de la Société d'encouragement, soit dans le Mémoire à l'Académie des sciences, n'ont donné que du *crown-glass* assez imparfait, ce qui tient en grande partie à ce que le *crown-glass* n'était pour ainsi dire pas demandé par les opticiens français, qui se contentaient de chercher dans des fragments de glaces coulées les parties les plus pures, ou, pour mieux dire, les moins impures. Mes essais de fabrication d'un bon *crown-glass* n'avaient donc pas un but de rémunération suffisante : ces essais étaient assez dispendieux, et n'avaient quelquefois, comme résultat, que du verre dévitrifié pendant le refroidissement lent, surtout après l'action d'un brassage assez prolongé. Ce n'est que lorsque j'ai été assuré d'une consommation importante en Allemagne et en Angleterre, que je suis arrivé à fabriquer un *crown-glass* dont les qualités satisfont aujourd'hui les opticiens qui travaillent avec le plus de soin et de précision.

Le *crown-glass* que je fabriquais à de rares intervalles, de 1843 à 1848, était composé dans les proportions suivantes :

Silice...	100
Carbonate de potasse..............................	43,5
Minium...	9
Nitrate de potasse..................................	1,5
Carbonate de chaux.................................	0,5

J'ajoutais alors 0,3 d'oxyde de fer, parce que les opticiens désiraient une légère teinte verdâtre pour arriver plus facilement à l'achromatisme.

Les opticiens trouvaient ce *crown-glass* assez bon ; ils ne lui reprochaient que d'être un peu hydroscope. Il fallait avoir soin de tenir l'objectif dans un lieu sec et de ne pas le laisser trop longtemps sans soins, c'est-à-dire sans nettoyer ses surfaces. C'est avec ce *crown* que M. Lerebours avait fait l'objectif d'une lunette astronomique de 14 pouces qu'il avait vendue à l'Observatoire de Paris, pour le prix de 25,000 francs, du temps de la direction de M. Arago, et après qu'on avait fait tous les essais qui constataient que cet objectif donnait de bons résultats. C'est pour cette lunette que M. Arago avait fait construire une coupole et commandé à M. Brunner un pied qui ne se terminait pas. Pendant ce temps, M. Arago était mort et avait été remplacé par M. Le Verrier, qui avait relégué l'objectif dans un lieu humide ; et lorsque M. Lere-

bours désira l'exposer en 1855, M. Le Verrier s'y refusa en disant
que c'était la propriété de l'Observatoire, et qu'il ne permettrait
pas qu'on l'en sortît. Ce fut toutefois une occasion pour lui de re-
voir cet objectif si longtemps oublié, et on s'aperçut que la surface
du convexe, c'est-à-dire du *crown*, était couverte d'une multitude
de petites félures semblables à celles que l'on voit sur les anciennes vitres de Bohême négligées dans des escaliers.

Nous n'essayerons pas de justifier ce défaut du *crown*, mais le
manque de soins de l'objectif était également injustifiable ; car, à
la même époque, M. Secretan, associé puis successeur de M. Lerebours, avait encore dans ses ateliers un autre *crown* de 14 pouces
provenant de la même potée de verre, et qui était tout à fait exempt
de ce défaut. On pouvait donc, à la rigueur, faire de bons instruments avec le *crown* composé de cette manière, mais à la condition de ne pas les négliger.

Longtemps avant d'avoir connaissance de l'accident de cet objectif de 14 pouces, j'avais d'abord modifié ainsi qu'il suit cette
composition :

Silice..	100
Carbonate de potasse............................	41,64
Minium..	9,46
Chaux éteinte...................................	9,46
Nitrate de potasse..............................	1,90

La densité de ce *crown* est de......................	2,53
L'indice de réfraction, suivant A. Ross, est de..............	1,5054

Je lui donne la désignation de *crown* n° 1.

Ce n'est pas là le dernier *crown* où je me suis arrêté. J'en donne
ici la composition, parce que beaucoup d'opticiens en Angleterre
et aux États-Unis en ont été très-satisfaits et l'ont trouvé très-
avantageux par les résultats qu'ils en obtenaient dans la construction des appareils pour la photographie. Ils ont donc demandé
qu'on continuât de fabriquer ce même *crown* pour eux.

Mais sans aucun doute le meilleur *crown* fabriqué jusqu'à présent, celui de tous les verres connus qui attire le moins l'humidité, qui, sous ce rapport, est bien supérieur au verre des fabriques
de glaces, résulte de la composition dans les proportions suivantes :

Silice...	100
Carbonate de potasse............................	42,66

Chaux éteinte.................................... 21,06

Nitrate de potasse............................ 2,22

La densité de ce *crown* est de...................... 2,42

L'indice moyen de réfraction........................ 1,5206

—   — de dispersion........................... 0,046

Je désigne ce *crown* sous le numéro 2.

Cette composition est celle du disque de *crown* de 0ᵐ,74 vendu à l'Observatoire de Paris, avec lequel j'espère qu'on fera un jour une lunette astronomique. Outre que cette dimension dépasse de beaucoup ce qui a été fait jusqu'à présent, M. Léon Foucault, qui a fait une très-longue et très-sérieuse étude de ce verre avant qu'il fût acheté, a déclaré que c'était le verre le plus parfait, le plus pur qu'il eût vu.

Ce *crown* est également propre aux usages de la photographie et de l'astronomie : c'est celui qu'emploient la plupart des opticiens de France, d'Angleterre, d'Allemagne et d'Amérique.

Nous ne devons pas négliger de mentionner le *crown* qui a été fait par M. Maës, de Clichy. Cet habile manufacturier, qui a fait des essais très-recommandables et très-remarquables sur une assez grande variété de bases avec lesquelles il pouvait être convenable de combiner le silice et l'acide borique, s'est plus spécialement arrêté à la production d'un silico-borate de zinc, potasse et plomb, dont il avait présenté à l'Exposition de Londres de 1851 des échantillons de service de table d'une grande blancheur et d'une grande limpidité. M. Maës en a fabriqué pour l'usage des opticiens, qui l'ont employé comme *crown*, mais il ne paraît pas qu'ils lui aient reconnu aucun genre de supériorité sur le *crown* ordinaire, et je ne pense pas qu'on ait continué à en faire un grand usage.

Ce verre, analysé par M. Fréd. Claudet, a donné le résultat suivant :

Silice....................................... 57,17

Oxyde de zinc.............................. 14,50

Oxyde de plomb............................ 3,90

Chaux....................................... 1,67

Potasse..................................... 17

                                          93,24

Acide borique[1]........................... 6,76

                                          100

[1] Dans l'analyse d'un verre contenant de l'acide borique on ne peut doser cet

On voit, par cette analyse, qu'on n'a pas employé pour faire ce verre du borax, qui est un borate de soude, mais bien de l'acide borique.

D'après les proportions de cette analyse, ce verre est d'une nature très-tendre, et, d'après ce que nous avons dit au livre Ier sur les analyses de verre, nous estimons que ce verre doit être composé à très-peu près dans les proportions suivantes :

Silice......................	100	soit	52,64
Acide borique.	11,87	—	6,25
Oxyde de zinc.................	25	—	13,18
Minium......................	6,84	—	3,60
Chaux.......................	3,10	—	1,63
Carbonate de potasse...........	43,12	—	22,70
			100

La densité de ce *crown* est de.......................... 2,65
L'indice moyen de réfraction, de 1,5285

Après avoir indiqué ces diverses compositions de *flint* et de *crown*, j'insisterai sur l'importance de la régularité la plus scrupuleuse des proportions. Le moindre changement amène des différences très-appréciables dans les propriétés optiques des verres. Quand un opticien a fait les expériences relatives aux pouvoirs réfractif et dispersif d'un *flint* et d'un *crown*, et calculé d'après ces indices les courbes qu'il doit donner à ces verres pour les divers instruments qu'il a à construire, on conçoit l'importance qu'il y a pour lui à ne pas avoir à refaire ces expériences pour chaque objectif. Quand il a reçu du fabricant un certain nombre de disques de *flint* provenant d'une même potée et de *crown* également d'une même potée, il pourra, après s'être assuré de la bonté d'un premier objectif, marcher ensuite avec sûreté pour tous les autres disques de ces deux potées, *flint* et *crown*. Mais non-seulement l'opticien, et avec raison, veut n'avoir pas à refaire des expériences pour chaque disque, mais il est important pour lui que tous les disques qu'il demandera par la suite au fabricant, et, par conséquent, de potées subséquentes, aient

---

acide que par différence, c'est-à-dire qu'on reconnaît sa présence, mais il échappe à l'analyse quantitative ; alors on dose les autres substances, et la différence est **le poids de l'acide borique.**

exactement les mêmes propriétés optiques. Or, pour prouver à quel point le moindre changement dans les proportions peut influer sur ces qualités optiques, je dirai que si, à la composition d'un *flint* ou d'un *crown* dans l'une des proportions indiquées précédemment, on ajoute même seulement un tiers ou un quart de cassons de verre provenant d'une précédente potée faite exactement dans les mêmes proportions, cette seule addition de cassons suffit pour modifier sensiblement les propriétés optiques du produit. J'avoue que je n'eusse pas pu le supposer, mais j'en ai eu la preuve convaincante dans mes relations avec M. Voigtlander, qui a adopté pour ses instruments certaines courbures qu'il exécute constamment et avec une précision pour ainsi dire mathématique, et qui exige, en conséquence, qu'on lui livre toujours des produits identiques. A trois ou quatre reprises, j'ai reçu des plaintes de M. Voigtlander sur des modifications de la composition de son *flint* ou de son *crown*, modifications qui amenaient des imperfections dans ses objectifs, et chaque fois la modification n'avait consisté que dans l'addition d'une proportion de cassons du même verre, et chaque fois aussi il m'a confirmé que son verre était revenu à ce qu'il devait être quand j'avais supprimé l'emploi du groisil. Il faut donc, pour avoir toujours des résultats identiques, toujours employer avec les matières neuves une certaine proportion invariable de cassons, ou ne jamais en employer.

En France, les opticiens emploient généralement pour la photographie, les instruments d'astronomie, les longues-vues et les jumelles, presque exclusivement le *flint* n° 3, et pour *crown* des fragments de glaces coulées.

En Angleterre, on emploie, pour la photographie, plus de *flint* n° 1 que de n°s 2 ou 3, plus de *crown* n° 1 que de n° 2. Pour les lunettes, le *flint* n° 3 et le *crown* n° 2.

En Allemagne, pour la photographie, le *flint* n° 1 et le *crown* n° 2 ; pour les lunettes, le *flint* n° 3 et le *crown* n° 2.

M. L. Foucault m'a dit plusieurs fois qu'il était persuadé que le *flint* n° 1 devait être le meilleur pour les objectifs pour la photographie, comme étant celui qui contient le moins de plomb, et ayant, en conséquence, des effets moindres de fluorescence.

FONTE.

Le verre d'optique doit être fabriqué dans un four spécial, car on conçoit que les opérations auxquelles il doit être soumis ne peuvent pas s'associer à celles des autres verres pour les usages ordinaires, et surtout parce que le verre d'optique doit être abandonné à un refroidissement lent dans le creuset. Nous avons seulement parfois profité de l'occasion d'un four ordinaire arrivé au terme de sa durée pour employer à la dernière fonte un pot à faire du *flint* ou du *crown* qu'on laissait refroidir avec le four, bouché avec soin pour que le refroidissement fût plus lent. Mais ceci n'est qu'occasionnel, et quand on veut faire du verre d'optique, il faut avoir un ou plusieurs fours à un seul pot. Guinand, qui travaillait sur les données des fours ordinaires de Suisse, avait un four chauffé au bois, et se servait, en conséquence, de pots découverts; et il travailla de même à Beneditsbeuren, en Allemagne, où le bois est aussi le combustible employé par les verreries. Lorsqu'après la mort de son père, Guinand fils se joignit à nous pour faire du *flint-glass*, il était naturel que, pour suivre de plus près les errements de son père, on commençât à construire un four chauffé au bois; mais je ne tardai pas à reconnaître les avantages qu'il y aurait à fondre avec de la houille dans un pot couvert; car, dans un pot découvert, la fonte la mieux réussie pouvait être entièrement gâtée par des matières étrangères projetées ou tombant sur la surface du verre, telles que cendres ou fragments de braise, larmes ou éclats de briques de la couronne du four, et j'ai toujours depuis persisté dans ce mode de fonte. Je place ce pot couvert au centre d'un four rond : par cette disposition, toutes les parties du creuset se trouvent dans les mêmes conditions de température, tandis que, dans les fours ordinaires, la partie du creuset qui est tangente à la partie intérieure du mur du four n'étant pas soumise à l'action directe de la flamme, n'est jamais à la même température que le côté opposé du creuset, ce qui est une cause de stries; on a en outre cet avantage que, quand le brassage est terminé, on ferme la gueule du pot et le four lui-même; le verre se trouve ainsi en quelque sorte dans un double four et refroidit plus lentement et plus également.

J'ai généralement employé des pots de 70 centimètres de dia-

mètre extérieur du haut, de 64 centimètres de diamètre extérieur
du bas, et 55 centimètres de hauteur. Ces dimensions sont celles
du pot *sec* prêt à être attrempé, et ne comprennent pas le dôme
ou la calotte du pot. En supposant la masse de verre fondue dans
ce pot, refroidie en un seul bloc, ce bloc aurait environ :

62 centimètres de diamètre à la partie supérieure,
52   —   —   à la partie inférieure,
Et environ 42 centimètres de hauteur.

Ce bloc pèserait :

En *flint* n° 1, environ 375 kilogrammes.
En *flint* n° 3, environ 415   —
En *crown*, environ 300   —

J'estime ainsi environ la masse du verre *fondu*, mais il y a
toujours des fragments détachés et adhérents au creuset. Le
poids de la masse dépend aussi de l'épaisseur du creuset, car la
dimension extérieure est invariable, surtout s'il est fait dans un
moule. Il importe de faire les pots assez minces, surtout pour
fondre le *crown*. Ces pots, ne servant que pour une seule fonte,
doivent être plus minces que ceux destinés à un long service dans
un four ordinaire; toutefois, il vaut toujours mieux pécher par
un peu d'excès de force, surtout s'il s'agit de *flint* dense qui presse
fortement sur la paroi du creuset.

Le four dont nous don-
nons ci-contre la coupe
(fig. 150) est celui employé pour les pots dont
nous avons donné les di-
mensions.

A, siége rond massif qui
supporte le pot couvert C
dont la gueule est tournée
vers l'arcade FF, par la-
quelle on met le pot.

Le siége est entre deux
grilles B B.

D est la couronne du
four. Il y a autour de cette

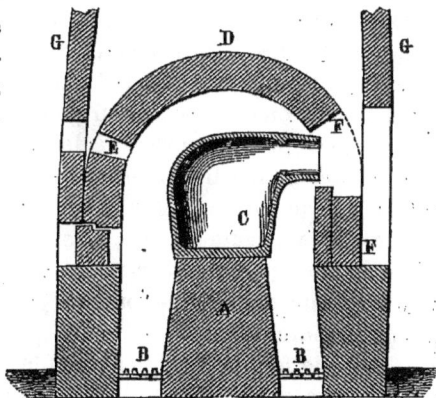

Fig. 150.

couronne six cheminées E, par lesquelles s'opère le tirage, et qui débouchent dans le cône en briques GG qui enveloppe le four et qui s'élève jusqu'au dehors du toit de la halle à une hauteur totale de 10 mètres.

Quand le pot a été mis à sa place sur le siége, on bouche l'arcade FF au moyen de deux pierres réfractaires superposées. La pièce supérieure a une ouverture correspondante à la gueule du pot.

Ayant donné les détails relatifs aux dispositions du four et du creuset, nous allons procéder à la relation d'une fonte de *flint-glass*, puis ensuite d'une fonte de *crown-glass*.

Si le four n'a pas encore servi, on doit, dans l'intérêt de sa conservation, le chauffer lentement et graduellement; huit jours ne seront pas de trop pour cette préparation. Si on a déjà fondu dans ce four, on pourra facilement l'amener en soixante heures au degré de température requis. Pendant le même temps, on a chauffé le creuset à part, c'est-à-dire dans une arche à pots, et quand il est arrivé au rouge blanc extérieurement et intérieurement, on l'introduit par les moyens ordinaires dans le four amené à la même température, et dont on a garni les grilles d'une couche épaisse de houille pour éviter un tirage actif, jusqu'à ce que le pot et le four se soient mis en équilibre de température. Le pot étant introduit, on le bouche, on remet la portine du four et on garnit de briques sèches et rouges le tour de la gueule du pot pour boucher le mieux possible le four sans mettre aucun mortier frais en contact avec le pot. On laisse ainsi se consumer le charbon qui a été mis sur les grilles. Le four et le pot, qui avaient été refroidis par le fait de l'opération de l'introduction du pot, reprennent peu à peu leur chaleur, que l'on pousse ensuite au rouge vif par le tisage; on procède ensuite à la confection de l'arcade avec des briques et du mortier de briques de four, de telle sorte que toute cette arcade forme un mur plein qui ne laisse passer que l'extrémité de la gueule du pot, et on laisse seulement à droite et à gauche de cette gueule un petit trou de 1 centimètre et demi à 2 centimètres par lequel on peut juger de l'état intérieur du four et de sa marche.

Quand le four a été amené au plus haut degré de température, c'est-à-dire environ quatre heures après l'introduction du creuset, on débouche la gueule et on fait un premier enfournement de 12 à 15 kilogrammes. Si la composition est mêlée d'une certaine proportion de groisil, on fait ce premier enfournement avec du groisil seulement, sinon avec de la composition. Au bout de trois heures environ, ce premier enfournement est assez fondu pour opérer l'enverrage du pot, que l'on fait avec une spatule, ainsi que nous l'avons vu dans les précédents livres. Cette opération a pour but, nous l'avons dit, de rendre les parois du creuset moins attaquables par la composition. L'enverrage fait, on remet le couvercle dans la gueule du pot, et, une heure après, on fait un deuxième enfournement de 40 à 50 kilogrammes ; puis, de trois heures en trois heures, on fait des enfournements successifs jusqu'à la quantité nécessaire pour remplir le pot. Quand ce point est atteint, on met double couvercle dans la gueule du pot, et, en outre, on applique contre le deuxième un torchis de mortier mêlé de foin ou d'un peu de poussière de charbon, de manière à luter exactement la gueule du pot. Trente heures environ après le dernier enfournement, si la grille a été bien conduite, si la qualité de la houille est bonne, on doit compter que la fonte est parfaite, et que l'on peut préparer l'opération du brassage ; on détruit le torchis, on enlève les deux couvercles, on tire une épreuve du verre. Si l'on voyait qu'il est encore trop bouillonneux, il faudrait se hâter de reboucher le pot et de continuer la fonte ; mais nous le supposons dans l'état convenable, c'est-à-dire ne présentant que de rares bouillons ; alors on prend, au moyen d'un ferret, le cylindre en terre, disons *le guinand*, dont nous donnons le dessin figure 151, et qui a été chauffé à part à blanc dans l'arche à pots ; on le nettoie soigneusement en le frappant de toutes parts avec un torchon de manière à ôter toutes les parcelles de cendres de l'arche à pots, et enfin on l'introduit dans le pot en faisant reposer le rebord du guinand sur le bord de la gueule ; on met un des couvercles sur la gueule pendant environ un quart d'heure pour que le guinand arrive à la même température que le verre, puis y introduisant une barre à crochet, on le plonge entièrement dans le verre, et on l'y maintient dans la position verticale pendant quelques minutes, dans le seul but de l'enverrer. Ce plongement du guinand entraîne naturellement dans le verre des portions d'air qui causent un bouillonnement qu'il faut laisser entièrement remonter avant de procéder au brassage. Lors donc qu'on a maintenu pendant quelques minutes le guinand dans cette position verticale, évitant, bien entendu, que le bout touche le fond du pot (et du reste sa hauteur doit être telle qu'il ne puisse toucher le fond tant que le collet se trouve au-dessus de la surface du verre), alors

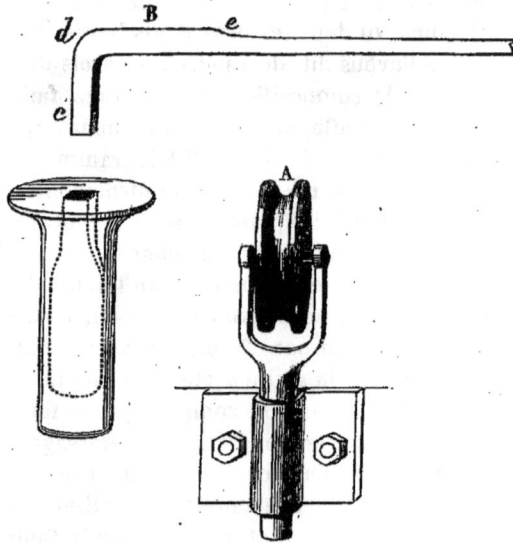

Fig. 151.

on ôte la barre à crochet, on laisse reposer le collet du guinand sur le bord de la gueule, on pose les couvercles, et une heure après on procède à un premier brassage. A cet effet, on établit en avant de la gueule du pot un support pour la barre du crochet ; ce support est quelquefois un rouleau horizontal monté sur deux axes verticaux fixés sur une pierre, ou mieux encore sur une poulie verticale pouvant pivoter sur elle-même. La figure 151 montre que la poulie A est portée dans un étrier qui peut pivoter dans un support, lequel est placé à la hauteur nécessaire pour que le dessus de la poulie se trouve à quelques centimètres au-dessus du bord de la gueule du pot. Le crochet B, dont la partie C entre dans le guinand, est en fer carré d'environ 5 à 6 centimètres de diamètre ; puis la partie à la suite est ronde, de manière à porter dans la gorge de la poulie ; la barre du crochet a environ $2^m,50$ de long et se termine par une douille traversée par un manche horizontal en bois.

L'étrier de la poulie doit être fixé assez solidement pour que le mouvement du brassage ne le dérange pas.

Quand ces apprêts sont terminés, on introduit le crochet de la barre dans le guinand, puis, appuyant la barre sur la poulie, et prenant des deux mains la traverse en bois, ou manche de la barre, on fait décrire au crochet, et, par conséquent, au guinand, des évolutions concentriques en maintenant le guinand à peu près vertical; il est bon toutefois de l'incliner légèrement de temps à autre dans ces évolutions, en même temps qu'on le fait sortir et replonger de 8 à 10 centimètres. De cette manière, on opère un mélange des couches inférieures du verre avec les couches supérieures. Non-seulement il ne faut pas que l'extrémité du guinand touche le fond du creuset, mais il ne faut pas non plus que, dans ses évolutions, il se rapproche trop des parois, parce que nous savons que ces parois sont tapissées d'une couche de verre alumineux qui est la plus grande cause des stries. Quand la barre est arrivée à une température qui peut faire craindre la chute d'écailles de fer, ce qui a lieu au bout de quatre à cinq minutes environ pour une barre de 5 à 6 centimètres, on la remplace par une nouvelle, et pour cela on maintient avec une petite barre à crochet le guinand dans la position verticale, pendant qu'un autre ouvrier enlève la première barre et en substitue une deuxième; on fait ainsi un brassage de quatre à cinq barres, puis on laisse reposer de nouveau le collet du guinand sur le bord inférieur de la gueule, on pose les deux couvercles, on remet un nouveau torchis et on maintient le four en pleine chaleur. Trois heures après, on procède à un nouveau brassage de la même durée, et ainsi de suite pendant vingt-quatre heures, c'est-à-dire qu'on opère ainsi huit brassages avant de procéder au brassage définitif. Chaque fois qu'on a retiré une barre à crochet, on la plonge dans de l'eau légèrement acidulée qui fait tomber toutes les écailles de fer, on la lime un peu, et, après l'avoir limée, il faut la battre avec un marteau pour faire tomber la limaille qui a pu y rester attachée, et qui ne manquerait pas de tomber sur le verre si on l'y laissait, et cette barre peut être réemployée de suite; de sorte qu'il suffit de deux ou trois barres à crochet pour opérer tout le brassage.

Ayant donc fait, comme nous l'avons dit, huit à dix brassages partiels de quatre ou cinq barres, en maintenant le four à pleine

43

température de fonte, et bien reconnu que le verre est bien affiné,
qu'il ne présente que de très-rares bulles, on fait un bon tisage et
on laisse tirer le four jusqu'à ce que ce tisage soit presque entièrement consommé, ce qui facilite le dégagement des dernières
bulles ; puis on fait une bonne braise bien battue sur chaque
grille, on ouvre le pot et on commence le dernier brassage du
verre, qui est alors dans un grand état de fluidité, laquelle fluidité diminue naturellement à mesure que le brassage se prolonge.
Pendant ce dernier brassage, on ne remet plus de houille sur les
grilles, et la braise qui a été faite empêche seulement la température de décroître trop rapidement et empêche aussi les courants
d'air au travers de la grille, qui mettraient le verre en mouvement.
Dans cette dernière opération, deux hommes doivent se relayer
pour le brassage, qui dure de deux heures et demie à trois heures,
c'est-à-dire qu'au bout de ce temps, on ne peut que difficilement
faire parcourir au guinand ses évolutions concentriques. Dans les
premiers brassages, et dans le commencement du dernier, le
mouvement doit être modéré, à peu près une évolution par seconde. Si on allait trop rapidement, on risquerait d'introduire de
l'air dans le verre. Dans le dernier brassage, le mouvement
se ralentit progressivement, suivant la difficulté de la motion,
et arrive à n'être plus que d'une évolution en cinq ou six secondes ; on voit alors que le verre devient très-visqueux, par la
difficulté qu'on éprouve à tourner le guinand et par le bourrelet de verre qu'il entraîne dans sa course ; il faut toujours
avoir grand soin de ne pas le rapprocher des parois du creuset,
contre lesquelles se trouve principalement le verre alumineux,
et enfin quand, comme nous l'avons dit, on éprouve une trop
grande résistance, on enlève la dernière barre, en ayant soin que
le guinand soit dans ce moment dans une position verticale près
d'un des coins de la gueule du pot ; on le laisse un peu remonter
par le fait de sa légèreté spécifique, et, introduisant une petite
barre dans le creux du guinand, on le retire du creuset en faisant
en sorte de ne pas amener son extrémité vers les parties centrales du verre, car il y a toujours, adhérent aux parois du guinand et à sa partie inférieure, du verre alumineux très-strié.

Le guinand étant extrait du pot, il faut aviser à ce que le verre
ne puisse pas redevenir plus liquide. Nous l'avons mis dans un
état où il ne peut plus s'établir de courant descendant ou ascen-

dant. Il faut alors le refroidir de plus en plus, et pour cela, après avoir bouché la gueule du pot pour qu'il n'y entre pas de poussière de cendres, on ouvre les cheminées, on fait tomber le peu de braise qui peut encore rester sur les grilles, et on démolit même la portine ; puis on ouvre la gueule du pot et on laisse le tout ainsi, jusqu'à ce que l'intérieur du pot soit arrivé au rouge-brun. On ne craint donc plus que le verre reprenne une température nuisible ; il faut alors veiller à sa recuisson. On marge les grilles avec du mortier de terre, on bouche les tisards, les cheminées, on reconstruit la portine, on bouche la gueule du pot, et on abandonne ainsi le four à lui-même, et, au bout de six à huit jours, on peut rouvrir le four et retirer le pot qui, ordinairement, se détache par écailles de la masse de verre, ces écailles retenant des portions de verre ; quelquefois la masse de verre ne forme qu'un seul bloc, sauf 30 à 40 kilogrammes de fragments adhérents aux écailles du pot. Mais le plus souvent la masse est divisée en un assez grand nombre de fragments.

On peut augmenter la chance d'avoir le verre recuit en un seul bloc en ne laissant pas le pot dans le four quand l'opération est terminée. A cet effet, aussitôt qu'on a retiré le guinand du pot, on démolit rapidement la portine, on approche du four un chariot à quatre roues de fonte portant une pierre réfractaire, de telle sorte que le dessus de cette pierre est au même niveau que le siége sur lequel repose le pot, on soulève, avec deux pinces en fer, le pot, de manière à introduire dessous l'extrémité d'un madrier, puis, attirant à soi le madrier et en même temps le pot, au moyen d'une barre recourbée dont on l'enveloppe, on l'amène sur la pierre du chariot. On laisse ainsi ce pot sur le chariot dans la halle, en ayant soin seulement de n'avoir pas de courant d'air par des portes ouvertes ; et quand il est descendu à une température à laquelle on n'a pas encore à craindre une rupture, c'est-à-dire environ deux heures, plus ou moins, suivant la température de l'air extérieur, on roule le chariot dans une arche à pot chauffée au rouge et on en bouche toutes les issues. Au bout de huit à dix jours, on peut ouvrir l'arche et en retirer le pot.

Il y a des fabricants de verre d'optique qui emploient un guinand de la forme de la figure 152. Avec un guinand de cette forme, on n'a besoin que d'une barre sans crochet ; c'est simplement une barre droite percée d'un trou qui correspond avec un autre trou A dans la partie supérieure du guinand et dans lequel

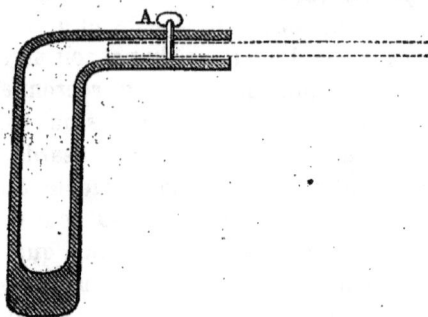

Fig. 152.

on fait entrer une clavette qui rend le guinand et la barre solidaires. Il n'est nullement commode, avec un semblable guinand, d'opérer plusieurs brassages; car une fois qu'il est introduit par la gueule du creuset, on ne peut plus boucher cette gueule; aussi les fabricants qui emploient cet instrument ne font-ils qu'un seul brassage, seulement ils le font plus long. Nous croyons que la méthode que nous avons indiquée est préférable, qu'on a plus de chances de bien purifier le verre, de le rendre plus homogène après plusieurs brassages partiels, pour ensuite procéder au brassage définitif.

Quand on a, comme nous l'avons dit, retiré le pot du four, on peut procéder à une nouvelle fonte de verre, car on a pu, dans l'arche où on voulait faire recuire le verre, chauffer un pot et l'introduire dans le four après avoir retiré le premier pot fondu; en ayant soin toutefois de faire une braise dans le four avant d'y mettre le deuxième pot.

Ayant décrit aussi minutieusement les détails de la fonte d'un pot de *flint-glass*, nous n'aurons que fort peu à dire relativement à la fonte d'un pot de *crown-glass*. Les modifications sont simplement relatives au plus grand degré de dureté de cette matière.

Généralement, pour fondre le *crown-glass*, on devra choisir les creusets les plus minces, la pression de ce verre sur les parois n'étant pas aussi forte.

Le pot ayant été introduit dans le four et amené au plus haut degré possible de température, après toutes les précautions spécifiées dans le détail de l'opération du *flint-glass*, on procède au premier enfournement pour enverrage avec 10 à 12 kilogrammes, soit de groisil, soit de composition *neuve;* au bout de quatre heures, ce premier enfournement est suffisamment fondu pour enverrer le pot; on le rebouche après l'enverrage et, une heure après, on fait un deuxième enfournement de 30 à 40 kilogrammes, et par la raison que nous avons donnée dans le détail d'une fonte de verre à vitre, on n'attend pas que l'enfournement soit tout à fait fondu pour en opérer un suivant ; on fait les enfournements successifs nécessaires pour remplir le pot, puis on bouche entièrement la gueule du pot avec les deux couvercles et la torche fraîche, comme nous l'avons fait pour le *flint-glass*, et l'on pousse et maintient le four dans l'état de la plus haute température pendant trente – six à quarante heures ; on doit compter que la fonte est opérée, si la grille et le four ont été bien conduits. On ouvre alors le pot, on y introduit le guinand, on procède à son enverrage, et, une heure après, on opère un premier brassage de deux crochets seulement, avec toutes les précautions indiquées pour le brassage du *flint.* Trois heures après, on fait un deuxième brassage de deux barres à crochets, et ainsi de suite. Nous n'usons que deux barres à chaque brassage parce que ce verre n'est pas aussi liquide que le *flint*, et qu'il importe de ne pas le laisser refroidir. Après avoir ainsi fait cinq brassages de deux crochets, on peut procéder au dernier brassage, que l'on poursuit, comme pour le *flint*, jusqu'à ce que la motion du guinand devienne très-pénible, ce qui a lieu au bout d'une heure et quart à une heure et demie environ, et on procède ensuite au refroidissement et à la recuisson du verre, de la même manière que nous l'avons indiqué pour le *flint*, soit dans le four même, soit en retirant le pot du four et le plaçant à recuire dans l'arche à pot.

DISQUES ET PLAQUES.

EXAMEN DU VERRE APRÈS REFROIDISSEMENT.

Si le verre, étant refroidi, se trouve être en un grand nombre de fragments, les faces de ces fragments permettent de voir, à la vue simple ou avec une loupe, les plus fortes stries qui peuvent s'y trouver; on peut donc faire ainsi un premier triage, rejeter entièrement certains fragments : pour d'autres, éliminer les parties défectueuses, ce que l'on fait facilement avec un marteau terminé en pince. Pour un examen plus sévère, quand il s'agit, par exemple, d'avoir des disques pour l'astronomie, il faut polir des faces parallèles dans plusieurs directions pour faire une investigation à la loupe dans toutes les parties du fragment; on pourra ainsi avoir encore à éliminer dans ces fragments des portions où l'on aura aperçu des fils, et on procédera ensuite au ramollissage des fragments dont on voudra se servir.

Si la masse du verre s'est trouvée recuite en un seul bloc, on peut faire une première investigation sommaire par la face supérieure, qui est généralement assez claire pour qu'on puisse voir les principales défectuosités qui se trouvent à l'intérieur, et si on a intérêt à faire un examen plus approfondi, si, par exemple, on désire obtenir un très-grand disque, on polira sur les côtés deux ou quatre ou un plus grand nombre de faces diamétralement opposées. On reconnaîtra ainsi les places exactes où les défauts se trouvent localisés, et on pourra ensuite faire la division du bloc avec connaissance de cause. Cette division s'opère par le sciage, au moyen de lames en tôle dont on aiguise l'action avec de l'émeri et de l'eau. Si on a à sa disposition un moteur mécanique, on pourra monter sur un même cadre plusieurs lames parallèles, espacées suivant les plans où l'on veut faire passer les traits de la scie. On divisera ainsi le bloc en un certain nombre de tranches parallèlement à la surface supérieure du bloc qui aura été couché et scellé au plâtre, de manière à mettre cette face supérieure en position verticale.

Quelque pure que pût être l'une de ces tranches ou le fragment de l'une de ces tranches, il ne faudrait pas croire qu'on pût en obtenir de suite un disque propre à faire un objectif, attendu que la recuisson de la masse n'a pu être que très-incomplète ; et bien que la loupe ne puisse signaler aucun défaut, le verre ne peut être complétement homogène ; il est dans un état de *tension*, il est *trempé*. Aussi arrive-t-il quelquefois que le bloc éclate en plusieurs fragments sous l'action de la scie ; et, même quand la division en fragments s'est opérée spontanément dans le pot pendant le refroidissement, tous ces fragments sont dans un état de tension.

C'est là un point qui n'avait pas fixé l'attention tant qu'on ne faisait que de petits objectifs, et même pendant longtemps, quand on construisit des lunettes de plus grandes dimensions, on ne pensa pas à les soumettre à la pierre de touche du prisme de Nicol ou de la tourmaline ; il est prouvé cependant que certains objectifs n'avaient dû leur imperfection qu'à ce défaut inobservé. C'est M. Andrew Ross, le célèbre opticien de Londres, qui appela le premier notre attention sur ce point important. Quand il s'agit d'un disque d'une dimension qui dépasse seulement 8 centimètres, il est déjà assez difficile de le recuire d'une manière parfaite, d'opérer le refroidissement intérieur, de manière à suivre exactement celui des surfaces, de telle sorte que les deux faces de ce disque étant polies, ne manifestent pas le moindre nuage quand on le soumet à l'épreuve de la lumière polarisée. Cette difficulté augmente considérablement à mesure que le diamètre s'accroît ; aussi considérons-nous comme un résultat très-remarquable d'avoir pu amener les deux disques de 74 centimètres, *flint* et *crown*, de l'Observatoire de Paris, à un état sensiblement exempt de tension.

RAMOLLISSAGE DU VERRE ET SON MOULAGE EN PLAQUES OU EN DISQUES.

Le produit d'une potée de verre ayant été examiné dans toutes ses parties, il faut rejeter, pour ne pas être employés dans les fontes ultérieures, non-seulement les fragments qui étaient adhérents au creuset, mais aussi tous ceux dans lesquels on a vu des fils nombreux ; car ces fils sont principalement dus, nous l'avons dit, à un verre alumineux, et seraient une nouvelle source de stries dans une autre potée.

Tous les petits fragments qui paraissent assez purs, depuis le

poids de 18 grammes, peuvent être employés à faire des disques;
on les range par poids correspondant aux diamètres des disques à
faire[1]. Pour les fragments à partir du poids de 7 à 800 grammes;
on peut en faire des plaques ou des disques. Les fabricants de
jumelles et de longues-vues d'un faible diamètre, à Paris surtout,
emploient principalement des plaques de *flint* de 18 à 30 centimètres carrés et de 6 à 10 millimètres d'épaisseur; il y a des fabricants qui font ces plaques en mettant les fragments de *flint* dans des
moules carrés en terre réfractaire de dimensions appropriées au
poids de chaque fragment, plaçant ces moules dans un four à
réverbère, et chauffant ce four jusqu'à ce que le verre, par son
ramollissement, se soit étendu sur toute la surface du moule, et
sans exercer aucune pression sur le verre pour hâter son aplatissement. Il faut que le four soit à une haute température, que
le verre ait acquis un assez grand degré de fluidité pour pouvoir s'étaler jusque dans les angles du moule, et, dans cette
opération, la surface de la plaque devient piquée et ridée, de
manière à rendre sa division au diamant assez difficile. Nous
préférons placer tous les fragments dont nous voulons faire des
plaques dans la partie A de notre four à ramollir (fig. 153, p. 681);
quand ce four a été amené à la température nécessaire au
moyen du foyer D, on amène un premier fragment dans la partie B, et on le travaille par la porte E; ce travail consiste,
lorsqu'on voit qu'il commence à prendre un premier degré de
ramollissement, à le façonner au moyen de deux pinces plates,
de manière à le rapprocher de la forme carrée, puis on commence à se servir d'un polissoir semblable à celui dont se
servent les étendeurs de verre à vitre, c'est-à-dire un petit bloc
de bois de 12 à 15 centimètres de largeur sur 8 à 10 de longueur et épaisseur, fixé au bout d'une tige ronde en fer de 1ᵐ,75
à 2 mètres de longueur; l'ouvrier appuie et presse en frottant
avec ce polissoir sur le fragment de verre, en posant le bout

---

[1] On se rendra facilement compte du poids du verre nécessaire pour chaque
dimension suivant l'épaisseur qu'on veut lui donner, sachant que :

1 centimètre cube de *flint*	nᵒ 1 pèse	3ᵍʳ,20
1	—	nᵒ 2 pèse	3 ,56
1	—	nᵒ 3 pèse	3 ,63
1 centimètre cube de *crown*	nᵒ 1 pèse	2 ,53
1	—	nᵒ 2 pèse	2 ,42

du manche sur l'épaule, et forçant avec la main sur le milieu de la tige. Cette opération se fait en plusieurs fois; à chaque

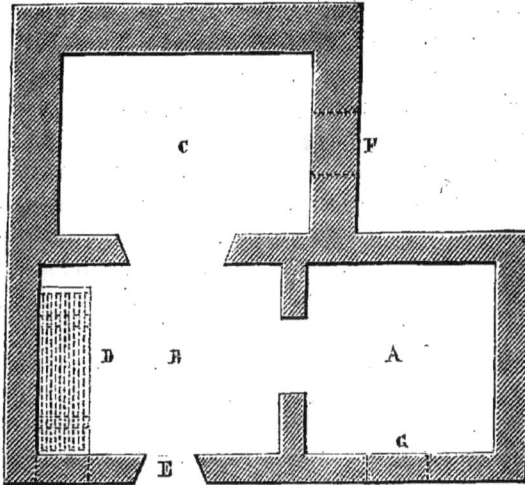

Fig. 153.

fois, on éteint dans l'eau le polissoir qui s'est enflammé; si, par cette pression, le fragment prend encore une forme irrégulière, on le façonne de nouveau avec les lames de fer; enfin, quand il est près d'atteindre la dimension qu'il doit avoir, eu égard à son volume, on place dans le four un cadre en fer plat de la dimension voulue, et de manière à envelopper le morceau de verre sur lequel on presse avec le polissoir jusqu'à ce qu'il remplisse ce cadre. On enlève alors ce cadre, on pousse la plaque dans la partie C du four, et on procède de la même manière pour les autres fragments placés dans la partie A. De temps en temps, on projette un peu de sable très-fin sur la sole du four B, pour que le verre ne s'y attache pas. Par cette manière de faire les plaques, on en fait un bien plus grand nombre dans un même temps, et leur surface polie donne beaucoup plus de facilité de les couper au diamant. Ce mode de procéder est plus sujet à mettre le verre dans un état de tension; mais avec la précaution, lorsque la plaque est terminée, de la laisser quelques instants sur la sole B, pour qu'elle reprenne,

dans toutes ses parties, une température uniforme, et, en donnant des soins à la recuisson, dans la partie C, on a généralement
des plaques bien recuites, non trempées. A mesure que les plaques arrivent dans la partie C, on les relève en piles, les unes
près des autres contre les parois, au moyen d'une petite fourche
chaude, par la porte F; de cette manière, elles tiennent moins de
place, car si on les laissait à plat, on ne pourrait en faire qu'un
nombre très-limité. Quand on a étendu tous les morceaux qui
étaient dans la partie A, on ferme bien la porte G, la porte F, on
pousse le feu de manière à amener toute la partie C du four à
une température avoisinant celle du ramollissage, puis on bouche
bien soigneusement toutes les issues du four, que l'on ne débouche que quand il est tout à fait froid ; on sort alors toutes les
plaques par la porte F.

Les disques se font de la même manière que les plaques, mais
comme il s'agit de pièces d'une plus grande valeur, il faut naturellement avoir des soins plus minutieux encore, et, d'abord, s'il
s'agit de disques pour objectifs astronomiques, les fragments doivent être examinés avec plus de soin ; ainsi, il ne faut pas seulement polir quatre ou six faces parallèles, deux à deux, perpendiculairement à un même plan, il faut encore polir des faces dans
une direction perpendiculaire ou inclinée par rapport aux premiers. J'ai un parallélipède de *flint-glass* dont les quatre faces
latérales n'indiquent pas de défauts, et dont les deux autres faces
indiquent des stries innombrables, parce que ces stries se trouvent dans des plans parallèles, perpendiculaires aux quatre faces
latérales.

Les disques peuvent être faits dans des moules en terre par le
seul effet de la chaleur, ou préparés avec des lames plates, comme
nous avons vu pour les plaques, et pressés avec le polissoir dans
un cercle en fer. Ce dernier mode est le plus économique, et je
conseille de l'employer pour les disques destinés à la photographie, dont la consommation est devenue si considérable, et pour
les disques pour longues-vues ; mais en même temps je recommande, quand le disque a été moulé, de le laisser reprendre une
température uniforme dans le four B, avant de le passer dans le
compartiment de recuisson C.

Pour les disques destinés à des objectifs astronomiques, qui
sont d'un plus grand prix, je conseille l'usage de moules en terre ;

ces moules doivent être faits en terre très-fine, et, avant d'y déposer le fragment de verre, il est bien d'y répandre une très-légère couche de poudre impalpable de chaux et d'argile, renfermée dans un sachet, pour que le verre n'adhère pas au moule. J'engagerai aussi, dans ce cas, à opérer le ramollissage dans une moufle, et non à feu découvert, pour éviter les parcelles de cendre qui pourraient tomber dans le moule ; si on n'opère pas dans une moufle, on peut employer avec avantage des cloches en terre réfractaire, dont on recouvre le verre et le moule. Dans les moments où on met du charbon sur la grille, la cloche se trouve placée sur le verre ; puis, quand la flamme est tout à fait claire, on enlève momentanément la cloche au moyen d'une fourche en fer qui saisit le bouton de la cloche (voyez fig. 154 ci-contre). On hâte ainsi le ramollissage du verre, et, quand le disque est tout à fait formé, la cloche qui recouvre le moule et le verre, pendant le refroidissement, facilite singulièrement la bonne recuisson du verre.

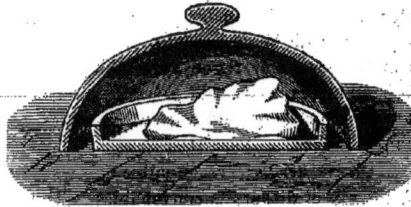

Fig. 154.

Quand il s'agit de disques d'une dimension déjà grande, soit de 20 à 24 centimètres et au-dessus, au lieu d'employer un moule pour lequel il y a alors des chances d'adhérence dans l'angle, je conseillerai de se servir, de préférence, d'un cercle en terre réfractaire, au milieu duquel on place le verre, et que l'on recouvre également d'une cloche ; il faut, bien entendu, que la sole du four sur laquelle on opère soit bien propre, bien unie et horizontale ; on y met également une légère couche de poudre impalpable, pour que le verre n'y adhère pas. C'est de cette manière que nous avons fait, chez MM. Chance frères, de Birmingham, tous les grands disques et, entre autres, les disques de 74 centimètres de l'Observatoire de Paris[1]. On conçoit que quand il s'agit de sem-

---

[1] Nous croyons devoir dire quelques mots de ces deux disques, dont les dimensions dépassent de beaucoup toutes celles qui ont été produites jusqu'à ce jour. Ils ont été d'abord soumis à l'inspection de M. L. Foucault, qui a fait un rapport dont nous extrayons ce qui suit :

« Le disque de *flint*, qui avait déjà été examiné à Londres, nous est arrivé tout poli sur ses deux faces ; l'image projetée sur l'écran a aussitôt révélé l'existence

blables dimensions, un seul disque est une opération qu'il faut
mener isolément et avec de grandes précautions. Le *flint* pesait
110 kilogrammes et le *crown* 80 kilogrammes. De telles masses
de verre demandent déjà de grands soins pour être amenées de
la température ordinaire à celle nécessaire au ramollissage. Nous

de la région défectueuse signalée dans le rapport de M. Glaisher. Cette région,
traversée d'un certain nombre de fils, est placée environ à la moyenne distance
du centre et du bord voisin. Une observation attentive montre que ces fils ont
des prolongements, des ramifications vagues qui, en s'effaçant graduellement,
s'étendent assez loin pour affecter d'une manière sensible environ la moitié de
l'étendue du verre. Au centre, se trouve un fil sec recourbé très-apparent, signalé
également dans le rapport anglais, mais qui ne doit présenter aucune espèce
d'inconvénient.

« Pour le grand disque de *crown*, on a fait dresser et polir les deux surfaces,
et, par l'aspect de l'image projetée sur l'écran suivant la méthode déjà décrite, on
a pu juger de la limpidité et de l'homogénéité que présente la pièce dans toute
son étendue ; il ne règne au milieu qu'une vague apparence de fil gras de 2 ou
3 centimètres, et dont la présence est tout à fait négligeable. De tous les verres
grands et petits que nous avons examinés, ce *crown* est le plus beau qui ait passé
sous nos yeux......

« On est arrivé à reconnaître que les deux verres possèdent des pouvoirs réfringents et dispersifs convenables ; que le *crown*, par sa pureté et son homogénéité, constitue une pièce hors ligne, et que le *flint*, également très-beau dans
certaines parties, est entaché dans d'autres par la présence de fils dont l'influence
pouvait encore inspirer des craintes sur l'uniformité de densité de la masse. Il a
donc été résolu qu'on tenterait une dernière épreuve pour comparer, au moyen
des interférences, les densités de deux échantillons prélevés sur deux points opposés du disque de *flint*. Heureusement ce disque comportait entre deux de ses
diamètres une différence de près de 1 centimètre, qui a permis de faire l'emprunt
de deux échantillons sans restreindre aucunement les dimensions du futur objectif. Les deux échantillons taillés, rapprochés et insérés dans un même bloc de
verre ordinaire, ont été travaillés en même temps et ramenés exactement à une
même étendue en longueur ; puis, en les soumettant à l'épreuve délicate de la
comparaison interférencielle, on s'est assuré qu'il n'existait entre l'un et l'autre
aucune différence appréciable. Dès lors, il ne restait plus aucune objection, et il
m'a semblé, monsieur le ministre, que le moment était venu de se préoccuper des
moyens à employer pour procéder à la taille des disques de la maison Chance. »

C'est en cherchant les moyens à employer pour cette taille, pour laquelle
M. Foucault trouvait nécessaire de construire un collimateur pour la vérification
des surfaces, qu'il fut conduit à l'invention du télescope à miroir de verre argenté
qui retarda de plusieurs années le travail de l'objectif de 74 centimètres. M. Foucault s'était toutefois remis au travail peu de temps avant l'invasion de la cruelle
maladie qui l'a enlevé à la science. Jamais mort prématurée n'a laissé de plus
vifs regrets : que de découvertes ne devait-on pas encore attendre de ce puissant
génie !

avons placé le verre sur une pierre réfractaire d'un grain très-fin sur laquelle avait été répandue une très-légère couche de poudre impalpable. Cette pierre réfractaire était elle-même posée sur un chariot en fonte, dont les quatre roues reposaient sur deux rails dans une arche à pot assez profonde, dont les foyers étaient à l'entrée. Le verre était au centre d'un cercle en terre réfractaire de 76 centimètres de diamètre intérieur et de 8 centimètres de hauteur, recouvert extérieurement d'une cloche en terre réfractaire.

Le chariot étant au fond de l'arche, les portes de l'arche fermées, on a allumé un petit feu dans les deux foyers de l'arche, placés à droite et à gauche de la porte; ce feu a été poussé graduellement et avec beaucoup de lenteur pendant soixante-douze heures; il y a surtout un moment très-dangereux, c'est celui où tout l'intérieur du four étant recouvert d'une couche noire, cette couche se brûle, et le four passe rapidement au rouge; il faut donc tâcher de maintenir cette couche noire le plus longtemps possible pour que l'intérieur de la cloche et les parties centrales du verre aient le temps d'acquérir cette même température; et quand le noir se brûle, il faut encore, pendant quelque temps, maintenir un feu très-modéré. L'arche commence bientôt à rougir dans toutes ses parties, c'est-à-dire jusqu'au fond, sauf les régions inférieures près de la sole, qui sont encore noires; quand la réverbération a amené ces régions inférieures au rouge-brun, on peut sans danger tirer le chariot sur le devant de l'arche, et, au bout de quelque temps, on découvre le verre en soulevant pendant quelques instants la cloche, au moyen d'une fourche; il faut faire souvent cette investigation, car, arrivé à un certain degré de température, le verre opère sa transformation très-rapidement : vous l'examinez, il paraît encore très-solide ; vous le tâtez avec un fer, il résonne encore, et quelquefois, un quart d'heure après, il est presque complétement étalé et remplit le cercle en terre ; quand ce point est obtenu, on repousse le chariot au fond de l'arche, où la température est un peu moins élevée, car il faut que le verre n'ait que la chaleur rigoureusement nécessaire pour s'affaisser dans le moule. On cesse alors complétement le feu, et quand la température de la partie antérieure de l'arche est un peu tombée, on bouche avec soin et les foyers et la porte de l'arche, devant laquelle on construit même un mur en brique et mortier de terre, pour que le refroidissement soit plus lent; si ce bouchage a été fait convenablement, l'arche ne met pas moins de quinze jours à se refroidir. Au bout de dix à douze jours, on commence à faire une petite ouverture dans le haut de la porte, et, alors même qu'on a commencé à ouvrir la porte, on laisse encore pendant deux jours la cloche sur le verre ; enfin, quand elle est tout à fait froide, on l'enlève. — Nous devons parler ici d'un accident qui n'est pas très-rare dans la confection des grands disques ; c'est celui du bouillonnement : si la pierre réfractaire naturelle ou artificielle sur laquelle repose le verre a été exposée à l'humidité avant l'opération, il arrive un moment où le verre, par un commencement de ramollissage, se trouvant en contact plus immédiat avec la sole et où le peu d'humidité qui était restée dans les pores de la pierre tendant à se dilater et à s'enlever par la force de la chaleur, il s'opère au centre du verre un soulèvement, et le verre venant à s'échauffer davantage, il se forme une énorme bulle qui souffle le verre et le traverse de part en part ; l'opération se trouve manquée, et on en est réduit à diviser en fragments, pour en faire un certain nombre d'autres disques, cette pièce rare et de grand prix. Le bouillonnement aurait lieu aussi si la pièce à ramollir présentait des parties saillantes susceptibles de se rabattre, par le ramollissage, sur la sole ou sur d'autres parties de verre, en renfermant de l'air[1]. Dans la prévision de cet accident, on doit façonner la pièce à ramollir au moyen de retranchements opérés à la meule, et la poser sur la sole dans les conditions les plus propres à éviter cet accident.

M. Daguet, dans les moules de ses grands disques, réserve un *témoin* d'environ 2 centimètres que remplit le verre, et que l'op-

---

[1] M. Foucault m'a plusieurs fois exprimé le désir qu'on pût extraire les parties défectueuses du grand disque de *flint* de 74 centimètres, et le réduire ensuite par un ramollissage à un diamètre de 60 à 65 centimètres, ce qui, en même temps, donnerait un peu plus d'épaisseur à ce disque. Mais je l'ai toujours dissuadé d'entreprendre cette opération, qui aurait eu très-peu de chance de réussite, par les raisons que nous avons émises. En supposant qu'on eût enlevé 8 à 10 kilogrammes de ce disque, il eût encore pesé 100 kilogrammes, et l'on conçoit qu'il ne doit pas être aisé de refouler une telle masse pour réduire son diamètre.

Les travaux de taille de ces disques vont sans doute être repris, mais, hélas ! sans le concours de celui pour qui l'opération des retouches, guidée par des principes positifs, arrivait à produire avec certitude les courbes qu'il avait déterminées. Espérons que ces principes, qu'il n'avait pas encore complétement formulés, auront été recueillis par le savant physicien (M. Martin) qu'il avait initié à ses travaux.

ticien tranche pour examiner et connaître d'une façon certaine les propriétés optiques du verre qu'il va travailler. Cette disposition, avantageuse à la vérité, n'est pas sans augmenter les risques et les difficultés de la confection des disques.

Quand les disques ont été recuits, il faut polir quatre, six ou un plus grand nombre de faces latérales, suivant les dimensions, pour faire un examen soigné de l'intérieur. Quand il s'agit de disques de 12 centimètres et au-dessous, on peut faire simultanément les faces d'un certain nombre de disques du même diamètre en les enchâssant dans un cadre en bois, dans lequel on en met deux ou un plus grand nombre de rangées, suivant leurs dimensions; si on peut disposer d'un moteur mécanique, on a une platine horizontale tournante, en fer, sur laquelle on ébauche, avec de l'émeri, une première face de 24, 30 ou un plus grand nombre de disques sertis dans un cadre, puis on retourne le cadre et on ébauche les faces opposées par le diamètre; on se sert ensuite d'une seconde platine en grès fin, sur laquelle, avec de l'émeri plus fin, on doucit les mêmes faces, que l'on polit ensuite sur une troisième platine recouverte d'un feutre avec du rouge à polir les glaces

Quand les faces ont été ainsi polies, les disques nettoyés, on les examine à la loupe pour retirer ceux dans lesquels on découvre encore des stries ou autres imperfections.

Lorsque, en janvier 1840, nous avons entretenu l'Académie des sciences de nos travaux sur le verre d'optique, nous avons cru pouvoir nous engager à produire des disques pour l'astronomie de 40, 50 et même 60 centimètres de diamètre en *flint* et en *crown;* nous nous estimons heureux d'avoir plus que rempli cet engagement, puisque nous sommes arrivé jusqu'au diamètre de 74 centimètres, et, toutefois, nous étions alors loin d'avoir surmonté toutes les difficultés, qui se sont encore multipliées à mesure que nous avons cherché à produire de plus grands diamètres. Ces difficultés sont telles, que nous considérons comme une chance heureuse et qui, pourtant, ne se rencontre que rarement, d'y être parvenu par les moyens en usage aujourd'hui.

Nous croyons n'avoir négligé aucune des indications nécessaires pour faire du *flint* et du *crown* pour les usages de l'optique et pour mettre le lecteur au courant de l'état actuel de cette fabrication qui est, certes, susceptible de grands progrès; car nous ne sommes pas encore parvenus à faire du verre sans stries, mais seulement à fabriquer du verre dans lequel des portions plus ou moins considérables sont sans stries. Ces stries proviennent, pour la plus grande partie, de la substance du creuset et du guinand. Pour les éviter, M. Faraday s'était servi d'une cuvette de platine et d'un râteau du même métal ; mais ce procédé est-il pratique pour une grande fabrication, telle que l'est devenue celle du verre d'optique ? nous en doutons. Pourrait-on simplement recouvrir de platine les parois du creuset et le guinand ? nous soumettons ce problème à nos successeurs. Puissions-nous, par nos travaux, leur avoir rendu la voie plus facile ?

Il n'était sans doute pas de notre compétence d'aborder divers sujets qui touchent à la science avant d'entrer dans le domaine de la pratique, tels que ceux des diverses matières dont il pourrait être utile de faire l'essai dans la fabrication des verres d'optique, de manière à produire des *flints* et des *crowns* dont la combinaison corrigerait plus efficacement les aberrations de réfrangibilité. On doit désirer, pour le *flint*, le pouvoir réfringent le moins grand, accompagné du pouvoir dispersif le plus grand ; le bismuth devrait, ce nous semble, procurer cet avantage ; et pour le *crown*, il faudrait un pouvoir réfringent plus grand, accompagné d'un moindre pouvoir dispersif, ce que produirait sans doute l'emploi de la baryte ; d'autres bases encore seraient à essayer, il y a donc là encore un champ d'études assez vaste.

Dans les livres précédents, nous avons fait suivre la description des procédés de fabrication de la discussion économique du prix de revient ; mais, de même que, dans la construction d'instruments de précision, il y a des soins exceptionnels, des aptitudes de coup d'œil, une dextérité spéciale, qui ne peuvent être appréciés et taxés à la mesure d'un travail ordinaire, de même dans la production du verre d'optique, pour laquelle deux ou trois ouvriers peuvent suffire, sous la surveillance presque constante pendant plusieurs jours et plusieurs nuits d'un directeur expérimenté, les prix doivent être largement rémunérateurs pour répondre aux fatigues exceptionnelles du chef, à la valeur de son temps et à celle surtout de son expérience. Le prix d'un instrument d'optique dépend du travail de l'opticien et de la qualité du verre, et il ne serait pas juste d'évaluer le prix de ce verre dans les mêmes conditions que celui d'un gobelet ou d'une carafe. Nous nous contenterons donc de donner les prix de vente, tels qu'ils sont en 1867.

Tarif des verres pour l'optique. — Les plaques qui ne sont pas garanties exemptes de stries se vendent de 8 à 12 francs le kilogramme, suivant la quantité demandée (en *flint* et en *crown*).

Nota. Les prix sont les mêmes pour les disques de *flint* et de *crown*.

Dimensions des disques.		Prix du 1er choix.		Prix du 2e choix.	
	1 pouce	5 fr.	» c. la douzaine.	» fr.	» c.
	1 — 1/4.	5	60 —	»	»
	1 — 1/2.	7	50 —	»	»
	1 — 3/4.	13	75 —	»	»
	2 —	2	50 chaque disque.	1	55
	2 — 1/4.	5	» —	2	80
	2 — 1/2.	8	» —	3	75
	2 — 3/4.	12	» —	5	»
0m,08	3 —	17	50 —	6	25
	3 — 1/4.	25	» —	8	»
	3 — 1/2.	35	» —	10	»
	3 — 3/4.	42	50 —	12	50
	4 —	50	» —	15	»
	4 — 1/2.	68	75 —	22	50
	5 —	95	75 —	30	»
	5 — 1/2.	125	» —	37	50
0m,1624	6 —	180	» —	50	»
	6 — 1/2.	240	» —	62	50
	7 —	300	» —	75	»
	7 — 1/2.	360	» —	87	50
	8 —	425	» —	106	25
	8 — 1/2.	495	» —	125	»
	9 —	560	» —	150	»
	9 — 1/2.	640	» —	180	»
0m,27	10 —	715	» —	210	»
	10 — 1/2.	790	» —	250	»
	11 —	875	» —	300	»
	11 — 1/2.	990	» —	350	»
	12 —	1,100	» —	460	»
	12 — 1/2.	1,300	» —	»	»
	13 —	1,510	» —	»	»
	13 — 1/2.	1,750	» —	»	»
	14 —	2,000	» —	»	»
	14 — 1/2.	2,300	» —	»	»
0m,406	15 —	2,700	» —	»	»
	16 —	3,500	» —	»	»
	17 —	4,400	» —	»	»
	18 —	5,500	» —	»	»
	19 —	6,700	» —	»	»

44

Dimensions des disques.		Prix du 1er choix.		Prix du 2e choix.
0m,544	20 pouces......	8,100 fr. » c. la douzaine.	—	» fr. » c.
	21 —	9,600 »	—	» »
	22 —	11,200 »	—	» »
	23 —	13,000 »	—	» »
	24 —	15,000 »	—	» »
	25 —	17,500 »	—	» »
	26 —	21,000 »	—	» »
0m,73	27 —	25,000 »	—	» »

Nous avons noté les dimensions en pouces du pied de roi (0m,02707), les opticiens ayant généralement conservé l'habitude des pouces pour les diamètres des objectifs.

Les disques en deuxième choix sont employés pour la photographie : ils ne sont pas garantis complétement purs, tandis que les disques en premier choix sont complétement exempts de stries.

LIVRE VII.

PEINTURE SUR VERRE. — VITRAUX.

CHAPITRE I.

CONSIDÉRATIONS HISTORIQUES.

Nous avons dit, dans notre Introduction, que, bien que la peinture sur verre ne fît pas essentiellement partie de l'Art de la verrerie proprement dite, elle s'y rattachait par des liens si intimes, que nous avions cru devoir y consacrer une section de notre ouvrage; c'était d'ailleurs une sorte d'engagement que nous avions pris dans une brochure que nous publiâmes en 1845, sous ce titre : *Peinture sur verre au dix-neuvième siècle.* — *Les secrets de cet art sont-ils retrouvés?* Cette question que je posais alors, elle a été encore bien fréquemment renouvelée depuis, et je comprends parfaitement l'incrédulité de tous ceux à qui on répond : « Certes, il n'est pas un des procédés des anciens peintres verriers que nous ne connaissions; nous avons une palette plus riche, des couleurs d'application plus variées. » Car ils répliquent ou ils pensent et avec raison : « Pourquoi donc ne fait-on pas des vitraux aussi beaux que ceux de nos anciennes églises? » Aussi avons-nous pris le parti depuis longtemps de répondre à cette question par cette autre question : Croyez-vous que les secrets de la peinture des Raphaël, des Paul Véronèse, des Léonard de Vinci, des Rubens aient été perdus? Et on comprend alors la distinction qu'on doit établir entre l'*art* et les *procédés.* En effet, l'art de la peinture sur verre ne réside pas seulement dans la partie technique, c'est-à-dire dans la préparation des matières premières et leur emploi ; nous n'assignons même à cette partie technique qu'une importance secondaire, et nous plaçons au premier rang l'inspiration créatrice qui conçoit et fait exécuter : parce que de cette conception dépend l'effet produit, la réussite. Et cependant, dans toutes les discussions qui ont eu lieu sur les prétendus secrets de cet art, il n'a jamais été question que des procédés matériels ; certes, ils ont bien aussi leur valeur ; seuls, ils peuvent être formulés, décrits ; mais là ne réside pas le *secret*. Et toutefois, on ajoute encore : « Mais n'avons-nous pas au dix-neuvième siècle des peintres bien supérieurs à ceux des douzième, treizième, quatorzième siècles ; au moins égaux à ceux des quinzième et seizième siècles, qui peignaient des vitraux ? Pourquoi donc nos vitraux sont-ils inférieurs à ceux de ces grandes époques ? » — C'est qu'il ne suffit pas d'être un grand peintre pour faire un bon vitrail ; il faut avoir étudié d'une manière toute spéciale cet art, pour en connaître les ressources particulières, les harmonies qu'on doit rechercher, les contrastes qu'il faut éviter ; l'art des vitraux est essentiellement décoratif ; il ne faut pas qu'un vitrail des bas-côtés d'une église soit composé comme un vitrail du haut de la nef ou du chœur ; l'ornementation splendide des vitraux des douzième et treizième siècles ne peut être placée dans le voisinage des sujets exécutés au seizième siècle par les Pinaigrier, les Bernard de Palissy ; chaque époque a eu son caractère particulier, sa poétique, si je puis m'exprimer ainsi, que l'on ne peut mieux faire que d'étudier dans ses chefs-d'œuvre.

Nous ne croyons pas devoir donner ici une histoire détaillée de la peinture sur verre, qui a été le sujet d'un traité très-consciencieux de P. Leviel. Aux personnes qui veulent prendre une connaissance complète de l'histoire de cet art, des caractères distinctifs des vitraux des diverses époques, nous indiquerons surtout le splendide et savant ouvrage de M. F. de Lasteyrie, où ils pourront suivre cette histoire sur des copies des plus beaux vitraux qui existent en France.

Nous nous bornerons à donner un court résumé de ce que l'on connaît de cette histoire :

P. Leviel et d'autres auteurs ont recherché quels ont dû être les commencements de la peinture sur verre, à quelle époque cet art a pu prendre naissance. Quelques-uns ont cru qu'il avait dû être peu antérieur au douzième siècle; et au fait, quand on regardait les vitraux qui nous restent de cette époque comme des produits barbares, on pouvait croire que cet art était alors pour ainsi dire à sa naissance; mais aujourd'hui qu'il est plus généralement reconnu que ces vitraux du douzième siècle étaient des chefs-d'œuvre, on ne peut se dispenser d'assigner à la peinture sur verre une origine beaucoup plus ancienne. On sait d'ailleurs que saint Jean Chrysostome, au commencement du quatrième siècle, parle de hautes fenêtres ornées de diverses couleurs; que l'église de Sainte-Sophie, reconstruite au commencement du septième siècle, avait des fenêtres ornées de vitraux; déjà, dans l'Occident, les églises commençaient aussi à se garnir de vitraux, suivant le témoignage de Grégoire de Tours, qui raconte le sacrilège d'un soldat qui pénétra dans l'église de Brioude par une fenêtre dont il fracassa le vitrage; nous ne nous étendrons pas davantage sur ces témoignages de l'ancienneté des vitraux. Nous avons vu d'ailleurs, dans la première partie de cet ouvrage, que l'usage des vitres avait commencé, en Italie, dès le premier siècle de l'ère chrétienne; ces vitres, qui alors constituaient un grand luxe, ne durent pas manquer d'être bientôt employées dans les églises; bientôt aussi les maîtres en mosaïque durent trouver là une nouvelle application de leur art.

Les anciens étaient réellement plus avancés dans la fabrication des verres colorés que dans celle des verres blancs, qui exigent l'emploi de matières premières que la chimie n'avait pu encore leur procurer; ils recouvraient le sol et les murs de leurs temples et de leurs demeures de mosaïques de verres de couleur, qui naturellement devaient conduire plus tard à la confection de vitraux composés de verres transparents de couleurs diverses, réunis, sans doute, d'abord par un ciment, puis bientôt par un châssis métallique, qui a dû être adopté d'autant plus promptement que ce châssis, dessinant les contours, loin de nuire à l'effet du vitrail, augmentait, au contraire, sa puissance et son harmonie. Sans doute, les premiers vitraux ne durent être qu'une ornementation dont le dessin ne résultait que de la différence des couleurs séparées par les lignes métalliques; ces premiers vitraux durent être analogues à ceux qui sont encore en usage en Orient, composés de verres de couleur enchâssés dans du plâtre, et dont MM. Flandrin et Parvillée nous ont donné de si remarquables spécimens dans leurs constructions orientales de l'Exposition de 1867. Mais bientôt on dut découvrir la puissance d'harmonie et d'effet qui résultait de l'addition sur ces verres de quelques lignes noires seulement, que l'on ne dut pas tarder à tracer avec une couleur métallique propre à être fixée par le feu, pour être inaltérable. Dès lors, *l'art de la peinture sur verre* était créé, et fit de rapides progrès.

Le goût d'une décoration aussi riche, aussi brillante, d'un effet aussi magique, se sera rapidement répandu dans les Gaules, réputées alors pour leurs verreries. Il est d'ailleurs rationnel que l'art des vitraux se soit principalement perfectionné dans ce pays, où s'élançait avec le plus d'éclat l'art architectural que l'on a appelé *gothique*, *ogival* et *chrétien*, mais que nous préférons appeler *l'art chrétien*, parce qu'il est de fait qu'il a été principalement inspiré par le sentiment chrétien, dont il est la plus sublime expression matérielle. La qualification d'*ogival* circonscrirait cet art dans des limites trop étroites, et exclurait de précieux monuments antérieurs au treizième siècle où l'ogive n'est pas employée. Et quant à la dénomination d'*art gothique*, on sait qu'elle lui a été donnée par dérision en Italie, où l'on s'imaginait que tout ce qui n'était pas imité de l'art athénien ne pouvait être que *gothique*, *barbare*.

Ce n'est qu'à partir du douzième siècle que nous pouvons porter notre examen sur l'art des vitraux, parce qu'il ne nous en reste pas qui soient antérieurs à cette époque ; mais ces précieux restes que nous trouvons à Angers, à Poitiers, à Saint-Denis (voir *l'Art de la Peinture sur verre*, de M. de Lasteyrie), sont si dignes d'admiration qu'ils témoignent assurément d'un art déjà ancien. Les premières années du onzième siècle s'étaient passées sans amener cette fin du monde que des traditions ou des prophéties mal interprétées avaient annoncée pour cette époque ; dès lors, le découragement qui s'était emparé de l'esprit des peuples fit place à un enthousiasme, à un élan qui se manifestèrent par un renouvellement presque général de tous les édifices religieux. L'art des vitraux, comme l'architecture, dut prendre un rapide essor, et nous ne devons pas être surpris de le voir, dès le siècle suivant, rayonner d'un si vif éclat.

Au douzième siècle, l'architecte présidait, comme il doit le faire toujours, à l'ensemble et aux détails de son édifice : il dé-

terminait non-seulement la forme générale du vitrail, mais il en
traçait aussi les divisions, qui formaient elles-mêmes une décoration résultant d'une série de formes géométriques, dont la grâce
n'est pas moins remarquable à l'extérieur qu'à l'intérieur, et qui
se rattachent ainsi à l'ensemble, tout en contribuant à la solidité
du vitrail. Les petites divisions en fer, en ciment ou en plâtre qui
avaient, dans le principe, uni les verres de couleurs différentes,
étaient déjà remplacées par des plombs coulés dans des moules et
creusés au rabot. C'était là un immense perfectionnement qui avait
permis une plus grande variété d'ornementation, parce que le
plomb se pliait bien plus facilement suivant les contours du dessin. C'est à ces plombs que nous devons ces bordures si riches,
ces médaillons si harmonieux des vitraux qui nous restent du
douzième siècle. Quant au verre, on le coupait alors et on le
coupa encore longtemps avec un fer chaud; ce ne fut qu'au
seizième siècle qu'on commença à employer le diamant pour
cette opération, ainsi que nous l'avons dit au livre II.

Dans la plus grande partie des vitraux du treizième siècle,
l'art semble continuer, à peu de chose près, l'inspiration qui a
guidé les artistes du douzième siècle. Ce qui caractérise plus particulièrement les vitraux de ces deux époques, c'est l'harmonie
qui existe entre eux et l'ensemble de l'édifice; à quelque distance
que vous les considériez, vous êtes frappé d'admiration par l'élégance de la forme et le prestige de la couleur; à mesure que vous
avancez, et vous êtes d'ailleurs forcément rapproché par le
charme, vous découvrez de nouvelles beautés dans ces bordures
de dessins si gracieux et si variés, dans ces riches mosaïques qui
composent les fonds et entourent des cadres de formes diverses
que vous avez cru, à distance, ne contenir qu'une simple ornementation et qui sont des sujets dont le dessin n'est pas toujours
irréprochable, mais dont l'ensemble se relie harmonieusement à
la décoration générale. Ces sujets sont composés simplement;
des traits et quelques demi-teintes suffisent pour donner la vie,
le mouvement à ces tableaux expressifs, dont les intentions sont
bien senties, dont l'action est claire, tels enfin qu'ils devaient
être pour les fidèles peu lettrés de ces temps, qui lisaient sur ces
vitraux, avec le même amour qu'ils avaient été écrits, ces poëmes
divins, ces légendes de leurs saints.

Ces vitraux légendaires sont placés aux fenêtres des bas côtés et de l'abside , et dans les roses du transept et du portail ; les vitraux des fenêtres de la haute nef, où des médaillons ne pourraient pas être lus, représentent des figures de saints, de prophètes, de patriarches, de sibylles sur un fond de mosaïque entouré d'une bordure, ou, plus souvent, placées sur un socle se reliant à un dais architectural, comme les statues qui sont en dehors de l'édifice, mais diaprés des plus riches couleurs.

Nous ne taririons pas, si nous nous laissions aller à détailler à combien de titres ces vitraux du treizième siècle nous charment par leur harmonie riche et calme à la fois, par la science et le sentiment de leur composition. Nous n'hésitons pas à proclamer que nous les regardons comme l'emportant sur tout ce qui se fit depuis, bien éloigné en cela de la plupart de ceux qui ont écrit sur les vitraux, et qui mettent au premier rang ceux des quinzième et seizième siècles. De même que l'architecture chrétienne nous semble avoir atteint son apogée au treizième siècle, nous comprenons que les génies qui avaient conçu des œuvres si belles n'aient pas voulu qu'aucun des détails mêmes de la décoration pût jamais être surpassé.

Au quatorzième siècle, l'artiste commence à se préoccuper moins de l'ensemble du vitrail ; le verre et la pierre ne forment plus un tout aussi harmonieux ; le peintre sur verre ne dépend plus autant de l'architecte, parce que celui-ci ne sent plus la même puissance en lui ; ce peintre-verrier cherche une imitation plus parfaite de la nature ; il n'a pas encore la prétention de représenter sur un vitrail toute une scène en grandes figures avec les lois de la perspective ; mais le modelé des figures est plus finement accusé par des ombres. Ce siècle est une époque de transition où l'architecture conserve encore une partie de la sévérité grandiose qui caractérisait le siècle précédent ; mais l'anarchie a commencé : l'architecte, qui n'est plus doué de la même supériorité, n'imprime plus sa seule volonté ; vienne le quinzième siècle, et cet architecte ne sera plus qu'un constructeur composant pour le sculpteur l'élément de ces charmantes dentelles de pierre, pour le peintre sur verre ces cadres où il tracera des peintures d'un fini délicieux, mais sans effet à distance. Dans ces verrières, on ne peut méconnaître le talent du peintre au point de vue de l'exécution ; mais le fini des détails, la beauté des formes l'emportent de beaucoup sur l'effet général.

Dans les compartiments multipliés des têtes de fenêtres de cette architecture flamboyante, le peintre encadre ses légions d'anges surmontant des tableaux d'une composition savante dans lesquels il emploie toutes les ressources de l'art du verrier bien perfectionné depuis deux siècles ; et cependant, tant d'habileté de main et des matériaux si variés ne produisent pas une décoration aussi riche et en même temps aussi sympathique aux fidèles que celle des siècles précédents.

Telle est la direction que le quinzième siècle a donnée à l'art de la peinture sur verre et qui est suivie par le seizième siècle, où de plus grands artistes encore, au point de vue du dessin des figures, appliquent directement leurs talents à la peinture sur verre ; aussi concevons-nous que Leviel et la plupart des écrivains aient considéré le seizième siècle comme celui où l'art de la peinture sur verre atteignit sa plus grande perfection ; des artistes tels que les Pinaigrier, les Jean Cousin, les Bernard de Palissy, sont, en effet, incontestablement bien supérieurs à ceux des siècles précédents, au point de vue de la peinture ; mais il semble, pour ainsi dire, qu'ils s'efforcent d'atténuer l'éclat des couleurs qui nuit à leur composition ; aussi voyons-nous, à cette époque, beaucoup de vitraux simplement peints sur verre blanc, en grisaille relevée seulement de quelques touches de jaune clair. On fait des vitraux de cette espèce pour les églises et aussi pour les palais ; tels sont les vitraux de l'histoire de Psyché faits par Bernard de Palissy, d'après les cartons de Raphaël, pour le château d'Ecouen. Ce sont véritablement des chefs-d'œuvre, mais ce n'est plus de la peinture sur verre monumentale, décorative ; évidemment le peintre s'attache surtout à faire admirer son œuvre. Du reste, si, en effet, l'art atteignit alors son apogée, on peut dire que ce fut le chant du cygne.

Quelques années plus tard, quelques vitriers seulement, héritiers des peintres sur verre, feront encore quelques armoiries ; mais décidément l'art des vitraux est mort depuis que l'architecture est allée s'inspirer à Athènes et à Rome : le Parthénon n'a pas de vitraux ; c'est un art qu'il faut décidément abandonner ; les verres colorés deviennent même inutiles, les verriers se voient contraints d'éteindre un grand nombre de fours qui pouvaient à peine suffire un siècle auparavant à la quantité considérable d'ouvrages dont les peintres verriers étaient chargés ; bientôt on va commencer à croire que leurs secrets sont perdus ; à peine les grands peintres qui ont jeté un si vif éclat sur cet art ont-ils disparu, que déjà ce bruit est répandu. On se confond en regret sur la perte irréparable d'un art qui cependant a été si négligé. C'est le résultat d'un sentiment intime, quoique mal compris, des beautés des vitraux des époques antérieures qui accrédite cette opinion de la perte des procédés de la peinture sur verre, croyance contre laquelle réclament de temps en temps des auteurs qui, soutenant que ce n'est qu'un préjugé, formulent pour la pratique de cet art des prescriptions qui, nous le dirons en passant, et nous le prouverons ensuite, seraient pour nous une preuve de plus que la pratique était tombée dans les ténèbres. Ainsi, les recettes qu'indique Néri, en 1612, les procédés empiriques donnés par Haudiquer de Blancourt, en 1667 ; par Kunckel, en 1679, et recueillis, en 1774, par P. Leviel, ne sont pas de nature à déraciner cette persuasion de la perte des procédés de l'art de la peinture sur verre. L'auteur d'un ouvrage anglais intitulé : *The handmaid to the arts*, imprimé pour la première fois en 1758, dit aussi[1] : « La peinture sur verre avec des couleurs vitrifiables n'est pas un art aussi important que la peinture en émail ; mais comme elle est regardée en Angleterre comme un art dont le secret est perdu, j'ai cru nécessaire de lui donner place en cet ouvrage... » L'auteur, comme ceux que nous avons cités, donne des recettes pour des couleurs d'application ; mais ces recettes ne sont pas de nature à reconstituer l'art, qui réellement ne gît pas là.

En 1774, Leviel, dans sa préface, déplore aussi l'abandon de la peinture sur verre : « La peinture sur verre, dit-il, qui, dans les douzième et treizième siècles, était le genre de peinture le plus usité, je dirais même le seul usité dans notre France, dans l'Angleterre et dans les Pays-Bas, celui qui s'y développait le plus aux quatorzième et quinzième siècles, qui fut si brillant au seizième et assez avant dans le dix-septième siècle, vit ses artistes et

---

[1] « The painting on glass with vitreous colours is not a matter of equal importance with enamalling; but as it is considered as one of the arts of which the mistery is at present lost to us, I thought it a necessary part of the work... »
Et, au chapitre xi, l'auteur dit encore : « The art of painting on glass with colours that vitrify, has been esteemed, as far as regards the composition and burning of the colours, a mistery known perfectly in the former ages, but lost in a great degree to the present times. »

leurs travaux presque abandonnés sous le règne de Louis le Grand, et sous les yeux d'un ministre protecteur des arts et des artistes ; elle a subi partout la même révolution que la peinture en général avait éprouvée sous l'empire d'Auguste. C'est, dit-on, un secret perdu, c'est un art enseveli, qui n'intéresse plus... Arrêtez ! il n'est qu'en léthargie ; je vais essayer de l'en tirer ; si je ne puis y réussir, qu'il me soit au moins permis, en attendant des remèdes plus efficaces, de répandre quelques fleurs, et de verser quelques larmes sur le tombeau qu'on lui destine avant qu'on le ferme. »

Les efforts de Leviel devaient être vains. Ses procédés étaient insuffisants, et d'ailleurs on ne fait revivre un art qu'autant qu'il est aimé, compris ; cet amour ne devait se reproduire que plus d'un demi-siècle plus tard.

Alex. Lenoir (*Histoire de la peinture sur verre*, p. 89 à 94) parle aussi des *secrets* de la peinture sur verre, des causes qui ont fait naître ce préjugé populaire de secret ; il recommande enfin la pratique de cet art, et annonce qu'on a recommencé à Sèvres à le tirer de son oubli. Nous avons cité ces divers auteurs comme ayant, à diverses époques, combattu ce préjugé de la perte des secrets de la peinture sur verre, et n'ayant fait consister l'art que dans des recettes de couleurs et de procédés ; avant d'arriver au véritable point de vue de la question, nous allons d'abord analyser ce qu'était la peinture sous le rapport technique, aux diverses époques dont nous avons parlé.

Aux douzième et treizième siècles, les procédés sont bien simples : la pratique de cet art n'exige pas un grand nombre d'artistes. Le maître compose un carton qui peut être exécuté par des mains peu habiles. La palette n'est pas d'une bien grande richesse, quant au nombre de teintes dont le compositeur dispose : ces couleurs sont le beau rouge, le bleu, du violet de deux teintes, le jaune, et deux teintes de vert. Il ne faut pas oublier, dans cette nomenclature, le verre blanc, que l'on fabriquait alors très-verdâtre, à cause de l'impureté des matières premières qu'on employait, ce qui était du reste un mérite pour son usage dans les vitraux, car un verre trop blanc éteint les autres couleurs, les obscurcit et fait trou dans les vitraux [1].

[1] Aussi de nos jours, où le verre ordinaire est plus blanc, est-on obligé de fa-

Tous ces verres sont généralement inégaux d'épaisseur et de teinte, car l'art de la verrerie n'est pas très-perfectionné sous le rapport du soufflage ; mais celui qui conçoit leur combinaison est si habile, *la loi du contraste des couleurs*, savamment formulée de nos jours par M. Chevreul, existe à l'état de sentiment si intime, qu'avec ce peu de verres, ces artistes créent des chefs-d'œuvre.

Le carton se compose ordinairement de médaillons à sujets sur un fond de mosaïque, le tout entouré d'une riche bordure ; l'indication des couleurs sur le carton suffit pour que le peintre-verrier puisse exécuter son vitrail : il commence par couper tous les verres de couleur suivant les contours du dessin [1] ; sur tous ces verres coupés, formant déjà une riche décoration, si on les unissait entre eux, il n'y a plus qu'à peindre avec un pinceau des traits noirs et quelques demi-teintes ; cette couleur noire ou grisaille est d'une composition bien simple ; de l'oxyde de fer ou de cuivre avec un fondant quelconque suffisent pour la produire. Quant aux figures et aux mains des sujets, elles ne sont pas colorées au pinceau, mais faites avec quelques traits de la même grisaille sur un verre légèrement teinté en violet. Tous ces verres sont ensuite passés au feu, et enfin il n'y a plus qu'à les mettre en plomb. Cette mise en plomb, au lieu d'être seulement soudée à l'étain aux points d'intersection des lignes, est généralement étamée sur tout le développement du plomb, pour lui donner plus de solidité.

Que nous manque-t-il matériellement pour faire des vitraux des douzième et treizième siècles ? Nous avons des verres rouges

briquer exprès un verre légèrement coloré par l'oxyde de fer pour l'employer dans les vitraux.

[1] Pour cette opération, le peintre-verrier, comme nous l'avons déjà fait remarquer, n'avait pas encore les ressources du diamant ; il lui fallait indiquer avec du blanc gommé, sur le verre, le trait suivant lequel il devait être coupé, puis suivre ce trait avec une pointe d'acier trempé, en appuyant assez fort pour qu'elle fît impression sur le verre ; on humectait ensuite légèrement le contour entamé, on appliquait du côté opposé une tige de fer rougie au feu qui ne manquait pas d'y former une langue ou fêlure, qui, par l'activité de la chaleur du fer, se continuait autour de la partie entamée ; alors, au moyen d'un petit maillet de bois dur dont on frappait le contour du tracé, la pièce se détachait du fond. S'il restait dans ses contours quelques parties excédant le tracé, on employait, *pour enlever ce superflu*, une pince ou un égrisoir.

aussi beaux que ceux qui nous restent de ces époques [1] ; des verres verts, jaunes, violets et bleus des tons les plus variés. Nous fabriquons généralement ces verres plus minces que les anciens ; mais à coup sûr ce n'est pas une difficulté de faire des verres plus épais. Des personnes d'une autorité respectable pensent qu'une partie de l'effet produit par les anciens vitraux résulte de l'épaisseur des verres, des irrégularités de fabrication et des bulles multipliées dont ces verres sont criblés : jusqu'à un certain point, ce résultat ne peut être révoqué en doute ; les bulles nombreuses surtout empêchent le passage direct des rayons de la lumière, et produisent un effet analogue à celui qui résulte de l'altération de la surface extérieure du verre par le temps ; toutefois, il ne faudrait pas chercher là le secret de la perfection des vitraux des douzième et treizième siècles, car on trouverait bien des panneaux de verrières de cette époque où le verre était d'une fabrication assez régulière et presque exempt de bulles ; et quant à l'harmonie particulière qui résulte de l'altération de la surface extérieure, il est bien clair qu'elle ne devait pas exister à l'époque où ces verrières furent exécutées et mises en place ; et nous pensons que c'est tout à fait un tort de chercher à donner à des vitraux modernes toute l'opacité que plusieurs siècles ont donnée aux anciens vitraux ; cela ne doit se faire que quand il s'agit de restaurations : on obtient ce résultat en faisant une application de grisaille tamponnée sur la surface du verre. On doit user très-modérément de ce moyen, car on risque ainsi de faire des vitraux qui, après un petit nombre d'années, seront devenus tout à fait obscurs.

Quoi qu'il en soit, s'il est bien reconnu nécessaire, pour produire l'effet des anciens vitraux, d'avoir des verres irréguliers d'épaisseur et de teinte, des verres remplis de bulles, ce sera bien plus coûteux que de fournir des verres réguliers et purs, car la fabrication est organisée de manière à produire du beau verre ; mais enfin le verrier en fabriquera : et ce n'est certes pas là qu'il faut chercher les secrets perdus du grand art des vitraux. On n'éprou-

---

[1] Nous avons dit au livre II que, depuis longtemps, on ne fabriquait que fort peu de verres de couleur, qu'on ne *savait* même plus faire le verre rouge, lorsqu'en 1826, sur un appel fait aux verriers de France par la Société d'encouragement, je fis les premiers verres rouges, qu'on a depuis fabriqués dans plusieurs verreries.

vera pas sans doute des difficultés à peindre sur ces verres des traits noirs et des demi-teintes; c'est là même une opération peu importante, car quoique, dans bien des cas, cette cuisson des traits sur les vitraux du treizième siècle soit imparfaite, ces traits nous sont cependant parvenus sans altération. M. Boeswillwald, savant architecte, qui a fait de l'art au moyen âge une étude approfondie, nous a dit avoir vu sur des fragments de vitraux de la Sainte-Chapelle des traits si peu adhérents, que l'on pouvait les enlever facilement en les grattant avec l'ongle; il y a cependant six cents ans que ces vitraux sont posés, mais il n'est pas étonnant que ces traits mal cuits se soient conservés, étant du côté de l'intérieur de l'édifice.

Enfin il n'y a plus qu'à mettre en plomb ces fragments de verres de couleur, sur lesquels on a peint et cuit ces traits et ces demi-teintes. Cette partie du procédé ne renferme certes pas de secret: sans doute notre mise en plomb n'est pas généralement aussi solide que celle des anciens; leurs plombs rainés au rabot étaient plus fermes, surtout quand ils étaient étamés dans toute leur longueur; mais réellement on ne peut contester qu'on ne puisse en faire de semblables, et que, sous le rapport de l'exécution matérielle, nous n'ayons rien à apprendre des anciens.

Nous rapporterons à ce sujet ce qui s'est passé lorsqu'on a voulu restaurer les vitraux de la Sainte-Chapelle: le ministre des travaux publics, M. Dumon, nomma une commission composée de MM. Chevreul, président, F. de Lasteyrie, Dumas, Brongniart, Paul Delaroche, le baron de Guilhermy, l'abbé Arthur Martin, H. Flandrin, Denoue, Caristie, Duban, Vaudoyer, Victor Baltard, Viollet-le-Duc. Le R. P. Martin, ce grand artiste de si regrettable mémoire, qui s'était assimilé à un si haut degré les arts du moyen âge, qui en a reproduit avec tant de bonheur, l'architecture, les vitraux et l'orfévrerie, fut rapporteur de cette commission; elle fit un appel aux peintres sur verre et traça un programme préliminaire à remplir par les concurrents. Vingt-deux peintres verriers répondirent à cet appel; sur ce nombre douze, furent admis au concours définitif. Pour s'assurer que le futur restaurateur des vitraux de la Sainte-Chapelle saurait s'approprier le faire antique et confondre son travail avec celui des vitraux conservés, par le choix des verres, la cuisson des traits et des teintes, et la mise en plomb, on remit à chacun des concurrents, pour être copié, un panneau ancien qui serait placé à l'exposition publique en regard de sa copie.

Chacun des concurrents devait, en outre, composer, dans le style des anciens médaillons, six cartons coloriés.

Ce fut M. Henri Gerente, qu'une mort prématurée enleva à l'art des vitraux, qui fut jugé le plus capable de faire la restauration ; M. Lusson, qui avait été placé au second rang, fut ensuite chargé de continuer l'œuvre de M. Henri Gerente ; mais ce que nous voulons surtout constater, c'est que parmi les concurrents, il y en eut au moins moitié dont les copies des anciens médaillons pouvaient être réellement confondues avec leurs modèles, ce qui prouvait bien que les moyens techniques d'exécution, les procédés ne faisaient pas défaut. J'eus occasion de remarquer aussi, à ce sujet (l'établissement que je dirigeais ayant concouru pour cette restauration), que tous les verres de couleur que nous fondons sont généralement de nuances trop foncées ; je fus obligé de fabriquer plusieurs potées de verre pour obtenir des teintes claires semblables à celles que nous avions à imiter ; et plusieurs des concurrents s'adressèrent aussi à moi pour leur fournir des verres des mêmes nuances que leurs modèles. Ce fut à l'occasion de ce concours que je remarquai surtout, qu'il ne suffit pas, pour le bon effet d'un vitrail, de prendre de belles nuances des diverses couleurs de verre, il faut encore que la *gamme* de ces diverses couleurs soit d'*accord*, qu'elles aient une valeur relative harmonique, autrement il arrivera qu'une couleur éteindra une couleur voisine ; c'est ce sentiment d'opposition et d'harmonie que les anciens possédaient à un suprême degré, et qui, comme le sens musical, est un don que beaucoup ne peuvent acquérir, même par l'étude.

Enfin, nous devons encore faire observer ici que si le dessin des médaillons justifie le plus souvent à un certain point de vue l'épithète de *barbare* qu'on ne lui a point épargnée, ce n'est certes pas le résultat de l'impuissance, mais bien d'un parti pris ; ne sait-on pas qu'on fait plus facilement un portrait frappant de ressemblance, en exagérant les traits dominants, qu'en cherchant à imiter plus servilement le modèle ? de même aussi pour des sujets renfermés dans d'étroites limites, faisant partie d'un ensemble décoratif, composés d'un petit nombre de personnages, deux, trois, rarement plus de quatre, pour que l'action de chacun fût facilement

comprise, il fallait exagérer les expressions, les gestes, les poses ; je
dis qu'il n'y avait pas impuissance, car n'est-ce pas à cette époque
que nos cathédrales ont été ornées de ces innombrables légions
de saints en pierre, dont un grand nombre étaient si remarquables
au point de vue de la statuaire ? Aussi, beaucoup de personnes qui
n'ont examiné que très-superficiellement ces statues, qui s'en
sont rapportées à ce qui a été écrit tant de fois sur la barbarie des
arts de cette époque, sont-elles fort surprises quand on leur présente des *photographies* des statues des cathédrales de Chartres,
Rouen, Amiens, etc. ; des dessins, on les récuserait, mais des photographies?... On est alors forcé d'admettre que ces nombreuses
figures témoignent d'un art très-élevé, et on peut bien admettre
aussi que les vitraux étaient composés en quelque sorte d'après
un *dessin de convention* propre à en faire ressortir la signification.

Au quatorzième siècle, les procédés techniques de l'art des vitraux sont à peu près les mêmes ; cependant, déjà le peintre-verrier
aspire à un style plus élevé ; les figures ne sont plus seulement
peintes sur des verres violets clairs, mais sur des verres-blancs ;
au moyen d'une couleur de grisaille rouge, il donne à ces figures
un modelé plus conforme à la nature ; il peint les cheveux
d'une nuance plus foncée, et quelquefois il colore cette che-
velure en jaune au moyen de l'argent, quand ce sont des têtes
d'anges, de femmes ou d'enfants ; cette coloration en jaune par
l'argent au feu de moufle commence à être assez fréquemment
employée dans les draperies blanches, dans les ornements. La palette du peintre-verrier s'est enrichie ; mais, en vérité, il n'y a
aucun effet des vitraux de cette époque que nous ne puissions reproduire, et nous ne pouvons voir encore à cette époque ce précieux *arcanum* qu'il ne nous a pas été donné de découvrir ; il y a
bien peu de différence sous le rapport des pratiques du peintre-
verrier, entre l'art au treizième siècle et l'art au quatorzième siècle ;
dans ce dernier, il y a quelques nuances de plus, et surtout les
jaunes d'argent ; assurément, nous sommes à cet égard au moins
aussi avancés que nos devanciers ; on ne voit guère dans les vitraux
du quatorzième siècle que des jaunes clairs et des jaunes moyens,
tandis que nous produisons depuis le jaune le plus pâle jusqu'à
l'orangé rouge ; nous n'éprouvons pas non plus de difficultés à
faire les grisailles plus ou moins brunes, plus ou moins rouges,
qui étaient employées à cette époque pour ombrer et teinter les

chairs; nous ne pensons donc pas qu'on puisse nous contester la possibilité de faire, quant aux procédés, tout ce qui était pratiqué dans les vitraux du quatorzième siècle.

Arrivant aux vitraux des quinzième et seizième siècles, nous y apercevons la continuation de la tendance qui a commencé au siècle précédent. Tandis qu'au treizième siècle, le vitrail était une décoration parlante dont l'architecte avait tracé les divisions ; au quinzième siècle, l'artiste verrier ne reconnaît que sa propre inspiration. Il n'y a alors guère de différence entre le peintre à fresque ou le peintre sur toile et le peintre sur verre ; seulement ce dernier tire avec habileté parti des riches effets que produit la transparence de la matière sur laquelle il opère ; il ne sait plus aussi bien produire de grands effets avec des moyens simples, mais il veut revêtir ses saints personnages de riches costumes ; les manteaux sont ornés de broderies éclatantes ; les pierres précieuses brillent aux colliers, aux agrafes des manteaux ; tous ces effets sont produits grâce aux perfectionnements de la verrerie. Aux treizième et quatorzième siècles, le verre rouge seul était à deux couches, et nous avons expliqué que c'était une nécessité de cette couleur. Le parti que l'on a tiré de cette doublure rouge en l'usant par places à la molette, pour mettre à nu le blanc et y peindre du jaune, a donné l'idée de fabriquer d'autres couleurs doublées, et pour cela on a fait fondre des verres de couleur très-intense, que l'on a soufflés en les recouvrant d'un *cueillage* épais de verre blanc[1]. De cette manière, on a fait des verres bleus *doublés*, des

---

[1] P. Leviel, au chapitre x de la première partie de son ouvrage, dit : « On assure que Jean de Bruges trouva aussi le secret de diminuer, dans la peinture sur verre, la dépense qu'entraînait l'emploi du verre coloré fondu tel dans toute sa masse, par l'invention des émaux de couleurs métalliques vitrifiables. Il les broyait et délayait à l'eau de gomme, et les couchait de l'épaisseur d'une ou deux feuilles de papier sur la face d'une table de verre blanc ; ils étaient propres à se parfondre par la recuisson au fourneau, après laquelle cette surface paraissait aussi lisse et aussi transparente que dans ces verres de toutes couleurs fondues telles aux verreries dans toute leur masse. Ces tables de verre, ainsi colorées, fournirent à notre art des moyens inconnus jusqu'alors d'en enrichir et d'en hâter l'exécution. Les draperies des figures devinrent plus riches lorsqu'on s'avisa de graver tous les ornements nécessaires avec l'émeri qui rongeait la couleur et découvrait le fond blanc du verre ; on formait cette broderie par le moyen d'une couverte d'or ou d'argent, qu'on y appliquait suivant le coloris arrêté sur le carton. »

Évidemment Leviel, dans cet article, fait preuve de l'ignorance la plus complète des procédés de la peinture sur verre employés dans les siècles précédents. Après

verts *doublés*, des violets *doublés ;* et enlevant certaines portions de ces verres, le peintre-verrier a produit, en y appliquant d'autres couleurs de moufle, ces riches effets de broderies et de pierreries que nous remarquons sur quelques vitraux de cette époque.

Nous ne continuerons pas davantage l'examen de la peinture sur verre des temps passés. Car, après le seizième siècle, le nombre des peintres-verriers se réduit considérablement ; il est bien peu de grands artistes qui se consacrent à cet art; quelques

l'avoir lu on doit se dire : Ce n'est pas à tort qu'on prétendait que les secrets de la peinture sur verre étaient perdus. C'eût été une singulière économie pour fabriquer des verres de couleur, que d'appliquer sur une table de verre blanc une couche d'émail broyé que l'on aurait fondue au feu de moufle. Il ne faut pas même être verrier pour concevoir l'absurdité d'une telle économie; mais laissons cette considération d'économie, et nous nous étonnerons que Leviel n'ait pas relevé la fausseté de ce rapport, et n'ait pas su que ces verres doublés étaient produits à la verrerie même, par le procédé que nous avons décrit. (Voyez liv. II, *des Verres de couleur doublés*.) Ce n'est pas là, du reste, la seule erreur de Leviel, et ce n'est pas dans son ouvrage qu'il eût fallu chercher les procédés de l'art de la peinture sur verre. Leviel savait si peu ce qu'était le verre rouge, que, dans la deuxième partie de son ouvrage, chap. II, p. 101, il s'exprime ainsi : « Je dis, 1° qu'entre les verres rouges des plus anciens vitraux, il s'en trouve peu de celui que les peintres sur verre nomment improprement *verre naturel*, terme qu'ils ont adopté pour distinguer un verre teint dans toute sa masse de celui qui n'est coloré que sur une surface, et dont nous traiterons dans le chapitre suivant; 2° que pour peu qu'il s'en trouve, il est plus mince de moitié que les verres des autres couleurs ; 3° que deux morceaux de verre rouge naturel, appliqués l'un sur l'autre, présentent à la vue une couleur plus noire que rouge. J'en augure que la difficulté du succès dans la teinture du verre en rouge porta les peintres-verriers à faire ou par eux-mêmes, ou par les verriers, l'essai d'un émail rouge fondant qui, réduit en poudre impalpable et détrempé à l'eau, était étendu et couché avec art sur le verre destitué de couleurs par le secours du pinceau et de la brosse, en autant de couches que la nuance désirée le demandait; que ces tables, ainsi enduites de ce vernis rouge, étaient portées dans un fourneau pour y faire cuire et parfondre la couleur qui y avait été couchée, que de là ils obtinrent ces différentes nuances de verre rouge plus clair ou plus foncé, suivant le besoin..... Il n'y a guère que le verre rouge qui soit ainsi coloré. J'ai entre les mains des morceaux de verre rouge des treizième et quatorzième siècles, sur lesquels on distingue aisément *la trace de la brosse* dont on se servait pour étendre et coucher sur un verre nu ce *vernis rouge*, ainsi que l'appelle Kunckel. Enfin, soit à cause du *précieux de l'or* qui pouvait y entrer, soit à cause de ce double apprêt, le verre rouge, coloré sur une superficie seulement, a toujours été beaucoup plus cher que le verre de toutes autres couleurs, teint au fourneau de verrerie dans toute sa masse... »

Assurément, il est impossible de se montrer plus étranger aux procédés de fabrication et composition du verre rouge!

vitriers seulement, héritiers de quelques procédés des grands maîtres, exécutent encore quelques armoiries, quelques bordures, mais ce n'est plus que du métier : l'art y est tout à fait étranger. Ce n'est guère qu'en Suisse que les traditions de la peinture sur verre se sont conservées à cette époque de décadence; on y exécute encore, au dix-septième et même au dix-huitième siècle, de petits vitraux où se trouvent tous les mérites des grands vitraux du quinzième siècle, c'est-à-dire une grande finesse d'exécution, jointe au charme produit par l'opposition de couleurs vives des verres teints dans la masse et de quelques couleurs d'application.

La peinture sur verre fut aussi pratiquée au dix-huitième siècle en Angleterre, mais ce n'est plus celle des temps passés; c'est une espèce d'imitation sur verre de la peinture sur toile. Dans le manque de verres de couleur, que, suivant Leviel, on ne peut plus se procurer, même en Allemagne, les Anglais font leurs vitraux entièrement avec des couleurs d'émail appliquées sur verre blanc. L'un des vitraux, je dirai plutôt l'un des tableaux sur verre le plus connus résultant de cette manière de procéder, est la grande fenêtre de Saint-Georges, à Windsor, peinte par West; cette fenêtre est la meilleure preuve de l'infériorité de cette sorte de vitraux, même exécutés par une main habile; c'est une sorte de peinture dont les procédés sont plus difficiles sans doute que ceux de la peinture sur verre des anciens, mais dont les effets sont incomparablement moins beaux. Ce n'est pas sans des recherches multipliées qu'on arrive à produire toutes les couleurs d'application sur verre, car il ne suffit pas de savoir que le cobalt donne du bleu, l'or le pourpre, etc., il faut encore que les émaux que l'on fait avec les oxydes s'incorporent convenablement avec le verre sur lequel on veut les fixer, qu'ils ne se fendillent pas, qu'ils ne soient pas susceptibles de s'altérer à l'air, et, avec la réussite de tous ces procédés, on n'arrive encore qu'à produire une décoration fort peu supérieure à celle des stores; elle est inaltérable, à la vérité, mais n'est-elle pas très-fragile, étant exécutée sur de grandes pièces de verre?

L'art des vitraux était donc réellement bien mort quand on voulut, vers le commencement de ce siècle, essayer de le faire revivre; mais alors on était bien loin de s'entendre sur ce que devait être la peinture sur verre, et de quelle époque de l'art on devait chercher à s'inspirer. Il y avait bien longtemps que les bonnes traditions avaient été mises de côté; on professait généralement le mépris des constructions gothiques et des arts qui s'y rattachaient; la réaction qui avait commencé il y a trois siècles, avait porté ses fruits; l'art chrétien n'était plus compris, même par les ministres des autels, qui avaient contribué, autant que les révolutions, aux altérations des monuments religieux.

Ainsi, P. Leviel avait dit en parlant des vitraux du treizième siècle (chap. IX) : « L'exacte symétrie qui règne dans cet assemblage, cette correspondance et ce jeu des parties, donnent au corps de l'ouvrage cet ensemble qui séduit le spectateur, plus arrêté par le charmant effet de ces fonds que par les *tableaux grossiers* qu'ils entourent. » Les médaillons de Chartres, les roses de Notre-Dame de Paris, etc., des *tableaux grossiers!*

Le même auteur en parlant des vitraux du quatorzième siècle (chap. X) dit : « *Ces frises, si grossières* pendant les siècles précédents, devinrent, vers le milieu du quatorzième siècle, plus gracieuses dans les ornements, sans sortir du goût gothique. » Les frises du douzième et du treizième siècle *grossières!* ces bordures qui sont restées à jamais d'admirables modèles !

A une époque plus rapprochée, Alexandre Lenoir, dans son *Histoire de la peinture sur verre*, en parlant de son désir de la création d'une nouvelle école de peinture sur verre, s'exprime ainsi : « Cette école alors devient naturellement créatrice de ce genre de peinture qui paraîtra nouveau, surtout si l'on abandonne la manière gothique des artistes anciens, et si l'on supprime ce mode *désagréable à l'œil,* qui tenait au peu de moyens d'exécution que les ouvriers avaient dans les temps passés, de réunir les morceaux de verre qui concourent à l'ensemble de leurs tableaux, par des lames de plomb. »

Évidemment, Alexandre Lenoir témoigne ainsi assez peu d'admiration pour les vitraux des temps passés; le peu d'échantillons qu'il en donne dans les planches de cet ouvrage prouve d'ailleurs que ces vitraux n'étaient pas compris par les dessinateurs; c'est à ne pas les reconnaître.

Plus tard encore, Langlois, dans un ouvrage également intitulé *Histoire de la peinture sur verre*, prouve aussi son peu de sympathie pour les vitraux du treizième siècle, quand il dit

p. 17) : « Nos plus anciens vitraux n'offraient qu'une agrégation
de pièces de fort petites dimensions ; c'est que ce genre de peinture, alors dans *son enfance*, était privé de plusieurs importantes
ressources dont il se prévalut plus tard, telles que l'art d'étendre
le verre en grandes feuilles, etc. »

Et page 22 : « Dans la cathédrale de Rouen, observez les fenêtres en lancettes des chapelles voisines du chœur, vous y verrez le
style barbare, le dessin sec et raide, les formes inarticulées et
sans relief, les têtes naïves, mais grossières et sans expression,
du temps de Philippe Auguste et de saint Louis. » Et les dessins
qui accompagnent l'ouvrage de Langlois prouvent également
que les vitraux antérieurs au quinzième siècle n'y étaient pas
compris.

Enfin, nous citerons l'opinion de M. Alex. Brongniart, directeur
de la manufacture de Sèvres, qui nous écrivait en 1839 :

... « J'ai dit vingt fois aux archéologues : Donnez-nous tels dessins que vous voudrez, *aussi mauvais que ceux de la Sainte-Chapelle*, aussi kaléidoscopes que les vitraux de ce temps, et comme
nous avons en France, grâce aux verreries, tous les verres teints
dans la masse qu'avaient les anciens, que nous avons des couleurs de moufle aussi simples, aussi laides que celles de cette
époque, et, en outre, une infinité d'autres, nous exécuterons tous
vos dessins et bien d'autres..... Je désire que l'art de la peinture
sur verre ne tombe pas entre les mains des simples enlumineurs ;
cela pouvait être suffisant au quatorzième siècle, mais je ne vois
pas pourquoi on ne ferait pas de peinture sur verre au niveau du
dix-neuvième siècle : il faut empêcher cette décadence ou plutôt
cette reculade. »

Quoique cet illustre savant ne comprît pas alors les beautés des
vitraux du moyen âge, il n'en a pas moins eu le mérite d'avoir
contribué, pour une part importante, à la renaissance de la peinture sur verre, par les encouragements qu'il lui a fait obtenir du
gouvernement, et les nombreux travaux qui se firent sous sa direction dans la manufacture de Sèvres.

Sans aucun doute, l'opinion de M. Alex. Brongniart, comme la
nôtre, comme celle de bien de nos contemporains, a dû grandement se modifier à mesure qu'il s'est plus occupé de peinture
sur verre, qu'il a porté davantage son attention sur les anciens
vitraux ; aussi avons-nous cité cette opinion comme une des

preuves que l'art de la peinture sur verre non-seulement avait cessé d'être pratiqué, mais même d'être compris.

Ce fut alors (en 1827) que M. le comte de Noë, dont bien des artistes ont pu apprécier le goût éclairé, le caractère bienveillant, et qui avait résidé en Angleterre, pensa que si l'on voulait faire renaître l'art de la peinture sur verre, il n'était pas nécessaire de chercher à retrouver les anciens procédés, mais seulement d'aller prendre ces procédés là où ils étaient pratiqués. Il engagea M. Jones, peintre sur verre anglais à se rendre en France, et à exécuter des travaux pour le compte de la ville de Paris, administrée alors par M. le comte de Chabrol; c'est ainsi que furent faits les vitraux *peints* de l'église de Sainte-Elisabeth et d'une des fenêtres de Saint-Etienne du Mont. Ces vitraux, aussi bien réussis qu'ils pouvaient l'être dans ce système, ne pouvaient que confirmer la supériorité de l'ancienne manière; mais il était clair que les moyens employés par M. Jones dans une autre direction pouvaient être ramenés dans la bonne voie. Ce ne fut qu'à la suite de ces travaux que (en 1829) M. Jones fut attaché à la verrerie de Choisy-le-Roi, dont j'avais la direction, et où nous créâmes un atelier d'où sont sortis une partie des peintres sur verre, metteurs en plomb, etc., qui se sont ensuite répandus dans les divers ateliers de vitraux qui, peu de temps après les commencements de celui de Choisy, s'étaient élevés sur plusieurs points de la France. Le lecteur nous permettra sans doute de rappeler ici la part que nous avons prise à ce grand mouvement de la résurrection de la peinture sur verre, et par la fabrication des verres de couleur, et par la pratique des procédés de toutes les époques. Ces titres d'ailleurs que nous nous permettons de rappeler, sont de nature, il nous semble, à motiver la confiance dans l'exactitude des procédés de peinture sur verre que nous allons décrire.

Ces procédés toutefois, nous l'avons déjà dit, eussent été stériles, si, à cette époque, le retour aux arts du moyen âge, préparé par les œuvres littéraires des Chateaubriand, des Victor Hugo..., n'avait reçu une impulsion puissante par les travaux des Viollet Le Duc, aussi savant architecte que fécond artiste, Lassus, auteur de la *Monographie de Chartres*, qui était en quelque sorte la personnification des arts du treizième siècle, Boeswillwald, qui a si habilement terminé la restauration de la Sainte-Chapelle, et d'autres encore, par les publications de MM. de Caumont, Didron, Lenoir, de Guilhermy, etc., de M. Ferd. de Lasteyrie (*Histoire de la peinture sur verre*), des RR. PP. Martin et Cahier (*Monographie de la cathédrale de Bourges*). Les peintres verriers ont trouvé dans ces derniers ouvrages des guides sûrs, de précieux modèles. Les artistes qui s'occupent de peinture sur verre sont nombreux aujourd'hui, en France ; les progrès accomplis sont incontestables, nous en avons eu des preuves irrécusables à l'Exposition universelle de 1867.

L'Angleterre n'est pas restée en arrière dans l'œuvre de la régénération de l'art chrétien qui y a pris un grand développement ; parmi les artistes auxquels on doit ce mouvement, nous devons mentionner W. Pugin, architecte qui s'est en quelque sorte identifié avec les maîtres des temps passés, se les est assimilés, et a produit des œuvres qu'on pourrait réellement leur attribuer ; cette régénération a été secondée par un grand nombre de peintres-verriers qui, entre autres guides, n'ont pu manquer de consulter l'excellent ouvrage de M. Ch. Winston[1], amateur distingué qui a analysé et classé avec un talent remarquable les anciens vitraux de la Grande-Bretagne.

En Allemagne, on recommença aussi, à peu près à la même époque, à pratiquer la peinture sur verre. Le roi Louis de Bavière, qui a donné dans ses Etats une si grande impulsion à l'architecture, à la peinture, à la sculpture, n'a pas non plus négligé la peinture sur verre. Des artistes du premier mérite sont entrés dans ses vues, les uns pour composer les dessins des sujets, et les autres l'ornementation. Les plus belles nuances de verres de couleur ont été fabriquées ; non-seulement on a doublé des verres blancs avec des verres de couleur, mais on a doublé couleur sur couleur, et disposé ainsi la palette la plus riche dont jamais peintre sur verre ait fait usage, et c'est ainsi que furent produits les vitraux de l'église du faubourg d'Au, près de Munich, et ceux pour la cathédrale de Cologne ; on s'accorde assez généralement à considérer ces vitraux comme très-remarquables ; la composition en est sage, religieuse, le beau dessin de l'école de Munich s'y fait remarquer, mais toutefois l'ensemble est froid, et l'orne-

___

[1] *An inquiry into the difference of style observable in ancient glass paintings, especially in England, with hints on glass paintings, by an amateur.*

mentation n'a pas le charme, la magie des anciennes verrières ; nous devons remarquer à cet égard que les artistes se sont inspirés des anciens vitraux allemands, que nous regardons comme inférieurs à nos modèles de France.

En acquérant à la verrerie de Choisy le concours de M. Jones, nous n'avions pas seulement pour but de faire des vitraux d'église, nous voulions aussi créer une industrie qui était pratiquée sur une grande échelle en Angleterre, et qui n'existait pas en France, celle de la décoration des vitres d'appartement, depuis le simple verre *mousseline* jusqu'aux peintures d'arabesques, bouquets de fleurs, etc. Cette industrie n'a pas encore pris un très-grand développement chez nous, toutefois elle est déjà pratiquée dans plusieurs ateliers ; qu'il lui arrive d'être favorisée par un caprice de la mode, sous l'influence d'artistes habiles, et ces ateliers devront bientôt augmenter dans une grande proportion leurs moyens d'action.

Ce sont les procédés de cette *peinture sur verre* que nous allons d'abord décrire, depuis celle qui n'est réellement que du métier, jusqu'à celle qui exige des mains plus habiles.

Nous passerons ensuite à la fabrication des vitraux.

Enfin, comme pour les autres livres qui précèdent, notre dernier chapitre sera consacré à la question économique, nous établirons les *prix de revient* des peintures sur verre et des vitraux des divers styles.

Sans parler du *Traité de la peinture sur verre* de Leviel, auquel nous avons dit que nous n'accordions de valeur qu'au point de vue historique, plusieurs traités de peinture sur verre ont été publiés de nos jours, entre autres par M. Reboulleau, de Thoires (*Manuel de peinture sur verre*) ; par M. Emmanuel Otto Fromberg, auteur allemand qui n'a guère fait que copier l'ouvrage de M. Reboulleau, en reproduisant même certaines erreurs ; par le docteur M.-A. Gessert, qui a publié aussi en allemand un ouvrage qui a été traduit en anglais par W. Pole. Il y a des points sur lesquels naturellement nous devrons nous trouver d'accord avec ces auteurs ; sur d'autres, nous différerons sans doute, mais plusieurs routes peuvent quelquefois conduire au même but ; ce que je puis certifier, c'est que les procédés que je décrirai, les couleurs dont j'indiquerai les compositions, ont tous été expérimentés sous mes yeux. Je ne veux pas, en outre, manquer de conseiller ici à toutes les personnes qui s'occuperont de peinture sur verre de suivre les bons avis que leur donne M. Ferdinand de Lasteyrie, dans un ouvrage auquel on ne peut repprocher que sa brièveté et qu'il a publié sous le titre : *Quelques mots sur la théorie de la peinture sur verre.*

PEINTURE SUR VERRE APPLIQUÉE AUX VITRES.

Bien que la qualité essentielle des vitres soit de soustraire nos habitations aux intempéries sans intercepter la lumière et en nous permettant la perception des objets extérieurs, il est des cas cependant où cette perception des objets extérieurs n'est que désagréable, et où on veut l'éviter, tout en se réservant le bienfait de la lumière ; des cas aussi où cette perception des objets à travers les vitres est un inconvénient, quand elle a lieu de l'extérieur à l'intérieur, dans certaines pièces au rez-de-chaussée, par exemple; nous avons vu, au livre II, que l'on pouvait dans ces cas employer des verres à vitres cannelés ; mais quelquefois ces verres cannelés fatiguent la vue, et on emploie des vitres dont on a dépoli l'une des surfaces (nous verrons plus loin quel procédé on emploie pour dépolir cette surface). On peut se contenter de ces verres dépolis dans des garde-robes, des magasins ; mais dans les chambres d'un appartement, on peut faire servir cette opportunité du verre dépoli à une ornementation en rapport avec la décoration même de l'appartement, recouvrir les vitres d'une couche d'émail mat, incolore, sur lequel on trace des dessins analogues à ceux des rideaux, ou bien employer un émail légèrement teinté en harmonie avec la tenture, et sur lequel sont également tracés de légers dessins; on peut enfin émailler ces carreaux de diverses couleurs avec des arabesques, des dessins grecs, arabes ou autres, disposer des bordures, des rosaces, peindre des bouquets de fleurs, des oiseaux ; on conçoit tout le parti qu'on peut tirer pour la décoration de fenêtres de boudoirs, de petits salons, de chambres de bain, de cette faculté du verre de s'incorporer, d'une manière inaltérable, ces ornements nuancés de toutes couleurs qu'y peut tracer la fantaisie de l'artiste ; nous ne voulons pas faire une nomenclature de tous les genres de décoration qu'on peut fixer sur le verre ; nous ne voulons que fournir à l'artiste les matériaux qu'il peut employer et leur mode d'emploi. Nous dirons d'abord quels sont les instruments en usage dans un atelier de peinture sur verre, nous donnerons ensuite la composition et le mode de préparation des couleurs d'émail, nous indiquerons enfin le mode d'emploi de ces couleurs et de leur cuisson.

L'atelier de peinture sur verre doit être, autant que possible, éclairé par des fenêtres assez rapprochées et du côté du nord, s'il est possible, pour n'avoir pas l'exposition du soleil. Le long de ces fenêtres doit régner une table sur laquelle reposent les chevalets des peintres; ces chevalets doivent avoir leurs montants parallèles, pour ne pas s'interposer entre le verre posé sur l'appui du chevalet et la lumière. Ce verre, posé sur l'appui, est maintenu par une barre horizontale mobile entre les deux montants du chevalet, et que l'on arrête à la hauteur nécessaire pour que le verre s'y appuie; ou bien le chevalet porte une feuille de verre dépoli sur laquelle repose le verre à peindre, de manière à éclairer ce verre, mais en même temps à former un fond sur lequel le peintre voie son ouvrage; on atteint aussi ce but en posant derrière le chevalet une mousseline, formant également un fond mat derrière le verre à peindre.

Le peintre sur verre, pour appliquer ses émaux, se sert à peu près des mêmes pinceaux que le peintre sur porcelaine; ce sont :

1º Des pinceaux de martre plus ou moins fins et plus effilés que pour l'aquarelle. Ces pinceaux servent principalement pour faire les traits. Ils servent aussi pour atténuer les teintes; ainsi, de la couleur[1] ayant été posée assez abondamment avec l'un de ces pinceaux sur le verre à l'endroit où elle doit rester le plus intense, le peintre, avec le même pinceau ou un autre pinceau sec, entraîne une partie de cette couleur, de manière à la dégrader suivant l'effet qu'il veut produire;

2º Des pinceaux de putois à surface plane de plusieurs grosseurs servant à *tamponner*, c'est-à-dire à égaliser une teinte plate sur une petite surface;

3º Des pinceaux plats très-doux, avec lesquels il caresse, pour ainsi dire, dans toutes les directions la couleur appliquée sur

[1] Il est entendu que quand nous disons *couleur*, c'est toujours d'un émail qu'il s'agit.

le verre, et en rend ainsi la couche complétement uniforme;

4° Enfin, des pinceaux plus grossiers, ou plutôt des brosses en soies de cochon, dont il se sert pour faire des teintes plates sur de larges surfaces; les unes plates et assez serrées pour déposer la couleur, les autres plus fines et plus douces pour diviser et égaliser la couleur. Le peintre sur verre se sert aussi fréquemment de pointes sèches en bois, avec lesquelles il forme des hachures et des éclaircies sur une couche de couleur déjà séchée.

Les émaux que l'on applique sur verre doivent être broyés avec le plus grand soin, ils ne sauraient être réduits à une trop grande ténuité; pour les émaux qui s'emploient en très-grande quantité, l'émail blanc, par exemple, qui forme le fond des verres mousseline, il y a lieu, si on en a la possibilité, de se servir d'un moulin à émail d'une fabrique de porcelaine ou de faïence mû à la vapeur, et qui en peu de jours peut broyer tout ce qu'un atelier de peinture sur verre peut consommer en une année. Nous recommandons les plus grands soins de propreté dans l'opération du broyage, pour ne pas altérer les couleurs. Pour les émaux qui s'emploient en moindre quantité, un petit moulin à bras est parfaitement suffisant. Nous recommandons, comme en ayant obtenu les meilleurs services, les petits moulins qui se fabriquent dans la manufacture de Sèvres, et dont nous copions la description dans le *Traité des arts céramiques* de M. A. Brongniart. A (fig. 155) est le vase qui reçoit la meule et les substances à broyer; son fond s'élève vers le centre en une saillie conique C, qui forme avec la partie inférieure de la paroi un large sillon dans lequel la meule se meut. Cette meule DB DB est un cylindre en porcelaine, qu'on place dans le vase précédent et qu'il surpasse en hauteur; la couleur s'introduit

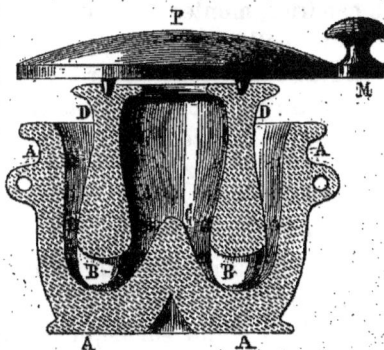

Fig. 155.

dans l'espace entre le mortier et la meule. La partie supérieure de cette meule est plane et reçoit à demeure un disque de plomb P, ou de tout autre métal qui augmente son poids et auquel est attachée une manivelle M qui donne le mouvement à tout le système.

Pour se servir de ce moulin, on introduit l'émail préalablement broyé grossièrement dans un mortier, sur le fond ou meule gisante, puis on l'arrose d'eau et on met la meule tournante en mouvement. Cette opération ne dispense pas toutefois du broyage sur une glace avec une molette en verre. Il faut avoir bien soin, quand on a broyé un émail tant dans le moulin que sur la glace, de laver le moulin, la glace, la molette et le couteau à palette (couteau à lame d'acier large, longue et mince pour être très-flexible), pour qu'il ne reste aucune parcelle d'émail qui puisse avoir d'influence sur le broyage d'un autre émail. Quand un émail est amené au degré de ténuité voulu, on le met dans un flacon bouché et soigneusement étiqueté.

Les émaux, dont nous indiquerons les compositions, se fondent généralement dans de petits creusets de la contenance de 1 à 2 kilogrammes. Si l'atelier de peinture sur verre est dans une verrerie, on ne sera pas embarrassé de placer ces creusets pour opérer la fonte ; sinon, on doit se faire un petit fourneau auprès de l'atelier de peinture sur verre ; ce petit fourneau, chauffé au coke, est d'une construction bien simple (fig. 156) : établissez une grille A d'environ 30 à 35 centimètres carrés sur des briques réfractaires, et élevée d'environ 30 à 35 centimètres au-dessus du fond du cendrier, montez des murs perpendiculaires sur les quatre côtés de cette grille ; sur deux de ces murs opposés, pratiquez un petit pont cintré B de 8 centimètres d'épaisseur, sur lequel vous pourrez reposer un ou plusieurs petits creusets ; le dessus de ce pont doit être de 25 à 30 centimètres au-dessus de la grille pour pouvoir mettre une assez grande quantité de coke ; à 20 centimètres environ au-dessus de ce pont, est l'ouverture latérale dans le mur parallèle au pont, correspondant à une cheminée d'un bon tirage ou à un tuyau remplissant le même but ; à 5 centimètres au-dessus de cette ouverture de cheminée, les quatre murs forment une petite retraite sur laquelle on pose un couvercle en terre réfractaire, que l'on lève pour mettre le coke sur la grille des deux côtés du pont, et pour mettre et ôter les petits creusets au moyen de pinces disposées pour cela. Ce petit fourneau atteint facilement la température nécessaire pour la fusion des émaux. Il est généralement convenable que le creuset soit couvert, car bien que la flamme du coke ne soit pas nuisible, que d'ailleurs elle ne puisse guère s'introduire dans le creuset, il peut arriver que des parcelles charbonneuses ou des fragments de terre tombent dans ce creuset, surtout quand on remet du coke dans le fourneau. Ce petit fourneau doit être armé de montants en fer reliés transversalement entre eux pour éviter l'écartement des briques par la chaleur, à moins que l'on ne fasse les parois assez épaisses pour n'avoir pas ce danger à craindre.

Pour terminer ce qui est relatif à l'outillage, nous allons dire comment s'opère la cuisson des émaux appliqués sur le verre.

Nous avons vu, au livre II, que pour teindre le verre en jaune par l'argent, on pouvait, au lieu de se servir d'un four spécial, employer les fours à étendre, en opérant simplement une modification à la trompe par laquelle on introduit les manchons, pour pouvoir

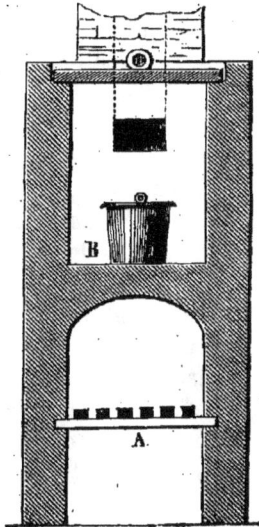

Fig. 156.

y introduire des feuilles de verre; nous redirons ici que si l'atelier de peinture sur verre est dépendant d'une fabrique de verre à vitre, il est fort avantageux de se servir du four à étendre non-seulement pour teindre le verre en jaune, mais aussi pour cuire les verres mousseline et bien d'autres produits de l'atelier de peinture, mais, quoiqu'il soit de tous points avantageux au peintre sur verre de s'adjoindre à une verrerie, nous devons admettre le cas plus fréquent où cela n'a pas lieu et indiquer les appareils de cuisson à employer.

On se sert généralement de moufles de la nature des moufles du peintre sur porcelaine; on les fait en terre réfractaire ou en fonte : mais à cause de la fréquence de leur usage, nous conseillons plutôt de les faire en fonte; nous devons d'ailleurs faire observer qu'il s'agit dans ce moment, non pas seulement de cuire des émaux sur fragments de verre, tels qu'ils sont employés dans les vitraux, mais des vitres de grandes dimensions : il faut donc pouvoir disposer de très-grandes moufles, et sous ce rapport il y a grand avantage à les avoir en fonte : supposons, par exemple, qu'on veuille pouvoir cuire des vitres de 1^m,10 sur 80 centimètres; la moufle se composera de six pièces, savoir : une pièce formant le bas de la moufle, de 1^m,15 environ sur 90 centimètres; deux montants latéraux, de 1^m,15 sur 55 à 60 centimètres de haut; une pièce supérieure légèrement voûtée, s'ajustant sur les deux côtés et, par conséquent, de 1^m,15 sur 90 centimètres, comme la partie inférieure ; et enfin deux pièces fermant les deux bouts de la moufle, entrant dans une feuillure pratiquée dans les pièces inférieure et supérieure et aux deux extrémités des parties latérales. Ces deux parties latérales portent des crénelures intérieures espacées de 3 en 3 centimètres, entre lesquelles on glisse des plaques en tôle de 8 millimètres d'épaisseur sur lesquelles on pose les feuilles de verre à cuire. Ces plaques de tôle peuvent être remplacées (dans des moufles moins grandes) par des plaques en lave. Enfin les deux pièces formant portes de la moufle ont chacune deux ouvertures d'environ 12 centimètres de large sur 8 de haut avec conduits horizontaux de 20 centimètres de long, l'un placé dans le haut, l'autre vers le bas de la pièce, et par lesquels on fait passer les éprouvettes qui servent à apprécier le degré de cuisson. Les diverses parties de la moufle et surtout les deux pièces latérales, dont l'épaisseur est d'environ 1 centimètre, doivent avoir, de distance en distance, des contre-forts pour être moins sujettes à se déformer par la chaleur. Pour établir le four qui doit recevoir la moufle, on commence par construire le foyer, consistant en une grille de 1^m,20 de long sur 45 centimètres de large, élevée de 30 centimètres environ au-dessus du fond du cendrier. Ce foyer occupe le milieu d'un massif en briques de 1^m,55 de long sur 1^m,55 de large. La moufle doit être placée à environ 40 centimètres au-dessus de la grille reposant sur quatre petites voûtes parallèles entre lesquelles passe la flamme de la houille pour se rendre des deux côtés de la moufle. A 10 ou 12 centimètres des côtés de la moufle, s'élèvent les murs latéraux d'une épaisseur d'au moins 22 centimètres, reliés entre eux par une voûte éloignée également de 10 à 12 centimètres de la voûte de la moufle. Dans l'un de ces murs est pratiquée l'ouverture qui se rend à une cheminée qui est d'ordinaire commune à deux fourneaux de moufle, enfin, pour les deux côtés des portes de la moufle, nous avons d'abord, de chaque côté de la grille, l'ouverture du cendrier, puis, un peu au-dessus de la grille, une ouverture d'environ 25 centimètres de large, par chacune desquelles se fait le tisage de la houille. Les deux murs dans lesquels se trouvent les foyers, s'arrêtent à la hauteur de la base de la moufle, et il y a également un intervalle de 10 à 12 centimètres entre ce mur et la moufle pour le passage de la flamme. Quand les plaques chargées des verres à cuire ont été introduites dans les coulisses, on pose les deux portes en fonte dans leurs feuillures ; puis, sur les deux murs de foyer, on monte devant les portes de la moufle et à une distance de 10 centimètres de ces portes, un mur postiche en briques ordinaires avec un mortier d'argile commune, s'élevant jusqu'à la voûte et dans lequel passent les conduits à éprouvettes. Tout étant ainsi disposé, on commence par faire un feu clair de copeaux ou de petits bois sur la grille, puis on y met de la houille allumée, et peu à peu on pousse le feu ; si le four a été bien mené, au bout de cinq heures et demie à six heures, la cuisson doit être bien avancée ; on introduit les éprouvettes par les conduits supérieurs ; ces éprouvettes sont, en général, de petits morceaux de verre sur lesquels on a mis un des émaux dont on connaît le degré de cuisson, de l'émail bleu par exemple ; si, au bout de huit à dix minutes, on retire les éprouvettes et que l'émail soit suffisamment glacé d'un côté, mais moins de l'autre, on s'arrange, en faisant le tisage, de manière à donner plus de chaleur du côté où la cuisson a été moindre, puis, quand elle est suffisante, on bouche les deux conduits supérieurs, on maintient le feu sans cependant lui donner autant d'activité, alors la température s'équilibre et se répartit également de la partie supérieure à la partie inférieure de la moufle, et, au bout de peu de temps, on voit que les éprouvettes introduites par les conduits inférieurs se sont également bien glacées. On bouche alors les foyers, les cendriers et on laisse refroidir le tout. Le temps total employé pour la cuisson est généralement de six heures et demie à sept heures. Le préposé à la cuisson des moufles doit, en général, apprécier le temps et la quantité de houille employée de manière à faire des cuissons régulières dans des temps égaux et avec une égale quantité de combustible.

Nous avons indiqué les bases de la construction d'un four pour une très-grande moufle dont on peut avoir besoin pour l'ornementation de grandes feuilles de verre. Le peintre sur verre peut, quand il n'a que des verres de petites dimensions à cuire, et c'est le cas le plus fréquent, employer de beaucoup plus petites moufles; alors les difficultés sont moins grandes : il peut disposer un assez grand nombre de moufles contre un même mur, n'avoir de foyer que sur le devant de chaque moufle, se servir de bois menu au lieu de houille, et n'avoir aussi qu'un conduit à éprouvette pour chaque moufle.

Les moufles que nous venons de décrire, et qui grandes ou petites, sont toujours établies à peu près sur les mêmes principes, peuvent être avantageusement remplacées, dans les localités où la houille n'est pas dispendieuse, par un autre mode de cuisson que nous recommandons tout particulièrement aux ateliers qui ont d'importants débouchés. Cette cuisson s'opère sur de grandes pierres réfractaires montées sur chariots, que l'on pousse dans un four après les avoir chargées des verres que l'on veut cuire, et que l'on retire de ce four après cuisson et refroidissement suffisant; on peut, par ce procédé, opérer régulièrement une cuisson par chaque jour, ce qui est un très-grand avantage pour des commandes pressées, et aussi pour que le peintre puisse voir très-promptement l'effet des peintures qu'il a faites.

Le four doit être assez grand pour recevoir quatre pierres montées sur chariot; nous supposerons chaque pierre de 1^m,80 sur 1^m,20; cette pierre repose sur un cadre en fonte porté par quatre roues en fonte de 40 centimètres de diamètre. Très-près du bord de chacun des quatre côtés de cette pierre règne une rainure de 1 centimètre de large et 1 centimètre de profondeur, pour recevoir un couvercle carré en tôle de 12 à 15 centimètres de hauteur, renforcée par des barrettes en fer; de telle sorte qu'après avoir posé les verres à cuire sur la pierre, on met le couvercle dans sa rainure, et le verre cuit ainsi à vaisseau clos, ne pouvant recevoir aucune atteinte des fumées de la combustion; quatre rails conduisent les deux rangées de chariots dans le four, et les en ramènent après la cuisson; et lorsque les quatre chariots sont introduits dans le four, on ferme la porte à deux ventaux, fortement construite en fonte avec compartiments remplis en pierre réfractaire. La figure 157 ci-jointe donne les détails de la construction que nous venons de décrire.

La cuisson dans ce four peut durer de huit à dix heures, surtout si on fait une cuisson tous les jours. Supposons, par exemple, qu'on charge les chariots avec les verres à cuire à neuf heures

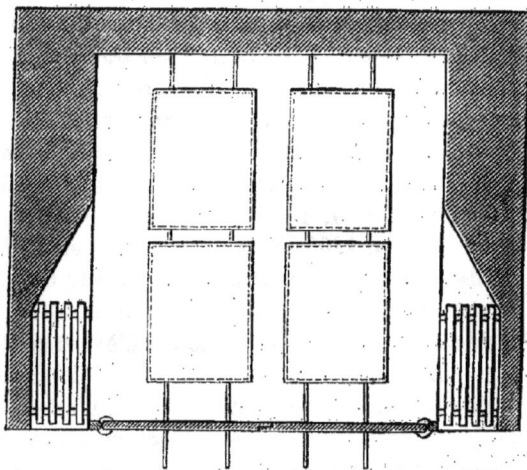

Fig. 157.

du matin : on les pousse immédiatement dans le four, on ferme les portes et on chauffe. Le verre peut être cuit à huit heures du soir. Le lendemain matin, à quatre heures, on ouvre les portes ; à six heures, on retire les chariots en dehors du four ; à sept heures, on enlève les couvercles, et à huit heures on peut enlever les verres, de manière à recharger à neuf heures.

Ce mode de cuisson a de grands avantages sur celui dans les

46

moufles; les plaques des moufles, si elles sont en lave, sont très-sujettes à se briser; si elles sont en tôle, elles se voilent, quelque soin qu'on ait de les rebattre chaque fois (ce qui est aussi un inconvénient); les verres n'en sortent donc jamais bien plans, surtout s'ils ont de grandes dimensions.

Sur les pierres à chariots, au contraire, les verres restent aussi plans que la pierre elle-même, et sont mieux recuits, quoique plus rapidement que dans les moufles. La dimension des verres à cuire est d'ailleurs sans limites; chaque pierre peut recevoir des verres ou des glaces de 1m,70 sur 1m,15. On peut encore établir des pierres occupant la place de deux chariots. J'ai vu cuire ainsi des glaces de 2m,50 sur 1m,75, sur lesquelles on avait peint des ornements; on a seulement la précaution, quand on a à cuire des glaces, de mener le feu un peu moins rapidement, et d'accorder une recuisson un peu plus longue; on pourrait même, avec la plus grande facilité, faire un tableau sur glace de 4 mètres sur 2m,50, et le faire recuire dans ce four sur une pierre de dimension analogue reposant sur les quatre chariots, et portant un couvercle entrant dans une rainure pratiquée dans cette pierre.

M. Brongniart, dans un *Mémoire sur la peinture sur verre*, imprimé en 1829, parle de peinture sur glace de 1m,90 à 1m,50, faite de 1800 à 1801, par M. Dihl, et ajoute que la manufacture de Sèvres a fait aussi en 1801 un tableau de ce genre; il signale les difficultés de cuisson et les risques de casse; les mêmes difficultés n'existent pas par le procédé que nous venons d'indiquer. Toutefois, de grandes objections s'élèvent contre ce genre de peinture sur glace, qui, dans notre opinion, ne peut produire que de bien médiocres résultats; aussi n'est-ce pas au point de vue de la possibilité de cuisson de ces énormes pièces que je conseille l'adoption de ce genre de four, mais bien pour un service pratique et fréquent dans la décoration des vitres de dimensions moyennes.

COULEURS OU ÉMAUX.

Nous allons passer aux instructions relatives à la préparation des émaux propres à être appliqués sur verre et à s'y incorporer par la cuisson. Nous réduisons ces émaux à un très-petit nombre,

avec lesquels on peut peindre les fleurs et oiseaux les plus variés
de couleur. Ces émaux sont :

Le blanc,
La grisaille,
Le noir,
Le jaune,
Le bleu,
Le vert,
Le rouge,
Le rose.

On comprend que toutes les nuances peuvent être obtenues par
les mélanges en proportions différentes des émaux que nous venons de citer.

Les couleurs ou émaux dont nous allons indiquer la préparation
sont généralement mélangés avec des fondants qui facilitent leur
fixation sur le verre ; nous nous servons à cet effet de deux fondants, que nous désignerons par A et B.

> *Fondant A.*   Minium........................ 25
>   Silice (sable blanc)............. 10

Mélangez, fondez dans un creuset de 1 à 2 kilogrammes dans
le petit four que nous avons décrit page 717. Tirez à l'eau et broyez
pour vous en servir suivant les usages que nous indiquerons.

Le tirage à l'eau a pour but de faciliter le broyage.

> *Fondant B.*   Minium........................ 8
>   Borax cristallisé............... 5
>   Groisil de cristal.............. 12

Mélangez, fondez dans un creuset de 1 à 2 kilogrammes. Tirez
à l'eau et broyez.

Par groisil de cristal, nous comprenons des fragments de cristal
ordinaire, dont nous avons indiqué la composition au livre V,
c'est-à-dire :

> Sable.................... 100
> Minium................... 66,66
> Carbonate de potasse........ 33,33 -

Il sera toujours plus économique de prendre des fragments de cristal que de faire de la composition suivant les proportions ci-dessus et de la fondre.

Blanc opaque. — Faites un mélange de :

Groisil de cristal................	720 grammes.
Minium........................	200 —
Borax cristallisé.................	40 —
Nitrate de potasse...............	40 —
Acide arsénieux.................	60 —

Fondez ce mélange dans un petit creuset dans le petit four décrit précédemment ; quand le tout est fondu, vous le tirez par petites portions avec des pincettes à lames plates, vous faites refroidir à l'air ces petites portions, et on les voit devenir opaques en refroidissant, puis vous les mettez dans l'eau ; on jette ainsi le tout à l'eau après l'avoir rendu opaque à l'air, ainsi que nous venons de l'indiquer, et on broie pour l'usage.

Cet émail peut servir pour appliquer sur verre et faire des cadrans pour être éclairés la nuit. Ces cadrans, sur lesquels on peint les heures en noir avec l'émail dont nous indiquerons la composition, sont d'un assez beau blanc mat, et bien supérieurs aux glaces dépolies, dont l'aspect est toujours terne et gris. Cet émail blanc peut encore être appliqué à d'autres usages ; si on a besoin d'un blanc encore plus opaque, on n'a qu'à augmenter la dose d'acide arsénieux.

L'émail blanc, dont on se sert pour faire le verre mousseline, n'est simplement que du groisil de cristal ordinaire broyé. Si la température à laquelle le peintre sur verre est habitué de cuire est comparativement élevée, et qu'il voie que l'émail du verre mousseline est trop fondu, qu'il prenne trop de transparence, il peut le durcir en mêlant au groisil de cristal un cinquième ou un sixième de groisil de verre à vitre blanc, ou bien il peut ajouter à son groisil de cristal une petite proportion de l'émail blanc opaque précédemment décrit. Si, au contraire, il trouve son groisil de cristal trop dur, il peut y ajouter une petite proportion de fondant A.

Grisaille. — Nous composons la *grisaille ordinaire* avec :

2 parties de terre d'ombre calcinée.
7 — de fondant A.

Mêlez et broyez pour être employé sans être fondu.

La dureté du verre sur lequel on opère doit naturellement modifier la quantité du fondant. Notez que lorsqu'on a une couleur qui boursoufle à la cuisson, c'est une indication qu'elle est trop tendre.

La couleur de grisaille ci-dessus est employée généralement pour les traits ; elle est d'un ton très-froid, et d'autant plus froid que la terre d'ombre a été plus calcinée. Si on a besoin de donner à la teinte de la grisaille un ton plus chaud, on le fait en substituant une proportion plus ou moins forte d'oxyde rouge de fer à la terre d'ombre.

Pour composer une *grisaille brunâtre* couleur terre de Sienne, nous prenons :

> 1 partie de sanguine (fer oligiste).
> 3 — de fondant A.

Mélangez, fondez *à un feu de moufle* seulement, tirez à l'eau et broyez pour l'usage.

Il est bien à observer que si on fondait à la température ordinaire employée pour les autres émaux, on détruirait entièrement la couleur.

Noir. — Nous avons généralement composé l'émail noir avec un mélange de grisaille ordinaire et d'émail bleu en proportion, de nature à se neutraliser l'un l'autre. Il arrive quelquefois, si l'oxyde de cobalt qu'on a employé n'était pas très-pur, que cet émail bleu n'est pas satisfaisant, comme vivacité de teinte ; c'est le cas de s'en servir pour faire l'émail noir, en le mêlant avec de la grisaille ordinaire.

On peut aussi faire un émail noir de toutes pièces en mêlant :

> Azur. . . . . 3 parties.
> Terre d'ombre fortement calcinée. . . . . 4 —
> Fondant B. . . . . 8 —

On fond le tout légèrement, c'est-à-dire à un petit feu de moufle, on tire à l'eau et on broie.

L'azur que nous prenons n'est pas celui connu sous le nom de *bleu royal ;* mais on doit le prendre d'une bonne qualité.

Jaunes. *Jaune transparent.* — Nous parlerons d'abord des préparations avec lesquelles on teint le verre en jaune, et, bien que nous ayons déjà donné les détails de cette opération quand nous avons parlé des verres à vitre de couleur, livre II, nous croyons ne pas devoir y renvoyer le lecteur, et répéter les instructions que nous avons données, afin que ce livre de la *Peinture sur verre* se trouve complet par lui-même.

Nous avons dit au livre I, chap. II, que l'argent appliqué sur verre dans un état d'extrême division avait la propriété de teindre ce verre en jaune; afin d'obtenir cet état d'extrême division, on le mélange avec un *medium* neutre, tel que l'argile ou l'oxyde rouge de fer obtenu par la calcination du sulfate de fer ou couperose verte.

Nous avons employé deux procédés pour la préparation de l'argent. Le premier consiste à fondre ensemble dans un petit creuset à un feu doux :

Argent fin.......................... 1 partie.
Régule d'antimoine..................... 1 —

On broie le produit de cette fusion avec trois parties d'oxyde rouge de fer, et on expose le mélange broyé au feu dans une poêle ou *ferrasse*, de manière à évaporer l'antimoine; puis on rebroie à l'eau avec sept parties d'oxyde rouge de fer, de manière que l'argent et l'oxyde de fer se trouvent dans la proportion de un à dix.

Le tout amené à l'état de bouillie très-liquide constitue une teinture qui donnera au verre un beau jaune orange assez foncé, *si la qualité du verre le permet.*

On produira d'ailleurs des jaunes plus clairs, si on le désire, par l'addition d'une quantité de rouge de fer proportionnée à la teinte qu'on désire.

Le deuxième procédé, que nous avons employé plus souvent, consiste à dissoudre 5 grammes d'argent fin dans 10 grammes d'acide nitrique ou azotique, où on ajoute un peu d'eau chaude pour faciliter la dissolution. Quand elle est opérée, mettez dans un autre vase cent vingt gouttes d'acide sulfhydrique, auquel on ajoute un peu d'eau bouillante, et versez le premier dans le deuxième; ajoutez ensuite 50 grammes d'oxyde de fer, et si vous n'avez pas mis trop d'eau chaude, tout le mélange doit être à consistance de pâte ferme; on le mélange intimement en l'écrasant avec le couteau à palette; puis on le met sur le feu dans une poêle ou ferrasse sur des *escarbilles* pour évaporer les acides. On n'a plus ensuite qu'à le broyer à l'eau à l'état de bouillie liquide pour s'en servir à colorer le verre, qui devra prendre une teinte d'un bel orange, *si la qualité du verre le permet*. Nous avons exprimé, au livre II, les qualités que devait avoir le verre pour prendre une belle teinte; nous y renvoyons le lecteur, nous dirons seulement ici que le peintre sur verre doit, pour se procurer cette qualité de verre, faire des essais préalables sur divers verres, et en faire un assez grand approvisionnement, quand il a rencontré une qualité qui le satisfait.

La feuille qu'on veut teindre en jaune doit être d'abord soigneusement nettoyée; puis on la met sur trois ou quatre petits supports posés sur une table, pour pouvoir facilement l'enlever sans toucher les bords. On prend alors avec un pinceau ou brosse plate de la teinture dans le vase qui la contient, en agitant de bas en haut cette teinture avec la brosse, pour que le tout soit homogène, et on *couche* cette teinture sur la feuille de manière à en couvrir toute la surface : cette bouillie se trouve assez inégalement répartie sur toute la surface de la feuille; on l'enlève alors en la prenant en dessous sur les doigts en lui conservant la position horizontale, on l'agite légèrement par un mouvement saccadé, et la couleur se répartit assez également; on penche ensuite la feuille sur un des coins, de manière à porter vers cette extrémité l'excédant de couleur, qu'on verse dans le vase à la teinture. On fait la même opération par les quatre coins, on agite encore par petites saccades horizontales, et on dépose enfin la feuille sur un chevalet à claire-voie pour qu'elle y sèche.

Les feuilles ainsi séchées n'ont plus qu'à passer au feu de moufle du peintre-verrier pour que l'argent s'incorpore dans le verre. Il faut faire attention à ne pas porter trop haut la température de la moufle, car on courrait le risque d'attacher le médium sur le verre, qui serait ainsi couvert de taches de rouge de fer, et, en outre, la couleur de l'argent s'opaliserait, la surface de la feuille prendrait une apparence métallique, vue par réflexion oblique.

Quand les feuilles sont sorties de la moufle, on n'a plus qu'à les brosser avec une brosse un peu dure, le médium tombe en poudre, et la feuille ainsi nettoyée est d'un jaune égal vif, transparent.

Le brossage de la feuille à la sortie de la moufle doit se faire sur un grand papier ou une peau, de manière à recueillir toute la poudre de rouge de fer qui se détache de la feuille, car ce médium a retenu encore une assez forte proportion d'argent, et peut servir à teindre encore du verre en jaune clair, sans addition de teinture neuve, c'est-à-dire sans addition d'argent.

La teinture dont nous avons indiqué deux méthodes de préparation, a le pouvoir de teindre en jaune orange un verre composé dans les conditions convenables; si, après avoir teint ainsi une des surfaces, on teint de la même manière l'autre surface, on obtient une teinte double orange qu'on peut appeler *rouge*, mais qui n'a jamais le brillant, l'éclat du verre coloré par le cuivre : ce n'est en réalité qu'un double orange plus foncé même que deux feuilles teintes, appliquées l'une sur l'autre; parce que la première surface teinte prend à la seconde cuisson une nuance un peu plus foncée.

Nous avons dit qu'en couchant le rouge provenant du brossage d'une première teinture sur d'autres feuilles de la même qualité, on obtenait encore une teinte jaune clair; mais assez souvent le verre ne se trouve pas de cette manière coloré d'une manière bien égale; il vaut mieux, pour obtenir les jaunes clairs, se servir de la même teinture en l'employant sur des verres non composés pour prendre la teinte orange, et on obtient ainsi du verre jaune clair, et même couleur citron. Dans tous les cas, il faut bien se garder de jeter les poudres de brossage, qui doivent être réemployées, avec l'attention qu'elles contiennent déjà une petite proportion d'argent.

Si, au lieu de teindre toute une feuille en jaune, on ne veut que colorer certaines parties de cette feuille, un fond, par exemple, sur lequel se détachent des ornements en blanc mat, ou réciproquement si on veut obtenir des ornements jaunes sur un fond mat, alors on borde toutes les parties que l'on veut teindre en jaune d'un trait fait au pinceau avec du rouge de fer broyé et délayé à l'essence : ce trait forme, pour ainsi dire, les bords du bassin dans lequel, avec un pinceau de la grosseur d'un centimètre environ et très-flexible, on met la teinture jaune, en ayant soin, comme lorsqu'on teint la feuille entière, de donner de petites saccades horizontales pour égaliser la couche de teinture qui se trouve retenue par le trait rouge. Mais on ne doit pas, comme quand il s'agit de teindre la feuille entière, mettre d'excès de teinture, car on ne pourrait pas verser le surplus. Quand la feuille a passé au feu, le trait rouge s'enlève à la brosse avec le médium de la teinture. Si l'ornement ou le fond jaune devait être borné par un trait noir ou de grisaille, c'est du côté opposé à l'application du jaune que devrait être posé ce trait de grisaille, et, par conséquent, cela ne dispenserait pas du trait rouge, bordant la teinture jaune.

Autre jaune transparent. — S'il s'agit de teindre en jaune non pas des feuilles entières, ni même des surfaces d'une certaine étendue, mais de petites parties de broderies, ou autres ornements, des fleurs, etc., nous composons une couleur qui est également transparente avec :

Chlorhydrate d'argent..................... 1 partie.
Terre de pipe calcinée..................... 7 —

Vous mêlez, broyez à l'essence, et employez comme les autres émaux.

Email jaune transparent. — Les couleurs de jaune transparent que nous venons de décrire ne sont à proprement parler que des teintures. On peut aussi faire un *émail* jaune transparent à employer comme tous les autres émaux. A cet effet, prenez :

Chromate d'argent....................... 1 partie.
Farine de cailloux calcinés (et non sable ordinaire)............................... 1 —
Minium................................ 2 —

Fondez, tirez à l'eau, pilez, et refondez 4 parties du résultat que vous avez obtenu avec 7 parties du fondant B.

Tirez à l'eau et broyez.

Le chromate d'argent doit être obtenu de la précipitation du nitrate d'argent par le *chromate* de potasse, et non par le bichromate.

Email jaune opaque. — On a souvent besoin, dans des peintures de fleurs ou autres, d'employer du jaune opaque ; on le compose ainsi qu'il suit :

Minium................................ 9 parties.
Antimoine diaphorétique (antimonite de potasse)............................... 2 —
Farine de cailloux calcinés,............... 4 —

Mélangez soigneusement, fondez dans un petit creuset au feu de moufle seulement, pour que la fusion ne soit pas complète, tirez à l'eau et broyez ; si le feu était trop élevé, la couleur serait détruite.

Email jaune opaque orangé. — Mélangez soigneusement :

Minium........................	10	parties.
Antimoine diaphorétique (antimonite de potasse)................................	5	—
Sanguine (fer oligiste)....................	1	—
Farine de cailloux calcinés..............	4	—

Fondez, comme le précédent, au feu de moufle seulement, tirez à l'eau et broyez.

Bleu. — Quoique le cobalt soit la substance colorante dont l'effet est le plus constant, le plus fixe, néanmoins l'émail bleu est un des plus délicats à préparer, parce que, sans les proportions et préparations convenables, cet émail est souvent sujet à se fendiller à la cuisson.

L'émail bleu est le résultat de deux préparations, que nous désignerons par C et D.

Pour la première, prenez :

	Oxyde noir de cobalt................	8	parties.
C	Sable...............................	18	—
	Nitrate de potasse..................	12	—
	Minium.............................	5	—

Le tout bien fondu, tiré à l'eau, est employé pour la préparation définitive, ainsi qu'il suit :

	Produit de la précédente fusion C.......	19	parties.
D	Fondant A (p. 723)..................	19	—
	Antimoine diaphorétique.............	1,2	—
	Minium.............................	4	—

Mélangez convenablement, fondez de nouveau, tirez à l'eau et broyez.

L'antimoine diaphorétique est ajouté comme donnant plus de liant à l'émail et corrigeant sa tendance à se fendiller. Quelquefois, on ajoute dans le même but de l'azur de première sorte, connu dans le commerce sous le nom de *bleu royal :* on employait surtout le bleu royal alors que l'oxyde noir de cobalt du commerce n'était jamais pur, c'est-à-dire entièrement séparé du nickel, et alors on corrigeait avec du bleu royal l'émail bleu D, dont la teinte n'était pas très-satisfaisante. Ce bleu royal pouvait entrer pour moitié au broyage sans se fendiller ; mais depuis qu'on peut se procurer des oxydes de cobalt complétement purs, il est mieux de préparer l'émail bleu comme nous l'avons indiqué.

On a souvent fait entrer l'alumine dans la composition de cet émail, avec la pensée qu'elle développait la couleur bleue ; le sulfate de baryte produit aussi, dit-on, le même résultat, mais cela ne nous a pas été suffisamment démontré.

Vert. — Le vert peut se produire en mettant d'un côté du verre une couche légère avec l'émail bleu que nous venons de décrire, affaiblie avec du fondant A, et derrière le verre une couche de jaune clair transparent ; cette méthode est même préférable quand il s'agit d'obtenir des surfaces un peu étendues de couleur verte, comme un fond, par exemple ; mais, quand il s'agit de *peinture*, comme pour des fleurs, il est mieux de faire un émail vert composé de :

Chromate de plomb...................... 2 parties.
Émail bleu à l'état de première préparation C. 5 —
Farine de cailloux calcinés................ 2 —
Minium............................... 2 —

Vous fondez ce mélange, tirez à l'eau et broyez.

Le chromate de plomb employé doit être le résultat de la précipitation d'une solution de *bichromate de potasse* par le sous-acétate de plomb.

Ce vert ainsi préparé est froid, et d'autant plus froid qu'il a eu plus du feu, aussi doit-on le fondre à un feu supérieur sans doute à celui de la moufle, mais toutefois modéré. On modifie ce vert pour la peinture de fleurs ou autres, par une addition plus ou moins forte d'*émail jaune transparent* de la page 729. En variant les proportions, on peut ainsi obtenir toutes les nuances de vert.

Dans la plupart des petits vitraux connus sous le nom de *vitraux suisses*, on trouve des petites portions de verre d'une très-belle nuance vert-pré transparente produite par l'application sur le revers du verre, c'est-à-dire du côté opposé à l'application des traits et ombres, d'un émail employé à une forte épaisseur et qui forme ainsi, pour ainsi dire, goutte de suif d'une épaisseur de 1 millimètre. C'est donc un émail très-fusible et qui a la propriété de s'appliquer sur le verre du vitrail sans se fendre, c'est, avec le jaune, la seule couleur complétement transparente appliquée au feu de moufle sur le verre. J'appelle sur cet émail vert l'attention du peintre sur verre qui voudra imiter ces vitraux suisses ou obtenir des effets analogues, mais je ne puis indiquer sa préparation, n'en ayant jamais fait moi-même et ne voulant recommander aucun procédé dont je n'aie eu l'expérience. Je suis disposé à croire que cet émail vert a pour base le bichromate de potasse, et qu'il contient une très-forte proportion de minium.

Rouge. — Nous avons dit qu'on pouvait obtenir une sorte de rouge en mettant sur les deux faces d'un verre convenable, c'est-à-dire préparé *ad hoc*, de la *teinture* d'argent, à deux cuissons successives ; nous avons peint de cette manière, dans des sujets où l'on ne voulait pas employer la mise en plomb, des manteaux ou autres portions en rouge assez éclatant ; mais, dans le plus grand nombre de cas, on produit le rouge vif, pour des fleurs, par exemple, avec la couleur rose produite par l'or et dont nous parlerons tout à l'heure, modifiée par une addition plus ou moins grande d'émail jaune transparent, si on veut obtenir des teintes ponceau ou autres de ce genre.

Il est un autre rouge dont on a besoin pour la peinture sur verre et surtout pour vitraux, c'est le *rouge chair*. Nous l'obtenons par le mélange de :

Sanguine, que l'on doit choisir de la plus belle teinte.. 2 parties.
Fondant A.. 7 —

dont on opère le mélange et le broyage, mais sans les fondre ; plus cet émail est broyé fin, plus il est beau ; on conçoit, du reste, que pour les parties de chair qui doivent être le moins teintées, on atténue la couleur en étendant la couche avec le pinceau et l'essence.

On peut encore faire un rouge chair avec de l'oxyde de fer produit par :

Nitrate de fer légèrement calciné.................... 1 partie.
Fondant A... 4 —

mélangés et broyés très-fin, mais non fondus.

Enfin, on peut aussi faire une teinte de chair en mélangeant du rose carmin avec du jaune opaque, variant naturellement les proportions selon qu'il s'agit de peindre des figures d'hommes, de femmes ou enfants, vieilles ou jeunes. En général, nous recommanderons d'être très-sobre du *rose* et de pécher plutôt par excès de brun ou de jaune que par excès de *rose*.

Rose. — Cette couleur a pour base le précipité pourpre de Cassius ; on la prépare de la manière suivante. Mélangez :

Minium........................	10 parties.
Antimoine diaphorétique...............	5 —
Borax........................	10 —
Farine de cailloux calcinés............	15 —
Pourpre de Cassius.................	5 —

Fondez dans un petit creuset, tirez à l'eau, pilez et refondez le mélange suivant :

Précédente fusion....................	10 parties.
Fondant B........................	10 —
Antimoine diaphorétique...............	1,5 —

Tirez à l'eau et broyez aussi fin que possible.

Vous modifierez ensuite au besoin cette couleur, soit avec de l'émail jaune transparent, si vous la trouvez trop pourpre, soit avec de l'émail bleu, si vous voulez une teinte plus violette.

Les couleurs dont nous venons d'indiquer les préparations forment une palette suffisamment riche, et qui suffit complétement à toutes les nécessités de la peinture sur verre, soit qu'on veuille peindre des ornements, des figures, ou des fleurs, des oiseaux, etc.

Nous allons à présent donner quelques indications relatives aux diverses sortes d'ornementations qu'on peut appliquer sur verre.

Nous avons dit qu'on pouvait, dans certains cas, vouloir ôter au verre à vitre sa transparence pour empêcher de percevoir les objets au travers, et, à cet effet, on se sert quelquefois de verre simplement dépoli.

On peut dépolir le verre par le frottement de grès en poudre : on humecte cette poudre de grès et avec un morceau de tôle relevé sur un côté, pour la facilité de le mouvoir, on opère le frottement du sable contre le verre, et on abrége même l'opération en mêlant au sable de la poudre d'émeri.

C'est ainsi qu'on dépolira le verre, si on n'a besoin que d'un petit nombre de carreaux ; mais, si on veut faire du dépolissage du verre une opération suivie, pour en avoir des quantités en magasin, on emploie une méthode plus expéditive.

On a deux caisses assez grandes chacune pour contenir deux très-grandes feuilles et ayant un rebord de 15 centimètres environ. Ces deux caisses, l'une au-dessus de l'autre à une distance de 60 centimètres environ, sont supportées à leur centre par deux tourillons reposant entre deux montants parallèles fixés dans le

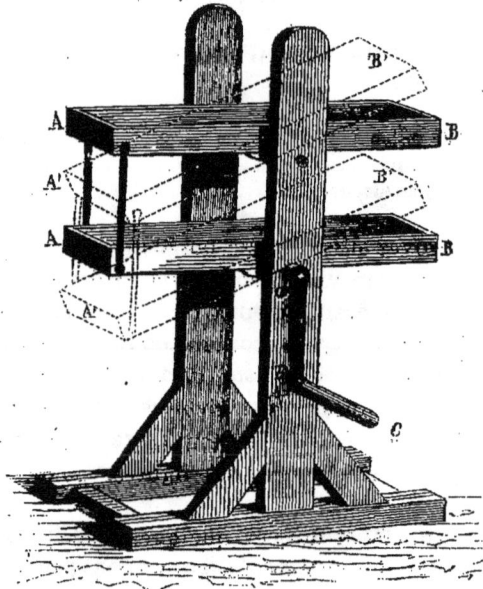

Fig. 158.

sol ; le tourillon de la caisse inférieure fait saillie en dehors du montant, de manière à pouvoir y fixer une tige ab à l'extrémité de laquelle est attaché un levier horizontal bc, en telle sorte qu'en poussant et retirant ce levier bc de manière à faire parcourir à la tige ab un angle de 25 à 30 degrés en avant et en arrière, la caisse A B prend successivement la position A′ B′ et la position inverse, et les extrémités de la caisse supérieure étant unies aux extrémités de la caisse inférieure par des courroies, cette caisse suit les mêmes mouvements que la caisse inférieure.

Cela posé, la caisse A B étant maintenue fixe dans la position horizontale au moyen de deux appuis aux extrémités, on scelle au plâtre, dans le fond de cette caisse, deux grandes feuilles de verre; on en scelle deux autres dans la caisse supérieure, puis on met sur le verre de petits cailloux de rivière du poids de 5 à 15 grammes, un peu de sable et mieux encore un peu de gros émeri et d'eau, et opérant alors le mouvement de va-et-vient du levier *cb*, ainsi que nous l'avons indiqué, les cailloux roulent sur toute la surface du verre, se rendant chaque fois jusqu'à l'extrémité de la caisse; le mouvement de ces cailloux avec le sable ou l'émeri opère un dépoli très-fin, très-égal, dans l'espace de quatre heures environ; on descelle alors les feuilles de verre, et on procède de la même manière au dépolissage de quatre autres feuilles.

Nous allons à présent rentrer dans notre véritable sujet, celui de la peinture sur verre.

L'opération la plus simple est celle qui consiste à revêtir la surface du verre d'une couche d'émail. Nous avons dit que cet émail n'était simplement qu'un cristal ordinaire broyé aussi fin que possible dans un moulin à émail ordinaire.

Quand on a obtenu cette poudre impalpable, on la délaye soit à l'eau, soit à l'essence. Si on ne veut produire qu'une teinte très-légère, on ne met sur le verre qu'une couche d'émail à l'eau (cette eau doit toujours être légèrement gommée). Si on veut une plus grande opacité, on pose une première couche à l'eau, puis, quand elle est sèche, on pose une seconde couche d'émail délayée à l'essence. Si on veut des feuilles unies, il n'y a plus qu'à les passer au feu de moufle ou au four spécial dont nous avons tracé le plan. Nous devons dire comment on couche sur le verre la poudre d'émail, soit à l'eau, soit à l'essence. On se sert, à cet effet, d'une brosse plate molle, d'environ 12 centimètres de largeur, avec laquelle on prend l'émail à consistance très-liquide, et on en barbouille la feuille en long et en large, puis aussitôt, prenant une autre brosse sèche de même forme, on la promène régulièrement sur toute la surface de la feuille, en large d'abord, puis en long; cette deuxième brosse laisse la trace de son passage, mais déjà l'émail est réparti plus également; on fait la même opération avec une troisième brosse sèche semblable, et enfin la même manœuvre ayant été faite avec une quatrième brosse, l'émail se trouve non-seulement réparti très-également, mais on ne voit pas trace du passage de la brosse. Quelquefois, pour un douci plus parfait encore, on fait passer de nouveau une brosse de même forme très-douce en blaireau, au lieu de soies de cochon.

Si, au lieu d'une couche d'émail unie, on veut réserver sur cette couche d'émail un dessin transparent, c'est-à-dire faire du verre connu sous le nom de *mousseline*, quand la couche d'émail simple ou double est sèche, on enlève le dessin au moyen d'une plaque mince en laiton percée à jour, suivant le dessin qu'on veut produire; l'opérateur pose cette plaque sur le verre, et la tenant fixe de la main gauche, il frotte la plaque avec une brosse dure, qui enlève l'émail dans toute la partie percée à jour : il enlève alors la plaque, la pose plus loin suivant des points de repère disposés de manière à ce que le dessin se suive et s'accorde, frotte de nouveau, et ainsi de suite. Avec une barbe de plume, il enlève la poudre d'émail qui est restée sur le verre.

Quelquefois on fait des verres mousseline dont le dessin lui-même n'est pas transparent, mais seulement moins opaque que le fond. Pour cela, après avoir posé la couche à l'eau, on enlève le dessin au moyen de la plaque de laiton et de la brosse dure; puis on pose sur le tout une couche à l'essence, de telle sorte que le dessin qui n'a reçu qu'une seule couche d'émail se détache sur le fond qui en a reçu deux.

On peut faire des verres mousseline ayant une légère teinte rosée, ou bleue ou violette, etc.; il n'y a pour cela qu'à mêler à l'émail blanc une petite portion d'émail de la couleur qu'on désire.

Si on veut obtenir un dessin jaune transparent sur un fond blanc mat, on commence par faire le dessin transparent sur mat, ainsi que nous l'avons indiqué; puis on trace sur l'autre côté du verre, avec de l'oxyde rouge de fer délayé à l'essence, les bords du dessin transparent que l'on veut colorer en jaune, ainsi que nous l'avons déjà dit; on pose dans les intervalles formés par ce trait la teinture jaune à l'argent; puis, après la cuisson, on brosse le médium et le trait rouge.

Si l'on veut produire sur le verre un dessin transparent particulier, qui, ne devant être exécuté qu'une fois, ne nécessiterait pas la façon d'une plaque de laiton, ou bien un dessin continu non susceptible d'être enlevé à la plaque, comme une bordure et des rosaces aux angles d'un carreau et un motif au centre, alors on broie de la craie que l'on délaye avec de l'eau légèrement gommée, et posant le verre sur le dessin qu'on veut produire tracé sur un papier, on calque avec un pinceau ordinaire tout ce dessin en couvrant de cette craie délayée toute la partie qui devra être enlevée en clair, puis ensuite on pose sur toute la surface du verre une couche d'émail à l'essence; puis une deuxième couche à l'eau, et on passe le verre au feu. La craie, n'étant pas fusible, s'enlève facilement à la brosse quand le verre a passé au feu de moufle, et le dessin paraît en transparent sur la couche d'émail vitrifié.

On fait une autre espèce de verre à dessin imitant des dessins de dentelle ou de tulle, par un procédé qui consiste à recouvrir le verre d'une couche adhésive sur laquelle on pose un réseau tel qu'un tulle; puis on saupoudre la feuille avec de l'émail en poudre très-ténue par le procédé de la gravure en taille-douce. Cet émail adhère sur toute la surface de la feuille, excepté sur les lignes et dessins réservés par le tulle, et alors ces parties réservées se dessinent après la cuisson en clair sur un fond mat. Chaque carreau isolé produit par ce procédé, est d'un effet assez agréable; mais on n'obtient pas ainsi une aussi parfaite égalité d'émail que par le premier procédé, que nous avons indiqué auparavant, et il y a toujours un peu de disparate entre les carreaux d'une même fenêtre.

On fait quelquefois sur les verres des ornements de diverses couleurs, mais en teintes plates bordées seulement par un trait noir ou de grisaille. Pour cela, on commence par poser à plat le verre sur le dessin, et calquer le trait avec un pinceau ordinaire et de la grisaille; on passe au feu pour fixer le trait, puis on pose les couleurs en teinte plate dans l'intérieur du trait; pour les obtenir bien égales, on opère comme nous l'avons fait pour l'émail du verre mousseline, c'est-à-dire qu'on le couche avec une petite brosse plate, et on l'égalise avec quatre petites brosses plates successives, sans s'inquiéter que la couleur dépasse le trait, parce que, quand elle est sèche, on prend un petit bois que l'on taille en biseau, et avec lequel on râcle toute la couleur qui déborde le trait de grisaille, et on opère une deuxième cuisson pour la couleur.

47

Si l'ornementation doit être ombrée et colorée, on commence également par faire le trait en grisaille à l'essence, puis on fait les ombres; cette deuxième opération est singulièrement facilitée, lorsqu'on met sur toute la partie qui doit être ombrée une légère couche de grisaille à l'eau bien égalisée au moyen des brosses plates; on peut ensuite recharger de la grisaille sur les parties qui doivent être plus noires, en la tamponnant avec un pinceau de putois large et plat; avec une pointe sèche en bois, on fait des dégradations de teinte, et on enlève entièrement la grisaille avec un bois plat en biseau sur les parties qui doivent rester tout à fait claires. Ces ombres sont ensuite passées au feu, puis on applique les couleurs pour un autre feu. Dans les ornementations de cette espèce, les ombres se font sur le chevalet.

Lorsqu'on peint des fleurs, des oiseaux ou autres sujets de cette nature, il n'y a plus à faire de trait noir; le peintre commence par tracer sur le verre toute l'esquisse de son bouquet ou de ses oiseaux, etc., avec un pinceau fin et de l'encre de Chine; puis, retournant son verre sur le chevalet, il peint son bouquet avec ses couleurs d'émail broyées à l'essence; sa première peinture n'est, pour ainsi dire, qu'une première indication assez légèrement colorée; il efface ensuite le trait d'encre de Chine, et passe le verre à une première cuisson, puis le peintre remet son verre sur le chevalet, donne plus de vigueur aux ombres en couleur, recharge les teintes trop légères, les rehausse au besoin par quelques touches de grisaille, et repasse son verre à une deuxième cuisson qui le termine ordinairement; mais s'il n'était pas encore satisfait du résultat, il peut encore faire des retouches et donner un troisième feu.

Nous avons dit qu'on broyait et délayait les couleurs à l'essence : le peintre sur verre se sert à cet effet de deux sortes d'essence, dont l'une est ordinairement l'essence grasse de térébenthine, c'est-à-dire épaissie par l'exposition à l'air; l'autre est ordinairement de l'essence de lavande; on combine ces deux essences de manière à donner à la couleur un liant suffisant pour qu'elle ne coule pas sur le verre; avec l'essence non épaissie, la couleur serait trop liquide; avec l'essence grasse au contraire, la couleur ne coulerait pas assez, on ne pourrait faire aucun trait délié. En général, le peintre sur verre a son émail ou couleur inclinant plutôt au gras, mais il a dans un petit verre de l'essence claire de lavande, dans laquelle il trempe son pinceau, et modifie sa couleur à sa volonté.

La gravure du verre par l'acide fluorhydrique n'est pas étrangère à notre sujet, car d'une part on peut, au moyen de cet acide seul, produire des ornementations d'un effet très-agréable, et d'autre part on peut être dans le cas d'employer cet agent dans la peinture du verre proprement dite, si on veut, par exemple, orner un manteau rouge, bleu, ou autre couleur *doublée* d'une broderie d'or ou d'argent. Si c'est une broderie d'or qu'on veut produire, on enlèvera la couche de rouge, bleu ou autre, suivant le dessin de la broderie, et on couchera sur les parties enlevées de la *teinture* de jaune d'argent qui, étant passée au feu, produira le résultat voulu. Si c'est une broderie d'argent, on enlèvera également la couche de couleur, suivant le dessin de la broderie, et le résultat sera produit, car l'érosion du verre par l'acide fluorhydrique donne à ce verre des reflets tout à fait argentés.

On se servait autrefois du tour de graveur pour enlever la couche de verre coloré ; mais ce moyen était très-dispendieux, très-difficile pour obtenir certains dessins, et ne produisait pas, à beaucoup près, l'effet de l'acide.

Il y a deux manières de graver le verre par l'acide fluorhydrique.

Le premier procédé consiste à faire chauffer un mélange de cire et de poix-résine et à en mettre avec un pinceau plat une couche mince sur toute la surface de la feuille que l'on veut graver, puis l'artiste, avec une pointe en bois et un autre petit bois terminé en biseau, dessine et enlève cette couche sur toutes les parties qui doivent être attaquées par l'acide fluorhydrique.

Le second procédé est employé lorsque les parties qui doivent être enlevées par l'acide fluorhydrique sont plus importantes, et demandent trop de temps pour être enlevées par la pointe et le petit rabot en bois : dans ce cas, ayant le dessin qu'on veut produire sous la feuille de verre, on en dessine les contours avec un pinceau fin et une couleur rouge ou brune à la gomme (couleur neutre qui n'a d'autre but que de faire un trait bien visible) ; puis prenant un pinceau plus gros et se servant de la substance formant *réserve*, c'est-à-dire la cire et la poix liquéfiées par la chaleur, on remplit toutes les parties du dessin qui doivent être réservées, et quand cette opération est faite, que le tout est froid, on

procède comme par le premier procédé à l'action de l'acide fluorhydrique; et, pour cela, on fait autour de la feuille un petit mur en
cire formant bassin dans lequel en verse l'acide. L'acide, tel que le
préparent les fabricants de produits chimiques, est trop fort; il faut
l'étendre d'une quantité égale d'eau. L'action étant plus lente, est
plus égale, et produit une surface plus brillante. Cette action doit
durer plusieurs heures ; nous n'en déterminons pas plus exactement le temps : d'abord parce qu'on peut vouloir produire des
résultats plus ou moins profonds; ensuite parce que tous les
verres ne sont pas attaqués avec la même rapidité. Il y a des
verres durs, par exemple ceux dans lesquels il sera entré une
grande quantité de groisil, qui ne seront pas attaqués aussi facilement, pour lesquels l'opération durera jusqu'au double du
temps nécessaire pour d'autres verres plus tendres. L'opérateur
doit de temps en temps examiner le point où est arrivée l'action
de l'acide, et l'arrêter quand il juge qu'elle a été suffisante; il
verse alors l'acide contenu dans le bassin qu'il a formé sur la
feuille, et la lave avant d'enlever la couche de réserve.

Lorsqu'on fait une gravure à l'acide fluorhydrique sur verre
blanc, l'effet argenté est bien plus vif quand il se détache sur le
verre dépoli que sur le verre transparent, et alors on dépolit le
verre par le premier procédé que nous avons indiqué. Le sable
et l'émeri par le frottement de la plaque de tôle n'agissent pas sur
les parties creusées par l'acide, et ne les attaquent nullement.

Les deux procédés que nous avons indiqués sont employés quand
il s'agit de dessins spéciaux, qui ne doivent pas être renouvelés ;
mais quand il s'agit de dessins courants, comme ceux des verres
mousseline, on emploie un procédé analogue à celui que nous
avons décrit pour le verre mousseline ; ainsi on commence par
poser la réserve couchée à chaud avec une grande brosse plate,
comme on le fait pour l'émail, puis, comme pour le verre mousseline, on prend une vignette en laiton mince ou en étain, travaillée à jour, suivant le dessin, on enlève cette réserve avec une
brosse dure (la même que pour le verre mousseline), mais légèrement imbibée d'huile de lin, qui a la propriété de dissoudre cette
réserve. Il faut avoir soin, avant d'enlever la vignette pour la reporter plus loin, d'essuyer la partie qu'on vient de frotter avec une
ouate de coton, pour qu'il ne reste aucune portion de cette réserve
qui empêcherait l'acide de mordre ; et, en outre, quand le dessin

a été enlevé sur toute la feuille, on lave avec une eau de savon le gras qui est resté sur l'enlevage; on procède ensuite à l'opération de la gravure, ainsi que nous l'avons dit précédemment.

Nous devons aussi parler de la peinture sur verre par *impression*. Il y a des cas où un dessin devant être reproduit un grand nombre de fois, il peut y avoir avantage à l'obtenir par impression, ainsi qu'on imprime sur les poteries; on peut, par exemple, imprimer de petites cartes de géographie sur des carreaux pour des écoles; on peut aussi faire des paysages par impression et les colorer ensuite, pour des carreaux de bateaux à vapeur, etc. On conçoit qu'on peut faire ainsi d'assez jolis paysages à des prix très-bas, parce que le dessin et les ombres, étant ainsi produits par impression, des mains très-ordinaires, des femmes ayant même très-peu de notions de dessin peuvent les colorer d'après un modèle. L'impression peut aussi être employée dans des vitraux quand il s'agit de répéter un même ornement, par exemple, pour des vitraux simples composés d'une bordure mise en plomb entourant un fond composé de losanges avec un ornement au centre; c'est ce motif du centre qu'on peut produire par impression. Le plus souvent, il se détache sur un fond de lignes en grisaille croisées, autrement dit sur un fond bertelé; on peut donc imprimer à la fois et l'ornement et le bertelé, ou le bertelé seulement, si on trouve que l'ornement fait à la main a plus de style et de vigueur que quand il a été imprimé.

Quelle que soit donc l'espèce de dessin qu'on veut obtenir par impression, on grave une planche de cuivre simplement à l'eau-forte, ou même avec une forte aqua-teinte à gros grains, et on en prend des épreuves sur papier, lequel papier a été préalablement légèrement mouillé avec de l'eau de savon. C'est un papier spécial fabriqué pour cet usage et pour les fabriques de poteries. La couleur d'impression, pour être forte en teinte, doit être tenue chaude et employée sur la planche en cuivre également chaude, pour que la couleur s'en détache.

Il s'agit ensuite de décalquer ce papier imprimé sur le verre; pour cela, le meilleur mordant ou véhicule est une légère couche de vernis gras, un quart à un tiers délayé avec trois-quarts à deux tiers d'essence de térébenthine. Le verre ayant reçu cette légère couche, doit être exposé sur une planche à une température assez élevée, presque celle d'un four à pain après le défournement, jusqu'à ce que le verre commence à jaunir ou brunir. Dans cet état, cet enduit est propre à happer la couleur et à résister au lavage destiné à détacher le papier. C'est en opérant comme nous venons de l'indiquer, qu'on obtient les meilleures épreuves. Quand il ne s'agit que d'ornementation pour imiter des grisailles ou d'un simple bertelé, le verre nu sans préparation peut suffire, et on aura la faculté d'obtenir plus de force en saupoudrant le verre avec de la couleur en poudre au moment où on vient de détacher le papier; mais on conçoit qu'il peut rester ainsi un peu de poussière de couleur dans les intervalles du dessin, ce qui donne un résultat moins propre.

L'huile employée pour la couleur d'impression doit être préparée d'une manière spéciale; elle se compose de :

>   2 litres d'huile de lin,
>   1/4 de litre d'huile de colza,
>   15 grammes de minium,
>   15   —   de fleur de soufre,
>   60   —   de résine,
>   60   —   de poix de Bourgogne,
>   250   —   de goudron.

On commence par mettre sur le feu les huiles, puis on y ajoute peu à peu les autres ingrédients; la poix de Bourgogne doit être mise en dernier, au moment de terminer. On fait bouillir le tout jusqu'à ce qu'il commence à filer étant pris entre deux doigts, et quand ce mélange est froid, il doit filer au moins 8 à 12 centimètres avant de se rompre.

La composition d'huile qui suit nous a aussi très-bien réussi :

>   2 litres d'huile de lin,
>   60 grammes d'huile de colza,
>   120   —   de céruse,
>   120   —   de résine,
>   60   —   de poix de Bourgogne.

Le tout étant bouilli pendant trois heures, on y ajoute 500 grammes de goudron.

On pratique aussi en Angleterre, depuis 1853 ou 1854, un procédé d'impression sur verre au moyen de pierres lithographiques. Ce procédé produit de très-bons résultats; on s'en sert pour faire de la gravure par l'acide fluorhydrique, ou pour imprimer en grisaille. Je ne puis mieux le décrire qu'en donnant la traduction d'une partie du brevet qui a été pris pour ce genre d'impression, par M. Ch. Breese, brevet qui date, pour la demande, du 19 juillet 1853, et qui a été scellé le 19 janvier 1854 :

« On commence par graver sur la pierre lithographique ou sur une plaque de métal le dessin qu'on veut produire, et on fait des épreuves sur papier au moyen d'une substance adhésive, qui peut être composée ainsi qu'il suit : faites bouillir de l'huile de lin jusqu'à consistance de mastic de vitrier ; on l'éclaircit ensuite à la consistance de l'encre ordinaire d'impression, en y mêlant de la colle dont on se sert pour brunir la dorure, à laquelle on ajoute aussi un peu de poix ; on met ensuite le papier sur le verre, ainsi que nous l'avons indiqué dans notre première description de l'impression, et on enlève le papier. Puis, s'il s'agit de gravure par l'acide fluorhydrique, auquel cas la pierre a été gravée de manière à donner par impression les parties sur lesquelles doit être portée la réserve, on se sert alors d'une matière en poudre très-fine, capable de résister à l'action de l'acide, telle que de l'asphalte ou de l'anthracite ou toute autre substance ; on saupoudre le verre avec cette substance qui adhère sur toute la partie du verre qui a été couverte par l'impression de la substance adhésive. On peut employer la chaleur pour faciliter l'incorporation de la poudre avec la substance adhésive. Il ne reste plus ensuite qu'à faire agir l'acide fluorhydrique. »

La patente de M. Ch. Breese s'étend à beaucoup d'autres usages ; mais nous n'avons mentionné que ce qui était spécial à la matière que nous traitons, c'est-à-dire à la gravure par l'acide fluorhydrique.

En France, M. Kessler de Boulay a un procédé qui lui est propre pour la gravure des verres et cristaux par l'acide fluorhydrique, et pour lequel il a pris un brevet postérieur de plusieurs années à celui de M. Ch. Breese, dont il n'avait certainement pas connaissance, et nous croyons devoir, dans l'intérêt des personnes qui veulent faire de la gravure par l'acide fluorhydrique, transcrire la description complète que M. Kessler donne de son procédé : « Il consiste à déposer sur du papier, par voie d'impression, une réserve inattaquable à l'acide fluorhydrique avec la configuration que devra prendre la partie non gravée en vue de l'effet artistique voulu, à décalquer cette réserve sur le verre, et après la dessiccation, à faire intervenir l'acide par les moyens connus.

« Dans ce but, afin de pouvoir exécuter tous les dessins imaginables, il fallait pouvoir appliquer sur une surface large et continue une épaisseur d'au moins un demi-millimètre d'encre de réserve, car c'était non pas le dessin lui-même qu'il s'agissait d'imprimer, mais, au contraire, tout l'entourage du dessin. Après avoir inutilement essayé tous les procédés d'impression en usage, la taille-douce, la planche en relief, la lithographie, etc., nous nous sommes arrêté au moyen suivant dont nous avons pris l'idée dans l'impression des étoffes au rouleau : Sur une pierre lithographique parfaitement dressée et polie à la ponce, on peint avec une dissolution de bitume de Judée dans l'essence de térébenthine les parties qui doivent être gravées sur le verre ; après une heure ou deux de dessiccation, on borde la pierre de cire, et on la grave à l'eau acidulée très légèrement avec de l'acide hydrochlorique.

« Lorsque la morsure est profonde d'un demi-millimètre (plus ou moins), on enlève l'acide et l'on nettoie la pierre à l'essence.

« (Pour les dessins plus fins, on grave au burin sur la planche de métal).

« Pour procéder à l'impression, on installe la pierre sur un chariot garni de plusieurs épaisseurs de drap, et l'on en recouvre tous les creux d'une encre dont nous donnerons ci-après la composition, puis à l'aide d'une racle parfaitement dressée que l'on promène à sa surface, on enlève cette encre de manière à découvrir tous les reliefs et à laisser les creux bien remplis ; on étend sur la pierre une feuille de papier (demi-pelure glacée) ; on place par-dessus une feuille de caoutchouc volcanisé et plusieurs doubles de flanelle ; enfin, on pousse le chariot sous le plateau d'une presse verticale à vis que l'on abaisse en serrant fortement, et après avoir relevé le plateau, retiré le chariot et enlevé le caoutchouc, on détache lentement l'épreuve, après quoi on procède de la même manière à un second tirage.

« Avant de passer au décalquage, il est nécessaire de détruire l'adhérence de l'encre au papier : cette adhérence est énorme ; elle n'a d'équivalent dans aucun des procédés usités dans l'industrie, soit pour l'impression des émaux, la reproduction des pierres lithographiques, etc. ; c'est une des conditions essentielles du *modus faciendi* adopté.

« Il faut, en effet, que l'encre soit très-épaisse, sans quoi elle ne resterait pas dans les creux d'ordinaire très-larges et très-profonds de la pierre en couche assez égale ; et pour qu'étant aussi épaisse, le papier puisse en conserver une épaisseur suffisante, il faut qu'elle soit excessivement adhésive.

« Nous sommes parvenu à détruire son adhérence par l'artifice suivant ; on passe l'épreuve au-dessus d'un bain froid d'eau additionnée d'un quart à un dixième d'acide hydrochlorique ; lorsqu'elle est suffisamment imbibée, excepté sur un des bords qui sert à la saisir, on l'en retire et on la porte sur de l'eau tiède à environ 30 à 40 degrés centigrades, à la surface de laquelle on la fait nager jusqu'à ce que les stries de l'encre s'étant nivelées par sa fusion, on soit averti qu'il est temps de la retirer. Pendant cette opération, un phénomène d'endosmose intervenant attire l'eau dans l'intérieur du papier. Mais attendu que celle-ci ne peut y arriver qu'en expulsant du côté opposé une légère couche de l'acide faible qui en remplit tous les pores, qu'en ce moment même l'encre est ramollie par la fusion, cette couche légère d'eau acidulée s'interpose entre le papier et l'encre, dont l'adhérence se trouve ainsi détruite.

« Le décalquage s'effectue en appliquant l'épreuve du côté de l'encre sur la pièce à décorer ; quelquefois on fait l'inverse, et l'on porte l'objet à orner sur l'épreuve étendue sur une table garnie de drap. Dans l'un ou l'autre cas, on complète l'application en appliquant sur toute la surface postérieure, à l'aide d'une roulette garnie de flanelle, une pression douce et générale. On enlève le papier en le mouillant au besoin, et l'encre seule reste sur le verre. Si le dessin a besoin d'être complété ou retouché, on le fait au pinceau, à l'aide de la couleur qui a été appliquée sur la pierre. On peut aussitôt graver la pièce à l'acide fluorique, mais il vaut mieux la laisser sécher complétement : aucune réserve ne résiste aussi énergiquement à son action que celle qui a été déposée par ce moyen ; elle est composée de :

Acide stéarique........................... 2 parties.
Bitume................................... 5 —
Essence de térébenthine.................. 5 —

et plus ou moins selon la circonstance.

« On dissout à chaud, et l'on filtre au chausson. Pendant le refroissement, on remue constamment.

« Cette encre, dont on emploie sur chaque épreuve une forte proportion, est un élément très-important de notre procédé ; celui aussi dont la recherche a le plus exercé notre patience ; on en jugera par l'énumération des conditions auxquelles elle devra satisfaire. Il faut en effet : 1° qu'elle ne coûte pas plus de 2 à 3 francs le kilogramme ; 2° qu'elle soit excessivement adhésive, et puisse cependant se décalquer facilement ; 3° qu'elle soit assez épaisse pour rester sur la pierre, telle que la racle la coupe ; 4° qu'elle ne tire que des fils très-courts, en s'aplanissant d'eux-mêmes quand on détache l'épreuve ; 5° qu'elle fonde et coule de 40 à 60 degrés ; 6° qu'elle se dessèche assez lentement pour permettre aux épreuves d'attendre, en restant propres à l'emploi, pendant un certain temps d'arrêt que peuvent nécessiter les soins du décalquage ; 7° qu'elle se sèche assez vite pour que, pendant seulement que l'imprimeur quitte la racle, prend le papier et l'applique, la mince couche d'encre restée sur les rechefs n'adhère plus à la feuille ; 8° qu'elle résiste à l'acide fluorique, et s'enlève facilement.

« Appliqué à la décoration des verres ou des cristaux de toutes formes, ce procédé permet d'obtenir des effets de couleur en même temps que des effets de gravure : c'est ainsi qu'avec du verre plat blanc au centre, bleu d'un côté, et jaune de l'autre, on peut sur la même pièce, en enlevant par places les deux couches extérieures, produire à volonté et en même temps du blanc, du bleu, du jaune entre toutes les teintes de passage [1]. On obtient aussi sur verre blanc transparent ou maté et sur glace des gravures en creux soit brillantes, soit mates d'un très-bel aspect ; sur la gobeleterie et les cristaux, des effets de couleur, de dessin ou de gravures très-

---

[1] M. Kessler suppose ici une feuille en verre *blanc doublée de bleu* et *teinte* en jaune sur l'autre face ; car c'est par la teinture par l'argent que l'on colore un côté du verre en jaune, ainsi que nous l'avons vu. Mais dans ce cas, au lieu d'avoir à enlever le jaune par places avec l'acide fluorhydrique, nous trouverions plus simple, plus économique de ne faire l'opération de l'enlevage que du côté du bleu, et, pour le côté opposé, on dessinerait, ainsi que nous l'avons indiqué, avec un trait rouge, les parties qui devraient être teintes en jaune, on coucherait sur ces parties seulement la teinture jaune, et on passerait ensuite la feuille à la moufle.   G. B.

variés ; enfin sur les pâtes céramiques, des décorations analogues, moins la transparence. Depuis que ce procédé est connu, trois des principales maisons de France qui s'occupent de la décoration du verre et du cristal, MM. Maréchal (de Metz), la cristallerie de Baccarat et celle de Saint-Louis, obtiennent aujourd'hui, avec son aide, une foule de produits dont l'exécution artistique eût été impossible par les anciens moyens.

« Un des grands avantages qui en résultent pour elles, outre l'économie de la façon et la création de genres nouveaux, c'est sans contredit de pouvoir remplacer au travail courant la main d'artistes habiles et rares par celle de simples ouvriers, la composition du premier dessin réclamant seul le concours des dessinateurs. » (Extrait du *Cosmos* du 25 mars 1859.)

M. Kessler s'est livré à une foule de recherches, comme pour une industrie sans précédent, parce qu'effectivement la gravure par l'acide fluorhydrique était à peine pratiquée avant lui en France ; il se serait sans nul doute épargné une partie de son travail, s'il eût connu les procédés d'impression sur céramique et sur verre, et de gravure par l'acide fluorhydrique, qui était l'objet d'une industrie assez étendue depuis nombre d'années en Angleterre. Mais M. Kessler a eu le mérite de trouver par ses seuls efforts un procédé différent à plusieurs égards, et de commencer à vulgariser une industrie pour ainsi dire nouvelle pour la France. Il a eu le mérite plus grand encore d'appliquer aux formes diverses de la gobeleterie et des cristaux l'impression pour la gravure par l'acide fluorhydrique, genre de décoration dont il est le créateur. On ne saurait trop le louer pour cette nouvelle application dont il a enrichi cette industrie.

CHAPITRE II.

D'après ce que nous avons dit au commencement de ce livre VII, on comprend très-bien que nous n'ayons nullement la prétention de poser ici les règles au moyen desquelles on puisse refaire des vitraux semblables à ceux des siècles passés. Il y a dans la peinture sur verre appliquée aux vitraux, comme dans toutes les questions d'art, deux points de vue distincts, dont un seul, celui de la pratique ou des procédés, peut être méthodiquement décrit, et ce n'est certes pas le plus important; l'autre point de vue, qui constitue les chefs-d'œuvre, basé d'abord sur l'étude des œuvres antérieures, ne se révèle qu'au véritable artiste qui compose son vitrail avec la prescience des harmonies qu'il devra produire [1].

Nous ne pouvons ici que donner les indications pratiques, c'est-à-dire décrire les procédés d'un art *qui avaient été réellement perdus*, parce qu'ils avaient cessé d'être en usage, mais qu'il était effectivement bien simple de retrouver : pour cela, il suffisait de recommencer à pratiquer, plutôt que d'essayer d'apprendre dans des livres, car nous avons prouvé que Leviel lui-même, qui passait pour avoir donné un résumé exact des recettes et des procédés de cet art, ne les connaissait que très-imparfaitement.

Ces procédés, nous les avons décrits en partie pour ce qui concerne la *peinture* sur verre proprement dite; nous avons à les compléter en ce qui concerne les *vitraux* ; nous y joindrons quelques détails résultant de notre expérience et de nos observations, et nous engagerons en outre les personnes qui veulent se livrer à l'art de la peinture sur verre pour vitraux à se pénétrer des con-

---

[1] M. Viollet-Le-Duc, aussi éminemment artiste que savant, est parvenu, par l'étude de ces œuvres antérieures, à formuler des règles auxquelles répondent les harmonies des anciens vitraux, qui faciliteront les recherches de nos peintres verriers. (Voir l'article VITRAIL, du *Dictionnaire raisonné de l'architecture française du onzième au seizième siècle*, par Viollet-Le-Duc.)

seils que donne M. F. de Lasteyrie dans le livre que nous avons cité : *Quelques mots sur la peinture sur verre*. Dans son Introduction, M. de Lasteyrie dit de la peinture sur verre : « Depuis quelque temps cet art a repris faveur ; au point où en est arrivée la science de l'analyse, les procédés techniques eussent été facilement retrouvés, si même on les avait jamais perdus ; mais ce qui manque encore, qu'on me permette de le dire, ce sont les conséquences que donne la pratique ; c'est cette science traditionnelle que les anciens peintres-verriers se transmettaient de génération en génération.

« A qui donc demander ce qu'une expérience de trop fraîche date ne saurait dès aujourd'hui nous enseigner ? — A l'observation.

« Où chercher cette science traditionnelle qui nous manque ?— Dans les œuvres de ceux qui la possédaient le mieux. »

Nous ne saurions trop insister sur ces remarques de M. F. de Lasteyrie ; nous irons encore plus loin, et nous dirons que tout artiste qui veut se livrer à l'art de la peinture sur verre ne devra pas se borner à observer les anciens vitraux ; il devra commencer par faire un certain nombre de copies d'anciens vitraux des treizième, quatorzième et quinzième siècles. Ces copies devront arriver à un exact *fac-simile*, tant pour le dessin et les ombres, que pour les nuances exactes des verres de couleur ; plus il aura fait de ces *fac-simile*, mieux il comprendra le *secret* de l'effet magique des anciens vitraux, plus il deviendra apte à en reproduire les merveilles, à composer des œuvres pouvant leur être comparées. L'artiste en vitraux ne doit pas être étranger à la science archéologique ; il y a des conventions de tradition auxquelles il doit se conformer ; ainsi, il doit savoir quelles sont les couleurs des vêtements adoptées pour le Christ, pour la sainte Vierge ; quels sont les saints personnages qui doivent être chaussés, ceux qui ne doivent pas l'être, etc. Il ne peut mieux faire que de consulter à cet égard le *Manuel d'iconographie chrétienne* de M. Didron, ouvrage aussi savant qu'intéressant.

Enfin, l'artiste en vitraux ne doit pas se borner à composer le carton et indiquer les couleurs ; il doit lui-même choisir les teintes les plus convenables, à moins qu'il n'ait une confiance éprouvée dans celui qui exécute. Rappelons-nous que les Pinaigrier, les Bernard de Palissy, les Jean Cousin peignaient eux-mêmes sur verre et choisissaient, par conséquent, les nuances qui devaient s'harmoniser entre elles.

Ces observations faites, et engageant de nouveau le peintre-verrier à se pénétrer des divers enseignements que lui donnent M. Viollet-Le-Duc et M. F. de Lasteyrie, nous allons entrer dans quelques détails relatifs aux procédés techniques. Nous parlerons d'abord des vitraux des douzième, treizième et quatorzième siècles, puis des vitraux des quinzième et seizième.

Portons d'abord notre attention sur la *matière première* de ces vitraux, c'est-à-dire des verres qu'on employait. Ces verres étaient fabriqués d'après le procédé du soufflage en *manchons*, ainsi qu'on peut s'en convaincre et par leur inspection, et par la description qu'en donne le moine Théophile (*Diversarium artium schedula*). Ce n'était sans doute pas exactement le procédé que nous avons décrit comme étant pratiqué dans nos verreries actuelles de verre à vitre. Cela se rapprochait davantage de la manière dont nous avons vu au livre III que les verriers allemands soufflaient leurs grandes glaces, en ce sens qu'ils faisaient de prime abord les deux ouvertures du manchon ; mais ces manchons, qui étaient généralement assez épais, étaient recuits dans un four spécial ; puis, quand ils étaient refroidis, on les fendait pour les développer dans un four à étendre, à la suite duquel était un four à refroidir où on empilait les feuilles étendues. Le texte de Théophile ne laisse pas le moindre doute à cet égard. Ce verre n'était ni aussi fin ni aussi régulier d'épaisseur que de nos jours. Ce que nous appellerons des *défauts* pouvait ajouter au bon effet du vitrail ; cela atténuait la transparence du verre, rendait moins direct le passage de la lumière et contribuait à l'harmonie de l'ensemble ; mais de là il faut bien se garder de conclure que cette harmonie des anciens vitraux provenait de l'imperfection des verres employés, qui n'étaient que des verres mal fondus, coulés grossièrement ; que l'on produirait les mêmes effets si, au lieu d'employer des verres purs et bien soufflés, on fabriquait des verres pleins de rugosités, qu'on pourrait obtenir par le moyen du moulage. Ces assertions attestent un manque complet d'étude des anciens vitraux ; mais ayant été émises en pleine Académie des sciences [1], nous avons cru devoir les réfuter en peu de mots. Nous dirons donc d'abord que ce verre

---

[1] Séance du 19 octobre 1863.

n'était généralement pas aussi mal fondu, aussi inégal qu'on l'a prétendu ; cela sera attesté par tous ceux qui ont eu à réparer ou remettre en plomb d'anciens vitraux ; ensuite, la meilleure preuve que ce n'était pas à cette irrégularité du verre que ces vitraux devaient leur harmonie, c'est que toutes les fois qu'un peintre-verrier habile a voulu, de nos jours, avec les verres de nos verreries imiter un ancien vitrail, il est parvenu à produire un *fac-simile* qu'à peu de distance on ne peut pas distinguer d'avec l'original.

Après avoir parlé de la fabrication en général, nous prendrons chaque couleur en particulier, et d'abord le verre blanc. Ainsi que nous avons eu déjà occasion de le dire au livre II, le verre blanc, fabriqué avec des matières assez impures, avait par lui-même une teinte favorable à la confection du vitrail, ce que nous sommes obligés de faire par l'addition d'oxydes métalliques pour produire le même effet. Ce verre blanc avait tantôt une teinte verdâtre froide, c'est-à-dire verdâtre tirant au bleu ; tantôt une nuance verdâtre plus jaune. Ils n'employaient pas indifférem-ment l'une ou l'autre de ces teintes, cela dépendait de l'effet qu'ils voulaient obtenir, des verres colorés au contact desquels devaient se trouver ces verres blancs, qui étaient employés tantôt unis, tantôt *perlés*.

Les verres blancs formaient naturellement la *base* des verres colorés, et c'est ce qui explique la différence qui existe entre les anciens verres colorés et ceux actuels, dont la base est un verre incolore.

Le verre bleu était coloré avec le *saffre*, c'est-à-dire un mélange de cobalt, de nickel et de fer ; aussi ce verre bleu a-t-il générale-ment une tendance plutôt du côté du jaune que de l'indigo ; il est pur de rouge, aussi le rayon qui le traverse ne rougit pas, c'est la pure lumière du ciel ; il y a quelquefois des bleus légèrement tur-quoise ; ils doivent sans doute cette teinte à une addition d'oxyde de cuivre ; mais les bleus que l'on rencontre le plus, sont ceux dont nous avons d'abord parlé, et un bleu plus gris et plus pâle que l'on emploie principalement, non dans les mosaïques et les bordures, mais dans les sujets.

Les verres bleus des anciens vitraux sont généralement d'une teinte moins foncée que ceux fabriqués de nos jours. Cette re-marque s'applique d'ailleurs à tous les verres de couleur.

Les jaunes anciens sont obtenus par le charbon (voir livre II) ; ils sont plus ou moins foncés, généralement clairs, et participant toujours de la base du verre blanc.

Les verres verts sont colorés par l'oxyde de cuivre et l'oxyde de fer, et suivant que la proportion de l'un ou l'autre domine, ils sont plus ou moins chauds, c'est-à-dire ayant une teinte émeraude, si le fer domine, et une nuance froide, si le cuivre l'emporte.

Les verres violets sont produits par le manganèse (la magnésie, comme on disait autrefois); ils sont plus ou moins foncés, mais toujours participant plus ou moins d'une teinte brune résultant du fond. Quand ce violet est clair et qu'on y a ajouté un peu de fer, alors on a le *violet chair*, celui qui est employé pour les figures.

Le verre rouge était un *verre doublé*, à un très-petit nombre d'exceptions près. Nous ne pouvons revenir ici sur la fabrication du verre rouge ; nous dirons seulement : ce verre présentait à nos devanciers les mêmes difficultés que de nos jours ; il fallait l'étudier, le suivre pendant la fonte ; on ajoutait l'*œs ustum*, c'est-à-dire l'oxyde de cuivre, pendant que le verre était en fusion ; on remuait le verre, le rouge se développait inégalement ; quand on le croyait bon à travailler, les verriers venaient le souffler. Ils cueillaient d'abord de ce rouge, le recouvraient de verre blanc et soufflaient le manchon ; suivant le plus ou moins d'irrégularité avec laquelle le rouge s'était produit, il fallait cueillir plus ou moins de ce verre rouge ; c'est pourquoi nous voyons dans les fragments de verre rouge des anciens vitraux la couche de rouge plus ou moins épaisse, plus ou moins filandreuse. Parfois il arrivait que le rouge ne s'étant pas suffisamment développé, on pouvait souffler un manchon entièrement avec la matière du verre rouge, et alors le verre n'était pas doublé ; mais ce n'était là qu'une exception, et nous dirons aussi que si on prend toute la masse des verres rouges des bordures des mosaïques et des sujets, on trouvera qu'il n'y a réellement qu'une faible proportion de verres rouges colorés inégalement ; mais ces verres rouges, inégalement colorés, ont été employés avec une suprême intelligence, de manière à produire un bien meilleur effet que du rouge uni, et, en conséquence, ce sont ceux-là qu'on remarque le plus. En résumé, il n'est pas douteux qu'il n'y eût avantage, pour la confection des vitraux, à fabriquer des verres rouges semblables à ceux que nous venons de signaler.

Les vitraux des douzième et treizième siècles ne sont certainement pas semblables; il y a dans l'ornementation du douzième un
caractère essentiellement byzantin qui la distinguerait, indépendamment de la forme plein cintre des têtes de fenêtres, qui, au
treizième, devient ogivale; mais nous ne reconnaissons pas de
différence technique essentielle dans le traitement des vitraux de
ces deux époques. C'est pourquoi nous les confondons dans l'exposé des procédés pratiques.

Les fenêtres des bas côtés d'une église sont généralement garnies de vitraux à médaillons ou vitraux légendaires; ces médaillons représentent les différents épisodes de la vie d'un saint ou de
l'histoire de l'Ancien ou du Nouveau Testament; les vitraux de
l'abside représentent ordinairement les actes de la vie de Notre-
Seigneur Jésus-Christ; le vitrail du centre est souvent composé
d'un arbre de Jessé, terminé par le crucifiement ou par le couron-
nement de la Vierge. Ces médaillons, cernés par une élégante
armure en fer, dont nous donnons ci-contre (fig. 159) un des
nombreux modèles, sont sur un fond
de mosaïque ou sur un fond de grisaille, et l'ensemble est entouré d'une
riche bordure.

Les vitraux de la haute nef représentent généralement de grandes figures sous baldaquin architectural,
entourées aussi d'une riche bordure.

Commençons par l'exécution d'une
des fenêtres des bas côtés.

L'armature en fer indique tout na_
turellement les divisions du vitrail à
exécuter; on fera un panneau pour
chacun des compartiments indiqués
par cette armature ABC, BCDE...

Cette armature est garnie, de distance en distance, de tenons faisant

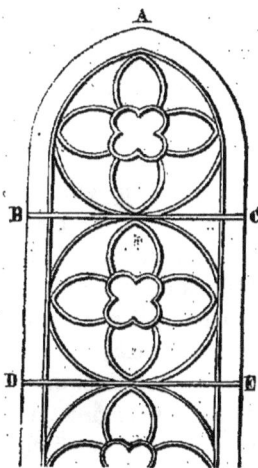

Fig. 159.

saillie de 2 à 3 centimètres, percés d'un trou longitudinal vertical
dans lequel on fiche une clavette quand le panneau de vitrail a
été placé contre l'armature.

Le verrier fera sur un grand volet en bois un tracé exact de la
fenêtre avec son armature. Si cette fenêtre est d'une trop grande

dimension, il pourra diviser son tracé en plusieurs parties. Dans tous les cas, c'est sur ce tracé qu'il devra assembler les divers panneaux de son vitrail, étant assuré ainsi qu'ils s'ajusteront exactement sur l'armature de la fenêtre elle-même.

Le dessinateur prendra la forme exacte des médaillons, et, sur cette forme, il dessinera le sujet qu'il devra représenter. Ce carton, s'il a l'habitude de ces vitraux, pourra n'être qu'un trait avec l'indication des couleurs; mais cependant, admettant même la certitude de l'effet qu'il veut produire, il sera encore mieux de poser une teinte plate de couleur à chacun des morceaux dont l'ensemble formera le sujet, et chacun de ces morceaux devra être cerné par un trait noir figurant le plomb qui unira ces morceaux, et, ayant, par conséquent, toute la largeur de ce plomb.

Puis, ayant fait choix d'une bordure, et d'une mosaïque de fond dont il dessinera seulement un fragment, il livrera le tout au vitrier, qui devra d'abord couper tous les verres blancs et colorés.

Il y a un grand avantage à ce que le vitrier, qui coupe tous les verres d'un vitrail, soit aussi celui qui fera la mise en plomb, lorsque la peinture sera achevée; car de l'exactitude de la coupe dépend la facilité et la justesse de la mise en plomb; si les verres n'ont pas été coupés très-rigoureusement, le dessin ne s'accorde plus quand on veut les réunir, on est alors obligé d'employer le grésoir, on casse des morceaux qui ont été peints, ou bien on fait des panneaux de mise en plomb qui ne s'ajustent pas sur les divisions de la fenêtre. En payant ce vitrier à raison du mètre superficiel, il a un grand intérêt à procéder à une coupe rigoureusement exacte, qui lui rendra ensuite sa mise en plomb excessivement facile.

Pour arriver à cette rigoureuse exactitude de la coupe, il ne se contentera pas de l'indication du plomb sur le carton à exécuter, mais entre les deux lignes qui dessinent le plomb, il tracera deux autres lignes en blanc, si le plomb est dessiné en noir, et ces deux nouvelles lignes indiqueront l'épaisseur du cœur du plomb; elles indiqueront donc la limite à laquelle atteindra le verre lorsqu'il sera enchâssé.

Le découpage des verres des sujets est assez long, parce que là tous les morceaux sont différents, mais il n'en est pas de même

pour la bordure et la mosaïque du fond. Supposons, par exemple,
qu'il s'agisse d'exécuter la bordure ci-contre (fig. 160), dans laquelle les formes *a d* sont alter-
nativement blanc et jaune, *b c*
en verre bleu, *e f* en verre violet, les filets de droite et gauche
blanc et rouge. Il n'y a dans
toute cette bordure que trois
formes, savoir : *a*, *b* et *e*, car *c*
n'est autre chose que *b* retourné:
seulement, pour les traits du
morceau *c*, il faudra les peindre
du côté opposé où on aura
peint *b ;* *d* est la même forme
que *a*, seulement l'un est blanc
et l'autre jaune. Le moyen le
plus expéditif, le plus exact pour
couper tous ces morceaux, est de
couper des cartons d'une épaisseur environ d'une double carte

Fig. 160.

à jouer ordinaire de la grandeur exacte des morceaux de verre,
c'est-à-dire jusqu'à la limite du cœur de plomb; on aura donc pour
cette bordure trois petits cartons de la forme et grandeur des parties *a*, *b*, *e*; le vitrier pose son petit carton sur un morceau de
verre, et tenant l'un et l'autre de la main gauche, il suit avec son
diamant de la main droite le contour du carton, qui, n'ayant pour
ainsi dire pas d'épaisseur, permet à la pointe du diamant de suivre
la ligne tangente et de couper le verre semblable au carton. Le
vitrier calcule le nombre de morceaux qu'il lui faudra en blanc,
bleu, jaune et rouge, suivant la longueur de la bordure qu'il a à
exécuter ; c'est de cette manière qu'il coupera aussi les morceaux
qui formeront la mosaïque de fond. Supposons, par exemple,
que les médaillons des sujets soient sur un fond mosaïque, comme
ci-après (fig. 161), il n'aura que trois cartons à tailler ; un pour le
segment qui se répète quatre fois par cercle, un autre pour la
forme qui sépare les cercles, le troisième pour le petit cercle du
centre, et encore même il pourra couper le tout à l'équerre pour
les parties droites et à la tournette pour les parties cintrées.
Quant aux bandes de perles de la mosaïque et aux filets blanc et

rouge de la bordure, il les coupera à la règle en longueur indé-
terminée ; il lui suffira d'en couper la quantité qu'il calculera
nécessaire, il ne les divisera ensuite
que selon les exigences de la mise
en plomb.

Tous les verres d'un vitrail ayant
été coupés sont alors livrés aux
peintres ; il ne faut pas une grande
habileté pour suivre les indications
du carton, cependant la peinture
des sujets exige une main supérieure à celles qui exécuteront la
bordure et la mosaïque, qui sont
généralement faites par des jeunes
garçons ou des jeunes filles qui acquièrent une justesse et une promp-

Fig. 161.

titude d'exécution très-remarquables. Quant aux sujets, il faut, pour
bien rendre la pensée de celui qui a exécuté le carton, un sentiment
de cette espèce de dessin, dont beaucoup de juges superficiels
font sans doute bon marché, mais qui a un réel caractère, une
vie, un mouvement que bien des artistes habiles ne sauraient pas
rendre, s'ils n'en ont pas fait une étude sérieuse. Le dessinateur
du sujet ne dédaignera donc souvent pas de l'exécuter lui-même
sur verre, s'il veut que sa pensée soit bien exprimée. Il ne s'agit
que de simples traits noirs et de quelques demi-teintes avec de la
grisaille, mais ces traits, faits avec l'esprit et le sentiment de l'action, complètent la signification que la forme extérieure imprimait
déjà au sujet.

Il n'est pas inutile de dire ici que tous les traits et demi-teintes
doivent toujours être peints du côté qui sera à l'intérieur de l'é-
glise. M. Viollet-Le Duc pense que les fragments composant ces
vitraux passaient généralement deux fois au feu, une première
fois pour cuire un premier travail d'ombre fait par hachures
non absolument opaques ; puis, sur cette ombre principale cuite,
sombre, mais transparente, le peintre faisait des traits opaques
pour obtenir des renforts d'ombres sans aucune translucidité, qui
étaient vitrifiés par une deuxième cuisson.

Je ne contesterai pas que les anciens peintres-verriers n'aient
pu quelquefois opérer au moyen de deux cuissons, cependant ce

ne devait pas être le cas général, et ce qui est positif, c'est qu'on peut produire tout l'effet désirable avec un feu, et pour cela on fait l'une des opérations avec de la grisaille délayée à l'eau, et l'autre à l'essence, de telle sorte que ce deuxième travail vient compléter le premier et le renforcer sans le dissoudre.

Quand tous les morceaux qui composent les sujets, la bordure et le fond d'un vitrail sont peints, on les fait passer au feu de moufle, et ils sont ensuite livrés au vitrier : il y a un grand intérêt, nous l'avons dit, à ce que ce vitrier soit le même qui a coupé ; il connaît tous ses morceaux, il les assemble plus facilement, et peut faire la mise en plomb à un prix moindre que tout autre qui n'aurait pas la responsabilité de cette coupe.

Quand le vitrier aura mis en plomb et soudé toutes les parties qui composent le vitrail, il sera bien de lui faire subir une petite opération qui consiste à le *cimenter*. Cette opération, dont beaucoup de peintres-verriers se dispensent, ajoute à la solidité du vitrail, s'oppose aux infiltrations. Pour cimenter un panneau de vitrail, on le pose à plat sur une table, on fait un mastic très-clair, avec lequel on brosse le vitrail en appuyant principalement contre les bords du plomb, de manière à faire pénétrer du mastic sous les ailes ; on essuie ensuite le panneau, et on fait la même opération de l'autre côté. Il y a des peintres-verriers qui étament les plombs dans toute leur longueur, d'autres mettent une couche de couleur noire sur toute la longueur du plomb, ce qui lui imprime l'apparence que le temps lui donnera et détruit l'effet désagréable du brillant du plomb neuf.

Ici, nous demanderons : doit-on donner à un vitrail neuf l'effet qui résultera d'une longue exposition, qui ajoute à l'harmonie naturelle des anciens vitraux ? Plusieurs peintres-verriers ont cru qu'on ne pouvait produire un bon vitrail qu'à la condition de le maculer pour simuler les effets du temps et l'imperfection des anciens verres. Nous nous sommes déjà exprimé à cet égard dans la partie historique de notre travail, nous dirons donc encore ici que, quand il s'agit de réparer d'anciens vitraux, de refaire des parties de médaillons, il faut donner aux parties neuves la même valeur de transparence qu'aux anciennes ; et, à cet effet, on commencera par nettoyer les parties anciennes [1], on ôtera

---

[1] En disant ici qu'il faut nettoyer les parties anciennes, je crois devoir ajouter : n'employez pas d'acide pour ce nettoyage, ainsi que l'a conseillé M. Chevreul

la poussière incrustée dans les inégalités du verre, puis on donnera aux fragments nouveaux le même aspect qu'aux anciens, ce
qu'on obtiendra au moyen d'une grisaille que l'on doit coucher
non pas sur toute la surface, mais avec une certaine irrégularité
calculée.

   Quand il s'agit de vitraux entièrement neufs, ce moyen ne doit
pas être complétement négligé, mais nous engageons à ne l'employer qu'avec une grande sobriété, et ici nous citerons un

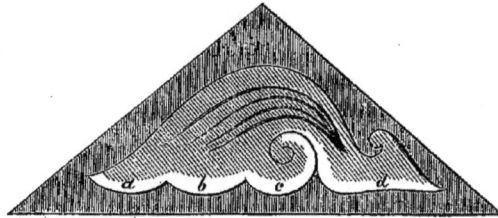

Fig. 162.

procédé par lequel on ôte aux vitraux une grande partie de leur
transparence criarde, et qui produit un effet satisfaisant : il consiste, lorsque les traits ont été peints, à poser sur l'envers des fragments de verre, c'est-à-dire sur le côté qui sera à l'extérieur, une

dans un mémoire lu à l'Académie des sciences, et faites ce nettoyage avec de
grandes précautions. Il y a quelquefois sur d'anciens vitraux des traits qui ont
été très-peu cuits, que l'on peut enlever avec l'ongle, et qui cependant ont résisté
à l'action de plusieurs siècles ; mais ils ne résisteraient pas à un nettoyage ma-
ladroit, et surtout à l'action d'un acide. Je crus donc utile d'adresser une lettre
à M. le président de l'Académie pour lui signaler le danger du nettoyage à l'acide
chlorhydrique. M. Chevreul répondit qu'il n'avait pas conseillé l'emploi de l'a-
cide chlorhydrique pur, mais bien cet acide à 4 degrés seulement. Je maintiens
que cet acide, même à 4 degrés, est dangereux, et j'insiste d'autant plus sur un
nettoyage fait avec soin et intelligence, que M. Chevreul ajoutait : « Enfin,
dans le cas où l'on serait pressé d'opérer un nettoyage en quelques heures,
on pourrait aider l'action de l'eau, celle du sous-carbonate de soude ou de l'acide
chlorhydrique à 4 degrés, de l'action mécanique d'un couteau de corne, et en
outre de celle de la poussière de briques. » Qu'un verrier peu expérimenté
suive ces conseils, et il aura bientôt détérioré des vitraux très-remarquables.
Personne ne professe à un plus haut degré que moi l'estime et le respect pour les
savants, et certes M. Chevreul occupe un des premiers rangs parmi ceux qui
ont droit à ces sentiments ; mais, précisément à cause de ce rang même, une erreur sur des détails techniques est d'autant plus dangereuse, c'est pourquoi j'ai
pris la liberté de la réfuter.

légère couche de dépoli (celui que nous avons employé pour les verres mousseline), et quand cette légère couche est sèche, on l'enlève avec une pointe en bois sur les parties qu'on veut éclairer. Nous figurons (fig. 162) un fragment de verre qui indique le travail que nous avons voulu décrire; le dépoli a été enlevé sur la partie *a b c d*, et donne ainsi un brillant suffisant, en même temps que le dépoli sur le reste du verre atténue la transparence. Cette opération augmente un peu le coût du vitrail; dans certains cas, ce sera une considération.

Le fond des vitraux des bas côtés d'une église du treizième siècle est quelquefois en grisaille, qui est également une sorte de mosaïque, mais formée en grande majorité de verre blanc sur lequel est peinte l'ornementation, et de filets diversement colorés. Nous donnons ci-contre (fig. 163) un exemple de ces mosaïques, dont les formes de médaillons peuvent être remplies ou par de l'ornementation ou par des sujets, comme ceux dont nous avons parlé précédemment; nous n'avons aucune indication particulière à donner à l'égard de ces mosaïques en grisaille, qui sont exécutées dans les mêmes données que les mosaïques de couleur. Nous dirons seulement que souvent le fond des pièces de

Fig. 163.

grisaille, c'est-à-dire ce qui entoure le motif de l'ornementation, est un *bertelé* formé de traits noirs, croisés, comme l'indique la figure. Ce bertelé, qui atténue la transparence, est d'un excellent effet; on l'emploie aussi quelquefois pour des verres de couleur, mais bien plus rarement.

Nous avons dit que les fenêtres de la haute nef étaient généralement garnies de vitraux composés d'une grande figure sur un fond architectural et entouré d'une bordure. Pour ces fenêtres, l'armature est plus simple; elle se compose uniquement de barres transversales.

Nous donnons ci-après (fig. 164) l'indication d'une fenêtre de ce genre. L'armature se compose de deux barreaux verticaux et de sept barres transversales. Le vitrail sera composé de sept panneaux qui viendront s'appliquer sur ces barres, et chacun de ces panneaux portera sa bordure de chaque côté. Le dessinateur chargé de composer ce vitrail fera cette composition sur un carton qui portera l'indication de l'armature, car il devra prendre ses dispositions pour que les barres ne nuisent pas à l'effet, et, par exemple, ne coupent pas la figure en deux.

Fig. 164.

Le carton étant fait, avec l'indication des couleurs, sera livré au vitrier, qui soumettra au dessinateur les nuances de verre des différentes couleurs qu'il aura à employer, puis il coupera tous les morceaux suivant les indications que nous avons précédemment données ; il découpera également tout ce qui devra composer la bordure ; le tout sera mis entre les mains des peintres, puis passera à la moufle, et enfin reviendra au vitrier pour la mise en plomb. Le vitrier fait généralement cette mise en plomb sur le carton même, ou au moins sur un panneau sur lequel il a tracé tout le vitrail ; et, de cette manière, il est certain de ne pas s'égarer, car il a, pour ainsi dire, des cases à remplir, et dont il ne peut s'écarter sans, de suite, s'en apercevoir. Les panneaux de vitrail qu'il a faits, conformément à la division de l'armature, ont généralement de 75 à 80 centimètres de haut. La mise en plomb ne donnerait pas à ces panneaux une solidité suffisante : pour ajouter à cette solidité, on fait passer, sur la hauteur de 80 centimètres, par exemple, deux tringlettes transversales de fer rond, de 7 à 8 millimètres de diamètre, qu'on applique sur le côté intérieur du panneau, et qui se relient à ce panneau au moyen de petites bandes de plomb de 5 à 6 centimètres, qu'on soude par le milieu de distance en distance sur les plombs du vitrail, et que l'on noue, pour ainsi dire, sur ces tringlettes ; ces tringlettes sont d'une longueur excédant la largeur du vitrail, et on les scelle de chaque côté dans les montants de pierre de la fenêtre.

Pour les vitraux à grandes figures ou à médaillons à sujets, nous n'avons pas cru devoir entrer dans des considérations de procédés d'exécution de la peinture ; il ne peut pas, en effet, être donné de prescriptions à cet égard. Chaque artiste pourra avoir une méthode personnelle d'exécution, employer des pinceaux courts ou longs, user pour les demi-teintes du procédé de l'enlevage à la pointe sèche ou du tamponnage au blaireau. Tout procédé qui, en définitive, produira l'effet auquel on veut arriver sera bon, pourvu qu'en même temps il soit d'une exécution assez rapide, car s'il s'agit avant tout de faire un beau vitrail, la considération de l'économie est puissante aussi et ne doit pas être oubliée. Nous n'avons donc voulu que donner des indications générales conformes à celles que nous avons longtemps vues mises en pratique et qui, nous le savons, seront souvent modifiées par des peintres-verriers.

Pour les vitraux du quatorzième siècle, il n'y a pas de grandes modifications quant aux procédés d'exécution : les figures ont plus de fini d'exécution ; les détails d'architecture figurant les niches ou baldaquins qui surmontent ces figures et en font la base, sont plus travaillés, plus découpés ; quelques ornements des vêtements ou de l'architecture sont colorés en jaune au moyen de la teinture par l'argent, qui fait son apparition dans la peinture sur verre ; mais, en dehors de cela, il n'y a réellement pas de différence dans les procédés techniques employés ; et comme nous avons expliqué la manière de teindre le verre en jaune, nous n'entrerons dans aucun autre détail relatif à l'exécution des vitraux de cette époque.

C'est à partir du quinzième siècle qu'il y a transformation dans l'art des vitraux ; le peintre-verrier devient tout à fait indépendant de l'architecte ; il compose son vitrail et dispose les divisions et armatures d'après son carton; les figures sont placées sur des fonds d'architecture d'une grande richesse. Cette architecture est tracée et ombrée sur verre blanc, relevée par des fleurons et ornements jaunes. Les figures, au lieu d'être composées au moyen d'un trait et de quelques demi-teintes sur un verre violet clair, sont peintes en grisaille rouge et ombrées avec soin; les cheveux sont généralement teints en jaune clair, surtout pour les figures de femmes et d'anges, en brun pour les hommes. L'exécution des vitraux exige des mains plus habiles ; il n'y a plus de bordures composées d'un petit nombre de motifs répétés, simplement indiqués par un trait noir, que peuvent exécuter des enfants. La peinture n'est plus, pour ainsi dire, circonscrite par les lignes de plomb ; elle se continue dans toute l'étendue du vitrail.

La plupart des peintres-verriers ont besoin, pour que l'harmonie existe dans tout le vitrail, de faire assembler par une mise en plomb provisoire les morceaux qui composent chaque panneau pour poser ces panneaux sur le chevalet et les peindre. Cette opération n'est pas tout d'abord nécessaire, c'est-à-dire que, quand on a coupé les verres, on peut peindre les traits noirs sur chaque fragment séparé ; mais ces traits ayant été peints et cuits, c'est alors qu'il faut faire une mise en plomb provisoire, pour que le peintre puisse ombrer avec connaissance exacte de l'effet à produire dans toutes les parties. Pour faciliter ce travail des ombres, beaucoup de peintres ont la méthode de mettre sur toute la surface du verre une légère couche de grisaille claire broyée à l'eau, et alors, en forçant les ombres au pinceau au moyen de grisaille foncée (ou grisaille rouge, s'il s'agit de figures) broyée à l'essence, et, d'autre part, enlevant la légère couche de grisaille à l'eau au moyen d'une pointe sèche en bois, ou, mieux encore, d'un petit pinceau à poils courts et durs pour les parties qu'on veut éclairer, on arrive à des effets très-bien réussis. Pour les parties qui doivent être teintes en jaune, telles que fleurons d'architecture, ornements dans les vêtements, cheveux des figures, on applique la teinture jaune en dernier lieu, et du côté opposé aux ombres, c'est-à-dire sur le côté des verres qui sera l'extérieur du vitrail. La plupart des pièces de ces vitraux reçoivent deux feux et quelquefois même trois feux.

Telles sont les seules indications que nous croyons devoir donner par rapport à ces vitraux. On conçoit que nous n'avons pas la prétention d'enseigner des peintres ; nous pouvons bien élever nos prétentions jusqu'à la compétence en appréciation de peinture sur verre, mais nous ne pouvons prescrire à un peintre la manière dont il devra opérer.

Nous disons aussi que, quant aux travaux du vitrier, coupeur de verre et metteur en plomb, nous n'avons pas cru nécessaire de nous étendre aux détails du métier, donner la description des fers à souder, des tire-plombs et autres outils, de la manière dont on fait les soudures ; nous regardons ici la connaissance pratique du métier de vitrier metteur en plomb comme sous-entendue.

Leviel, qui n'était plus, en quelque sorte, qu'un vitrier et qui a fait, comme nous l'avons dit, un traité de peinture sur verre, savant au point de vue archéologique, mais pour qui les *secrets de la peinture* sur verre étaient réellement perdus, avait bien pu s'étendre longuement sur la pratique du vitrier, et on peut le consulter à cet égard ; mais nous regarderions ici ces détails comme tout à fait hors de notre sujet.

Enfin, nous arrivons aux vitraux du seizième siècle, qui sont réellement le triomphe du peintre-verrier. Les vitraux de cette époque sont d'admirables tableaux auxquels le brillant et la translucidité du verre ajoutent leur éclat. A son talent spécial, personnel, le peintre ajoute encore toutes les ressources que peut lui fournir le fabricant de verres ; ainsi, outre la teinture en jaune qui lui sert à faire des broderies d'or sur les vêtements de ses personnages, il met à profit le mode de fabriquer le verre rouge, toujours composé, comme nous savons, d'une mince couche de rouge sur verre blanc, pour faire enlever au touret (et de nos jours à l'acide fluorhydrique) cette couche de rouge suivant un dessin qui peut ainsi figurer une broderie blanche sur fond rouge ; il peut même, après avoir enlevé par places la couche rouge, teindre en jaune la partie blanche, pour produire une broderie d'or sur étoffe rouge ; il fait aussi fabriquer des verres doublés bleus, violets, pour produire les mêmes effets, par l'enlevage, que sur le verre rouge ; je ne dirai pas que ces moyens sont fréquemment employés ; mais, toutefois, l'artiste sait qu'ils sont à sa disposition et il en use quand il le juge à propos.— Les vitraux du seizième siècle sont, comme nous avons dit, de superbes tableaux et, en général, composés d'un grand nombre de figures avec fonds de ciel, de paysages. Les plombs et l'armature indispensable en fer du vitrail sont, pour les peintres-verriers des quinzième et seizième siècles, une gêne qu'ils ne peuvent cependant dissimuler ; mais ils possèdent à un tel degré le sentiment des effets de la peinture translucide, qu'en s'écartant de la voie qui avait produit ces vitraux si merveilleux des siècles précédents, ils produisent encore des chefs-d'œuvre ; c'est dans ces vitraux qu'il est surtout important d'user de la mise en plomb provisoire pour être sûr d'obtenir un heureux effet d'ensemble. Souvent deux cuissons ne suffisent pas pour atteindre le but de l'artiste ; après avoir, par un premier feu, cuit tous les traits, et avoir peint les ombres pour une seconde cuisson, il s'aperçoit souvent que l'émaillage du feu a trop atténué ses effets, son tableau manque de vigueur ; il n'y a pas assez d'opposition entre les lumières et les ombres ; alors, il remet ses verres sur le chevalet et complète les effets qu'il veut produire ; ces verres passent alors à un troisième feu. S'il ne se contente pas pour ses figures de la couleur grisaille rouge, il peut mettre sur ces figures une couche de couleur chair dont nous avons précédemment donné la recette, et qui, comme le jaune, s'applique pour le dernier feu, et du côté opposé aux ombres, c'est-à-dire sur le côté extérieur du vitrail. Quant à nous, nous préférons de beaucoup l'effet produit par la simple grisaille rouge, et c'est ainsi qu'étaient colorées les figures des Pinaigrier et autres maîtres de l'art.

Dans les vitraux du seizième siècle, le peintre-verrier composait son carton d'après la forme qu'on lui donnait de la fenêtre, mais sans aucune armature préalable ; c'était au vitrier de disposer ensuite ses barres transversales et tringlettes de manière à nuire le moins possible à l'effet du vitrail, tout en donnant la solidité requise. Les morceaux de verre qui composaient ces vitraux étaient aussi plus grands que dans les vitraux des siècles précédents, le verre n'était généralement pas aussi épais ; aussi ces chefs-d'œuvre de peinture ont-ils été plus dégradés par trois siècles d'existence et ont-ils nécessité de plus fréquentes restaurations et remises en plomb que les vitraux des premiers siècles ; la mise en plomb, en particulier, a été moins solide depuis que l'on s'est servi de filières ; les plombs étaient forts quand ils étaient creusés au rabot ; l'ensemble de ces plombs si forts, solidement soudés et entourant des verres épais et en petits fragments, était tel, qu'on a vu appuyer des échelles sur des vitraux des treizième et quatorzième siècles sans y causer de fractures. Il y avait donc dans ces vitraux beauté d'aspect extérieur résultant de la disposition de l'armature, harmonie intérieure saisissante dans son ensemble, et qui attirait tout d'abord le fidèle vers la peinture si vraie, si expressive des légendes des saints, de l'histoire de l'Ancien et du Nouveau Testament; enfin, ces vitraux, par leur solidité, étaient destinés à une durée pour ainsi dire illimitée. Le lecteur nous pardonnera ce retour à une époque où l'art du vitrail est complet au point de vue décoratif et religieux, ce qui ne nous empêche pas d'être plein d'admiration pour les chefs-d'œuvre de peinture sur verre que nous devons aux peintres-verriers du seizième siècle; nous n'avons jamais pu penser que l'une de ces admirations dût exclure l'autre.

Revenant donc aux vitraux du style du seizième siècle, qui forment tableaux, nous dirons que plusieurs artistes ont désiré dissimuler les armatures indispensables à leur solidité; au lieu d'avoir des barres transversales horizontales qui divisent le vitrail en un certain nombre de panneaux carrés, ils ont fait un cadre en fer composé de deux petites bandes de fer assemblées en T, formant ainsi feuillure des deux côtés, et suivant les principales lignes du dessin; c'est ainsi que fut fait un grand vitrail de la Renaissance composé par Chenavard, exécuté à Sèvres, et qui a longtemps été exposé au Louvre, au pavillon de l'Horloge; nous dirons d'abord que ce vitrail a été fait à une, époque où beaucoup de personnes pensaient que, pour bien faire, il fallait faire autrement que les anciens peintres-verriers. Ces essais n'ont pas été heureux, et l'on est généralement convenu que ces châssis tourmentés, qui ne pouvaient d'ailleurs pas être entièrement dissimulés, étaient d'un effet désagréable à l'extérieur et à l'intérieur. L'œil est réellement plus choqué par ce châssis irrégulier que par une division régulière, un parti pris de barres transversales placées à égale distance, et qui font uniquement l'effet d'une grille à barreaux espacés, interposée entre le spectateur et le vitrail.

A partir de la fin du seizième siècle, l'art de la peinture sur verre s'éclipse, les nouvelles églises que l'on bâtit ne comportent pas de vitraux; mais il y a encore au dix-septième siècle, et même au commencement du dix-huitième, quelques peintres verriers qui,

ne pouvant plus travailler pour les églises, exécutent ces char-
mants petits vitraux, connus sous le nom de *vitraux suisses*, si
recherchés des amateurs. Ces vitraux sont très-finement exécutés,
le peintre y tire parti de toutes les ressources dont usaient les
peintres verriers du seizième siècle dans leurs grands tableaux;
nous signalerons même un détail d'exécution dont on ne trouve
pas d'exemple dans les grands vitraux : il s'agit d'une couleur
verte d'une très-riche nuance, dont nous avons déjà fait mention,
et obtenue au moyen d'un émail appliqué sur le côté extérieur.
Et tandis que les couleurs d'application ne sont jamais transparentes, ce vert est, au contraire, fondu complétement en goutte
de suif, il est d'une assez forte épaisseur et tout à fait transparent.
C'est un émail tendre et toutefois très-solide, car il n'est nullement altéré par le temps; j'ignore comment cet émail était composé, et dans tous les petits vitraux de ce genre qui ont été faits de
nos jours, et dont quelques-uns ont été très-bien réussis, je n'ai
jamais vu ce vert transparent en goutte de suif des anciens petits
vitraux suisses.

QUESTIONS ÉCONOMIQUES.

PRIX DE REVIENT.

Avant d'entrer dans l'analyse des prix de revient de la peinture
sur verre et des vitraux, nous croyons qu'il n'est pas inutile d'appeler l'attention sur les graves inconvénients qui sont bien souvent résultés de nos jours de ce qu'on peut appeler la *fabrication
des vitraux au rabais*. Plus d'un peintre verrier à qui on repro-
chera d'avoir employé des verres trop minces, des plombs trop
faibles, d'avoir fait peindre l'ornementation des figures par des
mains inhabiles, s'excusera sur la modicité du prix qui lui aura
été alloué ; il arrive souvent, en effet, qu'un curé qui veut orner
son église de vitraux, ne peut disposer que d'une somme assez
restreinte; il a cependant l'ambition de laisser le moins possible
à faire à ses successeurs : il va trouver le peintre-verrier ; son
église est du treizième siècle, il veut des vitraux légendaires dans
les fenêtres du bas, de grandes figures dans les fenêtres du haut,
et l'argent qu'il a recueilli permettrait à peine de faire convena_
blement une ornementation en grisaille, entourée d'une riche bor-

dure. Le peintre-verrier lui démontre l'impossibilité d'exécuter sa demande; lui propose de n'exécuter d'abord que le petit nombre de vitraux qui correspond à la somme dont on peut disposer. Mais le curé insiste, il est peu compétent dans la question d'art ; d'un autre côté, le peintre-verrier craint qu'un autre ne soit chargé de cette commande, assez importante en somme; il pense qu'il *modifiera* les conditions d'exécution, et, en définitive, se résout à faire une œuvre qui ne fera honneur ni à lui ni à l'église, ni à notre siècle, qui sera un texte à des comparaisons fâcheuses avec les œuvres des belles époques. Il y a certainement des artistes dignes de ce nom qui rejetteront bien loin de semblables compromis, mais ce ne sera pas toujours le cas, et c'est malheureusement à cette cause qu'il faut attribuer la pose d'un assez grand nombre de vitraux d'un effet si déplorable et manquant de solidité; et puisque tous les édifices religieux sont soumis à l'inspection des architectes du gouvernement, et d'architectes diocésains, ne serait-ce pas le cas d'exercer un contrôle assez sévère qui ne permettrait pas à un conseil de fabrique de faire poser des vitraux qui n'auraient pas été approuvés par l'architecte, encore bien que ce conseil n'eût pas demandé qu'on le subventionnât pour une partie de la dépense ?

En dehors de la question d'art, il y a les conditions matérielles, qui comprennent :

1° Le verre, qui doit avoir une épaisseur convenable; on ne devrait pas tolérer pour des vitraux une épaisseur moindre de 3 millimètres ;

2° La mise en plomb doit être solide; pour cela, les soudures doivent être soignées et bien étamées; il est à désirer aussi que la mise en plomb soit cimentée, comme nous l'avons expliqué;

3° Les panneaux ne doivent généralement pas avoir plus d'un mètre à un mètre et demi de superficie, et être encore consolidés par des tringlettes.

La peinture sur verre présente tant de variétés que l'on ne doit pas espérer que nous puissions donner les prix de revient de tout ce que la fantaisie peut imaginer; mais toutefois les indications que nous donnerons pourront servir à établir des appréciations. Nous commencerons par les articles les plus usuels qui forment pour ainsi dire une fabrication courante.

Les verres mousseline à dessin transparent sur mat se vendent

10 francs le mètre, avec une remise qui dépend de l'importance de la demande.

La façon, qui comprend la pose des deux couches de dépoli, l'enlevage du dessin clair à la vignette en laiton, et le nettoyage à la sortie du four, se paye. . . . .   1 fr. 25 c.

Le prix du verre doit être porté pour.   2   50

Les frais de cuisson.   2   50

Frais généraux   1   »

Prix de revient du mètre . . . .   7 fr. 25 c.

S'il s'agit d'exécuter en verre mousseline un dessin donné qui ne peut s'enlever à la vignette, nous avons dit qu'il fallait dessiner au pinceau avec du blanc délayé le modèle donné, puis coucher par-dessus le dépoli. Si le dessin n'est pas trop compliqué, on peut l'exécuter à raison de 5 francs par mètre ; le prix de revient s'élève alors à 11 francs ; mais il faut sur ce genre de verre mousseline avoir une marge de bénéfice bien plus grande, parce que si on n'avait que des travaux de ce genre, les frais généraux s'appliqueraient à une fabrication beaucoup moins étendue ; aussi le prix nominal de ces verres est-il de. . . . .   20 francs.

Les verres mousseline dont la partie transparente est teinte en jaune se vendent de 25 à 35 francs, suivant les dessins.

La façon de ces verres est de 5 à 9francs, soit .   7 fr. » c.

Le verre, au lieu de 2 fr. 50 c., doit être porté pour 4 francs, car nous savons que tous les verres ne se teignent pas également bien en jaune.   4   »

Cuisson.   2   50

Frais généraux.   2   »

Total. . . . . . .   15 fr. 50 c.

Pour tous les dessins en grisaille sur fond blanc mat, ou partie mat, partie transparent, on ne peut établir à l'avance des prix qui naturellement dépendent de la complication du modèle ; le peintre pourra quelquefois les exécuter à raison de 18 francs le mètre ; il y aura deux cuissons, une pour les traits, l'autre pour les ombres et le mat,

Nous aurons donc une dépense au minimum de
verre de. . . . . 2 fr. 50 c.
Peintre. . . . . 18 »
Deux cuissons. . . . . 4 »
Frais généraux. . . . . 3 »

Total. . . . . 27 fr. 50 c.

Il nous est impossible d'aller au delà pour tout ce qui concerne les dessins d'armoiries, fleurs; on conçoit qu'il ne peut, pour tous ces articles, exister ni tarif de vente ni prix d'exécution. Nous n'avons, comme dépenses fixes, que le prix du verre, des cuissons; toutes les autres sont variables.

Nous allons à présent passer à l'exécution des vitraux mis en plomb.

Vitraux d'ornementation en mosaïque grisaille du genre du modèle de la figure 163.

La coupe et la mise en plomb peuvent être établies pour le prix, par mètre, de. . . . . 14 fr. » c.

La peinture de l'ornementation peut être faite pour. . . . . 15 »

On doit compter pour le verre 10 francs par mètre, non-seulement parce qu'il y a du verre de couleur, mais aussi à cause de la quantité de déchet. . . . . 10 »

La cuisson doit être portée pour un prix plus élevé, parce que les morceaux tiennent plus de place dans le four que des vitres, soit. . . . . 4 »

Il faut compter pour le plomb, par mètre. . . . 3 50

Total. . . . . . . 46 fr. 50 c.

à quoi il faut ajouter pour frais généraux un cinquième. 11 10

Prix de revient. . . . 57 fr. 60 c.

Si, au lieu d'une mosaïque en grisaille, on doit exécuter une mosaïque de couleur, du genre de celle que nous avons donnée pour exemple page 756, les morceaux à peindre sont plus petits, il y a plus de travail de peinture, de mise en plomb et de verre de couleur; on doit compter :

49

Pour la coupe et mise en plomb. . . . .   **18 fr.**

Pour le peintre. **25**

Verre. **12**

Cuisson.   **4**

Plomb. . . . - **4**

             Total. . . . .   **63 fr.**

Frais généraux. . . . .   **12 fr. 60 c.**

       Prix de revient. . . . .   **75 fr. 60 c.**

Les prix précédents ne concernent que des vitraux sans sujets ; il n'y a pas de frais de dessin : on a, dans l'atelier des cartons de dessins de vitraux, l'ouvrage des RR. PP. Martin et Cahier sur la cathédrale de Bourges, et l'*Histoire de la peinture sur verres* de M. F. de Lasteyrie, qui offrent de nombreux modèles qu'il ne s'agit que d'ajuster aux dimensions des vitraux à exécuter ; mais si l'on doit exécuter des sujets dans les médaillons, il faut payer un dessinateur chargé de faire les cartons de ces médaillons, et la peinture de ces sujets exigera aussi une main spéciale. Des dessinateurs, experts dans ce genre de travail, font des cartons de médaillons pour le prix de 25 francs chacun. On donne 20 francs pour l'exécution, ce qui porte le prix du médaillon à 45 francs.

Si donc nous supposons qu'un vitrail, dont le prix s'élève à 75 fr. 60 c., mesure 5 mètres superficiels, qui font   378 francs, contient cinq médaillons, dont le prix pour le carton

et la peinture est de. . . . .   225 —

nous aurons au total. . . . .   603 francs,

dont il faut retrancher le prix de la peinture en ornementation des médaillons. Supposons. . . . .   30 —

Prix du vitrail de 5 mètres. . . . .   573 francs ;

soit 112 fr. 60 c. par mètre.

Si les sujets des médaillons ont été posés sur un fond de mosaïque grisaille, dont nous avons établi le prix à 57 francs, nous avons : 5 mètres à 57 francs. . . . .   285 francs ;

cinq médaillons à sujets. . . . .   225 —

        Total. . . . .   510 francs,

A retrancher pour les cinq médaillons remplacés.   30 —

        Total pour 5 mètres. . . . . . .   480 francs ;

soit 96 francs par mètre.

On peut concevoir, du reste, qu'un peintre sur verre qui exécute un assez grand nombre de vitraux a, dans ses cartons, des dessins de presque tous les sujets généralement demandés , tels que ceux relatifs à la vie de Jésus-Christ, etc., et il peut ainsi faire une diminution des prix du carton, ce qui, sur un vitrail de cinq médaillons, forme une somme assez importante.

Les prix que nous avons établis ci-dessus sont dans des données d'exécution ordinaire; il arrive quelquefois que, pour des vitraux d'une petite église, on a à réduire les dessins de mosaïque et de bordures sur une échelle qui en rend l'exécution plus coûteuse : la coupe et la mise en plomb, la peinture, doivent être payées à un prix plus élevé, souvent même dans une grande proportion. Ainsi, nous avons eu à exécuter des vitraux en style du treizième siècle qui, au prix de 200 francs le mètre, étaient moins rémunérateurs que ceux dont nous avons établi le prix de revient à 112 francs, et qu'on doit vendre 140 francs. Les vitraux à grandes figures de haute nef rentrent dans les mêmes conditions de prix, à très-peu près, que les vitraux à médaillons à sujets.

D'après les indications qui précèdent, on peut se rendre compte du prix des vitraux des treizième et quatorzième siècles.

Si nous arrivons aux vitraux des quinzième et seizième siècles, nous sortons évidemment des conditions de *fabrication*, car il s'agit ici d'œuvres d'art ; mais enfin on peut aussi évaluer l'art dans des conditions moyennes, et nous dirons qu'on peut établir des vitraux dans le style du seizième siècle formant tableau dans les prix de 250 à 300 francs le mètre. Nous dirons même que nous nous basons, à cet égard, sur un vitrail très-important que nous avons fait exécuter, et qui mesurait 31 mètres superficiels [1]. Ce vitrail contenait divers sujets combinés avec des dessins d'architecture.

Nous avons payé, pour la partie architecturale du carton, 1,000 francs, soit pour 31 mètres, par mètre.. . . . 32 fr. 25 c.

Pour les sujets, nous avons payé 1,500 francs, soit par mètre. 48   37

Pour la coupe, mise en plomb.. 20   »

Pour le verre employé.. 12   »
_____

A *reporter*. . . . . . 112 fr. 62 c.

[1] Vitrail de saint Clair, pour la cathédrale de Nantes.

Report.	112 fr. 62 c.
Les cuissons, par mètre.	10 »
La peinture a coûté, par mètre.	44 »
Plomb.	3 50
Total.	170 fr. 12 c.
Les frais généraux ne peuvent pas être évalués moins de un cinquième.	34 »
Total par mètre.	204 fr. 12 c.

Le bénéfice sur une œuvre semblable ne doit pas être inférieur à 25 pour 100 ; car on ne fait pas souvent des vitraux de cette importance, qui réclament plus de soins, d'attention du chef de l'établissement que tous les autres travaux exécutés dans le même temps. Ce vitrail avait été vendu 7,000 francs, ce qui donnait 226 francs par mètre. Ce prix n'était pas suffisamment rémunérateur. On voit, du reste, que les prix que nous avions payés pour les cartons indiquaient de réelles œuvres d'art, et qu'on peut ainsi, jusqu'à un certain point, tarifer des ouvrages remarquables.

Ce vitrail présentait une assez grande superficie ; si on avait à faire une œuvre d'une étendue beaucoup moindre, il faudrait établir un prix plus élevé, car le prix à payer pour les cartons ne dépend pas, on le comprend, de la grandeur du dessin.

Nous n'avons pas à donner les détails du prix de revient de petits vitraux, tels que les vitraux suisses : ce sont des œuvres de fantaisie, et les prix doivent en être la conséquence.

Nous croyons donc être suffisamment entré dans ces considérations économiques, qui présenteront, nous l'espérons, des notions suffisantes à ceux qui voudront se rendre compte de ce que peuvent être les prix de revient de la peinture sur verre à notre époque.

FIN.

TABLE DES MATIÈRES.

FIN DE LA TABLE DES MATIÈRES.

ERRATA.

—

Page 57, ligne 24, *au lieu de* : Descroizelle, *lisez* : Descroizille.

Page 101, ligne 5, *au lieu de* : qu'au livre des verres colorés et vitraux, *lisez* : qu'au livre II, chapitre des verres colorés.

Page 124, ligne 11, *au lieu de* : poteries à porcelaines, *lisez* : poteries et porcelaines.

Page 129, ligne 8, *au lieu de* : contre la partie *c d e*, *lisez* : contre la partie ouverte.

Page 140,   fig. 25, les parties *d d d d* doivent être ombrées.

Page 281, ligne 26, *au lieu de* : pierre à dresser C, *lisez* : pierre à dresser G.

Page 332, ligne 5, *au lieu de* : plateau vertical AA, *lisez* : plateau vertical AC.

Page 332, ligne 10, *au lieu de* : plan AD, *lisez* : plan AC.

Page 332, ligne 30, *au lieu de* : on a pris la hauteur de deux fois le grand diamètre, d'une fois le petit diamètre, *lisez* : on additionne la hauteur, deux fois le grand diamètre, une fois le petit diamètre.

Page 332, ligne 34, *au lieu de* : on a pris la hauteur de deux fois le grand diamètre, d'une fois le petit diamètre, *lisez* : on additionne la hauteur, deux fois le grand diamètre, une fois le petit diamètre.

Page 345, ligne 33, *au lieu de* : verre bleu, doublé d'une épaisseur, *lisez* : verre bleu doublé, d'une épaisseur.

Page 380, ligne 12, *au lieu de* : 30 centimètres environ, *lisez* : 20 centimètres environ.

Page 389, ligne 25, *au lieu de* : 1^m,10 sur 1^m,48, *lisez* : 1^m,10 sur 0^m,48.

Page 390, ligne 22, *au lieu de* : page 30, *lisez* : page 247.

Page 397, ligne 28, *ajoutez* : 40 francs.

Page 397, ligne 29, *au lieu de* : 3,800, *lisez* : 3,700.

Page 415, ligne 24, *au lieu de* : 342, *lisez* : 348.

Page 454, ligne 33, *au lieu de* : caisse, *lisez* : carcaise.

Page 555, ligne 19, *au lieu de* : où il y a successivement, supprimez le mot *où*.

Pages 607-609.   La figure F de la page 607 doit être reportée à la page 609 à la place de la figure K, et *vice versâ*.

Page 631, ligne 12, *au lieu de* : monter, *lisez* : mouler.

Page 634, ligne 13, *au lieu de* : s'écroulerait, *lisez* : s'écoulerait.

Page 649, ligne 27, *au lieu de* : silicate de soude de chaux, *lisez* : silicate de soude et de chaux.

Page 690, ligne 2, *au lieu de* : la douzaine, *lisez* : chaque disque.

Paris. — Typographie HENNUYER ET FILS, rue du Boulevard, 7.

Reliure serrée

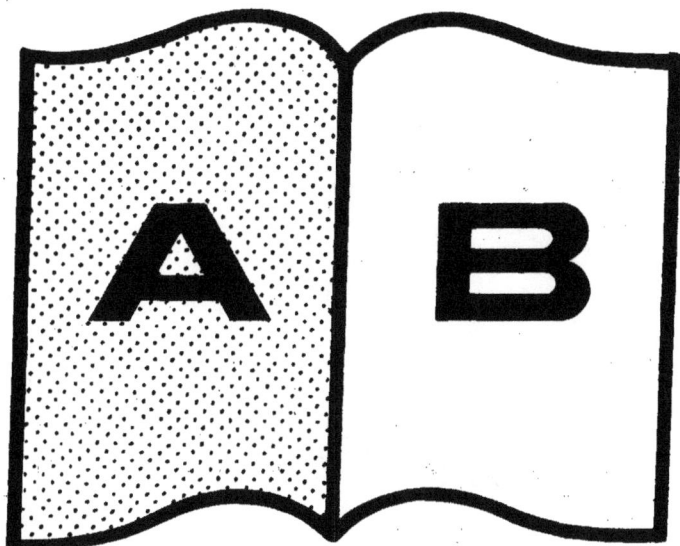

Contraste insuffisant

NF Z 43-120-14